University Physics

大学物理

主　编　项林川

副主编　朱佑新　王章金

高等教育出版社·北京

内容提要

本书是依据教育部高等学校物理学与大文学教学指导委员会编制的《理工科类大学物理课程教学基本要求》（2010 年版），在原有版本的基础上修订而成的。本书包含力学、热学、电磁学、振动与波动、光学和量子物理共六篇，涵盖了《理工科类大学物理课程教学基本要求》（2010 年版）的主要内容。本书在保持体系完整的同时，对经典物理内容作了适当压缩，同时对近代和现代物理内容进行了扩充。内容编排简洁明了，易学易教。

本书可作为高等学校理工科非物理学类专业 90~128 学时的大学物理课程的教材，也可供其他专业选用。

图书在版编目（CIP）数据

大学物理 / 项林川主编 . --北京：高等教育出版社，2021.4（2023.12 重印）

ISBN 978-7-04-055456-4

Ⅰ.①大… Ⅱ.①项… Ⅲ.①物理学-高等学校-教材 Ⅳ.①O4

中国版本图书馆 CIP 数据核字（2021）第 025314 号

DAXUE WULI

策划编辑　程福平	责任编辑　程福平	封面设计　张志奇	版式设计　杜微言
插图绘制　于　博	责任校对　胡美萍	责任印制　耿　轩	

出版发行	高等教育出版社	咨询电话	400-810-0598
社　　址	北京市西城区德外大街 4 号	网　　址	http://www.hep.edu.cn
邮政编码	100120		http://www.hep.com.cn
印　　刷	鸿博昊天科技有限公司	网上订购	http://www.hepmall.com.cn
			http://www.hepmall.com
开　　本	787 mm×1092 mm　1/16		http://www.hepmall.cn
印　　张	37.75	版　　次	2021 年 4 月第 1 版
字　　数	930 千字	印　　次	2023 年 12 月第 3 次印刷
购书热线	010-58581118	定　　价	73.00 元

物 料 号　55456-00

大学物理

主　编
项林川

副主编
朱佑新　王章金

1 计算机访问http://abook.hep.com.cn/12517516，或手机扫描二维码、下载并安装Abook应用。
2 注册并登录，进入“我的课程”。
3 输入封底数字课程账号（20位密码，刮开涂层可见），或通过Abook应用扫描封底数字课程账号二维码，完成课程绑定。
4 单击“进入课程”按钮，开始本数字课程的学习。

课程绑定后一年为数字课程使用有效期。受硬件限制，部分内容无法在手机端显示，请按提示通过计算机访问学习。

如有使用问题，请发邮件至abook@hep.com.cn。

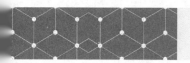

http://abook.hep.com.cn/12517516

前　言

本书是为高等学校理工科非物理学类专业的大学物理课程编写的教材。

根据教育部高等学校物理学与天文学教学指导委员会在2010年编制的《理工科类大学物理课程教学基本要求》(后面简称《基本要求》),我们在原华中理工大学物理系1989年3月编写的《大学物理》、1998年1月编写的《大学物理》、华中科技大学物理系2006年1月编写的《大学物理》及华中科技大学物理学院2013年编写的《大学物理》的基础上,结合自己多年的教学实践和教学经验,并吸取了多种优秀教材的长处,编写了本教材。书中涵盖了《基本要求》的主要内容(全部A类内容)和部分扩展内容(B类内容),增加了近代和现代物理的有关知识。

本书按照《基本要求》,注重基础,内容精炼,广度和深度适中,篇幅恰当。学生可以在有限的学时内通过本书学到物理学的基本知识和方法,提高科学素质,为学习后续专业课程和掌握现代科学技术打下必要的物理基础。

全书包括力学、热学、电磁学、振动与波动、光学和量子物理,共六篇。

参加本书编写工作的教师有:项林川(第1、第2、第3章)、王章金(第4、第12章)、冯波(第5章)、熊豪(第6章)、张少良(第7章)、朱佑新(第8章)、韩一波(第9章)、王凯(第10章)、赵德刚(第11章)、张洁(第13章)、张庆斌(第14章和第16章部分)、蔡建明(第15章)、傅华华(第16章部分)、邓维天(第17章)。

编者在此对我校编写前几版教材的各位老师表示衷心的感谢。在本书的编写过程中,我们得到了华中科技大学有关职能部门及高等教育出版社的大力支持和帮助,在此一并表示真诚的感谢。

由于编者水平有限,书中难免有些笔误及不妥之处,请广大师生批评指正,以便今后不断提高和完善。

编　者

2019年12月

目录

第一篇　力学

/第三篇 电磁学/

/第四篇 振动与波动/

第五篇 光学

第六篇 量子物理

第一篇 力学

物理学的研究对象是物质的基本结构和基本运动规律。物质运动的形式是多种多样的，其中最简单、最基本的运动是物体位置的变化，人们称这种运动为机械运动。例如，日出日落、潮涨潮落、鹰击长空、鱼翔浅底等都是机械运动。

研究机械运动的学科称为力学，力学又可以分为运动学和动力学两部分。运动学讨论如何描述机械运动。动力学研究运动状态变化的原因，即物体间的相互作用对机械运动的影响。

力学作为一门科学理论始于17世纪伽利略对惯性运动的论述，后来牛顿建立了著名的牛顿运动定律。以牛顿运动定律为基础的力学理论称为牛顿力学或经典力学。经典力学能够正确地解释许多现象，取得了辉煌的成就，在诞生后的约三百年内一直被人们视作完美而普遍的理论。在20世纪初，人们发现经典力学存在局限性，在高速领域(物体的运动速度可与真空中的光速相比拟)它被相对论所取代，在微观领域(分子、原子及亚原子粒子等)则为量子力学所取代。但是，在诸如机械制造、土木建筑甚至航空航天等技术领域中，经典力学仍然是重要基础。

本篇主要讲述经典力学的基础知识，包括质点力学、刚体定轴转动和流体力学基础。狭义相对论是当今物理学的重要基础，与牛顿力学联系紧密，本篇第5章对有关内容进行了介绍。

第 1 章 质点运动学

第 1 节 参考系 质点

一、参考系

在描述一个物体的机械运动时，必定要选另外一个物体作为参考。这个被选作参考的其他物体称为参考系。参考系的选择原则上是任意的，选择的参考系不同，对运动的描述可以是不一样的。譬如，在载人飞船发射升空时，飞船中的航天员被固定在驾驶座上，相对于飞船而言，航天员是静止的；相对于地面，航天员不是静止的，而是和飞船一起高速飞向太空。又如，若下雨的时候没有刮风，站在地面上的人看到雨滴是垂直下落的，而在行驶的车中，乘客看到雨滴飞向斜后方，并不是垂直下落的。可见，以不同的物体作参考系，对同一物体的机械运动可以作出不同的描述，这就是机械运动描述的相对性。因此，但凡讨论一个物体的运动，必须首先指明是相对于哪个参考系而言的。

在运动学中，参考系的选择以研究问题方便为准。选择恰当可使问题易于解决。在一般工程技术中大多以地面为参考系。

选定参考系后，还只能对物体的机械运动作定性描述，即物体是运动的还是静止的。为了定量地说明一个物体相对于此参考系的位置，还必须在参考系中建立固定的坐标系。常用的坐标系有直角坐标系、球坐标系、柱坐标系、平面极坐标系、自然坐标系等。虽然坐标系与参考系有联系，但两者不能混同。参考系是实物，而坐标系是参考系的数学抽象。

二、质点

任何一个真实物体都有一定的大小和形状。但在许多力学问题中，物体的大小和形状所起的作用很小，以至于可以忽略不计。这时可以忽略物体的大小和形状，将其抽象为一个有质量而无大小和形状的几何点，称为**质点**。质点是从实际物体抽象出来的理想模型，它在客观世界中是不存在的。虽然如此，质点这个理想模型仍有助于简化问题，突出主要矛盾，分析运动的基本情况。

一个真实物体能否看作质点，关键并不在于物体本身的大小，而是取决于此物体的大小在运动中所起的作用，只有当作用很小时才能视为质点。地球的半径约为 6 370 km，算得上是一个庞然大物，但在研究其公转时，由于地球直径仅为日地距离的万分之一，地球上各点相对于太阳的运动差别不大，所以可把地球当作质点。原子的线度约为 10^{-10} m 的数量级，即使借助最高倍的电子显微镜也无法看清它的庐山真面目，但在研究原子的结构时，尽管原子如此之小，也不能当作质点来看待。

同一物体是否可以看成质点不是一成不变的，这取决于问题的性质。同样是地球，在研究它绕日公转时，可以将它当作质点；在研究它的自转问题时，就不能把它当作质点来处理了。

当然，在很多问题中，物体大小和形状的影响不能忽略，这时就不能把整个物体当作质点来看待，但质点的概念仍然十分有用。因为可以把物体视为由许多小体积元组成，每个体积元都小到可以按质点来处理，则整个物体可以看成是由若干质点组成的系统，即质点系。这样，以对质点运动的研究为基础，就可以研究任意物体的运动。

第2节 位置矢量 位移

一、位置矢量

为了定量地研究质点的运动，必须对质点的位置作定量的描述。为此，我们引入位置矢量的概念。首先选好参考系，再在参考系上建立一个固定的坐标系。图 1-2-1 所示为一个直角坐标系。设在 t 时刻有一质点位于 P 点，其位置可用从坐标原点 O 引到 P 点的有向线段 $\boldsymbol{r}=\overrightarrow{OP}$表示，$\boldsymbol{r}$ 就称为位置矢量，简称位矢。显然，位置矢量与坐标原点的选择有关。P 点的位置也可用坐标 x，y，z 表示。因此位置矢量可写为

$$\boldsymbol{r}=x\boldsymbol{i}+y\boldsymbol{j}+z\boldsymbol{k} \tag{1-2-1}$$

式中 $\boldsymbol{i}$，$\boldsymbol{j}$，$\boldsymbol{k}$ 分别是沿 x，y，z 三个坐标轴正方向的单位矢量。位置矢量 $\boldsymbol{r}$ 的大小和方向余弦分别为

$$r=|\boldsymbol{r}|=\sqrt{x^2+y^2+z^2} \tag{1-2-2}$$

$$\cos\alpha=\frac{x}{r}, \quad \cos\beta=\frac{y}{r}, \quad \cos\gamma=\frac{z}{r} \tag{1-2-3}$$

式中 α，β，γ 分别是位置矢量 $\boldsymbol{r}$ 与 x，y，z 三个坐标轴的正方向的夹角。由图 1-2-1 可以证明

$$\cos^2\alpha+\cos^2\beta+\cos^2\gamma=1$$

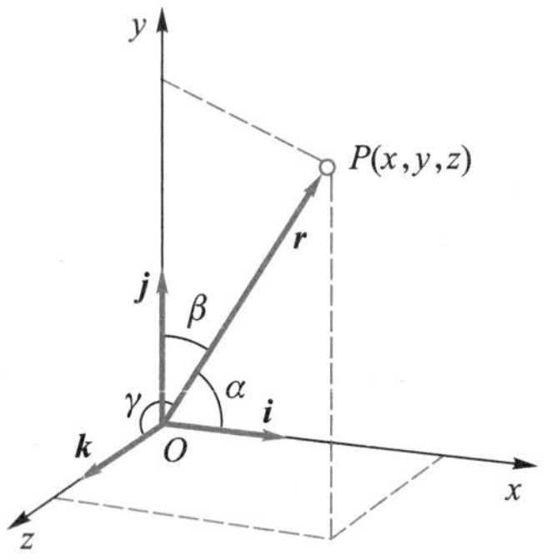

图 1-2-1 位置矢量

二、运动方程和轨迹方程

质点运动时，它的位置随时间变化，这时，质点的位置矢量和坐标是时间的函数，即

$$\boldsymbol{r}=\boldsymbol{r}(t) \tag{1-2-4}$$

这称为质点的运动方程，其在直角坐标系中的分量式为

$$x=x(t), \quad y=y(t), \quad z=z(t) \tag{1-2-5}$$

从(1-2-5)式中消去 t，可得运动质点的轨迹方程。例如，已知质点的运动方程

$$x=R\sin\omega t, \quad y=R\cos\omega t, \quad z=0$$

式中 R，ω 为大于零的常量。消去 t 得轨迹方程

$$x^2+y^2=R^2, \ z=0$$

它表示质点在 Oxy 平面内作以原点 O 为圆心、半径为 R 的圆周运动。(1-2-5)式也称为轨迹的参数方程(参量为 t)。

三、位移

借助于位置矢量，可以定量地描述运动质点的位置随时间的变化。图 1-2-2 中，运动质点于 t 时刻到达 A 点，经过 Δt 的时间间隔后，于 $t+\Delta t$ 时刻运动到了 B 点。它在这两个时刻的位置矢量分别为

$$\boldsymbol{r}(t)=\boldsymbol{r}_A$$
$$\boldsymbol{r}(t+\Delta t)=\boldsymbol{r}_B$$

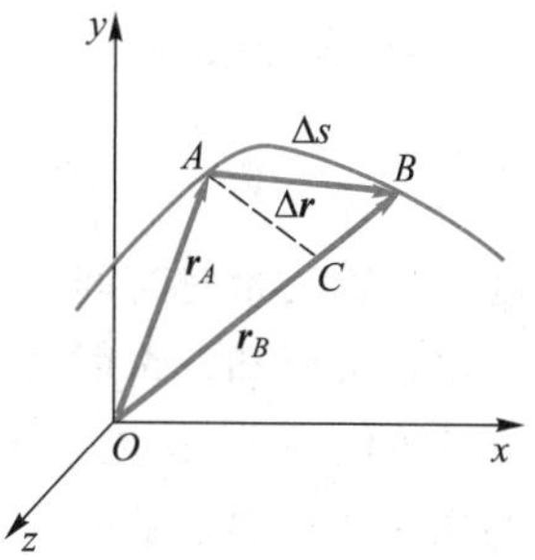

图 1-2-2　位移

位置矢量的增量

$$\Delta\boldsymbol{r}=\boldsymbol{r}(t+\Delta t)-\boldsymbol{r}(t)=\boldsymbol{r}_B-\boldsymbol{r}_A \qquad (1-2-6)$$

它是从质点在 t 时刻的位置 A 指向 $t+\Delta t$ 时刻的位置 B 的矢量，如图 1-2-2 所示。$\Delta\boldsymbol{r}$ 就称为质点在 Δt 的时间间隔内的**位移**。位移既反映了质点移动的远近，又反映了质点移动的方向。尽管位置矢量与坐标原点的选择有关，但位移与坐标原点的选择无关。位移遵循矢量相加的平行四边形法则和三角形法则。

在直角坐标系中位移可表示为

$$\begin{aligned}\Delta\boldsymbol{r}&=\boldsymbol{r}(t+\Delta t)-\boldsymbol{r}(t)=\boldsymbol{r}_B-\boldsymbol{r}_A=(x_B\boldsymbol{i}+y_B\boldsymbol{j}+z_B\boldsymbol{k})-(x_A\boldsymbol{i}+y_A\boldsymbol{j}+z_A\boldsymbol{k})\\&=(x_B-x_A)\boldsymbol{i}+(y_B-y_A)\boldsymbol{j}+(z_B-z_A)\boldsymbol{k}=\Delta x\boldsymbol{i}+\Delta y\boldsymbol{j}+\Delta z\boldsymbol{k}\end{aligned} \qquad (1-2-7)$$

需要注意的是，位移的大小应该记为 $|\Delta\boldsymbol{r}|$，而不能写成 Δr。Δr 表示的是位矢长度的增量。由图 1-2-2 可以看出，$|\Delta\boldsymbol{r}|=|AB|$，取 $|OC|=|OA|$，则 $\Delta r=r_B-r_A=|CB|$。显然，$|AB|$ 和 $|CB|$ 一般不相等。

位移与路径不同，位移是矢量，是一段有方向的直线段。一般情况下，这一直线段并不表示质点运动的实际轨迹；路径可以是直线，也可以是曲线，它代表了质点运动的实际轨迹，如图 1-2-2 中从 A 点到 B 点的曲线段。路径的长度称为**路程**，常用 Δs 表示。位移是矢量，路程是标量，而且位移的大小与路程一般不相等，例如，质点沿圆周绕行一圈回到起点，相应的位移等于零，而路程等于圆的周长。

第 3 节　速度　加速度

一、速度

研究质点的运动，不仅要知道质点在各个时刻的位置，而且要知道质点运动的快慢和方向。设在时刻 t 到 $t+\Delta t$ 这段时间内，质点从 A 点运动到 B 点(图 1-2-2)。质点运动的大致快慢和方向可用质点的位移 $\Delta\boldsymbol{r}$ 和相应时间 Δt 的比表示为

$$\overline{\boldsymbol{v}}=\frac{\Delta\boldsymbol{r}}{\Delta t} \qquad (1-3-1)$$

这称为质点在时间间隔 Δt 内的**平均速度**。

平均速度只能粗略地描写质点的运动。然而，时间间隔 Δt 越短，运动的变化越小，平均

速度越接近于质点在时刻 t（或位置 A）的运动状态。如果使 Δt 趋近于零，那么平均速度的极限就能精确地描写质点在时刻 t（或位置 A）运动的快慢和方向了。因此，我们把 Δt 趋近于零时的平均速度的极限定义为质点在时刻 t（或位置 A）的瞬时速度，简称速度，即

$$\boldsymbol{v}=\lim_{\Delta t\to 0}\frac{\Delta \boldsymbol{r}}{\Delta t}=\frac{\mathrm{d}\boldsymbol{r}}{\mathrm{d}t} \tag{1-3-2}$$

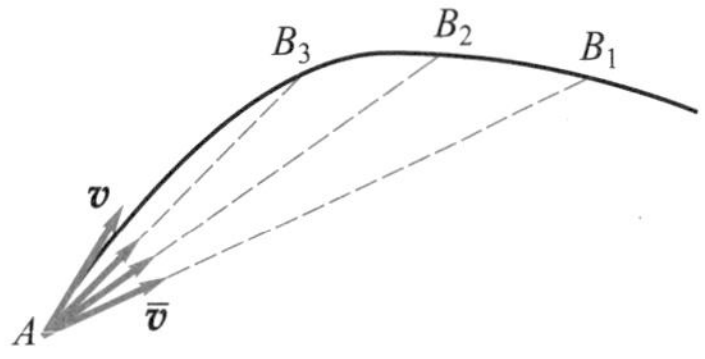

图 1-3-1　瞬时速度

速度是位置矢量对时间的一阶导数。这是速度的严格定义。

由定义可知，瞬时速度 $\boldsymbol{v}$ 是矢量，由于 Δt 是标量，所以 $\boldsymbol{v}$ 的方向沿着 Δt 趋近于零时 $\Delta \boldsymbol{r}$ 的极限方向，即沿运动轨迹的切线并指向运动的前方(图 1-3-1)。

速度的常用单位是 m/s、km/h、cm/s。

在直角坐标系中

$$\boldsymbol{v}=\frac{\mathrm{d}\boldsymbol{r}}{\mathrm{d}t}=\frac{\mathrm{d}}{\mathrm{d}t}(x\boldsymbol{i}+y\boldsymbol{j}+z\boldsymbol{k})=\frac{\mathrm{d}x}{\mathrm{d}t}\boldsymbol{i}+\frac{\mathrm{d}y}{\mathrm{d}t}\boldsymbol{j}+\frac{\mathrm{d}z}{\mathrm{d}t}\boldsymbol{k}$$
$$=\boldsymbol{v}_x+\boldsymbol{v}_y+\boldsymbol{v}_z=v_x\boldsymbol{i}+v_y\boldsymbol{j}+v_z\boldsymbol{k} \tag{1-3-3}$$

式中

$$v_x=\frac{\mathrm{d}x}{\mathrm{d}t},\quad v_y=\frac{\mathrm{d}y}{\mathrm{d}t},\quad v_z=\frac{\mathrm{d}z}{\mathrm{d}t} \tag{1-3-4}$$

是速度在三个坐标轴方向上的分量。速度的大小和方向余弦为

$$v=\sqrt{v_x^2+v_y^2+v_z^2} \tag{1-3-5}$$

$$\cos\alpha=\frac{v_x}{v},\quad \cos\beta=\frac{v_y}{v},\quad \cos\gamma=\frac{v_z}{v} \tag{1-3-6}$$

二、速率

为了描写质点运动的快慢，人们还引入了速率这个物理量。质点通过的路程 Δs 与所用时间 Δt 之比称为平均速率，即

$$\bar{v}=\frac{\Delta s}{\Delta t} \tag{1-3-7}$$

Δt 趋近于零时平均速率的极限称为瞬时速率，简称速率，即

$$v=\lim_{\Delta t\to 0}\bar{v}=\lim_{\Delta t\to 0}\frac{\Delta s}{\Delta t}=\frac{\mathrm{d}s}{\mathrm{d}t} \tag{1-3-8}$$

所以，瞬时速率是路程对时间的一阶导数。

由于 $\Delta t\to 0$ 时，$|\Delta \boldsymbol{r}|\to \Delta s$(图 1-2-2)，所以速度的大小

$$v=|\boldsymbol{v}|=\left|\frac{\mathrm{d}\boldsymbol{r}}{\mathrm{d}t}\right|=\left|\lim_{\Delta t\to 0}\frac{\Delta \boldsymbol{r}}{\Delta t}\right|=\lim_{\Delta t\to 0}\frac{|\Delta \boldsymbol{r}|}{\Delta t}=\lim_{\Delta t\to 0}\frac{\Delta s}{\Delta t}=\frac{\mathrm{d}s}{\mathrm{d}t}$$

即瞬时速度的大小等于瞬时速率。速率的单位和速度的单位相同。

三、由速度求位置矢量　匀速运动

如果已知质点的速度随时间变化的函数关系 $\boldsymbol{v}=\boldsymbol{v}(t)$，那么用积分法可以求出质点在任一

时刻的位置矢量。由 $\boldsymbol{v}=\dfrac{\mathrm{d}\boldsymbol{r}}{\mathrm{d}t}$得 $\int_{r_0}^{r}\mathrm{d}\boldsymbol{r}=\int_{t_0}^{t}\boldsymbol{v}\mathrm{d}t$，即

$$\boldsymbol{r}=\boldsymbol{r}_0+\int_{t_0}^{t}\boldsymbol{v}(t)\mathrm{d}t \tag{1-3-9}$$

式中 $\boldsymbol{r}_0$ 和 $\boldsymbol{r}$ 分别是质点在 t_0 和 t 时刻的位置矢量。

当质点作匀速运动时，$\boldsymbol{v}$= 常量，由(1-3-9) 式得

$$\boldsymbol{r}=\boldsymbol{r}_0+\boldsymbol{v}(t-t_0) \tag{1-3-10}$$

若质点沿 x 轴方向作匀速直线运动，则

$$x=x_0+v(t-t_0) \tag{1-3-11}$$

四、加速度

质点的速度一般是随时间变化的，即 $\boldsymbol{v}=\boldsymbol{v}(t)$。为了描述速度的变化，我们引入加速度这个物理量。如图 1-3-2 所示，一运动质点在 t 时刻位于 A 点，速度为 $\boldsymbol{v}_A$，到 $t+\Delta t$ 时刻移到 B 点，速度为 $\boldsymbol{v}_B$。质点速度的增量 $\Delta\boldsymbol{v}=\boldsymbol{v}_B-\boldsymbol{v}_A$ 与相应的时间间隔 Δt 之比称为**平均加速度**，即

$$\bar{\boldsymbol{a}}=\frac{\Delta\boldsymbol{v}}{\Delta t} \tag{1-3-12}$$

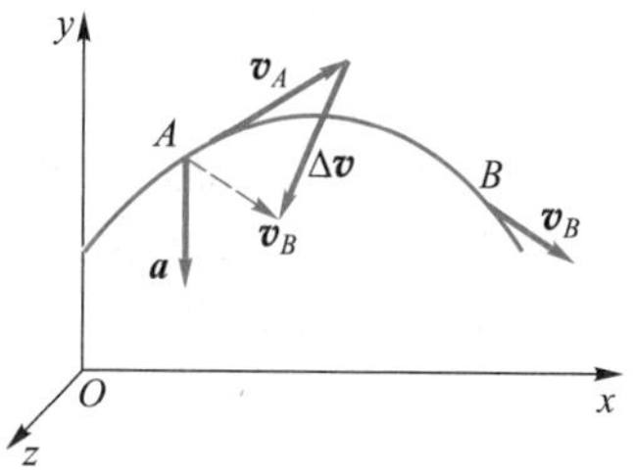

图 1-3-2　加速度

平均加速度只能粗略地反映速度的变化，为了精确描写速度随时间的变化，我们把 Δt 趋近于零时平均加速度的极限定义为**瞬时加速度**，简称**加速度**，即

$$\boldsymbol{a}=\lim_{\Delta t\to 0}\frac{\Delta\boldsymbol{v}}{\Delta t}=\frac{\mathrm{d}\boldsymbol{v}}{\mathrm{d}t}=\frac{\mathrm{d}^2\boldsymbol{r}}{\mathrm{d}t^2} \tag{1-3-13}$$

瞬时加速度是速度对时间的一阶导数，是位置矢量对时间的二阶导数。加速度既反映速度大小的变化，又反映速度方向的变化。它的常用单位是 $\mathrm{m/s^2}$ 和 $\mathrm{cm/s^2}$。

在直角坐标系中

$$\boldsymbol{a}=\frac{\mathrm{d}\boldsymbol{v}}{\mathrm{d}t}=\frac{\mathrm{d}v_x}{\mathrm{d}t}\boldsymbol{i}+\frac{\mathrm{d}v_y}{\mathrm{d}t}\boldsymbol{j}+\frac{\mathrm{d}v_z}{\mathrm{d}t}\boldsymbol{k}=\boldsymbol{a}_x+\boldsymbol{a}_y+\boldsymbol{a}_z=a_x\boldsymbol{i}+a_y\boldsymbol{j}+a_z\boldsymbol{k} \tag{1-3-14}$$

式中

$$a_x=\frac{\mathrm{d}v_x}{\mathrm{d}t},\quad a_y=\frac{\mathrm{d}v_y}{\mathrm{d}t},\quad a_z=\frac{\mathrm{d}v_z}{\mathrm{d}t} \tag{1-3-15}$$

是加速度在三个坐标轴方向上的分量。

加速度是矢量，其大小和方向余弦分别为

$$a=\sqrt{a_x^2+a_y^2+a_z^2} \tag{1-3-16}$$

$$\cos\alpha=\frac{a_x}{a},\quad \cos\beta=\frac{a_y}{a},\quad \cos\gamma=\frac{a_z}{a} \tag{1-3-17}$$

在曲线运动中，加速度的方向总是指向轨迹的凹侧，这是速度的增量 $\Delta\boldsymbol{v}$ 必定指向轨迹凹侧的缘故(图 1-3-2)。当运动速度加快时，$\boldsymbol{a}$ 与 $\boldsymbol{v}$ 成锐角；当运动速度减慢时，$\boldsymbol{a}$ 与 $\boldsymbol{v}$ 成钝角；当运动速度不变时，$\boldsymbol{a}$ 与 $\boldsymbol{v}$ 成直角。在直线运动中，当 $\boldsymbol{a}$ 与 $\boldsymbol{v}$ 方向相同时运动加快，当 $\boldsymbol{a}$

与 $\boldsymbol{v}$ 方向相反时运动减慢。

五、由加速度求速度 匀变速运动

如果已知质点的加速度随时间变化的函数关系 $\boldsymbol{a}=\boldsymbol{a}(t)$，那么用积分法可以求出质点在任意时刻的速度。由 $\boldsymbol{a}=\frac{\mathrm{d}\boldsymbol{v}}{\mathrm{d}t}$ 得 $\int_{v_0}^{v}\mathrm{d}\boldsymbol{v}=\int_{t_0}^{t}\boldsymbol{a}\mathrm{d}t$，即

$$\boldsymbol{v}=\boldsymbol{v}_0+\int_{t_0}^{t}\boldsymbol{a}(t)\mathrm{d}t \tag{1-3-18}$$

式中 $\boldsymbol{v}_0$ 和 $\boldsymbol{v}$ 分别是质点在 t_0 和 t 时刻的速度。

当质点作匀变速运动时，$\boldsymbol{a}=$常量，即 $\boldsymbol{a}$ 与时间 t 无关，故

$$\boldsymbol{v}=\boldsymbol{v}_0+\boldsymbol{a}(t-t_0) \tag{1-3-19}$$

上式在直角坐标系中的分量式为

$$\begin{cases} v_x=v_{0x}+a_x(t-t_0) \\ v_y=v_{0y}+a_y(t-t_0) \\ v_z=v_{0z}+a_z(t-t_0) \end{cases} \tag{1-3-20}$$

由(1-3-19)式得到一个重要的结论：具有恒定加速度的运动是平面运动。因为该式表明，质点在任一时刻的速度 $\boldsymbol{v}$ 必定在由确定的 $\boldsymbol{v}_0$ 和常量 $\boldsymbol{a}$ 构成的固定平面内。

将(1-3-19) 式代入(1-3-9)式，可得匀变速运动质点的位矢

$$\begin{aligned}\boldsymbol{r}&=\boldsymbol{r}_0+\int_{t_0}^{t}[\boldsymbol{v}_0+\boldsymbol{a}(t-t_0)]\mathrm{d}t\\&=\boldsymbol{r}_0+\boldsymbol{v}_0(t-t_0)+\frac{1}{2}\boldsymbol{a}(t-t_0)^2\end{aligned} \tag{1-3-21}$$

上式在直角坐标系中的分量式为

$$\begin{cases} x=x_0+v_{0x}(t-t_0)+\frac{1}{2}a_x(t-t_0)^2 \\ y=y_0+v_{0y}(t-t_0)+\frac{1}{2}a_y(t-t_0)^2 \\ z=z_0+v_{0z}(t-t_0)+\frac{1}{2}a_z(t-t_0)^2 \end{cases} \tag{1-3-22}$$

当质点沿 x 轴作匀变速直线运动时，只需应用(1-3-20)式和(1-3-22)式中的第一式。为简单起见，去掉两式中的脚标 x，并令初始时刻 $t_0=0$，于是

$$\begin{cases} v=v_0+at \\ x=x_0+v_0t+\frac{1}{2}at^2 \end{cases} \tag{1-3-23}$$

并由此推出

$$v^2-v_0^2=2a(x-x_0) \tag{1-3-24}$$

六、运动叠加原理

由(1-2-5)式、(1-3-4)式和(1-3-15)式可以看出，当质点作曲线运动时，x，y，z 三

个方向的坐标、速度、加速度是彼此无关的。因此，物体在某个方向的运动不会由于它同时参与其他方向的运动而受到影响，换句话说，物体的真实运动可以看成是几个各自独立进行的运动叠加而成，这一结论称为运动独立性原理或运动叠加原理。它是力学中的一个重要原理，已为实验所证实。根据这个原理，我们可以把一个复杂的曲线运动分解成几个比较简单的直线运动分别考察，从而使问题的讨论变得简便。

【例 1-1】 已知一物体在 Oxy 平面内运动，其运动方程为

$$\boldsymbol{r} = R\cos\omega t\boldsymbol{i} + R\sin\omega t\boldsymbol{j} \quad ①$$

式中 R 和 ω 是常量，均大于零。求物体运动的轨迹、速度和加速度。

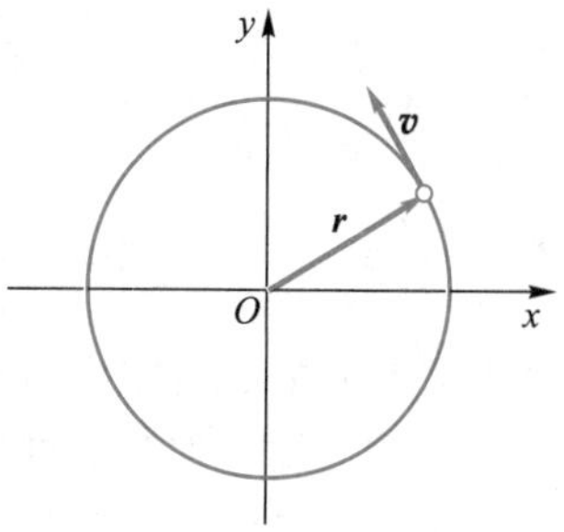

图 1-3-3　例 1-1 图

解　由①式可知，物体的直角坐标为

$$x = R\cos\omega t,\quad y = R\sin\omega t,\quad z = 0$$

消去时间 t，得轨迹方程

$$x^2 + y^2 = R^2,\quad z = 0$$

可见物体作半径为 R 的圆周运动（图 1-3-3）。

物体的速度为

$$\boldsymbol{v} = \frac{\mathrm{d}\boldsymbol{r}}{\mathrm{d}t} = \frac{\mathrm{d}}{\mathrm{d}t}(R\cos\omega t\boldsymbol{i} + R\sin\omega t\boldsymbol{j}) = -\omega R\sin\omega t\boldsymbol{i} + \omega R\cos\omega t\boldsymbol{j}$$

速度的大小为

$$v = \sqrt{(-\omega R\sin\omega t)^2 + (\omega R\cos\omega t)^2} = \omega R$$

因 R 和 ω 都是常量，故物体作圆周运动的速率是恒定的。因为

$$\boldsymbol{v}\cdot\boldsymbol{r} = (-\omega R\sin\omega t\boldsymbol{i} + \omega R\cos\omega t\boldsymbol{j})\cdot(R\cos\omega t\boldsymbol{i} + R\sin\omega t\boldsymbol{j})$$
$$= -\omega R^2\sin\omega t\cdot\cos\omega t + \omega R^2\cos\omega t\cdot\sin\omega t = 0$$

所以 $\boldsymbol{v}$ 与 $\boldsymbol{r}$ 垂直，即物体的速度总是沿着圆周的切线方向。

物体的加速度为

$$\boldsymbol{a} = \frac{\mathrm{d}\boldsymbol{v}}{\mathrm{d}t} = \frac{\mathrm{d}}{\mathrm{d}t}(-\omega R\sin\omega t\boldsymbol{i} + \omega R\cos\omega t\boldsymbol{j}) = -\omega^2 R\cos\omega t\boldsymbol{i} - \omega^2 R\sin\omega t\boldsymbol{j} = -\omega^2\boldsymbol{r}$$

即加速度的大小等于 $\omega^2 r$，而方向始终指向圆心，这样的加速度称为向心加速度。可见，当物体作匀速圆周运动时，其加速度是向心加速度。

【例 1-2】 一人站在岸上用绳拉船靠岸，岸顶离水面的高度 $h = 20$ m。若人以速率 $u = 3$ m/s 收绳，把船拉到与岸顶距离 $l_0 = 40$ m 时开始计时。求第 5 s 时小船的速度和加速度。

解　小船作直线运动。以岸脚为原点 O，x 轴正方向向右（图 1-3-4）。人拉绳的速率为

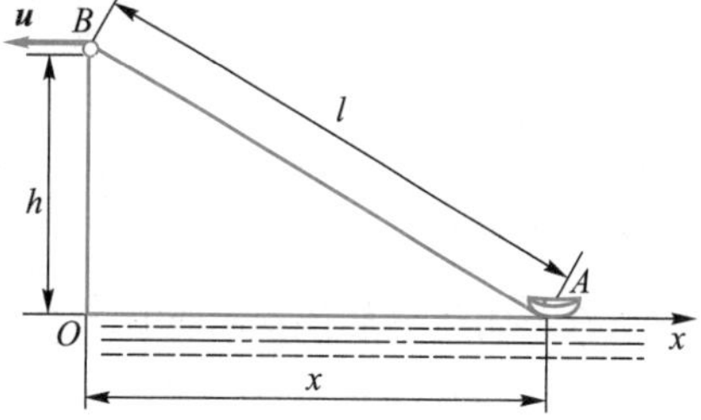

图 1-3-4　例 1-2 图

$$u = -\frac{\mathrm{d}l}{\mathrm{d}t}$$

式中的负号是因为绳长 l 不断缩短。由上式有

$$\int_{l_0}^{l}\mathrm{d}l = -u\int_0^t\mathrm{d}t$$

即

$$l = l_0 - ut$$

船离岸脚的距离为

$$x=(l^2-h^2)^{1/2}=[(l_0-ut)^2-h^2]^{1/2}$$

故船的位矢
$$\boldsymbol{r}=x\boldsymbol{i}=[(l_0-ut)^2-h^2]^{1/2}\boldsymbol{i}$$

速度
$$\boldsymbol{v}=\frac{\mathrm{d}\boldsymbol{r}}{\mathrm{d}t}=\frac{\mathrm{d}x}{\mathrm{d}t}\boldsymbol{i}=\frac{\mathrm{d}}{\mathrm{d}t}[(l_0-ut)^2-h^2]^{1/2}\boldsymbol{i}=\frac{-(l_0-ut)u}{[(l_0-ut)^2-h^2]^{1/2}}\boldsymbol{i}=v\boldsymbol{i}$$

加速度

$$\boldsymbol{a}=\frac{\mathrm{d}\boldsymbol{v}}{\mathrm{d}t}=\frac{\mathrm{d}}{\mathrm{d}t}\frac{-(l_0-ut)u}{[(l_0-ut)^2-h^2]^{1/2}}\boldsymbol{i}=\frac{-(uh)^2}{[(l_0-ut)^2-h^2]^{3/2}}\boldsymbol{i}=a\boldsymbol{i}$$

故第 5 s 时
$$v=\frac{-(40-3\times5)\times3}{[(40-3\times5)^2-20^2]^{1/2}}\ \mathrm{m/s}=-5\ \mathrm{m/s}$$

$$a=\frac{-(3\times20)^2}{[(40-3\times5)^2-20^2]^{3/2}}\ \mathrm{m/s^2}=-1.07\ \mathrm{m/s^2}$$

将此两式与它们各自相应的矢量式比较可知，负号表示 $\boldsymbol{v}$ 和 $\boldsymbol{a}$ 与 x 轴正方向相反，指向岸脚。所以，船的速度和加速度可分别用 v 和 a 表示，绝对值表示大小，正负号表示方向，而不必写出矢量形式。实际上，**在直线运动中，也就是一维情况下，矢量的方向常用正负号表示，与坐标轴同方向者为正，反之为负。**这一点在列方程时要注意，据此又可由结果的正负来判断矢量的实际方向。

【例 1-3】 一汽艇以速率 v_0 沿直线行驶。发动机关闭后，汽艇因受到阻力而具有与速度 v 成正比且方向相反的加速度 $a=-kv$，其中 k 为正的常量。求发动机关闭后

（1）在任意 t 时刻汽艇的速度；

（2）汽艇能滑行的距离 s。

解 （1）这是一维情况，矢量的方向可用正负号表示。故

$$a=\frac{\mathrm{d}v}{\mathrm{d}t}=-kv \qquad ①$$

分离变量 v 和 t，并积分

$$\int_{v_0}^{v}\frac{\mathrm{d}v}{v}=-k\int_0^t\mathrm{d}t,\qquad 得\ \ln\frac{v}{v_0}=-kt$$

故在发动机关闭后 t 时刻，汽艇的速度为

$$v=v_0\mathrm{e}^{-kt} \qquad ②$$

（2）注意到
$$\frac{\mathrm{d}v}{\mathrm{d}t}=\frac{\mathrm{d}v}{\mathrm{d}s}\frac{\mathrm{d}s}{\mathrm{d}t}=v\frac{\mathrm{d}v}{\mathrm{d}s}$$

并代入①式，得

$$v\frac{\mathrm{d}v}{\mathrm{d}s}=-kv$$

分离变量 v 和 s，并积分
$$\int_{v_0}^{0}\mathrm{d}v=-k\int_0^s\mathrm{d}s$$

故发动机关闭后汽艇能滑行的距离为

$$s=\frac{v_0}{k}$$

这个结果也可以根据 $v=\frac{ds}{dt}$，由②式积分得到。注意积分时时间 t 的上下限分别取为∞和 0。

七、切向加速度和法向加速度

现在我们来研究质点运动沿着轨道的**切向**和垂直于轨道切线的**法向**的分解。如图 1-3-5 所示，设质点作平面曲线运动。在轨道上任一点可建立如下的只有两个坐标轴的坐标系，其中一根坐标轴沿轨道在该点的切线并指向运动方向，该方向上的单位矢量用 $\boldsymbol{e}_t$ 表示；另一坐标轴沿该点轨道的法线并指向轨道曲线的凹侧，相应的单位矢量用 $\boldsymbol{e}_n$ 表示，这种坐标系叫作**自然坐标系**。显然，沿轨道上各点，自然坐标系的坐标轴的方位是不断地变化着的。质点的速度是沿着轨道的切线方向的，因此，在自然坐标系中，速度可写成

$$\boldsymbol{v}=v\boldsymbol{e}_t$$

加速度

$$\boldsymbol{a}=\frac{d}{dt}(v\boldsymbol{e}_t)=\frac{dv}{dt}\boldsymbol{e}_t+v\frac{d\boldsymbol{e}_t}{dt}$$

考察 $\frac{d\boldsymbol{e}_t}{dt}$。当 $\Delta t \to 0$ 时，在图 1-3-5 所示的等腰三角形 qab 中，角 $d\varphi \to 0$，从而 $d\boldsymbol{e}_t \perp \boldsymbol{e}_t$，即 $d\boldsymbol{e}_t$ 与 $\boldsymbol{e}_n$ 同向，$\boldsymbol{e}_n$ 指向轨道曲线对应于 A 点的曲率中心 C。而 ab 可视为一小段圆弧，又 $|\boldsymbol{e}_t|=|\boldsymbol{e}_t'|=1$，故

$$|d\boldsymbol{e}_t|=|\boldsymbol{e}_t|\cdot d\varphi=1\cdot d\varphi=d\varphi$$

于是

$$d\boldsymbol{e}_t=|d\boldsymbol{e}_t|\boldsymbol{e}_n=d\varphi\cdot\boldsymbol{e}_n,\quad \frac{d\boldsymbol{e}_t}{dt}=\frac{d\varphi}{dt}\boldsymbol{e}_n=\frac{d\varphi}{ds}\frac{ds}{dt}\boldsymbol{e}_n=\frac{d\varphi}{ds}v\boldsymbol{e}_n$$

由于 B 点非常接近 A 点，因此 $ds=\overset{\frown}{AB}$ 可以看作圆弧，从而 $ds=\rho d\varphi$，其中 ρ 是轨道曲线在 A 点处的曲率半径，代入上式，得

$$\frac{d\boldsymbol{e}_t}{dt}=\frac{v}{\rho}\boldsymbol{e}_n$$

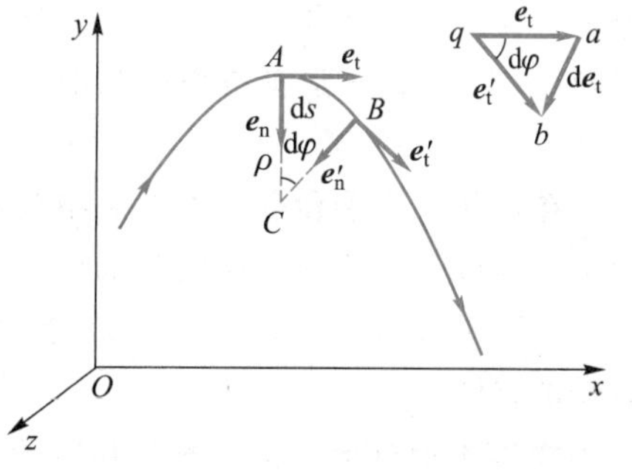

图 1-3-5 切向加速度和法向加速度

于是

$$\boldsymbol{a}=\frac{dv}{dt}\boldsymbol{e}_t+\frac{v^2}{\rho}\boldsymbol{e}_n=\boldsymbol{a}_t+\boldsymbol{a}_n \qquad (1-3-25)$$

式中

$$\boldsymbol{a}_t=\frac{dv}{dt}\boldsymbol{e}_t,\quad \boldsymbol{a}_n=\frac{v^2}{\rho}\boldsymbol{e}_n \qquad (1-3-26)$$

分别称为**切向加速度**和**法向加速度**，如果质点作半径为 R 的圆周运动，那么法向加速度表达式中的 $\rho=R$，并称法向加速度为**向心加速度**。

当质点作匀速率曲线运动时，速率 v = 常量，$\boldsymbol{a}_t=\boldsymbol{0}$，$\boldsymbol{a}=\boldsymbol{a}_n$。可见法向加速度只改变运动的方向，不改变运动的快慢。当质点作直线运动时，曲率半径 $\rho\to\infty$，$\boldsymbol{a}_n=\boldsymbol{0}$，$\boldsymbol{a}=\boldsymbol{a}_t$。可见切向加速度只改变运动的快慢，不改变运动的方向。

【例 1-4】 质点沿半径为 R 的圆周运动，切向加速度的大小和法向加速度的大小始终相等。已知质点的初速度为 v_0，求质点的速率和路程随时间变化的规律。

解 由 $a_t=a_n$ 得$\frac{dv}{dt}=\frac{v^2}{R}$，分离变量，并积分，有

$$\int_{v_0}^{v}\frac{dv}{v^2}=\int_0^t\frac{1}{R}dt,\qquad -\frac{1}{v}+\frac{1}{v_0}=\frac{t}{R}$$

所以质点的速率随时间变化的规律为

$$v=\frac{v_0R}{R-v_0t}$$

由速率定义 $v=\frac{ds}{dt}$，有 $ds=vdt$，两边积分，得

$$\int_0^s ds=\int_0^t\frac{v_0R}{R-v_0t}dt=-R\int_0^t\frac{d(R-v_0t)}{R-v_0t}$$

由此解得路程随时间变化的规律为

$$s=R\ln\frac{R}{R-v_0t}$$

第 4 节 相对运动

在力学问题中常常需要从不同的参考系来描述同一物体的运动。相对于不同的参考系，同一质点的位移、速度和加速度都可能是不同的。

为方便计，通常把相对于观察者静止的参考系(或观察者所在的参考系)称为静止参考系，而把相对于观察者运动的参考系称为运动参考系；把物体相对于运动参考系的速度和加速度分别称为相对速度和相对加速度，把物体相对于静止参考系的速度和加速度分别称为绝对速度和绝对加速度。运动参考系相对于静止参考系的速度和加速度分别称为牵连速度和牵连加速度。

在运动参考系和静止参考系中描述同一物体的运动时，可以分别得到一组描述运动的物理量，如位矢、位移、速度和加速度等。那么，这两组物理量之间满足什么样的变换关系呢？

在图 1-4-1 中，B 点和 C 点分别代表静止参考系和运动参考系上坐标系的原点，A 表示运动的物体。

物体 A 相对于静止参考系和运动参考系的位矢分别用 $\boldsymbol{r}_{AB}$ 和 $\boldsymbol{r}_{AC}$ 表示，脚标中的前一个字母代表运动物体，后一个字母代表参考系。$\boldsymbol{r}_{CB}$ 表示运动参考系相对于静止参考系的位矢。根据矢量相加的三角形法则，由图 1-4-1 知，在任意时刻 t 有

$$\boldsymbol{r}_{AB}(t)=\boldsymbol{r}_{AC}(t)+\boldsymbol{r}_{CB}(t)\qquad(1-4-1)$$

故经过 Δt 的时间间隔后，在 $t+\Delta t$ 时刻有

$$\boldsymbol{r}_{AB}(t+\Delta t)=\boldsymbol{r}_{AC}(t+\Delta t)+\boldsymbol{r}_{CB}(t+\Delta t)\qquad(1-4-2)$$

(1-4-2)式减去(1-4-1)式可得

$$\boldsymbol{r}_{AB}(t+\Delta t)-\boldsymbol{r}_{AB}(t)=\boldsymbol{r}_{AC}(t+\Delta t)-\boldsymbol{r}_{AC}(t)+\boldsymbol{r}_{CB}(t+\Delta t)-\boldsymbol{r}_{CB}(t)$$

即

$$\Delta\boldsymbol{r}_{AB}=\Delta\boldsymbol{r}_{AC}+\Delta\boldsymbol{r}_{CB}\qquad(1-4-3)$$

式中 $\Delta\boldsymbol{r}_{AB}$，$\Delta\boldsymbol{r}_{AC}$ 分别是物体 A 相对于 B 点和 C 点的位移，$\Delta\boldsymbol{r}_{CB}$ 是 C

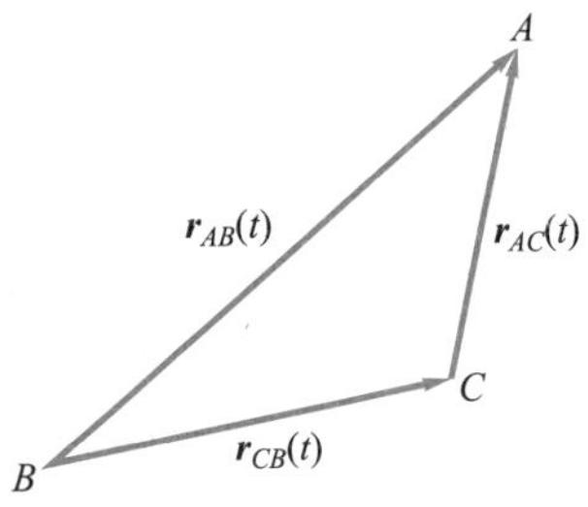

图 1-4-1 相对运动

点相对于 B 点的位移。

上式两边同时除以 Δt，并取极限 $\Delta t\to0$，则

$$\lim_{\Delta t\to0}\frac{\Delta \boldsymbol{r}_{AB}}{\Delta t}=\lim_{\Delta t\to0}\frac{\Delta \boldsymbol{r}_{AC}}{\Delta t}+\lim_{\Delta t\to0}\frac{\Delta \boldsymbol{r}_{CB}}{\Delta t}$$

所以

$$\frac{\mathrm{d}\boldsymbol{r}_{AB}}{\mathrm{d}t}=\frac{\mathrm{d}\boldsymbol{r}_{AC}}{\mathrm{d}t}+\frac{\mathrm{d}\boldsymbol{r}_{CB}}{\mathrm{d}t}$$

即

$$\boldsymbol{v}_{AB}=\boldsymbol{v}_{AC}+\boldsymbol{v}_{CB} \tag{1-4-4}$$

式中 $\boldsymbol{v}_{AB}$，$\boldsymbol{v}_{AC}$分别是物体 A 相对于 B 点和 C 点的速度，$\boldsymbol{v}_{CB}$是 C 点相对于 B 点的速度。

(1-4-4)式对时间求导可得各加速度满足

$$\boldsymbol{a}_{AB}=\boldsymbol{a}_{AC}+\boldsymbol{a}_{CB} \tag{1-4-5}$$

(1-4-4)式和(1-4-5)式还可以写成

$$\boldsymbol{v}_{绝对}=\boldsymbol{v}_{相对}+\boldsymbol{v}_{牵连} \tag{1-4-6}$$

$$\boldsymbol{a}_{绝对}=\boldsymbol{a}_{相对}+\boldsymbol{a}_{牵连} \tag{1-4-7}$$

(1-4-4)式和(1-4-5)式可以推广到有限多个物体相对运动的情形。例如

$$\boldsymbol{v}_{AB}=\boldsymbol{v}_{AC}+\boldsymbol{v}_{CD}+\boldsymbol{v}_{DB} \tag{1-4-8}$$

$$\boldsymbol{a}_{AB}=\boldsymbol{a}_{AC}+\boldsymbol{a}_{CD}+\boldsymbol{a}_{DB} \tag{1-4-9}$$

应该指出，(1-4-3)式中的位移 $\Delta\boldsymbol{r}_{AB}$，$\Delta\boldsymbol{r}_{CB}$及完成位移所需的时间 Δt_B 是用 B 参考系中的尺和钟测量的，位移 $\Delta\boldsymbol{r}_{AC}$及完成位移所需的时间 Δt_C 是用 C 参考系中的尺和钟测量的。位移矢量相加时，各个位移矢量必须是相对于同一参考系来说的。可见，(1-4-3)式和(1-4-4) 式隐含了一个前提条件，两个参考系中的尺和钟完全一样，即在有相对运动的不同参考系中对同一物体的同一运动所作的空间测量和时间测量有相同的结果，也就是说，空间的测量和时间的测量与运动无关，这称为**绝对时空观**。这种观点和人们的日常生活经验相符。但到了 20 世纪初，陆续发现一些与绝对时空观相抵触的实验现象，从而导至了相对论的建立。相对论认为，空间和时间的测量与运动密切相关，也就是说，同一段长度或同一段时间的测量结果有赖于参考系，它们在作相对运动的不同参考系中测量的结果是不同的。只有当物体的速率远小于真空中的光速时，绝对时空观才近似正确。因而，(1-4-3)式和(1-4-4)式是低速(物体的速率远小于真空中的光速)情形下的近似公式。相对论时空观将在第 5 章详细介绍。

【例 1-5】　一列火车在雨中以 88.2 m/s 的速率向正南方向行驶，当时正刮北风。静立在车站上的服务员看到雨丝与竖直线成 21.6°角，但在车厢中的旅客却看到雨丝竖直向下打在玻璃窗上。求雨滴相对于地面的速率。

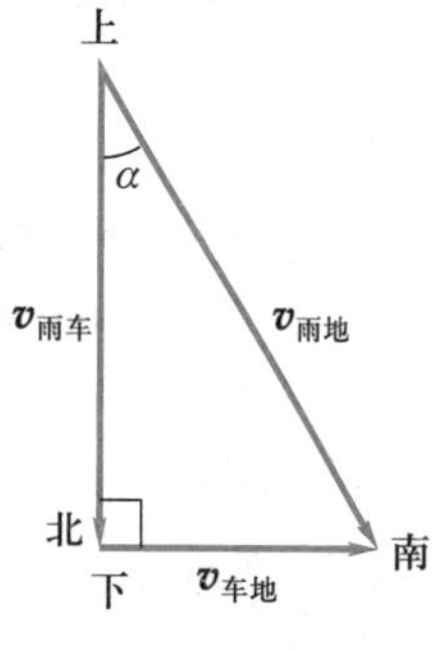

图 1-4-2　例 1-5 图

解　根据(1-4-4)式，有

$$\boldsymbol{v}_{雨地}=\boldsymbol{v}_{雨车}+\boldsymbol{v}_{车地}$$

上式可用图 1-4-2 来表示。已知 $\alpha=21.6°$，$v_{车地}=88.2$ m/s。故

$$v_{雨地}=\frac{v_{车地}}{\sin\alpha}=\frac{88.2}{\sin 21.6°}\ \text{m/s}=239.6\ \text{m/s}$$

【例 1-6】 有两艘海船 A 和 B，A 船以速度 10 km/h 向北偏西 30°航行，B 船以速度 20 km/h 向正西方向航行，在某时刻 B 船位于 A 船的北偏东 60°方向。问两船需要采取措施避免相碰吗？

解 做法之一是在同一参考系中写出 A 船和 B 船的运动方程

$$\boldsymbol{r}_A=\boldsymbol{r}_A(t),\quad \boldsymbol{r}_B=\boldsymbol{r}_B(t)$$

并取题中所说的初始时刻 $t=0$。显然，若能找到大于 0 的 t 使得 $\boldsymbol{r}_A(t)=\boldsymbol{r}_B(t)$ 成立，则两者会相碰。

其实，应用相对运动的概念来解此题比较简便。选 A 船为参考系来考察 B 船的运动。根据(1-4-4)式，B 船相对于 A 船的速度

$$\boldsymbol{v}_{BA}=\boldsymbol{v}_{B海}+\boldsymbol{v}_{海A}=\boldsymbol{v}_{B海}-\boldsymbol{v}_{A海} \qquad ①$$

按照题设，A 船和 B 船相对于海面的速度 $\boldsymbol{v}_{A海}$，$\boldsymbol{v}_{B海}$ 均是不变的。所以，由①式可知，在 A 船看来，B 船的速度 $\boldsymbol{v}_{BA}$ 也是不变的，也就是说 B 船作匀速直线运动。因此，两船是否会相碰取决于 $\boldsymbol{v}_{BA}$ 的方向。若 $\boldsymbol{v}_{BA}$ 的方向沿 BA 的连线，则会相碰，否则不会。由于 $\boldsymbol{v}_{BA}$ 的方向不随时间变化，可以选题中所给的初始时刻来考虑。图1-4-3 中画出了①式表示的矢量和。由图可知，BA 的连线方向是西偏南 30°，设 $\boldsymbol{v}_{BA}$ 的方向是西偏南 β，又 $\alpha=60°$，故

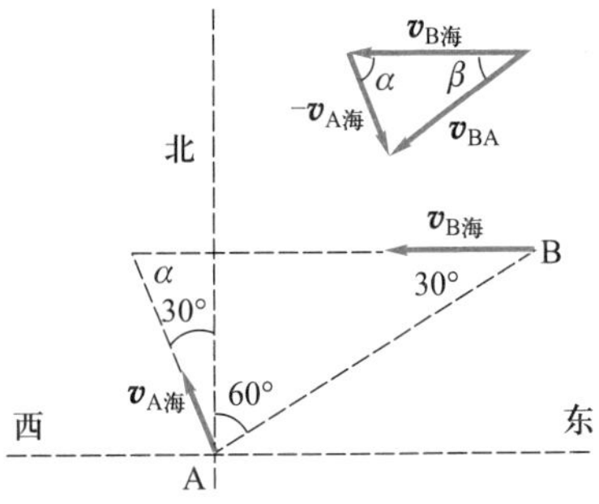

图 1-4-3 例 1-6 图

$$v_{BA}=\sqrt{v_{A海}^2+v_{B海}^2-2v_{A海}v_{B海}\cos 60°}$$
$$=\sqrt{10^2+20^2-2\times 10\times 20\times \frac{1}{2}}\ \text{km/h}=10\sqrt{3}\ \text{km/h}$$

而 $\dfrac{v_{A海}}{\sin\beta}=\dfrac{v_{BA}}{\sin\alpha}$，所以

$$\sin\beta=\frac{v_{A海}}{v_{BA}}\sin\alpha=\frac{10}{10\sqrt{3}}\sin 60°=\frac{1}{2}$$

于是 $\beta=30°$，这就是说 $\boldsymbol{v}_{BA}$ 的方向也是西偏南 30°，即沿 BA 的连线指向 A 船，所以两船将会相碰，应采取措施避免发生事故。

习　题

1-1 分析以下三种说法是否正确？

(1) 运动物体的加速度越大，物体的速度也必定越大；

(2) 物体作直线运动时，若物体向前的加速度减小了，则物体前进的速度也随之减小；

(3) 物体的加速度很大时，物体的速度大小必定改变。

1-2 质点的运动方程为 $x=x(t)$，$y=y(t)$。在计算质点的速度和加速度时，有人先求出 $r=\sqrt{x^2+y^2}$，然后根据 $v=\dfrac{dr}{dt}$ 和 $a=\dfrac{d^2r}{dt^2}$ 求出 v 和 a；也有人先计算速度和加速度的分量，再求出 $v=\sqrt{\left(\dfrac{dx}{dt}\right)^2+\left(\dfrac{dy}{dt}\right)^2}$ 和 $a=$

$\sqrt{\left(\frac{d^2x}{dt^2}\right)^2+\left(\frac{d^2y}{dt^2}\right)^2}$。这两种方法哪一种正确？为什么？

1-3　物体作曲线运动时，速度一定沿轨迹的切向，法向分速度恒为零，因此法向加速度也一定为零。这种说法对吗？

1-4　一质点作直线运动，其平均速率总等于$\frac{1}{2}$(初速+末速)吗？用上式计算平均速率的条件是什么？

1-5　将一小球竖直上抛，不考虑空气阻力，它上升和下降所经过的时间哪一个长？如果考虑空气阻力呢？

1-6　一质点在 Oxy 平面上运动，运动方程为

$$x=3t+5,\quad y=\frac{1}{2}t^2+3t-4$$

式中时间 t 的单位用 s，坐标 x，y 的单位用 m。求：(1) 质点运动的轨迹方程；(2) 质点位置矢量的表达式；(3) 从 $t_1=1$ s 到 $t_2=2$ s 的位移；(4) 速度的表达式；(5) 加速度的表达式。

1-7　一质点在 Oxy 平面上运动，其加速度为 $\boldsymbol{a}=5t^2\boldsymbol{i}+3\boldsymbol{j}$，式中时间 t 的单位用 s，加速度 a 的单位用 m/s^2。已知 $t=0$ 时，质点静止于坐标原点。求任一时刻该质点的速度、位置矢量、运动方程和轨迹方程。

1-8　一质点以匀速率 1 m/s 沿顺时针方向作圆周运动，圆半径为 1 m。求：(1) 质点在走过半个圆周时的位移、路程、平均速度及瞬时速度；(2) 质点在绕圆运动一周时的上述各量。

1-9　如图所示，一根绳子跨过滑轮，绳的一端挂一重物，一人拉着绳的另一端沿水平路面匀速前进，速率 $u=1$ m/s。设滑轮离地高 $H=12$ m，开始时重物位于地面，人在滑轮正下方，滑轮、重物和人的大小都忽略。求：(1) 重物在 10 s 时的速度和加速度；(2) 重物上升到滑轮处所需的时间。

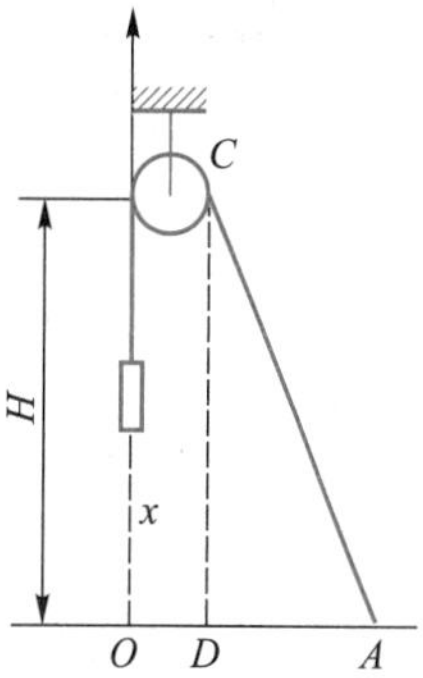

习题 1-9 图

1-10　一带电粒子射入均匀磁场，当粒子的初速度与磁场方向斜交时，粒子的运动方程为

$$x=a\cos(kt),\quad y=a\sin(kt),\quad z=bt$$

其中 a，b，k 是常量。求此粒子的运动轨迹，以及走过的路程 s 与时间 t 的关系。

1-11　一质点在 Oxy 平面上运动，运动方程为

$$x=2t,\quad y=19-2t^2$$

式中 t 的单位是 s，x 和 y 的单位是 m。(1) 什么时候位置矢量与速度垂直？这时质点位于哪里？(2) 什么时候质点离原点最近？这时距离是多少？

1-12　如图所示，一气象气球自地面以匀速度 v 上升到天空，在距离放出点为 R 处用望远镜对气球进行观测。求：(1) 仰角 θ 随高度 h 的变化率；(2) 仰角 θ 的时间变化率。

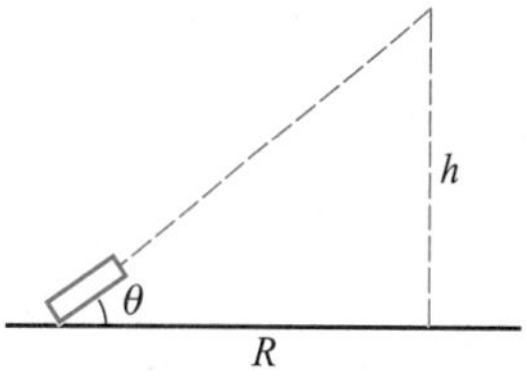

习题 1-12 图

1-13　一质点在 Oxy 平面内运动，其速度分量为

$$v_x=4t^3+4t,\quad v_y=4t$$

式中 v_x 和 v_y 的单位为 m/s，t 的单位为 s。设当 $t=0$ 时质点的位置是(1 m，2 m)，求轨迹方程。

1-14　一物体沿 x 轴作直线运动，加速度 $a=a_0+kt$，a_0，k 是常量。已知 $t=0$ 时，$v=0$，$x=0$，求在时刻 t 物体的速率和位置。

1-15　一物体沿 x 轴作直线运动，其加速度为 $a=-kv^2$，k 是常量。在 $t=0$ 时，$v=v_0$，$x=0$。(1) 求速率随坐标变化的规律；(2) 求坐标和速率随时间变化的规律。

1-16　由山顶以初速 v_0 水平发射一枪弹，求在时刻 t 的速度、切向加速度和法向加速度的大小。

1-17　一质点沿半径 $R=2$ m 的圆周运动，其速率 $v=KRt^2$，K 为常量。已知第二秒的速率为 32 m/s，求 $t=0.5$ s 时质点的速度和加速度的大小。

1-18　一炮弹作抛射运动，已知 $t=0$ 时炮弹的位置为 $x_0=y_0=0$，速度 v_0 与水平的 x 轴成 θ_0 角。若不计空气阻力，求炮弹的切向加速度和法向加速度。

1-19　一架飞机 A 以相对于地面 300 km/h 的速度向北飞行，另一架飞机 B 以相对于地面 200 km/h 的速度向北偏西 60°的方向飞行。求 A 相对 B 和 B 相对于 A 的速度。

1-20　一架飞机在静止空气中的速率为 $v_1=135$ km/h。在刮风天气，飞机以 $v_2=135$ km/h 的速率向正北飞行，机头指向北偏东 30°。请协助驾驶员判断风向和风速。

1-21　一质量 $m_1=100$ kg，长 $L=3.6$ m 的小船静止在水面上。现有一质量 $m_2=50$ kg 的人从船尾走到船头，问船头将在水面上移动多长的距离。不计水的阻力。

1-22　如图所示，一行驶的货车遇到大雨。雨滴相对地面竖直下落，速度为 5 m/s。车厢里紧靠挡板水平地放有长为 $L=1$ m 的木板。如果木板的上表面距挡板最高端的距离 $h=1$ m，问货车至少要以多大的速度行驶，才能使木板不致淋雨？

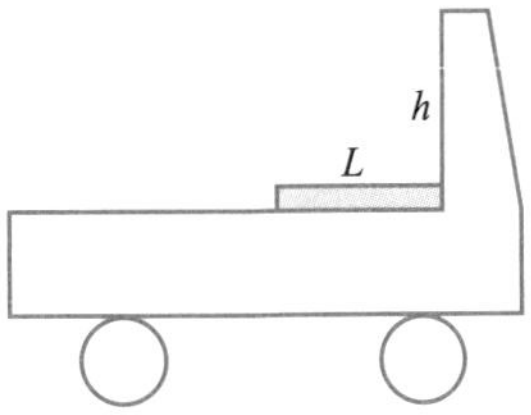

习题 1-22 图

1-23　把两个物体 A 和 B 分别以初速 $\boldsymbol{v}_A$ 和 $\boldsymbol{v}_B$ 同时抛掷出去。若忽略空气的阻力，试证明在两个物体落地前物体 B 相对于物体 A 作匀速直线运动。

第 1 章习题参考答案

第2章 牛顿运动定律

第1节 牛顿运动定律

第1章介绍了如何用位矢、位移、速度和加速度等物理量来描述质点的运动，并研究了这些描述运动的物理量之间的关系。从本章起将进一步讨论在周围其他物体的作用下，所考察的物体如何运动。英国物理学家牛顿(Isaac Newton，1643—1727)在1687年出版的《自然哲学的数学原理》中提出了机械运动的三条基本定律。这三条定律统称为**牛顿运动定律**。它们是动力学的基础。以这三条定律为基础的力学体系叫作**牛顿力学**或**经典力学**。下面介绍这三条定律。

一、牛顿第一定律

“任何物体都保持静止或沿一直线作匀速运动的状态，除非有外力作用迫使它改变这种状态。”

用 $\boldsymbol{F}$ 表示力，则牛顿第一定律的数学表达式是

$$\text{当}\ \boldsymbol{F}=\boldsymbol{0}\ \text{时，}\ \boldsymbol{v}=\text{常量} \tag{2-1-1}$$

牛顿第一定律阐明了两个重要的力学概念。从定律的表述中可知，任何一个物体都有保持运动状态不变的性质，这一特性称为**惯性**，因此牛顿第一定律又称**惯性定律**。惯性是物质的固有属性，是物质与运动不可分离的反映。牛顿第一定律还把力与运动状态的变化联系起来，指出力是其他物体施于所考察的物体上并使其改变运动状态的原因。

由第1章的讨论知道，对物体运动的描述必定是相对于一定的参考系而言的。牛顿第一定律并非对所有的参考系都成立。我们把牛顿第一定律(惯性定律)成立的参考系叫作**惯性参考系**，简称**惯性系**。把牛顿第一定律不成立的参考系叫作**非惯性参考系**，简称**非惯性系**。一个参考系是否为惯性系，只能由实验来判定。事实上，不存在严格意义上的惯性系。最常用的惯性系是地球，在一般的工程技术问题中，地球(或者说地面)是一个足够精确的惯性系。根据(1-4-6)式分析可知，相对于某个惯性系静止或作匀速直线运动的参考系也是惯性系。相对于一个已知惯性系加速度不为零的参考系是非惯性系。

二、牛顿第二定律

“运动的改变和所施加的动力成正比，并且发生在该力所沿直线的方向上。”

牛顿对“运动”一词作了这样的说明：“运动的量是用速度和质量一起来量度的”。这个“运动的量”应该理解为物体(质点)的质量与速度的乘积，现在把这一乘积叫作**动量**，常用 $\boldsymbol{p}$ 表示，即

$$\boldsymbol{p}=m\boldsymbol{v}$$

式中 m 表示物体的质量。牛顿所说的运动的“改变”实际上是指动量“对时间的变化率”。因

此，牛顿第二定律的确切表述为，动量对时间的变化率与(动)力成正比，这是经瑞士数学家和力学家欧拉(L. Euler，1707—1783)改进后的表述。1750 年，欧拉把牛顿第二定律准确地写成

$$\boldsymbol{F}=\frac{\mathrm{d}(m\boldsymbol{v})}{\mathrm{d}t}=\frac{\mathrm{d}\boldsymbol{p}}{\mathrm{d}t} \tag{2-1-2}$$

若物体的质量不随时间变化，上式可写成

$$\boldsymbol{F}=m\boldsymbol{a} \tag{2-1-3}$$

这是牛顿第二定律的通常形式，但在牛顿的《自然哲学的数学原理》中却不曾出现。

实验表明，当物体的运动速度接近真空中的光速时，其质量明显地随速度发生变化，因而(2-1-3)式不再适用，但(2-1-2)式依然成立。(2-1-2)式是牛顿第二定律的普遍形式。

实验还证明，当物体同时受到几个力 $\boldsymbol{F}_1$，$\boldsymbol{F}_2$，…，$\boldsymbol{F}_n$ 的作用时，这些力的作用效果等同于一个单独的力 $\boldsymbol{F}$ 的作用效果，$\boldsymbol{F}$ 是物体同时受到的这几个力 $\boldsymbol{F}_1$，$\boldsymbol{F}_2$，…，$\boldsymbol{F}_n$ 的矢量和，即 $\boldsymbol{F}=\boldsymbol{F}_1+\boldsymbol{F}_2+\cdots+\boldsymbol{F}_n$。$\boldsymbol{F}$ 称为 $\boldsymbol{F}_1$，$\boldsymbol{F}_2$，…，$\boldsymbol{F}_n$ 的**合力**。这一结论叫作**力的叠加原理**。因此，对这种情形，(2-1-2)式和(2-1-3)式中的 $\boldsymbol{F}$ 表示外界作用于物体的合力。

必须指出，(2-1-3) 式说的是力的瞬时效应。力和加速度同时产生，同时变化，同时消失，无先后之分，不可误认为先有力，后有加速度。

另外，牛顿第二定律(2-1-3)式是矢量式。求解力学问题时，常应用它的分量式：

$$F_x=ma_x,\quad F_y=ma_y,\quad F_z=ma_z \tag{2-1-4}$$

或

$$F_{\mathrm{n}}=ma_{\mathrm{n}},\quad F_{\mathrm{t}}=ma_{\mathrm{t}} \tag{2-1-5}$$

式中 F_x，F_y，F_z 分别是直角坐标系中沿三个坐标轴的分力；F_{n}，F_{t} 分别是法向分力和切向分力。

牛顿第一定律阐述了惯性的概念和力的作用，在此基础上，牛顿第二定律进一步对力和惯性作了定量研究，并提供了度量它们的方法。牛顿第二定律的数学表达式(2-1-3)给出了力、质量和加速度三个物理量之间的定量关系，这就要求对这三个物理量作定量的度量。根据长度和时间的度量自然可以度量加速度。下面讨论力和质量的度量问题。

1. 力的度量

力是动力学的一个基本概念。人们对力的认识，最初是与举、拉、推等动作中的肌肉紧张感相联系的。单凭人的肌肉感觉来度量力是很不准确的，牛顿第二定律提供了科学地度量力的基础。使同一物体先后在两个不同的力 $\boldsymbol{F}_1$ 和 $\boldsymbol{F}_2$ 作用下获得不同的加速度 $\boldsymbol{a}_1$ 和 $\boldsymbol{a}_2$。因为质量 m 是恒定的，所以由(2-1-3)式得到力和加速度的大小满足关系

$$\frac{F_1}{F_2}=\frac{a_1}{a_2} \tag{2-1-6}$$

其中加速度的大小 a_1 和 a_2 可以测量。如再规定两力之一为标准力，就可根据(2-1-6)式给出另一个力的大小。常用的测力仪器，如弹簧秤，便是按照这个原理制成的。

实验表明，力是一个不仅有大小，而且有方向的量，多个力相加时遵循平行四边形法则，所以力是矢量。力的单位是 N(牛顿)。

2. 质量的度量

根据(2-1-3)式可以度量物体的质量。使两个质量分别为 m_1 和 m_2 的物体在相同的力 $\boldsymbol{F}$ 的作用下分别获得加速度 $\boldsymbol{a}_1$ 和 $\boldsymbol{a}_2$，由于 $\boldsymbol{F}$ 相等，故由(2-1-3)式可得

$$\frac{m_1}{m_2}=\frac{a_2}{a_1} \tag{2-1-7}$$

其中加速度的大小 a_1 和 a_2 可以测量。如再规定两个质量之一为标准质量，就可根据(2-1-7)式算出另一个质量的大小。质量的单位是 kg(千克)、g(克)等。1889 年，第一届国际计量大会规定“国际千克原器”的质量为 1 kg。国际千克原器是一个铂铱合金圆柱体，它保存在巴黎国际计量局里。2018 年 11 月 16 日，第 26 届国际计量大会通过“修订国际单位制”决议。新国际单位体系采用物理常量重新定义质量单位“千克”、电流单位“安培”、温度单位“开尔文”和物质的量单位“摩尔”。改成以基本物理常量定义计量单位，可大大提高相应单位的稳定性和精确度。根据最新定义，1 kg 是普朗克常量为 $6.626\ 070\ 15\times10^{-34}$ J · s 时的质量单位。

(2-1-7)式表明，在相同的力作用下，物体的质量与加速度成反比。质量大的物体产生的加速度小，即运动状态难以改变，惯性大；反之，质量小的物体产生的加速度大，即运动状态容易改变，惯性小。因此可以说，质量是物体惯性大小的量度。因而(2-1-2)式和(2-1-3)式中的质量叫作物体的**惯性质量**。

牛顿第二定律中的惯性质量和万有引力定律中的引力质量描述了物体两种截然不同的属性。前者表征物体维持自身运动状态的能力，后者表示物体产生和感受引力的能力。一般在牛顿力学中，物体的惯性质量和引力质量可以看作是同一属性的两种不同表现而不加以区分。这就是等效原理的概念，后来成为广义相对论中最重要的基本假设之一。等效原理的检验一直是物理学家研究的重要课题。1890 年匈牙利物理学家厄特沃什(Eötvös，1848—1919)做了著名的扭秤实验，以较高的精确度证明了各种物体的惯性质量和引力质量成正比，如果选用适当的单位，就可以使同一物体的两种质量数值上相等。这个实验被多次重复进行，至 2017 年 MICROSCOPE 计划的空间等效原理实验，其精度提高到了 10^{-14}，是迄今检验精度最高的结果。

三、牛顿第三定律

“每一个作用总有一个相等的反作用与它对抗；或者说，两个物体之间的相互作用永远相等，并且指向对方。”

这里所说的作用就是力。如果两个物体的相互作用力分别以 $\boldsymbol{F}_1$ 和 $\boldsymbol{F}_2$ 表示，则牛顿第三定律的数学表达式为

$$\boldsymbol{F}_1=-\boldsymbol{F}_2 \tag{2-1-8}$$

牛顿第一定律指出力的作用是改变物体的运动状态，牛顿第二定律给出了度量力的法则，牛顿第三定律则明确力是物体间的相互作用。至此，我们对在牛顿力学中起核心作用的力这个物理量有了比较完整的认识。

由牛顿第三定律可知，力总是以作用力和反作用力的形式成对出现的，施力者和受力者

总是并存的，而且作用力和反作用力分别施于两个相互作用的物体上。应该注意区分一对作用力和反作用力与一对平衡力。虽然它们都是大小相等，方向相反的，但后者是作用在同一物体上的。此外，作用力和反作用力必属同一性质的力，譬如都是摩擦力或都是弹性力等，而一对平衡力并不一定如此。

必须指出，牛顿第三定律有某些例外。对于接触力(彼此接触的物体间的作用力)，牛顿第三定律总是成立的。但是，当物体间有一定距离时，由于相互作用是通过场以有限速度传播的，存在延迟效应，因而对有些情形牛顿第三定律失效，譬如两个运动电荷之间的电磁相互作用力就是这样的。

牛顿运动定律是一个整体，它们相互联系，互为补充，构成了经典力学的理论基础。牛顿运动定律中所说的物体应该理解为质点。不过，由于任何物体都可以看成是由若干质点所组成的质点系，所以牛顿运动定律还是可以应用于任何经典力学系统。

第 2 节 基本力简介

现在人们已经知道，物体间的相互作用力是多种多样的，如万有引力、弹性力、摩擦力、电场力、磁场力、分子力、黏性力、核力等，但究其本质，可以把它们归结为四种基本的相互作用力：万有引力、电磁力、强力和弱力。下面分别简单介绍这四种基本力。

1. 万有引力

引力思想由来已久，最早可以上溯到哥白尼(Nicolaus Copernicus，1473—1543)，他认为物质有聚集为球体的倾向。此后，著名科学家，如开普勒(Johannes Kepler，1571—1630)、伽利略(Galileo Galilei，1564—1642)、布里阿德(Iatinized Bulliadus，1605—1694)、笛卡儿(René Descartes，1596—1650)等对引力问题都曾做过探讨。1679 年前后，胡克(Robert Hooke，1635—1703)、雷恩(Christopher Wren，1632—1723)和哈雷(Edmond Halley，1656—1742)证明了太阳对行星的引力与距离的平方成反比。牛顿在进行了长达 21 年的潜心研究之后，于 1687 年在《自然哲学的数学原理》中系统地介绍了万有引力定律，其内容如下：宇宙间任何两个质点都存在相互吸引力，其大小与两质点的质量 m_1、m_2 乘积成正比，与它们之间距离 r 的平方成反比。万有引力定律的数学表示为：

$$F = G\frac{m_1 m_2}{r^2} \tag{2-2-1}$$

式中的比例系数 G 称为引力常量，它是一个普适常量，不受物体的大小、形状、组成等因素的影响。由于这个力无所不在，所以胡克曾于 1674 年率先把它称为“万有引力”。对于两个有限大的物体，它们之间的万有引力应是组成此物体的各个质点和组成另一物体的各个质点之间的所有引力的矢量和。

在自然界中万有引力普遍存在，但却是四种基本作用力中最弱的一种。万有引力在宏观领域作用显著，特别是在天体之间起着主要作用。而在微观世界万有引力常小到可以忽略不计。例如，在氢原子内的原子核与电子间，万有引力大约只有电场力的 10^{-40}，因此在实验室尺度下的 G 值精确测量具有极高的难度。

1798 年，卡文迪什(Henry Cavendish，1731—1810)利用扭秤实验测量了地球密度，后人根据他的实验结果推导出第一个 G 值为 $G=6.67\times10^{-11}\ m^3\cdot kg^{-1}\cdot s^{-2}$，相对精度为 1%。此后的 200 多年里，世界各国的物理学家共发表了 300 多个 G 值测量结果。目前是国际上各个小组测量的 G 值略有不同。

华中科技大学引力中心罗俊院士团队自 20 世纪 80 年代开始测量万有引力常量 G，三十余年来不断提高测量精度，得到的 G 值被历届国际数据委员会(CODATA)所收录。在 2018 年，该团队采用两种方法测 G 的结果均达到了目前国际最高精度，且两个结果在 3σ 范围内吻合，为引力常量 G 的测量值做出了重要贡献。

2. 电磁力

电磁力是带电体间的相互作用力，它既表现为引力，也表现为斥力，在带电粒子及带电宏观物体间都起着重要作用。如上所述，电磁力远强于万有引力。我们所熟悉的弹性力、摩擦力、分子力、浮力、流体压力等本质上都属于电磁力。本书后面将对电磁力作详细讨论。

3. 强力

强力是存在于核子、介子和超子间的一种力。它的力程很短，作用范围仅约 10^{-15} m。当粒子间的距离大于此值时，强力迅速减小到可以忽略不计。而当距离小于此值时，强力将超过其他三种基本力而占支配地位。在距离 $0.4\times10^{-15}\sim10^{-15}$ m 的范围内强力表现为引力，距离再小便表现为斥力。

正是强力维系着原子核的稳定，使原子核不致因质子间的静电斥力而分崩离析。强力也称强相互作用力，目前人们对它认识不多。关于强力的完善理论有待于继续探索。

4. 弱力

弱力也称弱相互作用力。它存在于核子、电子、中微子等大多数粒子之间，其力程比强力更短，小于 10^{-17} m，强度仅为强力的 10^{-13} 倍，也比电磁力弱得多。因此只在某些反应(如 β^- 衰变)中弱力才显得重要。虽然现代粒子物理学中一些最激动人心的进展发生在弱力的领域里，但目前人们对弱力仍知之甚少。

20 世纪 30 年代，人们发现物体间多种多样的相互作用都可以归结为上述的四种基本力：万有引力、电磁力、强力、弱力。此后，人们就企图找到这四种力之间的联系。爱因斯坦(A. Einstein，1879—1955)曾试图把万有引力和电磁力统一起来，但没有成功。20 世纪 60 年代，温伯格(S. Weinberg，1933—　)和萨拉姆(A. Salam，1926—1996)在杨振宁(C. N. Yang，1922—　)和米尔斯(R. L. Mills，1927—1999)等关于规范场的工作的基础上，先后提出了一个把弱力和电磁力统一起来的“**弱电统一理论**”，指出在高于 250 GeV 的能量范围内，弱相互作用和电磁相互作用是同一性质的相互作用，称为弱电相互作用。在低于 250 GeV 的能量范围内，统一的弱电相互作用分解成了性质迥异的弱相互作用和电磁相互作用。弱电统一理论在 20 世纪七八十年代得到了实验的证实，这是物理界统一事业的一大进展。这一成功激发了人们以巨大的热情去继续寻找包括弱力、电磁力、强力在内的“大统一理论”，以及最终把四种基本力统一在一起的“超统一理论”。

第 3 节　牛顿运动定律的应用

在经典力学的学习中，很重要的一条是学会如何运用牛顿运动定律熟练地解决各种力学问题。应用牛顿运动定律解决动力学问题的步骤大致如下。

1. 定对象

明确问题，确定研究对象。如果问题涉及多个物体，就一个一个地作为对象进行分析，并确定每个物体的质量。

2. 看运动

分析所确定的研究对象的运动状态，包括它的轨迹、速度和加速度等。问题涉及多个物体时，还要找出它们的速度或加速度之间的关系。

3. 查受力

隔离物体，仔细分析每个物体的受力情况。画示意图，把物体受力情况和运动情况用图表达出来。

4. 建坐标

选择合适的参考系，并在其上建立坐标系。

5. 列方程

把上面由分析得出的质量、加速度和力，按牛顿第二定律或其分量形式列出方程。若已知矢量的分量，则按以下规则确定其符号：分量的指向与坐标轴正方向相同者为正，相反者为负。未知矢量的分量暂以符号表示。在方程式足够的情况下就可以求解未知量了。当然，必要时需要作合理的近似来求解。

6. 作讨论

由所得结果根据以上符号规则确定未知矢量的实际方向。对结果进行讨论，进一步认识问题的物理本质。

【例 2-1】　在固定于地面上的光滑水平桌面上放着一个质量为 m_1 的楔形木块，斜面的倾角为 θ，在楔形木块的光滑斜面上又放着一个质量为 m_2 的小滑块，求两个物体各自的加速度。

解　取地面为参考系，以楔形木块和小滑块为研究对象。楔形木块受到重力 $m_1\boldsymbol{g}$、桌面的支持力 $\boldsymbol{F}_R$、滑块的正压力 $\boldsymbol{F}'_N$ 的作用。小滑块受到重力 $m_2\boldsymbol{g}$、楔形木块的支持力 $\boldsymbol{F}_N$ 的作用，建立如图 2-3-1 所示的坐标系 Oxy。

设楔形木块的加速度为 $\boldsymbol{a}_1$，它沿 x 轴的负方向。滑块相对于楔形木块的加速度为 $\boldsymbol{a}_2$，它沿斜面向下。根据(1-4-5)式可知，相对于地面，滑块的水平加速度 a_x 和竖直加速度 a_y 分别为

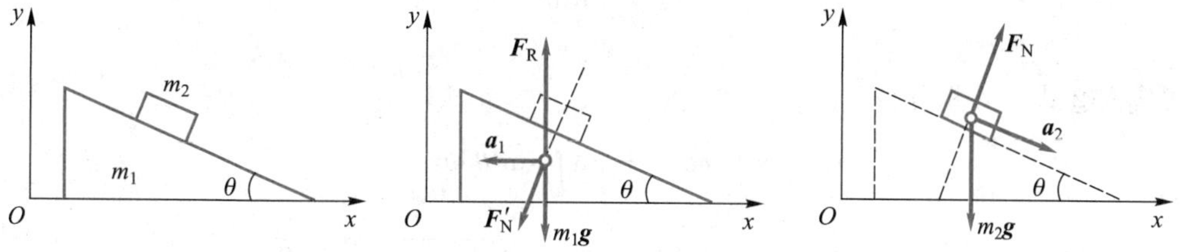

图 2-3-1　例 2-1 图

$$a_x = a_2\cos\theta - a_1, \quad a_y = -a_2\sin\theta$$

按照牛顿第二定律，对滑块有

$$F_N\sin\theta = m_2(a_2\cos\theta - a_1) \qquad ①$$

$$F_N\cos\theta - m_2g = -m_2a_2\sin\theta \qquad ②$$

对楔形木块有

$$-F'_N\sin\theta = -m_1a_1 \qquad ③$$

按牛顿第三定律，楔形木块和滑块之间的相互作用力大小相等，即 $F'_N = F_N$。将此式与①式、②式、③式联立求解，得楔形木块的加速度

$$a_1 = \frac{m_2\sin\theta\cos\theta}{m_1 + m_2\sin^2\theta}g$$

滑块相对于楔形木块的加速度

$$a_2 = \frac{(m_1 + m_2)\sin\theta}{m_1 + m_2\sin^2\theta}g$$

因此，滑块相对于桌面的加速度为

$$\boldsymbol{a} = \boldsymbol{a}_2 + \boldsymbol{a}_1$$

其水平分量和竖直分量分别为

$$a_x = \frac{m_1\sin\theta\cos\theta}{m_1 + m_2\sin^2\theta}g, \quad a_y = -\frac{(m_1 + m_2)\sin^2\theta}{m_1 + m_2\sin^2\theta}g$$

【例 2-2】 有一长为 R 的细绳，一端固定在 O 点，另一端系一质量为 m 的小球，今使小球在竖直平面内绕 O 点作圆周运动。小球的角位置 θ 从绳竖直下垂处算起，当 $\theta=0°$时，小球的速度为 $\boldsymbol{v}_0$，求在任意角度 θ 处小球的速度 v 和绳的张力 F_T。

解 小球受到重力 mg 和绳的拉力 F_T 作用(图 2-3-2)。根据牛顿第二定律，列出法向和切向的方程

$$F_T - mg\cos\theta = m\frac{v^2}{R} \qquad ①$$

$$-mg\sin\theta = m\frac{dv}{dt} \qquad ②$$

$$v = \frac{ds}{dt} = \frac{d(R\theta)}{dt} = R\frac{d\theta}{dt}$$

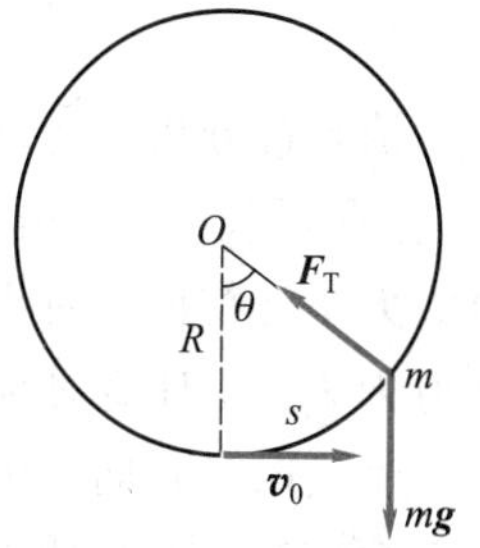

图 2-3-2　例 2-2 图

即
$$dt=\frac{Rd\theta}{v}$$

将上式代入②式，并积分得

$$\int_{v_0}^{v} v\mathrm{d}v=-gR\int_0^{\theta}\sin\theta\mathrm{d}\theta$$

得
$$\frac{v^2}{2}=gR\cos\theta+\frac{v_0^2}{2}-gR,\qquad v=\sqrt{2gR\cos\theta+v_0^2-2gR}$$

将上式代入①式得

$$F_T=3mg\cos\theta-2mg+\frac{mv_0^2}{R} \quad ③$$

小球恰可通过最高点时，$\theta=\pi$，$F_T=0$，代入③式，得

$$v_0=\sqrt{5gR}$$

这就是使小球恰可完成圆周运动所需的最小初速度。

【例 2-3】 有一密度为ρ，长度为L，截面积为S的均匀细棒竖直掉入湖中，其下端刚接触水面时速度大小为v_0，求细棒恰好全部没入水中时的速度。假设湖水没有黏性，湖水的密度为ρ'。

解 取竖直向下为x轴的正方向，如图 2-3-3 所示。这是一维问题，可用正负号表示矢量的方向。根据已知条件，湖水没有黏性，所以在下落时，细棒只受到两个力：方向竖直向下的重力$\boldsymbol{mg}$和方向竖直向上的浮力$\boldsymbol{F}_f$，其中$\boldsymbol{F}_f$是个变力。当细棒的浸没长度为x时，$\boldsymbol{F}_f=-\rho' xS\boldsymbol{g}$。细棒所受合外力为

$$\boldsymbol{F}=\boldsymbol{mg}+\boldsymbol{F}_f=\rho LS\boldsymbol{g}-\rho' xS\boldsymbol{g}$$

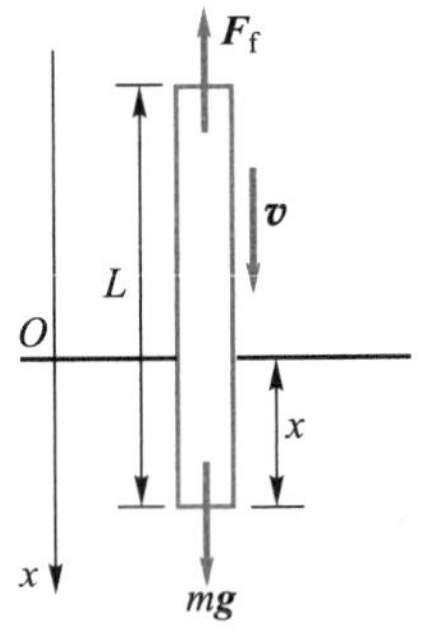

图 2-3-3 例 2-3 图

按照牛顿第二定律，有

$$\rho LSg-\rho' xSg=ma=m\frac{\mathrm{d}v}{\mathrm{d}t}=m\frac{\mathrm{d}v}{\mathrm{d}x}\frac{\mathrm{d}x}{\mathrm{d}t}=mv\frac{\mathrm{d}v}{\mathrm{d}x}$$

即
$$(\rho L-\rho' x)Sg=mv\frac{\mathrm{d}v}{\mathrm{d}x}$$

上式分离变量后积分，得

$$\int_0^L(\rho L-\rho' x)Sg\mathrm{d}x=\int_{v_0}^{v}mv\mathrm{d}v=\int_{v_0}^{v}\rho LSv\mathrm{d}v$$

故
$$v=\sqrt{v_0^2+\frac{2\rho gL-\rho' gL}{\rho}}$$

请自行分析：从细棒的下端刚接触水面到细棒恰好全部没入水中需要多长时间?

【例 2-4】 在相对地面静止的流体中，某物体从$t=0$时刻开始由静止竖直下落。已知阻力的大小与物体相对于流体的运动速率成正比，即$\boldsymbol{F}_f=-\gamma\boldsymbol{v}$，$\gamma$为常量，且大于零，物体受的浮力为$\boldsymbol{F}$，求任意时刻$t$物体的速度和终极速度。

解 取竖直向下为x轴的正方向，如图 2-3-4 所示。这是一维问题，用正负号表示矢量的方向。物体在流体中竖直下落时，受到重力$\boldsymbol{mg}$、浮力$\boldsymbol{F}$和阻力$\boldsymbol{F}_f$的作用。按牛顿第二定律，有

$$mg - \gamma v - F = m\frac{\mathrm{d}v}{\mathrm{d}t}$$

上式分离变量后积分，得

$$\int_0^t \mathrm{d}t = \int_0^v \frac{m\mathrm{d}v}{mg - \gamma v - F}$$

所以

$$v = \frac{mg-F}{\gamma}(1-\mathrm{e}^{-\frac{\gamma}{m}t})$$

重力和浮力都是恒力，而阻力随着物体下落加快而增大，最终三个力达到平衡，物体匀速下落，这时的速度称为终极速度，以 v_{f} 表示。将 $t\to\infty$ 代入上式，可得

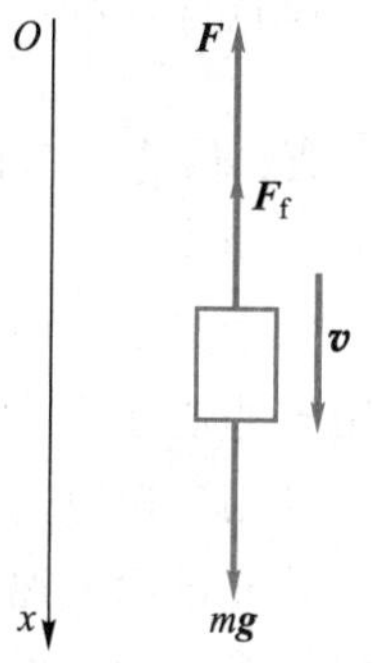

图 2-3-4　例 2-4 图

$$v_{\mathrm{f}} = \frac{mg - F}{\gamma}$$

【例 2-5】　$t=0$ 时刻，一根长为 L 的均匀柔软的细绳通过光滑水平桌面上的光滑小孔由静止开始下滑。设绳刚开始下滑时下垂部分长为 a，求在任意时刻 t 绳自桌边下垂的长度。

解　考虑绳开始下滑后某一时刻 t，这时绳下垂部分的长度为 $x(x>a)$。在桌面上的那段绳受到支持力 $\boldsymbol{F}_{\mathrm{N}}$ 和重力 $\boldsymbol{G}$ 作用(图 2-3-5)，但两个力平衡。故整个绳所受合力等于绳的下垂部分所受的重力 $F=\frac{x}{L}mg$，m 是绳的总质量。整个绳上各点速率相同。根据牛顿第二定律，可列出方程

$$\frac{x}{L}mg = m\frac{\mathrm{d}v}{\mathrm{d}t} \quad ①$$

又

$$\frac{\mathrm{d}v}{\mathrm{d}t}=\frac{\mathrm{d}v}{\mathrm{d}x}\ \frac{\mathrm{d}x}{\mathrm{d}t}=v\ \frac{\mathrm{d}v}{\mathrm{d}x}$$

①式可改写为

$$\frac{x}{L}mg = mv\frac{\mathrm{d}v}{\mathrm{d}x} \quad ②$$

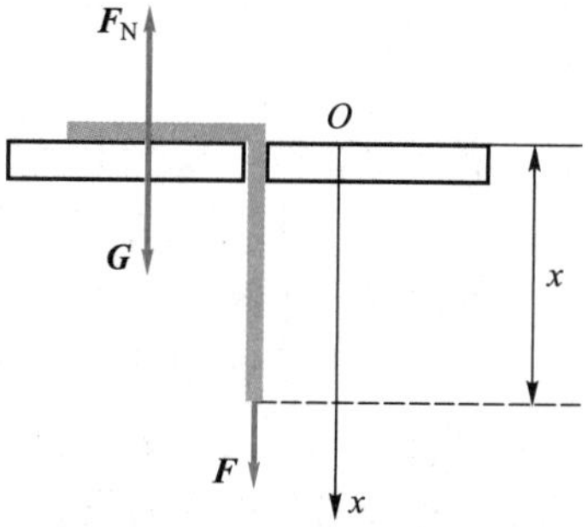

图 2-3-5　例 2-5 图

②式分离变量后积分，得

$$\int_a^x \frac{g}{L}x\mathrm{d}x = \int_0^v v\mathrm{d}v$$

故

$$v = \sqrt{\frac{g}{L}(x^2 - a^2)}$$

而 $v=\frac{\mathrm{d}x}{\mathrm{d}t}$，所以

$$\frac{\mathrm{d}x}{\mathrm{d}t}=\sqrt{\frac{g}{L}(x^2-a^2)}$$

于是

$$\int_a^x \frac{\mathrm{d}x}{\sqrt{\frac{g}{L}(x^2 - a^2)}} = \int_0^t \mathrm{d}t$$

由此解得，任意时刻 t 自桌边下垂的绳长

$$x = \frac{a}{2}\left(\mathrm{e}^{\sqrt{\frac{g}{L}}t} + \mathrm{e}^{-\sqrt{\frac{g}{L}}t}\right)$$

请自行分析：绳的末端离开桌面时的速度。

第 4 节 惯性力

本章第 1 节中介绍过惯性系和非惯性系的概念。牛顿运动定律只在惯性系中成立，而不适用于非惯性系。但许多实际问题在非惯性系中研究起来却比较方便。为了在非惯性系中形式上利用牛顿第二定律分析问题，需要引入惯性力这一概念。

首先讨论加速平动参考系。设有一质量为 m 的质点，在真实的外力 $\boldsymbol{F}$ 的作用下相对于某一惯性系 S 产生的加速度为 $\boldsymbol{a}$，则根据牛顿第二定律，有

$$\boldsymbol{F}=m\boldsymbol{a}$$

假设另有一参考系 S′，相对于惯性系 S 以加速度 $\boldsymbol{a}_0$ 平动（平动是没有转动的运动）。在参考系 S′中，质点的加速度是 $\boldsymbol{a}'$。根据（1-4-7）式可得

$$\boldsymbol{a}=\boldsymbol{a}'+\boldsymbol{a}_0$$

将此式代入 $\boldsymbol{F}=m\boldsymbol{a}$ 可得

$$\boldsymbol{F}=m(\boldsymbol{a}'+\boldsymbol{a}_0)=m\boldsymbol{a}'+m\boldsymbol{a}_0 \tag{2-4-1}$$

这表明，在参考系 S′中看，质点受的合外力 $\boldsymbol{F}$ 并不等于 $m\boldsymbol{a}'$，而是多了一项 $m\boldsymbol{a}_0$，故牛顿第二定律在参考系 S′中不成立。将（2-4-1）式可改写为

$$\boldsymbol{F}+(-m\boldsymbol{a}_0)=m\boldsymbol{a}' \tag{2-4-2}$$

可见，若假想在参考系 S′中观察时，除真实的外力 $\boldsymbol{F}$ 外，质点还受到另外一个大小和方向由 $-m\boldsymbol{a}_0$ 表示的力，并将此力也计入合力之中，则质点受到的合外力等于 $m\boldsymbol{a}'$。于是（2-4-2）式就可以在形式上理解为：在参考系 S′内看，质点所受的合外力也等于它的质量和加速度的乘积。这样在参考系 S′中就可以在形式上应用牛顿第二定律了。

18 世纪中叶，法国科学家达朗贝尔（d'Alembert）把这种为了在非惯性系中形式上应用牛顿第二定律而必须引入的假想的力叫作**惯性力**。在加速平动参考系中，它的大小等于质点的质量和此非惯性系相对于惯性系的加速度的乘积，而方向与此加速度的方向相反。以 $\boldsymbol{F}_\mathrm{i}$ 表示惯性力，则在加速平动参考系中有

$$\boldsymbol{F}_\mathrm{i}=-m\boldsymbol{a}_0 \tag{2-4-3}$$

对于其他类型的非惯性系，惯性力有不同形式的表达式。

引进了惯性力，在非惯性系中牛顿第二定律在形式上被恢复了，即

$$\boldsymbol{F}_{合}=\boldsymbol{F}+\boldsymbol{F}_\mathrm{i}=m\boldsymbol{a}' \tag{2-4-4}$$

质点所受的合外力 $\boldsymbol{F}_{合}$ 有两项，其中的 $\boldsymbol{F}$ 是实际存在的各种真实力，它们是物体之间的真实相互作用的表现，本质上都可以归结为自然界的四种基本力。惯性力 $\boldsymbol{F}_\mathrm{i}$ 只是参考系的变速运动的表观显示，或者说是物体的惯性在非惯性系中的表现，它是一种假想的虚拟力，不是物体间的相互作用力，不能归结为自然界的四种基本力。惯性力既没有施力者，也没有反作用力，不服从牛顿第三定律。

从（2-4-1）式变到（2-4-2）式，虽然在数学上只是一个简单的移项，但在物理上却有重大意义。在力学中引入惯性力的概念是达朗贝尔的一大功绩，这对于分析力学的建立，力学理论的具体应用，乃至对于一个半世纪后爱因斯坦建立广义相对论都起了重要作用。

【例 2-6】 如图 2-4-1 所示，升降机以加速度 $a_0=1.8\ \mathrm{m/s^2}$ 下降。升降机内有一与地板成 $\theta=30°$ 角的光滑斜面，一物体从斜面顶端由相对静止开始下滑。设斜面顶端离地板高 $h=1\ \mathrm{m}$，求物体滑到斜面末端所需的时间。

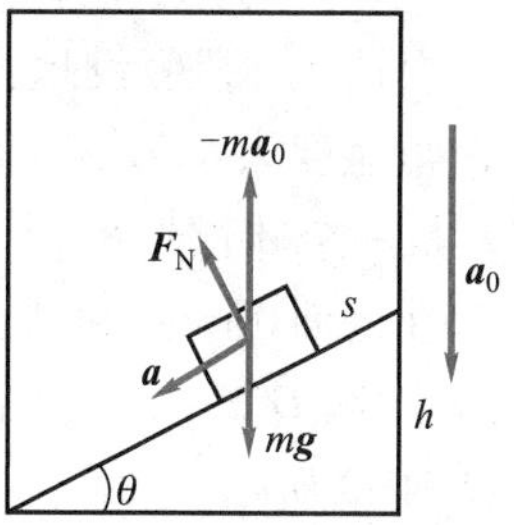

图 2-4-1　例 2-6 图

解　选升降机为参考系，它是加速平动参考系。物体除受重力 $m\boldsymbol{g}$ 和斜面的支持力 $\boldsymbol{F}_N$ 的作用外，还受惯性力 $-m\boldsymbol{a}_0$ 的作用。设物体沿斜面下滑的加速度为 $\boldsymbol{a}$，则按(2-4-2)式，沿斜面方向，有

$$mg\sin\theta - ma_0\sin\theta = ma$$

即

$$a=(g-a_0)\sin\theta$$

可见，物体沿斜面作匀加速直线运动，故

$$\frac{h}{\sin\theta}=s=\frac{1}{2}at^2=\frac{1}{2}(g-a_0)\sin\theta\cdot t^2$$

物体滑到斜面末端所需的时间为

$$t=\frac{1}{\sin\theta}\sqrt{\frac{2h}{g-a_0}}=\frac{1}{\sin 30°}\sqrt{\frac{2\times 1}{9.8-1.8}}\ \mathrm{s}=1\ \mathrm{s}$$

读者可自行用引入惯性力的方法来重新解例 2-1，并与原解法做比较。

下面再来讨论转动参考系。先讨论一种简单情况——物体相对于转动参考系是静止的。如图 2-4-2 所示，水平圆盘以匀角速度 ω 绕通过圆心 O 的垂直轴转动，质量为 m 的小木块“静止”在圆盘上。圆盘相对于地面有加速度，因而是非惯性系。在地面上看，小木块以匀角速度 ω 随圆盘转动，圆盘对木块的摩擦力 $\boldsymbol{F}_f$ 提供了木块作匀速圆周运动所需的向心力，即

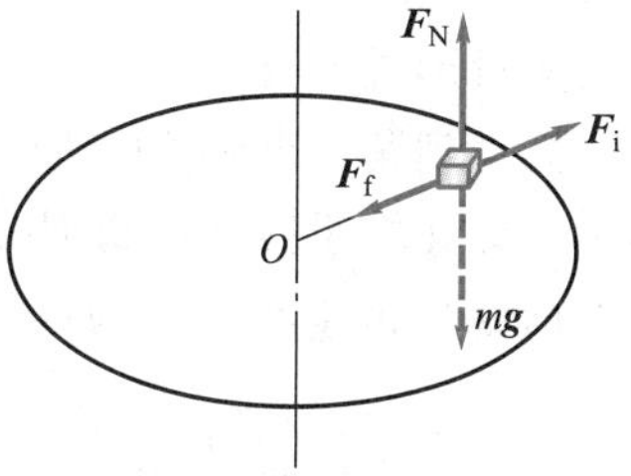

图 2-4-2　惯性离心力

$$\boldsymbol{F}_f=m\boldsymbol{a}_n=-m\omega^2\boldsymbol{r} \tag{2-4-5}$$

式中 $\boldsymbol{r}$ 为由圆心沿半径向外的位矢，它由 O 指向圆盘上小木块所在的这一点。角速度的定义见(3-1-6)式。

在圆盘参考系看，木块是静止的，加速度 $\boldsymbol{a}'=\boldsymbol{0}$，但受力不为零，这与在地面上看到的一样。要使牛顿第二定律形式上成立，必须认为木块除受到静摩擦力 $\boldsymbol{F}_f$ 这个真实的力以外，还受到一个惯性力 $\boldsymbol{F}_i$ 与它平衡。这样，相对于圆盘参考系才有

$$\boldsymbol{F}_f+\boldsymbol{F}_i=m\boldsymbol{a}'=\boldsymbol{0} \tag{2-4-6}$$

对比(2-4-5)式，要求

$$\boldsymbol{F}_i=-\boldsymbol{F}_f=m\omega^2\boldsymbol{r} \tag{2-4-7}$$

这个惯性力 $\boldsymbol{F}_i$ 的方向与 $\boldsymbol{r}$ 的方向相同，即沿着圆的半径离开圆心向外，因此称为**惯性离心力**。这是在转动参考系中观察到的一种惯性力。当汽车拐弯时，乘客感受到的被甩向弯道凸侧的“力”，就是这种惯性离心力。

惯性离心力和在惯性系中观察到的向心力大小相等，方向相反，但惯性离心力不是向心力的反作用力。惯性离心力是一种假想的惯性力，是没有反作用力的。

当物体相对于转动参考系运动时，其所受惯性力的情况比较复杂，此时在转动参考系中看，物体除受惯性离心力作用外，还要受到另外一种惯性力，也就是科里奥利(G. G. Coriolis,

1792—1843）力的作用。我们来看一个简单的例子。把地面看成是惯性系 S，假设地面上有一个沿逆时针方向匀速转动的圆盘，角速度大小为 ω，如图 2-4-3 所示。此圆盘为转动参考系 S′，是一个非惯性系。

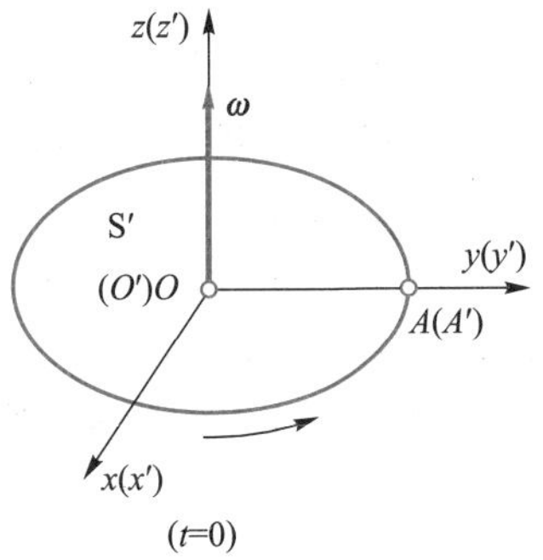

图 2-4-3

在地面（S 系）和圆盘（S′系）上分别建立固定于其中的坐标系 $Oxyz$ 和 $O'x'y'z'$，且使得 $t=0$ 时这两套坐标系恰好重合，如图 2-4-3 所示。

设在 $t=0$ 时刻有人将一质量为 m 的物体从坐标原点 $O(O')$ 相对圆盘（S′系）以速度 $\boldsymbol{v}'$ 沿 $O'A'(OA)$ 方向抛出。地面上（S 系）的观察者看到，物体沿 y 轴的正方向以速度 $\boldsymbol{v}'$ 作匀速直线运动，经过很短的时间间隔 Δt 后，到达了 y 轴上的 A 点。而在圆盘（S′系）上的观察者看来，在上述 Δt 的时间间隔内，物体获得了一个和初速度 $\boldsymbol{v}'$ 垂直的、沿 x' 轴方向的加速度 $\boldsymbol{a}'$，导致沿 x' 轴方向产生了一小段位移，如图 2-4-4 所示，这一小段位移的大小可表示为

$$A'A=(v'\cdot\Delta t)\cdot\theta=(v'\cdot\Delta t)\cdot\omega\cdot\Delta t \tag{2-4-8}$$

和

$$A'A=\frac{1}{2}a'(\Delta t)^2 \tag{2-4-9}$$

比较以上两式，可得

$$a'=2v'\omega \tag{2-4-10}$$

写成矢量形式，有

$$\boldsymbol{a}'=2v'\omega\boldsymbol{i}' \tag{2-4-11}$$

注意到角速度 $\boldsymbol{\omega}$ 的方向在瞬时转轴上，按照右手螺旋定则确定，即让右手四个手指握拢的方向与转动方向一致，大拇指的指向就是角速度 $\boldsymbol{\omega}$ 的方向。（2-4-11）式可以改写为

$$\boldsymbol{a}'=2\boldsymbol{v}'\times\boldsymbol{\omega} \tag{2-4-12}$$

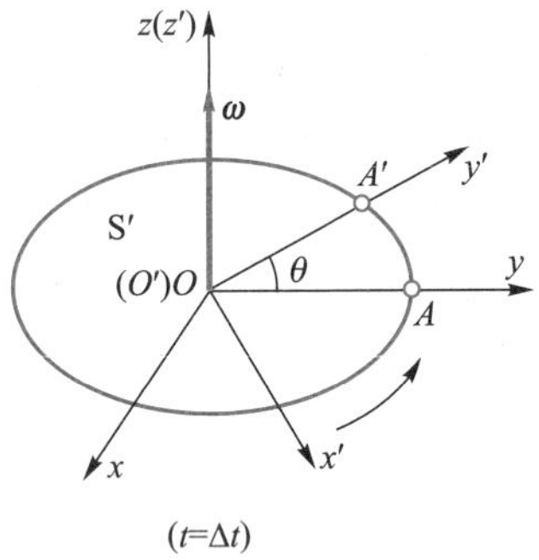

图 2-4-4

那么，在圆盘上（S′系）的观察者看来，加速度 $\boldsymbol{a}'$ 是如何产生的呢？

物体沿 $\boldsymbol{a}'$ 的方向并未受到真实外力的作用，所以此加速度必定是物体受到某种惯性力的作用而产生的。这种惯性力就称为科里奥利力，可表示为

$$\boldsymbol{F}_{\mathrm{C}}=2m\boldsymbol{v}'\times\boldsymbol{\omega} \tag{2-4-13}$$

注意，上式中 $\boldsymbol{\omega}$ 是转动参考系相对于惯性系转动的角速度，$\boldsymbol{v}'$ 是物体相对于转动参考系的速度，因此，转动参考系中的静止物体不会受到科里奥利力的作用，只有相对转动参考系运动的物体才可能受到科里奥利力的作用。

地球有自转，地面参考系实际上是一个转动参考系，在地面上就能观察到科里奥利力的影响。从高处自由下落的物体并不准确地沿竖直方向下落，而是要偏向东方，这很容易从（2-4-13）式看出来。自由下落的物体所受科里奥利力的大小与纬度有关，在赤道处最大，南北两极为零。在纬度为 40°的地方，物体自 200 m 高处落到地面，偏东约 4.75 cm，因偏差太小难以察觉。

由于科里奥利力的作用，在北半球，当水池中的水从池子中间的孔泄出时，可以在水面上看到逆时针的旋涡；而在南半球，水池中看到的旋涡是顺时针的。在我国境内，比较向南

流的河流两岸，一般西岸显得陡峭一些；而对于自西向东流的河流，一般南岸显得陡峭一些。

第 5 节　冲量与动量定理

前面我们重点讨论了牛顿第二定律，主要讲的是力的瞬时效应。本节考虑力的时间累积效应，即力对物体持续作用一段时间后，物体运动状态的变化。这便是动量定理的内容。在第 1 节中我们介绍过动量的概念。动量常用 $\boldsymbol{p}$ 表示，它是质点的质量 m 与速度 $\boldsymbol{v}$ 的乘积，即 $\boldsymbol{p}=m\boldsymbol{v}$，它也是表征物体运动状态的物理量。在国际单位制中，动量的单位是 kg · m/s。由于 $\boldsymbol{v}$ 是相对量，动量与参考系的选择有关。对不同的参考系，同一质点的动量可以是不同的。

动量对时间的变化率满足牛顿第二定律的普遍形式(2-1-2)式，即 $\boldsymbol{F}=\dfrac{\mathrm{d}\boldsymbol{p}}{\mathrm{d}t}$。下面我们就从这个关系式出发来研究力的时间累积效应。(2-1-2)式可改写成如下的微分形式

$$\boldsymbol{F}\mathrm{d}t=\mathrm{d}\boldsymbol{p} \tag{2-5-1}$$

设某质点受力 $\boldsymbol{F}(t)$ 的持续作用。考虑力 $\boldsymbol{F}(t)$ 从时刻 t_1 到时刻 t_2 这段时间内的时间累积。为此对(2-5-1)式积分

$$\int_{t_1}^{t_2}\boldsymbol{F}(t)\,\mathrm{d}t=\int_{\boldsymbol{p}_1}^{\boldsymbol{p}_2}\mathrm{d}\boldsymbol{p}=\boldsymbol{p}_2-\boldsymbol{p}_1$$

即

$$\int_{t_1}^{t_2}\boldsymbol{F}(t)\,\mathrm{d}t=\boldsymbol{p}_2-\boldsymbol{p}_1 \tag{2-5-2}$$

或写为

$$\boldsymbol{I}=\boldsymbol{p}_2-\boldsymbol{p}_1=\Delta\boldsymbol{p} \tag{2-5-3}$$

式中

$$\boldsymbol{I}=\int_{t_1}^{t_2}\boldsymbol{F}(t)\,\mathrm{d}t \tag{2-5-4}$$

$\boldsymbol{I}$ 定义为从时刻 t_1 到时刻 t_2 这段时间里力 $\boldsymbol{F}(t)$ 作用在质点上的**冲量**，它是这段时间里力 $\boldsymbol{F}(t)$ 的时间累积。在国际单位制中，冲量的单位是 N · s。

这里的 $\boldsymbol{p}_1$ 和 $\boldsymbol{p}_2$ 是质点分别在时刻 t_1 和时刻 t_2 的动量。(2-5-2)式和(2-5-3)式表明，**在一段时间内，质点所受的合外力的冲量等于在这段时间内质点动量的增量**，这个结论称为**动量定理**。(2-5-2)式和(2-5-3)式是动量定理的**积分形式**。(2-5-1)式是动量定理的**微分形式**，$\boldsymbol{F}\mathrm{d}t$ 是从时刻 t 到时刻 $t+\mathrm{d}t$ 这段时间内合外力 $\boldsymbol{F}$ 作用在质点上的冲量。动量定理是从牛顿第二定律得到的，所以它只适用于惯性参考系。在非惯性系中还须考虑惯性力的冲量。

在运动过程中，外力和物体速度的大小、方向可能时刻都在变化，但动量定理总是会得到满足的，即不管物体在运动过程中动量变化的细节如何，冲量总等于物体初末动量的矢量差。这是应用动量定理解决问题的优越之处。

动量定理常用于碰撞和打击问题。在这些过程中，物体相互作用的时间极短，但力却很大且随着时间急剧变化。这种力通常叫作**冲力**。冲力的瞬时值很难确定，所以表示瞬时关系的牛顿第二定律难以直接应用，但在过程的初末两时刻质点的动量则比较容易测定。动量定理可以为我们估计冲力的大小带来方便。考虑到在碰撞和打击过程中冲力比其他的力大得多，相比之下，其他力的冲量很小。所以，可以认为在碰撞过程中质点动量的变化是由冲力的冲量决定的，其他力的冲量可以忽略。在该近似之下，就可以估计冲力的大小了。

随时间变化的冲力的冲量总可以用一个恒力 $\overline{\boldsymbol{F}}$ 在同一段时间内的冲量来代替，这个恒力称为这段时间内的**平均冲力**，即

$$\int_{t_1}^{t_2}\boldsymbol{F}(t)\,\mathrm{d}t=\overline{\boldsymbol{F}}(t_2-t_1)$$

或

$$\overline{\boldsymbol{F}}=\frac{\int_{t_1}^{t_2}\boldsymbol{F}(t)\,\mathrm{d}t}{t_2-t_1}=\frac{\boldsymbol{p}_2-\boldsymbol{p}_1}{t_2-t_1}\tag{2-5-5}$$

只要测出碰撞或打击过程经历的时间，就可根据上式，由初末时刻的动量差求出过程中的平均冲力 $\overline{\boldsymbol{F}}$，这对于估计碰撞或打击的强度十分有用。

需要注意的是，一般情况下，(2-5-4)式中冲量的方向不能简单地由某一时刻的力 $\boldsymbol{F}(t)$ 的方向来决定，冲量的大小和方向是由给定时间间隔内所有元冲量 $\boldsymbol{F}(t)\mathrm{d}t$ 的矢量和决定的。(2-5-4)式还可以写成分量形式，比如，在直角坐标系中

$$\boldsymbol{I}=I_x\boldsymbol{i}+I_y\boldsymbol{j}+I_z\boldsymbol{k}=\int_{t_1}^{t_2}[F_x(t)\boldsymbol{i}+F_y(t)\boldsymbol{j}+F_z(t)\boldsymbol{k}]\,\mathrm{d}t$$

即

$$I_x=\int_{t_1}^{t_2}F_x(t)\,\mathrm{d}t,\quad I_y=\int_{t_1}^{t_2}F_y(t)\,\mathrm{d}t,\quad I_z=\int_{t_1}^{t_2}F_z(t)\,\mathrm{d}t$$

这表明，质点所受合外力的冲量在某一方向上的分量等于质点动量在该方向上的分量的增量。

【例 2-7】 如图 2-5-1 所示，在光滑平面上，一质量为 m 的质点以角速 ω 沿半径为 R 的圆周作匀速圆周运动。试分别根据冲量的定义式和动量定理，求出在 θ 从 0 变化到 $\pi/2$ 的过程中外力的冲量。

解 质点所受到的合力为

$$\boldsymbol{F}=m\omega^2R(-\cos\theta\boldsymbol{i}-\sin\theta\boldsymbol{j})$$

根据冲量的定义，有

$$\boldsymbol{I}=\int_{t_1}^{t_2}\boldsymbol{F}\mathrm{d}t=\int_{t_1}^{t_2}m\omega^2R(-\cos\theta\boldsymbol{i}-\sin\theta\boldsymbol{j})\,\mathrm{d}t$$

$$=\int_0^{\pi/2}m\omega^2R(-\cos\theta\boldsymbol{i}-\sin\theta\boldsymbol{j})\frac{\mathrm{d}t}{\mathrm{d}\theta}\mathrm{d}\theta$$

$$=-m\omega R\int_0^{\pi/2}(\cos\theta\boldsymbol{i}+\sin\theta\boldsymbol{j})\,\mathrm{d}\theta=-m\omega R(\boldsymbol{i}+\boldsymbol{j})$$

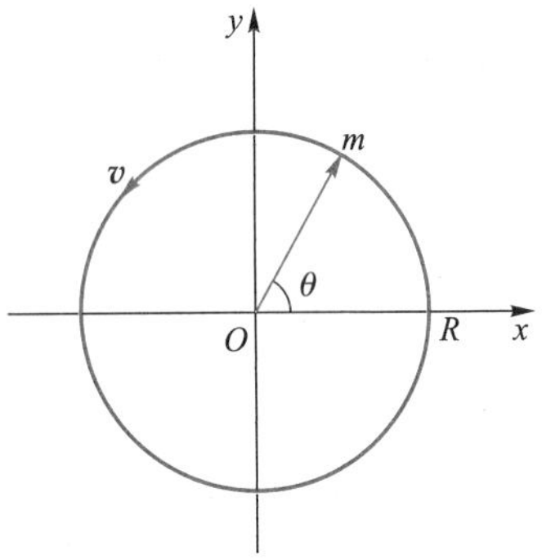

图 2-5-1　例 2-7 图

按动量定理求合力的冲量

$$\boldsymbol{I}=\Delta\boldsymbol{p}=\boldsymbol{p}_2-\boldsymbol{p}_1=m(-v\boldsymbol{i})-mv\boldsymbol{j}=-m\omega R(\boldsymbol{i}+\boldsymbol{j})$$

【例 2-8】 飞机以 $v=300\ \mathrm{m/s}$(即 1 080 km/h)的速度飞行，撞到一只质量为 $m=2.0\ \mathrm{kg}$ 的鸟，鸟的长度 $l=0.3\ \mathrm{m}$。假设鸟撞上飞机后随同飞机一起运动，试估算它们相撞时的平均冲力的大小。

解 以地面为参考系，把鸟看作质点，因鸟的速度远小于飞机的，故可设它在与飞机碰撞前的速度大小为 $v_0=0$，碰撞后的速度大小 $v=300\ \mathrm{m/s}$。由动量定理可得

$$mv-mv_0=I=\overline{F}\Delta t$$

假定碰撞经历的时间等于飞机飞行距离为 l(鸟的长度)时所需的时间，则

$$\overline{F}=\frac{mv-mv_0}{\Delta t}=\frac{mv-mv_0}{l/v}=\frac{mv(v-v_0)}{l}=\frac{2.0\times300\times(300-0)}{0.3}\ \text{N}=6.0\times10^5\ \text{N}$$

根据牛顿第三定律，这也是鸟对飞机的平均冲力的大小。这个力相当于鸟所受重力的三万多倍！当然，冲力的峰值要大于这个平均冲力。可见，飞机有被撞坏的危险。

【例 2-9】 经验表明，只要帆的取向和帆的形状合适，帆船就能在风力作用下逆风前进。试利用动量定理解释这种"逆风行舟"的现象。

解 设风从船的右前方吹来，风向与船身成锐角 α，风的初速为 $\boldsymbol{v}_0$，如图 2-5-2 所示。风吹到帆上后，因帆的作用其速度变为 $\boldsymbol{v}$。由于帆面比较光滑，$\boldsymbol{v}$ 和 $\boldsymbol{v}_0$ 的大小近似相等，但方向变为沿帆面掠过[图 2-5-2(b)]。

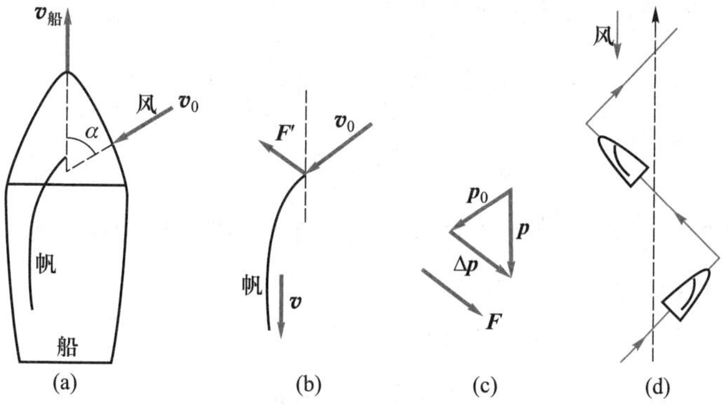

图 2-5-2 例 2-9 图

考虑风中一小团空气掠过帆面的过程。根据动量定理，帆对这团空气的作用力 $\boldsymbol{F}$ 应与这团空气的动量的增量 $\Delta\boldsymbol{p}$ 的方向一致，即与 $\Delta\boldsymbol{v}$ 的方向一致[图 2-5-2(c)]。根据牛顿第三定律，风给帆的作用力 $\boldsymbol{F}'$应与 $\boldsymbol{F}$ 等值反向[图 2-5-2(b)]。$\boldsymbol{F}'$的垂直于船体的分量与水对船的横向阻力相平衡，而 $\boldsymbol{F}'$的沿船身方向的分力可以推动帆及整个船沿航向前进。当然，如果风向正好与航向相反，即图 2-5-2(a)中的角 α 等于零，船是不能靠风力逆着风直线前进的。不过，这时可以通过不断地调整船及帆的方位，使船走锯齿形的路线而"逆风"前进[图 2-5-2(d)]，因为在每段折线上又回到了图 2-5-2(a)所示的情形，但这种方法效率很低。以上就是"逆风行舟"的道理。

第 6 节 质点系的动量定理 动量守恒定律

一、质点系的动量定理

质点系是存在相互作用的若干个质点组成的系统。系统内各质点间的相互作用力称为系统的**内力**；系统外的物体对系统内质点的作用力称为作用于系统的**外力**。考虑一个由 N 个质点组成的质点系，设系统中第 i 个质点所受的内力为 $\boldsymbol{F}_{i内}$，所受的外力为 $\boldsymbol{F}_{i外}$，那么，这个质

点所受的内力和外力之和为

$$\boldsymbol{F}_i=\boldsymbol{F}_{i内}+\boldsymbol{F}_{i外}$$

根据(2-1-2)式，有

$$\boldsymbol{F}_i=\frac{\mathrm{d}\boldsymbol{p}_i}{\mathrm{d}t}$$

即

$$(\boldsymbol{F}_{i内}+\boldsymbol{F}_{i外})\mathrm{d}t=\mathrm{d}\boldsymbol{p}_i \tag{2-6-1}$$

式中 $\boldsymbol{p}_i$ 是第 i 个质点的动量。

对质点系内所有的质点应用(2-6-1)式，并将全部式子相加得

$$\sum_{i=1}^{N}(\boldsymbol{F}_{i内}+\boldsymbol{F}_{i外})\mathrm{d}t=\sum_{i=1}^{N}\mathrm{d}\boldsymbol{p}_i$$

根据牛顿第三定律可知，内力是成对出现的作用力和反作用力，系统内所有质点所受内力的矢量和为零，即 $\sum\limits_{i=1}^{N}\boldsymbol{F}_{i内}=0$，故上式可写为

$$\left(\sum_{i=1}^{N}\boldsymbol{F}_{i外}\right)\mathrm{d}t=\mathrm{d}\sum_{i=1}^{N}\boldsymbol{p}_i$$

即

$$\boldsymbol{F}\mathrm{d}t=\mathrm{d}\boldsymbol{p} \tag{2-6-2}$$

这里 $\boldsymbol{F}=\sum\limits_{i=1}^{N}\boldsymbol{F}_{i外}$ 和 $\boldsymbol{p}=\sum\limits_{i=1}^{N}\boldsymbol{p}_i$ 分别称为系统所受的**合外力**及系统的**总动量**。

(2-6-2)式是质点系的动量定理的微分形式。

由(2-6-2)式，在 t_1 到 t_2 这段时间内有

$$\int_{t_1}^{t_2}\boldsymbol{F}\mathrm{d}t=\boldsymbol{p}_2-\boldsymbol{p}_1 \tag{2-6-3}$$

这是**质点系的动量定理**的积分形式。(2-6-2)式和(2-6-3)式表明，**系统在某一段时间内所受合外力的总冲量等于在同一段时间内系统的总动量的增量**。

需要注意的是，(2-6-2)式、(2-6-3)式与质点的动量定理的表达式(2-5-1)式、(2-5-2)式在形式上相同，但其中的 $\boldsymbol{F}$ 和 $\boldsymbol{p}$ 含义不同。若在非惯性系中，还须考虑惯性力的冲量。

质点系的动量定理表明，一个系统的总动量的变化仅取决于系统所受的合外力，而与系统的内力无关。利用这一点，在有些问题中，我们可以通过选择研究对象来把一些比较复杂或未知的相互作用力转化为内力来处理，从而使问题得到简化。

【例 2-10】 水平桌面上盘放着一根不能拉伸的均匀柔软的细绳，此绳单位长度的质量为 λ。今用手将绳的一端以恒定速度 $\boldsymbol{v}_0$ 竖直上提。试求当提起的绳长为 L 时，手施与绳的力之大小。

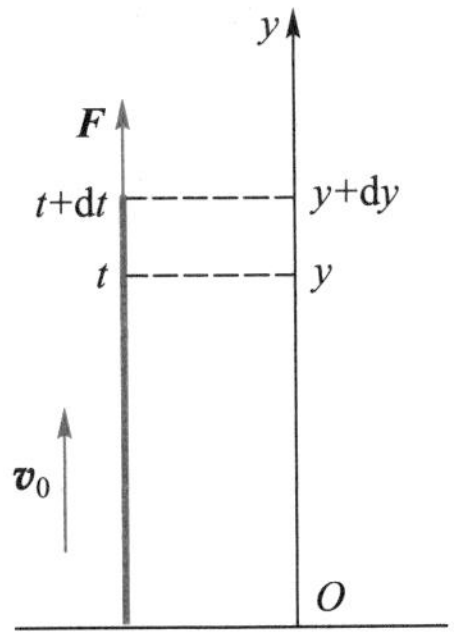

图 2-6-1　例 2-10 图

解　将整根绳子视为一质点系，并取为研究的系统。建立坐标系，并设在时刻 t 提起的绳长为 y，在时刻 $t+\mathrm{d}t$ 为 $y+\mathrm{d}y$，如图 2-6-1 所示。注意到桌面上尚未动的部分所受合外力及动量增量均为零，则由(2-6-2)式有

$$\begin{aligned}&[\boldsymbol{F}-\lambda(y+\mathrm{d}y)\boldsymbol{g}]\mathrm{d}t\\&=(y+\mathrm{d}y)\lambda\cdot\boldsymbol{v}_0-(y\lambda\cdot\boldsymbol{v}_0+\mathrm{d}y\cdot\lambda\cdot 0)\end{aligned}$$

$$= \boldsymbol{v}_0 \lambda \mathrm{d}y$$

略去二阶无穷小量，有

$$(\boldsymbol{F} - \lambda y \boldsymbol{g})\mathrm{d}t = \boldsymbol{v}_0 \lambda \mathrm{d}y$$

可得 $\boldsymbol{F}$ 的大小为

$$F = \lambda v_0^2 + \lambda y g$$

当提起的绳长为 L 时，手对绳的力的大小为

$$F = \lambda v_0^2 + \lambda L g$$

二、动量守恒定律

由质点系的动量定理的微分形式 $\boldsymbol{F}\mathrm{d}t = \mathrm{d}\boldsymbol{p}$ 可得

$$\boldsymbol{F} = \frac{\mathrm{d}\boldsymbol{p}}{\mathrm{d}t} \tag{2-6-4}$$

式中 $\boldsymbol{F} = \sum_{i=1}^{N} \boldsymbol{F}_{i外}$ 和 $\boldsymbol{p} = \sum_{i=1}^{N} \boldsymbol{p}_i$ 分别是系统所受的合外力及系统的总动量。(2-6-4)式表明，**当一个质点系所受的合外力为零时，该质点系的总动量保持不变**。这就是**动量守恒定律**。

应该指出，虽然我们在这里把动量守恒定律作为牛顿第二定律的一个推论，但动量守恒定律并不依赖于牛顿第二定律，其适用范围远远超出了牛顿力学适用的宏观低速领域，对微观高速领域动量守恒定律同样适用。实际上，动量守恒定律是关于自然界的一切物理过程的一条最基本、最普遍的定律。迄今尚未发现有任何的例外。

应用动量守恒定律时，应该注意：

① 动量守恒定律适用于惯性系。

② 动量守恒定律的适用条件是惯性系中质点系所受的合外力为零。但是，在打击、碰撞、爆炸等过程中，系统所受的合外力虽不为零，但作用时间极短，外力对质点系的总动量的变化影响很小，以致可以忽略不计，这时就可以认为近似满足动量守恒的条件，也就可以应用动量守恒定律来处理问题。

③ 动量守恒定律的表达式是矢量式，在实际计算时，也可用它的分量式，如

$$\begin{cases} \text{当 } F_x = 0 \text{ 时，} p_x = \sum_i m_i v_{ix} = \text{常量} \\ \text{当 } F_y = 0 \text{ 时，} p_y = \sum_i m_i v_{iy} = \text{常量} \\ \text{当 } F_z = 0 \text{ 时，} p_z = \sum_i m_i v_{iz} = \text{常量} \end{cases} \tag{2-6-5}$$

可见，若系统所受的合外力不为零，但合外力在某一方向上的分量为零，则尽管系统的总动量不守恒，但总动量在该方向上的分量却是守恒的。

【例 2-11】 在光滑的冰面上停放着一节长为 L、质量为 m_0 的车厢，一质量为 m 的人静止站在车厢的后端。若人从车厢的后端走到前端，求人和车厢各自相对地面移动的距离。

解 视车厢和人为一系统，因车厢与冰面无摩擦，在水平方向上系统不受外力的作用，所以系统在水平方向上动量守恒。取地面为参考系，建立坐标系，如图 2-6-2 所示。

根据题意，人相对于车厢移动的距离为 L。假设人在时刻 t_0 从后端出发，并于时刻 t 到达

前端，车厢和人相对地面移动的距离分别记为 ΔL_1 和 ΔL_2。

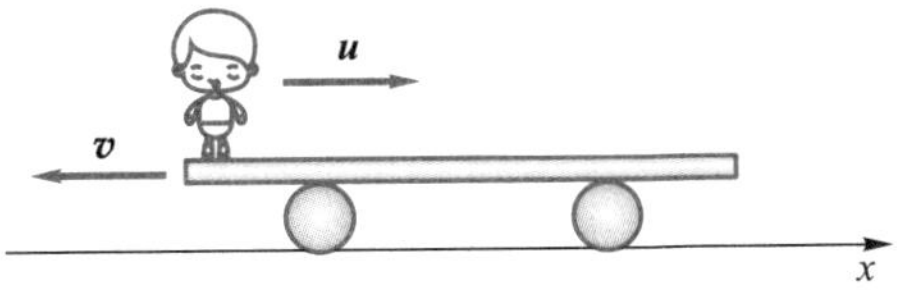

图 2-6-2 例 2-11 图

设车厢和人相对地面的速度分别为 v 和 u。开始时，车厢和人均静止，系统的动量为零。由水平方向动量守恒有

$$m_0 v + mu = 0$$

所以

$$v = -\frac{m}{m_0}u$$

两边积分得

$$\int_{t_0}^{t} v\mathrm{d}t = -\frac{m}{m_0}\int_{t_0}^{t} u\mathrm{d}t$$

即

$$\Delta L_1 = -\frac{m}{m_0}\Delta L_2 \tag{①}$$

由(1-4-3)式有

$$\Delta L_2 = L + \Delta L_1 \tag{②}$$

联立①式和②式，解得

$$\begin{cases} \Delta L_1 = -\dfrac{m}{m_0+m}L \\ \Delta L_2 = \dfrac{m_0}{m_0+m}L \end{cases}$$

可见，车厢向 x 轴的负方向移动。

【例 2-12】 一起初静止的放射性原子核发生衰变而放射出电子与中微子。已知放射出的电子与中微子的运动方向互相垂直，电子的动量等于 1.2×10^{-22} kg · m/s，中微子的动量等于 6.4×10^{-23} kg · m/s，求核的剩余部分反冲动量的大小和方向。

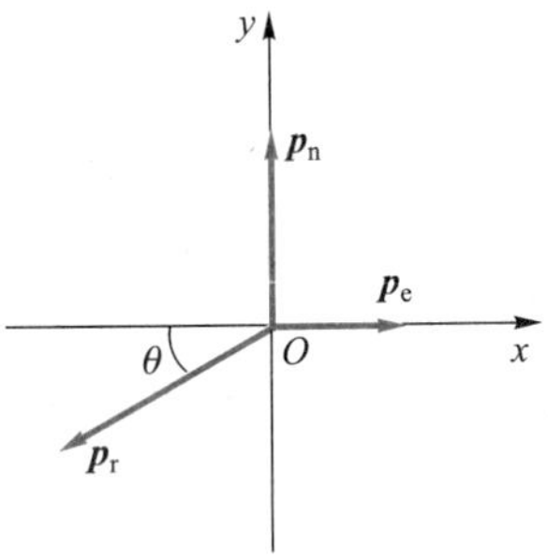

图 2-6-3 例 2-12 图

解 把电子、中微子和核的剩余部分视为一质点系，取实验室为参考系。由于衰变过程极快，合外力(重力)对系统动量的影响可以忽略不计，故系统的动量守恒，有

$$\boldsymbol{p}_e + \boldsymbol{p}_n + \boldsymbol{p}_r = 0$$

式中 $\boldsymbol{p}_e$、$\boldsymbol{p}_n$、$\boldsymbol{p}_r$ 分别表示电子、中微子和核的剩余部分的动量。建立直角坐标系，如图 2-6-3 所示，在 x 轴和 y 轴方向的分量式分别为

$$p_e - p_r\cos\theta = 0$$

$$p_n - p_r\sin\theta = 0$$

由以上两式解得

$$\theta = \arctan\frac{p_n}{p_e} = \arctan\frac{6.4\times10^{-23}}{1.2\times10^{-22}} = 28°4'$$

$$p_r = \frac{p_n}{\sin\theta} = \frac{6.4\times10^{-23}}{\sin 28°4'}\ \mathrm{kg\cdot m/s} = 1.36\times10^{-22}\ \mathrm{kg\cdot m/s}$$

三、变质量问题

根据狭义相对论，当物体的运动速度接近真空中的光速时，其惯性质量 m 随速度 $\boldsymbol{v}$ 的变化显著。这时牛顿第二定律 $\boldsymbol{F}=\dfrac{\mathrm{d}\boldsymbol{p}}{\mathrm{d}t}$ 可表示为

$$\boldsymbol{F}=\frac{\mathrm{d}(m\boldsymbol{v})}{\mathrm{d}t}=m\frac{\mathrm{d}\boldsymbol{v}}{\mathrm{d}t}+\boldsymbol{v}\frac{\mathrm{d}m}{\mathrm{d}t} \tag{2-6-6}$$

注意，这里的 $\dfrac{\mathrm{d}m}{\mathrm{d}t}$ 仅表示物体的惯性质量随时间的变化，而构成物体的原子、分子的数量并没有改变。

在经典力学中也有一类涉及质量变化的问题。比如火箭在飞行中不断地向后方喷出气体，火箭的质量不断在减少；又如一列很长的运煤车厢在铁轨上运行，车厢上方有一运动着的装料车不断向车厢倾泻煤块，运煤车的质量不断在增加，等等。在这类问题中，有质量进入或离开系统，组成物体的原子、分子的数量有了变化，所以，此类问题中的质量变化是由于客体的分散或合并而造成的，并不是上面提到的相对论意义上的变质量问题。处理这样的问题，(2-6-6)式是不适用的。下面，我们以火箭的运动(图 2-6-4)为例，研究这种有质量进出的变质量系统所服从的动力学方程。

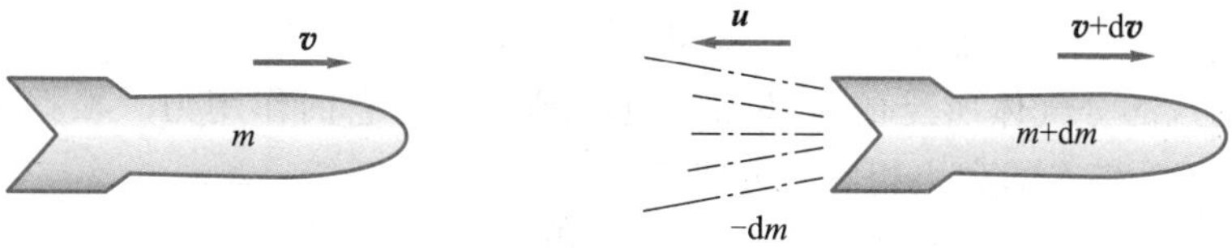

图 2-6-4　火箭的运动

我们把火箭(包括箭体和其中尚存的燃料)作为研究系统。设在 t 时刻，系统总质量为 m，相对于地面的速度为 $\boldsymbol{v}$，在 $t+\mathrm{d}t$ 时刻，由于火箭喷出了一部分气体，喷出的气体质量为 $-\mathrm{d}m$(注意，$\mathrm{d}m$ 本身为负值)，所以，火箭的质量变为 $m+\mathrm{d}m$，且其速度增量为 $\mathrm{d}\boldsymbol{v}$，如图 2-6-4 所示。

这里，尽管在 $t+\mathrm{d}t$ 时刻，火箭本身的质量减少了，但我们研究的系统的总质量未变，只是有一部分质量($-\mathrm{d}m$)与箭体分离开了。对于这样一个系统，若喷出的气体相对火箭的速度为 $\boldsymbol{u}$，则根据(1-4-4)式，在 $t+\mathrm{d}t$ 时刻，喷出的气体对地面的速度为 $\boldsymbol{u}+(\boldsymbol{v}+\mathrm{d}\boldsymbol{v})$，$t$ 时刻系统的总动量为 $m\boldsymbol{v}$，$t+\mathrm{d}t$ 时刻系统的总动量为 $(m+\mathrm{d}m)(\boldsymbol{v}+\mathrm{d}\boldsymbol{v})+(-\mathrm{d}m)[\boldsymbol{u}+(\boldsymbol{v}+\mathrm{d}\boldsymbol{v})]$，若系统所受合外力为 $\boldsymbol{F}$，则由动量定理有

$$(m+\mathrm{d}m)(\boldsymbol{v}+\mathrm{d}\boldsymbol{v})+(-\mathrm{d}m)[\boldsymbol{u}+(\boldsymbol{v}+\mathrm{d}\boldsymbol{v})]-m\boldsymbol{v}=\boldsymbol{F}\mathrm{d}t$$

略去二阶无穷小量 $\mathrm{d}m\mathrm{d}\boldsymbol{v}$，得

$$m\mathrm{d}\boldsymbol{v}-\boldsymbol{u}\mathrm{d}m=\boldsymbol{F}\mathrm{d}t \tag{2-6-7}$$

故

$$m\frac{\mathrm{d}\boldsymbol{v}}{\mathrm{d}t}-\boldsymbol{u}\frac{\mathrm{d}m}{\mathrm{d}t}=\boldsymbol{F} \tag{2-6-8}$$

这就是火箭运动满足的微分方程，即密歇尔斯基(Мещерский)方程。

为简单计，以下只考虑在没有重力和空气阻力的自由空间中火箭作直线运动的情形。这时，(2-6-7)式可写为

$$m\mathrm{d}v-u\mathrm{d}m=0,\qquad 即\ \mathrm{d}v=u\frac{\mathrm{d}m}{m}$$

若喷出的气体相对火箭的速度 u 恒定，点火时火箭的质量为 m_0，初速度为 v_0，燃料耗尽时火箭的质量为 m_f，速度为 v_f，则由上式积分得

$$\int_{v_0}^{v_f}\mathrm{d}v=u\int_{m_0}^{m_f}\frac{\mathrm{d}m}{m}$$

所以

$$v_f=v_0+u\ln\frac{m_f}{m_0}=v_0-u\ln\frac{m_0}{m_f}\tag{2-6-9}$$

注意，上式中若取 v_0 的方向为正，则 u 为负。

下面我们来分析一下在自由空间中火箭所受的推力。单独考虑喷出的质量为 $-\mathrm{d}m$ 的这部分气体。在地面参考系看，被喷出之前(t 时刻)这部分气体的动量为 $(-\mathrm{d}m)v$，喷出后($t+\mathrm{d}t$ 时刻)的动量变为 $(-\mathrm{d}m)(u+v+\mathrm{d}v)$，故在 $\mathrm{d}t$ 的时间间隔内动量的增量为

$$\mathrm{d}p=(-\mathrm{d}m)(u+v+\mathrm{d}v)-(-\mathrm{d}m)v$$

略去二阶无穷小量 $(-\mathrm{d}m)\mathrm{d}v$ 得 $\mathrm{d}p=-u\mathrm{d}m$，根据牛顿第二定律有

$$F=\frac{\mathrm{d}p}{\mathrm{d}t}=-u\frac{\mathrm{d}m}{\mathrm{d}t}$$

式中 F 为喷出的这部分气体所受的合外力，也就是火箭对它的作用力。根据牛顿第三定律，火箭所受的推力 $F_{推}$ 与 F 的大小相等、方向相反，即

$$F_{推}=u\frac{\mathrm{d}m}{\mathrm{d}t}\tag{2-6-10}$$

这表明，火箭发动机的推力和燃料的燃烧速率 $\frac{\mathrm{d}m}{\mathrm{d}t}$ 以及喷出的气体相对于火箭的速度 u 的大小成正比。

请自行分析，如何用密歇尔斯基方程(2-6-8)重新求解例 2-10。

第 7 节 角动量定理 角动量守恒定律

一、质点的角动量和角动量定理

角动量是描述物体运动的一个非常重要的物理量。对于大到天体，小到基本粒子的运动的研究都要用到角动量这一概念。质点的角动量(也称为**动量矩**)定义如下。

如图 2-7-1 所示，一质量为 m、速度为 $\boldsymbol{v}$ 的质点相对于定点 O 的角动量 $\boldsymbol{L}$ 定义为

$$\boldsymbol{L}=\boldsymbol{r}\times\boldsymbol{p}\tag{2-7-1}$$

式中 $\boldsymbol{p}=m\boldsymbol{v}$ 是质点的动量。$\boldsymbol{p}$ 又称为质点的**线动量**，这是为了更好地与角动量相区别。$\boldsymbol{r}$ 是质点相对于定点 O 的位矢，它与 $\boldsymbol{p}$ 之间小于 180°的夹角为 α。(2-7-1)式表明角动量是矢量，

它可用位矢 $\boldsymbol{r}$ 和动量 $\boldsymbol{p}$ 的矢积(叉乘)来表示。角动量 $\boldsymbol{L}$ 的方向可根据 $\boldsymbol{r}$ 和 $\boldsymbol{p}$ 的方向由**右手螺旋定则**确定：将右手四指伸直并置于 $\boldsymbol{r}$ 方向上，使指尖与 $\boldsymbol{r}$ 的指向相同，保持大拇指与其他四指垂直，将并拢的四指由 $\boldsymbol{r}$ 经 $\boldsymbol{r}$ 与 $\boldsymbol{p}$ 之间小于 180° 的夹角握拢到 $\boldsymbol{p}$ 的方向，此时大拇指的指向就是角动量 $\boldsymbol{L}$ 的方向，即 $\boldsymbol{r}\times\boldsymbol{p}$ 的方向。显然，$\boldsymbol{L}$ 垂直于 $\boldsymbol{r}$ 和 $\boldsymbol{p}$ 构成的平面。$\boldsymbol{L}$ 的大小为

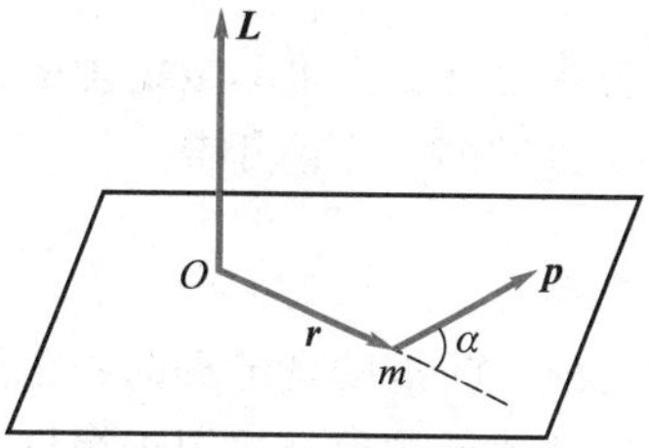

图 2-7-1　质点对 O 点的角动量

$$L = rp\sin\alpha \tag{2-7-2}$$

由(2-7-1)式可知，由于对不同的定点，质点的位矢 $\boldsymbol{r}$ 不同，所以相对于不同的定点，同一个质点的角动量一般是不相同的。因此，要说明一个质点的角动量，必须首先明确是相对于哪个定点而言的。

在国际单位制中，角动量的单位是 $\mathrm{kg\cdot m^2/s}$。

运动质点相对于某个定点的位矢和动量随时间而变，所以相对于此定点的角动量也在变化。从(2-7-1)式可以得到角动量的时间变化率

$$\frac{\mathrm{d}\boldsymbol{L}}{\mathrm{d}t}=\frac{\mathrm{d}(\boldsymbol{r}\times\boldsymbol{p})}{\mathrm{d}t}=\frac{\mathrm{d}\boldsymbol{r}}{\mathrm{d}t}\times\boldsymbol{p}+\boldsymbol{r}\times\frac{\mathrm{d}\boldsymbol{p}}{\mathrm{d}t}=\boldsymbol{v}\times m\boldsymbol{v}+\boldsymbol{r}\times\frac{\mathrm{d}\boldsymbol{p}}{\mathrm{d}t}$$

注意到 $\boldsymbol{v}\times m\boldsymbol{v}=\boldsymbol{0}$，且根据牛顿第二定律 $\boldsymbol{F}=\frac{\mathrm{d}\boldsymbol{p}}{\mathrm{d}t}$，上式可写为

$$\frac{\mathrm{d}\boldsymbol{L}}{\mathrm{d}t}=\boldsymbol{r}\times\boldsymbol{F} \tag{2-7-3}$$

式中 $\boldsymbol{F}$ 是质点所受到的合外力，其作用点就在质点上。类似于(2-7-1)式所定义的动量矩，(2-7-3)式右边的 $\boldsymbol{r}\times\boldsymbol{F}$ 称为力 $\boldsymbol{F}$ 相对于定点 O 的**力矩** $\boldsymbol{M}$，即

$$\boldsymbol{M}=\boldsymbol{r}\times\boldsymbol{F} \tag{2-7-4}$$

力矩 $\boldsymbol{M}$ 的方向可由 $\boldsymbol{r}$ 和 $\boldsymbol{F}$ 的方向用右手螺旋定则确定，$\boldsymbol{r}$ 是力 $\boldsymbol{F}$ 的作用点 N 相对于选定的参考点 O 的位矢(图 2-7-2)。力矩 $\boldsymbol{M}$ 的大小为

$$M = rF\sin\alpha = r_{\perp}F \tag{2-7-5}$$

式中 $r_{\perp}$ 是定点 O 到力 $\boldsymbol{F}$ 的作用线的垂直距离，称为**力臂**。由定义可知，同一个力对不同参考点有不同的力矩，因此讲到力矩时必须指明是相对于哪一点而言的。当力 $\boldsymbol{F}$ 的作用线通过所选参考点时，力 $\boldsymbol{F}$ 对该点的力矩为零。在国际单位制中，力矩的单位是 $\mathrm{N\cdot m}$。

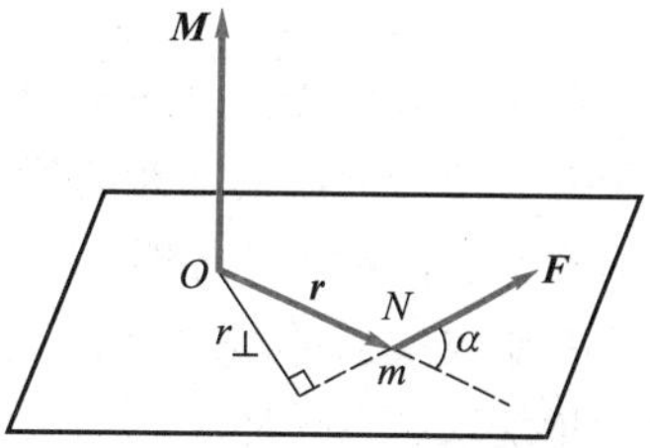

图 2-7-2　力 $\boldsymbol{F}$ 对 O 点的力矩

利用(2-7-4)式可将(2-7-3)式写为

$$\frac{\mathrm{d}\boldsymbol{L}}{\mathrm{d}t}=\boldsymbol{M} \tag{2-7-6}$$

上式表明，**质点对任一固定点的角动量的时间变化率，等于质点所受的合外力对该固定点的力矩。这就是质点的角动量定理。**

(2-7-6)式的两边乘以 $\mathrm{d}t$ 得

$$\mathrm{d}\boldsymbol{L}=\boldsymbol{M}\mathrm{d}t \tag{2-7-7}$$

上式称为质点的角动量定理的微分形式。

由(2-7-7)式可得

$$\int_{t_1}^{t_2}\boldsymbol{M}\mathrm{d}t=\int_{L_1}^{L_2}\mathrm{d}\boldsymbol{L}=\boldsymbol{L}_2-\boldsymbol{L}_1 \tag{2-7-8}$$

这是质点的角动量定理的积分形式。$\boldsymbol{L}_1$ 和 $\boldsymbol{L}_2$ 分别是质点在 t_1 和 t_2 时刻的角动量。

角动量定理只适用于惯性参考系，在非惯性参考系中，还必须考虑惯性力的力矩。

二、质点的角动量守恒定律

由(2-7-6)式可知，当 $\boldsymbol{M}=\boldsymbol{r}\times\boldsymbol{F}=\boldsymbol{0}$ 时，$\frac{\mathrm{d}\boldsymbol{L}}{\mathrm{d}t}=\boldsymbol{0}$，即

$$\boldsymbol{L}=\boldsymbol{r}\times\boldsymbol{p}=\text{常矢量} \tag{2-7-9}$$

上式表明，**若质点所受的合外力对某固定点的力矩为零，则质点对该固定点的角动量守恒。这就是质点的角动量守恒定律。**

需要注意的是，(2-7-6)式是矢量关系式，它对每个分量都是成立的。在直角坐标系中有

$$\frac{\mathrm{d}L_x}{\mathrm{d}t}=M_x,\quad \frac{\mathrm{d}L_y}{\mathrm{d}t}=M_y,\quad \frac{\mathrm{d}L_z}{\mathrm{d}t}=M_z \tag{2-7-10}$$

由此可知，若质点所受的合外力对某固定点的力矩不为零，但此力矩在某一方向上的分量为零，则尽管质点对此固定点的角动量不守恒，但角动量在该方向上的分量却是守恒的。

角动量守恒定律是自然界又一基本的普适定律。和动量守恒定律一样，它不仅适用于宏观物体的运动，也适用于牛顿第二定律不能适用的微观粒子的运动。

三、有心力

如果质点所受的力的作用线始终通过某个固定点，则该力称为**有心力**，该点称为**力心**。由于有心力对力心的力矩为零，质点对该力心的角动量一定守恒。(注意，因质点所受的力并不为零，它的动量不守恒。)

在研究质点的运动时，人们经常可以遇到质点绕某一固定点运动的情况。例如，太阳系中行星绕太阳公转时，行星受到的太阳的引力始终指向太阳中心；月球、人造地球卫星绕地球运转时，它们受到的地球引力始终指向地球中心。如果我们认为太阳、地球静止不动，那么，行星、月球、卫星所受到的引力就分别通过一个固定的中心，即它们都是在有心力作用下运动。因此，它们对各自的力心的角动量守恒。

【例 2-13】 用角动量守恒定律推导行星运动的开普勒第二定律：行星对太阳的位置矢量在相等的时间内扫过的面积相等，即行星的径矢的面积速度为常量。

解 设在很短的时间 Δt 内，行星的径矢 $\boldsymbol{r}$ 扫过的面积是 ΔS。ΔS 可以近似地认为是图 2-7-3 中阴影所示的三角形的面积，即

$$\Delta S=\frac{1}{2}r\,|\Delta\boldsymbol{r}|\sin\alpha=\frac{1}{2}|\boldsymbol{r}\times\Delta\boldsymbol{r}|$$

面积速度　$\frac{\mathrm{d}S}{\mathrm{d}t}=\lim_{\Delta t\to 0}\frac{\Delta S}{\Delta t}=\lim_{\Delta t\to 0}\frac{1}{2}\ \frac{|\boldsymbol{r}\times\Delta\boldsymbol{r}|}{\Delta t}$

$$=\frac{1}{2}\left|\boldsymbol{r}\times\frac{\mathrm{d}\boldsymbol{r}}{\mathrm{d}t}\right|=\frac{1}{2}|\boldsymbol{r}\times\boldsymbol{v}|$$

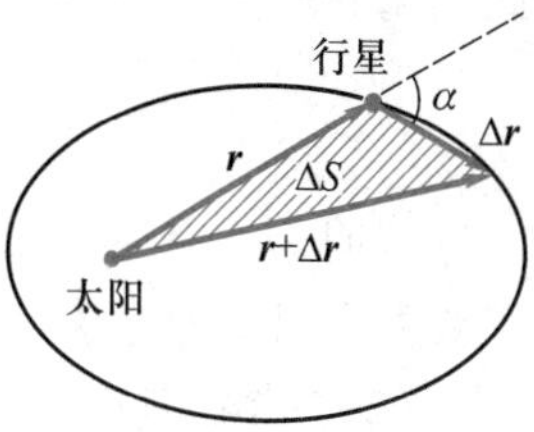

图 2-7-3　例 2-13 图

由于行星对太阳中心的角动量守恒，即

$$\boldsymbol{L}=\boldsymbol{r}\times m\boldsymbol{v}=常矢量$$

式中行星的质量 m 是常量，所以面积速度$\frac{\mathrm{d}S}{\mathrm{d}t}=\frac{1}{2}|\boldsymbol{r}\times\boldsymbol{v}|$也是常量，从而开普勒第二定律得到证明。

由行星对太阳中心的角动量守恒还可以得出行星运动的另一特点。根据角动量的定义，行星对太阳的角动量 $\boldsymbol{L}$ 应垂直于它对太阳的位置矢量 $\boldsymbol{r}$ 和动量 $\boldsymbol{p}$ 所决定的平面，角动量守恒则 $\boldsymbol{L}$ 的方向不改变，所以行星绕太阳的运动必然是平面运动。

四、质点系的角动量定理和角动量守恒定律

质点系中的各个质点对给定参考点的角动量的矢量和称为质点系对该给定参考点的角动量，即

$$\boldsymbol{L}=\sum_i \boldsymbol{L}_i=\sum_i \boldsymbol{r}_i\times\boldsymbol{p}_i \tag{2-7-11}$$

对时间求导，并利用质点的角动量定理(2-7-6)式得

$$\frac{\mathrm{d}\boldsymbol{L}}{\mathrm{d}t}=\sum_i\frac{\mathrm{d}\boldsymbol{L}_i}{\mathrm{d}t}=\sum_i\boldsymbol{r}_i\times\left(\boldsymbol{F}_i+\sum_{j\neq i}\boldsymbol{F}_{ij}\right)$$

即

$$\frac{\mathrm{d}\boldsymbol{L}}{\mathrm{d}t}=\sum_i\boldsymbol{r}_i\times\boldsymbol{F}_i+\sum_i\boldsymbol{r}_i\times\left(\sum_{j\neq i}\boldsymbol{F}_{ij}\right) \tag{2-7-12}$$

式中 $\boldsymbol{F}_i$ 为第 i 个质点受到的质点系外物体的作用力，$\boldsymbol{F}_{ij}$为第 i 个质点受到质点系内的第 j 个质点的作用力(内力)。上式中的右边第一项 $\sum_i \boldsymbol{r}_i\times\boldsymbol{F}_i$ 表示质点系所受的合外力矩，即各质点所受的外力矩的矢量和，记为

$$\boldsymbol{M}=\sum_i\boldsymbol{r}_i\times\boldsymbol{F}_i \tag{2-7-13}$$

而右边第二项 $\sum_i \boldsymbol{r}_i\times\left(\sum_{j\neq i}\boldsymbol{F}_{ij}\right)$ 表示各质点所受的各内力矩的矢量和。内力总是成对出现的，所以与之相应的内力矩也成对出现。设质点系内任意两个质点 i 和 j 的相互作用力为 $\boldsymbol{F}_{ij}$和 $\boldsymbol{F}_{ji}$，则根据牛顿第三定律有 $\boldsymbol{F}_{ij}=-\boldsymbol{F}_{ji}$，两者的相互作用力 $\boldsymbol{F}_{ij}$和 $\boldsymbol{F}_{ji}$产生的力矩的矢量和 $\boldsymbol{M}_{ij}$为

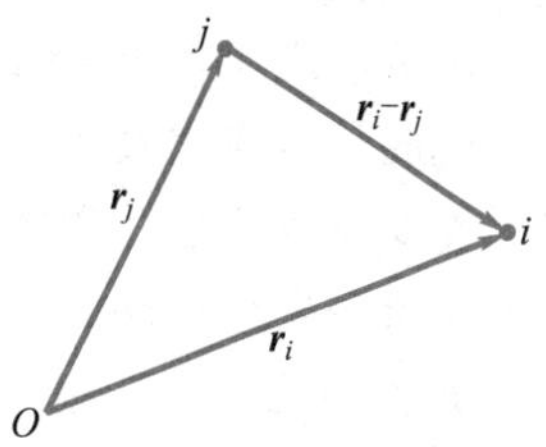

图 2-7-4　矢量图

$$\boldsymbol{M}_{ij}=\boldsymbol{r}_i\times\boldsymbol{F}_{ij}+\boldsymbol{r}_j\times\boldsymbol{F}_{ji}=(\boldsymbol{r}_i-\boldsymbol{r}_j)\times\boldsymbol{F}_{ij}$$

由图 2-7-4 可知，$\boldsymbol{r}_i-\boldsymbol{r}_j$ 沿质点 i 和 j 的连线，而 i 对 j 的作用力 $\boldsymbol{F}_{ij}$也必定在质点 i 和 j 的连线方向上。所以 $\boldsymbol{M}_{ij}=0$，从而

$$\sum_i\boldsymbol{r}_i\times\left(\sum_{j\neq i}\boldsymbol{F}_{ij}\right)=0$$

将此结果和(2-7-13)式代入(2-7-12)式得到

$$\frac{\mathrm{d}\boldsymbol{L}}{\mathrm{d}t}=\boldsymbol{M} \tag{2-7-14}$$

这表明，质点系对惯性系中某给定参考点的角动量的时间变化率，等于作用在该质点系上所有外力对该给定参考点的总力矩。这就是质点系的角动量定理。

在(2-7-14)式中，如果 $\boldsymbol{M}=\boldsymbol{0}$，则 $\boldsymbol{L}=$常矢量。这表明，当质点系相对于某一给定参考点的合外力矩为零时，该质点系相对于该给定参考点的角动量不随时间变化。这就是质点系的角动量守恒定律。

和质点的情形类似，若质点系对某固定点的合外力矩不为零，但此合外力矩在某一方向上的分量为零，则尽管质点系对此固定点的角动量不守恒，但质点系的角动量在该方向上的分量却是守恒的。

第 8 节　功　功率

一、功

在很多问题中，我们需要知道物体在力的作用下运动一段路径后其运动状态的变化，或者说，在物体的位置发生变化的整个过程中，力对它的总的作用效果，即力的空间累积效应。为此，我们引入功的概念。

若质点在力 $\boldsymbol{F}$ 的作用下产生一无限小的位移 $\mathrm{d}\boldsymbol{r}$(元位移)，则此力对它做的功定义为力在位移方向上的分量和此元位移大小的乘积。这个功 $\mathrm{d}A$ 可表示为

$$\mathrm{d}A=\boldsymbol{F}\cdot\mathrm{d}\boldsymbol{r} \tag{2-8-1}$$

上式右边为 $\boldsymbol{F}$ 和 $\mathrm{d}\boldsymbol{r}$ 的标积(点乘)。按照标积的定义，有

$$\mathrm{d}A=\boldsymbol{F}\cdot\mathrm{d}\boldsymbol{r}=F\cos\theta\cdot|\mathrm{d}\boldsymbol{r}| \tag{2-8-2}$$

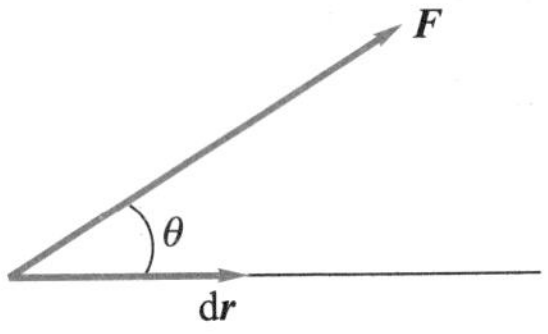

图 2-8-1 功的定义

式中 θ 为 $\boldsymbol{F}$ 和 $\mathrm{d}\boldsymbol{r}$ 的夹角，如图 2-8-1 所示。$F\cos\theta$ 就是 $\boldsymbol{F}$ 在 $\mathrm{d}\boldsymbol{r}$ 方向上的分量，$|\mathrm{d}\boldsymbol{r}|$是元位移 $\mathrm{d}\boldsymbol{r}$ 的大小。$\mathrm{d}A$ 是在质点发生元位移 $\mathrm{d}\boldsymbol{r}$ 的过程中力 $\boldsymbol{F}$ 做的功，故 $\mathrm{d}A$ 也称为元功。这里的“元”表示“微小”的意思。根据定义，功是标量，没有方向，但有正负。显然，功的正负取决于 $\boldsymbol{F}$ 和 $\mathrm{d}\boldsymbol{r}$ 的夹角 θ。当 θ 大于 90°时，功为负的，外力对质点做负功，这种情况常常说成是质点克服外力 $\boldsymbol{F}$ 做了功。

需要注意的是，物体受到的外力往往是随位置而变化的，那么，(2-8-1)式中的力 $\boldsymbol{F}$ 到底是质点在发生位移 $\mathrm{d}\boldsymbol{r}$ 的过程中位于路径上的哪个点时受到的力呢？实际上，(2-8-1)式中的力 $\boldsymbol{F}$ 被视为恒力。由于元位移 $\mathrm{d}\boldsymbol{r}$ 足够小，相应地，质点走过的路径也足够短，以至于在这个很短的路径上的不同位置，质点受到的力的差别小到可以忽略不计，故可视为恒力。因而，(2-8-1)式中的力 $\boldsymbol{F}$ 可以用质点在与元位移 $\mathrm{d}\boldsymbol{r}$ 相应的路径上任意一点所受的力来表示。

如果质点从 a 点沿某一路径 L 运动到 b 点(图 2-8-2)，由于路径 L 是有限长的，沿这一路径力对质点做的功不能直接用(2-8-1)式来计算，那么可把路径分成许多小段，并使每一

段都足够短，这样就可以把每段路程近似地看作直线段，并且把此直线段近似为相应的元位移 $d\boldsymbol{r}$，在这段元位移上质点受的力可视为恒力，因而力对质点做的元功可以用(2-8-1)式求出。然后把整个路径上的所有元功加起来就得到在整个路径上力对质点做的功。当 $d\boldsymbol{r}$ 趋于零时，对(2-8-1)式的求和变为积分。因此，质点沿路径 L 从 a 到 b，力 $\boldsymbol{F}$ 对它做的功 A_{ab} 为

$$A_{ab}=\int_a^b dA=\int_a^b \boldsymbol{F}\cdot d\boldsymbol{r} \qquad (2-8-3)$$

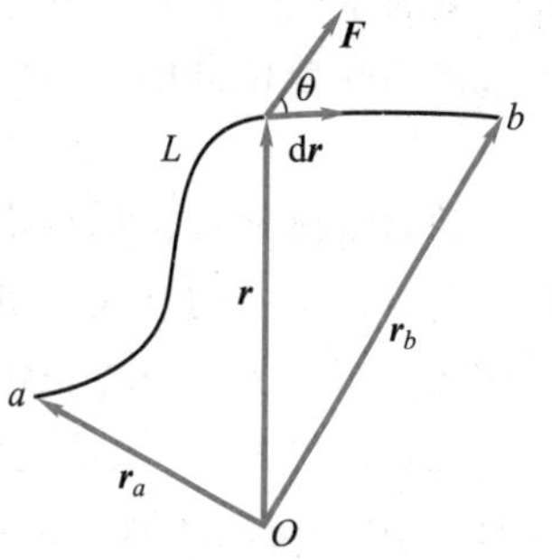

图 2-8-2　变力的功

因为在运动路径上的各点，$\boldsymbol{F}$、θ 可以是不同的(图 2-8-2)，所以只有确定了路径 L，并且知道质点在路径上各点所受的力 $\boldsymbol{F}$ 与夹角 θ 时才能求出 A_{ab}。一般地说，即使质点的初末位置 a、b 两点是固定的，如果路径 L 不同，A_{ab} 也可能不同。

若质点在恒力 $\boldsymbol{F}$ 的作用下沿直线运动，行进的距离为 s，则由(2-8-3)式可得此恒力做的功为

$$A=F\cos\theta\cdot s$$

式中 θ 是 $\boldsymbol{F}$ 和运动方向的夹角。

如果质点同时受到几个力，如 $\boldsymbol{F}_1$，$\boldsymbol{F}_2$，…，$\boldsymbol{F}_n$ 等的作用而沿路径 L 由 a 运动到 b，则根据(2-8-3)式容易证明，合力 $\boldsymbol{F}$ 对质点做的功为

$$\begin{aligned}A_{ab}&=\int_a^b \boldsymbol{F}\cdot d\boldsymbol{r}=\int_a^b(\boldsymbol{F}_1+\boldsymbol{F}_2+\cdots+\boldsymbol{F}_N)\cdot d\boldsymbol{r}=\int_a^b \boldsymbol{F}_1\cdot d\boldsymbol{r}+\int_a^b \boldsymbol{F}_2\cdot d\boldsymbol{r}+\cdots+\int_a^b \boldsymbol{F}_n\cdot d\boldsymbol{r}\\&=A_{1ab}+A_{2ab}+\cdots+A_{nab}\end{aligned} \qquad (2-8-4)$$

由此可见，**合力的功等于各分力的功的代数和**。

由于在功的表达式(2-8-3)式和(2-8-4)式中，$\boldsymbol{r}$ 是与参考系有关的量，所以在不同的参考系内对同一过程算得的功是不同的。可见，功的计算与参考系有关。

在国际单位制中，功的单位是焦[耳]，符号是 J。

$$1\ \text{J}=1\ \text{N}\cdot\text{m}$$

二、功率

在很多实际问题中，不仅要知道力做功的多少，而且要知道做功的快慢，为此，引入功率这一物理量。**功率**是力在单位时间内所做的功。设力在时间 Δt 内完成功 ΔA，则在这段时间内的**平均功率**是

$$\overline{P}=\frac{\Delta A}{\Delta t}$$

若 Δt 趋近于零，则可得某时刻的**瞬时功率**

$$P=\lim_{\Delta t\to 0}\frac{\Delta A}{\Delta t}=\frac{dA}{dt} \qquad (2-8-5)$$

将 $dA=\boldsymbol{F}\cdot d\boldsymbol{r}$ 代入上式，有

$$P=\boldsymbol{F}\cdot\frac{d\boldsymbol{r}}{dt}=\boldsymbol{F}\cdot\boldsymbol{v} \qquad (2-8-6)$$

式中 $\boldsymbol{v}$ 表示质点在 t 时刻的速度，此式表明，瞬时功率等于力和速度的点乘。

在国际单位制中，功率的单位是瓦[特]，符号是 W。

$$1\ \mathrm{W}=1\ \mathrm{J/s}$$

动力机械的输出功率都是有一定的限制的，它的最大输出功率称为额定功率。当额定功率一定时，负荷力越大，可达到的速率就越小；负荷力越小，可达到的速率就越大。这就是为什么汽车在上坡时走得慢，下坡时走得快的道理。

【例 2-14】　一人从 $H=10$ m 深的水井中提水，开始时，桶中装有 $m_0=10$ kg 的水（桶的质量忽略）。由于水桶漏水，每升高 1 m 会漏出 0.2 kg 的水，如图 2-8-3 所示。求水桶匀速地从井中提到井口的过程中，人所做的功。

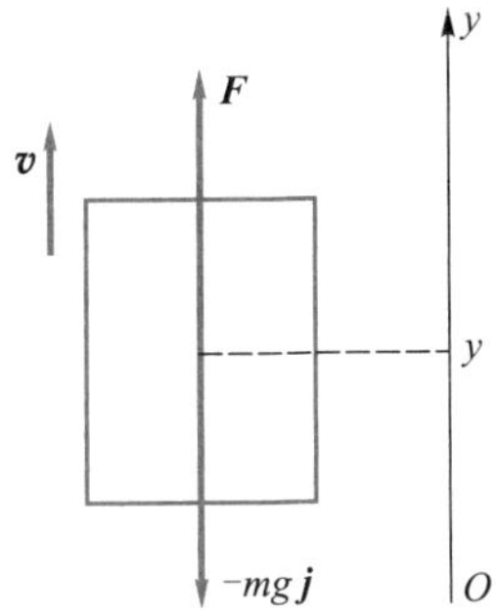

图 2-8-3　例 2-14 图

解　以水桶中的水为研究对象。水在上升过程中的任一位置 y 处，受重力 $-mg\boldsymbol{j}$ 和拉力 $\boldsymbol{F}$ 的作用（图 2-8-3）。因水桶中的水每升高 1 m 的漏水量为 0.2 kg，即漏水速率为 $k=0.2$ kg/m，故在 y 处已漏出的水量为 ky，此时水的质量为 $m=m_0-ky$，故其所受重力为

$$-m\boldsymbol{g}=-(m_0-ky)\boldsymbol{g}$$

因水匀速上升，根据牛顿第二定律得

$$\boldsymbol{F}+(-m\boldsymbol{g})=0$$

所以

$$F=mg=(m_0-ky)g$$

故

$$A=\int \boldsymbol{F}\cdot \mathrm{d}\boldsymbol{r}=\int_0^H F\mathrm{d}y=\int_0^H (m_0-ky)g\mathrm{d}y$$

$$=\int_0^{10}(10-0.2y)\times 9.8\mathrm{d}y=882(\mathrm{J})$$

【例 2-15】　如图 2-8-4 所示，一匹马以平行于圆弧形路面的拉力拉着质量为 m 的车沿半径为 R 的圆弧形路面极缓慢地匀速移动，车与路面的动摩擦因数为 μ，求车由底端 A 被拉上顶端 B 时，各力对车所做的功。

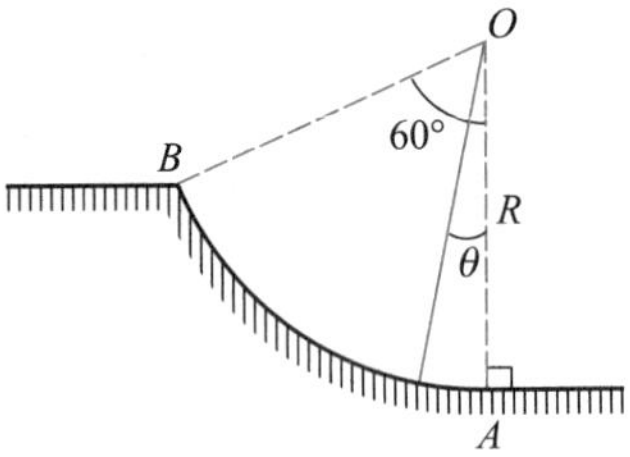

图 2-8-4　例 2-15 图

解　本题为变力做功问题。

车受四个力的作用：拉力 $\boldsymbol{F}$，摩擦力 $\boldsymbol{F}_{\mathrm{f}}$，此两力在切线方向；路面支持力 $\boldsymbol{F}_{\mathrm{N}}$，沿径向指向圆心；重力 $m\boldsymbol{g}$，竖直向下。设车所在处半径与竖直方向夹角为 θ，则在切向有

$$F-F_{\mathrm{f}}-mg\sin\theta=0$$

考虑到车极缓慢地匀速移动，即 $v\approx 0$，在法向有

$$F_{\mathrm{N}}-mg\cos\theta=0\quad\left(\text{因 } F_{\mathrm{N}}-mg\cos\theta=m\frac{v^2}{R}\approx 0\right)$$

而

$$F_{\mathrm{f}}=\mu F_{\mathrm{N}}$$

所以

$$F=mg(\mu\cos\theta+\sin\theta)$$

拉力所做的功为

$$A_{\mathrm{F}}=\int_A^B F\mathrm{d}s=\int_0^{60^\circ} mg(\mu\cos\theta+\sin\theta)R\mathrm{d}\theta$$

$$= mgR\int_0^{60^\circ}(\mu\cos\theta + \sin\theta)\,\mathrm{d}\theta = mgR\left(\frac{1}{2} + \frac{\sqrt{3}}{2}\mu\right)$$

重力所做的功

$$A_g = \int_0^{60^\circ} - mg\sin\theta \cdot R\mathrm{d}\theta = mgR\int_0^{60^\circ}\mathrm{d}(\cos\theta) = - mgR/2$$

摩擦力所做的功

$$A_\mathrm{f} = \int_0^s - F_\mathrm{f}\mathrm{d}s = -\int_0^{60^\circ}\mu mg\cos\theta \cdot R\mathrm{d}\theta = -\frac{\sqrt{3}}{2}mgR\mu$$

路面支持力 $\boldsymbol{F}_\mathrm{N}$ 的功为零。

【例 2-16】 一质点的质量为 m，沿 x 轴运动，其加速度与速度成正比(比例系数为 k)，方向相反。设该质点运动的初速度为 v_0。

(1) 写出该质点在 x 轴方向运动的受力表达式。

(2) 该质点在 x 轴方向运动的全过程中所受的力做了多少功?

解 (1) 根据题意知，质点的加速度

$$a = \frac{\mathrm{d}v}{\mathrm{d}t} = - kv$$

所以，质点在 x 轴方向运动受力的表达式为

$$F = m\frac{\mathrm{d}v}{\mathrm{d}t} = - mkv$$

由此可知该力是阻力。

(2) 上述力所做的功为

$$A = \int_{x_0}^{x_\infty}F\mathrm{d}x = \int_0^\infty - mkv\frac{\mathrm{d}x}{\mathrm{d}t}\mathrm{d}t = \int_0^\infty - mkv^2\mathrm{d}t \qquad ①$$

由 $\frac{\mathrm{d}v}{\mathrm{d}t} = -kv$ 可得

$$v = v_0\mathrm{e}^{-kt} \qquad ②$$

将②式代入①式得

$$A = -\int_0^\infty mkv_0^2\mathrm{e}^{-2kt}\mathrm{d}t = -\frac{m}{2}v_0^2$$

【例 2-17】 力 $\boldsymbol{F} = 6t\boldsymbol{i}$(式中 t 的单位为 s，$\boldsymbol{F}$ 的单位为 N)作用在质量为 $m = 2$ kg 的质点上，使质点由静止开始运动，求最初 2 s 内这力所做的功。

解 设质点受到力 $\boldsymbol{F} = 6t\boldsymbol{i}$ 的作用后，由静止开始从 x 轴的原点出发沿 x 轴的正方向作直线运动。由(2-8-3)式有

$$A = \int_a^b \boldsymbol{F} \cdot \mathrm{d}\boldsymbol{r} = \int_a^b 6t\boldsymbol{i} \cdot \mathrm{d}(x\boldsymbol{i}) = \int_0^x 6t\mathrm{d}x \qquad ①$$

可见，要计算功必须求出位移 x 关于时间 t 的函数关系式。

由(1-3-18)式得

$$v = v_0 + \int_0^t a(t)\mathrm{d}t = 0 + \int_0^t \frac{6t}{m}\mathrm{d}t = \frac{3}{m}t^2$$

由(1-3-9)式得

$$x = x_0 + \int_0^t v(t)\mathrm{d}t = 0 + \int_0^t \frac{3}{m}t^2\mathrm{d}t = \frac{t^3}{m}$$

故 $$dx=\frac{3t^2}{m}dt \qquad ②$$

将②式代入①式得 $$A=\int_0^x 6t\,dx=\int_0^2 6t\cdot\frac{3t^2}{m}dt=\frac{72}{m}=36(\text{J})$$

第 9 节 动能 动能定理

前面我们已经知道力的时间累积效应会引起物体动量的变化。现在再来讨论力的空间累积效应对物体的运动会产生什么影响。

我们研究一质点在变力作用下作曲线运动的最一般情况。设一质点的质量为 m，在初始位置 a 处的速度为 $\boldsymbol{v}_a$，在合外力 $\boldsymbol{F}$ 的作用下，经由某一路径到达终了位置 b，其速度变为 $\boldsymbol{v}_b$。根据(2-8-3)式，合外力 $\boldsymbol{F}$ 做的功为

$$\begin{aligned}A_{ab}&=\int_a^b dA=\int_a^b \boldsymbol{F}\cdot d\boldsymbol{r}=\int_a^b (F_x\boldsymbol{i}+F_y\boldsymbol{j}+F_z\boldsymbol{k})\cdot(dx\boldsymbol{i}+dy\boldsymbol{j}+dz\boldsymbol{k})\\&=\int_a^b(F_xdx+F_ydy+F_zdz)=\int_a^b\left(m\frac{dv_x}{dt}dx+m\frac{dv_y}{dt}dy+m\frac{dv_z}{dt}dz\right)\\&=m\int_a^b\left(\frac{dv_x}{dx}\frac{dx}{dt}dx+\frac{dv_y}{dy}\frac{dy}{dt}dy+\frac{dv_z}{dz}\frac{dz}{dt}dz\right)=m\int_a^b(v_xdv_x+v_ydv_y+v_zdv_z)\\&=\frac{m}{2}\int_a^b(dv_x^2+dv_y^2+dv_z^2)=\frac{m}{2}\int_a^b d(v_x^2+v_y^2+v_z^2)=\frac{m}{2}\int_a^b dv^2=\frac{1}{2}mv_b^2-\frac{1}{2}mv_a^2\end{aligned}$$

即 $$A_{ab}=\frac{1}{2}mv_b^2-\frac{1}{2}mv_a^2 \qquad (2-9-1)$$

此式表明，力对质点做的功在数值上和 $\frac{1}{2}mv^2$ 这个量的变化量相等。我们定义 $\frac{1}{2}mv^2$ 为质点的**动能**。动能也是描述质点运动状态的物理量。用 E_k 表示质点的动能，即

$$E_k=\frac{1}{2}mv^2 \qquad (2-9-2)$$

于是(2-9-1)式可表示为

$$A_{ab}=E_{kb}-E_{ka}=\Delta E_k \qquad (2-9-3)$$

它表示合外力对质点所做的功等于质点动能的增量。这就是**质点的动能定理**。可见，力的空间累积效应引起质点动能的改变。

在国际单位制中，动能的单位是焦[耳]，符号是 J，与功的单位相同。

从以上的推导过程可知，动能定理适用于惯性系。对非惯性系需考虑惯性力的功。

【例 2-18】 如图 2-9-1 所示，一长为 l 的无弹性轻绳，一端固定于 O 点，另一端系一质量为 m 的物体，开始时绳被拉直置于水平位置，然后将物体由静止释放，求物体下落至绳与水平方向成 θ 角时的速度。

解 将物体视为质点，它在运动过程中只受到绳子的拉力 $\boldsymbol{F}_T$ 与重力 $m\boldsymbol{g}$ 的作用，但拉力 $\boldsymbol{F}_T$ 不做功。重力做的功为 $A=mgl\sin\theta$，根据动能定理有

$$mgl\sin\theta=\frac{1}{2}mv_\theta^2-0$$

即
$$v_\theta=\sqrt{2gl\sin\theta}$$

显然，用牛顿第二定律来解此题要复杂得多。对物体受变力作用作曲线运动的情况，由于动能定理只需确定力的累积效应，无须考虑中间过程的各个瞬时状态，用动能定理求解往往比用反映力的瞬时效应的牛顿运动定律来得简便。

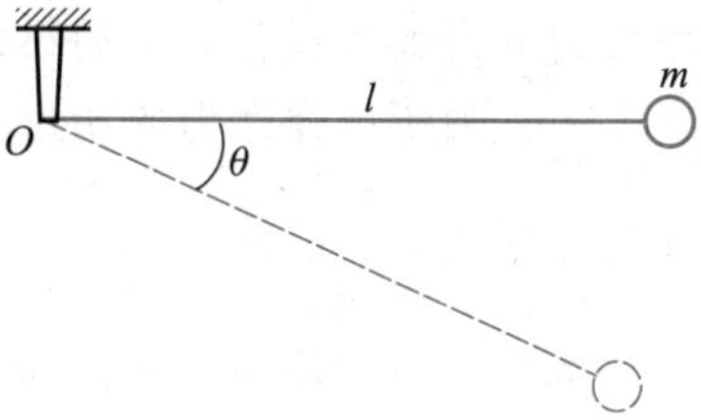

图 2-9-1　例 2-18 图

第 10 节　保守力　势能

一、保守力的功

通过计算各种力所做的功，人们发现按照力做功的大小与路径有无关系这一特点可把力分为保守力和非保守力。当物体在同一个力的作用下由给定位置 a 运动到给定位置 b 时，若所经过的路径不同，力对物体所做的功也不同，功的数值与路径有关，这种力称为**非保守力**。当物体在同一力的作用下由给定位置 a 运动到给定位置 b 时，虽然所经路径不同，但是力对物体所做的功相等，功的数值与路径无关，这种力称为**保守力**。下面我们来计算几种常见的保守力的功。

1. 重力的功

如图 2-10-1 所示，设质量为 m 的质点在重力 $-mg\boldsymbol{j}$ 的作用下从 a 点沿曲线 ab 运动到 b 点。重力所做的功为

$$A_{ab}=\int_a^b m\boldsymbol{g}\cdot\mathrm{d}\boldsymbol{r}=\int_a^b -mg\boldsymbol{j}\cdot(\mathrm{d}x\boldsymbol{i}+\mathrm{d}y\boldsymbol{j}+\mathrm{d}z\boldsymbol{k})$$

$$=\int_{y_a}^{y_b}-mg\mathrm{d}y=-mg(y_b-y_a) \qquad (2-10-1)$$

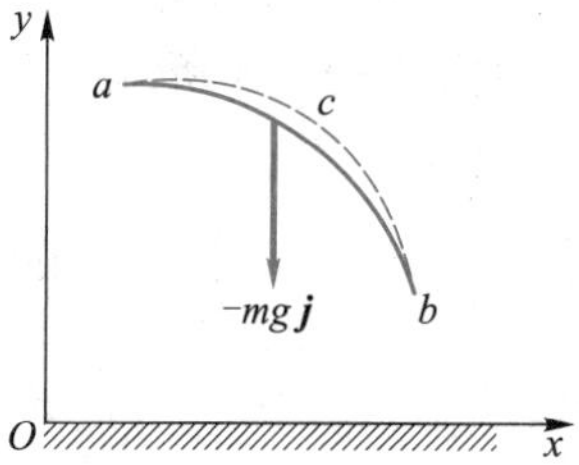

图 2-10-1　重力的功

此结果和路径无关，所以如果改变质点经过的路径，如质点沿 acb 运动，只要不改变初末位置，重力所做的功不变。

2. 弹性力的功

设质量为 m 的质点在弹性力 $\boldsymbol{F}$ 的作用下自 a 运动到 b（图 2-10-2），则弹性力所做的功为

$$A_{ab}=\int_a^b \boldsymbol{F}\cdot\mathrm{d}\boldsymbol{r}=\int_a^b -kx\boldsymbol{i}\cdot(\mathrm{d}x\boldsymbol{i})$$

$$=\int_{x_a}^{x_b}-kx\mathrm{d}x=-\left(\frac{1}{2}kx_b^2-\frac{1}{2}kx_a^2\right) \qquad (2-10-2)$$

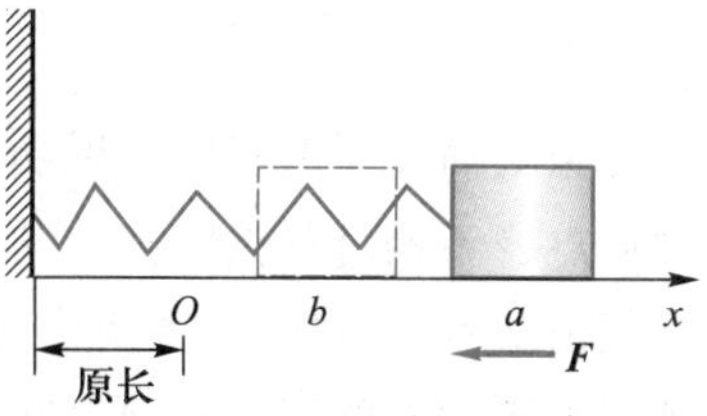

图 2-10-2　弹性力的功

由此可知，如果质点由位置 a 到位置 b 是沿另外一条路径，

如由位置 a 开始经过位置 b 后继续向左运动到某点，然后再返回位置 b，弹簧的初末伸长量仍为 x_a、x_b，则所得弹性力的功仍与上式相同。

3. 万有引力的功

设固定质点的质量为 m_0，运动质点的质量为 m，运动质点在万有引力的作用下由 a 经某一路径运动到 b，在质点运动的过程中，万有引力的大小、方向时刻都在改变，如图 2-10-3 所示。在任一位置，质点所受的万有引力为

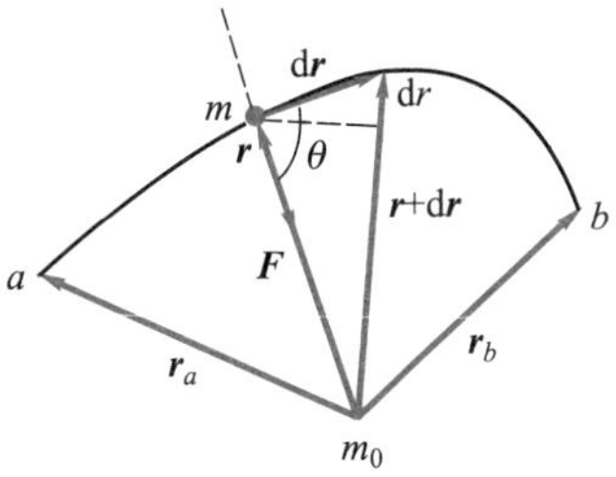

图 2-10-3 万有引力的功

$$\boldsymbol{F}=-G\frac{m_0m}{r^2}\boldsymbol{e}_r$$

其中 $\boldsymbol{e}_r$ 为 $\boldsymbol{r}$ 方向上的单位矢量。在任一段元位移 $\mathrm{d}\boldsymbol{r}$ 中，万有引力的元功为

$$\mathrm{d}A=\boldsymbol{F}\cdot\mathrm{d}\boldsymbol{r}=-G\frac{m_0m}{r^2}\boldsymbol{e}_r\cdot\mathrm{d}\boldsymbol{r}=-G\frac{m_0m}{r^2}|\boldsymbol{e}_r|\cdot|\mathrm{d}\boldsymbol{r}|\cos(\pi-\theta)=-G\frac{m_0m}{r^2}\mathrm{d}r$$

式中 θ 表示力 $\boldsymbol{F}$ 与 $\mathrm{d}\boldsymbol{r}$ 的夹角，$\mathrm{d}r$ 表示径矢 $\boldsymbol{r}$ 的大小 r 的增量。故质量为 m 的质点由初位置 a 移到末位置 b 的过程中万有引力对它做的功

$$A_{ab}=\int_a^b\boldsymbol{F}\cdot\mathrm{d}\boldsymbol{r}=\int_{r_a}^{r_b}-G\frac{m_0m}{r^2}\mathrm{d}r=-\left[\left(-G\frac{m_0m}{r_b}\right)-\left(-G\frac{m_0m}{r_a}\right)\right]\qquad(2-10-3)$$

此式表明，如果改变运动路径，但不改变 a、b 点的位置，所做的功是相等的。

综上所述，这些力做功的共同特点是与路径无关，只与初末位置有关。所以，重力、弹性力、万有引力都是保守力。一切有心力都是保守力。有保守力作用的场称为保守力场。

如图 2-10-4 所示，当质点在保守力 $\boldsymbol{F}$ 的作用下沿闭合路径绕行一周时，因为

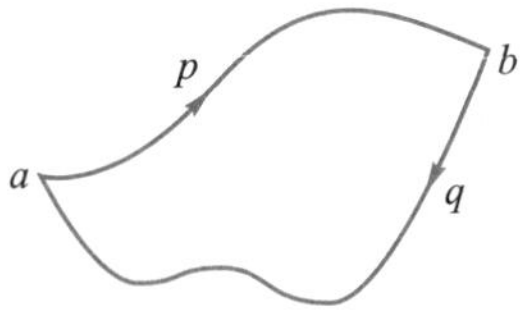

图 2-10-4 保守力沿闭合路径做功

$$\int_{apb}\boldsymbol{F}\cdot\mathrm{d}\boldsymbol{r}=\int_{aqb}\boldsymbol{F}\cdot\mathrm{d}\boldsymbol{r}=-\int_{bqa}\boldsymbol{F}\cdot\mathrm{d}\boldsymbol{r}$$

所以

$$\int_{apb}\boldsymbol{F}\cdot\mathrm{d}\boldsymbol{r}+\int_{bqa}\boldsymbol{F}\cdot\mathrm{d}\boldsymbol{r}=0$$

即

$$\oint_L\boldsymbol{F}\cdot\mathrm{d}\boldsymbol{r}=0\qquad(2-10-4)$$

其中 $\oint_L$ 表示沿闭合路径 L 的积分。图 2-10-4 中路径 L 为 $apbqa$。所以，**保守力沿任一闭合路径做功为零，即保守力的环流为零**。这个结论与保守力做功与路径无关的说法是等价的。

二、势能

根据上面介绍的保守力做功的特点，我们可以引入势能的概念。因为在保守力作用下运动的质点，不论沿什么路径从初位置 a 到末位置 b，保守力对质点做的功 A_{ab} 总是相同的。功的数值由质点的位置 a、b 决定。所以，我们可以说质点在保守力场中位于 a 点和位于 b 点是处于两个不同的状态，这两个状态间存在着一个确定的差别，这种差别可以用当质点从一个状态转变到另一个状态（从位置 a 运动到位置 b）时，保守力对质点所做的功这个确定值（A_{ab}）

来表示。为了表示质点在不同位置的各个状态间的这种差别，我们说，质点在保守力场中每一位置都具有一定的能量，称为**势能**(或**位能**)，用 E_p 表示，并令任意两个位置的势能之差等于保守力的功。例如，质点在位置 a 的势能为 E_{pa}，在位置 b 的势能为 E_{pb}。若质点由位置 a 运动到位置 b，则保守力所做的功

$$A_{ab} = E_{pa} - E_{pb}$$

$$A_{ab} = \int_a^b \boldsymbol{F}_{保} \cdot \mathrm{d}\boldsymbol{r} = -(E_{pb} - E_{pa}) = -\Delta E_p \tag{2-10-5}$$

上式表示，**保守力所做的功等于势能增量的负值**。粗略地说，势能是质点在保守力作用下，处于一定位置时的能量。

(2-10-5)式实际上是势能差的定义。如果要确定质点在任一给定位置的势能值，可以选定某一参考位置，规定质点在参考位置时的势能为零，以它作为势能零点，则任意其他位置的势能就确定了。例如，选择位置 b 为势能零点，即规定 $E_{pb}=0$，由(2-10-5)式可以得到

$$E_{pa} = \int_a^{零点} \boldsymbol{F}_{保} \cdot \mathrm{d}\boldsymbol{r} \tag{2-10-6}$$

上式表示，质点在保守力场中任一位置的势能等于把质点由该位置移到势能零点处的过程中保守力所做的功。

原则上，势能零点可以任意选择。通常情况下是根据处理问题的需要来选择势能零点的，故由(2-10-6)式可知势能的量值只有相对的意义，即对于不同的势能零点，质点在同一位置上所具有的势能值是不同的。而由(2-10-5)式定义的两个位置的势能差，其值是一定的，与势能零点的选择无关，而这正是我们在处理问题时所感兴趣的内容。

势能是标量。由于势能的概念反映了保守力的功与路径无关的特征，只有对保守力才能引入势能，对于非保守力(如摩擦力)不能引入势能。

必须指出，**势能是属于物体系统的，不为单个物体所具有**。我们在上面的叙述中所讲的“物体(质点)的势能”的说法，只是为了叙述的简便，是不严格的。这是因为，势能既取决于系统内物体之间相互作用的形式，又取决于物体之间的相对位置，因此势能属于由我们所讨论的质点和与之发生相互作用的所有其他物体所组成的整个系统。例如，重力势能属于由重物和地球所组成的系统。势能实质上是一种相互作用能。正确的提法应该是“系统的势能”。但为了方便，我们仍然沿用上述简便但不严格的说法。

在国际单位制中，势能的单位是焦[耳]，符号是 J，与功的单位相同。

根据势能的定义可以写出质点在重力场、弹性力场、万有引力场中的势能。

1. 重力势能

根据(2-10-1)式，如果选择地面为重力势能零点，则质点在距离地面任一高度 h 处的重力势能为

$$E_p = mgh \tag{2-10-7}$$

根据这一公式画出的 E_p-h 曲线如图 2-10-5(a)所示，这样的曲线称为**势能曲线**，也就是势能随位置变化的关系曲线。对重力势能曲线，假定总能量 $E=E_k+E_p$ 不变，因 $E_k \geqslant 0$，由势能曲线可以确定质点的运动范围为 $0 \leqslant h \leqslant H$。同时可以看出，动能、势能可以相互转化，但其和

为一常量。

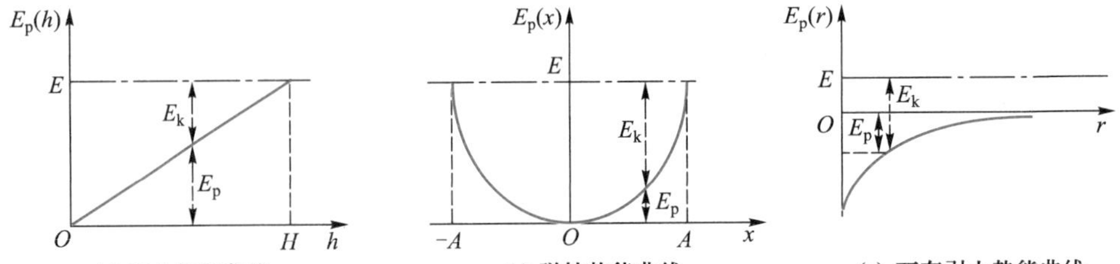

(a) 重力势能曲线　(b) 弹性势能曲线　(c) 万有引力势能曲线

图 2-10-5　势能曲线

2. 弹性势能

根据(2-10-2)式，选取弹簧无形变时(图 2-10-2 中 O 点，即 $x=0$ 处)弹性势能为零，这样，弹簧在具有任一伸缩量 x 时，弹性势能为

$$E_p = \frac{1}{2}kx^2 \tag{2-10-8}$$

依此可画出弹性势能曲线，这是一条以纵轴为对称轴的抛物线[图 2-10-5(b)]。对于弹性势能曲线，若总能量 $E=E_k+E_p$ 不变，按类似以上分析可知质点运动范围为

$$-A \leqslant x \leqslant A$$

3. 万有引力势能

根据(2-10-3)式，选取距引力中心无限远处势能为零，这样，质点 m 距引力中心任一距离 r 时的万有引力势能为

$$E_p = -G\frac{m_0 m}{r} \tag{2-10-9}$$

这个势能值总是负值。它表示，在把一个质点从引力场中某处移至无限远处的过程中，万有引力总是做负功。

对于万有引力势能曲线[图 2-10-5 (c)]，可以看出质点运动范围为 $r=0$ 至无穷远处。r 越小，动能越大，势能越小(势能的绝对值越大)。

三、由势能求保守力

如果已知势能函数 $E_p(\boldsymbol{r})$，则可通过微商的方法求得保守力的表达式 $\boldsymbol{F}(\boldsymbol{r})$。

设在保守力 $\boldsymbol{F}$ 的作用下质点发生了元位移 $\mathrm{d}\boldsymbol{r}$，其势能的增量为 $\mathrm{d}E_p$，保守力 $\boldsymbol{F}$ 对质点做的功为 $\mathrm{d}A$。由(2-10-5)式可知保守力做功等于势能增量的负值，再利用(2-8-1)式可得

$$-\mathrm{d}E_p = \mathrm{d}A = \boldsymbol{F}\cdot\mathrm{d}\boldsymbol{r} \tag{2-10-10}$$

在直角坐标系中，有

$$\mathrm{d}E_p = \frac{\partial E_p}{\partial x}\mathrm{d}x + \frac{\partial E_p}{\partial y}\mathrm{d}y + \frac{\partial E_p}{\partial z}\mathrm{d}z$$

$$\boldsymbol{F}\cdot\mathrm{d}\boldsymbol{r}=(F_x\boldsymbol{i}+F_y\boldsymbol{j}+F_z\boldsymbol{k})\cdot(\mathrm{d}x\boldsymbol{i}+\mathrm{d}y\boldsymbol{j}+\mathrm{d}z\boldsymbol{k})=F_x\mathrm{d}x+F_y\mathrm{d}y+F_z\mathrm{d}z$$

于是，(2-10-10)式可改写为

$$-\left(\frac{\partial E_\mathrm{p}}{\partial x}\mathrm{d}x+\frac{\partial E_\mathrm{p}}{\partial y}\mathrm{d}y+\frac{\partial E_\mathrm{p}}{\partial z}\mathrm{d}z\right)=F_x\mathrm{d}x+F_y\mathrm{d}y+F_z\mathrm{d}z$$

即

$$\left(\frac{\partial E_\mathrm{p}}{\partial x}+F_x\right)\mathrm{d}x+\left(\frac{\partial E_\mathrm{p}}{\partial y}+F_y\right)\mathrm{d}y+\left(\frac{\partial E_\mathrm{p}}{\partial z}+F_z\right)\mathrm{d}z=0$$

要求上式对任意 $\mathrm{d}x$，$\mathrm{d}y$，$\mathrm{d}z$ 都成立，故必有

$$F_x=-\frac{\partial E_\mathrm{p}}{\partial x},\qquad F_y=-\frac{\partial E_\mathrm{p}}{\partial y},\qquad F_z=-\frac{\partial E_\mathrm{p}}{\partial z}\tag{2-10-11}$$

因此，在直角坐标系中保守力可写成

$$\boldsymbol{F}=F_x\boldsymbol{i}+F_y\boldsymbol{j}+F_z\boldsymbol{k}=-\left(\frac{\partial E_\mathrm{p}}{\partial x}\boldsymbol{i}+\frac{\partial E_\mathrm{p}}{\partial y}\boldsymbol{j}+\frac{\partial E_\mathrm{p}}{\partial z}\boldsymbol{k}\right)\tag{2-10-12}$$

据此我们就可以由势能函数求得保守力。例如，弹簧的弹性力可由弹性势能函数 $E_\mathrm{p}=\frac{1}{2}kx^2$ 得到，这里已将弹簧置于 x 轴上，且坐标原点在弹簧的原长处。由(2-10-11)式得

$$F=F_x=-\frac{\mathrm{d}E_\mathrm{p}}{\mathrm{d}x}=-\frac{\mathrm{d}\left(\frac{1}{2}kx^2\right)}{\mathrm{d}x}=-kx$$

类似地，可以由势能函数求出重力和万有引力的表达式。

第 11 节　功能原理　机械能守恒定律

一、质点系的动能定理

对质点系中每一个质点应用质点的动能定理，就可以推出质点系的动能定理。质点系中每个质点受到的力可划分为系统的外力和内力，并设在变化过程中任一个质量为 m_i 的质点 i 所受到的合外力与合内力分别对它做功 $A_{i外}$ 和 $A_{i内}$，质点从动能为 $E_{\mathrm{k}ia}$ 的状态变到动能为 $E_{\mathrm{k}ib}$ 的状态，由(2-9-3)式表述的动能定理可得

$$A_{i外}+A_{i内}=E_{\mathrm{k}ib}-E_{\mathrm{k}ia}$$

对每个质点都写出这样的方程，并把这些方程相加，可得

$$\sum_i A_{i外}+\sum_i A_{i内}=\sum_i E_{\mathrm{k}ib}-\sum_i E_{\mathrm{k}ia}$$

即

$$A_外+A_内=E_{\mathrm{k}b}-E_{\mathrm{k}a}=\Delta E_\mathrm{k}\tag{2-11-1}$$

上式表示，各外力对质点系所做的总功 $A_外$ 与各内力对质点系所做的总功 $A_内$ 的代数和等于质点系动能的增量 ΔE_k，这就是**质点系的动能定理**，它在惯性参考系中成立。注意，尽管根据牛顿第三定律所有内力的矢量和 $\sum\limits_i \boldsymbol{F}_{i内}=\boldsymbol{0}$，但是由于系统内各质点的位移 $\mathrm{d}\boldsymbol{r}_i$ 一般并不相同，有

$$A_{内}=\sum_i A_{i内}=\sum_i \boldsymbol{F}_{i内}\cdot \mathrm{d}\boldsymbol{r}_i\neq\left(\sum_i \boldsymbol{F}_{i内}\right)\cdot \mathrm{d}\boldsymbol{r}$$

故 $A_{内}$ 一般并不为零。

比较一下系统的动量定理和系统的动能定理可以看到，系统动量的改变仅仅取决于系统所受的外力，而系统动能的改变则不仅和外力的功有关，还和内力的功有关。

二、功能原理

将(2-11-1)式改写成

$$A_{外}+(A_{保守内力}+A_{非保守内力})=E_{kb}-E_{ka}$$

根据(2-10-5)式有

$$A_{保守内力}=-(E_{pb}-E_{pa})$$

故

$$A_{外}+A_{非保守内力}=(E_{kb}+E_{pb})-(E_{ka}+E_{pa})$$

即

$$A_{外}+A_{非保守内力}=E_b-E_a=\Delta E \tag{2-11-2}$$

$E=E_k+E_p$ 为质点系的动能与势能之和，称为**机械能**。(2-11-2)式表示，**质点系从状态 a 变到状态 b 时，它的机械能的增量等于外力的功和非保守内力的功的总和**。这就是质点系的功和能之间遵循的规律，称为**功能原理**。

功能原理适用于惯性系。在非惯性系中需考虑惯性力做的功。

【例 2-19】　在图 2-11-1 中，一个质量 $m=2$ kg 的物体从静止开始，沿四分之一的圆周从 a 滑到 b。已知圆的半径 $R=4$ m，设物体在 b 处的速度大小 $v=6$ m/s，求在下滑过程中摩擦力所做的功。

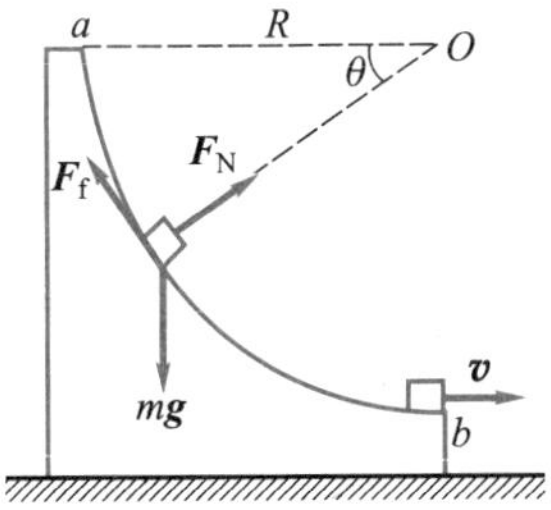

图 2-11-1　例 2-19 图

解　在物体从 a 到 b 的下滑过程中，受重力 $m\boldsymbol{g}$、摩擦力 $\boldsymbol{F}_f$ 和正压力 $\boldsymbol{F}_N$ 的作用。$\boldsymbol{F}_f$ 与 $\boldsymbol{F}_N$ 两者都是变力。$\boldsymbol{F}_N$ 处处和物体运动方向相垂直，所以它是不做功的。摩擦力所做的功因它是变力而使计算较复杂。这时，比较便捷的方法是用功能原理进行计算。把物体和地球作为系统，取 b 处为重力势能零点。则物体在 a 点时系统的机械能 E_a 是系统的势能 mgR，而在 b 点时系统的机械能 E_b 则是动能$\frac{1}{2}mv^2$，它们的差值就是摩擦力所做的功，因此

$$A=E_b-E_a=\frac{1}{2}mv^2-mgR=\left(\frac{1}{2}\times 2\times 6^2-2\times 9.8\times 4\right)\ \mathrm{J}=-42.4\ \mathrm{J}$$

负号表示摩擦力对物体做负功，即物体克服摩擦力做功 42.4 J。

三、机械能守恒定律

根据功能原理，如果 $A_{外}+A_{非保守内力}=0$，那么 $E_b-E_a=0$，$E_b=E_a$，即

$$E=E_k+E_p=常量 \tag{2-11-3}$$

上式表示，**当一个质点系内只有保守内力做功，非保守内力和一切外力都不做功，或者非保守内力和一切外力的总功为零时，质点系的总机械能保持恒定**。这就是质点系的**机械能守恒定律**。

机械能守恒定律和动量守恒定律一样，不仅是力学中十分重要的定律，而且在整个物理

学中都占有重要地位，其应用非常广泛，处理问题时往往比用牛顿运动定律、动能定理更为简便。

当我们考察同一系统的同一运动时，由于做功与参考系有关，有可能在某一参考系中，外力与非保守内力做功之和为零，从而系统的机械能守恒；而在另一参考系中，上述的功却不为零，机械能不守恒。可见，系统的机械能守恒与否还和参考系有关。

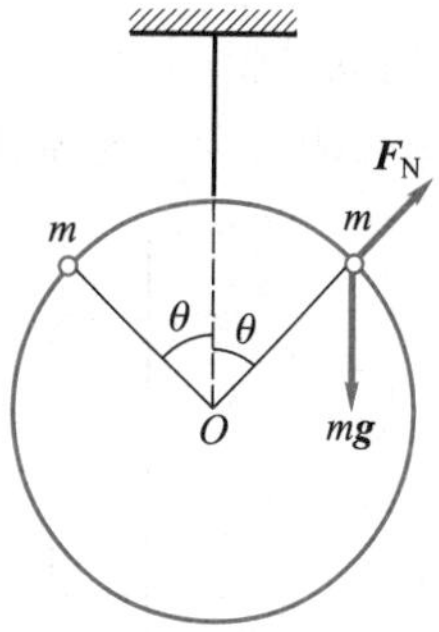

图 2-11-2　例 2-20 图

【例 2-20】　如图 2-11-2 所示，一轻质光滑圆环，半径为 R，用细线悬挂在支点上。环上串有质量都是 m 的两个珠子。让两珠子从环顶同时静止释放向两边下滑，问滑到何处(用 θ 表示)时环将开始上升？

解　由于圆环对珠子的支持力 $\boldsymbol{F}_N$ 不做功，故系统的机械能守恒。

当滑到图中所示位置时，有

$$\frac{1}{2}mv^2 = mgR(1-\cos\theta) \qquad ①$$

珠子受重力 $m\boldsymbol{g}$ 和环的支持力 $\boldsymbol{F}_N$ 两个力作用，珠子受力的法向分力为

$$F_n = mg\cos\theta - F_N \qquad ②$$

F_n 即为使珠子作圆周运动的法向分力，即 $F_n = m\dfrac{v^2}{R}$。当 v 足够大时，F_n 的值将超过 $mg\cos\theta$，从而使 $\boldsymbol{F}_N$ 反向。珠子作用于圆环的力则为 $-\boldsymbol{F}_N$，两个珠子对圆环的合力为 $2F_N\cos\theta$，当 θ 很小时(起初时)，此合力向下。当 $\boldsymbol{F}_N$ 反向后，此合力向上。圆环开始上升的条件为

$$2F_N\cos\theta = 0,\ 即\ F_N = 0$$

由①式、②式及条件 $F_N=0$，得

$$\cos\theta = \frac{2}{3},\qquad \theta = \arccos\frac{2}{3}$$

请自行证明，若环的质量为 m_0，则环开始上升的条件为 θ 满足方程

$$(2-3\cos\theta)\cos\theta = \frac{m_0}{2m}$$

习　　题

2-1　回答下列问题：

(1) 物体的速度很大，因此它受到的合外力一定很大，对吗？

(2) 物体作匀速率运动时，它所受到的合外力一定为零，对吗？

(3) 物体必定沿着合外力的方向运动，对吗？

2-2　如图所示，用水平力 $\boldsymbol{F}$ 将质量为 m 的物体压在竖直墙上，摩擦力为 $\boldsymbol{F}_f$。若水平力增加一倍，则摩擦力是否也增加一倍？

2-3　一质量为 60 kg 的人，站在电梯中的磅秤上，当电梯以 0.5 m/s^2 的加速度匀加速上升时，磅秤上指示的读数是多少？试用惯性力的方法求解。

2-4　人静止在磅秤上时称得的体重等于 mg。若人突然下蹲，磅秤的读数将如何变化？为什么？

2-5　一根水平张紧的绳中间挂一重物，如图所示。绳越是接近水平，即 θ 角越小，绳越容易断。为

什么？

2-6　如图所示，运动着的升降机内，在一个很轻的定滑轮两边各挂一个物体，两物体质量不等。升降机内的观察者说：他看到两个物体平衡。这可能吗？为什么？

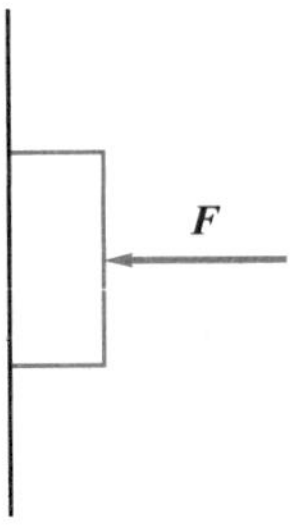

习题 2-2 图

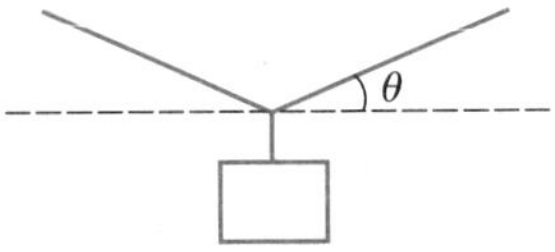

习题 2-5 图

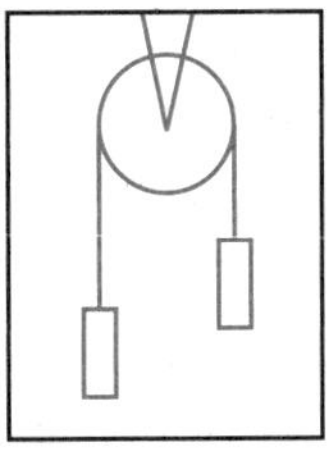

习题 2-6 图

2-7　一个质量为 m 的珠子系在轻线的一端，线的另一端扎在墙壁的钉子上，线长为 l，不可拉伸。先拉动珠子使线水平绷直，然后松手让珠子落下。求线摆到与竖直方向成 θ 角时珠子的速率和线的张力。

2-8　一物体由静止下落，所受阻力与速度成正比：$F=-kv$。求任一时刻的速度及终极速度。

2-9　一个水平的木制圆盘绕其中心竖直轴匀速转动。在盘上离中心 $r=20$ cm 处放一小铁块。铁块与木板间的静摩擦因数 $\mu_s=0.4$。求圆盘转速增大到每分钟多少转时，铁块开始在圆盘上移动。

2-10　在半径为 r 的光滑球面的顶点，有一质点从静止开始沿球面滑下，试用牛顿运动定律确定质点在离球的最低点多高处离开球面。

2-11　如图所示，升降机以加速度 $\boldsymbol{a}_1$ 上升，一物体沿着与升降机地板成 θ 角的光滑斜面滑下，求物体的加速度。

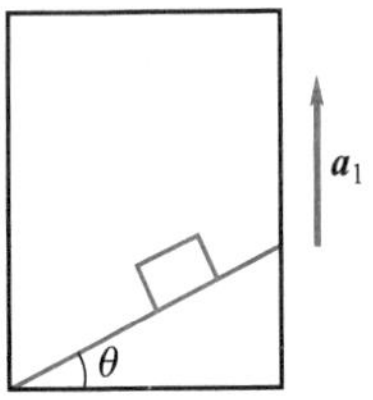

习题 2-11 图

2-12　将质量为 m 的物体以初速度 v_0 竖直上抛，设空气的阻力正比于物体的速度，比例系数为 k。求：(1) 任一时刻物体的速度；(2) 物体达到的最大高度。

2-13　一人造地球卫星的质量为 1 327 kg，在离地面 1.85×10^6 m 的高空中绕地球作匀速圆周运动。求：(1) 卫星所受向心力的大小；(2) 卫星的速率；(3) 卫星围绕地球运行一周的时间。

2-14　快艇以速率 v_0 行驶，它受到的摩擦阻力与速度的平方成正比，比例系数的大小为 k。设快艇的质量为 m，当快艇发动机关闭后，求：(1) 速度随时间变化的规律；(2) 路程随时间变化的规律；(3) 速度随路程变化的规律。

2-15　如图所示，A、B 两物体叠放在水平桌面上，并以细绳跨过一定滑轮相连接。今用水平力 $\boldsymbol{F}$ 拉 A，设 A 与 B 及桌面间的摩擦因数都是 0.2，质量 $m_A=6$ kg，$m_B=4$ kg，滑轮和绳的质量及摩擦都可忽略不计。问 $\boldsymbol{F}$ 至少要多大才能拉动 A，并求此时绳中的张力。

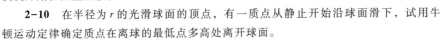

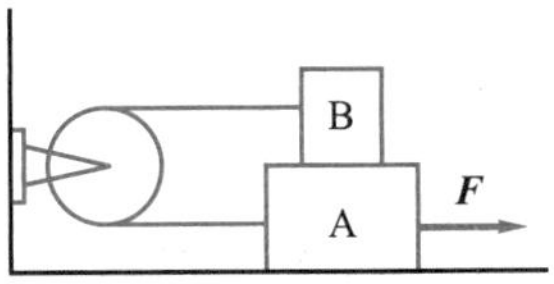

习题 2-15 图

2-16　桌上有一质量 $m_1=1$ kg 的板子，板上放一质量 $m_2=2$ kg 的物体。设板与物体及桌面间的动摩擦因数 $\mu=0.25$，静摩擦因数 $\mu_s=0.3$。问要将板从物体下抽出，至少需用多大的力。

2-17　子弹在枪管内前进时受到的合力随时间变化：$F=a-bt$。子弹到达枪口时恰好 F 为零，速度为 v_0。求子弹的质量。

2-18　在水平直轨道上有一车厢以加速度 a 行进，在车厢中看到有一质量为 m 的小球静止地悬挂在顶板下。试以车厢为参考系，求出悬线与竖直方向的夹角。

2-19　如图所示，一根绳子跨过电梯内的定滑轮，两端悬挂质量不等的物体，$m_1>m_2$。滑轮和绳子的质量忽略不计。求当电梯以加速度 a 上升时，绳的张力 F_T 和 m_1 相对于电梯的加速度 a_r。

2-20　质量为 m 的小球在水平面内作匀速圆周运动，试求小球在经过（1）$\frac{1}{4}$圆周；（2）$\frac{1}{2}$圆周；（3）$\frac{3}{2}$圆周；（4）整个圆周过程中的动量变化。

2-21　有两个质量不同而速度相等的运动物体，要使它们在相等的时间内同时停下来，所施的力是否相同？速度不同而质量相同的两个物体，要用相同的力使它们停下来，作用的时间是否相同？

2-22　一物体在一段时间 $\Delta t=\Delta t_1+\Delta t_2$ 内沿 x 方向的受力情况如图所示，已知图中的面积 S_1 和 S_2 相等，物体的动量将如何变化？

2-23　一质量为 2.5 g 的乒乓球以 $v_1=10$ m/s 的速率飞来，用板推挡后又以 $v_2=20$ m/s 的速率飞出。设推挡前后球的运动方向与板的夹角分别为 45°与 60°，如图所示。（1）求球得到的冲量；（2）如撞击时间是 0.01 s，求板施于球的平均冲力。

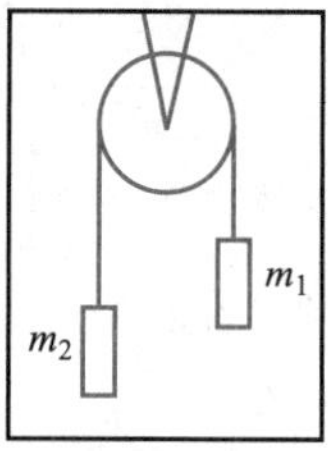

习题 2-19 图

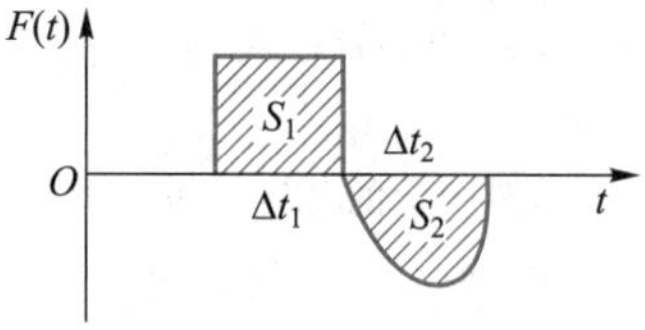

习题 2-22 图

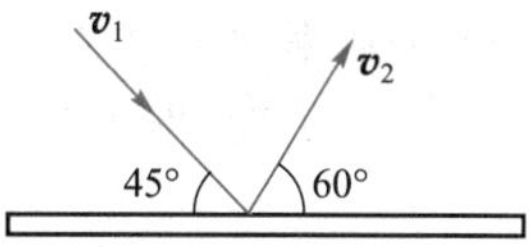

习题 2-23 图

2-24　一颗子弹由枪口飞出的速度是 300 m/s，在枪管内子弹受的合力由下式给出：

$$F = 400 - \frac{4\times 10^5}{3}t$$

式中，F 以 N 为单位，t 以 s 为单位。假定子弹到枪口时所受的力变为零，求：（1）子弹行经枪管长度所需的时间；（2）该力的冲量；（3）子弹的质量。

2-25　某物体受到变力 F 作用，它以如下关系随时间变化：在 0.1 s 内，F 均匀地由零增加到 20 N；在之后的 0.2 s 内 F 保持不变；再经 0.1 s，F 又从 20 N 均匀地减少到零。（1）画出 $F-t$ 图；（2）求这段时间内力的冲量及力的平均值；（3）如果物体的质量为 3 kg，初速度为 1 m/s，速度的方向与力的方向一致，问在力刚变为零时，物体的速度为多大？

2-26　放在水平地面上的水管有一段弯曲成 90°。已知管中水的流量为 3×10^3 kg/s，流速为 10 m/s，求水流对此弯管的压力的大小和方向。

2-27　有人认为，由于在物体的相互作用中总质量是不变的，所以动量守恒就意味着速度守恒，对吗？

2-28　一质量为 m_1 的人，手中拿着质量为 m_2 的物体自地面以倾角 θ、初速 v_0 斜向前跳起。跳至最高点时以相对于人的速率 u 将物体水平向后抛出，这样人向前跳的距离比原来增加。增加的距离有人算得 $\Delta x=\frac{m_2}{m_1+m_2}\cdot\frac{v_0u\sin\theta}{g}$，有人算得 $\Delta x=\frac{m_2}{m_1}\cdot\frac{v_0u\sin\theta}{g}$。究竟哪个正确呢？

2-29　水平桌面上盘放着一根不能拉伸的均匀柔软的长绳，今用手将绳的一端以恒定速率 v_0 竖直上提。试求当提起的绳长为 L 时，手的拉力 F 的大小。设此绳单位长度的质量为 λ，请用两种不同方法求解。

2-30　镭原子核含有 88 个质子和 138 个中子，在衰变时放出一个 α 粒子（α 粒子含有 2 个质子和 2 个中子），若质子和中子的质量看作相等，镭原子核原来是静止的，当 α 粒子在离开核时具有 1.5×10^7 m/s 的速率，试求剩下的镭原子核所具有的速度。

2-31 一质量为10 000 kg的敞篷货车无摩擦地沿一平直铁路滑行，此时正下大雨，雨点垂直下落。此车原是空车，速度是1 m/s，行进一段距离后，聚集了1 000 kg水，问车的速率变为多少？

2-32 一个小孩甩动一个系在细线上的小球，使其作水平圆周运动。他用一只手慢慢地拉细线，使半径逐渐缩短。(1) 小孩的这个动作对小球的角动量有何影响？(2) 为什么这样做细线容易断？

2-33 单摆在单向的摆动过程中，如果忽略摩擦力，角动量的大小是否变化？方向是否变化？以悬挂点为参考点。

2-34 有两辆小车绕同一中心作圆周运动，环绕的方向相反，每辆车对转动中心都有角动量。由于两车突然发生碰撞而静止，角动量也变为零。这是否与角动量守恒定律发生矛盾？

2-35 一质量为2 200 kg的汽车以$v=60$ km/h的速度沿一平直公路行驶。求汽车对公路一侧距公路50 m的一点的角动量和对公路上任一点的角动量。

2-36 我国第一颗人造地球卫星绕地球沿椭圆轨道运动，地球的中心O为该椭圆的一个焦点，如图所示。已知地球的平均半径$R=6\ 378$ km，人造地球卫星距地面最近距离$l_1=439$ km，最远距离$l_2=2\ 384$ km，若人造地球卫星在近地点A_1的速度$v_1=8.10$ km/s，求人造地球卫星在远地点A_2的速度。

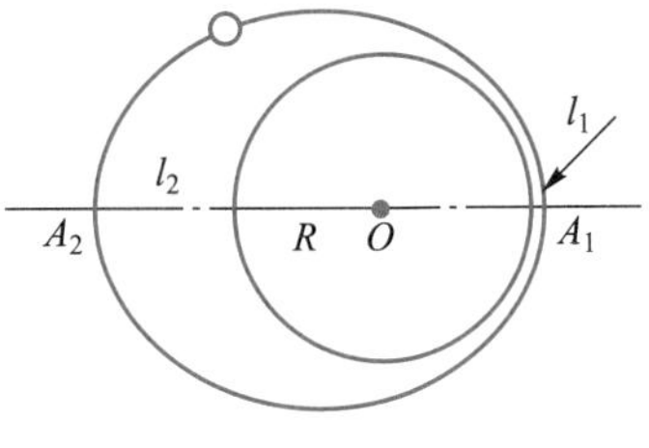

习题 2-36 图

2-37 什么情况下功可以写成$A=\boldsymbol{F}\cdot\boldsymbol{s}$？对如图所示的几种情况，这个功的计算式是否正确？

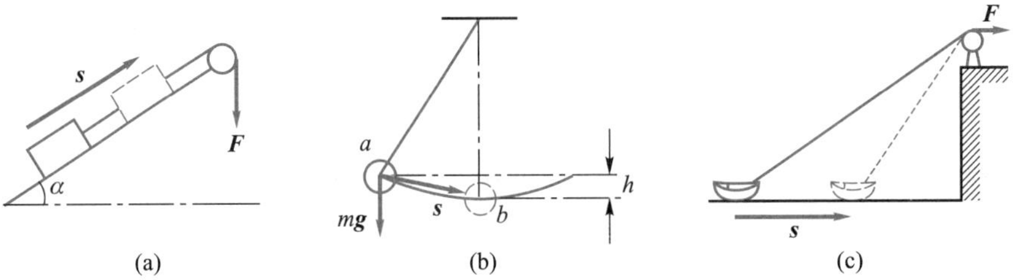

习题 2-37 图

(1) 恒力$\boldsymbol{F}$通过跨过一定滑轮的轻绳拉物体沿斜面上升[图(a)]，力$\boldsymbol{F}$做的功$A=\boldsymbol{F}\cdot\boldsymbol{s}=Fs$。

(2) 单摆小球由a摆到b的过程中[图(b)]，重力$m\boldsymbol{g}$做的功$A=m\boldsymbol{g}\cdot\boldsymbol{s}=mgs\cos\theta=mgh$。

(3) 绞车以大小不变的力把船拖向岸边[图(c)]，绞车拖力$\boldsymbol{F}$做的功$A=\boldsymbol{F}\cdot\boldsymbol{s}=Fs$。

2-38 如图所示，木块A放在木块B上，B又放在水平桌面上，今用力$\boldsymbol{F}$拉木块B使两者一同作加速运动。在运动过程中，两个木块各受到哪些力的作用？这些力是否都做功？做正功还是做负功？摩擦力是否总做负功？

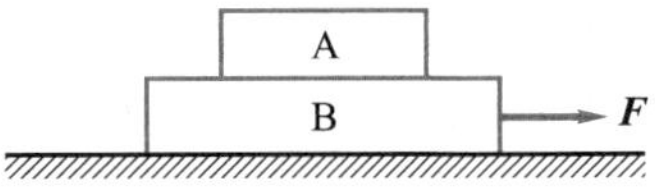

习题 2-38 图

2-39 同一物理过程中某个力做的功的大小与参考系的选择有关吗？

2-40 风力$\boldsymbol{F}_0$作用于向正北运动的摩托艇，风力的方向变化规律是$\alpha=Bs$，其中α是力$\boldsymbol{F}_0$的方向与位移$\boldsymbol{s}$之间的夹角，B为常量。如果运动中风的方向自南变到东，求风力做的功。

2-41 一长方体蓄水池，面积$S=50\ \text{m}^2$，蓄水深度$h_1=1.5$ m。假定水表面低于地面的高度是$h_2=5$ m。若要将这池水全部抽到地面上来，抽水机需做多少功？若抽水机的效率为80%，输入功率$P=35$ kW，则抽完这池水需要多长时间？

2-42 速度大小为$v_0=20$ m/s的风作用于面积为$S=25\ \text{m}^2$的船帆上，作用力$F=aS\rho\dfrac{(v_0-v)^2}{2}$，其中$a$为

常量，ρ 为空气密度，v 为船速。（1）求风的功率最大时的条件；（2）如果 $a=1$，$v=15\ \mathrm{m/s}$，$\rho=1.2\ \mathrm{kg/m^3}$，求 $t=60\ \mathrm{s}$ 内风力所做的功。

2-43　动量和动能都与质量 m 及速度 $\boldsymbol{v}$ 有关，都是物体运动的量度，两者本质上有何不同？

2-44　一汽车以匀速 $\boldsymbol{v}$ 沿平直路面前进，车中一人以相对于车厢的速度 $\boldsymbol{u}$ 向上或者向前掷一质量为 m 的小球，若将参考系选在车上，小球的动能各是多少？若将参考系选在地面，小球的动能又各是多少？

2-45　有一小车，在水平地面上以匀加速度 $\boldsymbol{a}$ 向右运动。观察者甲、乙分别对小车和地面相对静止，如图所示。在 $t=0$ 时刻，从小车天花板上掉下一物体 A。（1）甲、乙两人测得物体 A 的加速度的大小以及方向分别是多少？（2）当物体 A 运动 t 时间后（这时 A 尚未与车厢底相碰撞），甲、乙两人测得 A 的动能各为多少？（3）试用动能定理重解（2），并讨论在甲看来，正确的动能表示式是什么？

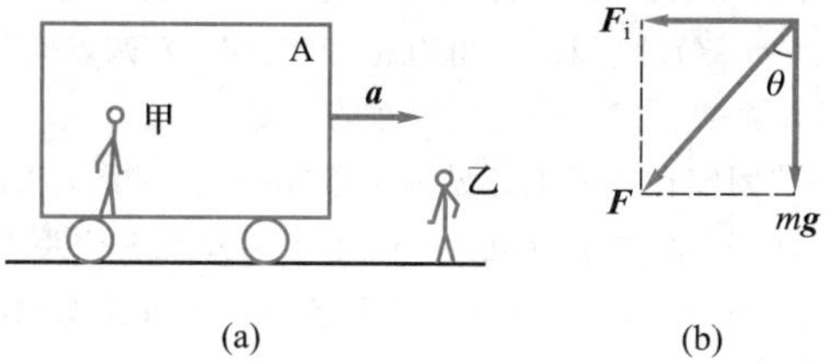

习题 2-45 图

2-46　为什么重力势能有正值、负值之分？弹性势能为何常取正值，而引力势能常取负值？

2-47　地球绕太阳公转的轨道实际上是椭圆的。问地球离太阳最近时的引力势能比离太阳最远时的引力势能是大还是小？在这两处，地球公转的速率是否一样？

2-48　给出一物体在某一时刻的运动状态（位置、速度），问此时刻物体的动能和势能能否确定？反之，如果物体的动能和势能为已知，能否确定其运动状态？

2-49　一物体受到一个方向朝着原点的吸引力作用，此力 $F=-6x^3$，其中 F 的单位是 N，x 的单位是 m。（1）为使物体保持在 a 点（a 点距原点 1 m），需加怎样的力？（2）为了使物体保持在 b 点（b 点距原点 2 m），需加怎样的力？（3）将物体从 a 点移到 b 点，需要做多少功？

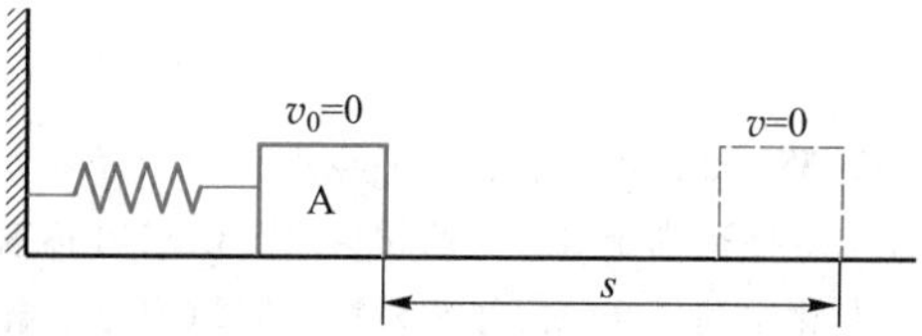

习题 2-50 图

2-50　如图所示，在一水平面上用力推物体 A，物体 A 将弹簧压缩 $x_0=6.0\ \mathrm{cm}$。当放开物体 A 后，弹簧将物体弹出，物体运动一段距离 $s=2.00\ \mathrm{m}$ 后静止下来。已知物体的质量 $m=2.0\ \mathrm{kg}$，弹簧的弹性系数 $k=800\ \mathrm{N/m}$，弹簧的质量不计，求物体与平面之间的动摩擦因数 μ。

2-51　设一质点在力 $\boldsymbol{F}=(4\boldsymbol{i}+3\boldsymbol{j})\ \mathrm{N}$ 的作用下，由原点运动到 $x=8\ \mathrm{m}$，$y=6\ \mathrm{m}$ 处。

（1）如果质点沿直线从原点运动到终了位置，力所做的功是多少？

（2）如果质点先沿 x 轴从原点运动到 $x=8\ \mathrm{m}$，$y=0$ 处，然后再沿平行于 y 轴的路径运动到终了位置，力在每段路程上所做的功以及总功为多少？

（3）如果质点先沿 y 轴运动到 $x=0$，$y=6\ \mathrm{m}$ 处，然后再沿平行于 x 轴的路径运动到终了位置，力在每段路程上所做的功以及总功为多少？

（4）比较上述结果，说明这个力可能是保守力还是非保守力？

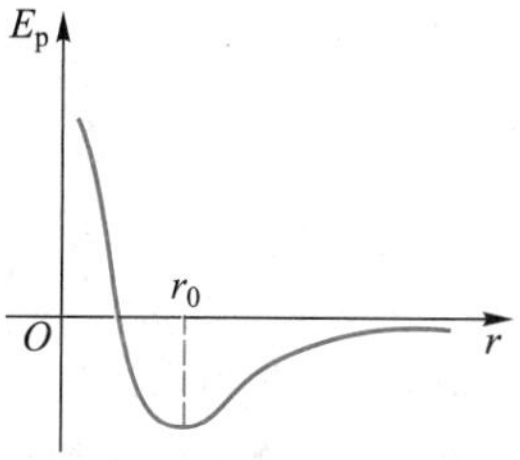

习题 2-52 图

2-52　已知双原子分子的势能曲线如图所示。图中 r 为原子间距离或一原子相对于另一原子的位置矢量的大小，试分析此种分子内原子间相互作用力的规律。

2-53 所谓的汤川(Yukawa)势具有如下形式：

$$U(r) = -\frac{r_0}{r}U_0 e^{-r/r_0}$$

它相当好地描述了核子间的互相作用。这里常量 $r_0 = 1.5\times10^{-15}$ m，$U_0 = 50$ MeV。(1) 给出相应的作用力的表达式；(2) 说明该种作用力的短程性质，并计算当 $r = 2r_0$，$4r_0$ 及 10 r_0 时的作用力与 $r = r_0$ 时的作用力之比。

2-54 一个物体的机械能和参考系的选择有关吗？

2-55 一个弹性球从高处落下，与地面发生弹性碰撞。碰撞前后的动能是相等的，机械能守恒；碰撞前后动量的大小相等，方向相反，动量守恒吗？如何说明？

2-56 如图所示，质量为 $m = 2.0$ kg 的物体以初速度 $v_0 = 3.0$ m/s 从斜面上 A 点处下滑，它与斜面间的摩擦力 $F_f = 8$ N，物体到达 B 点时开始压缩弹簧，直到 C 点停止，使弹簧缩短了 $l = 20$ cm，然后，物体在弹力的作用下又被弹送回去。已知斜面与水平面之间的夹角为 $\alpha = 37°$，A、B 两点间的距离 $s = 4.8$ m，若弹簧的质量忽略不计，试求：(1) 弹簧的弹性系数；(2) 物体被弹回的高度。

2-57 如图所示，弹簧的一端固定在一墙上，另一端连在一质量为 m_1 的小车上。使小车在一光滑的水平面上运动，当弹簧未发生形变时，小车位于 O 处。今使小车从 O 点左边距离为 l_0 处由静止开始运动，每次经过 O 点时，从上方向车中滴入一质量为 m_2 的水滴，求往车中滴入 n 滴水后，车离 O 点的最远距离。

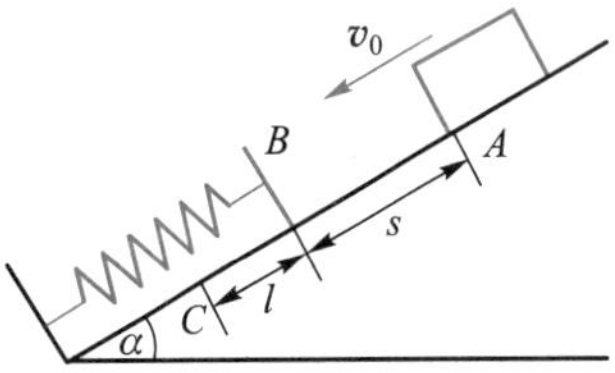

习题 2-56 图

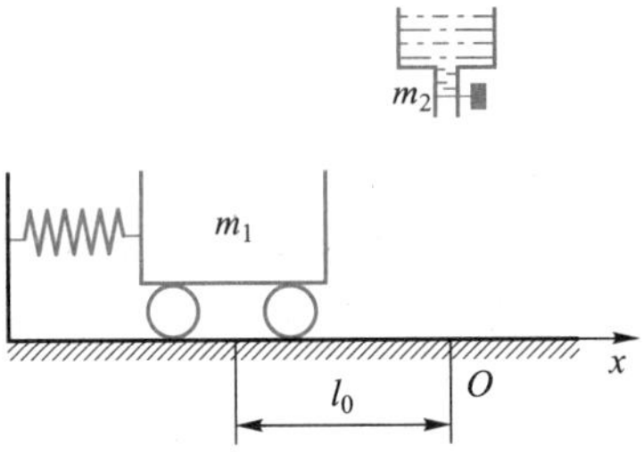

习题 2-57 图

2-58 如图所示，将一质点沿一个半径为 r 的光滑半球形碗的内表面水平地投射，碗保持静止，设 v_0 是质点恰好能达到碗口所需的初速率。试求出 v_0 作为 θ_0的函数的表达式。θ_0 是用角度表示的质点的初位置（提示：利用角动量守恒定律和机械能守恒定律求解。）

2-59 如图所示，A 和 B 两物体的质量均为 m，物体 B 与桌面间的动摩擦因数为 0.20，滑轮摩擦不计。求物体 A 自静止下落 1.0 m 时的速度。

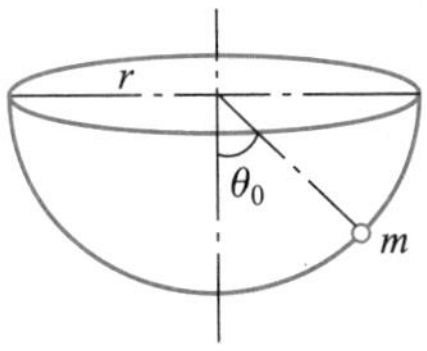

习题 2-58 图

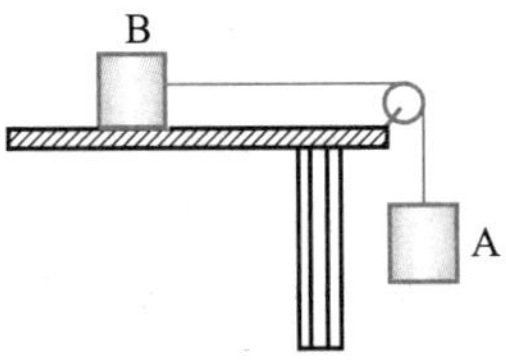

习题 2-59 图

2-60 如图所示，一飞船环绕某星体作圆轨道运动，半径为 R_0，速率为 v_0。突然点燃一火箭，其冲力使飞船增加了向外的径向速度分量 v_r(设 $v_r < v_0$)，因此飞船的轨道变成椭圆形。(1) 用 v_0，R_0 表示出引力 F 的表达式；(2) 求飞船与星体的最远与最近距离。

2-61 如图所示，一飞船环绕某星体作圆轨道运动，半径为 R_0，速率为 v_0，要使飞船从此圆轨道变成近

距离为 R_0，远距离为 $3R_0$ 的椭圆轨道，则飞船的速率应从 v_0 变为多大？

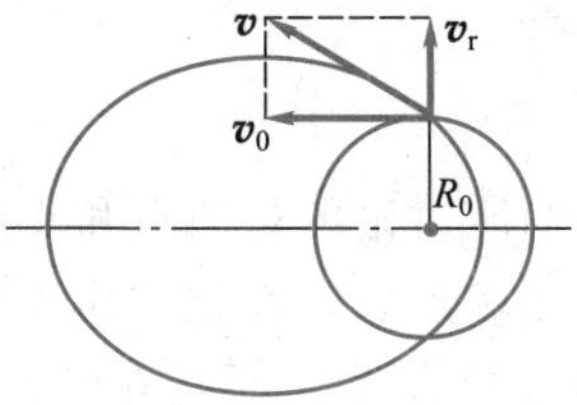

习题 2-60 图

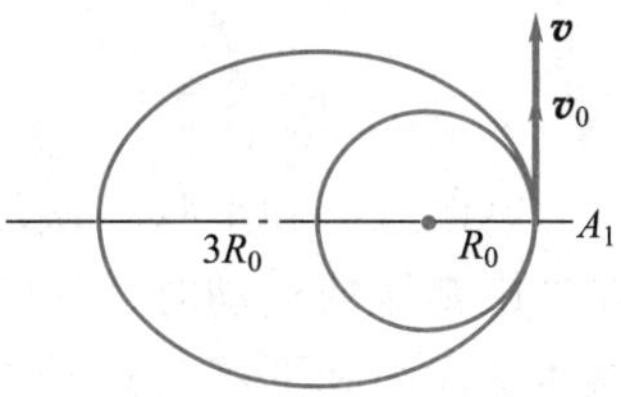

习题 2-61 图

第 2 章习题参考答案

第 3 章 刚体的定轴转动

任何物体都有一定的大小和形状。在此之前，我们所讨论的是质点和质点系的力学规律。也就是说，我们在讨论物体的运动时，忽略了它的大小和形状，而把它作为质点看待。然而，在实际问题中，物体的大小和形状对运动的影响往往不能忽略，而且在受力时物体的大小和形状总会发生或大或小的变化。不过，在很多情况下，物体在受力和运动过程中，大小和形状的改变不显著，以至于对运动的影响小到可以忽略不计。对此，人们提出了刚体这一理想模型。所谓刚体，就是在任何情况下，大小和形状都不会发生任何变化的物体。刚体和质点的差别在于质点忽略了物体的大小和形状，刚体则考虑了物体的大小和形状，但忽略了其大小和形状的改变。一个物体能否看作刚体，应该根据所研究问题的具体情况而定。例如，在研究地球绕太阳的公转时，可以把它看作质点；在研究地球自转对地面上物体运动的影响时，可以把它看作刚体；而在研究地震波的传播时，就不能把地球看作质点或刚体了。

研究刚体运动的初步方法，是把刚体看成由许多微小的部分组成，这些微小部分称为质元，并且把每个质元都视为质点。这样，可把刚体看作是一个质点系。既然刚体是一个质点系，就可以从质点力学的规律出发，去讨论刚体运动的力学规律。由于刚体在运动中总是保持其大小和形状不变，刚体内任意两质点之间的距离保持不变，所以刚体是一个具有特殊性质的质点系。本章的主要内容是在质点力学的基础上研究刚体绕固定轴转动的规律。

第 1 节 刚体的平动和转动

一、刚体的平动 质心

如果刚体在运动过程中，刚体内任意两点所连成的直线始终保持与其初始位置平行，则这种运动称为平动。如图 3-1-1 所示，刚体在平动过程中，刚体内各质点的运动轨迹都一样，而且在任何时刻，各个质点的速度、加速度都是相同的。因此在描述刚体的平动时，可以用刚体中任意一点的运动来代表。

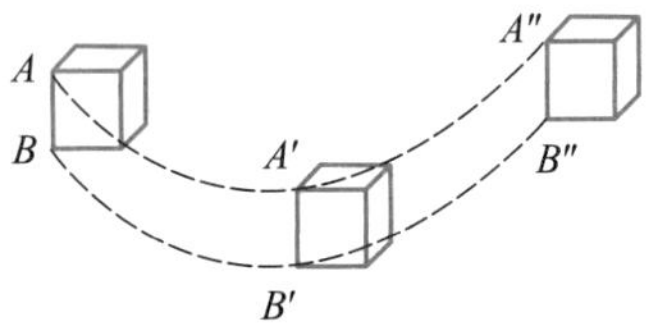

图 3-1-1 刚体的平动

通常用刚体质心的运动来代表整个刚体的平动。所谓质心，就是质点系质量分布的中心。对于由 n 个分立质点组成的质点系，其质心的位置矢量 $\boldsymbol{r}_C$ 定义为

$$\boldsymbol{r}_C=\frac{\sum_i m_i\boldsymbol{r}_i}{\sum_i m_i}=\frac{1}{m}\sum_i m_i\boldsymbol{r}_i \tag{3-1-1}$$

式中 $\boldsymbol{r}_i$ 和 m_i 分别代表第 i 个质点的位置矢量和质量，$m=\sum_i m_i$ 是整个质点系的总质量。在直角坐标系中，(3-1-1)式的分量式为

$$x_C = \frac{\sum_i m_i x_i}{m}, \quad y_C = \frac{\sum_i m_i y_i}{m}, \quad z_C = \frac{\sum_i m_i z_i}{m} \tag{3-1-2}$$

一个质量连续分布的物体，可以认为是由许多质元组成的，以 $\mathrm{d}m$ 和 $\boldsymbol{r}$ 分别表示其中任一质元的质量和位置矢量，则此物体的质心的位置矢量 $\boldsymbol{r}_C$ 可定义为

$$\boldsymbol{r}_C = \frac{\int \boldsymbol{r}\mathrm{d}m}{\int \mathrm{d}m} = \frac{1}{m}\int \boldsymbol{r}\mathrm{d}m \tag{3-1-3}$$

相应的三个直角坐标分量式为

$$x_C = \frac{1}{m}\int x\mathrm{d}m, \quad y_C = \frac{1}{m}\int y\mathrm{d}m, \quad z_C = \frac{1}{m}\int z\mathrm{d}m \tag{3-1-4}$$

由于刚体内各质点之间没有相对运动，其质心相对于刚体的位置是固定不变的。对于密度均匀的刚体，其质心位于刚体的对称中心或几何中心，如球心、圆盘中心等。实际上，质心不一定在刚体上，质心处可能既无质量，又未受力。比如，均匀圆环的质心在环心上。

容易证明，刚体(质点系)的质心的运动满足**质心运动定理**，即

$$\boldsymbol{F} = m\boldsymbol{a}_C \tag{3-1-5}$$

式中 $\boldsymbol{F}$ 是刚体(质点系)所受的合外力，m 是刚体(质点系)的总质量，$\boldsymbol{a}_C$ 是质心的加速度。

二、刚体的转动　刚体定轴转动的描述

如果刚体在运动时，刚体内各点都绕同一直线作圆周运动，则这种运动称为**转动**，这一直线称为**转轴**。一般情况下，刚体转轴的位置和方向都可能变化。转动的最简单情况是**定轴转动**，即转轴固定不动的转动。

刚体的最简单的运动形式就是平动和转动。刚体的一般运动比较复杂。但可以证明，刚体的一般运动可看作是平动和绕某一转轴转动的叠加。例如，车轮的滚动可以看成车轮随着转轴的平动和整个车轮绕转轴的转动的叠加。又如，在拧紧或松开螺帽时，螺帽同时沿其对称轴方向作平动和绕对称轴转动。

如上所述，对于刚体的平动，通常就用刚体质心的运动来代表，质心的运动满足质心运动定理。对于转动，本章只讨论刚体的定轴转动这一最简单的情况。

刚体作定轴转动时，在转轴上所有的点都保持静止状态，刚体内不在转轴上的点都在垂直于转轴的平面内作圆周运动，并且在相同的时间内转过的角度都相等，这是刚体作定轴转动的基本特征。转轴既可能穿过刚体，也可能在刚体之外。

刚体作定轴转动时，不同质元的线速度 $\boldsymbol{v}$ 和线加速度 $\boldsymbol{a}$ 不一定相同，即刚体内各质元的运动状态不尽相同，因此，在描述刚体整体的运动时，用线量 $\boldsymbol{v}$、$\boldsymbol{a}$ 等很不方便。考虑到刚体定轴转动的基本特征，需要用角量来描述刚体整体的转动情况。

如图 3-1-2 所示，刚体绕固定轴 $O'O''$转动，P 是刚体中任取的一点，OP 是垂直于转轴的垂线，O 点是垂足。当刚体绕轴 $O'O''$转动时，OP 将在垂直于转轴的平面内转动，在这一平面内任取一固定的坐标轴 Ox，OP 与 Ox 的夹角记为 θ，则 θ 角确定了刚体的位置，称为刚体的**角位置**，或称**角坐标**。在国际单位制中，角位置的单位是弧度，记作 rad。角位置随时间变化

的函数关系$\theta=\theta(t)$就是刚体作定轴转动的运动方程。知道了运动方程，刚体在任一时刻的位置就可以确定。

角位置的时间变化率称为**角速度**，角速度用 ω 表示，用来描述刚体转动的快慢和方向，其定义为

$$\omega=\frac{\mathrm{d}\theta}{\mathrm{d}t} \tag{3-1-6}$$

实际上，角速度是矢量。我们这样规定角速度矢量 $\boldsymbol{\omega}$：在转轴上取一有向线段，使其长度按一定比例代表角速度的大小，它的方向与刚体转动绕向之间的关系由右手螺旋定则来确定，即使右手四指的绕行方向和刚体转动的绕向一致，则大拇指所指的方向便是角速度矢量的方向，如图 3-1-2 所示。需要强调的是，角速度矢量 $\boldsymbol{\omega}$ 的方向和刚体转动的绕向是两回事，不能混淆。对于定轴转动，角速度的方向总是沿着转轴的。因此只要规定了 $\boldsymbol{\omega}$ 的正方向，就可用（3-1-6）式定义的标量 ω 进行计算，ω 的正负号就代表了它的方向。这与我们前面处理一维运动的做法类似。

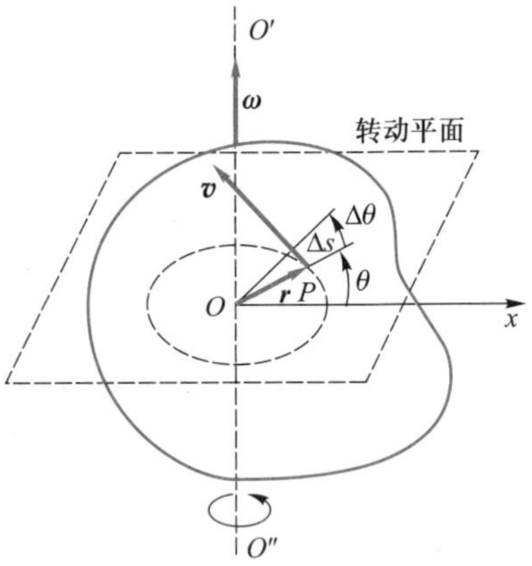

图 3-1-2　刚体的定轴转动

角速度的时间变化率称为**角加速度**。角加速度用 α 表示，定义式为

$$\alpha=\frac{\mathrm{d}\omega}{\mathrm{d}t}=\frac{\mathrm{d}^2\theta}{\mathrm{d}t^2} \tag{3-1-7}$$

角加速度也是矢量，用 $\boldsymbol{\alpha}$ 表示，它的方向由 $\boldsymbol{\omega}$ 的变化决定。若 $\boldsymbol{\omega}$ 的绝对值在变大，则 $\boldsymbol{\alpha}$ 与 $\boldsymbol{\omega}$ 方向相同；反之，若 $\boldsymbol{\omega}$ 的绝对值在变小，则 $\boldsymbol{\alpha}$ 与 $\boldsymbol{\omega}$ 方向相反。对于定轴转动，我们通常用(3-1-7)式所定义的 α 的标量形式，并根据正负号判断其方向。

在国际单位制中，角速度和角加速度的单位分别是 rad/s 和 $\mathrm{rad/s^2}$。

角位置的增量称为**角位移**。如图 3-1-2 所示，设在 Δt 时间间隔内角位移为 $\Delta\theta$，则在这段时间内刚体中任一点 P 走过的路程为 Δs，若用 r 表示 P 点到转轴的距离，则有 $\Delta s=r\Delta\theta$，其微分量 $\mathrm{d}s=r\mathrm{d}\theta$，由此可得 P 点速度的大小为

$$v=\frac{\mathrm{d}s}{\mathrm{d}t}=r\frac{\mathrm{d}\theta}{\mathrm{d}t}$$

将(3-1-6)式代入上式得

$$v=r\omega \tag{3-1-8}$$

此即作定轴转动的刚体的任一点的线速度和刚体转动角速度的关系式。从图 3-1-2 可以看出，（3-1-8）式可写成如下的矢量形式

$$\boldsymbol{v}=\boldsymbol{\omega}\times\boldsymbol{r} \tag{3-1-9}$$

式中 $\boldsymbol{r}$ 是 P 点相对于参考点 O 的位矢。

由(3-1-8)式可求得 P 点的法向加速度 a_{n} 和刚体角速度 ω 的关系，以及 P 点的切向加速度 a_{t} 与刚体角加速度 α 的关系

$$a_n = \frac{v^2}{r} = \frac{(r\omega)^2}{r} = v\omega = r\omega^2 \tag{3-1-10}$$

$$a_t = \frac{dv}{dt} = \frac{d(r\omega)}{dt} = r\frac{d\omega}{dt} = r\alpha \tag{3-1-11}$$

相应的矢量式为

$$\boldsymbol{a}_n = \boldsymbol{\omega} \times \boldsymbol{v}, \quad \boldsymbol{a}_t = \boldsymbol{\alpha} \times \boldsymbol{r} \tag{3-1-12}$$

参见图 3-1-2。

第 2 节　刚体定轴转动定律

下面我们来讨论刚体所受的外力对定轴转动的影响。

一、力矩

一个具有固定转轴的刚体，其转动角速度的变化，不仅与外力的大小有关，还与力的作用点以及力的方向有关，并不是任何外力都能对定轴转动产生影响。以开门为例，经验告诉我们，要打开门，或者说使门绕门轴(定轴)转动，必须给门施力。显然，若施的力沿门轴方向，则门是打不开的。所以要求施的力必须和门轴垂直，或有和门轴垂直的分量，并且力的作用线或其延长线不通过门轴，这样才能使门转动(改变角速度)。这个要求可以用力对转轴的力矩加以说明。

根据(2-7-4)式，力 $\boldsymbol{F}$ 相对于定点 O 的力矩 $\boldsymbol{M}$ 定义为

$$\boldsymbol{M} = \boldsymbol{r} \times \boldsymbol{F} \tag{3-2-1}$$

$\boldsymbol{r}$ 是力 $\boldsymbol{F}$ 的作用点相对于选定的参考点 O 的位矢。这个力矩并不是力对转轴的力矩。

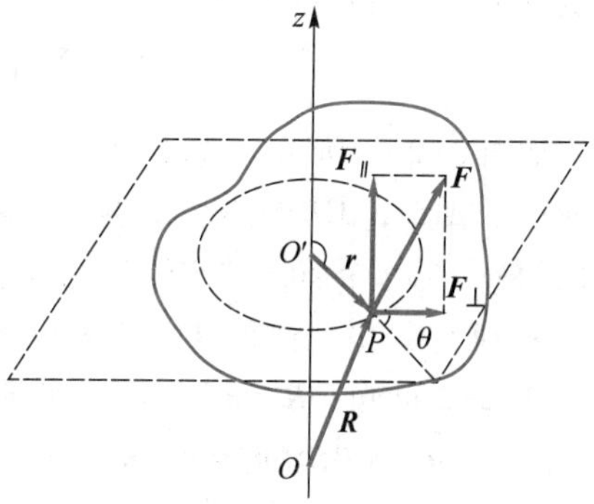

图 3-2-1　对转轴的力矩

图 3-2-1 表示可绕 z 轴(定轴)转动的任一刚体，$\boldsymbol{F}$ 为作用于刚体上任意点 P 的外力，由 P 点引 z 轴的垂线，垂足为 O'。作用点 P 相对于 O'点的位矢是 $\boldsymbol{r}$。在 z 轴上另外任取一点 O，P 相对于 O 点的位矢是 $\boldsymbol{R}$。$\boldsymbol{F}$ 可以分解为与转轴平行的分力 $\boldsymbol{F}_{/\!/}$ 和与转轴垂直的分力 $\boldsymbol{F}_{\perp}$。$\boldsymbol{r}$ 与 $\boldsymbol{F}_{\perp}$ 之间的夹角以 θ 表示。由(3-2-1)式可知，力 $\boldsymbol{F}$ 相对于 z 轴上的定点 O 的力矩为

$$\begin{aligned}\boldsymbol{M} &= \boldsymbol{R} \times \boldsymbol{F} = \boldsymbol{R} \times (\boldsymbol{F}_{/\!/} + \boldsymbol{F}_{\perp}) = \boldsymbol{R} \times \boldsymbol{F}_{/\!/} + (\overrightarrow{OO'} + \boldsymbol{r}) \times \boldsymbol{F}_{\perp} \\ &= \boldsymbol{R} \times \boldsymbol{F}_{/\!/} + \overrightarrow{OO'} \times \boldsymbol{F}_{\perp} + \boldsymbol{r} \times \boldsymbol{F}_{\perp}\end{aligned} \tag{3-2-2}$$

式中 $\boldsymbol{R}\times\boldsymbol{F}_{/\!/}$ 和 $\overrightarrow{OO'}\times\boldsymbol{F}_{\perp}$ 均垂直于 z 轴，这两个分力矩试图使刚体绕经过 O 点且垂直于 z 轴的转轴转动，对我们所讨论的定轴转动没有影响。能使刚体绕 z 轴转动的是 $\boldsymbol{r}\times\boldsymbol{F}_{\perp}$ 这个分力矩。根据右手螺旋定则，$\boldsymbol{r}\times\boldsymbol{F}_{\perp}$ 沿转轴 z 的方向，所以此分力矩是 $\boldsymbol{M}$ 在 z 轴上的分量，即

$$\boldsymbol{M}_z = \boldsymbol{r} \times \boldsymbol{F}_{\perp} \tag{3-2-3}$$

$\boldsymbol{F}$ 有两个分力 $\boldsymbol{F}_{/\!/}$ 和 $\boldsymbol{F}_{\perp}$。由于 $\boldsymbol{F}_{/\!/}$ 平行于 z 轴，对转动没有影响。当 $\boldsymbol{F}_{\perp}$ 与 $\boldsymbol{r}$ 在同一条直线上时，$\boldsymbol{F}_{\perp}$ 的作用线通过 z 轴，对定轴转动也不起作用，此时 $\boldsymbol{M}_z=0$。所以，只有当力 $\boldsymbol{F}$ 相对于 z 轴上的定点 O 的力矩在 z 轴上的分量 $\boldsymbol{M}_z\neq 0$ 时，$\boldsymbol{F}$ 才能对定轴转动产生作用。$\boldsymbol{M}_z$ 的大小为

$$M_z = rF_{\perp}\sin\theta \tag{3-2-4}$$

由此式可以看出，M_z 和固定参考点 O 在 z 轴上的位置无关。换言之，$\boldsymbol{F}$ 相对于整个 z 轴上所有点的力矩的 z 分量相等，故这个力矩 z 分量 M_z 称为力 $\boldsymbol{F}$ **相对于转轴（z 轴）的力矩**，以区别于相对于定点 O 的力矩。M_z 只有两个方向，可用正负号来表示，没有必要写成矢量形式。(3-2-4)式中的 $r\sin\theta$ 为力 $\boldsymbol{F}_{\perp}$ 的作用线到转轴的垂直距离，叫作力 $\boldsymbol{F}_{\perp}$ 的**力臂**。所以，垂直于转轴的力对转轴的力矩的大小等于力的大小与它的力臂的乘积。

综上所述，作用在刚体上的外力 $\boldsymbol{F}$ 对定轴转动的影响取决于它对转轴的力矩。

二、刚体定轴转动定律

定轴转动的刚体受多个外力作用时，所有外力对转动的总的影响取决于各个外力对转轴的力矩的和，也就是取决于相对转轴上的任意点的合外力矩在转轴方向上的分量。

刚体也是质点系，根据质点系的角动量定理的表达式(2-7-14)，作用在该质点系上的所有外力对给定参考点 O 的合外力矩 $\boldsymbol{M}$ 满足

$$\boldsymbol{M} = \frac{\mathrm{d}\boldsymbol{L}}{\mathrm{d}t} \tag{3-2-5}$$

式中 $\boldsymbol{L}$ 是质点系中的各个质点对同一参考点 O 的角动量的矢量和，即质点系对该给定参考点 O 的角动量，

$$\boldsymbol{L} = \sum_i \boldsymbol{L}_i$$

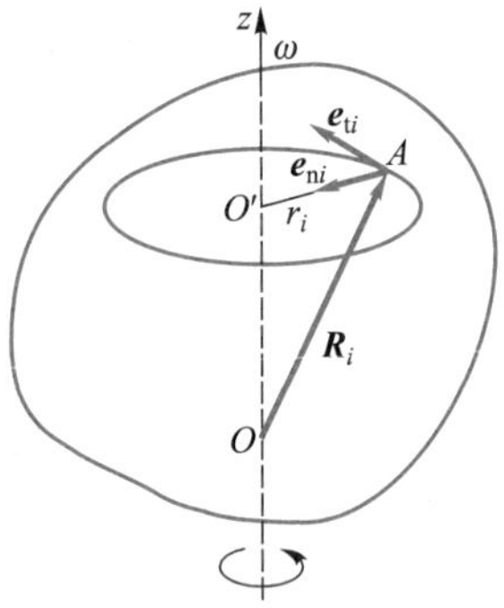

图 3-2-2　刚体定轴转动定律

如图 3-2-2 所示，选转轴 z 上任意点 O 为参考点，设第 i 个质元位于 A 点，AO' 的连线垂直于 z 轴，O' 为垂足，A 点到 O' 点的距离为 r_i。第 i 个质元的圆轨道在 A 点处的切向和法向单位矢量分别为 $\boldsymbol{e}_{ti}$ 和 $\boldsymbol{e}_{ni}$。沿 z 轴正方向的单位矢量为 $\boldsymbol{k}$。O' 点的 z 坐标为 z_i。由图 3-2-2 可知，$\boldsymbol{R}_i=z_i\boldsymbol{k}-r_i\boldsymbol{e}_{ni}$。此质元对于参考点 O 的角动量为

$$\begin{aligned}\boldsymbol{L}_i &= \boldsymbol{R}_i\times\boldsymbol{p}_i = \boldsymbol{R}_i\times m_i\boldsymbol{v}_i = m_i(z_i\boldsymbol{k}-r_i\boldsymbol{e}_{ni})\times v_i\boldsymbol{e}_{ti} = m_i(z_i\boldsymbol{k}-r_i\boldsymbol{e}_{ni})\times\omega r_i\boldsymbol{e}_{ti}\\ &= m_i\omega r_i(z_i\boldsymbol{k}-r_i\boldsymbol{e}_{ni})\times\boldsymbol{e}_{ti} = m_i\omega r_i(z_i\boldsymbol{k}\times\boldsymbol{e}_{ti}+r_i\boldsymbol{k})\end{aligned} \tag{3-2-6}$$

以上利用了关系式 $\boldsymbol{e}_{ni}\times\boldsymbol{e}_{ti}=-\boldsymbol{k}$。

因只有 $\boldsymbol{M}$ 的 z 向分量对定轴转动有作用，所以我们来考虑 $\boldsymbol{M}=\dfrac{\mathrm{d}\boldsymbol{L}}{\mathrm{d}t}=\dfrac{\mathrm{d}\sum\limits_i\boldsymbol{L}_i}{\mathrm{d}t}$ 的 z 分量。利用(3-2-6)式，并注意到$(z_i\boldsymbol{k}\times\boldsymbol{e}_{ti})\cdot\boldsymbol{k}=0$，$\boldsymbol{k}\cdot\boldsymbol{k}=1$，有

$$M_z = \boldsymbol{M}\cdot\boldsymbol{k} = \frac{\mathrm{d}\sum\limits_i\boldsymbol{L}_i}{\mathrm{d}t}\cdot\boldsymbol{k} = \frac{\mathrm{d}\sum\limits_i\boldsymbol{L}_i\cdot\boldsymbol{k}}{\mathrm{d}t} = \frac{\mathrm{d}}{\mathrm{d}t}\Big(\sum_i m_i\omega r_i^2\Big) = \frac{\mathrm{d}\omega}{\mathrm{d}t}\sum_i m_i r_i^2 = \alpha\sum_i m_i r_i^2$$

令

$$J = \sum_i m_i r_i^2 \tag{3-2-7}$$

J 是由刚体本身性质决定的物理量，叫作刚体对转轴的**转动惯量**。于是有

$$M_z = J\alpha$$

若约定固定转轴记为 z 轴，通常略去此式中的下标而将其写成

$$M = J\alpha \qquad (3-2-8)$$

式中的 M 称为刚体对转轴的合外力矩。此式表明，**在定轴转动中，刚体受到的所有外力对转轴的合外力矩等于刚体对该轴的转动惯量和角加速度的乘积**。这就是我们要求的刚体的角加速度和外力的关系。这一关系，叫作**刚体定轴转动定律**。

由(3-2-6)式还可得整个刚体相对于 z 轴上的任意参考点 O 的总角动量沿 z 轴的分量为

$$L_z = \left(\sum_i \boldsymbol{L}_i\right) \cdot \boldsymbol{k} = \sum_i m_i \omega r_i (z_i \boldsymbol{k} \times \boldsymbol{e}_{ti} + r_i \boldsymbol{k}) \cdot \boldsymbol{k} = \omega \sum_i m_i r_i^2$$

利用(3-2-7)式，并略去下标得

$$L = J\omega \qquad (3-2-9)$$

式中 J 是刚体相对于 z 轴的转动惯量。此式表明，总角动量的这个 z 分量与参考点 O 在 z 轴上的位置无关，亦即(3-2-9)式对整个转轴上的点成立。故称总角动量的这个 z 分量为**刚体对 z 轴的角动量**，以区别于对定点的角动量。

三、转动惯量的计算

将转动定律 $M=J\alpha$ 与牛顿第二定律 $\boldsymbol{F}=m\boldsymbol{a}$ 相比较，前者中对轴的合外力矩对应于后者中的合外力，前者中的角加速度对应于后者中的加速度，而刚体的转动惯量 J 则和质点的惯性质量 m 相对应。可以说，转动惯量是刚体在转动中惯性大小的量度。因为当合外力矩 M 一定时，转动惯量 J 越大，刚体的角加速度 α 就越小，即转动状态越难改变；转动惯量 J 越小，刚体的角加速度 α 就越大，即转动状态越易改变。按转动惯量的定义式(3-2-7)

$$J = \sum_i m_i r_i^2$$

可知，转动惯量 J 等于刚体中每个质元的质量与这一质元到转轴的距离的平方的乘积的总和。对于质量连续分布的刚体，上述求和以积分代替，则为

$$J = \int r^2 \mathrm{d}m = \int r^2 \rho \mathrm{d}V \qquad (3-2-10)$$

式中 $\mathrm{d}m$ 是距转轴 r 处的质元的质量，$\mathrm{d}V$ 是与 $\mathrm{d}m$ 相应的体积元，ρ 是体积元处的质量体密度，r 是体积元 $\mathrm{d}V$ 到转轴的距离。积分应遍及整个刚体。

对于二维的质量分布，(3-2-10)式应改写为

$$J = \int r^2 \mathrm{d}m = \int r^2 \sigma \mathrm{d}S \qquad (3-2-11)$$

式中 $\mathrm{d}S$ 是与 $\mathrm{d}m$ 相应的面积元，σ 是面积元处的质量面密度，r 是面积元 $\mathrm{d}S$ 到转轴的距离。

对于一维的质量分布，(3-2-10)式应写为

$$J = \int r^2 \mathrm{d}m = \int r^2 \lambda \mathrm{d}l \qquad (3-2-12)$$

式中 $\mathrm{d}l$ 是与 $\mathrm{d}m$ 相应的线元，λ 是线元处的质量线密度，r 是线元 $\mathrm{d}l$ 到转轴的距离。

由转动惯量的定义可知，转动惯量的大小不仅和刚体的总质量有关，而且和质量相对于

轴的分布有关，同一刚体对不同的转轴一般有不同的转动惯量。

在国际单位制中，转动惯量的单位为 $kg \cdot m^2$。

【例 3-1】 求质量为 m，半径为 R 的均匀细圆环的转动惯量，轴与圆环平面垂直并且通过圆心。

解 如图 3-2-3 所示，环上各质元到轴的垂直距离都等于 R。所以

$$J=\int R^2 \mathrm{d}m = R^2\int \mathrm{d}m, \qquad 即\ J=mR^2 \tag{3-2-13}$$

【例 3-2】 求质量为 m，半径为 R 的均匀薄圆盘对于通过中心且与盘面垂直的轴的转动惯量(图 3-2-4)。

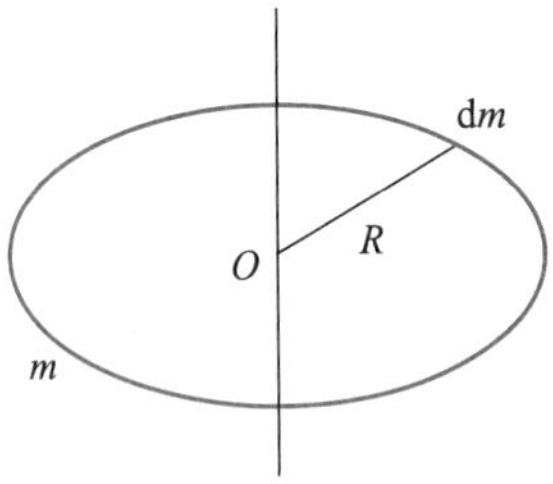

图 3-2-3 例 3-1 图

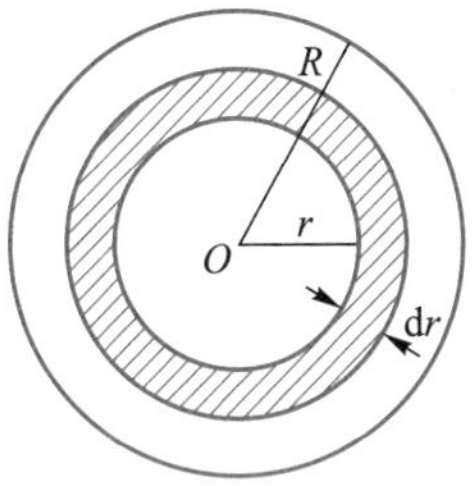

图 3-2-4 例 3-2 图

解 设圆盘的质量面密度为 σ，则

$$\sigma=\frac{m}{\pi R^2}$$

将圆盘分成一系列的同心细圆环。取任一半径为 r，宽度为 $\mathrm{d}r$ 的细圆环，细圆环的质量为

$$\mathrm{d}m=\sigma \cdot 2\pi r\mathrm{d}r$$

根据上例中的(3-2-13)式，此细圆环的转动惯量为

$$\mathrm{d}J=r^2\mathrm{d}m=2\pi\sigma r^3\mathrm{d}r$$

整个圆盘的转动惯量为

$$J=\int \mathrm{d}J=\int_0^R 2\pi\sigma r^3\mathrm{d}r=\frac{1}{2}\pi\sigma R^4=\frac{1}{2}mR^2$$

【例 3-3】 求一均匀细棒相对于(1)垂直于棒且通过棒中心的轴和 (2)垂直于棒且通过棒的一端的轴的转动惯量。

解 (1) 设棒长为 L，如图 3-2-5(a)所示，在棒上任取一线元 $\mathrm{d}x$，它离转轴的距离为 x，质量为 $\mathrm{d}m=\lambda\mathrm{d}x$，其中 $\lambda=\frac{m}{L}$为棒的质量线密度。根据转动惯量的定义式(3-2-12)得

$$J=\int_{-\frac{L}{2}}^{\frac{L}{2}} x^2\lambda\mathrm{d}x=\frac{L^3}{12}\lambda=\frac{1}{12}mL^2$$

(2) 如图 3-2-5(b)所示，用与(1)同样的方法，但积分从 0 积到 L，从而有

$$J=\int_0^L x^2\lambda\mathrm{d}x=\frac{L^3}{3}\lambda=\frac{1}{3}mL^2$$

显然，此例的结果表明，刚体的转动惯量 J 与转轴的位置有关。对于不同的转轴，同一刚体的转动惯量可以不同。所以，凡涉及刚体的转动惯量时，必须指明是对哪一个轴而言的。

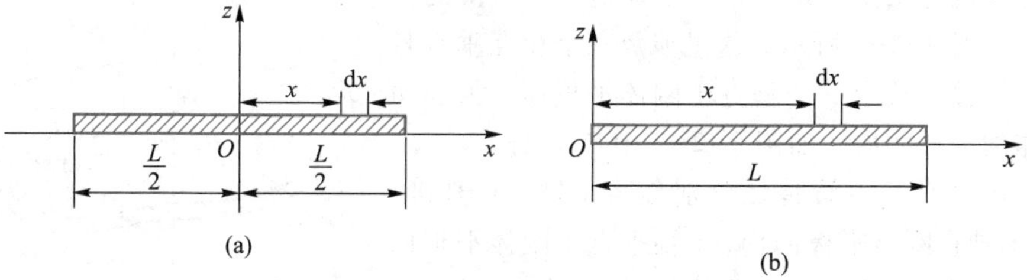

图 3-2-5 例 3-3 图

对两根平行的转轴，若其中一轴通过刚体的质心 C，则刚体对这两轴的转动惯量有如下关系：

$$J = J_C + md^2 \tag{3-2-14}$$

式中 m 为刚体质量，J_C 为刚体对通过质心 C 的轴的转动惯量，J 为刚体对另一平行轴的转动惯量，d 为上述两轴之间的距离。此关系称为**平行轴定理**。容易验证，上例的两结果符合此定理。定理的证明如下。

如图 3-2-6 所示，在垂直于转轴的平面内从质心 C 引另一轴的垂线，垂足为另一轴上的 D 点。建立直角坐标系 $Oxyz$，原点 O 与质心 C 重合，x 轴沿 CD 方向，即 D 点在 x 轴上。D 点相对于 C 点(即原点 O)的位置矢量为 $\boldsymbol{d}$(其长度为 d)，以 D 和 C 为参考点，任一质元 Δm_i 的位矢分别为 $\boldsymbol{r}_i$ 和 $\boldsymbol{r}_i'$。由图 3-2-6 知

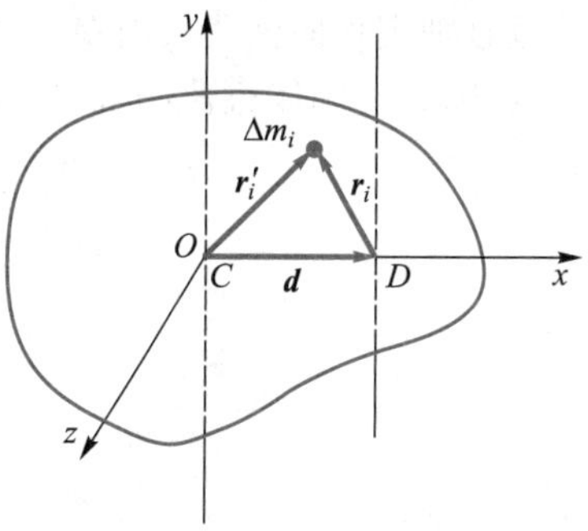

图 3-2-6 平行轴定理

$$\boldsymbol{r}_i = \boldsymbol{r}_i' - \boldsymbol{d}$$

于是
$$r_i^2 = \boldsymbol{r}_i \cdot \boldsymbol{r}_i = (\boldsymbol{r}_i' - \boldsymbol{d}) \cdot (\boldsymbol{r}_i' - \boldsymbol{d}) = r_i'^2 + d^2 - 2\boldsymbol{r}_i' \cdot \boldsymbol{d}$$

根据转动惯量的定义，并利用(3-1-1)式有

$$\begin{aligned} J &= \sum_i \Delta m_i r_i^2 = \sum_i \Delta m_i (r_i'^2 + d^2 - 2\boldsymbol{r}_i' \cdot \boldsymbol{d}) \\ &= \sum_i \Delta m_i r_i'^2 + \left(\sum_i \Delta m_i\right) d^2 - 2\left(\sum_i \Delta m_i \boldsymbol{r}_i'\right) \cdot \boldsymbol{d} \\ &= J_C + md^2 - 2\left(\sum_i \Delta m_i \boldsymbol{r}_i'\right) \cdot \boldsymbol{d} \\ &= J_C + md^2 - 2m \frac{\sum_i \Delta m_i \boldsymbol{r}_i'}{m} \cdot \boldsymbol{d} \\ &= J_C + md^2 - 2m\boldsymbol{r}_C \cdot \boldsymbol{d} \end{aligned}$$

质心 C 与原点 O 重合，故质心的位矢 $\boldsymbol{r}_C = 0$，代入上式得

$$J = J_C + md^2$$

所以(3-2-14)式得证。

对于薄平板状刚体，转动惯量的计算有时可借助于**垂直轴定理**，也称**正交轴定理**。该定理适用于很薄的平板状刚体，如图 3-2-7 所示。这里涉及三个相互垂直且交于一点的转轴，其中一个垂直于刚体平板面，另外两个位于刚体的平板面内，如图 3-2-7 中与 x、y、z 三个坐标轴重合的转轴，不妨将之分别称为 x 轴、y 轴和 z 轴。x 轴、y 轴在刚体平板面内，z 轴垂直于刚体平板面且与另外两轴相交于 O 点。若刚体相对于 x 轴、y 轴和 z 轴的转动惯量分别是 J_x、J_y、J_z，则

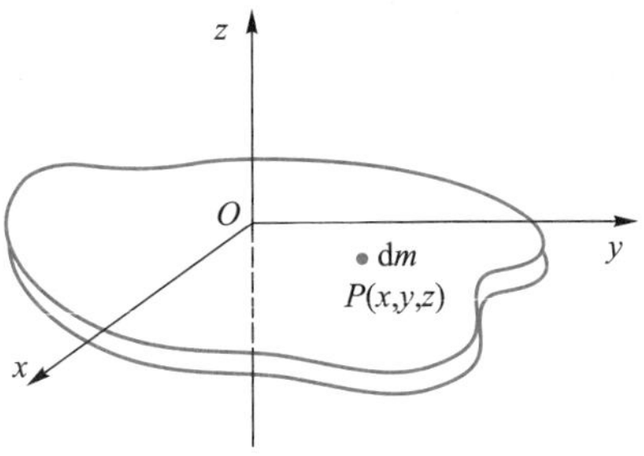

图 3-2-7 垂直轴定理

$$J_z = J_x + J_y \tag{3-2-15}$$

这就是**垂直轴定理**。由例 3-2 知，均匀薄圆盘相对于通过盘心且与盘面垂直的轴的转动惯量是 $mR^2/2$，则根据垂直轴定理可知，均匀薄圆盘相对于沿其任一直径的轴的转动惯量是 $mR^2/4$。

垂直轴定理的证明较简单。如图 3-2-7 所示，设此刚体上任意点 $P(x, y, z)$处的质元的质量为 dm，因刚体很薄(z 很小)，所以

$$J_z = \int (x^2 + y^2)\,\mathrm{d}m$$

$$J_x = \int (y^2 + z^2)\,\mathrm{d}m \approx \int y^2\,\mathrm{d}m$$

$$J_y = \int (x^2 + z^2)\,\mathrm{d}m \approx \int x^2\,\mathrm{d}m$$

故
$$J_z = J_x + J_y$$

表 3-1 是一些常见均匀刚体的转动惯量。

表 3-1 常见均匀刚体的转动惯量

刚体的形状	转轴的位置	转动惯量 J
细杆 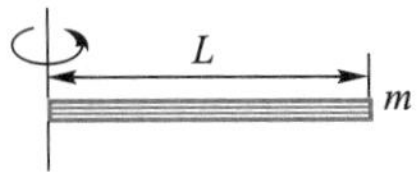	通过杆的一端且垂直于杆	$\frac{1}{3}mL^2$
细杆 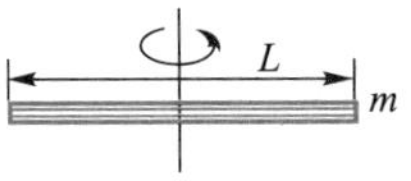	通过杆的中点且垂直于杆	$\frac{1}{12}mL^2$
薄圆环(或薄圆筒) 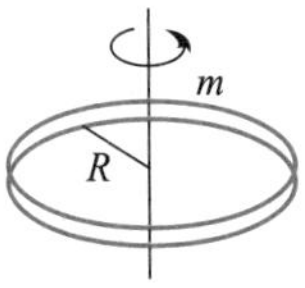	通过环心垂直于环面(或沿中心轴)	mR^2

续表

刚体的形状		转轴的位置	转动惯量 J
圆盘(或圆柱体)	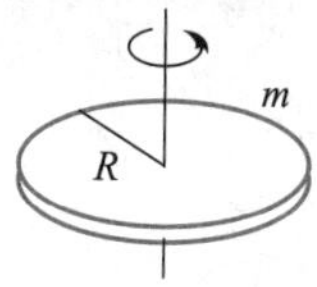	通过盘心垂直于盘面(或沿中心轴)	$\frac{1}{2}mR^2$
圆盘(或圆柱体)	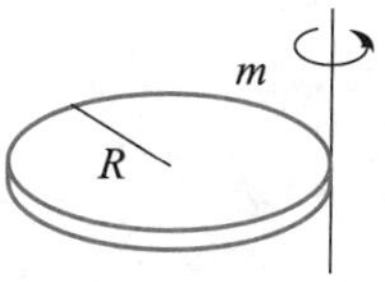	通过边缘且与中心轴平行	$\frac{1}{2}mR^2+mR^2$
薄球壳	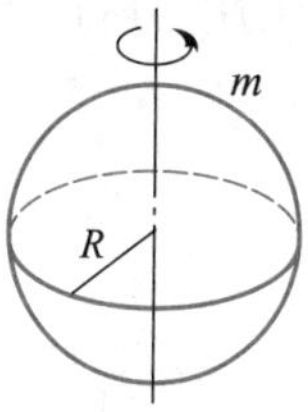	通过直径	$\frac{2}{3}mR^2$
球体	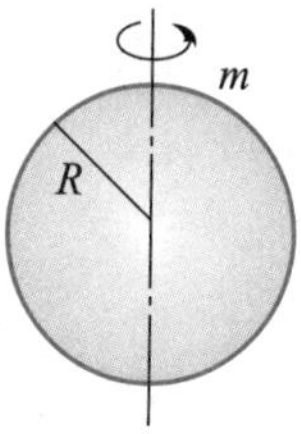	通过直径	$\frac{2}{5}mR^2$

四、刚体定轴转动定律的应用

应用刚体定轴转动定律 $M=J\alpha$ 解刚体动力学问题时，其基本步骤与用牛顿运动定律解质点动力学问题的步骤类似。刚体定轴转动中角加速度、合外力矩和转动惯量之间的关系是一个瞬时关系，要注意对各力矩作出正确分析，同时注意力矩、角速度和角加速度的正负，对于转轴的位置也要特别注意。

【例 3-4】　如图 3-2-8 所示，一质量为 m，长度为 l 的均匀细杆，可绕通过其一端且与杆垂直的水平轴 O 转动。若将此杆水平横放，并由静止释放，求当杆转到与水平方向成 θ 角时的角加速度和角速度。

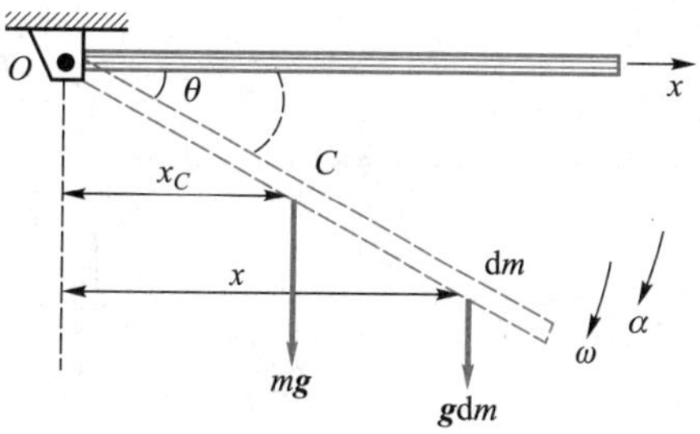

图 3-2-8　例 3-4 图

解　由于受到重力矩的作用，杆绕定轴加速转动。取杆上一小段，其水平坐标为 x，质量为 $\mathrm{d}m$，所受重力大小为 $g\mathrm{d}m$。重力与轴 O 垂直，根据(3-2-4)式，重力对轴 O 的力矩大小为重力与重力的力臂的乘积。所以在杆下摆任意角度 θ 时，这小段所受重力对轴 O 的力矩大小是 $xg\mathrm{d}m$。由于杆上任意一小段所受的重力对轴 O 的力矩方向都相同，均垂直纸面向内，故整个杆受的重力对轴 O 的力矩就是

$$M=\int xg\mathrm{d}m=g\int x\mathrm{d}m$$

由质心的定义知

$$\int x\mathrm{d}m=mx_C$$

其中 x_C 是质心 C 的 x 坐标。因而可得

$$M=mgx_C$$

这一结果说明重力对整个杆的合力矩就和全部重力集中作用于质心所产生的力矩一样。

由于
$$x_C=\frac{l}{2}\cos\theta$$

所以有
$$M=\frac{l}{2}mg\cos\theta$$

根据定轴转动定律可得杆的角加速度为

$$\alpha=\frac{M}{J}=\frac{\frac{l}{2}mg\cos\theta}{\frac{1}{3}ml^2}=\frac{3g\cos\theta}{2l}$$

求杆的角速度可用定轴转动定律

$$M=J\alpha=J\frac{\mathrm{d}\omega}{\mathrm{d}t}$$

因此

$$M\mathrm{d}t=J\mathrm{d}\omega$$

两边都乘以 ω，并利用上面力矩 M 的表达式，可得

$$\frac{l}{2}mg\cos\theta\cdot\omega\mathrm{d}t=J\omega\mathrm{d}\omega$$

由于 $\omega\mathrm{d}t=\mathrm{d}\theta$，所以有

$$\frac{l}{2}mg\cos\theta\cdot\mathrm{d}\theta=J\omega\mathrm{d}\omega$$

两边积分

$$\int_0^\theta\frac{l}{2}mg\cos\theta\cdot\mathrm{d}\theta=\int_0^\omega J\omega\mathrm{d}\omega$$

得
$$\frac{l}{2}mg\sin\theta=\frac{1}{2}J\omega^2$$

由此得
$$\omega=\sqrt{\frac{mgl\sin\theta}{J}}=\sqrt{\frac{3g\sin\theta}{l}}$$

第 3 节　刚体转动的功和能

一、刚体的转动动能

由许多质点组成的质点系的动能定义为

$$E_k = \frac{1}{2}m_1v_1^2 + \frac{1}{2}m_2v_2^2 + \frac{1}{2}m_3v_3^2 + \cdots = \sum_i \left(\frac{1}{2}m_iv_i^2\right) \tag{3-3-1}$$

在刚体以角速度 ω 绕一固定轴转动的情况下，第 i 个质元的速度大小为 $v_i = \omega R_i$，式中，R_i 是这一质元到转轴的距离，于是

$$E_k = \sum_i \left(\frac{1}{2}m_iR_i^2\omega^2\right) = \frac{1}{2}\left(\sum_i m_iR_i^2\right)\omega^2$$

对上式应用转动惯量的定义式(3-2-7)，得出刚体的动能为

$$E_k = \frac{1}{2}J\omega^2 \tag{3-3-2}$$

此式给出的是刚体作定轴转动所具有的动能，称为**刚体的转动动能**。

二、力矩的功

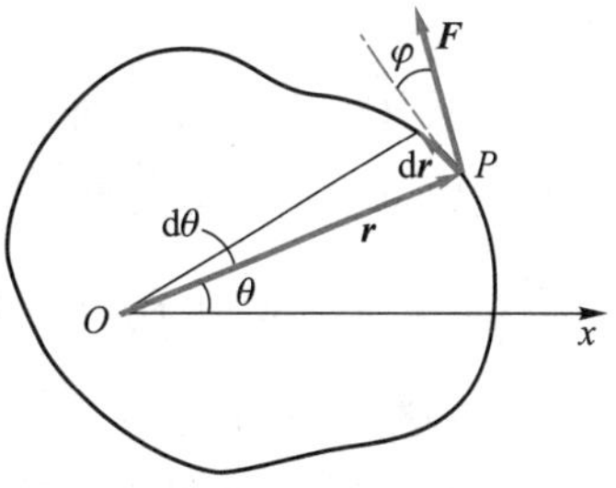

图 3-3-1　力矩的功

设刚体在外力 $\boldsymbol{F}$ 的作用下，绕固定转轴 O 转动，发生一极小的角位移 $d\theta$，$\boldsymbol{F}$ 的作用点 P 的位移为 $d\boldsymbol{r}$，如图 3-3-1 所示。位移 $d\boldsymbol{r}$ 与 OP 垂直，与 $\boldsymbol{F}$ 所成的夹角为 φ。按功的定义，$\boldsymbol{F}$ 在这段位移中所做的元功为

$$dA = \boldsymbol{F}\cdot d\boldsymbol{r} = F\cos\varphi\,|d\boldsymbol{r}| = F\cos\varphi\, r d\theta$$

由于 $F\cos\varphi$ 是力 $\boldsymbol{F}$ 沿 $d\boldsymbol{r}$ 方向的分量，并且这分量到轴 O 的距离是 r，所以 $Fr\cos\varphi$ 为对转轴的力矩，故有

$$dA = Md\theta \tag{3-3-3}$$

即**力矩所做的元功等于力矩和角位移的乘积**。

当刚体绕固定轴由角位置 θ_0 转到角位置 θ 时，力矩在这个过程中对刚体所做的功为

$$A = \int dA = \int_{\theta_0}^{\theta} Md\theta \tag{3-3-4}$$

当刚体受多个外力作用时，上式依旧成立，只是要将 M 换成所有外力对转轴的总力矩(合外力矩)。

三、刚体作定轴转动的动能定理

根据定轴转动定律，刚体所受的合外力矩 $M = J\alpha = J\dfrac{d\omega}{dt}$，在 dt 时间内刚体的角位移 $d\theta = \omega dt$，所以合外力矩所做的元功为

$$\mathrm{d}A = M\mathrm{d}\theta = \left(J\frac{\mathrm{d}\omega}{\mathrm{d}t}\right)\omega\mathrm{d}t = J\omega\mathrm{d}\omega$$

当刚体的角速度从 t_1 时刻的 ω_1 增加到 t_2 时刻的 ω_2 时，在这个过程中合外力矩 M 对刚体所做的功为

$$\int\mathrm{d}A = \int M\mathrm{d}\theta = \int_{\omega_1}^{\omega_2} J\omega\mathrm{d}\omega = \frac{1}{2}J\omega_2^2 - \frac{1}{2}J\omega_1^2 \tag{3-3-5}$$

上式说明合外力矩对刚体所做的功等于刚体转动动能的增量。这一结论叫作刚体绕固定轴转动的动能定理，简称刚体的动能定理。

四、刚体转动的机械能守恒

刚体在重力场中的势能就是刚体内各质元在重力场中的势能之和，即

$$E_\mathrm{p} = \sum_i \Delta m_i g y_i = mg\frac{\sum_i \Delta m_i y_i}{m} = mgy_C \tag{3-3-6}$$

这里用到了质心的定义式(3-1-2)。(3-3-6)式中 y_C 为刚体的质心相对于重力势能零点处的高度(图 3-3-2)。所以，刚体在重力场中的势能等于把刚体全部质量集中于质心处的一个质点时，此质点所具有的重力势能。

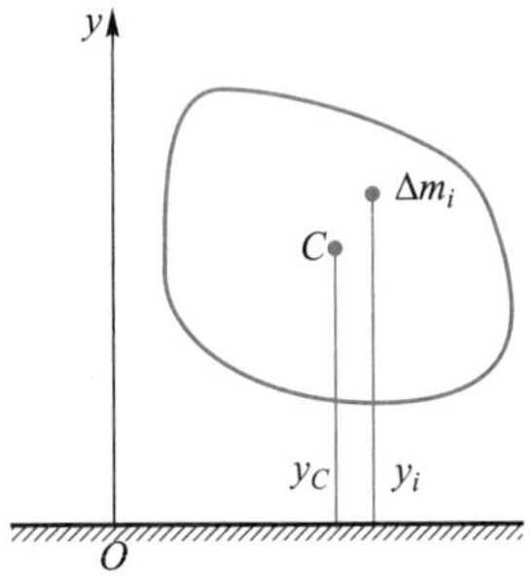

图 3-3-2 刚体的重力势能

在刚体绕定轴转动的过程中，如果只有重力对刚体做功，则刚体在重力场中的机械能守恒。即

$$E_\mathrm{k} + E_\mathrm{p} = \frac{1}{2}J\omega^2 + mgy_C = 常量 \tag{3-3-7}$$

【例 3-5】 利用关系式(3-3-7)重解例 3-4。

解 在杆摆动过程中，杆受重力和轴的作用力。轴的作用力对 O 点的力矩为零，对杆不做功，只有重力做功，故杆的机械能守恒。设杆在水平位置时重力势能为零，则初始机械能为零。由机械能守恒定律知，当杆转到与水平方向成 θ 角时的机械能也为零(图 3-2-7)，即

$$\frac{1}{2}J\omega^2 - mgy_C = 0$$

将 $J=\frac{1}{3}ml^2$ 和 $y_C=\frac{l}{2}\sin\theta$ 代入上式，可解得角速度

$$\omega = \sqrt{\frac{3g\sin\theta}{l}}$$

而角加速度

$$\alpha = \frac{\mathrm{d}\omega}{\mathrm{d}t} = \frac{\mathrm{d}\sqrt{\frac{3g\sin\theta}{l}}}{\mathrm{d}t} = \frac{\frac{3g\cos\theta}{l}}{2\sqrt{\frac{3g\sin\theta}{l}}}\frac{\mathrm{d}\theta}{\mathrm{d}t} = \frac{\frac{3g\cos\theta}{l}}{2\sqrt{\frac{3g\sin\theta}{l}}}\omega$$

$$
=\frac{\frac{3g\cos\theta}{l}}{2\sqrt{\frac{3g\sin\theta}{l}}}\sqrt{\frac{3g\sin\theta}{l}}=\frac{3g\cos\theta}{2l}
$$

这与前面解得的结果一致。

第 4 节　刚体的角动量定理和角动量守恒定律

一、刚体的角动量

质点对参考点 O 的角动量为

$$
\boldsymbol{L}=\boldsymbol{r}\times\boldsymbol{p}
$$

式中 $\boldsymbol{r}$ 是质点对参考点 O 的位矢。刚体可以看成是由大量质点组成的质点系，所以刚体对某一参考点的角动量应等于组成刚体的所有质点对同一参考点的角动量的矢量和。一般地，刚体的角动量并不平行于转轴。

对于刚体的定轴转动，只涉及刚体的角动量在转轴方向上的分量（参考点在转轴上）。根据(3-2-9)式，整个刚体相对于转轴上的任意参考点 O 的总角动量沿转轴的分量为

$$
L=J\omega \tag{3-4-1}
$$

式中 J 是刚体相对于转轴的转动惯量。此式对整个转轴上的点成立。L 就称为**刚体对转轴的角动量**。因此，刚体对转轴的角动量等于刚体对该轴的转动惯量与刚体绕轴转动的角速度的乘积。

二、角动量定理

刚体可看作质点系。根据质点系的角动量定理的表达式(2-7-14)，作用在刚体（质点系）上的所有外力对给定参考点 O 的合外力矩 $\boldsymbol{M}$ 满足

$$
\boldsymbol{M}=\frac{\mathrm{d}\boldsymbol{L}}{\mathrm{d}t}
$$

在直角坐标系中，其分量形式为

$$
M_x=\frac{\mathrm{d}L_x}{\mathrm{d}t},\qquad M_y=\frac{\mathrm{d}L_y}{\mathrm{d}t},\qquad M_z=\frac{\mathrm{d}L_z}{\mathrm{d}t} \tag{3-4-2}
$$

将刚体对转轴 z 的角动量(3-4-1)式代入上式，并注意到 J 是刚体的转动惯量，有

$$
M_z=\frac{\mathrm{d}L_z}{\mathrm{d}t}=\frac{\mathrm{d}(J\omega)}{\mathrm{d}t}=J\frac{\mathrm{d}\omega}{\mathrm{d}t} \tag{3-4-3}
$$

或

$$
M_z=J\alpha
$$

去掉脚标 z，就是(3-2-8)式所表示的刚体定轴转动定律。

用 $\mathrm{d}t$ 乘以(3-4-3)式的两边，得

$$
M_z\mathrm{d}t=\mathrm{d}L_z=\mathrm{d}(J\omega) \tag{3-4-4}
$$

上式是刚体定轴转动的角动量定理的微分形式，式中 $M_z\mathrm{d}t$ 叫作在 $\mathrm{d}t$ 时间内合外力矩对转轴的冲量矩。可见，合外力矩的冲量矩就是合外力矩在刚体转动过程中的时间累积作用量，它引起刚体对固定轴的角动量发生变化。如果知道 M_z 对 t 的函数，则对(3-4-4)式积分，可得

$$\int_{t_0}^{t} M_z\mathrm{d}t = \int_{L_0}^{L}\mathrm{d}L_z = \int_{J_0\omega_0}^{J\omega}\mathrm{d}(J\omega)$$

$$\int_{t_0}^{t} M_z\mathrm{d}t = L - L_0 = J\omega - J_0\omega_0 \tag{3-4-5}$$

式中 L_0、J_0 和 ω_0 分别表示 t_0 时刻的角动量、转动惯量和角速度，L、J 和 ω 分别表示 t 时刻的角动量、转动惯量和角速度。(3-4-5)式就是刚体定轴转动的角动量定理的积分形式，此式说明：在 t_0 至 t 时间内合外力矩对转轴的冲量矩等于刚体在这段时间内对该轴的角动量的增量。可见，角动量定理反映了力矩的时间累积效应。

在国际单位制中，冲量矩的单位为 N·m·s，角动量的单位为 $\mathrm{kg\cdot m^2/s}$。显然，两者的量纲是相同的，量纲为 $\mathrm{L^2MT^{-1}}$。

三、角动量守恒定律

由(3-4-3)式可见，当外力对某转轴的力矩之和为零时，刚体对该轴的角动量保持不变，即刚体在绕定轴的转动过程中，当 $M_z=0$ 时，

$$L_z = J\omega = 常量 \tag{3-4-6}$$

这叫作刚体定轴转动的角动量守恒定律。刚体定轴转动时，转动惯量不变，角动量守恒意味着它以恒定的角速度转动。

从(3-4-3)式的推导过程可知，下面的(3-4-7)式的得出没有用到质点系必须是刚体的条件(任意两个质元之间的距离均保持不变)，所以下式在一定条件下对绕固定轴(以下取为 z 轴)转动的不是刚体的其他可变形的物体(质点系)也成立，即

$$M_z = \frac{\mathrm{d}L_z}{\mathrm{d}t} = \frac{\mathrm{d}(J\omega)}{\mathrm{d}t} \tag{3-4-7}$$

当然，这要求物体(质点系)中每个质点的角速度保持相同，并将 J 理解为物体(质点系)对固定轴的“转动惯量”(大小可变)，则在(3-4-7)式中，当 $M_z=0$ 时，$J\omega=$常量，即可变形的物体(质点系)对固定轴的角动量守恒，此时，若物体(质点系)的转动惯量 J 发生变化，其角速度也必定随之改变，即转动的快慢发生变化。例如，舞蹈演员或滑冰运动员在旋转时，往往通过张开或收拢两臂(使身体的转动惯量增大或减小)来减小或加大旋转速度。

若可绕某固定轴转动的质点系是由两个刚体组成的，两个刚体相对于固定轴的转动惯量分别是 J_1、J_2，角速度分别是 ω_1、ω_2，则容易知道(3-4-7)式应改写为

$$M_z = \frac{\mathrm{d}L_z}{\mathrm{d}t} = \frac{\mathrm{d}(J_1\omega_1 + J_2\omega_2)}{\mathrm{d}t} \tag{3-4-8}$$

当 $M_z=0$ 时，$J_1\omega_1+J_2\omega_2=$常量，系统的角动量守恒。例如，不开玩具直升机的尾桨时，若使螺旋桨转动起来，则机身必定反方向旋转，因角动量近似守恒，在使螺旋桨转动起来前，系统对转轴的角动量是零，螺旋桨转动起来后，系统的角动量要保持是零，即 $J_1\omega_1+J_2\omega_2=0$，故机身的角速度方向必须和螺旋桨的相反。实际上，(3-4-8)式还可以进一步推广到由多个

刚体或可变形的物体及质点组成的系统。

【例 3-6】 一根均匀直木棒长为 l，质量为 m，其一端挂在一个水平光滑轴上，起初静止在竖直位置。今有一质量为 m_0 的子弹，以水平速度 $\boldsymbol{v}_0$ 射入木棒的下端而不复出，求木棒和子弹开始一起运动时的角速度。

解 考虑到从子弹进入木棒中到两者开始一起运动所经历的时间极短，可认为在这一过程中木棒的位置保持不变(图 3-4-1)。因此，对于木棒和子弹系统，在子弹射入过程中，系统所受的外力(即重力和轴的支持力)对于轴 O 的力矩均为零。因而，系统对轴 O 的角动量守恒。木棒和子弹一起开始运动时它们的角速度相等，设为 ω，则由角动量守恒定律有

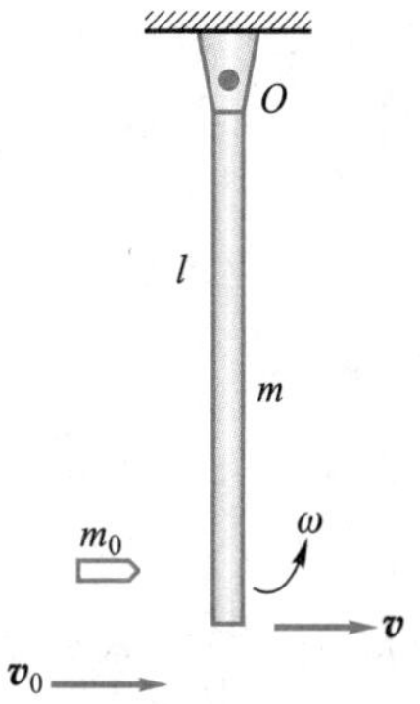

图 3-4-1 例 3-6 图

$$m_0 l v_0 = J\omega = \left(m_0 l^2 + \frac{1}{3}ml^2\right)\omega$$

解得

$$\omega = \frac{3m_0}{3m_0 + m}\frac{v_0}{l}$$

请思考，在此过程中木棒和子弹组成的系统的动量守恒吗？

【例 3-7】 一转台绕竖直光滑固定轴转动，每转一周所需时间为 $t=10\text{s}$，转台对轴的转动惯量为 $J=1200\ \text{kg}\cdot\text{m}^2$。质量为 $m=80\ \text{kg}$ 的人，开始时站在转台的中心，随后沿半径向外跑去，当人离转台中心 $r=2\ \text{m}$ 时转台的角速度是多大？

解 人沿半径向外跑的过程中，转台和人组成的系统对轴的角动量守恒，故

$$J\omega = J'\omega'$$

根据题意，有 $\omega=2\pi/t$，$J'=J+mr^2$，所以

$$\omega' = \frac{J\omega}{J'} = \frac{J\omega}{J+mr^2} = \frac{1200\times 2\pi/10}{1200+80\times 2^2}\ \text{rad/s} = 0.496\ \text{rad/s}$$

第 5 节 进动

前面主要讨论的是刚体绕固定轴的转动。下面介绍一种刚体的转轴不固定的情况。我们以陀螺为例。当陀螺没有转动时，在重力矩作用下它将会倾倒；当陀螺高速旋转时，尽管仍受重力矩的作用，但它却不会倒下来。这时，陀螺在绕本身的对称轴转动(这种旋转叫作自转)的同时，其对称轴还将绕竖直轴 Oz 回转，如图 3-5-1(a)所示。这种高速自转的物体的转轴在空间转动的现象叫作**进动**。

严格讲，陀螺对支撑点的角动量应该是它的自转对应的角动量和进动对应的角动量的矢量和。但当陀螺高速旋转时，其自转的角速度远大于进动的角速度，故可忽略进动的角动量而把陀螺对 O 点的总角动量 $\boldsymbol{L}$ 近似地看成是它的自转运动所引起的对 O 点的角动量。由于陀螺的对称性，它的自转运动所引起的对 O 点的角动量就等于陀螺对本身对称轴的角动量(此角动量方向沿对称轴)。重力对 O 点产生一力矩，其方向垂直于自转转轴和重力作用线所组成的平面。根据质点系的角动量定理(2-7-14)式，质点系所受的对给定参考点 O 的合外力矩 $\boldsymbol{M}$

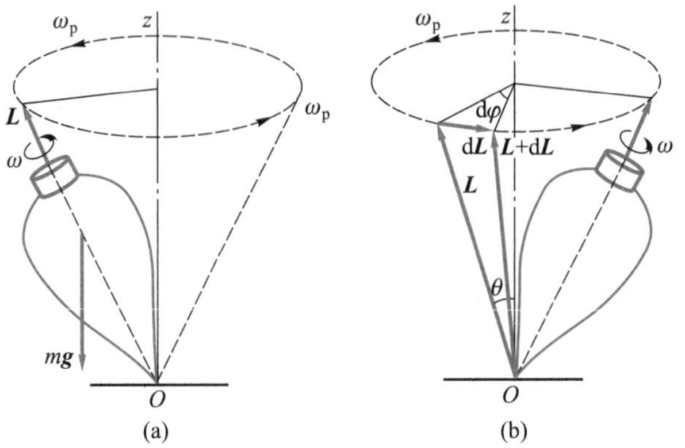

图 3-5-1 陀螺的进动

满足 $\boldsymbol{M}=\frac{\mathrm{d}\boldsymbol{L}}{\mathrm{d}t}$，或写成 $\boldsymbol{M}\mathrm{d}t=\mathrm{d}\boldsymbol{L}$。所以，在极短的时间 $\mathrm{d}t$ 内，陀螺的角动量将因重力矩的作用而产生一增量 $\mathrm{d}\boldsymbol{L}$，其方向与重力矩的方向相同。因重力矩的方向垂直于 $\boldsymbol{L}$，所以 $\mathrm{d}\boldsymbol{L}$ 的方向也与 $\boldsymbol{L}$ 垂直，结果使 $\boldsymbol{L}$ 的大小不变而方向发生变化，如图 3-5-1(b)所示。因此，陀螺的自转轴将从 $\boldsymbol{L}$ 的位置偏转到 $\boldsymbol{L}+\mathrm{d}\boldsymbol{L}$ 的位置上，而不是向下倾倒。如此持续不断地偏转下去就形成了自转轴的转动。从陀螺的上方向下看，其自转轴是沿逆时针方向回转的。这样，陀螺不会倒下，而是沿一锥顶在陀螺尖顶与地面接触处的锥面转动，即绕竖直轴 Oz 作进动。

进动的角速度定义为 $\omega_p=\frac{\mathrm{d}\varphi}{\mathrm{d}t}$，其中 $\mathrm{d}\varphi$ 为自转轴在 $\mathrm{d}t$ 时间内绕 Oz 轴转过的角度。下面来计算这个角速度。在 $\mathrm{d}t$ 时间内，角动量 $\boldsymbol{L}(L=J\omega)$ 的增量 $\mathrm{d}\boldsymbol{L}$ 是很小的，从图 3-5-1(b)可知，

$$\mathrm{d}L=L\sin\theta\mathrm{d}\varphi=J\omega\sin\theta\mathrm{d}\varphi \tag{3-5-1}$$

式中，ω 是陀螺自转的角速度，θ 为自转轴与 Oz 轴间的夹角。由角动量定理有

$$\mathrm{d}L=M\mathrm{d}t \tag{3-5-2}$$

将(3-5-2)式代入(3-5-1)式得 $M\mathrm{d}t=J\omega\sin\theta\mathrm{d}\varphi$

所以

$$\omega_p=\frac{M}{J\omega\sin\theta}=\frac{M}{L\sin\theta} \tag{3-5-3}$$

由此可知，进动角速度 ω_p 正比于外力矩，反比于陀螺的自转角动量。

需要指出的是，如果陀螺的自旋速度不够大，则它的自转轴在进动时还会上下作周期性的摆动。这种摆动就是所谓的章动。产生章动的原因是，由于此时陀螺的自转速度不太大，陀螺的进动角动量和自转角动量是可以比拟的，不能忽略掉，总角动量应该是自旋对应的角动量和进动对应的角动量的矢量和。但具体的分析较复杂，在此从略。

技术上常利用进动来控制子弹和炮弹在空中的飞行。飞行中的子弹和炮弹将受到空气阻力的作用，阻力的方向总是与子弹和炮弹的质心的速度方向相反，而且又不一定通过质心。这样，阻力对质心的力矩就可能使弹头在空中翻转，如图 3-5-2 所示。为了避免弹头在空中翻转，人们

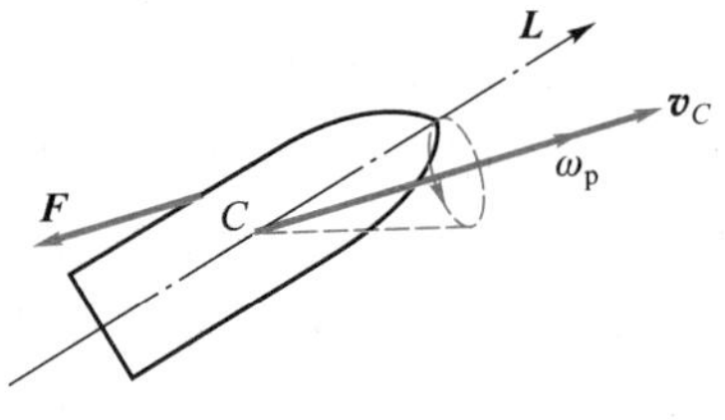

图 3-5-2 弹头的进动

在枪膛和炮筒内壁上刻出螺旋线，这就是所谓的来复线。当弹头被高速气流推出枪膛或炮筒时，沿来复线的气流使弹头同时绕自己的对称轴高速旋转。正是由于这种旋转，它在行进中受到的空气阻力的力矩将不会使它翻转，而只是使它绕质心前进的方向作进动。这样，子弹或炮弹的自转轴就将与弹道方向始终保持不太大的偏离，而弹头就总是大致指向前方。

在对微观现象进行研究时，也经常用到进动的概念。比如，原子中的电子同时参与绕核运动与电子本身的自旋，这都具有角动量，在外磁场中，电子将绕沿外磁场方向的轴线作进动。某些物质的磁性可以借助于电子的这个进动而从物质的电结构来加以说明。

习　题

3-1　一轮子从静止开始加速转动，转动速度在 6 s 内均匀增加到每分钟 200 转，以这个速度转动一段时间之后，使用了制动装置，再过 5 min(分钟)轮子停止，若轮子的转数为 3 100 转，试计算总的转动时间。

3-2　一物体由静止(在 $t=0$ 时，$\theta=0$ 和 $\omega=0$)按照方程 $\alpha=(120t^2-48t+16)$(SI 单位)的规律沿一半径为 1.3 m 的圆形路径上作加速运动。求：(1) 物体的角速度和角位置关于时间的函数；(2) 加速度的切向分量和法向分量。

3-3　一半径为 2 m 的飞轮绕过其中心的水平轴转动，轮的边缘用细绳缠绕，绳的末端挂一重物，若重物垂直下落的距离用方程式 $x=at^2$ 给出，其中 x 用 m 计，t 用 s 计。$a=20\ \text{m/s}^2$，试计算飞轮在任一时刻的角速度和角加速度。

3-4　一个有固定轴的刚体，受到两个力的作用，当这两个力的合力为零时，它们对轴的合力矩也一定为零吗？当这两个力对轴的合力矩为零时，它们的合力也一定为零吗？

3-5　要使一条长铁棒保持水平，为什么握住它的中点比握住它的端点容易？

3-6　如图所示，有一正三角形的匀质薄板，边长为 a，质量为 m，试求此板对任一边的转动惯量。

3-7　从一个半径为 R 的均匀薄板上挖去一个直径为 R 的圆板，所形成的圆洞中心在距原薄板中心 $R/2$ 处，如图所示，所剩薄板的质量为 m，求此时薄板对于通过原中心而与板面垂直的轴的转动惯量。

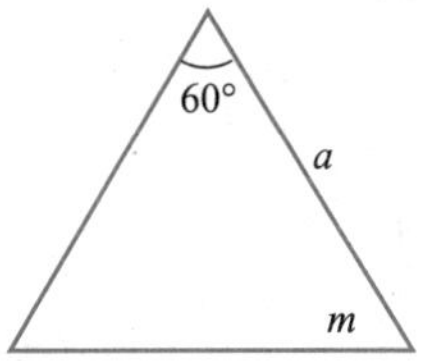

习题 3-6 图

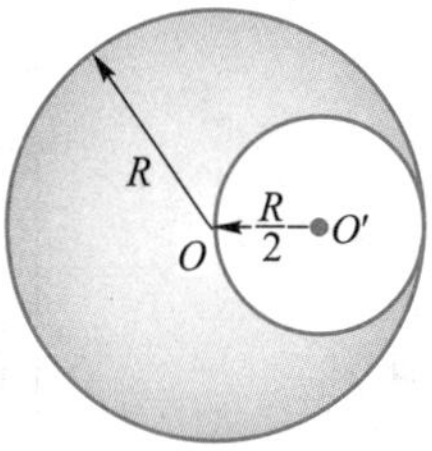

习题 3-7 图

3-8　有一飞轮，其轴成水平方向，轴半径 $r=2.00$ cm，轴上绕有一根细长的绳。在绳的自由端先系以一质量 $m_1=20.0$ g 的物体，此物能匀速下降，然后改系以一质量 $m_2=5.00$ kg 的物体，则此物从静止开始，经过 $t=10.0$ s 时间，共下降了 $h=40.0$ cm。忽略绳的质量和空气阻力，并设重力加速度 $g=980\ \text{cm/s}^2$。求：(1) 飞轮的轴与轴承之间的摩擦力矩的大小；(2) 飞轮转动惯量的大小；(3) 绳上张力的大小。

3-9　一质量均匀分布的薄圆盘，半径为 a，盘面与粗糙的水平桌面紧密接触，圆盘绕通过其中心的竖直轴线转动，开始时角速度为 ω_0，已知圆盘与桌面间摩擦因数为 μ，问经过多少时间后圆盘静止不动？

3-10　已知银河系中有一天体是均匀球体，现在半径为 R，绕对称轴自转的周期为 T。由于引力凝聚，它的体积不断收缩，假定一万年后它的半径缩小为 r，问一万年后此天体绕对称轴自转的周期比现在大还是小？它的动能是增加还是减小？

3-11　一个系统的动量守恒和角动量守恒的条件有何不同？

3-12　两个半径相同的轮子，质量相同，一个轮子的质量聚集在边缘附近，另一个轮子的质量分布比较均匀，问：（1）如果它们的角动量相同，哪个轮子转得快？（2）如果它们的角速度相同，哪个轮子的角动量大？

3-13　一圆形水平台面可绕中心轴无摩擦地转动，有一玩具车相对台面由静止启动，绕轴作圆周运动，问水平台面如何运动？如小汽车突然刹车则又如何？此过程能量是否守恒？动量是否守恒？角动量是否守恒？

3-14　一质量为 m_0、半径为 R 并以角速度 ω 旋转着的飞轮，某瞬时有一质量为 m 的碎片从飞轮上飞出（如图所示），假定碎片脱离飞轮时速度方向正好竖直向上，（1）它能上升多高？（2）求余下部分的角速度、角动量和转动的动能。

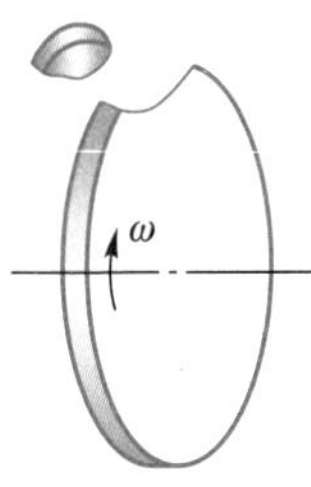

习题 3-14 图

3-15　如图所示，转台绕中心竖直轴原来以角速度 ω_0 匀速转动，转台对该轴的转动惯量 $J_0=5\times10^{-5}\ \mathrm{kg\cdot m^2}$。今每秒有 1 g 的沙粒落入转台，沙粒黏附在转台面上并形成一圆形，且沙粒距轴的半径 $r=0.1\ \mathrm{m}$，当沙粒落到转台时，转台的角速度要变慢，求当角速度减到 $\frac{1}{2}\omega_0$ 时所需的时间。

3-16　一个平台以每秒 1 圈的转速绕通过其中心且与台面垂直的光滑竖直轴转动，有一人站在平台中心，其两臂平伸，且两手拿着质量相等的重物，人、平台与重物的总转动惯量为 $6.0\ \mathrm{kg\cdot m^2}$。当他的两臂下垂时，转动惯量减小到 $2.0\ \mathrm{kg\cdot m^2}$，问：（1）这时转台的角速度为多大？（2）转动动能增加多少？

3-17　一条长 $l=0.4\ \mathrm{m}$ 的均匀木棒，质量 $m_1=1.0\ \mathrm{kg}$，可绕光滑水平轴 O 在竖直面内转动。开始时棒自然地竖直悬垂，有质量 $m_2=8\ \mathrm{g}$ 的子弹以 $v=200\ \mathrm{m/s}$ 的速率从 A 点射入棒中，假定 A 点与 O 点的距离为 $3l/4$（如图所示），求：（1）棒开始转动时的角速度；（2）棒的最大偏转角。

3-18　如图所示，一质量为 m_0、长为 l 的均匀细杆，绕过 O 点的光滑水平轴，从静止在与竖直方向成 θ_0 角处自由下摆，到竖直位置时，与光滑桌面上一质量为 m 的静止物体（可视为质点）发生弹性碰撞，求碰撞后细杆的角速度 ω 和物体的线速度 v_m。

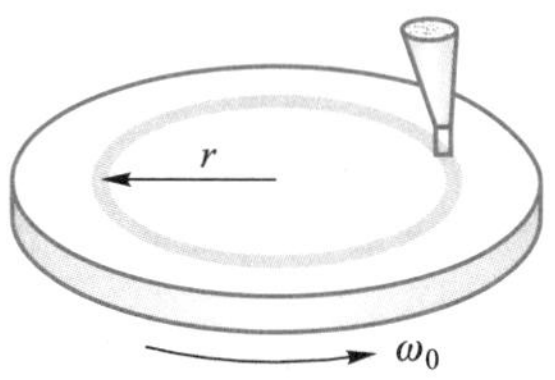

习题 3-15 图

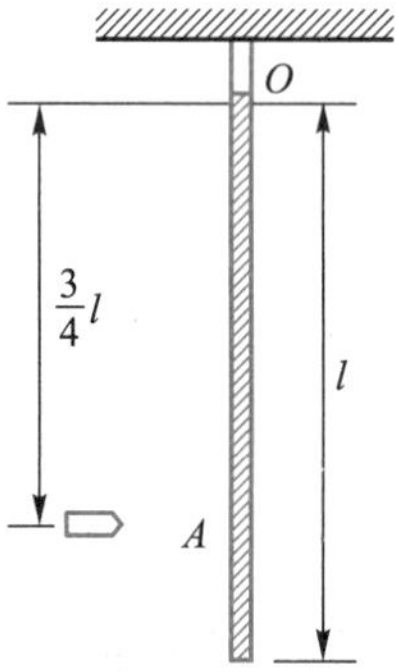

习题 3-17 图

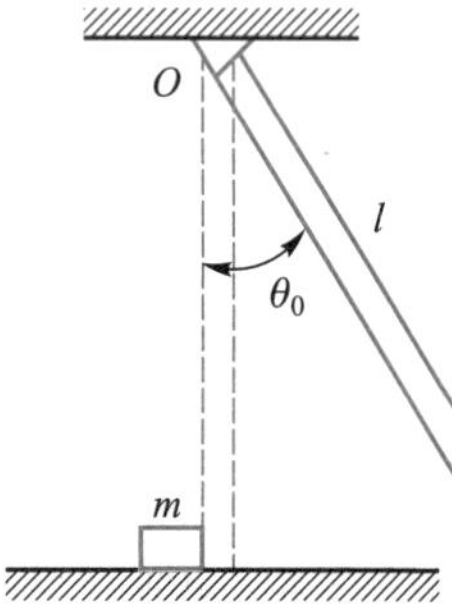

习题 3-18 图

第 3 章习题参考答案

第4章 流体运动简介

第1节 理想流体的运动

液体和气体没有固定的形状，其形状随容器的形状而定，它们的各部分之间很容易发生相对运动，这种特性称为**流动性**。液体和气体这类具有流动性的物体称为**流体**。研究流体运动的规律以及运动的流体与流体中物体之间的相互作用的学科称为**流体动力学**，它在工程技术中有着非常广泛的应用。例如，在航空、能源、水利、化工、环保、机械、建筑(给排水、暖通)、医药等领域的设计、施工和运行等方面都涉及流体动力学问题。本章简要介绍流体动力学的一些基本概念和规律。

一、理想流体的定常流动

1. 理想流体

流动性是流体最基本的特性，它是流体与固体之间最主要的区别。实际流体同时具有黏性和可压缩性两重属性。

所谓**黏性**是指流体运动时流体与流体之间存在阻碍相对运动的内摩擦力的特性。不同流体的黏性大小不同，黏性反映流体流动的难易程度，如从玻璃杯中倒出水和酒精容易，而要从玻璃杯中倒出油漆则要困难得多，黏性使得研究流体运动的问题复杂化。各种油类黏性较大，而水和酒精等液体的黏性较小，气体的黏性更小。因此，在讨论某些黏性很小的流体的运动时，往往将其黏性忽略。

所谓**可压缩性**是指流体的体积或密度随压强不同而改变的特性。一般情况下，液体的压缩性可忽略不计，如水在10 ℃时，压强每增加一个大气压，体积的减少不过是原来体积的两万分之一。而气体的可压缩性非常显著，但当气体处于流动状态时，很小的压强差就能使气体从密度较大处流向密度较小处，各处气体密度的变化是很小的，可以认为气体在这样的流动过程中几乎没有被压缩。

因此，在研究流体运动时，为了突出流动性这一基本特性，引入了**理想流体**这一物理模型。所谓**理想流体，就是绝对不可压缩的，完全没有黏性的流体**。前面分析过黏性较小的液体和流动过程中几乎没有被压缩的气体都可以视为近似理想流体。

2. 定常流动

在流体力学中，流体被看作是由大量的流体质元组成的，所谓流体质元可视为宏观小、微观大的区域中流体分子的集合，这样的流体可以忽略其微观结构的量子性而当作连续介质。研究流体力学的方法有**拉格朗日**(Lagrange)**法**和**欧拉**(Euler)**法**两种。拉格朗日法以流体中各个质元作为研究对象，根据牛顿运动定律研究每个质元的运动状态随时间的变化，用统计理论研究大量质元的运动规律。欧拉法不追踪单个质元，而是研究空间某些点上各个时刻流体质元的速度分布。显然讨论流体运动采用欧拉法比较方便。

流体运动时，不但在同一时刻空间各点处流体质元的流速可以不同，而且在不同时刻，通过空间同一点的流速也可能不同，即流速是空间坐标和时间的函数。若空间任意点处流体质元的流速不随时间变化，流速仅为空间坐标的函数，则这种流动称为**定常流动**。

（1）流线

为了形象地描述流体的运动情况，在流体流动的空间即流速场中，作出一些曲线，曲线上每一点的切线方向都与流体通过该点时的速度方向一致，这些曲线称为**流线**，如图 4-1-1 所示。由于每一时刻空间一点上只能有一个速度，故任意两条流线互不相交。当流体作定常流动时，空间各点的流速不随时间而变，因此，流线的分布也不随时间而变。

（2）流管

如图 4-1-2 所示，如果在运动的流体中标出一个横截面 S_1，那么经过该截面周界的流线就会组成一个管状体，称为**流管**。当流体作定常流动时，由于流线的分布不随时间而变，所以由多条彼此相邻的流线构成流管的形状也不随时间而变；同时由于空间每一点的流速都与该点的流线相切，所以流管中的流体只能在流管中流动而不会流出流管外，流管外的流体也不能流入流管内。因此，在流体力学中，往往取一个流管中的流体作为代表加以研究。

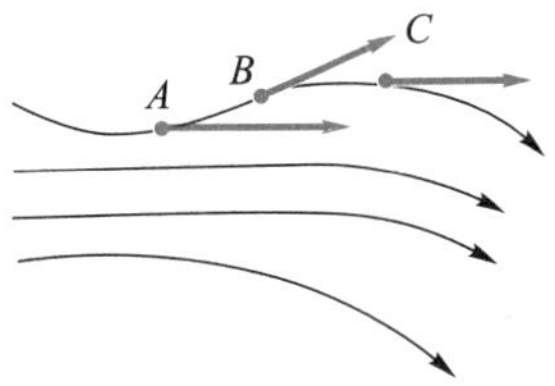

图 4-1-1 流线

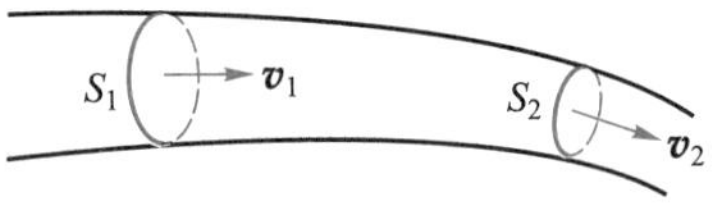

图 4-1-2 流管

二、连续性方程

单位时间内通过某一流管内任意横截面的流体的体积称为该横截面的**体积流量**，简称**流量**，用 q_V 表示，在国际单位制中，流量的单位是 m^3/s。假设某横截面的面积为 S，该横截面处的平均流速为 v，则很容易推出通过该横截面的体积流量 $q_V=Sv$。

如图 4-1-2 所示，设不可压缩的流体作定常流动，在某一流管中取两个与流管相垂直的截面 S_1 和 S_2，流体在两截面处的平均流速分别为 v_1 和 v_2，流量分别为 q_{V1} 和 q_{V2}。不可压缩的流体作定常流动，由于流管的形状不变，流管内外又无流体交换，所以在相同时间间隔 Δt 内流过截面 S_1 和 S_2 的流体体积必然相等，即

$$S_1v_1\Delta t=S_2v_2\Delta t$$

方程两边除以时间间隔 Δt，则流过这两个截面的流量应相等，即

$$S_1v_1=S_2v_2,\quad 或\quad q_{V1}=q_{V2} \tag{4-1-1}$$

由于截面 S_1 和 S_2 是任意选取的，所以上式可写成

$$Sv=常量 \tag{4-1-2}$$

(4-1-1)式和(4-1-2)式称为流体的**连续性方程**，也称为**体积流量守恒定律**。它表明：不可

压缩的流体在同一流管中作定常流动时，流管的横截面积与该处平均流速的乘积为常量。因此，同一流管中截面积大处，流速小、流线分布稀疏；截面积小处，流速大、流线分布密集。

对于不可压缩的均匀流体，流体内各处的密度 ρ 是不变的，将(4-1-1)式和(4-1-2)式两边乘以流体的密度 ρ，则有

$$\rho S_1 v_1 = \rho S_2 v_2 \quad 或 \quad \rho S v = 常量 \tag{4-1-3}$$

(4-1-3)式表明，单位时间通过 S_1 流入流管的质量应等于从 S_2 流出流管的质量，或者说，在同一流管中，单位时间内这段流管中的流体质量即质量流量是常量。因此，连续性方程(4-1-3)式说明不可压缩流体在定常流动情况下质量守恒，也称为**质量流量守恒定律**。

在实际中，输送流体的刚性管道可视为大流管，如果管道有分支，根据体积流量守恒定律，不可压缩流体在各分支管的流量之和等于总管流量。设总管的横截面积为 S_0，其中平均流速为 v_0，各分支管的横截面积分别为 S_1，S_2，…，S_n，平均流速分别为 v_1，v_2，…，v_n，那么，主流管与分支流管连续性方程为

$$S_0 v_0 = S_1 v_1 + S_2 v_2 + \cdots + S_n v_n \tag{4-1-4}$$

三、伯努利方程及其应用

理想流体作定常流动时，流体运动的基本规律是丹尼尔·伯努利(Daniel Bernoulli)于 1738 年首先导出的伯努利方程，它是把功能原理表述为适合于流体动力学应用的形式，下面来推导这一方程。

设理想流体在重力场中作定常流动，在流速场中取一细流管，如图 4-1-3 所示。选取 t 时刻处在流管中截面 a 和截面 b 之间的这部分流体为研究对象，并用 S_1 和 S_2 表示这个流管中在 a、b 两处横截面的面积，经过很短时间间隔 Δt，这部分流体移动到截面 a'和截面 b'。由于时间间隔 Δt 很短，a 到 a'和 b 到 b'的位移极小，因此在每段极小位移中，截面积 S、压强 p、流速 v 和高度 h 都可以认为不变。设 p_1、v_1、h_1 和 p_2、v_2、h_2 分别为 aa'和 bb'处的压强、流速和高度。

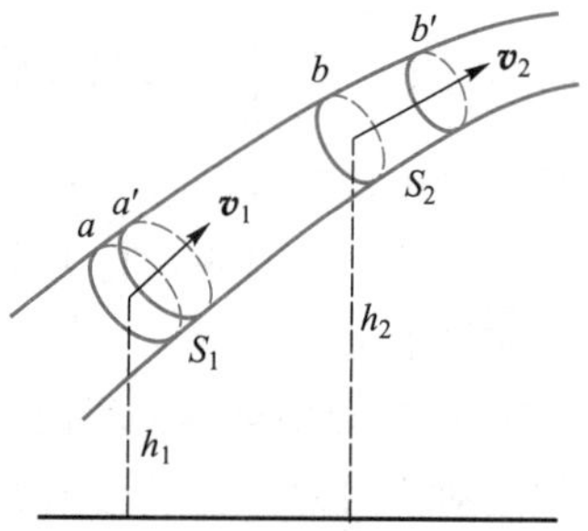

图 4-1-3　伯努利方程的推导

首先，分析上述流体流动过程中外力和非保守内力所做的功。由于理想流体是没有黏性的(即不存在内摩擦力)，故不存在非保守内力做功。因此，只考虑作用在这段流体上的外力做功，即周围流体对它的压力所做的功。流管外的流体对这部分流体的压力垂直于流管表面，因而不做功。这段流体的两个端面 S_1 和 S_2 所受的压力分别为 $F_1=p_1S_1$ 和 $F_2=p_2S_2$。在时间间隔 Δt 内，作用在 S_1 上的压力 F_1 做正功 $A_1=F_1v_1\Delta t$，作用在 S_2 上的压力 F_2 做负功 $A_2=-F_2v_2\Delta t$，所以，周围流体的压力所做的总功为

$$A = A_1 + A_2 = p_1 S_1 v_1 \Delta t - p_2 S_2 v_2 \Delta t$$

根据连续性方程 $S_1v_1=S_2v_2$，则有在时间间隔 Δt 内，流过流管两截面流体的体积相等，即 $S_1v_1\Delta t=S_2v_2\Delta t$，记作 ΔV，因此，$A=p_1\Delta V-p_2\Delta V$。

其次，分析在时间间隔 Δt 内，这段流体的能量在怎样变化？因为是理想流体作定常流

动，所以 a' 和 b 之间流体的机械能保持不变，因此只需考虑 a 到 a' 之间与 b 到 b' 之间流体的能量变化。再因为 a 和 a' 之间流体的体积等于 b 和 b' 之间流体的体积，即 $\Delta V_1=\Delta V_2=\Delta V$，而理想流体各部分的密度相同，所以这两部分流体的质量也一定相等，设其质量为 Δm。因此在时间间隔 Δt 内这段流体总机械能的改变量为

$$\Delta E=\Delta E_{\mathrm{k}}+\Delta E_{\mathrm{p}}=\frac{1}{2}\Delta m v_2^2+\Delta m g h_2-\frac{1}{2}\Delta m v_1^2-\Delta m g h_1$$

再次，根据功能原理，应有

$$A=\Delta E$$

即

$$p_1\Delta V-p_2\Delta V=\frac{1}{2}\Delta m v_2^2+\Delta m g h_2-\frac{1}{2}\Delta m v_1^2-\Delta m g h_1$$

移项整理得

$$p_1\Delta V+\Delta m g h_1+\frac{1}{2}\Delta m v_1^2=p_2\Delta V+\Delta m g h_2+\frac{1}{2}\Delta m v_2^2$$

各项除以体积 ΔV 得

$$p_1+\rho g h_1+\frac{1}{2}\rho v_1^2=p_2+\rho g h_2+\frac{1}{2}\rho v_2^2 \qquad (4-1-5)$$

考虑到截面 S_1、S_2 的任意性，上式也可以写成

$$p+\rho g h+\frac{1}{2}\rho v^2=\text{常量} \qquad (4-1-6)$$

上面两式中，$\rho=\dfrac{\Delta m}{\Delta V}$为理想流体的密度。(4-1-5)式和(4-1-6)式称为**伯努利方程**。它表明：**理想流体作定常流动时，同一流管的不同截面处的压强、流体单位体积的势能与单位体积的动能之和都是相等的**。它实质上是理想流体在重力场中流动时的功能关系。

应该指出

① 在推导伯努利方程时，用到流体是不可压缩和没有黏性这两个条件，并且认为流体作定常流动，因此，它只适用于理想流体在同一细流管中作定常流动。

② 对一细流管而言，v、h、p 均指流管横截面上的平均值，且在很短时间间隔 Δt 内，在 $v\Delta t$ 一段位移中将上述各值看作是常量。

③ 由于 p、$\rho g h$ 和 $\frac{1}{2}\rho v^2$ 都具有压强的单位，其中 p、$\rho g h$ 与流体运动的速度无关的压强通常称为**静压强**，而 $\frac{1}{2}\rho v^2$ 与流体运动的速度有关的压强通常称为**动压强**。

④ 若 S_1、S_2 均趋于零，则细流管近似看成流线，伯努利方程表示同一流线上不同点处各量的关系。

当流体在粗细不同的水平管中(或者讨论问题涉及两截面处的高度相同)作定常流动时，将水平管视为流管，因为 $h_1=h_2$，伯努利方程可简化为

$$p_1+\frac{1}{2}\rho v_1^2=p_2+\frac{1}{2}\rho v_2^2 \qquad (4-1-7)$$

接下来介绍伯努利方程的几个具体应用。

1. 空吸作用

根据连续性方程知流速与截面积成反比，结合(4-1-7)式可推知：理想流体在某一水平管中作定常流动时，截面积大处，流速小、压强大，而截面积小处，流速大、压强小。这样，水平管粗细两处的截面积相差越大，流体在粗细两处速度差也越大，最后会导致管子细处的压强 p_B 低于大气压强 p_0，在该处接上一个细管可产生吸入外界气体或液体的现象，这种现象称为**空吸作用**，如图 4-1-4 所示。喷雾器、水流抽气机以及内燃机中汽化器等都是利用空吸作用的原理设计而成的。

【例 4-1】 如图 4-1-5 所示，已知密度为 ρ 的某种理想流体在水平管中以体积流量 q_V 作定常流动，假设 A、B 两处的截面积分别为 S_A、S_B，B 处与大气相通，压强为 p_0。如果在 A 处用一根竖直细管与注有同种液体的容器 C 相通。试证：竖直管刚好吸起容器 C 中的液体对应高度 $h=\frac{q_V^2}{2g}\left(\frac{1}{S_A^2}-\frac{1}{S_B^2}\right)$，式中 g 为重力加速度。

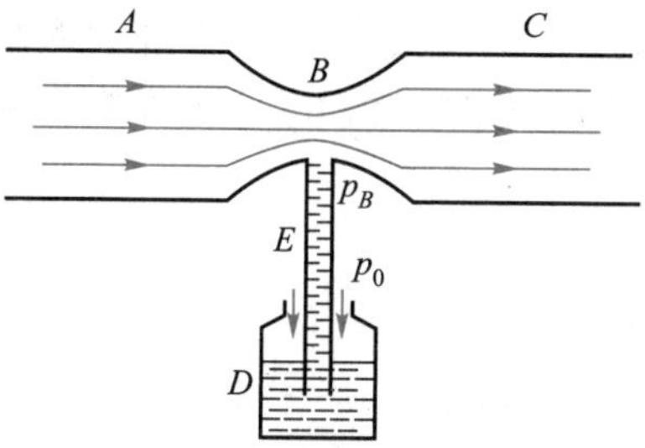

图 4-1-4　空吸作用

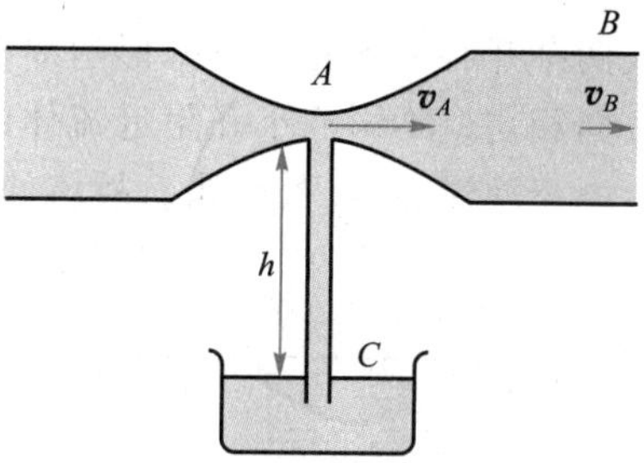

图 4-1-5　例 4-1 图

证明　对于水平管中 A、B 两处，应用连续性方程和伯努利方程有

$$S_Av_A = S_Bv_B = q_V \quad ①$$

$$p_A + \frac{1}{2}\rho v_A^2 = p_B + \frac{1}{2}\rho v_B^2 \quad ②$$

依题意 $p_B=p_0$，$p_A=p_C-\rho gh=p_0-\rho gh$，由①式得 $v_A=\frac{q_V}{S_A}$，$v_B=\frac{q_V}{S_B}$，代入②式得

$$p_0 - \rho gh + \frac{1}{2}\rho\left(\frac{q_V}{S_A}\right)^2 = p_0 + \frac{1}{2}\rho\left(\frac{q_V}{S_B}\right)^2$$

整理得

$$h=\frac{q_V^2}{2g}\left(\frac{1}{S_A^2}-\frac{1}{S_B^2}\right)$$

证毕。

2. 小孔流速

在我们的日常生活、自然界和工程技术中，存在着许多与容器排水相关的问题，如水塔

经管道向居民供水、用吊瓶给患者输液以及水库放水(灌溉、发电与泄洪)等，它们的共同之处都是液体从大容器经小孔流出，即小孔流速问题。设一开口容器的截面积很大，侧壁下面或底部开一小孔，如图 4-1-6 所示。在液体内任取一流管，其上部截面在液面 A 处，下部截面在小孔 B 处，由于 $S_A \gg S_B$，根据连续性方程可知，$v_A \ll v_B$，因此容器内液面下降的速度近似为零，$v_A \approx 0$；而 A、B 两处的压强都是大气压强，$p_A = p_B = p_0$，故伯努利方程可简化为

$$\rho g h_A = \rho g h_B + \frac{1}{2}\rho v_B^2$$

整理得小孔流速为

$$v_B = \sqrt{2g(h_A - h_B)} = \sqrt{2gh} \qquad (4-1-8)$$

式中 $h = h_A - h_B$ 为小孔与液面的高度差。(4-1-8)式表明液体从小孔流出的速度等于液粒自液面自由下落到小孔处所获得的速度，此式称为**托里拆利(Torricelli)公式**。

3. 流速计

皮托管(Pitot tube)是用来测量液体或气体流速的常用流速计，皮托管的形式很多，但原理基本相同，图 4-1-7 为其原理图。液体在横截面均匀的水平管中从左向右流动，在流动的液体中放入两个开有小孔并弯成 L 形的细管 L_1 和 L_2。管 L_1 上的小孔 K_1 开在管的侧面，与流体流动的方向相切，不影响小孔附近流体的流动；管 L_2 上的小孔 K_2 位于管的前端，正迎着液流方向。由于液流在 K_2 处受阻，故该处流速 $v_2 = 0$。

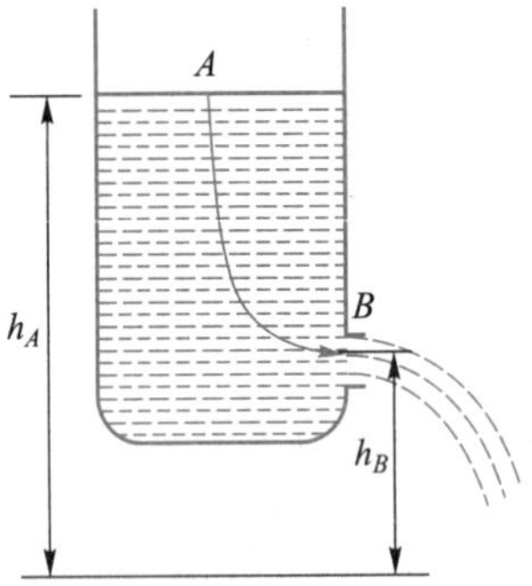

图 4-1-6　小孔流速

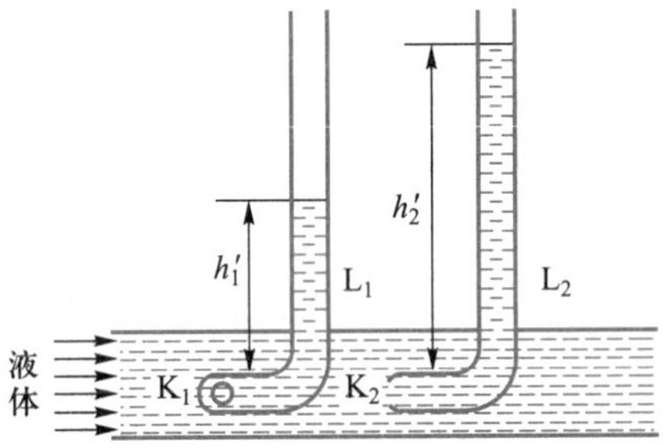

图 4-1-7　皮托管原理图

将小孔 K_1、K_2 置于同一高度上。p_1、p_2 分别表示小孔 K_1、K_2 处附近的压强，v_1 表示小孔 K_1 侧边附近流体的流速(即管道中液体的流速)，而 $v_2 = 0$。根据伯努利方程，可得

$$p_1 + \frac{1}{2}\rho v_1^2 = p_2 \quad 或 \quad \frac{1}{2}\rho v_1^2 = p_2 - p_1$$

式中的压强差可由两管中液体上升的高度差测定出来，由于平衡时两管中流体在竖直方向处于静止状态，因此

$$p_2 - p_1 = \rho g(h'_2 - h'_1)$$

将此结果代入上式，得到液体的流速

$$v_1 = \sqrt{2g(h'_2 - h'_1)} \qquad (4-1-9)$$

式中 h_1'、h_2' 分别为 L_1 和 L_2 弯管中液柱上升的高度。

4. 流量计

如图 4-1-8(a)所示为文丘里流量计(Venturi meter)的原理图。测量液体的流量时，将它水平地连接到被测管路上。由于流量计水平放置，应用伯努利方程和连续性方程可得

$$p_1 + \frac{1}{2}\rho v_1^2 = p_2 + \frac{1}{2}\rho v_2^2$$

$$S_1 v_1 = S_2 v_2$$

联立两式可得出截面 1 处液体的流速为

$$v_1 = S_2\sqrt{\frac{2(p_1 - p_2)}{\rho(S_1^2 - S_2^2)}}$$

若两竖直管中液面的高度差 $h' = h_1' - h_2'$，则上式中两截面处的压强差 $p_1 - p_2 = \rho g h'$，因此，液体的体积流量

$$q_V = S_1 v_1 = S_1 S_2\sqrt{\frac{2(p_1 - p_2)}{\rho(S_1^2 - S_2^2)}} = S_1 S_2\sqrt{\frac{2gh'}{S_1^2 - S_2^2}} \tag{4-1-10}$$

因为水平管中横截面积 S_1、S_2 为已知，所以测出两竖直管中液柱的高度差 h'，即可求出管中液体的流速 v_1 和流量 q_V。

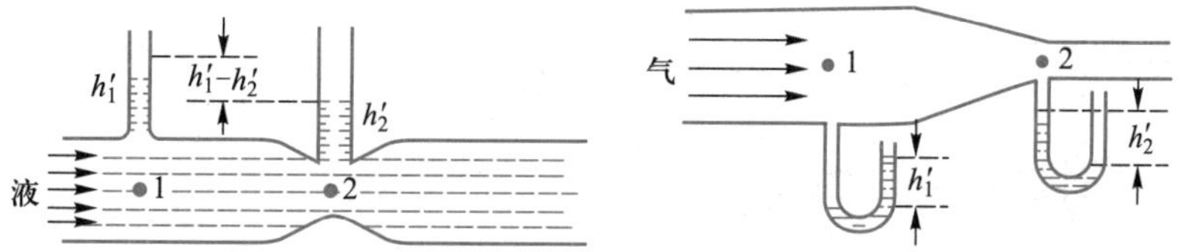

(a) 文丘里流量计　(b) 用于气体流量测定的文丘里流量计

图 4-1-8　流量计

文丘里流量计可用来测定气体的流速和流量，其压强差采用如图 4-1-8(b)所示的 U 形管压强计来测量。

同样可推出气体的流量

$$q_V = S_1 v_1 = S_1 S_2\sqrt{\frac{2\rho' g(h_1' + h_2')}{\rho(S_1^2 - S_2^2)}} \tag{4-1-11}$$

式中 ρ' 为液体的密度，ρ 为气体的密度，h_1'、h_2' 为两 U 形管压强计液柱的高度差。

【例 4-2】　设有体积流量为 $3.14\times10^4\ \text{cm}^3/\text{s}$ 的水流过如图 4-1-9 所示的细管。截面 A 处压强为 2.00×10^5 Pa，A 处的截面直径为 10.0 cm，B 处的截面直径为 6.0 cm，A、B 两处高度差为 2.0 m。假设水的黏性可以忽略不计，求 A、B 两处的流速和 B 处压强。

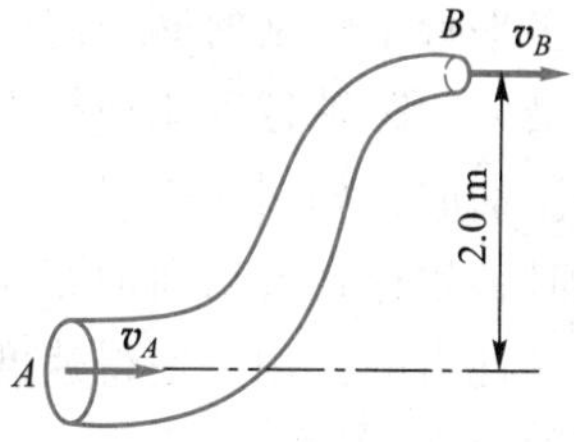

图 4-1-9　例 4-2 图

解 (1) 求 A、B 两处的流速

已知 $q_V=3.14\times10^4\ \mathrm{cm^3/s}$，$d_A=10.0\ \mathrm{cm}$，$d_B=6.0\ \mathrm{cm}$，根据连续性方程

$$q_V=\frac{\pi}{4}d_A^2v_A=\frac{\pi}{4}d_B^2v_B$$

得

$$v_A=\frac{4q_V}{\pi d_A^2}=\frac{4\times3.14\times10^4}{3.14\times10.0^2}\mathrm{cm/s}=400\ \mathrm{cm/s}=4.00\ \mathrm{m/s}$$

$$v_B=\frac{4q_V}{\pi d_B^2}=\frac{4\times3.14\times10^4}{3.14\times6.0^2}\mathrm{cm/s}=1\ 111\ \mathrm{cm/s}=11.11\ \mathrm{m/s}$$

(2) 求 B 处压强 p_B

已知 $p_A=2.00\times10^5\ \mathrm{Pa}$，$h_B-h_A=2.0\ \mathrm{m}$，根据伯努利方程得

$$p_A+\rho gh_A+\frac{1}{2}\rho v_A^2=p_B+\rho gh_B+\frac{1}{2}\rho v_B^2$$

所以 B 处压强 p_B 为

$$p_B=p_A+\rho g(h_A-h_B)+\frac{1}{2}\rho(v_A^2-v_B^2)$$

$$p_B=\left[2.00\times10^5+10^3\times9.8\times(-2.0)+\frac{1}{2}\times10^3\times(4.00^2-11.11^2)\right]\mathrm{Pa}$$

$$\approx1.27\times10^5\ \mathrm{Pa}$$

第 2 节 黏性流体的运动

前面讨论了理想流体运动的规律。虽然一些液体和气体在一定条件下，可近似看作理想流体，但是像甘油、血液等压缩性小的实际流体则具有较大的黏性，在其流动过程中已不能忽略，那么黏性会对流体的运动产生怎样的影响呢？

一、牛顿黏性定律

在如图 4-2-1(a)所示的竖直圆形玻璃管中注入无色甘油，上部再加一段着色甘油，二者之间存在明显的分界面。打开圆管下端的活塞使甘油缓缓流出，经一段时间后，分界面呈旋转抛物面形，这说明管中甘油流动的速度不完全一致。如果把管壁到管中心之间的甘油分成许多平行于管轴的薄圆筒形的薄层，各层之间有相对滑动，不难看出，流体沿管轴流动的速度最大，距轴越远流速越小，在管壁上甘油附着，流速近似为零，这表明圆管内的甘油是分层流动的，如图 4-2-1(b)所示，这种流动称为**层流**。当相邻液体层之间因流速不同而相对运动时，就存在着切向的相互作用力，这就是液体层之间的**黏性力**(也称为**内摩擦力**)。正是因为黏性力的作用，使得速度快的液层带动慢液层的运动，反过来速度慢的液层也会阻碍快液层的运动。

液体层速度分布如图 4-2-1(c)所示，设在 x 方向上，相距为 Δx 的两个液层的速度差为

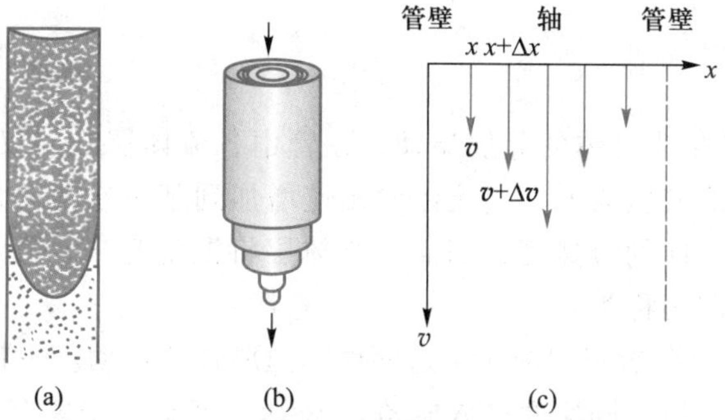

图 4-2-1　黏性流体在竖直圆形玻璃管中的流动

Δv，v 对 x 的导数表示在垂直于流速方向上单位距离的液层间的速度差，称为**速度梯度**，即

$$\frac{\mathrm{d}v}{\mathrm{d}x}=\lim_{\Delta x\to 0}\frac{\Delta v}{\Delta x}$$

速度梯度表示流动的流体由一层过渡到另一层时速度变化的快慢程度。一般不同 x 值处的速度梯度不同，距管轴越远，速度梯度越大。速度梯度的国际单位制单位是 s^{-1}。

实验证明，黏性力 $\boldsymbol{F}$ 的大小与其分布的面积 S 成正比，与该处的速度梯度成正比，即

$$F=\eta\frac{\mathrm{d}v}{\mathrm{d}x}S \tag{4-2-1}$$

(4-2-1)式称为**牛顿黏性定律**。式中的比例系数 η 称为**黏度**或**黏性系数**，它是反映流体黏性的宏观物理量，黏性越强的流体，其黏度越大，在国际单位制中，黏度的单位是 Pa · s。

表 4-1 给出了几种流体的黏度。从表中可以看出，黏度的大小不仅与物质的种类有关，而且与温度有显著的关系，一般说来，液体的黏度随温度的升高而减小，气体的黏度随温度的升高而增大。由于液体的内摩擦力小于固体之间的摩擦力，因此常用机油润滑机械，减少磨损，延长使用寿命。气体的黏性更小，气垫船的使用就是利用了气体的这一特性。

表 4-1　几种流体的黏度

液体	t/℃	η/(10^{-3} Pa · s)	气体	t/℃	η/(10^{-5} Pa · s)
水	0	1.792	空气	0	1.71
	20	1.005		20	1.82
	40	0.656		100	2.17
酒精	0	1.77	氢气	20	0.88
	20	1.19		251	1.30
轻机油	15	113	氦气	20	1.96
重机油	15	660	氧气	20	2.03
甘油	20	830	二氧化碳	20	1.47

二、层流、湍流、雷诺数

图 4-2-1 演示的是黏性流体的分层流动，在管中各流体层之间仅作相对滑动而不混合，这种流动状态属于层流。实验表明，当流体的流速增加到某一定值时，流体可能在各个方向上运动，有垂直于管轴方向的分速度，因而各流体层将混乱起来，层流遭到破坏，而且可能出现涡旋，这样的流动状态称为湍流。

图 4-2-2 所示的实验装置可以演示出这两种不同形式的运动。一粗玻璃管 C 的侧管 A 与自来水龙头相连，水可以以不同速度自 A 管流入 C 管。容器 B 中盛有着色水，通过一细管引入 C 管中，当打开水龙头时，A 管中的清水与 B 管中的着色水同时流入 C 管，可以观察流体的流动形态。当水龙头开得小时，水流的速度不大，着色水在 C 管中形成一条清晰的且与管轴平行的细流，如图 4-2-2(a)所示，这种形式的水流状态就是层流。逐渐开大水龙头，C 管中的水流速度也逐渐增加，当流速达到某一定值时，层流将被破坏，着色水的细流散开而与清水混合起来，如图 4-2-2(b)所示，这时的流动转变为湍流。

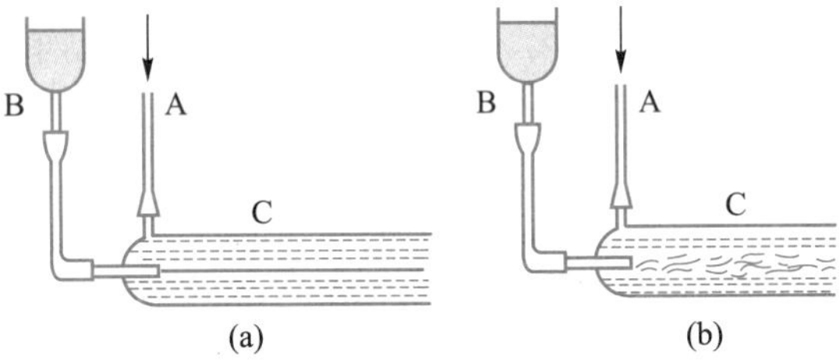

图 4-2-2 层流与湍流

实验发现对于长直圆形管道，由层流转变为湍流不仅与流体的平均速度 v 的大小有关，还与流体的密度 ρ、管道的直径 d 和流体的黏度 η 有关。1883 年英国物理学家雷诺(O. Reynolds)通过大量实验研究，确定了流体的流动形态是层流还是湍流取决于雷诺数 Re 的大小，其数学表达式是

$$Re=\frac{\rho vd}{\eta} \tag{4-2-2}$$

雷诺数是一个量纲为 1 的量，它是判别黏性流体运动状态的唯一参量。从(4-2-2)式可以看出，流体的密度、流速以及管道的半径越大，流体的黏度越小，越容易发生湍流。实验表明，对于直圆形管道中的流体，当 $Re<2\ 000$ 时，流体作层流；当 $Re>3\ 000$ 时，流体作湍流；而当 $2\ 000<Re<3\ 000$ 时，流体可作层流也可作湍流，称为过渡流。

【例 4-3】 已知在 0 ℃时水的黏度 $\eta=1.8\times10^{-3}$ Pa·s，并假设该温度下水的密度近似 $\rho=1.0\times10^{3}$ kg/m^{3}，若保证水在半径 $r=2.0\times10^{-2}$ m 的圆管中作定常的层流，要求水流速度的大小不超过多少？

解 为保证水在圆管中作定常的层流，雷诺数 Re 应小于 2 000，即

$$Re=\frac{\rho vd}{\eta}<2\ 000$$

得
$$v<2\ 000\times\frac{\eta}{\rho d}=2\ 000\times\frac{1.8\times10^{-3}}{1.0\times10^{3}\times2.0\times10^{-2}\times2}\ \text{m/s}=0.09\ \text{m/s}$$
即水在圆管的流速小于 0.09 m/s 时才能保持定常的层流。而通常水在四分管（即内径为 4 cm 的管道）中的流速为几米每秒，可见水在这样的管道中的流动一般都是湍流。

三、黏性流体的运动规律

1. 黏性流体的伯努利方程

在推导理想流体作定常流动的伯努利方程时，忽略了流体的黏性和可压缩性。但对于不可压缩的黏性流体作定常流动时又会遵循怎样的运动规律呢？对于如图 4-1-3 所示中所研究那部分流体，采用同样的推导方法，但必须考虑到黏性流体的黏性力引起的能量损耗，于是得到如下关系

$$p_1+\rho gh_1+\frac{1}{2}\rho v_1^2=p_2+\rho gh_2+\frac{1}{2}\rho v_2^2+w \qquad (4-2-3)$$

式中 w 表示单位体积的不可压缩的黏性流体从 ab 运动到 $a'b'$时，克服黏性阻力所做的功或损失的能量。此式即为不可压缩的黏性流体作定常流动时的基本规律（式中 v、h、p 均为流管横截面处的平均值）。

在均匀的水平圆管中取任意两个横截面，因为 $h_1=h_2=h$，$v_1=v_2=v$（h、v 均为平均值），由（4-2-3）式可得

$$p_1-p_2=w$$

这表明即使黏性流体在均匀水平圆管内流动，也必须有一定的压强差，才能使黏性流体作定常流动，这个压强差用于克服单位体积内流体的黏性力做功。图 4-2-3 所示的装置显示了当黏性液体在均匀水平圆管内作层流时，沿着液体流动方向，液体压强的降落可用装在管壁各处的压强计显示出来，各支管中液柱下降的高度与各支管到容器的距离成正比。

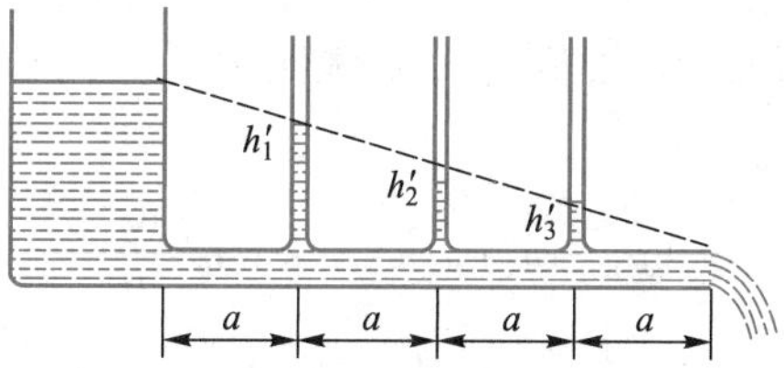

图 4-2-3　黏性流体在均匀水平圆管中的流动

2. 泊肃叶定律

不可压缩的流体在水平圆管中作定常层流时，圆管中心轴处流速最大，随着半径的增加流速减小，管壁处流体附着于管壁内侧，流速为零。

法国医学家**泊肃叶**（Poiseuille）研究了血管内血液的流动，并对在一定压强差 p_1-p_2 作用下，长度为 L 的细玻璃管中液体的流动进行了研究，发现体积流量 q_V 随压强梯度$\frac{p_1-p_2}{L}$成线性

地增加，在给定压强梯度的条件下，体积流量 q_V 与玻璃管半径的四次方成正比，即

$$q_V \propto \frac{R^4(p_1 - p_2)}{L} \tag{4-2-4}$$

(4-2-4)式称为泊肃叶定律。维德曼(Wiedemann)从理论上成功地推导出该定律，并且确定比例系数为$\frac{\pi}{8\eta}$，于是泊肃叶定律写为

$$q_V = \frac{\pi R^4}{8\eta L}(p_1 - p_2) \tag{4-2-5}$$

下面推导泊肃叶定律。

(1) 速度分布

设牛顿黏性流体在半径为 R、长度为 L 的水平圆管内分层流动，管左右两端的压强分别为 p_1、p_2，且 $p_1>p_2$，即流体自左向右流动。在管中任意取半径为 r，长度为 L，且与管共轴的圆柱形流体元，如图 4-2-4 所示，该流体元左右端所受压力分别为 $p_1\pi r^2$、$p_2\pi r^2$，因此，它所受水平向右的合力为

$$F = (p_1 - p_2)\pi r^2$$

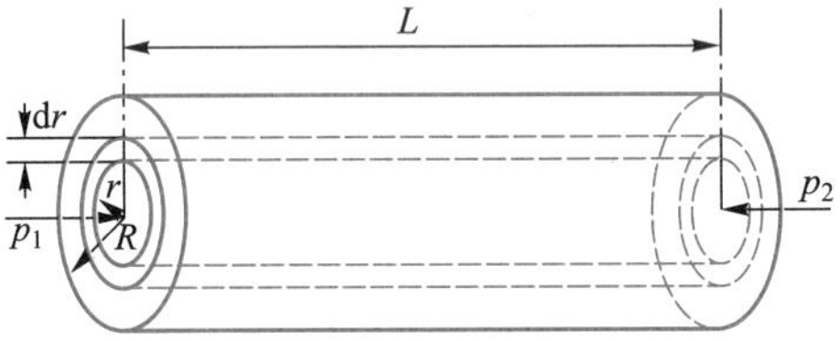

图 4-2-4 泊肃叶定律的推导

作用在流体元表面上的向左的黏性阻力可由(4-2-1)式给出，因该阻力的作用面积为 $S=2\pi rL$，所以，该黏性阻力的大小 $F'=-\eta\cdot 2\pi rL\frac{\mathrm{d}v}{\mathrm{d}r}$，式中负号表示 v 随 r 的增大而减小。

当管内流体在水平方向作定常层流时，流体元水平方向所受总的合力必须为零，$F=F'$，即

$$(p_1 - p_2)\pi r^2 = -2\pi r\eta L\frac{\mathrm{d}v}{\mathrm{d}r}$$

整理后得出

$$-\frac{\mathrm{d}v}{\mathrm{d}r}=\frac{(p_1-p_2)r}{2\eta L}$$

此式说明：从管轴($r=0$)到管壁($r=R$)，速度梯度随 r 的增大而增大，在 $r=R$ 处速度梯度最大。

上式分离变量后，取定积分得

$$-\int_v^0 \mathrm{d}v = \frac{p_1 - p_2}{2\eta L}\int_r^R r\mathrm{d}r$$

积分后整理得

$$v=\frac{p_1-p_2}{4\eta L}(R^2-r^2) \tag{4-2-6}$$

(4-2-6)式说明了牛顿黏性流体在水平圆管中流动时，流速随半径的变化关系。从此式还可以得出：

① 在管轴($r=0$)处流速有最大值 $v_{max}=\dfrac{(p_1-p_2)R^2}{4\eta L}$；

② v 随 r 变化的关系曲线为抛物线。

(2) 流量

如图 4-2-4 所示，再在管中取一个与管共轴，长度为 L，半径为 r，厚度为 dr 的薄壁圆筒形流体元，该流体元的横截面积 $dS=2\pi r dr$。流体通过该筒端面的体积流量 $dq_V=v dS$，v 为半径 r 处流体层的流速，其值由(4-2-6)式给出，则

$$dq_V=\frac{p_1-p_2}{4\eta L}(R^2-r^2)2\pi r dr$$

那么，通过定积分得到管的总流量为

$$q_V=\frac{\pi(p_1-p_2)}{2\eta L}\int_0^R(R^2-r^2)r dr=\frac{\pi R^4(p_1-p_2)}{8\eta L}$$

根据体积流量的定义，进一步得到水平圆管中的平均速度为

$$\bar{v}=\frac{q_V}{S}=\frac{\pi R^4(p_1-p_2)}{\pi R^2\cdot 8\eta L}=\frac{R^2(p_1-p_2)}{8\eta L}$$

显然，水平圆管中的平均速度为管轴处最大流速的一半，即 $\bar{v}=\dfrac{1}{2}v_{max}$。

(3) 流阻

将泊肃叶定律改写为如下的形式

$$q_V=\frac{\Delta p}{R_f} \tag{4-2-7}$$

式中 $\Delta p=p_1-p_2$ 为管两端的压强差，$R_f=\dfrac{8\eta L}{\pi R^4}$称为流阻。(4-2-7)式说明牛顿黏性流体在均匀水平管中流动时，流量与管两端的压强差成正比，与其流阻成反比。流阻的名称是将(4-2-7)式与电学中的欧姆定律类比而得到的，它的数值取决于管的长度、半径和流体的黏度。特别是管半径对流阻的影响很大，如果管半径减小一半，流阻增加到原来的 16 倍。在国际单位制中，流阻的单位为 $Pa\cdot s/m^3$。

如果流体连续通过 n 个流阻不同的管子，与电阻的串联相似，那么“串联”的总流阻等于各个流管的流阻之和，即

$$R_f=R_{f1}+R_{f2}+\cdots+R_{fn}$$

如果 n 个管子“并联”连接，则总流阻的倒数等于各个流管的流阻倒数之和，即

$$\frac{1}{R_f}=\frac{1}{R_{f1}}+\frac{1}{R_{f2}}+\cdots+\frac{1}{R_{fn}}$$

【例 4-4】 石油的密度 $\rho=888\ kg/m^3$，在半径为 $R=1.50\ mm$，长度为 $L=0.500\ m$ 的水平

细管中流动，测得其体积流量 $q_V=5.66\times10^{-6}\ \mathrm{m^3/s}$。细管两端的压强差为 $\Delta h=0.455\ \mathrm{m}$ 石油柱对应的压强，试求石油的黏度。

解 根据泊肃叶定律 $q_V=\dfrac{\pi R^4}{8\eta L}\Delta p$ 得

$$\eta=\frac{\pi R^4\Delta p}{8q_V L}=\frac{\pi R^4\rho g\Delta h}{8q_V L}$$

$$=\frac{3.14\times(1.50\times10^{-3})^4\times888\times9.8\times0.455}{8\times5.66\times10^{-6}\times0.500}\mathrm{Pa\cdot s}\approx2.78\times10^{-3}\mathrm{Pa\cdot s}$$

3. 斯托克斯定律

固体与黏性流体作相对运动时会受到黏性阻力的作用，这是由于固体表面附着一层流体，此流体层随固体一起运动，因而与周围流体间存在着黏性力，该力阻碍固体在流体中运动。

通过对固体在黏性流体中运动的实验研究表明：当物体的运动速度不大或物体的线度很小且雷诺数 $Re<1$ 时，其所受到的黏性阻力 F_f 与物体的线度 l、速度 v、流体的黏度 η 成正比，比例系数由物体的形状而定。对于球形物体，用半径 r 表示其线度，则由理论可以证明，比例系数为 6π，故黏性阻力为

$$F_\mathrm{f}=6\pi\eta rv \tag{4-2-8}$$

这个关系式是由**斯托克斯**（G. G. Stokes）于 1845 年首先导出的，称为**斯托克斯定律**。

如果让半径为 r 的小球，由静止状态开始在黏性流体中竖直下降，起初小球受到竖直向下的重力和竖直向上的浮力的作用，由于重力大于浮力，小球加速下降。但随着小球运动速度的增加，黏性阻力也随之增大。当速度达到一定值时，重力、浮力和黏性阻力这三个力达到平衡，小球将匀速下降，这时小球的速度称为**终极速度**或**沉降速度**，用 v_T 表示。

若小球的密度为 ρ，流体的密度为 ρ'，则小球所受的重力 $G=\dfrac{4}{3}\pi r^3\rho g$，所受的浮力 $F=\dfrac{4}{3}\pi r^3\rho' g$，黏性阻力 $F_\mathrm{f}=6\pi\eta rv$，当到达终极速度时，三力平衡，即

$$\frac{4}{3}\pi r^3\rho g=\frac{4}{3}\pi r^3\rho' g+6\pi\eta rv_\mathrm{T}$$

整理后得出

$$v_\mathrm{T}=\frac{2}{9}\frac{gr^2}{\eta}(\rho-\rho') \tag{4-2-9}$$

由上式可知，当小球在黏性流体中下沉时，沉降速度与小球半径的平方、小球与流体的密度差、重力加速度成正比。因此对于溶液中非常微小的颗粒（细胞、大分子、胶粒等），可利用高速或超速离心机来增加有效 g 值，加快颗粒的沉降；而对于混合悬浮液，根据斯托克斯定律可采用增加悬浮介质的黏度、密度和减小悬浮颗粒的半径等方法来降低悬浮颗粒的沉降速度，提高混合悬浮液的稳定性。

此外，如果已知小球的半径、密度及液体的密度，并测得终极速度，由（4-2-9）式可以求出液体的黏度，如沉降法测定流体的黏度。反之，如果已知液体的黏度等，测出终极速度

后可以求出球体的半径，著名的密立根油滴实验就是根据这个方法测定在空气中自由下落的带电小油滴的半径，从而进一步测定出每个电子所带的电荷量。

习　题

4-1　连续性方程成立的条件是什么？伯努利方程成立的条件又是什么？在方程的推导过程中用过这些条件没有？伯努利方程的物理意义是什么？

4-2　两条木船朝同一方向平行地前进时，会彼此靠拢甚至导致船体相撞，试解释产生这一现象的原因。

4-3　冷却器由 20 根 ϕ 14 mm×2 mm(即管的外直径为 14 mm，壁厚为 2 mm)的列管组成，冷却水由 ϕ 54 mm×2 mm 的导管流入列管中，已知导管中水的流速为 1.2 m/s，求列管中水流的速度。

4-4　如图所示，密度 $\rho=0.90\times10^3\ \mathrm{kg/m^3}$ 的液体在粗细不同的水平管道中流动，截面 1 处管的内直径为 106 mm，液体的流速为 1.00 m/s，压强为 1.176×10^5 Pa，截面 2 处管的内直径为 68 mm，求该处液体的流速和压强。

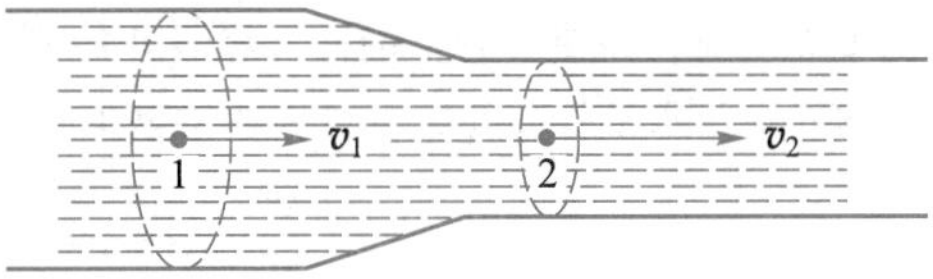

习题 4-4 图

4-5　已知水管上端的截面积为 $4.00\times10^{-4}\ \mathrm{m^2}$，其中水的流速为 5.0 m/s，水在上端的压强为 1.50×10^5 Pa，水管下端比上端低 10.0 m，下端的截面积为 $8.0\times10^{-4}\ \mathrm{m^2}$，求水在下端的流速和压强。

4-6　假设水在不均匀的水平管道中作定常流动。已知出口处截面积是管中最细处截面积的 3 倍，出口处的流速为 2.0 m/s，求最细处的流速和压强各为多少。若在最细处开一小孔，请判断水是否能够流出来。

4-7　文丘里流量计主管的直径为 0.25 m，细颈处的直径为 0.10 m，如果水在主管的压强为 5.62×10^4 Pa，在细颈处的压强为 4.22×10^4 Pa，求水的流量。

4-8　如图 4-1-8(b)所示，一水平管道内直径从 200 mm 均匀地缩小到 100 mm，管道中通有甲烷气体，已知甲烷密度 $\rho=0.645\ \mathrm{kg/m^3}$，并在管道的 1、2 两处分别装上压强计，压强计的工作液体是水。设 1 处 U 形管压强计中水面高度差 $h_1'=30$ mm，2 处压强计中水面高度差 $h_2'=-68$ mm(负号表示开管液面低于闭管液面)，求甲烷的体积流量。

4-9　将皮托管插入河水中测量水速，今测得其两管中水柱上升的高度各为 1.65 cm 和 6.55 cm，求水速。

4-10　注射器的活塞截面积 $S_1=1.20\times10^{-4}\ \mathrm{m^2}$，而注射器针孔的截面积 $S_2=2.50\times10^{-7}\ \mathrm{m^2}$。当注射器水平放置时，用 $F=4.9$ N 的力作用于活塞，使之移动 $l=4.0$ cm，问水从注射器中流出需要多少时间？

4-11　水从一截面为 10 cm² 的水平管 A，流入两根并联的水平支管 B 和 C，它们的截面积分别为 8 cm² 和 6 cm²。如果水在管 A 中的流速为 1.00 m/s，在管 C 中的流速为 0.50 m/s。问：(1)水在管 B 中的流速是多大？(2)B、C 两管中的压强差是多少？(3)哪根管中的压强最大？

4-12　如图所示，由两段均匀细管连成的虹吸管，左侧细管插入敞开大容器内的液体中，右侧管子在空气中。已知左侧管子截面积是右侧管子截面积的 2 倍，a、b、d 在同一水平面，h_1'、h_2'均为已知量，假设容器中的液体视作密度

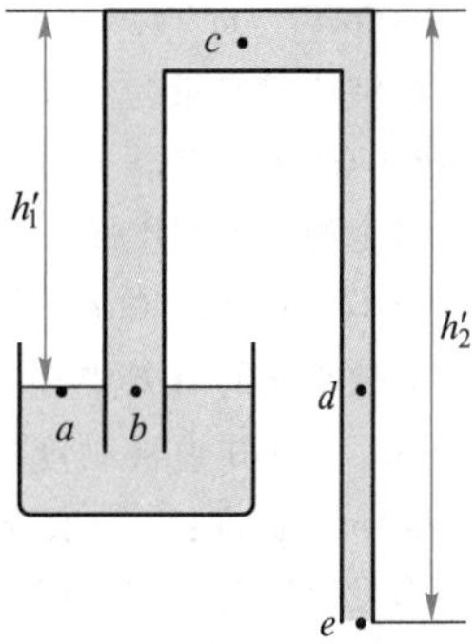

习题 4-12 图

为 ρ 的理想流体。求 b、c、d 三点处的压强。

4-13 为什么从水龙头流下来的水流是不断收缩的？假设水龙头出口的截面面积 $S_0=1.30\times10^{-4}\ \mathrm{m}^2$，下降 5.8 cm 后的水流截面积收缩为 $S=0.30\times10^{-4}\ \mathrm{m}^2$。求从该水龙头流出水的体积流量。

4-14 水桶底部有一小孔，桶中水深 $h=0.40$ m。试求在下列几种情况下，从小孔流出的水相对于桶的速率：(1)桶是静止的；(2)桶匀速上升；(3)桶以加速度 $a=1.4\ \mathrm{m/s^2}$ 加速上升。

4-15 如图所示，一开口水槽中的水深为 H，在水槽侧壁水面下 h 深处开一小孔。(1)求从小孔射出的水流在地面上的射程 s。(2)能否在水槽侧壁水面下的其他深度处再开一小孔，使其射出的水流有相同的射程？(3)分析小孔开在水面下多深处射程最远并求出最远射程。

4-16 匀速地将水注入一容器中，注入的流量 $q_V=1.50\times10^{-4}\ \mathrm{m^3/s}$，容器的底部有面积 $S=0.50\times10^{-4}\ \mathrm{m}^2$ 的小孔，使水不断流出，求达到定常状态时，容器中水的高度。

4-17 在一个顶部开启、高度为 0.10 m 的直立圆柱形水箱内装满水，水箱底部开有一小孔，已知小孔的横截面积是水箱的横截面积的 1/400，求通过水箱底部的小孔使水箱内的水流尽需要多少时间。

4-18 如图所示，两个很大的开口容器 A 和 B，盛有相同的液体。由容器 A 底部接一水平非均匀管 CD，水平管的较细部分 1 处连接到一倒 U 形管 E，并使 E 管下端插入容器 B 的液体内。假设液流是理想流体作定常流动，且 1 处的横截面积是 2 处的一半，水平管 2 处比容器 A 内的液面低 h，求 E 管中液体上升的高度 H。

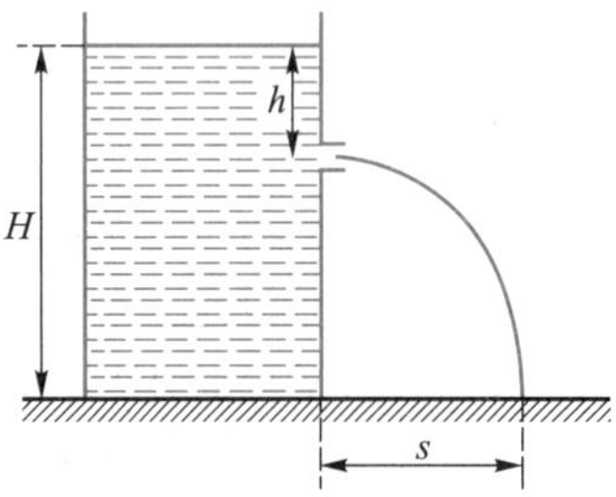

习题 4-15 图

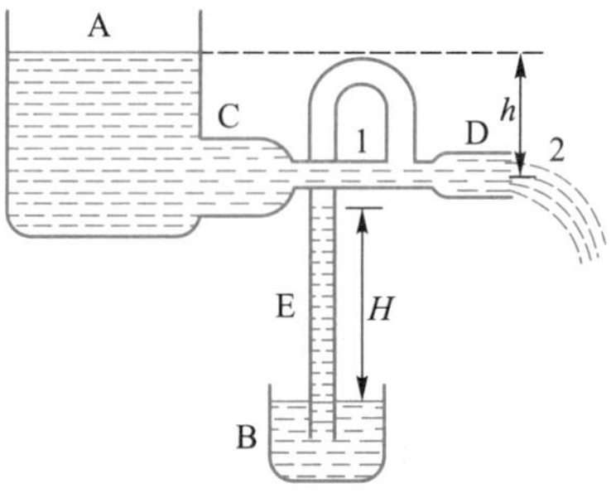

习题 4-18 图

4-19 在温度为 20 ℃的条件下，在半径为 1.0 cm 的水平管内流动，如果管中心处的流速是 10.0 cm/s，求由于黏性使得管长为 2.0 m 的两个端面间的压强差是多少。

4-20 欲使体积为 25 cm^3 的水，在均匀的水平管中从压强为 1.21×10^5 Pa 的截面移到压强为 1.01×10^5 Pa 的截面时，克服摩擦力所做的功是多少？

4-21 设主动脉半径 $R=1.30\times10^{-2}$ m，其中血液体积流量 $q_V=1.00\times10^{-4}\ \mathrm{m^3/s}$；某一支小动脉半径为主动脉半径的一半，其中血液体积流量为主动脉体积流量的五分之一；已知血液黏度 $\eta=3.00\times10^{-3}$ Pa·s。分别求主动脉和小动脉在 $L=0.10$ m 一段长度上的流阻和压强差。

4-22 一条半径 $r_1=3.0\times10^{-3}$ m 的小动脉被一硬斑部分阻塞，此狭窄处的有效半径 $r_2=2.0\times10^{-3}$ m，血流平均速度 $v_2=0.50$ m/s。已知血液黏度 $\eta=3.00\times10^{-3}$ Pa·s，密度 $\rho=1.05\times10^3\ \mathrm{kg/m^3}$，试求：(1)未变狭窄处的平均血流速度；(2)狭窄处会不会发生湍流；(3)狭窄处的血流动压强。

4-23 如图所示，在一开口的大容器中装有密度 $\rho=1.9\times10^3\ \mathrm{kg/m^3}$ 的硫酸，硫酸从液面下 $H=5$ cm 深处的水平细管中流

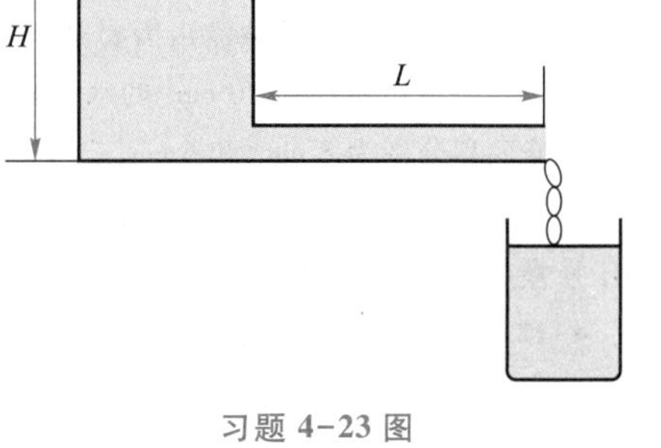

习题 4-23 图

出，已知细管半径 $R=0.05$ cm、长 $L=10$ cm，若测得 1 min 内由细管流出硫酸的质量 $m=6.54\times10^{-4}$ kg，试求此硫酸的黏度。

4-24　为什么跳伞员从高空降落时，最后达到一个恒定的降落速度？

4-25　假设有一滴直径为 0.01 mm 的水滴，在速度为 2 cm/s 的上升气流中，能否向地面落下？已知空气的黏度 $\eta=1.8\times10^{-5}$ Pa·s，密度 $\rho'=1.29$ kg/m^3。

4-26　有一个半径 $r=1.0\times10^{-3}$ m 的小钢球在盛有甘油的量筒中下落，已知钢和甘油的密度分别为 $\rho=8.5\times10^3$ kg/m^3，$\rho'=1.32\times10^3$ kg/m^3，甘油黏度 $\eta=0.83$ Pa·s，求小钢球的终极速度。

第 4 章习题参考答案

第 5 章　狭义相对论

19 世纪末，物理学界普遍认为物理学的发展已经达到了十分完善的程度，物理学已有的定律适用于任何情况，一切基本问题都已经解决，甚至有的物理学家认为："未来的物理学真理将不得不在小数点后第 6 位去寻找。"但是，一系列物理实验中的新发现震惊了物理学界。这些实验无法用已有的理论来解释，由此拉开了近代物理学建立和发展的序幕。

近代物理学是以相对论和量子力学的建立为标志的。前面几章讨论的内容是以牛顿运动定律为基础的力学，可称为牛顿力学。当物体运动的速度接近光速时，牛顿力学不再适用，必须采用相对论力学。相对论包括"狭义相对论"和"广义相对论"两部分，前者限于讨论惯性系内的观察者对物理现象的测量结果，指出了物理定律对一切惯性系都是等价的，形成了新的时空观，揭示了质量和能量的内在联系；后者，即广义相对论，是一种关于引力的几何理论，指出引力的本质是时空弯曲，而时空弯曲的情况受物质分布的影响，其定量关系由爱因斯坦方程描述。本章只讲述狭义相对论，主要内容有：狭义相对论基本原理，洛伦兹变换，相对论的时空概念和相对论力学的一些结论。

第 1 节　伽利略变换

一、伽利略坐标变换

描述物体机械运动的运动学量，如位移、速度和加速度，都是相对于某个参考系而言的。在选定的任一参考系中，物体的运动学参量随时间的变化规律就是物体的运动定律。我们知道，凡是牛顿运动定律适用的参考系叫作惯性系，两个不同的惯性系之间要么相对静止要么相对作匀速平动。为了定量地研究物体的运动定律，还必须在参考系中建立坐标系，如直角坐标系。在惯性系中任一时刻任一地点发生的一个物理事件可用其空间坐标(x, y, z)和时间坐标 t 来表示。任一物理过程都是相继发生的一系列事件的集合。在牛顿力学中，把在两个不同的惯性系中所测得的同一事件的时间和空间坐标之间的变换称为伽利略变换。

设两个坐标系 S 和 S′分别建立在两个惯性参考系上，如图 5-1-1 所示，S 系和 S′系的各对应坐标轴互相平行，S′系相对于 S 系以速度 $\boldsymbol{v}$ 作匀速直线运动，$\boldsymbol{v}$ 的方向沿 x 轴的正方向。以 O' 和 O 重合的时刻作为计算时间的起点，则有关系式 $|O'O| = vt$。设某一物理事件 P 在 S 系中的空间坐标是(x, y, z)，时间坐标是 t，在 S′系中的空间坐标是(x', y', z')，时间坐标是 t'。在牛顿力学中，时间的量度不随参考系的不同而变化，因此 $t'=t$。

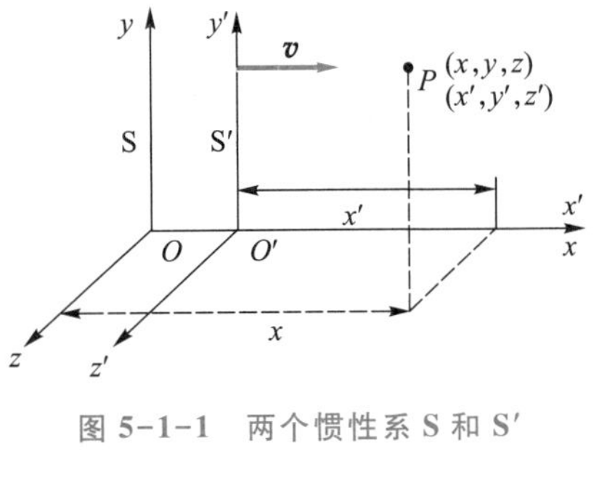

图 5-1-1　两个惯性系 S 和 S′

根据牛顿力学中有关的运动学公式，可将事件 P 在两个参考系中的空间坐标和时间坐标的对应关系写成如下形式：

$$\begin{cases} x' = x - vt \\ y' = y \\ z' = z \\ t' = t \end{cases} \tag{5-1-1}$$

或

$$\begin{cases} x = x' + vt \\ y = y' \\ z = z' \\ t = t' \end{cases} \tag{5-1-2}$$

这组公式叫伽利略坐标变换。

二、伽利略速度变换

在 S 系和 S′系描述同一质点的运动时，若以 $\boldsymbol{u}$ 和 $\boldsymbol{u}'$分别表示该质点在 S 系和 S′系中的速度，则各速度分量的定义应该是

$$u_x = \frac{\mathrm{d}x}{\mathrm{d}t},\quad u_y = \frac{\mathrm{d}y}{\mathrm{d}t},\quad u_z = \frac{\mathrm{d}z}{\mathrm{d}t}$$

$$u'_{x'} = \frac{\mathrm{d}x'}{\mathrm{d}t'},\quad u'_{y'} = \frac{\mathrm{d}y'}{\mathrm{d}t'},\quad u'_{z'} = \frac{\mathrm{d}z'}{\mathrm{d}t'}$$

将(5-1-1)式、(5-1-2)式中的前三式对时间 t 求一阶导数，并注意到 $t'=t$，可得到同一质点在两个参考系中的速度分量间的对应关系：

$$\begin{cases} u'_{x'} = u_x - v \\ u'_{y'} = u_y \\ u'_{z'} = u_z \end{cases} \tag{5-1-3}$$

或

$$\begin{cases} u_x = u'_{x'} + v \\ u_y = u'_{y'} \\ u_z = u'_{z'} \end{cases} \tag{5-1-4}$$

上式叫作伽利略速度变换，该式可以合并成一个矢量公式

$$\boldsymbol{u}' = \boldsymbol{u} - \boldsymbol{v} \tag{5-1-5}$$

显然，伽利略速度变换就是我们熟悉的相对运动的速度合成关系式。

三、力学定律对伽利略变换不变

把(5-1-5)式对时间求一阶导数，得到加速度的变换公式。由于 $\boldsymbol{v}$ 不随时间变化，所以有

$$\frac{\mathrm{d}\boldsymbol{u}'}{\mathrm{d}t'} = \frac{\mathrm{d}\boldsymbol{u}}{\mathrm{d}t}$$

即

$$\boldsymbol{a}' = \boldsymbol{a} \tag{5-1-6}$$

上式表明，同一质点的加速度在不同的惯性系中是一样的。在牛顿力学中，物体的质量与运

动速度没有关系，不因参考系的不同而改变，并且作用在该物体上的力也不因参考系的不同而改变，所以，对于惯性系 S 成立的牛顿第二定律 $\boldsymbol{F}=m\boldsymbol{a}$ 在惯性系 S′中具有完全相同的形式 $\boldsymbol{F}'=m\boldsymbol{a}'$，也就是说，牛顿第二定律经过伽利略变换后形式不变。同理，牛顿第一定律和第三定律皆对伽利略变换不变。

牛顿力学基于牛顿运动定律，动量守恒定律、能量守恒定律和角动量守恒定律在力学中都可以从牛顿运动定律中导出，可以断定这些定律对伽利略变换也是不变的。这意味着，牛顿力学的整个结构无论在哪一个惯性参考系中都可以用同一形式表达，力学定律的形式不因惯性系的不同而改变，即力学定律对伽利略变换不变。这个原理叫作力学相对性原理或伽利略相对性原理。根据伽利略相对性原理可知，在一个惯性系的内部所做的任何力学的实验都不能够确定这一惯性系本身是在静止状态，还是在作匀速直线运动，即不存在绝对运动或绝对静止的惯性系。

四、牛顿力学的时空观

伽利略变换反映了牛顿力学的时空观。(5-1-1)式中的第 4 式 $t'=t$ 是牛顿力学的一个基本假设，该式意味着，时间的量度是绝对的，不因参考系的不同而改变。

设两个物理事件 P_1 和 P_2，在惯性系 S 中的空间坐标分别为$(x_1,\ y_1,\ z_1)$和$(x_2,\ y_2,\ z_2)$，时间坐标分别为 t_1 和 t_2；在惯性系 S′中的空间坐标分别为$(x_1',\ y_1',\ z_1')$和$(x_2',\ y_2',\ z_2')$，时间坐标分别为 t_1'和 t_2'。在惯性系 S 和 S′中，两事件的空间间隔和时间间隔分别表示为

$$\begin{cases}\Delta x=x_2-x_1\\ \Delta y=y_2-y_1\\ \Delta z=z_2-z_1\\ \Delta t=t_2-t_1\end{cases} \quad 和 \quad \begin{cases}\Delta x'=x_2'-x_1'\\ \Delta y'=y_2'-y_1'\\ \Delta z'=z_2'-z_1'\\ \Delta t'=t_2'-t_1'\end{cases} \tag{5-1-7}$$

由(5-1-1)式可以得到伽利略变换的另一种形式

$$\begin{cases}\Delta x'=\Delta x-v\Delta t\\ \Delta y'=\Delta y\\ \Delta z'=\Delta z\\ \Delta t'=\Delta t\end{cases} \tag{5-1-8}$$

上式中 $\Delta t'=\Delta t$ 表明，任何两个物理事件的时间间隔，从任何一个参考系来测量，都将是完全一样的。这就是牛顿的绝对时间的概念。换言之，在某一参考系中同一时刻发生的两个事件($\Delta t=0$)，从另外的参考系来观察，也应是同时发生的($\Delta t'=0$)。可见在牛顿力学中，“同时”是绝对的，不因参考系的改变而改变。

对于上述两个物理事件 P_1 和 P_2 的空间距离，在 S′系和 S 系中的测量值应分别是

$$\Delta L'=\sqrt{(\Delta x')^2+(\Delta y')^2+(\Delta z')^2}$$

$$\Delta L=\sqrt{(\Delta x)^2+(\Delta y)^2+(\Delta z)^2}$$

若 P_1 和 P_2 是用于测量物体长度或空间两点的距离，则有

$$\Delta L'=\Delta L \tag{5-1-9}$$

这表明在任何一个惯性参考系中测量空间任意两个指定点的距离所得结果相同，即长度的测

量与参考系无关，这就是牛顿的绝对空间的概念。

综上所述，时间的量度和空间的量度都与参考系无关，时间和空间无关，时间、空间与物质的运动无关，这就是牛顿力学的时空观。用牛顿的话说，“绝对空间，就其本性而言，与外界任何事物无关，而永远是相同的和不动的。”“绝对的、真正的和数学的时间自己流逝着，并由于它的本性而均匀地、与任一外界对象无关地流逝着”。事实证明，这样的绝对时空观是有局限性的，它只适用于宏观低速运动的情况。

第 2 节 狭义相对论的基本假设

一、伽利略变换的局限性

19 世纪中叶，由麦克斯韦(James Clerk Maxwell)方程组所描述的电磁学理论业已建立。人们发现，如果用伽利略变换对电磁学基本规律进行变换，电磁学的基本规律将有完全不同的形式，这意味着电磁学理论在不同的惯性系中有不同的形式，表明电磁学规律不服从伽利略变换。

光是一种电磁波，麦克斯韦电磁理论给出光在真空中的速率为

$$c=\frac{1}{\sqrt{\varepsilon_0\mu_0}}=2.99\times10^8\ \mathrm{m/s} \tag{5-2-1}$$

其中 $\varepsilon_0=8.85\times10^{-12}\ \mathrm{C^2/(N\cdot m^2)}$ 为真空介电常量，$\mu_0=4\pi\times10^{-7}\ \mathrm{T\cdot m/A}$ 为真空的磁导率，它们都是电磁学中的常量，与参考系无关，因此光在真空中的速率也应该与参考系无关。但是根据上节所介绍的伽利略变换，应该有

$$c'=c-v \tag{5-2-2}$$

其中 c 表示在某一惯性系 S 中测得的光在真空中的速率，c'表示在另一惯性系 S′中测得同一束光在真空中的速率，而 $\boldsymbol{v}$ 为 S′系相对 S 系的速度，$\boldsymbol{v}$ 的方向与光速的方向相同。显然，麦克斯韦理论给出光在真空中的速率不满足伽利略变换。可见，电磁理论不满足伽利略变换。

19 世纪末，人们曾做了大量观察和实验，都没得到(5-2-2)式的结果，所有的结果都表明 $c'=c$，即在任何惯性系中测得光在真空中的速率都是相等的。1887 年，迈克耳孙(A. A. Michelson)和莫雷(E. W. Morley)利用光的干涉实验测量了光速沿不同方向的差异。他们的实验结果表明光速在不同的参考系和不同方向上都是相同的。由于该实验的高精确性，尖锐地显示了光速与伽利略变换的矛盾，震惊了 19 世纪的物理学界，以至于被说成是物理学晴朗天空中的“一朵乌云”。

另外，在天文观测中对双星周期的测量结果以及高能碰撞实验中对 π^0 介子衰变放出的光子的速度的测量也都显示了光速与伽利略变换的矛盾。

光和电磁波的运动规律属于高速领域，显然，伽利略变换在高速领域是不成立的。

二、爱因斯坦的狭义相对论基本假设

由于电磁学规律不遵从伽利略变换，解决这个矛盾在理论上有以下几种不同方式。

(1) 认为伽利略变换以及与此相应的伽利略相对性原理不是自然界的普遍原理，不必推广到高速领域，因此，电磁学不服从伽利略相对性原理可以接受。

(2) 修改电磁学理论，使其符合伽利略变换。

(3) 不必修改电磁学理论，只需将伽利略变换局限于低速领域，寻找一个使电磁学规律能够适用的新变换，从而推广伽利略相对性原理。

麦克斯韦和 19 世纪后期许多物理学家，大都采用了第一种方式，他们认为宇宙中存在一个绝对优越的参考系，自然规律在这个绝对参考系中取最简单的形式，而在其他参考系中可以有不同的形式，因而没有必要去推广伽利略相对性原理。爱因斯坦(Albert Einstein)深入地思考和分析了这个问题。他深信物理规律是统一的，自然界不存在一个特殊的绝对参考系，所有的物理规律对一切惯性系应该是一样的。他选择了上述的第三种方式，于 1905 年发表了《论动体的电动力学》这篇著名论文，在该文中为建立狭义相对论提出了两个基本假设，其中第一个假设是：

物理规律对所有惯性系都是一样的，不存在任何一个特殊的惯性系。

爱因斯坦称这一基本假设为相对性原理，为区别伽利略相对性原理，我们可称之为爱因斯坦相对性原理。在所有惯性系中，相同的物理实验得出相同的结果，所有的物理规律都是相同的，这一原理现已被认为是物理理论必须遵守的要求。

爱因斯坦提出的第二个基本假设是：

在任何惯性系中，光在真空中传播的速率都相等，并且与光源的运动状态无关。这一假设被称为光速不变原理。

日常生活经验使得我们比较容易理解伽利略变换，而不容易接受光速不变原理，这是因为我们的常识经验局限于 $v \ll c$ 的情况。炮弹飞行速度不过 10^3 m/s，人造地球卫星的发射速度也不过是 10^4 m/s，都不及光速的万分之一。对于接近光速的高速领域是没有理由将伽利略变换硬搬进去的。大量实验证实，在任何参考系测得光在真空中的速率都是一样的。随着对光速测量的精度越来越高，现代物理学中已把光在真空中的速率当成一个基本物理常量，其值为

$$c = 299\ 792\ 458\ \mathrm{m/s}$$

由于其精确性，物理学国际单位制中的 1 m 已被定义为光在真空中传播 1 s 的距离的 1/299 792 458。

狭义相对论基于爱因斯坦提出的两个基本假设——爱因斯坦相对性原理和光速不变原理，狭义相对论的所有结论都可以从这两个假设导出，所以称这两个假设为狭义相对论的基本原理。值得注意的是，爱因斯坦提出的两个基本假设对于建立狭义相对论是缺一不可的。另外把光速不变原理当成是爱因斯坦相对性原理的推论的观点也是不正确的。

第 3 节 狭义相对论的时空观

一、同时的相对性

有了光速不变原理，就能得出“同时”的相对性。这是狭义相对论与牛顿力学最关键的区

别。为了说明"同时"的相对性，下面用一理想实验来阐述。设想有一车厢以速度 $\boldsymbol{v}$ 作匀速直线运动，如图 5-3-1 所示。在车厢的正中点 P 装有一闪光灯，当闪光灯发出两个光脉冲同时向车厢两端 A 和 B 传去时，静止在车中的观察者(惯性系 S')由光速不变原理得知，这两个光脉冲将同时抵达车厢的 A、B 两端。但是，静止在地面上(惯性系 S)的观察者由光速不变原理得出不同的结论，他认为车厢的 A 端以速度 $\boldsymbol{v}$ 向光脉冲接近，而车厢的 B 端以速度 $\boldsymbol{v}$ 离开光脉冲，因此，两个光脉冲对地面的速率虽一样大，但到达 A 端的光脉冲比到达 B 端的光脉冲传播的距离要短，所以光脉冲到达 A 端要比到达 B 端早一些。由此可见，以车为参考系观测的结果是光脉冲同时抵达车两端，而以地面为参考系观测的结果却是光脉冲不是同时到达车两端的。

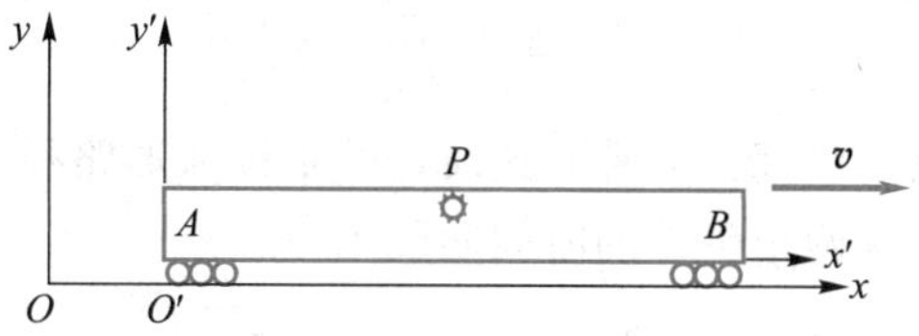

图 5-3-1　同时的相对性

从分析此例得出结论：在不同的空间点上发生的两个事件是否同时发生，取决于观察者的运动状态，即取决于观察者所在的参考系。这就是狭义相对论中"同时"的相对性。

再来考察光脉冲抵达车厢 A、B 两端这两个事件的时间间隔，在上例中，以车为参考系(S'系)，两个事件同时，故其时间间隔 $\Delta t'=0$；而以地面为参考系(S 系)，同样两个事件的时间间隔 $\Delta t\neq 0$。由此可知：在不同的空间点上发生的两个事件的时间间隔，也取决于选择的参考系。因此，伽利略变换中 $t'=t$ 和所导出的 $\Delta t'=\Delta t$ 在相对论中不再成立。

按速度的定义，得

$$\text{光速}=\frac{\text{光传播的距离}}{\text{光传播该距离的时间}}$$

既然时间间隔在不同的参考系中测量的值不相同，而光速是一不变的常量，因此空间距离也应与参考系有关，可见，伽利略变换中成立的 $\Delta L'=\Delta L$ 在相对论中也不成立了。

二、时间延缓

下面通过理想实验定量地讨论两个事件的时间间隔。

假定列车(S'系)以匀速 $\boldsymbol{v}$ 相对于地面行驶，车厢里下边装有一光源，紧挨光源有一光接收器，其正上方放置一面反射镜 M，以使纵向发射的光脉冲在列车中原路返回(图 5-3-2)。

考察的问题是：由列车(S'系)和地面(S 系)两个参考系分别测量光脉冲从光源到光接收器往返所经历的时间。这一过程经历的时间可看成相继发生的两个事件的时间间隔，即光源发出光脉冲事件和接收器收到光脉冲事件。

如图 5-3-2(a)所示，设车厢的高度为 b，从列车(S'系)上看，光脉冲从光源发出到返回接收器这两个事件的时间间隔为

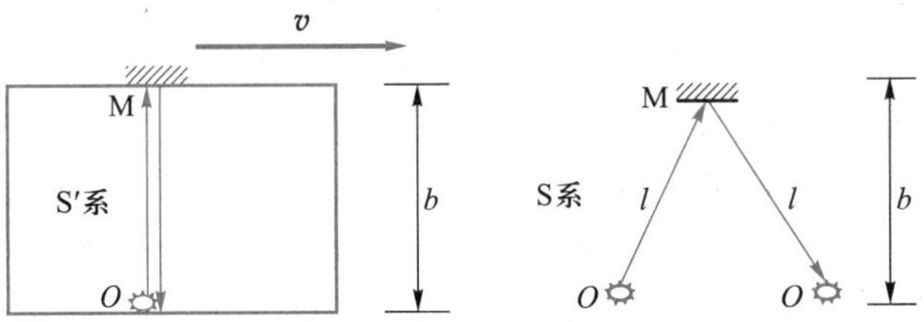

(a) 列车中光脉冲径迹　　(b) 地面上光脉冲径迹

图 5-3-2 时间延缓

$$\Delta t' = \frac{2b}{c} \tag{5-3-1}$$

由于列车在行进，从地面（S 系）上看，光线走的是锯齿形路径[图 5-3-2(b)]，光源发出光脉冲和接收器接收光脉冲这两个事件的时间间隔为

$$\Delta t = \frac{2l}{c} = \frac{2}{c}\sqrt{b^2 + \left(\frac{v\Delta t}{2}\right)^2} \tag{5-3-2}$$

上式中 $v\Delta t$ 是 O 点在这段时间内沿车运动方向移动的距离。应注意，(5-3-1)式和(5-3-2)式中的 c 是同一光速，依据是光速不变原理。

由于在竖直方向上车厢相对地面没有运动，这样在两参考系中车厢的高度 b 不变。由上两式消去 b，得 $\Delta t'$和 Δt 之间的关系：

$$\Delta t = \frac{\Delta t'}{\sqrt{1 - \left(\frac{v}{c}\right)^2}} = \frac{\Delta t'}{\sqrt{1 - \beta^2}} = \gamma \Delta t' \tag{5-3-3}$$

式中

$$\beta = \frac{v}{c}, \quad \gamma = \frac{1}{\sqrt{1 - \beta^2}} \tag{5-3-4}$$

由于 $\gamma \neq 1$，故 $\Delta t \neq \Delta t'$，表明两事件的时间间隔随着参考系的不同而有不同的值，这就是说，时间的量度是相对的。

(5-3-1)式中 $\Delta t'$是 S′系中发生在同一地点（O 点）两个事件的时间间隔，可称为固有时（或原时），通常用 τ 表示。而 Δt 是在另一参考系（S 系）上测得的同样两个事件的时间间隔，由(5-3-3)式有

$$\Delta t = \gamma \tau \tag{5-3-5}$$

由 $\sqrt{1-\beta^2}<1$，$\gamma>1$ 可知，$\Delta t>\tau$，即：固有时最短，其他惯性系测量同一过程的时间间隔都比固有时大，这种效应叫作时间延缓。如果从钟的计时来看，运动的列车（S′系）中的钟要比地面（S 系）中的钟走得慢。所以也把时间延缓效应说成是（运动的）钟慢效应，并且相对运动速度越大，钟慢的程度越大。时间延缓效应是时空的基本属性引起的结果，与钟的结构和性质无关。

要注意的是，时间延缓效应是一种相对效应。在上述理想实验中，地面（S 系）中的观察者发现相对于他运动的列车（S′系）上的钟要比他自己的钟走得慢。同样，列车（S′系）中的观

察者也会发现地面(S 系)上的钟走得比他自己的钟慢，这时地面(S 系)中的钟测出的是固有时，列车(S′系)上的钟测出的是非固有时。时间延缓的相对效应是符合爱因斯坦相对性原理的，即所有的惯性系都等价。

但当运动的钟所在的参考系不是惯性系时，时间延缓(或钟慢)效应将导致绝对的物理效应。比如地球某处有两个已校准的钟，其中一个钟留在原地，而另一个钟搭乘航天飞机飞往宇宙某处再折回，当这只钟返回地球时，与留在地球的钟比较，返回地球的钟变慢了。如果把两个钟换成一对孪生兄弟，这就是著名的孪子效应。孪子效应曾一度被认为是悖论(paradox)，但是这种效应已被携带原子钟的环地球飞行实验所证实，因此是一种绝对的物理效应。

三、长度收缩

本章第 1 节指出测量某一物体的长度就是要在同一时刻测量它的两个端点位置之间的距离。在测量静止物体的长度时，或者说在相对物体静止的参考系中测量其长度时，是否同时测量该物体两个端点的位置对结果并没有影响。但在测量运动物体的长度时，只有同时测量该物体的两个端点的位置才能得到其长度，否则得到的并不是物体真实的长度。比如，在地面上测量以速度 $\boldsymbol{v}$ 匀速行驶的汽车的长度，如图 5-3-3 所示。假如在某一时刻 t_1 先测得车尾的位置是 x_1，在随后另一时刻 t_2 测得车头的位置是 x_2，显然

$$x_2 - x_1 = L + v(t_2 - t_1)$$

其中 L 是车长。当 $t_1 \neq t_2$ 时，$x_2 - x_1$ 并不是车的长度。只有当 $t_1 = t_2$ 时，也就是同时测量车尾和车头的位置才能得到真实的车长。在狭义相对论中，既然“同时”是相对的，那么长度的测量也必然是相对的，即长度的测量结果依赖于参考系。

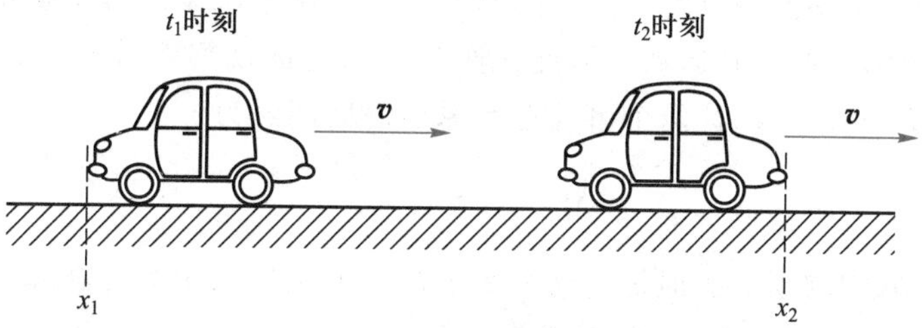

图 5-3-3　地面上匀速行驶的汽车

仍以相对地面以速度 $\boldsymbol{v}$ 匀速行驶的汽车为例，在地面和汽车所在的参考系分别建立坐标系 S 和 S′，如图 5-3-4 所示，两坐标系原点在 $t = t' = 0$ 时刻重合，设汽车沿 x 轴正向运动。汽车相对 S′系静止，车长容易测量，记为 L'。对于地面(S 系)中的观察者，如何测量车长？可用如下方法。在地面(S 系)某处，其位置记为 x_1，放置一计时钟，当汽车车头到达 x_1 处时，记录该时刻 t_1[图 5-3-4(a)]。然后等车尾到达同一位置 x_1 处时，记录该时刻 t_2[图 5-3-4(b)]。由于汽车运动的速度为 $\boldsymbol{v}$，在 t_2 时刻车头所在的位置一定为 $x_2 = x_1 + v\Delta t$ 处，其中 $\Delta t = t_2 - t_1$。注意，x_2 和 x_1 是同一时刻(t_2 时刻)车头和车尾在地面(S 系)所在的位置。根据上述有关长度测量的讨论，地面(S 系)上的观察者测得的车长为

$$L = x_2 - x_1 = v\Delta t \tag{5-3-6}$$

问题是，S 系中测量的车长 L 位置与 S′系中测量的车长 L' 有怎样的关系呢？

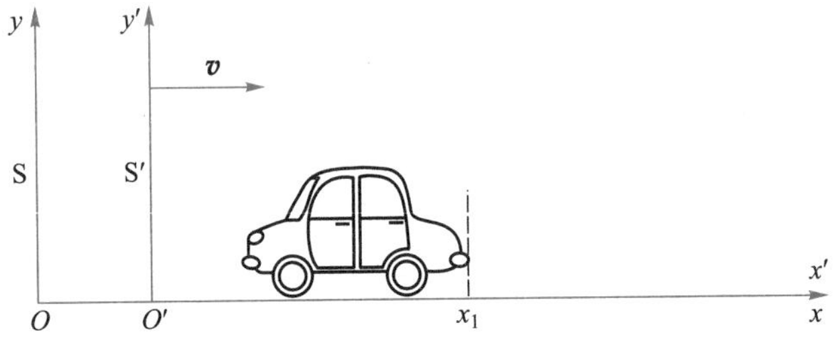

(a) t_1 时刻汽车的位置

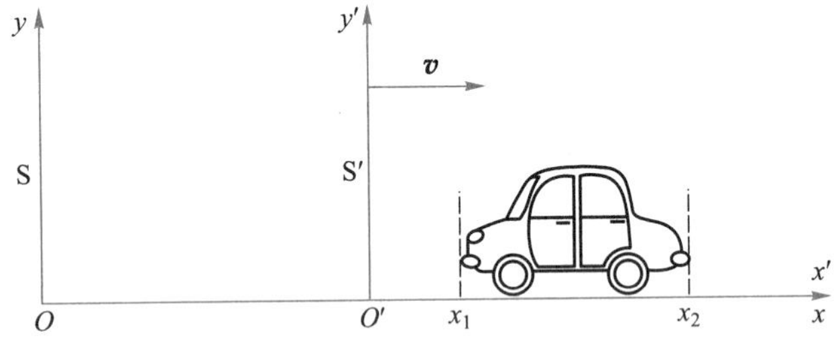

(b) t_2 时刻汽车的位置

图 5-3-4 在地面（S 系）测量车长

考察时间间隔 Δt，在地面（S 系）上，它是汽车车头和车尾相继到达地面上同一位置 x_1 处这两个事件的时间间隔。按照固有时的定义，由于这两个事件相继发生在地面（S 系）上同一位置，Δt 就是这两个事件的固有时。同样的两个事件，由于汽车沿着 x 轴正向运动，地面（S 系）相对汽车（S′系）沿 x 轴负向运动，因此汽车（S′系）上的观察者看到的是 x_1 位置相继到达车头和车尾（图 5-3-5），所以这两个事件在 S′系的时间间隔为

$$\Delta t' = t_2' - t_1' = \frac{L'}{v} \tag{5-3-7}$$

其中 L' 为汽车在 S′系中的车长。但是，这两个事件发生在 S′系的不同地点，因此 $\Delta t'$ 并不是这两个事件的固有时，它与固有时 Δt 的关系为

$$\Delta t' = \gamma \Delta t = \frac{\Delta t}{\sqrt{1 - v^2/c^2}} \tag{5-3-8}$$

由（5-3-6）式，（5-3-7）式和（5-3-8）式可得

$$L = L'\sqrt{1 - v^2/c^2} \tag{5-3-9}$$

上式说明，汽车的长度在不同的参考系中有不同的测量值，这就是长度测量的相对性。

由（5-3-9）式还可以看出，$L'>L$，即相对汽车静止的参考系测得的车长是最大值，称为汽车的原长，其他相对汽车运动的参考系测得的车长都比原长小。可见，运动的物体在沿着运动方向的长度缩短了，这就是长度收缩效应。如果从物体长度的测量来看，可以说是运动的尺缩短了。故长度收缩效应又可称为尺缩效应。通常以 L_0 表示原长，非原长 L 与 L_0 的关系

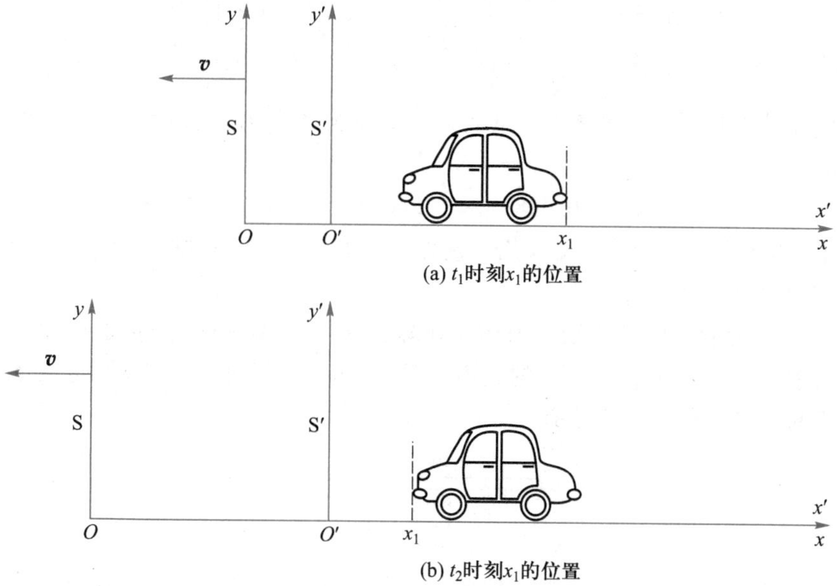

图 5-3-5　在车(S′系)中观察 x_1 的位置

就是(5-3-9)式。这就是长度收缩公式。但是要注意，物体沿运动方向的长度缩短，在与运动方向垂直的方向上的长度不变。与时间延缓效应类似，长度收缩效应也是时空的基本属性，与测量工具无关。

长度收缩效应也是一种相对效应。静止于地面(S 系)沿 x 轴放置的一根杆，在汽车(S′系)上测量其长度也要缩短。此时，地面(S 系)上测得的杆长 L_0 是原长，而汽车(S′系)上测得的杆长 L 是非原长。

综上所述，根据相对论效应，时间和长度这两个基本物理量，其测量值没有绝对性，亦即它们会因参考系的不同而不同，因此，当我们讨论时间和长度的相关问题时一定要指明参考系，不指明参考系而讨论时间和长度的问题是没有意义的。

物理学的规律通常是以包含各物理量的方程来表达的，由于时间和空间是两个最基本物理量，因此，获得不同参考系对同一过程(或一系列事件)的时间和空间测量值之间的变换关系就意义重大，否则，狭义相对论的第一个基本假设就毫无意义，而这一变换就是下一节将要讨论的洛伦兹(Lorentz)变换。

【例 5-1】　μ 子是一种不稳定的粒子，它的衰变规律与放射性元素衰变规律相同。μ 子的平均寿命 $\tau=2.15\times10^{-6}$ s。在地面上，实验室测得在大气层中产生的 μ 子以速率 $v=0.998c$ 朝着地面运动，问：(1)在地面上静止的观察者测量 μ 子的寿命是多少？(2)在地面上静止的观察者测量，μ 子由产生它们的高空到达地面所经过的路程是多少？

解　(1) 根据时间延缓公式，μ 子寿命的固有时是 τ，μ 子对地面的平均寿命 Δt 应是 τ 的 γ 倍。

$$\Delta t=\gamma\tau=\frac{2.15\times10^{-6}}{\sqrt{1-\left(\frac{0.998c}{c}\right)^2}}\ \text{s}=3.40\times10^{-5}\ \text{s}$$

(2) 以地面的实验室为参考系，μ 子的平均寿命为 Δt，在这段时间内 μ 子相对于地面所经过的路程应为

$$y=v\Delta t=(0.998c)\times(3.40\times10^{-5}\ \text{s})=10\ 172\ \text{m}$$

这个计算结果和实验结果相符合。如果用牛顿力学的方法，$y=(0.998c)\times(2.15\times10^{-6}\ \text{s})=643\ \text{m}$ 则明显地与实验观测结果不符合。

如果以 μ 子作为静止的参考系，则认为地球以速度 $v=0.998c$ 朝 μ 子运动，在 μ 子的平均寿命 τ 时间内，地面相对 μ 子运动的距离应是 $v\tau=643$ m。可是，以地面参考系来计算这段距离便要考虑长度收缩效应，于是有

$$y=\frac{643\ \text{m}}{\sqrt{1-\left(\frac{0.998c}{c}\right)^2}}=10\ 172\ \text{m}$$

这一结果与考虑时间延缓效应得出的结果完全一致，可见，时间延缓和长度收缩这两个相对论效应是一致的。

第 4 节 洛伦兹变换

一、洛伦兹坐标变换

符合牛顿绝对时空观的坐标变换是伽利略变换，但其只适用于低速($v\ll c$)运动的情况；因此，我们需要寻找到符合相对论时空观的新坐标变换，这种新的坐标变换应满足以下条件：

(1) 通过这种变换，物理规律保持其数学形式不变。即物理规律在所有惯性系中都是一样的，不存在任何特殊的惯性系。

(2) 通过这种变换，真空中光的传播速率在所有惯性系中保持不变。

(3) 这种变换在低速情况简化为伽利略变换。

满足以上条件的这种新的坐标变换就是洛伦兹变换。

在两个惯性参考系 S 和 S′ 中分别建立直角坐标系 $Oxyz$ 和 $O'x'y'z'$，如图 5-4-1 所示。设两坐标原点 O 和 O' 在 $t=t'=0$ 时刻重合，且 S′ 系以匀速 $\boldsymbol{v}$ 沿彼此重合的 x 和 x' 轴正方向运动，而 y 和 y' 轴、z 和 z' 轴保持平行。

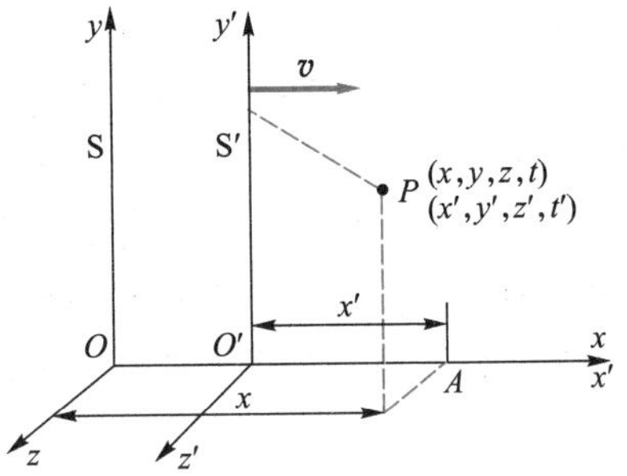

图 5-4-1 洛伦兹变换

设在 P 点发生一事件，在参考系 S 中它的空间坐标为(x, y, z)，时间坐标为 t；在另一参考系 S′ 中它的空间坐标为(x', y', z')，时间坐标为 t'。下面求出同一事件在 S 和 S′ 中空间坐标和时间坐标之间的变换关系。

在 S 系中 P 点的 x 坐标为

$$x = |OA| = |OO'| + |O'A| \tag{5-4-1}$$

显然，

$$|OO'| = vt$$

问题是 $|O'A|$ 是否就是 x' 呢？根据原长的定义，在 S′系中测得的线段 $O'A$ 的长度是它的原长，即事件 P 在 S′系中的坐标 x'。而(5-4-1)式中的 $|O'A|$ 是在 S 系中测得的线段 $O'A$ 的长度，因为线段 $O'A$ 对 S 系有相对运动，所以(5-4-1)式中的 $|O'A|$ 并不是线段 $O'A$ 的原长。根据长度收缩公式(5-3-9)式，在 S 系中

$$|O'A| = x'\sqrt{1-\beta^2} \tag{5-4-2}$$

式中的 $\sqrt{1-\beta^2}$ 是由于 S′系以速度 $\boldsymbol{v}$ 相对于 S 系运动而出现的收缩因子。将(5-4-2)式代入(5-4-1)式中，有

$$x = vt + x'\sqrt{1-\beta^2}$$

或者

$$x' = \frac{x - vt}{\sqrt{1-\beta^2}} \tag{5-4-3}$$

上式是同一事件在两个参考系中空间坐标的变换。

同理，可得到从 S 系到 S′系的空间坐标变换[把(5-4-3)式中的 v 换成 $-v$，带撇的量和不带撇的量对调即可]

$$x = \frac{x' + vt'}{\sqrt{1-\beta^2}} \tag{5-4-4}$$

由(5-4-3)式和(5-4-4)式消去 x'，由此解出 t'，得

$$t' = \frac{t - v\dfrac{x}{c^2}}{\sqrt{1-\beta^2}} \tag{5-4-5}$$

上式是同一事件在两个参考系中时间坐标的变换。

垂直方向上两参考系没有相对运动，长度不变，即 $y'=y$，$z'=z$。综上所述，从 S 系到 S′系的空间、时间坐标的变换为：

$$\begin{cases} x' = \dfrac{x - vt}{\sqrt{1-\beta^2}} = \gamma(x - vt) \\ y' = y \\ z' = z \\ t' = \dfrac{t - v\dfrac{x}{c^2}}{\sqrt{1-\beta^2}} = \gamma\left(t - \beta\dfrac{x}{c}\right) \end{cases} \tag{5-4-6}$$

上式就是从 S 系到 S′系的洛伦兹坐标变换。把(5-4-6)式中的 v 换成 $-v$，带撇的量和不带撇的量对调，即可得到从 S′系到 S 系的逆变换：

$$
\begin{cases}
x=\dfrac{x'+vt'}{\sqrt{1-\beta^2}}=\gamma(x'+vt') \\
y=y' \\
z=z' \\
t=\dfrac{t'+v\dfrac{x'}{c^2}}{\sqrt{1-\beta^2}}=\gamma\left(t'+\beta\dfrac{x'}{c}\right)
\end{cases}
\tag{5-4-7}
$$

有关洛伦兹变换的一般推导可参见本章第6节。从洛伦兹变换(5-4-6)式和(5-4-7)式中可以看出，在 $v\ll c$ 的情况下，洛伦兹变换将过渡到伽利略变换(5-1-1)式和(5-1-2)式。但当 $v\geqslant c$ 时，洛伦兹变换没有意义。因此两参考系的相对运动速度不可能大于或等于光速。也就是说，物体的运动速度不能超过真空中的光速。因此，真空中的光速是一切实际物体运动的极限。

另外，从洛伦兹变换可以看到：时间坐标与空间坐标以及两参考系的相对速度是密不可分的，即“时间”“空间”“运动”密切相关，将时间和空间、时间和运动绝对分离的观念是不符合相对论的。

下面用洛伦兹变换讨论时间的相对性、时间延缓和长度收缩等相对论效应。

设在惯性系 S 中观测到 A 事件发生的空间坐标是(x_1, y_1, z_1)，时间坐标是 t_1，B 事件发生的空间坐标是(x_2, y_2, z_2)，时间坐标是 t_2；在惯性系 S′系中，A 事件发生的空间坐标是(x_1', y_1', z_1')，时间坐标是 t_1'，B 事件发生的空间坐标是(x_2', y_2', z_2')，时间坐标是 t_2'。由洛伦兹变换(5-4-6)式和(5-4-7)式可得到，事件 A 和 B 在 S 系中的空间间隔 $\Delta x=x_2-x_1$，$\Delta y=y_2-y_1$，$\Delta z=z_2-z_1$ 和时间间隔 $\Delta t=t_2-t_1$，与 S′系中的空间间隔 $\Delta x'=x_2'-x_1'$，$\Delta y'=y_2'-y_1'$，$\Delta z'=z_2'-z_1'$和时间间隔 $\Delta t'=t_2'-t_1'$之间满足如下关系式：

$$
\begin{cases}
\Delta x'=\gamma(\Delta x-v\Delta t) \\
\Delta y'=\Delta y \\
\Delta z'=\Delta z \\
\Delta t'=\gamma\left(\Delta t-\beta\dfrac{\Delta x}{c}\right)
\end{cases}
\tag{5-4-8}
$$

和

$$
\begin{cases}
\Delta x=\gamma(\Delta x'+v\Delta t') \\
\Delta y=\Delta y' \\
\Delta z=\Delta z' \\
\Delta t=\gamma\left(\Delta t'+\beta\dfrac{\Delta x'}{c}\right)
\end{cases}
\tag{5-4-9}
$$

1. 时间的相对性

由(5-4-8)式可得在惯性系 S′中观测到 A、B 两事件发生的时间间隔为

$$
\Delta t'=\frac{1}{\sqrt{1-\beta^2}}\left(\Delta t-\beta\frac{\Delta x}{c}\right)
\tag{5-4-10}
$$

可见，如果 A、B 两事件在 S 系中是同时同地发生的，即 $\Delta t=t_2-t_1=0$，$\Delta x=x_2-x_1=0$，则 $\Delta t'=t_2'-t_1'=0$，即在 S′系中也是同时发生的，$t_2'=t_1'$。但是，如果 A、B 两事件在 S 系是同时而不同地发生的，即 $\Delta t=0$，$\Delta x\neq 0$，则 $\Delta t'\neq 0$，即在 S′系中也不是同时发生的。

两事件发生的先后在不同的参考系中观测到的结果也可能不同。设在上式中，$t_2>t_1$，即 $\Delta t=t_2-t_1>0$，由(5-4-10)式可见，$\Delta t'=t_2'-t_1'$的值可能大于零，也可能等于零，或者小于零。这表明两事件发生的先后也会由于参考系的不同而改变。

但是，如果这两个事件有因果关系，例如，某广播台发射电磁波作为 A 事件，收音机收到该电磁波作为 B 事件，这两个事件有因果关系，先有电台发射电磁波，后有收音机收到电磁波，即 A 事件一定先于 B 事件发生，这两个事件发生的顺序，在任何惯性系来观测，都不应该是颠倒的。相对论中的同时性并不违反因果关系的这一要求，因为具有因果关系的事件，它们之间一定有某种信号传递，若将(5-4-10)式改写成

$$t_2' - t_1' = \frac{1}{\sqrt{1-\dfrac{v^2}{c^2}}}(t_2 - t_1)\left(1 - \frac{v}{c^2}\frac{x_2 - x_1}{t_2 - t_1}\right)$$

上式中$\dfrac{x_2-x_1}{t_2-t_1}$就是传递信号的速度，它不大于光速，v 也不大于光速，使得上式中两边保持同号，即 $t_2'-t_1'$与 t_2-t_1 保持同号。如果 $t_2>t_1$，且这两个事件具有因果关系，则在任何其他惯性系中观测，都有 $t_2'>t_1'$，因果事件的时间顺序经洛伦兹变换后不会颠倒，即自然界因果事件的时间顺序在相对论中不会颠倒。

2. 时间延缓

考察本章第 3 节理想实验中的两个事件，如图 5-3-2 所示。A 事件：光源发光脉冲；B 事件：光脉冲到达接收器。

从列车参考系(S′系)来看：A 事件和 B 事件发生在同一地点，有 $\Delta x'=x_2'-x_1'=0$，根据(5-4-9)式(**逆变换**)，可得到从地面(S 系)观测到 A、B 两事件发生的时间间隔为

$$\Delta t = \frac{1}{\sqrt{1-\beta^2}}\left(\Delta t' + \beta\frac{\Delta x'}{c}\right)$$

由于 $\Delta x'=0$，故

$$\Delta t = \frac{\Delta t'}{\sqrt{1-\beta^2}} = \gamma\Delta t'$$

注意到 $\Delta t'=\tau$ 是 A、B 两事件的固有时，上式正是时间延缓公式(5-3-3)。

3. 长度收缩

设有一把尺静止于 S′系中，并沿 x 轴放置，在 S′系中的观察者测得该尺的两个端点的坐标分别为 x_1'和 x_2'，因此求得尺的长度为 $L'=\Delta x'=x_2'-x_1'$。S 系中的观察者为了求得尺的长度，考虑到尺是运动的，必须在同一时刻测得尺的两端点的坐标，设在 $t_2=t_1(\Delta t=0)$时刻，测得该尺两端点的坐标分别为 x_2 和 x_1，则 S 系中测得该尺的长度 $L=\Delta x=x_2-x_1$。由(5-4-8)式(**正变

换)得到 L 和 L'之间的关系式为

$$\Delta x' = \frac{1}{\sqrt{1-\beta^2}}(\Delta x - v\Delta t)$$

由于 $\Delta t=0$，故

$$L' = \Delta x' = \gamma \Delta x = \gamma L$$

即

$$L = \frac{L'}{\gamma}$$

注意到 $L'=L_0$ 是该尺的原长，上式就是长度收缩公式(5-3-9)。

【例 5-2】 S′系相对 S 系沿 x 轴作匀速运动。在 S 系中观察到两个事件同时发生在 x 轴上，距离是 1 m，在 S′系中观察到这两个事件之间的距离是 2 m，求在 S′系中这两个事件的时间间隔。

解 两个事件在 S 系中的空间、时间坐标分别设为 x_1，t_1 和 x_2，t_2；在 S′系中的空间、时间坐标分别设为 x_1'，t_1'和 x_2'，t_2'；根据变换式(5-4-8)，有

$$\Delta x' = \frac{1}{\sqrt{1-(v/c)^2}}(\Delta x - v\Delta t) \quad ①$$

$$\Delta t' = \frac{1}{\sqrt{1-(v/c)^2}}\left(\Delta t - \frac{v\Delta x}{c^2}\right) \quad ②$$

由题意知 $\Delta t = t_2 - t_1 = 0$，$\Delta x = x_2 - x_1 = 1\ \text{m}$，$\Delta x' = x_2' - x_1' = 2\ \text{m}$

代入①式和②式，得

$$\begin{cases} 2 = \dfrac{1}{\sqrt{1-(v/c)^2}} \\ \Delta t' = \dfrac{v \cdot 1\ \text{m}}{c^2\sqrt{1-(v/c)^2}} \end{cases}$$

联立上式求解，可得

$$\Delta t' = t_2' - t_1' = -\frac{\sqrt{3}\ \text{m}}{c} = -5.77\times 10^{-9}\ \text{s}$$

二、洛伦兹速度变换

1. 洛伦兹速度变换

从洛伦兹坐标变换可以导出洛伦兹速度变换。观察一质点 P 的运动，从 S 系来测量，P 点沿三个坐标轴的速度分量分别为 u_x，u_y，u_z，从 S′系来测量，P 点沿三个坐标轴的速度分量分别为 $u_{x'}'$，$u_{y'}'$，$u_{z'}'$，由速度的定义可知

$$u_x = \frac{\mathrm{d}x}{\mathrm{d}t}, \quad u_y = \frac{\mathrm{d}y}{\mathrm{d}t}, \quad u_z = \frac{\mathrm{d}z}{\mathrm{d}t}$$

$$u_{x'}' = \frac{\mathrm{d}x'}{\mathrm{d}t'}, \quad u_{y'}' = \frac{\mathrm{d}y'}{\mathrm{d}t'}, \quad u_{z'}' = \frac{\mathrm{d}z'}{\mathrm{d}t'}$$

将洛伦兹坐标变换(5-4-6)式取微分，得

$$\begin{cases} dx' = \gamma(dx - v dt) \\ dy' = dy \\ dz' = dz \\ dt' = \gamma\left(dt - \dfrac{v}{c^2}dx\right) \end{cases}$$

因此

$$u'_{x'} = \frac{dx'}{dt'} = \frac{dx - v dt}{dt - \dfrac{v}{c^2}dx} = \frac{\dfrac{dx}{dt} - v}{1 - \dfrac{v}{c^2}\dfrac{dx}{dt}}$$

即

$$u'_{x'} = \frac{u_x - v}{1 - \dfrac{v}{c^2}u_x} \tag{5-4-11}$$

用类似方法可得

$$\begin{cases} u'_{y'} = \dfrac{u_y}{\gamma\left(1 - \dfrac{v}{c^2}u_x\right)} \\ u'_{z'} = \dfrac{u_z}{\gamma\left(1 - \dfrac{v}{c^2}u_x\right)} \end{cases} \tag{5-4-12}$$

(5-4-11)式和(5-4-12)式叫作洛伦兹速度变换。在以上变换中，将带撇的量和不带撇的量互相交换，同时将 v 换成 $-v$，就得到洛伦兹速度逆变换：

$$\begin{cases} u_x = \dfrac{u'_{x'} + v}{1 + \dfrac{v}{c^2}u'_{x'}} \\ u_y = \dfrac{u'_{y'}}{\gamma\left(1 + \dfrac{v}{c^2}u'_{x'}\right)} \\ u_z = \dfrac{u'_{z'}}{\gamma\left(1 + \dfrac{v}{c^2}u'_{x'}\right)} \end{cases} \tag{5-4-13}$$

洛伦兹速度变换完全不同于伽利略速度变换，只有当 v 和 u 都比 c 小得多时，$\gamma \approx 1$，洛伦兹速度变换中的分母约等于 1，这样，洛伦兹速度变换就变为伽利略速度变换。

【例 5-3】 从高能加速器中发射出两个方向相反的 A 粒子和 B 粒子，这两个粒子相对实验室的速率都是 $0.9c$，求 B 粒子相对于 A 粒子的速度大小。

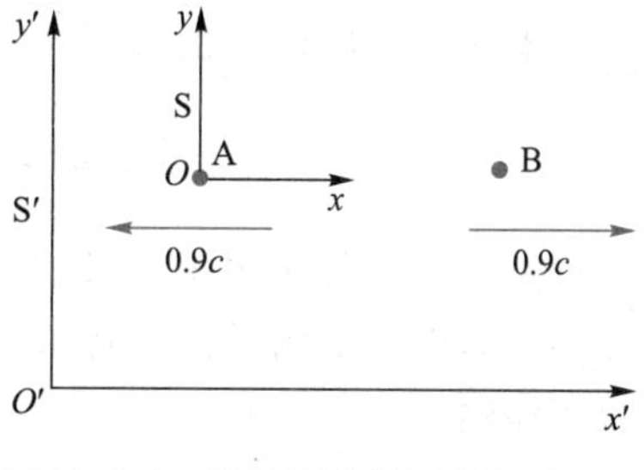

图 5-4-2　计算两个粒子的相对速度

解　如图 5-4-2 所示，S′系建立在实验室，S 系建立在 A 粒子上，则 S′系相对于 S 系的速度 $v = 0.9c$，B 粒子相对于 S 系的速度 u_x，就是 B 粒子相对于 A 粒子的速度。

利用洛伦兹速度逆变换，得

$$u_x=\frac{u'_{x'}+v}{1+\frac{v}{c^2}u'_{x'}}=\frac{0.9c+0.9c}{1+\frac{0.9c}{c^2}\times 0.9c}=0.994c$$

这个结果仍比光速小。不难验证，在 v 和 u'_x 都小于 c 的情况下，按相对论的速度变换法则得到的 u_x 不可能大于 c。另外，若 B 为光子，即 $u'_{x'}=c$，由上式可得 $u_x=c$。此结果符合光速不变原理。

2. 速度方向的变换关系

如果质点运动速度的方向与 x 轴方向相同或相反，则经过洛伦兹变换后，该质点速度的大小会改变，但速度的方向还沿 x 轴。如果质点运动速度的方向不在 x 轴上，则经过洛伦兹变换后，不仅速度的大小会改变，而且速度的方向也会改变。

如图 5-4-3 所示，设质点 P 在 S 系中的 Oxy 平面内运动，其速度 $\boldsymbol{u}$ 的方向与 x 轴之间的夹角为 θ，根据洛伦兹速度变换，可以求出该质点对 S′系的速度 $\boldsymbol{u}'$ 以及 $\boldsymbol{u}'$ 的方向与 x' 轴的夹角 θ'。由

$$u'_{x'}=\frac{u_x-v}{1-\frac{v}{c^2}u_x}=\frac{u_x-v}{1-\beta\frac{u_x}{c}},\quad u'_{y'}=\frac{u_y}{\gamma\left(1-\frac{v}{c^2}u_x\right)}=\frac{u_y\sqrt{1-\beta^2}}{1-\beta\frac{u_x}{c}}$$

得

$$\tan\theta'=\frac{u'_{y'}}{u'_{x'}}=\frac{u_y\sqrt{1-\beta^2}}{u_x-v}=\frac{u\sin\theta\cdot\sqrt{1-\beta^2}}{u\cos\theta-v}\tag{5-4-14}$$

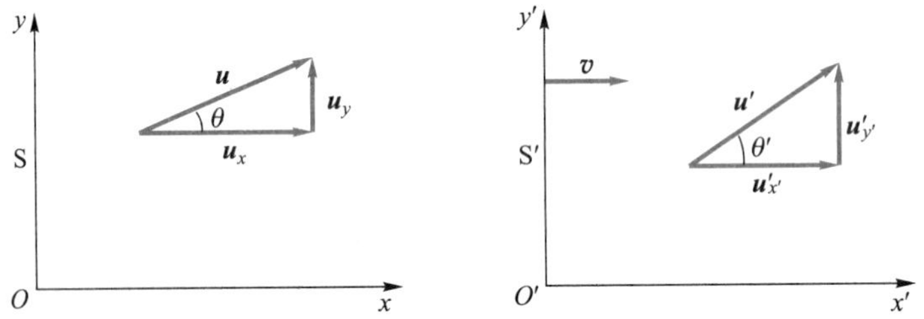

图 5-4-3 速度方向的变换

对光而言，光速的大小不因参考系的改变而改变，但传播方向会因参考系的改变而改变。将 $u=c$ 代入(5-4-14)式，得

$$\tan\theta'=\frac{c\sin\theta\cdot\sqrt{1-\beta^2}}{c\cos\theta-v}=\frac{\sin\theta\cdot\sqrt{1-\beta^2}}{\cos\theta-\beta}\tag{5-4-15}$$

可见，只有当 $\theta=0$ 时，才有 $\theta'=\theta$，即只有当光速方向与 x 轴平行时，S′系才观测到该光束传播方向也与 x' 轴平行。而在其他情况，$\theta'\neq\theta$，即 S′系观测到该光束传播方向与 S 系观测结果不相同。

【例 5-4】　有一杆静止地放在 S′系中的 $O'x'y'$平面内，如图 5-4-4 所示。S′系中的观察者测得杆长为 l'，杆与 x'轴的夹角为 θ'。设 S 系与 S′系的相对速度为 v，求 S 系中的观察者测得此杆的长度，以及杆与 x 轴的夹角应为多少。

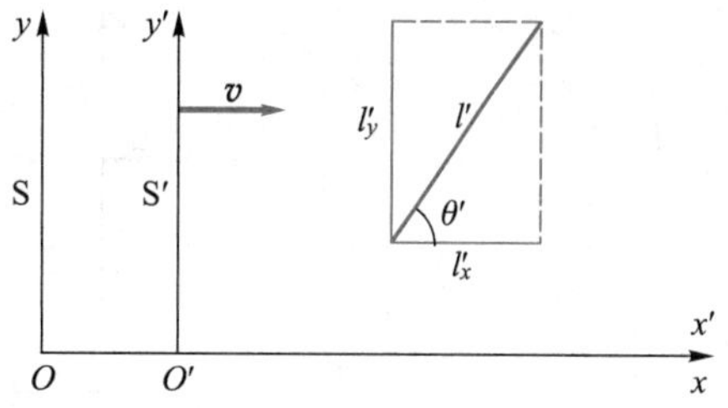

图 5-4-4　杆静止于 S′系中

解　此杆静止于 S′系中，因此 l'是杆的原长。在 S 系中观察，按长度收缩公式，杆在 x 方向的长度应缩短，而在 y 方向的长度不变，所以有

$$l_x = l\cos\theta = \frac{l'\cos\theta'}{\gamma}$$

$$l_y = l\sin\theta = l'\sin\theta'$$

将上两式平方后相加，得

$$l = \sqrt{\left(\frac{l'\cos\theta'}{\gamma}\right)^2 + (l'\sin\theta')^2} = l'\sqrt{1-\beta^2\cos^2\theta'}$$

$$\tan\theta = \frac{l_y}{l_x} = \frac{l'\sin\theta'}{\dfrac{l'}{\gamma}\cos\theta'} = \gamma\tan\theta'$$

可见，从与杆有相对运动的参考系来观测，不仅杆长缩短，而且杆还可能转过了一个角度。

第 5 节　狭义相对论动力学简介

一、狭义相对论中的质量、动量以及动量守恒

狭义相对论要求力学定律在洛伦兹变换下保持不变，同时在 $v \ll c$ 的情况下与牛顿力学相一致。动量守恒定律是物理学中的一条基本定律，在相对论力学中，动量守恒定律仍然成立。但是，若在相对论力学中仍然保留 $\boldsymbol{p}=m\boldsymbol{u}$ 的形式，则动量守恒定律不能在洛伦兹变换下保持不变，即动量守恒定律不能在各个惯性系中都成立。

如图 5-5-1 所示，设有一粒子静止于 S′系的原点 O'处，该粒子在某时刻分裂为两半 A 和 B。在 S′系中观测，A 和 B 的质量相等，均为 m，速度的方向相反，大小都等于 u。显然，在 S′系中粒子在分裂前后动量守恒。设有另一参考系（S 系）相对分裂后的 A 静止，则 S 系相对于 S′系的速度大小为 u，方向沿 x'轴的负方向。在 S 系中观测，B 的运动方向沿 x 轴的正方向，速度大小用 v_B 表示。

根据洛伦兹速度变换，得

$$v_B = \frac{2u}{1+\left(\dfrac{u}{c}\right)^2} \tag{5-5-1}$$

那么，对于 S 系，粒子在分裂前的动量为 $2mu$，在分裂后的动量为

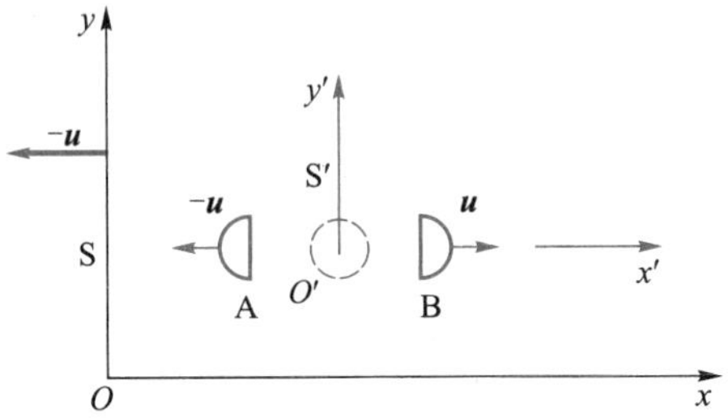

图 5-5-1　在 S′系中观察粒子的分裂和 S 系的运动

$$m_B v_B = \frac{2mu}{1+\left(\frac{u}{c}\right)^2} \neq 2mu \tag{5-5-2}$$

显然，动量守恒定律在 S 系中不成立了。为了使动量守恒定律在任何惯性系中都成立，我们需要修改动量的表达式。

如果相对论中的动量的表达式定义为

$$\boldsymbol{p} = \frac{m_0\boldsymbol{u}}{\sqrt{1-\left(\frac{u}{c}\right)^2}} = \gamma m_0 \boldsymbol{u} \tag{5-5-3}$$

式中 m_0 是物体静止时的质量，称为静质量，u 是物体运动的速率。如果采用(5-5-3)式的动量表达式，动量守恒定律在 S 系中仍然成立。比较(5-5-3)式与牛顿力学中的动量 $\boldsymbol{p}=m\boldsymbol{u}$ 的表达式，可以认为相对论力学中动量仍然定义为物体的质量与其速度的乘积，只不过运动物体的质量与它的运动速率有关，即

$$m = \frac{m_0}{\sqrt{1-\left(\frac{u}{c}\right)^2}} \tag{5-5-4}$$

当物体运动的速度远小于光速，即 $u \ll c$ 时，$m \to m_0$，在此条件下可以认为物体的质量是常量，这样就与牛顿力学中关于质量的概念一致了。而当物体运动的速度 u 变大时，m 也变大，尤其是 $u \to c$ 时，$m \to \infty$。近代物理实验证实，质量是与速度有关的变量，质量与速度的关系就是(5-5-4)式。

因此，动量对时间的变化率可写成

$$\frac{\mathrm{d}\boldsymbol{p}}{\mathrm{d}t} = \frac{\mathrm{d}}{\mathrm{d}t}(m\boldsymbol{u}) = m\frac{\mathrm{d}\boldsymbol{u}}{\mathrm{d}t} + \boldsymbol{u}\frac{\mathrm{d}m}{\mathrm{d}t}$$

于是，相对论力学的基本方程为

$$\boldsymbol{F} = \frac{\mathrm{d}\boldsymbol{p}}{\mathrm{d}t} = m\frac{\mathrm{d}\boldsymbol{u}}{\mathrm{d}t} + \boldsymbol{u}\frac{\mathrm{d}m}{\mathrm{d}t} \tag{5-5-5}$$

(5-5-5)式和牛顿力学 $\boldsymbol{F}=m\boldsymbol{a}=m\frac{\mathrm{d}\boldsymbol{u}}{\mathrm{d}t}$ 不相同，但是在 $u \ll c$ 时，$m=m_0$，两者便相同了。理论可证明，(5-5-3)式、(5-5-4)式和(5-5-5)式都对洛伦兹变换保持不变，即都满足相对

论的要求。

对于孤立系统，系统的总动量守恒，即

$$\sum_{i=1}^{n} \boldsymbol{p}_i = \sum_{i=1}^{n} \boldsymbol{p}'_i$$

注意动量的表达式用相对论中的定义(5-5-3)式。

二、狭义相对论中的能量和能量守恒

从相对论力学基本方程和功能原理可以导出相对论中的能量表示式。考虑一维情况，设一粒子在恒力 $\boldsymbol{F}$ 作用下自静止加速到 $\boldsymbol{v}$，其动能的增量等于外力所做的功

$$E_k = \int \boldsymbol{F} \cdot \mathrm{d}\boldsymbol{r} = \int \frac{\mathrm{d}(m\boldsymbol{v})}{\mathrm{d}t} \cdot \boldsymbol{v}\mathrm{d}t = \int_0^v \boldsymbol{v} \cdot \mathrm{d}(m\boldsymbol{v}) = \int_0^v v\mathrm{d}\left(\frac{m_0 v}{\sqrt{1-\dfrac{v^2}{c^2}}}\right)$$

用分部积分法，由上式可得

$$E_k = \frac{m_0 v^2}{\sqrt{1-\left(\dfrac{v}{c}\right)^2}} - m_0\int_0^v \frac{v\mathrm{d}v}{\sqrt{1-\left(\dfrac{v}{c}\right)^2}} = \frac{m_0 v^2}{\sqrt{1-\left(\dfrac{v}{c}\right)^2}} + m_0c^2\left[\sqrt{1-\left(\frac{v}{c}\right)^2}\right]\Bigg|_0^v$$

整理后，得

$$E_k = mc^2 - m_0c^2 = \gamma m_0 c^2 - m_0 c^2 \tag{5-5-6}$$

式中，$\gamma = \left[1-\left(\frac{v}{c}\right)^2\right]^{-\frac{1}{2}}$。(5-5-6)式就是相对论动能的表示式，由于 m 与 v 有关，所以 E_k 与 v 的关系也表示出来了。

在非相对论条件下，$v \ll c$，若将 $\gamma = \left[1-\left(\frac{v}{c}\right)^2\right]^{-\frac{1}{2}}$ 作二项式展开，可得

$$\gamma = \left[1-\left(\frac{v}{c}\right)^2\right]^{-\frac{1}{2}} = 1 + \frac{1}{2}\left(\frac{v}{c}\right)^2 + \frac{3}{8}\left(\frac{v}{c}\right)^4 + \cdots \approx 1 + \frac{1}{2}\left(\frac{v}{c}\right)^2$$

代入(5-5-6)式中，便得到

$$E_k \approx m_0c^2\left(1+\frac{1}{2}\frac{v^2}{c^2}\right) - m_0c^2 = \frac{1}{2}m_0v^2$$

这个结果和牛顿力学中动能表示式一致。

(5-5-6)式中 m_0 是物体的静止质量，m_0c^2 叫作静止质量为 m_0 的物体的静止能量，记为 E_0(简称为静能)。当物体静止时，$E_k=0$，但仍具有静能 $E_0=m_0c^2$。物体的静能是其内能的总和，由于 c^2 的值很大，即使 m_0 是很小的粒子，其内部也蕴藏着很大的能量。

静能中各种形式的能量所占的比例是不同的。1 kg 的物质包含的静能约 9.00×10^{16} J，而 1 kg 汽油的燃烧值为 4.60×10^{7} J，这只是其静能的二十亿分之一(5×10^{-10})。可见，物质所包含的化学能只占静能的极小部分，而核能(通常称为原子能)占的比例就大得多。如铀-235 本身的静质量约为 235 u(u 为原子质量单位，1 u = 1.66×10^{-27} kg)，而裂变时释放的能量可达

200 MeV，占其总静能的 9×10^{-4}，比化学能所占的比例大 6 个数量级。

(5-5-6)式可以改写成

$$mc^2 = E_k + m_0c^2 \tag{5-5-7}$$

(5-5-7)式中 mc^2 等于物体的动能和静能之和，叫作物体的总能量，用 E 表示，于是有

$$E = mc^2 = \frac{m_0c^2}{\sqrt{1-\left(\frac{v}{c}\right)^2}} = \gamma m_0c^2 \tag{5-5-8}$$

当物体静止时，$\gamma=1$，总能量只包含静能。(5-5-8)式就是著名的质能关系，表明质量和能量这两个重要的物理量之间有着密切的联系。质能关系适用于一个粒子，也适用于由许多粒子组成的系统(如原子核)。对于一个系统，如果其质量变化 Δm，由(5-5-8)式可得系统的总能量必有相应的变化

$$\Delta E = \Delta mc^2 \tag{5-5-9}$$

反之亦然，即系统的总能量发生变化时，必然伴随有相应的质量变化。在核反应中，如原子核的裂变和聚变反应，系统的静质量改变较为可观，反应将释放出巨大的能量。这些能量可用于发电、制造核动力装置等。质能关系是原子能利用的主要理论依据，它开启了原子能时代。

对于孤立系统，系统的总能量守恒：

$$\sum_{i=1}^{n} E_i = \sum_{i=1}^{n} E'_i \tag{5-5-10}$$

注意能量的表达式用(5-5-8)式。如果一个系统或某个相互作用过程的能量守恒，$\sum_i E_i$ = 常量，由质能关系可知，$\sum_i m_ic^2 = c^2\sum_i m_i$ = 常量，即系统或相互作用过程中质量守恒。质能关系将物理学中原来相互独立的质量守恒和能量守恒统一起来，这是相对论中具有重要意义的结论之一。

由动量及能量的表示式

$$\boldsymbol{p} = \frac{m_0\boldsymbol{v}}{\sqrt{1-\left(\frac{v}{c}\right)^2}}, \qquad E = \frac{m_0c^2}{\sqrt{1-\left(\frac{v}{c}\right)^2}}$$

可以导出相对论中的动量能量关系式

$$E^2 = p^2c^2 + m_0^2c^4 \tag{5-5-11}$$

若以 E、pc 和 m_0c^2 分别表示一个三角形三条边的长度，则它们将构成一个直角三角形，如图 5-5-2 所示。

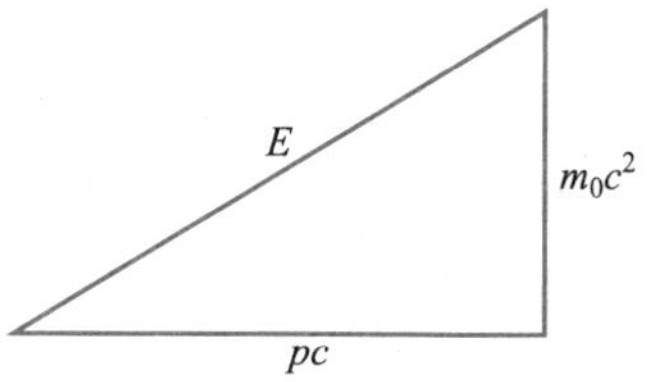

图 5-5-2 能量动量关系三角形

【例 5-5】 静止质量分别为 m_1 和 m_2 的两个粒子，各以速度 v_1，v_2 相碰撞以后，变成一个粒子而运动时，试求合成粒子的静止质量 m_0。

解 粒子 m_1，m_2 的动量和能量分别为

$$\boldsymbol{p}_1=\frac{m_1\boldsymbol{v}_1}{\sqrt{1-\frac{v_1^2}{c^2}}},\quad E_1=\frac{m_1c^2}{\sqrt{1-\frac{v_1^2}{c^2}}}$$

$$\boldsymbol{p}_2=\frac{m_2\boldsymbol{v}_2}{\sqrt{1-\frac{v_2^2}{c^2}}},\quad E_2=\frac{m_2c^2}{\sqrt{1-\frac{v_2^2}{c^2}}}$$

根据能量守恒定律和动量守恒定律，合成粒子的总能量为 $E=E_2+E_1$，总动量为 $\boldsymbol{p}=\boldsymbol{p}_1+\boldsymbol{p}_2$，将以上各式代入(5-5-11)式中，得

$$\left(\frac{m_1c^2}{\sqrt{1-v_1^2/c^2}}+\frac{m_2c^2}{\sqrt{1-v_2^2/c^2}}\right)^2=\left(\frac{m_1\boldsymbol{v}_1}{\sqrt{1-v_1^2/c^2}}+\frac{m_2\boldsymbol{v}_2}{\sqrt{1-v_2^2/c^2}}\right)^2c^2+m_0^2c^4$$

由上式可解得
$$m_0^2=m_1^2+m_2^2+\frac{2m_1m_2(1-\boldsymbol{v}_1\cdot\boldsymbol{v}_2/c^2)}{\sqrt{(1-v_1^2/c^2)(1-v_2^2/c^2)}}$$

在非相对论的近似($v\ll c$)的情况下，上式变成

$$m_0^2=m_1^2+m_2^2+2m_1m_2=(m_1+m_2)^2$$

所以
$$m_0=m_1+m_2$$

它与用牛顿力学得出的结果相一致。

*第 6 节　四维时空

在爱因斯坦提出狭义相对论之后不久，闵可夫斯基(Hermann Minkowski)发现可以用几何方法描述狭义相对论的时空关系，用这种方法描述相对论现象能够使理论简单明了，更易看出物理本质。

一、四维时空和时空间隔

任何一个物理事件都发生于某一确定的空间位置和时刻，其空间位置用三维空间坐标(x，y，z)来描述，而时间坐标是事件发生的时刻 t。在相对论中时间与空间密切相关，可把时间看成是描写事件的第四个坐标。这样，三维空间与一维时间组成的整体便是四维时空。四维时空中的一点用坐标(x，y，z，t)表示，它表示 t 时刻在(x，y，z)位置发生的一个事件。在相对论中，四维时空中的坐标变换就是洛伦兹变换[实际上，(5-4-6)式的洛伦兹变换是一种特殊的洛伦兹变换，称为 Lorentz boost. 一般的洛伦兹变换包括 Lorentz boost 和坐标转动]。四维时空中的一点称为一个世界点。任何一个物理过程都是一系列事件的集合，因此在四维时空中表示为一条线，称为世界线。

在四维时空中，定义任何两个世界点的距离为

$$\Delta s^2=\Delta x^2+\Delta y^2+\Delta z^2-c^2\Delta t^2 \tag{5-6-1}$$

上式又称为两个事件的时空间隔。按(5-6-1)式定义时空间隔的四维时空称为闵可夫斯基时空。如果形式上引入虚数坐标 ict 来表示四维时空的第四维坐标，则(5-6-1)式的间隔可以

写成

$$\Delta s^2=\Delta x^2+\Delta y^2+\Delta z^2+(\mathrm{i}c\Delta t)^2 \tag{5-6-2}$$

(5-6-2)式与三维(欧几里得)空间中两点的空间间隔 $\Delta L^2=\Delta x^2+\Delta y^2+\Delta z^2$ 类似。由此可以把四维闵可夫斯基时空看成是三维空间的推广，需要注意的是，闵可夫斯基时空是复四维空间，它的第四维坐标是虚数。在牛顿力学中，两点的空间间隔 ΔL^2 经过坐标变换后不会改变，即 ΔL^2 是不变量。在相对论中，尽管两个事件的空间间隔和时间间隔都是相对的，即不同的惯性系中的观察者对相同两个事件的空间间隔和时间间隔的测量结果不一定相同。但是与三维空间类似，闵可夫斯基时空中的两个事件的时空间隔对四维坐标变换是保持不变的，即时空间隔 Δs^2 是不变量。这一点可以直接从洛伦兹变换(5-4-6)式来验证，若设 S 系中的观察者测得某两个事件的时空间隔由(5-6-1)式给出，而在 S′系中的观察者测得这两个事件的时空间隔为

$$\Delta s'^2=\Delta x'^2+\Delta y'^2+\Delta z'^2-c^2\Delta t'^2 \tag{5-6-3}$$

则利用洛伦兹变换便可得到

$$\Delta s'^2=\Delta s^2$$

这就是四维时空中两个事件的时空间隔的不变性。应用时空间隔的不变性，可以得到相对论的许多结论。下面举一例说明。

设有一飞行器在空中沿 x 轴方向匀速飞行，甲地起飞、到达乙地是两个事件，以地面为 S 系，测量出飞行器飞行的路程是 Δx，飞行的时间是 Δt，则在 S 系中的时空间隔 $\Delta s^2=\Delta x^2-c^2\Delta t^2$。若把 S′系固定在飞行器上，那么在 S′系中观察这两件事是发生于同一地点的，$\Delta x'^2=0$，这两事件的时间差为 $\Delta t'=\tau$，则时空间隔为

$$\Delta s'^2=-c^2\Delta t'^2=-c^2\tau^2$$

由 $\Delta s'^2=\Delta s^2$ 可写出

$$\Delta x^2-c^2\Delta t^2=-c^2\tau^2$$

若在 S 系中测得此飞行器的速度为 v，则有关系 $\Delta x=v\Delta t$，将它代入上式，可解出 Δt，即

$$\Delta t=\frac{\tau}{\sqrt{1-\dfrac{v^2}{c^2}}}=\gamma\tau$$

上式正是相对论**时间延缓公式**，式中的 τ 代表固有时。

二、洛伦兹变换的几何表示

三维空间的任一矢量有三个分量，三维矢量的长度在坐标系转动时保持不变，改变的仅是它的分量。与此情况类似，四维闵可夫斯基时空中任一矢量有四个分量，四维矢量的长度在坐标系转动时保持不变，改变的也仅是它的分量。一个四维时空的坐标系代表一个惯性参考系，不同的惯性参考系在四维时空中用不同的坐标系来表示，从下面的讨论将会看到，两个不同的惯性参考系间的变换，即洛伦兹变换(5-4-6)式，就是四维闵可夫斯基时空中的坐标转动。

图 5-6-1 表示平面直角坐标系转动时的情况，θ 角是坐标系转过的角度，根据几何关系，可得到 P 点在转动前和转动后的坐标系中的坐标分量之间的关系：

$$\begin{cases}x' = x\cos\theta + y\sin\theta \\ y' = -x\sin\theta + y\cos\theta\end{cases} \tag{5-6-4}$$

这里只讨论两惯性参考系的相对速度与 x 轴平行的情况，因此与相对速度垂直的空间坐标 y 和 z 保持不变，所以只需讨论 x 和 $\mathrm{i}ct$ 这两维的情况，如图 5-6-2 所示。洛伦兹坐标变换(5-4-3)式和(5-4-4)式可以写成下面的形式：

$$x' = \frac{1}{\sqrt{1-\beta^2}}x - \frac{\beta}{\sqrt{1-\beta^2}}ct$$

$$t' = -\frac{\beta/c}{\sqrt{1-\beta^2}}x + \frac{1}{\sqrt{1-\beta^2}}t$$

不难看出，若令

$$\frac{1}{\sqrt{1-\beta^2}} = \cos\theta$$

其中 θ 是个复数，则

$$\frac{\mathrm{i}\beta}{\sqrt{1-\beta^2}} = \sin\theta,\ \mathrm{i}\beta = \tan\theta$$

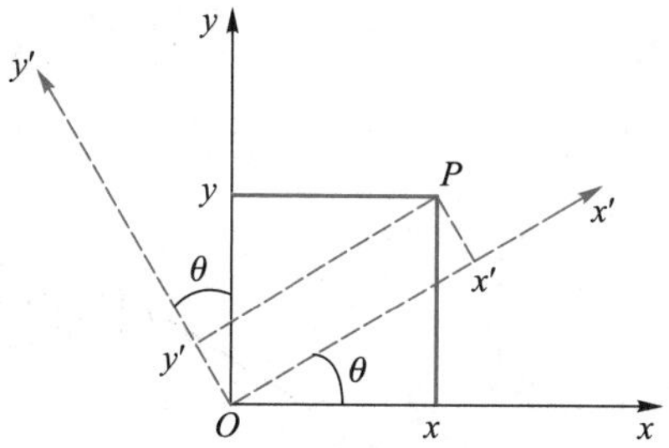

图 5-6-1　平面直角坐标系转动

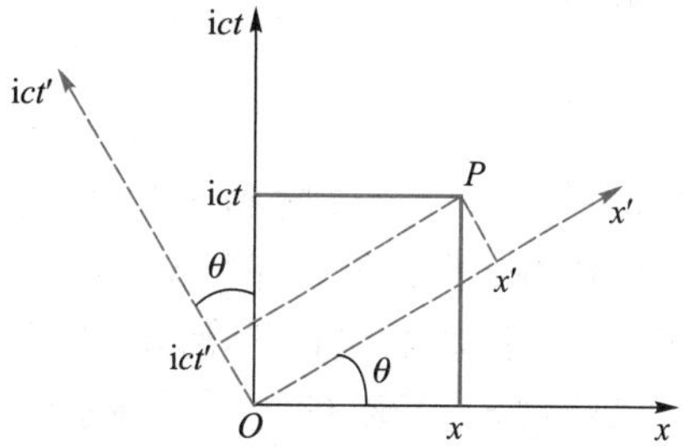

图 5-6-2　四维时空中的坐标转动

于是洛伦兹变换可写成如下的形式：

$$\begin{cases}x' = x\cos\theta + \mathrm{i}ct\sin\theta \\ \mathrm{i}ct' = -x\sin\theta + \mathrm{i}ct\cos\theta\end{cases}$$

将上式和(5-6-4)式相比较，发现它们很相似，写成这种形式的洛伦兹变换与平面直角坐标系转动时的坐标变换关系在形式上完全一致，θ 角就是坐标系转过的角度。这样，以速度 v 沿 x 轴作相对运动的不同惯性参考系之间的洛伦兹变换可以理解为四维闵可夫斯基时空中的坐标系转动。

将洛伦兹变换看成四维闵可夫斯基时空中的坐标系转动，可使我们非常直观地看出相对论的某些结果，图 5-6-3 表示一把静止放置在 S 系中尺，在 S 系中的观察者测得该尺的长度为 L_0。显然 L_0 是该尺的原长。参考系 S′ 相对于 S 系沿 x 轴以匀速 v 运动，即坐标系转动 θ 角，因此 S′系中的观察者测得该尺的长度为 L，从图上显而易见，$L=\frac{L_0}{\cos\theta}$，看起来好像是 $L>L_0$，但因 $\cos\theta=\frac{1}{\sqrt{1-\beta^2}}>1$，

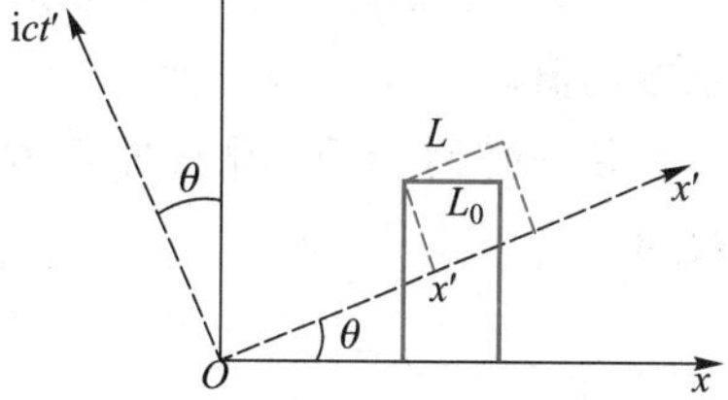

图 5-6-3　尺静止放置在 S 系中，原长为 L_0

所以 $L<L_0$。这就是相对论长度收缩效应，由以上讨论得

$$L = L_0\sqrt{1-\beta^2}$$

这正是相对论长度收缩公式。

三、洛伦兹变换一般推导*

洛伦兹于1904年在研究电磁场理论时求得一组数学关系式，但解释是不正确的。翌年，爱因斯坦从狭义相对论的两条基本假设，重新推导了这组关系式，并给以正确的解释。

像在伽利略变换中那样，假定两个相对速率为 v 的惯性参考系 S 和 S′，有两个观察者分别静止在这两个参考系中观测同一物理事件。如图 5-6-4 所示，P 点发生的物理事件在这两个参考系中的时空坐标分别为 (x, y, z, t) 和 (x', y', z', t')。

参考图 5-6-4，设两参考系的两个原点 O 和 O' 重合时，$t'=0$，$t=0$，在此时刻由此重合点发出一光脉冲。在 S 系中观测，在此后某一时刻 t，光脉冲到达 P 点。在 S′系中观测，该光脉冲到达 P 点的时刻为 t'。根据光速不变原理知，$|OP|=ct$，$|O'P|=ct'$，可写出下列时空坐标间的关系式：

$$x^2+y^2+z^2=c^2t^2 \tag{5-6-5}$$

$$x'^2+y'^2+z'^2=c^2t'^2 \tag{5-6-6}$$

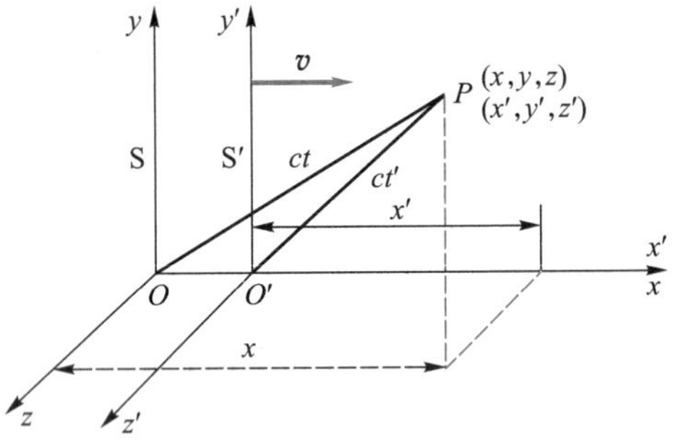

图 5-6-4 推导洛伦兹变换

考虑两参考系在 y 方向和 z 方向均无相对运动，参照伽利略变换，仍可保留 $y'=y$ 和 $z'=z$。这是因为垂直于运动方向的距离不受运动影响，$\Delta y'=\Delta y$，$\Delta z'=\Delta z$。下面我们只需寻求 (x', t') 和 (x, t) 的变换关系。

对任何一个参考系，时间和空间都应该是均匀的。$\Delta t'$ 和 Δt 应该是线性关系，$\Delta x'$ 和 Δx 也应该是线性关系，即 (x', t') 和 (x, t) 的关系式应该是线性的，可以假定为

$$x' = ax + bt \tag{5-6-7}$$

$$t' = mt + nx \tag{5-6-8}$$

式中 a、b、m 和 n 都是待定系数。注意(5-6-7)式和(5-6-8)式的右边都没有常数项，这是因为在 $t=t'=0$ 时刻，两参考系的两个原点 O 和 O' 重合。在伽利略变换中，$a=1$，$b=-v$，$m=1$，而 $n=0$。在相对论中，这些系数都与两参考系之间相对运动的速率 v 有关。下面来确定这些系数的值。

在某一时刻 $t\neq0$，坐标原点 O' 在 S 和 S′系中的坐标分别为 $x=vt$ 和 $x'=0$，代入(5-6-7)式可得

$$b=-av$$

即

$$x' = a(x-vt) \tag{5-6-9}$$

将(5-6-8)式和(5-6-9)式代入(5-6-6)式，因 $y=y'$ 和 $z=z'$，可得

$$a^2(x^2-2vxt+v^2t^2)+y^2+z^2=c^2(m^2t^2+2mnxt+n^2x^2)$$

整理，得

$$(a^2-c^2n^2)x^2-(2a^2v+2c^2mn)xt+y^2+z^2=(c^2m^2-a^2v^2)t^2$$

将上式与(5-6-5)式比较，各项系数应该相等，因此得

$$\begin{cases}a^2-c^2n^2=1\\a^2v+c^2mn=0\\m^2-\dfrac{a^2v^2}{c^2}=1\end{cases}\tag{5-6-10}$$

解这个方程组可得

$$a=m=\frac{1}{\sqrt{1-\dfrac{v^2}{c^2}}},\quad n=-\frac{v}{c^2}\frac{1}{\sqrt{1-\dfrac{v^2}{c^2}}}$$

将以上系数代入(5-6-7)式和(5-6-8)式中，就得到洛伦兹变换(5-4-6)，即

$$\begin{cases}x'=\dfrac{x-vt}{\sqrt{1-\beta^2}}=\gamma(x-vt)\\y'=y\\z'=z\\t'=\dfrac{t-\dfrac{vx}{c^2}}{\sqrt{1-\beta^2}}=\gamma\left(t-\dfrac{vx}{c^2}\right)\end{cases}$$

式中，$\beta=\dfrac{v}{c}$，$\gamma=\dfrac{1}{\sqrt{1-\beta^2}}$，$c$ 为光速。

在解方程组(5-6-10)时涉及开平方后的正负号问题，a 和 m 都是取的正值解，是因为要适合 $x'=a(x-vt)$ 的要求。如果 a 有负值，则当 $t=0$，即两原点 O 和 O' 重合时，将出现每一个 x 坐标和一个异号的 x' 坐标相对应，这违反了两参考系的 x 轴和 x' 轴的同向假设。

习　题

5-1　有两个事件，在 S 惯性系发生在同一地点和同一时刻，在任何其他 S′惯性系中是否也是同时发生？若在 S 惯性系中发生在同一时刻，不同的地点，在 S′系中是否也发生在同一时刻？

5-2　有一根杆，相对观察者静止时测得长度为 L_0，当杆相对观察者以速度 v 平行于杆的方向运动时，观察者测得杆的长度 L 为多少？有人推论说，取两个坐标系，如图所示，S′系随着杆一起运动，S 系相对观察者静止，杆的两端在 S′系中的位置为 x_1' 和 x_2'，在 S 系中的位置为 x_1 和 x_2，根据洛伦兹变换

$$x_1=\frac{x_1'+vt'}{\sqrt{1-v^2/c^2}},\quad x_2=\frac{x_2'+vt'}{\sqrt{1-v^2/c^2}},\quad x_2-x_1=\frac{x_2'-x_1'}{\sqrt{1-v^2/c^2}}$$

求得

$$L=\frac{L_0}{\sqrt{1-v^2/c^2}}$$

这个结论对不对，为什么？

5-3　甲乙两汽车，静止时一样长，当它们在马路上迎面而过时，甲车上的人测得乙车比甲车短了，乙车上的人测得甲车比乙车短了。(1)你觉得谁对？这个矛盾如何解决？(2)如果你站在马路旁边观测，你将得出什么结论？(3)如果你在任何一辆车(例如甲车)上观测，你将得出什么结论？

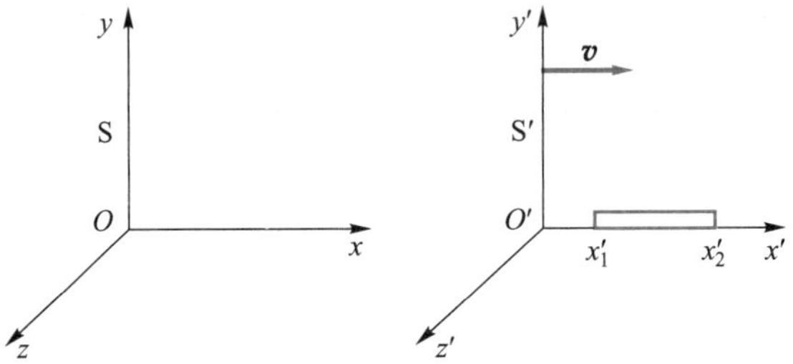

习题 5-2 图

5-4 S 和 S′是两个惯性参考系，彼此匀速相对运动，因此，在 S 系的人观测得出，S′系的钟(时间)慢了；在 S′系的人观测得出，S 系的钟(时间)慢了。究竟是谁的钟(时间)慢了？你认为这个矛盾如何解决？

5-5 你是否认为在相对论中，一切都是相对的？有没有绝对性的方面？有哪些方面？举例说明。

5-6 假定一个粒子在 S′系的 $O'x'y'$平面内以$\frac{c}{2}$的恒定速度运动，$t=0$ 时，粒子通过原点 O，其运动方向与 x'轴成 60°角。如果 S′系相对于 S 系沿 x 轴方向运动的速度为 $0.6c$，试求由 S 系所确定的粒子的运动方程。

5-7 一根长度为 L 的尺固定在 S 系中的 x 轴上，其两端各装一手枪，另一根长尺固定在 S′系中的 x'轴上，当后者从前者旁以速度 v 沿 x 轴正方向经过时，S 系的观察者同时扳动两手枪，使子弹在 S′系的尺上打出两个记号，求出 S′系中这两个记号间的距离 L'的大小。

5-8 在静止于实验室的放射性物质样品中，有两个电子从放射性原子中沿相反的方向射出。由实验室观察者测得每一个电子的速度为 $0.67c$，根据相对论，两个电子的相对速度应该等于多少？

5-9 一原子核以 $0.5c$ 的速度离开一观察者而运动，原子核在它运动方向上向前发射一电子，该电子相对于核有 $0.8c$ 的速度；此原子核又向后发射了一光子指向观察者，对静止观察者来讲。问：(1)电子具有多大的速度？(2)光子具有多大的速度？

5-10 在 $t=0$ 时，S 系观察者发射一个沿与 x 轴成 60°角的方向上飞行的光子，S′系以 $0.6c$ 速度沿公共轴 x，x'飞行。问 S′系的观察者测得光子与 x'轴所成的角度是多大？速度是多大？

5-11 两只完全相同的飞船 A 和 B，在 A 中的观察者测得 B 接近它的速度为 $0.8c$，则 B 中的观察者测得 A 接近它的速率为多少？一观察者若处在两只飞船组成的质点系的质心上，该观察者测得的每一飞船的速率是多少？

5-12 μ 子在相对它为静止的参考系中，寿命为 2.22×10^{-6} s，现在地面上测得宇宙射线中 μ 子速度为 $0.99c$，问地面上的观察者测得 μ 子的平均寿命 t 为多少？

5-13 某种介子静止时的寿命是 10^{-8} s，如它在实验室中的速度为 2×10^{8} m/s，在它的一生中能飞行多少米？

5-14 若有一航天员，乘速度为 1 000 km/s 的火箭，经过 40 h 到达火星，求航天员和地面上的观测者进行时间测量值的差，并验证这二者所测时间的差值不超过 1 s。

5-15 在 S 系中有一个静止的正方形，其面积为 100 m^2，观察者 S′以 $0.8c$ 的速度沿正方形的对角线运动，S′测得的该面积是多少？

5-16 一个以 2×10^{10} cm/s 的速度运动的球，静止着的人观察时，是什么样的形状呢？

5-17 在 S′坐标系中，有一根长度为 l'的静止棒，它和 x'轴有夹角 θ'。试问：(1)当从 S 系观测时长度 l 为多少？它与 x 轴方向的夹角 θ 为多少？(2)当 $\theta'=30°$和 $\theta=45°$时，其相对速度为多少？

5-18 两飞船在自己的静止参考系中测得各自的长度均为 100 m，飞船甲上的仪器测得飞船甲的前端驶完飞船乙的全长需$\frac{5}{3}\times10^{-7}$ s，求两飞船的相对速度的大小。

5-19　在 S 系中的 x 轴上相隔为 Δx 处有两只同步钟 A 和 B，读数相同，在 S′系中的 x'轴上也有一只同步钟 A′。若 S′系相对于 S 系沿 x 轴的速度为 v，且当 A 与 A′相遇时，两钟的读数为零，当 A′钟和 B 钟相遇时，在 S 系中 B 钟的读数是多少？此时在 S′系中 A′钟的读数又是多少？

5-20　两个事件由两个观察者 S 和 S′观察，S 和 S′彼此相对作匀速运动，观察者 S 测得两事件相隔 3 s，两事件发生地点相距 10 m，观察者 S′测得两事件相隔 5 s。S′测得两事件的距离应该是多少米？

5-21　在 S 系中，相距 $\Delta x = 5.00\times10^{6}$ m 的两个地方发生两事件，时间间隔 $\Delta t = 1.00\times10^{-2}$ s；而在相对于 S 系沿 x 轴匀速运动的 S′系中观察到这两事件却是同时发生的。试计算在 S′系中发生这两事件的地点之间的距离 $\Delta x'$。

5-22　一个粒子，(1)从静止加速到 $0.100c$ 时，(2)从 $0.900c$ 加速到 $0.980c$ 时，各需要外力对粒子做多少功？

5-23　一个粒子的动能要能够写成$\frac{1}{2}m_0v^2$，而且误差不超过 0.5%，该粒子可以有的最大速率是多少？

5-24　一个电子以 $0.99c$ 的速率运动，电子的静止质量为 $m_e = 9.11\times10^{-31}$ kg，试问：(1)它的总能量是多少？(2)按牛顿力学算出的动能和按相对论力学算出的动能各为多少？它们的比值是多少？

5-25　在聚变过程中，4 个氢核转变成一个氦核，同时以各种辐射形式放出能量。假设一个氢核的静止质量为 1.008 1 u(u 为原子质量单位)，而一个氦核的静止质量为 4.003 9 u，计算 4 个氢核聚变成一个氦核时所释放出来的能量($1\ \text{u} = 1.66\times10^{-27}$ kg)。

5-26　试计算动能为 1 MeV 的电子的动量($1\ \text{MeV} = 10^{6}$ eV，电子的静能 $m_0c^2 = 0.511$ MeV)。

5-27　一个质量数为 42 u($1\ \text{u} = 1.66\times10^{-27}$ kg)的静止粒子，蜕变成两个碎片，其中一个碎片的静质量数为 20 u，以速率$\frac{3}{5}c$ 运动，求另一碎片的动量 p，能量 E，静质量 m_0。

5-28　静止的电子偶湮没时产生两个光子，如果其中一个光子再与另一个静止电子碰撞，求它能给予这电子的最大速度。

5-29　静止质量为 $m_{总}$ 的粒子处于静止状态，它蜕变为具有静止质量为 m_1，m_2 的两个粒子，质量为 m_1 的粒子的能量为 E_1，试求速度 v_1。

第 5 章习题参考答案

第二篇 热学

热学是研究热现象规律和相关物理性质的科学。经典热学包括宏观理论和微观理论。宏观理论叫**热力学**，它以观察和实验为基础，通过归纳和推理得出有关热现象的基本规律，确定功与热之间的能量转化关系。微观理论叫**统计力学**，它从物体的微观组成和微观状态出发，应用力学规律和统计方法，研究大量分子无规则热运动所体现出来的集体效应，从而解释热现象，并把系统的微观性质和宏观性质联系起来。**气体动理论**是早期的统计力学理论，它揭示了气体的压强、温度、内能等宏观量的微观本质，并给出了它们与相应的微观量平均值之间的关系。

第 6 章 气体动理论

统计力学方法是从“宏观物质系统是由大量的微观粒子所组成的”这一基本事实出发的，认为宏观物理量就是相应微观量的统计平均值。本章所要讨论的是统计力学中最简单、最基本的内容。通过本章的学习，我们将了解一些气体性质的微观解释，同时学习一些统计力学中处理问题的基本方法。

第 1 节 热力学系统和平衡态

一、热力学系统

由大量微观粒子组成的有限宏观客体称之为热力学系统，简称系统。如质量一定的气体、液体或固体。系统之外的一切物体和外界环境统称为外界。根据系统与外界相互作用的情况可对系统进行分类：

1. 若系统与外界既有能量交换又有物质交换的系统，称为开放系统，有时也简称开放系。例如，一个盛有热水的玻璃杯，敞开放置，热水将会向空气中挥发，变成水蒸气，同时散发热量，玻璃杯中的热水就是一个开放系。

2. 与外界有能量交换但无物质交换的系统，称为封闭系。例如，将上例的玻璃杯加盖后，就成为一个封闭系统。

3. 与外界既无能量交换又无物质交换的系统，称为孤立系。例如，把盛有热水的玻璃杯盖起来，并把它放在一个绝热的密闭箱内，把整个绝热箱内的所有物质(水杯和空气)作为一个新系统，那么这个新系统就成为孤立系统。当然，在自然界中，严格意义上的孤立系统是不存在的。在处理实际问题时，有些系统可以近似为孤立系统，这样可以大大简化这些问题。

描述系统的状态和状态的演化，热力学和气体动理论采用的方法不同。热力学采取宏观描述方法，用系统的体积、温度、压强等可以直接测量得到的量来描述系统的宏观性质，它们称为**宏观量**。而气体动理论采用微观描述方法，给出系统中每个分子的力学量，如分子的质量、位置、速度、动能、动量等，这些量称为**微观量**。由于系统所包含的分子或原子的数目极大，微观量一般无法用实验的手段直接测量。气体动理论用统计的方法可得出微观量与宏观量的关系，给出宏观量的微观本质。

二、平衡态

将系统的状态分为平衡态和非平衡态两类。当没有外界影响时，只要经过足够长的时间，系统就会自动趋于一个各种宏观性质不随时间变化的状态，这种状态称为**热力学平衡态**。这里所说的没有外界影响，是指系统与外界没有相互作用，既无物质交换，又无能量交换(做功和传热)，即系统是孤立系。从微观看，由于组成系统的分子不停地作热运动，微观量随时间迅速变化，保持不变的只是相应微观量的统计平均值。所以，热力学平衡态是一种热动平衡状态。

举一个例子，在如图 6-1-1 所示的系统中，开始时，容器中左半室为气体，右半室为真空，此时左半室气体各处均匀一致且宏观性质不随时间变化。现将隔板抽去，系统出现了不均匀的现象。随着时间的延续，状态将发生改变，直到各处的气体密度达到均匀一致为止。以后，如果没有外界影响，容器内气体将始终保持这一状态不再发生任何宏观上可以看得到的变化。此时用温度计、压强计可测到气体的温度、压强等宏观量，不会因测量点的不同而产生不同的读数。将这种没有外界影响、系统不再发生任何宏观变化的状态就是**热力学平衡态**。达到平衡态之前不均匀的、正在发生着宏观变化的态，称为**非平衡态**。实验证明：**如果系统不受外界影响，经过一段时间后，它的状态必定会达到热力学平衡态，达到平衡态以后，将一直保持着这个状态不变，除非受到外界影响，平衡态才会被破坏**。在实际中并不存在绝对的孤立系统，也没有保持宏观性质绝对不变的系统。所以，平衡态是一种理想的模型。

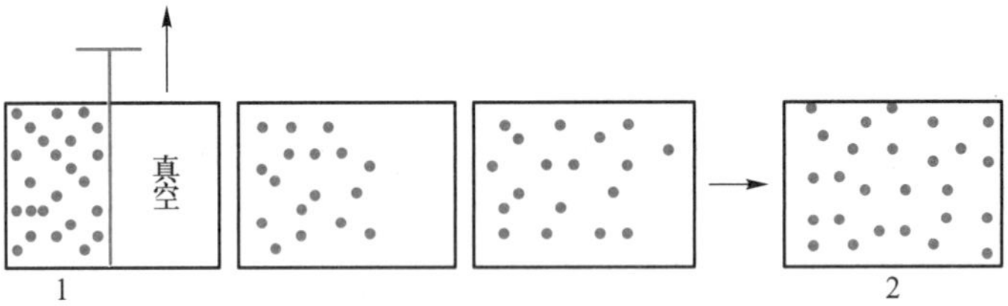

图 6-1-1 非平衡态的例子

三、温度与热力学第零定律

两个各自处在一定平衡态的系统，若发生热接触，则相互之间会进行热交换。一般地，两个系统的状态都将发生变化。但经过一段时间后，各自都将达到一种宏观状态参量不再变化的状态。这表明两个系统都达到了一个新的平衡态，此现象称为**热平衡**，其重要标志是两系统之间停止热交换。大量实验证明：**如果两个热力学系统中的每一个都与第三个系统的某一平衡态处于热平衡，则这两个系统必定也处于热平衡**。这个结论称为**热力学第零定律**。

热力学第零定律实际上给出了温度的定义：相互处于热平衡的系统，显然具有某种共同的宏观状态参量，记这个参量为 T。如果 A 与 B 热接触时，热量由 A 传给 B，则表示为 $T_A>T_B$；反之，表示为 $T_B>T_A$。当 A 与 B 互为热平衡时，$T_A=T_B$。参量 T 称为**温度**。温度是决定一个系统是否与其他系统处于热平衡的状态参量。一切互为热平衡的系统，都具有相同的温度。

热力学第零定律还给出了测量温度的依据：由于相互处于热平衡的系统具有相同的温度，当温度未知的系统与一个质量相对很小的系统达到热平衡时，小系统的温度就近似代表大系统的温度。而小系统又可通过它随温度变化的某一属性(例如气体的压强、材料的电阻、液柱的高度等)来表示出温度的相对高低，这时小系统就成了一个温度计。

温度的数值表示法称为**温标**，一般温标与测温物质及其性质有关。开尔文(L. Kelvin)在热力学第二定律基础上引入了一种热力学温标，它是一种不依赖于任何物质特性的温标。用热力学温标表示的温度称为热力学温度。热力学温度 T 与摄氏温度 t 的关系为

$$T/\mathrm{K} = t/^{\circ}\mathrm{C} + 273.15$$

温度存在下限，即绝对零度。当达到这一温度时所有的原子和分子的热运动都将停止。绝对零度是一个只能逼近而不能达到的最低温度。人类在 1926 年得到了 0.71 K 的低温，1933 年得到了 0.27 K 的低温，1957 年创造了 0.000 02 K 的超低温记录。目前已达到的最低温度为几十个 nK，但是绝对零度是不可能达到的。

四、状态参量和状态参量空间

根据所研究的具体问题和条件，系统的平衡态可选用某几个宏观物理量来描述，它们可以独立改变，这些物理量称为**状态参量**或态参量。系统的其他宏观物理性质可以表述为这些态参量的函数。如质量为 m、分子总数为 N 的某种气体处于平衡态时，有一定的压强 p、体积 V、温度 T、质量密度 $\rho=m/V$、分子数密度 $n=N/V$ 等，但这些参量之间并非相互独立，在气体的温度较高、压强较小时，其平衡态只需要两个独立参量来描述。

(1) 若选压强 p、体积 V 为独立参量，则温度 T 可以表示成 p、V 的函数 $T=T(p, V)$；

(2) 若选体积 V、温度 T 为独立参量，则压强 p 可以表示成 V、T 的函数 $p=p(V, T)$；

(3) 若选压强 p、温度 T 为独立参量，则体积 V 可以表示成 p、T 的函数 $V=V(p, T)$。

称 $T=T(p, V)$、$p=p(V, T)$ 或 $V=V(p, T)$ 为系统的**物态方程**。其中压强 p 的单位为 Pa(帕斯卡)，即 N/m^2(牛顿每平方米)；体积 V 的单位为 m^3(立方米)，有时也用 L(升)来表示，$1\ L=10^{-3}\ m^3$；温度的单位为 K(开尔文)。

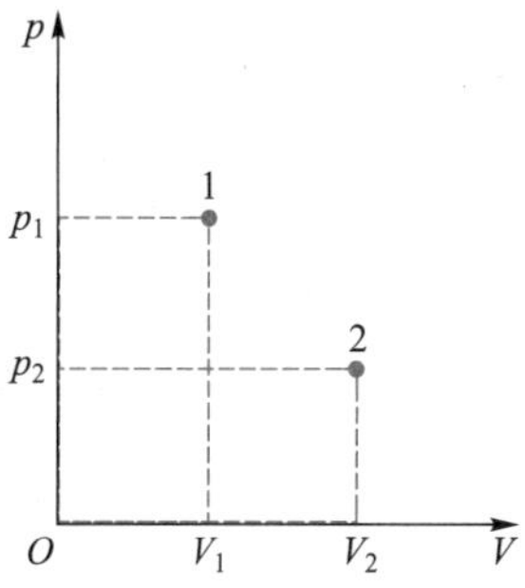

图 6-1-2　平衡态的表示

以独立的状态参量为坐标可构成一个空间，称为**状态参量空间**，简称为参量空间。对于气体，若以 p、V 为独立变量，由于气体的每个平衡态都有确定的 p、V 值，所以每个平衡态都与参量空间的一个点对应，如前面抽隔板例子中的 1 态、2 态对应图 6-1-2 中的 1、2 两点。而从 1 态到 2 态之间的任何一个态，由于各处密度不均匀导致各处压强、温度等也不均匀，无法用一个确定的参量值去描述，所以非平衡态不能用参量空间的点来表示。有了参量空间后，系统的每个平衡态都与参量空间的一个点对应起来。

五、热力学过程　过程曲线

将系统从初态经过一系列中间态最后达到末态的这种状态演化过程称为**热力学过程**，简称**过程**。按过程中间的每一个态是否均为平衡态，可将过程分为**准静态过程**与**非静态过程**。在过程中任意时刻，系统都无限地接近平衡态，因而任何时刻系统的状态都可以当平衡态来处理。这种过程就是准静态过程。也就是说，准静态过程是由一系列依次接替的平衡态所组成的过程。非静态过程指的是除初态和末态以外的中间态不都是平衡态的过程。如图 6-1-1 给出的过程就是非静态过程。

准静态过程是一种理想过程。实际过程进行得越缓慢，系统状态的变化就越小，各时刻系统的状态就越接近平衡态。当实际过程进行得无限缓慢时，各时刻系统的状态也就无限地接近平衡态，而该过程也就成了准静态过程。因此，准静态过程就是实际过程无限缓慢进行时的极限情况。我们看下面一个过程：

将图 6-1-1 中的隔板换成活塞（见图 6-1-3），令活塞从 1 态开始非常缓慢地向外移动，由于活塞移动无限缓慢，以至于每移动一点气体都能够很快达到新的平衡态。这样，当气体从 1 态到 2 态演化的过程中，每一时刻的状态都十分接近平衡态，而每一个平衡态都与参量空间的一个点对应，将这些点连接起来就得到一条曲线，这条曲线称为**过程曲线**［见图 6-1-4（a）］。而非静态过程只有初末两个平衡态可在参量空间表示，没有过程曲线。有时以虚线连接 1 点和 2 点代表非静态过程（见图 6-1-4（b）。

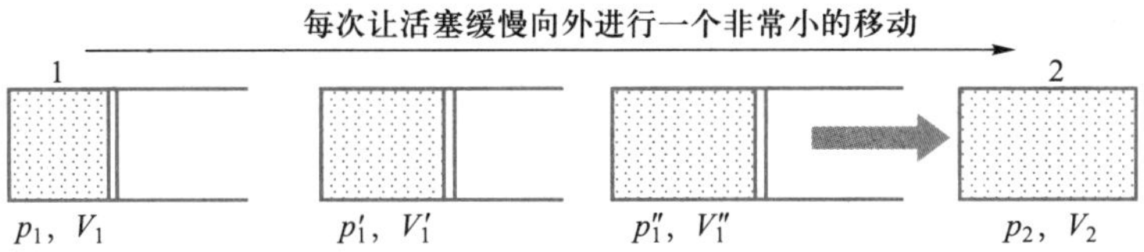

图 6-1-3 准静态过程的例子

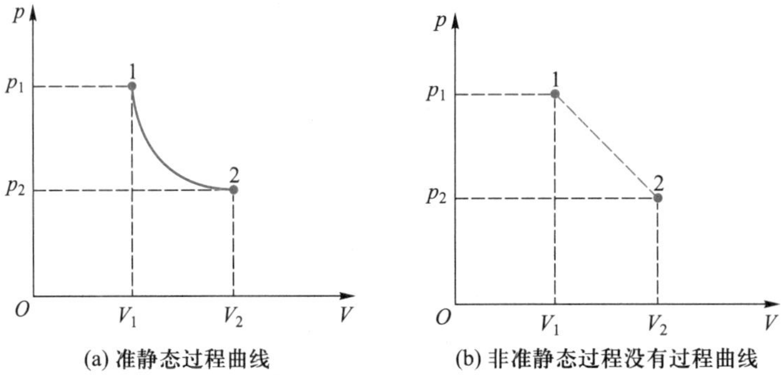

图 6-1-4

由以上分析，可得出结论：无限缓慢进行的过程即为准静态过程。

第 2 节 理想气体物态方程与微观模型

气体是较简单且典型的热力学系统，是早期热学中研究的重点。对于质量一定的气体，可选压强 p 和体积 V 来描述其平衡态。

一、理想气体

一定质量的气体在温度不变时，压强与体积的乘积为常量，此为**玻意耳（Boyle）定律**，即

$$pV = C$$

常量 C 由气体的种类、质量和温度决定。各种气体都近似遵守该定律，且在气体压强越小、温度越高的情况下对此定律符合得越好。严格遵守玻意耳定律的气体称为**理想气体**，它是实际气体在压强趋于零时的极限情况。

查理(Charles)通过实验发现，一定质量的理想气体，当其体积一定时，它的压强与热力学温度成正比，即

$$\frac{p}{T}=C$$

其中常量 C 由气体的种类、质量和体积决定。这个结论称为查理定律。

实验还发现，一定质量的理想气体在压强不变时，它的体积与热力学温度成正比，即

$$\frac{V_1}{T_1}=\frac{V_2}{T_2}$$

这个结论称为盖吕萨克定律。

二、理想气体物态方程

由气体的基本实验定律，可以得到平衡态时质量为 m 的理想气体的压强、温度、体积之间的关系为

$$pV=\nu RT \tag{6-2-1}$$

式中，$\nu=m/M$ 为气体的物质的量，M 为气体的摩尔质量，M = 相对分子质量 $\times 10^{-3}$ kg，R = 8.31 J/(mol · K)为摩尔气体常量。常用气体分子的摩尔质量如表 6-1 所示。

表 6-1　常用气体分子摩尔质量

物质	符号	$M/(\times10^{-3}\,\mathrm{kg/mol})$
氢气	H_2	2.016
氦气	He	4.003
水蒸气	H_2O	18.005
氖气	Ne	20.180
氮气	N_2	28.013
一氧化碳	CO	28.010
空气(平均)		28.90
氧气	O_2	31.999
二氧化碳	CO_2	44.010

根据阿伏伽德罗(Avogadro)常量(每摩尔气体所包含的分子数)

$$N_A=6.022\times10^{23}\,\mathrm{mol^{-1}}$$

可以引入玻耳兹曼(L. Boltzmann，奥地利物理学家)常量

$$k=\frac{R}{N_A}=1.38\times10^{-23}\,\mathrm{J/K}$$

因此，(6-2-1)式可改写为

$$p=\frac{NkT}{V}=nkT \tag{6-2-2}$$

式中 N 为气体分子数，$n=\dfrac{N}{V}$是单位体积内的分子数，称为**分子数密度**。

由摩尔质量和阿伏伽德罗常量可表示出单个气体分子的质量 $m_f=M/N_A$。

【例 6-1】 求在标准状态($p=1.013\times10^5$ Pa，$T=273.15$ K)下，1 m^3 气体所含的分子数。

解 由 $p=nkT$ 得单位体积的气体分子数 $n_0=p/kT$，有

$$n_0=\frac{p}{kT}=\frac{1.013\times10^5}{1.38\times10^{-23}\times273.15}\ \mathrm{m^{-3}}\approx2.69\times10^{25}\ \mathrm{m^{-3}}$$

通常 n_0 称为**洛施密特常量**。

【例 6-2】 一篮球在温度为 0 ℃时打入空气，直到球内压强为 1.5 atm(1 atm$=1.013\times10^5$ Pa，现已不推荐使用)。

(1) 在篮球比赛过程中，篮球的温度升高到 30℃，这时球内的压强为多大?

(2) 在篮球比赛过程中，球被刺破一小洞而漏气，假设漏气后篮球体积不变且篮球的温度恢复到 0℃，试问最终漏掉的空气是原有空气的百分之几?

解 (1) 设球体积为 V_0，则 $p_0=1.5$ atm，$T_0=273$ K，$T=(273+30)$ K$=303$ K，由于在篮球比赛过程中，球内空气质量或物质的量不变，故由理想气体物态方程可知

$$\frac{pV_0}{T}=\frac{p_0V_0}{T_0}$$

即

$$p=\frac{T}{T_0}p_0=\frac{303}{273}\times1.5\ \mathrm{atm}\approx1.66\ \mathrm{atm}$$

(2) 篮球漏完气后，球内外的压强必然相同，即 $p=1$ atm，$T_0=0$ ℃，设这时球内空气质量为 m'，由理想气体物态方程得

$$m'=\frac{MpV_0}{RT_0}$$

以 m 表示漏气前球内空气的质量，则

$$m=\frac{Mp_0V_0}{RT_0}$$

最终漏掉的空气与原有空气的百分比是

$$\frac{m-m'}{m}=\frac{p_0-p}{p_0}=\frac{1.5-1}{1.5}\approx33.3\%$$

三、混合理想气体的物态方程

道尔顿分压定律指出：混合理想气体的压强等于各组分的分压强之和。这条实验定律只适用于理想气体。即

$$p=\sum_i p_i \tag{6-2-3}$$

其中每一组分的理想气体物态方程为

$$p_iV_i=\frac{m_i}{M_i}RT \tag{6-2-4}$$

混合理想体气物态方程可以写成与单一成分的理想气体物态方程相同的形式：

$$pV = \frac{m}{M}RT \tag{6-2-5}$$

其中 M 为平均摩尔质量。由于混合气体的物质的量应是各组分的物质的量之和。因此混合气体的平均摩尔质量 M 为

$$\frac{1}{M} = \sum_i \frac{m_i}{m}\frac{1}{M_i} \tag{6-2-6}$$

【例 6-3】 容积为 2 500 cm^3 的烧瓶内有 1.0×10^{15} 个氧分子、4.0×10^{15} 个氮分子和 3.3×10^{-7} g 的氩气。设混合气体的温度为 150 ℃，求混合气体的压强。

解 根据混合气体的压强等于各组分的分压强之和，有 $p = \sum_i n_i kT$。其中的氩的分子个数为

$$\frac{m}{M}N_A = \frac{3.3\times10^{-7}}{40}\times6.023\times10^{23}\approx4.97\times10^{15}(\text{个})$$

所以

$$p = \frac{(1.0+4.0+4.97)\times10^{15}\times1.38\times10^{-23}\times(273+150)}{2\,500\times10^{-6}}\ \text{Pa}\approx2.33\times10^{-2}\ \text{Pa}$$

四、理想气体微观模型

热力学系统由大量分子构成，由于无法直接观察到分子的运动，所以为了便于理论研究，可以对分子的运动提出一些合理假设，在假设的基础上对气体的宏观性质进行分析判断，然后用实验来检验假设的正确与否。

分子之间存在相互作用力。其具体表现为相吸引还是相排斥，取决于分子间的距离。当分子间距离 $r>10^{-9}$ m 时，分子力可忽略不计。在标准状态下，从理想气体物态方程可以知道，气体分子的数密度约为 $n=p/kT=2.69\times10^{25}\ m^{-3}$。若取分子直径 $d=2.0\times10^{-10}$ m，则分子间的平均间距约为 3.34×10^{-9} m，相邻分子间的平均间距远大于分子直径。由此可知，气体分子间的距离比较大，在处理某些问题时，可以把气体分子视为没有大小的质点。同样可以认为气体分子除相互碰撞以及与器壁间的碰撞之外，分子力也忽略不计，分子在空间自由移动，也没有分子势能。在室温下，气体分子的运动速率为 $10^2\sim10^3$ m/s，分子在两次碰撞之间自由飞行的路程大约为 10^{-7} m，自由飞行的时间约为 10^{-10} s，因此一个分子在 1 s 内大约会发生 10^{10} 次碰撞。如果跟踪一个分子的运动，由于分子的运动十分复杂，运动速度的大小和方向不断变化，自由飞行的路程有长有短，运动具有极大的偶然性，且系统又包含着极大数目的分子，所以这种偶然性造成整个气体内分子运动呈现出一种极为纷乱的景象，称气体分子的这种热运动为无规则或无序运动。

总结以上结论，为了简化问题，气体动理论对理想气体分子的运动作了以下力学假设：

(1) 分子的大小可忽略不计；

(2) 气体分子与分子之间及气体分子与容器壁之间除碰撞外无相互作用；

(3) 除特别考虑外，一般不计分子的重力；

（4）分子间及分子与器壁间的碰撞为弹性碰撞，遵守动量守恒定律和动能守恒定律。

虽然气体中每个分子的运动呈现出一种无规律性，但就整体来看，却存在着一定的规律性。例如，在不计重力的情况下，气体的分子数密度处处相等。又如，在一定温度下，气体分子按速度有一个确定的分布。正是由于这种规律性，使热力学中的各种宏观量分别与气体动理论中的某些微观量的平均值相联系。这种规律性称为**统计规律**。

下面以伽尔顿板实验来说明统计规律。在一块竖直放置的板的上部，规则地钉上许多铁钉，下部用隔板划分为许多等宽度的狭槽，从装置顶上的漏斗中可将小球向下投放。若每次只投入一个小球，则小球每次落入哪个狭槽完全是偶然的。但连续重复许多次实验后发现：小球落入中间槽的次数多，落入两端槽的次数少。若把大量小球一次倒入，则可以看到，小球在各槽内的分布是不均匀的，中间槽最多，两端逐渐减少。若每次倒入的小球总数足够多，并且实验次数也足够多时，每次得到的分布曲线几乎相同(见图 6-2-1)。实验结果表明：单个或少数小球落入哪个狭槽的行为具有无规律性、偶然性。但大量小球落入狭槽的分布却体现出一种规律性、必然性。**这种必然性是寓于大量个别事件中的偶然性**，这就是我们所说的统计规律。以这样的统计规律为根据，对理想气体可提出以下几个统计假设。

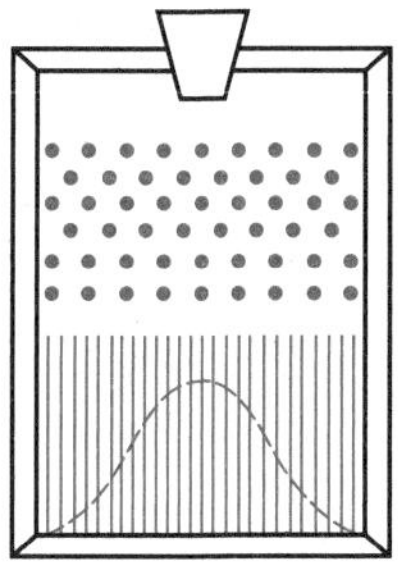

图 6-2-1 伽尔顿板实验

（1）平衡态时，气体分子在容器中的空间分布是均匀的，由此可知，气体分子数密度 n 处处相同，即

$$n=\frac{\Delta N}{\Delta V}=\frac{N}{V}$$

式中，ΔN 是体积 ΔV 中的分子数，N 是容器 V 中的分子数。

（2）平衡态时，气体分子沿各个方向运动的机会是均等的。分子速度分量 v_x，v_y，v_z 的平方平均值为

$$\overline{v_x^2}=\frac{\sum_i N_i v_{ix}^2}{N}=\frac{\sum_i n_i v_{ix}^2}{n}$$

$$\overline{v_y^2}=\frac{\sum_i N_i v_{iy}^2}{N}=\frac{\sum_i n_i v_{iy}^2}{n}$$

$$\overline{v_z^2}=\frac{\sum_i N_i v_{iz}^2}{N}=\frac{\sum_i n_i v_{iz}^2}{n}$$

式中 N_i 为 N 个分子中速度为 $\boldsymbol{v}_i$ 的分子数，n_i 为相应的分子数密度。

由于分子的速度在哪一个方向上都不占优势，所以可以认为沿各方向运动的分子数目相等，则有

$$\overline{v_x^2}=\overline{v_y^2}=\overline{v_z^2}$$

又由于

$$\overline{v^2}=\overline{v_x^2}+\overline{v_y^2}+\overline{v_z^2}$$

所以有

$$\frac{1}{3}\overline{v^2}=\overline{v_x^2}=\overline{v_y^2}=\overline{v_z^2} \tag{6-2-7}$$

统计假设是对系统中大量分子平均而言的，系统包含的分子数越多，假设就越接近实际情况。以上关于理想气体分子运动的力学假设和统计假设构成了理想气体的微观模型。

宏观上测量的气体施加给容器壁的压强，是大量气体分子对器壁不断碰撞的结果。在通常情况下，气体每秒碰撞器壁的分子数可达 10^{23} 量级。在数值上，气体的压强等于单位时间内大量分子施加给单位面积器壁的平均冲量。

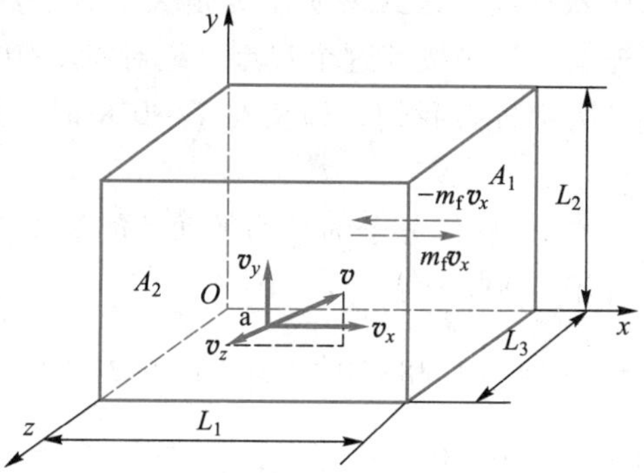

图 6-2-2

下面我们以容器的侧面 A_1 为例进行进一步研究。如图 6-2-2 所示，假设单个气体分子的质量为 m_f，某个分子 a 与 A_1 碰一次，作用在 A_1 上的冲量为 $2m_f v_x$（弹性碰撞），到达 A_2 后来回一次碰撞的时间为 $\frac{2L_1}{v_x}$，则分子 a 单位时间与 A_1 的碰撞次数为 $\frac{v_x}{2L_1}$。所以分子 a 单位时间作用在 A_1 上的冲量为 $2m_f v_x\frac{v_x}{2L_1}=\frac{m_f v_x^2}{L_1}$。对于大量分子而言，如果用 v_{ix} 表示第 i 个分子的速度的 x 分量，那么单位时间作用在 A_1 上的平均冲量（也就是所有分子对 A_1 面的平均作用力）为

$$\overline{F}=\sum_{i=1}^{N}\frac{m_f v_{ix}^2}{L_1}=\frac{m_f}{L_1}\sum_{i=1}^{N}v_{ix}^2$$

将所有分子对 A_1 面的作用力除以 A_1 面的面积就可以得到气体的压强为

$$p=\frac{\overline{F}}{L_2L_3}=\frac{m_f}{L_1L_2L_3}\sum_{i=1}^{N}v_{ix}^2=\frac{Nm_f}{L_1L_2L_3}\sum_{i=1}^{N}\frac{v_{ix}^2}{N}=nm_f\,\overline{v_x^2}$$

由于对称性，可以认为沿各方向运动的分子数目相等，即(6-2-7)式。因此气体的压强为

$$p=\frac{1}{3}nm_f\,\overline{v^2}$$

定义理想气体分子的平均平动动能 $\bar{\varepsilon}_t=\frac{1}{2}m_f\,\overline{v^2}$，气体的压强还可以写成

$$p=\frac{2}{3}n\bar{\varepsilon}_t$$

这个式子就是气体动理论的压强公式。它把宏观量 p 和微观量的统计平均值联系起来，表明在分子数密度 n 一定的情况下，压强的大小反映了气体分子平均平动动能的大小。表明气体压强这个概念具有统计意义，即对大量气体分子才有明确意义。

由 $p=nkT$ 与 $p=\frac{2}{3}n\bar{\varepsilon}_t$ 做比较可以得出 $\bar{\varepsilon}_t=\frac{3kT}{2}$，该式左边为分子平均平动动能，是微观量的统计平均值。而该式的右边为气体的温度，是宏观量。此式给出了宏观量温度 T 与微观量分子平均平动动能的关系。说明理想气体的温度高低直接反映了分子平均平动动能的大小，表征了系统内分子热运动的剧烈程度。该式表明温度是大量分子热运动的集体表现，所以温度这个概念对个别分子是毫无意义的。按照这个观点，绝对零度(0 K)将是分子没有热运动状态下系统的温度。当然，量子力学告诉我们，即使在 $T\to 0$ K 时，分子仍保持某种振动能量，称为零点能量。

【例 6-4】 在常温下(27 ℃)，气体分子的平均平动动能等于多少电子伏？在多高的温度下，气体分子的平均平动能等于 1 000 eV？

解 (1)

$$\bar{\varepsilon}_t=\frac{3}{2}kT=\frac{3}{2}1.38\times10^{-23}\times300\ \text{J}=6.21\times10^{-21}\text{J}$$

能量也可以用 eV 做单位，1 eV = 1.6×10^{-19} J。

所以

$$\bar{\varepsilon}_t=\frac{6.21\times10^{-21}}{1.6\times10^{-19}}\ \text{eV}\approx3.88\times10^{-2}\ \text{eV}$$

(2)

$$T=\frac{2\bar{\varepsilon}_t}{3k}=\frac{2\times10^3\times1.6\times10^{-19}}{3\times1.38\times10^{-23}}\ \text{K}\approx7.7\times10^6\ \text{K}。$$

第 3 节 能量均分定理 理想气体的内能

在前面讨论中，我们都将气体分子看成质点来处理，因而前面只考虑了分子的平均平动动能。实际上，气体分子本身有一定大小并且还有比较复杂的内部结构。分子不仅具有平动动能，还有转动动能，以及分子内部原子之间的振动能量。为了进一步讨论平衡态下分子的转动能量和振动能量，需要引入分子自由度的概念。

一、气体分子的自由度

自由度是用来确定物体空间位置的独立坐标数，记为 i。它是描述运动自由程度的物理量。

分子可以有不同的结构。如一个分子仅由一个原子组成，称为单原子(例 He 等)分子。对于单原子分子气体(如氦气、氖气、氩气等)，可以将原子看作是一个质点，需要 3 个独立坐标 x，y，z 来描述它的位置，所以具有 3 个平动自由度，$i=t=3$（见图 6-3-1），t 代表平动自由度。对于双原子分子气体(如氢气、氧气、一氧化碳等)，如果认为分子是刚性的(就好像一根轻质刚性杆连接两个质点)，则首先要用 3 个坐标确定其质心位置，即 3 个平动自由度($t=3$)，还需要两个独立坐标确定两个原子连线的方位，该方位可用原子连线与坐标轴的 3 个夹角 α、

β、γ 来确定。因为三者之间有关系式

$$\cos^2\alpha+\cos^2\beta+\cos^2\gamma=1$$

所以只有 2 个是独立的。这两个坐标对应于分子的转动，相应的自由度叫作**转动自由度**，以 r 表示。所以，刚性双原子分子的总自由度 $i=t+r=3+2=5$（见图 6-3-2）。实际上，双原子分子不完全是刚性的，在原子间作用力的支配下，分子内部原子之间会发生相对振动，此时的双原子分子为非刚性的（假如把分子内原子之间的微振动近似看成简谐振动，则双原子分子好像一根轻质弹簧连接两个质点）。对于非刚性双原子分子，还需要用一个坐标来确定两原子间的距离，这个自由度称为**振动自由度**，以 s 表示。所以，对于非刚性双原子分子，其总自由度 $i=t+r+s=3+2+1=6$（见图 6-3-3）。

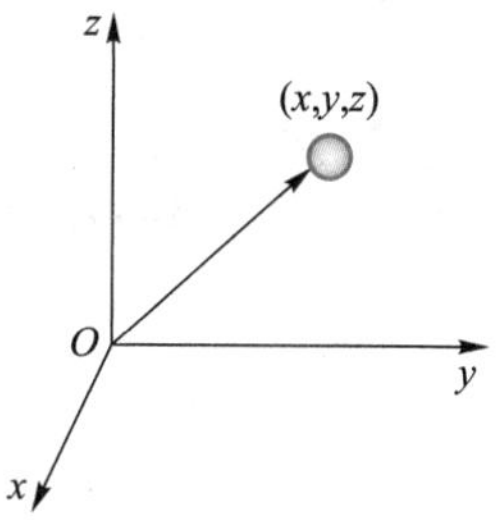

图 6-3-1　单原子分子

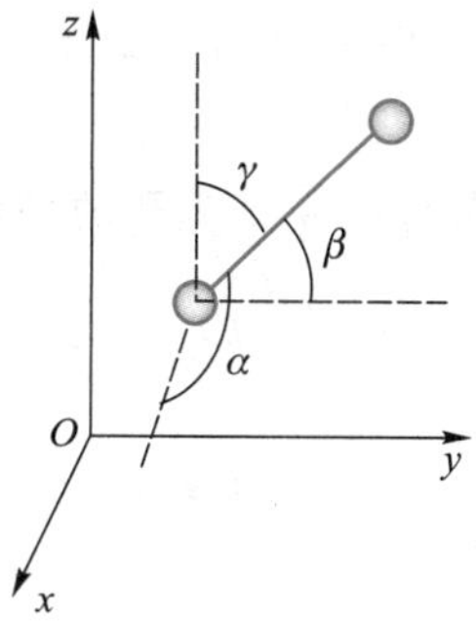

图 6-3-2　刚性双原子分子

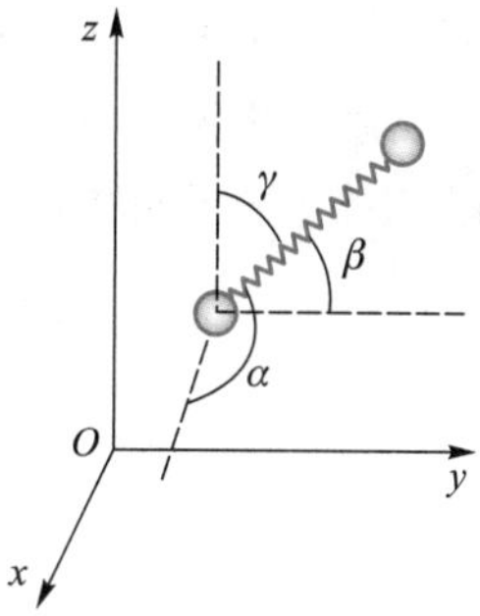

图 6-3-3　非刚性双原子分子

对于刚性多原子分子，其自由度为 6，即 3 个平动自由度加 3 个转动自由度。而非刚性多原子分子的自由度较为复杂。一般情况下分子的自由度如表 6-2 所示。

表 6-2　分子的自由度

分子种类		t	r	s	$i(=t+r+s)$
单原子分子		3	0	0	3
双原子分子	刚性	3	2	0	5
	非刚性	3	2	1	6
多原子分子	刚性	3	3	0	6
	非刚性	3	3	$3n-6$	$3n$

二、能量均分定理

在上一节中，我们已经得到理想气体分子的平均平动动能

$$\bar{\varepsilon}_t=\frac{1}{2}m_f\overline{v^2}=\frac{3}{2}kT$$

由于
$$\frac{1}{3}\overline{v^2}=\overline{v_x^2}=\overline{v_y^2}=\overline{v_z^2}$$

所以
$$\frac{1}{2}m_{\mathrm{f}}(\overline{v_x^2}+\overline{v_y^2}+\overline{v_z^2})=\frac{1}{2}m_{\mathrm{f}}\overline{v_x^2}+\frac{1}{2}m_{\mathrm{f}}\overline{v_y^2}+\frac{1}{2}m_{\mathrm{f}}\overline{v_z^2}=\frac{3}{2}kT$$

即
$$\frac{1}{2}m_{\mathrm{f}}\overline{v_x^2}=\frac{1}{2}kT,\quad \frac{1}{2}m_{\mathrm{f}}\overline{v_y^2}=\frac{1}{2}kT,\quad \frac{1}{2}m_{\mathrm{f}}\overline{v_z^2}=\frac{1}{2}kT$$

这里我们看到，分子的平均平动动能是均匀地分配在每个平动自由度上的，每个平动自由度上分配的能量均为$\frac{kT}{2}$。这不禁使人想到，当分子还兼有转动自由度和振动自由度时，是否每个自由度上都具有同样分量的平均动能呢？情况确实如此，经典统计理论证明：**对于处在温度为 T 的平衡态下的系统，气体分子每个自由度的平均动能相等，都等于 $kT/2$**。这是一条重要的统计规律，称为**能量均分定理**。

所以，对于分子自由度为 i 的理想气体，一个分子的平均总动能为

$$\bar{\varepsilon}_{\mathrm{k}}=\frac{i}{2}kT \tag{6-3-1}$$

$$\bar{\varepsilon}_{\mathrm{k}}=\frac{t}{2}kT+\frac{r}{2}kT+\frac{s}{2}kT=\bar{\varepsilon}_{\mathrm{k,t}}+\bar{\varepsilon}_{\mathrm{k,r}}+\bar{\varepsilon}_{\mathrm{k,s}}$$

式中 $\bar{\varepsilon}_{\mathrm{k,t}}=\frac{t}{2}kT$ 为平均平动动能，$\bar{\varepsilon}_{\mathrm{k,r}}=\frac{r}{2}kT$ 为平均转动动能，$\bar{\varepsilon}_{\mathrm{k,s}}=\frac{s}{2}kT$ 为平均振动动能。(6-3-1)式是气体分子的平均总动能，考虑到每个分子除有动能外还可能具有势能，所以一个分子的平均总能量应加上分子的平均势能 $\bar{\varepsilon}_{\mathrm{p}}$，即

$$\bar{\varepsilon}=\bar{\varepsilon}_{\mathrm{k}}+\bar{\varepsilon}_{\mathrm{p}}$$

式中 $\bar{\varepsilon}_{\mathrm{p}}$ 表示分子的平均势能。对于理想气体以及分子与分子之间的距离较大的气体，可不考虑分子与分子之间的相互作用势能，但存在分子内部原子与原子之间的相互作用势能。假如把分子内原子之间的微振动近似看成简谐振动，由振动学理论可以证明：**简谐振动在一个周期内，平均振动势能与平均振动动能相等**。因此可知，对具有一个振动自由度的分子，其平均振动势能为

$$\bar{\varepsilon}_{\mathrm{p}}=\bar{\varepsilon}_{\mathrm{k,s}}=\frac{1}{2}kT$$

对具有 s 个振动自由度的分子，其平均振动势能为

$$\bar{\varepsilon}_{\mathrm{p}}=\bar{\varepsilon}_{\mathrm{k,s}}=\frac{s}{2}kT$$

所以在考虑了分子的势能后，一个分子的平均总能量就为

$$\bar{\varepsilon}=\bar{\varepsilon}_{\mathrm{k}}+\bar{\varepsilon}_{\mathrm{p}}=\frac{i}{2}kT+\frac{s}{2}kT=\frac{1}{2}(t+r+2s)kT \tag{6-3-2}$$

从宏观上讨论气体的能量时，引入气体内能的概念。**气体的内能是指它所包含的所有分子的能量和分子之间的相互作用势能的总和**。由于理想气体分子之间没有势能，所以内能就是它所包含的 N 个分子能量的总和。记气体的内能为 E，则

$$E = N\bar{\varepsilon} = \frac{N}{2}(t + r + 2s)kT$$

由于 $k=R/N_A$，$N/N_A=\nu$(气体的物质的量)，所以上式又可写成

$$E = \frac{\nu}{2}(t + r + 2s)RT \tag{6-3-3}$$

而 1 mol 气体的内能为

$$E_m = \frac{1}{2}(t + r + 2s)RT \tag{6-3-4}$$

因此，单原子分子气体的内能 $E=\frac{3}{2}\nu RT$，刚性双原子分子气体的内能 $E=\frac{5}{2}\nu RT$，非刚性双原子分子气体的内能 $E=\frac{7}{2}\nu RT$，刚性多原子分子气体的内能 $E=\frac{6}{2}\nu RT$。

理想气体分子之间没有相互作用，分子间不存在势能。因此理想气体的内能是气体所有分子热运动能量的总和，它只跟气体的分子数和温度有关，与体积无关。由(6-3-3)式可以得出结论：**对于理想气体，其内能是一个只与气体分子数和温度有关的量。**

【例 6-5】 当温度为 27.0 ℃时，有 1 mol 的氢气(视为刚性双原子分子气体)装在容积为 10.0 L 的封闭容器中，容器以 $v=200$ m/s 的速率做匀速直线运动。若容器突然静止，定向运动的动能全部转化为分子热运动的动能，则平衡后氢气的温度和压强将各增大多少？

解　由于容器以速率 v 做定向运动时，每一个分子都具有定向运动，其动能等于$\frac{1}{2}m_f v^2$，当容器停止运动时，分子定向运动的动能将转化为分子热运动的能量，每个分子的平均热运动能量则为

$$\frac{5}{2}kT_2 = \frac{1}{2}m_f v^2 + \frac{5}{2}kT_1,$$

因此

$$\Delta T = T_2 - T_1 = \frac{m_f v^2}{5k} = \frac{Mv^2}{5R} = \frac{2\times10^{-3}\times200^2}{5\times8.31}\text{ K} = 1.93\text{ K}$$

因为容器内氢气的体积一定，所以

$$\frac{p_2}{T_2} = \frac{p_1}{T_1} = \frac{p_2 - p_1}{T_2 - T_1} = \frac{\Delta p}{\Delta T}$$

则

$$\Delta p = \frac{p_1}{T_1}\Delta T,$$

由 $p_1 V=\nu RT_1$ 可得

$$\Delta p = \frac{\nu R}{V}\Delta T = \frac{\nu M v^2}{5V} = 1.6 \times 10^3\text{ Pa} \approx 1.58 \times 10^{-2}\text{ atm}$$

第 4 节　实际气体物态方程

理想气体物态方程是最简单的物态方程。在工程设计中，低压下的气体(特别是难液化的

N_2，H_2，CO，CH_4 等）可以用理想气体物态方程进行近似的估算。理想气体物态方程还可以作为衡量真实气体物态方程是否正确的标准之一，当压力趋近于零或体积趋于无穷大时，任何真实气体物态方程都应还原为理想气体物态方程。

由理想气体物态方程 $pV=\nu RT$ 可知 $\frac{pV}{\nu RT}$ 是常量，在 $\frac{pV}{\nu RT}\sim p$ 图上理想气体的状态曲线应该对应于一条 $\frac{pV}{\nu RT}=1$ 的水平线，但是大量实验结果显示真实气体并不完全符合这样的规律。尤其在高压或低温下偏差较大。实际气体的这种偏差通常采用压缩因子或称压缩系数 Z 来表示：

$$Z=\frac{pV}{\nu RT}\quad \text{或}\quad pV=Z\nu RT \tag{6-4-1}$$

对于理想气体恒有压缩因子 $Z=1$。而对于实际气体，压缩因子 Z 可大于 1，也可以小于 1。当 $Z>1$ 时，说明该气体比理想气体更难压缩。反之，则说明该气体可压缩性较大。压缩因子 Z 偏离 1 的大小，反映了实际气体对理想气体的偏离程度。实验表明，Z 值的大小不仅与气体的种类有关，而且同种气体的 Z 值还随压强和温度而变化，是状态的函数。在一定温度下，大多数实际气体的 Z 值，先随着压强的增大而减小。随着压强进一步增大到一定值，Z 值随压强的增大而增大。压强极高时，气体 Z 值将大于 1。产生这种现象的原因是：理想气体的假设中，忽略了气体分子间的作用力和气体分子所占据的体积。开始压缩时，由于分子间距离较大，分子间引力起主要作用，因此气体较之理想气体易压缩，气体的 Z 值随着压强的增大而减小。随着压强的进一步增大，分子间距离进一步缩小，分子间斥力影响逐渐增大，同时，分子本身占有的体积使分子自由活动空间减小的影响也不容忽视，故而，压强极高时，气体 Z 值将大于 1，而且 Z 值随压强的增大而增大。

从定性分析可得到，实际气体只有在高温低压状态下，其性质和理想气体相近，实际气体是否能作为理想气体处理，不仅与气体的种类有关，而且与气体所处状态有关。由于理想气体物态方程不能准确反映实际气体 p、V、T 之间的关系，所以必须对其进行修正和改进，或通过其他途径建立实际气体的物态方程。

下面介绍几个典型的实际气体物态方程。

一、范德瓦耳斯(van der Waals)物态方程

1873 年，范德瓦耳斯针对理想气体的两个假定，对理想气体物态方程进行了修正，提出了范德瓦耳斯物态方程(1 mol 气体)：

$$\left(p+\frac{a}{V_{\mathrm{m}}^2}\right)\cdot(V_{\mathrm{m}}-b)=RT\quad \text{或}\quad p=\frac{RT}{V_{\mathrm{m}}-b}-\frac{a}{V_{\mathrm{m}}^2} \tag{6-4-2}$$

该方程是第一个适用于实际气体的物态方程，与理想气体物态方程相比，它加入了参量 a 和 b，它们分别表征分子间的引力和分子体积的影响。范德瓦耳斯方程对理想气体物态方程引入 2 个修正的依据

1. 考虑到气体分子间的引力作用，气体对容器壁所施加的压强要比理想气体的小，(6-4-2)式中的 a/V_{m}^2 项是考虑分子间有吸引力而引入的对压强修正，称为内压。因为由分子间引力引起的分子对器壁撞击力的减小与单位时间内和单位壁面面积碰撞的分子数成正比，

同时又与吸引这些分子的其他分子数成正比，因此内压与气体的密度的平方成反比，即与比体积平方的倒数成正比，进而可用 a/V_m^2 表示。

2. 考虑到气体分子具有一定的体积，所以用分子可自由活动的空间(V_m-b)来取代理想气体物态方程中的 V_m。

范德瓦耳斯方程中的常量 a、b 可以由具体的 p、V、T 数据拟合得到。

二、RK(Redlich-Kwong)方程

R-K(Redlich-Kwong)方程是在范氏方程基础上提出的含两个常量的方程，它保留了体积的二次方程的简单形式，通过对内压项 a/V_m^2 的修正，使方程的精度有较大提高，特别是在计算气液相平衡和混合物时十分成功。在化学工程中曾广泛应用，其表达式为：

$$p=\frac{RT}{V_m-b}-\frac{a}{T^{0.5}V_m(V_m+b)} \tag{6-4-3}$$

式中常量 a、b 也是各种物质所固有的数值，可从 p、V、T 的实验数据中拟合而来。此方程是最成功的二常数方程之一，它有较高精度，使用又比较简便。另外常用的二常数方程还有 PR(Peng-Robinson)方程和 SRK(Soave-Redlich-Kwong)方程等，这些方程提出了对范氏方程内压项的其他修正方式。

三、位力方程

实际气体的物态方程可以展开成为级数表达的形式，也就是所谓的位力方程。最常见的形式为：

$$\frac{pV_m}{RT}=1+\frac{B}{V_m}+\frac{C}{V_m^2}+\frac{D}{V_m^3}+\cdots \tag{6-4-4}$$

或以压力的幂级数表示为：

$$\frac{pV_m}{RT}=1+B'p+C'p^2+D'p^3+\cdots \tag{6-4-5}$$

式中 B、B' 称为第二位力系数，C、C' 称为第三位力系数，依次类推。这些系数与物质种类有关，是温度的函数。

根据统计力学的理论，可以推导出各个位力系数的计算公式，且位力方程中各项均有明确的意义。例如 B/V_m 反映了二分子的相互作用，C/V_m^2 反映了三分子的相互作用等。在低压下，C/V_m^2 的影响比 B/V_m 小得多，可截取前两项；当压力较高时，可以截取前三项，这样得到的物态方程称之为截断形式的位力方程。

第 5 节　麦克斯韦速率分布

一、理想气体分子的速率分布函数

对某一分子，其任一时刻的速度大小和方向具有偶然性。但对于大量分子，在一定条件

下，它们的速率分布遵循着一定的统计规律。1859 年，麦克斯韦用概率论证明了在平衡态下，理想气体分子速度分布是有规律的，这个规律叫麦克斯韦速度分布。如果不考虑速度方向，则为麦克斯韦速率分布。

设平衡态下系统分子总数为 N。按经典力学的概念，气体分子速率可取从 0 到 ∞ 的连续取值。假设把分子的速率按其大小分为一系列长度相同的区间，分布在各个区间内的分子数记为 ΔN_i。实验和理论都已经证明，在一定的温度下，当气体处于平衡态时，分布在各个区间内的分子数占分子总数的百分率 $\Delta N_i/N$ 基本上是确定的。若系统中分子速率处于某一个区域的分子数 ΔN_i 越多，就表示分子的速率取值在这一区域的机会越多，所以比率 $\Delta N_i/N$ 代表了系统中分子速率有多大的概率介于 v_i 到 $v_i+\Delta v$ 范围内。显然，对相同的区间间隔 Δv，比率 $\Delta N_i/N$ 与 v_i 有关；给定 v_i，比率 $\Delta N_i/N$ 与区间间隔 Δv 有关。当 Δv 很小时，在一阶近似下可认为 $\Delta N_i/N$ 与 Δv 成正比，比例系数依赖于 v_i 的取值。

将这种讨论推广到区间间隔 Δv 趋于零的极限情况：所谓的分子速率分布就是要研究理想气体在平衡态下，速率分布在区间 v 到 $v+\mathrm{d}v$ 范围内的分子数 $\mathrm{d}N_v$ 占总分子数 N 的百分率。比率 $\mathrm{d}N_v/N$ 也就是系统中分子速率介于 v 到 $v+\mathrm{d}v$ 范围内的概率。该概率与区间间隔 $\mathrm{d}v$ 成正比，即

$$\mathrm{d}W=\mathrm{d}N_v/N=f(v)\,\mathrm{d}v \tag{6-5-1}$$

其中 $f(v)$ 是概率 $\mathrm{d}W$ 与速率区间间隔 $\mathrm{d}v$ 之间的比例系数。该比例系数依赖于 v 的取值，因此是 v 的函数。$f(v)$ 一般被称为分子的速率分布函数。将上式改写为

$$f(v)=\mathrm{d}W/\mathrm{d}v \tag{6-5-2}$$

可以看出 $f(v)$ 的物理意义：系统中分子速率取值在 v 附近单位速率间隔内的概率（也就是概率密度），或者换一种说法，在速率 v 附近，单位速率间隔内出现的分子数占总分子数的比率。

二、麦克斯韦速率分布

在近代测定气体分子速率的实验获得成功之前，麦克斯韦和玻耳兹曼等人已从理论（利用概率论等）上确定了气体分子按速率分布的统计规律。设平衡态下系统分子总数为 N，占有体积 V，温度为 T，分子质量为 m_f，当气体分子间的相互作用可忽略时，速率分布在足够小的速率区间 $v\sim v+\mathrm{d}v$ 内的分子数占总分子数的比例为：

$$\frac{\mathrm{d}N_v}{N}=4\pi v^2\left(\frac{m_\mathrm{f}}{2\pi kT}\right)^{3/2}\mathrm{e}^{-m_\mathrm{f}v^2/2kT}\mathrm{d}v \tag{6-5-3}$$

它表示分子速率处于 $v\sim v+\mathrm{d}v$ 内的分子数 $\mathrm{d}N_v$ 占总分子数 N 的比，而不论分子速度的方向如何，也不管分子的空间位置如何。对每个分子而言，该比值也表示速率有多大的概率出现在 $v\sim v+\mathrm{d}v$ 的范围内，称为分子按速率的（概率）分布。函数

$$f(v)=4\pi v^2\left(\frac{m_\mathrm{f}}{2\pi kT}\right)^{3/2}\mathrm{e}^{-m_\mathrm{f}v^2/2kT} \tag{6-5-4}$$

该式称为麦克斯韦速率分布函数。

下面对速率分布函数进行一些讨论。

（1）作出 $f(v)$ 的曲线，如图 6-5-1 所示，分子速率在 $v\sim v+\mathrm{d}v$ 范围内的分子数的比率为

$$\frac{\mathrm{d}N_v}{N}=f(v)\,\mathrm{d}v \tag{6-5-5}$$

在图 6-5-1 中对应于曲线下 $v\sim v+\mathrm{d}v$ 部分的小窄条的面积，显然在速率间隔一样大的情况下，以曲线最高点下的小窄条的面积最大，曲线最高点对应的速率称为分子的**最概然速率**。即对于相同的速率间隔，出现在最概然速率附近的分子数最多。

（2）将$\frac{\mathrm{d}N_v}{N}$对所有速率区间求和，得到所有速率的分子数的比率，这个比率为 1，即

$$\int_N \frac{\mathrm{d}N_v}{N}=\int_0^{\infty} f(v)\,\mathrm{d}v = 1 \tag{6-5-6}$$

(6-5-6)式称为**分布函数的归一化条件**。

（3）对于质量一定的气体，速率分布函数只与系统的温度有关。图 6-5-2 表示不同温度下同一种气体所对应的速率分布函数。

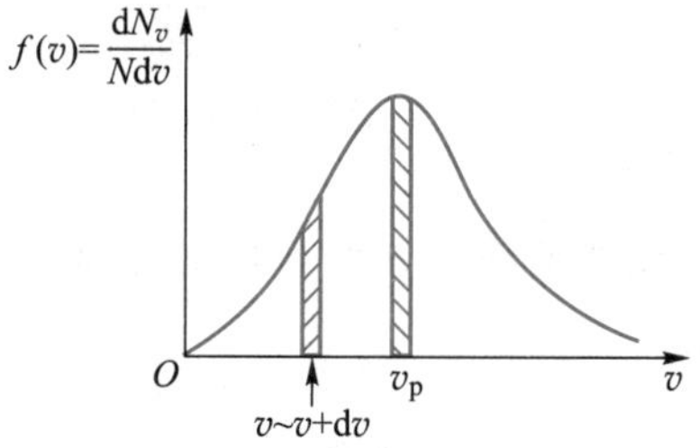

图 6-5-1　速率分布曲线

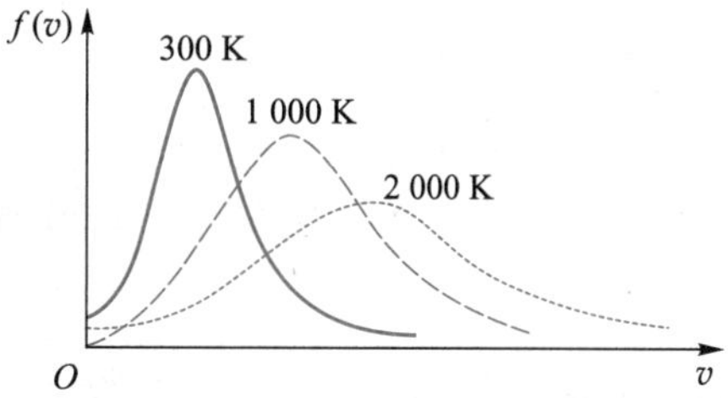

图 6-5-2　不同温度时的速率分布曲线

（4）对于一定的温度，速率分布函数只与分子质量即气体的种类有关。

三、分子的三个特征速率

利用 $f(v)$ 还可以计算与 v 有关的分子微观量的统计平均值和分子的最概然速率。

1. 分子的平均速率 $\bar{v}$

$$\bar{v}=\frac{\int_0^{\infty} v\,\mathrm{d}N_v}{N}=\int_0^{\infty} v f(v)\,\mathrm{d}v = 4\pi\left(\frac{b}{\pi}\right)^{3/2}\int_0^{\infty} v^3 \mathrm{e}^{-bv^2}\mathrm{d}v$$

式中 $b=\frac{m_{\mathrm{f}}}{2kT}$，由积分公式 $\int_0^{\infty} v^3 \mathrm{e}^{-bv^2}\mathrm{d}v=\frac{1}{2b^2}$可算出

$$\bar{v}=4\pi\left(\frac{b}{\pi}\right)^{3/2}\frac{1}{2b^2}=2\sqrt{\frac{1}{b\pi}}=\sqrt{\frac{8kT}{\pi m_{\mathrm{f}}}}=\sqrt{\frac{8RT}{\pi M}}\approx 1.60\sqrt{\frac{RT}{M}} \tag{6-5-7}$$

式中 m_{f} 为分子的质量，M 为气体的摩尔质量。

例如，计算 273 K 时氧气分子的平均速率。

$$\bar{v}=1.60\sqrt{\frac{RT}{M}}=1.60\sqrt{\frac{8.31\times 273}{32\times 10^{-3}}}\ \mathrm{m/s}\approx 426.0\ \mathrm{m/s}$$

这表明在通常温度下，气体分子的速率为 10^2 m/s 数量级。

2. 分子的方均根速率$\sqrt{\overline{v^2}}$

$$\overline{v^2}=\frac{\int_0^{\infty}v^2\mathrm{d}N_v}{N}=\int_0^{\infty}v^2f(v)\mathrm{d}v=4\pi\left(\frac{b}{\pi}\right)^{3/2}\int_0^{\infty}v^4\mathrm{e}^{-bv^2}\mathrm{d}v$$

利用积分公式 $\int_0^{\infty}v^4\mathrm{e}^{-bv^2}\mathrm{d}v=\frac{3}{8}\sqrt{\frac{\pi}{b^5}}$ 可算出

$$\overline{v^2}=4\pi\left(\frac{b}{\pi}\right)^{3/2}\frac{3}{8}\sqrt{\frac{\pi}{b^5}}=\frac{3}{2}b^{-1}=\frac{3kT}{m_{\mathrm{f}}}=\frac{3RT}{M}$$

所以

$$\sqrt{\overline{v^2}}=\sqrt{\frac{3kT}{m_{\mathrm{f}}}}=\sqrt{\frac{3RT}{M}}\approx1.73\sqrt{\frac{RT}{M}}\tag{6-5-8}$$

3. 分子的最概然速率 v_{p}

除以上两个平均速率外，还有一个常用到的是最概然速率 v_{p}，即速率分布函数极大值对应的速率。

根据极值条件 $\left.\frac{\mathrm{d}f(v)}{\mathrm{d}v}\right|_{v_{\mathrm{p}}}=4\pi\left(\frac{m_{\mathrm{f}}}{2\pi kT}\right)^{3/2}[(2v-2v^3\alpha^2)\mathrm{e}^{-\alpha^2v^2}]_{v_{\mathrm{p}}}=0$

其中 $\alpha^2=\frac{m_{\mathrm{f}}}{2kT}$，由此可得到

$$v_{\mathrm{p}}=\sqrt{\frac{2kT}{m_{\mathrm{f}}}}=\sqrt{\frac{2RT}{M}}\approx1.41\sqrt{\frac{RT}{M}}\tag{6-5-9}$$

三个速率的关系为 $v_{\mathrm{p}}<\bar{v}<\sqrt{\overline{v^2}}$，$v_{\mathrm{p}}$、$\bar{v}$ 和$\sqrt{\overline{v^2}}$称为气体分子的三个特征速率。它们各有其应用价值。要比较不同气体或不同温度时的速率分布曲线，由最概然速率就可作出定性判断。要计算分子的自由飞行路程或求解输运问题，需用到平均速率。计算分子的平均平动动能，要用到方均根速率。

通过求分子的平均速率及分子方均根速率可给出如下推广：任意一个与分子速率 v 有关的微观量 $g(v)$的统计平均值可以由下式计算：

$$\overline{g(v)}=\frac{\int g(v)f(v)\mathrm{d}v}{\int f(v)\mathrm{d}v}\tag{6-5-10}$$

若是对所有速率(v 从 0 到∞)的分子求平均，则分母的值为 1。

【例 6-6】 已知 N 个分子构成的理想气体系统，其分子速率分布函数为

$$f(v)=Av^2\mathrm{e}^{-\alpha^2v^2}$$

式中 $A=4\pi\left(\frac{m_{\mathrm{f}}}{2\pi kT}\right)^{3/2}=4\pi\left(\frac{1}{\pi v_{\mathrm{p}}^2}\right)^{3/2}$，$\alpha=\sqrt{\frac{m_{\mathrm{f}}}{2kT}}=\frac{1}{v_{\mathrm{p}}}$，$v_{\mathrm{p}}=\sqrt{\frac{2kT}{m_{\mathrm{f}}}}$(分子的最概然速率)。

求：(1) 分子速率处于 $v_{\mathrm{p}}\sim v_{\mathrm{p}}+10$ m/s 区间的分子数占总分子数的百分比；

（2）每个分子速率处于 $v_p \sim v_p+10$ m/s 区间的概率；

（3）分子速率出现在 v_p 附近单位速率间隔内的概率与在 $\sqrt{\overline{v^2}}$ 附近单位速率间隔内的概率的比值。

解　（1）由于本题中速率区间 $\Delta v=(v_p+10\ \text{m/s})-v_p=10\ \text{m/s}$ 范围很小，且 $f(v)$ 在此范围内变化不大，因此得到该速率区间内的分子数为

$$\Delta N=\int_{\Delta N}\mathrm{d}N_v=\int_{v_p}^{v_p+\Delta v}Nf(v_p)\,\mathrm{d}v\approx Nf(v_p)\Delta v=\Delta vNf(v_p)$$

$$\frac{\Delta N}{N}=\Delta vf(v_p)=\frac{40\ \text{m/s}}{\sqrt{\pi}v_p}\mathrm{e}^{-1}$$

（2）该概率正是(1)中的百分比。

（3）分子速率处在 v_p 附近单位速率间隔内的概率为

$$f(v_p)=\frac{4}{\sqrt{\pi}v_p}\mathrm{e}^{-1}$$

分子速率处在 $\sqrt{\overline{v^2}}$ 附近单位速率间隔内的概率为

$$f(\sqrt{\overline{v^2}})=4\pi\left(\frac{1}{\pi v_p^2}\right)^{3/2}\overline{v^2}\mathrm{e}^{-\overline{v^2}/v_p^2}=\frac{4}{\sqrt{\pi}v_p}\mathrm{e}^{-3/2}\times\frac{3}{2}$$

上式中比值 $\dfrac{\overline{v^2}}{v_p^2}$ 可由(6-5-8)式与(6-5-9)式得到，即 $\dfrac{\overline{v^2}}{v_p^2}=\dfrac{3}{2}$，概率比为

$$\frac{f(v_p)}{f(\sqrt{\overline{v^2}})}=\frac{2}{3}\sqrt{\mathrm{e}}$$

【例 6-7】　N 个粒子构成的系统，其速率分布函数为

$$f(v)=\begin{cases}Cv & 0\leqslant v\leqslant v_0\\ 0 & v>v_0\end{cases}$$

试求：(1)常量 C；(2)粒子的平均速率 $\bar{v}$；(3)粒子的方均根速率 $\sqrt{\overline{v^2}}$；(4)速率处于 $0\sim v_0/2$ 区间内有多少个粒子。(5)速率处于 $0\sim v_0/2$ 区间内粒子的平均速率 $\bar{v}'$。

解　（1）由归一化条件 $\int_0^\infty f(v)\,\mathrm{d}v=\int_0^{v_0}Cv\mathrm{d}v=C\dfrac{v_0^2}{2}=1$ 得 $C=\dfrac{2}{v_0^2}$。

（2）
$$\bar{v}=\int_0^\infty vf(v)\,\mathrm{d}v=\int_0^{v_0}v^2C\mathrm{d}v=\frac{v_0^3}{3}C=\frac{2v_0}{3}$$

（3）
$$\overline{v^2}=\int_0^\infty v^2f(v)\,\mathrm{d}v=\int_0^{v_0}v^3C\mathrm{d}v=\frac{v_0^4}{4}C=\frac{v_0^2}{2}$$

$$\sqrt{\overline{v^2}}=\frac{\sqrt{2}}{2}v_0$$

（4）
$$\Delta N=\int\mathrm{d}N=\int_0^{v_0/2}Nf(v)\,\mathrm{d}v=\int_0^{v_0/2}NCv\mathrm{d}v=NC\frac{v_0^2}{8}=\frac{N}{4}$$

(5)
$$\bar{v}'=\frac{\int_{\Delta N} v\mathrm{d}N}{\Delta N}=\frac{\int_0^{\frac{v_0}{2}} vNf(v)\,\mathrm{d}v}{N/4}=4\int_0^{\frac{v_0}{2}} vf(v)\,\mathrm{d}v=4\int_0^{\frac{v_0}{2}} Cv^2\mathrm{d}v=\frac{v_0}{3}$$

【例 6-8】 某种气体的方均根速率为 450 m/s，压强 p 为 7×10^4 Pa。求气体的质量密度 ρ。

解　由于 $p=\frac{2}{3}n\overline{\varepsilon_{\mathrm{k,t}}}=\frac{2}{3}n\left(\frac{1}{2}m_{\mathrm{f}}\overline{v^2}\right)=\frac{n}{3}m_{\mathrm{f}}\overline{v^2}$，其中 $nm_{\mathrm{f}}=\frac{N}{V}m_{\mathrm{f}}=\frac{m}{V}=\rho$，所以

$$\rho=\frac{3p}{\overline{v^2}}=\frac{3p}{\left(\sqrt{\overline{v^2}}\right)^2}=\frac{3\times7\times10^4}{450^2}\approx1.04\ \mathrm{kg/m^3}$$

【例 6-9】 若使氢分子和氧分子的方均根速率等于它们在地球表面上的逃逸速率($11.2\times10^3\ \mathrm{m\cdot s^{-1}}$)，各需要多高的温度？若等于它们在月球表面上的逃逸速率($2.4\times10^3\ \mathrm{m\cdot s^{-1}}$)，各需要多高的温度？

解　已知氢气的摩尔质量 $M_1=2\times10^{-3}\ \mathrm{kg\cdot mol^{-1}}$，氧气的摩尔质量 $M_2=32\times10^{-3}\ \mathrm{kg\cdot mol^{-1}}$，由

$$\sqrt{\overline{v^2}}=\sqrt{\frac{3kT}{m_{\mathrm{f}}}}=\sqrt{\frac{3RT}{M}}$$

得

$$T=\frac{\overline{v^2}}{3R}M$$

当 $\sqrt{\overline{v^2}}=11.2\times10^3\ \mathrm{m\cdot s^{-1}}$ 时，由上式可解出氢气分子所需要的温度为

$$T_1=\frac{\overline{v^2}}{3R}M_1=\frac{11.2^2\times10^6\times2\times10^{-3}}{3\times8.31}\ \mathrm{K}=1.01\times10^4\ \mathrm{K}$$

氧气分子所需要的温度为

$$T_2=\frac{\overline{v^2}}{3R}M_2=\frac{11.2^2\times10^6\times32\times10^{-3}}{3\times8.31}\ \mathrm{K}=1.61\times10^5\ \mathrm{K}$$

当 $\sqrt{\overline{v^2}}=2.4\times10^3\ \mathrm{m\cdot s^{-1}}$ 时，可解出氢气分子所需要的温度为

$$T_1'=\frac{\overline{v^2}}{3R}M_1'=\frac{2.4^2\times10^6\times2\times10^{-3}}{3\times8.31}\ \mathrm{K}=4.62\times10^2\ \mathrm{K}$$

氧气分子所需要的温度为

$$T_2'=\frac{\overline{v^2}}{3R}M_2'=\frac{2.4^2\times10^6\times32\times10^{-3}}{3\times8.31}\ \mathrm{K}=7.39\times10^3\ \mathrm{K}$$

【例 6-10】 由麦克斯韦速率分布计算速率倒数的平均值 $\overline{\left(\frac{1}{v}\right)}$。

解　由麦克斯韦速率分布函数可得

$$\overline{\left(\frac{1}{v}\right)}=\int_0^{\infty}\frac{1}{v}f(v)\,\mathrm{d}v=\int_0^{\infty}\frac{1}{v}4\pi\left(\frac{m_{\mathrm{f}}}{2\pi kT}\right)^{\frac{3}{2}}\mathrm{e}^{-\frac{m_{\mathrm{f}}v^2}{2kT}}v^2\mathrm{d}v=\frac{2}{\pi}\sqrt{\frac{m_{\mathrm{f}}\pi}{2kT}}$$

第 6 节　麦克斯韦速度分布　玻耳兹曼分布

前面一节我们讨论了理想气体分子按速率的分布。如果我们考虑 N 个分子按速度的分布，这样得到的规律称为麦克斯韦速度分布。速度是一个矢量，速度区间 $\boldsymbol{v}\sim\boldsymbol{v}+\mathrm{d}\boldsymbol{v}$ 可以写成分量的形式：

$$\begin{cases} v_x \sim v_x + \mathrm{d}v_x \\ v_y \sim v_y + \mathrm{d}v_y \\ v_z \sim v_z + \mathrm{d}v_z \end{cases}$$

再以 v_x，v_y，v_z 作为直角坐标系三个坐标轴建立的速度空间，该速度区间对应于大小为 $\mathrm{d}v_x\mathrm{d}v_y\mathrm{d}v_z$ 的体积元。我们知道，速率区间 $v\sim v+\mathrm{d}v$ 对应于大小为 $4\pi v^2\mathrm{d}v$ 的体积元（半径为 v 厚度为 $\mathrm{d}v$ 的球壳）。将麦克斯韦速率分布中的体积元 $4\pi v^2\mathrm{d}v$ 用 $\mathrm{d}v_x\mathrm{d}v_y\mathrm{d}v_z$ 代替，就可以得到速度区间 $\boldsymbol{v}\sim\boldsymbol{v}+\mathrm{d}\boldsymbol{v}$ 内的分子数占总分子数的比例为

$$\frac{\mathrm{d}N_{\boldsymbol{v}}}{N}=\left(\frac{m_{\mathrm{f}}}{2\pi kT}\right)^{3/2}\mathrm{e}^{-m_{\mathrm{f}}\,(v_x^2+v_y^2+v_z^2)/2kT}\mathrm{d}v_x\mathrm{d}v_y\mathrm{d}v_z \tag{6-6-1}$$

其中 v^2 写成了分量形式 $v_x^2+v_y^2+v_z^2$。上式也表示对每个分子而言，速度有多大的概率出现在 $\boldsymbol{v}\sim\boldsymbol{v}+\mathrm{d}\boldsymbol{v}$ 的范围内。(6-6-1)式称为分子按速度的分布。其中函数

$$f(\boldsymbol{v})=\left(\frac{m_{\mathrm{f}}}{2\pi kT}\right)^{3/2}\mathrm{e}^{-m_{\mathrm{f}}\,(v_x^2+v_y^2+v_z^2)/2kT} \tag{6-6-2}$$

称为（归一化的）麦克斯韦速度分布函数。需要指出的是，历史上麦克斯韦速度分布在麦克斯韦速率分布之前得到。

到目前为止，我们讨论了理想气体分子按速度和按速率的分布。这些分布没有考虑系统可能受到的外力（例如重力）。所以容器中各处的分子数密度均匀一致，分布函数中不出现空间变量。玻耳兹曼把它推广到气体分子处于某一外力场中的情况，在外力场中的分布结果叫作玻耳兹曼分布（或麦克斯韦-玻耳兹曼分布）。下面通过一个特例——重力场中分子数密度随高度（重力势能）的分布，来阐明玻耳兹曼分布。

对于理想气体，空间分布是均匀的。考虑重力后，气体分子的分布不再均匀，其粒子数密度随高度变化而变化。取海平面为坐标原点，竖直向上为 z 轴正方向。为讨论方便，考虑地面附近的大气，认为温度 T 和重力加速度均恒定。对于 z 处的压强 p，它为 z 处垂直于 z 轴的单位面积上方空气柱（平行 z 轴）的重量，在 $z+\mathrm{d}z$ 处，压强为 $p+\mathrm{d}p$，即有一压强增量 $\mathrm{d}p$。该压强增量 $\mathrm{d}p$ 应该等于单位面积上方高度为 $\mathrm{d}z$ 的空气柱的重量。即：

$$\mathrm{d}p=-\rho g\mathrm{d}z \tag{6-6-3}$$

其中 ρ 为气体的质量密度。利用理想气体物态方程可得：

$$\frac{\mathrm{d}p}{p}=-\frac{m_{\mathrm{f}}g}{kT}\mathrm{d}z \tag{6-6-4}$$

其中 m_{f} 为分子质量。考虑 $z=0$ 处的压强为 p_0，两边积分后有

$$p=p_0\exp\left[-\frac{m_{\mathrm{f}}gz}{kT}\right] \tag{6-6-5}$$

上式为气体压强随高度的分布。我们同时也可以得到分子数密度随高度（或势能）变化的表达式：

$$n = n_0 \exp\left[-\frac{m_f g z}{kT}\right] \tag{6-6-6}$$

其中 n_0 为 $z=0$ 处的分子数密度。

推广：一般力场中，用 E_p 表示相应势能，则有

$$n = n_0 \exp\left[-\frac{E_p}{kT}\right] \tag{6-6-7}$$

这个规律叫作玻耳兹曼分布。

在计入重力影响后，气体分子的分布不再均匀，分布函数中将出现空间变量。此时我们需要给出 N 个分子中，分子的速度介于 $\boldsymbol{v}\sim\boldsymbol{v}+\mathrm{d}\boldsymbol{v}$ 之间，同时坐标介于 $\boldsymbol{r}\sim\boldsymbol{r}+\mathrm{d}\boldsymbol{r}$ 之间的分子数 $\mathrm{d}N_{r,v}$ 占总分子数 N 的比例。考虑空间变量后，麦克斯韦速度分布变成以下形式：

$$\begin{aligned}\frac{\mathrm{d}N_{r,\ v}}{N} &= \left(\frac{m_f}{2\pi kT}\right)^{3/2} \mathrm{e}^{-m_f(v_x^2+v_y^2+v_z^2)/2kT}\mathrm{e}^{-m_f gz/kT}\mathrm{d}v_x\mathrm{d}v_y\mathrm{d}v_z\mathrm{d}x\mathrm{d}y\mathrm{d}z \\ &= \left(\frac{m_f}{2\pi kT}\right)^{3/2} \mathrm{e}^{-(\varepsilon_k+\varepsilon_p)/kT}\mathrm{d}v_x\mathrm{d}v_y\mathrm{d}v_z\mathrm{d}x\mathrm{d}y\mathrm{d}z\end{aligned} \tag{6-6-8}$$

该式叫作理想气体的麦克斯韦—玻耳兹曼分布。它表示在高度 z 附近的体积元 $\mathrm{d}x\mathrm{d}y\mathrm{d}z$ 中，速度介于 $\boldsymbol{v}\sim\boldsymbol{v}+\mathrm{d}\boldsymbol{v}$ 之间的分子数占总分子数的比例；也表示对每个分子而言，有多大的概率出现在高度 z 附近的体积元 $\mathrm{d}x\mathrm{d}y\mathrm{d}z$ 中，且其速度介于 $\boldsymbol{v}\sim\boldsymbol{v}+\mathrm{d}\boldsymbol{v}$ 之间。

第 7 节 分子的平均碰撞频率 平均自由程

气体分子在运动过程中因碰撞而不断地改变运动方向，将分子连续两次碰撞之间自由通过的直线路程，称为分子的自由程 λ。将一个分子在单位时间内与其他分子的碰撞次数，称为碰撞频率 Z。由于分子之间的碰撞杂乱无章，所以自由程的大小作无规则变化，在不同时刻，碰撞频率也各不相同。在统计意义下，可引入平均自由程 $\bar{\lambda}$ 与平均碰撞频率 $\bar{Z}$。

平均自由程 $\bar{\lambda}$ 与平均碰撞频率 $\bar{Z}$ 的关系为：对一个以平均速率 $\bar{v}$ 运动的分子，平均自由程为 $\bar{\lambda}$，单位时间内的碰撞次数为 $\bar{Z}$，且有

$$\bar{\lambda} = \frac{\bar{v}}{\bar{Z}} \tag{6-7-1}$$

为简化问题，我们假设每个气体分子都是一个平均直径为 d（称为分子的有效直径）的小球。气体中除一个分子 A 以平均相对速率 $\bar{u}$ 运动外，其他分子都静止不动。在分子 A 运动过程中，只有其中心与 A 的中心之间的距离小于或等于分子有效直径 d 的那些分子才有可能与 A 发生碰撞。以 A 中心的运动轨迹为轴线，以分子的有效直径 d 为半径作一曲折的圆柱体（见图 6-7-1），凡是中心在此圆柱体内的分子都会与 A 碰撞。在 Δt

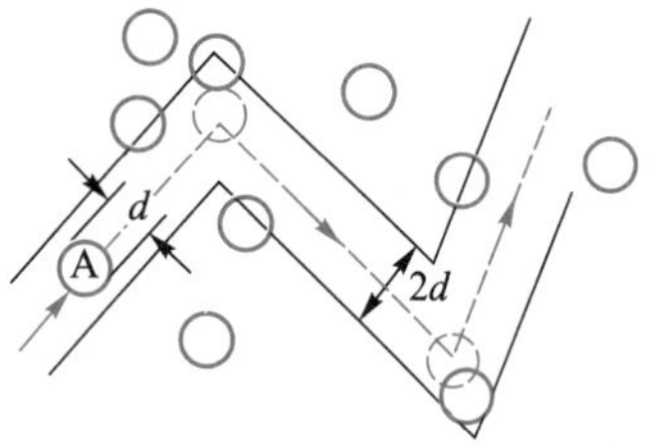

图 6-7-1 A 分子对其他分子的碰撞

时间内，A 走过的路程为 $\bar{u}\Delta t$，走过的圆柱体的体积为 $\pi d^2\bar{u}\Delta t$，若气体分子数密度为 n，则该圆柱体内的总分子数为 $n\pi d^2\bar{u}\Delta t$，这正是 A 与其他分子的碰撞频率，所以平均碰撞频率为

$$\bar{Z}=\frac{n\pi d^2\bar{u}\Delta t}{\Delta t}=n\pi d^2\bar{u} \tag{6-7-2}$$

由更详细的理论可以知道，气体分子的平均相对速率 $\bar{u}$ 与平均速率的关系为

$$\bar{u}=\sqrt{2}\bar{v}$$

所以可将(6-7-2)式变为

$$\bar{Z}=\sqrt{2}n\pi d^2\bar{v} \tag{6-7-3}$$

再由(6-7-1)式得到

$$\bar{\lambda}=\frac{\bar{v}}{\bar{Z}}=\frac{1}{\sqrt{2}n\pi d^2} \tag{6-7-4}$$

由 $p=nkT$ 得到

$$\bar{\lambda}=\frac{kT}{\sqrt{2}\pi d^2 p} \tag{6-7-5}$$

该式表明，当温度一定时，平均自由程与压强成反比。为了对气体分子不规则运动的程度有一个数量级的概念，表 6-3 给出了标准状态($p=1.013\times10^5$ Pa，$T=273$ K)下几种气体分子的有效直径及平均自由程的数据。表 6-4 给出了 $T=273$ K 时，不同压强下空气分子平均自由程的数量级。

表 6-3　标准状态下气体分子的有效直径和平均自由程

气体	有效直径 $d/(10^{-10}$m)	平均自由程 $\bar{\lambda}/(10^{-8}$m)
H_2	2. 38	14. 8
N_2	3. 13	8. 54
O_2	2. 96	9. 55
空气	3. 11	8. 65

表 6-4　273 K 时不同压强下空气分子平均自由程的数量级

p/Pa	平均自由程 $\bar{\lambda}$/m
1.013×10^5(1 atm)	10^{-7}
133. 3(10 mmHg)	10^{-4}
1. 333(10^{-2}mmHg)	10^{-2}
1.333×10^{-2}(10^{-4}mmHg)	1
1.333×10^{-4}(10^{-6}mmHg)	10^2

在标准状态下，取 $\bar{v}$ 的数量级为 10^2 m/s，$\bar{\lambda}$ 的数量级为 10^{-7} m，则平均碰撞频率为

$$\bar{Z} \approx 10^9/\mathrm{s}$$

由此可以看到：气体分子永不停息地运动着，每当分子前进 10^{-7} m 左右的路程时，就要同其他分子发生碰撞。在 1 s 内，一个分子和其他分子的平均碰撞次数竟可达到几十亿次之多！由此可知，气体分子的运动是永不停息且极不规则的。

【例 6-11】 氮分子的有效直径为 3.8×10^{-10} m。求它在标准状态下的平均自由程和连续两次碰撞之间的平均时间间隔。

解
$$\bar{v}=\sqrt{\frac{8RT}{\pi M}}=\sqrt{\frac{8\times8.31\times273}{3.14\times0.028}}\ \mathrm{m/s}\approx454\ \mathrm{m/s}$$

$$\bar{\lambda}=\frac{kT}{\sqrt{2}\pi d^2 p}=\frac{1.38\times10^{-23}\times273}{\sqrt{2}\times3.14\times3.8^2\times10^{-20}\times1.013\times10^5}\ \mathrm{m}=5.8\times10^{-8}\ \mathrm{m}$$

连续两次碰撞之间的平均时间间隔为

$$\Delta t=\frac{\bar{\lambda}}{\bar{v}}=\frac{5.86\times10^{-8}}{454}\ \mathrm{s}\approx1.3\times10^{-10}\ \mathrm{s}$$

第 8 节 输运现象

前面讨论的系统都是处于平衡态的情况，实际上，许多问题都与气体在非平衡态时的性质有关。当系统各部分的宏观物理性质如流速、温度或密度不均匀时，由于分子的热运动，系统将逐渐过渡到平衡态，这种过渡称为**输运过程**。常见的输运过程有如下三种。

(1) **动量的输运——黏性现象(或内摩擦)**。流动的流体内各流层的流速不一致时，相邻流层中的分子通过相互碰撞和相互掺和而交换动量，使各流层的流速渐趋一致。

(2) **能量的输运——热传导**。系统内各部分温度不均匀时，各部分分子之间通过相互碰撞和相互混合而交换动能，使温度渐趋一致。

(3) **质量的输运——扩散**。系统内各部分密度不均匀时，分子通过热运动发生质量的输运，使系统的密度趋于一致。

真空技术、镀膜技术、化学工程与低温工程等不少地方与系统的输运现象有关。下面分别讨论这三种输运过程的基本规律。

一、黏性现象(或内摩擦)

设流体沿 x 轴方向流动(见图 6-8-1)，与 Oxz 平面平行的各流层流速不一致，即各流层的速度 $u=u(y)$ 随 y 变化而变化。$\mathrm{d}u/\mathrm{d}y$ 表示流速梯度，代表沿 y 轴方向每单位距离上流速的增加量。在 y 高度处取面积为 $\mathrm{d}S$ 的一个分界平面，由于两相邻流层之间有相对运动，分界面上方速度大的流层要使分界面下方速度小的流层速度加快，下方速度小的流层要使上方速度大的流层速度减慢，在界面上彼此都以一个沿界面切线方向(x 轴方向)的力作用于对方，分别为 $\mathrm{d}F$ 和 $\mathrm{d}F'$，称为**黏性力**或**内摩擦力**。由牛顿第三定律可知 $\mathrm{d}F=-\mathrm{d}F'$。实验表明，在一定条件下，黏性力 $\mathrm{d}F$ 与面积 $\mathrm{d}S$ 及该处的速度梯度成正比，即

$$\mathrm{d}F=-\eta\left(\frac{\mathrm{d}u}{\mathrm{d}y}\right)\mathrm{d}S \tag{6-8-1}$$

式中比例系数 $\eta>0$ 叫作**黏度**，单位为 Pa·s。负号表示 d$\boldsymbol{F}$ 总是倾向于使流速趋向均匀。例如，如图 6-8-1 所示 $\mathrm{d}u/\mathrm{d}y>0$ 的情况下，$\mathrm{d}F<0$，表示分界面 dS 上面流体受到下面流体的黏性力的方向向左，与流速方向相反。

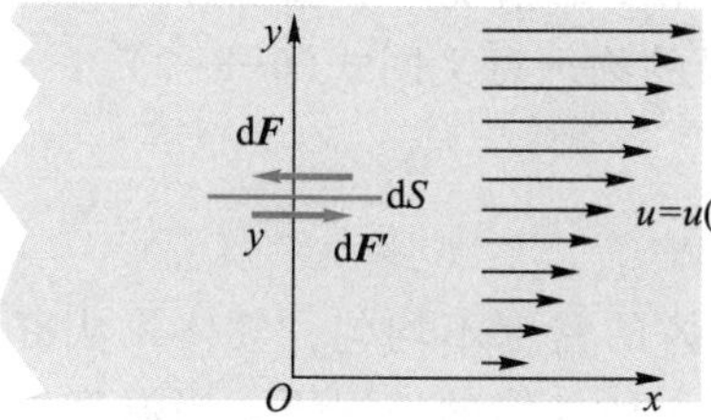

图 6-8-1　黏性现象

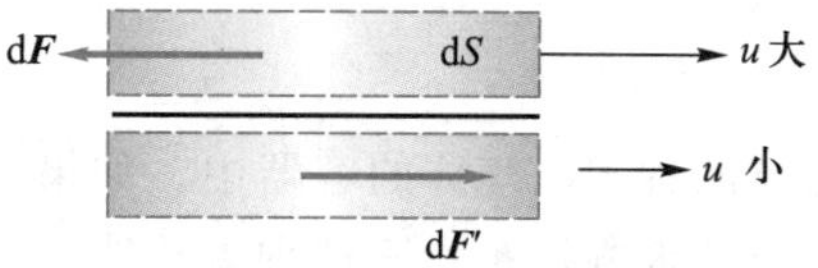

图 6-8-2　两气层之间互施黏性力

从气体动理论的观点来看，当气体流动时，每个分子除具有热运动的动量外，还附加有定向运动的动量。气体流速沿 y 轴正方向增加，所以图 6-8-1 中在 dS 上方气体分子的定向动量大，而下方气体分子的定向动量小。由于热运动的碰撞和掺和，上方气体中的分子带着较大的定向动量穿过 dS 移动到下面，下方气体中的分子带着较小的定向动量移动到上面，导致流速大的气体流动动量减小，流速小的气体流动动量增大。宏观上，这相当于两气体层之间互相施加黏性力(见图 6-8-2)。因此，从微观上看，气体的黏性现象是气体内部分子定向动量的输运所形成的。根据气体动理论，可导出

$$\eta=\frac{1}{3}nm_{\mathrm{f}}\bar{v}\bar{\lambda} \tag{6-8-2}$$

式中 n 为分子数密度，m_{f} 为分子质量，$\bar{v}$ 为分子平均速率，$\bar{\lambda}$ 为平均自由程。

二、热传导

设某系统中温度沿 y 轴方向逐渐变化，沿 y 轴方向的温度梯度为 $\mathrm{d}T/\mathrm{d}y$(见图 6-8-3)，它表示 y 轴方向上每单位长度温度的变化。实验表明，在 dt 时间内，通过 y 高度处面积 dS(与 y 轴方向垂直的平面)传递的热量 dQ 与该处的温度梯度 $\mathrm{d}T/\mathrm{d}y$、面积 dS 及时间 dt 成正比，即

$$\mathrm{d}Q=-\kappa\frac{\mathrm{d}T}{\mathrm{d}y}\mathrm{d}S\mathrm{d}t \tag{6-8-3}$$

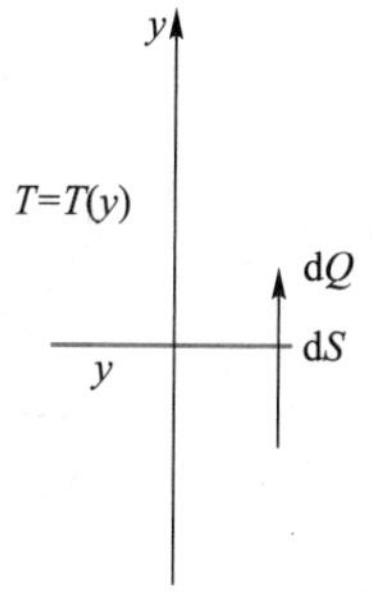

图 6-8-3　热传导

式中负号表示热量总是向温度梯度取负值的方向传递，即 $\mathrm{d}T/\mathrm{d}y>0$ 时，热量沿 y 轴负向传递；$\mathrm{d}T/\mathrm{d}y<0$ 时，热量沿 y 轴正向传递(见图 6-8-3)。比例系数 $\kappa>0$，称为**热导率**，单位为 W/(m·K)。

从微观上看，物质内的传热是通过分子的碰撞与混合从而使热运动的能量发生净迁移的过程。当气体内各部分温度不均匀时，表现为分子的平均热运动能量 $\bar{\varepsilon}$ 不同。在温度梯度 $\mathrm{d}T/\mathrm{d}y<0$ 时，dS 下方的分子带着较大的平均能量 $\bar{\varepsilon}$ 穿过 dS 迁移到上方，dS 上方的分子带着较小的平均能量 $\bar{\varepsilon}$ 穿过 dS 迁移到下方。上下分子交换的结果将净能量从下往上输运。这在宏观上表现为热传导。因此，气体内的热传导在微观上是分子

热运动能量的输运所形成的。根据气体动理论，可导出

$$\kappa = \frac{1}{3} n m_f \bar{v} \bar{\lambda} \frac{C_{V,m}}{M} \tag{6-8-4}$$

式中 $C_{V,m}$ 为气体的摩尔定容热容(1 mol 的气体在体积不变的情况下，温度升高 1 K 所吸收的热量，将在第 7 章讨论)，M 为气体摩尔质量，其他量的物理意义同式(6-8-2)。

三、扩散

在盛有两种不同气体的容器中，如果其中某种气体的密度不均匀，气体将从密度大的地方向密度小的地方散布，这种现象称为**扩散**。在只有一种气体的情况下，当温度均匀时，密度的不均匀将导致压强的不均匀而形成宏观气流，这就不是单纯的扩散现象了。为了研究单纯的扩散现象，选两种相对分子质量相等的气体混合，总密度均匀，即在任何地方的单位体积内的两种气体分子数的总和相等。但就每单一气体而言，密度是不均匀的(见图 6-8-4)。这时的扩散称为**自扩散**。由于两种气体分子质量相同，所以在一定温度下两种分子的平均速率相同。又由于总密度相同，气体中没有压强差$\left[p=\frac{2}{3}n\left(\frac{1}{2}m_f\overline{v^2}\right)\right]$，所以不会有宏观的气体流动。在下面的讨论中，我们只关注其中一种气体的扩散。

设一种气体(空心小球表示其分子)的密度 ρ 沿 y 轴改变(见图 6-8-5)，沿 y 轴方向的密度梯度为 $\mathrm{d}\rho/\mathrm{d}y$，它表示 y 轴方向上每单位长度密度的变化。实验表明，在 $\mathrm{d}t$ 时间内，通过 y 高度处的面积 $\mathrm{d}S$(与 y 轴方向垂直的平面)从密度较大的一侧向密度较小的一侧扩散的气体质量 $\mathrm{d}m$ 与该处的密度梯度、面积 $\mathrm{d}S$ 及时间 $\mathrm{d}t$ 成正比，即

$$\mathrm{d}m = -D \frac{\mathrm{d}\rho}{\mathrm{d}y} \mathrm{d}S \mathrm{d}t \tag{6-8-5}$$

式中 D 为扩散系数，负号表示质量的扩散总是向密度减小的方向进行。

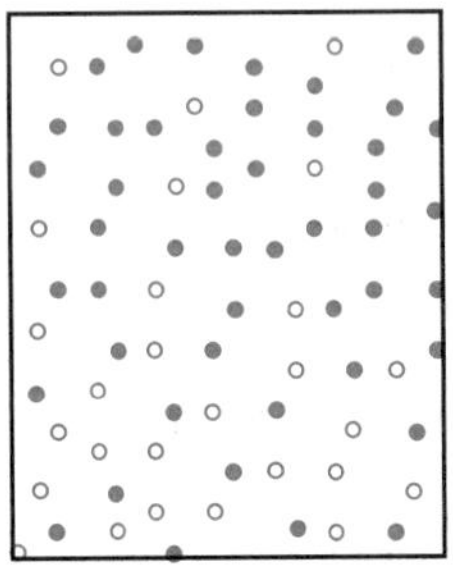

图 6-8-4 两种气体

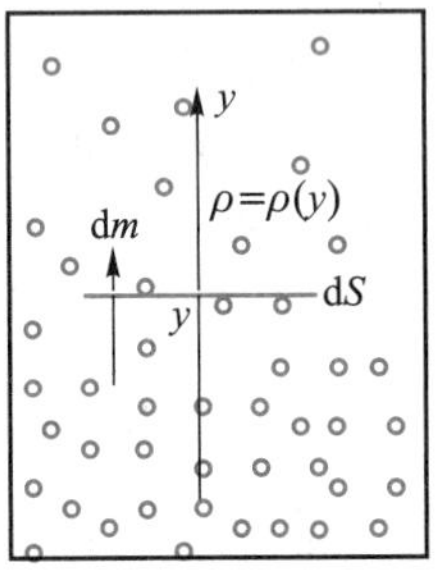

图 6-8-5 两种气体中的一种气体的密度梯度

从微观上看，气体中的扩散现象也与气体分子的热运动有直接关系。对于两种气体中的一种气体(设 $\mathrm{d}\rho/\mathrm{d}y<0$)，在图 6-8-5 中 $\mathrm{d}S$ 下方的气体密度大，单位体积内的分子数多，$\mathrm{d}S$ 上方的气体密度小，单位体积内的分子数少，所以在相同时间内气体分子作无规则热运动(不是定向运动)，由 $\mathrm{d}S$ 下方通过 $\mathrm{d}S$ 运动到上方的分子数多，而由上方运动到下方的分子数少，

形成了气体宏观上的质量的迁移。因此，气体内的扩散从微观上讲是分子热运动过程中质量的输运形成的。根据气体动理论，可导出

$$D=\frac{1}{3}\bar{v}\bar{\lambda} \tag{6-8-6}$$

0 ℃时几种气体的 η、κ 和 D 的值如表 6-5 所示。

表 6-5　0℃时几种气体的 η、κ 和 D 的值

	$\eta/(10^{-5}\ \mathrm{Pa\cdot s})$	$\kappa/(10^{-2}\ \mathrm{W\cdot m^{-1}\cdot K^{-1}})$	$D/(10^{-5}\ \mathrm{m^2\cdot s^{-1}})$
H_2	0.84	16.8	12.8
N_2	1.66	2.3	1.78
O_2	1.89	2.42	1.81
N_e	2.97	4.60	4.52
CO_2	1.39	1.49	0.97

习　题

6-1　什么是热运动？其基本特征是什么？

6-2　何谓理想气体？从微观结构来看，它与实际气体有何区别？

6-3　一容器内储有气体，温度为 27 ℃。问：(1) 压强为 1.013×10^5 Pa 时，在 1 $\mathrm{m^3}$ 中有多少个分子？(2) 在高真空时，压强为 1.33×10^{-5} Pa，在 1 $\mathrm{m^3}$ 中有多少个分子？

6-4　一容器中装有质量为 0.140 kg、压强为 2.0265×10^6 Pa、温度为 127.0 ℃的氮气。因容器漏气，经一段时间后，压强降低为原来的 5/14，温度降到 27.0 ℃。问：(1) 容器的体积是多大？(2) 漏掉氮气的质量为多少？

6-5　在容积为 1 $\mathrm{m^3}$ 的密闭容器内，有 900 g 水和 1.6 kg 的氧气。计算温度为 500 ℃时容器中的压强。

6-6　一柴油机的气缸容积为 10^{-3} $\mathrm{m^3}$。压缩前其中空气的温度是 320 K，压强是 8.4×10^4 Pa。活塞快速运动，将空气的体积压缩到原来的 1/17，压强增大到 4.2×10^6 Pa，求这时空气的温度。

6-7　(1) 太阳内部距中心约 20%半径处氢核和氦核的质量百分比分别约为 70%和 30%。该处温度为 9.0×10^6 K，密度为 3.6×10^4 $\mathrm{kg/m^3}$。求此处的压强是多少？（视氢核和氦核都构成理想气体而分别产生自身的压强。）

(2) 由于聚变反应，氢核聚变为氦核，在太阳中心氢核和氦核的质量百分比变为 35%和 65%。此处的温度为 1.5×10^7 K，密度为 1.5×10^5 $\mathrm{kg/m^3}$。求此处的压强是多少？

6-8　试说明下列各式的物理意义：

(1) $f(\boldsymbol{v})=\dfrac{\mathrm{d}N}{N\mathrm{d}v_x\mathrm{d}v_y\mathrm{d}v_z}$；　(2) $f(v)=\dfrac{\mathrm{d}N}{N\mathrm{d}v}$；　(3) $f(v)\mathrm{d}v$；

(4) $Nf(v)\mathrm{d}v$；　(5) $\int_{v_1}^{v_2}f(v)\mathrm{d}v$；　(6) $\int_{v_1}^{v_2}Nf(v)\mathrm{d}v$；　(7) $\dfrac{\int_{v_1}^{v_2}vf(v)\mathrm{d}v}{\int_{v_1}^{v_2}f(v)\mathrm{d}v}$

6-9　由 N 个粒子构成的系统，其速率分布函数为

$$f(v)=\begin{cases}av/v_0 & (0\leqslant v\leqslant v_0)\\ a & (v_0<v\leqslant 2v_0)\\ 0 & (v>2v_0)\end{cases}$$

(1) 作速率分布曲线并求常量 a；

(2) 分别求速率大于 v_0 和小于 v_0 的粒子数；

(3) 求粒子的平均速率。

6-10　假设由 N 个粒子构成的系统，其速率分布函数为

$$f(v)=\begin{cases}C\sin\dfrac{v}{v_0}\pi; & (0\leqslant v\leqslant v_0,\ v_0\text{ 为常量})\\ 0 & (v>v_0)\end{cases}$$

(1) 求归一化常量 C；

(2) 求处在 $f(v)>\dfrac{C}{2}$ 的粒子数。

6-11　假设某连续型随机变量 x 的分布函数为

$$f(x)=\begin{cases}A(1-x^2) & |x|\leqslant 1\\ 0 & |x|>1\end{cases}$$

(1) 画出大致的 $f(x)-x$ 曲线；(2)计算归一化常量 A；(3)求 $\bar{x}$，$\overline{x^2}$。

6-12　(1) 日冕的温度为 2×10^6 K，求其中电子的方均根速率。星际空间的温度为 2.7 K，其中气体主要是氢原子，求那里氢原子的方均根速率。(2) 1994 年曾用激光冷却的方法使一群钠原子几乎停止运动，相应的温度是 2.4×10^{-11} K，求这些钠原子的方均根速率($m_e=9.11\times10^{-31}$ kg；$m_{He}=1.67\times10^{-27}$ kg；$m_{Na}=38.4\times10^{-27}$ kg)。

6-13　在容积为 3.0×10^{-2} m^3 的容器中，储有 2.0×10^{-2} kg 的气体，其压强为 50.7×10^3 Pa。试求该气体分子的最概然速率、平均速率以及方均根速率。

6-14　求重力场中气体分子密度为地面处分子密度一半时的高度(设在此范围内重力场均匀，且温度一致)。

6-15　1 mol 的水蒸气(H_2O)分解成温度相同的氧气和氢气，内能增加了百分之几？(提示：将水蒸气视为理想气体，不计振动自由度，水蒸气的自由度为 6。)

6-16　当温度为 273 K 时求氧分子的平均平动动能。

6-17　一篮球充气后，其中有氮气 8.5 g。温度为 17 ℃时，篮球以 65 km/h 的速度高速飞行。求：

(1) 一个氮分子(设为刚性分子)的热运动平均平动动能、平均转动动能和平均总动能；

(2) 球内氮气的内能；

(3) 球内氮气的轨道动能。

6-18　储有氮气的容器以 $v=100$ m/s 的速度运动。若该容器突然停止运动，定向运动的动能全部都转化为气体分子的热运动动能。问容器中氮气的温度将会上升多少？(设氮气为刚性分子。)

6-19　一个能量为 10^{12} eV 的宇宙射线射入氖管中，氖管中含有氖气 0.01 mol，如果宇宙射线的能量全部被氖气分子所吸收而变为热运动能量，氖气温度会升高几度？

6-20　一容器被中间的隔板分成体积相等的两半，一半装有氦气，温度为 250 K；另一半装有氧气，温度为 310 K。现已知两者压强相等，求去掉隔板两种气体混合后的温度。

6-21　简要说明下列各式的物理意义：

(1) $\dfrac{1}{2}kT$　　(2) $\dfrac{3}{2}kT$　　(3) $\dfrac{i}{2}kT$

(4) $\frac{i}{2}RT$　　(5) $\frac{m}{M}\frac{3}{2}RT$　　(6) $\frac{m}{M}\frac{i}{2}RT$

其中 m 表示气体的质量，M 表示该气体的摩尔质量。

6-22　容器内有 11.00 kg 二氧化碳和 2.00 kg 氢气(均视为理想气体)，已知混合气体的内能为 8.10×10^3 J。求：(1)混合气体的温度；(2)两种气体分子各自的平均动能。

6-23　质量为 6.2×10^{-14} g 的粒子悬浮在 27 ℃的液体中，观测到它的方均根速率为 1.40 $\mathrm{cm\cdot s^{-1}}$。(1)计算阿伏伽德罗常量；(2)设粒子遵守麦克斯韦速率分布，计算该粒子的平均速率。

6-24　真空管的线度为 10^{-2} m，其中真空度为 1.33×10^{-3} Pa，设空气分子的有效直径为 3×10^{-10} m，求 27 ℃时单位体积内的空气分子数、平均自由程和平均碰撞频率。

6-25　1 mm 厚度的一层空气可以保持 20 K 的温差，如果改用玻璃仍要维持相同的温差，而且使单位时间、单位面积通过的热量相同，玻璃的厚度应为多少？设两者的温度梯度都是均匀的。已知对空气 $\kappa_1=2.38\times10^{-2}$ W/(m·K)，对玻璃 $\kappa_2=0.72$ W/(m·K)。

6-26　CO_2 气体的范德瓦耳斯常量 $a=0.37$ $\mathrm{Pa\cdot m^2\cdot mol^{-2}}$，$b=4.3\times10^{-5}$ $\mathrm{m^3\cdot mol^{-1}}$。0 ℃时其摩尔体积为 6.0×10^{-4} $\mathrm{m^3\cdot mol^{-1}}$，计算其压强。如果将其当作理想气体，压强又为多少？

6-27　假定海平面处的大气压为 1.00×10^5 Pa，大气等温并保持 0 ℃，那么，珠穆朗玛峰顶(海拔 8 848 m)处的大气压为多少？(已知空气的摩尔质量 2.89×10^{-2} $\mathrm{kg\cdot mol^{-1}}$。)

第 6 章习题参考答案

第 7 章 热力学基础

在上一章里，我们从微观的角度出发，通过分析物质中大量分子的无规则运动，讨论了热平衡系统的各种基本性质。其实，在人们详细了解物质的内部构造之前，热学就已经取得了很大的发展，其中作出最重要贡献的就是法国工程师卡诺，正是由于他对热机效率问题的深入研究，才促成了热力学理论的建立。从此，人们对热现象的本质有了更加深刻的认识。

第 1 节 热力学第一定律

一、内能 热力学第一定律

让我们暂不考虑物质微观结构的影响，仅从宏观的角度来考虑系统热力学性质的变化。考虑一个封闭系统，与外界只有能量交换但没有物质交换，因此它与外界的作用只有做功与热传导这两种方式。例如一定质量的理想气体从平衡态 1 演化到平衡态 2，可以经过多个不同的演化过程(图 7-1-1)，可以沿 1a2 路径，也可以沿 1b2 路径，甚至可以沿一个没有过程曲线的非静态过程。考虑经过不同路径时气体对外界做功的大小：在 1a2 过程中，气体缓慢膨胀，对外界做正功；但我们也可以首先突然让容器的体积从 V_1 增大到 V_2，再通过与外界的热量交换让气体达到平衡态 2，则在此非静态过程中，气体自由膨胀，对外界做功为零。也就是说，对于不同的路径，系统对外界做的功 A 可以是各不相同的。从本章后续还会介绍，不同的演化过程中系统吸收的热量 Q 也可以是各不相同的，即功 A 和热量 Q 均与演化的路径选择有关，因此它们也被称为过程量。然而，在大量实验事实的基础上人们发现：$Q-A$ 对所有的过程都是一样的，它仅与过程的初末状态有关，而与该系统如何从初态变化到末态无关。此结论表明：任意系统一定存在着一个仅由其状态决定的单值函数 E，被称为系统的内能，它是一个状态量。从状态 1 到状态 2 的内能增量 $\Delta E=E_2-E_1$，可以用来度量这两个状态之间任意过程中的热量 Q 与功 A 之差，即

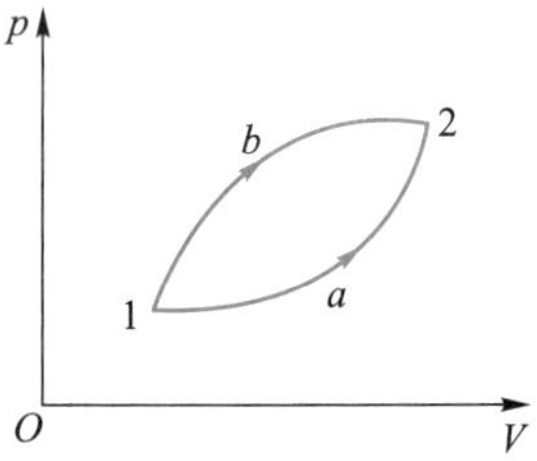

图 7-1-1 任意两个过程

$$\Delta E = Q - A \tag{7-1-1}$$

需要指出的是，上式的成立与系统初末状态是否处于平衡态也没有关系，它对任意两个状态之间的任意过程都成立。为了以后讨论方便，我们约定：Q 表示系统从外界吸收的热量，$Q>0$ 表示系统从外界吸热，$Q<0$ 表示系统向外界放热(从外界吸收负的热量)；A 表示系统对外界做的功，$A>0$ 表示系统对外界做正功，$A<0$ 表示外界对系统做功(系统对外界做负功)。

有了以上约定之后，在系统状态发生变化的过程中，功都可以记作 A，表示系统对外界做的功。而热量都可以记作 Q，表示系统从外界吸收的热量。(7-1-1)式也可写为

$$Q = A + \Delta E \tag{7-1-2}$$

此式被称为热力学第一定律。对于系统所经历的一个无限小的过程，我们可以写出它的微分

形式

$$đQ = đA + \mathrm{d}E \tag{7-1-3}$$

需要注意的是，内能是状态量，因此 $\mathrm{d}E$ 为状态函数的微分。但功和热量都与过程有关，是过程量，因此(7-1-3)式中的 $đA$ 和 $đQ$ 不是状态函数的微分，它只是表示此无限小过程中的一个无限小量。因此，在初末状态一定时，不同的演化路径中 $đA$ 和 $đQ$ 的值通常也不相同。

二、功与热量的表达式

下面我们要给出**准静态过程**中功和热量的表达式。

1. 功

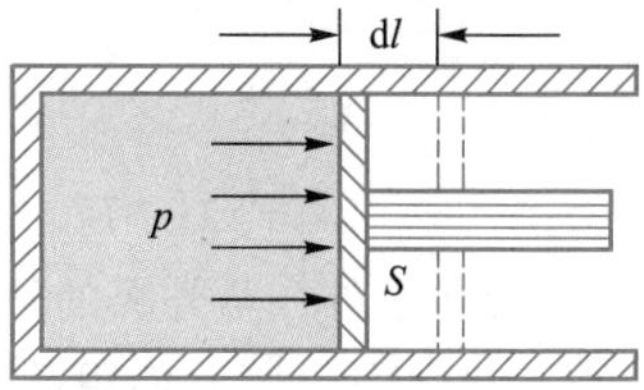

图 7-1-2　气体膨胀过程

对于准静态过程，可以直接利用系统演化过程中状态参量的变化来描述功。在本教材中，我们仅讨论与系统体积变化相联系的机械功。考察气缸内气体作准静态膨胀的过程，活塞面积为 S，气体压强为 p(图 7-1-2)，则气体对活塞的压力为 pS。当气体推着活塞缓慢地向外移动一小段位移 $\mathrm{d}l$ 时，气体对活塞做的元功为

$$đA = pS\mathrm{d}l = p\mathrm{d}V \tag{7-1-4}$$

虽然(7-1-4)式是通过图 7-1-2 所描述的特例推导出来的，但可以证明它是准静态过程中**体积功**的一般表达式。若体积有一个微小的膨胀，$\mathrm{d}V>0$，则 $đA>0$，表示此过程中系统对外做正功；反之系统对外做负功，即外界对系统做功。

当系统通过一个有限的准静态过程，体积从 V_1 变化到 V_2 时，系统对外做的总功为

$$A = \int đA = \int_{V_1}^{V_2} p\mathrm{d}V \tag{7-1-5}$$

(7-1-5)式就是准静态过程中功的表达式，它的意义可以从图 7-1-3 中看出。积分的大小 $A = \int_{V_1}^{V_2} p\mathrm{d}V$ 等于过程曲线下的面积。对于 $1c_12$ 和 $1c_22$ 两个过程，虽然初末状态相同，但是过程不同，所对应的面积也不同，即过程中系统对外界做的功也不同，这清楚地表明功是过程量。

由此可见，做功是系统与外界相互作用的方式之一，通过做功，系统与外界可以实现能量的交换。这种能量交换的方式是通过宏观的有规则运动(例如机械运动，电流等)来完成的。

以上所考虑的做功大小主要针对的是准静态过程，此时系统状态参量之间有确定的函数关系，例如 $p=p(V, X)$(其中 X 表示其他状态参量，比如温度)，利用(7-1-5)式求积分就可以得到功的表达式。但是，当系统经历的是非静态过程时，问题就会变得比较复杂，p 和 V 之间也没有确定的函数关系，甚至系统中各处的压强也并不一致，因此(7-1-5)式也不再适用。当然，对于这种情况，有时候也有方法确定功的大小。例如气体自由膨胀时，做功一定为零。或者是如图 7-1-4 所示的情况，在活塞运动的过程中，外界对系统做功为

$$A_{外} = -p_{外}Sl = -p_{外}\Delta V$$

式中 ΔV 表示系统的体积增量。$p_{外}$ 则是外界的压强。在此过程中，如果忽略摩擦力和活塞的质量，根据牛顿第二定律，气体对活塞的力 F 一定与外界对活塞的力 $p_{外}S$ 大小相等，方向相

反。因此，系统对外界的功为

$$A=-A_{外}=p_{外}\Delta V$$

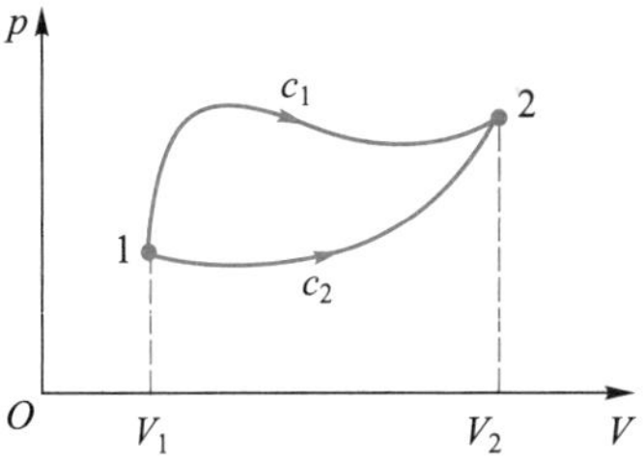

图 7-1-3 不同过程做功不同

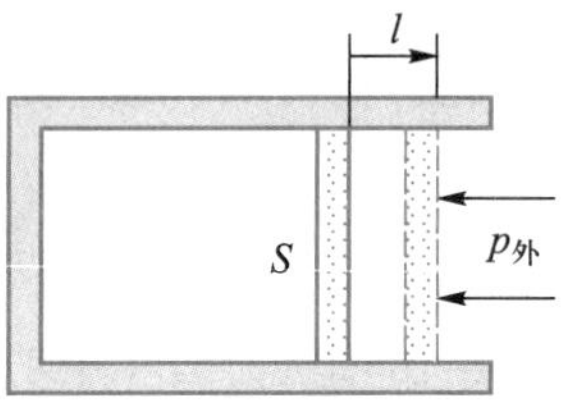

图 7-1-4 非静态过程

2. 热容

除做功之外，与外界的热量交换同样可以改变系统的内能。热量也应该具有与能量相同的单位，J(焦耳)。我们用系统的温度升高 1 K 所需要吸收的热量来度量此热量交换的过程，称为系统的热容，用 C 表示，其定义式为

$$C=\frac{đQ}{\mathrm{d}T} \tag{7-1-6}$$

C 的单位是 J/K。显然，热容与系统的质量或物质的量有关。举个夸张的例子，比如让一壶水和一片海的温度同时升高 1 ℃所需的能量是完全不能比拟的。因此，我们需要定义摩尔热容，它表示 1 mol 物质的热容。对物质的量为 $\nu=\frac{m}{M}$(m 为系统质量，M 为分子的摩尔质量，M=相对分子质量$\times10^{-3}$ kg/mol)的系统，其摩尔热容的定义为

$$C_{\mathrm{m}}=\frac{1}{\nu}\frac{đQ}{\mathrm{d}T} \tag{7-1-7}$$

单位为 J/(mol·K)。也可以定义单位质量气体的热容为比热[容]或质量热容，$c=\frac{1}{m}C$，单位为 J/(kg·K)。

同时，由于热量是过程量，因此热容也与过程有关，即质量或物质的量一定的系统经历不同的过程时，其温度上升 1 K 所需要的热量也可能不同。所以，针对不同的过程，需要定义相应的热容。由于实际实验经常是在压强或者体积变化非常微小的条件下进行的，所以经常用到的是定压热容和定容热容。

定压热容为系统在压强不变的情况下测得的热容，定义为

$$C_p=\left(\frac{đQ}{\mathrm{d}T}\right)_p \tag{7-1-8}$$

式中脚标 p 表示测量热容时保持压强不变。相应的摩尔定压热容 $C_{p,\mathrm{m}}$(1 mol 物质的定压热容)定义为

$$C_{p,\mathrm{m}}=\frac{1}{\nu}\left(\frac{đQ}{\mathrm{d}T}\right)_p \tag{7-1-9}$$

同理，定容热容(系统在体积不变的情况下测得的热容)和摩尔定容热容 6(1 mol 物质的定容热容)分别定义为

$$C_V = \left(\frac{đQ}{dT}\right)_V \tag{7-1-10}$$

$$C_{V,\ m} = \frac{1}{\nu}\left(\frac{đQ}{dT}\right)_V \tag{7-1-11}$$

定义了热容之后，根据(7-1-6)式及(7-1-7)式，系统在一个微小过程中所吸收的热量可以写为

$$đQ = CdT = \nu C_m dT \tag{7-1-12}$$

系统在一个有限的过程中所吸收的热量可以表示为

$$Q = \int_{T_1}^{T_2} CdT = \nu\int_{T_1}^{T_2} C_m dT \tag{7-1-13}$$

其中，积分应沿着相应的过程曲线进行。(7-1-12)式和(7-1-13)式分别为热量的微分形式和积分形式。

与做功改变系统内能的方式(宏观有规则运动)不同，在热量的传递过程中，系统与外界交换能量的方式是通过分子的无规则运动来完成的。当系统与热源接触时，不需要借助机械运动，也不需要任何宏观的运动，直接通过两者的分子无规则运动来进行能量的交换，这就是热传递。

热力学第一定律代表的是能量守恒的一般规律。对于准静态过程和非静态过程都成立。在准静态过程中，利用本节所得到的功和热量的表达式(7-1-5)和(7-1-13)式，可以把热力学第一定律写成如下便于计算的形式

$$\nu C_m dT = pdV + dE$$

或

$$\nu\int_{T_1}^{T_2} C_m dT = \int_{V_1}^{V_2} pdV + \Delta E$$

从热力学第一定律可知，要想让系统对外做功的同时内能保持不变，就必须从外界吸收热量。历史上有不少人在研究热力学的过程中都希望能实现一种热机，它可以通过一个循环过程(系统经过一段演化后又回到初始状态的过程)，不吸收热量就对外做功，或者吸收较少的热量而对外做更多的功，这种热机也被称为第一类永动机。根据热力学第一定律，这样的过程必然伴随着系统内能的减少，是不可循环的过程，因此第一类永动机是不可能实现的。这也是热力学第一定律的另一种表述方式。

第 2 节　理想气体的热容

理想气体是实际气体在高温、低压下的近似，能辅助我们更加直观地理解热力学规律。根据上一节中关于热容的定义以及热力学第一定律，可以得到

$$C_{V,m} = \frac{1}{\nu}\left(\frac{đQ}{dT}\right)_V = \frac{1}{\nu}\left(\frac{dE + pdV}{dT}\right)_V = \frac{1}{\nu}\left(\frac{dE}{dT}\right)_V = \frac{1}{\nu}\frac{dE}{dT} = \frac{dE_m}{dT} \tag{7-2-1}$$

$$C_{p,\mathrm{m}}=\frac{1}{\nu}\left(\frac{\mathrm{đ}Q}{\mathrm{d}T}\right)_p=\frac{1}{\nu}\left(\frac{\mathrm{d}E+p\mathrm{d}V}{\mathrm{d}T}\right)_p=\frac{1}{\nu}\left(\frac{\mathrm{d}E}{\mathrm{d}T}\right)_p+\frac{1}{\nu}\left(\frac{p\mathrm{d}V}{\mathrm{d}T}\right)_p=C_{V,\mathrm{m}}+\frac{1}{\nu}\left[\frac{\mathrm{d}(pV)}{\mathrm{d}T}\right]_p$$

$$=C_{V,\mathrm{m}}+\frac{1}{\nu}\left[\frac{\mathrm{d}(\nu RT)}{\mathrm{d}T}\right]_p=C_{V,\mathrm{m}}+R \tag{7-2-2}$$

由于理想气体的内能只与温度有关，因此上面两式中的$\left(\frac{\mathrm{d}E}{\mathrm{d}T}\right)_V$和$\left(\frac{\mathrm{d}E}{\mathrm{d}T}\right)_p$都可以写成$\left(\frac{\mathrm{d}E}{\mathrm{d}T}\right)$。(7-2-1)式中，$E_{\mathrm{m}}=\frac{E}{\nu}$为理想气体的摩尔内能。而在(7-2-2)式的推导过程中，我们用到了理想气体物态方程 $pV=\nu RT$。(7-2-2)式表明，理想气体的摩尔定压热容和摩尔定容热容的关系为

$$C_{p,\mathrm{m}}=C_{V,\mathrm{m}}+R \tag{7-2-3}$$

上式被称为迈耶公式。它表明，要想使 1 mol 理想气体温度升高 1 K，等压过程需要比等容过程多吸收 R(= 8.31 J)的热量。这个结果可做如下物理解释：系统在等容过程中不对外做功，从外界吸收的热量全部转化为系统的内能(导致温度上升)；而在等压过程中，系统吸收的热量不仅用于增加系统的内能，而且还用于对外做功，因为气体体积在此过程中发生了膨胀。温度升高 1 K 时，同样的理想气体在等压过程和等容过程中增加的内能都是一样的。因此，升高同样的温度，等压过程从外界吸收的热量要高于等容过程，多吸收的热量用于对外做功。

利用公式 $C=\nu C_{\mathrm{m}}$，可以得到理想气体的定压热容和定容热容之间的关系为

$$C_p=C_V+\nu R$$

定义气体的摩尔热容比为

$$\gamma=\frac{C_{p,\mathrm{m}}}{C_{V,\mathrm{m}}}=\frac{C_{V,\mathrm{m}}+R}{C_{V,\mathrm{m}}}=1+\frac{R}{C_{V,\mathrm{m}}} \tag{7-2-4}$$

显然 $\gamma>1$。把上一章中的结果 $E_{\mathrm{m}}=\frac{1}{2}(t+r+2s)RT$ 代入(7-2-1)式，可以得到理想气体的摩尔定容热容为

$$C_{V,\mathrm{m}}=\frac{1}{2}(t+r+2s)R=\frac{1}{2}(i+s)R \tag{7-2-5}$$

其中 $i=t+r+s$ 为理想气体分子的总自由度，t、r、s 分别为分子的平动、转动和振动自由度。若分子可视为刚性分子，则振动自由度 $s=0$，$C_{V,\mathrm{m}}=\frac{1}{2}iR$(刚性分子 $i=t+r$)。

对于单原子分子气体，有

$$i=3,\qquad C_{V,\mathrm{m}}=\frac{3}{2}R,\qquad C_{p,\mathrm{m}}=\frac{5}{2}R,\qquad \gamma=\frac{5}{3}\approx 1.67$$

对于刚性双原子分子气体，有

$$i=5,\qquad C_{V,\mathrm{m}}=\frac{5}{2}R,\qquad C_{p,\mathrm{m}}=\frac{7}{2}R,\qquad \gamma=\frac{7}{5}=1.40$$

对于非刚性双原子分子气体，有

$$i=6,\qquad s=1,\qquad C_{V,\mathrm{m}}=\frac{7}{2}R,\qquad C_{p,\mathrm{m}}=\frac{9}{2}R,\qquad \gamma=\frac{9}{7}\approx 1.28$$

对于刚性多原子分子气体，有

$$i=6,\quad C_{V,\mathrm{m}}=3R,\quad C_{p,\mathrm{m}}=4R,\quad \gamma=\frac{4}{3}\approx 1.33$$

表 7-1 列出了一些气体的热容和热容比的理论值和实验值。

表 7-1　室温下一些气体的 $C_{V,\mathrm{m}}$，$C_{p,\mathrm{m}}$ 和 γ 值

气体	理论值			实验值		
	$C_{V,\mathrm{m}}$ /(J·mol^{-1}·K^{-1})	$C_{p,\mathrm{m}}$ /(J·mol^{-1}·K^{-1})	γ	$C_{V,\mathrm{m}}$ /(J·mol^{-1}·K^{-1})	$C_{p,\mathrm{m}}$ /(J·mol^{-1}·K^{-1})	γ
He	12.47	20.78	1.67	12.63	20.94	1.67
Ar	12.47	20.78	1.67	12.55	20.86	1.67
H_2	20.78	29.09	1.40	20.44	28.84	1.41
N_2	20.78	29.09	1.40	20.61	28.84	1.40
O_2	20.78	29.09	1.40	21.19	29.58	1.40
CO	20.78	29.09	1.40	22.35	28.92	1.29
H_2O	24.93	33.24	1.33	24.93	33.55	1.35
CH_4	24.93	33.24	1.33	26.26	35.57	1.35

表 7-2　气体摩尔定容热容随温度变化的实验值

气体温度/K	273	373	473	773	1473	2273
$C_{V,\mathrm{m}}$(N_2，O_2，HCl，CO)/(J·mol^{-1}·K^{-1})	20.3	20.3	21.0	22.4	24.1	26.0
气体温度/K	50	500	2500			
$C_{V,\mathrm{m}}$(H_2)/(J·mol^{-1}·K^{-1})	12.5	21.0	29.3			

从表 7-1 可以看出，对于单原子分子气体而言，摩尔热容的实验值和理论值较为接近，这说明上述理论能够近似地反映客观事实。但对于双原子分子气体和多原子分子气体，摩尔热容的实验值和理论值差别较大。此外，根据前面的讨论，气体的 $C_{V,\mathrm{m}}$ 应当与温度无关，但实验表明，气体的 $C_{V,\mathrm{m}}$ 都有随温度升高而增大的趋势。表 7-2 列出了气体摩尔定容热容随温度变化的实验值。这种热容随温度变化的现象必须要用量子理论才能够得到比较完整的解释。

前面的讨论集中在系统与外界进行热量交换导致系统温度变化的情况。在现实世界中，也存在着其他情况，即热量交换不会导致系统温度变化，而是引起其他状态参量的变化，例如理想气体的等温膨胀过程以及相变现象(熔化、凝固、汽化或者液化等)。在固-液相变中，当温度达到熔点时，固体可继续吸收热量熔化成液体并保持温度不变，反之液体也可以放出热量而凝固成固体。类似地，当温度达到沸点时，液-气相变也是这种温度保持不变的吸(或放)热过程。定义物体在相变过程中吸收的热量叫作**潜热**。固体熔化时吸收的热量叫作**熔化**

热，相应的液体在凝固时将放出同样多的热量。液体在汽化时吸收的热量叫汽化热，相应的蒸气在液化时也会放出同样多的热量。

【例 7-1】 1 g 纯水在 1 atm 下从 27 ℃加热直到全部成为 100 ℃的水蒸气，此时体积为 $1.67\times10^{-3}\ m^3$，求对外所做的功以及内能增量。已知水的汽化热 $\lambda=2.26\times10^6$ J/kg，摩尔定容热容 $C_{V,m}=74$ J/(mol · K)，定压体胀系数 $\beta=\frac{1}{V}\left(\frac{\partial V}{\partial T}\right)_p=2\times10^{-4}\ K^{-1}$（即在压强不变的情况下温度升高 1 K 体积的相对变化），水和水蒸气的摩尔质量均为 18×10^{-3} kg/mol，1 m^3 水的质量为 1 000 kg。

解 本题中描述的过程可分解为两个阶段，首先是水从 27 ℃加热到 100 ℃，然后是 100 ℃的水汽化为水蒸气。我们的计算也分为两步。首先考虑水在加热到 100 ℃但未发生相变的阶段中所做的功和内能增量。加热的过程中水的压强恒定。选 p、T 为独立参量，则体积 $V=V(p,\ T)$ 作为物态方程，满足

$$\mathrm{d}V=\left(\frac{\partial V}{\partial T}\right)_p\mathrm{d}T=\beta V\mathrm{d}T$$

此阶段水做的功为

$$A_1=\int_{V_1}^{V_2}p\mathrm{d}V=\int_{T_1}^{T_2}p\beta V\mathrm{d}T=p\beta V\Delta T\Big|_{T_1}^{T_2}$$

$$=1.013\times10^5\times2\times10^{-4}\times10^{-6}\times(373-300)\ \mathrm{J}\approx1.5\times10^{-3}\ \mathrm{J}$$

此处的计算中有一个近似，由于定压体胀系数很小，水在汽化之前的体积变化可以忽略不计。此阶段中的吸热为

$$Q_1=\nu C_{V,\mathrm{m}}\int_{T_1}^{T_2}\mathrm{d}T=\nu C_{V,\mathrm{m}}\Delta T\Big|_{T_1}^{T_2}=\frac{1\times10^{-3}}{18\times10^{-3}}\times74\times(373-300)\ \mathrm{J}\approx300\ \mathrm{J}$$

根据热力学第一定律，内能增量为

$$\Delta E_1\approx Q_1=300\ \mathrm{J}$$

此处仍然忽略了体积的增加。

再考虑在汽化阶段中所做的功和内能增量。此阶段中功的表达式为

$$A_2=\int_{V_1}^{V_2}p\mathrm{d}V=p(V_2-V_1)=1.013\times10^5\times(1.67-0.001)\times10^{-3}\ \mathrm{J}\approx169\ \mathrm{J}$$

此过程是在 100 ℃下进行的相变，容易得出“内能不变”的错误结论。其实，只有理想气体的内能才是温度的单值函数。水在汽化过程中的吸热为

$$Q_2=\lambda m=2.26\times10^6\times10^{-3}\ \mathrm{J}=2.26\times10^3\ \mathrm{J}$$

根据热力学第一定律，内能增量为

$$\Delta E_2=Q_2-A_2=(2.26\times10^3-169)\ \mathrm{J}\approx2.09\times10^3\ \mathrm{J}$$

综合以上两步，整个过程中对外所做的功为

$$A=A_1+A_2\approx169\ \mathrm{J}$$

内能增量为

$$\Delta E=\Delta E_1+\Delta E_2=(300+2.09\times10^3)\ \mathrm{J}=2.39\times10^3\ \mathrm{J}$$

第 3 节　热力学第一定律对理想气体的应用

本节将讨论理想气体的几个等值过程及绝热过程中的功、热量及内能增量。

一、等容过程

系统演化中保持体积不变的过程称为等容过程。过程中 $V=$常量，根据理想气体物态方程 $pV=\nu RT$，也可以写成 $T/p=$常量，称为过程方程。过程曲线如图 7-3-1 所示。

因为等容过程中体积不变，所以气体对外做功 $A=0$。吸收的热量 Q 为

$$Q=\nu\int_{T_1}^{T_2}C_{V,\mathrm{m}}\mathrm{d}T=\nu C_{V,\mathrm{m}}\Delta T \tag{7-3-1}$$

由热力学第一定律，可知

$$\Delta E=Q=\nu C_{V,\mathrm{m}}\Delta T \tag{7-3-2}$$

等容过程中吸收的热量全部转化为系统内能的增量。

二、等压过程

系统演化中保持压强不变的过程称为等压过程。相应的过程方程为 $p=$常量或 $T/V=$常量。过程曲线如图 7-3-2 所示。

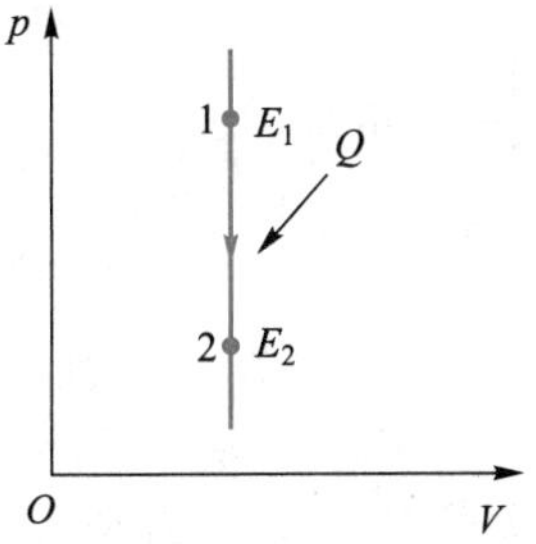

图 7-3-1　等容过程曲线

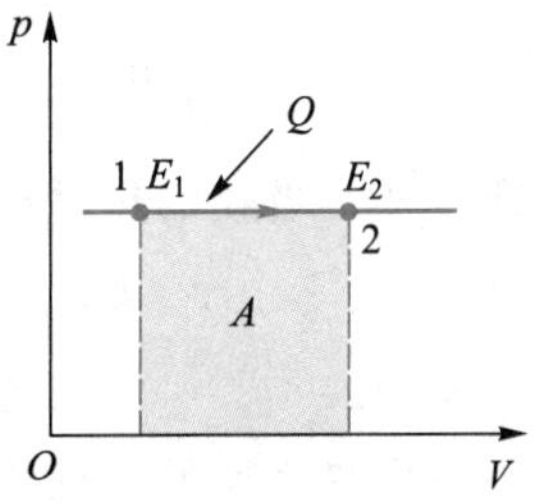

图 7-3-2　等压过程曲线

因为过程中压强不变，所以气体做功为

$$A=\int_{V_1}^{V_2}p\mathrm{d}V=p\Delta V=\nu R\Delta T \tag{7-3-3}$$

吸收的热量为

$$Q=\nu\int_{T_1}^{T_2}C_{p,\mathrm{m}}\mathrm{d}T=\nu C_{p,\mathrm{m}}\Delta T \tag{7-3-4}$$

由热力学第一定律，可知

$$\Delta E=Q-A=\nu(C_{p,\mathrm{m}}-R)\Delta T=\nu C_{V,\mathrm{m}}\Delta T \tag{7-3-5}$$

从以上计算可以看出，不论是等容过程还是等压过程，内能增量均满足

$$\Delta E=\nu C_{V,\mathrm{m}}\Delta T \tag{7-3-6}$$

其实，理想气体所经历的任意一个过程，例如图 7-3-3 所表示的过程，甚至是一个没有对应过程曲线的非静态过程，内能增量均满足(7-3-6)式。这是由于对于一定量的理想气体，其内能是温度的单值函数，所以初末状态之间的内能增量 $\Delta E=E_2-E_1$ 与系统所经历的过程完全没有关系，只与初末状态的温度有关，其所满足的表达式就是(7-3-6)式。

三、等温过程

系统演化中保持温度不变的过程称为等温过程。相应的过程方程为 $T=$ 常量或 $pV=$ 常量。过程曲线如图 7-3-4 所示。

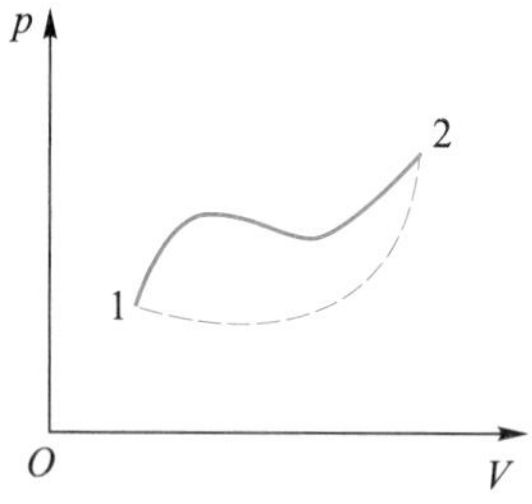

图 7-3-3 任意准静态过程曲线

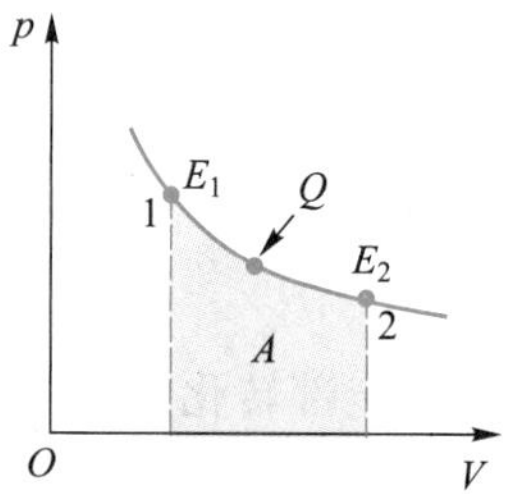

图 7-3-4 等温过程曲线

因为过程中温度不变，所以内能保持不变，即 $\Delta E=0$。

此过程中气体对外做功为

$$A=\int_{V_1}^{V_2} p\mathrm{d}V=\nu RT\int_{V_1}^{V_2}\frac{\mathrm{d}V}{V}=\nu RT\ln\frac{V_2}{V_1}=\nu RT\ln\frac{p_1}{p_2} \tag{7-3-7}$$

由热力学第一定律可知，吸收的热量全部用于对外做功，即 $Q=A$。

四、绝热过程

系统与外界不发生热交换的过程称为绝热过程。图 7-3-5 中，气缸壁与活塞都是绝热材料制成，相应的气体膨胀或压缩过程就可以看成是绝热过程。若非常缓慢的移动活塞，气缸内的气体可以认为时刻处于平衡态，气体所经历的过程就可以认为是准静态过程。除此之外，还存在非准静态过程，其中最典型的例子就是气体的自由膨胀过程。如图 7-3-6 所示，突然撤去把绝热容器分隔成气体与真空两部分的隔板后，气体快速膨胀直至充满整个容器空间达到新的平衡态，过程中来不及建立中间平衡态，所以气体的自由膨胀过程是一个非准静态的绝热过程。

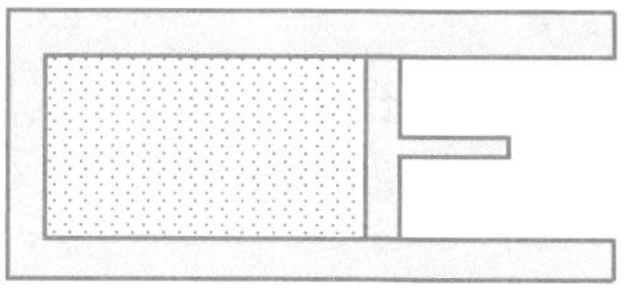

图 7-3-5 准静态绝热过程

对于准静态绝热过程，我们需要推导此过程的过程方程，然后利用此方程讨论准静态绝热过程的功、热量以及内能增量的表达式。

根据热力学第一定律及(7-3-6)式，绝热过程满足方程

$$p\mathrm{d}V+\nu C_{V,\mathrm{m}}\mathrm{d}T=0$$

对理想气体物态方程 $pV=\nu RT$ 两边求微分，可得

$$p\mathrm{d}V + V\mathrm{d}p = \nu R\mathrm{d}T$$

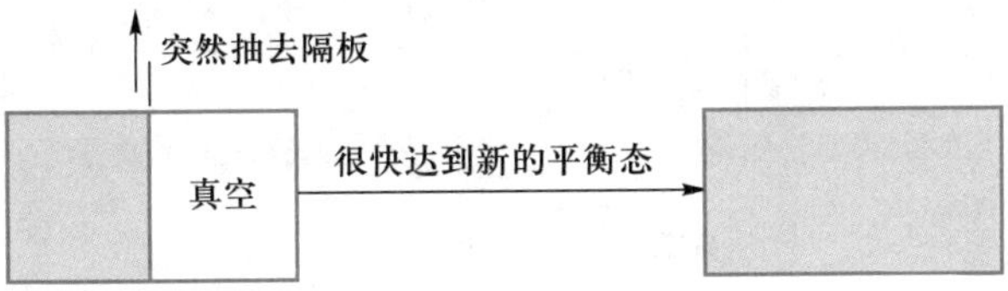

图 7-3-6　非静态绝热过程

连立两式消去 $\mathrm{d}T$，可得

$$(C_{V,\mathrm{m}} + R)p\mathrm{d}V + C_{V,\mathrm{m}}V\mathrm{d}p = 0$$

利用气体热容比的定义 $\gamma = C_{p,\mathrm{m}}/C_{V,\mathrm{m}} = (C_{V,\mathrm{m}}+R)/C_{V,\mathrm{m}}$，可以把上式改写为

$$\frac{\mathrm{d}p}{p} + \gamma\frac{\mathrm{d}V}{V} = 0$$

积分可得方程

$$pV^{\gamma} = C_1 \tag{7-3-8}$$

再利用物态方程 $pV=\nu RT$，也可以把上式写成如下用温度和体积或者压强和温度表示的形式：

$$TV^{\gamma-1} = C_2 \tag{7-3-9}$$

$$p^{\gamma-1}T^{-\gamma} = C_3 \tag{7-3-10}$$

(7-3-8)式、(7-3-9)式和(7-3-10)式均称为绝热方程，以上三式中，C_1、C_2 和 C_3是三个不同的常量。

如图 7-3-7 所示，在 $p-V$ 图中同时画出绝热线 $pV^{\gamma}=C_1$ 与等温线 $pV=C$，绝热线比等温线更加陡峭。从数学上来看，出现这个结果的原因是热容比 $\gamma>1$。而要从物理上解释这个结果，可以假定气体从两条曲线交点(p_1，V_1)所对应的状态出发，分别经过绝热过程和等温过程使体积从 V_1 膨胀到 V_2。在绝热过程中，气体与外界没有热量交换，膨胀过程对外做功会导致气体内能减少，温度降低；但是在等温过程中，气体对外做功的同时还会从外界吸收热量，从而保持内能不变。因此，在气体体积膨胀为 V_2 时，绝热过程末态的温度要低于等温过程末态的温度。根据物态方程 $p=\nu RT/V$，绝热过程末态的压强要低于等温过程末态的压强，因此绝热线更加陡峭。

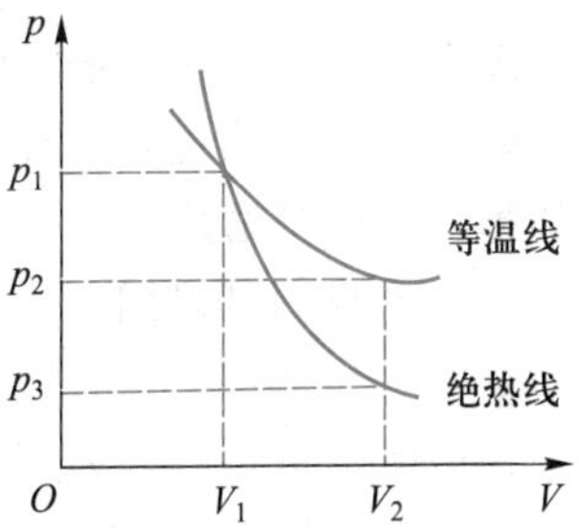

图 7-3-7　绝热线与等温线

在准静态绝热过程中，气体从外界吸收的热量 $Q=0$。利用绝热方程，可以得出气体做功为

$$A = \int_{V_1}^{V_2} p\mathrm{d}V = C_1\int_{V_1}^{V_2}\frac{\mathrm{d}V}{V^{\gamma}} = \frac{C_1}{\gamma-1}(V_1^{1-\gamma} - V_2^{1-\gamma}) = \frac{p_1V_1 - p_2V_2}{\gamma-1} \tag{7-3-11}$$

利用热力学第一定律，还可以得出绝热过程中功的另一种表达式

$$A = -\Delta E = -\nu C_{V,\mathrm{m}}\Delta T \tag{7-3-12}$$

【例 7-2】　设有一绝热容器如图 7-3-8 所示，中间用隔板隔成两部分。开始时左边有 1 mol气体，状态为 p_1、V_1、T_1、E_1，右边为真空。当去掉隔板，气体做自由膨胀，很快充满

整个容器达到一个新的平衡态，状态为 p_2、V_2、T_2、E_2，求末态的压强。

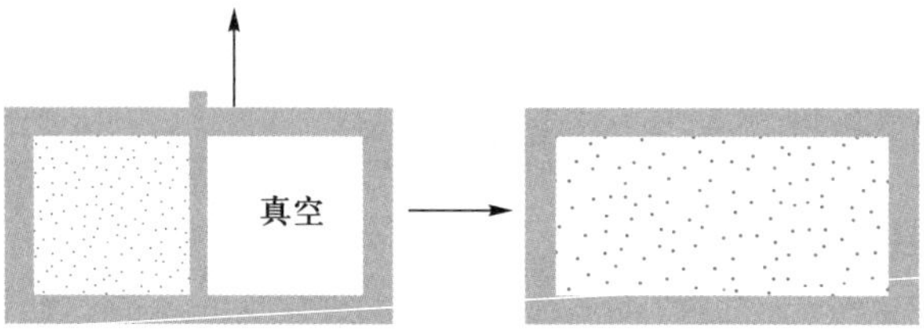

图 7-3-8 例 7-2 图

解 此过程为气体往真空的自由膨胀过程，是一个非准静态过程。在此过程中，由于容器绝热，所以气体与外界交换的热量为 $Q=0$。此外，由于气体是自由膨胀，膨胀的过程中做功为 $A=0$，根据热力学第一定律，气体的内能不变，所以温度也不变

$$E_2=E_1, \quad T_2=T_1$$

根据理想气体物态方程 $pV=\nu RT$，可知

$$V_2=2V_1, \quad p_2=p_1/2$$

这些结果已经在焦耳气体自由膨胀实验中得到验证。

初学者在这里容易出现一个误解。由于此过程是一个绝热过程，就利用绝热方程 $pV^{\gamma}=C_1$ 推导出

$$V_2=2V_1, \quad p_2=p_1 2^{-\gamma}$$

由于 $\gamma>1$，此结果显然和焦耳实验的结论不符。之所以会得到这个错误结论是因为没有考虑到绝热方程只适用于准静态绝热过程。而本例中的绝热过程是非静态的，没有与之对应的过程曲线，因此绝热过程方程也不再适用。但是，从上面的推导可以看出，对于任意过程，热力学第一定律都适用。

综上，我们可以用一个统一的公式来刻画理想气体的各种等值过程：

$$pV^n=\text{常量} \tag{7-3-13}$$

其中，n 是表示过程特征的常量。$n=1$ 对应于等温过程，$n=0$ 对应于等压过程，$n\to\infty$ 对应于等容过程，$n=\gamma$ 对应于绝热过程。对于介于等温和绝热过程之间的准静态过程，存在一定的热量交换，可将 n 取在 $1<n<\gamma$ 的范围之内，此时与(7-3-13)式相对应的过程叫作多方过程。

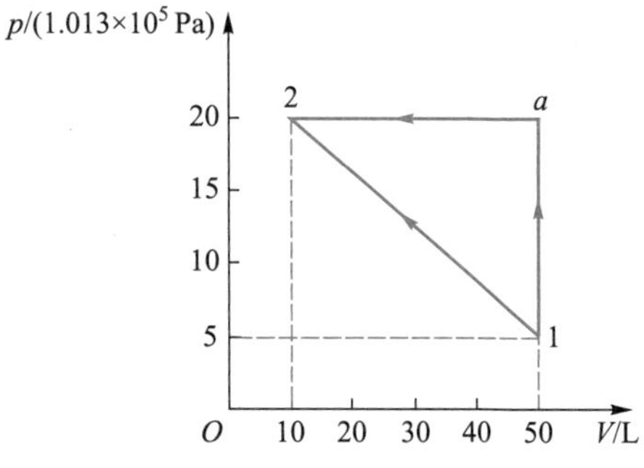

图 7-3-9 例 7-3 图

【例 7-3】 20 mol 氧气由状态 1 变化到状态 2 所经历的过程如图 7-3-9 所示。(1) 沿 $1\to a\to 2$ 路径；(2) 沿 $1\to 2$(直线)。试分别求出这两个过程中气体对外界做的功、吸收的热量及内能的变化(氧分子视为刚性分子)。

解 (1) 沿 $1\to a\to 2$ 路径

$1\to a$ 是等容过程，气体做功为

$$A_{1a}=0$$

吸收的热量为

$$Q_{1a}=\nu C_{V,\mathrm{m}}(T_a-T_1)=\frac{C_{V,\mathrm{m}}V_1}{R}(p_a-p_1)=\frac{iV_1}{2}(p_a-p_1)$$

$$=\frac{5}{2}\times 50\times 10^{-3}\times(20-5)\times 1.013\times 10^5\ \mathrm{J}\approx 1.90\times 10^5\ \mathrm{J}$$

内能的变化为

$$\Delta E_{1a}=Q_{1a}-A_{1a}=1.90\times 10^5\ \mathrm{J}$$

$a\to 2$ 是等压过程，气体做功为

$$A_{a2}=p_2(V_2-V_a)$$

$$=20\times 1.013\times 10^5\times(10-50)\times 10^{-3}\ \mathrm{J}\approx -8.10\times 10^4\ \mathrm{J}$$

吸收的热量为

$$Q_{a2}=\nu C_{p,\mathrm{m}}(T_2-T_a)=\frac{C_{p,\mathrm{m}}p_2}{R}(V_2-V_a)=\frac{(i+2)p_2}{2}(V_2-V_a)$$

$$=\frac{7}{2}\times 20\times 1.013\times 10^5\times(10-50)\times 10^{-3}\ \mathrm{J}\approx -2.84\times 10^5\ \mathrm{J}$$

内能的变化为

$$\Delta E_{a2}=Q_{a2}-A_{a2}=-2.03\times 10^5\ \mathrm{J}$$

整个 $1\to a\to 2$ 过程中，气体做功为

$$A_{1a2}=A_{1a}+A_{a2}=-8.10\times 10^4\ \mathrm{J}$$

气体对外界做负功。吸收的热量为

$$Q_{1a2}=Q_{1a}+Q_{a2}=-9.40\times 10^4\ \mathrm{J}$$

实际是气体向外界放出热量。内能的变化为

$$\Delta E_{1a2}=\Delta E_{1a}+\Delta E_{a2}=-1.3\times 10^4\ \mathrm{J}$$

气体的内能减少，温度降低。

(2) 沿 $1\to 2$(直线)

由于内能的变化与系统演化的路径无关，所以此过程中内能的变化也为

$$\Delta E_{12}=\Delta E_{1a2}=-1.3\times 10^4\ \mathrm{J}$$

气体做功对应着 p-V 图中 $1\to 2$(直线)下的面积

$$A_{12}=\frac{1}{2}\times(5+20)\times 1.013\times 10^5\times(10-50)\times 10^{-3}\ \mathrm{J}\approx -5.1\times 10^4\ \mathrm{J}$$

这里需要小心做功的符号，由于此过程中气体体积减小，所以气体做负功。由热力学第一定律可知，吸收的热量为

$$Q_{12}=A_{12}+\Delta E_{12}=-6.4\times 10^4\ \mathrm{J}$$

气体向外界放热。

【例 7-4】 设一理想气体在某过程中压强与体积之间满足关系 $pV^2=$常量，求此过程中气体的摩尔热容。

解 对关系 $pV^2=$常量左右两边求微分，可得

$$2p\mathrm{d}V+V\mathrm{d}p=0$$

对理想气体物态方程 $pV=\nu RT$ 左右两边求微分，可得

$$p\mathrm{d}V + V\mathrm{d}p = \nu R\mathrm{d}T$$

综合以上两式，有

$$p\mathrm{d}V = -\nu R\mathrm{d}T$$

根据气体摩尔热容的定义及热力学第一定律可知

$$C_{\mathrm{m}} = \frac{1}{\nu}\frac{\mathrm{d}Q}{\mathrm{d}T} = \frac{1}{\nu}\frac{\mathrm{d}E + p\mathrm{d}V}{\mathrm{d}T} = \frac{1}{\nu}\frac{\nu C_{V,\mathrm{m}}\mathrm{d}T + p\mathrm{d}V}{\mathrm{d}T} = C_{V,\mathrm{m}} + \frac{p\mathrm{d}V}{\nu\mathrm{d}T} = C_{V,\mathrm{m}} - R$$

第 4 节 循环过程 卡诺循环

一、循环过程

在历史上，热力学理论就是起源于人们对于热机的研究。热机是一种将从外界吸收的热量转化为有用功的装置。在热机中，用来实现这种热功转化的物质叫作工作物质，简称工质。例如，在蒸汽机中，工质是水和水蒸气；而在内燃机中，工质是压缩气体。通过对工质的加热使其膨胀，可以实现对外做功。但是任意一台热机的容量总是有限的，要想让它不断地向外输出有用功，必须使工质能够从膨胀做功的状态回到初始状态，这样才可以再次吸热做功，从而将这个过程不断地循环下去。

我们以蒸汽机为例来说明一般热机的工作原理。图 7-4-1 是蒸汽机经过一次循环的示意图。首先，水在锅炉中被加热，吸收了热量Q_1 后变成高温高压水蒸气进入气缸，此过程中水吸收热量，内能增加。高压水蒸气驱动气缸膨胀对外做功，将内能转化为机械功A_1，水蒸气的内能减少，温度降低。冷却的水蒸气进入冷凝器，放出热量Q_2 后变成水。最后，被冷却的水通过水泵做功A_2 被重新抽回锅炉中，又回到了初始的状态，准备开始下一次的循环。

我们把这种系统从某个初始状态出发，经过一系列过程之后又回到了初始状态的过程称为循环过程。由于经历一次循环过程后系统又回到了初始的状态，所以任何循环过程系统的内能不变(其实系统所有的态函数都不变)。若系统所经历的循环过程是准静态的，则可以在 $p-V$ 图上用一条闭合曲线表示，如图 7-4-2 所示。系统状态沿顺时针方向变化的循环称为正循环，沿逆时针方向变化的循环称为逆循环。

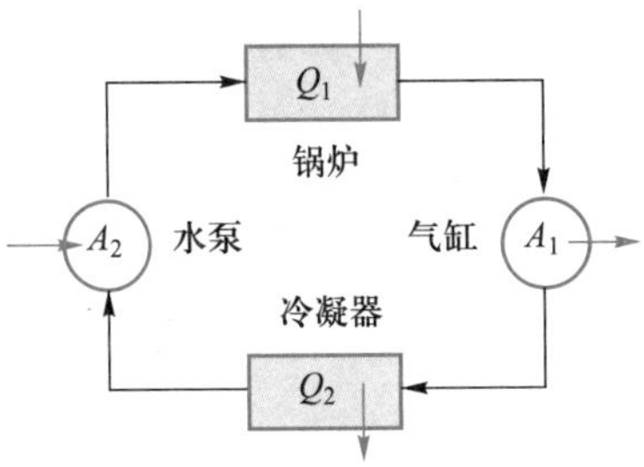

图 7-4-1 蒸汽机工作原理

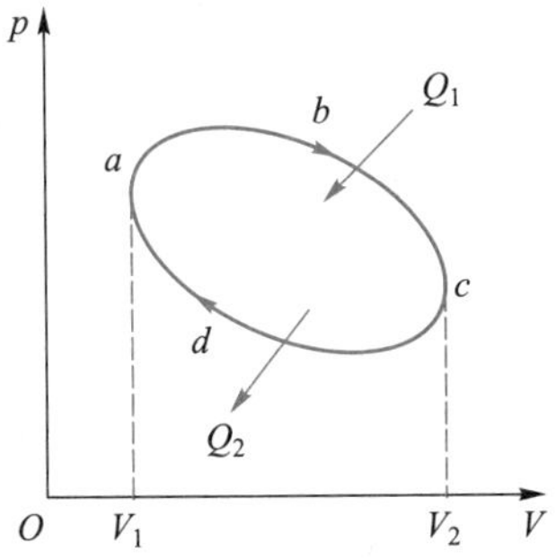

图 7-4-2 循环过程曲线

对于通常的循环过程，在某部分过程中系统会从外界吸热Q_1，而在另一部分过程中系统会对外放热Q_2，一次循环过程中系统的净吸热为Q_1-Q_2。根据热力学第一定律，完成一个循环过程后系统内能不变，则 Q_1-Q_2 也是一次循环过程中系统对外界做的功。如果考虑如图 7-4-2 所示的准静态循环过程，当系统经历过程 abc 时，系统对外做功，其大小为曲线 abc 下的面积；当系统经历过程 cda 时，外界对系统做功，其大小为曲线 adc 下的面积。整个循环过程中系统对外界所做的总功 A 为这两个面积之差，即

$$|A| = \text{闭合曲线所包围的面积}$$

因为此循环为正循环，$A>0$，且满足

$$A = Q_1 - Q_2$$

所以有$Q_1>Q_2$。每次循环中热机从外界吸收的热量Q_1一定大于它向外界释放的热量Q_2。

在所有对热机的研究中，最核心的问题就是**热机的效率**。在日常生产和生活中，人们总是希望热机从外界吸收的热量（获取的能量）能够尽可能多地转化为对外输出的功（有用的能量）。因此，热机的效率（循环效率）也被定义为

$$\eta = \frac{A}{Q_1} = \frac{Q_1 - Q_2}{Q_1} = 1 - \frac{Q_2}{Q_1} \tag{7-4-1}$$

【例 7-5】 1 000 mol 空气，$C_{p,\mathrm{m}}=29.2\ \mathrm{J/(mol\cdot K)}$，处于标准状态 A，$p_A=1.01\times10^5\ \mathrm{Pa}$，$T_A=273\ \mathrm{K}$，$V_A=22.4\ \mathrm{m^3}$，等压膨胀至状态 B，其容积为原来的 2 倍，然后做如图 7-4-3 所示的等容过程和等温过程回到状态 A，完成一次循环。求循环效率。

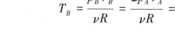

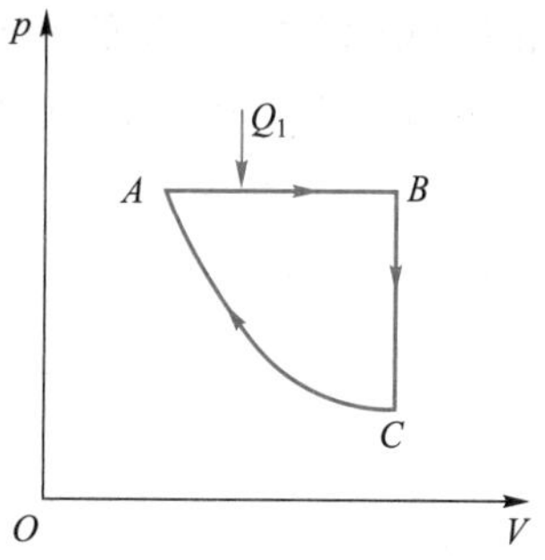

图 7-4-3　例 7-5 图

解　此循环过程可分解为三个过程，(1) 等压膨胀→(2) 等容降温→(3) 等温收缩。这三个过程中，(1) 过程系统从外界吸收热量，(2) 和 (3) 过程系统向外界放热。因此，计算系统从外界吸收的热量只需要考虑 (1) 过程。

根据理想气体物态方程 $pV=\nu RT$，可知

$$T_B = \frac{p_B V_B}{\nu R} = \frac{2p_A V_A}{\nu R} = 2T_A$$

(1) 过程中吸收的热量为

$$Q_1 = \nu C_{p,\mathrm{m}}(T_B - T_A) = 1\ 000 \times 29.2 \times (273 \times 2 - 273)\ \mathrm{J} \approx 7.97 \times 10^6\ \mathrm{J}$$

整个循环过程中对外做功等于曲线所包围的面积。其实就是直线 AB 下的面积A_1减去曲线 AC 下的面积A_2。曲线 AC 下的面积为

$$A_2 = \int_{V_A}^{V_C} p\mathrm{d}V = \nu RT_A\int_{V_A}^{2V_A}\frac{\mathrm{d}V}{V} = \nu RT_A\ln 2$$

$$= 1\ 000 \times 8.31 \times 273 \times \ln 2\ \mathrm{J} \approx 1.57 \times 10^6\ \mathrm{J}$$

整个循环中对外做功为

$$A = A_1 - A_2 = 1.01 \times 10^5 \times 22.4\ \mathrm{J} - 1.57 \times 10^6\ \mathrm{J} \approx 0.69 \times 10^6\ \mathrm{J}$$

循环效率为

$$\eta = \frac{A}{Q_1} = \frac{0.69 \times 10^6}{7.97 \times 10^6} \approx 8.7\%$$

二、卡诺循环

根据(7-4-1)式，由于循环过程中热机对外界放热 $Q_2\geqslant 0$，热机的效率 $\eta\leqslant 1$。只有当 $Q_2=0$ 时，$\eta=1$。换句话讲，此时热机从外界吸收的热量全部转化成了对外所做的功，热机的效率为 1。那么有没有可能实现这种完美的热机呢？在实际的物理过程中显然是不可能的，因为任何过程总会伴随着摩擦、散热等损耗。假如我们忽略这些损耗，有没有可能从理论上设计出一个效率为 1 的热机呢？这个问题在历史上有过巨大的争议，也就是**第二类永动机**是否存在的问题。这个问题的答案我们留到下一节。

早期的热机效率非常低，人们尝试各种办法来提高热机的效率。其中，法国青年工程师卡诺(Carnot)作出了奠基性的贡献。他首先设计了一个最简单的理想循环过程，抛开了各种技术细节的同时保留了热机循环的最基本特征。然后再论证此理想热机的效率是相同热源之间运行的所有热机中效率最高的，从而从原理上解决了热机最大效率问题。

卡诺所设计的热机叫作卡诺热机，所对应的循环叫作**卡诺循环**，它是在两个温度恒定的热源(一个高温热源和一个低温热源)之间的循环过程。整个循环中，热机中的工质只与两个热源交换热量，没有散热、漏气和摩擦等损耗，是一个理想的准静态循环过程。为简单起见，我们仅讨论以理想气体为工质的卡诺循环。在下一节我们会证明，卡诺循环的循环效率与工质无关。

卡诺循环由两个等温过程和两个准静态绝热过程组成，如图 7-4-4 所示。

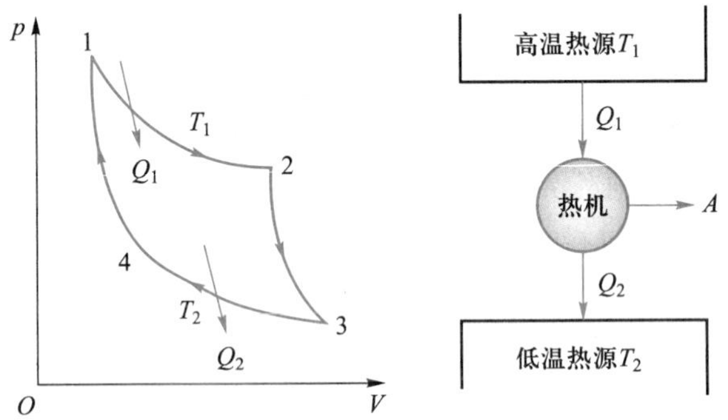

(a) 卡诺热机循环　　(b) 卡诺热机能流图

图 7-4-4　卡诺热机循环及能流图

1→2，热机与温度为 T_1 的高温热源接触，热机内的气体等温膨胀，由状态 1 变化到状态 2。此过程中吸收的热量 Q_1 为

$$Q_1=\nu RT_1\ln\frac{V_2}{V_1}$$

由热力学第一定律可知，等温过程中吸收的热量全部用于对外做功，$A_{12}=Q_1$。

2→3，热机与高温热源脱离接触，气体开始准静态绝热膨胀，由状态 2 变化到状态 3。此过程中热机与外界没有热量交换。

3→4，热机与温度为 T_2 的低温热源接触，气体开始等温压缩，由状态 3 变化到状态 4。

此过程中放出的热量Q_2为

$$Q_2 = \nu RT_2 \ln \frac{V_3}{V_4}$$

由热力学第一定律可知，等温过程中放出的热量全部来源于外界做功，$A_{34}=-Q_2$。

4→1，热机与低温热源脱离接触，气体开始准静态绝热压缩，由状态 4 变化到状态 1。气体回到初始状态，完成一次循环过程。

循环过程中对外做的净功为

$$A = Q_1 - Q_2$$

卡诺循环的效率为

$$\eta_C = 1 - \frac{Q_2}{Q_1} = 1 - \frac{T_2 \ln \frac{V_3}{V_4}}{T_1 \ln \frac{V_2}{V_1}}$$

由于 2→3 和 4→1 对应着两个不同的准静态绝热过程，根据绝热过程方程，有

$$T_1 V_2^{\gamma-1} = T_2 V_3^{\gamma-1}, \qquad T_1 V_1^{\gamma-1} = T_2 V_4^{\gamma-1}$$

两式相除，可得

$$\frac{V_2}{V_1} = \frac{V_3}{V_4}$$

因此，卡诺循环的循环效率为

$$\eta_C = 1 - \frac{T_2}{T_1} \tag{7-4-2}$$

简单总结一下卡诺循环的特点：

(1) 卡诺循环的效率仅取决于高温热源和低温热源的温度，因此提高效率的途径是提高高温热源的温度 T_1 或者降低低温热源的温度 T_2，通常后一种方法更经济。

(2) 完成一次卡诺循环必需也只需要两个热源。不可能只通过与一个热源交换热量来完成循环过程。换句话说，不可能把从高温热源吸收的热量全部用于对外做功，总需要在低温热源处释放一部分热量。

(3) 卡诺循环的效率始终小于 1。由(7-4-2)式可知，只有 $T_2=0$ 时，$\eta_C=1$。但是热力学第三定律告诉我们，不可能通过有限的连续过程达到绝对零度，所以真实的热力学平衡态系统要达到绝对零度是不可能的。

那么在这两个热源之间有没有可能存在另一种热机，它的效率要高于卡诺热机呢？这个问题的答案是否定的，证明则留到下一节再讨论。

【例 7-6】 理论上讲，可以利用表层海水与深层海水的温差来制成热机。已知热带水域表层的水温约为 25 ℃，深处的水温约为 5 ℃。

(1) 在这两个温度之间工作的卡诺热机的循环效率是多少？

(2) 如果某电站在此最大理论效率下工作时获得的机械功率是 1 MW(即 10^6 J/s)，则它以什么速率排放废热？

(3) 此电站获得的机械功和排出的废热均来自由 25 ℃的水冷却到 5 ℃的水所放出的热

量，问此电站将以什么速率取用 25 ℃的表层水？

解 （1）卡诺热机的效率为

$$\eta_C = 1 - \frac{T_2}{T_1} = 1 - \frac{273+5}{273+25} \approx 6.7\%$$

（2）由于

$$\eta_C = \frac{A}{Q_1} = \frac{A}{A+Q_2}$$

排放废热的速率为

$$Q_2 = A\left(\frac{1}{\eta_C} - 1\right) = 1 \times \left(\frac{1}{0.067} - 1\right)\ \text{MW} \approx 13.93\ \text{MW}$$

（3）由 25 ℃的水冷却到 5 ℃的水所放出热量的速率为

$$Q_1 = A + Q_2 = 14.93\ \text{MW}$$

已知水的比热容 $c=4.18\times10^3$ J/(kg · K)(1 kg 物质温度升高 1 K 所吸收的热量)，根据热量表达式

$$Q_1 = mc(T_1 - T_2)$$

取用表层水的速率为

$$m = \frac{Q_1}{c(T_1 - T_2)} = \frac{14.93\times10^6}{4.18\times10^3\times(298-278)}\ \text{kg/s} \approx 1.79\times10^2\ \text{kg/s}$$

三、制冷机

制冷机的工作方式与热机正好相反，它是通过外界对工质做功，不断地将热量从低温热源传递到高温热源的装置。例如，电冰箱、冰柜等就是利用电动压缩机做功将热量从食物储藏室传到房间。而夏天空调降温的原理也是通过做功将室内热量转移到室外的。

逆循环的卡诺循环对应的就是卡诺制冷机的循环过程，如图 7-4-5 所示。此时，理想气体从低温热源吸收热量Q_2，接受外界做功 A，向高温热源放出热量Q_1，所以

$$Q_2 + A = Q_1$$

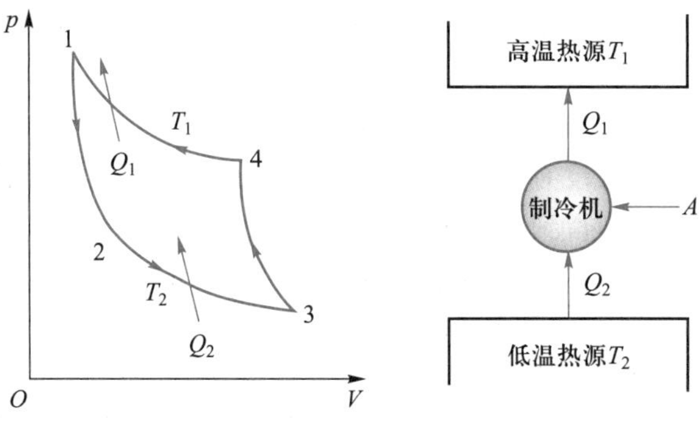

(a) (b)

图 7-4-5

人们希望利用尽可能少的功来从低温热源吸收尽可能多的热量，因此可以定义制冷系数为

$$w=\frac{Q_2}{A}=\frac{Q_2}{Q_1-Q_2} \tag{7-4-3}$$

类似于卡诺热机所对应循环过程的计算，可以得出卡诺制冷机的制冷系数为

$$w=\frac{T_2}{T_1-T_2} \tag{7-4-4}$$

【例7-7】　利用卡诺制冷机使1 kg温度为0 ℃的水变成0 ℃的冰，需要做多少功？（已知环境温度为27 ℃，冰的熔化热为3.35×10^5 J/kg）

解　卡诺制冷机从0 ℃的水中吸收热量，并将热量释放到27 ℃的环境中，因此卡诺制冷机工作的高温热源温度T_1和低温热源温度T_2分别为

$$T_1=300\ \text{K},\qquad T_2=273\ \text{K}$$

卡诺制冷机的制冷系数为

$$w=\frac{T_2}{T_1-T_2}=\frac{273}{300-273}=10.11$$

由于

$$w=\frac{Q_2}{A}=\frac{mC}{A}$$

其中$C=3.35\times10^5$ J/kg是冰的熔化热，因此，卡诺制冷机做的功为

$$A=\frac{mC}{w}=\frac{1\times3.35\times10^5}{10.11}\ \text{J}=3.31\times10^4\ \text{J}$$

第5节　热力学第二定律

一、可逆过程与不可逆过程

继续关于热机效率的讨论之前，我们先来了解自然现象的不可逆性。自然界实际发生的热力学过程都是有方向性的。如果没有外界的影响，热量总是自发地由高温物体传递给低温物体；气体总是自发地从高压处流向低压处。这些没有外界影响的、自动进行的过程，称为自发过程。而要使这些过程反向进行，必须借助外界的作用。例如，要让热量从低温物体传向高温物体，需要使用制冷机；要使气体从低压处流向高压处，则需要使用压力泵。总之，这些作用都会对外界产生一定的影响。我们不能通过任何一个逆向过程让这些发生自发过程的系统回到初始状态的同时不在外界留下任何痕迹。因此，这些过程也被称为不可逆过程。而对于任意一个使系统状态发生变化的过程，若存在一个逆向过程，不仅能使系统恢复到初始状态，且此时外界也全部复原，不留下任何痕迹，这样的过程称为可逆过程。下面我们将举例说明自然界中的实际热力学过程都是不可逆的。

1. 气体自由膨胀

这是我们在前几节经常讨论的例子。考察容器被隔板分割成气体和真空两部分。突然拿走隔板，气体会自由膨胀直至充满整个容器。此过程气体对外做功为零，内能不变。但是要想让系统恢复到初始状态，外界必须对气体做功，将其压缩至原来的体积。此过程虽然可以让气体状态复原，但外界对气体做功，气体多出来的内能需要以热量的形式释放到外界。而我们不可能通过循环过程将这些热量全部转化为功从而消除外界留下的痕迹，因此气体的自由膨胀是不可逆过程。

2. 摩擦与耗散

任何真实的热力学过程中都会存在摩擦。考虑摩擦的影响，即使是准静态过程也是不可逆的。假如系统经过一个非常小的准静态过程对外做功 $p\mathrm{d}V$，由于过程中存在摩擦损耗，外界可以利用的功一定满足$A_1<p\mathrm{d}V$。此时让外界对系统做功使系统回到初始状态，由于此过程中同样存在摩擦损耗，外界做功必须满足$A_2>p\mathrm{d}V$。完成这两个过程外界需要对系统做净功，必需消耗一定的能量，从而留下痕迹，因此存在摩擦的过程一定是不可逆过程。

除此之外还可以举出很多不可逆过程的例子。这里需要小心的是，不可逆过程并不是说此过程不能反向进行，而是说当过程反向进行使系统回到初始状态时，必须使外界环境发生变化，从而在外界留下痕迹。

二、热力学第二定律

自然界中真实发生的过程都是不可逆过程，而可逆过程只是一种理想情况，在真实的过程中是不存在的。这就给我们一个强烈的暗示，自然界的热力学过程具有一定的方向性，沿着特定的方向可以自发地进行，反之则不行，即使两者都满足热力学第一定律。这说明热力学过程的方向性应该受到其他新的规律所支配，这就是热力学第二定律。

从上一节讨论的卡诺热机效率问题可以看出，卡诺热机不能把从高温热源吸收的热量全部转化为有用功，必须有一部分剩余的热量被释放到低温热源。人们发现这一事实具有普遍性。在大量实验结果的基础上，开尔文(Kelvin)在1851年总结出一条重要原理：**不可能制成这样一种循环动作的热机，只从一个热源吸收热量并使之完全变为有用的功**。这条原理也被称为热力学第二定律的**开尔文表述**。在这一表述中，“循环动作”这四个字特别值得注意，设想有理想气体经过一个等温膨胀的过程对外做功，它就只需要从单一热源吸收热量并将其完全变为有用的功。但是这个过程中气体体积不断膨胀，不是一个循环过程。热力学第二定律的开尔文表述反映的是热功转化的基本规律，它也说明**第二类永动机是不可能实现的**。

同样是基于大量事实，克劳修斯(Clausius)在1850年总结出了热力学第二定律的**克劳修斯表述：热量不可能自发地从低温物体传向高温物体**。在这一表述中，“自发地”需要特别注意，如果借助外界作用，比如利用一台卡诺制冷机，就可以实现让热量从低温物体传向高温物体，但这是借助了制冷机消耗外界能量(做功)来实现的。克劳修斯表述反映的是热传递的基本规律。

之所以这两种表述都被叫作热力学第二定律，是因为它们是完全等价的。可以证明，若克劳修斯表述不成立，则开尔文表述亦不成立；反之，若开尔文表述不成立，则克劳修斯表述亦不成立。下面我们对它们的等价性给出一个简短的证明。首先证明若克劳修斯表述不成立，则开尔文表述亦不成立[图 7-5-1(a)]。若克劳修斯表述不成立，即热量Q_2 可以从温度为 T_2 的低温热源自动地传回温度为 T_1 的高温热源。此时考虑一台在这两个热源之间工作的卡诺热机，使其向低温热源释放的热量正好为Q_2。则整个系统在循环结束时，所产生的结果就是从唯一的高温热源吸收热量并使之完全转化为有用的功，开尔文表述不成立。然后再证明若开尔文表述不成立，则克劳修斯表述亦不成立[图 7-5-1(b)]。若开尔文表述不成立，即可以制成一种循环动作的热机，使它从温度为 T_1 的热源吸收热量 Q_1 并使之完全转化为有用功。我们可以将这台热机与一台卡诺制冷机连接并共用一个高温热源 T_1，让此热机对卡诺制冷机做功 $A=Q_1$，使其从低温热源 T_2 吸收热量Q_2 并向高温热源释放热量Q_1+Q_2。则整个系统在循环结束时，所产生的结果就是热量Q_2 自发地从低温热源传向高温热源，克劳修斯表述不成立。

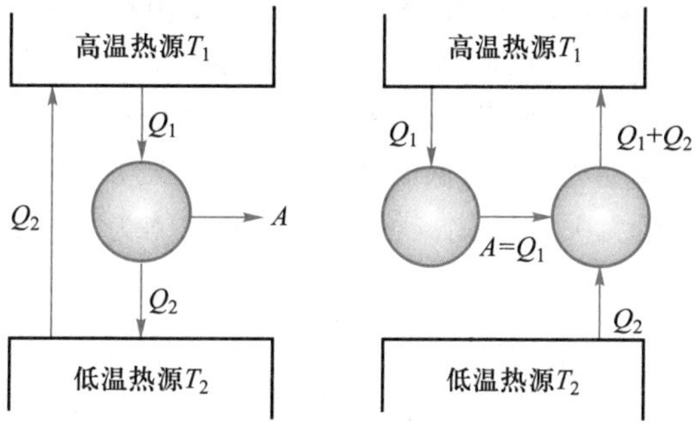

(a) 假设热量可以自发地从低温热源传向高温热源　(b) 假设从单一热源吸收热量可以全部转化功

图 7-5-1　克劳修斯表述和开尔文表述的等价性

热力学第二定律是自然界的基本规律之一，它反映了自然界中自发的热力学过程的方向性。但是它的表述形式看上去不太完整，只包含了热功转化和热传递这两种过程。开尔文表述反映了功可以自发转化成热，但是热不能自发转化成功；而克劳修斯表述反映了热量只能自发地从高温物体传向低温物体，反之则不行。之所以会出现这种情况，只是因为这两种过程是热力学中最典型的例子。其实除上述两种标准表述之外，热力学第二定律还有很多其他的等价表述。自然界中任何的不可逆过程中都隐含着热力学第二定律的对应表述，而且这些表述之间都是等价的。原因是所有热力学过程之间都可以建立一定的联系，由一个过程的不可逆性可以推断另一个过程的不可逆性。换言之，宏观热力学过程的不可逆性其实是**相互依存**的。若其中一种不可逆性消失了，其他过程的不可逆性也会随之消失。这点在我们证明开尔文表述和克劳修斯表述的等价性的过程中就已经有所体现。我们还可以举一个其他的例子。假设理想气体自由膨胀过程的不可逆性消失，即气体可以自由压缩。可以让装有理想气体的气缸与温度为 T 的单一热源接触。气体吸热等温膨胀，对外做功 A 等于吸收的热量 Q，活塞从位置 1 变到位置 2[图 7-5-2(a)]。由于气体可以自由压缩，让活塞从位置 2 返回到位置 1 的过程中外界不需要做功，且气体与恒温热源接触，内能不变，由热力学第一定律可知，整个过程中气体与外界也没有热量交换。因此整个循环过程结束时，唯一结果就是系统从单一热源吸收热量并使之全部转化为有用的功，开尔文表述不成立。换言之，气体自由膨胀不可逆性的消失也对应着功热转化不可逆性的消失。

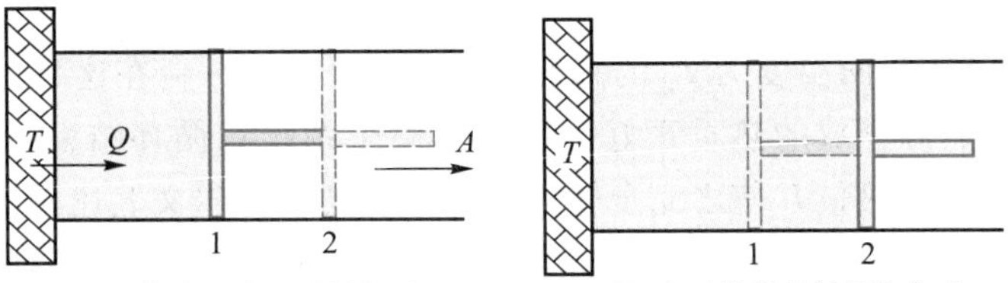

(a) 吸热等温膨胀对外做功　(b) 自动等温收缩回复初态

图 7-5-2　气体自由压缩假象实验

三、卡诺定理

我们把作可逆循环的热机和制冷机称为可逆机。卡诺循环是由一系列准静态过程构成的，而且忽略了摩擦等损耗，因此卡诺热机是可逆机。利用热力学第二定律，我们可以解决前一节中提到的热机效率问题。这就是卡诺在研究卡诺循环时提出的卡诺定理。

（1）在相同高温热源（温度为 T_1）与低温热源（温度为 T_2）之间工作的一切可逆机（即卡诺机），其效率都相同，与工质无关。因此，可以用理想气体为工质的卡诺循环来计算其效率 $\eta_{可}$，其结果为

$$\eta_{可} = 1 - \frac{T_2}{T_1} \qquad (7-5-1)$$

（2）在相同高温热源和低温热源之间工作的一切不可逆热机的效率总是小于可逆机的效率。

$$\eta_{不可} < \eta_{可} = 1 - \frac{T_2}{T_1} \qquad (7-5-2)$$

综合以上两式，可得

$$\eta \leqslant 1 - \frac{T_2}{T_1} \qquad (7-5-3)$$

式中“<”号对应不可逆循环的效率，“=”号对应可逆循环的效率。

卡诺定理是卡诺在 1824 年提出来的，时间要远早于热力学第二定律两种标准表述的提出时间。卡诺是用其他方法来证明这个定理的，但这并不妨碍我们用热力学第二定律来研究这个问题。在这里我们仅给出结论（1）的证明，所用的方法是反证法。假定有两台可逆热机 A 和 B 同时运行在高温热源 T_1 和低温热源 T_2（$T_1>T_2$）之间。若 A 的效率大于 B，$\eta_A>\eta_B$，则可让 A 做正循环，B 做逆循环，如图 7-5-3 所示，使一次循环过程中 A 从高温热源吸收的热量与 B 往同一高温热源释放的热量相等，同为 Q_1。由于

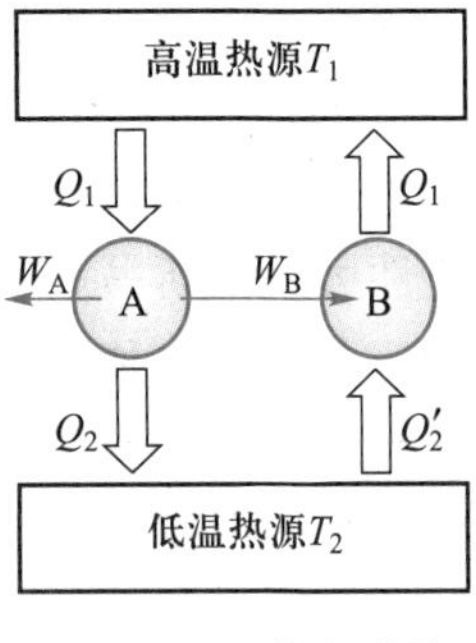

图 7-5-3　用热力学第二定律证明卡诺定理

$$\eta_A = \frac{W_A}{Q_1} > \eta_B = \frac{W_B}{Q_1}$$

可得 $W_A>W_B$，即 A 对外界做的功大于外界对 B 做的功。可让 A 做功的一部分 W_B 对 B 做功来驱动 B 的逆循环，剩余部分对外界做功 $A=W_A-W_B=Q_2'-Q_2=\Delta Q$。对于整个系统而言，一次循环的结果就是系统从单一热源 T_2 吸收了热量 ΔQ 并使之完全转化为对外做功，与热力学第二定律的开尔文表述违背。因此 $\eta_A>\eta_B$ 不成立。同样的方法可以证明 $\eta_A<\eta_B$ 也不成立，因此必有 $\eta_A=\eta_B$，结论(1)得证。读者可以试着证明定理的结论(2)。

第 6 节　熵

一、熵的定义

从上一节对热力学第二定律各种等价表述的讨论可知，**一切宏观热力学过程的不可逆性都是相互依存的**。因此我们可以尝试寻找一种能够度量所有宏观热力学过程进行方向的方法或者是物理量。而卡诺定理的结论则给我们带来了启发。我们首先考虑可逆循环，根据卡诺定理，在两个恒温热源之间进行可逆循环的热机效率为

$$\eta=1-\frac{Q_2}{Q_1}=1-\frac{T_2}{T_1} \tag{7-6-1}$$

其中 Q_1 表示从高温热源 T_1 吸收的热量，Q_2 表示往低温热源 T_2 释放的热量。若我们统一约定热量均表示从外界吸收的热量，则(7-6-1)式中应该由 $-Q_2$ 取代 Q_2，整理可得

$$\frac{Q_2}{T_2}+\frac{Q_1}{T_1}=0 \tag{7-6-2}$$

此式说明，卡诺循环中的热温比 $\frac{Q}{T}$ 的和总是等于零，其中 Q_1 和 Q_2 分别对应着温度为 T_1 和 T_2 的两个等温过程中系统从外界吸收的热量。

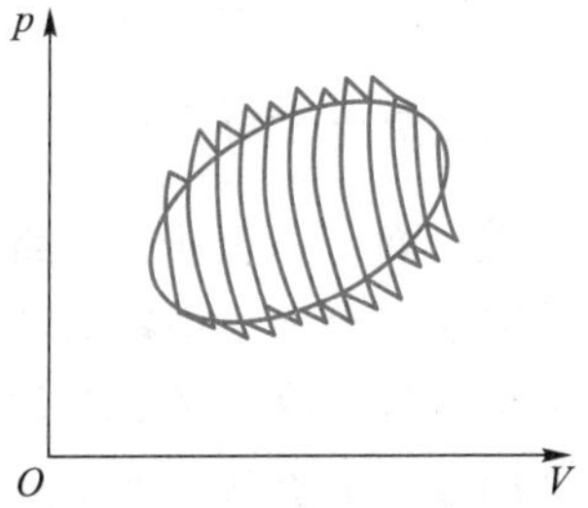

图 7-6-1　用多个小卡诺循环近似构成一个任意可逆循环

对于任意的可逆循环，如图 7-6-1 所示，总可以近似地看成由许多卡诺循环组成。其中大部分过程因同时包含在两个不同卡诺循环中方向相反的过程中而相互抵消，只剩下靠近边界的过程组成一条闭合的锯齿形曲线。因为每个卡诺循环都满足(7-6-2)式，只是它们对应的热源温度各有不同，将所有卡诺循环所对应的(7-6-2)式求和，就近似得到任意可逆循环的热温比之和所满足的条件，即

$$\sum_i \frac{Q_i}{T_i}=0$$

如图 7-6-1 所示，卡诺循环的数目越多，这个结果就越逼近真实可逆循环的结果。在极限情况下，每个循环划分的无穷个小循环，而循环的数目趋近于无穷大，式中的求和变为积分。可知对任一可逆循环，我们有精确结果

$$\oint\frac{đQ}{T}=0 \tag{7-6-3}$$

式中$\oint$表示积分沿整个循环过程进行，$đQ$ 表示在各无限小的过程中吸收的热量微元。可以认为在循环过程中系统会与无穷多个热源交换热量，而整个循环中系统从任一热源吸收的热量与该热源温度的比值之和等于零。(7-6-3)式也被称为克劳修斯等式。

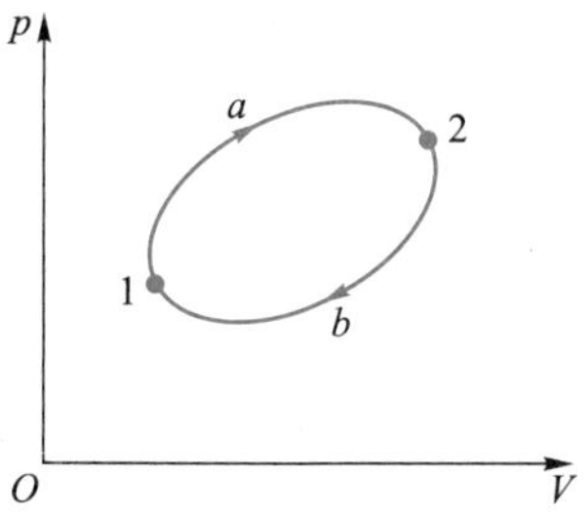

图 7-6-2　任意可逆循环

也可以从另一角度来理解(7-6-3)式。如图 7-6-2 所示，此可逆循环也可以看成由 $1a2$ 和 $2b1$ 两个可逆过程组成。(7-6-3)式可以写成

$$\oint_{1a2b1} \frac{đQ}{T} = \int_{1a2} \frac{đQ}{T} + \int_{2b1} \frac{đQ}{T} = 0$$

$$\int_{1a2} \frac{đQ}{T} = -\int_{2b1} \frac{đQ}{T}$$

由于 $2b1$ 过程可逆，所以有

$$\int_{1b2} \frac{đQ}{T} = -\int_{2b1} \frac{đQ}{T}$$

因此，我们有

$$\int_{1a2} \frac{đQ}{T} = \int_{1b2} \frac{đQ}{T}$$

上式中的 $1a2$ 和 $1b2$ 对应的是从状态 1 到状态 2 的任意两个可逆过程，因此对于从状态 1 到状态 2 的任意一个可逆过程，积分 $\int_1^2 \frac{đQ}{T}$ 的结果都相等。这也意味着这个积分的结果只与初末状态有关，而与系统演化的路径没有关系，只需要满足过程是可逆的。因此，类比在力学中定义的势能，电磁学中定义的电势等概念，我们也可以利用这个积分定义热力学系统的一个状态单值函数，这个函数叫作熵，用 S 表示，单位是 J/K。如果 S_1 和 S_2 分别对应着状态 1 和状态 2 的熵，那么从状态 1 到状态 2，系统熵的增量可以表示为

$$S_2 - S_1 = \int_1^2 \frac{đQ}{T} \tag{7-6-4}$$

积分的结果与路径选择无关。对于系统所经历的一段无限小的可逆过程，上式的微分形式可以写成

$$dS = \frac{đQ}{T} \tag{7-6-5}$$

(7-6-4)式和(7-6-5)式被称为克劳修斯熵公式。式中的温度对应的应该是热源的温度，但是对于可逆过程，热源和系统的温度无限接近，因此式中的温度也可以近似认为是系统的温度。最后，与势能或电势的概念类似，只有熵的变化量才有实际意义。将熵的定义代入(7-6-3)式可知，经过任一可逆循环，系统的熵变化为零。

二、熵增加原理

通过对可逆过程的研究，我们引入了熵的定义。现在我们利用熵的概念来讨论不可逆过

程。仍旧从卡诺定理出发，两个恒温热源之间的任意不可逆循环的效率满足

$$\eta = 1 + \frac{Q_2}{Q_1} < 1 - \frac{T_2}{T_1}$$

上式等价于

$$\frac{Q_2}{T_2} + \frac{Q_1}{T_1} < 0$$

利用与可逆循环类似的方法，可以将上述结果推广到任意不可逆循环，应有

$$\oint \frac{đQ}{T} < 0 \tag{7-6-6}$$

积分沿此不可逆循环进行。若假定此不可逆循环是由不可逆过程 $1a2$ 与可逆过程 $2b1$ 组成，如图 7-6-3 所示，则(7-6-6)式可写为

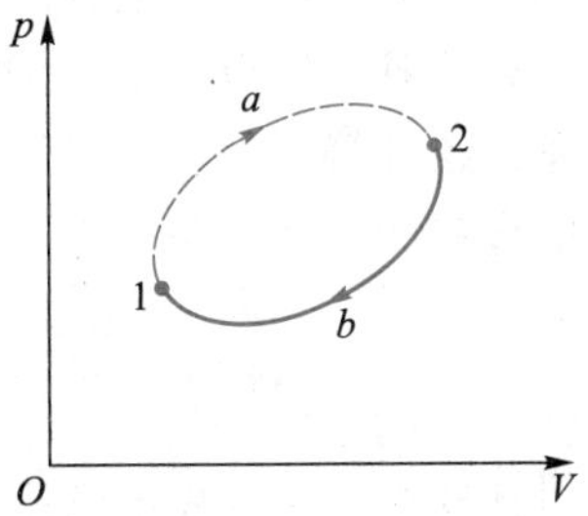

图 7-6-3　熵增加原理的证明

$$\int_{1a2} \frac{đQ_{不可逆}}{T} + \int_{2b1} \frac{đQ_{可逆}}{T} < 0 \tag{7-6-7}$$

式中 $đQ_{不可逆}$ 表示不可逆过程中吸收的热量微元，而 $đQ_{可逆}$ 表示可逆过程中吸收的热量微元。由于 $2b1$ 是可逆过程，利用熵的定义，我们有

$$\int_{2b1} \frac{đQ_{可逆}}{T} = \int_2^1 \frac{đQ_{可逆}}{T} = S_1 - S_2$$

将上式代入(7-6-7)式可得

$$\int_{1a2} \frac{đQ_{不可逆}}{T} < S_2 - S_1 \tag{7-6-8}$$

积分路径是状态 1 到状态 2 的任意一个不可逆过程。当系统经历一个无穷小的不可逆过程时，上式可以写成

$$\frac{đQ_{不可逆}}{T} < dS \tag{7-6-9}$$

需要注意的是，在不可逆过程中，热源和系统的温度并不需要相等，因此(7-6-9)式中的温度 T 指的是热源的温度而不是系统的温度。

综合可逆过程和不可逆过程的结果，对于任意一个热力学过程，我们可以得到

$$\int_1^2 \frac{đQ}{T} \leqslant S_2 - S_1 \tag{7-6-10}$$

$$\frac{đQ}{T} \leqslant dS \tag{7-6-11}$$

式中“=”号对应着可逆过程，而“<”号对应着不可逆过程，(7-6-10)式和(7-6-11)式被称为克劳修斯不等式。

(7-6-11)式蕴含着一个非常重要的结论，如果演化的过程绝热，即 $đQ=0$，那么

$$dS \geqslant 0 \tag{7-6-12}$$

它表明绝热系统的熵永不减少，这被称为熵增加原理。对于可逆绝热过程，系统的熵不变；而对于不可逆绝热过程，系统的熵增加。孤立系统与外界既没有物质交换，也没有能量交换，

所以孤立系统的演化必然是绝热的，因此孤立系统的熵必然不会减少。如果不是孤立系统，我们可以将此系统与外界环境合并起来看成是一个更大的孤立系统，则这样一个更大的系统的总熵也只能增加或不变。因此，根据总熵的变化就可以判断热力学过程进行的方向，这正是热力学第二定律所蕴含的物理意义。

熵的概念较为抽象，但它又十分重要，它已经超越了物理学的领域，广泛应用于生物、信息、经济等学科。随着科学技术的发展和我们对其认识的深入，熵已经与能量一样具有相当的重要性。

三、熵的计算

计算热力学过程中的熵变是一个很重要的问题，利用(7-6-10)式可以计算系统的熵变。这里需要指出，初学者在理解(7-6-10)式时容易犯的一个错误。式中的“=”号和“<”号分别对应着可逆过程和不可逆过程，但这并不意味着不可逆过程中熵的增量大于可逆过程，因为式左边的积分是与过程有关的，不同的过程积分结果也不一定相同。当然，更加本质的原因是熵是系统的状态函数，只与系统所处的状态有关，与演化的路径没有必然的联系。对于一个不可逆过程，即使我们知道这个过程的全部细节，包括吸收的热量以及对应热源的温度，我们也无法利用此过程计算系统的熵变。只有当系统经历一个可逆过程时，等式左侧的积分才等于系统的熵变。因此，我们在计算系统的熵变时通常不能直接利用系统真实的演化过程，而是要选择通过一个可逆过程将系统的初末状态联系起来，即使这个过程并没有真实发生。

下面我们将通过一系列计算熵变的例子来加深对熵的概念的理解。

【例 7-8】 设两个物体 A、B 的温度分别为 T_1 和 T_2，且 $T_1>T_2$。当它们接触后有热量 $đQ>0$ 由A 传向 B。将两者看作一个孤立系统，求这一孤立系统的熵变。

解 热量从高温物体传向低温物体的过程是不可逆过程，因此不能直接利用此过程来计算系统的熵变。由于热量 $đQ$ 很小，热传递的过程中可以认为物体 A、B 的温度基本不变。因此，在计算 A 的熵变时，可以假定它经历了一个可逆的等温过程。在此过程中吸热$-đQ$，它的熵变为

$$\mathrm{d}S_{\mathrm{A}}=-\frac{đQ}{T_1}$$

利用同样的方法可计算 B 的熵变为

$$\mathrm{d}S_{\mathrm{B}}=\frac{đQ}{T_2}$$

系统的总熵变为

$$\mathrm{d}S=\mathrm{d}S_{\mathrm{A}}+\mathrm{d}S_{\mathrm{B}}=\frac{đQ}{T_2}-\frac{đQ}{T_1}$$

由于 $T_1>T_2$，所以 $\mathrm{d}S>0$。即热量从高温物体传向低温物体时整个系统的熵会增加。反之，若 $đQ<0$，意味着热量从低温物体传向高温物体，对应的 $\mathrm{d}S<0$。由于 A、B 组成的是一个孤立系统，不再与外界联系，热量从低温物体传向高温物体时，系统熵减少与熵增加原理矛盾，因此这个过程是不会发生的。即热量不能自发地从低温物体传向高温物体。

【例 7-9】 计算理想气体向真空自由膨胀过程的熵变。

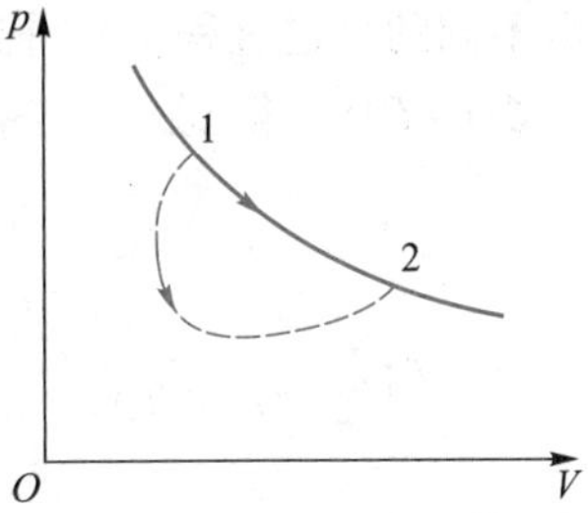

图 7-6-4　计算气体自由膨胀的熵变

解　理想气体向真空自由膨胀的过程是一个绝热过程。这里初学者常犯的一个错误就是直接利用绝热过程与外界没有热量交换的性质来计算，得出熵变 $\Delta S=0$ 的错误结论。但是自由膨胀是非准静态绝热过程，是一个不可逆过程，因此根据克劳修斯不等式，直接利用此过程积分的结果必然是小于系统的熵变的，得不到正确的答案。

要想正确计算此过程中的熵变，需要选择一个可逆过程将自由膨胀的初末状态连起来。根据前面几节的讨论，自由膨胀的过程中理想气体内能不变，即温度不变。因此，可以通过一个可逆的等温过程将初末状态连接起来，如图 7-6-4 所示。根据克劳修斯不等式，此过程中的熵变为

$$\Delta S=\int_1^2\frac{đQ}{T}=\frac{\Delta Q}{T}$$

等温过程中吸收的热量等于对外所做的功，因此

$$\Delta Q=A=\int_{V_1}^{V_2}p\mathrm{d}V=\nu RT\int_{V_1}^{V_2}\frac{\mathrm{d}V}{V}=\nu RT\ln\frac{V_2}{V_1}$$

因此

$$\Delta S=\nu R\ln\frac{V_2}{V_1}$$

上式就是理想气体向真空自由膨胀过程中的熵变。因为 $V_2>V_1$，所以 $\Delta S>0$。反之，若 $V_2<V_1$，则 $\Delta S<0$，与熵增加原理矛盾，这也意味着气体的自由压缩是不可能发生的。

【例 7-10】　1 mol 理想气体从状态(T_1, V_1)经某一过程到达状态(T_2, V_2)，求熵变。

解　本题只给出了初末状态而没有明确指出演化过程。但是熵是态函数，熵变和具体过程无关。因此我们可以用一个可逆过程将初末状态连接起来，通过克劳修斯不等式来计算这个可逆过程中的熵变，对应的就是系统的熵变。例如，我们可以假定系统从状态 1 经历等容过程到达中间态 1′，再等温膨胀到达状态 2(见图 7-6-5)。该可逆过程中的熵变为

$$\Delta S=\int_1^{1'}\frac{đQ}{T}+\int_{1'}^2\frac{đQ}{T}=\int_{T_1}^{T_2}\frac{C_{V,\mathrm{m}}\mathrm{d}T}{T}+\int_{V_1}^{V_2}\frac{p\mathrm{d}V}{T_2}$$

$$=C_{V,\mathrm{m}}\ln\frac{T_2}{T_1}+R\int_{V_1}^{V_2}\frac{\mathrm{d}V}{V}=C_{V,\mathrm{m}}\ln\frac{T_2}{T_1}+R\ln\frac{V_2}{V_1}$$

我们也可以假定系统先从状态 1 经历等压过程到达中间态 1″，再等温压缩到达状态 2(如图 7-6-6 所示)。该可逆过程中的熵变为

$$\Delta S=\int_1^{1''}\frac{đQ}{T}+\int_{1''}^2\frac{đQ}{T}=\int_{T_1}^{T_2}\frac{C_{p,\mathrm{m}}\mathrm{d}T}{T}+\int_{V_{1''}}^{V_2}\frac{p\mathrm{d}V}{T_2}=C_{p,\mathrm{m}}\ln\frac{T_2}{T_1}+R\int_{V_{1''}}^{V_2}\frac{\mathrm{d}V}{V}$$

$$=(C_{V,\mathrm{m}}+R)\ln\frac{T_2}{T_1}+R\ln\frac{V_2}{V_{1''}}=C_{V,\mathrm{m}}\ln\frac{T_2}{T_1}+R\ln\frac{T_2}{T_1}+R\ln\frac{p_1}{p_2}$$

$$=C_{V,\mathrm{m}}\ln\frac{T_2}{T_1}+R\ln\frac{p_1T_2}{p_2T_1}=C_{V,\mathrm{m}}\ln\frac{T_2}{T_1}+R\ln\frac{V_2}{V_1}$$

可见沿不同的可逆过程积分得到的熵变是一样的。也可以不管具体的可逆过程，利用 $đQ=dE+pdV$ 和 $đQ=TdS$，得到

$$TdS = dE + pdV, \qquad dS = \frac{dE + pdV}{T}$$

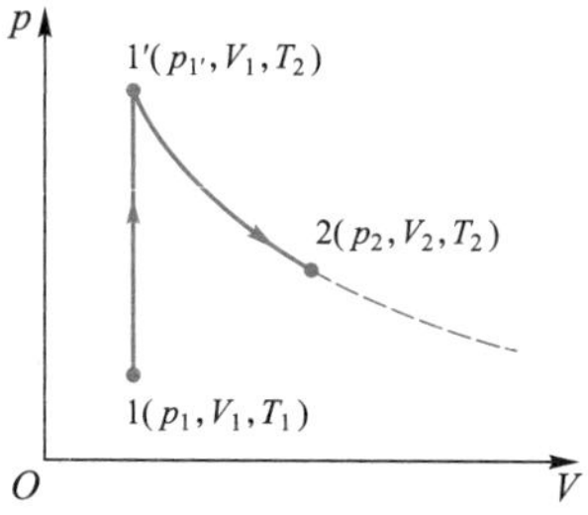

图 7-6-5　设计的可逆过程

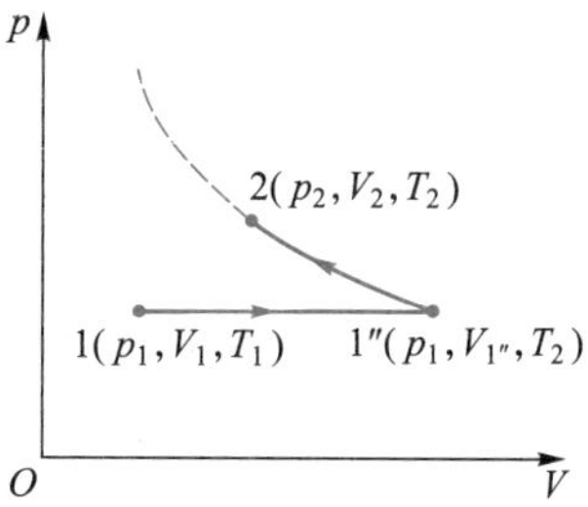

图 7-6-6　设计的可逆过程

两边积分，可得

$$\Delta S = \int_{S_1}^{S_2} dS = \int \frac{dE + pdV}{T} = \int \frac{C_{V,m} dT + pdV}{T}$$

$$= C_{V,m} \ln \frac{T_2}{T_1} + R\int_{V_1}^{V_2} \frac{dV}{V} = C_{V,m} \ln \frac{T_2}{T_1} + R\ln \frac{V_2}{V_1}$$

所有方法得到的结果都一样，因为熵是状态的单值函数，与具体过程无关。

【例 7-11】 1 kg 的水在温度为 0 ℃，压强为 1 atm 下凝结为 0 ℃的冰，试求水的熵变(水的熔化热 $\lambda=3.333\times10^5$ J/kg)及环境的熵变。

解　这是一个等温等压过程，且在此条件下水与冰可以共存，因此是一个可逆过程。可以假定 0 ℃的水与一个 0 ℃的恒温热源接触，缓慢地向热源释放热量而凝结成冰。此过程中水的熵变为

$$\Delta S_{水} = \int \frac{đQ}{T} = \frac{Q}{T} = -\frac{m\lambda}{T} = -\frac{1 \times 3.333 \times 10^5}{273}\ \mathrm{J/K} = -1\ 221\ \mathrm{J/K}$$

由于水在凝固的过程中放热，水的熵减小。而环境(即热源)在此过程中吸热，此过程中环境的熵变为

$$\Delta S_{环境} = -\frac{Q}{T} = 1\ 221\ \mathrm{J/K}$$

由于此过程是可逆过程，因此水和环境组成的大系统熵变为零。

【例 7-12】 500 ℃的钢片放入绝热油槽中冷却。油的初温为 20 ℃，钢片的质量 $m_1=1.302\times10^{-1}$ kg，比热容 $c=4.61\times10^2$ J/(kg·K)；油的热容 $c_{油}=2\ 000$ J/K。求钢片与油组成的系统的熵变。

解　设两者平衡时的温度为 T，钢片放出的热量等于油吸收的热量，所以

$$m_1 c(T_1 - T) = c_{油}(T - T_2)$$

$$1.302 \times 10^{-1} \times 4.61 \times 10^2 \times (773\ \mathrm{K} - T) = 2\ 000 \times (T - 293\ \mathrm{K})$$

得到

$$T = 307\ \mathrm{K}$$

钢片的熵变为

$$\Delta S_1 = \int_{T_1}^{T} \frac{đQ}{T} = m_1 c\int_{T_1}^{T} \frac{\mathrm{d}T}{T} = m_1 c\ln\frac{T}{T_1}$$

$$= 1.302 \times 10^{-1} \times 4.61 \times 10^{2} \times \ln\frac{307}{773}\ \mathrm{J/K} = -55.4\ \mathrm{J/K}$$

油的熵变为

$$\Delta S_2 = \int_{T_2}^{T} \frac{đQ}{T} = c\int_{T_2}^{T} \frac{\mathrm{d}T}{T} = c\ln\frac{T}{T_2} = 2\ 000 \times \ln\frac{307}{293}\ \mathrm{J/K} = 93.4\ \mathrm{J/K}$$

系统的总熵变为

$$\Delta S = \Delta S_1 + \Delta S_2 = 38.0\ \mathrm{J/K}$$

虽然此过程中钢片的熵减少了，但是总的熵仍然增加了，热量从钢片传向油的过程是一个不可逆过程。

四、温熵图

若以熵 S 为横坐标，温度 T 为纵坐标构成状态参量空间，可作温熵图。与 $p-V$ 图类似，在$T-S$ 图中的一个点代表系统的一个平衡态，而一条曲线则代表一个准静态过程(不考虑摩擦等耗散时为可逆过程曲线)。例如，可逆绝热过程在温熵图中为竖直线段，而可逆等温过程为水平线段。任意准静态过程对应的曲线下的面积都表示过程中吸收的热量。从状态 1 到状态 2 的过程中系统吸收的热量为

$$Q = \int_1^2 T\mathrm{d}S$$

由于 $T>0$，当系统经历熵增加的过程(图 7-6-7 中 abc 过程)时，系统吸收的热量等于曲线 abc 下的面积；当系统经历熵减小的过程(图 7-6-7 中 cda 过程)时，系统吸收的热量等于曲线 cda 下面积的负值。系统经历一个循环过程在 $T-S$ 图上仍然是用一条闭合曲线来表示，如图 7-6-7 所示。曲线所包围的面积表示一次循环中系统净吸收的热量(正循环)或净放出的热量(逆循环)。

对于循环过程，由于初末状态内能不变，根据热力学第一定律，有 $\oint T\mathrm{d}S = \oint p\mathrm{d}V$。即 $T-S$ 图中闭合曲线所包围的面积与 $p-V$ 图中闭合曲线所包围的面积相等。在 $T-S$ 图中，卡诺循环对应于如图 7-6-8 所示的矩形。卡诺循环的效率可以表示为

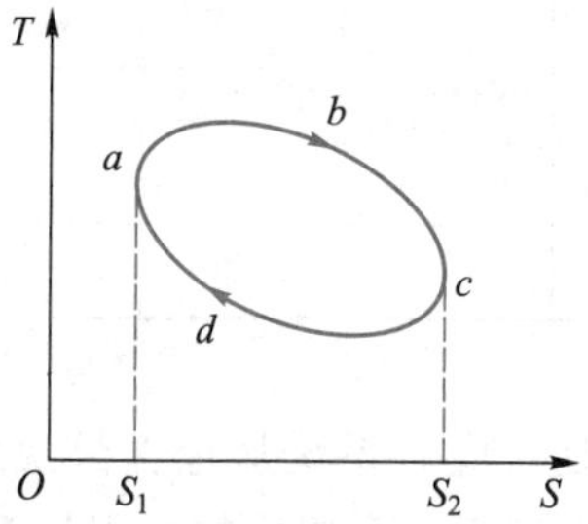

图 7-6-7　循环过程的温熵图

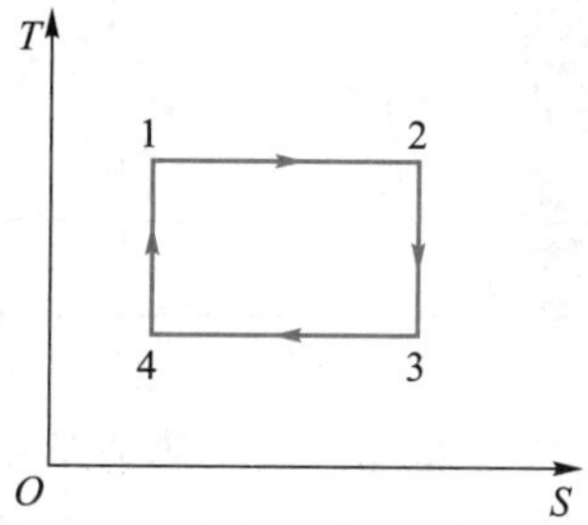

图 7-6-8　卡诺循环的温熵图

$$\eta=\frac{A}{Q_1}=\frac{\text{矩形 1234 的面积}}{\text{直线 12 下的面积}}$$

第 7 节　热力学第二定律的统计意义

一、热力学第二定律的统计意义　玻耳兹曼熵

热力学第二定律反映的是自发热力学过程的不可逆性。它虽然是从大量宏观热力学过程中总结出来的，但也应该能够从微观角度得到。我们仅以气体的绝热自由膨胀为例来说明自发过程的不可逆性。在讨论中我们需要用到统计力学中的**微观态假设：处于平衡态的孤立系统，各种微观运动状态（简称为微观态）出现的概率相同。**

我们先假定系统只有 4 个分子，分别标记为 a，b，c，d，而容器被分隔为体积相等的两部分 A 和 B。初始时刻系统中全部粒子都处在 A 部分（图 7-7-1）。突然将隔板抽出，经过一段时间之后，这些粒子将充满整个容器。从微观的角度，初态时，每个粒子处在 A 的概率为 1，而末态时每个粒子处在 A 和 B 的概率均为 1/2，而 4 个粒子都仍然处在 A 的概率只有 $1/2^4=1/16$。包括这个微观态在内，这 4 个粒子可能处在的微观态共有 16 个，如表 7-3 所示，每个微观态出现的概率均为 1/16。从表中可以看出，这 16 个微观态只对应着 5 个不同的宏观态，它们出现的概率并不相同。其中，A 和 B 中各包括两个粒子的宏观态出现的概率最大，其他宏观态相对于此状态的出现概率都较小。将上述讨论推广到粒子数 N 很大的系统时，每个微观态出现的概率均为 $1/2^N$，N 个粒子均匀分布的宏观态出现的概率是最大的，而所有粒子都处在 A 的概率为 $1/2^N$，小到可以忽略不计，这也意味着这个宏观态在实验上是不可能观察到的，这正是绝热自由膨胀的不可逆性的微观解释。

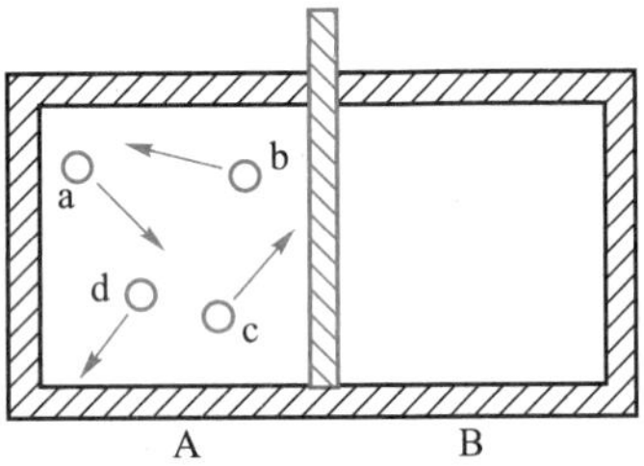

图 7-7-1　4 粒子系统的可能分布

表 7-3　4 个分子的位置分布

A	abcd	0	abc abd acd bcd	a　b　c　d	ab ac ad bc bd cd
B	0	abcd	d　c　b　a	bcd acd abd abc	cd bd bc ad ac ab
微观态数	1	1	4	4	6
宏观态的概率	$\frac{1}{16}$	$\frac{1}{16}$	$\frac{4}{16}=\frac{1}{4}$	$\frac{4}{16}=\frac{1}{4}$	$\frac{6}{16}=\frac{3}{8}$
热力学概率 Ω	1	1	4	4	6

从微观的角度来看，孤立热力学系统的自发过程总是对应着系统从包含微观态数目少（概率小）的宏观态往包含微观态数目多（概率大）的宏观态的演化，而相反的过程是不可能自动实现的。我们可以将任意一个宏观态所包含的微观态的数目称为这个宏观态的**热力学概率 Ω**。

也可以说，孤立热力学系统的自发过程总是从热力学概率小的宏观态趋向于热力学概率大的宏观态。这就是热力学第二定律的统计意义。

在前面几节的讨论中，我们指出可以用熵的变化来度量孤立热力学系统中自发过程的方向，即熵增加原理。这与热力学概率趋向于不变或变大是一致的。因此，我们可以猜想热力学概率与熵之间应该存在一定的关联。考虑两个独立的孤立系统 1 和 2，均处于平衡态。假定它们各自的熵为 S_1 和 S_2，由于两个系统相互独立，整个系统总的熵为 $S=S_1+S_2$。而假定它们各自的热力学概率为 Ω_1 和 Ω_2，则整个系统的热力学概率(即微观状态数目)应为 $\Omega=\Omega_1\Omega_2$。比较这两式的差别，可知这两者之间的关系为

$$S = k\ln \Omega \tag{7-7-1}$$

这就是由玻耳兹曼(Boltzmann)最先提出的**玻耳兹曼公式**。其中 k 为玻耳兹曼常量，单位为 J/K。玻耳兹曼公式解释了熵的统计意义，系统所处宏观态的热力学概率越大，微观状态数目就越多，系统就越混乱无序。因此熵是系统混乱或无序程度的度量。

二、克劳修斯熵和玻耳兹曼熵的等价性

克劳修斯熵和玻耳兹曼熵虽然定义上有所不同，但是它们都对应着热力学第二定律的数学表述，即孤立系统中的自发过程总是朝着熵增加的方向进行，$\Delta S\geqslant 0$。在这里我们不对这两种定义的等价性做一般性的证明，只以理想气体的绝热自由膨胀为例来对这个等价性做一个简单的验证。

我们假定理想气体经过绝热自由膨胀，体积从 V_1 增大到 V_2。根据上一节例题中的方法，可以利用一个等温的可逆过程将初末状态联系起来。这个过程中，克劳修斯熵的增量为

$$\Delta S = \nu R\ln \frac{V_2}{V_1}$$

要想计算玻耳兹曼熵的变化，首先要得到系统的热力学概率。由于初末状态温度不变，所以气体分子速率分布不变，只有位置分布发生变化。可以将容器分割为很多个体积相等的小区间，每个分子出现在每个区间内的概率都相等。假定初态时容器可以被分割为 n 个小区间，则末态时容器的体积增加，小区间的数目变为$\dfrac{V_2}{V_1}n$，如图 7-7-2 所示。这也意味着如果单个分子初态时可以处在 n 个不同的微观态，末态时可处的微观态数目增大为$\dfrac{V_2}{V_1}n$。对于有 N 个粒子的理想气体，末态与初态的微观态数目之比为$\left(\dfrac{V_2}{V_1}\right)^N$。可以近似地认为末态和初态对应的宏观态的热力学概率之比为

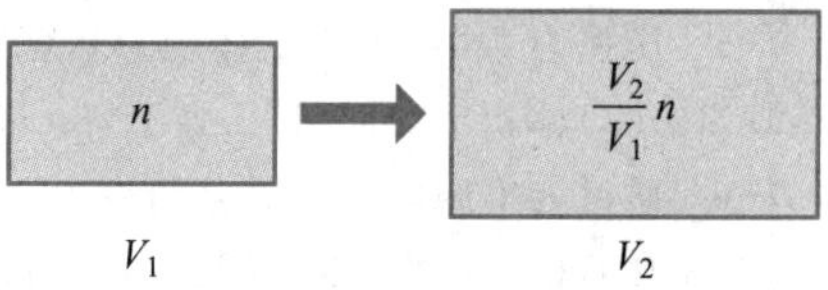

图 7-7-2　体积膨胀对应的微观态数目增加

$$\frac{\Omega_2}{\Omega_1} = \left(\frac{V_2}{V_1}\right)^N$$

因此，玻耳兹曼熵的变化为

$$\Delta S = k\ln \Omega_2 - k\ln \Omega_1 = k\ln \frac{\Omega_2}{\Omega_1} = Nk\ln \frac{V_2}{V_1} = \nu R\ln \frac{V_2}{V_1}$$

两种方法得出的结果完全相同。

习　题

7-1 如图所示，某一定量的气体，由状态 a 沿路径 I 变化到状态 b，吸热 800 J，对外界做功 500 J，问气体的内能改变了多少？若气体从状态 b 沿路径 II 回到状态 a，外界对气体做了 300 J 的功，问气体放出多少热量？

7-2 一系统由状态 a 经 b 到达 c，从外界吸收热量 200 J，对外做功 80 J。(1) 问 a，c 两状态的内能之差是多少？哪个状态的内能较大？(2) 若系统从外界吸收热量 144 J，从状态 a 改经 d 到达 c，问系统对外界做功多少？(3) 若系统从状态 c 经曲线回到 a 的过程中，外界对系统做功 52 J，在此过程中系统是吸热还是放热？对应的热量为多少？

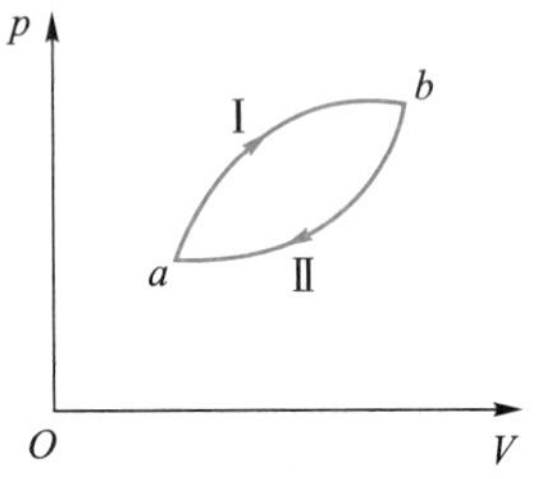

习题 7-1 图

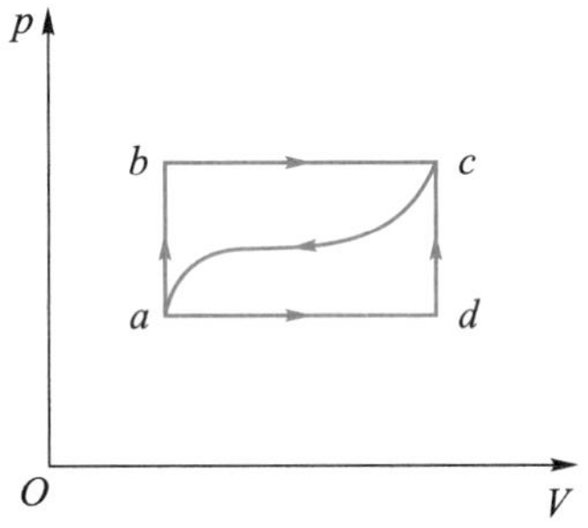

习题 7-2 图

7-3 2 mol 氮气在温度为 300 K、压强为 1.0×10^5 Pa 时，等温压缩到 2.0×10^5 Pa。求气体放出的热量。

7-4 有一定量的理想气体，其压强按 $p=\frac{c}{V^2}$ 的规律变化，c 为常量。求气体从体积 V_1 增加到 V_2 对外所做的功，该气体的温度是上升还是下降的？

7-5 压强为 1.0×10^5 Pa，体积为 0.008 2 m^3 的氮气（视为刚性分子），从初始温度 300 K 加热到 400 K，加热时如果 (1) 体积不变；(2) 压强不变，问各需吸收多少热量？哪一个过程所需热量大？为什么？

7-6 质量为 1 kg 的氧气，其温度由 300 K 上升到 350 K。若温度升高是在下列三种不同情况下发生的：(1) 体积不变；(2) 压强不变；(3) 绝热。问其内能改变各为多少？（将氧气分子视为刚性分子。）

7-7 使一定质量的理想气体的状态按图中曲线沿箭头所示的方向发生变化，曲线 BC 是以 p 轴和 V 轴为渐近线的双曲线。(1) 已知气体在状态 A 时的温度 $T_A = 300$ K，求气体在 B，C 和 D 状态时的温度；(2) 从 A 到 D 过程中气体对外做的功总共是多少？

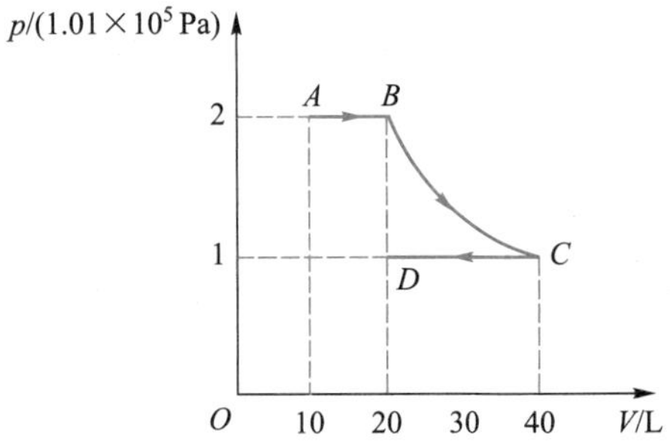

习题 7-7 图

7-8 64 g 氧气的温度由 0 ℃ 升至 50 ℃，(1) 保持体积不变；(2) 保持压强不变。在这两个过程中氧气各吸收了多少热量？各增加了多少内能？对外各做了多少功？

7-9 一定量氢气在保持压强为 4.00×10^5 Pa 不变的情况下，温度由 0 ℃ 升至 50.0 ℃ 时，吸收了 6.0×10^4 J 的热量。(1) 求氢气的物质的量；(2) 求氢气内能的变化；(3) 求氢气对外所做的功；(4) 如果这氢气的体积保持不变而温度发生同样变化，它该吸收多少热量？

7-10　一气缸内储有 10 mol 的单原子理想气体，在压缩过程中，外力做功 209 J，气体温度升高 1 K。试计算气体内能增量和所吸收的热量，在此过程中气体的摩尔热容是多少？

7-11　如图所示，空气标准狄赛尔循环（柴油内燃机的工作循环）由两个绝热过程 ab 和 cd、一个等压过程 bc 及一个等容过程 da 组成，试证明此热机的效率为

$$\eta = 1 - \frac{\left(\dfrac{V_1'}{V_2}\right)^{\gamma} - 1}{\gamma\left(\dfrac{V_1}{V_2}\right)^{\gamma-1}\left(\dfrac{V_1'}{V_2} - 1\right)}$$

7-12　如图所示的为一循环过程的 $T-V$ 曲线。该循环的工质的物质的量为 ν（单位为 mol）的理想气体，其 $C_{V,\mathrm{m}}$ 和 γ 均已知且为常量。已知 a 点的温度为 T_1，体积为 V_1，b 点的体积为 V_2，ca 为绝热过程。求：(1) c 点的温度；(2) 循环的效率。

7-13　有 25 mol 的某种气体，做如图所示的循环过程（ac 为等温过程），其中 $p_1 = 4.15\times10^5$ Pa，$V_1 = 2.0\times10^{-2}\ \mathrm{m}^3$，$V_2 = 3.0\times10^{-2}\ \mathrm{m}^3$。求：(1) 各过程中的热量、内能改变以及所做的功；(2) 循环效率。（设该气体为单原子气体。）

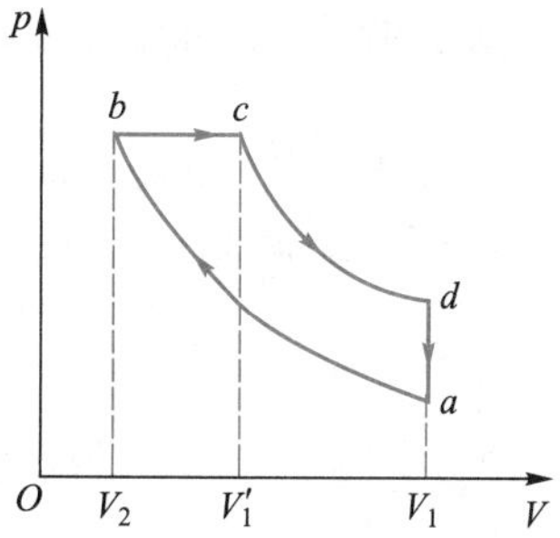

习题 7-11 图

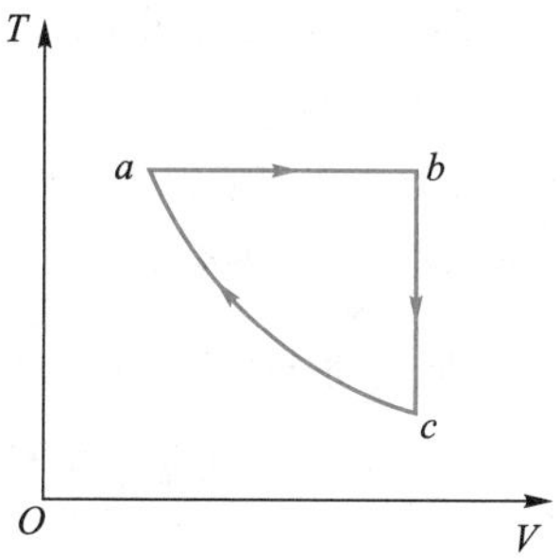

习题 7-12 图

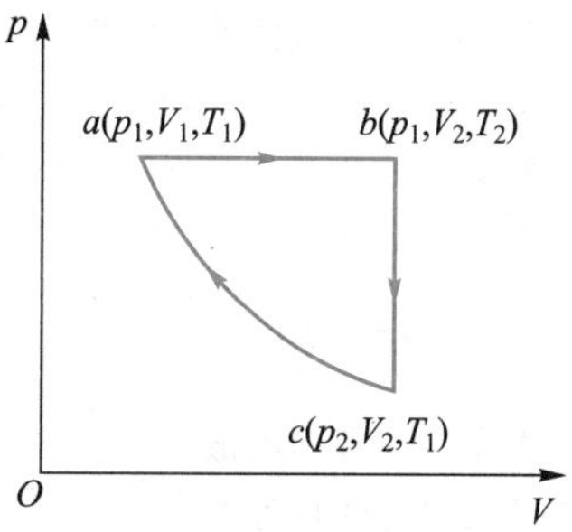

习题 7-13 图

7-14　某可逆卡诺热机，当高温热源的温度为 127 ℃、低温热源的温度为 27 ℃时，其每次循环对外做净功 8 000 J。今维持低温热源的温度不变，提高高温热源的温度，使其每次循环对外做净功 10 000 J。若两个卡诺循环都工作在相同的两条绝热线之间，试求：(1) 第二个循环的热机效率；(2) 第二个循环的高温热源的温度。

7-15　1 mol 理想气体在 400 K 与 300 K 之间完成一卡诺循环，在 400 K 的等温线上，起始体积为 0.001 0 m^3，最后体积为 0.005 0 m^3，试计算气体在此循环过程中所做的功，以及从高温热源吸收的热量和传给低温热源的热量。

7-16　一台冰箱工作时，其冷冻室内的温度为−10 ℃，室温为 15 ℃。若按理想卡诺制冷循环计算，则此制冷机每消耗 10^3 J 的功，可以从冷冻室中吸出多少热量？

7-17　一热机每秒从高温热源（$T_1 = 600$ K）吸取热量 $Q_1 = 3.34\times10^4$ J，做功后向低温热源（$T_2 = 300$ K）放出热量 $Q_2 = 2.09\times10^4$ J。(1) 问它的效率是多少？它是不是可逆机？(2) 如果尽可能地提高了热机的效率，问每秒从高温热源吸热 3.34×10^4 J，则每秒最多能做多少功？（提示：热机的最高效率是对应两热源的卡诺机的效率。）

7-18　1 mol 理想气体（$\gamma = 1.4$）的状态变化如图所示，其中 1→3 为等温线，1→4 为绝热线。试分别由下列三种过程计算气体的熵变 $\Delta S = S_3 - S_1$。

（1）1→2→3；（2）1→3；（3）1→4→3。

7-19 如图所示，系统经历了一个 $abcda$ 的循环。（1）请将这一循环在 $p-V$ 图上表示出来。（2）此循环叫什么循环？（3）若 $T-S$ 图中 $\frac{T_2}{T_1}=\frac{2}{3}$，则该热机循环的效率为多少？（4）若循环变为逆循环，则该制冷机的制冷系数为多少？

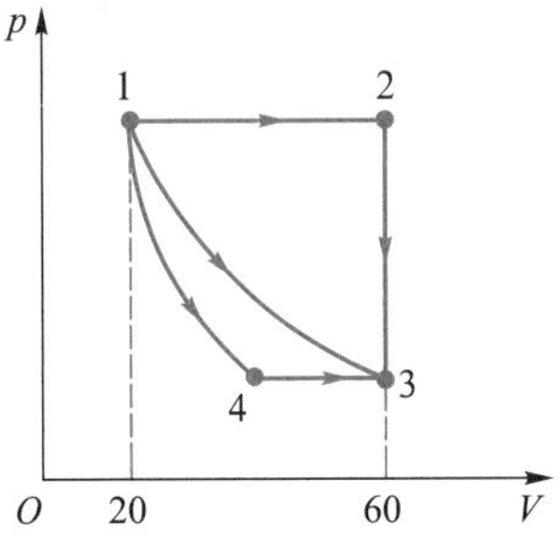

习题 7-18 图

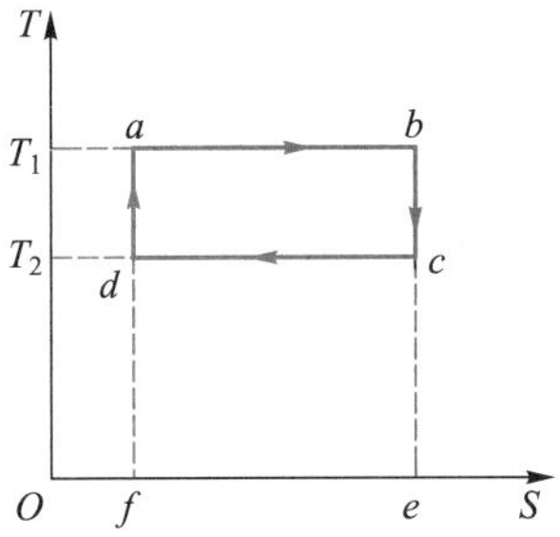

习题 7-19 图

7-20 理想气体卡诺热机循环的两条绝热线之间的熵差为 1.00×10^3 J/K，两条等温线之间的温差为 100 K。求在这个循环过程中每循环一次有多少热量转化为功。

7-21 在绝热容器中，有两部分同种液体在等压下混合，这两部分质量相等，都为 m，但初始温度不同，分别为 T_1 和 T_2，且 $T_2>T_1$。两者混合后达到新的平衡态。求这一混合引起的系统的总熵变，并证明熵是增加了。已知比定压热容 c_p[J/(kg · K)]为常量。$\left(\text{提示：混合后温度为 } T=\frac{T_1+T_2}{2}\text{。}\right)$

7-22 一瀑布的落差为 65 m，流量约为 23 m^3/s，设气温为 20 ℃，求此瀑布每秒钟产生多少熵？（提示：水的重力势能转化为热能。）

7-23 一固态物质，质量为 m，熔点为 T_m，熔化热为 L，比热容为 c。如对它缓慢加热，使其温度从 T_0 上升到 T_m，试求熵的变化（假设供给物质的热量恰好使它全部熔化）。（提示：全过程分为温度上升和熔化两个阶段。）

7-24 1 kg 水银，初始温度为 $T_1=-100$ ℃。如果加足够的热量使其温度升到 $T_3=100$ ℃，问水银的熵变有多大？水银的熔点为 $T_2=-39$ ℃，熔化热 $L=1.17\times10^4$ J/(kg · ℃)，而比热容 $c=138$ J/(kg · ℃)。（提示：分三个阶段：① 从-100 ℃到-39 ℃；② 维持-39 ℃熔化；③ 从-39 ℃到 100 ℃。）

7-25 把 0.5 kg、0 ℃的冰放在质量非常大的 20 ℃的热源中，使冰全部熔化成 20 ℃的水，求：（1）冰刚刚全部化成水时的熵变；（2）冰从熔化到与热源达到热平衡时的熵变；（3）冰与热源达到热平衡以后热源的熵变及系统的总熵变。[提示：冰在 0 ℃时的熔化热 $\lambda=335\times10^3$ J/kg，水的比热容 $c=4.18\times10^3$ J/(kg · K)。]

第 7 章习题参考答案

第三篇 电磁学

本篇将讨论物质运动的另一种形态——电磁运动。电磁现象是自然界中一种普遍存在的现象，电磁相互作用使电子和原子核结合在一起形成原子，原子与原子结合形成分子，分子再结合形成宏观物体。可以说，自然界中的许多现象都与电磁相互作用相联系，例如，绿色植物吸收太阳光(电磁波)，将能量转化为碳水化合物中分子的电磁势能，而碳水化合物是地球上一切生命的基础。因此，研究电磁运动对于深入认识物质世界是十分重要的。并且，在人类现代生活、生产领域以及高新科学技术研究中的许多内容都与电磁现象和电磁规律紧密相关。**电磁学就是研究物质间电磁相互作用，电磁场产生、变化和运动的规律的一门学科。**所以，学习电磁学并掌握电磁运动的基本规律具有重要意义。

本篇共分三章，先讨论静电场及恒定磁场的性质和基本规律，以及它们与物质间的相互作用；然后讨论电场与磁场的相互联系——电磁感应，以及普遍情况下电磁场的运动规律。

第8章／静电场

本章先讨论在真空中相对参考系静止的电荷所激发的静电场的性质以及电荷与静电场相互作用的规律；然后进一步研究在静电场中存在某些宏观物体的情况。主要内容：首先阐述电荷的基本性质；然后从库仑定律出发引入描述静电场的基本物理量——电场强度，从而说明电荷之间的相互作用的物理机制；再从电场强度通量及电荷在静电场中移动时电场力做功导出反映静电场性质的两个基本规律——高斯定理和安培环路定理，引入描述静电场的另一个物理量——电势；接着讨论静电场与导体、静电场与电介质的相互作用的规律，并根据静电场的高斯定理及安培环路定理，定量分析导体和电介质中的电荷分布及电场分布；最后讨论静电场的能量。

第1节　电荷和库仑定律

一、电荷

电荷作为物质的一种基本属性，如同引力质量是反映物质的另一种基本属性一样，它不能存在于物质之外(通常称带电物体、带电粒子，很容易使人们产生误解，认为电荷是外加的东西)。自然界出现的电磁现象都可归因于物体带上了电荷。因此在讨论电磁相互作用前，我们对电荷的基本性质给出以下几点阐述。

1. 两种电荷

实验证明，物体所带电荷只有两种：**正电荷、负电荷**。这是1747年美国物理学家富兰克林(B. Franklin)发现电现象后首先对两种不同的电荷命名的(用丝绸摩擦过的玻璃棒所带的电荷规定为正电荷)，在国际上一直沿用到今天。实际上，“正”和“负”的规定完全是偶然的，如果把正、负电荷的名称交换，这样形成的自然界与我们现在的自然界是相同的。从根本上讲，正电荷和负电荷是电荷对偶性的两个对立面，电荷对偶性又是自然界普遍对称性的一种反映。电荷对电荷的相互作用力表现为**同种电荷互相排斥，异种电荷互相吸引**。

宏观带电物体所带电荷的种类不同，根源在于组成它们的三种基本粒子所带电荷种类不同，即电子带负电荷、质子带正电荷、中子不带电荷。在正常情况下，物体任何一部分所含的电子数目和质子数目都是相等的，所以对外不表现电性，这称为**电中性**。而当物体带负电时，说明它从别的物体获得了额外的电子，当物体带正电时，说明它失去了电子。

带电物体带电的多少称为**电荷量**，通常用q或Q表示，在国际单位制中，它的单位名称为**库仑**，符号为C。正电荷电荷量取正值，负电荷电荷量取负值，一个带电体所带电荷量为其所带正、负电荷量的代数和。

2. 电荷的量子性

20 世纪初，物理学家提出了量子化的概念，当某一物理量的值不是连续的，只能取一系列分立值时，就称这一物理量是**量子化**的。实验表明，自然界中物体所带的电荷量是不连续的，电子是具有最小电荷量的自由粒子，其电荷量的绝对值为

$$e=1.602\times10^{-19}\,\mathrm{C}$$

而其他微观粒子的电荷量都是电子电荷量的整数倍，即

$$q=\pm ne,\quad n=0,\ 1,\ 2,\ \cdots$$

上式表明，任何物体所带的电荷都不能取任意值，而是以一个个不连续的量值出现。电荷量的这种特性称为**电荷的量子化**。

电荷量的这个**基本量子** e 是如此之小，一个宏观带电体所带电荷量是 e 的许多倍，以至于这种量子化特性在宏观电磁现象中表现不出来。这就像我们在呼吸时感觉不出空气是由一个个分子、原子组成的一样。因此，我们在讨论宏观电磁现象时，从平均效果上看，可以忽略电荷的量子性所引起的微观起伏，从而认为电荷在带电体上是连续分布。

那么 e 是否是最基本的呢？1964 年，美国物理学家默里 · 盖尔曼(Murray Gell-Mann)首先提出**夸克模型**(quark model)，认为一些粒子是由更小的粒子“夸克”构成，并预计夸克所带的电荷量是$\pm\dfrac{1}{3}e$或$\pm\dfrac{2}{3}e$。现在的一些粒子物理实验证实了夸克的存在，但由于夸克受到“禁闭”而未能检验到单个的自由夸克。因此，分数电荷仍然是个悬而未决的课题。不过，即使分数电荷存在，也不会影响电荷的量子性，只需把电荷的基本量子单位缩小到原来的 1/3 即可。

3. 电荷守恒定律

无论是在宏观尺度，还是在微观尺度，电荷都遵从电荷守恒定律，即**一个孤立系统中正、负电荷的代数和是不变的**。任何宏观物体的带电过程并不会“产生”电荷，只是将原有的电荷部分分离开，而分别聚集在物体的不同位置上，或使一种符号的电荷从一个物体迁移到另一个物体，整个系统内净电荷数(总电荷数)不变。近代物理实验表明，在微观粒子的相互作用中，电荷是可以产生和消灭的。例如，一个高能光子在原子核附近能转变为一个正电子和一个负电子，即产生一个正负电子对。反之，一个正电子和一个负电子相遇，在一定条件下，又会同时消失，而产生几个光子，这一过程又称为正负电子对湮没。但在这些过程中，系统内电荷的代数和保持不变，即**电荷守恒**。电荷不能离开物质而存在，而电荷守恒定律又可纳入物质守恒定律之中，是自然界最基本的守恒定律之一。

4. 电荷的相对论不变性

有电荷就有质量，静止质量为零的粒子只能是电中性的。在相对论中，质量是与物体的运动速度有关的，或者说是与参考系有关的。对不同参考系，同一物体的质量是不同的，即质量不是相对论不变量。而理论和实验证明，电荷量是相对论不变量。在不同参考系中观察，同一物体的运动状态不同，但所带电荷与运动状态无关。例如，在实验室测量从高能加速器发射出的微观粒子(如电子)，当速度 v 接近真空中的光速 c 时(如 $v=0.98c$)，其质量变化非

常明显($m\approx5m_0$)，但其电荷量却没有任何变化($e=1.6\times10^{-19}$ C)。这一事实表明，物体的电荷量具有相对论不变性。

最后须指出，人类对电荷的认识是不完全的。比如，电子有多大？它能不能再分成更小的粒子？电荷量子为什么是 $e\left(\text{或}\dfrac{1}{3}e\right)$？这些相同符号的电荷为什么能聚集在如此小的空间而不会因斥力而崩溃？当然，这些问题不会影响到对宏观电磁运动规律的讨论。

二、库仑定律

两物体之间的电相互作用，除与它们所带电荷和相互间的距离有关之外，还与它们的形状及电荷分布有关。实验指出，当带电体本身的线度比所研究的问题中涉及的距离小得多时，带电体的形状及电荷分布均无关紧要，该带电体就可看作是一个带有电荷的几何点，称为**点电荷**。此时两带电体之间的相互作用仅由它们所带电荷量及相互之间的距离决定。在宏观尺度讨论电子、质子等带电粒子时，完全可以把它们视为点电荷。

1785 年，法国科学家库仑(Coulomb)通过实验总结出静止点电荷之间相互作用的基本规律——库仑定律。定律表述如下：

在真空中，两个静止的点电荷之间相互作用力的大小与它们所带电荷量成正比，和它们之间距离 r 的平方成反比，作用力的方向沿着它们的连线。同号电荷相斥，异号电荷相吸。如图 8-1-1 所示，两个点电荷所带电荷量分别为 q_1、q_2，它们之间的距离为 r，$\boldsymbol{e}_r$ 代表由 q_2 指向 q_1 的单位矢量，则 q_2 对 q_1 的作用力为

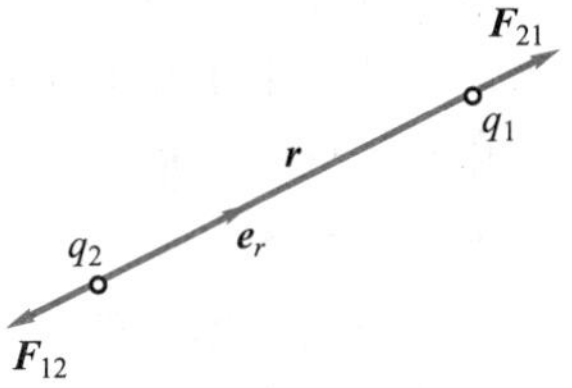

图 8-1-1　两个点电荷的相互作用

$$\boldsymbol{F}_{21}=k\frac{q_1q_2}{r^2}\boldsymbol{e}_r \qquad (8-1-1)$$

静止的点电荷之间的作用力符合牛顿第三定律，则 q_1 对 q_2 的作用力为

$$\boldsymbol{F}_{12}=-\boldsymbol{F}_{21}$$

当 q_1、q_2 同号时，$\boldsymbol{F}_{21}$与 $\boldsymbol{e}_r$ 同向，$\boldsymbol{F}_{12}$与 $\boldsymbol{e}_r$ 反向，两点电荷互相排斥。当 q_1、q_2 异号时，$\boldsymbol{F}_{21}$与 $\boldsymbol{e}_r$ 反向，$\boldsymbol{F}_{12}$与 $\boldsymbol{e}_r$ 同向，两点电荷互相吸引。点电荷之间的作用力称为电场力，也称为库仑力。

在国际单位制中，(8-1-1)式中的比例系数 k 可写成如下形式

$$k=\frac{1}{4\pi\varepsilon_0}$$

式中 ε_0 称为**真空介电常量**或**真空电容率**，实验测得

$$\varepsilon_0=8.854\ 2\times10^{-12}\ \mathrm{C^2/(N\cdot m^2)}$$

因此真空中的库仑定律可表示为

$$\boldsymbol{F}=\frac{q_1q_2}{4\pi\varepsilon_0r^2}\boldsymbol{e}_r \qquad (8-1-2)$$

库仑扭秤实验是在空气中进行的，实验证实两点电荷在空气中的相互作用力与在真空中的相差甚微，因此可认为(8-1-2)式对真空中点电荷也成立。应该指出，由于 k 并不是基本物理常量，所以库仑定律的标准形式是(8-1-2)式而不是(8-1-1)式，而且引入 4π 因子，会

使以后常用到的电磁学的定理和公式的形式变得简洁。

【例 8-1】 氢原子内电子和原子核之间的距离 $r=0.53\times10^{-10}$ m，试计算电子与原子核之间的电场力和万有引力，并比较两者的大小。已知氢原子核(即质子)的质量为 $m_p=1.67\times10^{-27}$ kg，电子的电荷为 $-e$，质量为 $m_e=9.11\times10^{-31}$ kg，原子核的电荷为 $+e$，引力常量 $G=6.67\times10^{-11}$ $N\cdot m^2/kg^2$。

解 根据库仑定律，电子与原子核之间电场力的大小为

$$F_e=\frac{e^2}{4\pi\varepsilon_0 r^2}=\frac{(1.60\times10^{-19})^2}{4\times3.14\times8.85\times10^{-12}\times(0.53\times10^{-10})^2}\ \mathrm{N}=8.20\times10^{-8}\ \mathrm{N}$$

根据万有引力定律，电子与原子核之间万有引力的大小为

$$F_m=G\frac{m_e m_p}{r^2}=6.67\times10^{-11}\times\frac{9.11\times10^{-31}\times1.67\times10^{-27}}{(0.53\times10^{-10})^2}\ \mathrm{N}=3.61\times10^{-47}\ \mathrm{N}$$

两者之比为

$$\frac{F_e}{F_m}=2.27\times10^{39}$$

由此可见，在原子内电子与原子核之间的电场力远大于电子与原子核之间的万有引力。因此，在处理电子和原子核之间的相互作用时，万有引力可以忽略不计。正是电场力的作用，电子和原子核能够形成原子，原子和原子能形成分子，而宏观物体主要也是靠原子、分子间的电场力维系的。

【例 8-2】 原子核中两个质子相距约 4.0×10^{-15} m，求两质子之间的电场力。

解 根据库仑定律，两质子之间的电场力

$$F_e=\frac{e^2}{4\pi\varepsilon_0 r^2}=\frac{(1.60\times10^{-19})^2}{4\times3.14\times8.85\times10^{-12}\times(4.0\times10^{-15})^2}\ \mathrm{N}=14.4\ \mathrm{N}$$

原子核内质子之间有这样大的排斥力，这些质子又是怎样挤在这么小的空间范围呢？显然要形成原子核，必定存在一种比电场力更强的吸引力，这就是核力。核力是核子间的相互作用力，不是电性力，而是强相互作用的短程力。

三、电场力叠加原理

库仑定律只适用于两个点电荷。实验证明，当空间有多个点电荷同时存在时，每两个点电荷之间的相互作用仍然遵从库仑定律。因此，多个点电荷对一个点电荷的作用力，等于各个点电荷单独存在时，对该点电荷的作用力的矢量和。这一结论称为电场力叠加原理。

若有 n 个点电荷 q_1，q_2，…，q_n 组成的点电荷系，当它们单独存在时对另一点电荷 q_0 的作用力分别为 $\boldsymbol{F}_1$，$\boldsymbol{F}_2$，…，$\boldsymbol{F}_n$，则根据电场力叠加原理，q_1，q_2，…，q_n 同时存在时施于 q_0 的合力为

$$\boldsymbol{F}=\boldsymbol{F}_1+\boldsymbol{F}_2+\cdots+\boldsymbol{F}_n=\sum_{i=1}^{n}\boldsymbol{F}_i=\sum_{i=1}^{n}\frac{q_i q_0}{4\pi\varepsilon_0 r_{i0}^2}\boldsymbol{e}_{r_{i0}} \tag{8-1-3}$$

式中 r_{i0} 和 $\boldsymbol{e}_{r_{i0}}$ 分别表示点电荷 q_i 到 q_0 的距离和 q_i 指向 q_0 方向的单位矢量。

对有限大小的带电体之间的相互作用力，显然不能用单一的距离来表达。在这种情况下，可在带电体上取足够小的体积元，以致每个体积元都可看成是一个点电荷，而整个带电体可

看成是一个点电荷系。带电体之间的相互作用力可归结为两点电荷系之间的作用，因此仍可用库仑定律通过积分求解。

库仑定律与万有引力定律类似，静电相互作用也是与物体之间的距离成平方反比规律。如何确信库仑定律中 r 的指数也是 2，而不是其他的数，如 2.01 或 1.99 呢？历史上不断有人设计各种实验来确定这个指数。如将 r 的指数设为 $2+\delta$，1773 年英国物理学家卡文迪什(Henry Cavendish)的静电实验给出 $|\delta| \leqslant 0.02$，1873 年英国物理学家麦克斯韦(James Clerk Maxwell)改进实验后得出 $|\delta| \leqslant 5\times10^{-5}$……1971 年美国物理学家威廉姆斯(Williams)等人的实验给出 $|\delta| \leqslant |2.7\pm3.1|\times10^{-16}$。这些实验的意义不仅是对库仑定律中 r 的指数的检验，而且还是对平方反比定律在什么距离范围内成立的探讨。现代实验已证实，r 从 $10^{-17} \sim 10^{7}$ m 的广大范围内库仑定律都是正确有效的。

值得注意的是，近代量子理论指出，库仑定律中 r 指数的偏差 δ 与光子的静止质量有关，若 δ 的值不为零，则光子的静止质量也不为零。即库仑定律若严格遵守平方反比关系，则光子的静止质量就为零。目前相关的实验给出光子的静止质量的上限 $m_0 \leqslant 10^{-51}$ g，但有关光子静止质量产生的理论机制并不清楚。

第 2 节　静电场　电场强度

库仑定律给出了两个静止点电荷之间的相互作用力的规律，但是这种电相互作用力是如何传递的，历史上曾经有过两种观点：一种认为是超距作用，即两点电荷之间的相互作用力不需要介质，也不需要传递时间；另一种认为是近距作用，并认为电相互作用是通过一种充满在宇宙空间的稀薄、透明并且具有弹性的介质——“以太”来传递的。近代物理学的理论和实验证实，电场力既不是超距作用，空间也不存在“以太”，而是通过一种场物质——电场来传递的。下面先简要介绍场的概念。

一、场

在数学上简单地说，场是一个与空间位置有关的量。例如，大气中的温度 T，在空间每一点上它都有一个特定的值，温度的空间分布可用函数 $T(x, y, z)$ 表示。当然温度也可随时间变化，它也是时间 t 的函数，即 $T(x, y, z, t)$。空间不同地点有不同温度，这就构成一个温度场，其场量就是温度 T。又如大气层中的风，在大气空间每一点都对应一个空气速度 $\boldsymbol{v}$，这个速度也是空间位置和时间的函数，即 $\boldsymbol{v}(x, y, z, t)$，它构成一个速度场，场量是 $\boldsymbol{v}$。通常将场量是标量的场称为标量场(如温度场)，而将场量为矢量的场称为矢量场(如速度场)。

在物理上，**场**是弥漫在空间的一种物质，它具有可入性，与实物有不同的物质形态，例如，引力场、电磁场等，它们与实物具有不同的特征、性质、运动规律，实物之间的各种相互作用都是通过相应的场来传递的，这些场其实是通过场量关于空间及时间的函数的特征来描述的。

二、静电场

实践证明，电荷周围存在着由它产生的**电场**。两电荷通过各自在空间产生的电场与另一电荷相互作用，因此电相互作用力也可称为**电场力**。产生电场的电荷称为**场源电荷**，电场空间的各点称为场点。相对参考系静止且电荷量不随时间改变的电荷所产生的电场称为**静电场**，静电场对电荷的作用力又称为**静电力**。电场传递这种作用的速度是有限的，这个速度就是光速 c。由于静电场和场源电荷总是相伴而生，故静止电荷之间通过各自电场相互作用时，显示不出传递作用所需要的时间。但是对于运动电荷，场物质的实在性就突出地显示出来，例如，在发射电磁波的天线中加速运动的电子对远处接收天线中电子的作用就是通过电磁场来传递的。

静电场的基本性质如下：

(1) 放在电场中的带电体，都会受到电场力的作用；

(2) 带电体在电场中移动时，电场力做功，这表明电场具有能量。

下面我们根据这两个方面来研究静电场的性质及规律。

三、静电场的电场强度

1. 电场强度

如图 8-2-1 所示，设空间有一电荷量不变的静止电荷 Q，则其周围空间存在由它产生的静电场。根据电场的基本性质可知，电场对其他电荷有作用力，因此可以引入一个点电荷 q_0 来检验该电场。作为检验电荷 q_0，首先其带电荷量必须足够小，以免由于它的引入对场源电荷的空间分布即对原有的电场产生不容忽视的影响。其次 q_0 的几何线度也必须充分小，以便其能反映空间中每一点的电场，即 q_0 是电荷量极小的点电荷。

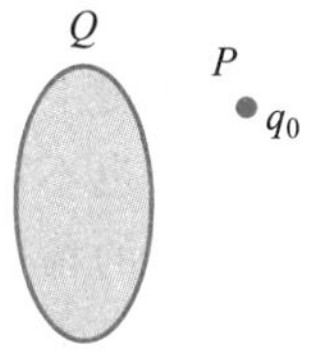

图 8-2-1　电场作用力

实验表明，将 q_0 置于电场中不同位置并保持静止，其所受力的大小和方向逐点不同。当改变 q_0 的带电荷量时，电场中给定点处检验电荷受力 $\boldsymbol{F}$ 的方向不变，大小与 q_0 成正比，但比值$\dfrac{\boldsymbol{F}}{q_0}$与检验电荷无关。由此可知，这个比值应是描述场源电荷电场的物理量。我们定义这个物理量为电场中给定点的电场强度矢量，简称**场强**，用 $\boldsymbol{E}$ 表示，即

$$\boldsymbol{E}=\frac{\boldsymbol{F}}{q_0} \tag{8-2-1}$$

这表明：**电场中任意点的电场强度等于静止于该点的单位正电荷所受的电场力。**

在国际单位制中，E 的单位是 N/C，或 V/m[见 (8-5-11)式]。

2. 场强叠加原理

当空间同时存在若干点电荷 q_1，q_2，…，q_n 时，仍将检验电荷 q_0 放入电场中的任意点 P 处，由电场力叠加原理(8-1-3)式可知，q_0 受到的合力为

$$\boldsymbol{F}=\boldsymbol{F}_1+\boldsymbol{F}_2+\cdots+\boldsymbol{F}_n$$

根据场强的定义得

$$E=\frac{F}{q_0}=\frac{F_1}{q_0}+\frac{F_2}{q_0}+\cdots+\frac{F_n}{q_0}=E_1+E_2+\cdots+E_n \qquad (8-2-2)$$

即：n 个点电荷产生的电场中，任意一点的电场强度等于各个点电荷单独存在时，在该点产生的电场强度的矢量和。这个结论称为场强叠加原理。

注意：

(1) 静电场是以静电荷分布为条件在空间形成的，根据场强叠加原理，只要知道点电荷产生电场的规律，就可确定任何带电体的电场。

(2) 由叠加原理可知，用电场强度描述的场物质具有与波动类似的性质，两个场物质在空间某处相遇时，与两列波相遇时一样互相叠加，而不像两个实物粒子相遇时那样发生碰撞。

(3) 在电场中每一点的电场强度 $\boldsymbol{E}$ 的大小和方向一般是不相同的。因此 $\boldsymbol{E}$ 通常是空间坐标的矢量函数，即电场是一个矢量场。在以后的讨论中，我们不是只注重电场中某一点的场强，而是要知道在整个空间电场强度的分布，即找出电场强度 $\boldsymbol{E}$ 与空间坐标之间的函数关系。

显然，不同的电荷分布，其周围的电场是不相同的。表 8-1 给出了某些带电物体的电场强度。在电场中无论是否有检验它的点电荷 q_0 存在，电场总是客观存在的，就像大气中每一点都有一个温度值一样，不管是否用温度计测量它，它总是存在的。

表 8-1　某些带电体的电场强度

带电体	$E/(\mathrm{N\cdot C^{-1}})$
室内电线附近	约 3×10^{-2}
日光灯管内	10
地球表面	1×10^{2}
雷电附近	约 10^{4}
电视显像管内	约 10^{5}
电击穿空气的场强	3×10^{6}
X 射线管内	5×10^{6}
氢原子内电子所在处	6×10^{11}
中子星的表面	约 10^{14}
铀核表面	2×10^{21}

四、电场强度 $\boldsymbol{E}$ 的计算

1. 点电荷电场的场强

真空中有一点电荷 q，其周围存在静电场，距离 q 为 r 的 P 点处的场强计算如下。

设想在 P 点放一个检验电荷 q_0(图 8-2-2)，q_0 受力为

$$\boldsymbol{F}=\frac{qq_0}{4\pi\varepsilon_0 r^2}\boldsymbol{e}_r$$

根据场强的定义得 P 点的电场强度为

$$\boldsymbol{E}=\frac{q}{4\pi\varepsilon_0 r^2}\boldsymbol{e}_r \qquad (8-2-3)$$

式中 $\boldsymbol{e}_r$ 代表由 q 指向 q_0 的单位矢量。当场源电荷 q 是正电荷时，$\boldsymbol{E}$ 与 $\boldsymbol{e}_r$ 同方向；当 q 为负电荷时，$\boldsymbol{E}$ 与 $\boldsymbol{e}_r$ 方向相反。

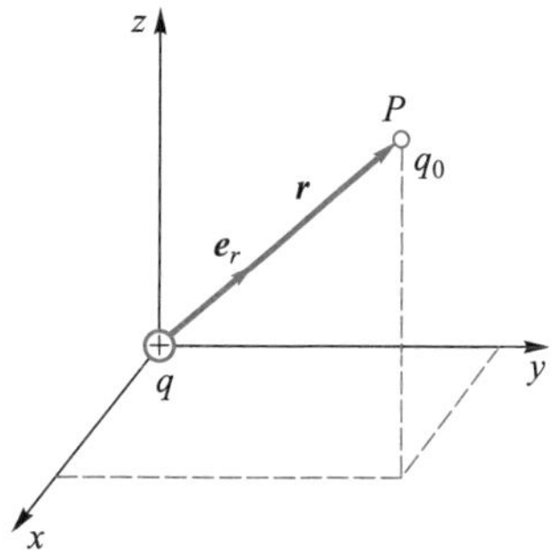

图 8-2-2 点电荷的电场

由(8-2-3)式可知，在距点电荷 q 等距离的各场点 $\boldsymbol{E}$ 大小相等，方向沿以 q 为原点的径矢方向，即该电场具有球对称性。但此式不能给出 q 所在点的场强，因为 $r=0$ 时，$E\to\infty$ 是无意义的，事实上，当 $r\to 0$ 时，我们不能将带电体仍然作为一个几何点处理，而应该考虑电荷在带电体上是如何分布的，在电荷分布的区域，$r=0$ 处 E 就不会达到无穷大。

2. 电荷系电场的场强

设真空中的电场是由若干点电荷 q_1，q_2，…，q_n 共同产生的，各个点电荷到 P 点的距离分别为 r_1，r_2，…，r_n，对应的单位矢量分别为 $\boldsymbol{e}_{r_1}$，$\boldsymbol{e}_{r_2}$，…，$\boldsymbol{e}_{r_n}$，它们单独存在时在 P 点产生的场强分别为

$$\boldsymbol{E}_1=\frac{q_1}{4\pi\varepsilon_0 r_1^2}\boldsymbol{e}_{r_1},\ \boldsymbol{E}_2=\frac{q_2}{4\pi\varepsilon_0 r_2^2}\boldsymbol{e}_{r_2},\ \cdots,\ \boldsymbol{E}_n=\frac{q_n}{4\pi\varepsilon_0 r_n^2}\boldsymbol{e}_{r_n}$$

根据场强叠加原理，可得 P 点的总场强为

$$\boldsymbol{E}=\boldsymbol{E}_1+\boldsymbol{E}_2+\cdots+\boldsymbol{E}_n=\sum_{i=1}^{n}\frac{q_i}{4\pi\varepsilon_0 r_i^2}\boldsymbol{e}_{r_i} \qquad (8-2-4)$$

当带电体的形状和大小不能忽视，即带电体的电荷是连续分布时，可将其看成是无限多个无穷小的电荷元 $\mathrm{d}q$ 组成，而每个电荷元可视为点电荷，则任意电荷元在空间某点 P 的场强为

$$\mathrm{d}\boldsymbol{E}=\frac{\mathrm{d}q}{4\pi\varepsilon_0 r^2}\boldsymbol{e}_r$$

式中 r 是从电荷元指向场点 P 的矢量大小，$\boldsymbol{e}_r$ 是其单位矢量。将带电体上所有电荷元在 P 点产生的电场强度矢量叠加，就得到 P 点的总场强，可用积分计算：

$$\boldsymbol{E}=\int\mathrm{d}\boldsymbol{E}=\int\frac{\mathrm{d}q}{4\pi\varepsilon_0 r^2}\boldsymbol{e}_r \qquad (8-2-5)$$

在电荷连续分布的情况下，通常引入电荷密度的概念。若电荷分布在一定体积内，则定义电荷体密度为

$$\rho=\lim_{\Delta V\to 0}\frac{\Delta q}{\Delta V}=\frac{\mathrm{d}q}{\mathrm{d}V}$$

若电荷分布在一个曲面上或一个薄层中，则定义电荷面密度为

$$\sigma=\lim_{\Delta S\to 0}\frac{\Delta q}{\Delta S}=\frac{\mathrm{d}q}{\mathrm{d}S}$$

若电荷分布在一细线上，则定义电荷线密度为

$$\lambda = \lim_{\Delta l \to 0} \frac{\Delta q}{\Delta l} = \frac{\mathrm{d}q}{\mathrm{d}l}$$

带电体上电荷元所带的电荷量可分别表示为

$$\mathrm{d}q = \rho \mathrm{d}V, \quad \mathrm{d}q = \sigma \mathrm{d}S, \quad \mathrm{d}q = \lambda \mathrm{d}l$$

对不同电荷分布的电场中任意 P 点的场强可分别用下列公式计算：

$$\boldsymbol{E} = \int \frac{\rho \mathrm{d}V}{4\pi\varepsilon_0 r^2}\boldsymbol{e}_r, \quad \boldsymbol{E} = \int \frac{\sigma \mathrm{d}S}{4\pi\varepsilon_0 r^2}\boldsymbol{e}_r, \quad \boldsymbol{E} = \int \frac{\lambda \mathrm{d}l}{4\pi\varepsilon_0 r^2}\boldsymbol{e}_r$$

注意：

（1）上列式中的积分实际上是对场源电荷分布的空间范围进行的。

（2）为了求解电场强度 $\boldsymbol{E}$ 关于空间坐标的函数关系，需要根据场源电荷空间分布的特征建立合适的坐标系。

（3）由于都是矢量积分，具体运算时可先将 $\mathrm{d}\boldsymbol{E}$ 分解到各坐标轴方向，例如在直角坐标系中 $\mathrm{d}\boldsymbol{E}$ 的三个分量为 $\mathrm{d}E_x$、$\mathrm{d}E_y$、$\mathrm{d}E_z$，分别求出 $\boldsymbol{E}$ 的三个坐标分量：

$$E_x = \int \mathrm{d}E_x, \quad E_y = \int \mathrm{d}E_y, \quad E_z = \int \mathrm{d}E_z$$

则

$$\boldsymbol{E} = E_x\boldsymbol{i} + E_y\boldsymbol{j} + E_z\boldsymbol{k}$$

下面举几个计算电场强度的典型实例。

【例 8-3】　如图 8-2-3 所示，一对等量异号的点电荷 $\pm q$，其间距离为 l。求两电荷连线中垂面上一点 P 的场强。

解　如图 8-2-3 所示，以两点电荷连线中点为原点建坐标系 Oxy。两点电荷 $+q$、$-q$ 在 P 点的场强大小相等，即

$$E_+ = E_- = \frac{q}{4\pi\varepsilon_0\left(y^2 + \dfrac{l^2}{4}\right)}$$

方向如图 8-2-3 中所示。合场强的两分量分别为

$$E_x = E_{+x} + E_{-x} = -2E_+ \cos\theta$$

$$E_y = E_{+y} - E_{-y} = 0$$

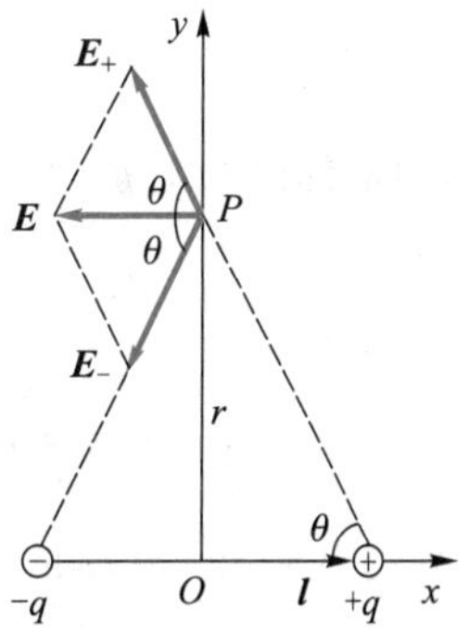

图 8-2-3　例 8-3 图

则合场强大小为

$$E = 2E_x = 2E_+ \cos\theta = \frac{ql}{4\pi\varepsilon_0\left(y^2 + \dfrac{l^2}{4}\right)^{3/2}}$$

方向沿 x 轴负向。

如果这对等量异号点电荷 $\pm q$，它们之间的距离 l 远比任意场点 P 到它们中心的距离 r 小得多，此电荷系统称为电偶极子。将 $r \gg l$ 用于上述结果并取近似，则中垂面上一点 $P(y=r)$ 的场强大小可简化为

$$E = \frac{ql}{4\pi\varepsilon_0 r^3}$$

此结果表明，场强 E 与 q、l 的乘积有关，例如，当 q 加倍，而 l 减半时其场强不变。因此 ql 是描述电偶极子性质的物理量，称为电偶极子的**电偶极矩**，简称**电矩**，用 $\boldsymbol{p}$ 表示，通常取从负电荷到正电荷的径矢为 $\boldsymbol{l}$，则

$$\boldsymbol{p}=q\boldsymbol{l}$$

电偶极子中垂面上一点 P 的场强又可表示为

$$\boldsymbol{E}=-\frac{\boldsymbol{p}}{4\pi\varepsilon_0 r^3}$$

即电偶极子中垂面上距离电偶极子较远处($r\gg l$)某点的电场强度与电偶极子的电矩成正比，与离电偶极子中心的距离的三次方成反比，方向与电矩的方向相反。电偶极子是一个重要的理想模型，无论在微观或宏观领域都将会用到。

【例 8-4】 设真空中有一均匀带电直线，长为 L，电荷量为 q，线外有一点 P，其离直线的垂直距离为 a，P 点和直线两端连线与直线之间的夹角分别为 θ_1 和 θ_2，如图 8-2-4 所示。求 P 点的电场强度。

解 如图 8-2-4 所示，取 P 点到直线的垂足 O 为原点建立坐标系 Oxy。在带电直线上离原点为 y 处取长为 $\mathrm{d}y$ 的电荷元 $\mathrm{d}q$，电荷线密度 $\lambda=\dfrac{q}{L}$，则 $\mathrm{d}q=\lambda\mathrm{d}y$。$\mathrm{d}q$ 很小，可视为点电荷，它在 P 点产生的电场为

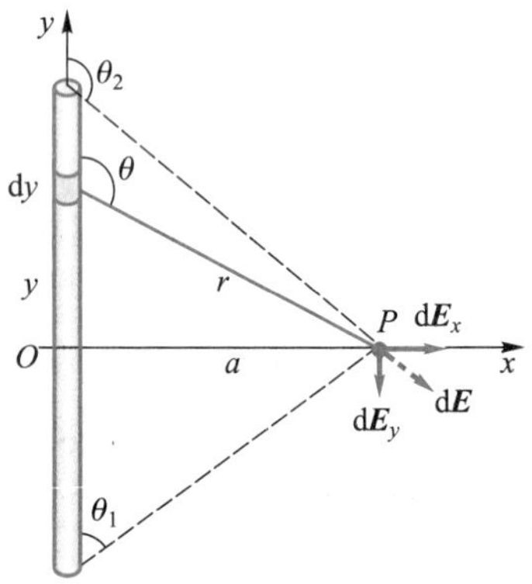

图 8-2-4 例 8-4 图

$$\mathrm{d}\boldsymbol{E}=\frac{\lambda\mathrm{d}y}{4\pi\varepsilon_0 r^2}\boldsymbol{e}_r$$

$\mathrm{d}\boldsymbol{E}$ 的坐标分量分别为

$$\mathrm{d}E_x=\mathrm{d}E\sin\theta=\frac{\lambda\mathrm{d}y}{4\pi\varepsilon_0 r^2}\sin\theta$$

$$\mathrm{d}E_y=\mathrm{d}E\cos\theta=\frac{\lambda\mathrm{d}y}{4\pi\varepsilon_0 r^2}\cos\theta$$

上述式中 y、r、θ 都是变量，由图 8-2-4 可知

$$y=a\tan\left(\theta-\frac{\pi}{2}\right)=-a\cot\theta$$

$$\mathrm{d}y=a\csc^2\theta\mathrm{d}\theta$$

$$r^2=a^2+y^2=a^2\csc^2\theta$$

所以

$$\mathrm{d}E_x=\frac{\lambda}{4\pi\varepsilon_0 a}\sin\theta\mathrm{d}\theta,\qquad \mathrm{d}E_y=\frac{\lambda}{4\pi\varepsilon_0 a}\cos\theta\mathrm{d}\theta$$

分别积分

$$E_x=\int\mathrm{d}E_x=\int_{\theta_1}^{\theta_2}\frac{\lambda}{4\pi\varepsilon_0 a}\sin\theta\mathrm{d}\theta=\frac{\lambda}{4\pi\varepsilon_0 a}(\cos\theta_1-\cos\theta_2) \tag{①}$$

$$E_y=\int\mathrm{d}E_y=\int_{\theta_1}^{\theta_2}\frac{\lambda}{4\pi\varepsilon_0 a}\cos\theta\mathrm{d}\theta=\frac{\lambda}{4\pi\varepsilon_0 a}(\sin\theta_2-\sin\theta_1) \tag{②}$$

P 点的电场强度为

$$\boldsymbol{E}=E_x\boldsymbol{i}+E_y\boldsymbol{j}$$

如果这个均匀带电直线是无限长，即有 $\theta_1=0$，$\theta_2=\pi$，代入①式和②式，得

$$E_x=\frac{\lambda}{2\pi\varepsilon_0 a},\qquad E_y=0$$

即无限长均匀带电直线在线外任意一点产生的场强为

$$E=E_x=\frac{\lambda}{2\pi\varepsilon_0 a}$$

式中 a 为场点 P 到带电直线的垂直距离，可见场强 $\boldsymbol{E}$ 的大小与 a 成反比，方向垂直于带电直线。

实际中并不存在数学意义上的无限长带电直线，但是，若直线长度 $L\gg a$，或场点 P 很靠近带电直线，则可以将长直带电线抽象为物理上的无限长模型来处理。

【例 8-5】 求一均匀带电细圆环轴线上一点 P 的电场强度 $\boldsymbol{E}$，已知圆环半径为 R，带电荷量为 Q。

解　如图 8-2-5 所示，设环心为坐标原点，环位于 Oyz 平面，P 点在 x 轴上离原点相距 x 处。在环上取线元 $\mathrm{d}l$，圆环上电荷线密度为 $\lambda=\frac{Q}{2\pi R}$，则线元带电为 $\mathrm{d}q=\lambda\mathrm{d}l$，电荷元 $\mathrm{d}q$ 可视为点电荷，它在 P 点产生的电场为

$$\mathrm{d}\boldsymbol{E}=\frac{\mathrm{d}q}{4\pi\varepsilon_0 r^2}\boldsymbol{e}_r$$

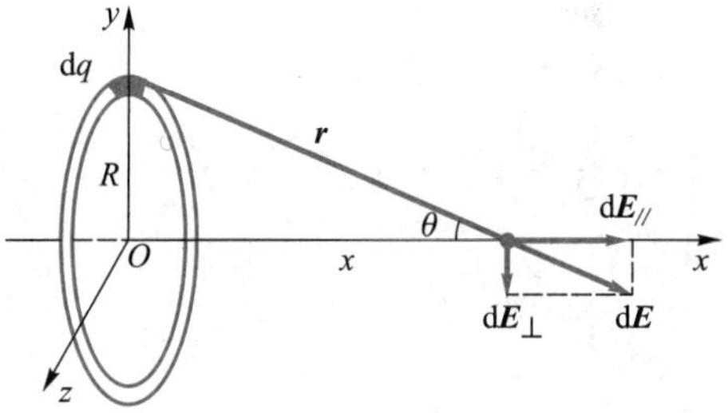

图 8-2-5　例 8-5 图

$\mathrm{d}\boldsymbol{E}$ 可分为两个分量，平行于 x 轴的 $\mathrm{d}\boldsymbol{E}_{/\!/}$ 和垂直 x 轴的 $\mathrm{d}\boldsymbol{E}_{\perp}$。由于圆环电荷分布相对轴线对称，所以圆环上所有电荷的 $\mathrm{d}\boldsymbol{E}_{\perp}$ 分量互相抵消，即该分量的矢量和 $\boldsymbol{E}_{\perp}=\boldsymbol{0}$。因此，$P$ 点的场强沿轴线方向，即 x 轴方向，其大小为

$$E=\int\mathrm{d}E_{/\!/}=\int\mathrm{d}E\cos\theta=\int_Q\frac{\mathrm{d}q}{4\pi\varepsilon_0 r^2}\cos\theta$$

由于圆环上所有电荷元 $\mathrm{d}q$ 的 θ 和 r 都是相同的，所以将因子 $\frac{\cos\theta}{4\pi\varepsilon_0 r^2}$ 移到积分号外，得

$$E=\frac{\cos\theta}{4\pi\varepsilon_0 r^2}\int_Q\mathrm{d}q=\frac{Q\cos\theta}{4\pi\varepsilon_0 r^2}$$

由图中的几何关系，有 $\cos\theta=\dfrac{x}{r}$，$r=\sqrt{R^2+x^2}$，上式可写为

$$E=\frac{Qx}{4\pi\varepsilon_0(R^2+x^2)^{3/2}}$$

从上面结果不难得出：

（1）若 $x=0$，则 $E=0$，即圆环中心场强为零。

（2）若 $x\gg R$，则 $E=\dfrac{Q}{4\pi\varepsilon_0x^2}$，即远离环心处的电场，相当于将电荷 Q 全部集中在环心处的点电荷所产生的电场。

（3）由以上两点可知，当 $x=0$ 或 $x\to\infty$ 时，场强 $E=0$，而 x 为其他值时，$E\neq0$，说明在 $x=0$ 和 $x\to\infty$ 之间，场强 E 有极大值。读者可验算，在 $x=\dfrac{\sqrt{2}}{2}R$ 处，极大值为 $E_{\max}=\dfrac{Q}{6\sqrt{3}\pi\varepsilon_0R^2}$。

【例 8-6】 一均匀带电圆盘，半径为 R，电荷面密度为 σ，试计算在圆盘轴线上任意一点 P 处的电场。

解 带电圆盘可以看成由无限多个以 O 为圆心的同心带电细圆环组成，如图 8-2-6 所示。取半径为 r，宽为 $\mathrm{d}r$ 的细圆环，其面积为 $2\pi r\mathrm{d}r$，所带电荷量为 $\mathrm{d}q=\sigma 2\pi r\mathrm{d}r$。由例 8-5 可知，该圆环在 P 点产生的场强大小为

$$\mathrm{d}E=\frac{\mathrm{d}q\cdot x}{4\pi\varepsilon_0(r^2+x^2)^{3/2}}=\frac{\sigma 2\pi r\mathrm{d}r\cdot x}{4\pi\varepsilon_0(r^2+x^2)^{3/2}}$$

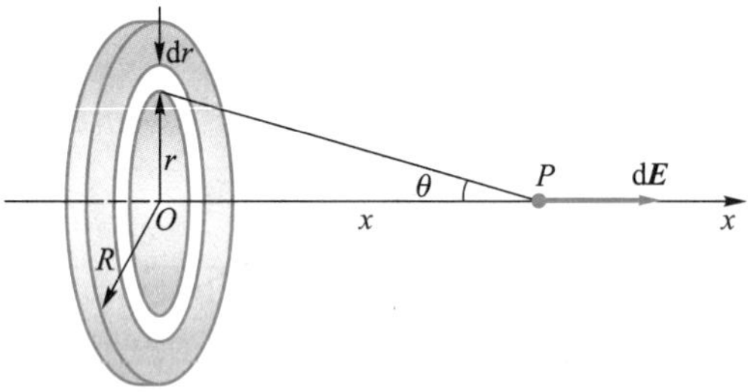

图 8-2-6 例 8-6 图

方向沿 x 轴正方向。由于组成圆盘的所有圆环在 P 点产生的场强方向都相同，则 P 点的总场强为

$$E=\int\mathrm{d}E=\int_0^R\frac{\sigma 2\pi r\mathrm{d}r\cdot x}{4\pi\varepsilon_0(r^2+x^2)^{3/2}}=\frac{\sigma x}{2\varepsilon_0}\int_0^R\frac{r\mathrm{d}r}{(r^2+x^2)^{3/2}}=\frac{\sigma}{2\varepsilon_0}\left(1-\frac{x}{\sqrt{R^2+x^2}}\right)$$

讨论

（1）当 $x\ll R$ 时，对于 P 点来说，带电圆盘可视为“无限大”平面，则该平面轴线上任意点 P 的场强为

$$E=\frac{\sigma}{2\varepsilon_0}$$

可见，其值与 P 点的位置无关，即无限大均匀带电平面在其周围产生场强的大小处处相等、方向垂直于平面的均匀电场。

（2）当 $x \gg R$ 时，设圆盘带的总电荷量为 $q=\sigma\pi R^2$，则

$$E=\frac{\sigma}{2\varepsilon_0}\left(1-\frac{x}{\sqrt{R^2+x^2}}\right)=\frac{\sigma}{2\varepsilon_0}\left[1-\left(1+\frac{R^2}{x^2}\right)^{-1/2}\right]$$

将 $\left(1+\frac{R^2}{x^2}\right)^{-1/2}$ 按小量 $\frac{R}{x}$ 作泰勒展开，并略去 $\frac{R^2}{x^2}$ 以上的高次项，有

$$\left(1+\frac{R^2}{x^2}\right)^{-1/2}=1-\frac{1}{2}\frac{R^2}{x^2}+\frac{3}{8}\left(\frac{R^2}{x^2}\right)^2-\cdots\approx 1-\frac{1}{2}\frac{R^2}{x^2}$$

即 $x \gg R$ 时，有

$$E=\frac{\sigma R^2}{4\varepsilon_0 x^2}=\frac{q}{4\pi\varepsilon_0 x^2}$$

由此可见，当轴线上的场点离盘的距离远大于盘的半径时，场强与电荷全部集中在盘心上的点电荷的电场相同。此题说明了物理上的“无限大”平板和“点电荷”只是相对的概念。

【例 8-7】 求半径为 R，均匀带电荷量为 Q 的球面在空间产生的电场。

解　如图 8-2-7 所示，设球心为坐标原点 O，任意 P 点在 x 轴上。P 点的电场可看成是构成带电球面的一组带电的带状圆环产生。

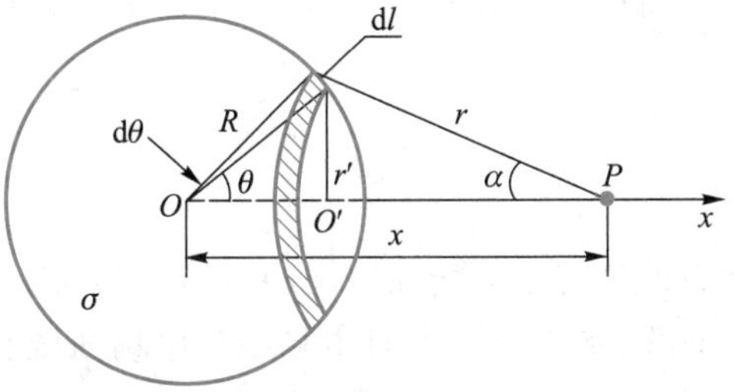

图 8-2-7　例 8-7 图

在球面上取任意带状圆环，其环心 O' 到球心 O 的距离为 $x'=R\cos\theta$，半径为 $r'=R\sin\theta$，带状圆环的宽度为 $\mathrm{d}l=R\mathrm{d}\theta$，所带电荷量为 $\mathrm{d}q=\sigma\mathrm{d}S=\sigma 2\pi r'\mathrm{d}l$。利用例 8-5 的结论，该环带在 P 点产生的电场方向沿 x 轴，大小为

$$\mathrm{d}E=\frac{(x-x')\mathrm{d}q}{4\pi\varepsilon_0[r'^2+(x-x')^2]^{3/2}}=\frac{(x-x')\sigma 2\pi r'\mathrm{d}l}{4\pi\varepsilon_0 r^3}=\frac{(x-x')\sigma 2\pi R^2\sin\theta\mathrm{d}\theta}{4\pi\varepsilon_0 r^3}$$

式中 $\sigma=\frac{Q}{4\pi R^2}$，$\cos\alpha=\frac{x-x'}{r}$，由于 $r\mathrm{d}r=xR\sin\theta\mathrm{d}\theta$（$r^2=x^2+R^2-2Rx\cos\theta$ 关于变量 r 和 θ 微分的结果），代入上式，化简得

$$\mathrm{d}E=\frac{Q}{16\pi\varepsilon_0 Rx^2}\left(1+\frac{x^2-R^2}{r^2}\right)\mathrm{d}r$$

球面分割出的所有环带在 P 点的电场均沿 x 轴方向。当 $x>R$ 时，球面外任意 P 点的场强大小为

$$E=\int \mathrm{d}E=\int_{x-R}^{x+R}\frac{Q}{16\pi\varepsilon_0 Rx^2}\left(1+\frac{x^2-R^2}{r^2}\right)\mathrm{d}r$$

$$=\frac{Q}{16\pi\varepsilon_0 Rx^2}\left[2R+(x^2-R^2)\left(\frac{1}{x-R}-\frac{1}{x+R}\right)\right]=\frac{Q}{4\pi\varepsilon_0 x^2}$$

方向沿径向。

当 $x<R$ 时，球面内任意 P 点的场强大小为

$$E=\int \mathrm{d}E=\int_{R-x}^{R+x}\frac{Q}{16\pi\varepsilon_0 Rx^2}\left(1+\frac{x^2-R^2}{r^2}\right)\mathrm{d}r$$

$$=\frac{Q}{16\pi\varepsilon_0 Rx^2}\left[2x+(x^2-R^2)\left(\frac{1}{R-x}-\frac{1}{R+x}\right)\right]=0$$

可见，均匀带电球面外的场强与电荷全部集中在球心上的点电荷的电场相同，球面内的场强恒为零。

第 3 节 静电场的高斯定理

静电场可用两种等效的方法求得：库仑定律和高斯定理。库仑定律给出了简单、直接计算电场力的方法，前面已介绍。本节将介绍另一种方法——高斯定理。用高斯定理解题是比较巧妙而优美的，有时是非常简便而实用的。运用高斯定理并掌握相应的数学技巧可加深对电相互作用的理解。

一、电场线

电场是矢量场，为了直观地表现出电场在空间的分布，英国物理学家法拉第(Michael Faraday)引入了电场线(旧称电力线)的概念，并且电场线与电场强度有如下关系。

(1) 电场线上每一点的切线方向和该点的电场强度方向一致。

(2) 在电场中任意一点通过垂直于电场 $\boldsymbol{E}$ 单位面积上的电场线数，等于该点的场强 $\boldsymbol{E}$ 的大小。

设想电场中某点的场强为 $\boldsymbol{E}$，如图 8-3-1 所示，在垂直场强方向取面积元 $\mathrm{d}S_{\perp}$，由于面积元 $\mathrm{d}S_{\perp}$ 很小，面元上各点的场强可认为是相同的，若穿过 $\mathrm{d}S_{\perp}$ 的电场线根数为 $\mathrm{d}N$，则有

$$E=\frac{\mathrm{d}N}{\mathrm{d}S_{\perp}} \tag{8-3-1}$$

这样，电场线稀疏的地方场强小，电场线密集的地方场强大。应该指出，电场线不是客观存在的，但是这些假想的曲线可以对电场中各处场强的大小和方向描绘出直观的图像。图 8-3-2 描绘了几种静止电荷周围电场的电场线。

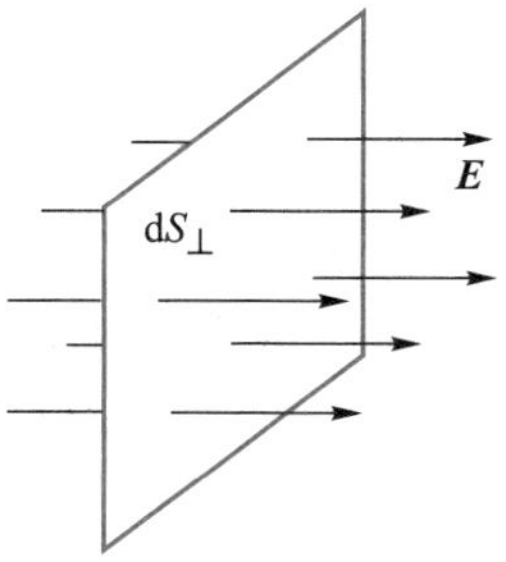

图 8-3-1 电场线密度

从图中可看出静电场的电场线具备以下几个基本特征。

(1) 静电场的电场线起于正电荷(或无穷远)，止于负电荷(或无穷远)，不会在没有电荷的地方中断。

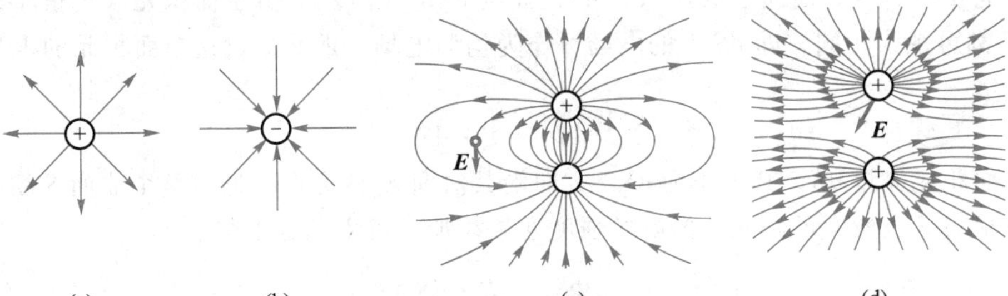

图 8-3-2　几种电荷的电场线

（2）静电场中电场线不会形成闭合曲线。

（3）在没有电荷的空间，电场线不会相交。

二、电场强度通量

任何矢量场都可以引入通量的概念，电场的通量称为电场强度通量。为了形象化起见，我们将通过电场中任意一给定面的电场线总根数定义为该面的电场强度通量，用 Φ_e 表示。用电场强度通量来研究电场的性质，将得到静电场一个重要的规律——高斯定理。下面先介绍电场强度通量的计算。

在匀强电场 $\boldsymbol{E}$ 中，电场线是一系列均匀分布的平行直线。若该电场中有一平面 S，并与场强 $\boldsymbol{E}$ 垂直，即其法线 $\boldsymbol{e}_n$ 与场强 $\boldsymbol{E}$ 平行，如图 8-3-3(a)所示，由(8-3-1)式可得通过 S 面的电场强度通量为

$$\Phi_e = E \cdot S$$

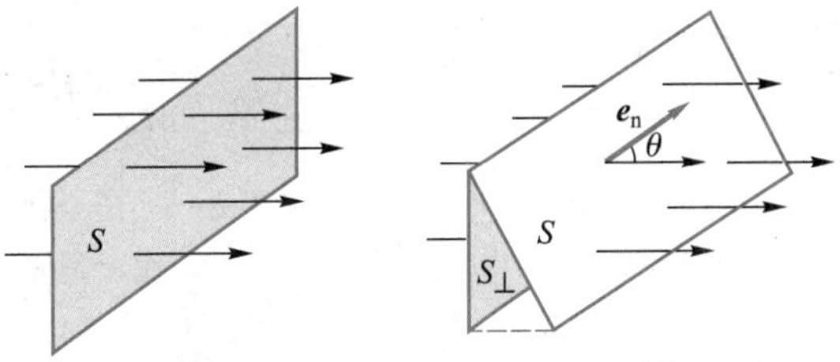

图 8-3-3　电场强度通量

如果平面 S 的法线方向 $\boldsymbol{e}_n$ 与场强 $\boldsymbol{E}$ 的夹角为 θ，如图 8-3-3(b)所示。由图可见，通过 S 面的电场线数目，与通过 S 在垂直于电场方向的投影面 $S_\perp$ 上的电场线数目同样多，则通过该 S 面的电场强度通量为

$$\Phi_e = ES_\perp = ES\cos\theta = \boldsymbol{E} \cdot \boldsymbol{S}$$

一般地，在均匀电场中，一平面上的电场强度通量等于场强与面积的矢量标积。由此可知，通过一给定面的电场强度通量可正可负，正负取决于这个面的法线 $\boldsymbol{e}_n$ 与电场 $\boldsymbol{E}$ 之间的夹角。

在非均匀电场中，由于场中各点 $\boldsymbol{E}$ 的大小不相等，方向不相同，在计算任意曲面 S 上的

电场强度通量时，可在曲面上取面积元 dS，如图 8-3-4 所示。由于面积元取得很小，其上每一点的 $\boldsymbol{E}$ 都可视为相同，即 dS 上的电场可作为均匀电场，那么通过这个面积元的电场强度通量为

$$\mathrm{d}\Phi_e = \boldsymbol{E}\cdot \mathrm{d}\boldsymbol{S}$$

式中规定面积元矢量 d$\boldsymbol{S}$，其大小为 dS，方向沿其法向 $\boldsymbol{e}_n$ 的方向。通过整个曲面 S 的电场强度通量，就是将 S 上所有面积元上的电场强度通量相加，可由积分求得

$$\Phi_e = \int_S \boldsymbol{E}\cdot \mathrm{d}\boldsymbol{S} \tag{8-3-2}$$

积分号的下标 S 表示对整个曲面进行积分。

如果 S 是闭合曲面，则

$$\Phi_e = \oint_S \boldsymbol{E}\cdot \mathrm{d}\boldsymbol{S} \tag{8-3-3}$$

积分号 $\oint$ 表示对整个闭合曲面 S 积分。

通过一个曲面的电场强度通量的正负，取决于该曲面法线的正方向的选择。对于平面或不闭合的曲面，可以任意选取面上各处的法线方向的正方向。但对于闭合曲面，通常规定曲面上任意面积元由内向外的方向为面积元法线的正方向。这样凡是电场线从曲面内向外穿出，电场强度通量为正，如图 8-3-5 所示，反之电场强度通量为负。(8-3-3)式表示通过整个闭合曲面的电场强度通量 Φ_e，等于净穿出该闭合曲面电场线的总根数。

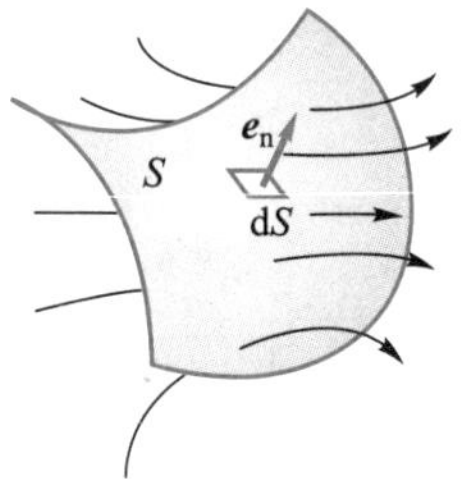

图 8-3-4 非均匀场任意曲面的电场强度通量

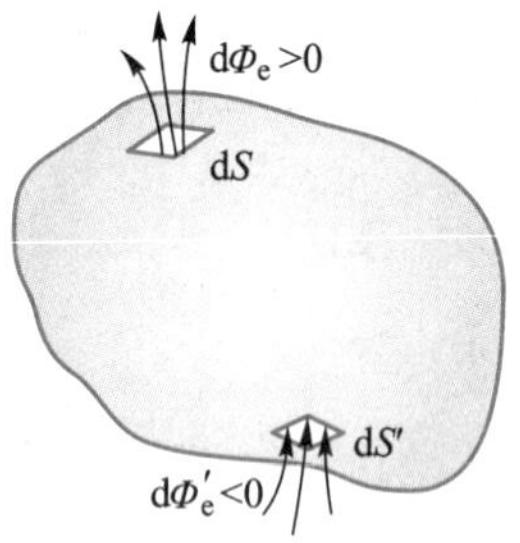

图 8-3-5 闭合曲面的电场强度通量

三、真空中静电场的高斯定理

德国数学家、物理学家高斯(K. F. Gauss)在数学和物理两方面都作出了杰出贡献。他从理论上利用电场强度通量的概念导出了电场与场源电荷的一个简单关系——高斯定理，给出了静电场的一条基本性质，也是电磁学的基本规律之一。

1. 高斯定理

在真空中，通过任意闭合曲面 S(通常也称为高斯面)的电场强度通量 Φ_e，等于该闭合曲面所包围的所有电荷代数和的 $\dfrac{1}{\varepsilon_0}$ 倍。数学表示为

$$\Phi_e=\oint_S \boldsymbol{E}\cdot \mathrm{d}\boldsymbol{S}=\frac{1}{\varepsilon_0}\sum_{S_内} q_i \tag{8-3-4}$$

高斯定理是通过电场中闭合曲面的电场强度通量所遵从的规律，表示了电场与场源电荷之间的关系，下面我们利用电场强度通量的概念，并根据库仑定律和场强叠加原理来导出这个关系式。

（1）包围点电荷 q 的任意闭合曲面的电场强度通量都等于$\frac{q}{\varepsilon_0}$。

设真空中有一点电荷 q，在其电场中，电荷 q 位于半径为 r 的球面 S 的球心处，如图 8-3-6(a)所示。由(8-2-3)式知点电荷的电场具有球对称性，球面上任一点场强的大小都是 $E=\frac{q}{4\pi\varepsilon_0 r^2}$，其方向沿径向，则通过这个球面的电场强度通量为

$$\Phi_e=\oint_S \boldsymbol{E}\cdot \mathrm{d}\boldsymbol{S}=\oint_S \frac{q}{4\pi\varepsilon_0 r^2}\mathrm{d}S=\frac{q}{4\pi\varepsilon_0 r^2}\oint_S \mathrm{d}S=\frac{q}{4\pi\varepsilon_0 r^2}4\pi r^2=\frac{q}{\varepsilon_0}$$

此结果表明，Φ_e 与球面半径 r 无关，只与球面包围电荷的电荷量有关。也就是说，对以点电荷 q 为中心的任意球面，通过它们的电场强度通量 Φ_e 都等于$\frac{q}{\varepsilon_0}$。用电场线的图像来说，这表示通过各同心球面的电场线的总根数相等，即从点电荷发出的电场线连续地延伸到无限远。值得注意的是，Φ_e 与半径 r 无关这一结果与库仑的平方反比定律是分不开的，如果平方反比定律不成立，若 $F\propto\frac{1}{r^{2+\delta}}$，且 $\delta\neq0$，就不会有这样的结果。

若点电荷 q 在任意闭合曲面 S'内，如图 8-3-6(b)所示，取电荷 q 所在点为顶点的立体角 $\mathrm{d}\Omega$，$\mathrm{d}\Omega$ 的锥面在球面 S 和曲面 S'上分别截取面元 $\mathrm{d}S$ 和 $\mathrm{d}S'$，$\mathrm{d}S'$的法线 $\boldsymbol{e}_n$ 与所在处的场强 $\boldsymbol{E}$ 的夹角为 θ，其上的电场强度通量为

$$\mathrm{d}\Phi_e'=\boldsymbol{E}'\cdot\mathrm{d}\boldsymbol{S}'=E'\cos\theta\mathrm{d}S'=E'\mathrm{d}S''=\frac{q}{4\pi\varepsilon_0 r'^2}\mathrm{d}S''$$

式中 $\mathrm{d}S''$是 $\mathrm{d}S'$在垂直电场方向的投影面积。上式表明，通过 $\mathrm{d}S'$的电场强度通量与通过 $\mathrm{d}S''$的电场强度通量一样。$\mathrm{d}S''$是与球面 S 同心，半径为 r'的球面 S''(图中未画出)上的面积元，而曲面 S'上所有的面积元与球面 S''上的面积元一一对应，所以通过闭合曲面 S'的电场强度通量与通过球面 S''的电场强度通量一样。由此可知，通过球面 S 和 S''的电场强度通量 Φ_e 都等于$\frac{q}{\varepsilon_0}$。因此，在点电荷 q 的电场中，包围点电荷 q 的任意闭合曲面的电场强度通量都等于$\frac{q}{\varepsilon_0}$。

（2）没有包围点电荷 q 的任意闭合曲面 S 的电场强度通量恒等于 0。

若点电荷 q 在任意闭合曲面 S 之外，如图 8-3-6(c)所示，仍以点电荷 q 所在点为顶点作立体角 $\mathrm{d}\Omega$，$\mathrm{d}\Omega$ 的锥面在曲面 S 上分别截取了面元 $\mathrm{d}S_1$ 和 $\mathrm{d}S_2$，由(1)可知这两个面元上的电场强度通量大小相等，但是两个面元的法线方向在点电荷 q 电场方向的分量方向相反，所以点电荷 q 的电场对它们的电场强度通量等值异号，即 $\mathrm{d}\Phi_{e_1}=-\mathrm{d}\Phi_{e_2}$，它们的代数和为零。而通过该闭合曲面 S 的电场强度通量就是通过一对对这样的面元的电场强度通量的总和。因此在

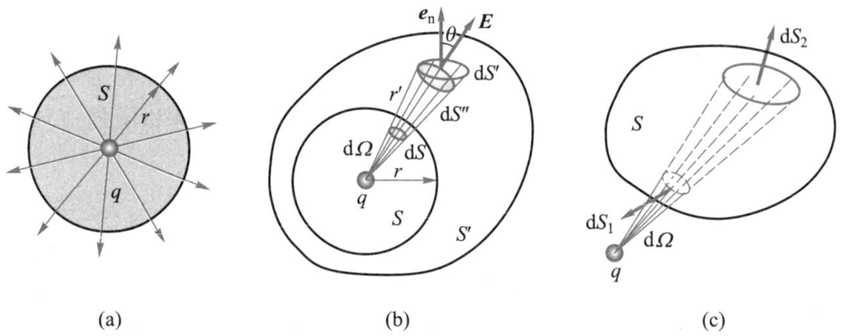

图 8-3-6　高斯定理的证明

点电荷 q 的电场中，没有包围点电荷 q 的这类闭合曲面的电场强度通量恒等于 0，即

$$\Phi_e=\oint_S \boldsymbol{E}\cdot d\boldsymbol{S}=0$$

（3）在点电荷系的电场中，通过任意闭合曲面的电场强度通量只与其包围电荷的代数和有关。

若场源电荷是由 n 个点电荷组成的电荷系，其中 q_1，q_2，…，q_k 在闭合面 S 内，q_{k+1}，q_{k+2}，…，q_n 在闭合面 S 外，如图 8-3-7 所示。根据场强叠加原理，闭合面上任意面元 dS 处的场强 $\boldsymbol{E}$ 为所有电荷产生的电场叠加，即 $\boldsymbol{E}=\boldsymbol{E}_1+\boldsymbol{E}_2+\cdots+\boldsymbol{E}_n$。通过闭合面 S 的电场强度通量为

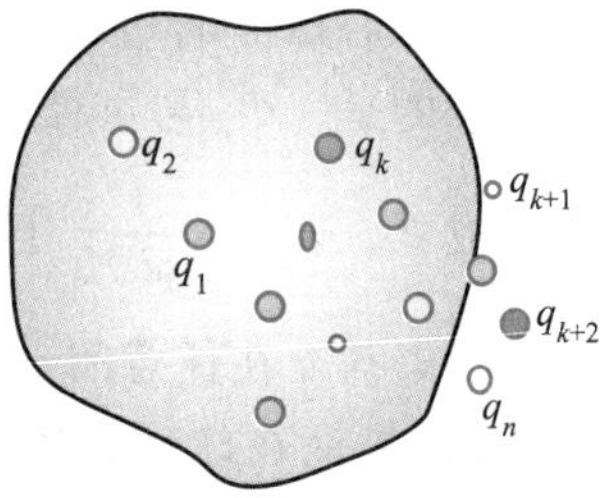

图 8-3-7　高斯定理的证明

$$\begin{aligned}\Phi_e&=\oint_S \boldsymbol{E}\cdot d\boldsymbol{S}=\oint_S \boldsymbol{E}_1\cdot d\boldsymbol{S}+\oint_S \boldsymbol{E}_2\cdot d\boldsymbol{S}+\cdots+\oint_S \boldsymbol{E}_n\cdot d\boldsymbol{S}\\&=\Phi_{e_1}+\Phi_{e_2}+\cdots+\Phi_{e_n}\end{aligned}$$

式中 Φ_{e_1}，Φ_{e_2}，…，Φ_{e_n} 是各点电荷单独存在时产生的电场通过闭合曲面 S 的电场强度通量。由于从第 $k+1$ 个到第 n 个点电荷在闭合曲面 S 外，根据上面(2)的结论可知，它们通过 S 面的电场强度通量皆为零，即

$$\Phi_{e_{k+1}}=\Phi_{e_{k+2}}=\cdots=\Phi_{e_n}=0$$

因此

$$\Phi_e=\Phi_{e_1}+\Phi_{e_2}+\cdots+\Phi_{e_k}$$

由(1)的结论可得，闭合曲面内的点电荷 q_1，q_2，…，q_k 产生的电场通过 S 面的电场强度通量分别为

$$\Phi_{e_1}=\frac{q_1}{\varepsilon_0},\quad \Phi_{e_2}=\frac{q_2}{\varepsilon_0},\ \cdots,\ \Phi_{e_k}=\frac{q_k}{\varepsilon_0}$$

所以

$$\Phi_e=\frac{1}{\varepsilon_0}(q_1+q_2+\cdots+q_k)=\frac{1}{\varepsilon_0}\sum_{S内} q_i$$

即

$$\Phi_e=\oint_S \boldsymbol{E}\cdot d\boldsymbol{S}=\frac{1}{\varepsilon_0}\sum_{S内} q_i$$

上式即为高斯定理的数学表达式(8-3-4)。式中 $\sum\limits_{S内} q_i$ 表示闭合面 S 内的电荷的代数和。如果

场源电荷是连续分布，电荷体密度为 ρ，则被闭合面 S 包围的电荷量为 $\int_V \rho \cdot \mathrm{d}V$，$V$ 是闭合面 S 包围的体积，这时高斯定理可写为

$$\Phi_e = \oint_S \boldsymbol{E} \cdot \mathrm{d}\boldsymbol{S} = \frac{1}{\varepsilon_0}\int_V \rho \mathrm{d}V \tag{8-3-5}$$

对高斯定理的理解应注意以下两点。

(1) 高斯定理数学表达式(8-3-4)或(8-3-5)式中，场强 $\boldsymbol{E}$ 是高斯面上各点的场强，它是由高斯面内部和外部所有电荷共同产生的合场强。

(2) 通过高斯面总的电场强度通量只取决于它所包围的电荷，即只有闭合面内的电荷才对总通量有贡献。而闭合面外部的电荷及其如何分布，只会影响闭合面上各处的场强，对闭合面的总通量无贡献。

2. 高斯定理的意义

(8-3-4)式、(8-3-5)式直接给出了电场和场源电荷之间的普遍关系，其含义可概括如下。

(1) 空间某处高斯面 S，若其包围了正电荷，则通过 S 面的电场强度通量 $\Phi_e>0$。这表明有电场线从 S 面内穿出，即电场线起始于正电荷。若 S 面内包围了负电荷，则电场强度通量 $\Phi_e<0$。这表明有电场线从 S 面外穿入，终止于负电荷。

(2) 高斯面 S 包围了电荷，且 $\sum\limits_{S_{内}} q_i = 0$，则 S 面上的电场强度通量 $\Phi_e = 0$。这表明有多少电场线从 S 面外穿入终止于负电荷，其内的正电荷就发出相同数量的电场线穿出 S 面。显然，若 S 面包围的电荷 $\sum\limits_{S_{内}} q_i > 0$，则有净电场线穿出；若 S 面包围的电荷 $\sum\limits_{S_{内}} q_i < 0$，则有净电场线穿入。

(3) 若高斯面 S 内没有包围电荷，则 S 面上的电场强度通量 $\Phi_e = 0$。这表明有多少电场线从 S 面外穿入，就有多少电场线从 S 面内穿出。即电场线不会在没有电荷的区域中断。

由上可知，正电荷是发出电场线的源，负电荷是接收电场线的源。高斯定理给出了静电场的重要性质：**静电场是有源场**。正负电荷就是静电场的场源。

从上述证明过程可知，高斯定理是库仑定律的必然结论，而且高斯定理和库仑定律是能互相印证的，在定义了电场强度之后，也可以把高斯定理作为基本规律来导出库仑定律。它们是以不同形式表示静电场与场源电荷关系的同一客观规律，二者在反映静电场的性质方面是等价的。但是在研究运动电荷的电场或随时间变化的电场时，发现库仑定律不成立，高斯定理仍然适用。因此，高斯定理是关于电场的普遍规律。

3. 运用高斯定理计算电场强度 E

前面已介绍了用场强叠加法计算 $\boldsymbol{E}$，原则上这种方法可以计算任何带电体系的电场的场强分布，但是在有些问题中积分非常复杂。当电荷分布具有对称性时，场强分布将具有相应的对称性，此时用高斯定理比叠加法方便得多。这种方法的步骤如下。

(1) 由场源电荷分布的对称性分析场强的对称性。

（2）根据场强的对称性，选择合适的高斯面 S，以便使积分 $\oint_S \boldsymbol{E}\cdot \mathrm{d}\boldsymbol{S}$ 中的 $\boldsymbol{E}$ 能以常量的形式从积分号内提出。

（3）分别求出 $\oint_S \boldsymbol{E}\cdot \mathrm{d}\boldsymbol{S}$ 和 $\frac{1}{\varepsilon_0}\sum_{S内} q_i$，从而求出 $\boldsymbol{E}$。

【例 8-8】 求均匀带电球面的电场分布。已知球面半径为 R，所带电荷量为 $+q$。

解 先求球外的电场分布，如图 8-3-8 所示，在球外距离球心 O 为 r 处取任意一点 P，求 P 点的场强。

由于均匀带电球面相对 OP 具有轴对称，球面上任一电荷元 $\mathrm{d}q$ 都存在与其对称的电荷元 $\mathrm{d}q'$，它们在 P 点产生的电场，在垂直于 OP 方向的分量互相抵消，所以整个球面上的电荷在 P 点产生的电场方向应沿径向（即沿 OP）向外。又由于电荷分布的球对称性，在以 O 为球心的同一球面上各点的场强大小都应相等，方向都沿各自的径向。所以电场分布为关于带电球面球心对称的球对称场。可选 r 为半径的球面 S 作为高斯面，通过它的电场强度通量为

$$\Phi_e = \oint_S \boldsymbol{E}\cdot \mathrm{d}\boldsymbol{S} = \oint_S E\mathrm{d}S = E\oint_S \mathrm{d}S = E\cdot 4\pi r^2$$

此球面包围的电荷为

$$\sum_{S内} q_i = q$$

根据高斯定理得

$$E\cdot 4\pi r^2 = \frac{q}{\varepsilon_0}$$

则有

$$E = \frac{q}{4\pi\varepsilon_0 r^2}$$

考虑 $\boldsymbol{E}$ 的方向，电场强度的矢量式为

$$\boldsymbol{E} = \frac{q}{4\pi\varepsilon_0 r^2}\boldsymbol{e}_r \quad (r > R)$$

式中 $\boldsymbol{e}_r$ 代表径向的单位矢量。

对于球面内距球心为 r' 的任意一点 P'，以上有关对称性的分析同样适用。过 P' 点取球面 S' 为高斯面，通过 S' 面的电场强度通量为 $\Phi_e' = E\cdot 4\pi r'^2$，但是 S' 面没有包围电荷，由高斯定理得

$$E\cdot 4\pi r'^2 = 0$$

即

$$E = 0 \qquad (r<R)$$

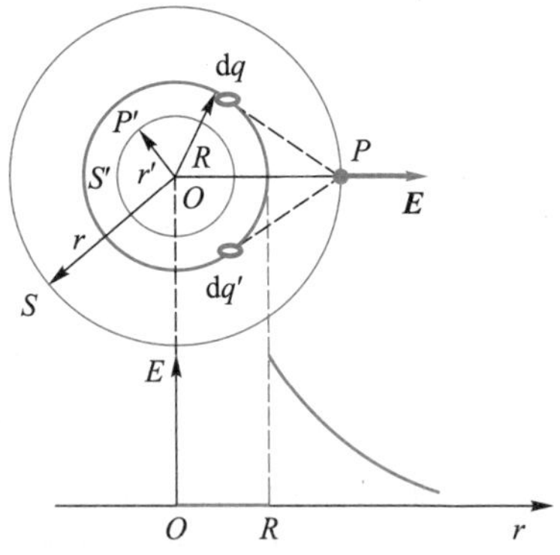

图 8-3-8 例 8-8 图

计算结果表明：均匀带电球面外的电场分布，与球面上的全部电荷都集中在球心处所形成的一个点电荷在此空间的场强分布一样。而球面内部的场强处处为零（这与例 8-7 的结论一致，可是在数学处理上就简便多了）。

根据以上结果，可画出 $E-r$ 曲线（图 8-3-8）。从 $E-r$ 曲线可见，场强在球面（$r=R$）上的值是不连续的。

以上的讨论对 $q<0$ 的情况完全适用，只是球面外的电

场方向与 $q>0$ 时正好相反。无论 q 的符号如何，球面外的场强均可表示为

$$\boldsymbol{E}=\frac{q}{4\pi\varepsilon_0 r^2}\boldsymbol{e}_r$$

【例 8-9】　求均匀带电球体的电场分布。已知球半径为 R，所带电荷量为 q。

解　由于电荷均匀分布在球体内，可以设想它是由一层层同心的均匀带电球面组成的，所以电场分布关于带电球体球心对称的球对称电场。利用例 8-8 的结果，可直接得出：在球体外部的场强分布和所有电荷都集中在球心时产生的电场一样，因此有

$$\boldsymbol{E}=\frac{q}{4\pi\varepsilon_0 r^2}\boldsymbol{e}_r \qquad (r\geqslant R)$$

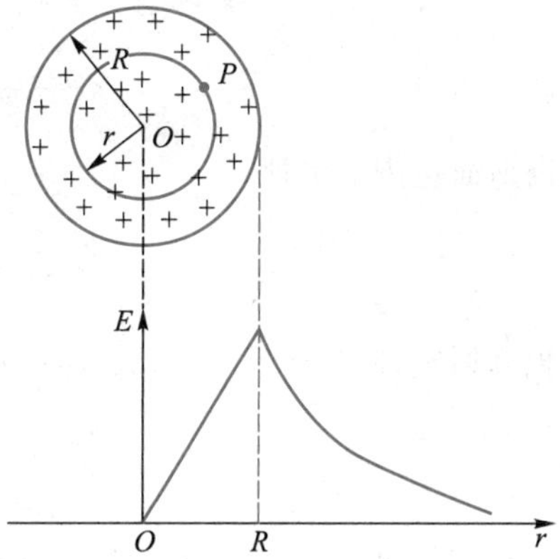

图 8-3-9　例 8-9 图

在球内，过任意一点 P 作以 $r(r<R)$ 为半径的同心球面 S 为高斯面，如图 8-3-9 所示。通过此面的电场强度通量为

$$\Phi_e=\oint_S\boldsymbol{E}\cdot d\boldsymbol{S}=E\cdot 4\pi r^2$$

此高斯面包围的电荷

$$\sum_{S内}q_i=\int_V\rho dV=\rho\int_V dV=\frac{q}{\frac{4}{3}\pi R^3}\cdot\frac{4}{3}\pi r^3=\frac{qr^3}{R^3}$$

根据高斯定理得

$$E\cdot 4\pi r^2=\frac{qr^3}{\varepsilon_0 R^3}$$

则

$$E=\frac{qr}{4\pi\varepsilon_0 R^3}\quad (r\leqslant R)$$

计算结果表明：在均匀带电球体内的场强的大小与半径 r 成正比，在 $r=0$ 的球心处 $E=0$。考虑 $\boldsymbol{E}$ 的方向，球体内电场强度的矢量式为

$$\boldsymbol{E}=\frac{qr}{4\pi\varepsilon_0 R^3}\boldsymbol{e}_r\quad (r\leqslant R)$$

图 8-3-9 中还给出了均匀带电球体电场的 $E-r$ 曲线。从曲线可见，场强在球体表面($r=R$)处的值是连续的。

【例 8-10】　求无限大带电平面的电场分布，设平面上电荷面密度为 σ。

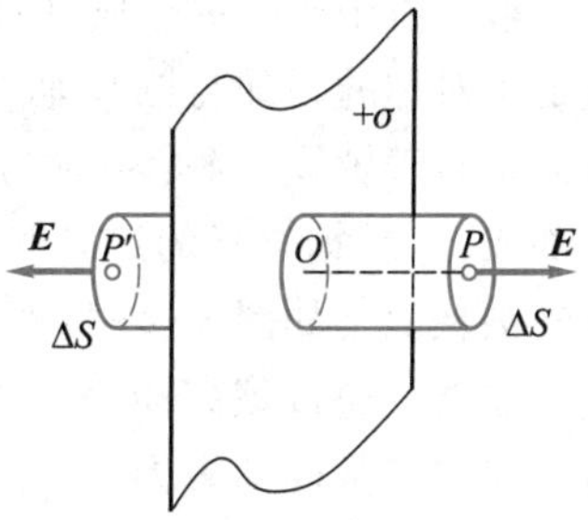

图 8-3-10　例 8-10 图

解　在平面一侧取任意一点 P，求 P 点的场强。由于电荷均匀分布在无限大平面上，对于从 P 点到平面的垂线 OP，电荷分布是对称的，所以 P 点的场强方向必定垂直于带电平面(图 8-3-10)，并且 P 点和在平面另一侧的镜像对称点 P' 点场强的大小必然相等。所以电场分布应该是相对该带电平面对称的平面对称电场，即在平面两侧离它等距离的各点的场强大小

都相等，方向均垂直带电平面（当 $\sigma>0$ 时方向背离平面，当 $\sigma<0$ 时方向垂直指向平面）。

由上分析，我们可取底面积为 ΔS 的圆柱面 S 为高斯面，其侧面与带电平面垂直，两底分别通过 P 和 P' 点。通过该高斯面 S 的电场强度通量为

$$\Phi_e=\oint_S \boldsymbol{E}\cdot \mathrm{d}\boldsymbol{S}=\int_{侧面}\boldsymbol{E}\cdot \mathrm{d}\boldsymbol{S}+2\int_{\Delta S}\boldsymbol{E}\cdot \mathrm{d}\boldsymbol{S}$$

由于圆柱侧面上各点的场强与侧面的法线方向垂直，所以

$$\int_{侧面}\boldsymbol{E}\cdot \mathrm{d}\boldsymbol{S}=0$$

因此
$$\Phi_e=\oint_S \boldsymbol{E}\cdot \mathrm{d}\boldsymbol{S}=2\int_{\Delta S}\boldsymbol{E}\cdot \mathrm{d}\boldsymbol{S}=2E\Delta S$$

此高斯面包围的电荷

$$\sum_{S内} q_i=\int_{\Delta S}\sigma \mathrm{d}S=\sigma\int_{\Delta S}\mathrm{d}S=\sigma\Delta S$$

根据高斯定理得
$$2E\Delta S=\frac{1}{\varepsilon_0}\sigma\Delta S$$

即
$$E=\frac{\sigma}{2\varepsilon_0}$$

计算结果表明：无限大均匀带电平面两侧空间中，各点场强的大小与该点离平面的距离无关，各侧均是均匀场。此结果与叠加法计算的结果一致（见例 8-6）。

两个无限大均匀的带电平面，无论所带电荷量是否相等，带电种类是否相同，其电场分布均可用无限大带电平面的场强公式和场强叠加原理来计算。例如，两平面的电荷面密度分别为 $+\sigma$ 和 $-\sigma$，如图 8-3-11 所示。两平面之间的场强为

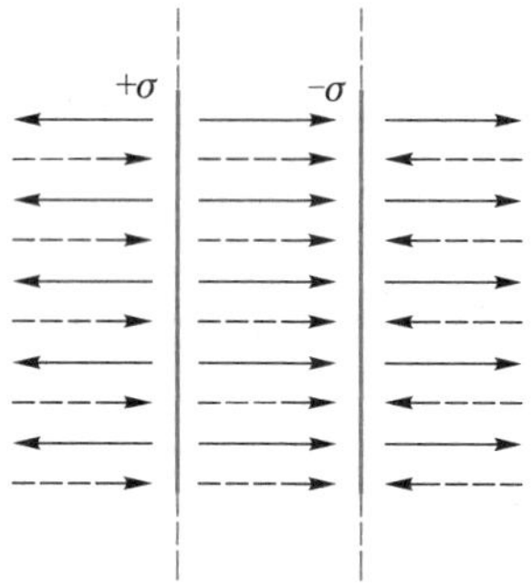

图 8-3-11　两个无限大均匀带电平行平面的电场

$$E=\frac{\sigma}{2\varepsilon_0}+\frac{\sigma}{2\varepsilon_0}=\frac{\sigma}{\varepsilon_0}$$

两平面的外侧的电场

$$E=\frac{\sigma}{2\varepsilon_0}-\frac{\sigma}{2\varepsilon_0}=0$$

【例 8-11】　求无限长均匀带电圆柱面的电场分布。已知圆柱面的半径为 R，单位长度上的电荷量为 λ。

解　由于电荷关于圆柱面的轴线对称分布，可以确定它的电场也应该是轴对称的，即与圆柱轴线等距离的各点的场强 $\boldsymbol{E}$ 大小相等，且方向都垂直于轴线（当 $\lambda>0$ 时方向垂直轴线指向外；当 $\lambda<0$ 时方向垂直指向轴线）。根据电场的这种对称性，高斯面 S 应取一个与带电圆柱面同轴的圆柱面，如图 8-3-12 所示，圆柱面半径为 r，高为 l。

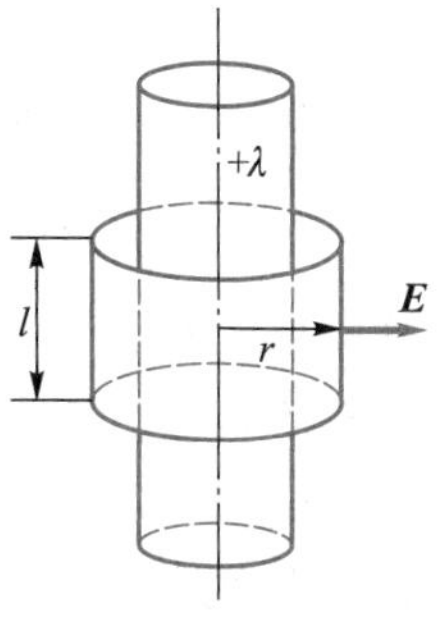

图 8-3-12　例 8-11 图

显然，通过该高斯面 S 顶部和底部的电场强度通量为零，当 $r>R$ 时，总电场强度通量为

$$\Phi_e=\oint_S \boldsymbol{E}\cdot \mathrm{d}\boldsymbol{S}=\int_{侧面}\boldsymbol{E}\cdot \mathrm{d}\boldsymbol{S}=E\cdot 2\pi rl$$

此高斯面包围的电荷

$$\sum_{S_内} q_i = \lambda l$$

根据高斯定理得

$$E \cdot 2\pi rl = \frac{1}{\varepsilon_0}\lambda l$$

即

$$E = \frac{\lambda}{2\pi\varepsilon_0 r}$$

计算结果表明：无限长均匀带电圆柱面外各点的电场，等效于所有电荷集中分布在轴线上的无限长均匀带电直线产生的电场(见例 8-4)。

当高斯面取在带电圆柱面内，即 $r<R$ 时，其总的电场强度通量仍可写为

$$\Phi_e = \int_{侧面} \boldsymbol{E} \cdot d\boldsymbol{S} = E \cdot 2\pi rl$$

但面内无电荷，所以带电圆柱面内的电场 $E=0$，即无限长带电圆柱面内无电场分布。

第 4 节 静电场的环路定理

静电场还有一特征量是电场强度 $\boldsymbol{E}$ 的环流，本节将从电场力做功引入这个量，从而得出静电场的另一性质——无旋性。

一、静电力的功

由电场强度的定义可知，在静电场 $\boldsymbol{E}$ 中，无论电荷 q_0 是否运动，它都会受到电场力 $\boldsymbol{F}=q_0\boldsymbol{E}$ 的作用。而当 q_0 在电场中有位移 $d\boldsymbol{l}$ 时，电场力 $\boldsymbol{F}$ 就做了功：

$$dA = \boldsymbol{F} \cdot d\boldsymbol{l} = q_0\boldsymbol{E} \cdot d\boldsymbol{l} \tag{8-4-1}$$

在力 $\boldsymbol{F}$ 作用下，若 q_0 从 a 点经某路径 L 到达 b 点，如图 8-4-1 所示，电场力做的总功为

$$A = \int_L \boldsymbol{F} \cdot d\boldsymbol{l} = \int_L q_0\boldsymbol{E} \cdot d\boldsymbol{l} = q_0\int_a^b \boldsymbol{E} \cdot d\boldsymbol{l}$$

等式两边同除以 q_0 得

$$\frac{A}{q_0} = \int_a^b \boldsymbol{E} \cdot d\boldsymbol{l} \tag{8-4-2}$$

这是电场强度 $\boldsymbol{E}$ 沿路径 L 的线积分。该积分表示，在电场中把单位正电荷从 a 点移动到 b 点，电场力所做的功。显然积分取决于电场强度 $\boldsymbol{E}$ 的分布，而与 q_0 无关，所以积分将反映出电场的性质。下面先讨论点电荷的电场。

设真空 O 点处有一静止的点电荷 q，检验电荷 q_0 在 q 的电场中从 a 点经任意路径到达 b 点，如图 8-4-2 所示。点电荷 q 的电场强度为

$$\boldsymbol{E} = \frac{q}{4\pi\varepsilon_0 r^2}\boldsymbol{e}_r$$

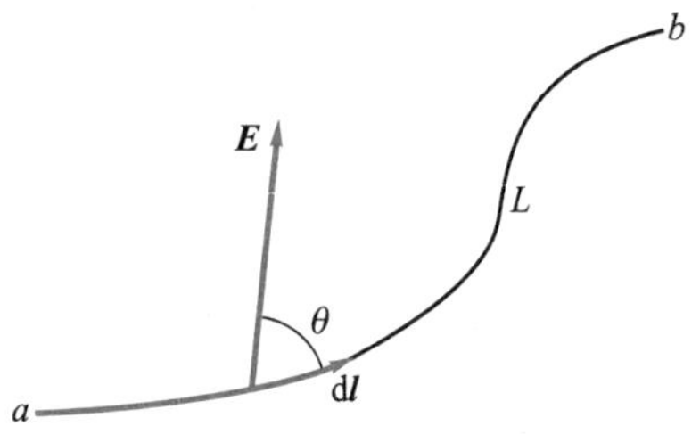

图 8-4-1

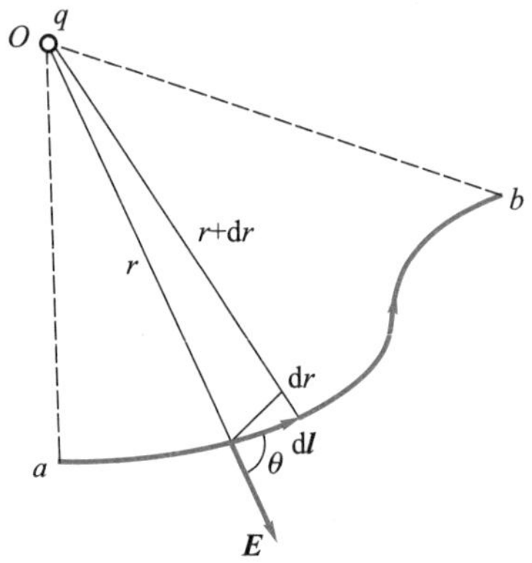

图 8-4-2 在点电荷电场中移动电荷

将此式代入(8-4-2)式，并积分得

$$\frac{A}{q_0}=\int_a^b \boldsymbol{E}\cdot \mathrm{d}\boldsymbol{l}=\int_a^b \frac{q}{4\pi\varepsilon_0 r^2}\boldsymbol{e}_r\cdot \mathrm{d}\boldsymbol{l}$$

$$=\int_a^b \frac{q}{4\pi\varepsilon_0 r^2}\cos\theta \mathrm{d}l=\int_a^b \frac{q}{4\pi\varepsilon_0 r^2}\mathrm{d}r$$

$$=\frac{q}{4\pi\varepsilon_0}\left(\frac{1}{r_a}-\frac{1}{r_b}\right) \tag{8-4-3}$$

式中 r_a、r_b 分别表示场源电荷 q 到被移动电荷的起点和终点的距离。(8-4-3)式表明，在点电荷 q 的电场中，电场强度的线积分只与积分路径的起点和终点位置相关，而与积分路径无关。或在点电荷 q 的电场中，移动单位正电荷，电场力做功与被移电荷的路径无关，只与起点和终点的位置相关。

若在点电荷 q_1，q_2，…，q_n 组成的电荷系的电场中移动检验电荷 q_0，则由场强叠加原理，可得到其场强 $\boldsymbol{E}$ 的线积分为

$$\int_a^b \boldsymbol{E}\cdot \mathrm{d}\boldsymbol{l}=\int_a^b(\boldsymbol{E}_1+\boldsymbol{E}_2+\cdots+\boldsymbol{E}_n)\cdot \mathrm{d}\boldsymbol{l}$$

$$=\int_a^b \boldsymbol{E}_1\cdot \mathrm{d}\boldsymbol{l}+\int_a^b \boldsymbol{E}_2\cdot \mathrm{d}\boldsymbol{l}+\cdots+\int_P^Q \boldsymbol{E}_n\cdot \mathrm{d}\boldsymbol{l}$$

因为上式右边的每一项积分都只与被移电荷的初末位置相关，而与路径无关，所以总场强 $\boldsymbol{E}$ 的线积分也具有这一特点。

任何静止的带电体都可看作是许多静止点电荷的集合，根据电场的叠加原理，其电场是这些点电荷的电场叠加形成，因此对任何静电场有以下结论：

电场强度的线积分 $\int_a^b \boldsymbol{E}\cdot \mathrm{d}\boldsymbol{l}$ 只与积分路径的起点 a 和终点 b 位置有关，而与积分路径无关。或移动单位正电荷，静电力做功与被移电荷的路径无关，只与起点和终点的位置有关。这一特性说明静电场是保守力场。

二、静电场的环路定理

设真空中有静电场，其电场强度为 $\boldsymbol{E}$，在场中任取一闭合路径 L，如图 8-4-3 所示，电场强度 $\boldsymbol{E}$ 对 L 的环路积分 $\oint_L \boldsymbol{E}\cdot \mathrm{d}\boldsymbol{l}$ 称为电场对闭合路径 L 的环流。

为计算这个线积分，在 L 上取任意两点 a、b，a、b 把 L 分成 L_1 和 L_2 两段，则有

$$\oint_L \boldsymbol{E}\cdot \mathrm{d}\boldsymbol{l} = \int_{L_1 a}^{b} \boldsymbol{E}\cdot \mathrm{d}\boldsymbol{l} + \int_{L_2 b}^{a} \boldsymbol{E}\cdot \mathrm{d}\boldsymbol{l} = \int_{L_1 a}^{b} \boldsymbol{E}\cdot \mathrm{d}\boldsymbol{l} - \int_{L_2 a}^{b} \boldsymbol{E}\cdot \mathrm{d}\boldsymbol{l}$$

由于场强的线积分与路径无关，只与起点和终点的位置有关，所以

$$\int_{L_1 a}^{b} \boldsymbol{E}\cdot \mathrm{d}\boldsymbol{l} = \int_{L_2 a}^{b} \boldsymbol{E}\cdot \mathrm{d}\boldsymbol{l}$$

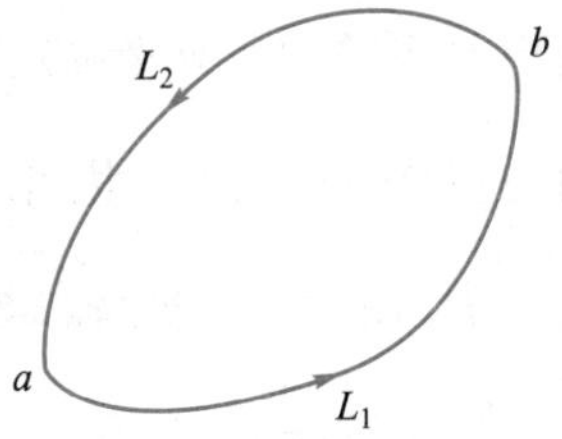

图 8-4-3　静电场的环路定理

因此

$$\oint_L \boldsymbol{E}\cdot \mathrm{d}\boldsymbol{l} = 0 \tag{8-4-4}$$

此式表明，在静电场中电场强度沿任意闭合路径的环流恒等于零，此即静电场的环路定理。

静电场的环流为零还表明，在闭合路径上移动单位正电荷，静电力做功为零，所以(8-4-4)式是静电场保守性的数学表述。

在数学场论中，如果一个矢量场的环流为零，就称该矢量场为无旋场。至此，静电场的两个基本规律——高斯定理、静电场的环路定理，全面反映了静电场的基本性质：静电场是有源无旋场。

第 5 节　电势差和电势

一、电势差、电势

在力学中我们讨论过，重力场是保守力场，可引入重力势能的概念。当物体处在重力场中确定位置时，就具有一定的重力势能，当物体的位置发生变化时，重力对物体做功，重力势能随之改变，重力势能的减少量即反映重力的功。

从上一节讨论可知，静电力做功与重力做功相似，静电场亦为保守场。因此，我们可相应地引入静电势能的概念，当电荷在静电场中一定位置时，也具有一定的静电势能。当电场力做功时，其静电势能随之改变。

设静电场 $\boldsymbol{E}$ 中，点电荷 q_0 经任意路径从 P 点到达 Q 点。电场力做功为

$$A_{PQ} = q_0\int_P^Q \boldsymbol{E}\cdot \mathrm{d}\boldsymbol{l}$$

定义：静电力做的功等于静电势能的减少量。若用 W_P、W_Q 分别表示点电荷 q_0 在 P 点和 Q 点的静电势能，则有

$$W_P - W_Q = q_0\int_P^Q \boldsymbol{E}\cdot \mathrm{d}\boldsymbol{l} \tag{8-5-1}$$

用 q_0 除上式两端可得

$$\frac{W_P}{q_0}-\frac{W_Q}{q_0}=\int_P^Q \boldsymbol{E}\cdot \mathrm{d}\boldsymbol{l}$$

上式左端为单位正电荷在 P、Q 两点处的静电势能之差，右端与 q_0 无关，只由电场强度从 P 点到 Q 点的线积分来确定。由静电场的保守性可知，这个线积分仅取决于 P、Q 两点的位置，而与积分路径无关。因此，$\frac{W}{q_0}$是由场点的位置确定的标量函数，称为静电场在该点的电势，用 V 表示。P、Q 两点的电势差为

$$V_P-V_Q=\int_P^Q \boldsymbol{E}\cdot \mathrm{d}\boldsymbol{l} \tag{8-5-2}$$

即静电场中任意两点 P、Q 之间的电势差，等于把单位正电荷从 P 点沿任意路径移动到 Q 点时，电场力做的功。

(8-5-2)式只给出静电场中任意两点的电势差，并不能确定任意一点的电势。要确定电场中一定点的电势，还需选取电势为零的参考点。若选择电场中的某点的电势 $V=0$，则场中其他任意点 P 的电势为

$$V_P=\int_P^{V=0\text{处}} \boldsymbol{E}\cdot \mathrm{d}\boldsymbol{l} \tag{8-5-3}$$

即静电场中任意一点 P 的电势，等于把单位正电荷从该点沿任意路径移动到电势为零点的过程中，电场力做的功，即静电场中任意一点 P 的电势为电场强度沿任意路径从 P 点到电势零点的线积分。

一般情况下，电势为零的参考点可以任意选取，但是为了计算方便并得到有物理意义的解，通常当场源电荷分布在有限大小空间(如点电荷、带电球面、带电球体、有限长带电线、有限大带电板等)时，选取无穷远处作为电势为零点。这样可使正电荷产生的电场中各点的电势总是正值，负电荷产生的电场中各点的电势总为负值。而对于电荷分布在无限空间(如无限长带电线、无限大带电板、无限长带电圆柱等)，则电势零点不能选在无限远处，应选在有限远点，否则会导致场点的电势为无限大或不确定(见例 8-14)。工程上常常选取大地或设备的外壳的电势为零。当然，电场中任意两点的电势差与电势零点的选取无关，只与它们的相对位置有关。但是在电势零点选定后，电场中各点的电势就有了确定的值，这些值就构成电场中的电势分布，所以电势是描述电场的标量函数。

电势差和电势具有相同的单位，在国际单位制中为伏特，符号为 V，1 V=1 J/C。

注意：

(1) 静电场的保守性决定了静电场可以用电势这个标量函数来描述，非保守场不能用标量函数描述。

(2) 由电势的定义(8-5-3)式可知，电场中某点的电势值是相对于电势零点而言的，具有相对意义，而两点之间的电势差是确定的。

(3) 若已知静电场的电势分布，可利用电势差的定义(8-5-2)式方便地计算点电荷在电场中移动时电场力做的功。如点电荷 q 从 a 点移动到 b 点，电场力做功为

$$A_{ab}=q(V_a-V_b) \tag{8-5-4}$$

二、电势的计算

计算电势有两种方法。

1. 定义法求电势

已知电场强度 $\boldsymbol{E}$ 的空间分布时，根据电势的定义式(8-5-3)，从场中任意点 P 到电势零点，选取一合适的路径进行积分，从而求出电势分布函数。

【例 8-12】　求点电荷 q 的电场中电势分布。

解　设无限远处为电势零点，由点电荷的电场分布

$$\boldsymbol{E}=\frac{q}{4\pi\varepsilon_0 r^2}\boldsymbol{e}_r$$

根据电势的定义，在点电荷 q 的电场中，任意一 P 点的电势为

$$V_P=\int_P^{\infty}\boldsymbol{E}\cdot\mathrm{d}\boldsymbol{l}=\int_r^{\infty}\frac{q}{4\pi\varepsilon_0 r^2}\boldsymbol{e}_r\cdot\mathrm{d}\boldsymbol{r}=\int_r^{\infty}\frac{q}{4\pi\varepsilon_0 r^2}\mathrm{d}r=\frac{q}{4\pi\varepsilon_0 r}\tag{8-5-5}$$

当场源电荷 $q>0$ 时，电场中各点的电势都是正值，并且离 q 越远，电势越低。在无限远处电势为零，这是正电荷电场中电势的最小值。若 $q<0$，则电场中各点的电势都是负值，离 q 越远，电势越高。无限远处的零电势，是负电荷电场中电势的最大值。

【例 8-13】　求均匀带电球面的电场中的电势分布，已知球面半径为 R，所带电荷量为 q。

解　设无限远处为电势零点，在例 8-8 中已求得带电球面的电场分布

$$\boldsymbol{E}=\frac{q}{4\pi\varepsilon_0 r^2}\boldsymbol{e}_r\quad(r\geqslant R)$$

$$\boldsymbol{E}=0\quad(r<R)$$

球面外的电场与点电荷的电场一样，所以带电球面外任意一点的电势与点电荷的相同，即

$$V=\frac{q}{4\pi\varepsilon_0 r}\quad(r\geqslant R)$$

球面内的电势可根据定义求得

$$V=\int_P^{\infty}\boldsymbol{E}\cdot\mathrm{d}\boldsymbol{l}=\int_r^{R}\boldsymbol{E}\cdot\mathrm{d}\boldsymbol{r}+\int_R^{\infty}\boldsymbol{E}\cdot\mathrm{d}\boldsymbol{r}$$

$$=\int_R^{\infty}\frac{q}{4\pi\varepsilon_0 r^2}\mathrm{d}r=\frac{q}{4\pi\varepsilon_0 R}\quad(r<R)$$

可见，均匀带电球面内各点电势相等，都等于球面上的电势。电势 V 在球面处是连续的，V-r 分布曲线如图 8-5-1 所示。如果选择该球面的球心处为电势零点，则 V-r 分布曲线如何画？

【例 8-14】　如图 8-5-2 所示，已知半径为 R 的无限长均匀带电圆柱面，单位长度上的电荷为 λ，求圆柱面外离轴 r 处一点 P 的电势。

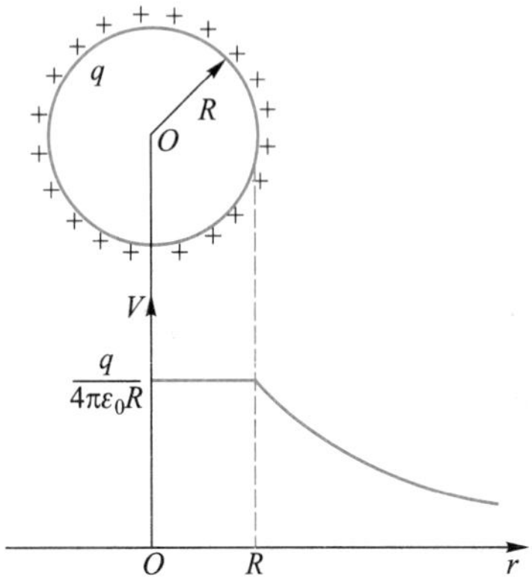

图 8-5-1 例 8-14 图

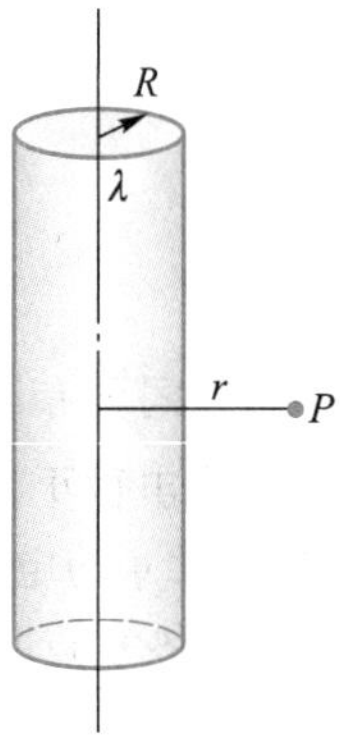

图 8-5-2 例 8-15 图

解 由例 8-11 可知，无限长均匀带电圆柱面外的场强

$$\boldsymbol{E}=\frac{\lambda}{2\pi\varepsilon_0 r}\boldsymbol{e}_r \quad (r \geqslant R)$$

若取 $r=\infty$，$V_\infty=0$，则按电势的定义，柱面外 P 点的电势为

$$V_P=\int_P^\infty \boldsymbol{E}\cdot \mathrm{d}\boldsymbol{l}=\int_r^\infty \frac{\lambda}{2\pi\varepsilon_0 r}\mathrm{d}r=\frac{\lambda}{2\pi\varepsilon_0}\ln\frac{\infty}{r}=\infty$$

此结果没有意义。因此，当电荷分布在无限空间时，不能取无穷远点为电势零点。

如果设带电圆柱面的电势 $V=0$，则 P 点的电势为

$$V_P=\int_r^R \boldsymbol{E}\cdot \mathrm{d}\boldsymbol{l}=\int_r^R \frac{\lambda}{2\pi\varepsilon_0 r}\mathrm{d}r=-\frac{\lambda}{2\pi\varepsilon_0}\ln\frac{r}{R}$$

当 $\lambda>0$ 时，圆柱面外的电场中各点的电势均为负值；当 $\lambda<0$ 时，圆柱面外的电场中各点的电势均为正值。何处的电势最高？

2. 电势叠加法求电势

这种方法是以点电荷电场的电势为基础，根据叠加原理来计算任意带电体电场中的电势分布。

对多个带电体组成的电荷系的电场，任意一点的电场强度是各带电体在该点产生的场强叠加，即 $\boldsymbol{E}=\boldsymbol{E}_1+\boldsymbol{E}_2+\cdots$。场中任意一点 P 的电势为

$$V_P=\int_P^{V=0处}\boldsymbol{E}\cdot \mathrm{d}\boldsymbol{l}=\int_P^{V=0处}(\boldsymbol{E}_1+\boldsymbol{E}_2+\cdots)\cdot \mathrm{d}\boldsymbol{l}$$

$$=\int_P^{V=0处}\boldsymbol{E}_1\cdot \mathrm{d}\boldsymbol{l}+\int_P^{V=0处}\boldsymbol{E}_2\cdot \mathrm{d}\boldsymbol{l}+\cdots$$

式中每一项积分是各带电体单独存在时产生的电场在 P 点的电势，即

$$V_1=\int_P^{V=0处}\boldsymbol{E}_1\cdot \mathrm{d}\boldsymbol{l},\quad V_2=\int_P^{V=0处}\boldsymbol{E}_2\cdot \mathrm{d}\boldsymbol{l},\ \cdots$$

所以有

$$V_P=\sum_i V_i \tag{8-5-6}$$

此式表明：一个电荷系的电场中，任意一点的电势等于每个带电体单独存在时，在该点所产生的电势的代数和。这一结论称为静电场的电势叠加原理。

将点电荷的电势公式(8-5-5)代入(8-5-6)式，可得点电荷系电场中任意点 P 的电势：

$$V_P=\sum_i V_i=\sum_i \frac{q_i}{4\pi\varepsilon_0 r_i} \tag{8-5-7}$$

对一个电荷连续分布的带电体，可将其分割为许多电荷元，每个电荷元 $\mathrm{d}q$ 都当成点电荷，根据(8-5-7)式可得其场中任意点的电势：

$$V=\int \frac{\mathrm{d}q}{4\pi\varepsilon_0 r} \tag{8-5-8}$$

需要指出，在应用(8-5-7)式和(8-5-8)式时，电势零点已选定在无限远处了。

【例 8-15】 求电偶极子的电场中的电势分布。已知电偶极子中两点电荷 $+q$、$-q$ 的距离为 l 。

解　以两点电荷连线中点为原点、$-q$ 指向 $+q$ 方向为极轴建立极坐标系，则任意场点 P 的位置由 r 和 θ 两个变量确定，如图 8-5-3 所示。设 P 点到 $+q$、$-q$ 的距离分别为 r_+、r_-，根据电势叠加原理，A 点的电势为

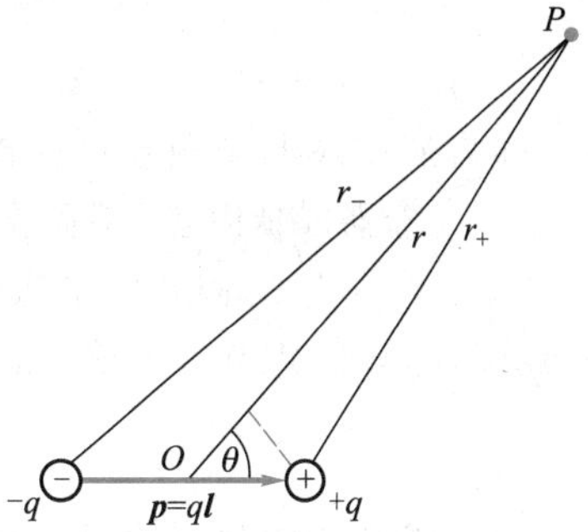

图 8-5-3　例 8-15 图

$$V=V_++V_-=\frac{q}{4\pi\varepsilon_0 r_+}-\frac{q}{4\pi\varepsilon_0 r_-}=\frac{q}{4\pi\varepsilon_0}\frac{r_--r_+}{r_+r_-}$$

若 P 点离电偶极子比较远，即 $r\gg l$，则有

$$r_+r_-=r^2,\qquad r_--r_+\approx l\cos\theta$$

代入上式并忽略 l 的平方项，可得

$$V=\frac{ql\cos\theta}{4\pi\varepsilon_0 r^2}=\frac{p\cos\theta}{4\pi\varepsilon_0 r^2}=\frac{\boldsymbol{p}\cdot\boldsymbol{e}_r}{4\pi\varepsilon_0 r^2}$$

此结果表明，电偶极子的远处电场中的电势，不是分别依赖 q 或者 l，而是取决于它们的乘积，所以电偶极子的性质是由电偶极矩 $\boldsymbol{p}$ 来表征的。

【例 8-16】 求均匀带电细圆环轴线上任意一点的电势。已知圆环半径为 R，所带总电荷量为 q。

解　设轴线上任意一点 P 到圆环中心的距离为 x，如图 8-5-4 所示。在圆环上取电荷元 $\mathrm{d}q$，它在 P 点的电势为

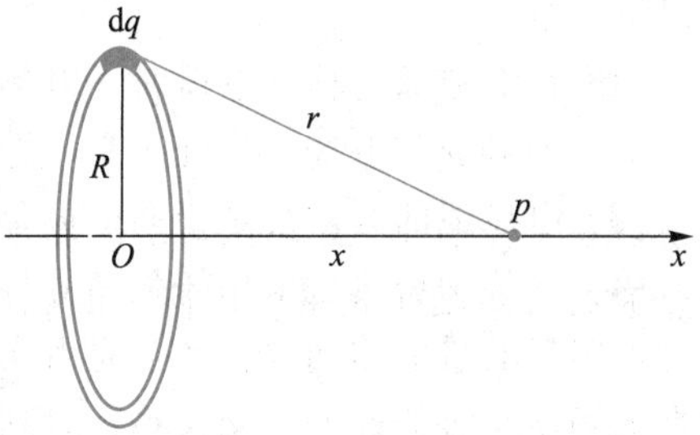

图 8-5-4　例 8-16 图

$$\mathrm{d}V=\frac{\mathrm{d}q}{4\pi\varepsilon_0 r}=\frac{\mathrm{d}q}{4\pi\varepsilon_0\sqrt{R^2+x^2}}$$

所有电荷在 P 点产生的电势为

$$V=\int \mathrm{d}V=\int_q \frac{\mathrm{d}q}{4\pi\varepsilon_0 r}=\int_q \frac{\mathrm{d}q}{4\pi\varepsilon_0\sqrt{R^2+x^2}}=\frac{q}{4\pi\varepsilon_0\sqrt{R^2+x^2}}$$

当 $x=0$，即在圆环中心处时，电势最高，$V_0=\dfrac{q}{4\pi\varepsilon_0 R}$。当 $x \gg R$ 时，$V=\dfrac{q}{4\pi\varepsilon_0 x}$，与点电荷电场中的电势相同，即从无穷远处看，该带电圆环可视同为一个点电荷。

三、等势面

为了形象地描述电场，我们曾引入电场线的概念。类似地，电场的电势分布也可用一族等势面直观地描述。

电场中所有电势相等的点连成的曲面称为**等势面**。例如，点电荷 q 的电场中，其等势面是一系列以电荷 q 所在点为球心的同心球面，如图 8-5-5(a)所示。电场线是虚构的，而等势面是可通过实验测定的。

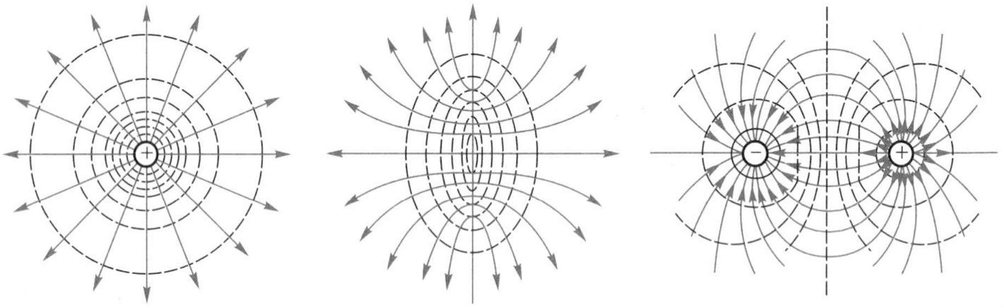

(a) 点电荷的电场线与等势面 (b) 均匀带电圆盘的电场线与等势面 (c) 等量异号点电荷的电场线与等势面

图 8-5-5 几种电场的等势面和电场线分布图

通常画等势面时，使相邻的等势面的电势差为常量。这样在电场空间，对应有疏密分布的等势面，如图 8-5-5 所示(其中虚线表示等势面)。根据等势面的意义，可知其与电场分布有以下关系。

(1) 在等势面上移动电荷时，电场力不做功。

(2) 等势面与电场线处处正交，即电场强度垂直于等势面。

(3) 电场线的方向总是指向电势降低的方向。

(4) 等势面密集处电场较强，等势面稀疏处电场较弱。

对实际的带电体问题，通常先由实验测定其场中的等势面，再根据电场线与等势面的正交关系，得到电场强度的分布。

四、电势梯度

电场强度和电势都是描述电场中各点性质的物理量，它们之间存在着密切的关系，(8-5-3)式给出了两者的积分关系，下面讨论它们之间的微分关系。

在静电场中取两个相距很近的等势面 V 和 $V+\mathrm{d}V$，如图 8-5-6 所示。以下讨论等势面 V 上任意点 P_1 周围电势沿空间的变化情况。

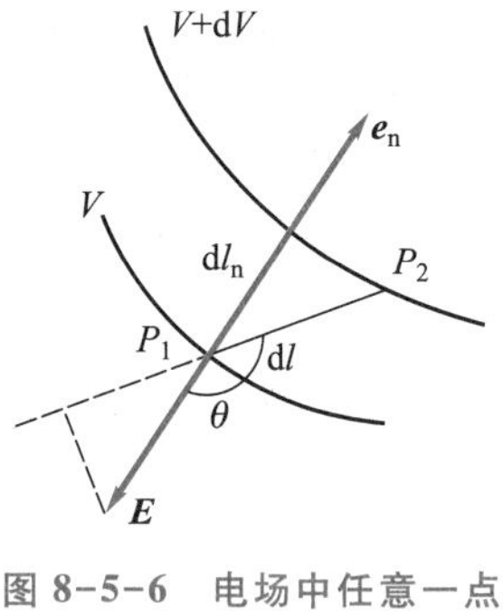

图 8-5-6 电场中任意一点电势的空间变化率

过 P_1 点沿电势增加的方向作该等势面的法线 $\boldsymbol{e}_n$，由等势面的性质可知，P_1 点处的电场强度 $\boldsymbol{E}$ 与 $\boldsymbol{e}_n$ 方向相反。将单位正电荷从 P_1 沿路径 $\mathrm{d}l$ 移动到另一等势面上的 P_2 点，根据电势差的定义得

$$V_{P_1}-V_{P_2}=\boldsymbol{E}\cdot\mathrm{d}\boldsymbol{l}$$

$$V_{P_1}-V_{P_2}=-\mathrm{d}V$$

因此

$$-\mathrm{d}V=\boldsymbol{E}\cdot\mathrm{d}\boldsymbol{l}=E\cos\theta\mathrm{d}l$$

式中 $E\cos\theta$ 为场强 $\boldsymbol{E}$ 在 $\mathrm{d}\boldsymbol{l}$ 方向的分量 E_l，则

$$E_l=-\frac{\mathrm{d}V}{\mathrm{d}l} \tag{8-5-9}$$

$\dfrac{\mathrm{d}V}{\mathrm{d}l}$是电势函数沿 $\mathrm{d}\boldsymbol{l}$ 方向单位长度上的增量，即电势 V 沿 $\mathrm{d}\boldsymbol{l}$ 的空间变化率。上式说明：电场中一点的场强沿某方向的分量等于电势沿该方向空间变化率的负值。

显然，沿不同方向，P_1 点电势的空间变化率一般是不等的，若 $\mathrm{d}\boldsymbol{l}$ 是沿 P_1 点的切线方向 $\left(\theta=\dfrac{\pi}{2}\right)$，则电势的空间变化率为零，电场强度沿此方向的分量为零。若沿法线方向($\theta=0$)，电势的空间变化率有最大值，这时有

$$E=-\frac{\mathrm{d}V}{\mathrm{d}l_n},\qquad 或\qquad \boldsymbol{E}=-\frac{\mathrm{d}V}{\mathrm{d}l_n}\boldsymbol{e}_n \tag{8-5-10}$$

这个最大值称为该点的**电势梯度**。电势梯度是一个矢量，它的方向指向电势增加最快的方向。可见**电场中任意一点的场强与该点的电势梯度大小相等，方向相反**。

在直角坐标系中，电势函数为 $V=V(x, y, z)$，将(8-5-9)式中的 $\mathrm{d}l$ 分别取 $\mathrm{d}x$、$\mathrm{d}y$、$\mathrm{d}z$，便可得到电场强度的三个分量：

$$E_x=-\frac{\mathrm{d}V}{\mathrm{d}x},\qquad E_y=-\frac{\mathrm{d}V}{\mathrm{d}y},\qquad E_z=-\frac{\mathrm{d}V}{\mathrm{d}z}$$

则(8-5-10)式可表示为

$$\boldsymbol{E}=-\left(\frac{\partial V}{\partial x}\boldsymbol{i}+\frac{\partial V}{\partial y}\boldsymbol{j}+\frac{\partial V}{\partial z}\boldsymbol{k}\right) \tag{8-5-11}$$

利用梯度符号或梯度算子“$\boldsymbol{\nabla}$”，上式又常写为

$$\boldsymbol{E}=-\mathbf{grad}V=-\boldsymbol{\nabla}V \tag{8-5-12}$$

电势梯度的单位是 V/m。场强 E 的单位也可用 V/m，它与(8-2-1)式场强的单位 N/C 是等效的。

需要指出的是，电场中某点的场强取决于电势在该点的空间变化率，而与该点的电势数值的大小无关。(8-5-12)式表明，场强为零的区间，电势必然相等，即为等势体(比如均匀带电球面内部区间)。

(8-5-12)式又提供了一个计算电场强度的方法：先根据电荷分布由电势叠加求出电势分布函数，再通过求电势的空间导数算出场强。

【例 8-17】　计算半径为 R 的均匀带电圆盘轴线上任意一 P 点的电势，并利用电场与电势的梯度关系求出 P 点的场强。已知圆盘的电荷面密度为 σ。

解 设轴线上任意一 P 点到圆盘中心的距离为 x，如图 8-5-7 所示。在圆盘上取半径为 r、宽为 $\mathrm{d}r$ 的细圆环，其带电 $\mathrm{d}q=\sigma 2\pi r\mathrm{d}r$，由例 8-16 可知该细环在 P 点产生的电势为

$$\mathrm{d}V=\frac{\mathrm{d}q}{4\pi\varepsilon_0\sqrt{r^2+x^2}}=\frac{\sigma 2\pi r\mathrm{d}r}{4\pi\varepsilon_0\sqrt{r^2+x^2}}$$

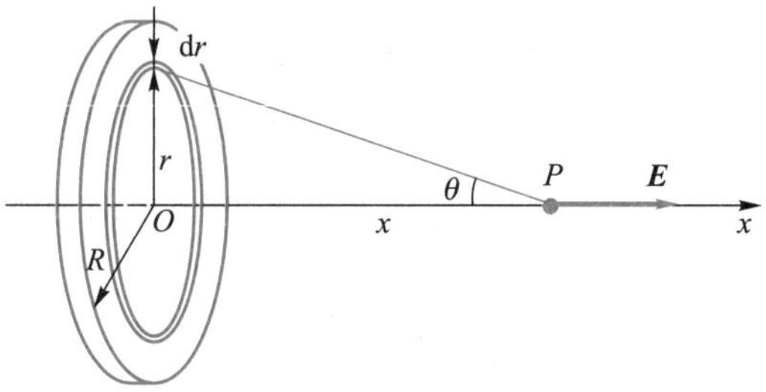

图 8-5-7 例 8-17 图

圆盘上所有电荷在 P 点产生的电势为

$$V=\int_0^R\frac{\sigma 2\pi r\mathrm{d}r}{4\pi\varepsilon_0\sqrt{r^2+x^2}}=\frac{\sigma}{2\varepsilon_0}\left(\sqrt{R^2+x^2}-x\right)$$

上式表明，轴上各点的电势只是 x 的函数。P 点的场强为

$$E_x=-\frac{\mathrm{d}V}{\mathrm{d}x}=\frac{\sigma}{2\varepsilon_0}\left(1-\frac{x}{\sqrt{R^2+x^2}}\right)$$

而
$$E_y=-\frac{\mathrm{d}V}{\mathrm{d}y}=0,\quad E_z=-\frac{\mathrm{d}V}{\mathrm{d}z}=0$$

所以
$$\boldsymbol{E}=E_x\boldsymbol{i}=\frac{\sigma}{2\varepsilon_0}\left(1-\frac{x}{\sqrt{R^2+x^2}}\right)\boldsymbol{i}$$

这一结果与例 8-6 用场强叠加求出的结果完全一致。

【例 8-18】 根据例 8-15 求出的电偶极子在远处空间任意一点的电势 $V=\frac{p\cos\theta}{4\pi\varepsilon_0 r^2}$，求该处的场强。

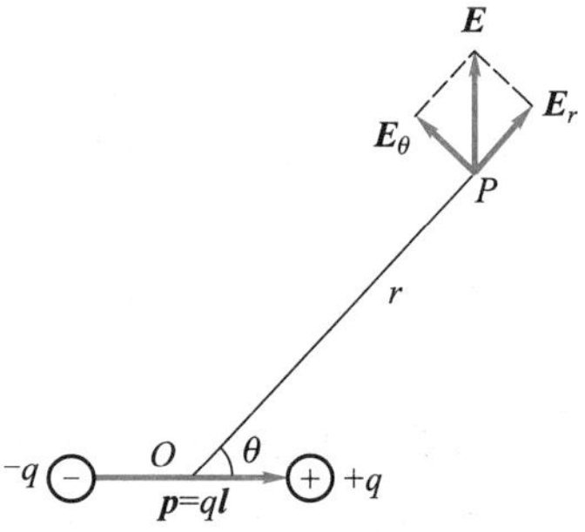

图 8-5-8 例 8-18 图

解 如图 8-5-8 所示。由于电偶极子的电势 $V=V(r,\theta)$ 是球坐标系中的表达式，所以 $\boldsymbol{E}$ 的三个分量在球坐标系中分别为

$$E_r=-\frac{\partial V}{\partial r}=\frac{1}{4\pi\varepsilon_0}\frac{2p\cos\theta}{r^3}$$

$$E_\theta=-\frac{1}{r}\frac{\partial V}{\partial\theta}=\frac{1}{4\pi\varepsilon_0}\frac{p\sin\theta}{r^3}$$

$$E_\varphi=-\frac{1}{r\sin\theta}\frac{\partial V}{\partial\varphi}=0$$

在电偶极子的延长线上，$\theta=0$ 或 $\theta=\pi$，$E_\theta=0$，则

$$E = E_r = \frac{2p}{4\pi\varepsilon_0 r^3}$$

在电偶极子的中垂面上 $\theta=\frac{\pi}{2}$，$E_r=0$，则

$$E = E_\theta = \frac{p}{4\pi\varepsilon_0 r^3}$$

由以上讨论可知，根据电荷分布用叠加法通过标量积分求得电势分布，再根据(8-5-11)式由电势的空间变化率，通过微分运算求出场强，这虽然经过两步运算，但是比起根据电荷分布利用场强矢量叠加来求出电场分布有时还是简单一些。今后采用哪种方法计算电场可根据其是否简便而定。

第 6 节　静电场中的导体

金属材料之所以具有很好的导电性，是因为它的内部有大量可以自由移动的电荷——自由电子，例如，金属铜的自由电子密度约为 8×10^{22} 个/cm^3。当金属导体不带电或未受到外电场作用时，其内部自由电子的负电荷与晶格离子的正电荷处处都是等量分布，因此导体的任何部分都是电中性的。这时金属内部的自由电子只有微观无序的热运动，没有宏观定向运动。

当把导体放在静电场中时，它内部的自由电子将受到静电力的作用，并产生定向运动。这一运动将引起导体上的电荷重新分布，而重新分布的电荷又反过来改变导体内部及周围的电场分布，直到外电场和导体上重新分布的电荷所产生的电场对自由电子的作用力互相抵消，导体中没有宏观的电荷运动的状态。导体的这种状态称为**静电平衡**。

一、导体静电平衡的条件

由于达到静电平衡状态的导体，其内部及表面上都没有电荷的定向移动，因此处在这种状态的导体必须满足下列条件。

(1) **导体内部的电场强度处处为零**。否则，其内部的自由电子在电场力作用下将会产生定向移动，这样导体就没达到静电平衡。

(2) **导体表面上的电场强度处处垂直于表面**。否则，电场强度在导体表面上的切向分量可使自由电子沿表面作定向移动，于是导体也没达到静电平衡。

根据电场强度与电势梯度的关系，可得导体达静电平衡时的另一等价说法：

(1) **导体是等势体**。因为导体内部的场强处处为零，则导体上任意点处的电势梯度为零，所以导体内部各点的电势相等。

(2) **导体表面是等势面**。由于导体表面处的场强无切向分量，即 $E_{/\!/}=0$，所以沿表面切向的电势梯度为零，这表明导体表面上的电势没有变化，所以导体表面上各点电势相同，并与导体内的电势相等。这个电势值，就是该导体的电势。

图 8-6-1 给出了一个自身不带电的导体处在一个均匀的外电场中，达到静电平衡时导体上电荷及周围电场的分布情况。图 8-6-1(a)表示在导体占据的那部分空间，原有的电场 $\boldsymbol{E}$ 大

小相等、方向相同，各处电势不等。将导体放入后，在电场力作用下导体内的自由电子作宏观运动，使其两端出现等量异号的感应电荷。与此同时，导体内的电荷分布发生改变，这种改变将一直进行到导体内的电场强度 $E_{内}=0$、导体表面的场强处处垂直于表面为止。这时导体达到静电平衡，导体外的电场也发生了变化，如图 8-6-1(b)所示。

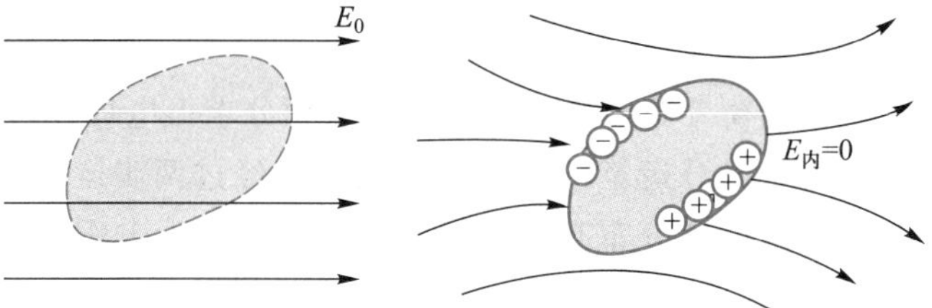

(a) 原来的外电场　　(b) 静电平衡时电场分布

图 8-6-1　导体与电场的相互作用

二、导体上的电荷分布

1. 导体内部无净电荷

处于静电平衡的导体，电荷只分布在其表面上，导体内部无净电荷。为证明这个规律，在导体内取一任意的高斯面 S，如图 8-6-2 所示，由于静电平衡时，导体内各处的场强 $E=0$，因此通过 S 面的电场强度通量 $\Phi_e=0$，根据高斯定理，此高斯面内电荷的代数和 $\sum_{S内} q_i = 0$。由于高斯面是任意选取的，所以可得导体内任意一部分的净电荷为零，电荷只能分布在导体的表面上。

2. 处在静电平衡的孤立导体上的电荷分布

导体表面上的电荷分布不仅与导体的形状有关，还和它附近其他带电体有关。但是对于孤立的导体来说，在其带有确定电荷量时，电荷面密度 σ 与各处表面的曲率有关。**曲率越大的地方(即导体表面凸出而尖锐处)电荷面密度 σ 值越大；曲率越小的地方(表面平坦处)σ 值越小，而表面凹进去的地方曲率为负值，σ 值更小。**如图 8-6-3 所示。对一个封闭的导体壳，其内表面上无电荷(在后面证明)。

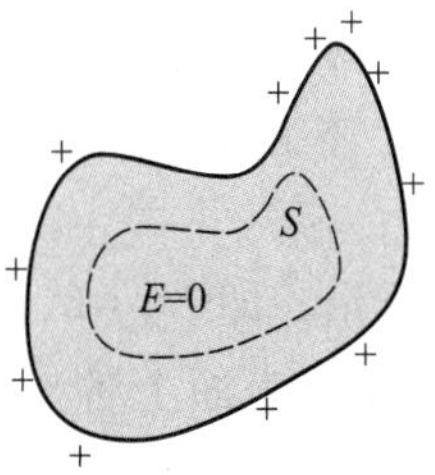

图 8-6-2　静电平衡时电荷分布在导体外表面

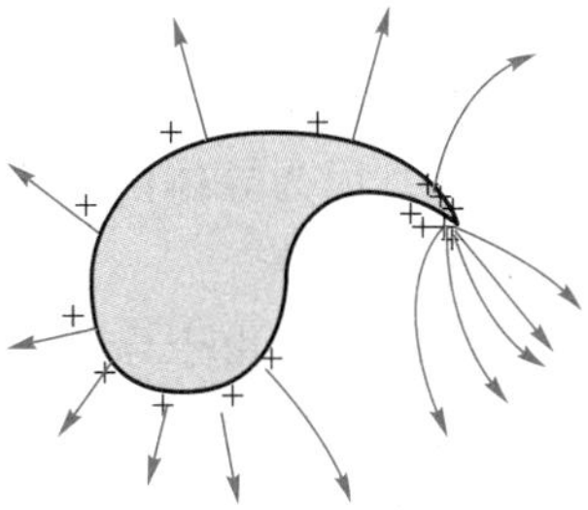

图 8-6-3　导体表面曲率与电荷分布的关系

三、导体表面的场强与电荷面密度的关系

导体达静电平衡时，其表面上一点处的场强与该点的电荷面密度成正比，即

$$E=\frac{\sigma}{\varepsilon_0}$$

这一关系可利用高斯定理得到。

在导体表面上任取一面积元 ΔS，设该处的场强为 $\boldsymbol{E}$，电荷面密度为 σ。如图 8-6-4 所示，做一圆柱形封闭面 S 包围该面积元 ΔS，圆柱的轴线垂直 ΔS，上底面 ΔS_1 在表面外，下底面 ΔS_2 在导体内，且 $\Delta S_1=\Delta S_2=\Delta S$。由于导体内部场强 $E_{内}=0$，而导体表面紧邻处的场强与表面垂直，所以通过 ΔS_2 面及圆柱侧面的电场强度通量为零，因此通过封闭面 S 的电场强度通量仅为 $E\Delta S_1$，根据高斯定理得

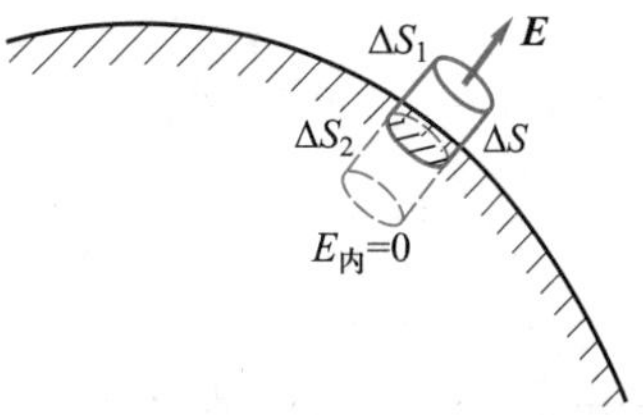

图 8-6-4　导体表面电荷与场强的关系

$$E\Delta S_1=\frac{\sigma\Delta S}{\varepsilon_0}$$

即有

$$E=\frac{\sigma}{\varepsilon_0}$$

若用 $\boldsymbol{e}_{\mathrm{n}}$ 表示导体表面 ΔS 处法线方向的单位矢量，上式可写成矢量式：

$$\boldsymbol{E}=\frac{\sigma}{\varepsilon_0}\boldsymbol{e}_{\mathrm{n}} \tag{8-6-1}$$

当 $\sigma>0$ 时，$\boldsymbol{E}$ 垂直于表面指向导体外；当 $\sigma<0$ 时，$\boldsymbol{E}$ 垂直于表面指向导体内。

应该指出，(8-6-1)式很容易被误解为导体表面某点紧邻处的场强 $\boldsymbol{E}$ 仅由该点的电荷产生。实际上，该点紧邻处的场强是导体上的所有电荷以及导体外存在的其他电荷共同产生的。例如，一个半径为 R、所带电荷量为 q 的导体球 A，当其为孤立导体时，球面处某一点的场强为

$$E=\frac{\sigma}{\varepsilon_0}=\frac{q}{4\pi\varepsilon_0R^2}$$

显然，该场强为所有电荷共同产生[图 8-6-5(a)]。当在导体球 A 旁放入另一个不带电的导体 B 时，由于 A 上电荷的电场力作用，使 B 上出现感应电荷，从而使原有的电场分布发生变化，A 上的电荷分布、电场分布都发生了改变，达到静电平衡时两导体内的电场均为零，两导体面上的电场是所有电荷共同产生的[图 8-6-5(b)]，此时 A 球面上任意点的电场就不能用上式给出了，它将由球面上重新分布的电荷来决定。

利用(8-6-1)式，由导体表面某处电荷面密度 σ 可知该处的场强。显然，σ 越大的地方场强越强，对于表面曲率很大的尖端处，σ 特别大，因而尖端附近的电场特别强。当电场强度超过空气的击穿场强时，就会发生空气被电离的放电现象。与尖端电荷异号的离子被尖端电荷吸引飞向尖端，与尖端电荷同号的离子受到排斥从尖端附近飞离开。如图 8-6-6 所示，电荷好像从尖端上喷射出来一样。这种放电现象称为**尖端放电**。

在高压或超高压输电线附近，由于导线直径小，表面曲率大，表面处场强非常大(在 500 kV

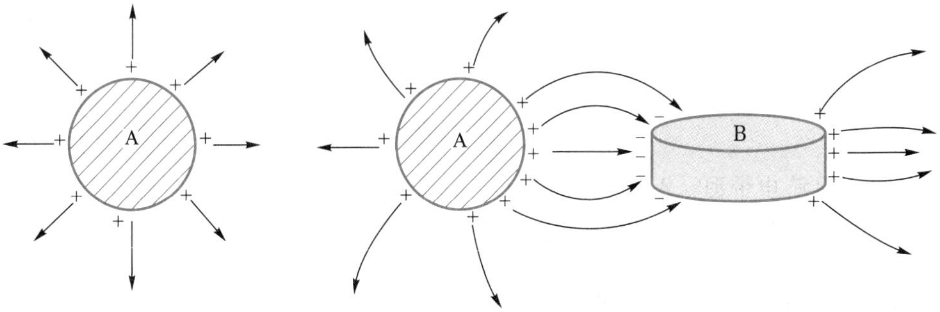

(a) (b)

图 8-6-5 导体表面处的场强由所有电荷共同产生

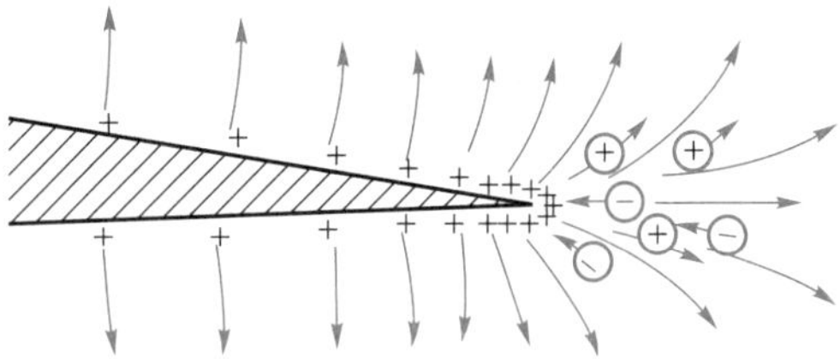

图 8-6-6 导体尖端放电

输电线附近，场强可达到 10^6 V/m）。因此，在输电线表面处会发生放电现象，在夜晚或阴雨天经常能看到输电线周围有一层蓝色光晕。这种放电伴随电能损失，为降低电晕损耗，常采用分裂导线的办法：将一根导线分裂成几股排列成圆柱面形式，从而增加导线的曲率半径，减弱导线周围的场强。常见的有三分裂或四分裂的高压输电线。此外，高压零部件的表面也必须做得十分光滑，避免尖端放电，从而维持高电压。与此相反，在有些情况下，人们还利用尖端放电，如静电除尘就是利用尖端放电时，大气中的中性微尘因有离子附着在它们上面而带电，同时这些带电的微尘在电场力驱动下，作定向运动，使其聚集到确定的位置，从而达到清除大气中的尘粒和有害烟雾。尖端放电的应用还有避雷针、静电加速器等。

四、导体壳与静电屏蔽

内部有空腔的导体简称为导体壳。

1. 导体壳的静电性质

（1）壳内无带电体

当导体壳内没有其他带电体时，在静电平衡下，导体壳内表面上处处无电荷，并且空腔内的场强处处为零。下面利用高斯定理予以证明。

如图 8-6-7 所示，导体壳 A 放在外电场 $\boldsymbol{E}$ 中，在其内外表面之间取一个包围空腔的高斯面 S，静电平衡时，壳体内的场强处处为零，所以通过 S 面的电场强度通量等于零，根据高斯定理，S 面包围的电荷代数和为零，即导体壳内表面无净电荷。是否会在内表面上某处有正电荷，而在另一处有等量的负电荷？若是这样，正电荷处有电场线发出，负电荷处有电场线终止。这将使正电荷与负电荷的地方有电势差，而正电荷与负电荷同处在导体壳的内表面，这与静电平衡时导体是等势体相矛盾。由此可知，静电平衡下，导体壳内表面上处处无电荷。

由于导体壳内表面无电荷，所以内表面上既没有电场线发出，也没有电场线终止。又腔内没有其他带电体，静电场线也不可能形成闭合线，故空腔内不可能有电场线，即腔内电场处处为零。无场区是等势区，空腔内各点的电势处处相等。这里需要指出，导体外的场源电荷并不是在空腔内不产生电场，而是壳外电荷在空腔内产生的电场恰好由导体上重新分布的电荷产生的电场完全抵消。

（2）壳内有带电体

当导体壳内有其他带电体时，在静电平衡下，导体壳内表面上所带电荷与腔内带电体所带电荷大小相等、符号相反。仍利用高斯定理给以证明。

设导体壳 A 的空腔里有一带电体 B，其所带电荷量为 q。如图 8-6-8 所示，在 A 的内、外表面之间取高斯面 S，静电平衡时，导体壳体内的场强处处为零，所以通过 S 面的电场强度通量 $\Phi_e=0$。根据高斯定理，S 面包围的电荷代数和 $\sum_i q_i=0$。由于腔内带电体的电荷量为 q，因此导体壳内表面必定带电 $-q$，即 $q_{内}=-q$。

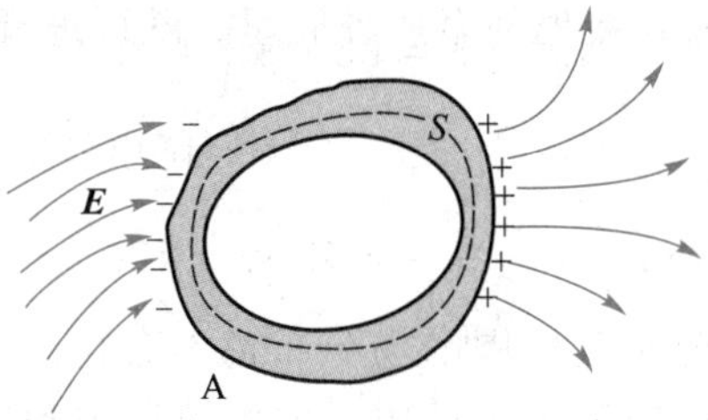

图 8-6-7　静电平衡时导体空腔内表面上无净电荷

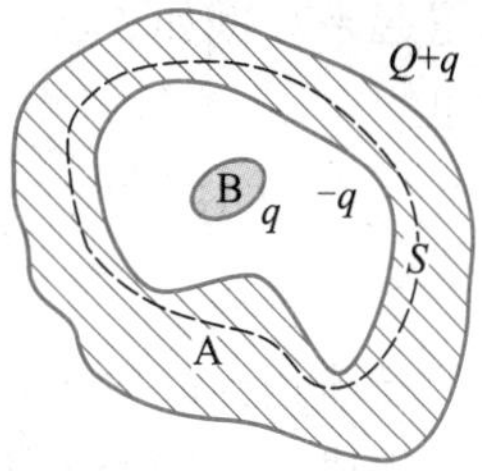

图 8-6-8　导体空腔内有带电体时的电荷分布

由电荷守恒定律知，导体壳外表面上将出现感应电荷 q（若导体壳 A 原来带电 Q，则其外表面上的电荷为 $q_{外}=Q-q_{内}=Q+q$）。当改变腔内电荷的位置时，导体壳内表面所带电荷量不变，但电荷密度改变，空腔内的电场分布也随之改变。导体壳外表面上的电荷量不变，电荷分布也不变，所以壳外的电场不改变。实际上，带电体 B 上电荷在壳外产生的电场与导体壳 A 内表面上的电荷在壳外产生的电场处处抵消，导体壳外表面的电荷分布只与导体的外表面曲率有关[图 8-6-9(a)]。若将导体壳接地，外表面上的电荷就会流入地下，这样导体壳内的

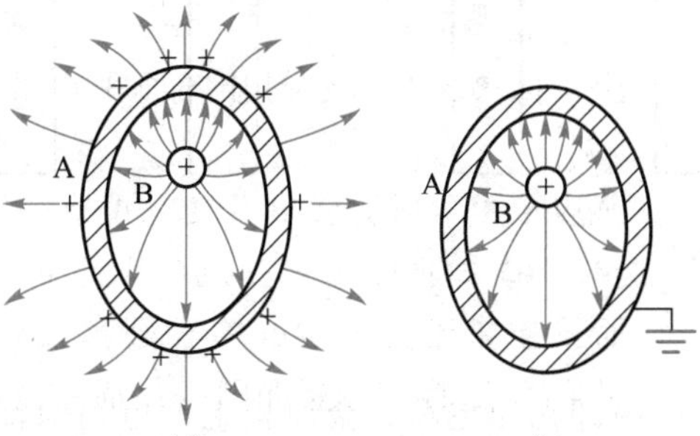

图 8-6-9　导体壳内有电荷时的电场分布

电荷产生的电场不会影响其外部空间，即把带电体 B 的电场屏蔽在导体壳内，如图 8-6-9(b)所示。

2. 静电屏蔽

如上所述，静电平衡时，腔内无其他带电体的导体壳与实心导体一样，内部没有电场。这一结论与导体壳本身带电与否及外部电场分布无关。这样，导体壳的表面就保护了它所包围的区域，使之不受导体外表面上的电荷或外部电场的影响，这个现象被称为**静电屏蔽**。例如，为了使电子仪器中的电路不受外界电场的干扰，就用金属壳将它罩起来，如图 8-6-10 所示。实际上导体壳不一定是严格封闭，用金属网做成的导体壳就有很好的屏蔽作用，如传输微弱信号用的**屏蔽线**，就是用金属丝编成的金属网罩起来的导线。

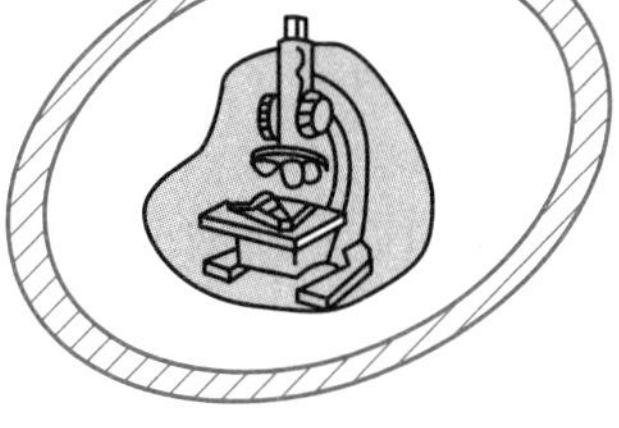

图 8-6-10　静电屏蔽

另一方面，为了使某带电体不影响周围空间，可用一个接地的导体壳将它罩起来。例如，将一些高压电器放在接地的金属外壳里，既可进行静电屏蔽，又可防止人体触电。

五、有导体存在时静电场的计算

在静电场中的导体达到静电平衡时，其电荷分布及周围电场分布都不会再改变。这时可根据静电场的基本规律、导体静电平衡条件、电荷守恒等对导体上的电荷分布和周围电场分布进行分析和计算。

【例 8-19】　一金属平板，面积为 S，所带电荷量 Q，在其旁平行放置第二块同面积的不带电金属板，如图 8-6-11(a)所示。(1)静电平衡时，求金属板上电荷分布及周围空间的电场分布。(2)若第二块板接地，情况又如何？忽略边缘效应。

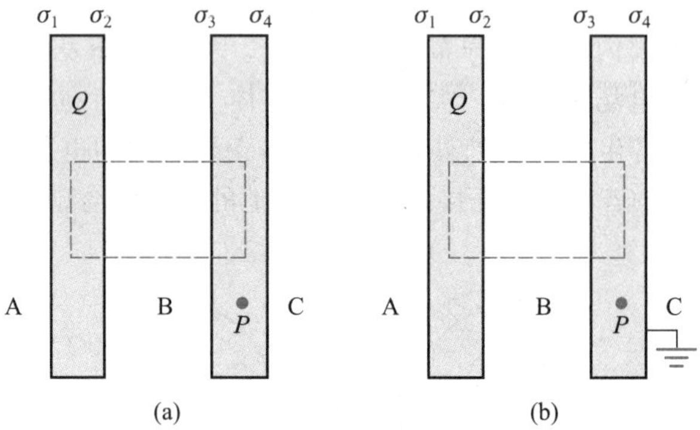

图 8-6-11　例 8-19 图

解　(1) 静电平衡时导体内部无净电荷，金属板上的电荷只能分布在表面上，由于不考虑边缘效应，这些电荷可作为均匀分布，设四个面上电荷面密度分别为 σ_1、σ_2、σ_3、σ_4，根据电荷守恒定律，有

$$\sigma_1+\sigma_2=\frac{Q}{S} \quad ①$$

$$\sigma_3+\sigma_4=0 \quad ②$$

又取两底分别在两金属板内、侧面垂直板面的柱形高斯面，如图中虚线所示，由于两导体板之间的电场与板面垂直，并且导体内的电场为零，所以通过此高斯面的电场强度通量为零，由高斯定理得

$$\sigma_2+\sigma_3=0 \quad ③$$

在金属板内电场为四个带电平面电场的叠加，并且总和为零。假定从左到右为电场的正方向，如选第二块板中任意 P 点，得

$$\frac{\sigma_1}{2\varepsilon_0}+\frac{\sigma_2}{2\varepsilon_0}+\frac{\sigma_3}{2\varepsilon_0}-\frac{\sigma_4}{2\varepsilon_0}=0$$

即

$$\sigma_1+\sigma_2+\sigma_3-\sigma_4=0 \quad ④$$

将上述四个等式(①式、②式、③式、④式)联立求解，可得金属板面的电荷分布

$$\sigma_1=\frac{Q}{2S},\quad \sigma_2=\frac{Q}{2S},\quad \sigma_3=-\frac{Q}{2S},\quad \sigma_4=\frac{Q}{2S}$$

由此可求得 A、B、C 三个区域的电场强度

$$E_A=-\frac{Q}{2\varepsilon_0 S},\quad E_B=\frac{Q}{2\varepsilon_0 S},\quad E_C=\frac{Q}{2\varepsilon_0 S}$$

(2) 若将第二块板接地，如图 8-6-11(b)所示，由于其电势为零，相应地 C 区域的场强为零，则第二块板右表面上的电荷必然为零，即

$$\sigma_4=0$$

第一块金属板上的电荷不变，仍有

$$\sigma_1+\sigma_2=\frac{Q}{S}$$

由高斯定理，得

$$\sigma_2+\sigma_3=0$$

在金属板内任意一点 P 的场强仍为零，还必须有

$$\sigma_1+\sigma_2+\sigma_3=0$$

联立上述方程解得

$$\sigma_1=0,\quad \sigma_2=\frac{Q}{S},\quad \sigma_3=-\frac{Q}{S},\quad \sigma_4=0$$

A、B、C 三个区域的电场强度

$$E_A=0,\quad E_B=\frac{Q}{\varepsilon_0 S}(\text{方向向右}),\quad E_C=0$$

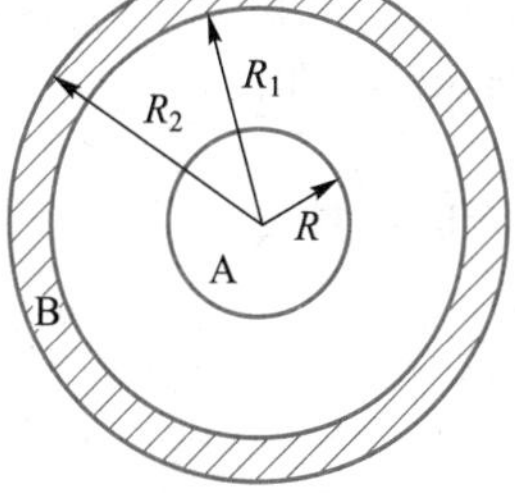

图 8-6-12 例 8-20 图

【例 8-20】 半径为 R 的导体球 A，带电荷 q，球外同心地放置了内外半径为 R_1、R_2，带电荷 Q 的导体球壳 B，如图 8-6-12 所示，两球面距地面很远。(1)求球壳 B 内、外表面上各自带有的电荷量及两导体的电势；(2)若导体球壳 B 用导线与地面接通后再断开，求导体壳 B 的电荷分布及两导体的电势；(3)若再将导体球 A 通过

导线接地，求两导体的电荷分布及电势。

解 (1) 在球壳 B 内作一包围内腔的高斯面，由于球壳内场强处处为零，故此高斯面的电场强度通量为零。根据高斯定理，球壳内表面上的电荷为

$$q_{\text{B内}} = -q$$

球壳 B 的总电荷量为 Q，因此其外表面上的电荷量为

$$q_{\text{B外}} = Q - q_{\text{B内}} = Q + q$$

由电势叠加法可得导体球 A 的电势

$$V_A = \frac{q}{4\pi\varepsilon_0 R} + \frac{q_{\text{B内}}}{4\pi\varepsilon_0 R_1} + \frac{q_{\text{B外}}}{4\pi\varepsilon_0 R_2}$$

$$= \frac{q}{4\pi\varepsilon_0} \frac{R_2(R_1 - R) + R_1 R}{RR_1R_2} + \frac{Q}{4\pi\varepsilon_0 R_2}$$

由于 $q-q_{\text{B内}}=0$，所以球壳 B 的电势为

$$V_B = \frac{Q+q}{4\pi\varepsilon_0 R_2}$$

(2) 外球壳接地时，电势 $V_B=0$，这时导体球 A 带电 q，球壳 B 内表面有感应电荷 $-q$，设其外表面上的电荷为 Q'，则有

$$V_B = \frac{q - q + Q'}{4\pi\varepsilon_0 R_2} = 0$$

于是

$$Q'=0$$

根据电势的定义，导体球的电势为

$$V_A = \int_R^{V=0} \boldsymbol{E} \cdot \mathrm{d}\boldsymbol{l} = \int_R^{R_1} E \cdot \mathrm{d}r = \int_R^{R_1} \frac{q}{4\pi\varepsilon_0 r^2}\mathrm{d}r = -\frac{q}{4\pi\varepsilon_0 R_1} + \frac{q}{4\pi\varepsilon_0 R}$$

此后，若将导体球壳与地面断开，则 V_B、V_A 保持不变。

(3) 再将内球 A 接地，导线提供电荷流动通路，使内球和导体壳两个表面上的电荷重新分布，并使三个同心球面上的电荷在内球产生的电势之和为零，即 $V_A=0$。设接地后，内球上所带电荷变为 q'，球壳内表面的感应电荷也变为 $-q'$，则球壳外表面上的总电荷量为 $-q+q'$，于是

$$V_A = \frac{q'}{4\pi\varepsilon_0 R} + \frac{-q'}{4\pi\varepsilon_0 R_1} + \frac{-q+q'}{4\pi\varepsilon_0 R_2} = 0$$

求得

$$q' = \frac{RR_1}{RR_1+R_1R_2-RR_2}q$$

外表面上的电荷

$$-q+q' = \frac{(R-R_1)R_2}{RR_1+R_1R_2-RR_2}q$$

球壳的电势为

$$V_B = \frac{q' - q' + (-q + q')}{4\pi\varepsilon_0 R_2} = \frac{-q + q'}{4\pi\varepsilon_0 R_2} = \frac{q}{4\pi\varepsilon_0} \frac{R - R_1}{RR_1 + R_1R_2 - RR_2}$$

第 7 节 静电场中的电介质

电介质就是日常所说的**绝缘体**。它们不同于导体，在其内部原子中，电子和原子核结合得相当紧密，在理想的电介质中没有能自由移动的电荷，所以完全不能导电。当把电介质放入静电场时，它也会受到电场的影响，在电场力的作用下，其内部的电子和原子核会有微观上的相对位移，从而使电介质在宏观上呈现出电性。这种现象叫作**电介质的极化**。处在电极化状态的电介质也会影响原有的电场分布。下面将讨论理想电介质与静电场之间的这种相互作用、相互影响的规律。

一、电介质的极化

电介质内的分子、原子都是由带负电的电子和带正电的原子核构成的复杂电荷系统。这个系统的电荷并不是集中在一点上，原子的正电荷聚集在大约 10^{-15} m 的空间内，而电子则分布在线度为 10^{-10} m 的体积内。在离开分子的距离比分子自身的线度大得多的地方，分子中全部负电荷对这些地方的影响与一个单独的负点电荷等效，这个等效负电荷的位置称为分子的负电荷的“重心”。同样，每个分子的所有正电荷(一个分子中可能包含多个原子核)也有一个“重心”。这样，一个分子的电结构可看成是所有电荷分别集中在两个重心而形成的电偶极子结构，因此电介质就是由大量微观电偶极子组成的宏观系统。实验表明，由于正负电荷重心的位置不同，而构成了两类电介质分子。一类分子的正负电荷重心重合，称为**无极分子**，即与分子等效的电偶极子的电偶极矩 $p=0$，例如 He、H_2、N_2、O_2 等。另一类分子的正负电荷重心不重合，称为**有极分子**，即分子的电偶极矩 $p\neq0$，这种分子的电偶极矩称为**固有电矩**，例如 H_2O、HCl、CO 等。当把一块电介质放到静电场中时，它的分子将受到电场力的作用而发生变化，最终也会达到一个平衡状态。下面分别讨论这两类分子构成的电介质在外电场作用下电极化的微观过程。

1. 有极分子的取向极化

在没有外电场时，虽然每个分子的固有电矩不为零，但是分子的无规则热运动使电偶极矩的方向排列杂乱无章，各方向排列机会均等，因此所有分子固有电矩的矢量和等于零。宏观上电介质是电中性的，如图 8-7-1(a)所示。当电介质处在电场中时，这时每个分子电矩都受到力矩的作用，使分子电矩转向外电场方向，如图 8-7-1(b)所示。由于分子无规则热运动总是存在，这种取向不可能完全整齐。当外电场越强或系统温度越低时，分子电偶极矩就排列的

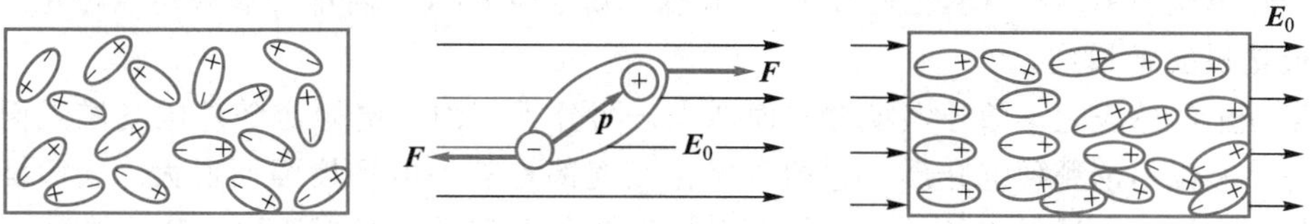

(a) (b) (c)

图 8-7-1 有极分子及有极分子的取向极化

越整齐。对整块电介质来说，在垂直于电场 $\boldsymbol{E}_0$ 的两个端面上将出现束缚电荷，如图 8-7-1(c) 所示。这种极化称为**取向极化**。

2. 无极分子的电位移极化

显然，在无外场时，无极分子没有电偶极矩，电介质是电中性的。当其处在外电场中时，原来重合的正、负电荷的重心会被拉开，从而形成电偶极子，这种在电场力作用下分子出现的电偶极矩称为**感应电矩**。很明显，分子感应电矩的方向总是与外电场方向相同。外电场越强，感应电矩越大。在垂直于电场 $\boldsymbol{E}_0$ 的两端面也出现束缚电荷，如图 8-7-2 所示。由于在电场作用下主要是电子产生位移，故称这种极化为**电位移极化**。在有极分子电介质中也有电子位移极化，但是取向极化比位移极化效应要强得多。

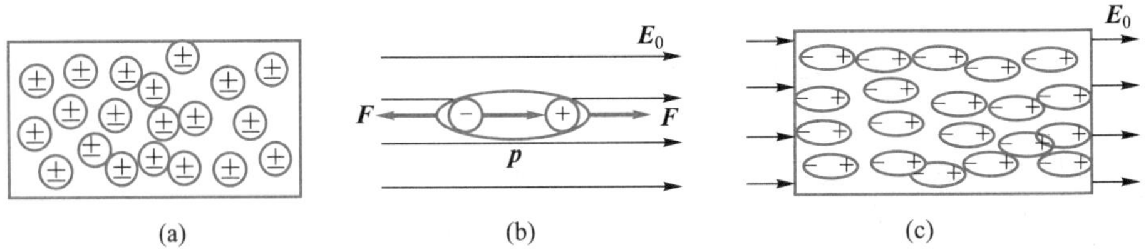

图 8-7-2　无极分子及无极分子的位移极化

虽然两种电介质极化现象中的微观机制不同，但其宏观效应是相同的。对于均匀电介质来说，在其内部的任何宏观微小区域，正负电荷的电荷量相等，仍是电中性，只在介质表面出现极化电荷，因而也称为**面束缚电荷**。因此，以下的讨论中将不再区分两类电介质。

二、电极化强度与极化电荷

1. 电极化强度矢量 $\boldsymbol{P}$

综上所述，当外电场不同时，电介质的极化状态就不同，电场越强电介质表面出现的束缚电荷就越多。为定量描写电介质的极化状态，需引入电极化强度矢量 $\boldsymbol{P}$，定义：**电介质内某点附近，单位体积的分子电矩的矢量和为该点的电极化强度**，即

$$\boldsymbol{P}=\frac{\Sigma \boldsymbol{p}_i}{\Delta V} \tag{8-7-1}$$

式中 $\boldsymbol{p}_i$ 表示介质中体积元内某个分子的电偶极矩(固有电偶极矩或感应电偶极矩)。

在国际单位制中，P 的单位是 $\mathrm{C/m^2}$。显然，真空中 $\boldsymbol{P}=\boldsymbol{0}$。若电介质被均匀极化，则其中各点的极化强度 $\boldsymbol{P}$ 相同。

由于分子的感应电矩随外电场增强而增大，而分子的固有电矩也随外电场增强而排列得更加整齐，所以不论哪种电介质，它的电极化强度都是随外电场增强而增大。实验证明，对各向同性电介质，在场强 $\boldsymbol{E}$ 不太强时，其电极化强度 $\boldsymbol{P}$ 与场强 $\boldsymbol{E}$ 成正比，其关系为

$$\boldsymbol{P}=\chi_e\varepsilon_0\boldsymbol{E} \tag{8-7-2}$$

式中 χ_e 是量纲为 1 的量，称为电介质的极化率。若介质中 χ_e 处处相同，则为均匀介质。

2. 电极化强度与束缚电荷的关系

由于电极化强度矢量 $\boldsymbol{P}$ 表征电介质极化的程度，而极化后的电介质，其宏观效果是通过未抵消的束缚电荷来体现的，所以束缚电荷与极化强度之间一定存在某种定量的关系。下面试导出这两者的关系。

为简单起见，以无极分子电介质为例，当介质极化时，分子的正、负电荷重心被拉开。现假定负电荷不动，正电荷沿电场方向产生位移 l。若用 q 表示单个分子正、负电荷的电荷量，则分子的电矩为 $p=ql$ 。在介质内某处取一面积元 $\mathrm{d}S$，该处的电极化强度为 $\boldsymbol{P}$，且 $\boldsymbol{P}$ 与 $\mathrm{d}S$ 的单位法向 $\boldsymbol{e}_\mathrm{n}$ 的夹角为 θ，如图 8-7-3 所示，以 $\mathrm{d}S$ 为底，作斜高为 l 的柱形封闭面。显然由于介质极化，此体积内所有分子的正电荷的重心都移出 $\mathrm{d}S$ 面外，设单位体积分子数为 n_0，则穿过 $\mathrm{d}S$ 的束缚电荷为

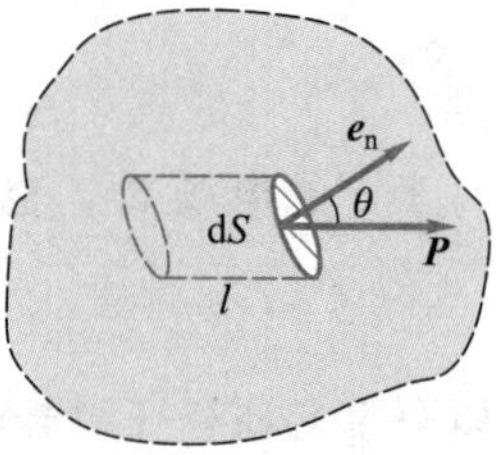

图 8-7-3　电极化强度与极化电荷

$$\mathrm{d}q' = qn_0\mathrm{d}S\boldsymbol{e}_\mathrm{n}\cdot\boldsymbol{l} = qn_0 l\cos\theta\mathrm{d}S = n_0 p\cos\theta\mathrm{d}S$$

根据(8-7-1)式可知 $n_0 p=P$，所以

$$\mathrm{d}q' = P\cos\theta\mathrm{d}S = \boldsymbol{P}\cdot\boldsymbol{e}_\mathrm{n}\mathrm{d}S$$

这就是由于介质极化而穿过 $\mathrm{d}S$ 的束缚电荷。穿过 $\mathrm{d}S$ 面上单位面积的电荷为

$$\frac{\mathrm{d}q'}{\mathrm{d}S} = \boldsymbol{P}\cdot\boldsymbol{e}_\mathrm{n} \tag{8-7-3}$$

若上述 $\mathrm{d}S$ 是电介质表面上某点处的面积元，$\boldsymbol{e}_\mathrm{n}$ 为该处面法线方向，则上式就表示由于电介质极化，在其表面上单位面积出现的一层束缚电荷，即**束缚电荷面密度 σ' 与该处电极化强度 $\boldsymbol{P}$ 在表面法线上的分量值相等**，表示为

$$\sigma' = \frac{\mathrm{d}q'}{\mathrm{d}S_{表面}} = \boldsymbol{P}\cdot\boldsymbol{e}_\mathrm{n} \tag{8-7-4}$$

显然，当 $0<\theta<\dfrac{\pi}{2}$ 时，$\sigma'>0$，表面上呈现正束缚电荷；当 $\dfrac{\pi}{2}<\theta<\pi$ 时，$\sigma'<0$，表面上呈现负束缚电荷。而在 $\theta=\dfrac{\pi}{2}$ 处，$\sigma'=0$，没有极化电荷出现。

以上结论虽然由无极分子的电极化推出，但对有极分子电介质同样适用。

三、电介质中静电场的基本规律

1. 有电介质存在时静电场的环路定理

由于电介质在外电场中极化后，产生了束缚电荷，而束缚电荷也激发电场，所以有电介质存在时，电场应该是束缚电荷和外电场的场源电荷(或称自由电荷)共同产生的。设自由电荷为 q_0，束缚电荷为 q'，它们产生的场强分别为 $\boldsymbol{E}_0$、$\boldsymbol{E}'$。根据场强叠加原理，在有电介质存在的空间任意一点的总场强为

$$\boldsymbol{E}=\boldsymbol{E}_0+\boldsymbol{E}'$$

该场强沿任意闭合路径的环流为

$$\oint_L \boldsymbol{E}\cdot d\boldsymbol{l}=\oint_L \boldsymbol{E}_0\cdot d\boldsymbol{l}+\oint_L \boldsymbol{E}'\cdot d\boldsymbol{l}$$

由于束缚电荷之间的相互作用与静止的自由电荷的相互作用一样，遵从库仑定律，所以其激发的电场仍是保守场，而静止的自由电荷 q_0 的电场 $\boldsymbol{E}_0$ 沿任意闭合路径的环流等于零，即

$$\oint_L \boldsymbol{E}_0\cdot d\boldsymbol{l}=0$$

则对于 q' 的电场 $\boldsymbol{E}'$，也应有

$$\oint_L \boldsymbol{E}'\cdot d\boldsymbol{l}=0$$

所以有电介质存在时静电场的环路定理：

$$\oint_L \boldsymbol{E}\cdot d\boldsymbol{l}=0 \tag{8-7-5}$$

由此，在有电介质的静电场中，第 5 节引入的电势、电势能的概念以及电场强度与电势的关系等仍然成立。

2. 电位移矢量 $\boldsymbol{D}$ 的高斯定理

高斯定理是建立在库仑定律基础上的，在有电介质存在的静电场中，它仍然成立。但是计算总通量时，应对高斯面内所包围的所有自由电荷和束缚电荷求和，即

$$\oint_S \boldsymbol{E}\cdot d\boldsymbol{S}=\frac{1}{\varepsilon_0}\left(\sum q_i+\sum q_i'\right) \tag{8-7-6}$$

在一般问题中，往往只知道自由电荷分布，以及电介质分布，而束缚电荷分布是未知的，并且束缚电荷与电场分布互相牵扯，因此这一形式的高斯定理应用起来不太方便。为了能使问题简化，我们引入一个新的物理量——电位移矢量 $\boldsymbol{D}$。

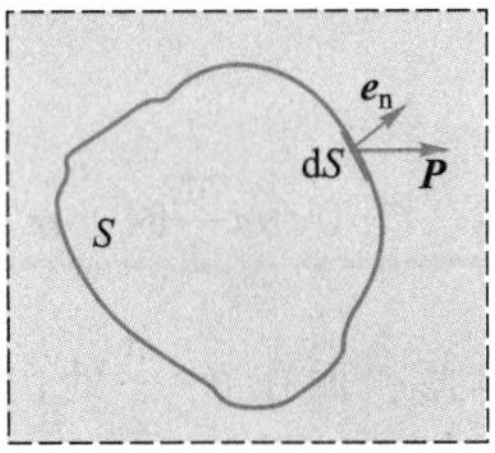

图 8-7-4　有介质时电场的高斯定理

如图 8-7-4 所示，在有电介质的空间取任意高斯面 S，在 S 上取面积元 dS，该处的电极化强度为 $\boldsymbol{P}$，由(8-7-3)式可知穿出该面积元的束缚电荷为

$$dq'=\boldsymbol{P}\cdot d\boldsymbol{S}$$

那么，穿出高斯面 S 的束缚电荷

$$q'_{\text{穿出}}=\oint_S dq'=\oint_S \boldsymbol{P}\cdot d\boldsymbol{S}$$

在均匀电介质的情况下，极化电荷只在电介质表面出现，其内部是电中性的，根据电荷守恒定律，因电介质极化穿出 S 面的束缚电荷应等于 S 面内净余的束缚电荷的负值，即

$$\oint_S dq'=-\sum_{S\text{内}} q_i',\qquad q'_{\text{穿出}}=-\sum_{S\text{内}} q_i'$$

则

$$\oint_S \boldsymbol{P}\cdot d\boldsymbol{S}=-\sum_{S\text{内}} q_i'$$

上式给出了电极化强度 $\boldsymbol{P}$ 与 S 面包围的束缚电荷的一个普遍关系。利用此式，通过高斯面 S

的电场强度通量可写为

$$\oint_S \boldsymbol{E} \cdot \mathrm{d}\boldsymbol{S} = \frac{1}{\varepsilon_0}\left(\sum_{S内} q_i + \sum_{S内} q_i'\right) = \frac{1}{\varepsilon_0}\left(\sum_{S内} q_i - \oint_S \boldsymbol{P} \cdot \mathrm{d}\boldsymbol{S}\right)$$

即

$$\oint_S (\varepsilon_0 \boldsymbol{E} + \boldsymbol{P}) \cdot \mathrm{d}\boldsymbol{S} = \sum_{S内} q_i$$

现在引入电位移矢量

$$\boldsymbol{D} = \varepsilon_0 \boldsymbol{E} + \boldsymbol{P} \tag{8-7-7}$$

则有电介质存在的空间的高斯定理就可简洁地表示为

$$\oint_S \boldsymbol{D} \cdot \mathrm{d}\boldsymbol{S} = \sum_{S内} q_i \tag{8-7-8}$$

即通过任意封闭曲面的电位移通量等于该封闭面包围的自由电荷的代数和。这一关系又称为电位移矢量 $\boldsymbol{D}$ 的高斯定理。

在各向同性的线性电介质中，$\boldsymbol{D}$、$\boldsymbol{E}$ 和 $\boldsymbol{P}$ 三个矢量的方向相同，将(8-7-2)式代入(8-7-7)式，则有

$$\boldsymbol{D} = \varepsilon_0 \boldsymbol{E} + \boldsymbol{P} = \varepsilon_0 \boldsymbol{E} + \chi_e \varepsilon_0 \boldsymbol{E} = (1 + \chi_e)\varepsilon_0 \boldsymbol{E}$$

式中 $1+\chi_e=\varepsilon_r$，ε_r 称为电介质的相对介电常量。电介质中任意一点的 $\boldsymbol{D}$ 与 $\boldsymbol{E}$ 的关系为

$$\boldsymbol{D} = \varepsilon_r \varepsilon_0 \boldsymbol{E} = \varepsilon \boldsymbol{E} \tag{8-7-9}$$

式中 $\varepsilon=\varepsilon_r\varepsilon_0$ 称为电介质的介电常量或电容率，其单位与真空的介电常量 ε_0 的单位相同。

在国际单位制中，D 的单位为 $\mathrm{C/m^2}$。

一般对各向同性的线性电介质，χ_e、ε_r、ε 是与场强 $\boldsymbol{E}$ 无关的常量。而对各向异性的电介质，χ_e、ε_r、ε 与场强 $\boldsymbol{E}$ 有关，并且 $\boldsymbol{P}=\chi_e\varepsilon_0\boldsymbol{E}$ 和 $\boldsymbol{D}=\varepsilon\boldsymbol{E}$ 均不成立。

在具有对称分布的情况下，利用(8-7-8)式和(8-7-9)式可使电介质中的电场计算大为简化。通常先由自由电荷的分布求出 $\boldsymbol{D}$ 的分布，然后再根据 $\boldsymbol{D}$ 和 $\boldsymbol{E}$ 的关系求出 $\boldsymbol{E}$ 的分布。

【例 8-21】　如图 8-7-5 所示 半径为 R_1、带电荷量为 Q 的均匀带电球面内，充满介电常量为 ε_1 的均匀电介质；在 $R_1<r<R_2$ 区间，是介电常量为 ε_2，与带电球面同心的均匀电介质球壳；$r>R_2$ 区间是真空。求各区间的场强和电势分布。

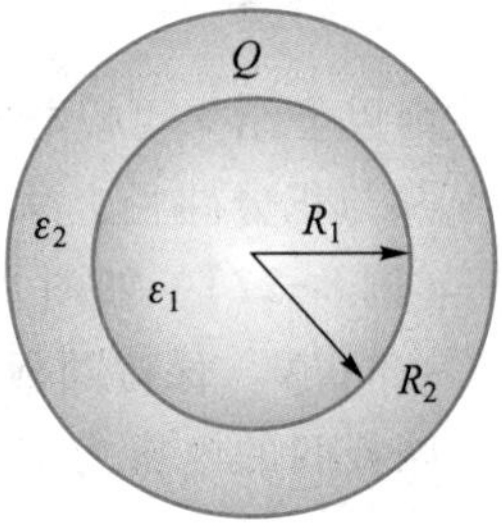

图 8-7-5　例 8-21 图

解　由于电荷是球对称分布，所以电场的分布也具有球对称性。因此，可用高斯定理先求出 D，再根据 D 与 E 的关系求出 E，然后用定义法求出 V。为此取 r 为半径的同心球面为高斯面 S。

当 $r<R_1$ 时，由于高斯面包围的自由电荷 $\sum\limits_{S内} q_i = 0$，所以

$$\oint_S \boldsymbol{D} \cdot \mathrm{d}\boldsymbol{S} = D_1 \cdot 4\pi r^2 = 0$$

则

$$D_1 = 0, \quad E_1 = 0$$

当 $R_1<r<R_2$ 时，由于高斯面包围的自由电荷 $\sum\limits_{S内} q_i = Q$，所以

$$\oint_S \boldsymbol{D} \cdot \mathrm{d}\boldsymbol{S} = D_2 \cdot 4\pi r^2 = Q$$

则
$$D_2=\frac{Q}{4\pi r^2},\qquad E_2=\frac{Q}{4\pi\varepsilon_2 r^2}$$

当 $r>R_2$ 时，由于高斯面包围的自由电荷 $\sum\limits_{S内} q_i=Q$ ，所以

$$\oint_S \boldsymbol{D}\cdot \mathrm{d}\boldsymbol{S}=D_3\cdot 4\pi r^2=Q$$

则
$$D_3=\frac{Q}{4\pi r^2},\qquad E_3=\frac{Q}{4\pi\varepsilon_0 r^2}$$

选 $r=\infty$ 处 $V_\infty=0$。任意一点 P 的电势

$$V_P=\int_P^\infty \boldsymbol{E}\cdot \mathrm{d}\boldsymbol{r}$$

积分沿半径方向进行。

在 $r<R_1$ 区间，有

$$V_P=\int_r^{R_1}\boldsymbol{E}_1\cdot \mathrm{d}\boldsymbol{r}+\int_{R_1}^{R_2}\boldsymbol{E}_2\cdot \mathrm{d}\boldsymbol{r}+\int_{R_2}^{\infty}\boldsymbol{E}_3\cdot \mathrm{d}\boldsymbol{r}=\int_{R_1}^{R_2}\frac{Q}{4\pi\varepsilon_2 r^2}\mathrm{d}r+\int_{R_2}^{\infty}\frac{Q}{4\pi\varepsilon_0 r^2}\mathrm{d}r$$
$$=\frac{Q}{4\pi\varepsilon_2}\left(\frac{1}{R_1}-\frac{1}{R_2}\right)+\frac{Q}{4\pi\varepsilon_0 R_3}$$

在 $R_1<r<R_2$ 区间，有

$$V_P=\int_r^{R_2}\boldsymbol{E}_2\cdot \mathrm{d}\boldsymbol{r}+\int_{R_2}^{\infty}\boldsymbol{E}_3\cdot \mathrm{d}\boldsymbol{r}=\int_r^{R_2}\frac{Q}{4\pi\varepsilon_2 r^2}\mathrm{d}r+\int_{R_2}^{\infty}\frac{Q}{4\pi\varepsilon_0 r^2}\mathrm{d}r$$
$$=\frac{Q}{4\pi\varepsilon_2}\left(\frac{1}{r}-\frac{1}{R_2}\right)+\frac{Q}{4\pi\varepsilon_0 R_3}$$

在 $r>R_2$ 区间，有

$$V_P=\int_r^{\infty}\boldsymbol{E}_3\cdot \mathrm{d}\boldsymbol{r}=\int_r^{\infty}\frac{Q}{4\pi\varepsilon_0 r^2}\mathrm{d}r=\frac{Q}{4\pi\varepsilon_0 r}$$

由以上结果可以看出，电场中任意一点 P 的场强 $\boldsymbol{E}$ 只与该点的电介质有关，而此点的电势 V 却与积分路径上所有的电介质都有关。

【例 8-22】　如图 8-7-6 所示，两块电荷面密度分别为 $+\sigma$、$-\sigma$ 的平行金属板之间的电压为 $U=300$ V。保持两板上的电荷不变，将相对介电常量为 $\varepsilon_r=5$ 的电介质充满板间的一半空间，两板间的电压为多少？电介质的上下表面的面束缚电荷多大？（计算时忽略边缘效应。）

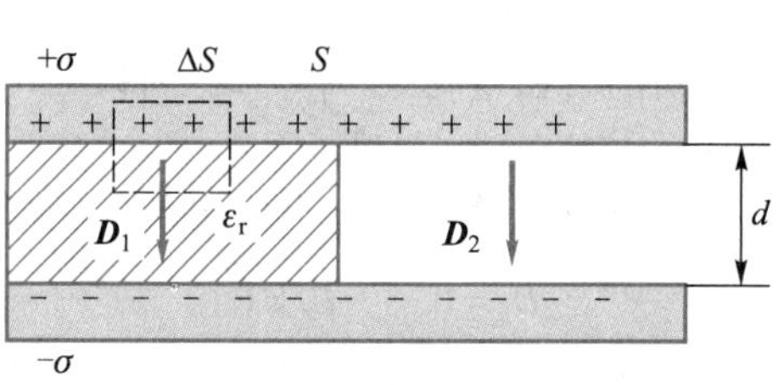

图 8-7-6　例 8-22 图

解　如图所示，设金属板的面积为 S，两板间距为 d，在放电介质前，板间电场为 $E=\dfrac{\sigma}{\varepsilon_0}$，

两板电压为 $U=Ed=300\ \mathrm{V}$。

填充电介质后，忽略边缘效应，则板间各处的电场在两半空间分布均匀，且方向都垂直于板面。设 σ_1、σ_2 分别表示金属板上左半部和右半部的电荷面密度，E_1 和 D_1、E_2 和 D_2 分别表示金属板间左半部和右半部的电场强度和电位移矢量。

在板间左半部取底面积为 ΔS 的高斯柱面(图中虚线表示)，其侧面与金属板面垂直，两底面与板面平行，并且上底面在金属板内。根据高斯定理可知，通过该高斯面的电位移通量为

$$\oint_S \boldsymbol{D}\cdot \mathrm{d}\boldsymbol{S}=\int_{\text{上底}}\boldsymbol{D}_1\cdot \mathrm{d}\boldsymbol{S}+\int_{\text{下底}}\boldsymbol{D}_1\cdot \mathrm{d}\boldsymbol{S}+\int_{\text{侧面}}\boldsymbol{D}_1\cdot \mathrm{d}\boldsymbol{S}$$

由于上底面处的电场为零，所以 $\boldsymbol{D}$ 也为零。侧面上 $\boldsymbol{D}$ 与 $\mathrm{d}\boldsymbol{S}$ 垂直，所以通过上底和侧面的电位移通量均为零，则

$$\oint_S \boldsymbol{D}\cdot \mathrm{d}\boldsymbol{S}=\int_{\text{下底}}\boldsymbol{D}_1\cdot \mathrm{d}\boldsymbol{S}=D_1\Delta S$$

根据高斯定理得

$$D_1\Delta S=\sigma_1\Delta S,\qquad \text{即 } D_1=\sigma_1$$

电介质内的电场强度为

$$E_1=\frac{D_1}{\varepsilon_0\varepsilon_r}=\frac{\sigma_1}{\varepsilon_0\varepsilon_r}$$

同理，对右半部有

$$D_2=\sigma_2,\qquad E_2=\frac{D_2}{\varepsilon_0}=\frac{\sigma_2}{\varepsilon_0}$$

由于两金属板都是等势体，因此左右两边极板间的电势差应相等，即

$$E_1d=E_2d$$

所以

$$\sigma_2=\frac{\sigma_1}{\varepsilon_r} \qquad ①$$

又两板上的电荷保持不变，故

$$\sigma_1\frac{S}{2}+\sigma_2\frac{S}{2}=\sigma S$$

由此得

$$\sigma_1+\sigma_2=2\sigma \qquad ②$$

联立①式和②式，解得

$$\sigma_1=\frac{2\varepsilon_r}{1+\varepsilon_r}\sigma=\frac{5}{3}\sigma,\qquad \sigma_2=\frac{2}{1+\varepsilon_r}\sigma=\frac{1}{3}\sigma$$

此时两板间的电场强度为

$$E_1=E_2=\frac{\sigma_2}{\varepsilon_0}=\frac{\sigma}{3\varepsilon_0}=\frac{1}{3}E$$

两板间的电压

$$U'=E_1d=E_2d=\frac{1}{3}Ed=\frac{1}{3}\times 300\ \mathrm{V}=100\ \mathrm{V}$$

根据(8-7-2)式，可得电介质的电极化强度

$$P=(\varepsilon_r-1)\varepsilon_0E_1=(\varepsilon_r-1)\varepsilon_0\frac{\sigma_1}{\varepsilon_0\varepsilon_r}=\frac{2(\varepsilon_r-1)}{\varepsilon_r+1}\sigma$$

由于 $\boldsymbol{P}$ 与 $\boldsymbol{E}_1$ 方向相同，且垂直于电介质表面，所以

$$\sigma'=P_n=P=\frac{2(\varepsilon_r-1)}{\varepsilon_r+1}\sigma=\frac{4}{3}\sigma$$

四、电容和电容器

1. 孤立导体的电容

一个孤立导体带电荷为 q 时，它就具有确定的电势 V。当其电荷量增加时，它的电势按比例增加。两者的比值是确定值，可写为

$$\frac{q}{V}=C \qquad (8-7-10)$$

比值 C 取决于导体的形状和大小，与导体的带电荷量无关。实验表明，要使不同形状、大小的孤立导体达到相同的电势，就必须给它们带上不同的电荷量。对同一电势值，带电荷量多的导体，比值 C 大，反之则小。由此可见，比值 C 反映了孤立导体本身容纳电荷量的能力这种属性，我们称 C 为**孤立导体的电容**。

在国际单位制中，电容的单位是法拉，符号为 F，1 F=1 C/V。

真空中，半径为 R 的孤立导体球，若带电荷量为 q，则其电势为 $V=\frac{q}{4\pi\varepsilon_0R}$，该导体球电容为 $C=\frac{q}{V}=4\pi\varepsilon_0R$。若将地球看成半径 $R=6.4\times10^6$ m 的孤立导体球，则其电容为

$$C=4\pi\varepsilon_0R=4\times3.14\times8.85\times10^{-12}\times6.4\times10^6\text{ F}=7.11\times10^{-4}\text{ F}$$

实际上 1 F 是非常大的，常用的单位是 μF、pF，

$$1\ \mu\text{F}=10^{-6}\text{ F},\qquad 1\text{ pF}=10^{-12}\text{ F}$$

2. 电容器的电容

电容器是利用导体电容的性质制成的储存电荷和电能的电路元件。通常是由两块用电介质隔开的金属导体组成，金属导体为电容器的两极板。电容器工作时，两极板带等量异号的电荷 $+q$ 和 $-q$，两极板之间有一定的电势差 ΔV。一个电容器所带的电荷量 q 总是与其两极板间的电势差成正比，我们定义这个比值为该电容器的电容，仍用 C 表示，写为

$$C=\frac{q}{\Delta V}=\frac{q}{V_+-V_-} \qquad (8-7-11)$$

电容器的电容取决于电容器极板的形状、大小、相对位置以及极板间电介质的种类等，而与其带电荷量无关。下面根据电容器电容的定义，计算几种常用的电容器的电容。

（1）平行板电容器

平行板电容器是最常用的一种电容器，它是由两块同样大小的平行金属板构成的，极板之间还充满介电常量为 ε 的电介质。设 A、B 两极板面积分别为 S，相距为 d，且 $d\ll$极板的线

度，如图 8-7-7 所示。假定两极板分别带电$+q$、$-q$，忽略边缘效应，电荷可近似看成均匀分布在两极板相对的两个表面上，因此两极板间的电场为

$$E=\frac{\sigma}{\varepsilon}=\frac{q}{\varepsilon S}$$

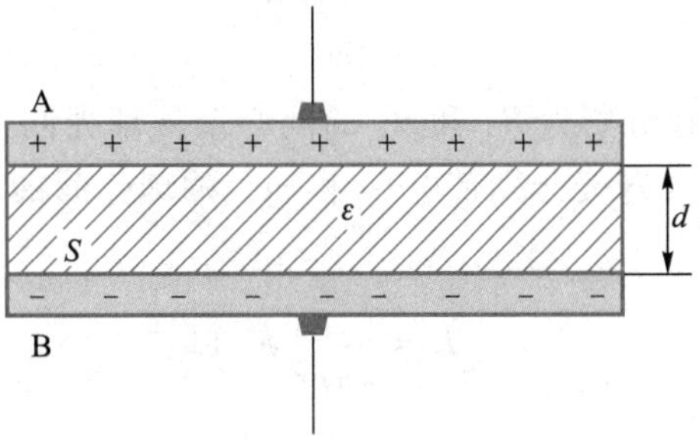

图 8-7-7　平行板电容器

两极板间的电势差为

$$\Delta V=E\cdot d=\frac{qd}{\varepsilon S}$$

代入(8-7-11)式，可得平行板电容器的电容

$$C=\frac{\varepsilon S}{d} \tag{8-7-12}$$

此结果表明平行板电容器的电容，与极板面积 S 和电介质的介电常量 ε 成正比，与极板之间的距离 d 成反比，而与其带电荷量 q 无关。因此，常用增加极板面积、减小板间距离以及用介电常量大的电介质来提高该电容器的电容。

(2) 圆柱形电容器

圆柱形电容器是由两个同轴金属圆柱筒为极板，极板间充满电介质所构成，如图 8-7-8 所示，设圆柱筒的半径分别为 R_A 和 R_B，长度为 L，电介质的介电常量为 ε，当 $L \gg R_B-R_A$ 时，两端的边缘效应可忽略不计。若内外极板所带电荷线密度分别为$+\lambda$ 和$-\lambda$，则根据自由电荷和电介质分布的轴对称性，通过选择同轴的高斯柱面，可以利用 $\boldsymbol{D}$ 的高斯定理求出电场强度

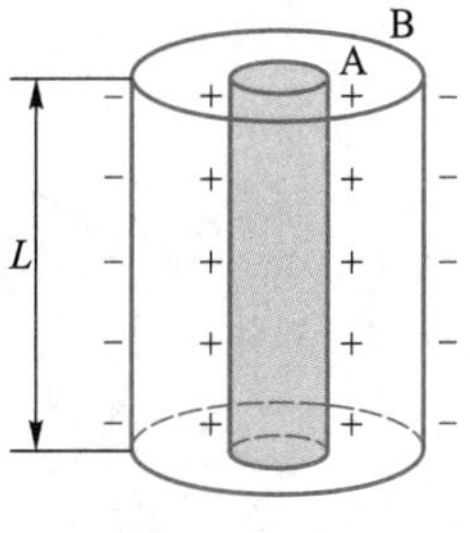

图 8-7-8　圆柱形电容器

$$\boldsymbol{E}=\frac{\lambda}{2\pi\varepsilon r}\boldsymbol{e}_r$$

极板间电势差

$$\Delta V=V_A-V_B=\int_{R_A}^{R_B}\boldsymbol{E}\cdot \mathrm{d}\boldsymbol{r}=\int_{R_A}^{R_B}E\cdot \mathrm{d}r$$

$$=\int_{R_A}^{R_B}\frac{\lambda}{2\pi\varepsilon r}\mathrm{d}r=\frac{\lambda}{2\pi\varepsilon}\ln\frac{R_B}{R_A}$$

代入(8-7-11)式，可得圆柱形电容器的电容

$$C=\frac{2\pi\varepsilon L}{\ln(R_B/R_A)} \tag{8-7-13}$$

圆柱形电容器每单位长度的电容为

$$C=\frac{2\pi\varepsilon}{\ln(R_B/R_A)}$$

（3）球形电容器

球形电容器是由两个半径分别为 R_A 和 R_B 的同心金属球壳间充满介电常量为 ε 的电介质组成(图 8-7-9)的。设内、外球壳分别带电 $+q$ 和 $-q$，两球壳间的电场具有球对称性，由高斯定理很容易求得其场强

$$\boldsymbol{E}=\frac{q}{4\pi\varepsilon r^2}\boldsymbol{e}_r$$

两极板间电势差

$$\Delta V=V_A-V_B=\int_{R_A}^{R_B}E\mathrm{d}r=\int_{R_A}^{R_B}\frac{q}{4\pi\varepsilon r^2}\mathrm{d}r$$
$$=\frac{q}{4\pi\varepsilon}\left(\frac{1}{R_A}-\frac{1}{R_B}\right)=\frac{q(R_B-R_A)}{4\pi\varepsilon R_A R_B}$$

球形电容器的电容

$$C=\frac{4\pi\varepsilon R_A R_B}{R_B-R_A} \tag{8-7-14}$$

以上三例都说明电容器的电容只与它的几何结构及极板间的电介质有关，而与极板带电荷量无关。

【例 8-23】 如图 8-7-10 所示，一平行板电容器，两极板间距为 d，面积为 S，电势差为 V，其中平行放置一厚度为 $t(t<d)$，相对介电常量为 ε_r 的均匀电介质，电介质与极板之间是空气。忽略边缘效应，求：(1)该电容器的电容；(2)电容器极板上的电荷。

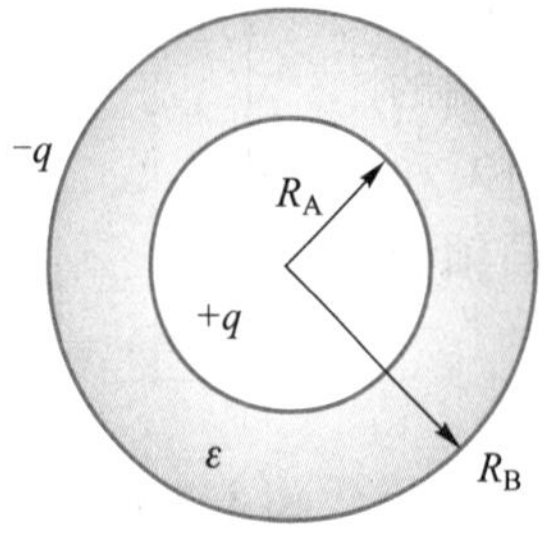

图 8-7-9 球形电容器

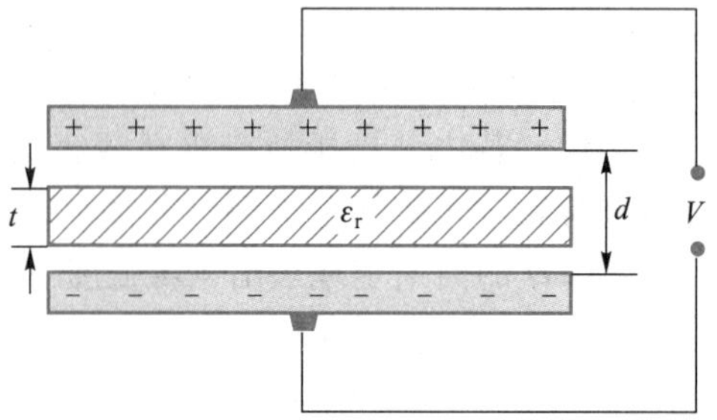

图 8-7-10 例 8-23 图

解 (1) 设极板上电荷面密度分别为 $+\sigma$、$-\sigma$，由高斯定理不难得到，两极板间任意一点的电位移矢量的大小为

$$D=\sigma$$

则两极板间空隙中的场强为

$$E_0 = \frac{\sigma}{\varepsilon_0}$$

电介质中的场强为

$$E = \frac{\sigma}{\varepsilon_0 \varepsilon_r}$$

极板间的电势差为

$$\Delta V = V_+ - V_- = E_0(d - t) + Et = \left(\frac{d - t}{\varepsilon_0} + \frac{t}{\varepsilon_0 \varepsilon_r}\right)\sigma = \frac{t + \varepsilon_r(d - t)}{\varepsilon_0 \varepsilon_r}\sigma$$

该电容器的电容

$$C = \frac{q}{\Delta V} = \frac{\varepsilon_0 \varepsilon_r S}{t + \varepsilon_r(d - t)}$$

(2) 极板间的电势差为 $\Delta V = V$，则极板上带电荷量为

$$q = CV = \frac{\varepsilon_0 \varepsilon_r S}{t + \varepsilon_r(d - t)} V$$

结果表明：平行板电容器的电容随极板间电介质的宽度 t 的增加而增大，当电介质充满两极板之间的空间，即 $t = d$ 时，电容最大。

一个实际电容器的性能主要由其电容 C 和耐压 U 来标定。在使用电容时，所加的电压不能超过规定的耐压值，否则在电介质中会产生过大的场强，而使其被击穿。在实际电路中，当现有的电容器的电容或耐压能力不能满足需要时，可将几个电容器连接起来使用。

如果电容器容量太小，可采用多个电容器并联后使用，如图 8-7-11(a)所示。并联的电容器组所带的总电荷量 q 等于各个电容器带电荷量之和，总电压 U 与各电容器极板之间的电压相等，因此并联电容器组的电容为

$$C = \frac{q}{\Delta V} = \frac{q_1 + q_2 + \cdots}{U} = \frac{q_1}{U} + \frac{q_2}{U} + \cdots = C_1 + C_2 + \cdots = \sum_i C_i \qquad (8-7-15)$$

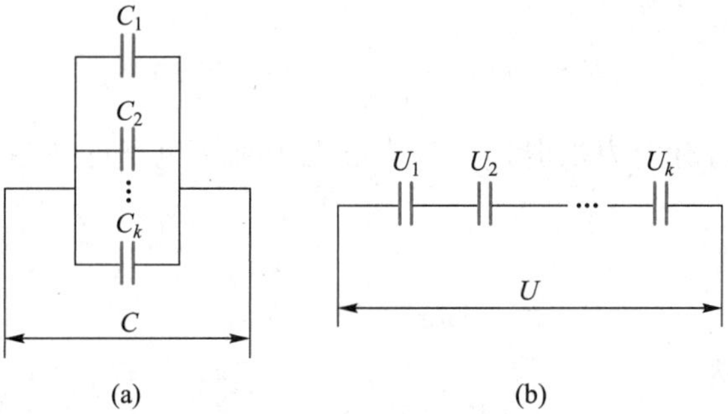

图 8-7-11　电容器的串、并联

如果电容器耐压能力太小，为避免被击穿可采用多个电容器串联后使用，如图 8-7-11(b)所示。串联的电容器组所带总电荷量与各电容器所带电荷量 q 相等，总电压 U 等于各电容器极板之间的电压之和，因此串联电容器组的电容为

$$C=\frac{q}{\Delta V}=\frac{q}{U_1+U_2+\cdots}=\frac{1}{\dfrac{1}{C_1}+\dfrac{1}{C_2}+\cdots}$$

$$\frac{1}{C}=\frac{1}{C_1}+\frac{1}{C_2}+\cdots,\qquad \frac{1}{C}=\sum_i\frac{1}{C_i} \tag{8-7-16}$$

显然，并联的电容器组总电容增大了，但是电容器组的耐压能力受到耐压能力最小的那个电容器的限制。而串联的电容器组，由于将总电压分配到各个电容器上，所以它的耐压能力提高了，但是总电容比每个电容器都减小了。

第 8 节 静电场的能量

一、电荷在外电场中的静电势能

在第 5 节已讨论了静电场是保守场，并且处在静电场中的电荷具有静电势能(简称电势能)。由电势能与电势的关系可知，当电荷量为 q 的点电荷在外电场中某场点上，且该点的电势为 V 时，点电荷 q 就具有电势能

$$W=qV \tag{8-8-1}$$

即一点电荷在静电场中某点的电势能等于它的电荷量与电场中该点电势的乘积。

【例 8-24】 根据氢原子的玻尔模型，氢原子中电子绕原子核(质子)作圆周运动，其轨道半径为 $r=0.53\times10^{-10}$ m。求电子的动能、电势能及氢原子的总能量。

解 以无限远为电势零点，在质子的电场中电子所在处的电势为

$$V=\frac{e}{4\pi\varepsilon_0 r}$$

由(8-8-1)式，电子的电势能为

$$W=-eV=-\frac{e^2}{4\pi\varepsilon_0 r}\approx-27.2\ \text{eV}$$

由于电子与质子之间的万有引力很弱，可认为静电力维持电子的轨道运动。根据牛顿第二定律，有

$$\frac{e^2}{4\pi\varepsilon_0 r^2}=m_e\frac{v^2}{r}$$

从上式解得电子的动能为

$$E_k=\frac{1}{2}m_e v^2=\frac{e^2}{8\pi\varepsilon_0 r}=13.6\ \text{eV}$$

氢原子的总能量为

$$E=W+E_k=-13.6\ \text{eV}$$

【例 8-25】 求电偶极矩 $\boldsymbol{p}=q\boldsymbol{l}$ 的电偶极子在均匀电场中的电势能(图 8-8-1)。

解 根据(8-8-1)式，电偶极子的正、负电荷在外电场中的电势能分别是

$$W_+=qV_+,\qquad W_-=-qV_-$$

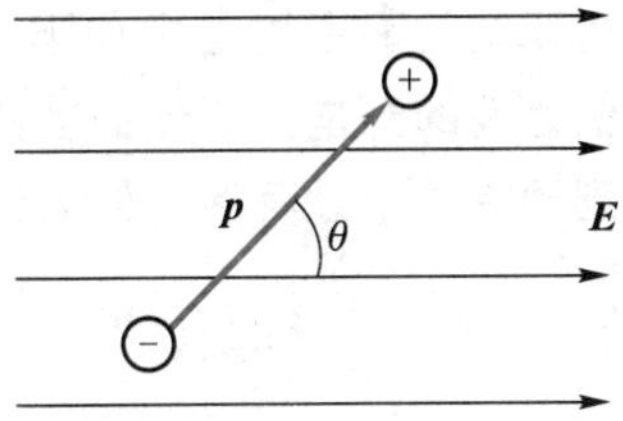

图 8-8-1 例 8-25 图

式中 V_+是$+q$ 处的电势，V_-是$-q$ 处的电势。电偶极子在外电场中的电势能为

$$W = W_+ + W_- = qV_+ - qV_- = q(V_+ - V_-)$$

$$= - q\int_0^l E\cos\,\theta \mathrm{d}l = - qlE\cos\,\theta = - pE\cos\,\theta$$

式中 θ 为 $\boldsymbol{p}$ 与 $\boldsymbol{E}$ 的夹角，写成矢量式为

$$W = - \boldsymbol{p} \cdot \boldsymbol{E} \tag{8-8-2}$$

可见，当电偶极子取向与外电场方向一致时，$\theta=0$，$\cos\,\theta=1$，$W=-pE$，电势能最低，是系统的稳定平衡状态。而取向相反时，$\theta=\pi$，$\cos\,\theta=-1$，$W=pE$，电势能最高，是非稳定平衡状态。当电偶极子取向与外电场方向垂直时，电势能为零。在电偶极子由 $\theta=\pi$ 转动到 $\theta=0$ 的过程中，电场力做正功，电势能的增量为

$$\Delta W = - pE - pE = - 2pE$$

【例 8-26】 一示波器中，阳极 A 和阴极 K 之间的电压是 3 000 V，试求从阴极发出来的电子到达阳极时的速度。设电子从阴极发射时速度为零。

解 电子从 K 极到 A 极，电场力做的功等于电势能的减少，即

$$A_{\mathrm{KA}} = - e(V_{\mathrm{K}} - V_{\mathrm{A}}) = (- 1.6 \times 10^{-19}) \times (- 3\ 000)\ \mathrm{J} = 4.8 \times 10^{-16}\mathrm{J}$$

电场力做功使电子动能增加，电子到达阳极时获得的动能为

$$\frac{1}{2}mv^2 = A_{\mathrm{KA}} = 4.8 \times 10^{-16}\mathrm{J}$$

电子到达阳极时的速度为

$$v = \sqrt{\frac{2A_{\mathrm{KA}}}{m}} = \sqrt{\frac{2 \times 4.8 \times 10^{-16}}{9.1 \times 10^{-31}}}\ \mathrm{m/s} \approx 3.25 \times 10^7\ \mathrm{m/s}$$

任何一个带有$+e$或$-e$的粒子，只要飞越一个电势差为 1 V 的区间，电场力就对它做功 $A=1.6\times10^{-19}$ J，从而该粒子就获得 1.6×10^{-19} J 的能量。为方便起见，该能量就称为一个电子伏，用 eV 表示，即 1 eV$=1.6\times10^{-19}$ J。微观粒子的能量往往很高，通常用 keV（千电子伏）、MeV（兆电子伏）、GeV（吉电子伏）等作为单位。

应该指出，一个点电荷在外电场中的电势能，就是该点电荷与产生外场的场源电荷之间的静电相互作用能，这个能量属于该电荷与场源电荷构成的系统所共有，并称其为该点电荷与场源电荷的**静电互能**。

二、带电体系的静电能

若一电荷系统由多个带电体构成，这些电荷之间存在着静电相互作用，系统中所有**电荷之间的相互作用能的总和称为该电荷系统的静电能**。单一带电体自身电荷元相互作用的静电能称为它的**自能**，不同带电体上电荷的相互作用的静电能称为**互能**，那么电荷系统的总静电能等于各带电体之间的互能与每一个带电体的自能之和，即

$$W_{总} = W_{互} + W_{自}$$

静电能的数值是相对的，一般选取各电荷分散在彼此相距无限远时系统的静电能为零。

电荷系统的静电能定义如下：将系统中各电荷从现有的位置到彼此分散到无限远的过程中，它们之间的静电力所做的功为电荷系统的静电能。或等于将各电荷从彼此分散在无限远处移动到现有位置过程中，外力做的功。

1. 点电荷系的互能

先讨论两个点电荷组成的系统。设两点电荷的电荷量分别为 q_1、q_2，相距为 r(图 8-8-2)，令 q_1 静止，将 q_2 从它现在的位置移到无限远，在这过程中 q_1 的电场力对 q_2 做功为

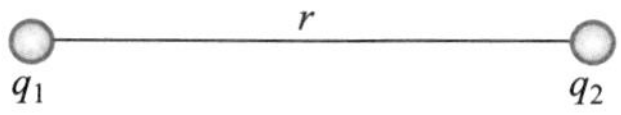

图 8-8-2 两点荷组成的系统

$$A_{12}=q_2(V_2-V_\infty)=q_2V_2=\frac{q_1q_2}{4\pi\varepsilon_0 r}$$

式中 $V_2=\dfrac{q_1}{4\pi\varepsilon_0 r}$表示 q_2 所在点由 q_1 所产生的电势。由定义可得两点电荷系统的静电能为

$$W_{12}=A_{12}=q_2V_2=\frac{q_1q_2}{4\pi\varepsilon_0 r}$$

如果令 q_2 静止，将 q_1 从它现在的位置移到无限远，同理可得

$$W_{21}=A_{21}=q_1V_1=\frac{q_1q_2}{4\pi\varepsilon_0 r}$$

式中 $V_1=\dfrac{q_2}{4\pi\varepsilon_0 r}$表示 q_1 所在点由 q_2 所产生的电势。

由此可见，电荷系的两种形成过程所得的结论一致，这表明系统的静电能与其形成过程无关。由于该相互作用能属于两点电荷构成的系统，而不是仅属于某一个点电荷，因此可将其写成下列对称形式：

$$W=\frac{1}{2}(q_1V_1+q_2V_2)$$

这一结论不难推广到多个点电荷构成的带电系统。设有 n 个点电荷组成的电荷系，第 i 个电荷的电荷量为 q_i，其他电荷在 q_i 所在处产生的电势为 V_i，则**点电荷系的静电能为**

$$W=\frac{1}{2}\sum_{i=1}^{n}q_iV_i \tag{8-8-3}$$

2. 电荷连续分布的带电体的静电能

如果系统是由多个电荷连续分布的带电体组成，我们可将每个电荷连续分布的带电体分割成许多体积元 $\Delta\tau_i$，若电荷体密度为 ρ_{ei}，则每块体积元可视为一点电荷，其带电荷量为 $\Delta q_i=\rho_{ei}\Delta\tau_i$，所有电荷元之间的相互作用能同样可用(8-8-3)式给出：

$$W=\frac{1}{2}\sum_{i=1}^{n}\Delta q_iV_i$$

由于电荷连续分布，取 $\Delta\tau_i\to 0$ 的极限，Δq_i 也趋于 0，上式的求和就可通过积分来进行，即

$$W=\frac{1}{2}\int_{q}V\mathrm{d}q \tag{8-8-4}$$

值得注意的是：

（1）(8-8-4)式中电势 V 本应是除 $\mathrm{d}q$ 之外其他电荷在 $\mathrm{d}q$ 处产生的电势的总和，但由于 $\Delta\tau_i\to0$，$\mathrm{d}q$ 为无限小，它在自身位置产生的电势也是无限小量，所以(8-8-4)式中的 V 可以用包括 $\mathrm{d}q$ 的所有电荷在 $\mathrm{d}q$ 处电势的总和，而积分号下的 q 表示对该带电系统所有电荷积分。

（2）(8-8-4)式是带电系统所有分割的电荷元之间的静电相互作用，计算出的能量不仅包含了各带电体之间的互能，而且包含了各带电体本身的自能，是带电系统的总静电能。若系统只有一个带电体，(8-8-4)式给出的就是这个带电体的自能。

（3）当电荷是体分布时，(8-8-4)式可写为 $W=\frac{1}{2}\int_{\tau}\rho V\mathrm{d}\tau$；当电荷是面分布时，有 $W=\frac{1}{2}\int_{S}\sigma V\mathrm{d}S$；当电荷是线分布时，有 $W=\frac{1}{2}\int_{L}\lambda V\mathrm{d}l$。

3. 电容器储存的静电能

电容器的充电过程就是给两极板带上电荷。在此过程中必须克服电场力把电荷从一个极板搬运到另一极板上，克服电场力所做的功以静电能的形式储存在电容器中。下面计算电容为 C 的电容器带有电荷 Q 时所具有的能量。

设想外力不断将负极板上的正电荷 $\mathrm{d}q$ 搬运到正极板上，某时刻两极板分别带电 $+q$、$-q$，两极板的电势分别为 V_+、V_-，若将 $\mathrm{d}q$ 从负极搬运到正极，按能量守恒定律，克服电场力做功等于电荷 $\mathrm{d}q$ 从负极板到正极板电势能的增量，即

$$\mathrm{d}W=(V_+-V_-)\mathrm{d}q=\frac{q}{C}\mathrm{d}q$$

在整个充电过程，克服电场力做的总功等于电容器具有的总静电能

$$W=A=\int\mathrm{d}A=\int_0^Q\frac{q}{C}\mathrm{d}q=\frac{1}{2}\frac{Q^2}{C}$$

即电容器带有电荷 Q 时所具有的电势能或静电能为

$$W=\frac{1}{2}\frac{Q^2}{C} \tag{8-8-5}$$

若两极板之间的电势差用其电压 U 表示，并利用 $Q=CU$，上式还可写为

$$W=\frac{1}{2}UQ,\qquad W=\frac{1}{2}CU^2$$

注意，电容器作为带电系统，其具有的静电能同样可以设想为所带电荷彼此分散在无限远处，当被移动到现有位置过程中，外力做的功，即可以利用(8-8-4)式计算：

$$W=\frac{1}{2}\int_q V\mathrm{d}q=\frac{1}{2}\int_0^Q V_+\,\mathrm{d}q+\frac{1}{2}\int_0^{-Q}V_-\,\mathrm{d}q=\frac{1}{2}(V_+-V_-)\int_0^Q\mathrm{d}q=\frac{1}{2}UQ$$

与上述结果一致。

(8-8-5)式就是计算电容器所储存静电能的普遍公式，它与电容器的具体结构无关。

4. 静电场的能量及能量密度

上述带电系统的静电能储存在什么地方？(8-8-5)式似乎表明能量集中在电荷上，但是从场的观点看来，能量应储存在电场中。对静电场来说，虽然可以应用它来理解电荷间的相互作用能，但无法在实际中证明其正确性。因为在静电场情况下，场源电荷和它的电场总是相伴而生，无法分开。而在变化的电磁场中，电场可以脱离场源电荷。变化的电磁场以有限的速度在空间传播，形成电磁波。电磁波携带能量证明了场是能量的携带者。近代物理学认为场具有能量正是场的物质性的表现。所以，静电场就是静电能的携带者。

下面以平行板电容器为例，将静电能与电场强度联系起来。

平行板电容器极板间的电场强度为 $E=\dfrac{\sigma}{\varepsilon}$，极板上的电荷量为 $Q=\sigma S=\varepsilon ES$，其电容 $C=\dfrac{\varepsilon S}{d}$，代入(8-8-5)式中

$$W_e=\frac{1}{2}\frac{Q^2}{C}=\frac{1}{2}\frac{(\varepsilon ES)^2 d}{\varepsilon S}=\frac{1}{2}\varepsilon E^2 V$$

式中 $V=Sd$ 表示电容器内电场所占有的体积。上式表明，在平行板电容器内的匀强电场中，静电能均匀分布在电场空间。所以静电能也就是**电场能**。

从上式还可得电场能量的体密度

$$w_e=\frac{W_e}{V}=\frac{1}{2}\varepsilon E^2 \tag{8-8-6}$$

或

$$w_e=\frac{1}{2}\boldsymbol{E}\cdot\boldsymbol{D} \tag{8-8-7}$$

上式表明有电场的地方就有电场能。虽然(8-8-6)式或(8-8-7)式是利用平行板电容器推导出来的，但它是一个普遍适用的公式，对非均匀场及变化的电场都成立。

在真空中 $\varepsilon=\varepsilon_0$，则 $w_e=\dfrac{1}{2}\varepsilon_0 E^2$。在电场强度相同的情况下，电介质中的电场能量密度比真空中的大 ε_r 倍。这是因为在建立电场的过程中，电介质在极化过程中也吸收并储存了能量。

一般情况下，电场具有的总能量为

$$W_e=\int_V w_e \mathrm{d}V=\int_V \frac{1}{2}\varepsilon E^2 \mathrm{d}V \tag{8-8-8}$$

该积分应遍及电场分布的空间 V。

【例 8-27】 求一带电导体球面的静电能，已知球面半径为 R，总电荷量为 Q。

解 方法一：根据静电能的定义，设想将电荷从无穷远移到球面上，计算在移入过程中外力克服电场力所做的功。设在任一时刻球面上已移入了 q 的电荷量，这时球面电势为

$$V=\frac{q}{4\pi\varepsilon_0 R}$$

下一时刻移入电荷 $\mathrm{d}q$，外力需做功 $\mathrm{d}A=V\mathrm{d}q$，在移动所有电荷 Q 的过程中，外力做的总功为

$$A=\int_Q \mathrm{d}A=\int_Q V\mathrm{d}q=\int_Q \frac{q}{4\pi\varepsilon_0 R}\mathrm{d}q=\frac{Q^2}{8\pi\varepsilon_0 R}$$

带电导体球面的静电能就等于外力做的功，即

$$W=A=\frac{Q^2}{8\pi\varepsilon_0 R}$$

方法二：根据(8-8-4)式计算。由例 8-13 的计算可知带电球面是一等势面，其电势为

$$V=\frac{Q}{4\pi\varepsilon_0 R}$$

则该带电球面的静电能为

$$W=\frac{1}{2}\int_Q V\mathrm{d}q=\frac{1}{2}\int_Q \frac{Q}{4\pi\varepsilon_0 R}\mathrm{d}q=\frac{Q}{8\pi\varepsilon_0 R}\int_Q \mathrm{d}q=\frac{Q^2}{8\pi\varepsilon_0 R}$$

方法三：根据电场分布，计算电场能。已知带电球面的电场分布

$$\begin{cases} E=0 & (r<R) \\ E=\dfrac{Q}{4\pi\varepsilon_0 r^2} & (r\geqslant R) \end{cases}$$

在球面外半径为 r 处，取厚度为 $\mathrm{d}r$、与球面同心的球壳，其体积为 $\mathrm{d}V=4\pi r^2\mathrm{d}r$，其电场能为

$$\mathrm{d}W_{\mathrm{e}}=\frac{1}{2}\varepsilon_0 E^2\mathrm{d}V=2\pi\varepsilon_0 E^2 r^2\mathrm{d}r$$

总电场能

$$W_{\mathrm{e}}=\int_R^{\infty} 2\pi\varepsilon_0 E^2 r^2\mathrm{d}r=2\pi\varepsilon_0\int_R^{\infty}\left(\frac{Q}{4\pi\varepsilon_0 r^2}\right)^2 r^2\mathrm{d}r=\frac{Q^2}{8\pi\varepsilon_0}\int_R^{\infty}\frac{\mathrm{d}r}{r^2}=\frac{Q^2}{8\pi\varepsilon_0 R}$$

这个电场能就是带电导体球面的静电能。即带电体系的静电能与电场能完全等同。

【例 8-28】 求一均匀带电球体的静电能，已知球面半径为 R，总电荷量为 Q。

解　方法一：根据静电能的定义，设想将电荷从无穷远依次移到半径不同的球面上，并设在任一时刻已形成了半径为 r、均匀带电 q 的球体，这时球面上的电势为

$$V=\frac{q}{4\pi\varepsilon_0 r}$$

下一时刻将电荷 $\mathrm{d}q$ 移到 $r\sim r+\mathrm{d}r$ 的球壳上，外力做功 $\mathrm{d}A=V\mathrm{d}q$，在移动所有电荷 Q 的过程中，外力做的总功为

$$A=\int_Q \mathrm{d}A=\int_Q V\mathrm{d}q=\int_Q \frac{q}{4\pi\varepsilon_0 r}\mathrm{d}q=\int_0^R \frac{\rho\cdot\frac{4}{3}\pi r^3}{4\pi\varepsilon_0 r}\rho 4\pi r^2\mathrm{d}r$$

$$=\frac{4\pi\rho^2}{3\varepsilon_0}\int_0^R r^4\mathrm{d}r=\frac{4\pi\rho^2}{15\varepsilon_0}R^5$$

将 $\rho=\dfrac{Q}{\frac{4}{3}\pi R^3}$代入上式得

$$A=\frac{3Q^2}{20\pi\varepsilon_0 R}$$

该均匀带电球体的静电能就等于外力做的功，即

$$W = A = \frac{3Q^2}{20\pi\varepsilon_0 R}$$

方法二：由例 8-9 求得均匀带电球体的电场分布

$$\boldsymbol{E}_{内} = \frac{Qr}{4\pi\varepsilon_0 R^3}\boldsymbol{e}_r \quad (r \leqslant R)$$

$$\boldsymbol{E}_{外} = \frac{Q}{4\pi\varepsilon_0 r^2}\boldsymbol{e}_r \quad (r \geqslant R)$$

则球体内离球心为 r，厚度为 $\mathrm{d}r$ 的球壳处的电势为

$$V = \int_r^R \boldsymbol{E}_{内} \cdot \mathrm{d}\boldsymbol{r} + \int_R^\infty \boldsymbol{E}_{外} \cdot \mathrm{d}\boldsymbol{r} = \int_r^R \frac{Qr}{4\pi\varepsilon_0 R^3}\boldsymbol{e}_r \cdot \mathrm{d}\boldsymbol{r} + \int_R^\infty \frac{Q}{4\pi\varepsilon_0 r^2}\boldsymbol{e}_r \cdot \mathrm{d}\boldsymbol{r} = \frac{Q}{8\pi\varepsilon_0 R^3}(3R^2 - r^2)$$

由(8-8-4)式，该均匀带电球体的静电能为

$$W = \frac{1}{2}\int_Q V\mathrm{d}q = \frac{1}{2}\int_Q \frac{Q}{8\pi\varepsilon_0 R^3}(3R^2 - r^2)\rho\mathrm{d}\tau$$

$$= \frac{1}{2}\int_0^R \frac{Q}{8\pi\varepsilon_0 R^3}(3R^2 - r^2)\frac{Q}{\frac{4}{3}\pi R^3}4\pi r^2\mathrm{d}r = \frac{3Q^2}{20\pi\varepsilon_0 R}$$

方法三：根据电场分布，计算电场能，即

$$W_e = \int \frac{1}{2}\varepsilon_0 E^2 \mathrm{d}V = \int_0^R \frac{1}{2}\varepsilon_0 E^2 \mathrm{d}V + \int_R^\infty \frac{1}{2}\varepsilon_0 E_{外}^2 \mathrm{d}V$$

$$= \frac{1}{2}\int_0^R \varepsilon_0\left(\frac{Qr}{4\pi\varepsilon_0 R^3}\right)^2 4\pi r^2\mathrm{d}r + \int_R^\infty \frac{1}{2}\varepsilon_0\left(\frac{Q}{4\pi\varepsilon_0 r^2}\right)^2 4\pi r^2\mathrm{d}r$$

$$= \frac{Q^2}{40\pi\varepsilon_0 R} + \frac{Q^2}{8\pi\varepsilon_0 R} = \frac{3Q^2}{20\pi\varepsilon_0 R}$$

【例 8-29】 计算一球形电容器的静电能。已知两球面半径分别为 R_A 和 R_B，球壳间充满介电常量为 ε 的电介质，总电荷量为 Q。

解 方法一：由(8-7-14)式知球形电容器的电容为

$$C = \frac{4\pi\varepsilon R_A R_B}{R_B - R_A}$$

根据(8-8-5)式，得

$$W_e = \frac{1}{2}\frac{Q^2}{C} = \frac{Q^2}{8\pi\varepsilon}\frac{R_B - R_A}{R_A R_B}$$

方法二：已知两球面之间的场强为

$$E = \frac{Q}{4\pi\varepsilon_0 r^2}$$

在两球面之间 r 处，取厚度为 $\mathrm{d}r$、与两球面同心的球壳，其体积为 $\mathrm{d}V=4\pi r^2\mathrm{d}r$，其电场能为

$$\mathrm{d}W_e = \frac{1}{2}\varepsilon E^2\mathrm{d}V = 2\pi\varepsilon E^2 r^2\mathrm{d}r$$

总电场能为

$$W_e = \int_{R_A}^{R_B} 2\pi\varepsilon E^2 r^2 \mathrm{d}r = 2\pi\varepsilon \int_{R_A}^{R_B} \left(\frac{Q}{4\pi\varepsilon r^2}\right)^2 r^2 \mathrm{d}r = \frac{Q^2}{8\pi\varepsilon}\frac{R_B - R_A}{R_A R_B}$$

必须指出，在有电介质的情况下，计算静电能 $W_e = \frac{1}{2}\int V\mathrm{d}q$ 时，其中 $\mathrm{d}q$ 仅指自由电荷，不能将电介质的极化电荷计算在内，极化电荷的效应已体现在介电常量 ε 之中。

习　　题

8-1　把某一电荷分成 q 和 $Q-q$ 两部分，且此两部分相隔一定距离，如果使这两部分有最大排斥力，则 Q 与 q 有什么关系？

8-2　在边长为 a 的正方形的四角，依次放置 q、$2q$、$-4q$ 和 $2q$，它的正中放着一个单位正电荷，求这个电荷受力的大小和方向。

8-3　一个正 π 介子由一个 u 夸克和一个反 d 夸克组成，u 夸克带电荷量为 $\frac{2}{3}e$，反 d 夸克带电荷量为 $\frac{1}{3}e$，它们之间的距离为 1.0×10^{-15} m。将夸克作为经典粒子处理，试计算正 π 介子中夸克间的电场力。

8-4　一个粒子所带的电荷为 -2.0×10^{-9} C，在均匀电场中受到向下作用的电场力 3.0×10^{-6} N，试问：(1)该电场的场强如何？(2)放在这个电场中的质子所受电场力的大小和方向如何？(3)质子所受到的重力如何？(4)在这种情况下，电场力和重力之比如何？

8-5　两根无限长的均匀带电直线相互平行，相距为 $2a$，电荷线密度分别为 $+\lambda$ 和 $-\lambda$，求每单位长度的带电直线所受的作用力。

8-6　把电偶极矩 $\boldsymbol{p}=q\boldsymbol{l}$ 的电偶极子放在点电荷 Q 的电场内，$\boldsymbol{p}$ 的中心 O 到 Q 的距离为 $r(r\gg l)$，分别求：(1)$\boldsymbol{p}/\!/QO$ 和(2)$\boldsymbol{p}\perp QO$ 时，电偶极子所受的力 $\boldsymbol{F}$ 及力矩 $\boldsymbol{M}$。

8-7　如图所示，一根细玻璃棒被弯成半径为 R 的半圆形，其上半段均匀地带电荷 $+Q$，下半段均匀地带电荷 $-Q$，试求半圆中心 P 点处的电场 $\boldsymbol{E}$。

8-8　用不导电的细塑料棒弯成半径为 50.0 cm 的圆弧，两端间的空隙为 2.0 cm，电荷量为 3.12×10^{-9}C 的正电荷均匀分布在棒上，求圆心处场强的大小和方向。

8-9　一无限大带电平面，带有面密度为 σ 的电荷，如图所示，试证明：在离开平面为 x 处一点的场强有一半是由图中半径为 $\sqrt{3}x$ 的圆内电荷产生的。

8-10　如图所示，一个细的带电塑料圆环，半径为 R，其电荷线密度 λ 和 θ 有 $\lambda=\lambda_0\sin\theta$ 的关系，求在圆心处的电场强度的方向和大小。

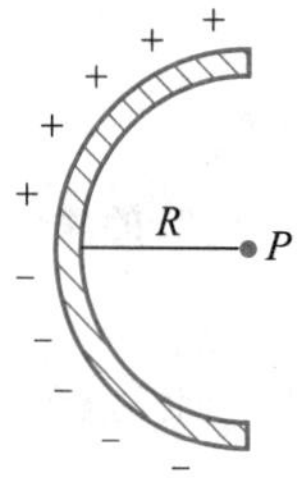

习题 8-7 图

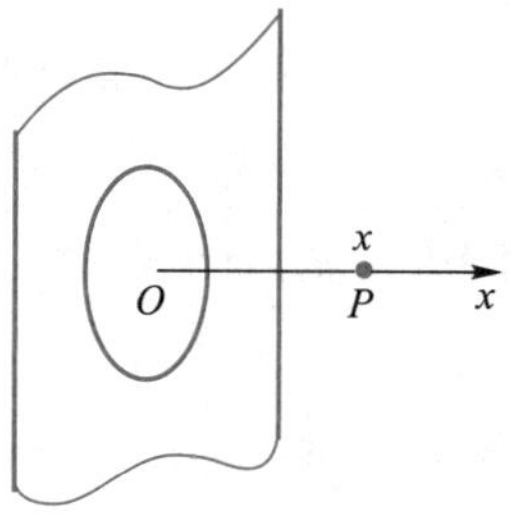

习题 8-9 图

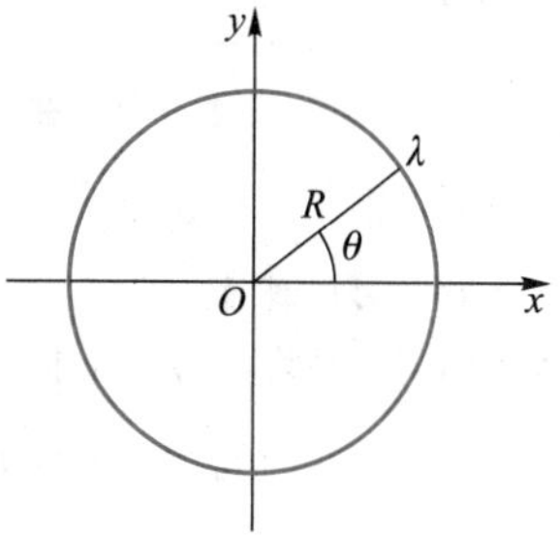

习题 8-10 图

8-11 一无限大平面，开有一个半径为 R 的圆洞，设平面均匀带电，电荷面密度为 σ，求这个洞的轴线上离洞心为 r 处的场强。

8-12 一均匀带电的正方形细框，边长为 l，总电荷量为 q，求正方形轴线上离中心为 x 处的电场强度。

8-13 一个厚度为 d 的非导体平板，具有均匀电荷体密度 ρ，求板内及板外各处的电场强度值。

8-14 按照一种模型，中子是由带正电荷的内核与带负电荷的外壳所组成的，假设正电荷的电荷量为$\frac{2e}{3}$，且均匀分布在半径为 0.50×10^{-15} m 的球内；而负电荷的电荷量为$-\frac{2e}{3}$，分布在内外半径分别为 0.50×10^{-15} m 和 1.0×10^{-15} m 的同心球壳内，如图所示。求在与中心距离分别为 1.0×10^{-15} m、0.75×10^{-15} m、0.50×10^{-15} m 和 0.25×10^{-15} m 处电场的大小和方向。

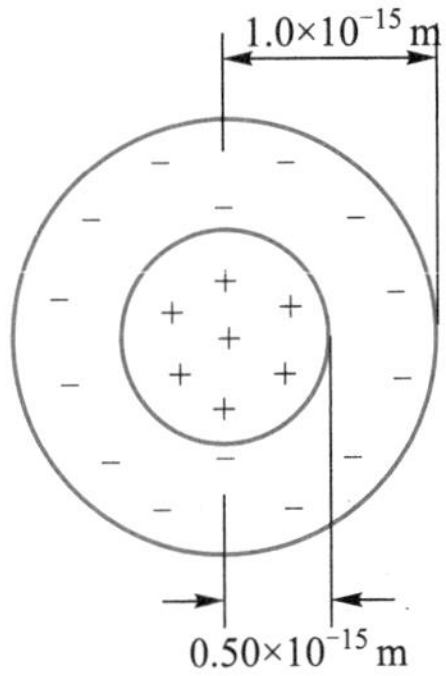

习题 8-14 图

8-15 τ 子是与电子一样带负电荷而质量却很大的粒子，它的质量为 3.18×10^{-27} kg，大约是电子质量的 3 490 倍。τ 子可穿透核物质，因此，τ 子在核电荷的电场作用下在核内可做轨道运动。设 τ 子在铀核内的圆轨道半径为 2.9×10^{-15} m，把铀核看作是半径为 7.4×10^{-15} m 的球，并且带有 $92e$ 且均匀分布于其体积内的电荷，计算 τ 子的轨道运动的速率、动能、角动量和频率。

8-16 (1)点电荷 q 位于边长为 a 的正立方体的中心，通过此立方体的每一面的电荷通量各是多少？(2)若将点电荷移至正立方体的一个顶角上，那么通过每一面的电场强度通量又各是多少？

8-17 如图所示，设均匀电场 $\boldsymbol{E}$ 与半径为 r 的半球的轴平行，试计算通过此半球的电场强度通量 Φ_e。

8-18 实验表明，在靠近地面处有相当强的电场，$\boldsymbol{E}$ 垂直于地面向下，大小约为 100 N/C；在离地面 1.5 km 高的地方，$\boldsymbol{E}$ 也是垂直于地面向下，大小为 25 N/C。(1)试计算从地面到此高度的大气中电荷的平均体密度；(2)如果地球上的电荷全部分布在表面，求地面上的电荷面密度。

8-19 如图所示，电场分量是 $E_x=bx^{\frac{1}{2}}$，$E_y=E_z=0$，式中 $b=800\ \text{N/(C}\cdot\text{m}^{1/2})$，假设 $a=10$ cm，试计算：(1)通过立方体表面的电场强度通量 Φ_e；(2)立方体内部的电荷。

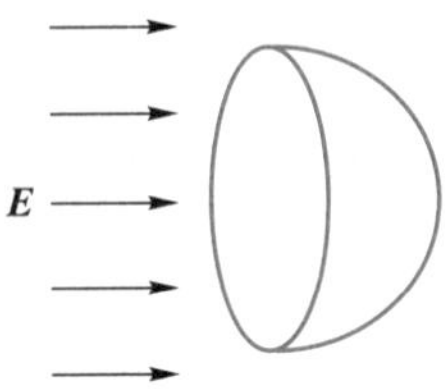

习题 8-17 图

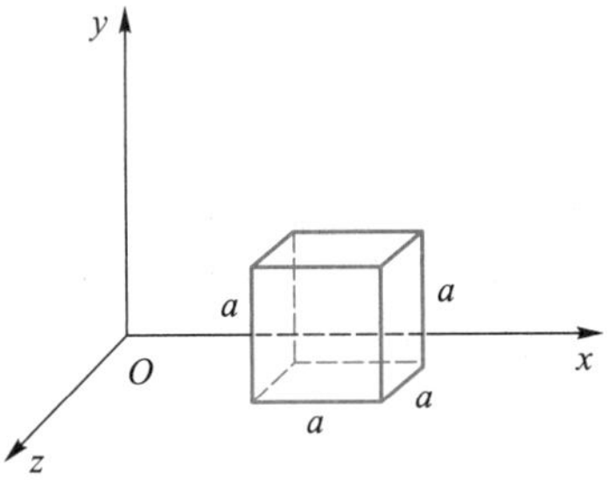

习题 8-19 图

8-20 一均匀带电球体，半径为 R，电荷体密度为 ρ，今在球内挖去一半径为 $r(r<R)$ 的球体，求证由此形成的空腔内的电场是均匀的，并求其值。

8-21 一半径为 R 的带电球，其电荷体密度为 $\rho=\rho_0\left(1-\frac{r}{R}\right)$，$\rho_0$ 为一常量，r 为空间某点至球心的距离，(1)求球内外的场强分布；(2)r 为多大时场强最大？等于多少？

8-22 电荷均匀分布在半径为 R 的无限长圆柱体内，求证：离柱轴 $r(r<R)$ 远处的 $\boldsymbol{E}$ 值由式 $E=\frac{\rho r}{2\varepsilon_0}$给出，

式中 ρ 是电荷体密度(C/m^3)，当 $r>R$ 时，结果如何？

8-23　两个无限长同轴圆柱面，半径分别为 R_1 和 $R_2(R_2>R_1)$，带有等值异号电荷，每单位长度的电荷量分别为 $+\lambda$、$-\lambda$(即电荷线密度)，试分别求：(1) $r<R_1$，(2) $r>R_2$，(3) $R_1<r<R_2$ 时，离轴线为 r 处的电场强度。

8-24　在两个同心球面之间($a<r<b$)，电荷体密度 $\rho=\dfrac{A}{r}$，其中 A 为常量。在带电区域所围空腔的中心($r=0$)，有一个点电荷 Q，问 A 应为何值，才能使区域 $a<r<b$ 中的电场强度的大小为常量？

8-25　三个无限大的平行平面都均匀带电，电荷面密度分别为 σ_1、σ_2 和 σ_3，求下列情形下各区域的场强：(1) $\sigma_1=\sigma_2=\sigma_3=\sigma$；(2) $\sigma_1=\sigma_3=\sigma$，$\sigma_2=-\sigma$；(3) $\sigma_1=\sigma_3=-\sigma$，$\sigma_2=\sigma$；(4) $\sigma_1=\sigma$，$\sigma_2=\sigma_3=-\sigma$。

8-26　(1)一个球形雨滴半径为 0.40 mm，带有电荷量 1.6 pC，它的表面电势有多大？

(2)两个这样的雨滴碰后合成一个较大的球形雨滴，这个雨滴的表面电势又是多大？

8-27　电荷 q 均匀分布在半径为 R 的非导体球内，(1)求证：离中心 $r(r<R)$ 处的电势由式 $V=\dfrac{q(3R^2-r^2)}{8\pi\varepsilon_0 R^3}$ 给出；(2)依照这一表达式，在球心处 V 不为零，这是否合理？

8-28　如图所示，一个均匀分布的正电荷球层，电荷体密度为 ρ，球层内表面半径为 R_1，外表面半径为 R_2，试求：(1) A 点的电势；(2) B 点的电势。

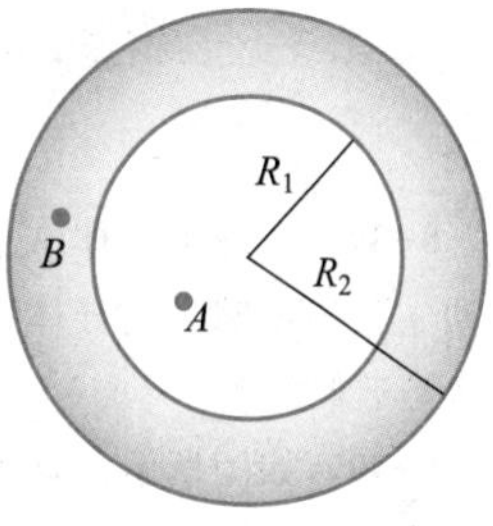

习题 8-28 图

8-29　两个均匀带电球壳同心放置，半径分别为 R_1 和 $R_2(R_2>R_1)$，已知内外球之间的电势差为 V_{12}，求两球壳间的电场分布。

8-30　两个同心的均匀带电球面，半径分别为 $R_1=5.0$ cm，$R_2=20.0$ cm，已知内球面的电势为 $V_1=60$ V，外球面的电势为 $V_2=-30$ V。(1)求内、外球面上所带的电荷量；(2)在两个球面之间何处的电势为零？

8-31　一对无限长的共轴直圆筒，半径分别为 R_1 和 R_2，筒面上均匀带电，沿轴线单位长度的电荷量分别为 λ_1 和 λ_2。求：(1)各区域的场强；(2)各区域的电势；(3) $\lambda_1=-\lambda_2$ 时两筒间的电势差。(取 $V\big|_{r=R_1}=0$。)

8-32　求电偶极子 $\boldsymbol{p}=q\boldsymbol{l}$ 的电势，并利用电势与场强的关系求出场强(用直角坐标系表示出来)。

8-33　电荷量 q 均匀分布在长为 $2l$ 的细直线上，求下列各处的电势：(1)中垂面上离带电线段中心 O 为 r 处，并利用梯度关系求 E_r；(2)延长线上离中心 O 为 z 处，并利用梯度关系求 E_z。

8-34　一均匀带电圆盘，半径为 R，电荷面密度为 σ，若将其中心挖去半径为 $R/2$ 的圆片，试用叠加法求剩余圆环带在其垂直轴线上的电势分布，在中心的电势和电场强度各是多大？

8-35　面积很大的导体平板 A 与均匀带电平面 B 平行放置，如图所示。已知 A 与 B 相距为 d，两者相对的部分的面积为 S。(1)设 B 面带电荷量为 q，A 板的电荷面密度为 σ_1 及 σ_2，求 A 板与 B 面的电势差；(2)若 A 板带电荷量为 Q，求 σ_1 及 σ_2。

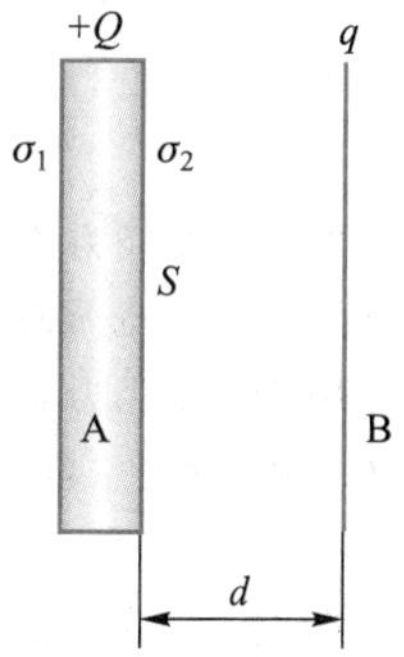

习题 8-35 图

8-36　如图所示，有三块互相平行的导体板，外面的两块用导线连接，原来不带电，中间一块上的电荷面密度为 1.3×10^{-5} C/m^2，求每块板的两个表面的电荷面密度各是多少？(忽略边缘效应。)

8-37　半径为 R_1 的导体球带有电荷 q，球外有一个内、外半径为 R_2、R_3 的同心导体球壳，壳上带有电荷 Q，如图所示。求：(1)两球的电势 V_1 及 V_2；(2)两球的电势差 ΔV；(3)用导线把球和壳连接在一起后，V_1、V_2 及 ΔV 分别为多少？(4)在情形(1)、(2)中，若外球接地，V_1、V_2 及 ΔV 又各为多少？(5)设外球离地面很远，若内球接地，情况如何？

8-38 如图所示，一半径为 a 的非导体球，放于内半径为 b，外半径为 c 的导体球壳的中心。电荷 $+Q$ 均匀分布于内球（电荷密度为 $\rho(\mathrm{C/m^3})$），外球壳带电 $-Q$。求：(1) 球内 ($r<a$)；(2) 内球与球壳之间 ($a<r<b$)；(3) 球壳内 ($b<r<c$)；(4) 球壳外 ($r>c$) 的电场强度；(5) 球壳的内外表面各出现多少电荷？

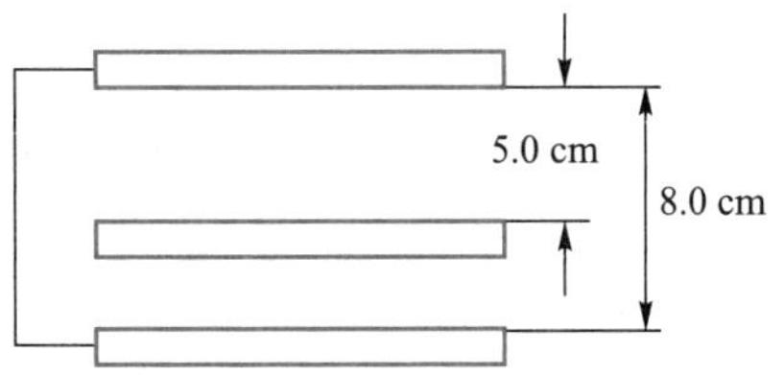

习题 8-36 图

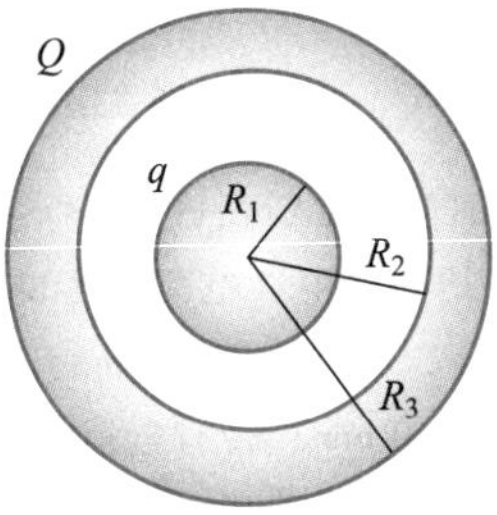

习题 8-37 图

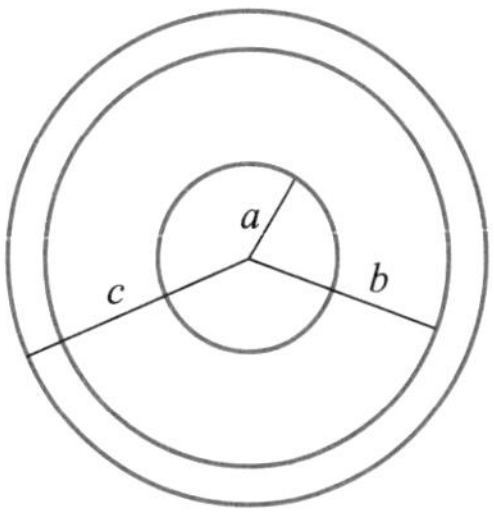

习题 8-38 图

8-39 一球形导体 A 含有两个球形空腔，这导体本身的总电荷为零，但在两空腔中心分别有一个点电荷 q_b 和 q_c，导体球外离导体球很远的 r 处有另一个点电荷 q_d，如图所示，试求 q_b、q_c 和 q_d 各受多大的力？哪个答案是近似的？

8-40 如图所示，球形金属腔带电荷量为 $Q(Q>0)$，内半径为 a，外半径为 b，腔内距球心 O 为 r 处有一点电荷 q，求球心 O 的电势。

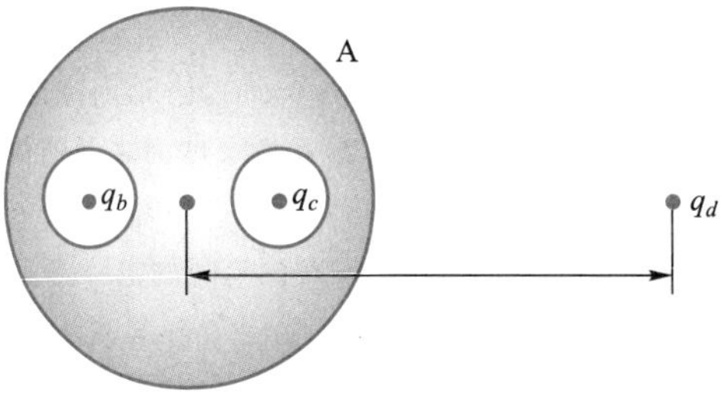

习题 8-39 图

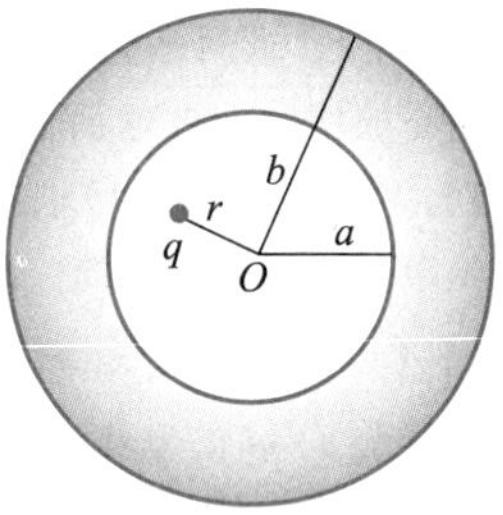

习题 8-40 图

8-41 半径为 R 的金属球与大地相连接，在与球心相距 $d=2R$ 处有一点电荷 $q(q>0)$，问球上的感应电荷 q' 有多大？（设金属球距地面及其他物体很远。）

8-42 半径为 R 的导体球，带有电荷 Q，球外有一均匀电介质的同心球壳，球壳的内、外半径分别为 a 和 b，相对介电常量为 ε_r，如图所示。(1) 求各区域的电场强度 $\boldsymbol{E}$，电位移矢量 $\boldsymbol{D}$ 及电势 V，绘出 $E(r)$、$D(r)$ 及 $V(r)$ 图形；(2) 求介质内的电极化强度 $\boldsymbol{P}$ 和介质表面上的极化电荷面密度 σ'。

8-43 一块大的均匀电介质平板放在一电场强度为 $\boldsymbol{E}_0$ 的均匀电场中，电场方向与板的夹角为 θ，如图所示，已知板的相对介电常量为 ε_r，求板面的束缚电荷面密度。

8-44 两共轴的导体圆筒，内圆筒半径为 R_1，外圆筒半径为 $R_2(R_2<2R_1)$，其间有两层均匀介质，分界面的半径为 r，内层介电常量为 ε_1，外层介电常量为 $\varepsilon_2(\varepsilon_2=\varepsilon_1/2)$，两介质的击穿场强都是 E_m，当电压升高时，哪层介质先击穿？证明：两圆筒最大电势差为 $V_m=\dfrac{1}{2}rE_m\ln\dfrac{R_2^2}{rR_1}$。

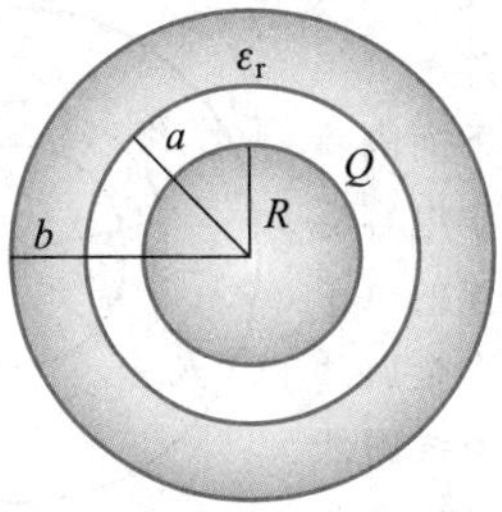

习题 8-42 图

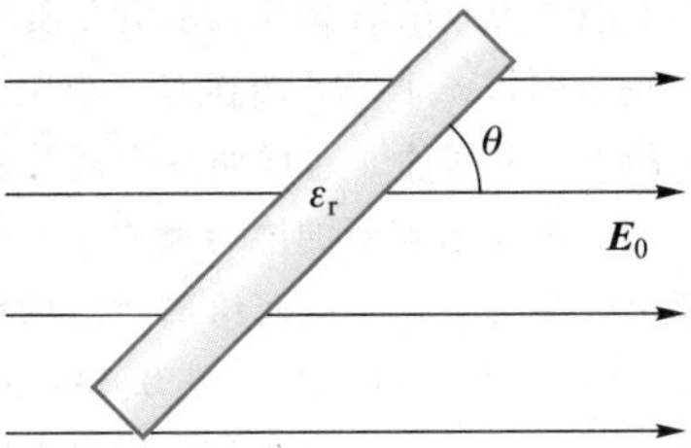

习题 8-43 图

8-45　空气的介电强度为 3 kV/mm，问：空气中半径分别为 1.0 cm、1.0 mm、0.1 mm 的长直导线上单位长度最多能带多少电荷？

8-46　设在氢原子中，负电荷均匀分布在半径为 $r_0=0.53\times10^{-10}$ m 的球体内，总电荷量为 $-e$，质子位于其中心，求当外加电场 $E=3\times10^6$ V/m(实验室中很强的电场)时，负电荷的球心和质子相距多远？由此产生的感应电偶极矩多大？

8-47　如图所示，一平板电容器，两极板相距 d，面积为 S，电势差为 V，板间放有一层厚为 t 的介质，其相对介电常量为 ε_r，介质两边都是空气。略去边缘效应，求：(1)介质中的电场强度 $\boldsymbol{E}$，电位移矢量 $\boldsymbol{D}$ 和极化强度 $\boldsymbol{P}$ 的大小；(2)极板上的电荷量 Q；(3)极板和介质间隙中的场强大小；(4)电容。

8-48　球形电容器由半径 R_1 的导体球和与它同心的导体球壳组成，球壳的内半径为 R_2，其间有两层均匀介质，分界面的半径为 r，相对介电常量分别为 ε_{r1} 和 ε_{r2}，求电容 C。

8-49　一个长为 l 的圆柱形电容器，如图所示，其中半径为 R_0 的部分是直导线，导线单位长度上带有自由电荷 λ_0；外圆筒是导体，淡蓝色部分是相对介电常量分别为 ε_{r1} 和 ε_{r2} 的两层均匀介质。忽略边缘效应，求：(1)介质内的 $\boldsymbol{D}$、$\boldsymbol{E}$ 及导线与圆筒间的电势差 V；(2)电容。

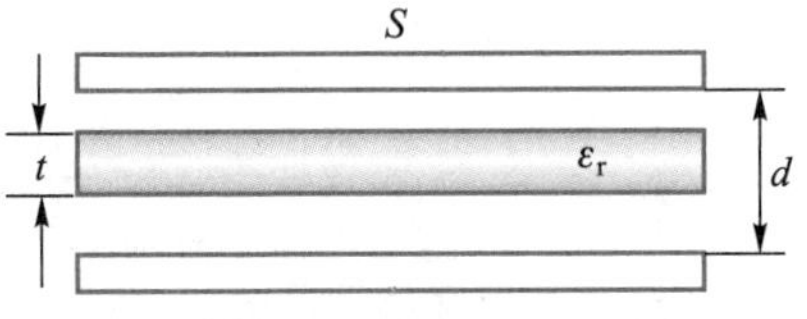

习题 8-47 图

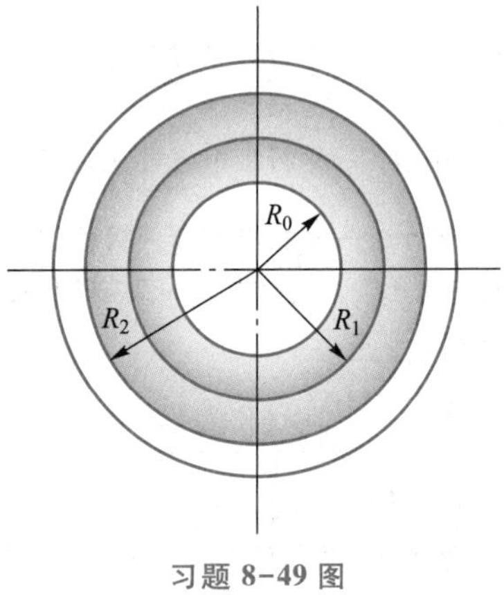

习题 8-49 图

8-50　由半径分别为 $R_1=5$ cm 与 $R_2=10$ cm 的两个很长的共轴金属圆柱面构成一个圆柱形电容器，将它与一个直流电源相连。今将电子射入电容器中，电子的速度沿其半径为 $r(R_1<r<R_2)$ 的圆周的切线方向，其值为 3×10^6 m/s，欲使该电子在电容器中作圆周运动(见习题 8-50 图)，问在电容器的两极之间应加多大的电压？($m_e=9.1\times10^{-31}$ kg，$e=1.6\times10^{-19}$ C。)

8-51　为了测量电介质材料的相对介电常量，将一块厚为 1.5 cm 的平板材料慢慢地插进一电容器的距离为 2.0 cm 的两平行板之间，在插入过程中，电容器的电荷保持不变。插入之后，两板间的电势差减小为原来的 60%，求电介质的相对介电常量。

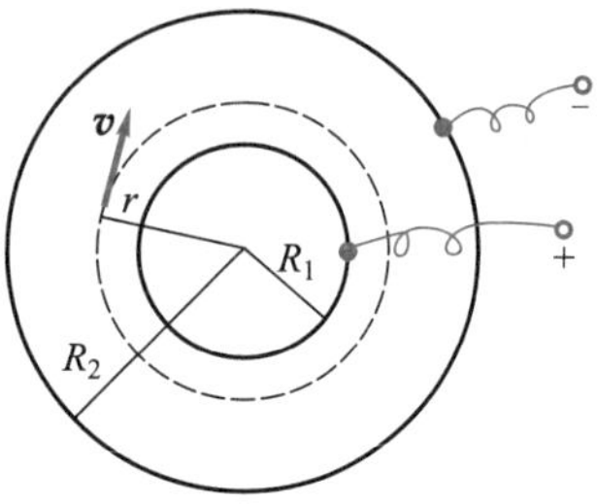

习题 8-50 图

8-52 某计算机键盘的每一个键下面连有一小块金属片，它下面隔一定的空隙有另一块小的固定金属片，这样两片金属片就组成一个小电容器（见图）。当键被按下时，此小电容器的电容就发生变化，与之相连的电子线路就能检测出是哪个键被按下了，从而给出相应的信号。设每个金属片的面积为 50.0 mm^2，两金属片之间的距离是 0.600 mm，如果电子线路能检测出的电容变化是 0.250 pF，那么键需要按下多大的距离才能给出必要的信号？

8-53 一个平行板电容器的每个板的面积是 0.02 m^2，两板相距 0.50 mm，放在一个金属盒子中，如图所示。电容器两板到盒子上下底面的距离各为 0.25 mm，忽略边缘效应，求此电容器的电容。如果将一个板和盒子用导线连接起来，电容器的电容又是多大？

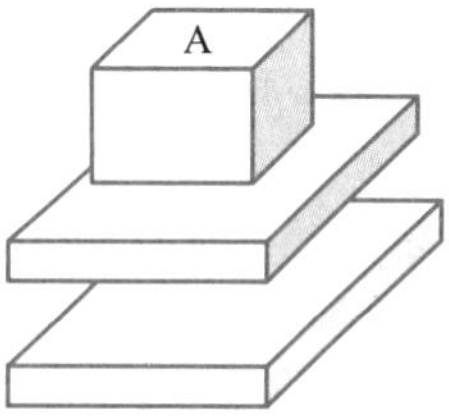

习题 8-52 图

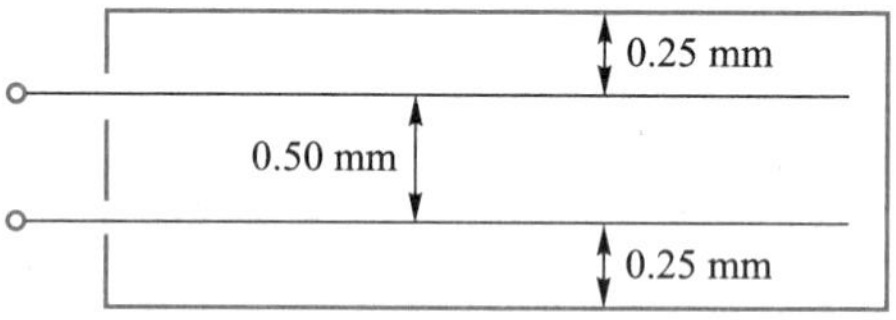

习题 8-53 图

8-54 将一个电容为 4 μF 的电容器和一个电容为 6 μF 的电容器串联起来接到 200 V 的电源上，充电后，将电源断开，并将两电容器分离。在下列两种情况下，每个电容器的电压变为多少？(1) 将每一个电容器的正极板与另一个电容器的负极板连接；(2) 将两电容器的正极板与正极板连接，负极板与负极板连接。

8-55 如图所示，一平行板电容器充以两种电介质，试证明其电容为 $C=\dfrac{\varepsilon_0 A}{d}\left(\dfrac{\varepsilon_{r1}+\varepsilon_{r2}}{2}\right)$。

8-56 如图所示，一平行板电容器充以两种电介质，试证明其电容为 $C=\dfrac{2\varepsilon_0 A}{d}\left(\dfrac{\varepsilon_{r1}\cdot\varepsilon_{r2}}{\varepsilon_{r1}+\varepsilon_{r2}}\right)$。

8-57 如图所示，一平板电容器两极板的面积都是 S，相距为 d，今在其间平行地插入厚度为 t，相对介电常量为 ε_r 的均匀介质，其面积为 $S/2$。设两极板分别带有电荷量 Q 与 $-Q$，略去边缘效应，求：(1) 两极电势差 V；(2) 电容 C。

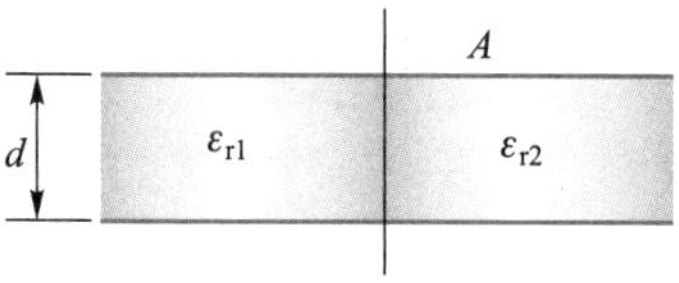

习题 8-55 图

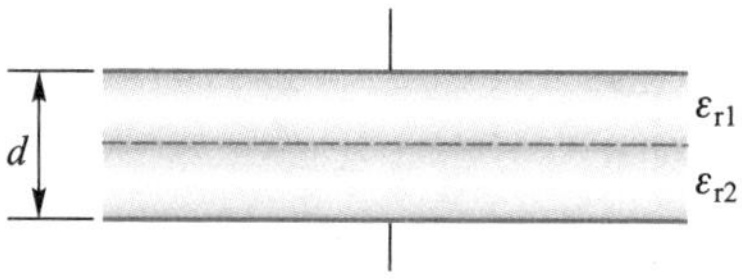

习题 8-56 图

8-58 一个中空铜球浮在相对介电常量为 3.0 的大油缸中，一半没入油内，如果铜球所带总电荷量是 2.0×10^{-6} C，它的上半部和下半部各带多少电荷量？

8-59 一次闪电的放电电压大约是 1.0×10^{9} V，而被中和的电荷量约是 30 C，问：(1) 一次放电所释放的能量是多大？(2) 一所希望小学每天消耗电能 20 kW · h。上述一次放电所释放的电能够该小学用多长时间？

8-60　如图所示，三块互相平行的均匀带电大平面，电荷面密度分别是 $\sigma_1=1.2\times10^{-4}\ \mathrm{C/m^2}$，$\sigma_2=2.0\times10^{-5}\ \mathrm{C/m^2}$，$\sigma_3=1.1\times10^{-4}\ \mathrm{C/m^2}$。$A$ 点与平面Ⅱ相距为 5.0 cm，B 点与平面Ⅱ相距为 7.0 cm。(1)计算 A、B 两点的电势差；(2)设把电荷量 $q_0=-1.0\times10^{-8}$ C 的点电荷从 A 点移到 B 点，外力克服电场力做多少功？

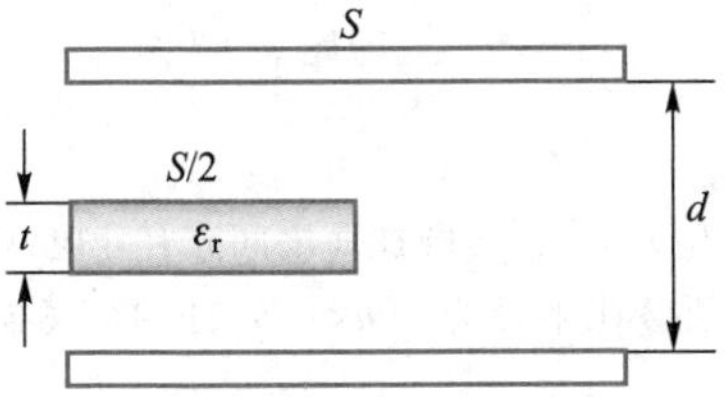

习题 8-57 图

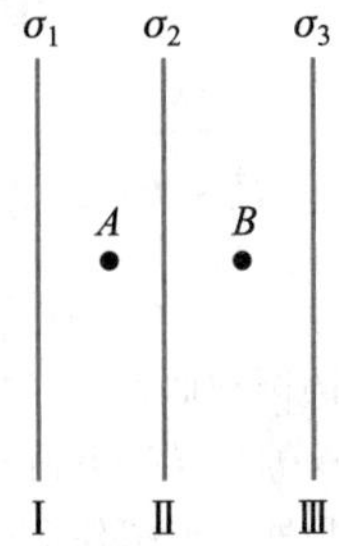

习题 8-60 图

8-61　假设某一瞬间，氦原子的两个电子正在核的两侧，它们与核的距离都是 0.2×10^{-10} m，这种配置状态的静电势能是多少？(把电子与原子核看作点电荷。)

8-62　如果把质子当成半径为 1.0×10^{-15} m 的均匀带电球体，它的静电势能是多大？这势能是质子的相对论静能的百分之几？

8-63　铀核带的电荷量 $92e$，可以近似地认为它均匀分布在一个半径为 7.4×10^{-15} m 的球体内，求铀核的静电势能。

当铀核对称裂变后，产生两个相同的钯核，各带电 $46e$，总体积和原来一样。设这两个钯核也可看成球体，当它们分离很远时，它们的总静电势能又是多少？这一裂变释放出的静电能是多少？

按每个铀核都这样对称裂变，计算：1 kg 铀裂变后释放的静电能是多少？(裂变时释放的“核能”基本上就是这静电能。铀的摩尔质量 $M=238\times10^{-3}$ kg/mol。)

8-64　按照玻尔理论，氢原子中的电子围绕原子核作圆周运动，维持电子运动的力为电场力，轨道的大小取决于角动量，最小的轨道角动量为 $\hbar=1.05\times10^{-34}$ J·s，其他依次为 $2\hbar$、$3\hbar$ 等。

(1) 证明：如果圆轨道有角动量 $n\hbar(n=1,2,3,\cdots)$，则其半径 $r=\dfrac{4\pi\varepsilon_0}{m_e e^2}n^2\hbar^2$；

(2) 证明：在这样的轨道中，电子的轨道能量(动能+势能)为 $W=-\dfrac{m_e e^4}{2(4\pi\varepsilon_0)^2\hbar^2}\dfrac{1}{n^2}$；

(3) 计算 $n=1$ 时的轨道能量(用 eV 表示)。

8-65　有一电容器，电容 $C_1=20.0\ \mu\mathrm{F}$，用电压 $U=1\,000$ V 的电源使之带电，然后撤去电源，使其与另一个未充电的电容器 $C_2(C_2=5.0\ \mu\mathrm{F})$ 相连接(见习题 8-65 图)，问：(1)两个电容器各带电多少？(2)第一个电容器两端的电势差为多少？(3)能量损失了多少？

8-66　一平板电容器，极板面积为 S，间距为 d，接在电源上以保持电压为 U，将极板的距离拉开一倍，计算：(1)静电能的改变；(2)电场对电源做的功；(3)外力对极板做的功。

8-67　一平板电容器，极板的面积是 S，板间距为 d，如图所示。(1)充电后保持其电荷量 Q 不变，将一块厚为 b 的金属板平行于两极板插入，与金属板插入前相比，电容器储能增加了多少？(2)金属板进入时，外力(非静电力)对它做功多少？是被吸引还是需要推入？(3)如果充电后保持电容器的电压 U 不变，则(1)、(2)两问的结果又如何？

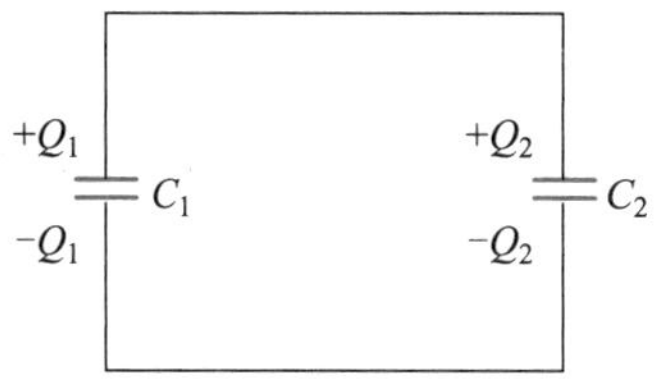

习题 8-65 图

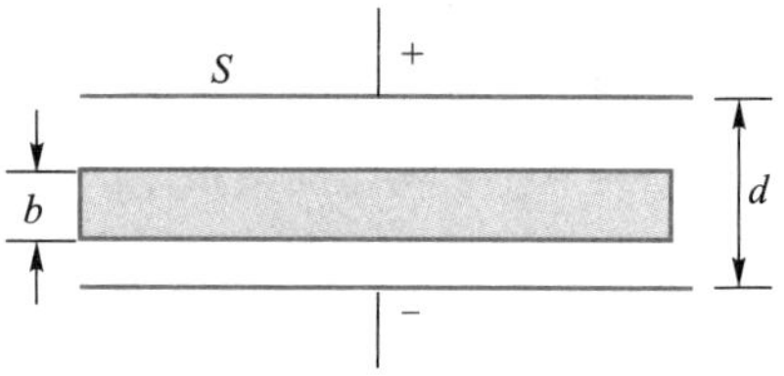

习题 8-67 图

8-68 两个同轴的圆柱面，长度均为 l，半径分别为 a 和 b，两圆柱面之间充有介电常量为 ε 的均匀电介质，当两个圆柱面带有等量异号电荷+Q 与−Q 时，求：(1) 在半径为 $r(a<r<b)$ 处的电场能量密度；(2) 电介质中的总能量，并由此推算出圆柱形电容器的电容。

8-69 假设电子是一个半径为 R、电荷量为 e 且均匀分布在它的表面上的导体球，如果静电能等于电子的静止能量 $m_e c^2$，那么以电子 e 和 m_e、光速 c 等表示的电子半径 R 的表达式是什么？R 在数值上等于多少？($m_e=9.11\times10^{-31}$ kg，$e=1.6\times10^{-19}$ C。)

第 8 章习题参考答案

第9章 恒定磁场

第1节 磁性与磁场

一、磁现象与磁场

电与磁经常联系在一起并相互转化，所以凡是用到电的地方，几乎都与磁的过程参与其中，因此人们对于磁现象的观察和研究是与电相伴随的。在现代社会，发电机、电动机、变压器、收音机、电话、显示屏等各种电子设备无不与磁现象有关。从本章起将讨论磁现象的规律及其与电现象之间的关系。本章只讨论磁场不随时间变化的恒定情形，在下一章将再涉及变化过程中电与磁之间的相互转化问题。

在磁学的领域内，我国古代人做出了很大的贡献。春秋战国时期随着冶铁业的发展，人们对磁现象产生一些认知。如《管子·地数篇》《山海经·北山经》《鬼谷子》《吕氏春秋·精通》中都有关磁石的描述和记载。河北省的磁县(古称磁(慈)州)就是因为盛产天然磁石而得名。从东汉的王充到北宋的沈括，都记载了古人利用磁石南北指向的这一现象制作了指南针并应用于航海，为世界文明做出了重要贡献。

近现代发源于欧洲的科学，开拓性和系统性地研究了磁现象的规律、原理和应用，从而我们知道，最早的磁铁化学成分是 Fe_3O_4。近代人工制造的磁铁是把铁磁性物质放在通有电流的线圈中磁化，使之变成暂时或永久的磁铁。为了进一步了解磁现象，我们详细分析一下磁铁的性质。图 9-1-1 就是一个条形磁铁吸引铁屑的示意图，可见条形磁铁两端磁性最强，称为磁极。如果把条形磁铁悬挂起来，使之能够水平自由转动，当条形磁铁处于静止状态时，磁极总是会指向一个固定的方向，其取向大致是地球地理上的南极和北极，条形磁铁指向地理上北方的那一端称为北极，用 N 表示；相反的一端称为南极，用 S 表示。条形磁铁 N、S 极的指向与地理上的南北极方向略有偏离，见图 9-1-2。

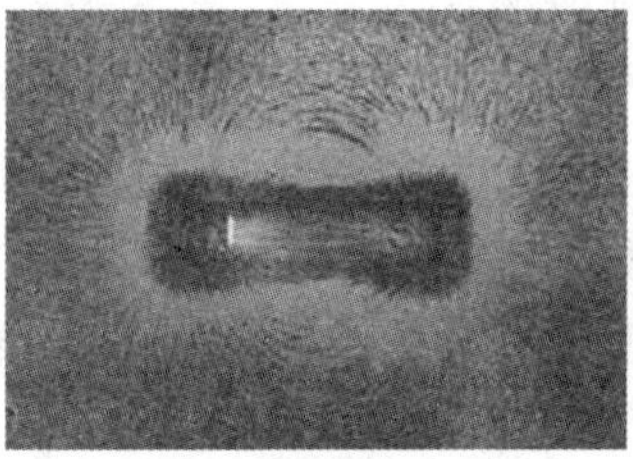

图 9-1-1 磁铁吸引铁屑示意图

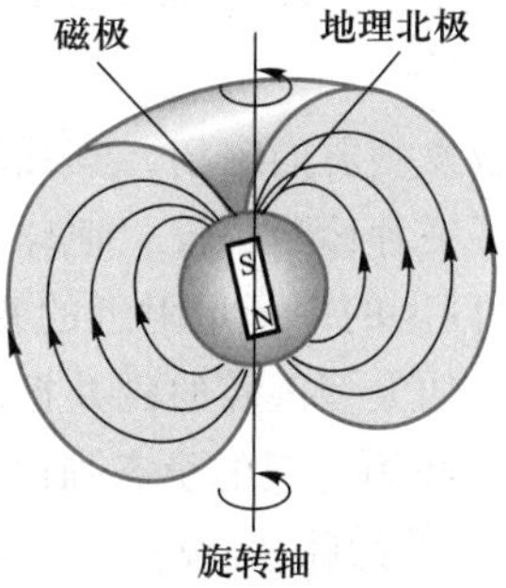

图 9-1-2 地球磁场和地理南北极

1820 年奥斯特(H. C. Oersted)发现，放在载流导线周围的磁针会受到磁力的作用而发生偏转；同年安培(A. M. Ampère)发现，放在磁极附近的载流线圈或载流导线也会受到磁力的作用而发生运动，其后又发现载流导线和载流线圈之间也有相互作用。这些相互作用通常称为磁相互作用，是通过磁场来传递的。

磁场的基本性质如下。

(1) 运动的电荷在附近产生磁场。

(2) 处在磁场中的运动电荷、载流导体、磁铁等都会受到磁场力的作用。

(3) 载流导体或磁铁在磁场中运动时，磁场力将做功，这表明磁场具有能量。

二、磁感应强度

可以用磁场对运动电荷的作用力来描述磁场的特性，引入磁感应强度 $\boldsymbol{B}$ 这个物理量来描述磁场中任意点的磁场。

实验表明，一个电荷量为 q 的电荷以任意的速度 $\boldsymbol{v}$ 通过磁场中的点 P 时，受到一个侧向的磁场力 $\boldsymbol{F}$ 的作用，则 P 点处的磁感应强度 $\boldsymbol{B}$ 满足下述关系式：

$$\boldsymbol{F}=q\boldsymbol{v}\times\boldsymbol{B} \tag{9-1-1}$$

由上式可知，当 $\boldsymbol{v}$ 取某一特定方向时，运动电荷所受的磁场力最大，即

$$F_{\max}=qvB$$

则 P 点 $\boldsymbol{B}$ 的数值定义为

$$B=\frac{F_{\max}}{qv} \tag{9-1-2}$$

由矢量运算可知，此时运动电荷的速度 $\boldsymbol{v}$ 一定与 P 点的 $\boldsymbol{B}$ 相互垂直，将这一特定方向的 $\boldsymbol{v}$ 用 $\boldsymbol{v}_{\mathrm{B}}$ 表示。则对于正电荷而言，可以用矢量积 $\boldsymbol{F}_{\max}\times\boldsymbol{v}_{\mathrm{B}}$ 来确定 $\boldsymbol{B}$ 的矢量方向。可以看到，这个方向正是电荷不受力的运动方向。图 9-1-3 表示了 $\boldsymbol{F}$、$\boldsymbol{v}_{\mathrm{B}}$ 与 $\boldsymbol{B}$ 三个矢量之间的关系。

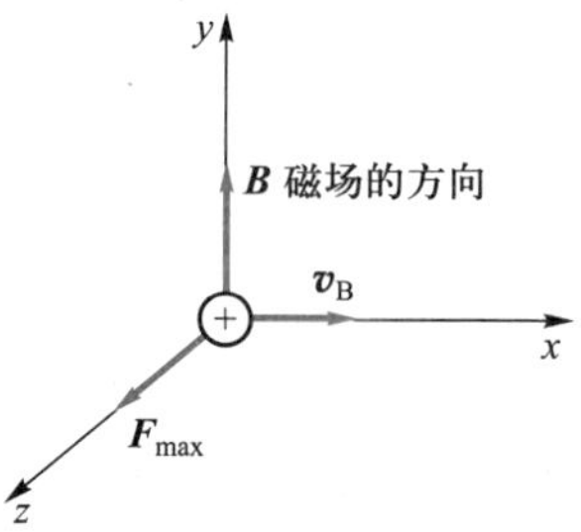

图 9-1-3 $\boldsymbol{B}$、$\boldsymbol{v}_{\mathrm{B}}$、$\boldsymbol{F}_{\max}$ 的正交关系

在国际单位制中，磁感应强度的单位是 T(特斯拉，以纪念电气工程师 N. Tesla)。在工程上有时用 G(高斯，以纪念数学家和物理学家 C. F. Gauss)表示磁场的强度，1 T=10 000 G，现已不推荐使用。

人体会激发微弱的磁场，其强度约为 3×10^{-10} T，这种磁场在医学上提供了一种诊断手段；地球表面地磁场的数量级约为 5×10^{-5} T；太阳日冕附近的磁场在 10^{-2} T；密度巨大的中子星附近的磁场在 10^{8} T 以上。人类通过发现电磁转化规律制造了不同类型的磁体，如大型医院的磁共振成像设备，其磁场可达 3 T，利用超导材料绕制的超导磁体可达到 20 T，我国合肥的稳态强磁场实验室和武汉的脉冲强磁场实验室分别可以达到 42 T 的稳态磁场和 90 T 的脉冲磁场，为极端电磁环境的科学研究提供理想的平台。

第 2 节　毕奥-萨伐尔定律

一、毕奥-萨伐尔定律

由上节可看出，磁场是由运动的电荷产生的。在导体中，电荷的运动产生电流，从而产生磁场。电流和磁场的关系可以用毕奥-萨伐尔(Biot-Savart)定律来描述。这是一个实验定律。任意载流导线均可看成是由无限多个电流元组合而成的。电流元记为 $I\mathrm{d}\boldsymbol{l}$，其中 I 是导线中的电流，$\mathrm{d}\boldsymbol{l}$ 是在载流导线上沿着电流方向所取的微小线段元。毕奥-萨伐尔定律指出电流元 $I\mathrm{d}\boldsymbol{l}$ 在与其距离为 r 的空间任意一点 P 处激发的磁感应强度 $\boldsymbol{B}$ 的大小为

$$\mathrm{d}B = k\frac{I\mathrm{d}l\sin\theta}{r^2}$$

式中 θ 是 $\mathrm{d}\boldsymbol{l}$ 和从电流元到空间某点的位置矢量 $\boldsymbol{r}$ 之间的不大于180°的夹角，k 是比例系数。如果采用国际单位制，则 $k=\frac{\mu_0}{4\pi}$，其中，$\mu_0=4\pi\times10^{-7}\ \mathrm{T\cdot m/A}$，$\mu_0$ 称为真空的磁导率。将 k 值代入上式，得

$$\mathrm{d}B = \frac{\mu_0}{4\pi}\frac{I\mathrm{d}l\sin\theta}{r^2} \tag{9-2-1}$$

$\mathrm{d}\boldsymbol{B}$ 是一个矢量，一个电流元 $I\mathrm{d}\boldsymbol{l}$ 在空间某一点产生的磁感应强度，其方向垂直于 $\mathrm{d}\boldsymbol{l}$ 和 $\boldsymbol{r}$ 确定的平面，其指向服从右手定则(图 9-2-1)，即

$$\mathrm{d}\boldsymbol{B} = \frac{\mu_0}{4\pi}\frac{I\mathrm{d}\boldsymbol{l}\times\boldsymbol{e}_r}{r^2} \tag{9-2-2}$$

式中 $\boldsymbol{e}_r$ 是电流元指向 P 点的单位矢量。(9-2-2)式就是毕奥-萨伐尔定律，即电流元 $I\mathrm{d}\boldsymbol{l}$ 在真空中某一点所产生的磁感应强度 $\mathrm{d}\boldsymbol{B}$ 的大小与 $I\mathrm{d}\boldsymbol{l}$ 的大小成正比，又与 $\mathrm{d}\boldsymbol{l}$ 和从电流元到空间某点的位置矢量之间夹角的正弦 $\sin\theta$ 成正比，而与位置矢量 $\boldsymbol{r}$ 的大小的平方成反比。

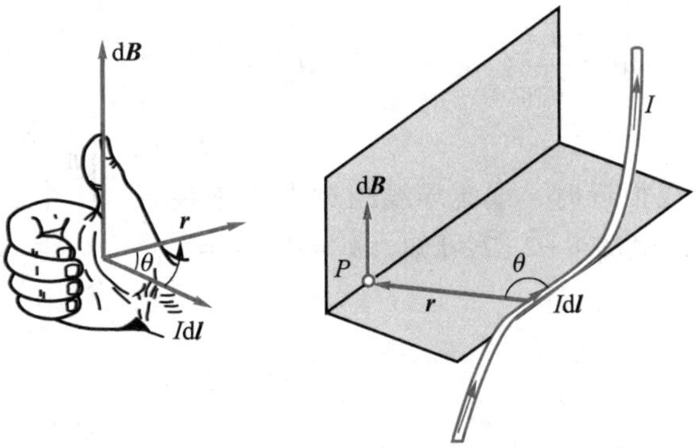

图 9-2-1　电流元激发磁感应强度和右手定则

对任意一段载流导线所激发的磁场，根据(9-2-2)式积分得到

$$\boldsymbol{B}=\int_l \mathrm{d}\boldsymbol{B}=\frac{\mu_0}{4\pi}\int_l \frac{I\mathrm{d}\boldsymbol{l}\times\boldsymbol{e}_r}{r^2} \tag{9-2-3}$$

如果电流是闭合环路，则积分是一个闭合环路积分：

$$\boldsymbol{B}=\oint \mathrm{d}\boldsymbol{B}=\frac{\mu_0}{4\pi}\oint \frac{I\mathrm{d}\boldsymbol{l}\times\boldsymbol{e}_r}{r^2} \tag{9-2-4}$$

二、磁感应强度的计算

1. 载流直导线的磁场

设载流直导线的长度为 l，电流为 I，计算离导线距离为 a 的 P 点的磁感应强度 $\boldsymbol{B}$。在长直导线上任取一电流元 $I\mathrm{d}\boldsymbol{l}$，如图 9-2-2 所示。根据毕奥-萨伐尔定律，该电流元在 P 点激发的磁感应强度为

$$\mathrm{d}\boldsymbol{B}=\frac{\mu_0}{4\pi}\frac{I\mathrm{d}\boldsymbol{l}\times\boldsymbol{e}_r}{r^2}$$

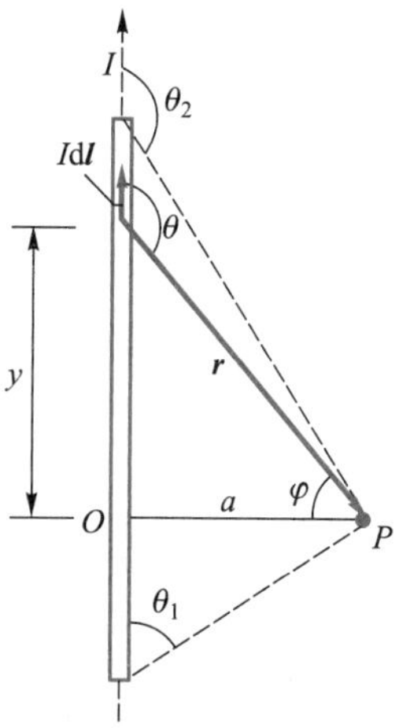

图 9-2-2 载流长直导线附近的磁场

$\mathrm{d}\boldsymbol{B}$ 的方向由 $I\mathrm{d}\boldsymbol{l}\times\boldsymbol{e}_r$ 确定，即垂直于纸面向里，导线上其他电流元在 P 点激发的磁感应强度的方向都垂直于纸面向里，所以各个电流元激发的磁场可以直接相加，利用毕奥-萨伐尔定律得到

$$B=\int_l \mathrm{d}B=\frac{\mu_0}{4\pi}\int_l \frac{|I\mathrm{d}\boldsymbol{l}\times\boldsymbol{e}_r|}{r^2}=\frac{\mu_0}{4\pi}\int_l \frac{I\mathrm{d}l\sin\theta}{r^2}$$

式中 $\mathrm{d}l=\mathrm{d}y$，$\tan\varphi=\dfrac{y}{a}$，$\mathrm{d}y=\dfrac{a\mathrm{d}\varphi}{\cos^2\varphi}$，代入上式，得到

$$B=\frac{\mu_0 I}{4\pi}\cdot\int\frac{1}{r^2}\frac{a\mathrm{d}\varphi}{\cos^2\varphi}\sin\theta$$

又 $\cos\varphi=\dfrac{a}{r}$，$\varphi=\theta-\dfrac{\pi}{2}$ 和 $\mathrm{d}\varphi=\mathrm{d}\theta$，则

$$B=\frac{\mu_0 I}{4\pi a}\cdot\int_{\theta_1}^{\theta_2}\sin\theta\mathrm{d}\theta=\frac{\mu_0 I}{4\pi a}(\cos\theta_1-\cos\theta_2) \tag{9-2-5}$$

当 P 点距离载流导线很近时，载流导线相对 P 点来说可视为无限长的载流导线，由图 9-2-2 可知，$\theta_1=0$，$\theta_2=\pi$，(9-2-5)式可以写成：

$$B=\frac{\mu_0 I}{2\pi a} \tag{9-2-6}$$

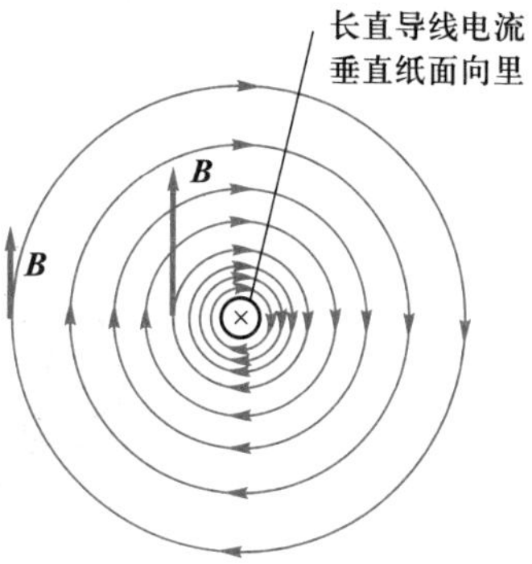

图 9-2-3 长直导线的磁场分布

(9-2-6)式就是距离一个无限长的载流直导线为 a 的任意点 P 的磁感应强度表达式。磁场分布如图 9-2-3 所示。

习惯上用符号 r 表示垂直距离，(9-2-6)式可以写成：

$$B=\frac{\mu_0 I}{2\pi r} \tag{9-2-7}$$

如果考虑载流导线是半无限长，如 $\theta_1=0$，$\theta_2=\pi/2$，则 P 点与半无限长直导线的上端在一个平面内，(9-2-5)式可以写成

$$B=\frac{\mu_0 I}{4\pi r}$$

【例 9-1】　一个宽度为 b 的长直载流平板，电流为 I，如图 9-2-4 所示。附近有一与其共面的 P 点，P 点距离长直载流平板中心线的距离是 a，求 P 点的磁感应强度。

解　长直载流平板可以看作是许多长直电流依次在一个平面内排列而成的。坐标原点 O 在其中线上，在长直载流平板上沿着其长度方向取宽度为 dx 的长直电流，长直电流的坐标是 x，其电流为 dI，如图 9-2-4 所示，该长直电流在 P 点激发磁场的大小可以用(9-2-6)式表示，方向垂直向里，按题意可以表示为

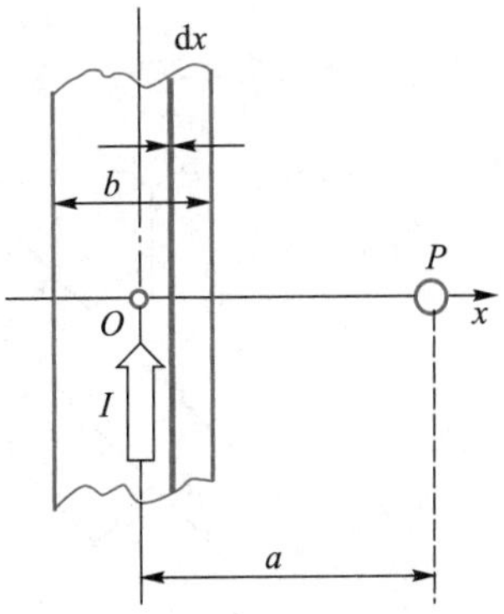

图 9-2-4　P 点与长直载流平板共面

$$dB=\frac{\mu_0 dI}{2\pi(a-x)}$$

考虑长直载流平板中电流均匀分布，则有

$$dI=\left(\frac{I}{b}\right)dx$$

于是

$$dB=\frac{\mu_0 dI}{2\pi(a-x)}=\frac{\mu_0 I dx}{2\pi b(a-x)}$$

根据磁场的叠加原理，将上式积分，即可得到整个长直载流平板在 P 点产生的磁感应强度的大小，且磁感应强度 $\boldsymbol{B}$ 的方向是垂直向里的。

$$B=\frac{\mu_0 I}{2\pi b}\int_{-b/2}^{+b/2}\frac{dx}{a-x}=\frac{\mu_0 I}{2\pi b}\ln\left(\frac{a+b/2}{a-b/2}\right)$$

考虑到 $a\gg b$ 时，即 P 点远离载流平板的远场情况，将上式中的对数函数展开为级数，取其一阶近似，得到

$$\ln\left(\frac{a+b/2}{a-b/2}\right)\approx\frac{b}{a}$$

代入 B 的表达式中，有

$$B=\frac{\mu_0 I}{2\pi a}$$

该式与(9-2-6)式一致，说明 $a\gg b$ 时载流平板对 P 点而言，仍然是一个长直载流导线。

如果 P 点在长直载流平板中线正上方，距离长直载流平板中心线的距离是 y_0，如图 9-2-5 所示。求 P 点的磁感应强度值。

同理，在长直载流平板上沿着其长度方向取宽度为 dx 的长直电流，长直电流的坐标是 x，其电流仍然为 dI。

根据(9-2-6)式，长直电流在 P 点激发的磁感应强度大小为

$$\mathrm{d}B=\frac{\mu_0\mathrm{d}I}{2\pi r}=\frac{\mu_0 I}{2\pi b}\cdot\frac{\mathrm{d}x}{r}$$

由对称性可知，磁场在 y 方向上叠加为零(见图 9-2-6，此图为沿着电流方向的正视图)，只有 x 方向的分量 $\mathrm{d}B_x$，即

$$\mathrm{d}B_x=\frac{\mu_0 I}{2\pi b}\frac{\mathrm{d}x}{r}\cos\theta$$

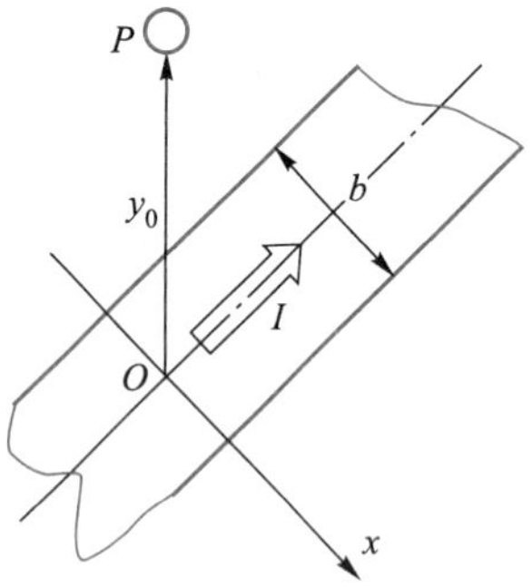

图 9-2-5 P 点在长直载流平板正上方

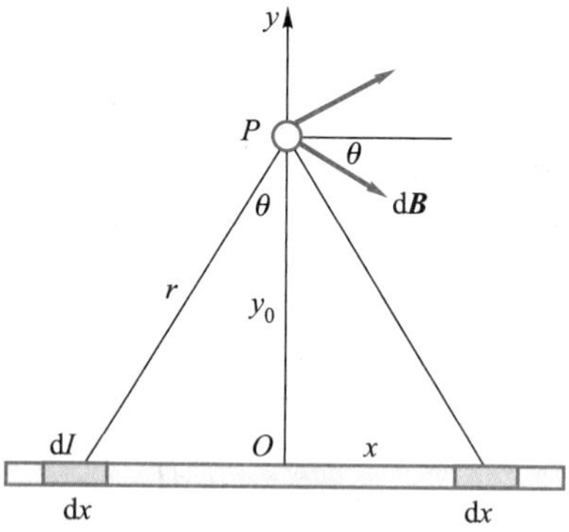

图 9-2-6 磁场叠加的矢量性

由于 $x=y_0\tan\theta$，$\mathrm{d}x=\dfrac{y_0\mathrm{d}\theta}{\cos^2\theta}$，$\cos\theta=\dfrac{y_0}{r}$，代入上式得到

$$\mathrm{d}B_x=\frac{\mu_0 I}{2\pi b}\mathrm{d}\theta$$

在 x 方向叠加得到 P 点的磁感应强度的大小，方向沿着 x 轴正向，即

$$B_x=\int\mathrm{d}B_x=\frac{\mu_0 I}{2\pi b}\int_{\theta 1}^{\theta_2}\mathrm{d}\theta=\frac{\mu_0 I}{2\pi b}(\theta_2-\theta_1)$$

设 $\theta_1=-\theta_0$，$\theta_2=\theta_0$，$\theta_2-\theta_1=2\theta_0$，则得到 P 点的磁感应强度的大小为：

$$B=\frac{\mu_0 I}{\pi b}\theta_0$$

由图 9-2-7 可知 $\tan\theta_0=\dfrac{b}{2y_0}$，$\theta_0=\arctan\dfrac{b}{2y_0}$，上式表示为

$$B=\frac{\mu_0 I}{\pi b}\arctan\frac{b}{2y_0}$$

当 P 点远离长直载流平板时，即 $y_0\gg b$，$\theta_0\approx\tan\theta_0=\dfrac{b}{2y_0}$，代入上式中，得

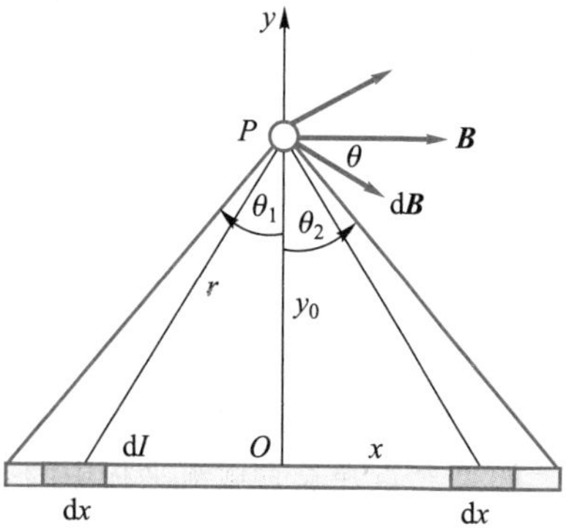

图 9-2-7 θ_1 和 θ_2 的定义图

$$B=\frac{\mu_0 I}{\pi b}\frac{b}{2y_0}=\frac{\mu_0 I}{2\pi y_0}$$

上式说明，当 P 点远离长直载流平板时，长直载流平板可以看作一个没有宽度的长直载流导线。

当 P 点靠近长直载流平板时，即 $y_0 \ll b$，$\theta_0 \approx \frac{\pi}{2}$，同理，得

$$B=\frac{\mu_0 I}{2b}=\frac{\mu_0 j}{2}$$

此式给出了一个无穷大平面电流产生的磁感应强度，其中 j 是通过与电流方向垂直单位长度上的电流，称为**面电流的线密度**。

【例 9-2】 设有正方形导线框，边长为 $2a$，电流大小是 I，如图 9-2-8 所示。求其中心垂线上 P 点的磁感应强度。

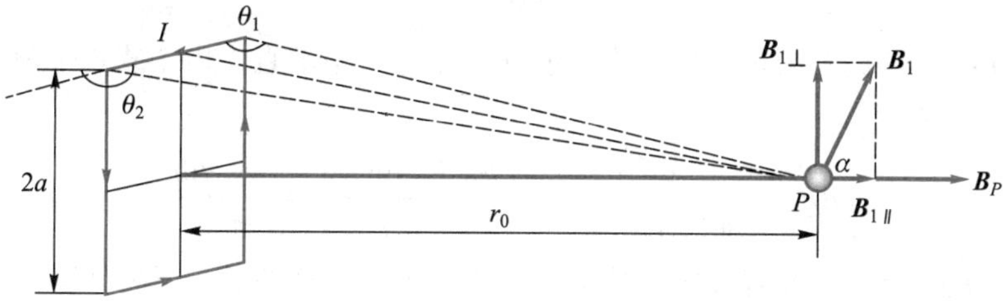

图 9-2-8　正方形中垂线上的磁感应强度

解　根据(9-2-5)式，正方形的一边在其中心垂线上的磁感应强度为

$$B_1=\frac{\mu_0 I}{4\pi r}(\cos\theta_1-\cos\theta_2)$$

式中 r 是 P 点到直电流的距离。根据对称性，$\boldsymbol{B}_1$ 的垂直分量 $\boldsymbol{B}_{1\perp}$ 与对边电流激发的磁感应强度矢量的垂直分量抵消，只有水平分量叠加。正方形四条边激发的磁感应强度矢量大小相同，其水平分量方向相同，可以代数叠加。如图中所示 $\boldsymbol{B}_1$ 的水平分量为 $\boldsymbol{B}_{1/\!/}$，其大小为

$$B_{1/\!/}=\frac{\mu_0 I}{4\pi\sqrt{a^2+r_0^2}}(\cos\theta_1-\cos\theta_2)\cos\alpha$$

式中　$$\cos\alpha=\frac{a}{\sqrt{a^2+r_0^2}},\quad \cos\theta_1=\frac{a}{\sqrt{a^2+(a^2+r_0^2)}},\quad \cos\theta_2=-\frac{a}{\sqrt{a^2+(a^2+r_0^2)}}$$

得　$$B_{1/\!/}=\frac{\mu_0 I}{4\pi\sqrt{a^2+r_0^2}}\cdot\left(\frac{2a}{\sqrt{a^2+a^2+r_0^2}}\right)\cdot\frac{a}{\sqrt{a^2+r_0^2}}=\frac{\mu_0 I a^2}{2\pi(a^2+r_0^2)\sqrt{2a^2+r_0^2}}$$

P 点磁感应强度矢量的大小为

$$B_P=4B_{1/\!/}=\frac{2\mu_0 I a^2}{\pi(a^2+r_0^2)\sqrt{2a^2+r_0^2}}=\frac{\mu_0(IS)}{2\pi(a^2+r_0^2)\sqrt{2a^2+r_0^2}}$$

$\boldsymbol{B}_P$ 方向沿水平方向，其中 S 为正方形导线框的面积。当 $r_0 \gg 2a$ 时，P 点的磁感应强度为

$$B_P = \frac{\mu_0(IS)}{2\pi r_0^3}$$

可见，正方形载流导线框的 IS 决定了远处的磁场。

2. 圆电流的磁场

如图 9-2-9 所示的圆环形电流，求其轴线上任意 P 点的磁感应强度 $\boldsymbol{B}$。

设圆环形电流的半径为 R，圆心为 O，其电流为 I，P 点到圆心的距离为 x。在圆环形电流上任取一电流元 $I\mathrm{d}\boldsymbol{l}$，根据毕奥-萨伐尔定律，该电流元在 P 点激发的磁感应强度为

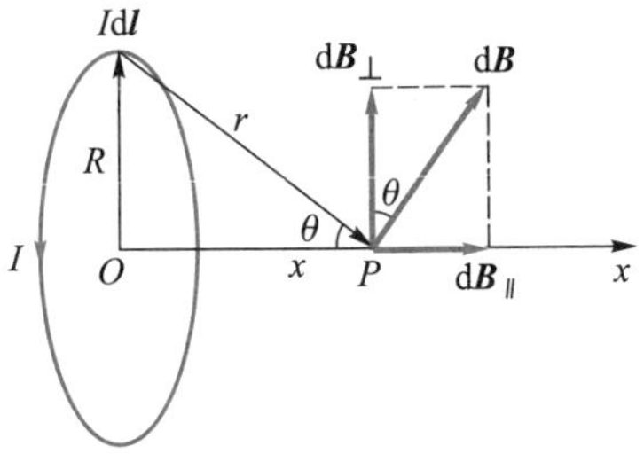

图 9-2-9　圆环电流轴线上的磁场

$$\mathrm{d}\boldsymbol{B} = \frac{\mu_0}{4\pi}\frac{I\mathrm{d}\boldsymbol{l} \times \boldsymbol{e}_r}{r^2}$$

从电流元 $I\mathrm{d}\boldsymbol{l}$ 到 P 点的矢量 $\boldsymbol{r}$ 与电流元本身的方向互相垂直，由上式得电流元在 P 点激发的磁感应强度大小为

$$\mathrm{d}B = \frac{\mu_0}{4\pi}\frac{|I\mathrm{d}\boldsymbol{l} \times \boldsymbol{e}_r|}{r^2} = \frac{\mu_0}{4\pi}\frac{I\mathrm{d}l\sin 90^\circ}{r^2} = \frac{\mu_0}{4\pi}\frac{I\mathrm{d}l}{r^2}$$

将 $\mathrm{d}\boldsymbol{B}$ 分解为两个相互垂直方向的分量，即方向沿着 OP 的分量 $\mathrm{d}\boldsymbol{B}_{/\!/}$ 和垂直于 OP 方向的分量 $\mathrm{d}\boldsymbol{B}_\perp$。考虑圆环电流的对称性，圆环电流的同一直径两端的等长电流元在 P 点激发的磁感应强度在垂直于 OP 方向上的两个分量大小相同、方向相反，互相抵消，所以 P 点的磁感应强度矢量 $\boldsymbol{B}$ 方向沿着 OP 方向，其大小可表示为

$$B = \int_l \mathrm{d}B_{/\!/} = \int_l \mathrm{d}B\sin\theta = \frac{\mu_0}{4\pi}\int_l \frac{I\mathrm{d}l}{r^2}\sin\theta$$

注意上式中 r、θ 在积分过程中是不变量，则

$$B = \frac{\mu_0}{4\pi}\frac{I\sin\theta}{r^2}\oint_l \mathrm{d}l = \frac{\mu_0}{4\pi}\frac{I\sin\theta}{r^2}\cdot 2\pi R = \frac{\mu_0}{2}\frac{IR\sin\theta}{r^2}$$

将 $r=\sqrt{x^2+R^2}$，$\sin\theta=\dfrac{R}{r}=\dfrac{R}{\sqrt{x^2+R^2}}$代入上式，得到

$$B = \frac{\mu_0 IR^2}{2(x^2+R^2)^{3/2}} \qquad (9-2-8)$$

以下讨论两种情况。

(1) $x=0$，圆环电流的圆心处的磁感应强度为

$$B = \frac{\mu_0 I}{2R} \qquad (9-2-9)$$

圆环电流的磁场分布如图 9-2-10 所示。

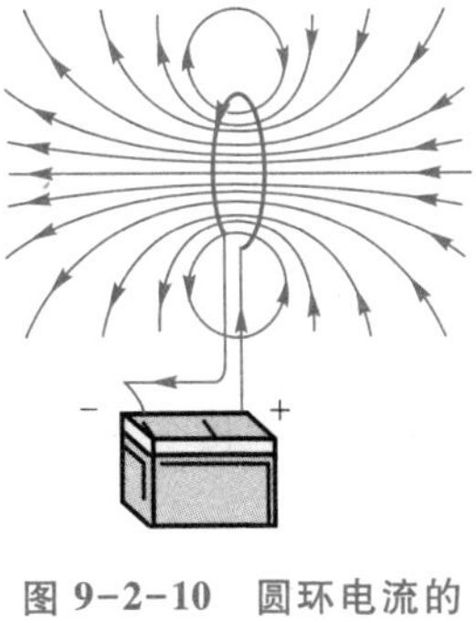

图 9-2-10　圆环电流的磁场分布

圆心角为 θ 的圆弧状电流在其圆心处的磁感应强度大小为

$$B = \left(\frac{\theta}{2\pi}\right)\frac{\mu_0 I}{2R} \tag{9-2-10}$$

（2）$x \gg R$，$x \approx r$，(9-2-8)式可以写成：

$$B = \frac{\mu_0 IR^2}{2x^3} = \frac{\mu_0 IR^2}{2r^3} \tag{9-2-11}$$

或

$$B = \frac{\mu_0 IS}{2\pi r^3}$$

式中 S 是圆环电流所围的面积，可见圆环电流在远处产生的磁场取决于 IS，定义**磁偶极矩** $\boldsymbol{m}$ 为

$$\boldsymbol{m} = I\boldsymbol{S} = IS\boldsymbol{e}_{\mathrm{n}}$$

简称磁矩，$\boldsymbol{e}_{\mathrm{n}}$ 是圆环面的法向单位矢量。$\boldsymbol{e}_{\mathrm{n}}$ 的方向和电流的方向成右手螺旋关系(图 9-2-11)，通常又把载流圆环称为**磁偶极子**。这样一个磁偶极子激发的磁感应强度大小就可以表示为

$$B = \frac{\mu_0 \boldsymbol{m}}{2\pi r^3} \tag{9-2-12}$$

上式可以推广到任意形状的平面载流线圈，如例 9-2 中正方形载流线圈。

【例 9-3】 如图 9-2-12 所示，均匀带电圆盘的半径为 R，以角速度 ω 旋转，总电荷量为 q，求圆盘中心处的磁感应强度。

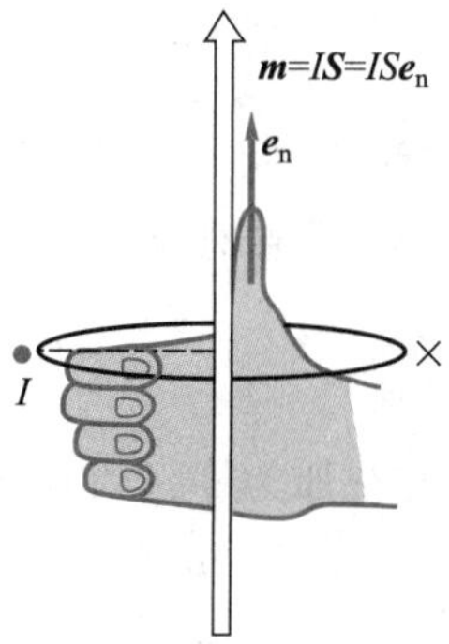

图 9-2-11 磁偶极矩的方向

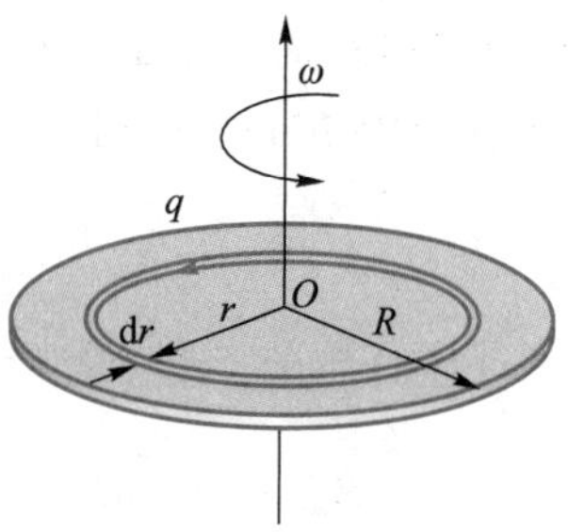

图 9-2-12 旋转带电圆盘中心处的磁场

解 将旋转带电圆盘看成是由半径不同的圆电流组成的。对于半径为 r、宽为 $\mathrm{d}r$ 的圆电流，其电流为

$$\mathrm{d}I = 2\pi r \cdot \mathrm{d}r \cdot \left(\frac{q}{\pi R^2}\right) \cdot \frac{\omega}{2\pi} = \frac{q\omega}{\pi R^2} r\mathrm{d}r$$

利用(9-2-9)式，得到圆盘中心的磁感应强度为

$$B = \int \mathrm{d}B = \int_0^R \frac{\mu_0}{2r} \cdot \frac{q\omega}{\pi R^2} r\mathrm{d}r = \frac{\mu_0 q\omega}{2\pi R}$$

方向竖直向上。

将每一个不同半径的圆环电流元的磁偶极矩叠加，还可以得到整个旋转带电圆盘的磁偶极矩的大小：

$$\boldsymbol{m}=\int \mathrm{d}\boldsymbol{m}=\int_0^R S\cdot \mathrm{d}I=\int_0^R(\pi r^2)\cdot\frac{q\omega}{\pi R^2}r\mathrm{d}r=\frac{1}{4}\omega qR^2$$

【例 9-4】　如图 9-2-13 所示，半径为 R 的无限长半圆柱面导体，其中通有轴向电流 I，电流在半圆柱面导体上均匀分布，求其轴线上的磁感应强度。

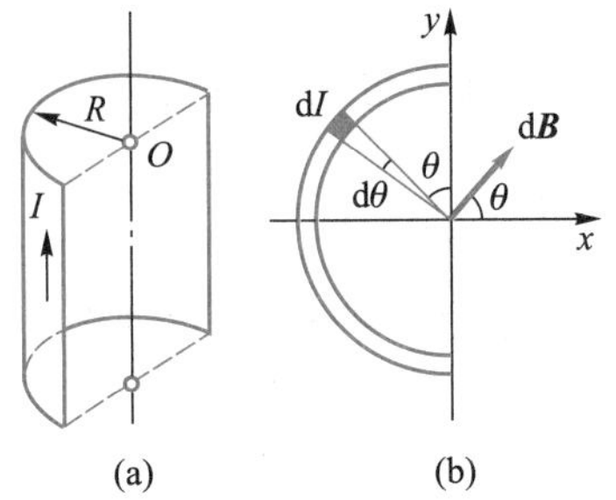

图 9-2-13　载流半圆柱面轴线上的磁场

解　将半圆柱面导体看作是无数长直载流导线沿着半圆排列而成的。其横截面上单位圆弧长上的电流为

$$j=\frac{I}{\pi R}$$

建立如图 9-2-13(b)所示的坐标系。在半圆柱面上取与轴线平行的一窄长条，宽度为 $\mathrm{d}l$，其上的电流为 $\mathrm{d}I=j\mathrm{d}l=jR\mathrm{d}\theta$，根据(9-2-7)式，其在轴线上激发的磁感应强度为

$$\mathrm{d}B=\frac{\mu_0\mathrm{d}I}{2\pi R}=\frac{\mu_0 j\mathrm{d}\theta}{2\pi}$$

方向如图 9-2-13(b)所示，由于对称性，$\mathrm{d}\boldsymbol{B}$ 在 x 方向分量的叠加为零，则有

$$B=B_y=\int \mathrm{d}B_y=\int \mathrm{d}B\sin\theta=\int_0^{\pi}\frac{\mu_0 j\sin\theta}{2\pi}\mathrm{d}\theta=\frac{\mu_0 j}{\pi}=\frac{\mu_0 I}{\pi^2 R}$$

$\boldsymbol{B}$ 的方向沿 y 轴正向。

3. 螺线管和螺绕环的磁场

如图 9-2-14 所示，螺线管长度为 L，截面半径为 R，密绕有 N 匝线圈，载流强度为 I，求螺线管内轴线上任意一点 P 的磁感应强度 $\boldsymbol{B}$。

考虑线圈为密绕，螺线管电流分布可以看成是许多圆环电流沿着螺线管轴线的排列，在螺线管轴向上取长度 $\mathrm{d}l$，其对应圆线圈的电流为 $\mathrm{d}I=\frac{N}{L}I\mathrm{d}l$，根据圆环电流的磁场表达式得到 $\mathrm{d}I$ 电流环在 P 点产生的磁感应强度为

$$\mathrm{d}B=\frac{\mu_0 R\sin\theta}{2r^2}\mathrm{d}I$$

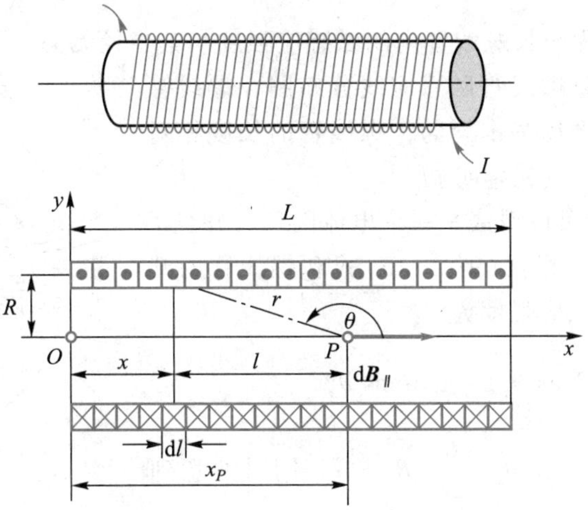

图 9-2-14　螺线管轴线上的磁场

根据螺线管的几何关系可知，$l=R\cot\theta$，$\sin\theta=R/r$，代入上式，得

$$\mathrm{d}B=-\frac{\mu_0 nI}{2}\sin\theta\mathrm{d}\theta$$

其中 $n=\dfrac{N}{L}$。将所有的圆环电流元产生的磁感应强度叠加，则 P 点的磁感应强度为

$$B=\int_{\theta_1}^{\theta_2}-\frac{\mu_0 nI}{2}\sin\theta\mathrm{d}\theta=\frac{\mu_0 nI}{2}(\cos\theta_2-\cos\theta_1) \tag{9-2-13}$$

由前面知道 $\boldsymbol{B}$ 的方向沿着中轴线，与电流方向成右手螺旋关系，θ_1 和 θ_2 的定义如图 9-2-15 所示。

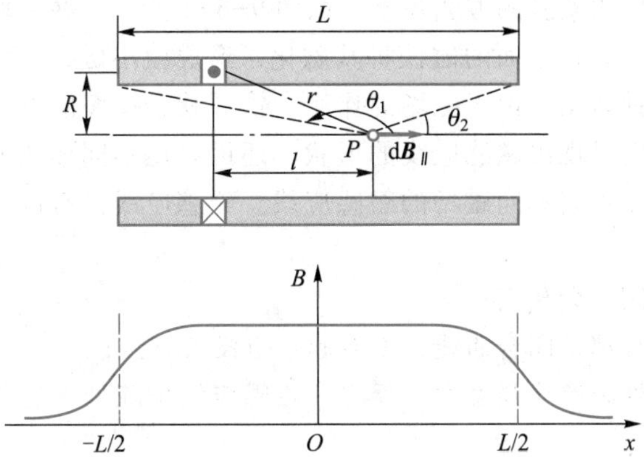

图 9-2-15　螺线管中的磁场分布

当 $R\ll L$ 时，螺线管可以看成是一个无限长的螺线管。这时有 $\theta_2=0$，$\theta_1=\pi$，代入(9-2-13)式，得

$$B=\mu_0 nI \tag{9-2-14}$$

从上式可以看到，无限长螺线管内的磁感应强度与其半径无关。

图 9-2-16 是一个直螺线管磁感应线分布图，螺线管外的磁场很弱，管内的磁场基本均匀，螺线管的长度相对于其半径越长，这样的特点就越明显。

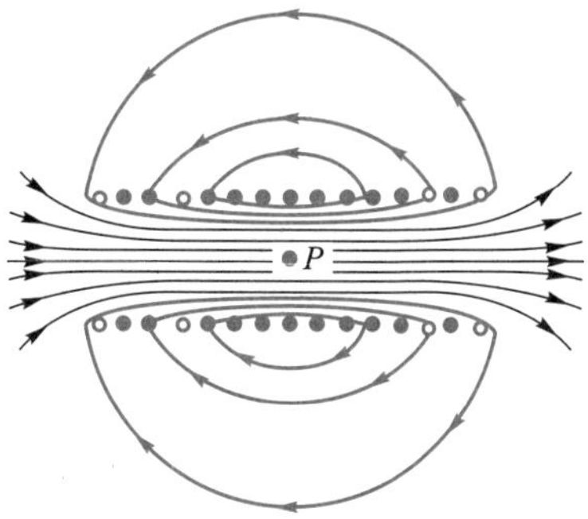

图 9-2-16 直螺线管的磁场分布

当 $R\gg L$ 时，螺线管可以看成是一个电流圆环，并且 P 点处在螺线管的正中心。根据(9-2-13)式和螺线管的几何关系，得到 P 点的磁感应强度为

$$B=\frac{\mu_0 nI}{2}(2\cos\theta_2)=\mu_0 nI\cos\theta_2$$

由图 9-2-14 可知，$\cos\theta_2=\dfrac{L}{2r}$，$R\approx r$，同时注意到 $N=nL$，代入上式，得

$$B=\mu_0 nI\cos\theta_2=\frac{\mu_0 nLI}{2r}=\frac{\mu_0 nLI}{2R}=\frac{\mu_0 NI}{2R} \tag{9-2-15}$$

这正是一个电流为 NI 的圆环电流在圆心处的磁感应强度，与(9-2-9)式的结论一致。

第 3 节 磁场的高斯定理

一、磁通量

磁场的分布可以用**磁感应线**描述。通过磁场中任意一个给定面的磁感应线总数称为通过该面的**磁通量**。

磁场的磁感应线可以用实验的方法观察，如图 9-3-1 所示，在一块玻璃上均匀地撒上铁屑，放在下面的磁铁将其磁化，形成微小磁针，轻轻振动玻璃板使得小磁针运动，由于磁场的作用，铁屑就会按照磁场方向排列成线，在玻璃板上呈现出磁感应线的形状。还可以用不同形状的磁铁或者不同的电流分布观察不同磁场的磁感应线。磁感应线具有以下的特点：

图 9-3-1 磁铁的磁感应线

(1) 磁感应线在空间不会相交；

(2) 每一条磁感应线都是闭合曲线，没有起点也没有终点；

(3) 磁感应线密集处磁感应强度大；反之，磁感应线稀疏处磁感应强度小。

引入磁感应线不仅能表现出磁感应强度的方向，而且要能表示磁感应强度的大小。定义磁感应线在某点的面密度等于该点的磁感应强度的大小。如图 9-3-2 所示，图中 $\boldsymbol{e}_n$ 是面积 S 上面积元 $\mathrm{d}S$ 法线的单位矢量，定义垂直通过该面积元的磁感应线的数量为 $\mathrm{d}N_S$，则磁感应线的密度为该点的磁感应强度为

$$B = \frac{dN_S}{dS}$$

磁感应强度也被称为磁通量密度或磁通密度。设有面积元 dS 的法线 $\boldsymbol{e}_n$ 与磁感应强度矢量 $\boldsymbol{B}$ 的夹角为 θ（图 9-3-3），通过 dS 的**磁通量**为

$$d\Phi = B\cos\theta \cdot dS \tag{9-3-1}$$

还可表示为

$$d\Phi = \boldsymbol{B} \cdot d\boldsymbol{S}$$

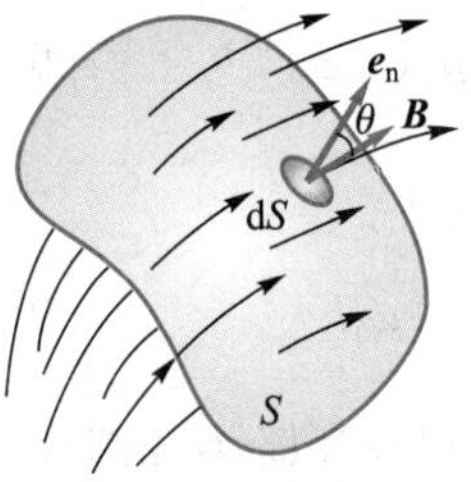

图 9-3-2　磁感应线的密度与通量

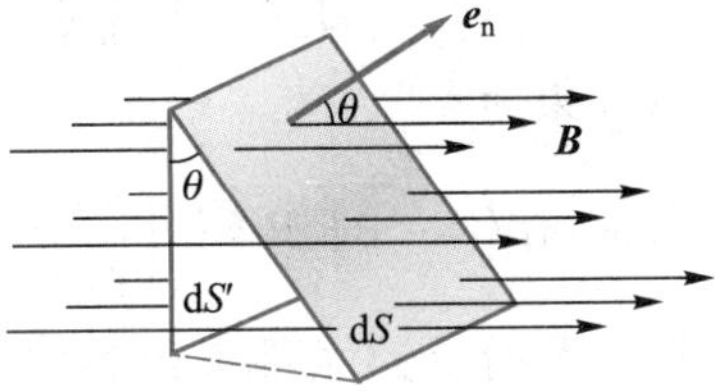

图 9-3-3　面积元上的磁通量

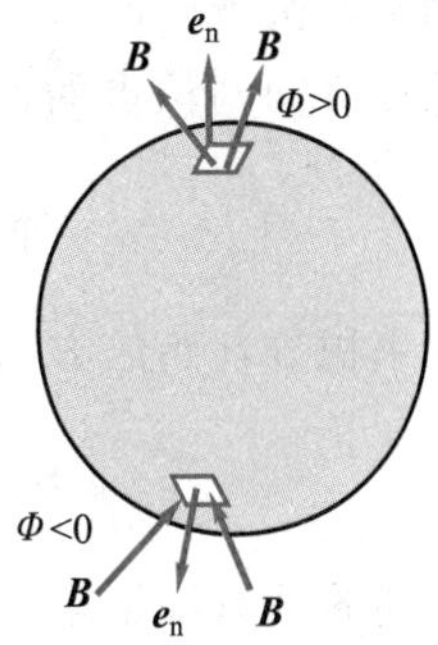

图 9-3-4　闭合曲面的磁通量

在任意磁场中，一个有限大小面积的任意曲面的磁通量为

$$\Phi = \int_S B\cos\theta dS = \int_S \boldsymbol{B} \cdot d\boldsymbol{S} \tag{9-3-2}$$

国际单位制中，磁通量 Φ 单位是 Wb（韦伯，以纪念物理学家 W. E. Weber），1 Wb = 1 T · m²。

二、磁场的高斯定理

考虑磁场中的任意闭合曲面 S 的磁通量 Φ，只要利用(9-3-2)式即可，但要注意积分是一个闭合曲面积分。由于积分曲面是一个闭合曲面，定义其法线向外为正方向。磁感应线从闭合曲面穿出时，该点的磁通量为正；磁感应线从闭合曲面外穿入时，该点的磁通量为负，如图 9-3-4 所示。

由于磁感应线是闭合的，穿入闭合曲面的磁感应线，在闭合面内不能终止，必然要穿出该闭合面。因此穿入闭合面的磁感应线的数量必须等于穿出闭合面的磁感应线，对一个闭合面来说，其净通量必然是零。所以一个任意闭合曲面的磁通量总是零，即

$$\oint_S \boldsymbol{B} \cdot d\boldsymbol{S} = 0 \tag{9-3-3}$$

(9-3-3)式称为磁场的**高斯（Gauss）定理**。

高斯定理是电磁场的基本规律之一，即使对于变化的磁场，高斯定理仍然成立，而此时毕奥-萨伐尔定律却不再成立。因为即使是变化的磁场，磁感应线依然是无始无终的闭合曲线。

第 4 节 安培环路定理

一、安培环路定理

首先，以载流长直导线为例，计算磁场的环路积分，如图 9-4-1 所示，在垂直长直导线的平面上取圆形环路 L，长直导线在环路的中心轴上，绕行方向为逆时针，环路上任意点的磁感应强度方向与该点的切线方向一致。此环路积分

$$\oint_L \boldsymbol{B} \cdot \mathrm{d}\boldsymbol{l} = \oint_L B\cos 0\mathrm{d}l = B\oint_L \mathrm{d}l = \left(\frac{\mu_0 I}{2\pi r}\right) \cdot 2\pi r = \mu_0 I \tag{9-4-1}$$

如果积分环路的方向相反，其结果为

$$\oint_L \boldsymbol{B} \cdot \mathrm{d}\boldsymbol{l} = \oint_L B\cos \pi\mathrm{d}l = -B\oint_L \mathrm{d}l = -\left(\frac{\mu_0 I}{2\pi r}\right) \cdot 2\pi r = -\mu_0 I \tag{9-4-2}$$

上述的计算结果是在圆环形闭合积分环路条件下得到的，如果积分环路不是圆环而是任意闭合环路，上述结论依然成立。

从图 9-4-2 可知，环路 L'上某点 P 的线段元 $\mathrm{d}\boldsymbol{l}'$的方向是环路 L'在 P 点的切线方向，而 P 点磁感应强度矢量 $\boldsymbol{B}$ 的方向是中心在 O 点的圆环在 P 点的切线方向。注意 $\cos\theta\mathrm{d}l' = r\mathrm{d}\varphi$，即图 9-4-2 中 L 圆形环路上的弧长 $r\mathrm{d}\varphi$，得到

$$\oint_{L'} \boldsymbol{B} \cdot \mathrm{d}\boldsymbol{l}' = \oint_{L'} B\cos\theta\mathrm{d}l' = \oint_L \frac{\mu_0 I}{2\pi r} r\mathrm{d}\varphi = \frac{\mu_0 I}{2\pi}\int_0^{2\pi} \mathrm{d}\varphi = \mu_0 I \tag{9-4-3}$$

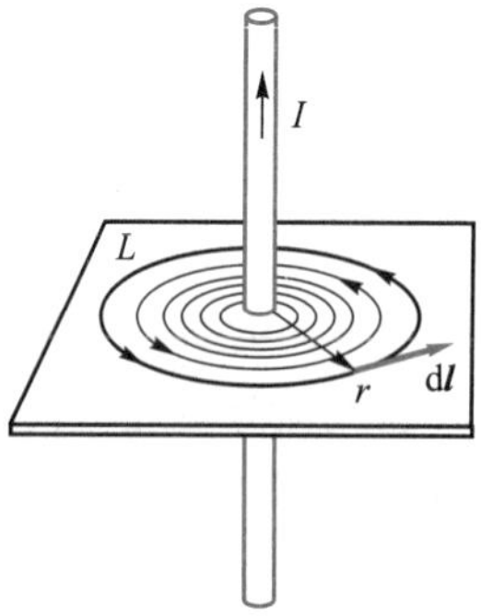

图 9-4-1 平面垂直于直导线的圆形积分环路

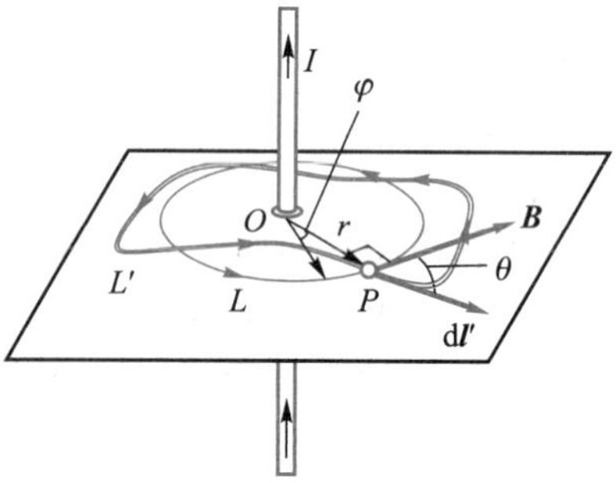

图 9-4-2 平面垂直于直导线的任意积分环路

与(9-4-1)式一致，如果沿着同一环路曲线，但是改变绕行方向积分，则有

$$\oint_{L'} \boldsymbol{B} \cdot \mathrm{d}\boldsymbol{l}' = \oint_{L'} B\cos(\pi-\theta)\mathrm{d}l' = -\oint_L \frac{\mu_0 I}{2\pi r} r\mathrm{d}\varphi = -\frac{\mu_0 I}{2\pi}\int_0^{2\pi} \mathrm{d}\varphi = -\mu_0 I \tag{9-4-4}$$

根据以上的计算可知，磁感应强度 $\boldsymbol{B}$ 沿闭合环路的积分值与环路的形状无关，只与穿过闭合环路的电流有关。如果将(9-4-4)式中的负号和电流的流向联系在一起，把结果写成$-\mu_0 I=$

$\mu_0(-I)$，即对闭合环路的这个绕行方向来说，此电流取负值。

以上的计算中，闭合环路处在垂直于长直导线的平面内(图 9-4-2)，若闭合积分环路曲线 L 不在垂直于长直导线的平面内，(9-4-1)式、(9-4-2)式仍然成立，因为环路 L 上每一段线元 $\mathrm{d}\boldsymbol{l}$ 都可分解为与载流直导线磁感应线平行的分矢量 $\mathrm{d}\boldsymbol{l}_{/\!/}$ 和与之垂直的分矢量 $\mathrm{d}\boldsymbol{l}_{\perp}$(图 9-4-3)，即

$$\oint_L \boldsymbol{B}\cdot\mathrm{d}\boldsymbol{l}=\oint_L \boldsymbol{B}\cdot(\mathrm{d}\boldsymbol{l}_{/\!/}+\mathrm{d}\boldsymbol{l}_{\perp})$$

分别完成两项积分：

$$\oint_L \boldsymbol{B}\cdot(\mathrm{d}\boldsymbol{l}_{/\!/}+\mathrm{d}\boldsymbol{l}_{\perp})=\oint_L \boldsymbol{B}\cdot\mathrm{d}\boldsymbol{l}_{/\!/}+\oint_L \boldsymbol{B}\cdot\mathrm{d}\boldsymbol{l}_{\perp}=\oint_L \boldsymbol{B}\cdot\mathrm{d}\boldsymbol{l}_{/\!/}+0=\oint_L B\cos\theta\mathrm{d}l_{/\!/}$$

由于 $\mathrm{d}\boldsymbol{l}_{\perp}$ 与 $\boldsymbol{B}$ 垂直，见图 9-4-3，该项积分为零，而 θ 就是 $\mathrm{d}\boldsymbol{l}_{/\!/}$ 和磁感应强度 $\boldsymbol{B}$ 的夹角。由图 9-4-3 可知，环路积分等效于将环路投影到 Oxy 平面上形成环路 L' 上的积分。虽然 L' 和 L 环路的形状不同，但是 L' 环路的积分与闭合环路形状无关，仍然有

$$\oint_L \boldsymbol{B}\cdot\mathrm{d}\boldsymbol{l}=\oint_{L'} \boldsymbol{B}\cdot\mathrm{d}\boldsymbol{l}'_{/\!/}=\oint_{L'} B\cos\varphi\mathrm{d}l'_{/\!/}$$

其中 φ 是 $\mathrm{d}\boldsymbol{l}'_{/\!/}$ 矢量与该点磁感应强度矢量 $\boldsymbol{B}$ 之间的夹角。所以闭合环路曲线 L 不在垂直于长直导线的平面内时，同样有 $\cos\varphi\mathrm{d}l'=r\mathrm{d}\varphi$，即图 9-4-3 中 L' 环路上的弧长 $r\mathrm{d}\varphi$，应用(9-2-6)式得到

$$\oint_L \boldsymbol{B}\cdot\mathrm{d}\boldsymbol{l}=\oint_{L'} \boldsymbol{B}\cdot\mathrm{d}\boldsymbol{l}'_{/\!/}=\oint_{L'} B\cos\varphi\mathrm{d}l'_{/\!/}=\int_0^{2\pi}\frac{\mu_0 I}{2\pi r}\cdot(r\mathrm{d}\varphi)=\mu_0 I \tag{9-4-5}$$

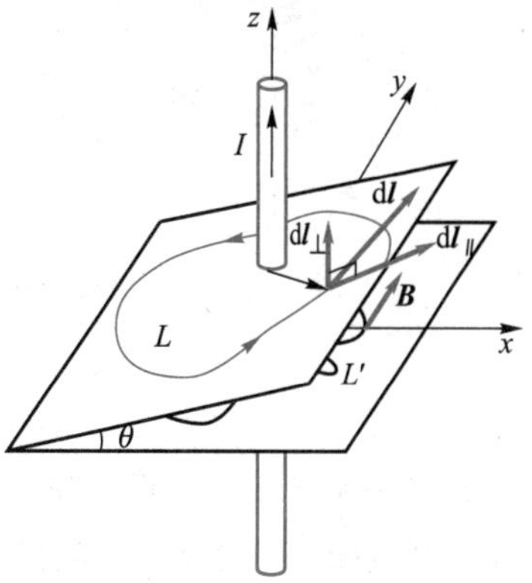

图 9-4-3　绕直导线的积分环路不在垂直于长直导线的平面内

同理，如果沿着同一环路曲线，但是改变绕行方向，积分结果也是负值。

不论闭合环路的空间方位如何，也不论闭合环路的形状如何，只要环路中包围电流 I，就有

$$\oint_L \boldsymbol{B}\cdot\mathrm{d}\boldsymbol{l}=\pm\mu_0 I \tag{9-4-6}$$

在计算闭合环路积分时，若电流不穿过环路，如图 9-4-4 所示。电流方向是从纸面垂直向里，设积分环路的绕行方向为逆时针绕行。引两条线 IP_1 和 IP_2，交点 P_1 和 P_2 将闭合曲线分割成 L_1 和 L_2 两部分，分别计算两部分的路径积分。根据上述同样的分析方法，由图 9-4-4 可以得到 $\cos\varphi\mathrm{d}l=r\mathrm{d}\theta$。环路的两部分对应的角度大小相等，但绕向相反，即

$$\oint_L \boldsymbol{B}\cdot\mathrm{d}\boldsymbol{l}=\int_{L_1} \boldsymbol{B}\cdot\mathrm{d}\boldsymbol{l}+\int_{L_2} \boldsymbol{B}\cdot\mathrm{d}\boldsymbol{l}=\int_{L_1}\frac{\mu_0 I}{2\pi r}r\mathrm{d}\theta-\int_{L_2}\frac{\mu_0 I}{2\pi r}r\mathrm{d}\theta=0 \tag{9-4-7}$$

可见，若电流在闭合环路之外，则该电流激发的磁感应强度对这个环路的积分贡献是零。

综合(9-4-6)式和(9-4-7)式，得

$$\oint_L \boldsymbol{B}\cdot\mathrm{d}\boldsymbol{l}=\begin{cases}\pm\mu_0 I & (I\text{ 穿过回路})\\ 0 & (I\text{ 不穿过回路})\end{cases} \tag{9-4-8}$$

以上的结果虽然是从长直载流导线激发的磁感应强度的特例得出的，但其结论具有普遍

性，对任意形状的载流导线所激发的磁感应强度都是适用的，并且(9-4-8)式可以推广到有多个载流导线的情况。

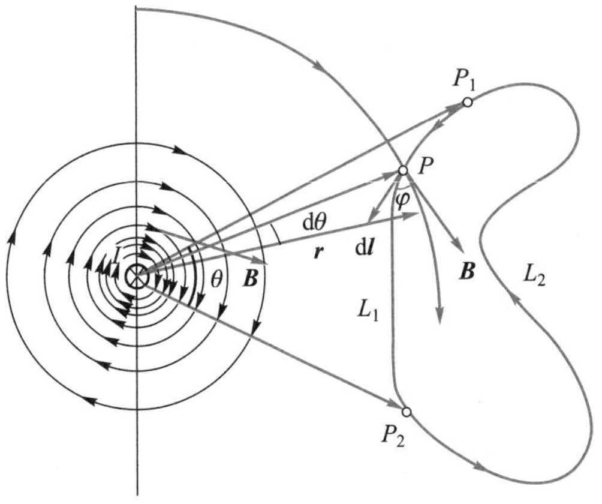

图 9-4-4 闭合环路中没有包围电流

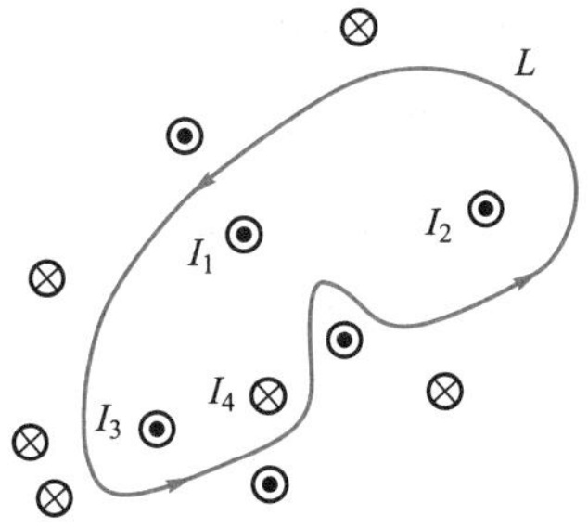

图 9-4-5 安培环路以及空间电流分布

如图 9-4-5 所示，设空间有 n 根载流导线，其中 I_1，I_2，…，I_k 穿过闭合环路 L，I_{k+1}，…，I_n 没有穿过闭合环路 L。空间某点 P 处的磁场由空间分布的全体载流导线的电流激发。P 点的磁感应强度 $\boldsymbol{B}$ 为各个电流单独在 P 点激发的磁感应强度 $\boldsymbol{B}_i$ 的矢量和：

$$\boldsymbol{B}=\boldsymbol{B}_1+\boldsymbol{B}_2+\cdots+\boldsymbol{B}_k+\boldsymbol{B}_{k+1}+\cdots+\boldsymbol{B}_n=\sum_{i=1}^{n}\boldsymbol{B}_i$$

由于

$$\begin{aligned}\oint_L\boldsymbol{B}\cdot\mathrm{d}\boldsymbol{l}&=\oint_L\sum_{i=1}^{n}\boldsymbol{B}_i\cdot\mathrm{d}\boldsymbol{l}=\left(\oint_L\sum_{i=1}^{k}\boldsymbol{B}_i\cdot\mathrm{d}\boldsymbol{l}+\oint_L\sum_{i=k+1}^{n}\boldsymbol{B}_i\cdot\mathrm{d}\boldsymbol{l}\right)\\&=\sum_{i=1}^{k}\oint_L\boldsymbol{B}_i\cdot\mathrm{d}\boldsymbol{l}+\sum_{i=k+1}^{n}\oint_L\boldsymbol{B}_i\cdot\mathrm{d}\boldsymbol{l}\end{aligned}$$

根据(9-4-8)式，得到

$$\sum_{i=1}^{k}\oint_L\boldsymbol{B}_i\cdot\mathrm{d}\boldsymbol{l}=\mu_0\sum_{i=1}^{k}I_i,\qquad\sum_{i=k+1}^{n}\oint_L\boldsymbol{B}_i\cdot\mathrm{d}\boldsymbol{l}=0$$

即

$$\oint_L\boldsymbol{B}\cdot\mathrm{d}\boldsymbol{l}=\mu_0\sum_{i=1}^{k}I_i=\mu_0(I_1+I_2+\cdots+I_k)\qquad(9-4-9)$$

(9-4-9)式就是**安培环路定理**的表达式，即磁感应强度矢量 $\boldsymbol{B}$ 沿着任何闭合环路的线积分，等于真空的磁导率 μ_0 乘以穿过这个闭合环路的电流的代数和。

应该指出，当电流连续分布时，安培环路定理依然成立。电流横截面上单位面积上的电流定义为电流密度矢量 $\boldsymbol{j}$，方向沿电流方向。电流密度的单位是 $\mathrm{A/m^2}$。如果已知电流密度矢量 $\boldsymbol{j}$，就可以计算出积分环路包围部分的电流，设 S 是环路包围的面积，穿过环路的电流为

$$I=\int_S\boldsymbol{j}\cdot\mathrm{d}\boldsymbol{S}\qquad(9-4-10)$$

于是，对于连续分布的电流，(9-4-9)式写成

$$\oint_L \boldsymbol{B} \cdot \mathrm{d}\boldsymbol{l} = \mu_0 \int_S \boldsymbol{j} \cdot \mathrm{d}\boldsymbol{S} \tag{9-4-11}$$

根据(9-4-3)式和(9-4-4)式的分析，(9-4-9)式中电流的正、负与积分时在闭合曲线上所取的绕行方向有关，如果所取积分的绕行方向与电流方向符合右手螺旋关系，则电流为正，相反的电流就为负。例如，对于如图 9-4-5 所示的垂直纸面的电流分布和指定的闭合曲线及其绕行方向，则有

$$\oint_L \boldsymbol{B} \cdot \mathrm{d}\boldsymbol{l} = \mu_0 (I_2 + I_3 + I_1 - I_4)$$

根据恒定磁场的安培环路定理(9-4-9)式，磁感应强度沿着某些闭合曲线的环路积分并不为零，因此恒定磁场是涡旋场或有旋场。而根据恒定磁场的高斯定理(9-3-3)式，恒定磁场是无源场。

二、安培环路定理的应用

1. 无限长均匀圆柱面电流的磁场分布

如图 9-4-6 所示，圆柱面的半径为 R，面上电流 I 沿着圆周均匀分布。下面计算任意点 P 的磁感应强度 $\boldsymbol{B}$。

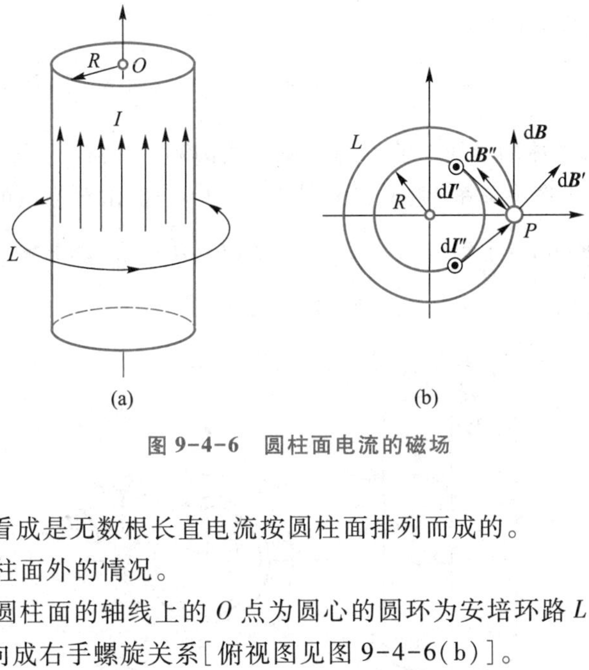

图 9-4-6　圆柱面电流的磁场

将此圆柱面电流看成是无数根长直电流按圆柱面排列而成的。

先考虑 P 点在圆柱面外的情况。

选取过 P 点，以圆柱面的轴线上的 O 点为圆心的圆环为安培环路 L，其半径 $r>R$，令其绕行方向与电流 I 的方向成右手螺旋关系[俯视图见图 9-4-6(b)]。

由于对称性，圆柱面上任意一条长直电流 $\mathrm{d}I'$ 总存在一个对称的长直电流 $\mathrm{d}I''$，其合磁场 $\mathrm{d}\boldsymbol{B}$ 的方向就是环路 L 的切线方向，所以环路上各点的磁感应强度 $\boldsymbol{B}$ 的方向都是环路的切线方向，与环路上各点的积分方向相同。又由于环路 L 上各点距离圆柱面的轴线的距离相同，因

而环路上各点的磁感应强度 $\boldsymbol{B}$ 的大小是相同的。于是可以得到

$$\oint_L \boldsymbol{B} \cdot \mathrm{d}\boldsymbol{l} = \oint_L B \cdot \cos 0° \cdot \mathrm{d}l = B\oint_L \mathrm{d}l = B \cdot 2\pi r \quad (r \geqslant R)$$

应用安培环路定理(9-4-9)式，注意到对于 $r>R$ 的环路，圆柱面电流全部包围在环路 L 中，得到

$$B \cdot 2\pi r = \mu_0 I, \qquad B = \frac{\mu_0 I}{2\pi r} \quad (r \geqslant R)$$

磁感应强度 $\boldsymbol{B}$ 的方向与环路绕行方向一致。

对于 P 点在圆柱面内的情况，即 $r<R$ 情况，类似上述分析，得到

$$\oint_L \boldsymbol{B} \cdot \mathrm{d}\boldsymbol{l} = \oint_L B \cdot \cos 0° \cdot \mathrm{d}l = B\oint_L \mathrm{d}l = B \cdot 2\pi r$$

$$B = 0 \quad (r < R)$$

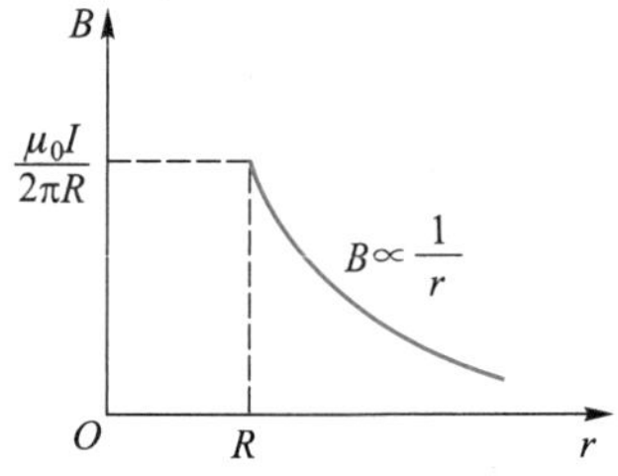

图 9-4-7 均匀圆柱面电流的磁感应强度分布图

可见，如果 P 点在圆柱面外，圆柱面电流等效于其全部电流集中于圆柱面轴线上，等效于长直电流的磁场，而圆柱面内各点磁感应强度恒为零。磁场的分布曲线如图 9-4-7 所示。

2. 无限长均匀圆柱体电流的磁场分布

如图 9-4-8 所示，圆柱体的半径为 R，电流 I 均匀分布在圆柱体的横截面上。下面计算任意点 P 的磁感应强度 $\boldsymbol{B}$。

横截面上的电流密度 $\boldsymbol{j}$ 的大小为

$$j = \frac{I}{\pi R^2}$$

选取过 P 点，以圆柱体的轴线上的 O 点为圆心的圆环为环路 L，其半径 $r>R$，令其绕行方向与电流 I 的方向成右手螺旋关系[俯视图见图 9-4-8(b)]。由对称性可知

$$\oint_L \boldsymbol{B} \cdot \mathrm{d}\boldsymbol{l} = \oint_L B \cdot \cos 0° \cdot \mathrm{d}l = B\oint_L \mathrm{d}l = B \cdot 2\pi r \quad (r \geqslant R)$$

由安培环路定理得到 $$B \cdot 2\pi r = \mu_0 I$$

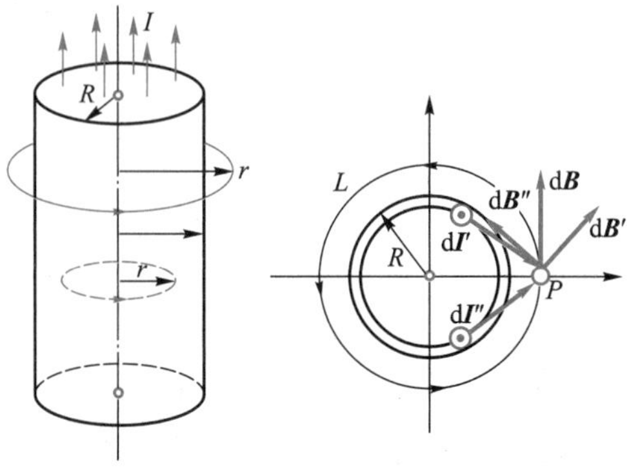

图 9-4-8 均匀圆柱体电流的磁场

$$B=\frac{\mu_0 I}{2\pi r}\quad (r\geqslant R)$$

对于 P 点在圆柱体内的情况，即 $r<R$ 情况，类似上述分析，可得

$$\oint_L \boldsymbol{B}\cdot \mathrm{d}\boldsymbol{l}=\oint_L B\cdot\cos 0^\circ\cdot \mathrm{d}l=B\oint_L \mathrm{d}l=B\cdot 2\pi r\quad (r<R)$$

穿过环路的电流为 $\quad I'=j\pi r^2=\frac{r^2}{R^2}I$

根据安培环路定理得到

$$B\cdot 2\pi r=\mu_0\frac{r^2}{R^2}I,\qquad B=\frac{\mu_0 I}{2\pi R^2}r\quad (r<R)$$

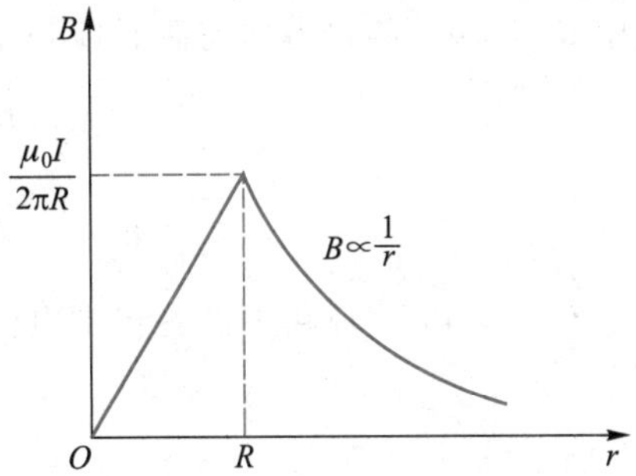

图 9-4-9　圆柱体电流的磁感应强度分布

即在圆柱体外，无限长均匀圆柱体电流的磁场等效于沿轴线的长直电流激发的磁场，圆柱体内各点的磁感应强度与该点到轴线的距离成正比。磁场的分布曲线如图 9-4-9 所示。

3. 载流长直螺线管的磁场分布

由图 9-4-10，根据对称性分析可知，因长直螺线管具有平移不变性，且管外空间的磁通量不能为无穷大，故无限长直螺线管内的磁感应强度的方向与轴线 OO' 平行，管外磁感应强度为零。

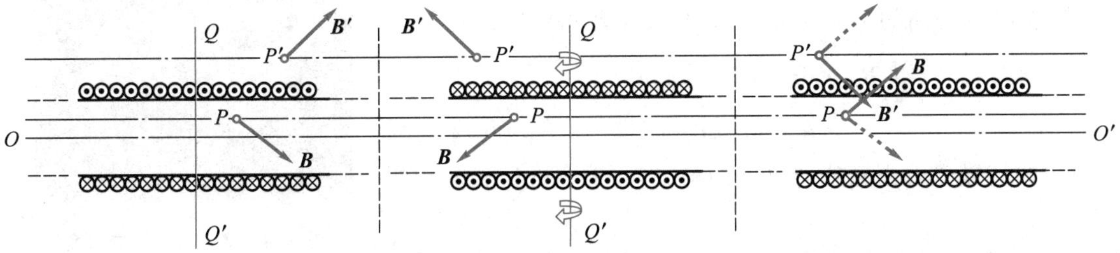

(a) QQ' 为垂直于螺线管轴线的转轴　(b) 将(a)中的螺线管绕 QQ' 轴旋转180°　(a) 将(b)中的螺线管中的电流反向后与(a)的情况对比

图 9-4-10　载流长直螺线管对称性分析

取如图 9-4-11 所示的环路 $abcd$ 和 $a'b'c'd'$。

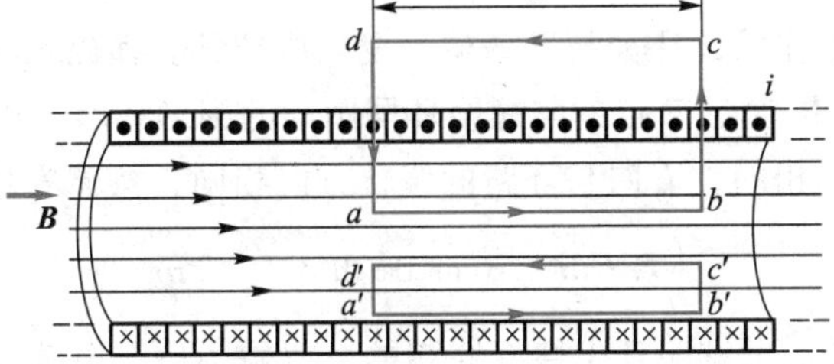

图 9-4-11　螺线管的磁场分布

对环路 $a'b'c'd'$，有

$$\oint_{a'b'c'd'} \boldsymbol{B} \cdot \mathrm{d}\boldsymbol{l} = \int_{a'}^{b'} \boldsymbol{B}_{a'b'} \cdot \mathrm{d}\boldsymbol{l} + \int_{b'}^{c'} \boldsymbol{B}_{b'c'} \cdot \mathrm{d}\boldsymbol{l} + \int_{c'}^{d'} \boldsymbol{B}_{c'd'} \cdot \mathrm{d}\boldsymbol{l} + \int_{d'}^{a'} \boldsymbol{B}_{d'a'} \cdot \mathrm{d}\boldsymbol{l}$$

式中 $d'a'$、$b'c'$路径方向与磁感应强度方向垂直，即

$$\int_{d'}^{a'} \boldsymbol{B}_{d'a'} \cdot \mathrm{d}\boldsymbol{l} = \int_{b'}^{c'} \boldsymbol{B}_{b'c'} \cdot \mathrm{d}\boldsymbol{l} = 0$$

$$\int_{a'}^{b'} \boldsymbol{B}_{a'b'} \cdot \mathrm{d}\boldsymbol{l} + \int_{c'}^{d'} \boldsymbol{B}_{c'd'} \cdot \mathrm{d}\boldsymbol{l} = (B_{a'b'} + B_{c'd'})h$$

由于 $a'b'c'd'$环路中没有包围电流，根据安培环路定理，有

$$(B_{a'b'} + B_{c'd'})h = 0$$

$$B_{a'b'} = - B_{c'd'}$$

根据上式，长直螺线管内是均匀磁场，磁感应强度的方向与螺线管轴线平行。

对环路 $abcd$ 有

$$\oint_{abcd} \boldsymbol{B} \cdot \mathrm{d}\boldsymbol{l} = \int_{a}^{b} \boldsymbol{B}_{ab} \cdot \mathrm{d}\boldsymbol{l} + \int_{b}^{c} \boldsymbol{B}_{bc} \cdot \mathrm{d}\boldsymbol{l} + \int_{c}^{d} \boldsymbol{B}_{cd} \cdot \mathrm{d}\boldsymbol{l} + \int_{d}^{a} \boldsymbol{B}_{da} \cdot \mathrm{d}\boldsymbol{l}$$

式中 bc、da 路径方向与磁感应强度方向垂直，即

$$\int_{b}^{c} \boldsymbol{B}_{bc} \cdot \mathrm{d}\boldsymbol{l} = \int_{d}^{a} \boldsymbol{B}_{da} \cdot \mathrm{d}\boldsymbol{l} = 0$$

管外磁场为零，则

$$\int_{c}^{d} \boldsymbol{B}_{cd} \cdot \mathrm{d}\boldsymbol{l} = 0$$

穿过 $abcd$ 环路的电流为 nhI，根据安培环路定理，有

$$\int_{a}^{b} \boldsymbol{B}_{ab} \cdot \mathrm{d}\boldsymbol{l} = B_{ab}h = \mu_0 nhI$$

$$B_{ab} = \mu_0 nI \qquad (9-4-12)$$

(9-4-12)式就是管内磁感应强度的值，与(9-2-14)式的结果一致。

以上的结果都是在密绕螺线管的长度足够长的条件得到的。对非密绕有限长的螺线管，管内外的磁场都不均匀。图 9-4-12 所示的为四个独立载流圆环的磁场分布。

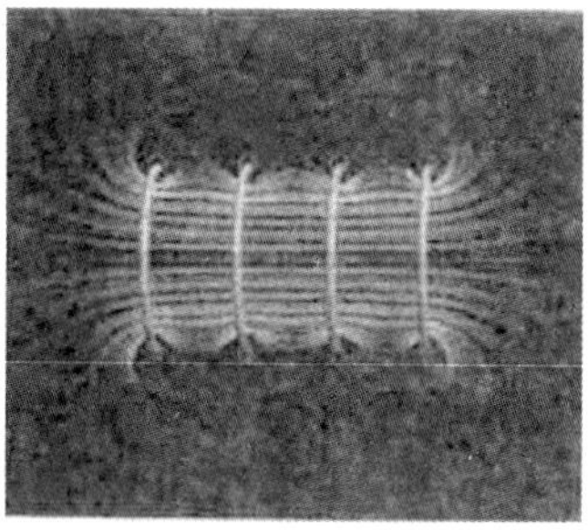

图 9-4-12 四个独立载流圆环的磁场分布

4. 载流螺绕环的磁场分布

将导线密绕在一个环形管上就构成了螺绕环，如图 9-4-13 所示。目前大部分产生磁场的装置都是利用这种结构制作的，比如超导磁体、发电机转子、强磁场磁体等。

如图 9-4-14 所示，取通过 P 点的与螺绕环同圆心的圆形环路。由对称性分析可知，环路上各点磁感应强度的大小相同，方向与环路的绕行方向相同，按照安培环路定理，有

$$\oint_L \boldsymbol{B} \cdot \mathrm{d}\boldsymbol{l} = B\cos 0 \oint_L \mathrm{d}l = B \cdot 2\pi r$$

式中 r 为安培环路的半径。设螺绕环上绕有线圈的总匝数为 N，电流为 I，则环路中包围的电流为 NI，于是

$$\oint_L \boldsymbol{B} \cdot \mathrm{d}\boldsymbol{l} = B \cdot 2\pi r = \mu_0 NI \quad (r_1 < r < r_2)$$

则 P 点的磁感应强度为

$$B = \frac{\mu_0 NI}{2\pi r} = \mu_0\left(\frac{N}{2\pi r}\right) I$$

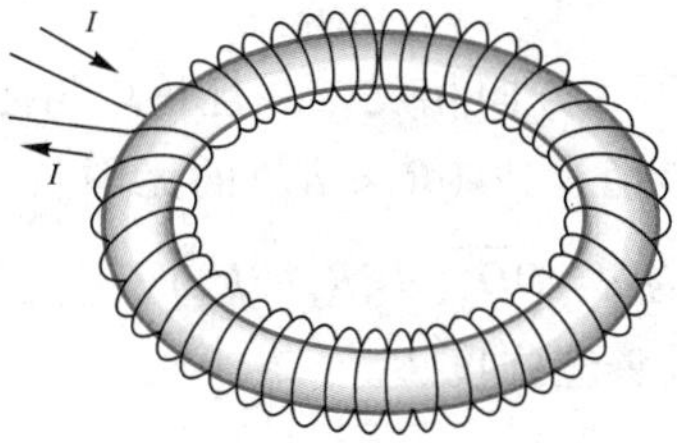

图 9-4-13　螺绕环

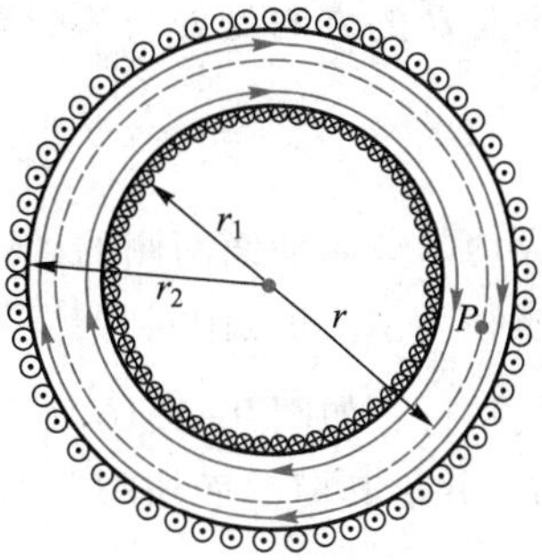

图 9-4-14　螺绕环内的磁场分布

当螺绕环的截面积足够小，即 $r_2-r_1 \ll r$ 时，r 可看成螺绕环的平均半径。螺绕环的平均圆周长为 $l=2\pi r$，其内磁感应强度为

$$B = \frac{\mu_0 NI}{2\pi r} = \mu_0 \frac{N}{l} I = \mu_0 nI \quad (r_1 < r < r_2) \tag{9-4-13}$$

管内的磁感应强度为均匀分布，式中，n 是螺绕环单位弧长上线圈的匝数，而磁感应强度 $\boldsymbol{B}$ 的方向与电流流向成右手螺旋关系。

由图 9-4-14，当 $r>r_2$ 和 $r<r_1$ 时，环路中包围的电流之代数和为零，即

$$\oint_L \boldsymbol{B} \cdot \mathrm{d}\boldsymbol{l} = B \cdot 2\pi r = 0$$

$$B = 0 \tag{9-4-14}$$

【例 9-5】　求无限大均匀载流平面的磁场，已知电流面密度为 $\boldsymbol{j}$，如图 9-4-15 所示。

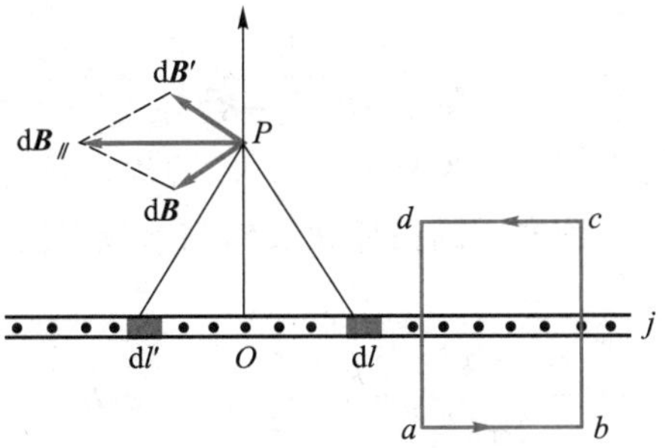

图 9-4-15　无限大载流平面的磁场

解　由对称性分析，在平板附近两侧点的磁感应强度矢量 $\boldsymbol{B}$ 的方向只可能与载流平面平行，方向互为反向，并且均与电流方向垂直。选取一相对载流平面对称的矩形环路 $abcd$，根

据安培环路定理得到

$$\oint_{abcd}\boldsymbol{B}\cdot \mathrm{d}\boldsymbol{l}=\int_a^b\boldsymbol{B}_{ab}\cdot \mathrm{d}\boldsymbol{l}+\int_b^c\boldsymbol{B}_{bc}\cdot \mathrm{d}\boldsymbol{l}+\int_c^d\boldsymbol{B}_{cd}\cdot \mathrm{d}\boldsymbol{l}+\int_d^a\boldsymbol{B}_{da}\cdot \mathrm{d}\boldsymbol{l}$$

$$=B\cdot\overline{ab}+0+B\cdot\overline{dc}+0=\mu_0 j(\overline{ab})$$

由于在环路的 ab 及 cd 段上 $\boldsymbol{B}$ 的大小处处相等，且 $\boldsymbol{B}$ 的方向与积分路径的方向相同，在环路的 bc 和 da 段上 $\boldsymbol{B}$ 的方向处处与积分路径垂直，且 $B_{ab}=B_{dc}=B$，故上式可以写成

$$B=\frac{\mu_0 j}{2}$$

因此，无限大均匀载流平面两侧的磁感应强度大小相等，方向相反，并且是均匀磁场。

【例 9-6】　半径为 R_1 的无限长导体圆柱体内挖去一半径为 $R_2(R_2<R_1)$ 的无限长圆柱体，两个圆柱体的轴线平行，如图 9-4-16 所示，两轴的间距为 $d=\overline{OO'}(d<R_1-R_2)$，空心导体沿着轴向通有电流 I，并沿其横截面均匀分布，求空腔内的磁感应强度 $\boldsymbol{B}$。

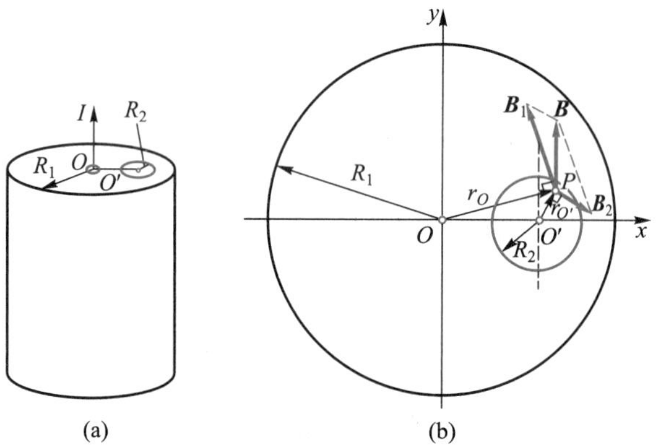

图 9-4-16　例 9-6 图

解　设想在圆柱空腔中存在大小相等、方向相反的电流，其电流密度大小和导体内的相同，其值为

$$j_I=\frac{I}{\pi R_1^2-\pi R_2^2}$$

空腔内任意点的磁感应强度可以认为是半径为 R_1 的均匀载流实心圆柱体激发的磁感应强度 $\boldsymbol{B}_1$ 和半径为 R_2 的均匀反向载流实心圆柱体激发的磁感应强度 $\boldsymbol{B}_2$ 的矢量和，得到 $\boldsymbol{B}_1$ 和 $\boldsymbol{B}_2$ 的大小为

$$B_1=\frac{\mu_0 I_{R_1}}{2\pi R_1^2}r_O=\frac{\mu_0 j_I}{2}r_O\quad (r_O<R_1)$$

$$B_2=\frac{\mu_0 I_{R_2}}{2\pi R_2^2}r_{O'}=\frac{\mu_0 j'_I}{2}r_{O'}\quad (r_{O'}<R_2)$$

式中 $I_{R_1}=j_I\cdot\pi R_1^2$，$I_{R_2}=j'_I\cdot\pi R_2^2$，注意 $\boldsymbol{j}_I$、$\boldsymbol{j}'_I$ 方向相反，即 $\boldsymbol{j}'_I=-\boldsymbol{j}_I$，$\boldsymbol{B}_1$ 和 $\boldsymbol{B}_2$ 的方向如图 9-4-16 所示。将上式写成矢量式：

$$\boldsymbol{B}_1=\frac{\mu_0}{2}(\boldsymbol{j}_I\times\boldsymbol{r}_O)\quad(r_O<R_1)$$

$$\boldsymbol{B}_2=-\frac{\mu_0}{2}(\boldsymbol{j}_I'\times\boldsymbol{r}_{O'})\quad(r_{O'}<R_2)$$

$$\boldsymbol{B}=\boldsymbol{B}_1+\boldsymbol{B}_2=\frac{\mu_0}{2}(\boldsymbol{j}_I\times\boldsymbol{r}_O)-\frac{\mu_0}{2}(\boldsymbol{j}_I\times\boldsymbol{r}_{O'})=\frac{\mu_0}{2}\boldsymbol{j}_I\times(\boldsymbol{r}_O-\boldsymbol{r}_{O'})$$

如图 9-4-16(b)所示，上式中

$$\boldsymbol{r}_O-\boldsymbol{r}_{O'}=\overline{OO'}\boldsymbol{e}_x=d\boldsymbol{e}_x$$

$$\boldsymbol{B}=\frac{\mu_0}{2}j\boldsymbol{e}_z\times d\boldsymbol{e}_x=\frac{\mu_0}{2}jd\boldsymbol{e}_y=\frac{\mu_0 Id}{2(\pi R_1^2-\pi R_2^2)}\boldsymbol{e}_y$$

可见，圆柱空腔各点的磁感应强度相等，腔内的磁场是均匀的。

导体轴线上 O 点的磁感应强度为

$$\boldsymbol{B}_O=\boldsymbol{B}_2=-\frac{\mu_0(j_I\pi R_2^2)}{2\pi d}(\boldsymbol{e}_z\times(-\boldsymbol{e}_x))=\frac{\mu_0 j_I R_2^2}{2d}\boldsymbol{e}_y=\frac{\mu_0 R_2^2}{2d}\frac{I}{\pi R_1^2-\pi R_2^2}\boldsymbol{e}_y$$

*第 5 节　电磁场的相对性

运动的电荷产生磁场，而运动具有相对性。在不同参考系，对同一运动的观测结果一般不同。电荷的运动具有相对性导致电磁场也具有相对性。

如图 9-5-1 所示，惯性系 S′以速度 $\boldsymbol{u}$ 相对惯性系 S 沿 x 轴的正向运动。

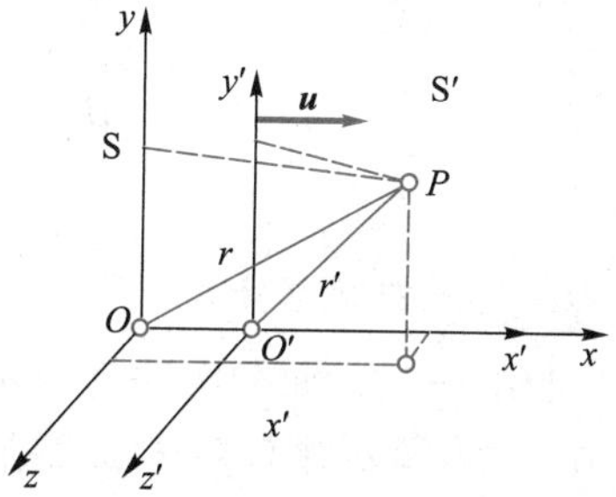

图 9-5-1　S 参考系和 S′参考系

考察惯性系 S 空间中 P 点的电磁场。

在 S 系中观测到 P 点的电场强度为

$$\boldsymbol{E}=E_x\boldsymbol{e}_x+E_y\boldsymbol{e}_y+E_z\boldsymbol{e}_z$$

磁感应强度为

$$\boldsymbol{B}=B_x\boldsymbol{e}_x+B_y\boldsymbol{e}_y+B_z\boldsymbol{e}_z$$

在 S′系中观测到 P 点的电场强度为

$$\boldsymbol{E}'=E_x'\boldsymbol{e}_{x'}'+E_y'\boldsymbol{e}_{y'}'+E_z'\boldsymbol{e}_{z'}'$$

磁感应强度为

$$\boldsymbol{B}'=B_x'\boldsymbol{e}_{x'}'+B_y'\boldsymbol{e}_{y'}'+B_z'\boldsymbol{e}_{z'}'$$

则可以证明两个参考系之间的电磁场变换关系为

$$\begin{cases}B_x'=B_x, & E_x'=E_x\\ B_y'=\gamma\left(B_y+\dfrac{uE_z}{c^2}\right), & E_y'=\gamma(E_y-uB_z)\\ B_z'=\gamma\left(B_z-\dfrac{uE_y}{c^2}\right), & E_z'=\gamma(E_z+uB_y)\end{cases}\tag{9-5-1}$$

将(9-5-1)式写成矢量式：

$$\begin{cases} \boldsymbol{B}'_{/\!/} = \boldsymbol{B}_{/\!/}, & \boldsymbol{E}'_{/\!/} = \boldsymbol{E}_{/\!/} \\ \boldsymbol{B}'_{\perp} = \gamma\left(\boldsymbol{B}_{\perp} - \dfrac{\boldsymbol{u} \times \boldsymbol{E}_{\perp}}{c^2}\right), & \boldsymbol{E}'_{\perp} = \gamma(\boldsymbol{E}_{\perp} + \boldsymbol{u} \times \boldsymbol{B}_{\perp}) \end{cases} \tag{9-5-2}$$

式中下标$/\!/$指与 $\boldsymbol{u}$ 的方向平行的方向，也就是 x 轴的正方向，下标$\perp$指与 $\boldsymbol{u}$ 的方向垂直的方向，即 y 或 z 的方向。如果 $u \ll c$ 时，则上式变成经典电磁场变换公式。这时

$$\gamma = \frac{1}{\sqrt{1 - \left(\dfrac{u}{c}\right)^2}} \approx 1 \tag{9-5-3}$$

将上式代入(9-5-1)式，得到

$$\begin{cases} B'_x = B_x, & E'_x = E_x \\ B'_y = B_y + \dfrac{uE_z}{c^2}, & E'_y = E_y - uB_z \\ B'_z = B_z - \dfrac{uE_y}{c^2}, & E'_z = E_z + uB_y \end{cases}$$

写成矢量式：

$$\begin{cases} \boldsymbol{E}' = \boldsymbol{E} + \boldsymbol{u} \times \boldsymbol{B} \\ \boldsymbol{B}' = \boldsymbol{B} - \dfrac{\boldsymbol{u} \times \boldsymbol{E}}{c^2} \end{cases} \tag{9-5-4}$$

(9-5-1)式是电磁场的一般变换，(9-5-4)式就是经典电磁场的变换关系。

两个参考系之间的电磁场逆变换为

$$\begin{cases} B_x = B'_x, & E_x = E'_x \\ B_y = \gamma\left(B'_y - \dfrac{uE'_z}{c^2}\right), & E_y = \gamma(E'_y + uB'_z) \\ B_z = \gamma\left(B'_z + \dfrac{uE'_y}{c^2}\right), & E_z = \gamma(E'_z - uB'_y) \end{cases} \tag{9-5-5}$$

【例 9-7】 如图 9-5-2 所示，带电粒子电荷量为 q_0，在实验室参考系 S 中以匀速 $\boldsymbol{u} = u\boldsymbol{e}_x$ 沿着 x 轴运动，求该粒子激发的电场强度 $\boldsymbol{E}$ 和磁感应强度 $\boldsymbol{B}$。

解 以带电粒子 q_0 为参考系 S′，q_0 放在 S′系的原点上，x'轴与 S 系的 x 轴同向。如图 9-5-2 所示，设 $t = t' = 0$ 时，两个坐标系重合。

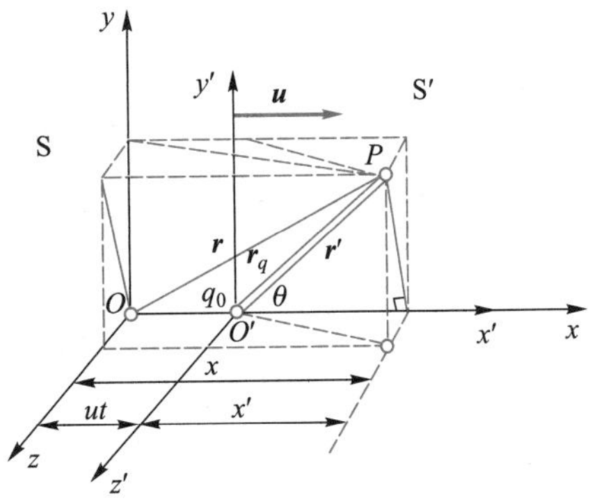

图 9-5-2 运动电荷和坐标系

设 P 点在两个参考系中的位置矢量分别为

$$\boldsymbol{r} = x\boldsymbol{e}_x + y\boldsymbol{e}_y + z\boldsymbol{e}_z, \qquad \boldsymbol{r}' = x'\boldsymbol{e}'_{x'} + y'\boldsymbol{e}'_{y'} + z'\boldsymbol{e}'_{z'}$$

S 系中 P 点相对于电荷 q_0 的位置矢量为

$$\boldsymbol{r}_q = (x - ut)\boldsymbol{e}_x + y\boldsymbol{e}_y + z\boldsymbol{e}_z$$

则在 S′系中观测到的电磁场为

$$\boldsymbol{B}' = \boldsymbol{0}$$

$$\boldsymbol{E}' = \frac{q_0}{4\pi\varepsilon_0 r'^3}\boldsymbol{r}' = \frac{q_0(x'\boldsymbol{e}'_{x'} + y'\boldsymbol{e}'_{y'} + z'\boldsymbol{e}'_{z'})}{4\pi\varepsilon_0(x'^2 + y'^2 + z'^2)^{3/2}}$$

根据(9-5-5)式，得到在 S 系中观测到的电磁场：

$$E_x = \frac{q_0 x'}{4\pi\varepsilon_0(x'^2 + y'^2 + z'^2)^{3/2}}$$

$$E_y = \frac{\gamma q_0 y'}{4\pi\varepsilon_0(x'^2 + y'^2 + z'^2)^{3/2}}$$

$$E_z = \frac{\gamma q_0 z'}{4\pi\varepsilon_0(x'^2 + y'^2 + z'^2)^{3/2}}$$

$$B_x = 0$$

$$B_y = -\frac{u}{c^2}\frac{\gamma q_0 z'}{4\pi\varepsilon_0(x'^2 + y'^2 + z'^2)^{3/2}}$$

$$B_z = \frac{u}{c^2}\frac{\gamma q_0 y'}{4\pi\varepsilon_0(x'^2 + y'^2 + z'^2)^{3/2}}$$

或者表示为

$$E_x = E'_x,\quad E_y = \gamma E'_y,\quad E_z = \gamma E'_z$$

$$B_x = 0,\quad B_y = -\gamma\frac{u}{c^2}E'_z,\quad B_z = \gamma\frac{u}{c^2}E'_y$$

利用洛伦兹变换，用 S 系本身的坐标替换 S′系的坐标。由

$$x' = \gamma(x - ut),\quad y' = y,\quad z' = z,\quad t' = \gamma\left(t - \frac{u}{c^2}x\right)$$

代入上式，电磁场的三个分量分别可以表示为

$$E_x = \frac{q_0\gamma(x - ut)}{4\pi\varepsilon_0(\gamma^2(x - ut)^2 + y^2 + z^2)^{3/2}}$$

$$B_x = 0$$

$$E_y = \frac{q_0\gamma y}{4\pi\varepsilon_0(\gamma^2(x - ut)^2 + y^2 + z^2)^{3/2}}$$

$$B_y = -\frac{u}{c^2}E_z = -\frac{u}{c^2}\frac{q_0\gamma z}{4\pi\varepsilon_0(\gamma^2(x - ut)^2 + y^2 + z^2)^{3/2}}$$

$$E_z = \frac{q_0\gamma z}{4\pi\varepsilon_0(\gamma^2(x - ut)^2 + y^2 + z^2)^{3/2}}$$

$$B_z = \frac{u}{c^2}E_y = \frac{u}{c^2}\frac{q_0\gamma y}{4\pi\varepsilon_0(\gamma^2(x - ut)^2 + y^2 + z^2)^{3/2}}$$

根据上式，将 P 点的电场强度写成矢量式：

$$\boldsymbol{E} = \frac{q_0}{4\pi\varepsilon_0}\cdot\frac{\gamma[(x - ut)\boldsymbol{e}_x + y\boldsymbol{e}_y + z\boldsymbol{e}_z]}{[\gamma^2(x - ut)^2 + y^2 + z^2]^{3/2}} = \frac{q_0}{4\pi\varepsilon_0}\frac{\gamma\boldsymbol{r}_q}{\sqrt{[\gamma^2(x - ut)^2 + y^2 + z^2]^3}}$$

将 P 点的磁感应强度写成矢量式$\left(\text{其中 } c^2=\frac{1}{\varepsilon_0\mu_0}\right)$：

$$\boldsymbol{B}=\frac{\boldsymbol{u}\times\boldsymbol{E}}{c^2}=\frac{\mu_0}{4\pi}\frac{\gamma(q_0\boldsymbol{u})\times\boldsymbol{r}_q}{\sqrt{[\gamma^2(x-ut)^2+y^2+z^2]^3}}$$

为了分析上述电磁场的特性，考虑到 $\boldsymbol{r}_q$ 在速度 $\boldsymbol{u}$ 方向上的投影和垂直于速度 $\boldsymbol{u}$ 方向上的投影(图 9-5-2)，有

$$(r_q)_\perp=\sqrt{y^2+z^2}=r_q\sin\theta,\qquad (r_q)_{/\!/}=(x-ut)=r_q\cos\theta$$

式中 θ 是矢量 $\boldsymbol{r}_q$ 和电荷 q_0 速度矢量 $\boldsymbol{u}$ 之间的夹角。代入 P 点电磁场表达式，得到

$$\boldsymbol{E}=\frac{q_0}{4\pi\varepsilon_0}\frac{\gamma\boldsymbol{r}_q}{[\gamma^2(r_q\cos\theta)^2+(r_q\sin\theta)^2]^{3/2}}=\frac{q_0}{4\pi\varepsilon_0 r_q^3}\frac{\gamma\boldsymbol{r}_q}{[\gamma^2\cos^2\theta+\sin^2\theta]^{3/2}}$$

$$\boldsymbol{B}=\frac{\mu_0}{4\pi}\frac{\gamma(q_0\boldsymbol{u})\times\boldsymbol{r}_q}{[\gamma^2(r_q\cos\theta)^2+(r_q\sin\theta)^2]^{3/2}}=\frac{\mu_0}{4\pi r_q^3}\frac{\gamma(q_0\boldsymbol{u})\times\boldsymbol{r}_q}{[\gamma^2\cos^2\theta+\sin^2\theta]^{3/2}}$$

电场强度 $\boldsymbol{E}$ 的方向与 $\boldsymbol{r}_q$ 平行，磁感应强度 $\boldsymbol{B}$ 的方向与 $\boldsymbol{r}_q$ 和 $\boldsymbol{u}$ 垂直。

当电荷运动速度远小于光速时，即满足 $u\ll c$ 条件时，由(9-5-3)式，$\gamma\to1$。这时的电磁场表达式为

$$\boldsymbol{E}_0=\boldsymbol{E}=\frac{q_0}{4\pi\varepsilon_0}\frac{\boldsymbol{r}_q}{r_q^3}=\frac{1}{4\pi\varepsilon_0}\frac{q_0}{r_q^2}\boldsymbol{e}_{r_q}$$

$$\boldsymbol{B}_0=\boldsymbol{B}=\frac{\mu_0}{4\pi}\frac{(q_0\boldsymbol{u})\times\boldsymbol{r}_q}{r_q^3}=\frac{\mu_0}{4\pi}\frac{I\Delta\boldsymbol{l}\times\boldsymbol{e}_{r_q}}{r_q^2}$$

以上两式分别是点电荷的静电场表达式和毕奥-萨伐尔定律表达式。而当 $u\approx c$，即 $\gamma\gg1$ 时，

$$E=|\boldsymbol{E}|=\frac{q_0}{4\pi\varepsilon_0 r_q^2}\frac{\gamma}{(\gamma^2\cos^2\theta+\sin^2\theta)^{3/2}}$$

$$B=|\boldsymbol{B}|=\frac{\mu_0}{4\pi r_q^2}\frac{\gamma q_0 u\sin\theta}{(\gamma^2\cos^2\theta+\sin^2\theta)^{3/2}}$$

由于电荷的运动，电场强度 $\boldsymbol{E}$ 的大小相对电荷来说就不是对称分布了，而是与位置矢量 $\boldsymbol{r}_q$ 和电荷速度 $\boldsymbol{u}$ 方向之间的夹角 θ 有关，$\boldsymbol{u}$ 越大，这种非对称性就越明显。由图9-5-3 的电场分布图可以看到，随着电荷的速度增加，电场在速度方向上的量值在减少(电场线稀疏)；在垂直于速度的方向上量值在增加(电场线密集)。电荷速度接近光速时，电场几乎全部分布在竖直方向上。

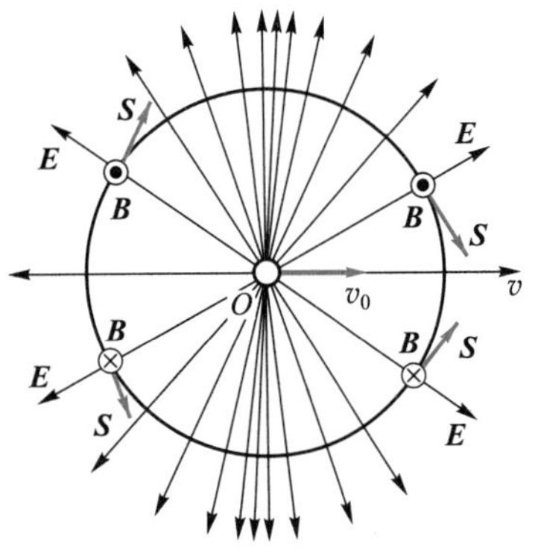

图 9-5-3 运动电荷的电磁场分布

在 $\theta=(2k)\frac{\pi}{2}(k=0,1,2,\cdots)$情况下，在与电荷 q_0 速度平行的方向上

$$E_{/\!/}=\frac{q_0}{4\pi\varepsilon_0 r_q^2}\frac{1}{\gamma^2}=\frac{E_0}{\gamma^2}\ll E_0$$

$$B_{/\!/}=0$$

在 $\theta=(2k+1)\dfrac{\pi}{2}(k=0,1,2,\cdots)$ 情况下，在与电荷 q_0 速度垂直的方向上

$$E_{\perp}=\frac{q_0}{4\pi\varepsilon_0 r_q^2}\gamma=E_0\cdot\gamma \gg E_0$$

$$B_{\perp}=\left(\frac{\mu_0}{4\pi r_q^2}q_0 u\right)\cdot\gamma$$

相对于点电荷静止的观测者，只能观测到电场；相对它运动的观测者，不仅能观测到电场，而且还能观测到磁场。

【例 9-8】 在参考系 S 中观察到均匀电场

$$\boldsymbol{E}=E_x\boldsymbol{e}_x+E_y\boldsymbol{e}_y+E_z\boldsymbol{e}_z$$

求沿着 x 轴以速度 u 匀速运动的 S′系中的观察者观测到的电磁场。

解　根据(9-5-1)式，得到

$$B'_{x'}=0,\qquad E'_{x'}=E_x$$

$$B'_{y'}=\gamma\frac{uE_z}{c^2},\qquad E'_{y'}=\gamma E_y$$

$$B'_{z'}=-\gamma\frac{uE_y}{c^2},\qquad E'_{z'}=\gamma E_z$$

S′系的观察者观测到的电磁场为

$$\boldsymbol{E}'=E_x\boldsymbol{e}'_{x'}+\gamma E_y\boldsymbol{e}'_{y'}+\gamma E_z\boldsymbol{e}'_{z'}$$

$$\boldsymbol{B}'=\gamma\frac{uE_z}{c^2}\boldsymbol{e}'_{y'}-\gamma\frac{uE_y}{c^2}\boldsymbol{e}'_{z'}$$

可见，S′系中的观察者除观测到了电场强度 $\boldsymbol{E}'$ 之外，还观测到了磁感应强度 $\boldsymbol{B}'$。值得注意的是，如果 S 系中的均匀电场恰好是指向 x 方向，即 $\boldsymbol{E}=E_x\boldsymbol{e}_x$，则 S′系的观察者仍然观察不到磁场。

第 6 节　磁场与实物的相互作用

一、磁场对运动电荷的作用

1. 磁场对运动电荷的作用力

磁场对运动电荷的作用力为

$$\boldsymbol{F}_{\mathrm{m}}=q\boldsymbol{v}\times\boldsymbol{B}\tag{9-6-1}$$

大小为

$$F_{\mathrm{m}}=|\boldsymbol{F}_{\mathrm{m}}|=qvB\sin\theta$$

式中 θ 是磁感应强度 $\boldsymbol{B}$ 和运动电荷的速度 $\boldsymbol{v}$ 之间的夹角，$\boldsymbol{F}_{\mathrm{m}}$ 的方向垂直于 $\boldsymbol{v}$ 与 $\boldsymbol{B}$ 决定的平面，(9-6-1)式表示的磁场对运动电荷的作用力称为洛伦兹(H. A. Lorentz)力。

【例 9-9】 图 9-6-1 所示的是正交的电磁场组成的粒子速度选择器，求解图 9-6-1 中对被选择的带电粒子的速度值。

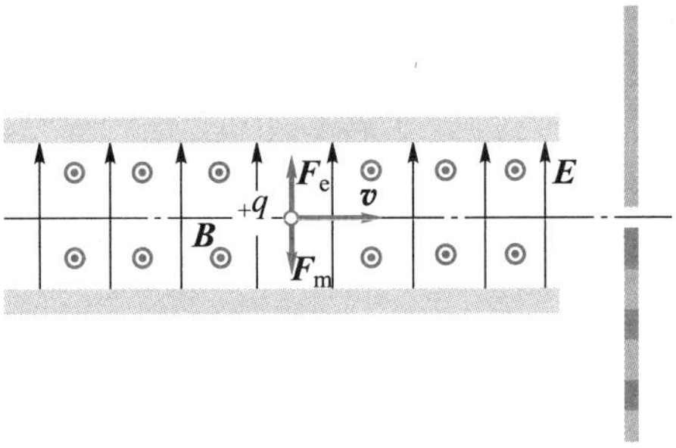

图 9-6-1 粒子速度选择器

解 电荷量为 q 的粒子同时受到电场力和磁场力。

当带电粒子以速度 $\boldsymbol{v}$ 进入选择器中时，欲使带电粒子通过选择器出口，就必须使粒子运动方向不变，即粒子受到的合力需为零，对于速度较小的粒子将向上运动，速度较大的粒子将向下运动，不能通过选择器的出口。

$$\boldsymbol{F} = q\boldsymbol{E} + q\boldsymbol{v} \times \boldsymbol{B} = \boldsymbol{0}$$

电场力和磁场力大小相同，粒子处于平衡态。沿着直线穿过选择器的速度值为

$$v = \frac{E}{B}$$

2. 霍尔效应

如图 9-6-2 所示，将一载流导体板放在磁场中，若磁感应强度 $\boldsymbol{B}$ 的方向垂直于导体板并与电流 I 方向垂直，则在导体板的上下两侧面之间会产生一定的电势差。这一现象叫作霍尔(A. H. Hall)效应，所产生的电势差叫作霍尔电压。

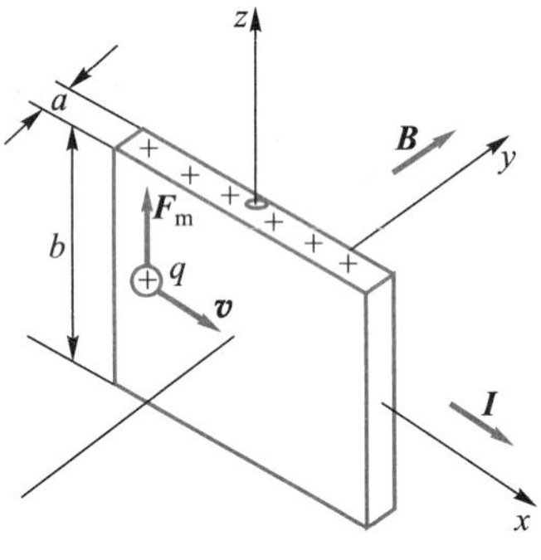

图 9-6-2 霍尔效应

设导体中载流子数密度为 n，每个载流子的电荷量为 q。如图 9-6-2 所示，设平均漂移速率为 v，电荷在磁场中受到的洛伦兹力大小为

$$F_m = qvB\sin\left(\frac{\pi}{2}\right) = qvB$$

设载流子为正电荷，其洛伦兹力方向为 z 方向，正电荷向 z 方向漂移，导体板沿着 z 方向上的上、下两侧面将分别积累等量的正、负电荷，于是在导体内形成自上而下的附加电场 $\boldsymbol{E}_H$(称为霍尔电场)。这一电场又将阻止载流子的横向漂移。霍尔电场力大小 $F_e = qE_H$。F_e 的大小随导体板上下两侧积累的电荷的增加而增大，当 F_e 与 F_m 的大小相等时，两力达到平衡，载流子就不再有横向漂移，导体内的霍尔电场 E_H 达到稳定值。这时导体板 z 方向上、下两侧面间电势差就是一个恒定值，即霍尔电压 U_H。由于

$$qvB = qE_H$$

有
$$E_{\mathrm{H}}=vB$$

故
$$U_{\mathrm{H}}=\int_{z}E_{\mathrm{H}}\mathrm{d}z=E_{\mathrm{H}}\int_{z}\mathrm{d}z=E_{\mathrm{H}}b=vBb$$

式中
$$I=\lim_{\Delta t\to 0}\frac{\Delta q}{\Delta t}=\frac{\mathrm{d}q}{\mathrm{d}t}=\frac{(nq)\cdot(a\cdot b\cdot \mathrm{d}l)}{\mathrm{d}t}=qvnba$$

将其代入上式，有
$$U_{\mathrm{H}}=\frac{IB}{qna}=\frac{1}{qn}\frac{IB}{a}=R_{\mathrm{H}}\frac{IB}{a}$$

式中 $R_{\mathrm{H}}=\dfrac{1}{qn}$称为霍尔系数，与材料本身的物理性质有关。

若导体内载流子是负电荷，洛伦兹力将使载流子向导体板上侧漂移，霍尔电压的极性与载流子为正电荷的情形相反。

因此，根据霍尔电压的极性可以确定半导体的导电类型或载流子的正负。

半导体材料的载流子数密度比导体的小得多，因而霍尔系数比导体的大很多，霍尔效应较为明显，通常这类霍尔元件作为磁传感器来使用。

3. 磁致聚焦

在许多电子仪器中，都需要用到细的带电粒子束，适当的电场能够将带电粒子束聚焦和偏转。同样也可利用磁场来对带电粒子实行偏转和聚焦。

若有电荷为 q 的粒子以初速度 v_0 进入均匀磁场中，粒子将绕磁感应线作螺旋运动，粒子作圆周运动的频率为

$$\nu=\frac{qB}{2\pi m_0}$$

则其运动周期为
$$T=\frac{1}{\nu}=\frac{2\pi m_0}{qB}\qquad(9-6-2)$$

可见频率或周期均与粒子的速度无关。粒子作螺旋运动的螺距取决于粒子速度沿磁场方向上的分量，设其为 v_z，则螺距由下式决定

$$d=v_zT=\frac{2\pi m_0}{qB}v_z\qquad(9-6-3)$$

从图 9-6-3 及(9-6-3)式可以看出，从同一点出发的所有平行于磁场的速度分量 v_z 相等的粒子，将在一个周期后又汇聚于磁场同一点 A'，而 $AA'=d$，这种现象叫作磁场对电子束的聚焦。在测定电子的荷质比 e/m_0 时，可以利用这个磁聚焦的原理。

上述是均匀磁场的磁聚焦现象，它要靠长螺线管来实现，如图 9-6-4 所示。实际上用得更多的是短线圈产生的非均匀磁场的聚焦作用。短线圈的作用与光学中的透镜相似，故称为磁透镜。磁聚焦原理在许多电真空器件中应用相当广泛，如电子显微镜中就应用了磁聚焦原理。

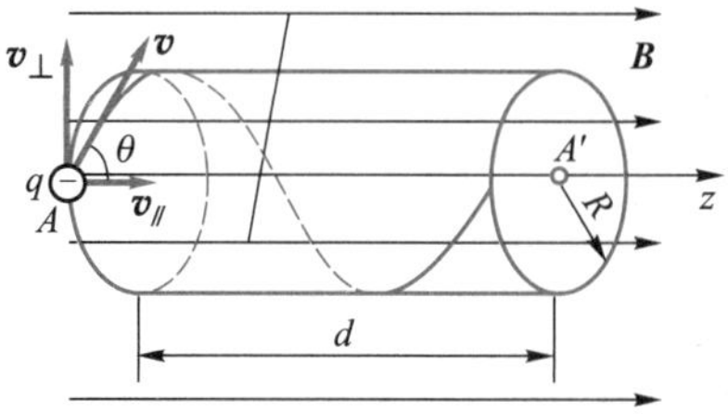

图 9-6-3 磁场对电子束的聚焦

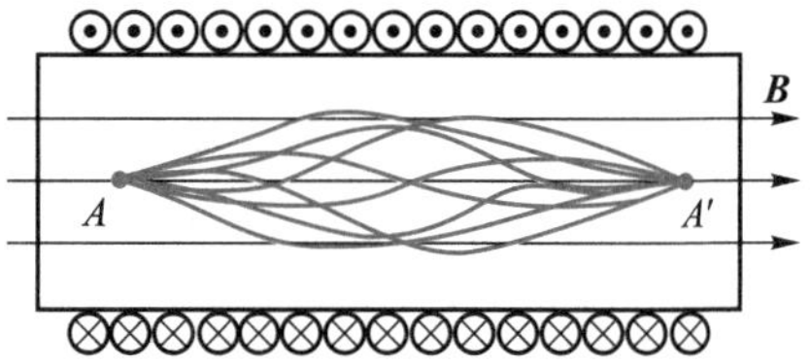

图 9-6-4 磁透镜

4. 磁约束

运动电荷在磁场中的螺旋运动，还被广泛应用于磁约束技术。

在均匀磁场中，带电粒子绕磁感应线作螺旋运动，螺旋线的半径 R 为

$$R=\frac{mv_\perp}{qB}$$

由上式可知，半径与磁感应强度 B 成反比，因此在非均匀磁场中，当带电粒子向磁场较强的方向运动时，螺旋线的半径将随着磁感应强度的增加而减小，带电粒子此时受到的洛伦兹力，有一指向磁场较弱的方向的分力，此分力阻止带电粒子向磁场较强的方向运动。如果粒子沿磁场方向上的速度分量不是太大，则粒子沿着磁场方向上的运动因减速有可能被完全抑制，进而反向运动，根据带电粒子在非均匀磁场中的这一特点，如果在一长直圆柱形真空室中加一两端很强、中间较弱的磁场，如图 9-6-5 所示，则粒子沿着磁感应线的运动将被抑制而反向运动。由于带电粒子在两端处的这种运动好像光线遇到镜面发生反射一样，所以将这种装置称为磁镜。对于沿磁场方向速度分量大的粒子，有可能从磁镜两端逃逸出去。为了防止出现这种情况，采取闭合的环形磁场结构，如图 9-6-6 所示，把带电粒子约束在其中。

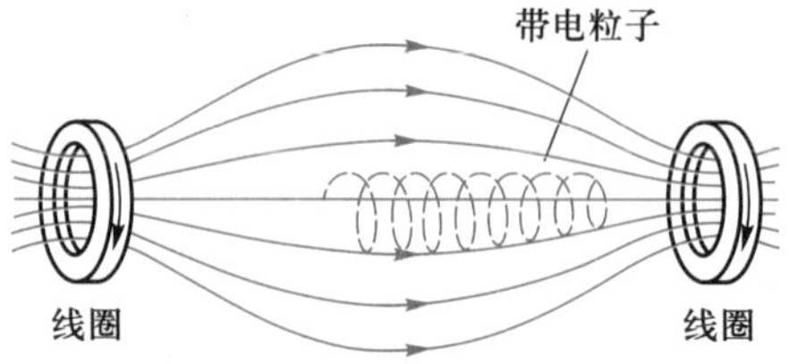

图 9-6-5 磁约束装置

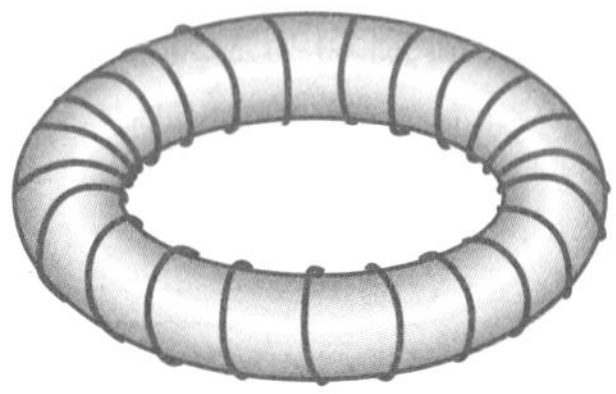
图 9-6-6 环形磁约束装置

二、磁场对载流导线的作用

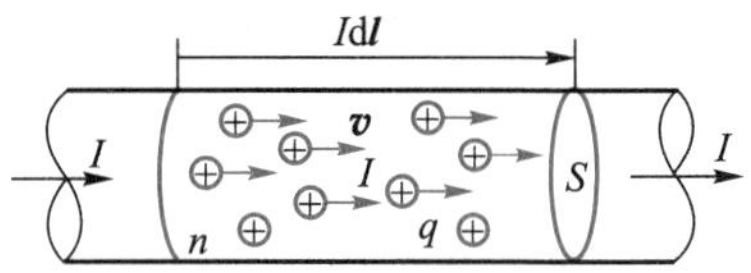

图 9-6-7 载流子与电流的关系

如图 9-6-7 所示，在一个横截面积为 S 的载流导线上取电流元 $I\mathrm{d}\boldsymbol{l}$，其中包含的电荷总电荷量为 $\mathrm{d}Q$。

设导线中载流子体密度是 n，每个载流子所带的电荷量为 q，以平均漂移速度 v 在导体中运动，则

$$\mathrm{d}Q=nS\mathrm{d}l\cdot q$$

各个载流子受到的洛伦兹力为

$$\boldsymbol{F}_q = q\boldsymbol{v} \times \boldsymbol{B}$$

而电流元中共有 $\mathrm{d}N = nS\mathrm{d}l$ 个载流子，所以这些载流子受到的洛伦兹力总和为

$$\mathrm{d}\boldsymbol{F} = \mathrm{d}N \cdot \boldsymbol{F}_q = nS\mathrm{d}l \cdot q\boldsymbol{v} \times \boldsymbol{B} = \frac{nS\mathrm{d}l \cdot q}{\mathrm{d}t}\mathrm{d}\boldsymbol{l} \times \boldsymbol{B} = \frac{\mathrm{d}Q}{\mathrm{d}t}\mathrm{d}\boldsymbol{l} \times \boldsymbol{B}$$

即

$$\mathrm{d}\boldsymbol{F} = I\mathrm{d}\boldsymbol{l} \times \boldsymbol{B} \tag{9-6-4}$$

一个任意形状的有限长电流线段 l 受到的磁场力为

$$\boldsymbol{F} = \int_l I\mathrm{d}\boldsymbol{l} \times \boldsymbol{B} \tag{9-6-5}$$

在均匀磁场中有限长任意形状的载流导线的受力为

$$\boldsymbol{F} = \left(\int_l I\mathrm{d}\boldsymbol{l}\right) \times \boldsymbol{B} = I\left(\int_l \mathrm{d}\boldsymbol{l}\right) \times \boldsymbol{B} = I(\overrightarrow{ab}) \times \boldsymbol{B}$$

$\overrightarrow{ab}$是连接任意曲线段两端点 a、b 的有向线段，方向从 a 指向 b，如果表示$\overrightarrow{ab} = \boldsymbol{L}$，上式可以写成

$$\boldsymbol{F} = (I\boldsymbol{L}) \times \boldsymbol{B} \tag{9-6-6}$$

所以在均匀磁场中，一段有限长任意形状的载流导线所受到的磁场力与连接该导线两端点 a、b 的通有同样电流的直导线 $\boldsymbol{L}$ 所受到的磁场力相等，如图 9-6-8 所示。例如，根据(9-6-6)式，图 9-6-9 所示的$\dfrac{3}{4}$载流圆环在均匀磁场中的受力大小为

$$F = \sqrt{2}IRB\sin 90° = \sqrt{2}IRB$$

方向垂直于矢量 $\boldsymbol{L}$ 指向圆心。

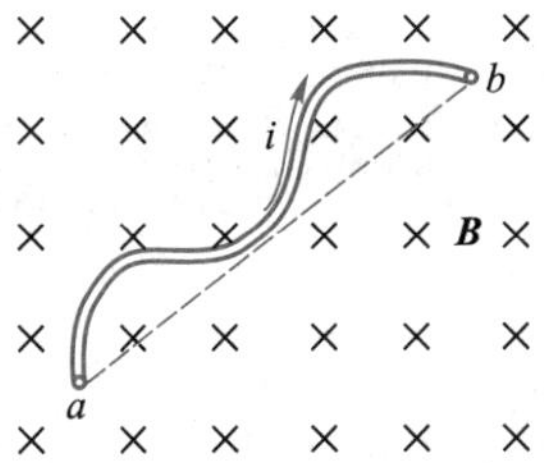

图 9-6-8　均匀磁场中有限长任意形状载流导线的受力

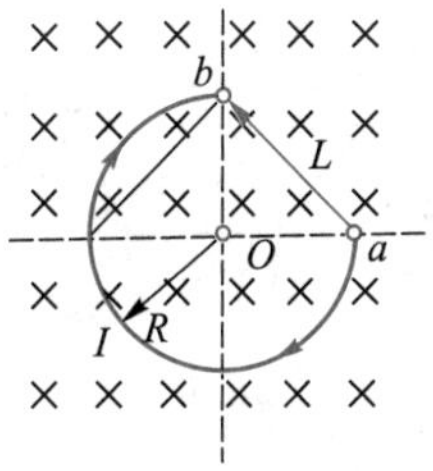

图 9-6-9　3/4 圆环在均匀磁场中受磁力作用

由此可以推断，对于任意载流环路，在均匀磁场中受到的合力是零。

【例 9-10】　求平行长直载流导线之间的相互作用力。设有两根平行长直导线，分别通有电流 I_1 和 I_2，两线之间的距离是 d，导线直径远小于 d，如图 9-6-10 所示。

解　利用长直载流导线的磁感应强度表达式(9-2-7)，得到长度为 L 的载流导线的受力，如图 9-6-10 所示。

$$F_{12} = |\boldsymbol{F}_{12}| = |I_1\boldsymbol{L} \times \boldsymbol{B}_2| = I_1 L\frac{\mu_0 I_2}{2\pi d} = \frac{\mu_0 I_1 I_2}{2\pi d}L$$

由此可得单位长度上的受力 F_{12}、F_{21}：

$$F_{12}=\frac{F_{12}}{L}=\frac{\mu_0 I_1 I_2}{2\pi d}=F_{21}$$

电流 I_1 和 I_2 方向相同，导线相互吸引；反之相互排斥。

在国际单位制中，电流的单位（安培，A）就是按平行载流长直导线之间的作用力定义的。由于 $I_1=I_2$，$F_{12}=\dfrac{\mu_0 I^2}{2\pi d}=F_{21}$，即

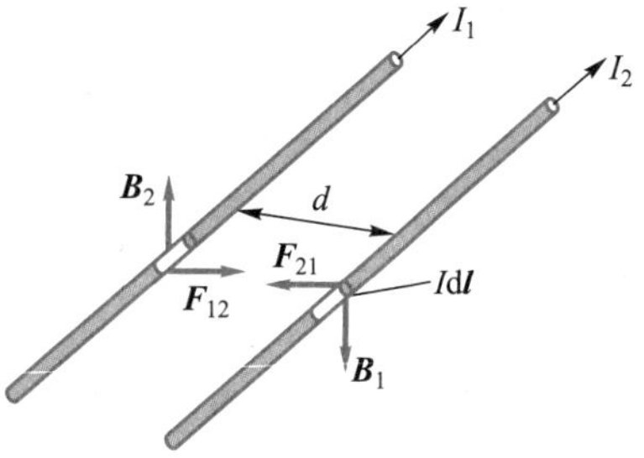

图 9-6-10 平行载流导线的相互作用

$$I=\sqrt{\frac{2\pi F_{12} d}{\mu_0}} \tag{9-6-7}$$

式中，$\mu_0=4\pi\times10^{-7}\ \mathrm{N/A^2}$。当 $d=1\ \mathrm{m}$，且两平行电流的相互作用力大小恰好为 $F_{12}=F_{21}=2\times10^{-7}\ \mathrm{N}$ 时，定义载流导线中的电流为 1 A。

【例 9-11】 如图 9-6-11 所示，求长直载流导线和载流半圆柱面的相互作用力，设直导线和半圆柱面的电流 I 相等。

解 将载流半圆柱面看作是许多长直载流导线沿着半圆排列而成的。半圆柱面上电流密度——单位圆弧长上的电流为 $j=\dfrac{1}{\pi R}$，建立如图 9-6-11(b) 所示的坐标系。

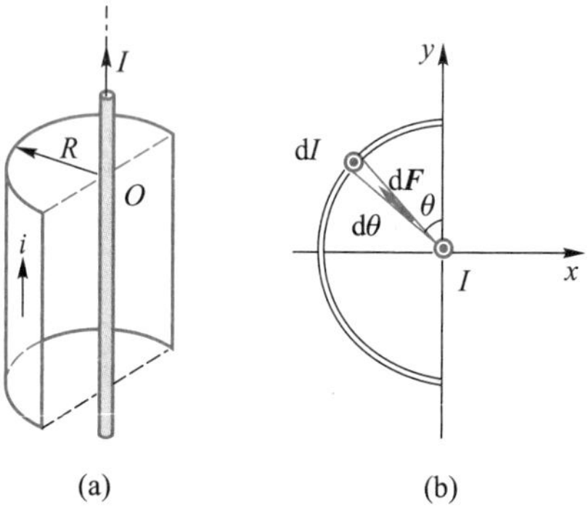

图 9-6-11 长直导线和半圆柱面电流的相互作用力

利用例 9-10 的结果 $F=\dfrac{\mu_0}{2\pi}\dfrac{I_1 I_2}{a}L$，对于单位长度的载流导线，$I_1=I$，$I_2=\left(\dfrac{I}{\pi R}\mathrm{d}s\right)$，$\mathrm{d}s=r\mathrm{d}\theta$，$L=1$，于是

$$\mathrm{d}F=\frac{\mu_0}{2\pi}\frac{I}{R}\left(\frac{I}{\pi R}\mathrm{d}s\right)$$

根据对称性可知，合力沿 x 轴负方向，大小为

$$F=\int \mathrm{d}F_x=\frac{\mu_0}{2\pi^2}\frac{I^2}{R}\int_0^{\pi}\sin\theta\mathrm{d}\theta=\frac{\mu_0 I^2}{R\pi^2}$$

三、均匀磁场对平面闭合载流线圈的作用

如图 9-6-12 所示，均匀磁场 $\boldsymbol{B}$ 中有长宽分别为 l_1、l_2 矩形载流线圈。$\boldsymbol{e}_n$ 是矩形载流线圈平面的法线单位矢量。由前面的讨论可知，矩形载流环路受到的合力为零，即

$$\boldsymbol{F}=\boldsymbol{F}_{bc}+\boldsymbol{F}_{da}+\boldsymbol{F}_{ab}+\boldsymbol{F}_{cd}=\mathbf{0}$$

上下两边所受到的作用力共线，对线圈不产生力矩，而 bc 边和 da 边所受到的力 $\boldsymbol{F}_{bc}$ 和 $\boldsymbol{F}_{da}$ 对线圈产生力矩，使得线圈绕其竖直方向对称转动。如图 9-6-12(b) 所示，载流矩形框 da 边

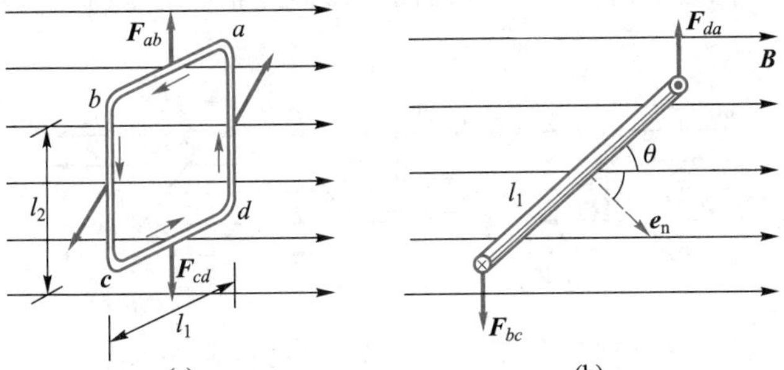

图 9-6-12　磁场中的矩形载流线圈

和 bc 边的作用力为

$$\boldsymbol{F}_{da}=I\boldsymbol{l}_2\times\boldsymbol{B}=-\boldsymbol{F}_{bc}$$

这两个力的大小为

$$F_{bc}=|\boldsymbol{F}_{bc}|=Il_2B\sin 90^\circ=Il_2B=|\boldsymbol{F}_{da}|=F_{da}$$

$\boldsymbol{l}_1$ 和 $\boldsymbol{l}_2$ 的方向以电流方向为正方向，作用在矩形框上力矩的方向与转轴方向平行，得到

$$\boldsymbol{M}=\frac{\boldsymbol{l}_1}{2}\times(I\boldsymbol{l}_2\times\boldsymbol{B})+\frac{-\boldsymbol{l}_1}{2}\times(-I\boldsymbol{l}_2\times\boldsymbol{B})=\boldsymbol{l}_1\times(I\boldsymbol{l}_2\times\boldsymbol{B})$$

注意 $\boldsymbol{l}_1\times\boldsymbol{l}_2=l_1l_2\boldsymbol{e}_n=S\boldsymbol{e}_n$，并利用磁矩的定义式(9-2-12)，有

$$\boldsymbol{M}=Il_1l_2\boldsymbol{e}_n\times\boldsymbol{B}=IS\boldsymbol{e}_n\times\boldsymbol{B}=\boldsymbol{m}\times\boldsymbol{B}\qquad(9-6-8)$$

可见，均匀磁场中的一个平面矩形载流线圈受到的合力为零，合力矩一般不为零。

一个通有电流 I 的任意形状平面线圈可以看成是无限多个面积趋于零的矩形载流线圈构成，如图 9-6-13 所示。利用(9-6-8)式，得到每个微小线圈的磁矩为 $\mathrm{d}\boldsymbol{m}=I\mathrm{d}S\boldsymbol{e}_n$，其受到的力矩为

$$\mathrm{d}\boldsymbol{M}=\mathrm{d}\boldsymbol{m}\times\boldsymbol{B}=I\mathrm{d}S\boldsymbol{e}_n\times\boldsymbol{B}$$

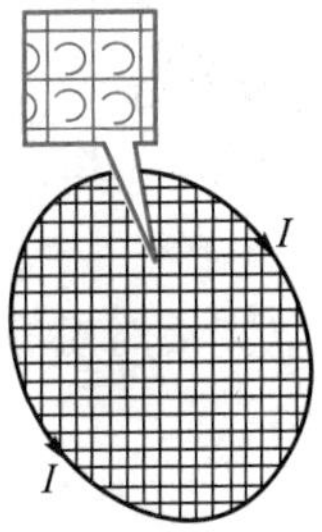

图 9-6-13　任意形状平面载流线圈

将全部微小线圈的力矩叠加，就可以求出均匀磁场作用于任意形状的平面载流线圈的力矩

$$\begin{aligned}\boldsymbol{M}&=\int_S I\mathrm{d}S\boldsymbol{e}_n\times\boldsymbol{B}=I\boldsymbol{e}_n\left(\int_S\mathrm{d}S\right)\times\boldsymbol{B}\\&=IS\boldsymbol{e}_n\times\boldsymbol{B}=I\boldsymbol{S}\times\boldsymbol{B}=\boldsymbol{m}\times\boldsymbol{B}\end{aligned}\qquad(9-6-9)$$

在均匀磁场中，载流线圈受到的力矩取决于磁偶极矩，与线圈的形状无关。例如，一个半径为 R 的载流线圈在均匀磁场中所受力矩 $\boldsymbol{M}=I\pi R^2\boldsymbol{e}_n\times\boldsymbol{B}$。

由(9-6-9)式可知

$$|\boldsymbol{M}|=\begin{cases}M_{\max}=ISB, & \theta=(2k+1)\dfrac{\pi}{2}\quad(k=0,1,2,\cdots)\\ M_{\min}=0, & \theta=(2k)\dfrac{\pi}{2}\quad(k=0,1,2,\cdots)\end{cases}\qquad(9-6-10)$$

图 9-6-14 给出了磁矩的方向和磁场的方向之间的夹角 θ 的值不同时，线圈的受力的情

况，$\theta=0$ 时的平衡称为稳定平衡，而 $\theta=\pi$ 时的平衡称为非稳定平衡。

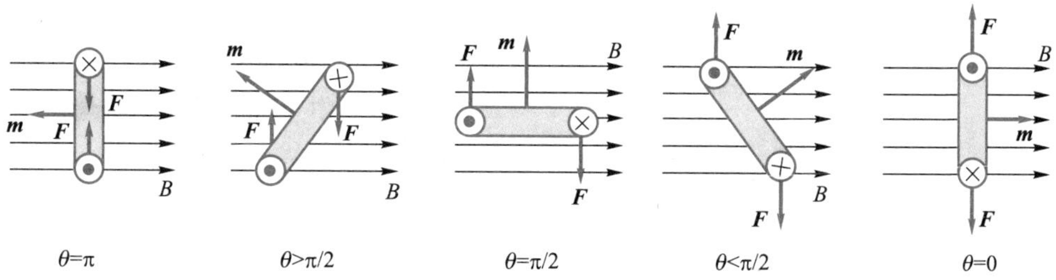

图 9-6-14　环形回路在均匀磁场中的受力情况

第 7 节　磁介质

物质是由大量分子或原子组成的，其微观结构中存在大量的带电粒子，当物质处于磁场中时，运动电荷将受到磁力的作用，从而使物质处于一种称之为磁化的状态中。被磁化的物质又会影响磁场的分布。在研究物质的磁化现象时，将物质称为磁介质。

一、物质的磁性

常见的磁介质分为顺磁质、抗磁质和铁磁质。

将磁介质放入磁感应强度为 $\boldsymbol{B}_0$ 的磁场中，实验上可以观测各种物质内部的磁场 $\boldsymbol{B}$ 与原磁场 $\boldsymbol{B}_0$ 的关系。

$|\boldsymbol{B}|>|\boldsymbol{B}_0|$ 时，称为顺磁质；$|\boldsymbol{B}|<|\boldsymbol{B}_0|$ 时，称为抗磁质；$|\boldsymbol{B}|\gg|\boldsymbol{B}_0|$ 时，称为铁磁质。

定义相对磁导率 μ_r：

$$\mu_r=\frac{|\boldsymbol{B}|}{|\boldsymbol{B}_0|} \tag{9-7-1}$$

显然：当 $\mu_r>1$ 时表示顺磁质；当 $\mu_r<1$ 时表示抗磁质；当 $\mu_r\gg1$ 时表示铁磁质。

真空也可以视为一种磁介质，其相对磁导率 $\mu_r=1$。

顺磁质和抗磁质的相对磁导率的值一般在 1 附近，即 $|\mu_r-1|\ll1$，而铁磁质的相对磁导率远大于 1。

既然磁介质体内的磁场 $\boldsymbol{B}$ 与原磁场 $\boldsymbol{B}_0$ 量值不一致，可以认为磁介质产生了一个附加磁场 $\boldsymbol{B}'$，故

$$\boldsymbol{B}=\boldsymbol{B}_0+\boldsymbol{B}' \tag{9-7-2}$$

由上式可以看出，顺磁质的附加磁场 $\boldsymbol{B}'$的方向与原磁场 $\boldsymbol{B}_0$ 的方向一致，所以顺磁质内的磁场 $\boldsymbol{B}$ 大于原磁场；对于抗磁质，其附加磁场 $\boldsymbol{B}'$的方向与原磁场 $\boldsymbol{B}_0$ 的方向相反，所以抗磁质内磁场 $\boldsymbol{B}$ 小于原磁场；而铁磁质的附加磁场 $\boldsymbol{B}'$远大于原磁场 $\boldsymbol{B}_0$，方向与原磁场 $\boldsymbol{B}_0$ 的方向一致，所以铁磁质内磁场 $\boldsymbol{B}$ 远大于原磁场。

二、介质的磁化

任何物质是由分子组成的，而分子又是由原子构成的。原子中的电子绕核作轨道运动，电子除了轨道运动，还有自旋运动，都能激发磁场。

将分子视为一个整体，用一个等效的圆环电流代表分子中全部电子的运动，即代表分子中全体电子激发的磁场效应的总和，这个圆环电流定义为**分子电流**。

每个分子的分子电流对应有一个等效的磁偶极矩 $\boldsymbol{m}$，如图 9-7-1 所示，称为分子的固有磁矩。分子固有磁矩不同对应不同的磁介质。固有磁矩不为零的磁介质称为顺磁质；固有磁矩为零的磁介质称为抗磁质。

当磁介质处于外磁场中时，磁介质显现出宏观的磁性，这一过程称为磁介质的磁化过程。

1. 顺磁质的磁化

在没有外磁场的情况下，由于分子热运动，顺磁质内部的分子磁矩的排列是杂乱无章的，所有分子磁矩的矢量和为零(图 9-7-2)，宏观上对外界不显磁性。但在有磁场的情况下，分子的磁矩受到磁力矩的作用而转向外磁场方向，所有分子磁矩的矢量和不为零，宏观上对外界显磁性。

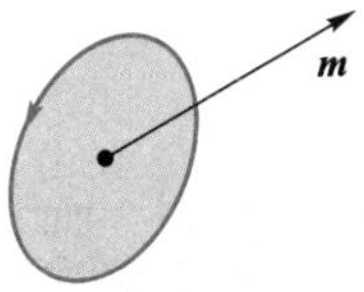

图 9-7-1　分子电流

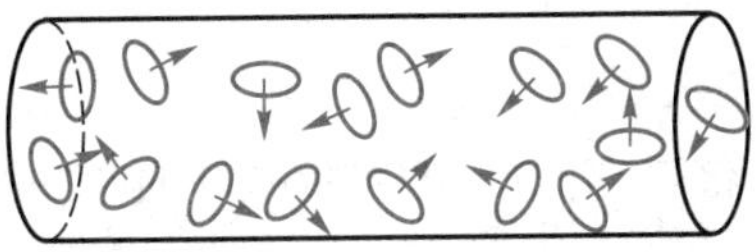

图 9-7-2　物质中分子磁矩示意图

由图 9-7-3(a)、(b)可知，由于均匀磁介质体内相邻的等效分子电流流向相反，互相抵消，只剩下磁介质表面的分子电流，称为磁化面电流 I'(也称为磁化电流)，其激发的磁场就是附加磁场 $\boldsymbol{B}'$，它与外场 $\boldsymbol{B}_0$ 同向，使得顺磁质体内的磁场比原磁场大。

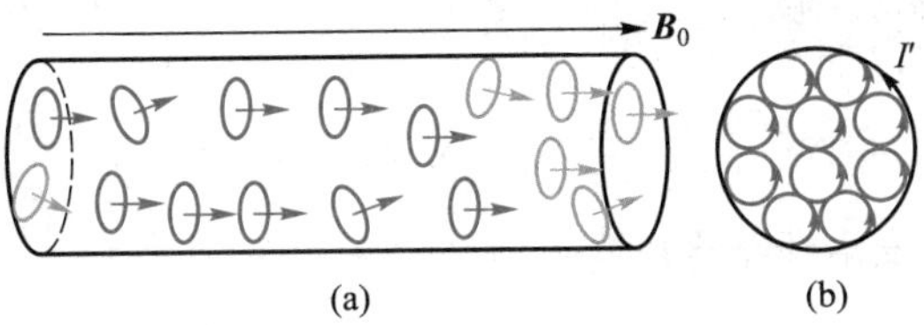

图 9-7-3　顺磁质的分子的磁矩与外场方向一致

2. 抗磁质的磁化

抗磁质与顺磁质不同，一般这类物质中的原子具有闭合的电子壳层，以至于原子总磁矩为零。所以抗磁质的微观结构特点是每一个分子的固有磁矩等于零。

无外磁场时，抗磁质对外不显磁性。但有外磁场时，每个电子不论其轨道磁矩方向如何，所有电子轨道磁矩在外磁场力矩的作用下，绕外磁感应线进动，从而使电子产生与外磁场方向相反的附加磁矩，因此在外磁场中每一个分子都具有一个反向的分子附加磁矩，它就是抗磁质产生磁效应的原因。如图 9-7-4 所示，反向附加磁矩在均匀磁介质表面产生宏观磁化电流 I'，附加磁场 $\boldsymbol{B}'$与原磁场 $\boldsymbol{B}_0$ 相反，介质中的总磁场比没有抗磁质时的磁场稍有减弱。

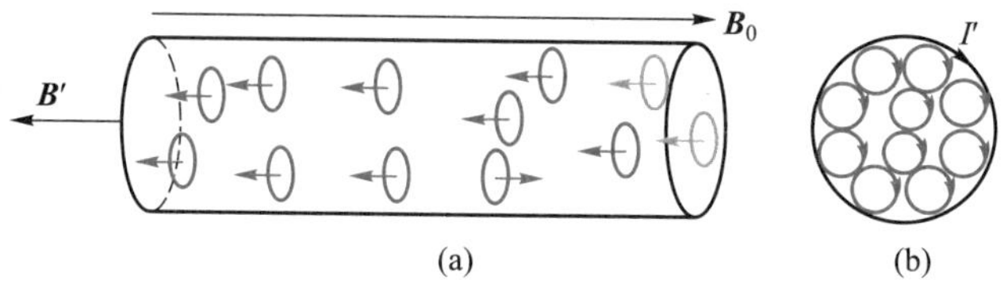

图 9-7-4 抗磁质附加磁矩与外磁场方向相反

抗磁质的这种微弱抗磁性也可以通过它与强磁铁的相互作用表现出来。将用细线悬挂的抗磁材料靠近强磁铁，它将受到斥力离开磁极，这一现象正是抗磁性名称的来源。

实际上在顺磁质体内也会由于上述原因产生抗磁效应，但是实验指出，顺磁质分子的分子电流对应的固有磁矩远大于其附加的抗磁矩，分子的固有磁矩是占主导地位的，而抗磁特性可以被忽略，顺磁性是主要的磁效应。

3. 磁化强度

磁介质的磁化强度矢量 $\boldsymbol{M}$ 表示磁介质单位体积内分子磁矩的矢量和，即

$$\boldsymbol{M}=\frac{\sum_{i=1}^{n}\boldsymbol{m}_i}{\Delta V} \tag{9-7-3}$$

其值越大就表明磁介质磁化的程度越深，而实验表明：

$$\boldsymbol{M}=\frac{\mu_r-1}{\mu_r\mu_0}\boldsymbol{B} \tag{9-7-4}$$

式中 $\boldsymbol{B}$ 是介质内的总磁感应强度。

三、有磁介质时的安培环路定理

在有磁介质存在时，安培环路定理应写为

$$\oint_L \boldsymbol{B}\cdot \mathrm{d}\boldsymbol{l}=\oint_L(\boldsymbol{B}_0+\boldsymbol{B}')\cdot \mathrm{d}\boldsymbol{l}=\mu_0\sum_i(I_i+I_i') \tag{9-7-5}$$

式中 I_i 是传导电流，I_i' 是磁化电流。

利用(9-7-1)式，将磁介质内磁感应强度 $\boldsymbol{B}$ 用外加磁场 $\boldsymbol{B}_0$ 表示。将(9-7-1)式代入安培环路定理中，有

$$\mu_r\oint_L \boldsymbol{B}_0\cdot \mathrm{d}\boldsymbol{l}=\mu_r\left(\sum_i\mu_0 I_i\right)$$

外加磁场 $\boldsymbol{B}_0$ 是由传导电流 I 产生的，磁介质的安培环路定理可以写成

$$\oint_L \boldsymbol{B}\cdot \mathrm{d}\boldsymbol{l}=\mu_{\mathrm{r}}\left(\oint_L \boldsymbol{B}_0\cdot \mathrm{d}\boldsymbol{l}\right)=\mu_{\mathrm{r}}\left(\sum_i \mu_0 I_i\right)$$

将真空中的磁导率和相对磁导率合并，得到

$$\oint_L \frac{\boldsymbol{B}}{\mu_{\mathrm{r}}\mu_0}\cdot \mathrm{d}\boldsymbol{l}=\sum_i I_i \tag{9-7-6}$$

定义磁场强度

$$\boldsymbol{H}=\frac{\boldsymbol{B}}{\mu_{\mathrm{r}}\mu_0} \tag{9-7-7}$$

即得到有介质时的安培环路定理

$$\oint_L \boldsymbol{H}\cdot \mathrm{d}\boldsymbol{l}=\sum_i I_i \tag{9-7-8}$$

磁场强度 $\boldsymbol{H}$ 在国际单位制中的单位为 A/m。

此安培环路定理的应用方法与真空中的安培环路定理的相同。

根据有介质时的安培环路定理，就可以研究磁介质中的磁感应强度 $\boldsymbol{B}$、磁化电流 I'、磁场强度 $\boldsymbol{H}$ 和磁化强度 $\boldsymbol{M}$ 之间的关系，其中，$\boldsymbol{B}$、$\boldsymbol{H}$ 和 $\boldsymbol{M}$ 是同向的。

为了计算磁化电流，将(9-7-8)式代入(9-7-5)式，得到

$$\oint_L \boldsymbol{B}\cdot \mathrm{d}\boldsymbol{l}=\mu_0\oint_L \boldsymbol{H}\cdot \mathrm{d}\boldsymbol{l}+\mu_0\sum_i I_i'$$

将积分式合并，有

$$\oint_L\left(\frac{\boldsymbol{B}}{\mu_0}-\boldsymbol{H}\right)\cdot \mathrm{d}\boldsymbol{l}=\sum_i I_i' \tag{9-7-9}$$

将磁场强度定义式(9-7-7)代入(9-7-9)式，有

$$\oint_L\left(\frac{\boldsymbol{B}}{\mu_0}-\frac{\boldsymbol{B}}{\mu_{\mathrm{r}}\mu_0}\right)\cdot \mathrm{d}\boldsymbol{l}=\oint_L\left(\frac{\mu_{\mathrm{r}}-1}{\mu_{\mathrm{r}}\mu_0}\boldsymbol{B}\right)\cdot \mathrm{d}\boldsymbol{l}=\sum_i I_i' \tag{9-7-10}$$

对比磁化强度 $\boldsymbol{M}$ 和磁介质体内磁感应强度 $\boldsymbol{B}$ 的关系式(9-7-4)，得磁化电流和磁化强度的关系

$$\oint_L \boldsymbol{M}\cdot \mathrm{d}\boldsymbol{l}=\sum_i I_i' \tag{9-7-11}$$

磁化强度矢量的环路积分等于这个环路中包围的磁化电流的代数和。在均匀磁化介质中取如图 9-7-5 所示的矩形环路。

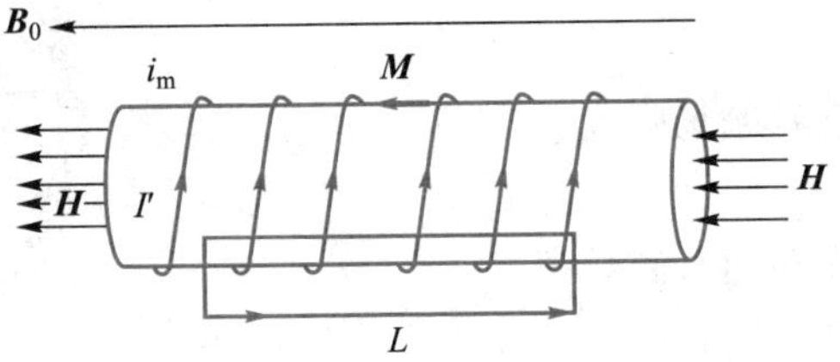

图 9-7-5　磁化电流与安培环路 L

将(9-7-11)式写成微分的形式：

$$\mathrm{d}I'=\boldsymbol{M}\cdot \mathrm{d}\boldsymbol{l} \tag{9-7-12}$$

则单位长度上的电流，即磁化电流面密度为

$$i'_{\mathrm{m}}=\frac{\mathrm{d}I'}{\mathrm{d}l}=\boldsymbol{M}\cdot\boldsymbol{e}_{l}=M\cos(\widehat{\boldsymbol{M},\mathrm{d}\boldsymbol{l}})$$

在图 9-7-5 的情况下，有

$$\cos(\widehat{\boldsymbol{M},\mathrm{d}\boldsymbol{l}})=\cos 0=1$$

如果磁介质的表面法线方向单位矢量 $\boldsymbol{e}_{\mathrm{n}}$ 与极化强度 $\boldsymbol{M}$ 方向不垂直，可以证明，磁化电流面密度为

$$\boldsymbol{i}'_{\mathrm{m}}=\boldsymbol{M}\times\boldsymbol{e}_{\mathrm{n}} \tag{9-7-13}$$

将磁场强度矢量 $\boldsymbol{H}$ 代入(9-7-4)式，得到

$$\boldsymbol{M}=(\mu_{\mathrm{r}}-1)\boldsymbol{H} \tag{9-7-14}$$

式中 $\mu_{\mathrm{r}}-1$ 称为介质的磁化率 χ_{m}，即

$$\chi_{\mathrm{m}}=\mu_{\mathrm{r}}-1 \tag{9-7-15}$$

【例 9-12】 一个半径为 R 的介质球，均匀磁化，磁化强度为 $\boldsymbol{M}$，方向水平向右，如图 9-7-6 所示。求介质球面上某点的磁化电流面密度和全部磁化电流产生的磁矩。

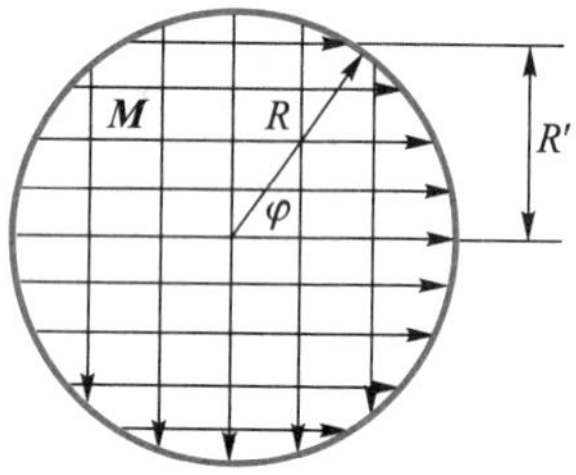

图 9-7-6 介质球水平均匀磁化

解 球面上任一点的磁化电流面密度为

$$\boldsymbol{i}_{\mathrm{m}}=\boldsymbol{M}\times\boldsymbol{e}_{\mathrm{n}}$$

磁化电流面密度的方向垂直磁化方向环绕介质球，其大小为

$$i_{\mathrm{m}}=|\boldsymbol{i}_{\mathrm{m}}|=M\sin\varphi$$

由于磁化电流面密度非均匀分布。某一磁化电流环电流为 $I'=i_{\mathrm{m}}R\mathrm{d}\varphi$，包围的面积 $S=\pi R'^2=\pi R^2\sin^2\varphi$，其磁矩大小为

$$\mathrm{d}m=I'S=\pi R'^2\cdot i_{\mathrm{m}}R\mathrm{d}\varphi=\pi R^3\sin^2\varphi\cdot i_{\mathrm{m}}R\mathrm{d}\varphi$$

$$m=\int_0^{\pi}\pi R^2\sin^2\varphi\cdot M\sin\varphi R\mathrm{d}\varphi=\int_0^{\pi}\pi R^3M\sin^3\varphi\cdot\mathrm{d}\varphi=\frac{4}{3}\pi R^3M$$

磁矩的方向向右。

【例 9-13】 如图 9-7-7 所示的铁质细螺绕环，其平均周长 $l=30$ cm，截面积为 $S=1$ cm^2，在环上均匀绕以 $N=300$ 匝导线，当绕组内的电流为 $I=0.032$ A 时，环内磁通量为 2×10^{-6} Wb，试计算：

(1) 环内的磁感应强度和磁场强度；

(2) 磁化电流面密度；

(3) 环内材料的磁导率和相对磁导率；

(4) 铁芯内的磁化强度。

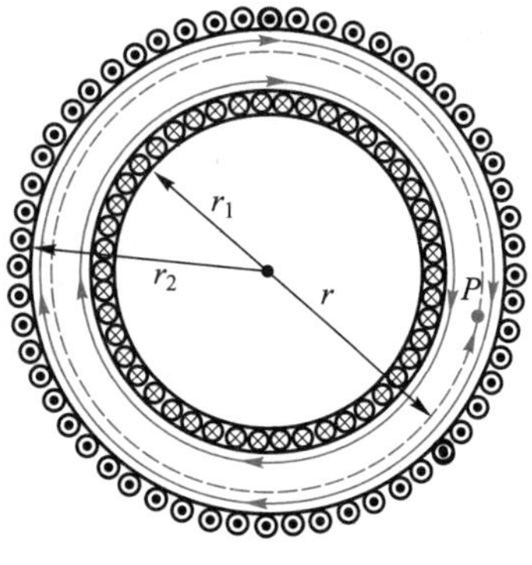

图 9-7-7 铁质细螺绕环

解 (1) 根据已知条件，在螺绕环的横截面上的磁通量为

$$\int_S\boldsymbol{B}\cdot\mathrm{d}\boldsymbol{S}=B\int_S\mathrm{d}S=2\times10^{-6}\ \mathrm{Wb}$$

得到
$$B=\frac{2\times10^{-6}}{S}=\frac{2\times10^{-6}}{0.0001}\ \mathrm{T}=2\times10^{-2}\ \mathrm{T}$$

在铁磁质环内取半径为 R 的同心环路，利用安培环路定理，得

$$\oint_l \boldsymbol{H}\cdot \mathrm{d}\boldsymbol{l}=\Sigma I,\qquad H\cdot 2\pi R=NI$$

$$H=\frac{NI}{2\pi R}=\frac{NI}{l}=32\ \mathrm{A/m}$$

（2）由 $\oint_l \boldsymbol{B}\cdot \mathrm{d}\boldsymbol{l}=\mu_0\sum_i (I_i+I_i')$，得到

$$B\cdot 2\pi R=\mu_0 NI+\mu_0 I',\qquad I'=\frac{B\cdot 2\pi R}{\mu_0}-NI$$

将磁化电流视为均匀分布在螺绕环上，磁化电流的流向与螺绕环上的线圈绕向相同，则磁化电流面密度为

$$i_m'=\frac{I'}{2\pi R}=\frac{B}{\mu_0}-\frac{NI}{2\pi R}=\left(\frac{2\times10^{-2}}{4\pi\times10^{-7}}-32\right)\ \mathrm{A/m}=1.59\times10^4\ \mathrm{A/m}$$

（3）根据(9-7-7)式，

$$\mu_r\mu_0=\frac{B}{H}=\frac{2\times10^{-2}}{32}\ \mathrm{H/m}=6.25\times10^{-4}\ \mathrm{H/m}$$

铁芯的相对磁导率：
$$\mu_r=\frac{6.26\times10^{-4}}{4\pi\times10^{-7}}=497.36$$

（4）铁芯的磁化强度：

$$M=(\mu_r-1)H=1.59\times10^4\ \mathrm{A/m}$$

【例 9-14】 无限长直圆柱形导线外，包一层相对磁导率为 μ_r 的圆筒形磁介质，圆柱导线的半径为 R_1，磁介质的外半径为 R_2，导线内电流为 I。求：

（1）介质内、外的磁场强度和磁感应强度；

（2）介质内、外表面的磁化电流面密度。

解　（1）取圆柱形导线的轴线上的点为圆心，半径为 r 的环路，如图 9-7-8(a)所示。根据安培环路定理，得到

$$\oint_l \boldsymbol{H}\cdot \mathrm{d}\boldsymbol{l}=\sum_i I_i$$

$$2\pi r\cdot H=I\quad (r>R_1),\qquad H=\frac{I}{2\pi r}$$

由于 $\boldsymbol{B}=\mu_0\mu_r\boldsymbol{H}$，则

$$B=\begin{cases}\dfrac{\mu_0\mu_r I}{2\pi r} & (R_2>r>R_1)\\[2ex] \dfrac{\mu_0 I}{2\pi r} & (r>R_2,\ \mu_r=1)\end{cases}$$

当 $r<R_1$ 时
$$2\pi r\cdot H=\left(\frac{I}{\pi R_1^2}\right)\pi r^2$$

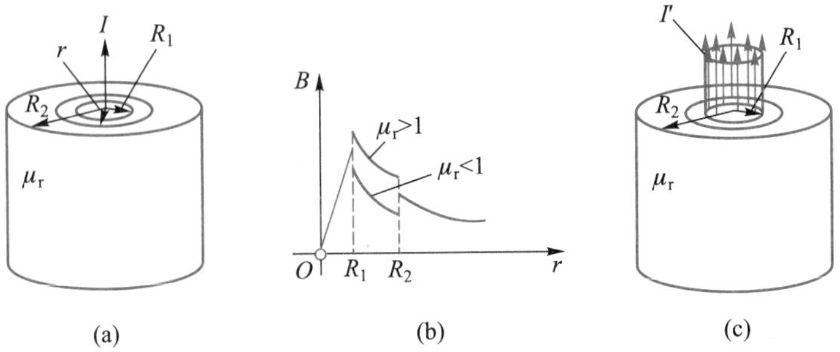

图 9-7-8 例 9-14 图

得
$$H=\frac{I}{2\pi R_1^2}r$$

于是，长直导线内部($\mu_r=1$)的磁感应强度为

$$B=\frac{\mu_0 I}{2\pi R_1^2}r$$

磁感应强度值随 r 变化的曲线如图 9-7-8(b)所示。图 9-7-8(c)为顺磁质时，内圆柱面电流的示意图。

(2) 方法一：利用磁化强度矢量 $\boldsymbol{M}$ 求解磁化电流面密度

$$M=(\mu_r-1)H=(\mu_r-1)\frac{I}{2\pi r}$$

$\boldsymbol{M}$ 方向与 $\boldsymbol{H}$ 相同，是安培环路的切线方向，注意磁介质表面的方向是外法线方向，右手定则可以判定圆筒形磁介质内表面磁化电流方向如图 9-7-8(c)所示。

$$i=M\sin 90^\circ=M$$

令 $r=R_1$ 和 $r=R_2$，可以分别解出磁介质内、外表面的磁化强度和磁化电流面密度：

$$i'_{R_1}=\frac{(\mu_r-1)I}{2\pi R_1},\qquad i'_{R_2}=\frac{(\mu_r-1)I}{2\pi R_2}$$

方法二：考虑在 $R_1<r<R_2$ 范围内，有介质和无介质时磁感应强度之差为

$$\Delta B=\frac{\mu_0 I}{2\pi r}(\mu_r-1)$$

此差值来源于介质内表面的磁化电流 I'，得

$$\frac{\mu_0 I'}{2\pi r}=\frac{\mu_0 I}{2\pi r}(\mu_r-1),\qquad \text{即}\qquad I'=(\mu_r-1)I$$

圆筒形磁介质内表面磁化电流面密度

$$i'_{R_1}=\frac{I'}{2\pi R_1}=\frac{(\mu_r-1)I}{2\pi R_1}$$

圆筒形磁介质外表面磁化电流面密度大小(方向与 i_{R_1} 相反)

$$i'_{R_2}=\frac{I'}{2\pi R_2}=\frac{(\mu_r-1)I}{2\pi R_2}$$

与方法一的结果相同。

四、铁磁质

通常铁磁质的相对磁导率 $\mu_r \gg 1$。铁磁质的磁化不同于顺磁质和抗磁质，在磁化过程中，铁磁质内部磁感应强度 $\boldsymbol{B}$ 随着磁场强度 $\boldsymbol{H}$ 的变化呈现出复杂的非线性关系。

如图 9-7-9 所示，其中横轴表示 H 的大小，纵轴表示 B 的大小。图中实线表示 B 和 H 的函数关系；虚线表示铁磁质的相对磁导率 μ_r 和 H 的函数关系，铁磁质的相对磁导率 $\left(\mu_r=\dfrac{B}{\mu_0 H}\right)$ 显然不是常量。由图可知，当 H 较小时，铁磁质体内的 B 随着 H 正比增加，当 H 继续增加时，B 就急剧加大，随后，B 的变化变慢，当 H 增大到某一值后，B 就几乎不变了，这时铁磁质到达了**磁饱和**状态，其磁化强度 M 也达到了最大值。图中 B 和 H 的函数曲线称为**起始磁化曲线**。

当铁磁质到达磁饱和状态后，将 H 减小，B 也开始减小，但是并不是沿着起始磁化曲线减小，即使 H 减小到 $H=0$，B 也不能恢复到初始零值。如图 9-7-10 所示，其中 Oa 段曲线就是起始磁化曲线，而 ab 段曲线就是表示 H 减小到零时，B 的变化曲线。可见即使外加磁场消失，铁磁质本身的磁场 B 也不为零，这个值称为**剩磁**，用 B_r 表示。

若要消除铁磁质的剩磁 B_r，必须加反向磁场（图中 bc 段曲线），当其达到 $-H_c$ 时，铁磁质内磁场 $B=0$，H_c 的大小称为铁磁质的**矫顽力**。不同的铁磁质具有不同的矫顽力，反映了不同材料退磁的“难易”程度，当外加磁场小于矫顽力时，铁磁质仍保持一定的磁性。

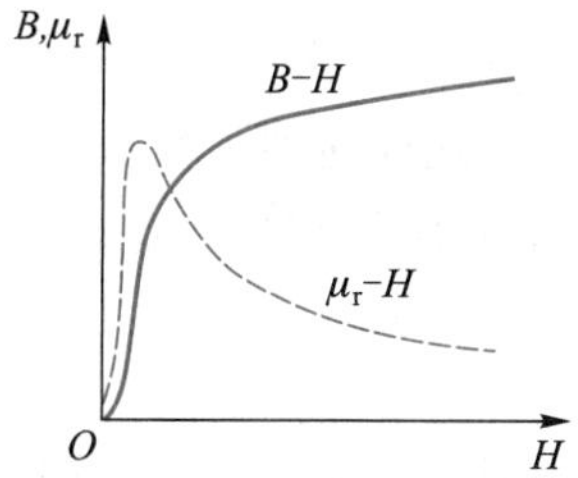

图 9-7-9　铁磁质磁化

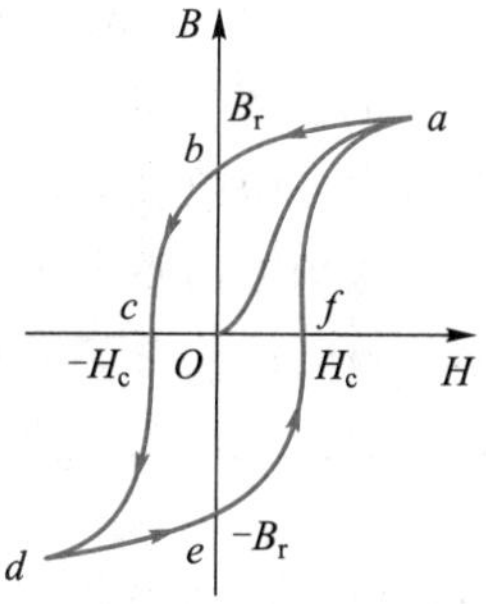

图 9-7-10　铁磁质的磁滞回线

如果继续加大反向磁场，铁磁质将反向磁化，也可以到达反向磁饱和状态，即图中 cd 段曲线，再将反向磁场逐渐减小到零，铁磁质就会出现反向退磁（图中 de 段）。与正向退磁类似，消除反向剩磁 $-B_r$，又必须用一个正向磁场作用于反向磁化的铁磁质上，见图中 ef 段曲线，当正向外磁场达到 $+H_c$ 时，反向磁化的铁磁质退磁，回到 $B=0$ 的状态。如果继续加大外加的正向磁场，铁磁质又会到达正向磁饱和状态，见图中 fa 段曲线。在整个磁化过程中，磁感应强度 B 的变化始终滞后于磁场强度 H 的变化，这种现象称为**磁滞**，因此 $abcdef$ 曲线称为**磁滞回线**。当外加磁场往复变化时，铁磁质就在外加磁场的作用下沿着磁滞回线周而复始地被磁化。

不同的铁磁质，磁特性不同，磁滞回线的形态也不同。常见的铁磁材料有矫顽力大的硬磁材料、矫顽力小的软磁材料以及矩磁材料，如图 9-7-11 所示。硬磁材料由于矫顽力 H_c 很大，从而磁化后不易退磁，通常这种硬磁材料用作永磁体，许多电气设备，如电表、扬声器等都要用到各类硬磁材料。软磁材料由于磁化容易，退磁也容易，适用于交变磁场，通常用于交流电路中的变压器、电机、电磁元器件等。矩磁材料的磁滞回线呈现出近似矩形，材料可以处于正、负磁饱和状态之一，特别适合于制作计算机磁带和磁盘的记录介质。

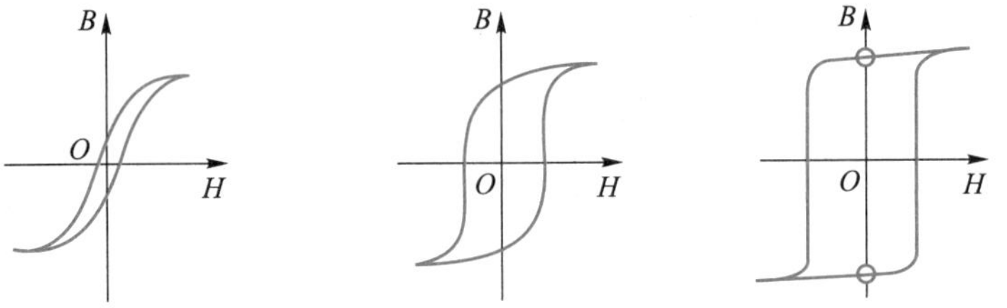

(a) 软磁材料的磁滞回线　(b) 硬磁材料的磁滞回线　(c) 矩磁材料的磁滞回线

图 9-7-11　三种磁滞回线

铁磁质具有特殊的磁化特性是由于其内部具有磁畴。在铁磁质内小范围内电子自旋磁矩可以自发地平行排列起来(形成这种排列的力叫作交换相互作用力，是一种量子力学效应)，形成一些自发磁化的小区域，这个小区域称为磁畴，相当于一个小条形磁铁。在没有外磁场时，相邻的不同区域之间磁畴磁矩排列的方向是杂乱无章的，如图 9-7-12 所示。因此铁磁质不显磁性。在加外磁场后，铁磁质内的磁畴由不规则排列到随外磁场 H 方向规则排列的过程，磁畴的方向改变是跳跃式的突变。当外磁场增大到一定程度时，铁磁质中所有磁畴的磁矩都沿外磁场方向整齐排列，这时铁磁质的磁化就达到了饱和。

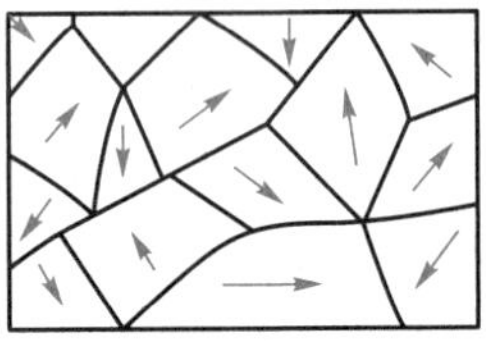

图 9-7-12　铁磁质中的磁畴示意图

铁磁质的磁性是与磁畴结构分不开的。在周期外磁场的反复磁化的过程中，磁畴也反复转向并产生热效应，从而消耗能量，这种现象称为磁滞损耗，磁滞回线所围面积越大，磁滞损耗越大。

在高温下由于分子剧烈的热运动，磁畴会被瓦解。当温度达到临界温度(这个温度称为居里点(Curie point))时，磁畴将全部被瓦解，这时铁磁质呈现出顺磁性。

习　　题

9-1　一长直载流导线沿 Oy 轴正方向放置，在原点 O 处取一电流元 $I\mathrm{d}\boldsymbol{l}$，求该电流元在$(a,\ 0,\ 0)$、$(0,\ a,\ 0)$、$(0,\ 0,\ a)$、$(a,\ a,\ 0)$、$(0,\ -a,\ a)$、$(a,\ a,\ a)$各点处的磁感应强度。

9-2　如图所示，一无限长的直导线，通有电流 I，中部一段弯成半径为 a 的圆弧形，求图中 P 点的磁感应强度。

9-3　如图所示，一无限长的直导线在某处弯成半径为 R 的 1/4 圆弧，圆心在 O 处，直线的延长线都通过圆心。已知导线中的电流为 I，求 O 点的磁感应强度。

9-4　如图所示的回路，曲线部分是半径为 a 和 b 的圆周的一部分，而直线部分沿着半径方向，假设回路载有电流 I，求 P 点处的磁感应强度 $\boldsymbol{B}$。

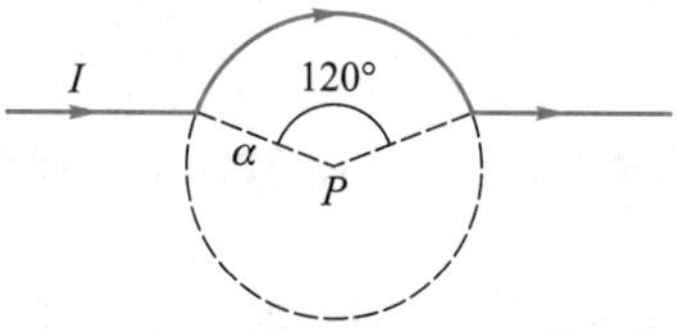

习题 9-2 图

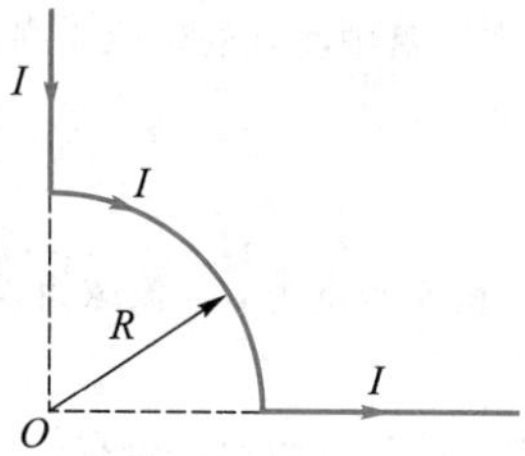

习题 9-3 图

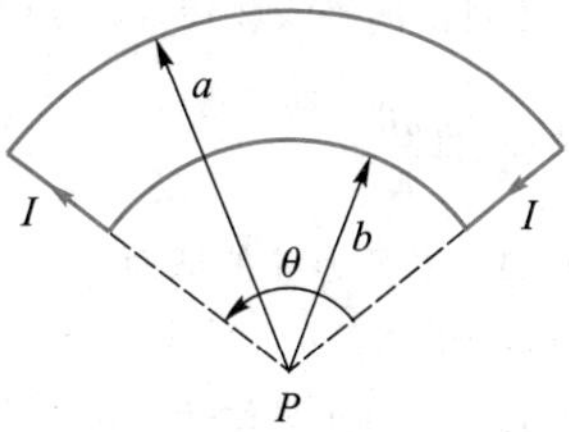

习题 9-4 图

9-5　将通有电流的导线弯成如图(a)、(b)所示的形状，求 O 点处的磁感应强度 $\boldsymbol{B}$。

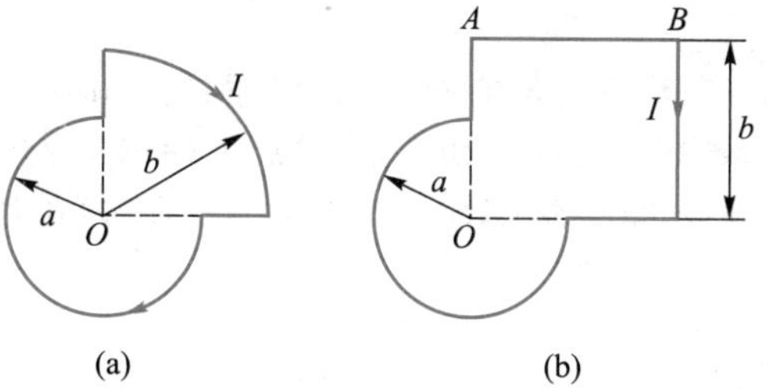

习题 9-5 图

9-6　一长导线 $KLMN$ 折成图示形状，通过电流 I，求证图中 O 点的磁感应强度 $\boldsymbol{B}$ 垂直于纸面向里，大小为

$$\frac{\mu_0 I}{4\pi b}\left(\frac{l-a}{\sqrt{b^2+(l-a)^2}}+\frac{a}{\sqrt{b^2+a^2}}\right)$$

9-7　载流正方形线圈边长为 $2a$，电流为 I。(1)求轴线上距中心为 r_0 处的磁感应强度；(2)当 $a=1.0$ cm，$I=0.5$ A，$r_0=0$ 和 10 cm 时，$\boldsymbol{B}$ 等于多少？

9-8　半径为 R 的木球上绕有漆包细导线，导线紧密排列，并互相平行，沿着与导线垂直的球大圆单位弧长上绕有 n 圈，如图所示。设导线中的电流为 I，试求球心处的磁感应强度。

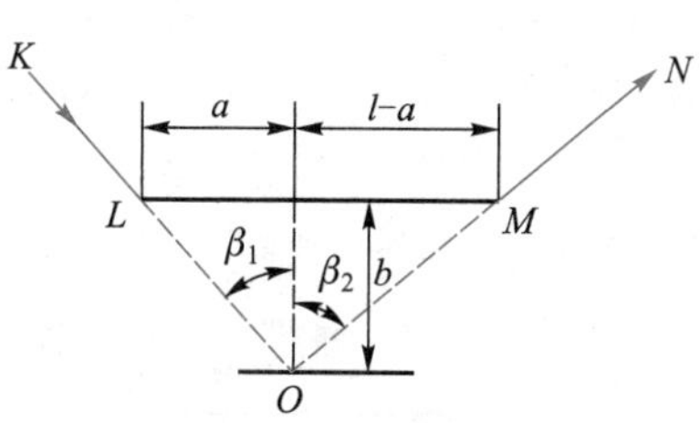

习题 9-6 图

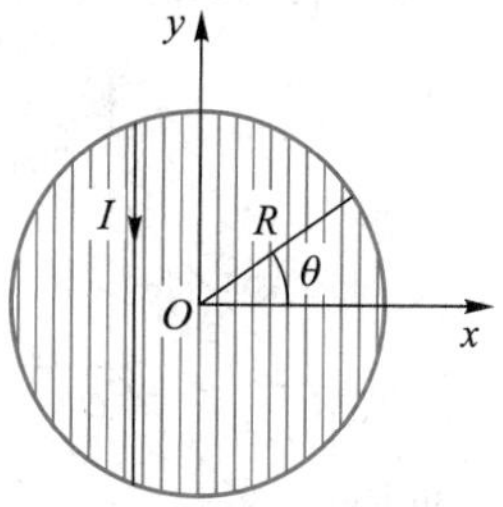

习题 9-8 图

9-9　半径为 R 的薄圆盘上均匀带电，总电荷量为 q，令此盘绕通过盘心且垂直盘面的轴线匀速转动，角速度为 ω，求轴线上距盘心为 x 处的磁感应强度 $\boldsymbol{B}$。

9-10　一个塑料圆盘，半径为 R，圆盘的表面均匀分布有电荷 q。如果使该圆盘以角速度 ω 绕其过圆心且垂直于盘面的轴线旋转，试证明：(1)在圆盘中心处的磁感应强度的大小为 $B=\dfrac{\mu_0\omega q}{2\pi R}$；(2)圆盘的磁偶极矩大小为 $p_m=\dfrac{\omega qR^2}{4}$。

9-11 半径为 R 的球面均匀带电，电荷面密度为 σ，该球面以匀角速度 ω 绕它的直径旋转，求球心处的磁感应强度。

9-12 有一个导体片，由无限多根邻近的导线组成，每根导线都无限长并且各载有电流 i，试证明在这个无限电流片外所有各点处的 $\boldsymbol{B}$ 线将如图所示，并证明在这个无限电流片外所有各点处 $\boldsymbol{B}$ 的大小由式 $B=\dfrac{1}{2}\mu_0 ni$ 给出，其中 n 表示每单位长度上的导线根数。

9-13 如图所示，闭合回路由半径为 a 和 b 的两个半圆组成，电流为 I，求：(1) P 点处 $\boldsymbol{B}$ 的大小和方向；(2)回路的磁偶极矩。

9-14 亥姆霍兹线圈。如图所示，设有各绕 300 匝的两个同样大小的线圈，相距为 R，R 等于线圈的半径。设线圈的半径 $R=5.0$ cm，线圈中的电流 $I=50$ A，取 P 点处 $x=0$(O_1、O_2 连线中点)，试在公共轴上从 $x=-5$ cm 到 $x=+5$ cm 范围内，画出 B 随 x 变化的函数曲线。(这样的线圈在 P 点附近处提供了一个特别均匀的磁场 $\boldsymbol{B}$。)

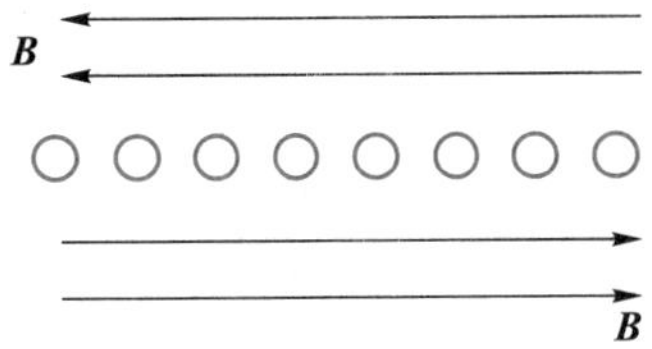

习题 9-12 图

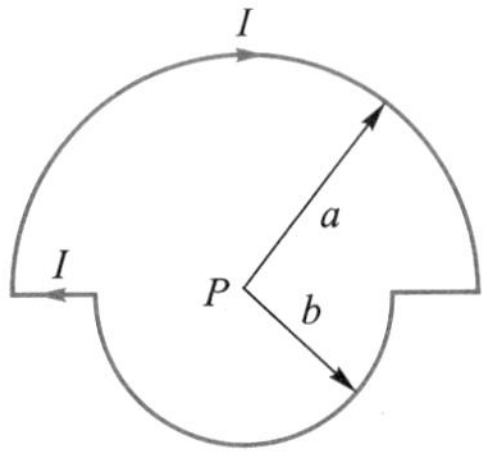

习题 9-13 图

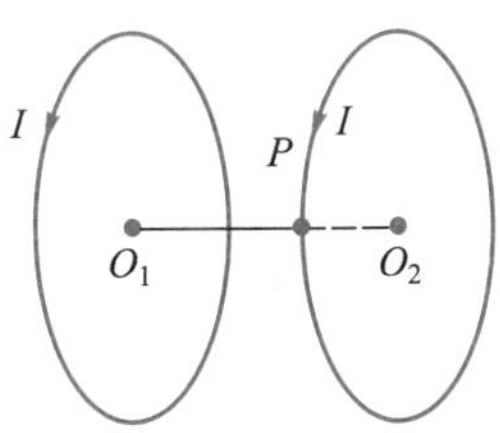

习题 9-14 图

9-15 已知磁感应强度 $B=2.0$ Wb/m^2 的均匀磁场，方向沿 x 轴正向，如图所示，试求：(1)通过图中 $abcd$ 面的磁通量；(2)通过图中 $befc$ 面的磁通量；(3)通过图中 $aefd$ 面的磁通量。

9-16 一根很长的铜导线载有电流 10 A，在导线内部作一平面 S，如图所示，试计算通过 S 平面的磁通量(沿导线长度方向取长为 1 m 的一段计算)，铜的磁导率取 μ_0。

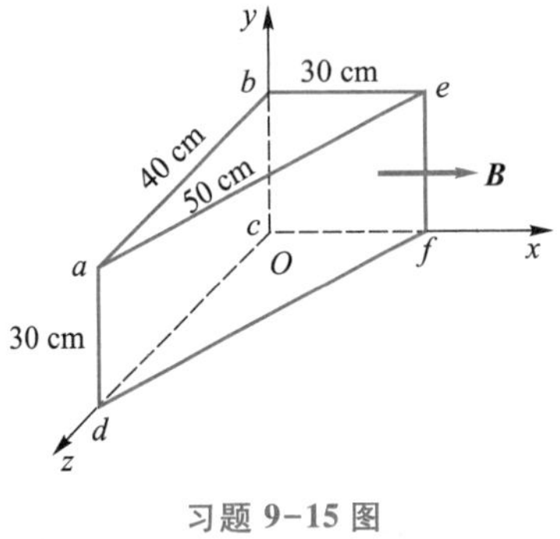

习题 9-15 图

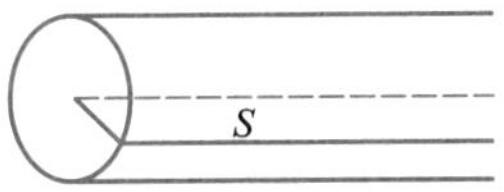

习题 9-16 图

9-17 一根很长的同轴电缆，由一导体圆柱(半径为 a)和一同轴的导体圆管(内外半径分别为 b 和 c)构成，使用时，电流 I 从一导体流出，从另一导体流回。设电流都是均匀地分布在导体的横截面上，求 $r<a$，

$a<r<b$，$b<r<c$ 及 $r>c$ 各区间的磁感应强度大小，r 为场点到轴线的垂直距离。

9-18　两个无穷大的平行平面上，有均匀分布的面电流，电流面密度大小分别为 i_1 及 i_2。试求下列情况下两面之间的磁感应强度与两面之外空间的磁感应强度：(1) 两电流平行；(2) 两电流反平行；(3) 两电流相互垂直。

9-19　有一根长的载流导体直圆管，如图所示，内半径为 a，外半径为 b，电流为 I，电流沿轴线方向流动，并且均匀地分布在管壁的横截面上。空间某一点到管轴的垂直距离为 r，求 $r<a$，$a<r<b$，$r>b$ 各区间的磁感应强度。

9-20　图中所示的是一个外半径为 R_1 的无限长的圆柱形导体管，管内空心部分的半径为 R_2，空心部分的轴与圆柱的轴相互平行但不重合，两轴间距离为 a，且 $a>R_2$，现有电流 I 沿导体管流动，电流均匀分布在管的横截面上，而电流方向与管的轴线平行。求：(1) 圆柱轴线上的磁感应强度的大小；(2) 空心部分轴线上的磁感应强度的大小。

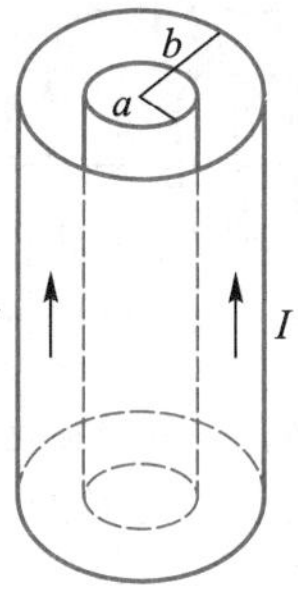

习题 9-19 图

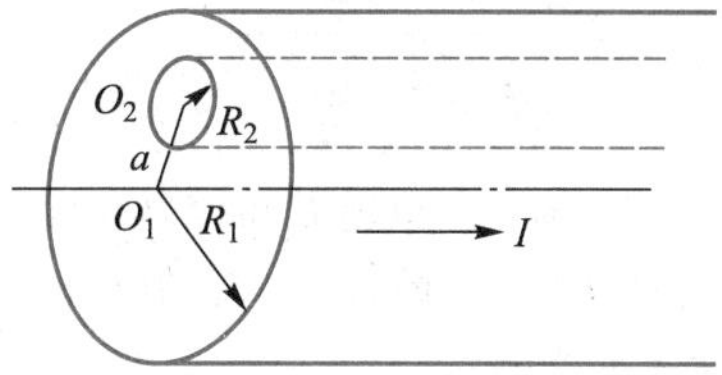

习题 9-20 图

*9-21　在 S 系中，一个点电荷 q_1 以匀速 $\boldsymbol{v}=v\boldsymbol{e}_x$ 运动，在 $t=0$ 时通过原点 O，另一点电荷 q_2 静止于 z 轴上的点 $(0, 0, z)$。试问 $t=0$ 时 q_2 受到 q_1 的作用力 F_{21}。

*9-22　考虑沿着两条相距 10^{-1} m 的平行直线运动的两个电子。(1) 如果这两个电子以 10^6 m/s 的相同速率并排地同向运动，对于一个实验室观察者来说，它们之间的电场力和磁场力（非相对论的）有多大？(2) 对于一位和电子一起运动的观察者来说，电场力和磁场力又有多大？(3) 若电子的运动速率等于 2.4×10^8 m/s（相对论的），重新回答上述问题。

9-23　若电子以速度 $\boldsymbol{v}=(2.0\times10^6\ \text{m/s})\boldsymbol{e}_x+(3.0\times10^6\ \text{m/s})\boldsymbol{e}_y$ 通过磁场 $\boldsymbol{B}=(0.030\ \text{T})\boldsymbol{e}_x-(0.150\ \text{T})\boldsymbol{e}_y$，(1) 求作用在电子上的力；(2) 对以同样速度运动的质子重复你的计算。

9-24　一束质子射线和一束电子射线同时通过电容器两极板之间，如图所示，问偏离的方向及程度有何不同？

9-25　如图所示，两带电粒子同时射入均匀磁场，速度方向皆与磁场垂直。(1) 如果两粒子质量相同，速率分别是 v 和 $2v$；(2) 如果两粒子速率相同，质量分别是 m 和 $2m$；那么，哪一个粒子先回到原出发点？

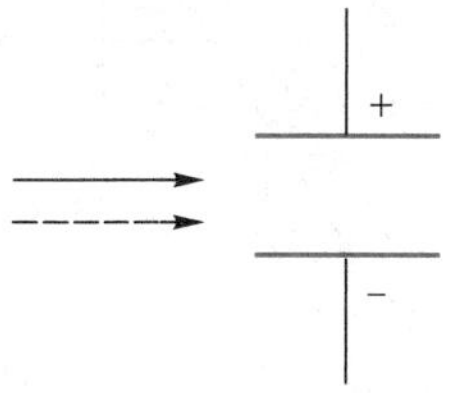

习题 9-24 图

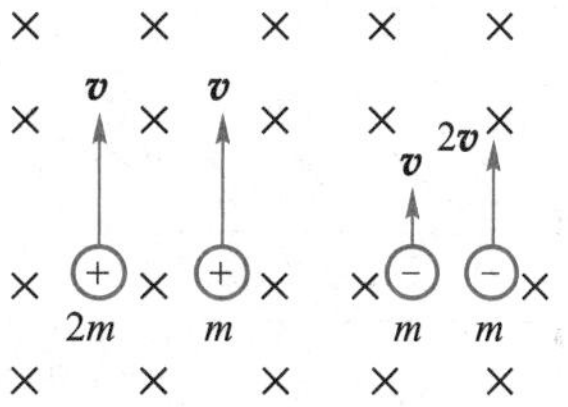

习题 9-25 图

9-26　习题 9-26 图是一个磁流体发电机的示意图，将气体加热到很高温度使之电离而成为等离子体，并让它通过平行板电极 1、2 之间，在这里有一垂直于纸面向里的磁场 $\boldsymbol{B}$。试说明这两极之间会产生一个大小为 vBd 的电压（v 为气体流速，d 为电极间距）。问哪个电极是正极？

9-27　一电子以 $v=3.0\times10^{7}$ m/s 的速率射入匀强磁场内，它的速度方向与 $\boldsymbol{B}$ 垂直，$B=10$ T。已知电子电荷 $-e=1.6\times10^{-19}$ C，质量 $m=9.1\times10^{-31}$ kg，求这些电子所受到的洛伦兹力，并与它在地面上所受到的重力加以比较。

9-28　已知磁场 $\boldsymbol{B}$ 的大小为 0.4 T，方向在 Oxy 平面内，且与 y 轴成 $\pi/3$ 角。试求以速度 $\boldsymbol{v}=(10^{7}\ \text{m/s})\boldsymbol{e}_z$ 运动，电荷量为 $q=10$ pC 的电荷所受到的磁场力。

9-29　一电子在 $B=20$ G 的磁场里沿半径为 $R=20$ cm 的螺旋线运动，螺距 $h=5.0$ cm，如图所示，已知电子的荷质比 $e/m=1.76\times10^{11}$ C/kg，求这电子的速度。

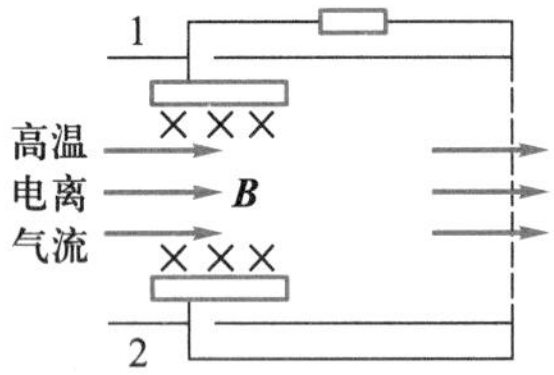

习题 9-26 图

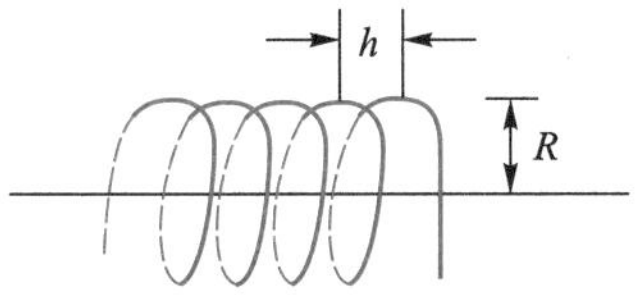

习题 9-29 图

9-30　空间某一区域有均匀电场 $\boldsymbol{E}$ 和均匀磁场 $\boldsymbol{B}$，$\boldsymbol{E}$ 和 $\boldsymbol{B}$ 的方向相同，一电子在这场中运动，分别求下列情况下电子的加速度 $\boldsymbol{a}$ 和电子的轨迹。开始时，(1) $\boldsymbol{v}$ 与 $\boldsymbol{E}$ 方向相同；(2) $\boldsymbol{v}$ 与 $\boldsymbol{E}$ 方向相反；(3) $\boldsymbol{v}$ 与 $\boldsymbol{E}$ 方向垂直；(4) $\boldsymbol{v}$ 与 $\boldsymbol{E}$ 有一夹角 θ。

9-31　在空间有相互垂直的均匀电场 $\boldsymbol{E}$ 和均匀磁场 $\boldsymbol{B}$，$\boldsymbol{B}$ 沿着 x 方向，$\boldsymbol{E}$ 沿着 z 方向，一电子开始时以速度 $\boldsymbol{v}$ 向 y 方向前进，问电子运动的轨迹如何？

9-32　飞行时间谱仪。设计过测量重离子质量的准确方法，这个方法是测量重离子在已知磁场中的旋转周期，一个单独的带电碘离子，在 4.5×10^{-2} Wb/m^{2}的磁场中旋转 7 圈所需要的时间约为 1.29×10^{-3} s，试问这个碘离子的质量有多少千克（近似值）？

9-33　如图所示，一个铜片厚度为 $d=1.0$ mm，放在 $B=1.5$ T 的磁场中，磁场与铜片表面垂直。已知铜片中自由电子密度为 8.4×10^{22}个/cm^3，每个电子的电荷为 $-e=-1.6\times10^{-19}$ C，当铜片中有 $I=200$ A 的电流时，(1)求铜片两侧的电势差 $V_{aa'}$；(2)铜片宽度 b 对 $V_{aa'}$ 有无影响？为什么？

9-34　一块半导体样品的体积为 $a\times b\times c$，如图所示，沿 x 方向有电流，在 z 方向加有均匀磁场 $\boldsymbol{B}$，这时的试验数据为 $a=0.10$ cm，$b=0.35$ cm，$c=1.00$ cm，$I=1.0$ mA，$B=0.3$ T，片两侧的电势差 $V_{AA'}=6.55$ mV。(1)问这块半导体是正电荷导电（p 型半导体）还是负电荷导电（n 型半导体）？(2)求载流子浓度（即单位体积内带电粒子数）。

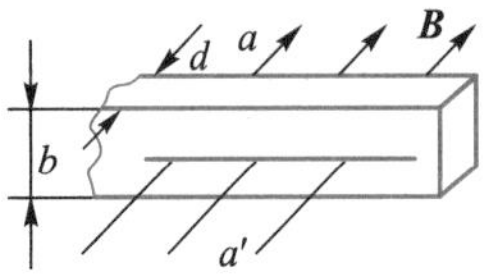

习题 9-33 图

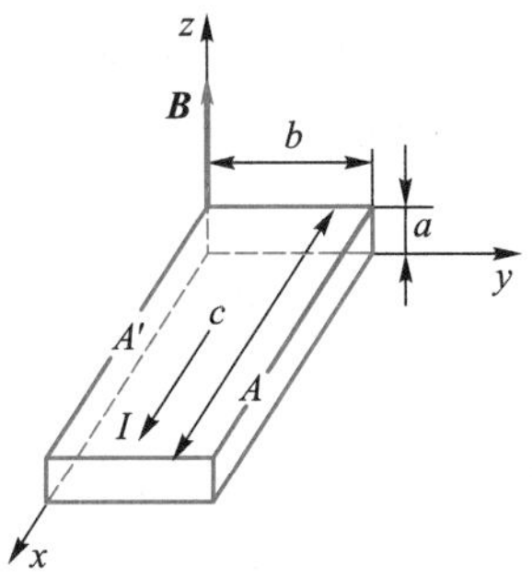

习题 9-34 图

9-35　一直导线载有电流 50 A，离导线 5.0 cm 处有一电子以速率 1.0×10^7 m/s 运动，求下列情况下作用在电子上的洛伦兹力：(1)设电子的速度 v 平行于导线；(2)设 v 垂直于导线并指向导线；(3)设 v 垂直于导线和电子所构成的平面。

9-36　如图所示，在无限长的载流直导线 AB 的一侧，放着一条有限长的可以自由运动的载流直导线 CD，CD 与 AB 相垂直，问 CD 怎样运动？

9-37　把一根柔软的螺旋形弹簧挂起来，使它的下端和盛在杯里的水银刚好接触，形成串联电路，再把它们接到直流电源上，通以电流，如图所示，问弹簧将发生什么现象？怎样解释？

9-38　如图所示，有一载有电流为 I_2 的线框，由张角为 $2(\pi-\alpha)$ 的圆弧和连圆弧两端的弦构成，弧的半径为 R，现有另一根载电流为 I_1 的长直导线穿过圆弧的中心，且垂直于线框的平面，试求作用于线框上的力矩。

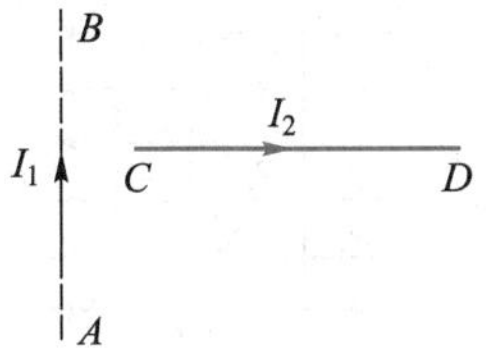

习题 9-36 图

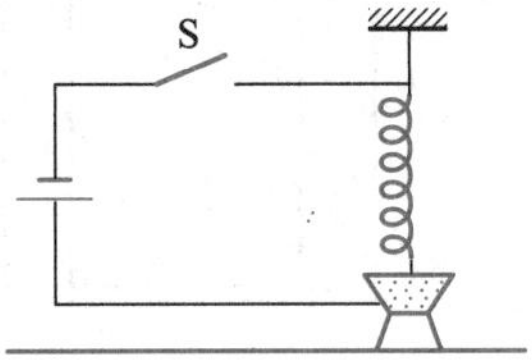

习题 9-37 图

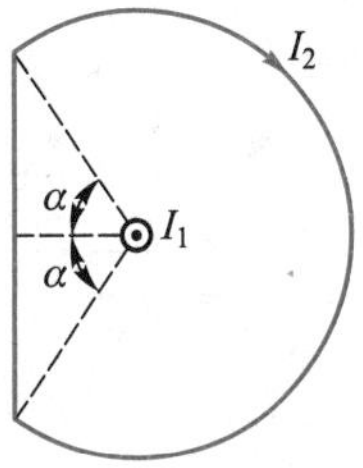

习题 9-38 图

9-39　一段导线弯成图中形状，它的质量为 m，上面水平段长为 l，处在均匀磁场中，磁感应强度为 $\boldsymbol{B}$，$\boldsymbol{B}$ 与导线垂直，导线下面两端分别插在两个浅水银槽里，两水银槽与一个带开关 S 的外电源连接。当 S 一接通，导线便从水银槽里跳起来。设跳起来的高度为 h，求通过导线的电荷量 q。当 $m=10$ g，$l=20$ cm，$h=30$ cm，$B=0.1$ T 时，q 的量值为多少？

9-40　一半径为 R 的无限长半圆柱面导体，其上电流 I 均匀分布，轴线处有一无限长直导线，其上电流也为 I，如图所示，试求轴线处导线单位长度所受的力。

9-41　图中表示一根扭成任意形状的导线，在这根导线的 A 与 B 两点之间载有电流 I，这根导线放在一个与均匀磁场(磁感应强度为 $\boldsymbol{B}$)垂直的平面上，求证：作用在这根导线上的力和作用在一根载有电流 I(I 的方向从 A 到 B)的直导线上的力相同。

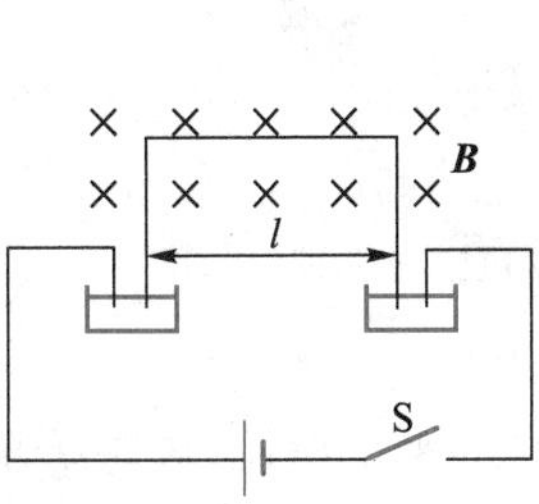

习题 9-39 图

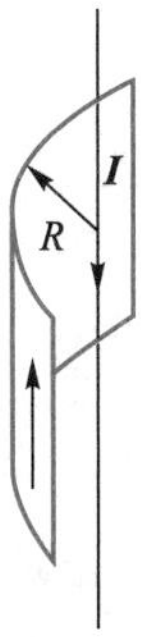

习题 9-40 图

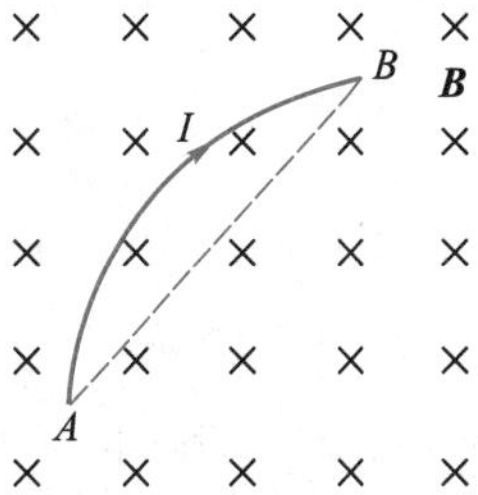

习题 9-41 图

9-42　一圆环，半径为 4.0 cm，放在磁场内，各处磁场的方向对环而言是对称发散的，如图所示，圆环所在处的磁感应强度的量值为 0. 10 T，磁场的方向与环面法向成 60°角，当环中通有电流 $I=15.8$ A 时，求圆环所受合力的大小和方向。

9-43 载有电流 I_1 的长直导线，旁边有一平面圆形线圈，线圈半径为 R，中心到直导线的距离为 d，线圈载有电流 I_2，线圈和直导线在同一个平面内，试求 I_1 作用于线圈回路上的力。

9-44 如图所示，在长直导线 AB 中通有电流 $I_1=20$ A，在矩形线圈 $CDEF$ 中通有电流 $I_2=10$ A，AB 与线圈共面，且 CD、EF 都与 AB 平行。已知 $a=9.0$ cm，$b=20.0$ cm，$d=1.0$ cm，(1)求导线 AB 的磁场对矩形线圈每边的作用力；(2)求矩形线圈所受合力及合力矩；(3)如果 I_2 方向与图示相反，结果如何？

9-45 如图所示，一半径 $R=0.10$ cm 的半圆形闭合线圈，载有直流为 $I=10$ A，放在均匀外磁场中，磁场方向与线圈平面平行，磁感应强度的大小为 $B=0.50$ T。(1)求线圈所受力矩的大小和方向；(2)在该力矩的作用下线圈转 90°(即转到线圈平面与 $\boldsymbol{B}$ 垂直)，求力矩所做的功。

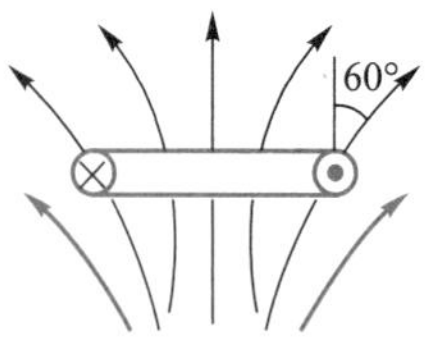

习题 9-42 图

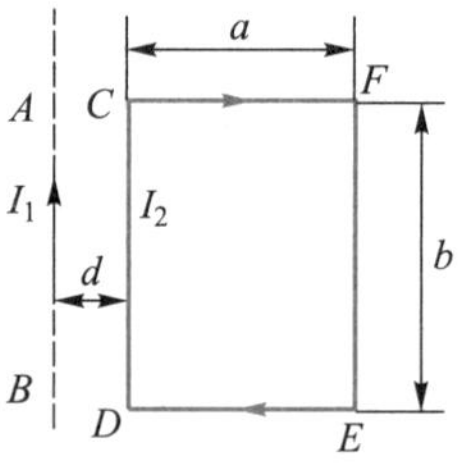

习题 9-44 图

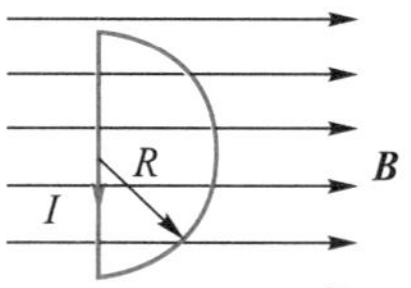

习题 9-45 图

9-46 横截面积 $S=2.0$ mm^2 的铜线弯成图中所示的形状，其中 OA 和 DO'固定在水平方向不动，$ABCD$ 段是边长为 a 的正方形的三边，可以绕 OO'转动，整个导线放在均匀磁场 $\boldsymbol{B}$ 中，$\boldsymbol{B}$ 的方向竖直向上。已知铜的密度 $\rho=8.9$ g/cm^3，当这铜线中的 $I=10$ A 时，在平衡情况下，AB 段和 CD 段与竖直方向的夹角为 $\alpha=15°$，求磁感应强度 $\boldsymbol{B}$。

9-47 如图所示，一平面塑料圆盘，半径为 R，表面带有面密度为 σ 的剩余电荷。假定圆盘绕其轴线 AA'以角速度 ω(rad/s)转动，磁场 $\boldsymbol{B}$ 的方向垂直于转轴 AA'，试证磁场作用于圆盘的力矩大小为 $M=\dfrac{1}{4}\pi\sigma\omega R^4 B$。(提示：将圆盘分成许多同心圆环来考虑。)

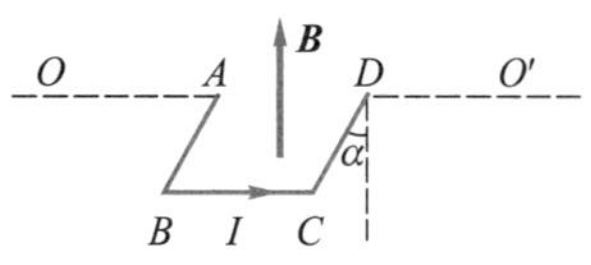

习题 9-46 图

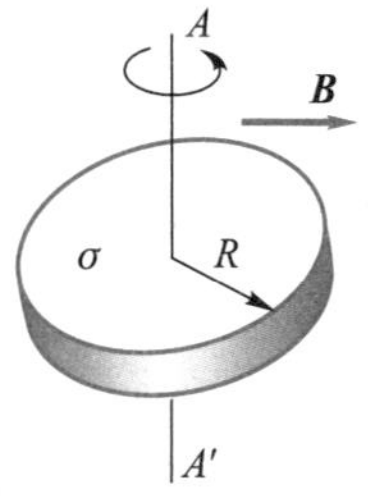

习题 9-47 图

9-48 如图所示，一个半径为 R 的木制圆柱体放在斜面上，圆柱长 l 为 0. 10 m，质量 m 为 0. 25 kg，圆柱上绕有 10 匝导线，而这个圆柱体的轴位于导线回路的平面内。斜面倾角为 θ，处于一均匀磁场中，磁感应强度 $\boldsymbol{B}$ 的大小为 0. 50 T，方向竖直向上。如果绕组的平面与斜面平行，问通过回路的电流 I 至少要多大，圆柱体才不致沿斜面向下滚动？

9-49 地球的磁场可以近似看成是一偶极磁场，其离地球中心距离为 r 处的横向分量和纵向分量分别为

$$B_n = \frac{\mu_0 \mu_r}{4\pi r^3}\cos\varphi_m, \quad B_v = \frac{\mu_0 \mu_r}{2\pi r^3}\sin\varphi_m$$

式中 φ_m 称为磁纬度(这种纬度是从地球赤道向北极或者南极来测量的)。假定地球的磁偶极矩 $m = 8.00\times10^{22}$ $A\cdot m^2$，(1)证明在纬度 φ 处地球磁场的大小为 $B = \frac{\mu_0 \mu_r}{4\pi r^3}\sqrt{1+3\sin^2\varphi_m}$；(2)证明磁场的倾角 θ_i 与磁纬度 φ_m 的关系为 $\tan\theta_i = 2\tan\varphi_m$。

9-50　如图所示，一个半径为 R 的介质球均匀磁化，磁化强度为 M，试求：(1)磁化电流(分子电流)面密度；(2)磁矩。

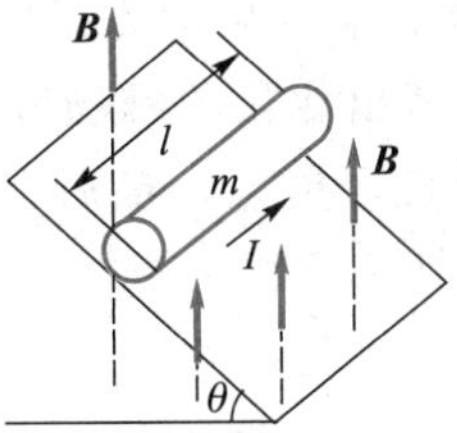

习题 9-48 图

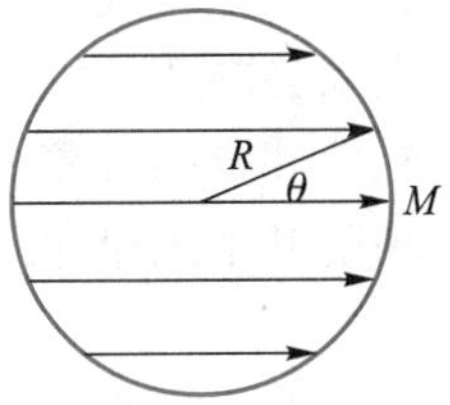

习题 9-50 图

9-51　螺绕环中心周长 $l = 10$ cm，环上线圈匝数 $N = 200$，线圈中通有电流 $I = 100$ mA。(1)求管内的磁感应强度 B_0 和磁场强度 H_0；(2)若管内充满相对磁导率 $\mu_r = 4200$ 的磁介质，则管内的 B 和 H 是多少？(3)磁介质内由导线中电流产生的 B_0 和由磁化电流产生的 B' 各是多少？

9-52　螺绕环的导线内通有电流 20 A，假定环内磁感应强度的大小是 1.0 Wb/m^2。已知环中心周长40 cm，绕线圈 400 匝，计算环的(1)磁场强度；(2)磁化强度；(3)磁化率；(4)磁化电流面密度和相对磁导率。

9-53　一无限长直圆柱形导线外包一层相对磁导率为 μ_r 的圆筒形磁介质，设导线半径为 R_1，磁介质外半径为 R_2，导线内有电流 I 通过。(1)求介质内、外的磁场强度和磁感应强度的分布，并画出 $H-r$ 曲线和 $B-r$ 曲线；(2)求介质内、外表面的磁化电流面密度。

9-54　一无限大平面下方充满磁导率为 μ_r 的磁介质，上方为真空，设一无限长直线电流位于磁介质表面，电流为 I，求空间磁感应强度的分布。证明：在两种磁介质交界面两边上，磁感应强度 $\boldsymbol{B}$ 的法线分量(即垂直于交界面的分量)相等。

9-55　证明固有磁偶磁矩为 m 的气体分子在均匀磁场 $\boldsymbol{B}$ 中的单位体积的总磁化的关系式为 $\boldsymbol{M} = \frac{nm^2}{3k}\cdot\frac{\boldsymbol{B}}{T}$。

9-56　有一根磁铁棒，其矫顽力为 4×10^3 A/m，欲把它插入长为 12 cm 绕有 60 匝线圈的螺线管中使它去磁，此螺线管应通以多大电流？

9-57　现在如果请你设计一个长直螺线管电磁铁，假设使用铜制作线圈，已知其电阻率为 0.02 μΩ · m，螺线管直径为 1 cm(忽略厚度)，长度为 50 cm，匝数密度为 100 匝/cm。如果要求其中心最大磁场达到 10 T，则给螺线管供电的电源输出电压需要达到多大？

第 9 章习题参考答案

第10章 电磁感应

自1820年以来，奥斯特关于电流磁效应的重要发现不断激励着人们深入研究电和磁的内在联系。英国物理学家法拉第为此做了大量的实验研究，终于在1831年发现了电磁感应现象，即利用变化的磁场推动电荷运动而产生电流。电磁感应现象的发现是经典电磁学发展史上的又一次飞跃，它不仅揭示了电与磁相互转化的紧密内在联系，而且也标志着一场重大工业革命的到来，为人类社会实现电气化打下了基础。本章从电磁感应现象出发，介绍法拉第电磁感应定律及产生感应电动势的两种机制，从中得出变化的磁场激发感应电场的基本规律，然后讨论在电路中常见的互感和自感现象的规律及磁场能量，最后引入"位移电流"概念，揭示变化的电场产生感应磁场的基本规律和介绍麦克斯韦方程组。

第1节 法拉第电磁感应定律

一、电磁感应现象

法拉第起初以为用强磁铁或一根通强电流的导线靠近待测导线后，该导线中就会产生稳定电流。然而，大量的实验结果均否定了他的这一设想。经过10年的努力，法拉第终于在1831年发现随时间变化的电流会在相邻导线中产生感应电流。随后，他又做了一系列实验，从不同角度证明了电磁感应现象。根据法拉第做的一系列实验，可将电磁感应现象归纳为如下几种情形：

（1）如图10-1-1(a)所示，当有源回路 L_1 中开关S合上或断开的瞬间，无源回路 L_2 中的检流计G的指针发生了偏转，表明有电流 i 产生；

（2）当回路 L_1 中电流 I_1 有所变化时，回路 L_2 中产生电流；反之，若电流 I_1 保持恒定，则回路 L_2 无电流产生；

（3）当回路 L_1 和 L_2 有相对运动时，包括移动、转动和形变等，在相对运动的过程中可观测到产生电流，即使回路 L_1 中电流 I_1 保持恒定；

（4）如图10-1-1(b)所示，如果用一磁铁代替有源回路 L_1，当磁铁插入或拔出线圈 L_2 的

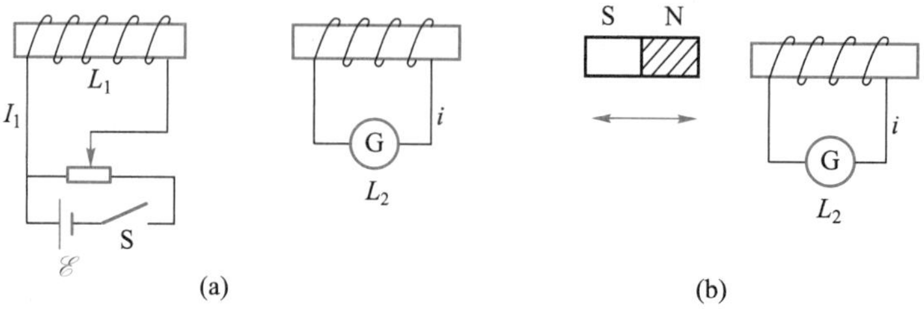

图10-1-1 电磁感应现象

瞬间，可观测到电流 i，且电流 i 的大小与磁铁插拔的速度有关；如果磁铁在线圈 L_2 中保持不动，则电流 i 为零。

在所有的电磁感应现象中，虽然具体情形不同，但是都在无源回路 L_2 中产生了电流 i，称为感应电流（induced electrical current）。这表明在回路 L_2 中存在着一种新型的非静电力 $\boldsymbol{F}_k$，正是 $\boldsymbol{F}_k$ 推动导线中的自由电荷定向移动而产生感应电流。这种提供非静电力的装置称为电源，如蓄电池、干电池、太阳能电池等。电源有正、负两极，正极电势高，负极电势低。如图 10-1-2 所示，用导线将电源两极与电阻相连形成一闭合电路。不论在电源内还是电源外，静电力的电场线都是起自电源正极，而止于电源负极。当外电路中，静电力作用使得正电荷从正极通过电阻流向负极。而在电源内部的非静电力 $\boldsymbol{F}_k$ 作用下，使到达负极的正电荷逆着静电场的方向从负极流向正极。根据能量守恒定律，在电源内部，非静电力克服静电力移动电荷做功，使电荷的静电势能增加，这是由其他形式的能量转化而来，例如在蓄电池、干电池中是化学能转化成电能，发电机是将机械能转化成电能。

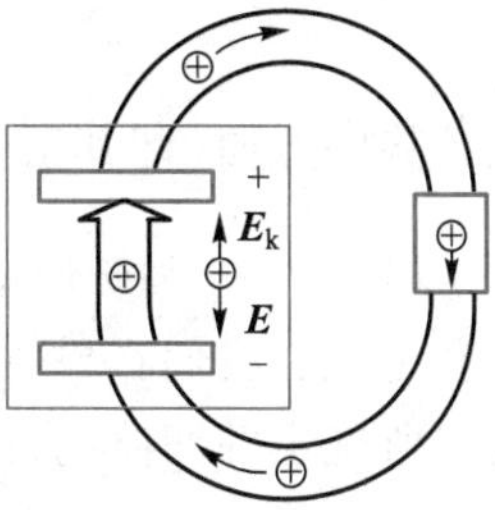

图 10-1-2　非静电力与电源电动势

由于不同的电源把其他形式的能量转化为电能的本领各不相同。为定量描述电源做功能力的大小，引入一个新的物理量——电动势。首先对非静电作用定义一种非静电场，其场强为

$$\boldsymbol{E}_k = \frac{\boldsymbol{F}_k}{q}$$

即 $\boldsymbol{E}_k$ 为作用在单位正电荷上的非静电力，则电源电动势定义为

$$\mathscr{E} = \int_{-}^{+} \boldsymbol{E}_k \cdot d\boldsymbol{l} \tag{10-1-1}$$

即电源电动势等于把单位正电荷从电源的负极沿内电路移到正极过程中，非静电力所做的功。当非静电力并不是集中在一段电路里（如电源内），而是分布在整个闭合回路中（如本节将要讨论的感应电动势），无法区分“电源内部”和“电源外部”时，定义：使单位正电荷绕闭合回路一周非静电力所做的功为闭合电路的电动势，即

$$\mathscr{E} = \oint_L \boldsymbol{E}_k \cdot d\boldsymbol{l} \tag{10-1-2}$$

式中积分是对整个回路 L 积分。

电动势 $\mathscr{E}$ 是标量，为了在电路中计算的方便，通常将电源内的电流方向称为电动势的方向。

二、法拉第电磁感应定律

从大量的电磁感应现象中可以发现，当穿过无源回路 L_2 包围面积上的磁通量发生变化时就会引起感应电流。从上面讨论可知，当闭合导体回路中出现电流时，回路中必定产生了电动势。这种产生感应电流的电动势称为感应电动势 $\mathscr{E}_i$。法拉第从大量实验中总结得出电磁感应定律：感应电动势的大小与通过回路的磁通量的变化率 $d\Phi/dt$ 成正比。在国际单位制中，

感应电动势可表示为

$$\mathscr{E}_{\mathrm{i}}=-\frac{\mathrm{d}\Phi}{\mathrm{d}t} \tag{10-1-3}$$

感应电动势的方向(即其正负号)取决于$-\frac{\mathrm{d}\Phi}{\mathrm{d}t}$。

由于电动势 $\mathscr{E}_{\mathrm{i}}$ 和磁通量 Φ 都是标量，其方向是相对某一假定方向而言的，并由正、负号来表示。为此，我们在导体回路上任意假定一个转向作为回路的绕行正方向，当回路中的磁感应线与所规定的回路绕行方向成右手螺旋关系时，磁通量 Φ 为正值，这时如果穿过回路的磁通量 Φ 增加，即$\frac{\mathrm{d}\Phi}{\mathrm{d}t}>0$，则 $\mathscr{E}_{\mathrm{i}}<0$，这表明回路中感应电动势的实际方向与回路绕行方向相反。反之，如果穿过回路的磁通量 Φ 减少，即$\frac{\mathrm{d}\Phi}{\mathrm{d}t}<0$，则 $\mathscr{E}_{\mathrm{i}}>0$，这表明回路中感应电动势的实际方向与回路绕行方向相同。图 10-1-3 分别给出四种可能的磁通量变化情况下的感应电动势的方向。

通过上面分析，可以看到闭合回路中感应电流所产生的磁场总是阻碍原磁通量的变化，法拉第电磁感应定律包含这一结论。在 1834 年，俄国物理学家楞次在此基础上进一步推广，总结为楞次定律：**感应电流的效果总是反抗引起感应电流的原因**。如图 10-1-4，当一永磁铁靠近一导体环运动时，该运动就是引起感应电流的原因。根据楞次定律，在导体环中的感应电流的效果必然阻碍永磁铁的运动，故感应电流产生的磁场如图所示。很多情况下，用楞次定律判断感应电流方向及产生的物理效果比用法拉第电磁感应定律更加简洁和直观。

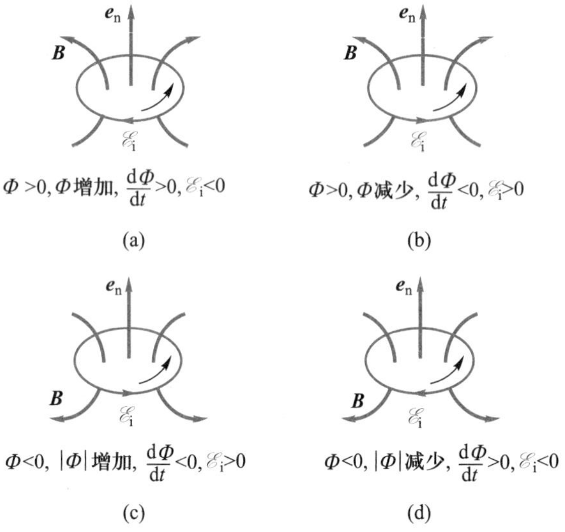

图 10-1-3　判断感应电动势的方向

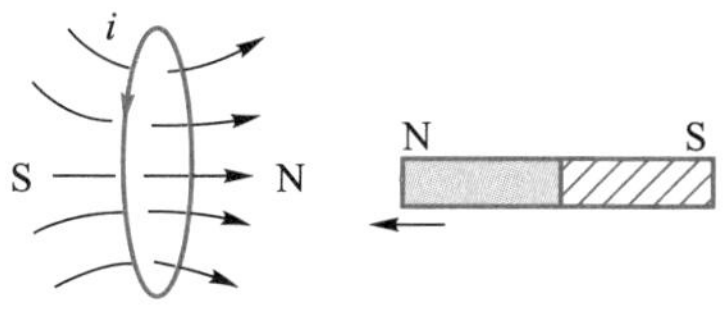

图 10-1-4　楞次定律判断感应电流方向

从能量转化的角度看，该过程是外界克服电磁阻力做功，将其他形式的能量转化成回路中的电能。可见，楞次定律是能量守恒定律在电磁感应现象中的具体体现。假如感应电流不是“阻碍”而是加强磁通量，那么增加的磁通量转而产生更强的电流，这种“正反馈”过程无须外界提供任何能量，这样就破坏了自然界的能量守恒，使得电磁“永动机”或第一类永动机成为可能。事实上，不可能存在这种电流能如此无休止增长的能源。

如果回路不是单匝导线组成，而是有 N 匝线圈，各匝的磁通量分别为 Φ_1，Φ_2，…，Φ_N，那么 $\Psi=\Phi_1+\Phi_2+\cdots+\Phi_N$，$\Psi$ 称为**磁通匝链数**或**全磁通**。若穿过每匝的磁通量都相等，且等于 Φ，则 $\Psi=N\Phi$，于是(10-1-3)式可写成下面形式：

$$\mathscr{E}_i=-\frac{d\Psi}{dt}=-N\frac{d\Phi}{dt} \tag{10-1-4}$$

当导体回路产生感应电动势 $\mathscr{E}_i$ 时，如果回路中的电阻为 R，则电流为

$$I_i=\frac{\mathscr{E}_i}{R}=-\frac{N}{R}\frac{d\Phi}{dt}$$

在 $\Delta t=t_2-t_1$ 时间内通过回路导线任意一截面的感应电荷的电荷量为

$$q=\int_{t_1}^{t_2}I_i dt=-\frac{N}{R}\int_{\Phi_1}^{\Phi_2}d\Phi=-\frac{N}{R}(\Phi_2-\Phi_1)$$

式中 Φ_1、Φ_2 分别是 t_1、t_2 时刻穿过回路中每一匝线圈的磁通量。上式表明通过线圈的感应电荷的电荷量只与磁通量的变化有关。若已知电阻 R、匝数 N，并从实验中测出电荷量 q，就可知道磁通量的变化量 $\Delta\Phi$。利用此原理，可以制成常用的磁通计。

【例 10-1】 无限长直导线中通有电流 I，在它附近放一矩形导体回路，位置尺寸如图 10-1-5 所示。求：

（1）穿过矩形回路的磁通量 Φ；

（2）当 $I=kt$（$k>0$，为常量）时，矩形回路中感应电动势的大小和方向；

（3）当 I 不变，矩形回路以速度 v 向右匀速运动时，回路中感应电动势的大小和方向；

（4）$I=kt$ 且矩形回路又以速度 v 向右匀速运动，设 $t=0$ 时，$a=a_0$，$b=b_0$，写出回路中感应电动势随时间变化的规律。

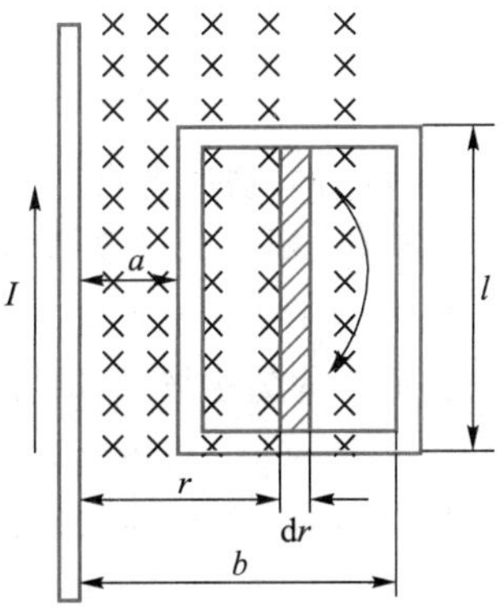

图 10-1-5 例 10-1 图

解 （1）长直电流在半径 r 处产生的磁场为

$$B=\frac{\mu_0 I}{2\pi r}$$

设回路绕行的正方向为顺时针方向。在矩形回路中取一窄条形面积元 $dS=l dr$，通过此面积元的磁通量为

$$d\Phi=\boldsymbol{B}\cdot d\boldsymbol{S}=\frac{\mu_0 I}{2\pi r}l dr$$

矩形回路的总磁通量为

$$\Phi=\int\boldsymbol{B}\cdot d\boldsymbol{S}=\int_a^b\frac{\mu_0 I}{2\pi r}l dr=\frac{\mu_0 Il}{2\pi}\ln\frac{b}{a} \tag*{①}$$

（2）将 $I=kt$ 代入①式中得

$$\Phi=\frac{\mu_0 klt}{2\pi}\ln\frac{b}{a}$$

则
$$\mathscr{E}_i=-\frac{\mathrm{d}\Phi}{\mathrm{d}t}=-\frac{\mu_0 kl}{2\pi}\ln\frac{b}{a}$$

由于 $\mathscr{E}_i<0$，故 $\mathscr{E}_i$ 的方向为逆时针方向。

（3）当 I 不变，而回路运动时，设 $t=0$ 时，$a=a_0$，$b=b_0$，则任意 t 时刻回路中的磁通量为

$$\Phi=\frac{\mu_0 Il}{2\pi}\ln\frac{b_0+vt}{a_0+vt}$$

于是回路中感应电动势的大小为

$$\mathscr{E}_i=-\frac{\mathrm{d}\Phi}{\mathrm{d}t}=\frac{\mu_0 Ilv(b-a)}{2\pi(a_0+vt)(b_0+vt)}$$

由于 $\mathscr{E}_i>0$，故表明 $\mathscr{E}_i$ 的方向为顺时针方向。

（4）将 $I=kt$，$a=a_0+vt$，$b=b_0+vt$ 代入①式，则任意 t 时刻回路中的磁通量为

$$\Phi=\frac{\mu_0 klt}{2\pi}\ln\frac{b_0+vt}{a_0+vt}$$

回路中感应电动势 $\mathscr{E}_i$ 随时间变化的规律为

$$\mathscr{E}_i=-\frac{\mathrm{d}\Phi}{\mathrm{d}t}=-\frac{\mu_0 kl}{2\pi}\ln\frac{b_0+vt}{a_0+vt}+\frac{\mu_0 klv(b_0-a_0)t}{2\pi(a_0+vt)(b_0+vt)}$$

此处 $\mathscr{E}_i$ 的方向请读者自己分析。

【例 10-2】　试述交流发电机原理。

解　图 10-1-6 就是一个交流发电机原理图，当线圈以角速度 ω 匀速地在均匀磁场中转动时，通过每匝线圈的磁通量为

$$\Phi=BS\cos\theta=BS\cos(\omega t)$$

若线圈有 N 匝，则线圈的感应电动势为

$$\mathscr{E}_i=-N\frac{\mathrm{d}\Phi}{\mathrm{d}t}=NBS\omega\sin(\omega t)=\mathscr{E}_0\sin(\omega t)$$

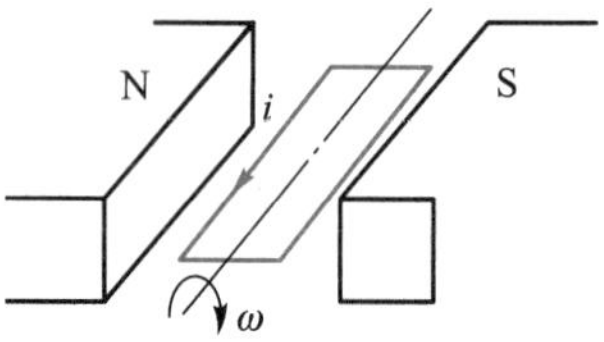

图 10-1-6　例 10-2 图

式中 $\mathscr{E}_0=NBS\omega$ 为感应电动势的最大值。上式表明，线圈在均匀磁场中匀速转动时产生简谐交变电动势。

第 2 节　感应电动势

根据法拉第电磁感应定律，无论是磁场发生变化，还是导体回路相对磁场运动，都会导致导体回路中的磁通量发生变化而产生感应电动势。那么，感应电动势中的非静电力做功的机理是什么呢？我们分别讨论以下两种特殊情况。

一、动生电动势

设磁场不随时间变化，导体在磁场中运动所产生的感应电动势称为**动生电动势**。

如图 10-2-1(a)所示，设长为 l 的导体棒 ab，在磁感应强度为 $\boldsymbol{B}$ 的均匀磁场中以速度 $\boldsymbol{v}$ 垂直于磁场方向运动。那么，导体上每个自由电子均以速度 $\boldsymbol{v}$ 垂直于磁场运动，因此每个电子都受到洛伦兹力的作用，即

$$\boldsymbol{F}_{\mathrm{L}} = -e\boldsymbol{v} \times \boldsymbol{B}$$

在 $\boldsymbol{F}_{\mathrm{L}}$ 的作用下，电子向 a 端运动，使 a 端带负电，而 b 端带正电，导体棒 ab 相当于一个电源。可见该洛伦兹力 $\boldsymbol{F}_{\mathrm{L}}$ 就是动生电动势中的非静电力，其等效非静电场的场强可表示为

$$\boldsymbol{E}_{\mathrm{K}} = \frac{\boldsymbol{F}_{\mathrm{L}}}{-e} = \boldsymbol{v} \times \boldsymbol{B} \tag{10-2-1}$$

根据电动势的定义，导体棒 ab 上的电动势为

$$\mathscr{E}_{ab} = \int_a^b (\boldsymbol{v} \times \boldsymbol{B}) \cdot \mathrm{d}\boldsymbol{l} = \int_a^b vB\mathrm{d}l = vBl \tag{10-2-2}$$

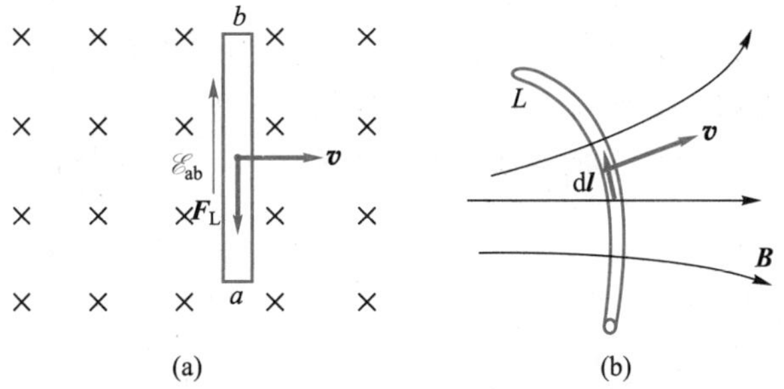

图 10-2-1　动生电动势

对于非均匀场中任意形状的运动导体，如图 10-2-1(b)所示，则可考虑导体上任意一段以速度 $\boldsymbol{v}$ 运动的导体元 $\mathrm{d}\boldsymbol{l}$ 在其中产生动生电动势

$$\mathrm{d}\mathscr{E}_{\mathrm{i}} = \boldsymbol{E}_{\mathrm{K}} \cdot \mathrm{d}\boldsymbol{l} = (\boldsymbol{v} \times \boldsymbol{B}) \cdot \mathrm{d}\boldsymbol{l}$$

整段导体上的动生电动势为

$$\mathscr{E}_{\mathrm{i}} = \int_-^+ \boldsymbol{E}_{\mathrm{K}} \cdot \mathrm{d}\boldsymbol{l} = \int_-^+ (\boldsymbol{v} \times \boldsymbol{B}) \cdot \mathrm{d}\boldsymbol{l} \tag{10-2-3}$$

若整个导体回路 L 都在磁场中运动，那么回路中产生的动生电动势为

$$\mathscr{E}_{\mathrm{i}} = \oint_L \boldsymbol{E}_{\mathrm{K}} \cdot \mathrm{d}\boldsymbol{l} = \oint_L (\boldsymbol{v} \times \boldsymbol{B}) \cdot \mathrm{d}\boldsymbol{l} \tag{10-2-4}$$

这就是动生电动势的一般计算公式。通常在计算动生电动势时，对导体回路可用(10-2-4)式或用 $\mathscr{E}_{\mathrm{i}} = -\dfrac{\mathrm{d}\Phi}{\mathrm{d}t}$。注意产生动生电动势不要求导体必须构成闭合回路，构成回路仅仅是可以形成电流。对于不构成回路的导体可用(10-2-3)式计算 $\mathscr{E}_{\mathrm{i}}$，或先算得该导体在 t 时间内扫过的面积上的磁通量 Φ 后，再用 $\mathscr{E}_{\mathrm{i}} = -\dfrac{\mathrm{d}\Phi}{\mathrm{d}t}$ 计算。

以上将动生电动势和电源电动势类比时会出现一个问题：电源电动势来源于非静电力做功，并伴随有非静电能转换成电能。而动生电动势中的非静电力是洛伦兹力，可洛伦兹力并不做功，这是否就产生了矛盾？在形成动生电动势的过程中，非静电能又来自何处？

其实，动生电动势是靠洛伦兹力的一个分力 $\boldsymbol{F}_{L1}$ 做功，如图 10-2-2 所示，随导线一起运动的自由电子在 $\boldsymbol{F}_{L1}=-e\boldsymbol{v}\times\boldsymbol{B}$ 的作用下，以速度 $\boldsymbol{u}$ 沿导线运动，磁场对电子这一运动产生洛伦兹力另一分力 $\boldsymbol{F}_{L2}=-e\boldsymbol{u}\times\boldsymbol{B}$ 垂直于导线，电子受到的总洛伦兹力 $\boldsymbol{F}=\boldsymbol{F}_{L1}+\boldsymbol{F}_{L2}$ 与电子运动的合速度 $\boldsymbol{V}=\boldsymbol{v}+\boldsymbol{u}$ 始终垂直，所以总洛伦兹力做功为零，即 $\boldsymbol{F}\cdot\boldsymbol{V}=0$，若把分量代入可得 $(\boldsymbol{F}_{L1}+\boldsymbol{F}_{L2})\cdot(\boldsymbol{v}+\boldsymbol{u})=0$，则有

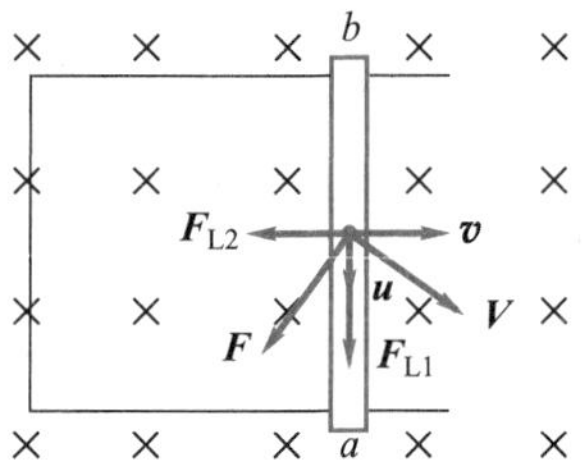

图 10-2-2 洛伦兹力的作用

$$\boldsymbol{F}_{L1}\cdot\boldsymbol{u}=-\boldsymbol{F}_{L2}\cdot\boldsymbol{v}$$

可见总洛伦兹力不做功，但其分力是可以做功的，$\boldsymbol{F}_{L1}$ 与 $\boldsymbol{u}$ 方向一致，它对形成电流的电子做正功（就是动生电动势的非静电力），而 $\boldsymbol{F}_{L2}$ 与 $\boldsymbol{v}$ 反向，它在宏观上表现为安培力，对导体运动做负功，两者功率大小相等刚好抵消。从能量转化的角度上看，为了使导体以速度 $\boldsymbol{v}$ 匀速运动，就必须在导体上施加外力 $\boldsymbol{F}_{外}=-\boldsymbol{F}_{L2}$，则 $\boldsymbol{F}_{L1}\cdot\boldsymbol{u}=\boldsymbol{F}_{外}\cdot\boldsymbol{v}$。因此该外力克服洛伦兹力的分力 $\boldsymbol{F}_{L2}$ 做功，再通过另一分力 $\boldsymbol{F}_{L1}$ 使电荷沿导线运动做功，将外界提供的机械能转化为电能。

【例 10-3】 在一无限长直电流 I 旁，有一根长度为 L 的导线，它的运动速度为 $\boldsymbol{v}$，如图 10-2-3(a)所示。求：(1) 导线上的等效非静电场 $\boldsymbol{E}_k$；(2) 导线上的电动势。

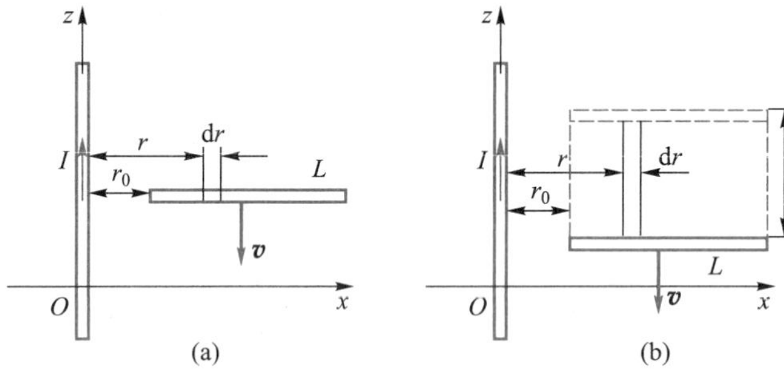

图 10-2-3 例 10-3 图

解 (1) 如图 10-2-3(a)所示选取坐标系。电流 I 在 Oxz 面上产生的磁场为

$$\boldsymbol{B}=\frac{\mu_0 I}{2\pi r}\boldsymbol{j}$$

导线的速度

$$\boldsymbol{v}=-v\boldsymbol{k}$$

等效非静电场

$$\boldsymbol{E}_k=\boldsymbol{v}\times\boldsymbol{B}=-v\boldsymbol{k}\times\frac{\mu_0 I}{2\pi r}\boldsymbol{j}=\frac{\mu_0 I v}{2\pi r}\boldsymbol{i}$$

(2) 方法一：由于导线上各处磁场不同，故 $\boldsymbol{E}_k$ 不同，动生电动势用积分计算得

$$\mathscr{E}_i=\int_L \boldsymbol{E}_k\cdot d\boldsymbol{l}=\int_{r_0}^{r_0+L}\frac{\mu_0 I v}{2\pi r}\boldsymbol{i}\cdot dr\boldsymbol{i}=\frac{\mu_0 I v}{2\pi}\ln\frac{r_0+L}{r_0}$$

方向从左指向右。

方法二：如图 10-2-3(b)所示，至 t 时刻导线已扫过的面积为

$$S = L \cdot vt$$

该面积上的磁通量为

$$\Phi = \int_S \boldsymbol{B} \cdot \mathrm{d}\boldsymbol{S} = \int_{r_0}^{r_0+L} \frac{\mu_0 I}{2\pi r} vt\mathrm{d}r = \frac{\mu_0 Ivt}{2\pi} \ln \frac{r_0 + L}{r_0}$$

导线上的电动势为

$$\mathscr{E}_{\mathrm{i}} = \frac{\mathrm{d}\Phi}{\mathrm{d}t} = \frac{\mu_0 Iv}{2\pi} \ln \frac{r_0 + L}{r_0}$$

方向为 $\boldsymbol{v}\times\boldsymbol{B}$ 的方向。

【例 10-4】 导线回路框架垂直放在均匀磁场 $\boldsymbol{B}$ 中，如图 10-2-4(a)所示。已知回路电阻为 R，导线 ab 长为 l，质量为 m。在重力作用下 ab 边由静止开始运动，不计摩擦，试求导线 ab 的运动速度与时间的函数关系。

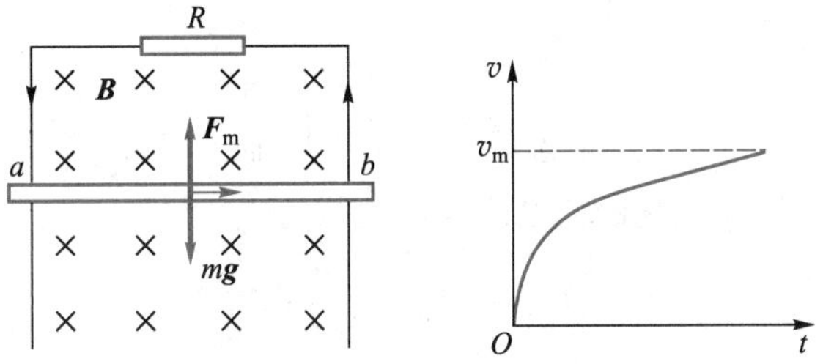

(a)　(b)

图 10-2-4　例 10-4 图

解　导线除受重力作用外，还受到感应电流出现后的安培力 F_{m} 作用，因此导线的运动方程为

$$mg - F_{\mathrm{m}} = m\frac{\mathrm{d}v}{\mathrm{d}t} \quad ①$$

而

$$F_{\mathrm{m}} = ilB = \frac{Blv}{R} lB = \frac{B^2 l^2 v}{R} \quad ②$$

将②式代入①式，得

$$mg - \frac{B^2 l^2 v}{R} = m\frac{\mathrm{d}v}{\mathrm{d}t}$$

即

$$\frac{\mathrm{d}v}{\mathrm{d}t} + \frac{B^2 l^2}{mR} v = g$$

通解为

$$v = A\mathrm{e}^{-\frac{B^2 l^2}{mR}t} + \frac{mgR}{B^2 l^2}$$

利用初始条件 $t=0$ 时 $v=0$，得

$$A = -\frac{mgR}{B^2 l^2}$$

所以
$$v=\frac{mgR}{B^2l^2}\left(1-e^{-\frac{B^2l^2}{mR}t}\right)$$

速度 v 随时间 t 指数增加，当 $t\to\infty$ 时速度达到稳定值 $v_m=\dfrac{mgR}{B^2l^2}$，$v-t$ 曲线如图 10-2-4(b)所示。

二、感生电动势 感应电场

当导体回路(或导体)静止不动时，由于磁场的大小或方向发生变化所产生的感应电动势，称为感生电动势。

若用 $\boldsymbol{E}_i$ 表示感应电场的场强，根据电动势的定义，处在变化磁场空间的某导体回路 L 中的感生电动势为

$$\mathscr{E}_i=\oint_L \boldsymbol{E}_i\cdot d\boldsymbol{l} \tag{10-2-5}$$

又根据法拉第电磁感应定律，有

$$\mathscr{E}_i=-\frac{d}{dt}\int \boldsymbol{B}\cdot d\boldsymbol{S}=-\int\frac{\partial \boldsymbol{B}}{\partial t}\cdot d\boldsymbol{S}$$

上面两式相等，则感应电场与变化的磁场之间的关系为

$$\oint_L \boldsymbol{E}_i\cdot d\boldsymbol{l}=-\int\frac{\partial \boldsymbol{B}}{\partial t}\cdot d\boldsymbol{S} \tag{10-2-6}$$

(10-2-6)式表明感应电场 $\boldsymbol{E}_i$ 沿一闭合路径的环流不为零，所以感应电场是有旋场，通常又称为涡旋电场，其电场线是闭合曲线。显然感应电场不同于静电场，它是非保守场，在其场中某确定位置没有与之对应的电势能或电势，即不能引入电势的概念。

感应电场总是围绕在变化磁场的周围，其电场线方向与感应电流的绕向基本一致，因此可以用楞次定律来判断其方向。在图 10-2-5 中，一轴对称分布的均匀磁场随时间发生变化，图 10-2-5(a)表示磁场随时间增加时激发的感应电场，图 10-2-5(b)表示磁场随时间减少时激发的感应电场。在计算感生电动势时，对闭合回路(或设想的回路)可直接用法拉第电磁感应定律计算。对不构成回路的导体，利用(10-2-6)式求出 $\boldsymbol{E}_i$，再根据 $\mathscr{E}_i=\int_-^+\boldsymbol{E}_i\cdot d\boldsymbol{l}$ 计算出

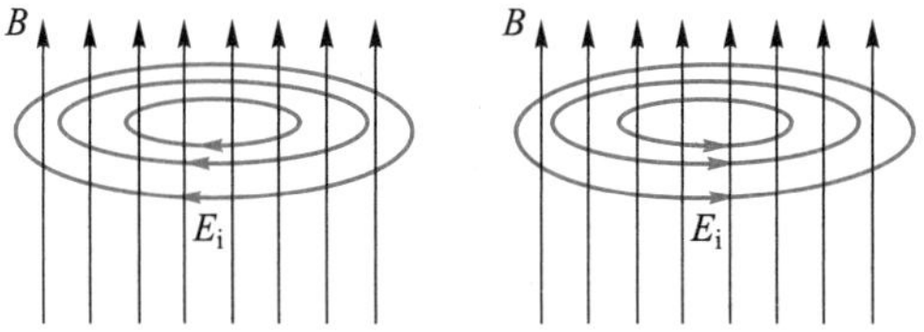

(a) B 增大　　(b) B 减小

图 10-2-5　$\boldsymbol{E}_i$ 与 $-\dfrac{\partial \boldsymbol{B}}{\partial t}$ 成右手螺旋关系

$\mathscr{E}_i$。下面举例说明。

【例 10-5】　图 10-2-6(a)中，半径为 R 的圆柱形区域内，有一均匀磁场 $\boldsymbol{B}$(通电的长直螺线管内的磁场)，方向垂直图面向里，正以速率$\dfrac{dB}{dt}$增加。(1) 求任意半径 r 处的感应电场 $\boldsymbol{E}_i$；(2) 分别计算将单位正电荷沿$\dfrac{1}{4}$圆周和$\dfrac{3}{4}$圆周从 a 点移到 b 点时感应电场力所做的功。

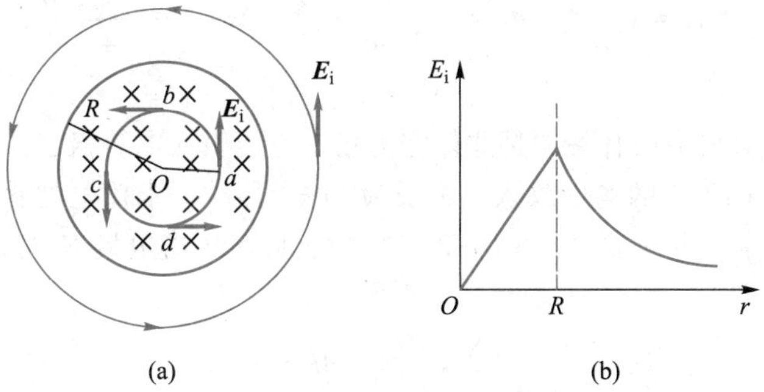

图 10-2-6　例 10-5 图

解　(1) 由于磁场分布具有轴对称性，可知由它产生的涡旋电场 $\boldsymbol{E}_i$ 也具有轴对称性，在同一半径的圆周上 $\boldsymbol{E}_i$ 数值相等，方向沿圆周切线。由于磁场正在增加，所以涡旋电场线是逆时针方向的同心圆周线，a、b、c、d 四点处 $\boldsymbol{E}_i$ 的方向标于图上。

在磁场区域内($r\leqslant R$)，将(10-2-6)式用于半径为 r 的圆周环路，并取环路绕行方向为顺时针方向，则由

$$\oint_L \boldsymbol{E}_i \cdot d\boldsymbol{l} = -\int \frac{\partial \boldsymbol{B}}{\partial t} \cdot d\boldsymbol{S}$$

有
$$-E_i 2\pi r = -\pi r^2 \frac{dB}{dt}$$

得
$$E_i = \frac{r}{2}\frac{dB}{dt} \quad (r\leqslant R)$$

上式表明，感应电场 E_i 只与$\dfrac{dB}{dt}$有关，且 E_i 随半径 r 正比增加，在 $r=0$ 处，$E_i=0$；在 $r=R$ 处，$E_i=\dfrac{R}{2}\dfrac{dB}{dt}$为最大。

在磁场区域外($r\geqslant R$)，将(10-2-6)式用于半径为 r 的圆周环路，有

$$-E_i 2\pi r = -\pi R^2 \frac{dB}{dt}$$

$$E_i = \frac{R^2}{2r}\frac{dB}{dt} \quad (r \geqslant R)$$

这表明在变化磁场区域之外也存在感应电场，且 E_i 随 r 增加而反比减少。图 10-2-6(b)的曲线给出了感应电场 E_i 随 r 变化的关系。

（2）沿$\frac{1}{4}$圆弧将单位正电荷从 a 点移到 b 点，感应电场力所做的功为

$$A_{ab}=\int_{ab}\boldsymbol{E}_{\mathrm{i}}\cdot\mathrm{d}\boldsymbol{l}=\frac{r}{2}\frac{\mathrm{d}B}{\mathrm{d}t}\cdot\frac{1}{4}\cdot 2\pi r=\frac{\pi r^2}{4}\frac{\mathrm{d}B}{\mathrm{d}t}$$

而沿$\frac{3}{4}$圆弧将单位正电荷从 a 点移到 b 点，感应电场力所做的功为

$$A_{adcb}=\int_{adcb}\boldsymbol{E}_{\mathrm{i}}\cdot\mathrm{d}\boldsymbol{l}=-\frac{r}{2}\frac{\mathrm{d}B}{\mathrm{d}t}\cdot\frac{3}{4}\cdot 2\pi r=-\frac{3\pi r^2}{4}\frac{\mathrm{d}B}{\mathrm{d}t}$$

显然

$$A_{ab}\neq A_{adcb}$$

这说明感应电场力做功与路径有关，是非保守力场，不能引入电势概念。

【例 10-6】　在例 10-5 的场中放入一根长为 l 的导体棒，求棒上的感生电动势。

解　（1）设棒沿半径方向放置[图 10-2-7(a)]，此时感应电场 $\boldsymbol{E}_{\mathrm{i}}$ 与棒处处垂直，$E_{\mathrm{i}}\perp\mathrm{d}\boldsymbol{l}$。棒上感生电动势

$$\mathscr{E}_{ab}=\int_a^b\boldsymbol{E}_{\mathrm{i}}\cdot\mathrm{d}\boldsymbol{l}=0$$

这说明在沿半径方向放置的导体棒中不会产生感生电动势。

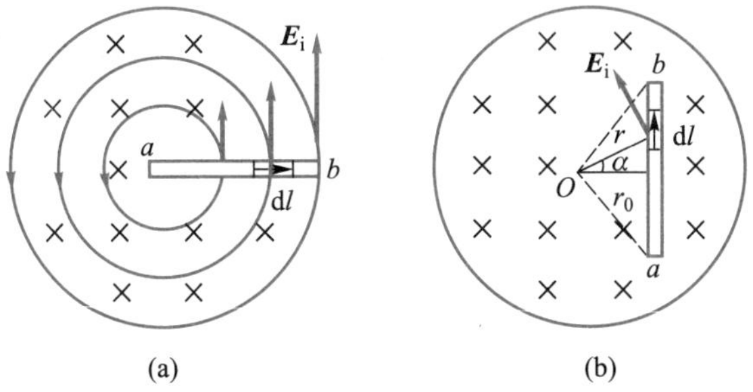

图 10-2-7　例 10-6 图

（2）设棒沿任意方向放置[图 10-2-7(b)]。棒离圆心的垂直距离为 r_0。棒上感生电动势

$$\mathscr{E}_{ab}=\int_a^b\boldsymbol{E}_{\mathrm{i}}\cdot\mathrm{d}\boldsymbol{l}=\int_a^b E_{\mathrm{i}}\cos\alpha\mathrm{d}l=\int_a^b\frac{r}{2}\frac{\mathrm{d}B}{\mathrm{d}t}\cos\alpha\mathrm{d}l$$

又因为 $r\cos\alpha=r_0$，代入上式得

$$\mathscr{E}_{ab}=\frac{r_0}{2}\frac{\mathrm{d}B}{\mathrm{d}t}\int_a^b\mathrm{d}l=\frac{r_0 l}{2}\frac{\mathrm{d}B}{\mathrm{d}t}$$

此结果表明，ab 棒上的感生电动势就等于三角形 Oab 的面积与$\frac{\mathrm{d}B}{\mathrm{d}t}$的乘积，即相当于三角形 Oab 回路的电动势。

【例 10-7】　已知一长直螺线管，长为 L，半径为 r_0，其导体芯的电导率为 σ，若管内磁场按$\frac{\mathrm{d}B}{\mathrm{d}t}=K$ 变化，计算导体芯中的感应电流（或称涡电流）。

解 如图10-2-8所示，在导体中取半径为r，厚度为$\mathrm{d}r$的薄圆筒，在圆筒回路上的感生电动势的大小为

$$|\mathscr{E}_{\mathrm{i}}|=\left|\frac{\mathrm{d}\Phi}{\mathrm{d}t}\right|=\left|\pi r^{2}\frac{\mathrm{d}B}{\mathrm{d}t}\right|=K\pi r^{2}$$

圆筒上的电阻 $$R=\frac{1}{\sigma}\frac{2\pi r}{L\mathrm{d}r}$$

流过薄圆筒的电流

$$\mathrm{d}I=\frac{\mathscr{E}_{\mathrm{i}}}{R}=\frac{\sigma L\mathscr{E}_{\mathrm{i}}}{2\pi r}\mathrm{d}r$$

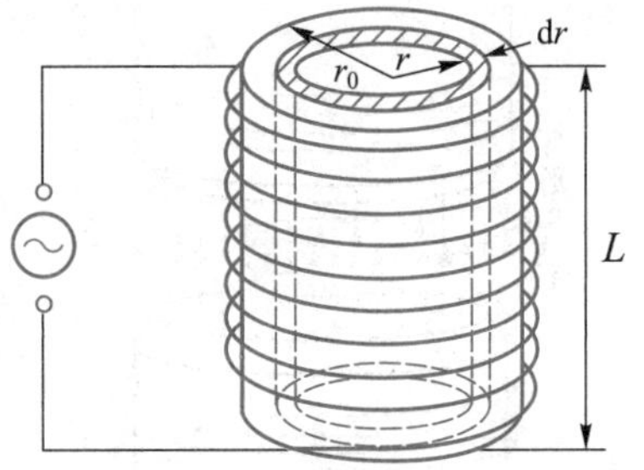

图10-2-8 例10-7图

流过圆柱体的总涡电流

$$I=\int\mathrm{d}I=\int_{0}^{r_0}\frac{\sigma L\mathscr{E}_{\mathrm{i}}}{2\pi r}\mathrm{d}r=\frac{1}{2}\sigma LK\int_{0}^{r_0}r\mathrm{d}r=\frac{1}{4}\sigma LKr_0^{2}$$

可见，涡电流与导体芯上的磁通量随时间的变化率K成正比。通常螺线管内磁通量的变化率又与外加交变电流的频率成正比，则在导体内产生涡电流的强度就与外加交变电流的频率成正比，当外加交变电流的频率高达几千赫兹时，导体内的涡电流将产生大量的焦耳热。在工业上常常利用电磁感应加热的方法来冶炼金属。而另一方面，在电机、变压器等一些电气设备中都含有铁芯，在铁芯中也会因交变电流产生涡电流。涡电流的热效应，不但损失了能量，而且会使设备发热甚至烧坏。因此，为减少涡电流的损耗，可选择高电阻率的材料做铁芯，或用彼此绝缘的薄金属片叠起来代替大块铁芯，减少电流的截面、增大电阻。

三、电子感应加速器

电子感应加速器是利用感应电场加速电子的高能电子加速器。它由电磁铁、环形真空室和电子枪组成，如图10-2-9(a)所示。用强大的交流电产生交变磁场，从而在环形室产生很强的感应电场，用电子枪将电子注入环形室，电子在感应电场力作用下被加速，同时电子在磁场的洛伦兹力作用下沿圆轨道运动。如果磁场B按正弦规律变化，涡旋电场E_{i}也是交变的，因此在一个周期内电子并不能按一个回旋方向加速，而且电子受到的洛伦兹力也并非总是向心力。

图10-2-9(b)给出了一周内电子受到的涡旋电场力和洛伦兹力的方向，可见电子只能在第一个$\frac{1}{4}$周期作加速圆周运动。所以在实际中，电子感应加速器工作时只用第一个$\frac{1}{4}$周期来加速电子。尽管$\frac{1}{4}$周期很短，例如，电源频率为50 Hz时，电子被加速的时间只有$\frac{1}{200}$s，但是由于电子质量很小，它已在这短暂时间环绕轨道回旋了几十万到几百万圈，并获得了数百兆电子伏的能量。一个100 MeV的电子感应加速器，可将电子加速到0.999 987c。从加速器引出的高能电子束可用在物理学研究、医疗和工业生产中。

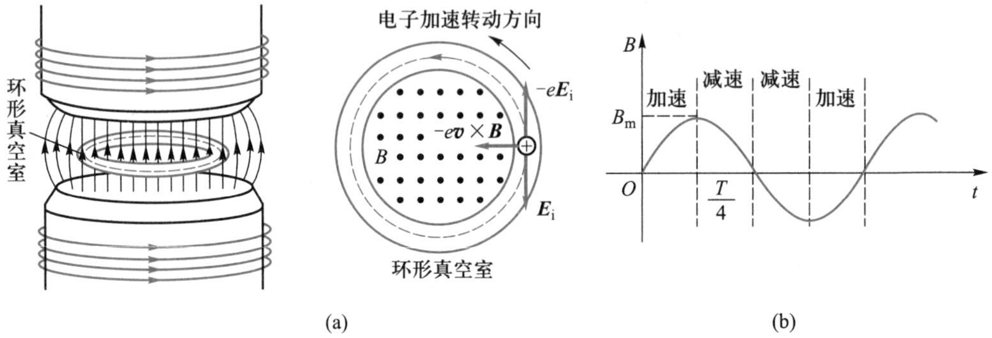

图 10-2-9 电子感应加速器工作原理示意图

第 3 节 互感与自感

感生电动势中的非静电力是什么力呢？显然，这种非静电力和磁场随时间的变化有关，1861 年麦克斯韦敏锐地提出这是一种电场，由随时间变化的磁场所激发，称为感应电场或涡旋电场。感生电动势来源于感应电场所产生的非静电力。麦克斯韦对感生电动势的解释进一步揭示了法拉第电磁感应定律的本质：随时间变化的磁场周围产生电场，感应电场本身并不依赖于空间中的导体回路，但感生电动势必须在导体中才能产生，并且不要求导体构成闭合回路。闭合回路也只为感应电流提供一个通路而已，为验证感应电场的客观存在提供了一种实验手段。

一、互感现象

考虑两个线圈，当一个导体回路中的电流随时间发生变化时，在另一导体回路中也会产生感生电动势，这就是互感现象，这种电动势称为互感电动势。

如图 10-3-1 所示，设线圈 L_1 通有电流 i_1，其产生的磁场通过线圈 L_2 的全磁通为 Ψ_{12}。显然线圈 L_1 产生的磁场与 i_1 成正比，所以 Ψ_{12}必定与 i_1成正比，即

$$\Psi_{12}=M_{12}i_1 \qquad (10-3-1)$$

式中比例系数 M_{12}是线圈 L_1 对 L_2 的互感系数。

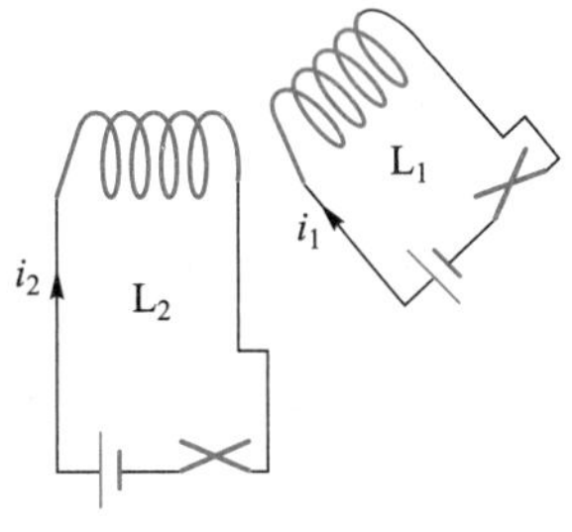

图 10-3-1 两回路之间的互感

同理，若线圈 L_2 通有电流 i_2，在线圈 L_1 中的全磁通为 Ψ_{21}，并且 Ψ_{21}与 i_2 成正比，即

$$\Psi_{21}=M_{21}i_2 \qquad (10-3-2)$$

M_{21}是线圈 L_2 对 L_1 的互感系数。可以证明(见例 10-14)，对于给定的一对导体回路，有

$$M_{12}=M_{21}=M$$

因此两个系数可以统一为 M，简称互感，它由两回路的几何结构、相对位置及空间磁介质分布所决定。

根据电磁感应定律，若电流 i_1 随时间发生变化，则磁场 $\boldsymbol{B}_1$ 在线圈 L_2 的全磁通 Ψ_{12} 也相应变化，因此在 L_2 中产生互感电动势 $\mathscr{E}_{12}$：

$$\mathscr{E}_{12}=-\frac{\mathrm{d}\Psi_{12}}{\mathrm{d}t}=-\frac{\mathrm{d}}{\mathrm{d}t}(Mi_1)=-M\frac{\mathrm{d}i_1}{\mathrm{d}t}-i_1\frac{\mathrm{d}M}{\mathrm{d}t} \tag{10-3-3}$$

同理，若线圈 L_2 中的电流 i_2 随时间变化，也会在 L_1 中产生互感电动势

$$\mathscr{E}_{21}=-M\frac{\mathrm{d}i_2}{\mathrm{d}t}-i_2\frac{\mathrm{d}M}{\mathrm{d}t} \tag{10-3-4}$$

以上两式右边的第一项表示一回路电流变化在另一回路引起的互感电动势，第二项表示由于互感 M 的变化产生的互感电动势。

如果两个导体回路的几何形状、相对位置及回路中的磁介质的分布都无变化，那么互感系数 M 是一个常量，则有

$$\begin{cases}\mathscr{E}_{12}=-M\dfrac{\mathrm{d}i_1}{\mathrm{d}t}\\[2ex]\mathscr{E}_{21}=-M\dfrac{\mathrm{d}i_2}{\mathrm{d}t}\end{cases} \tag{10-3-5}$$

由(10-3-1)式和(10-3-2)式互感可表示为

$$M=\frac{\Psi_{12}}{i_1}=\frac{\Psi_{21}}{i_2} \tag{10-3-6}$$

当互感 M 不随时间变化时，(10-3-5)式还可表示为

$$M=\left|\frac{\mathscr{E}_{12}}{\mathrm{d}i_1/\mathrm{d}t}\right|=\left|\frac{\mathscr{E}_{21}}{\mathrm{d}i_2/\mathrm{d}t}\right| \tag{10-3-7}$$

在国际单位制中，互感的单位是亨利，记为 H。

【例 10-8】 有一螺绕环，环上线圈的总匝数为 N_1，横截面为矩形，尺寸如图 10-3-2 所示，内部充满磁导率为 μ 的磁介质。在螺绕环上套有匝数为 N_2 的次级线圈，求此两线圈的互感系数。

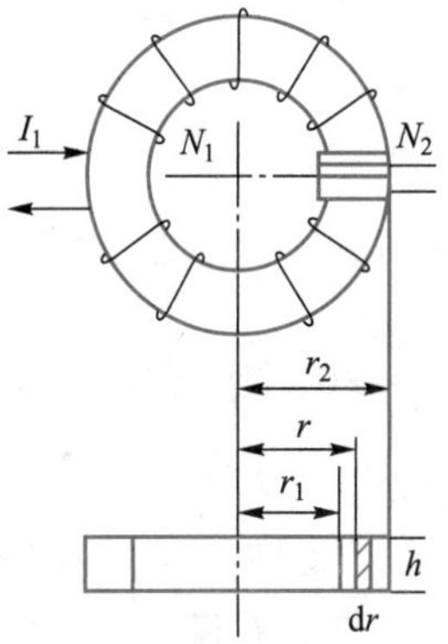

图 10-3-2　例 10-8 图

解　设螺绕环中通有电流 I_1，它在环内产生的磁通量为

$$\Phi=\int\boldsymbol{B}\cdot\mathrm{d}\boldsymbol{S}=\int_{r_1}^{r_2}\frac{\mu N_1I_1}{2\pi r}h\mathrm{d}r=\frac{\mu N_1I_1}{2\pi}h\ln\frac{r_2}{r_1}$$

在次级线圈中产生的全磁通为

$$\Psi_{12}=N_2\Phi=\frac{\mu N_1N_2hI_1}{2\pi}\ln\frac{r_2}{r_1}$$

根据(10-3-6)式，两线圈的互感系数为

$$M=\frac{\Psi_{12}}{I_1}=\frac{\mu N_1N_2h}{2\pi}\ln\frac{r_2}{r_1}$$

原则上说，计算两线圈互感系数时，可以任意假设哪一个线圈通电流，求出它在另一个线圈中的全磁通，然后由比值得出互感系数，但是实际上有时是行不通的。如本例中，如果我们假设在次级线圈中通电流，由于其磁场发散，无法求出它在螺绕环中的全磁通，也就不

能得出互感系数。所以在具体问题中要注意正确假设哪个线圈通电流，以便能算出互感系数。

互感现象被广泛应用在无线电技术和电磁测量中，例如，中周变压器、输入或输出变压器、电压互感器、电流互感器等都是利用互感原理制成的。但是，互感现象有时也带来危害，例如，电路之间、电器之间由于互感而互相干扰，影响正常工作，这就需要设法消除这种干扰，磁屏蔽就是其中一种方法。

二、自感现象

当一个导体回路的电流 i 随时间变化时，它激发的变化磁场将引起回路自身的磁通量发生变化，从而在回路自身也产生感生电动势。如图 10-3-3 所示，当开关 S 刚合上时，线圈中的电流由零开始增加，穿过线圈的磁通量随之增加，线圈中必出现感生电动势反抗电流增加。这就是**自感应现象**，所产生的感生电动势称为**自感电动势**。

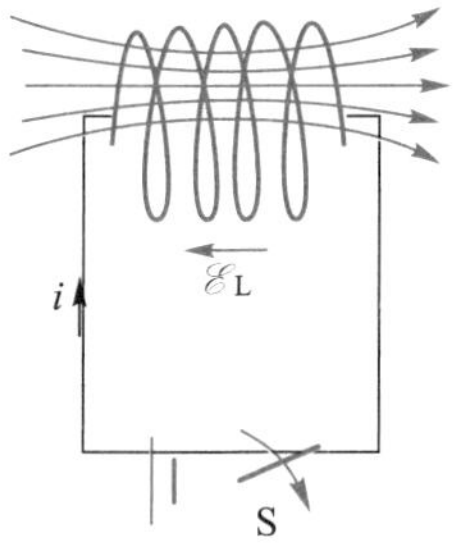

图 10-3-3 自感电动势

根据毕奥-萨伐尔定律，载流回路在空间任意一点产生的磁感应强度 $\boldsymbol{B}$ 的大小与回路中的电流 i 成正比，因此穿过回路的全磁通 Ψ 也与电流 i 成正比，即

$$\Psi = Li \qquad (10-3-8)$$

式中比例系数 L 称为**自感系数**，简称**自感**。它由导体回路的大小、形状及周围空间磁介质的分布来决定。

根据法拉第电磁感应定律，回路中的自感电动势为

$$\mathscr{E}_L = -\frac{d\Psi}{dt} = -\frac{d}{dt}(Li) = -L\frac{di}{dt} - i\frac{dL}{dt} \qquad (10-3-9)$$

式中右边的第一项表示由于回路自身电流变化而产生的自感电动势，第二项表示由于自感 L 的变化产生的自感电动势。若 L 不随时间变化，则自感电动势为

$$\mathscr{E}_L = -L\frac{di}{dt} \qquad (10-3-10)$$

由此可见，自感电动势 $\mathscr{E}_L$ 与回路中电流变化率$\frac{di}{dt}$成正比，式中负号表明，当回路中电流增加时，$\frac{di}{dt}>0$，则 $\mathscr{E}_L<0$，自感电动势与电流方向相反。当回路中电流减少时，$\frac{di}{dt}<0$，则 $\mathscr{E}_L>0$，自感电动势与电流方向一致。因此，自感电动势总是要阻碍回路自身电流的变化，而且 $\mathscr{E}_L$ 正比于 L，即回路的自感 L 越大，自感电动势就越大，其对回路电流变化的阻碍也越大。可见回路的自感 L 有保持自身电流不变的性质，这与力学中物体的“惯性”相似，所以自感系数 L 是回路“**电磁惯性**”的量度。

当自感 L 不随时间变化时，由(10-3-8)式和(10-3-10)式，自感可表示为

$$L = \frac{\Psi}{i} \qquad (10-3-11)$$

$$L = \left|\frac{\mathscr{E}_L}{di/dt}\right| \qquad (10-3-12)$$

在国际单位中，自感的单位为亨利，符号为 H。

【例 10-9】　计算一长直螺线管的自感。设其截面积为 S，长为 l，单位长度上的匝数为 n。

解　在长直螺线管内磁场可视为均匀的。设其通有电流 I，则管内磁感应强度为 $B=\mu_0 nI$，管内的全磁通为

$$\Psi = N\Phi = NBS = nl\mu_0 nIS$$

根据(10-3-11)式，自感为

$$L = \frac{\Psi}{I} = \mu_0 n^2 lS = \mu_0 n^2 V$$

可见螺线管自感 L 与它的体积 V 及单位长度的匝数的平方成正比。

若螺线管中充满磁导率为 μ 的磁介质，只需将 μ_0 换成 μ，就得到有介质时螺线管的自感系数

$$L = \mu n^2 V = \mu \frac{N^2}{l} S$$

如果管内放入的是铁磁质，则自感 L 将比真空状态的值增加成百上千倍。

实际上，任何一个电路都存在着自感。例如，输电线路相当于一个单匝回路，也存在自感，这种自感由于分布在整个线路上，所以称为**分布自感**。特别在远距离输电线路或高频电路中，分布自感的作用比较突出，必须考虑。下面以电缆为例计算分布自感。

【例 10-10】　设电缆由两个共轴导体长薄圆筒组成，半径分别为 a、b，其间介质磁导率为 μ，如图 10-3-4 所示。求长为 l 的一段电缆的自感系数。

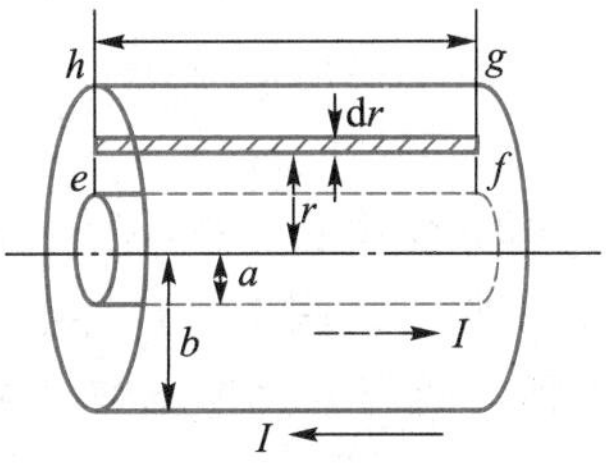

图 10-3-4　例 10-10 图

解　设电流 I 由电缆内筒流出，外筒流回。这时磁场只存在于两筒之间。由安培环路定理可得半径 r 处磁感应强度为

$$B = \frac{\mu I}{2\pi r} \quad (a \leqslant r \leqslant b)$$

为了计算长为 l 的一段电缆的自感系数，只需计算任一纵截面 $efgh$ 的磁通量，即

$$\Phi = \int \boldsymbol{B} \cdot \mathrm{d}\boldsymbol{S} = \int_a^b \frac{\mu I}{2\pi r} l\mathrm{d}r = \frac{\mu Il}{2\pi} \ln \frac{b}{a}$$

自感系数

$$L = \frac{\Phi}{I} = \frac{\mu l}{2\pi} \ln \frac{b}{a}$$

在输电电缆单位长度上的分布自感为

$$L = \frac{\mu}{2\pi} \ln \frac{b}{a}$$

【例 10-11】　求两个线圈串联的自感系数。

解　将两个线圈串联起来看成一个线圈，它有一个总自感。设线圈 1 的自感为 L_1，线圈 2 的自感为 L_2，它们之间的互感为 M。下面分别求顺串和反串的自感系数。

(1) 顺串：如图 10-3-5(a)所示，这样串联后电流产生的自感磁通和互感磁通方向是一

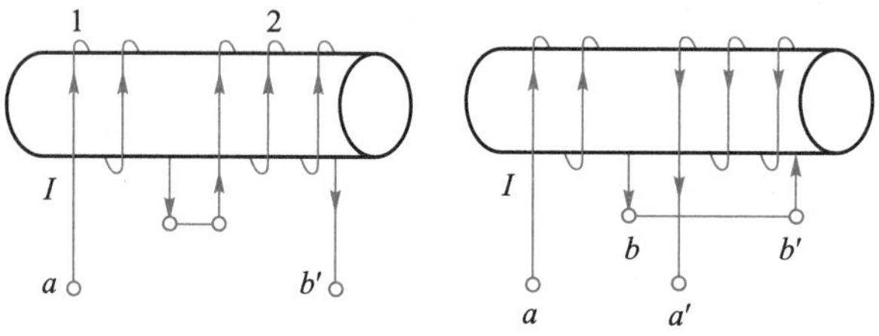

(a) 顺串 (b) 反串

图 10-3-5 例 10-11 图

致的，故称顺接串联。当线圈方向相同，因电流 I 变化时，线圈 1 的自感电动势与线圈 2 在线圈 1 中产生的互感电动势方向相同，因此线圈 1 中总电动势为

$$\mathscr{E}_1+\mathscr{E}_{21}=-L_1\frac{\mathrm{d}I}{\mathrm{d}t}-M\frac{\mathrm{d}I}{\mathrm{d}t}$$

同理，线圈 2 中总电动势为

$$\mathscr{E}_2+\mathscr{E}_{12}=-L_2\frac{\mathrm{d}I}{\mathrm{d}t}-M\frac{\mathrm{d}I}{\mathrm{d}t}$$

由于 $\mathscr{E}_1+\mathscr{E}_{21}$ 和 $\mathscr{E}_2+\mathscr{E}_{12}$ 方向相同，因此顺接串联后总感应电动势为

$$\mathscr{E}=\mathscr{E}_1+\mathscr{E}_{21}+\mathscr{E}_2+\mathscr{E}_{12}=-(L_1+L_2+2M)\frac{\mathrm{d}I}{\mathrm{d}t}=-L\frac{\mathrm{d}I}{\mathrm{d}t}$$

所以顺接串联时总自感

$$L=L_1+L_2+2M$$

（2）反串：如图 10-3-5(b)所示，电流产生的自感磁通和互感磁通方向相反，故称反接串联。此时线圈 1 的自感电动势与线圈 2 在线圈 1 中产生的互感电动势方向相反。同样，线圈 2 中的自感与互感电动势也相反。于是反接串联后总感应电动势为

$$\mathscr{E}=\mathscr{E}_1-\mathscr{E}_{21}+\mathscr{E}_2-\mathscr{E}_{12}=-(L_1+L_2-2M)\frac{\mathrm{d}I}{\mathrm{d}t}=-L\frac{\mathrm{d}I}{\mathrm{d}t}$$

所以反接串联时总自感

$$L=L_1+L_2-2M$$

若两线圈相距很远或两个互相垂直的串联线圈，它们的互感都可以近似视为零，即互感 $M=0$，则 $L=L_1+L_2$。

第 4 节 *RL* 暂态电路与磁能

一、*RL* 电路的暂态过程

RL 电路是由一个电阻 R 和自感线圈 L 组成的 *RL* 电路，在接通或断开电源 $\mathscr{E}$ 时，由于自感电动势的作用，电路中的电流不会瞬刻突变，而是有一个连续渐变的过程。通常这变化的时间十分短暂，故被称为暂态过程。下面讨论 *RL* 电路在暂态过程中电流的变化情况。

当图 10-4-1 中开关 S 拨向 a 时，线圈中出现自感电动势为

$$\mathscr{E}_{\mathrm{L}}=-L\frac{\mathrm{d}i}{\mathrm{d}t}$$

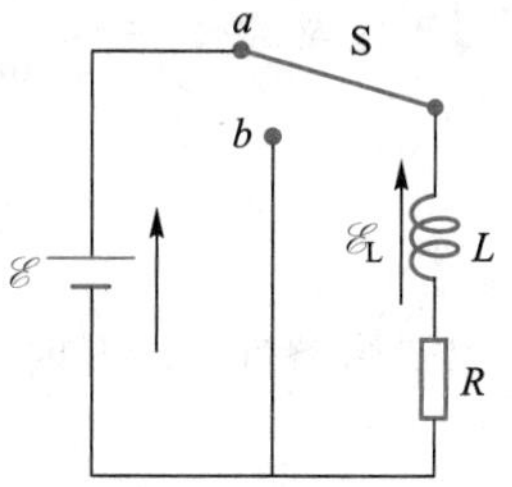

图 10-4-1　**RL** 电路

回路上的电压方程为　$\mathscr{E}+\mathscr{E}_{\mathrm{L}}-iR=0$

将自感电动势代入上式，有

$$\mathscr{E}-L\frac{\mathrm{d}i}{\mathrm{d}t}-iR=0$$

整理得

$$\frac{\mathrm{d}i}{\mathrm{d}t}+\frac{R}{L}i=\frac{\mathscr{E}}{L}$$

方程的通解

$$i=A\mathrm{e}^{-\frac{R}{L}t}+\frac{\mathscr{E}}{R}$$

利用初始条件 $t=0$ 时，$i=0$，代入上式得

$$A=-\frac{\mathscr{E}}{R}$$

则电路中电流随时间 t 的关系为

$$i=\frac{\mathscr{E}}{R}\left(1-\mathrm{e}^{-\frac{R}{L}t}\right) \qquad (10-4-1)$$

结果表明，电流随时间逐渐增大，$t\to\infty$ 时，i 达稳态值 $I=\frac{\mathscr{E}}{R}$。而电流增长的快慢取决于指数 $\frac{L}{R}=\tau$，τ 具有时间的量纲，称其为此电路的时间常量。当 $t=\tau$ 时，$i=0.63I$，即经过 τ 时间后，电流从 0 增加到稳态值的 63%，可见 τ 越小，I 增长越快，τ 越大，I 增长越慢。一般认为经过 5τ 后电流基本上已达稳定，这个暂态过程基本结束，图 10-4-2(a)给出了这一过程电流随时间增长的情况。

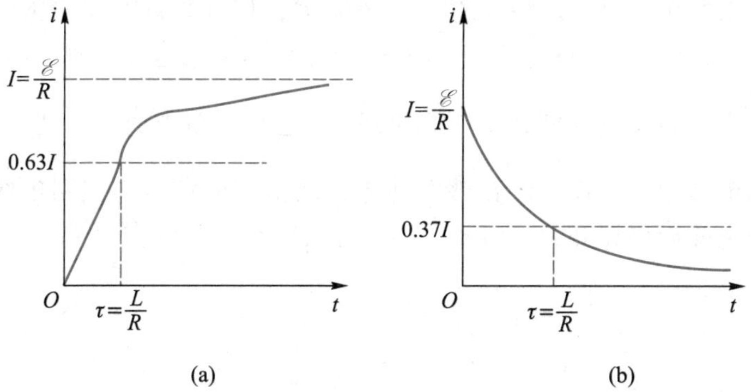

图 10-4-2　电流随时间变化

电流达到稳定后，将开关由 a 迅速拨向 b，由于 $\mathscr{E}=0$，所以回路的电压方程为

$$\mathscr{E}_{\mathrm{L}}-iR=0$$

将自感电动势 $\mathscr{E}_L=-L\dfrac{di}{dt}$代入上式，有

$$-L\frac{di}{dt}-iR=0$$

利用初始条件，$t=0$ 时，$i=\dfrac{\mathscr{E}}{R}$，方程的解为

$$i=\frac{\mathscr{E}}{R}e^{-\frac{R}{L}t} \tag{10-4-2}$$

结果表明，这一过程电流随时间按指数规律衰减，当 $t=\tau$ 时，$i=0.37I$，即经过时间 τ，电流从稳态值衰减到 $I=\dfrac{\mathscr{E}}{R}$的 37%，图 10-4-2(b)给出了这一过程电流随时间衰减的情况。

【例 10-12】 设图 10-4-1 中 $\mathscr{E}=12$ V，$R=6\ \Omega$，$L=3$ H。将开关 S 拨向 a。求：(1) 刚合上开关瞬刻电流随时间的变化率；(2) 电流 $i=0.5$ A 时，电流随时间的变化率；(3) 电流达到稳定值的一半时所需的时间。

解 (1) 根据(10-4-1)式，$t=0$ 时电流随时间的变化率为

$$\left.\frac{di}{dt}\right|_{t=0}=\left.\frac{\mathscr{E}}{L}e^{-\frac{R}{L}t}\right|_{t=0}=\frac{\mathscr{E}}{L}=4\ \text{A/s}$$

(2) $I=0.5$ A 时电流随时间的变化率为

$$\left.\frac{di}{dt}\right|_{i=0.5}=\left.\frac{\mathscr{E}}{L}e^{-\frac{R}{L}t}\right|_{i=0.5}=\left.\frac{\mathscr{E}}{L}\left(1-\frac{iR}{\mathscr{E}}\right)\right|_{i=0.5}=3\ \text{A/s}$$

(3) 由 $i=\dfrac{\mathscr{E}}{R}(1-e^{-\frac{R}{L}t})=\dfrac{1}{2}\dfrac{\mathscr{E}}{R}$得

$$t=\frac{L}{R}\ln 2=\frac{3}{6}\times 0.693\ \text{s}=0.347\ \text{s}$$

自感现象在电工及无线电技术中有着广泛的应用，如日光灯线路中的镇流器，滤波电路中的电感线圈等都是自感现象的利用。但是有些情况自感现象是有害的，例如，图 10-4-1 电路中，若自感 L 较大，当开关 S 断开 a 而不接通 b，这时电路中的电流被骤然降为 0，$\dfrac{di}{dt}$值极大，从而在断开的电路中产生很大的自感电动势，以至可能使自感线圈绝缘层击穿或使开关断开处产生强烈的电弧而烧坏开关。因此，必须设法防止这种危害。

二、磁能

由上节讨论可知，RL 电路接通电源，经暂态过程回路的电流达到稳定值 $I=\dfrac{\mathscr{E}}{R}$后，断开电源开关(图 10-4-1 中开关 S 拨向 b)，这时回路中电流并没有立刻消失，而是按(10-4-2)式的指数规律衰减，在这个过程中没有电源供给能量，但电阻 R 却散发出焦耳热：

$$Q=\int_0^{\infty}Ri^2 dt=\int_0^{\infty}RI^2e^{-2\frac{R}{L}t}dt=\frac{1}{2}LI^2$$

这个能量从哪里来？由于通过电阻的电流是自感电动势 $\mathscr{E}_L$ 提供，并且回路中的电流随着自感线圈中的磁场的消失而逐渐衰减为 0，因此可以认为电阻上所释放的热能，是原来储存在通有电流 I 的线圈中的能量，而这种能量就是电流激发磁场所具有的能量，即**磁能**。可以证明，储存在自感线圈的磁能是回路在建立稳定电流过程中由电源提供的，即自感为 L 的线圈通有电流 I 时所储存的磁能，它等于在建立这个电流过程中电源克服自感电动势所做的功，这个功计算如下。

当电流以 $\frac{\mathrm{d}i}{\mathrm{d}t}>0$ 变化时，电流改变 $\mathrm{d}i$，电源克服自感电动势 $\mathscr{E}_L$ 做功为

$$\mathrm{d}A=-\mathscr{E}_L\mathrm{d}q=-\mathscr{E}_L i\mathrm{d}t$$

将自感电动势 $\mathscr{E}_L=-L\frac{\mathrm{d}i}{\mathrm{d}t}$ 代入上式，有

$$\mathrm{d}A=Li\mathrm{d}i$$

电流从 0 增加到 I，电源做的总功为

$$A=\int\mathrm{d}A=\int_0^I Li\mathrm{d}i=\frac{1}{2}LI^2$$

可见这个能量就是断开电源后，电阻上消耗的焦耳热。它是在回路建立稳定电流过程中，电源克服自感电动势做功，将电能转变为磁能储存在线圈的磁场中。因此，一个自感为 L 的线圈通有稳定电流 I 时，就具有磁能

$$W_m=\frac{1}{2}LI^2 \tag{10-4-3}$$

磁能表达式可以进一步由磁场的物理量表示出来。以长直螺线管为例，前面已求出螺线管的自感系数 $L=\mu n^2V$，设其通有电流 I，则具有的磁场能量为

$$W_m=\frac{1}{2}LI^2=\frac{1}{2}\mu n^2VI^2$$

螺线管内的磁感应强度为 $B=\mu nI$，代入上式得

$$W_m=\frac{B^2}{2\mu}V$$

由于长直螺线管略去边缘效应，磁场集中在体积为 V 的线圈内，并且螺线管内磁场是均匀的，所以单位体积内的磁场能量为

$$w_m=\frac{B^2}{2\mu} \tag{10-4-4}$$

利用磁场强度 $H=\frac{B}{\mu}$，此式还可写为

$$w_m=\frac{1}{2}\boldsymbol{B}\cdot\boldsymbol{H} \tag{10-4-5}$$

(10-4-4)式和(10-4-5)式是**磁场能量密度**的普遍计算公式，虽然它是从一个特例导出，但是对非均匀磁场也是正确的。利用此公式可计算空间某一体积 V 内磁场的总能量

$$W_m=\int_V w_m\mathrm{d}V=\int_V\frac{1}{2}\boldsymbol{B}\cdot\boldsymbol{H}\mathrm{d}V \tag{10-4-6}$$

载流线圈的磁场能量可用公式 $W_m=\frac{1}{2}LI^2$ 计算，也可用(10-4-6)式积分计算。

【例 10-13】　同轴电缆通有电流 I，其共轴的两圆柱面半径分别为 a、b，其间充满磁导率为 μ 的磁介质，如图 10-4-3 所示。求单位长度的磁场能量 W_m。

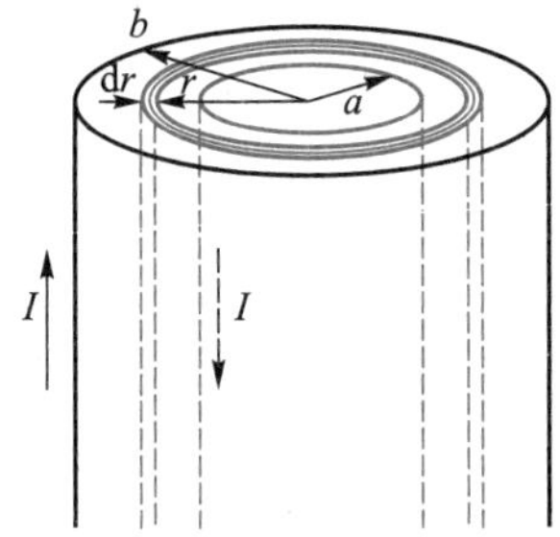

图 10-4-3　例 10-13 图

解　方法一：通电流 I 的电缆，磁场只分布在内外圆柱面之间，由安培定理可求出半径为 r 处的磁感应强度为

$$B=\frac{\mu I}{2\pi r}$$

由(10-4-4)式可知该处磁能密度为　$$w_m=\frac{B^2}{2\mu}=\frac{\mu I^2}{8\pi^2 r^2}$$

在 r 处厚度为 $\mathrm{d}r$、高为单位长度的圆柱壳体积内的磁能为

$$\mathrm{d}W_m=w_m\mathrm{d}V=\frac{\mu I^2}{8\pi^2 r^2}2\pi r\mathrm{d}r=\frac{\mu I^2}{4\pi r}\mathrm{d}r$$

同轴电缆单位长度的磁场能量

$$W_m=\int_V \mathrm{d}W_m=\int_a^b \frac{\mu I^2}{4\pi r}\mathrm{d}r=\frac{\mu I^2}{4\pi}\ln\frac{b}{a}$$

方法二：由例 10-10 已求出同轴电缆单位长度的自感系数

$$L=\frac{\mu}{2\pi}\ln\frac{b}{a}$$

于是磁场能量　$$W_m=\frac{1}{2}LI^2=\frac{\mu I^2}{4\pi}\ln\frac{b}{a}$$

两种方法计算结果完全一致。

【例 10-14】　通过计算回路的磁场能量，证明两电流回路的互感系数相等。

解　设两线圈分别通有电流 I_1、I_2，如图 10-4-4 所示。为计算此系统的总磁能，设想两线圈最初都处在开路状态，先接通线圈 1 的电源，使其电流从 0 增加到稳定值 I_1。在这个过程中，由电源克服线圈 1 的自感电动势做功储存到磁场中的能量为

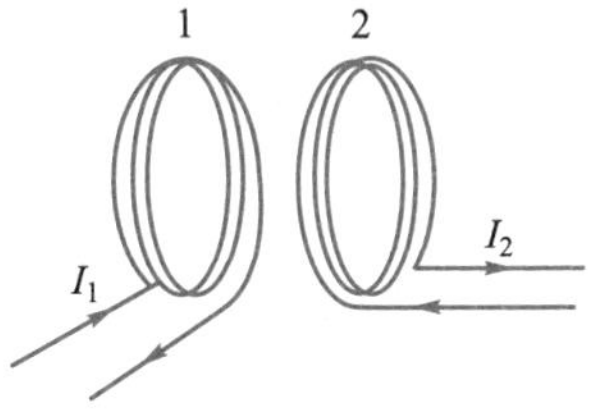

图 10-4-4　例 10-14 图

$$W_1=\frac{1}{2}L_1I_1^2$$

再接通线圈 2 的电源，使其电流从 0 增加到稳定值 I_2，则在线圈 2 的磁场中储存的能量

$$W_2=\frac{1}{2}L_2I_2^2$$

但是在线圈 2 的电流增大过程中，会在线圈 1 中产生互感电动势

$$\mathscr{E}_{21}=-M_{21}\frac{\mathrm{d}i_2}{\mathrm{d}t}$$

为保持线圈 1 的电流不变，设想调节线圈 1 的外接电源，克服这个互感电动势做功来维持 I_1

不变。由外接电源做功而储存到磁场中的能量为

$$W_{21} = \int -\mathscr{E}_{21} I_1 \mathrm{d}t = \int M_{21} \frac{\mathrm{d}i_2}{\mathrm{d}t} I_1 \mathrm{d}t = \int_0^{I_2} M_{21} I_1 \mathrm{d}i_2 = M_{21} I_1 I_2$$

经过上述过程，两线圈的电流分别达到 I_1、I_2，这时该系统磁场中储存的总磁能为

$$W_{\mathrm{m}(1)} = \frac{1}{2} L_1 I_1^2 + \frac{1}{2} L_2 I_2^2 + M_{21} I_1 I_2$$

同理，我们可以先在线圈 2 中建立电流 I_2，然后在线圈 1 中产生电流 I_1，则可得储存在磁场中的总能量为

$$W_{\mathrm{m}(2)} = \frac{1}{2} L_1 I_1^2 + \frac{1}{2} L_2 I_2^2 + M_{12} I_1 I_2$$

可见两种通电方式使系统达到的最后状态相同，而系统的能量不应与电流形成的过程有关，即

$$W_{\mathrm{m}(1)} = W_{\mathrm{m}(2)}$$

由此得到

$$M_{12} = M_{21} = M$$

系统的总磁能为

$$W_{\mathrm{m}} = \frac{1}{2} L_1 I_1^2 + \frac{1}{2} L_2 I_2^2 + M I_1 I_2$$

第 5 节　麦克斯韦方程组

麦克斯韦总结了前人的实验和理论结果，提出了涡旋电场和位移电流两个重要的假设，深刻揭示了变化的电场与磁场相互激发的物理本质，并以优美的数学形式建立了一套完整的电磁场方程组，现在称之为麦克斯韦方程组。它概括了所有宏观电磁现象的规律，特别是预言了电磁波的存在，并揭示了光的电磁本质。本节主要讨论“位移电流”的引入和介绍麦克斯韦方程组。

一、位移电流

自然界中的一些不对称性常常会引导人们去思考、去探索。在 10.2 节，为了回答感生电动势中非静电力的产生机理，麦克斯韦提出了涡旋电场假设：即随时间变化的磁场周围产生感应电场或涡旋电场 $\boldsymbol{E}_{\mathrm{i}}$，感生电动势表达式为

$$\mathscr{E}_{\mathrm{i}} = \oint_L \boldsymbol{E}_{\mathrm{i}} \cdot \mathrm{d}\boldsymbol{l} = -\int \frac{\partial \boldsymbol{B}}{\partial t} \cdot \mathrm{d}\boldsymbol{S}$$

那么变化的电场能否激发磁场？又遵从什么规律呢？

感生电动势中的非静电力是什么力呢？显然，这种非静电力和磁场随时间的变化有关，1861 年麦克斯韦敏锐地提出这是一种电场，**它由随时间变化的磁场所激发，称为感应电场或涡旋电场。感生电动势来源于感应电场所产生的非静电力**。麦克斯韦对感生电动势的解释进一步揭示了法拉第电磁感应定律的本质：**随时间变化的磁场周围产生电场**，感应电场本身并不依赖于空间中的导体回路，但感生电动势必须在导体中才能产生，并且不要求导体构成闭合回路。闭合回路也只为感应电流提供一个通路而已，为了验证感应电场客观存在提供了一

种实验手段。在第 9 章中，我们讨论了恒定电流激发的磁场遵从安培环路定理

$$\oint_L \boldsymbol{H} \cdot \mathrm{d}\boldsymbol{l} = \int_S \boldsymbol{j} \cdot \mathrm{d}\boldsymbol{S}$$

式中 $\boldsymbol{j}$ 是穿过以闭合回路 L 为边界的任意曲面 S 上的传导电流的电流密度。由此定理可知，在一个没有分支的闭合导体电路中，由于电流是闭合的，以围绕电流的回路 L 为边界的任意两曲面 S_1、S_2 上通过的传导电流总是相等的(图 10-5-1)，对 S_1 和 S_2 构成的闭合曲面 S，则有

$$\oint_S \boldsymbol{j} \cdot \mathrm{d}\boldsymbol{S} = 0 \tag{10-5-1}$$

此式表明，在恒定电路中，流入闭合面的传导电流等于流出该面的传导电流，称之为**电流的连续性方程**。正是恒定电流的连续性保证了安培环路定理的正确性。

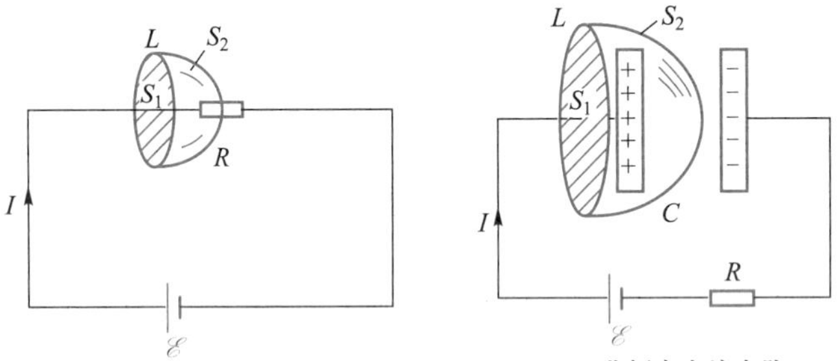

(a) 恒定电流电路　　(b) 非恒定电流电路

图 10-5-1

但是在非恒定情况下就出现了矛盾，例如，当电容充电(或放电)时，如图 10-5-1(b)所示，对闭合回路应用安培环路定理，对于以 L 为边界的曲面 S_1 有

$$\oint_L \boldsymbol{H} \cdot \mathrm{d}\boldsymbol{l} = \int_{S_1} \boldsymbol{j} \cdot \mathrm{d}\boldsymbol{S} = I$$

对于以 L 为边界穿过电容器两极板间的曲面 S_2，则有

$$\oint_L \boldsymbol{H} \cdot \mathrm{d}\boldsymbol{l} = \int_{S_2} \boldsymbol{j} \cdot \mathrm{d}\boldsymbol{S} = 0$$

可见，在非恒定情况下，磁场强度 $\boldsymbol{H}$ 沿同一闭合回路 L 的环流得到两个不同结果，即安培环路定理在这里不成立。与恒定情况相比，出现这个矛盾，显然是由于非恒定情况下传导电流在电容器极板间中断所导致。

然而由于电流不闭合，在电容充电过程中，流入闭合面 S_1 的传导电流 $I(t)$ 并没有从 S_2 流出，因此流入闭合面 S(由 S_1、S_2 组成)的传导电流为

$$I = -\oint_S \boldsymbol{j} \cdot \mathrm{d}\boldsymbol{S}$$

根据电荷守恒定律，单位时间流入 S 面的电荷应等于该闭合面内所包围的电荷量(即极板上的电荷量 q)随时间的变化率，即

$$\oint_S \boldsymbol{j} \cdot \mathrm{d}\boldsymbol{S} = -\frac{\mathrm{d}q}{\mathrm{d}t}$$

将高斯定理用于闭合面 S，则有 $q = \oint_S \boldsymbol{D} \cdot \mathrm{d}\boldsymbol{S}$，代入上式得

$$\oint_S \boldsymbol{j} \cdot \mathrm{d}\boldsymbol{S} = -\frac{\mathrm{d}}{\mathrm{d}t}\oint_S \boldsymbol{D} \cdot \mathrm{d}\boldsymbol{S} = -\oint_S \frac{\partial \boldsymbol{D}}{\partial t} \cdot \mathrm{d}\boldsymbol{S}$$

即

$$\oint_S \left(\boldsymbol{j} + \frac{\partial \boldsymbol{D}}{\partial t}\right) \cdot \mathrm{d}\boldsymbol{S} = 0 \qquad (10-5-2)$$

此式表明，在非恒定情况下，矢量 $\boldsymbol{j}+\frac{\partial \boldsymbol{D}}{\partial t}$ 是连续的，在传导电流 $\boldsymbol{j}$ 中断处由 $\frac{\partial \boldsymbol{D}}{\partial t}$ 连接。

通过上述分析，麦克斯韦根据电与磁的对偶性，大胆地提出了随时间变化的电场在周围空间也应感生磁场的假设。并指出变化电场与传导电流一样激发磁场，因此变化电场可等效地视为一种“电流”，将其称为“**位移电流**”。由(10-5-2)式，位移电流密度为

$$\boldsymbol{j}_{\mathrm{d}} = \frac{\partial \boldsymbol{D}}{\partial t} \qquad (10-5-3)$$

即**通过空间某点的位移电流密度等于该点电位移矢量对时间的变化率**。通过空间任意曲面 S 的位移电流为

$$I_{\mathrm{d}} = \int_S \boldsymbol{j}_{\mathrm{d}} \cdot \mathrm{d}\boldsymbol{S} = \int_S \frac{\partial \boldsymbol{D}}{\partial t} \cdot \mathrm{d}\boldsymbol{S} \qquad (10-5-4)$$

由(10-5-4)式知位移电流密度 $\boldsymbol{j}_{\mathrm{d}}$ 的方向总是与电位移矢量 $\boldsymbol{D}$ 随时间变化率 $\frac{\partial \boldsymbol{D}}{\partial t}$ 的方向一致。

二、全电流定理

如图 10-5-2 所示，在电容器充电时，极板间的电场增强，$\frac{\partial \boldsymbol{D}}{\partial t}$ 与 $\boldsymbol{D}$ 的方向一致，则位移电流密度 $\boldsymbol{j}_{\mathrm{d}}$ 与 $\boldsymbol{D}$ 方向一致，即与传导电流方向一致。电容器放电时，极板间的电场减弱，$\frac{\partial \boldsymbol{D}}{\partial t}$ 与 $\boldsymbol{D}$ 的方向相反，则位移电流密度 $\boldsymbol{j}_{\mathrm{d}}$ 与 $\boldsymbol{D}$ 的方向也相反，但仍与传导电流方向一致。由此可见，被电容器极板中断的传导电流由位移电流接替下去。就一种电流而言是不连续的，但是两种电流之和却成为连续的，保持了电流的连续性。传导电流与位移电流之和称为**全电流**。

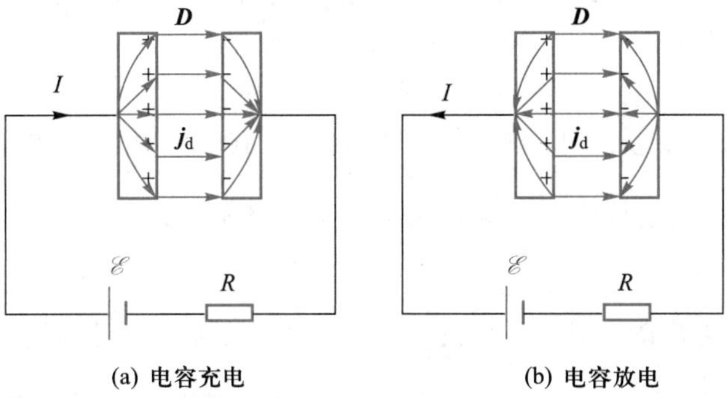

图 10-5-2　传导电流与位移电流

麦克斯韦由此将安培环路定理推广到非恒定情况：

$$\oint_L \boldsymbol{H} \cdot \mathrm{d}\boldsymbol{l} = I + I_\mathrm{d} = \int_S \left(\boldsymbol{j} + \frac{\partial \boldsymbol{D}}{\partial t}\right) \cdot \mathrm{d}\boldsymbol{S} \tag{10-5-5}$$

即在普遍情况下，磁场强度沿空间任意闭合路径的环流等于穿过此回路的全电流。这一规律又称为全电流定理。

应用全电流定理，在电容器的充电(或放电)过程中，对同一积分回路 L，无论取曲面 S_1，还是取曲面 S_2[见图 10-5-1(b)]，磁场强度 $\boldsymbol{H}$ 沿回路 L 的环流总是相等。在电容器两极板之间，传导电流 $I=0$，磁场仅由位移电流产生，即由变化的电场产生：

$$\oint_L \boldsymbol{H} \cdot \mathrm{d}\boldsymbol{l} = \int_{S_2} \frac{\partial \boldsymbol{D}}{\partial t} \cdot \mathrm{d}\boldsymbol{S}$$

可见只要空间有变化的电场，其周围就有其激发的磁场，这是产生电磁波的必要条件之一。当人们证实了电磁波存在之后，才证实了麦克斯韦的位移电流的假说。

还须指出，位移电流的实质是变化电场，它与传导电流有着本质的区别，它可以存在于介质、导体及真空中。当空间存在介质时，根据 $\boldsymbol{D}=\varepsilon_0\boldsymbol{E}+\boldsymbol{P}$，可得

$$\boldsymbol{j}_\mathrm{d} = \frac{\partial \boldsymbol{D}}{\partial t} = \varepsilon_0 \frac{\partial \boldsymbol{E}}{\partial t} + \frac{\partial \boldsymbol{P}}{\partial t}$$

式中右边第一项对应电场的变化率，是位移电流的基本项；第二项对应电介质的极化情况变化引起的极化电荷运动而产生的位移电流。前者与电荷运动无关，不产生热效应。而后者有热损耗，特别在高频电场中，电介质会产生显著的热效应，但不满足焦耳定律。在导体中，当通过的电流为非恒定时，也有位移电流。通常当电流频率不高时，导体内的传导电流远大于位移电流，并且位移电流在导体内不产生焦耳热，因此常常略去不计。

【例 10-15】 在截面为 S 的导体中通有 $i=I\sin \omega t$ 的交流电，设电流沿截面均匀分布。已知导体的电阻率 $\rho=10^{-8}\ \Omega\cdot\mathrm{m}$，$\omega=100\pi\ \mathrm{s}^{-1}$，试比较位移电流振幅 I_d 与传导电流 I 的相对大小。

解 根据欧姆定律微分形式可知，导体内的电场为

$$E = \rho j = \rho \frac{i}{S}, \qquad \text{则有} \qquad D = \varepsilon_0 E = \varepsilon_0 \rho \frac{i}{S}$$

导体内的位移电流为

$$i_\mathrm{d} = S\frac{\partial D}{\partial t} = \varepsilon_0 \rho \frac{\partial i}{\partial t} = \varepsilon_0 \rho \omega I\cos \omega t = I_\mathrm{d}\cos \omega t$$

两电流振幅之比为

$$\frac{I_\mathrm{d}}{I} = \varepsilon_0 \rho \omega = 8.85 \times 10^{-12} \times 10^{-8} \times 100\pi = 2.8 \times 10^{-17}$$

可见，在导体内部位移电流与传导电流相比可完全忽略不计，尽管如此，位移电流的引入是极其重要的。

【例 10-16】 半径为 R 的圆形平行板空气电容器正在充电，已知极板间电场变化率为$\frac{\mathrm{d}E}{\mathrm{d}t}$。求：(1) 电容器两极板间位移电流密度及位移电流；(2) 距两极板中心连线 r 处的磁感应强度 $B(r)$；(3) 设$\frac{\mathrm{d}E}{\mathrm{d}t}=10^{12}\ \mathrm{V/m}$，$R=5\ \mathrm{cm}$，求 $r=R$ 处的 B 值。

解　(1) 充电时 $\frac{\mathrm{d}E}{\mathrm{d}t}>0$，位移电流密度 $\boldsymbol{j}_{\mathrm{d}}$ 与 $\boldsymbol{E}$ 同方向，如图 10-5-3(a)所示。位移电流密度大小为

$$j_{\mathrm{d}}=\frac{\partial D}{\partial t}=\varepsilon_0\frac{\mathrm{d}E}{\mathrm{d}t}$$

极板间总位移电流为

$$I_{\mathrm{d}}=\boldsymbol{j}_{\mathrm{d}}\cdot\boldsymbol{S}=\pi R^2\varepsilon_0\frac{\mathrm{d}E}{\mathrm{d}t}$$

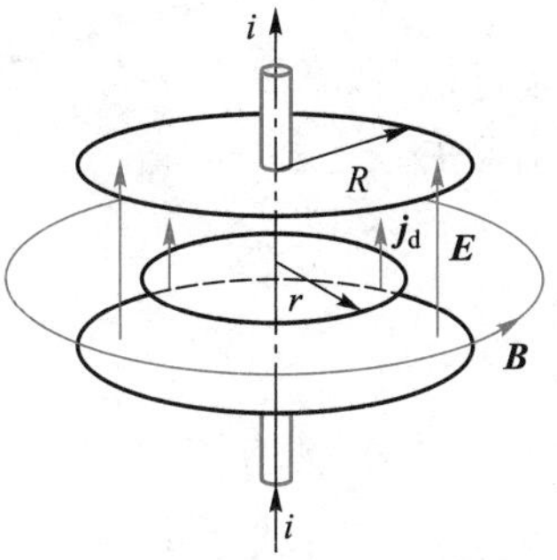

(a)

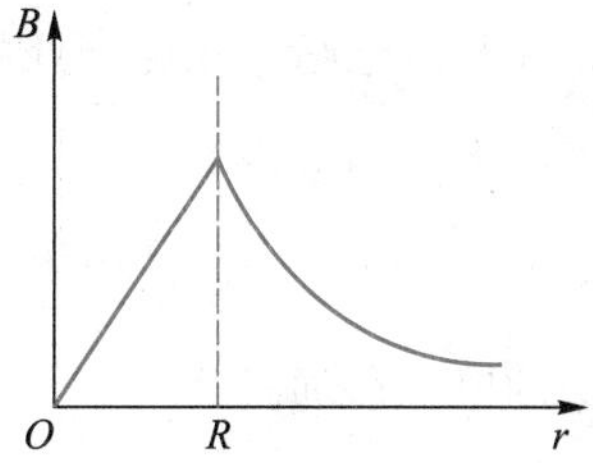

(b)

图 10-5-3　例 10-16 图

(2) 由于位移电流均匀分布在圆柱形空间，它产生的磁场具有轴对称性，磁感应线是以两极板中心连线为轴的一系列同心圆，在同一圆周上 B 值相等。将全电流定理

$$\oint_L\boldsymbol{H}\cdot\mathrm{d}\boldsymbol{l}=I+\int_S\frac{\partial\boldsymbol{D}}{\partial t}\cdot\mathrm{d}\boldsymbol{S}$$

用于半径为 r 的圆周环路，穿过环路的传导电流 $I=0$，只有位移电流，于是

当 $r\leqslant R$ 时，有

$$H\cdot2\pi r=\pi r^2\varepsilon_0\frac{\mathrm{d}E}{\mathrm{d}t}$$

$$H=\frac{\varepsilon_0 r}{2}\frac{\mathrm{d}E}{\mathrm{d}t},\qquad B=\frac{\mu_0\varepsilon_0 r}{2}\frac{\mathrm{d}E}{\mathrm{d}t}$$

当 $r\geqslant R$ 时，有

$$H\cdot2\pi r=\pi R^2\varepsilon_0\frac{\mathrm{d}E}{\mathrm{d}t}$$

$$H=\frac{\varepsilon_0 R^2}{2r}\frac{\mathrm{d}E}{\mathrm{d}t},\qquad B=\frac{\mu_0\varepsilon_0 R^2}{2r}\frac{\mathrm{d}E}{\mathrm{d}t}$$

图 10-5-3(b)给出了 $B-r$ 曲线，这里得出的 $B-r$ 关系与例 10-5 中的 $E-r$ 关系完全相似，这就表明变化电场产生磁场的规律与变化磁场产生电场的规律具有对称性。

(3) 当 $r=R$ 时，将已知数据代入上式，得

$$B=\frac{\mu_0\varepsilon_0R^2}{2r}\frac{\mathrm{d}E}{\mathrm{d}t}=\frac{4\pi\times10^{-7}}{2}\times8.85\times10^{-12}\times5\times10^{-2}\times10^{-12}\,\mathrm{T}=2.8\times10^{-7}\,\mathrm{T}$$

应该指出，运算中虽然只用到位移电流，但是极板间的磁感应强度 B 是传导电流和位移电流共同产生的。

上述计算结果表明，变化电场产生的磁场很小，一般仪器很难将它测量出来。这与变化磁场产生的感应电场不同，后者很容易用增加线圈匝数的方法由实验演示出来。因此，在麦克斯韦年代，位移电流产生磁场未能用实验直接验证，而是作为假设提出来的，它的正确性由电磁波的预言与发现才得到了有力的证明。

【例 10-17】 如图 10-5-4 所示，点电荷 q 以速度 $\boldsymbol{v}(v\ll c)$ 向 O 点运动，在 O 点作一半径为 a 的圆，圆面与 $\boldsymbol{v}$ 垂直。当 q 与 O 距离为 x 时，求：(1) 通过此圆面的位移电流。(2) 此圆面边缘上一点的磁场 $\boldsymbol{B}$。

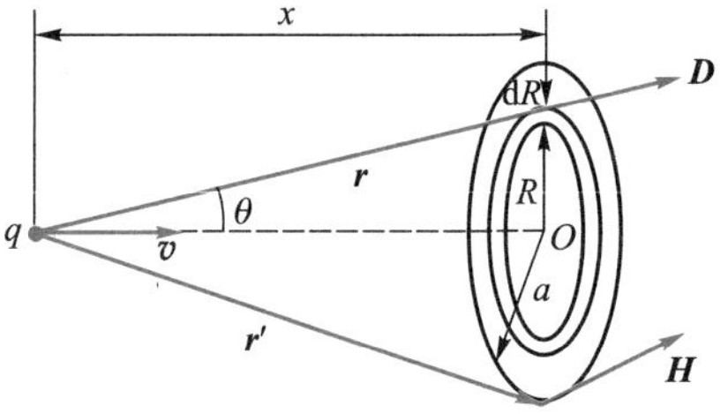

图 10-5-4　例 10-17 图

解　(1) 由于 $v\ll c$，因此运动电荷产生的电场近似于静电场分布一样，在与点电荷 q 相距 r 处的电位移矢量为

$$\boldsymbol{D}=\frac{q}{4\pi r^2}\boldsymbol{e}_r$$

通过半径为 a 的圆面的电位移通量为

$$\Psi=\int_S \boldsymbol{D}\cdot \mathrm{d}\boldsymbol{S}=\int_S \frac{q}{4\pi r^2}\boldsymbol{e}_r\cdot \mathrm{d}\boldsymbol{S}=\frac{q}{4\pi}\int_S \frac{\cos\theta}{r^2}\mathrm{d}S$$

取环形面元 $\mathrm{d}S=2\pi R\mathrm{d}R$，并且 $r=\sqrt{R^2+x^2}$，$\cos\theta=\dfrac{x}{\sqrt{R^2+x^2}}$，代入上式得

$$\Psi=\frac{q}{4\pi}\int_0^a \frac{x}{(R^2+x^2)^{3/2}}2\pi R\mathrm{d}R=\frac{q}{2}\left(1-\frac{x}{\sqrt{a^2+x^2}}\right)$$

由于点电荷 q 向 O 点运动，使圆面上的电位移通量因 x 变化而变化，故位移电流为

$$I_\mathrm{d}=\frac{\mathrm{d}\Psi}{\mathrm{d}t}=\frac{qa^2v}{2(a^2+x^2)^{3/2}}$$

(2) 由对称性可知，磁感应线是与圆面同心的圆周线，并且同一圆周上磁场大小相等。将全电流定理用于半径为 a 的圆周环路，有

$$H\cdot 2\pi a=I_\mathrm{d}$$

$$H=\frac{I_\mathrm{d}}{2\pi a}=\frac{qav}{4\pi(a^2+x^2)^{3/2}}$$

$$B=\mu_0 H=\frac{\mu_0 qav}{4\pi(a^2+x^2)^{3/2}}$$

由图中可知，对 q 到圆面边缘上任意一点的径矢 $\boldsymbol{r}'$，有 $av=|\boldsymbol{v}\times\boldsymbol{r}'|$，若考虑 $\boldsymbol{B}$ 的方向，则

$$\boldsymbol{B}=\frac{\mu_0 q\boldsymbol{v}\times\boldsymbol{r}'}{4\pi r'^3}$$

此结果给出了运动点电荷所激发的磁场。

三、麦克斯韦方程组

1. 麦克斯韦方程组的积分形式

描述电场和磁场的基本物理量是电场强度 $\boldsymbol{E}$、磁感应强度 $\boldsymbol{B}$、电位移矢量 $\boldsymbol{D}$ 及磁场强度 $\boldsymbol{H}$。前面我们已讨论了这些物理量所遵从的基本规律。历史上，麦克斯韦将这些规律加以总结和归纳，得到了一组表述电磁场普遍规律的完整方程，这组方程被称为**麦克斯韦方程组**，其积分形式如下：

$$\begin{cases}\oint_S \boldsymbol{D}\cdot \mathrm{d}\boldsymbol{S}=\sum\limits_i q_i=\int_V \rho \mathrm{d}V & (\mathrm{I})\\ \oint_S \boldsymbol{B}\cdot \mathrm{d}\boldsymbol{S}=0 & (\mathrm{II})\\ \oint_L \boldsymbol{E}\cdot \mathrm{d}\boldsymbol{l}=-\int_S \dfrac{\partial \boldsymbol{B}}{\partial t}\cdot \mathrm{d}\boldsymbol{S} & (\mathrm{III})\\ \oint_L \boldsymbol{H}\cdot \mathrm{d}\boldsymbol{l}=I+I_{\mathrm{d}}=\int_S\left(\boldsymbol{j}+\dfrac{\partial \boldsymbol{D}}{\partial t}\right)\cdot \mathrm{d}\boldsymbol{S} & (\mathrm{IV})\end{cases} \tag{10-5-6}$$

方程组中各方程的物理意义：

方程(Ⅰ)表明通过任意闭合曲面的电位移通量等于该曲面包围的自由电荷代数和。方程中的 $\boldsymbol{D}$ 不仅包括静电场，还包括感应电场。由于感应电场是涡旋的，对闭合面的通量无贡献，所以方程(Ⅰ)是总电场的高斯定理。

方程(Ⅱ)表示通过任意闭合曲面的磁通量恒等于 0，描述了无论是传导电流还是位移电流产生的磁场都是无源场。说明现在电磁场理论认为在自然界中没有单个的“磁荷”(或称为磁单极)存在。

方程(Ⅲ)给出了电场强度沿任意闭合路径的环流等于穿过该环路的磁通量随时间变化率的负值。它揭示了变化磁场与电场的联系，式中 $\boldsymbol{E}$ 是感应电场与静电场的总和。

方程(Ⅳ)表示磁场强度沿任意闭合路径的环流等于穿过该环路传导电流与位移电流的代数和，说明了磁场与电流及变化电场的联系。

在方程组中若$\dfrac{\partial \boldsymbol{D}}{\partial t}=\boldsymbol{0}$，$\dfrac{\partial \boldsymbol{B}}{\partial t}=\boldsymbol{0}$，可得到静电场和恒定磁场的方程组：

$$\begin{cases}\oint_S \boldsymbol{D}\cdot \mathrm{d}\boldsymbol{S}=\sum\limits_i q_i=\int_V \rho \mathrm{d}V\\ \oint_S \boldsymbol{B}\cdot \mathrm{d}\boldsymbol{S}=0\\ \oint_L \boldsymbol{E}\cdot \mathrm{d}\boldsymbol{l}=0\\ \oint_L \boldsymbol{H}\cdot \mathrm{d}\boldsymbol{l}=I=\int_S \boldsymbol{j}\cdot \mathrm{d}\boldsymbol{S}\end{cases} \tag{10-5-7}$$

上述方程组表明，静电场和恒定磁场的场量 $\boldsymbol{E}(\boldsymbol{D})$、$\boldsymbol{B}(\boldsymbol{H})$ 只是空间位置的函数，与时间无关。而描述一般的电磁场的场量 $\boldsymbol{E}(\boldsymbol{D})$、$\boldsymbol{B}(\boldsymbol{H})$ 则是空间位置和时间的函数。

麦克斯韦方程组中各场量 $\boldsymbol{D}$ 与 $\boldsymbol{E}$、$\boldsymbol{B}$ 与 $\boldsymbol{H}$ 之间是彼此有联系的，对各向同性的线性介质，有下列关系

$$\boldsymbol{D}=\varepsilon_r\varepsilon_0\boldsymbol{E},\quad \boldsymbol{B}=\mu_r\mu_0\boldsymbol{H},\quad \boldsymbol{j}=\sigma\boldsymbol{E} \tag{10-5-8}$$

式中 $\varepsilon=\varepsilon_r\varepsilon_0$、$\mu=\mu_r\mu_0$、$\sigma$ 分别为介质的介电常量、磁导率和电导率。

麦克斯韦方程组的积分形式给出的是一个闭合曲面或一闭合环路区域内电磁场量与场源之间的相互关系。而要描述空间任意一点的电磁场的情况，则要采用麦克斯韦方程组的微分形式。

*2. 麦克斯韦方程组的微分形式

利用矢量分析中的高斯定理和斯托克斯定理，可由积分形式的麦克斯韦方程组导出微分形式的麦克斯韦方程组。矢量分析中的高斯定理为：矢量场 A 通过任意闭合曲面 S 的通量等于该曲面所包围的体积 V 内矢量 A 的散度的积分，即

$$\oint_S \boldsymbol{A}\cdot \mathrm{d}\boldsymbol{S}=\int_V \nabla\cdot\boldsymbol{A}\mathrm{d}V \tag{10-5-9}$$

斯托克斯定理为：矢量 A 在任意闭合回路 L 上的环流，等于以该回路为边界的曲面 S 上矢量 A 的旋度的面积分，即

$$\oint_L \boldsymbol{A}\cdot \mathrm{d}\boldsymbol{l}=\int_S (\nabla\times\boldsymbol{A})\cdot \mathrm{d}\boldsymbol{S} \tag{10-5-10}$$

利用(10-5-9)式，将电场高斯定理的积分形式 $\oint_S \boldsymbol{D}\cdot \mathrm{d}\boldsymbol{S}=\int_V \rho\mathrm{d}V$ 中电位移 $\boldsymbol{D}$ 的面积分化为它的散度的体积分，即

$$\oint_S \boldsymbol{D}\cdot \mathrm{d}\boldsymbol{S}=\int_V \nabla\cdot\boldsymbol{D}\mathrm{d}V$$

则

$$\int_V \nabla\cdot\boldsymbol{D}\cdot\mathrm{d}V=\int_V \rho\mathrm{d}V$$

若上式对任何体积 V 都成立，则只有被积函数相等才有可能，故有

$$\nabla\cdot\boldsymbol{D}=\rho$$

此式表明空间某点电位移矢量的散度等于该点自由电荷体密度。并且此结果与第 8 章中(8-7-7)式一致。

同理，对磁场的高斯定理[麦氏积分方程(Ⅱ)]应用(10-5-9)式，得到对应的微分形式

$$\nabla\cdot\boldsymbol{B}=0$$

此式表明磁感应强度 $\boldsymbol{B}$ 的散度始终为 0。

将斯托克斯定理(10-5-10)式用于电场的环路定理[麦氏积分方程(Ⅲ)]，使电场强度 $\boldsymbol{E}$ 的线积分化为它的旋度的面积分，得

$$\int(\nabla\times\boldsymbol{E})\cdot\mathrm{d}\boldsymbol{S}=-\int_S \frac{\partial B}{\partial t}\cdot\mathrm{d}\boldsymbol{S}$$

若上式的面积分对任意的曲面 S 都成立，则只有被积函数本身相等才可能，于是得

$$\nabla\times E=-\frac{\partial\boldsymbol{B}}{\partial t}$$

此式表明空间某点电场强度的旋度等于该点的磁感应强度随时间变化率的负值。

同理，可得磁场环路定理[麦氏积分方程(Ⅳ)]的微分形式

$$\nabla \times \boldsymbol{H} = \boldsymbol{j} + \frac{\partial \boldsymbol{D}}{\partial t}$$

此式表明空间某点磁场强度的旋度等于该点传导电流密度和位移电流密度的矢量和。

归纳起来，麦克斯韦方程组的微分形式为

$$\begin{cases} \nabla \cdot \boldsymbol{D} = \rho \\ \nabla \cdot \boldsymbol{B} = 0 \\ \nabla \times \boldsymbol{E} = -\dfrac{\partial \boldsymbol{B}}{\partial t} \\ \nabla \times \boldsymbol{H} = \boldsymbol{j} + \dfrac{\partial \boldsymbol{D}}{\partial t} \end{cases} \tag{10-5-11}$$

可见，麦克斯韦方程组的微分形式描述了电磁场与空间坐标及时间的关系，因此它也是电磁场的运动方程。如同牛顿运动方程，由质点的初始条件，可求出质点在任意时刻的位置和运动状态一样，在已知了电荷和电流分布，根据麦克斯韦方程组，由初始条件和边界条件就可求出电场和磁场的唯一分布及其此后变化的情况。

3. 洛伦兹力公式

我们知道，事物之间是相互联系，相互制约的。麦克斯韦方程组反映了运动电荷激发电磁场及电磁场运动的一面，而另一面电磁场反过来也会对运动电荷有力的作用。将静电场对电荷作用的电场力公式和恒定磁场对电流作用的磁力公式推广至非恒定情况，则电荷 q 以速度 $\boldsymbol{v}$ 运动时，受到的电磁力为

$$\boldsymbol{F} = q\boldsymbol{E} + q\boldsymbol{v} \times \boldsymbol{B} \tag{10-5-12}$$

这就是**洛伦兹力公式**。

麦克斯韦方程组和洛伦兹力公式，正确反映了电磁场的运动以及它和带电物体相互作用的规律，成为整个经典电磁场的理论基础，是解决现代电磁学、宏观电动力学、无线电电子学等范围内各种问题的理论依据。

4. 电磁波

(1) 波动方程

为了简单起见，设远离波源的波场区，没有自由电荷及传导电流，并且介质是均匀无限的。在这种空间中，麦克斯韦方程组可写为

$$\begin{cases} \nabla \cdot \boldsymbol{D} = 0 \\ \nabla \cdot \boldsymbol{B} = 0 \\ \nabla \times \boldsymbol{E} = -\dfrac{\partial \boldsymbol{B}}{\partial t} \\ \nabla \times \boldsymbol{H} = \dfrac{\partial \boldsymbol{D}}{\partial t} \end{cases} \tag{10-5-13}$$

将 $\boldsymbol{D}=\varepsilon_r\varepsilon_0\boldsymbol{E}$ 和 $\boldsymbol{B}=\mu_r\mu_0\boldsymbol{H}$ 代入上述方程组，消去 $\boldsymbol{D}$ 和 $\boldsymbol{B}$，则方程组变为

$$\begin{cases}\nabla\cdot\boldsymbol{E}=0\\ \nabla\cdot\boldsymbol{H}=0\\ \nabla\times\boldsymbol{E}=-\mu_r\mu_0\dfrac{\partial\boldsymbol{H}}{\partial t}\\ \nabla\times\boldsymbol{H}=\varepsilon_r\varepsilon_0\dfrac{\partial\boldsymbol{E}}{\partial t}\end{cases}\tag{10-5-14}$$

对方程组(10-5-14)中第三个方程两边取旋度运算，即

$$\nabla\times\nabla\times\boldsymbol{E}=\nabla(\nabla\cdot\boldsymbol{E})-\nabla^2\boldsymbol{E}=-\nabla^2\boldsymbol{E}$$

$$-\mu_r\mu_0\frac{\partial}{\partial t}(\nabla\times H)=-\mu_r\mu_0\varepsilon_r\varepsilon_0\frac{\partial^2\boldsymbol{E}}{\partial t^2}$$

则得 $\boldsymbol{E}$ 的运动方程

$$\nabla^2\boldsymbol{E}=\mu_r\mu_0\varepsilon_r\varepsilon_0\frac{\partial^2\boldsymbol{E}}{\partial t^2}$$

在直角坐标系中可写为

$$\frac{\partial^2\boldsymbol{E}}{\partial x^2}+\frac{\partial^2\boldsymbol{E}}{\partial y^2}+\frac{\partial^2\boldsymbol{E}}{\partial z^2}=\mu_r\mu_0\varepsilon_r\varepsilon_0\frac{\partial^2\boldsymbol{E}}{\partial t^2}\tag{10-5-15}$$

同理，对方程组(10-5-14)中第四个方程两边取旋度运算，可得 $\boldsymbol{H}$ 的运动方程

$$\nabla^2\boldsymbol{H}=\mu_r\mu_0\varepsilon_r\varepsilon_0\frac{\partial^2\boldsymbol{H}}{\partial t^2}$$

在直角坐标系中可写为

$$\frac{\partial^2\boldsymbol{H}}{\partial x^2}+\frac{\partial^2\boldsymbol{H}}{\partial y^2}+\frac{\partial^2\boldsymbol{H}}{\partial z^2}=\mu_r\mu_0\varepsilon_r\varepsilon_0\frac{\partial^2\boldsymbol{H}}{\partial t^2}\tag{10-5-16}$$

波动方程的一般表达式为$\frac{\partial^2\xi}{\partial x^2}+\frac{\partial^2\xi}{\partial y^2}+\frac{\partial^2\xi}{\partial z^2}=\frac{1}{v^2}\frac{\partial^2\xi}{\partial t^2}$。比较可知，$\boldsymbol{E}$ 和 $\boldsymbol{H}$ 的运动方程就是波动方程，它们的波速都等于 $v=\frac{1}{\sqrt{\mu_r\mu_0\varepsilon_r\varepsilon_0}}=\frac{c}{\sqrt{\mu_r\varepsilon_r}}$，其中

$$c=\frac{1}{\sqrt{\mu_0\varepsilon_0}}=299\ 792\ 458\ \text{m/s}$$

$\boldsymbol{E}$ 和 $\boldsymbol{H}$ 的运动方程表明电磁场以波动方式运动，这种波称为**电磁波**。1865 年麦克斯韦首先从理论上预言**电磁波的存在**，20 多年之后，赫兹(Heinrich Rudolf Hertz)于 1888 年用电磁振荡的方法，通过天线发射和接收直接证实了电磁波的存在。

(2) 平面电磁波

利用麦克斯韦方程组讨论一般性的电磁波是很复杂的，这里我们只讨论平面电磁波的情况。将方程组(10-5-14)按直角坐标系写成分量形式

$$\frac{\partial E_x}{\partial x}+\frac{\partial E_y}{\partial y}+\frac{\partial E_z}{\partial z}=0$$

$$\frac{\partial H_x}{\partial x}+\frac{\partial H_y}{\partial y}+\frac{\partial H_z}{\partial z}=0$$

$$\frac{\partial E_z}{\partial y}-\frac{\partial E_y}{\partial z}=-\mu_r\mu_0\frac{\partial H_x}{\partial t}$$

$$\frac{\partial E_x}{\partial z}-\frac{\partial E_z}{\partial x}=-\mu_r\mu_0\frac{\partial H_y}{\partial t}$$

$$\frac{\partial E_y}{\partial x}-\frac{\partial E_x}{\partial y}=-\mu_r\mu_0\frac{\partial H_z}{\partial t}$$

$$\frac{\partial H_z}{\partial y}-\frac{\partial H_y}{\partial z}=\varepsilon_r\varepsilon_0\frac{\partial E_x}{\partial t}$$

$$\frac{\partial H_x}{\partial z}-\frac{\partial H_z}{\partial x}=\varepsilon_r\varepsilon_0\frac{\partial E_y}{\partial t}$$

$$\frac{\partial H_y}{\partial x}-\frac{\partial H_x}{\partial y}=\varepsilon_r\varepsilon_0\frac{\partial E_z}{\partial t}$$

设平面波沿 x 方向传播，其波面垂直 x 轴，并且波面上各点的位相相同，即位相与 y、z 变量无关，上列式中所有对 y、z 的偏微分都等于零，方程组化简为

$$\frac{\partial E_x}{\partial x}=0 \tag{10-5-17}$$

$$\frac{\partial H_x}{\partial x}=0 \tag{10-5-18}$$

$$\frac{\partial H_x}{\partial t}=0 \tag{10-5-19}$$

$$\frac{\partial E_z}{\partial x}=\mu_r\mu_0\frac{\partial H_y}{\partial t} \tag{10-5-20}$$

$$\frac{\partial E_y}{\partial x}=-\mu_r\mu_0\frac{\partial H_z}{\partial t} \tag{10-5-21}$$

$$\frac{\partial E_x}{\partial t}=0 \tag{10-5-22}$$

$$-\frac{\partial H_z}{\partial x}=\varepsilon_r\varepsilon_0\frac{\partial E_y}{\partial t} \tag{10-5-23}$$

$$\frac{\partial H_y}{\partial x}=\varepsilon_r\varepsilon_0\frac{\partial E_z}{\partial t} \tag{10-5-24}$$

由(10-5-17)式、(10-5-18)式、(10-5-19)式、(10-5-22)式可知，电场矢量和磁场矢量在传播方向的分量 E_x 和 H_x 是与时间、空间变量无关的常量，即与这里所讨论的电磁波无关，设 $E_x=0$、$H_x=0$，即在电磁波的传播方向没有电场和磁场分量，因此可知电磁波是**横波**。

为便于讨论，在波面内设电场矢量沿 y 轴方向，即 $E_z=0$，$E=E_y$。于是由(10-5-20)式和(10-5-24)式得 $\frac{\partial H_y}{\partial t}=0$，$\frac{\partial H_y}{\partial x}=0$，即磁场分量 H_y 是与时间、空间的变化无关的常量，并且也与所讨论的电磁波无关，设其为 $H_y=0$，则磁场矢量也只有一个分量 $H=H_z$。由此可见，电磁

波中电场矢量与磁场矢量互相垂直，并且它们与波的传播方向垂直，这是电磁波的一个重要性质。

综上所述，平面电磁波的电场矢量 $\boldsymbol{E}$ 在 y 方向振动，磁场矢量 $\boldsymbol{H}$ 在 z 方向振动，传播沿 x 方向，三者两两互相垂直，如图 10-5-5 所示。

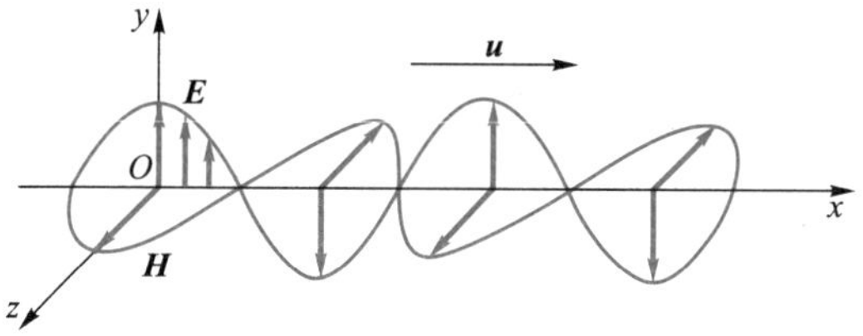

图 10-5-5　平面电磁波

将方程组中剩余的(10-5-21)式和(10-5-23)式联立，有

$$\begin{cases}\dfrac{\partial E_y}{\partial x}=-\mu_r\mu_0\dfrac{\partial H_z}{\partial t}\\-\dfrac{\partial H_z}{\partial x}=\varepsilon_r\varepsilon_0\dfrac{\partial E_y}{\partial t}\end{cases}$$

对两式分别求 x 和 t 的偏导数，消去 H_z 可得

$$\frac{\partial^2 E_y}{\partial x^2}=\mu_r\mu_0\varepsilon_r\varepsilon_0\frac{\partial^2 E_y}{\partial t^2}\tag{10-5-25}$$

同理消去 E_y 得

$$\frac{\partial^2 H_z}{\partial x^2}=\mu_r\mu_0\varepsilon_r\varepsilon_0\frac{\partial^2 H_z}{\partial t^2}\tag{10-5-26}$$

(10-5-25)式和(10-5-26)式就是平面电磁波的运动方程，其解在第 11 章中讨论。

习　题

10-1　如图所示，一长直导线载有 5 A 的直流电，附近有一个与它共面的矩形线圈，其中 $l=20$ cm，$a=10$ cm，$b=20$ cm，线圈共有 $N=1\ 000$ 匝，以 $v=3$ m/s 的速度水平离开直导线。(1) 求在图示位置线圈里的感应电动势的大小和方向；(2) 若线圈不动，而长直导线通有交变电流 $I=5\sin(100\pi t)$ (A)，线圈中的感应电动势为多少？

10-2　如图所示，有一弯成 θ 角的金属架 COD，一导体棒 MN(MN 垂直于 OD)以恒定速度 $\boldsymbol{v}$ 在金属架上滑动，设 $\boldsymbol{v}$ 垂直 MN 向右，且 $t=0$，$x=0$。已知磁场的方向垂直图面向外，分别求下列情况下的感应电动势 $\mathscr{E}_i$：(1) 磁场均匀分布，且 $\boldsymbol{B}$ 不随时间变化；(2) 磁场是非均匀的时变磁场 $B=Kx\cos(\omega t)$。

10-3　如图所示，均匀磁场与导体回路法线 $\boldsymbol{e}_n$ 的夹角为 $\theta=\dfrac{\pi}{3}$，磁感应强度 B 随时间线性增加，即 $B=kt$ $(k>0)$，ab 边长为 l 且以速度 v 向右滑动，求任意时刻回路的感应电动势的大小和方向。(设 $t=0$ 时，$x=0$。)

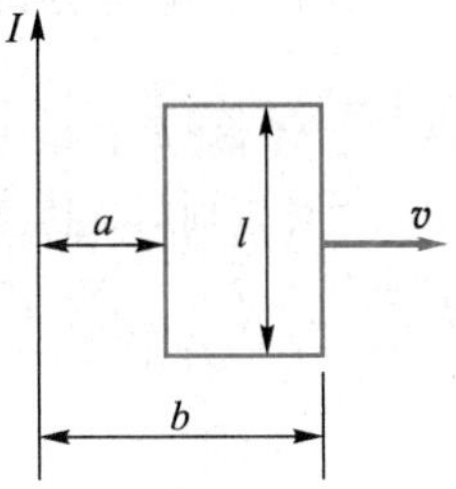

习题 10-1 图

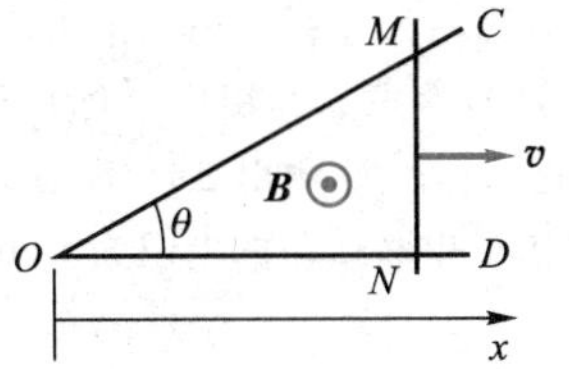

习题 10-2 图

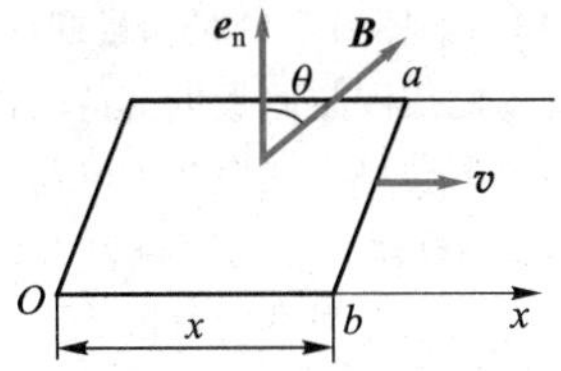

习题 10-3 图

10-4　如图所示的是一面积为 5 cm×10 cm 的线框，在与一均匀磁场 $B=0.1$ T 相垂直的平面中运动，速度 $v=2$ cm/s，已知线框的电阻 $R=1\ \Omega$，若取线框前沿与磁场接触时刻为 $t=0$，作图时视顺时针指向的感应电动势为正值。试求：(1) 通过线框的磁通量 $\Phi(t)$ 的函数及曲线；(2) 线框中的感应电动势 $\mathscr{E}(t)$ 的函数及曲线；(3) 线框中的感应电流 $i(t)$ 的函数及曲线。

10-5　如图所示，在长直导线附近，有一边长为 a 的正方形线圈，绕其中心线 OO' 以角速度 ω 旋转，转轴 OO' 与长直导线间的距离为 d。若导线中通有电流 I，求线圈中的感应电动势。

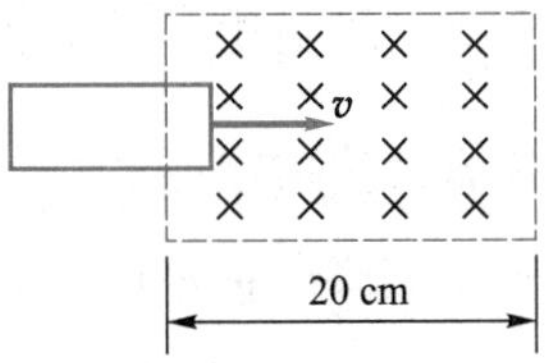

习题 10-4 图

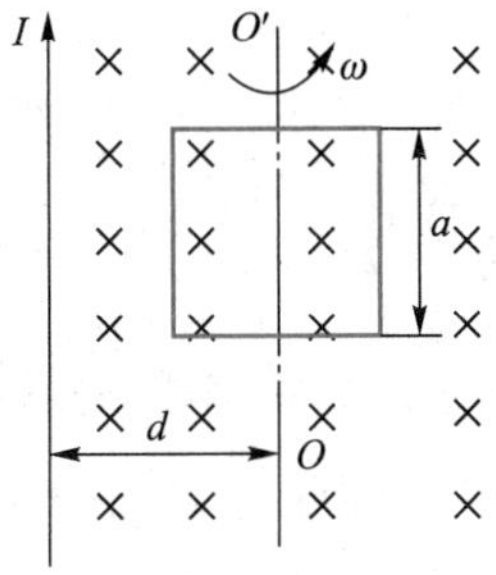

习题 10-5 图

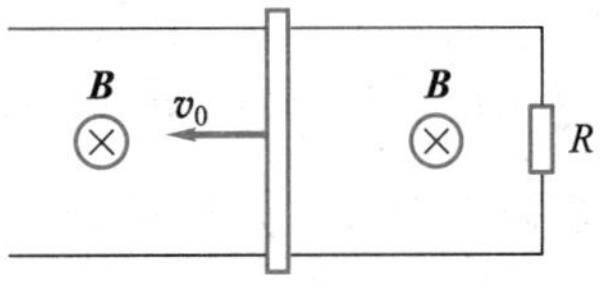

习题 10-7 图

10-6　平均半径为 12 cm 的 4×10^3 匝线圈，在强度为 5×10^{-5} T 的地磁场中每秒旋转 30 周，线圈中可产生的最大感应电动势为多大？如何旋转和转到何时，才有这样大的电动势？

10-7　如图所示，有两根相距为 l 的平行导线，其一端用电阻 R 连接，导线上一质量为 m 的金属棒以 v_0 的速度无摩擦地滑过，有一均匀磁场 $\boldsymbol{B}$ 与图面垂直。假设在 $t=0$ 瞬间金属棒以 v_0 的速度向左滑动，(1) 求金属棒的运动速度与时间的函数关系；(2) 求金属棒的移动距离与时间的函数关系；(3) 能量守恒定律是否成立？请证明。

10-8　长为 L 的导线以角速度 ω 绕其一固定端 O，在竖直长直电流 I 所在的平面内旋转，O 点至长直电流的距离为 a，且 $a>L$，如图所示。求导线 L 在与水平方向成 θ 角时的动生电动势的大小和方向。

10-9　如图所示，边长为 1 m 的立方体，处在沿 y 轴指出的 0.2 T 的均匀磁场中，导线 A、C 和 D 都以 50 cm/s 的速度沿图示的方向移动。(1) 每根导线内的等效非静电场 E_k 的大小是多少？(2) 每根导线内的动生电动势是多少？(3) 每根导线两端间的电势差是多少？

10-10　在建国 50 周年的国庆阅兵盛典上，我军 FBC-1“飞豹”新型超音速歼击轰炸机在天安门上空沿水平方向自东向西呼啸而过。该机翼长 12.705 m，设北京地磁场的竖直方向分量为 0.42×10^{-4} T，该机以最大 $M=1.70$（M 数即“马赫数”，表示飞机航速是声速的倍数）飞行，求该机两翼尖之间的电势差。哪端电势高？

10-11　为了探测海洋中水的运动，海洋学家有时依靠水流通过地磁场所产生的动生电动势来计算。假设在某处地磁场的竖直分量为 0.7×10^{-4} T，两电极垂直插入相距 200 m 的水流中，如果与两极相连的灵敏电压表指示 7.0×10^{-3} V 的电势差，求水流的速度。

10-12 如图所示的是测量螺线管中磁场的一种装置，把一个很小的探测线圈放在待测处并使线圈面与磁场垂直，此线圈与测量电荷量的冲击电流计 G 串联，当用反向开关 S 使螺线管的电流反向时，探测线圈中就产生感应电动势，从而产生电荷量 Δq 的迁移；由 G 测出 Δq，就可以计算出测量线圈所在处的 B。已知探测线圈有 2 000 匝，它的直径为 2.5 cm，它和 G 串联回路的电阻为 1 000 Ω，在 S 反向时测得 $\Delta q=2.5\times10^{-7}$C，求被测处的磁感应强度的量值。

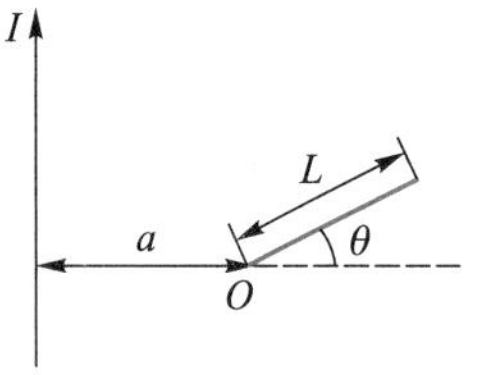

习题 10-8 图

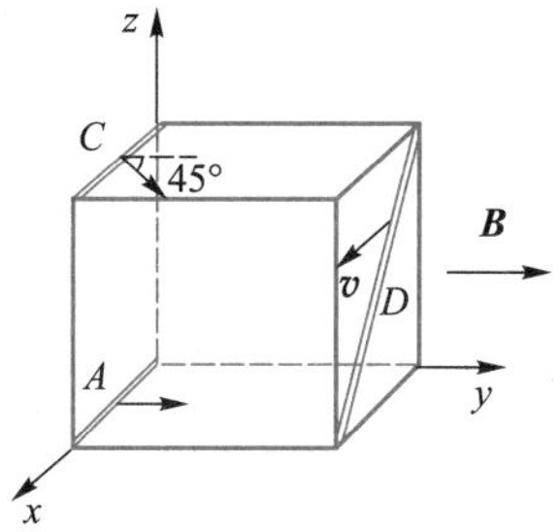

习题 10-9 图

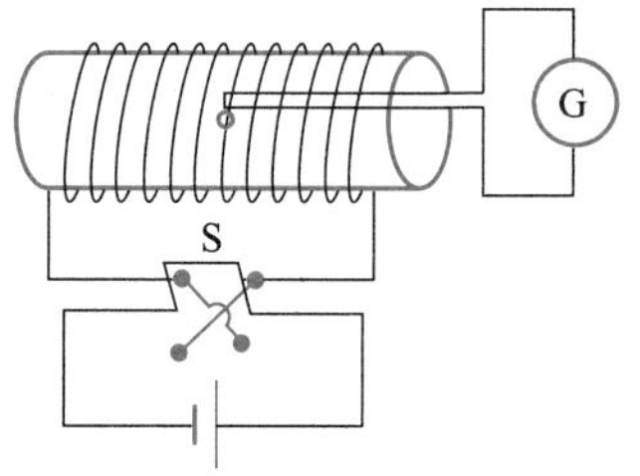

习题 10-12 图

10-13 长为 50 cm，直径为 8 cm 的螺线管，有 500 匝，用绝缘导线密绕 20 匝的线圈套在螺线管外中部，同时将此线圈两端点接至冲击电流计，线圈、电流计和连接线的总电阻为 25 Ω。(1) 当螺线管中的电流突然从 3 A 减到 1 A 时，求经电流计转移的电荷量。(2) 画出此装置的简图，并清楚地标明螺线管和线圈的绕向以及螺线管中的电流方向；当螺线管中的电流减少时，线圈内的电流方向如何？

10-14 两个均匀磁场区域的半径分别为 $R_1=21.2$ cm 和 $R_2=32.3$ cm，磁感应强度分别为 $B_1=48.6$ mT 和 $B_2=77.2$ mT，方向如图所示，两个磁场正以 8.5 mT/s 的变化率减小。试分别计算感应电场对三个回路的环流 $\oint \boldsymbol{E}_{\mathrm{i}}\cdot \mathrm{d}\boldsymbol{l}$ 各是多少？

10-15 在一个圆形截面半径为 R 的长直螺线管中，磁场正以 $\dfrac{\mathrm{d}B}{\mathrm{d}t}$ 的变化率增大，(1) 螺线管内有一个与管轴垂直，圆心在轴线上、半径为 r_1 的圆，穿过此圆的磁通量的变化率是多少？(2) 求螺线管内离轴 r_1 处的感应电场 E_1，并画图标出电场的方向。(3) 螺线管外离轴 r_2 处的感应电场有多大？(4) 在 $r=0$ 到 $r=2R$ 的范围内，画出 E_{i} 的量值随离轴的距离 r 而变化的函数曲线。(5) 半径为 $R/2$ 的圆形回路中感生电动势有多大？(6) 半径为 R 时的感生电动势有多大？(7) 半径为 $2R$ 时的感生电动势有多大？

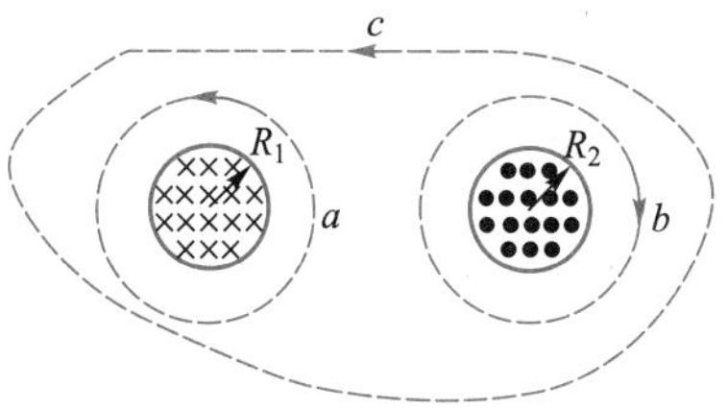

习题 10-14 图

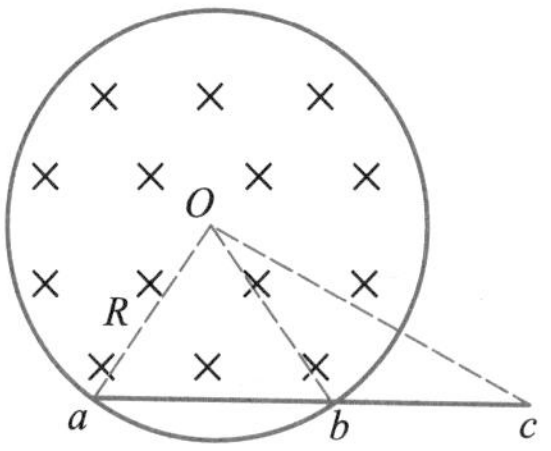

习题 10-16 图

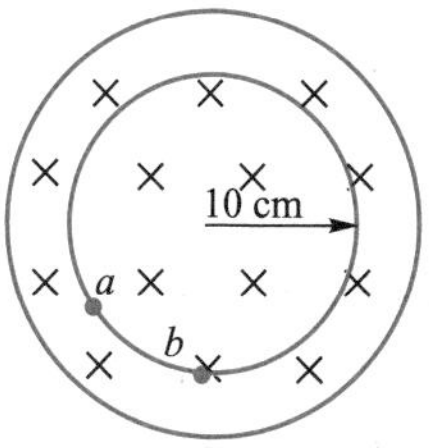

习题 10-17 图

10-16 在半径为 R 的圆形区域内，有垂直向里的均匀磁场正以速率 $\dfrac{\mathrm{d}B}{\mathrm{d}t}$ 减少，有一金属棒 abc 放在图示的位置，已知 $ab=bc=R$。（1）求 a、b、c 三点处感应电场的大小和方向（在图上标出）；（2）棒上感应电动势 $\mathscr{E}_{abc}$ 为多大？（3）a、c 哪点电势高？

10-17　图示的大圆内各点磁感应强度 B 为 0.5 T，方向垂直于纸面向里，且每秒减少 0.1 T，大圆内有一半径为 10 cm 的同心圆环。求：（1）圆环上任意一点感应电场的大小和方向；（2）整个圆环上的感应电动势的大小；（3）若圆环的电阻为 2 Ω，圆环中的感应电流；（4）圆环上任意两点 a、b 间的电势差；（5）若圆环被切断，两端分开很小一段距离，两端的电势差。

10-18　如图所示，边长为 20 cm 的正方形导体回路，置于圆内的均匀磁场中，B 为 0.5 T，方向垂直于导体回路，且以 0.1 T/s 的变化率减小，图中 ac 的中点 b 为圆心，ac 沿直径。求：（1）c、d、e、f 各点感应电场的方向和大小（用矢量在图上标明）；（2）ac、ce 和 eg 段的电动势；（3）回路内的感应电动势。（4）回路的电阻为 2 Ω 时回路中的电流。（5）a 和 c 两点间的电势差。（说明哪一点电势高？）（6）c、e 两点间的电势差 V_{ce}。

10-19　图示是一半径为 R 的圆柱形磁场 $\boldsymbol{B}$，其以恒定变化率 $\frac{\mathrm{d}B}{\mathrm{d}t}$ 增加，一正方形导体回路 $ACDO$ 放在磁场中。求：（1）A、C 两点的感应电场；（2）正方形每边中的感应电动势；（3）若导体回路电阻是 R，回路中的电流；（4）A、C 两点的电势差。

10-20　一长直圆柱面，半径为 R，单位长度上的电荷为 $+\lambda$，当此圆柱面绕轴线以角速度 ω 匀速转动时，（1）求空间的磁感应强度；（2）若此圆柱面以角加速度 α 匀加速转动，金属杆 DB 与圆柱面相切（见图），已知 $DO=OB=R$，则金属杆上的感应电动势为多少？（3）今用电阻 r 和安培计（其内阻可略去）接在 DB 两端，则安培计中的读数为多少？

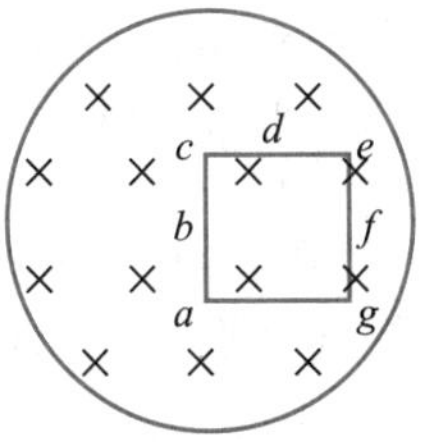

习题 10-18 图

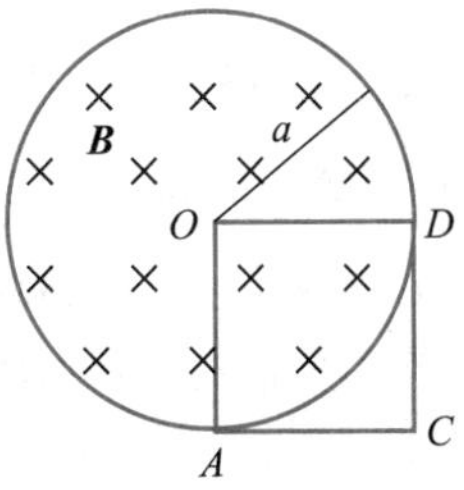

习题 10-19 图

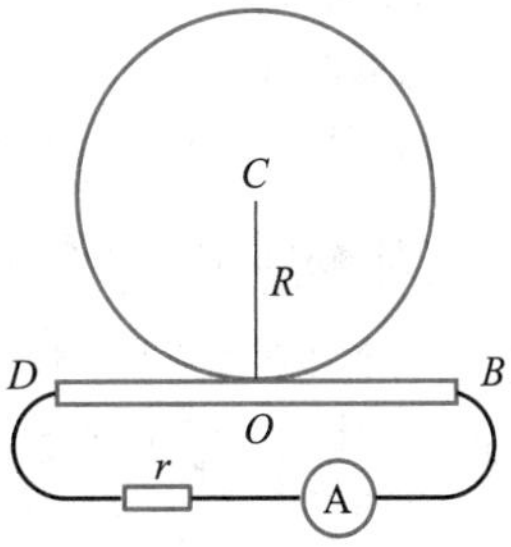

习题 10-20 图

10-21　在电子感应加速器中，要保持电子在半径一定的轨道环内运行，轨道环内的磁场 $\boldsymbol{B}$ 应该等于环围绕的面积中 B 的平均值 $\bar{B}$ 的一半，试证明之。

10-22　在 100 MeV 的电子感应加速器中，电子轨道半径为 84.0 cm，磁场 B 在 0 到 0.80 T 之间变化，其变化周期为 16.8 ms。平均来说：（1）电子环绕一圈获得的能量是多少？（2）要达到 100 MeV，电子要环绕多少圈？（3）电子在 4.2 ms 内的平均速率为多少？与光速作以比较。

10-23　要从真空仪器内部的金属部件上清除气体，可以利用感应加热的方法，如图所示，设线圈长为 $l=20$ cm，匝数 $N=30$ 匝，线圈中的高频电流为 $I=I_0\sin(2\pi ft)$，其中 $I_0=25$ A，频率 $f=1.0\times10^5$ Hz。被加热的是电子管阳极，它是一个半径 $r=4.0$ mm 而管壁极薄的中空圆筒，高度 $h\ll l$，其电阻 $R=5.0\times10^{-3}$ Ω。（1）求阳极中的感应电流最大值；（2）求阳极内每秒产生的热量；（3）当频率 f 增加一倍时，热量增加几倍？

10-24　一电磁“涡流”制动器由一电导率为 σ 和厚度为 d 的圆盘组成，此盘绕通过其中心的轴旋转，且有一覆盖面积为 a^2 的磁场 B 垂直于圆盘，如图所示。若面积 a^2 在离轴 r 处，当圆盘角速度为 ω 时，试求使圆盘慢下来的转矩的近似表示式。

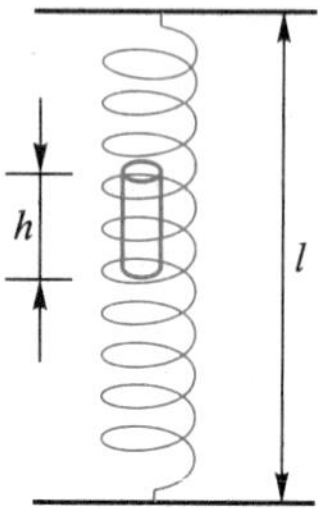

习题 10-23 图

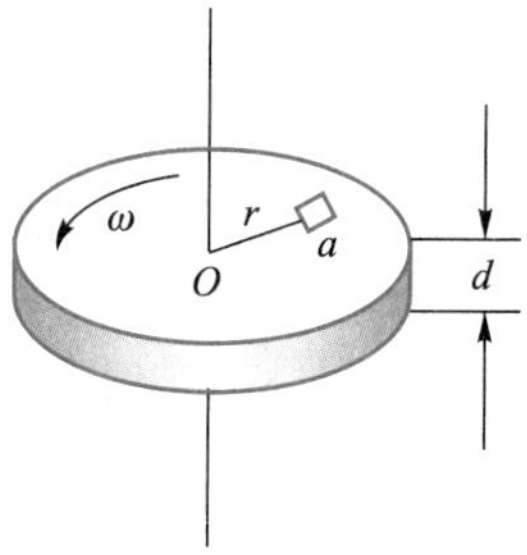

习题 10-24 图

10-25 在一个截面很小，半径为 R 的环形绕组中，磁通正以恒定的变化率$\frac{d\Phi}{dt}$增大。(1) 在环形绕组的轴上离环形绕组中心 x 处的一点上，感应电场 E_i 的大小和方向如何？(2) 计算 $\int_{-\infty}^{+\infty} E_i dx$，以求出沿此环形绕组轴从 $x=-\infty$ 伸展到 $x=+\infty$ 的一条导线内的感生电动势。

10-26 在圆柱形均匀磁场中，有一在全部体积中均匀带电的小球，球心位于圆柱的轴线上，当磁场的大小随时间以变化率$\frac{dB}{dt}$增加时，求小球所受到的力矩。(设球半径为 a，且小于圆柱的半径，总电荷量为 Q。)

10-27 一木质圆环，横截面呈正方形，木环内半径为 10 cm，外半径为 12 cm。木环上密绕一层直径为 0.1 cm 的绝缘导线线圈，这种导线每欧姆长为 50 m。求：(1) 线圈的自感系数(要考虑横截面上磁场的非均匀性)；(2) 线圈的时间常量。

10-28 两个平面线圈，圆心重合地放在一起，但轴线正交，两者的自感系数分别为 L_1 和 L_2，以 L 表示两者相连接时的等效自感，试证明：(1) 两线圈串联时 $L=L_1+L_2$；(2) 两线圈并联时$\frac{1}{L}=\frac{1}{L_1}+\frac{1}{L_2}$。

10-29 一个自感为 0.5 mH，电阻为 0.01 Ω 的线圈，(1) 求线圈的电感性时间常量；(2) 将此线圈与内阻可以忽略、电动势为 12 V 的电源通过开关连接，开关接通多长时间电流达到终值的 90%？此时电流的变化率多大？

10-30 电阻为 R，电感为 L 的电感器与无感电阻 R_0 串联后接到恒定电势差 V_0 上，如图所示。求：(1) S_2 断开、S_1 闭合后任一时刻电感器上电压的表达式；(2) 电流稳定后再将 S_2 闭合，经过 L/R 秒时通过 S_2 的电流的大小和方向。

10-31 如图所示，截面为矩形的螺绕环总匝数为 N。(1) 求此螺绕环的自感系数；(2) 沿环的轴线 OO' 放一根直导线，求直导线与螺绕环的互感系数 M_{12} 和 M_{21}(两者是否相同)。

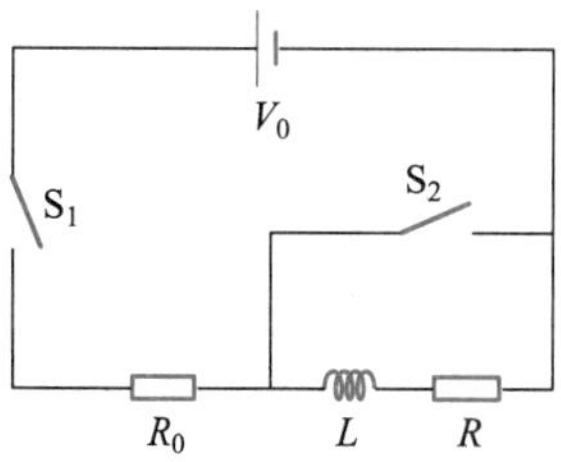

习题 10-30 图

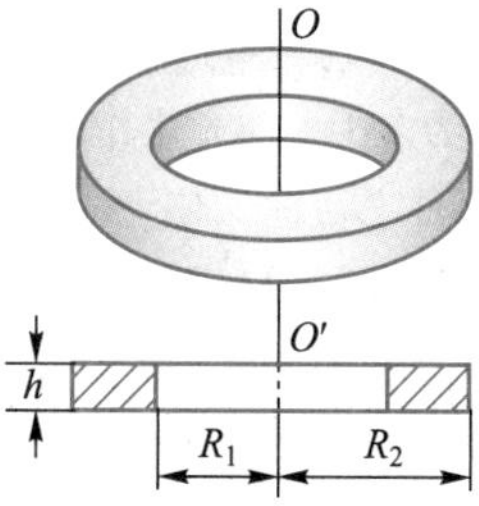

习题 10-31 图

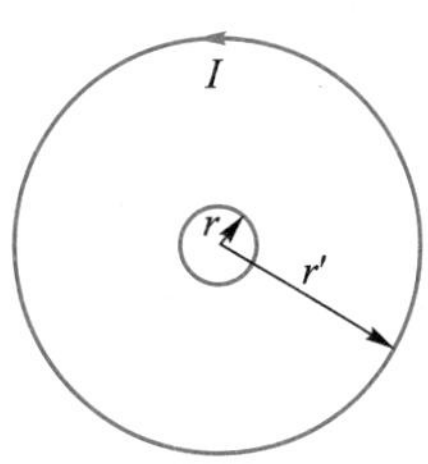

习题 10-32 图

10-32　如图所示，一个半径为 r 的非常小的圆环，在初始时刻与半径为 $r'(r' \gg r)$ 的很大的圆环共面而且同心，今在大环中通以恒定的电流 I，而小环则以匀角速度 ω 绕着一条直径转动。设小环的电阻为 R。试求：(1) 小环中的感应电流；(2) 使小环作匀角速度转动时需作用在其上的力矩；(3) 大环中的感应电动势。

10-33　一无限长导线通以电流 $I=I_0\sin(\omega t)$，紧靠直导线有一矩形线框，线框与直导线处在同一平面，如图所示，试求：(1) 直导线与线框的互感系数；(2) 线框的互感电动势。

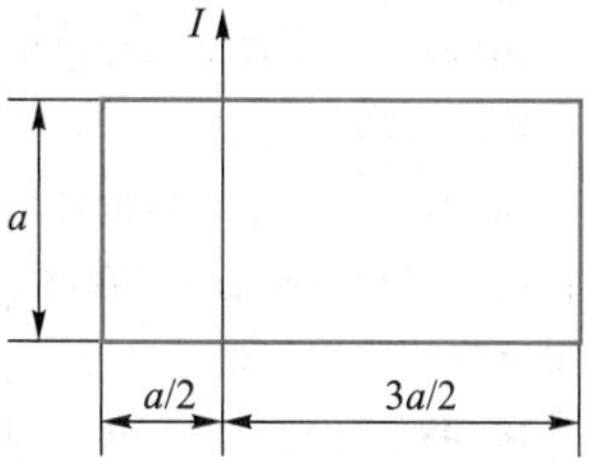

习题 10-33 图

10-34　有两个相互耦合的线圈，其自感系数分别为 L_1 和 L_2，互感系数为 M，求并联后的等效自感。

10-35　两根足够长的平行导线中心间的距离 d 为 20 cm，在导线中维持一强度为 20 A 而方向相反的恒定电流。(1) 求若导线半径为 10 mm，两导线间每单位长度的自感系数；(2) 若将导线分开到距离 $d'=40$ cm，磁场对导线单位长度所做的功为多少？(3) 位移时，单位长度的磁能改变了多少？是增加还是减少？说明能量的来源。(忽略导线内部的磁通量。)

10-36　可利用超导线圈中的持续大电流的磁场储存能量。若要储存 1 kW · h 的能量，利用 1.0 T 的磁场，需要多大体积的磁场？若利用线圈中的 500 A 的电流储存上述能量，则该线圈的自感系数应多大？

10-37　一电感器的电感为 L，电阻为 R，载有电流 I，试证明：时间常量等于储存在磁场中的能量与电阻耗散率的比值的两倍。

10-38　如图所示的电路中，$\mathscr{E}=10$ V，$L=300$ mH，$R=0.1\ \Omega$。问当开关闭合 1 s 后，下述各量将取何值？(1) 电源输出的瞬时功率；(2) 电阻每秒产生的热量；(3) 线圈每秒所储存的能量；(4) 此时线圈所储存的能量。

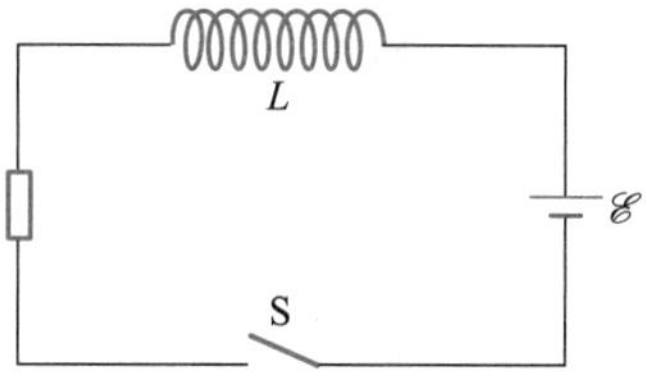

习题 10-38 图

10-39　有一段 10 号铜线，直径为 2.54 mm，每单位长度的电阻为 $3.28\times10^{-3}\ \Omega/\mathrm{m}$，在此导线上载有 10 A 的电流，试计算：(1) 导线表面处的磁场能量密度；(2) 该处的电场能量密度。

10-40　一同轴线由很长的两个同轴圆筒构成，内筒半径为 1.0 mm，外筒半径为 7.0 mm，有 100 A 的电流由外筒流去，由内筒流回，两筒的厚度可以忽略。两筒之间的介质无磁性($\mu_r=1$)，求：(1) 介质中磁能密度 w_m 的分布；(2) 单位长度(1 m)同轴线所储磁能 W_m。

10-41　一根长直导线载有电流 I，均匀分布在它的横截面上，证明此导线内部单位长度的磁场能量为 $\dfrac{\mu_0 I^2}{16\pi}$，并证明此导线单位长度与内部磁通有联系的那部分自感为 $\dfrac{\mu_0}{8\pi}$。

10-42　一边长为 1.22 m 的方形平行板电容器，充电瞬间电流为 $I=1.48$ A，求此时：(1) 通过板间的位移电流；(2) 沿虚线回路的 $\oint \boldsymbol{H}\cdot \mathrm{d}\boldsymbol{l}$ (见习题 10-42 图)。

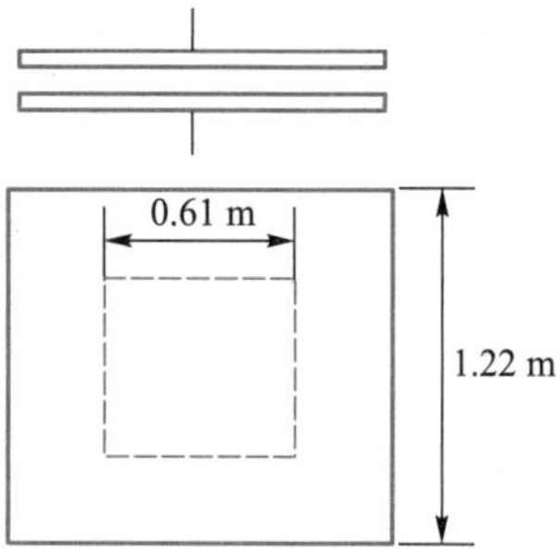

习题 10-42 图

10-43　判断下列说法是否正确：

(1) 位移电流只在平板电容器中存在；

(2) 若在纸面上半径为 R 的圆形区域内，存在指向纸面内的变化的均匀电场 E，且 $\dfrac{\mathrm{d}E}{\mathrm{d}t}<0$，则该区域的位移电流密度 $j=\varepsilon_0\dfrac{\mathrm{d}E}{\mathrm{d}t}$，方向指向纸外；

(3) 位移电流的物理本质是变化的电场，但也能激发磁场。

10-44　一平行板电容器，略去边缘效应，(1) 充电完毕后与电源断开，然后拉开两极板，问此过程中两极板间有无位移电流？简述理由。

（2）充电完毕后仍然与电源连接，然后拉开两极板，问此过程中两极板间有无位移电流？简述理由。

10-45 一空气平行板电容器，极板是半径为 r 的圆导体片，在充电时，板间电场强度的变化率为 $\frac{\mathrm{d}E}{\mathrm{d}t}$，略去边缘效应，则两极板间的位移电流为多少？

10-46 一平板电容器的电容 $C=1\ \mathrm{pF}$，加上频率为 $\nu=50\ \mathrm{Hz}$，峰值 $U_\mathrm{m}=1.74\times10^5\ \mathrm{V}$ 的电压，试计算极板间位移电流的最大值。

10-47 有一平行板电容器，电容为 C，两极板都是半径为 R 的圆板，将它连接到一个交流电源上，使两极板电压 $V=V_0\sin(\omega t)$。在略去边缘效应的条件下，求：（1）两极板间的位移电流和位移电流密度；（2）两极板间任意一点的磁场强度。

10-48 分别写出反映下列现象的麦克斯韦方程：

（1）电场线仅起始或终止于电荷或无限远处；

（2）在静电条件下，导体内不可能有任何电荷；

（3）一个变化的电场，必定有一个磁场伴随它；

（4）一个变化的磁场，必定有一个电场伴随它；

（5）凡有电荷的地方就有电场；

（6）不存在磁单极子；

（7）凡有电流的地方就有磁场；

（8）磁感应线是无头无尾的；

（9）静电场是保守场。

第 10 章习题参考答案

第四篇 振动与波动

振动和波动是自然界中非常普遍而重要的两种运动形式。通常把具有时间周期性的运动称为振动，振动的例子在生活中比比皆是，例如钟摆的摆动、琴弦的振动、蚊虫翅膀的扇动、心脏的跳动、声带和鼓膜的振动、固体晶格中原子的振动、发射天线中的电磁振荡，等等。经典的振动运动一般有机械振动和电磁振动，它们振动的机理虽然不同，但从运动形式而言，都具有周期性时间变化和重复性空间变化的共性，所遵循的运动规律都可以用统一的数学形式来描述。振动有简单振动和复杂振动之分，但任何复杂的振动都可以看作是若干简单振动的合成。所以对简单振动的讨论是研究复杂振动的基础。

振动状态在空间中的传播称为波动。机械振动在空间中的传播形成机械波，它们在自然界中最为常见，例如水波、声波、地震波等。机械波都受牛顿运动定律的支配，它们只能在介质中传播，比如水、空气、岩石等。而电磁振荡在空间中的传播形成电磁波，例如可见光、无线电波、雷达波、微波、X 射线等。电磁波可以在真空中传播，不要求有介质存在，所有的电磁波在真空中的传播速度都是光速 $c=299\ 792\ 458\ \mathrm{m/s}$。在近现代物理中，还发现了描述微观粒子在空间某点某时刻出现的概率密度的物质波，以及由弯曲时空的涟漪所产生的引力波。

尽管各种波动具有各自的特征，但都具有干涉、衍射等波动特有的性质，以及类似的波动方程。振动是波动的基础，是产生波动的根源；波动是振动状态的传播，也是能量和信息的传播过程。因此，振动和波动密不可分，它们不仅普遍存在于自然界中，而且在科学技术中也有着广泛而重要的作用。有关振动与波动的理论，在声学、光学及现代物理学等领域都是必要的理论基础，并被广泛应用于地震、气象、地质勘探、建筑工程、医学、军事、无线电技术、信息技术等众多科学和技术领域。所以，学习和研究振动和波动具有普遍而重要的意义。

本篇的主要内容为机械振动、机械波和电磁波。先从最简单的振动——简谐振动的基本运动规律的讨论开始，然后讨论简谐振动的合成，以及一些非简谐振动，随后阐述机械波的传播规律和运动特征，最后讨论电磁振荡的产生、电磁波的发射和传播的基本知识。

第 11 章 振动与波动

第 1 节 简谐振动

物体在一定位置附近作来回往复的运动称为机械振动，它是物体广泛存在的一种运动形式。广义地讲，任何一个物理量在某定值附近随时间的周期性变化都可以称为振动。

振动有简单和复杂之分，简谐振动是最简单、最基本的振动。一切复杂的振动都可以认为是许多简谐振动的合成，因此，掌握简谐振动的特征和规律是研究其他振动的基础。

一、简谐振动的特征

1. 弹簧振子及简谐振动

研究简谐振动的理想模型是弹簧振子。如图 11-1-1 所示，弹簧振子是由一个忽略质量的轻弹簧，以及和轻弹簧一端相连的质量为 m 的物体组成的振动系统。将这一系统放置于光滑的水平面上，并将弹簧的一端固定。当弹簧处于自然状态保持原长时，物体位于 O 点，O 点称为物体的平衡位置，此时物体所受合外力为零。如果把物体拉开一段距离后松手，它将在弹力的作用下，在 O 点的左右之间作水平方向上的来回往复运动。弹簧振子的这种运动，就是简谐振动，简称谐振动。

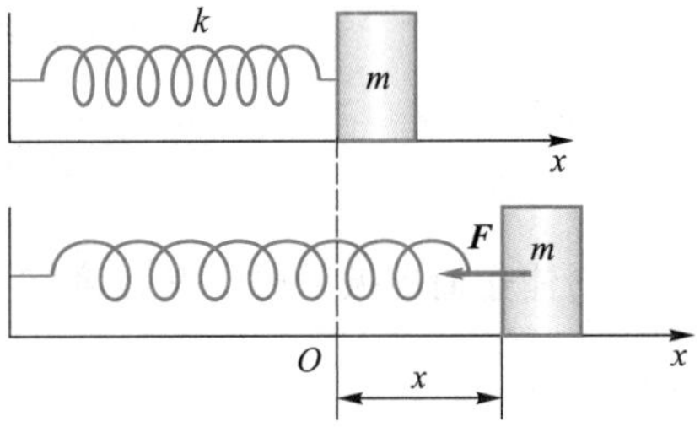

图 11-1-1 弹簧振子

2. 振动方程

如图 11-1-1 所示，以物体的平衡位置 O 点为坐标原点，建立坐标轴 x。若将物体略加移动后释放，这时由于弹簧的伸长或压缩，物体受到弹性力的作用。根据胡克定律，物体所受的弹力 F 与物体相对平衡位置的位移 x(即弹簧的伸长或压缩量)成正比，即

$$F=-kx \tag{11-1-1}$$

式中的 k 为弹簧的弹性系数，负号表示弹力与物体位移的方向相反。因此，不论弹簧被拉伸还是压缩，弹力始终指向平衡位置，并且其大小与离开平衡位置的距离成正比，这种力称为回复力。物体在回复力的作用下，在 O 点附近沿 x 轴作简谐振动。

根据牛顿第二定律，有

$$F=-kx=ma$$

$$a=-\frac{k}{m}x \tag{11-1-2}$$

上式表明物体在某一时刻的加速度大小与该时刻的位移大小成正比，方向与位移相反。该式

常被用来判定一个振动系统是否在作简谐振动。

k 和 m 均为正量，令 $\omega^2=\frac{k}{m}$，根据 $a=\frac{d^2x}{dt^2}$可得

$$\frac{d^2x}{dt^2}+\omega^2x=0 \tag{11-1-3}$$

上式即为简谐振动的运动方程。

求解该二阶常微分方程，可得到

$$x=A\cos(\omega t+\varphi) \tag{11-1-4}$$

式中 A 和 φ 都是待定常量。(11-1-4)式反映了简谐振动的规律：物体相对平衡位置的位移 x 按余弦(或正弦)函数随时间 t 而变化，称为简谐振动的表达式(也称为振动方程)。

一般而言，不论 x 代表什么物理量，只要它的变化遵循(11-1-3)式或(11-1-4)式，就表示这个物理量在作简谐振动。

3. 振动的速度和加速度

根据速度和加速度的定义，将物体的位移对时间分别求一阶导数和二阶导数，可得到作简谐振动的物体在 t 时刻的速度和加速度分别为

$$v=\frac{dx}{dt}=-\omega A\sin(\omega t+\varphi) \tag{11-1-5}$$

$$a=\frac{d^2x}{dt^2}=-\omega^2A\cos(\omega t+\varphi) \tag{11-1-6}$$

可见，物体作简谐振动时，其速度和加速度也随时间作周期性变化。

4. 振动曲线

通常把振动物体的位移 x 随时间 t 的变化曲线称为振动曲线，它可以直观地反映出振动物体在不同时刻的运动状态。同样从上面两式所给出的速度 v 和加速度 a 的表达式，也可以得到这两个量随时间 t 的变化曲线。根据(11-1-4)式、(11-1-5)式和(11-1-6)式，在图 11-1-2 中分别给出了弹簧振子的位移、速度、加速度随时间的变化曲线$\left(\varphi=-\frac{\lambda}{2}\right)$。

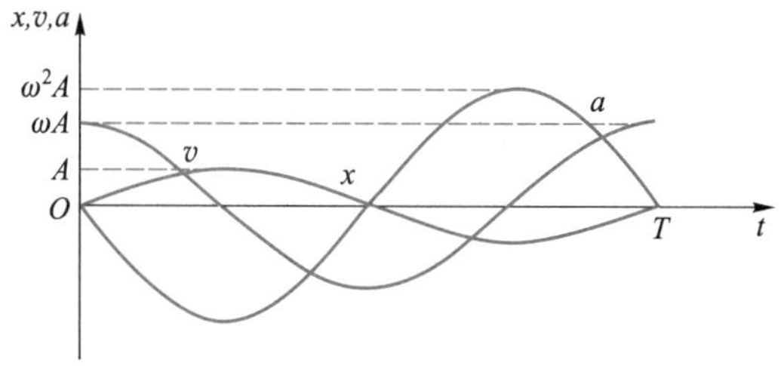

图 11-1-2 简谐振动的曲线图

5. 描述简谐振动的物理量

简谐振动的振动方程(11-1-4)中的常量 A、ω 和 φ 是任一简谐振动系统缺一不可的三个特征物理量，分别称为振幅、角频率和初相位。下面将对它们的物理意义进行讨论。

(1) 振幅

在(11-1-4)式中，因为 $\cos(\omega t+\varphi)$ 的绝对值的最大值为 1，所以振动物体离开平衡位置的最大位移的绝对值等于 $A>0$，它表示物体振动的幅度(物体的振动范围)，简称为简谐振动的振幅。而(11-1-5)式和(11-1-6)式中的 ωA 和 $\omega^2 A$ 分别为简谐振动的速度振幅和加速度振幅，它们描述速度和加速度的最大值的绝对值。振幅的值由振动的初始条件确定，简谐振动过程中，振幅不变。

(2) 周期和频率

简谐振动的典型特征是运动具有周期性，通常把完成一个完整振动所经历的时间称为周期，用 T 来表示，单位为 s(秒)。因为每隔一个周期，振动状态就完全重复一次，所以有

$$x = A\cos(\omega t + \varphi) = A\cos[\omega(t + T) + \varphi]$$

由上式可解得简谐振动的周期为

$$T = \frac{2\pi}{\omega} \tag{11-1-7}$$

单位时间内物体完成振动的次数称为频率，用 ν 表示，单位是 Hz(赫兹)。频率与周期互为倒数关系

$$\nu = \frac{1}{T} = \frac{\omega}{2\pi} \tag{11-1-8}$$

即

$$\omega = 2\pi\nu \tag{11-1-9}$$

式中 ω 为简谐振动频率的 2π 倍，称为简谐振动的角频率(也称圆频率)，单位是 rad/s。T、ν、ω 三个参量都能反映简谐振动的周期性。

对弹簧振子有 $\omega=\sqrt{\dfrac{k}{m}}$，故弹簧振子的周期和频率分别为

$$T = \frac{2\pi}{\omega} = 2\pi\sqrt{\frac{m}{k}} \tag{11-1-10}$$

$$\nu = \frac{\omega}{2\pi} = \frac{1}{2\pi}\sqrt{\frac{k}{m}} \tag{11-1-11}$$

可见，振动的周期和频率取决于振动系统本身的力学性质(质量 m、弹性系数 k)，因此振动的周期和频率又称为固有周期和固有频率。

(3) 相位

在振幅、频率已知的情况下，由简谐振动的位移、速度、加速度的表达式，即(11-1-4)式、(11-1-5)式、(11-1-6)式可知，作简谐振动的物体在任一时刻 t 的运动状态(位移、速度和加速度)取决于 $\omega t+\varphi$，这个量称为简谐振动系统的相位。相位的量纲为 1，它的单位是 rad(弧度)。它反映了简谐振动的周期性特点，是描述振动状态的重要物理量。在一个周期

内，各时刻的相位不同，物体的运动状态也不同。

例如，由(11-1-4)式和(11-1-5)式可知，当某时刻的相位 $\omega t+\varphi=0$，则有 $x=A$，$v=0$，表示该时刻振动物体的位移达到正向最大值，而速度为零；若某时刻的相位 $\omega t+\varphi=\frac{\pi}{2}$，则有 $x=0$，$v=-\omega A$，表示该时刻振动物体恰好到达平衡位置，并且以最大速率向 x 轴的负方向运动；若 $\omega t+\varphi=\frac{3\pi}{2}$，则有 $x=0$，$v=\omega A$，此时物体也在平衡位置处，但是以最大速率向 x 轴的正方向运动。

φ 是 $t=0$ 时的相位，称为初相位，在 A、ω 已知的条件下，它反映了振动系统在初始时刻($t=0$)的运动状态。

振幅 A 和初相位 φ，是求解微分方程(11-1-3)时引入的两个积分常量，但在物理上，它们是描述简谐振动的两个特征量，具有明确的物理意义。当简谐振动的角频率 ω 已知时，可由初始条件来确定它们。若当 $t=0$ 时，振动物体具有初始位移 x_0 以及初始速度 v_0。将它们代入(11-1-4)式和(11-1-5)式，可得

$$x_0 = A\cos\varphi, \qquad v_0 = -\omega A\sin\varphi \tag{11-1-12}$$

求解可得

$$A = \sqrt{x_0^2 + \frac{v_0^2}{\omega^2}} \tag{11-1-13}$$

$$\tan\varphi = -\frac{v_0}{\omega x_0} \tag{11-1-14}$$

只要 A、ω 和 φ 这三个量确定了，简谐振动的运动状态就能完全被确定。因此，振幅、频率(或周期)和相位这三个量是描述简谐振动的三个特征量。

(4) 相位差、同相和反相

对一个确定的简谐振动，不同时刻的相位可表示该振动在不同时刻的状态。此外，相位的概念还可以用于比较两个同频率的简谐振动之间在“步调”上的差异。设有两个同频率的简谐振动，其振动方程为

$$x_1 = A_1\cos(\omega t+\varphi_1), \qquad x_2 = A_2\cos(\omega t+\varphi_2)$$

它们的相位差为

$$\Delta\varphi = (\omega t+\varphi_2) - (\omega t+\varphi_1) = \varphi_2 - \varphi_1$$

由上式可见，它们在任意时刻的相位差即为它们的初相位差。当 $\Delta\varphi=2k\pi$($k=0$，±1，±2，…)，即相位差为 0 或者 2π 的整数倍时，两振动物体在运动过程中保持步调一致，同时到达各自同方向的位移最大值或最小值，同时通过平衡位置并向相同方向运动，这种情况称为同相[见图 11-1-3(a)]；当 $\Delta\varphi=(2k+1)\pi$($k=0$，±1，±2，…)，即相位差为 π 的奇数倍时，两振动物体在运动过程中步调完全相反，即二者同时到达各自相反方向的最大位移处，或同时通过平衡位置但向相反方向运动，这种情况称为反相[见图 11-1-3(b)]。

当两个振动的步调不一致时，就有先后的问题。若 $\Delta\varphi=\varphi_2-\varphi_1>0$，我们说第二个振动的相位比第一个振动的相位超前 $\Delta\varphi$，或者说第一个振动的相位比第二个振动的相位落后 $\Delta\varphi$。

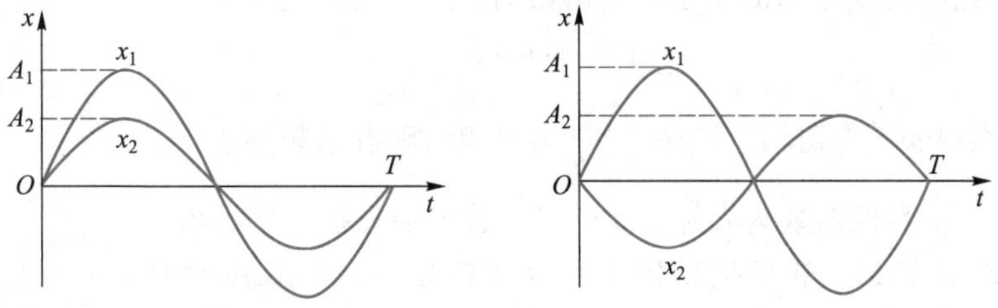

(a) 同相　　(b) 反相

图 11-1-3　两个简谐振动的步调示意图

由于余弦函数的周期性，相位相差 2π 表示相同的运动状态，所以相位的超前和落后具有相对性。通常，我们在描述相位的超前与落后时，把 $|\Delta\varphi|$ 的值限制在 $0\sim\pi$ 之间。例如，当 $\Delta\varphi=\varphi_2-\varphi_1=\dfrac{3}{2}\pi$ 时，我们往往说第一个振动的相位比第二个振动的相位超前$\dfrac{\pi}{2}$，或者说第二个振动的相位比第一个振动的相位落后$\dfrac{\pi}{2}$。

相位不但可以反映简谐振动相同物理量变化的步调，也可以比较不同物理量变化的步调。例如在图 11-1-2 中，加速度 a 和位移 x 反相，速度 v 超前位移$\dfrac{\pi}{2}$，而落后加速度$\dfrac{\pi}{2}$。

【例 11-1】　证明单摆在以小角度摆动时，其运动是简谐振动。

证　如图 11-1-4 所示，一条长为 l 的细绳上端固定，下端挂一质量为 m 的小球，若将小球从平衡位置拉开一小段距离后放手，小球就会在竖直平面内作来回摆动，这种振动系统就称为单摆。

小球受重力 mg 和绳的拉力 F_T 的作用，设某一时刻单摆偏离平衡位置 O 点处的角位移为 θ，并规定质点在平衡位置右方时 θ 角为正。重力在小球运动轨道的切向分量为 F_t 的大小为 $mg\sin\theta$。此时，角速度 ω 在减小，$d\omega<0$。根据牛顿第二定律 $F_t=ma_t$，且

$$a_t = l\alpha = l\cdot\frac{d\omega}{dt} < 0$$

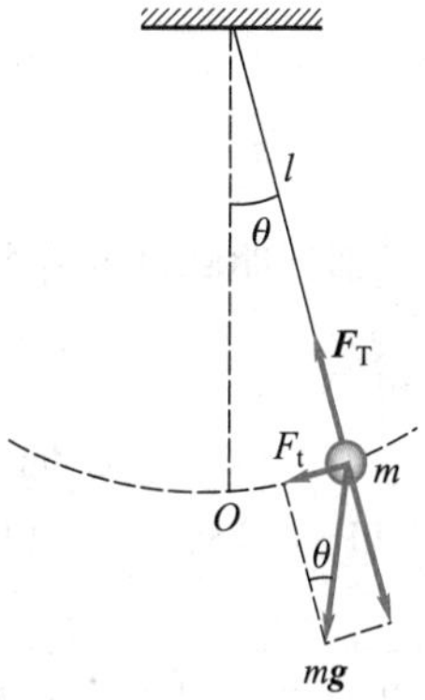

图 11-1-4　例 11-1 图

故

$$-mg\sin\theta = ml\frac{d\omega}{dt}$$

$$\frac{d^2\theta}{dt^2}+\frac{g}{l}\sin\theta = 0$$

当摆角 θ 很小的时候，有 $\sin\theta\approx\theta$。设 $\omega^2=\dfrac{g}{l}$，上式可写为

$$\frac{d^2\theta}{dt^2}+\omega^2\theta = 0$$

可见单摆的运动方程与简谐振动的微分方程(11-1-3)具有相同的形式，只是把线位移 x 换成

了角位移 θ。因此小角度摆动的单摆是简谐振动，其振动表达式为

$$\theta = \Theta\cos(\omega t + \varphi)$$

式中 Θ 为摆角振幅，φ 为初相位，$\omega=\sqrt{\dfrac{g}{l}}$为单摆的固有角频率。

【例 11-2】 一弹性系数为 k 的轻质弹簧，若下端悬挂一质量为 m 的物体，弹簧被拉长 Δl，然后把物体上抬至弹簧处于自然长度后释放。(1) 试证物体在作简谐振动；(2) 写出简谐振动的表达式。

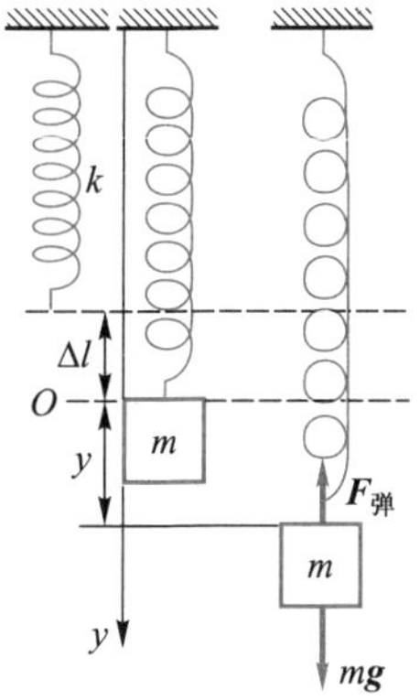

图 11-1-5 例 11-2 图

解 (1) 如图 11-1-5 所示，建立坐标系，取平衡位置为坐标原点 O，y 轴向下为正。则在平衡位置时

$$mg - k\Delta l = 0$$

得到

$$\Delta l = \frac{mg}{k}$$

设物体运动在某一时刻的位置坐标为 y，物体所受到的合外力为

$$F = F_{弹} + mg = -k(y + \Delta l) + mg = -ky$$

由牛顿第二定律，得物体的运动方程为

$$-ky = m\frac{\mathrm{d}^2y}{\mathrm{d}t^2}$$

令 $\omega^2=\dfrac{k}{m}$，则有

$$\frac{\mathrm{d}^2y}{\mathrm{d}t^2} + \omega^2 y = 0$$

上式即证明物体在作简谐振动，其振动的固有角频率为 $\omega=\sqrt{\dfrac{k}{m}}$，与水平放置的弹簧振子的固有频率一致。

(2) 以“释放”时为计时零点，则初始条件为：当 $t=0$ 时，$y_0=-\Delta l$，$v_0=0$。将初始条件代入(11-1-13)式和(11-1-14)式，可得

$$A = \Delta l, \quad \tan\varphi = 0$$

注意到当 $t=0$ 时，$y_0=-\Delta l<0$，所以

$$\varphi = \pi$$

于是该简谐振动的表达式为

$$y = \Delta l\cos\left(\sqrt{\frac{k}{m}}t + \pi\right)$$

并且由 $\Delta l=\dfrac{mg}{k}$可以得到振动的角频率为 $\omega=\sqrt{\dfrac{g}{\Delta l}}$。所以，在实际中只需要通过实验测得振子的静伸长 Δl，就可以很方便地计算出 ω。

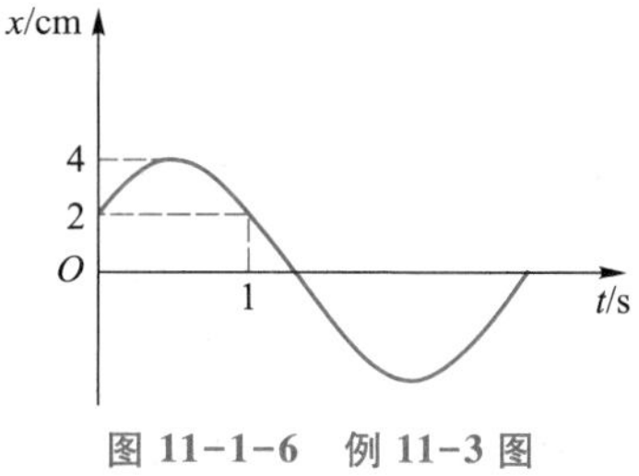

图 11-1-6 例 11-3 图

【例 11-3】 某质点作简谐振动的振动曲线如图 11-1-6

所示，试写出其简谐振动表达式。

解　设其简谐振动的表达式为

$$x = A\cos(\omega t + \varphi)$$

由振动曲线可知，该振动的振幅 $A=4$ cm；初始条件：当 $t=0$ 时，$x_0=2$ cm。代入到简谐振动的表达式中，得

$$\cos\varphi = \frac{1}{2}$$

由 $v=-\omega A\sin(\omega t+\varphi)$，当 $t=0$ 时，得

$$v_0 = -\omega A\sin\varphi$$

由振动曲线图知，当 $t=0$ 时，质点向 x 轴正方向运动(图上该点斜率为正)，即 $v_0>0$，于是 $\sin\varphi<0$，结合 $\cos\varphi=\frac{1}{2}$，得到 $\varphi=-\frac{\pi}{3}$。

再根据 $t=1$ s 时，$x=2$ cm，代入简谐振动的表达式得

$$2 = 4\cos\left(\omega - \frac{\pi}{3}\right),\quad 即\quad \cos\left(\omega - \frac{\pi}{3}\right) = \frac{1}{2}$$

当 $t=1$ s 时，质点向 x 轴负方向运动(图上该点斜率为负)，即

$$v = -\omega A\sin\left(\omega - \frac{\pi}{3}\right) < 0$$

于是

$$\omega - \frac{\pi}{3} = \frac{\pi}{3},\quad 即\quad \omega = \frac{2\pi}{3}$$

因此，质点的简谐振动表达式为

$$x = 4\cos\left(\frac{2}{3}\pi t - \frac{\pi}{3}\right)\ (\mathrm{cm})$$

二、简谐振动的旋转矢量表示法

如图 11-1-7 所示，以坐标原点 O 为起点作一个矢量 $\boldsymbol{A}$，使其长度等于振幅 A，让该矢量以角速度 ω 绕点 O 作逆时针方向的匀速转动，我们称矢量 $\boldsymbol{A}$ 为旋转矢量。

设 $t=0$ 时刻，矢量 $\boldsymbol{A}$ 与 x 轴的夹角为 φ，则 t 时刻，矢量 $\boldsymbol{A}$ 与 x 轴的夹角为 $\omega t+\varphi$，因此矢量 $\boldsymbol{A}$ 的端点在 x 轴上的投影值为

$$x = A\cos(\omega t + \varphi)$$

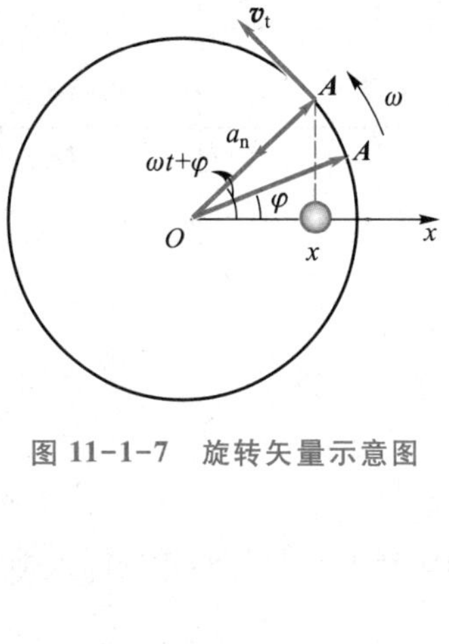

图 11-1-7　旋转矢量示意图

这恰好是一个简谐振动位移的表达式。而且，矢量 $\boldsymbol{A}$ 的末端以角速度 ω 作匀速圆周运动，其切向速度大小为 $v_t=\omega A$，此速度在 x 轴上的投影值为

$$v = -\omega A\sin(\omega t + \varphi)$$

这就是该简谐振动的速度表达式。而矢量 $\boldsymbol{A}$ 的端点作匀速圆周运动，其向心加速度大小为 $a_n=\omega^2 A$，其在 x 轴上的投影为

$$a=-\omega^2 A\cos(\omega t+\varphi)$$

这正是该简谐振动的加速度表达式，负号表示 a 的方向始终指向点 O，即振动的平衡位置。所以矢量 $\boldsymbol{A}$ 的端点在 x 轴上的投影点的运动就是简谐振动，矢量 $\boldsymbol{A}$ 的长度为简谐振动的振幅；其角速度为振动的角频率 ω；在 $t=0$ 时刻，矢量 $\boldsymbol{A}$ 与 x 轴的夹角即为初相位 φ；任意 t 时刻，矢量 $\boldsymbol{A}$ 与 x 轴的夹角即为振动的相位 $\omega t+\varphi$；旋转矢量 $\boldsymbol{A}$ 转动一周所需的时间就是简谐振动的周期 $T=\dfrac{2\pi}{\omega}$。图 11-1-8 给出了 $\varphi=0$ 时用旋转矢量图表示的简谐振动，以及相对应的振动曲线。

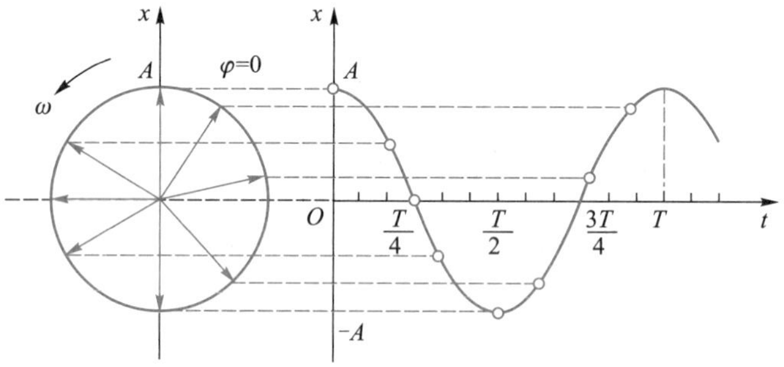

图 11-1-8 旋转矢量图表示的简谐振动及振动曲线

利用旋转矢量图，可以很容易地表示两个简谐振动的相位差。图 11-1-9 中给出了几种不同相位差的情况，可以看到，两个简谐振动的相位差就是两个旋转矢量之间的夹角。其中，图(a)表示振动 2 比振动 1 超前$\dfrac{3\pi}{2}$(一般称振动 2 比振动 1 落后$\dfrac{\pi}{2}$)；图(b)表示振动 2 和振动 1 反相；图(c)表示振动 2 比振动 1 超前$\dfrac{\pi}{2}$。

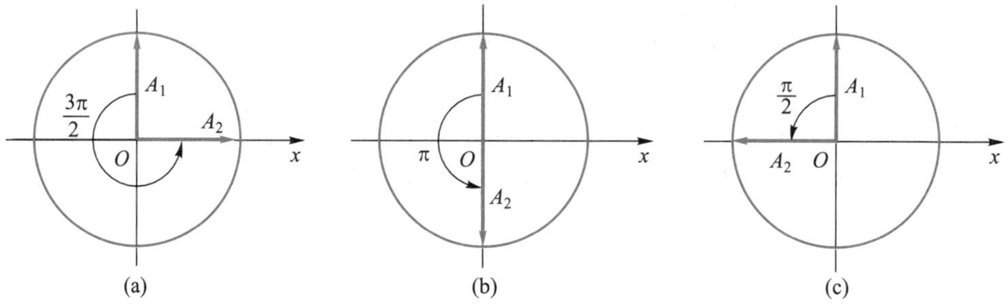

图 11-1-9 用旋转矢量表示两个简谐振动的相位差

【例 11-4】 一物体沿 x 轴作简谐振动，振幅 $A=0.06\ \text{m}$，周期 $T=2\ \text{s}$，当 $t=0$ 时，物体的位移 $x_0=0.03\ \text{m}$，且向 x 轴正向运动。求：(1) 简谐振动的表达式；(2) $t=0.5\ \text{s}$ 时物体的

位移、速度和加速度；（3）物体从 $x=-0.03$ m 处向 x 轴负方向运动，到第一次回到平衡位置所需的时间。

解 （1）设简谐振动的表达式为

$$x = A\cos(\omega t + \varphi)$$

已知

$$A = 0.06 \text{ m}, \quad \omega = \frac{2\pi}{T} = \pi \text{ s}^{-1}$$

根据初始条件，用旋转矢量法画出如图 11-1-10(a)所示的振动的初始状态，从而得出初相位 $\varphi=-\frac{\pi}{3}$。

因此，简谐振动的表达式为

$$x = 0.06\cos\left(\pi t - \frac{\pi}{3}\right) \text{ (m)}$$

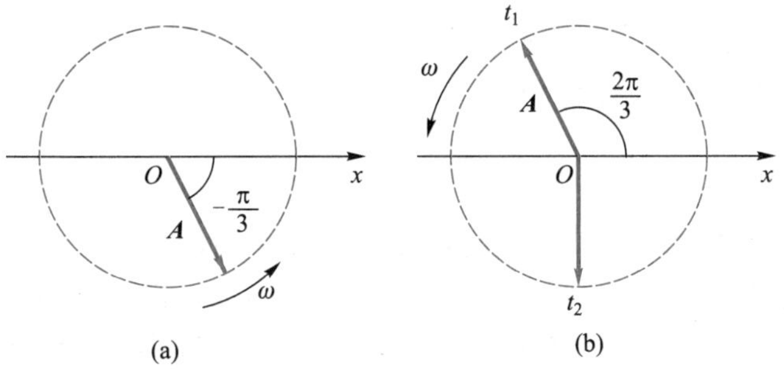

图 11-1-10 例 11-4 图

（2）将简谐振动表达式对 t 求导，得

$$v = \frac{dx}{dt} = -0.06\pi\sin\left(\pi t - \frac{\pi}{3}\right) \text{ (m/s)}$$

$$a = \frac{d^2x}{dt^2} = -0.06\pi^2\cos\left(\pi t - \frac{\pi}{3}\right) \text{ (m/s}^2\text{)}$$

将 $t=0.5$ s 代入位移、速度和加速度的表达式，即可求得该时刻物体的位移、速度和加速度分别为

$$x = 0.052 \text{ m}, \quad v = -0.094 \text{ m/s}, \quad a = -0.51 \text{ m/s}^2$$

（3）由所给条件得知，此刻物体位于"$x=-0.03$ m 处向 x 轴负方向运动"，因此画出与此状态对应的旋转矢量，如图 11-1-10(b)所示，此时旋转矢量与 x 轴的夹角为$\frac{2\pi}{3}$；而从该时刻起，物体第一次回到平衡位置时，即为旋转矢量转到与 x 轴的夹角为$\frac{3\pi}{2}$的时刻。因为旋转矢量是以 $\omega=\pi$ s^{-1} 作匀角速度转动，所以所需时间为

$$\Delta t=\frac{\Delta\varphi}{\omega}=\frac{\frac{3\pi}{2}-\frac{2\pi}{3}}{\pi}\text{ s}=\frac{5}{6}\text{ s}=0.83\text{s}$$

三、简谐振动的能量

以弹簧振子为例，在 t 时刻，当物体 m 的位移为 x，速度为 v 时，振动系统的动能和势能分别为

$$E_k=\frac{1}{2}mv^2=\frac{1}{2}m\omega^2A^2\sin^2(\omega t+\varphi) \tag{11-1-15}$$

$$E_p=\frac{1}{2}kx^2=\frac{1}{2}kA^2\cos^2(\omega t+\varphi) \tag{11-1-16}$$

注意到 $\omega^2=\frac{k}{m}$，代入(11-1-15)式，得

$$E_k=\frac{1}{2}kA^2\sin^2(\omega t+\varphi)$$

则 t 时刻振动系统的总能量(机械能)为

$$E=E_k+E_p=\frac{1}{2}kA^2 \tag{11-1-17}$$

上面三式表示，弹簧振子的动能和势能在振动过程中都随时间 t 作周期性的变化。并且在振动过程中，其动能和势能不断相互转化，但机械能恒定不变，即总能量守恒，变化曲线如图 11-1-11 和图 11-1-12 所示，并且在位移最大处($x=\pm A$)，势能最大，动能为零；而在平衡位置处($x=0$)，势能为零，动能最大。

由(11-1-17)式可知，简谐振动的总能量与振幅的平方成正比，这是一个重要的结论，所以振幅的大小除了可以反映简谐振动的幅度，还可以用来表示简谐振动的总能量的大小，而且这一结论也适用于其他形式的简谐振动。

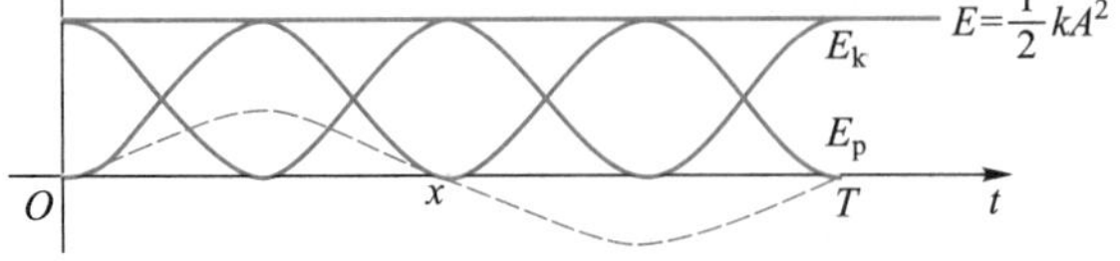

图 11-1-11 弹簧振子的动能、势能变化曲线

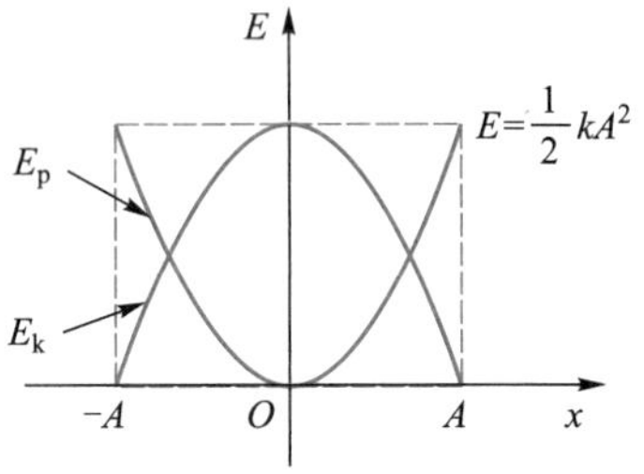

图 11-1-12 弹簧振子的能量与位移曲线

第 2 节 振动的合成和分解

实际中一个质点或系统往往参与两个或两个以上的振动，如一个声波传入人的耳朵将引

起鼓膜振动。若同时有两个声波传入，则鼓膜将同时参与两个振动，这时鼓膜的实际振动就是这两个振动的合成。由于各个振动的方向、频率、相位的不同，所以一般振动的合成较为复杂。但一般一个复杂的振动可表示为若干个简谐振动的合成。下面就来具体讨论该问题。

一、同方向简谐振动的合成

1. 两个同方向、同频率的简谐振动的合成

设一质点同时参与两个振动方向相同的简谐振动，且这两个简谐振动的频率均为 ω；振幅各为 A_1、A_2；初相位各为 φ_1、φ_2。设它们的振动表达式分别为

$$x_1 = A_1\cos(\omega t + \varphi_1),\qquad x_2 = A_2\cos(\omega t + \varphi_2)$$

式中 x_1、x_2 表示 t 时刻每一振动的位移，则 t 时刻合振动的位移为

$$x = x_1 + x_2 = A_1\cos(\omega t + \varphi_1) + A_2\cos(\omega t + \varphi_2)$$

用旋转矢量法表示这两个振动的合成，则更为直观简单。如图 11-2-1 所示，$\boldsymbol{A}_1$ 和 $\boldsymbol{A}_2$ 分别为两个分振动的旋转矢量，它们在 x 轴上的投影 x_1、x_2 分别表示两个分振动的位移。在 $t=0$ 时刻，它们与 x 轴的夹角分别为 φ_1、φ_2。由平行四边形法则，它们的合矢量为 $\boldsymbol{A}$(即合成振动的旋转矢量)，在 x 轴上的投影为 $x=x_1+x_2$，这就是我们所求的合振动的位移。因为 $\boldsymbol{A}_1$ 和 $\boldsymbol{A}_2$ 以相同的角速度 ω 作逆时针旋转，图中的平行四边形的形状在旋转中保持不变，所以合振动矢量 $\boldsymbol{A}$ 也应以同一角速度 ω 作逆时针旋转，且长度不变。所以合振动也应该是一个简谐振动，其频率与分振动的频率相同。设合振动表达式为

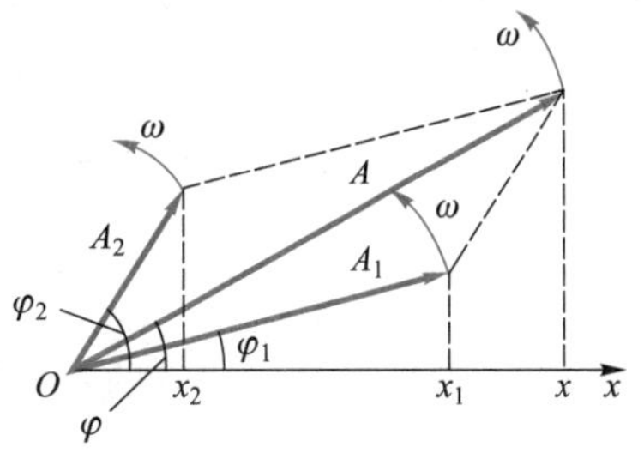

图 11-2-1　简谐振动合成的旋转矢量图

$$x = A\cos(\omega t + \varphi)$$

根据余弦定理，可得

$$A = \sqrt{A_1^2 + A_2^2 + 2A_1A_2\cos(\varphi_2 - \varphi_1)} \tag{11-2-1}$$

又由图 11-2-1 得

$$\tan\varphi = \frac{A_1\sin\varphi_1 + A_2\sin\varphi_2}{A_1\cos\varphi_1 + A_2\cos\varphi_2} \tag{11-2-2}$$

因此，同振动方向、同频率的两个简谐振动的合振动，仍然是一个同频率的简谐振动，它的振幅和初相位由(11-2-1)式和(11-2-2)式决定。式中的 $\varphi_2-\varphi_1$ 为两个分振动的初相位差，它对合振幅起着决定性的作用。下面我们来讨论两种重要的情况。

(1) 两个分振动的相位差为 2π 的整数倍(同相)，即

$$\varphi_2 - \varphi_1 = 2k\pi\quad(k = 0,\ \pm1,\ \pm2,\ \cdots)$$

则由(11-2-1)式有

$$A = \sqrt{A_1^2 + A_2^2 + 2A_1A_2} = A_1 + A_2$$

这时合振幅为分振幅之和，合振动加强，合振幅最大。若 $A_1=A_2$，则合振幅为分振幅的 2 倍。

（2）两个分振动的相位差为 π 的奇数倍（反相），即

$$\varphi_2-\varphi_1=(2k+1)\pi \quad (k=0,\ \pm1,\ \pm2,\ \cdots)$$

则由（11-2-1）式有

$$A=\sqrt{A_1^2+A_2^2-2A_1A_2}=|A_1-A_2|$$

这时合振幅为分振幅之差，合振动减弱，合振幅最小。若 $A_1=A_2$，则合振幅 $A=0$。此时，两个振幅相等而反向的简谐振动的合成将使质点处于静止状态。

当相位差为其他值的情况，合振动的振幅介于上述两种情况之间。用旋转矢量求简谐振动合成的方法，可推广到多个简谐振动的合成。

【例 11-5】 有两个同方向、同频率的简谐振动，它们的表达式分别为

$$x_1=0.05\cos\left(10t+\frac{3}{4}\pi\right)\ (\mathrm{m}),\qquad x_2=0.06\cos\left(10t+\frac{1}{4}\pi\right)\ (\mathrm{m})$$

（1）求它们合振动的振幅和初相位；（2）若有简谐振动 $x_3=0.07\cos(10t+\varphi_3)$（m），试问当 φ_3 为何值时，x_1+x_3 的振幅最大？φ_3 又为何值时，x_2+x_3 的振幅最小？

解　（1）由（11-2-1）式知，x_1+x_2 的合振动振幅为

$$\begin{aligned}A&=\sqrt{A_1^2+A_2^2+2A_1A_2\cos(\varphi_2-\varphi_1)}\\&=\sqrt{0.05^2+0.06^2+2\times0.05\times0.06\cos\left(\frac{\pi}{4}-\frac{3\pi}{4}\right)}\ \mathrm{m}=0.078\ \mathrm{m}\end{aligned}$$

而由（11-2-2）式知，x_1+x_2 的初相位为

$$\varphi=\arctan\left(\frac{A_1\sin\varphi_1+A_2\sin\varphi_2}{A_1\cos\varphi_1+A_2\cos\varphi_2}\right)=84°48'$$

（2）要使 x_1+x_3 的合振幅为最大，其条件为两简谐振动同相，所以

$$\varphi_3-\varphi_1=2k\pi \quad 即 \quad \varphi_3=\varphi_1+2k\pi=\left(2k+\frac{3}{4}\right)\pi\ (k=0,\ \pm1,\ \pm2,\cdots)$$

而要使 x_2+x_3 的合振幅为最小，则条件为两简谐振动反相，所以

$$\varphi_3-\varphi_2=(2k+1)\pi \quad 即 \quad \varphi_3=\varphi_2+(2k+1)\pi=\left(2k+\frac{5}{4}\right)\pi \quad (k=0,\ \pm1,\ \pm2,\cdots)$$

2. 两个同方向、不同频率的简谐振动的合成

用旋转矢量图示法来分析，$\boldsymbol{A}_1$ 和 $\boldsymbol{A}_2$ 分别为两个分振动的振幅矢量，它们的角速度分别为 ω_1 和 ω_2。参考图 11-2-1 可知，由于它们的角速度不同，所以 $\boldsymbol{A}_1$ 和 $\boldsymbol{A}_2$ 间的夹角将随时间变化，使得合矢量 $\boldsymbol{A}$ 的长度（振幅）也将随时间变化。当 $\boldsymbol{A}_1$ 和 $\boldsymbol{A}_2$ 同向重合时，合振幅最大，合振动加强；当 $\boldsymbol{A}_1$ 和 $\boldsymbol{A}_2$ 反向重合时，合振幅最小，合振动削弱；在其他情况下，合振动的振幅介于上述两种情况之间，这时的合振动是一种复杂的振动。

假设有两个同方向、不同频率的简谐振动。为简单起见，设它们的初相位为零，振幅相等，即

$$x_1=A\cos\omega_1t,\qquad x_2=A\cos\omega_2t$$

式中 $\omega_2>\omega_1$。运用三角函数公式，得合振动

$$x=x_1+x_2=A(\cos\omega_1 t+\cos\omega_2 t)=2A\cos\left(\frac{\omega_2-\omega_1}{2}t\right)\cos\left(\frac{\omega_2+\omega_1}{2}t\right)$$

设

$$A(t)=2A\cos\left(\frac{\omega_2-\omega_1}{2}t\right) \tag{11-2-3}$$

则有

$$x=A(t)\cos\left(\frac{\omega_2+\omega_1}{2}t\right) \tag{11-2-4}$$

显然，由(11-2-4)式表示的合振动不是简谐振动。但当两个分振动的角频率都较大，且它们之间相差很小，即 $\omega_2-\omega_1 \ll \omega_2+\omega_1$ 时，$\cos\left(\frac{\omega_2-\omega_1}{2}t\right)$ 随时间的变化比 $\cos\left(\frac{\omega_2+\omega_1}{2}t\right)$ 随时间的变化慢得多，所以可以近似地将合振动视为振幅为 $|A(t)|$、角频率为 $\frac{\omega_2+\omega_1}{2}$ 的简谐振动。如图 11-2-2 所示，图中 x 的曲线即为分振动 x_1、x_2 的合振动曲线图。由于 $|A(t)|$ 的变化是周期性的(图中的包络线曲线)，因此会出现合振动的振幅时大时小，即合振动时强时弱的现象，该现象称为拍。单位时间内合振动加强或减弱(合振幅出现极大或极小值)的次数称为拍频，可由振幅 $|A(t)|$ 的表达式求出。因为振幅总是正值，所以(11-2-3)式中余弦函数的绝对值以 π 为周期，则合振幅 $|A(t)|$ 的变化频率(拍频)为

$$\nu=2\times\frac{1}{2\pi}\left(\frac{\omega_2-\omega_1}{2}\right)=\frac{\omega_2-\omega_1}{2\pi}=\nu_2-\nu_1 \tag{11-2-5}$$

即拍频等于两个分振动频率之差。当敲击两个固有频率接近的音叉时，由于两音叉的振动在空间叠加，我们会听到时强时弱的嗡嗡声，这就是拍现象。

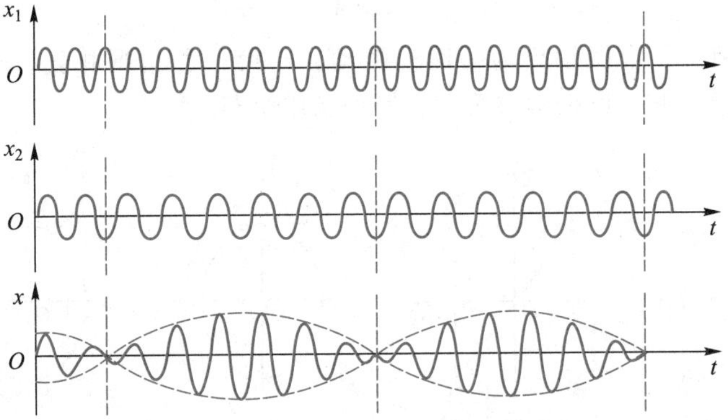

图 11-2-2 两个不同频率简谐振动的合成曲线

二、相互垂直的简谐振动的合成

1. 两个频率相同、振动方向相互垂直的简谐振动的合成

设一质点同时参与两个频率相同、振动方向相互垂直的简谐振动，这两个简谐振动分别在 x 轴和 y 轴方向上进行，它们的位移分别为

$$\begin{cases} x = A_1\cos(\omega t + \varphi_1) \\ y = A_2\cos(\omega t + \varphi_2) \end{cases} \tag{11-2-6}$$

消去以上两式中的时间 t（推导从略），可得质点运动的轨迹方程为

$$\frac{x^2}{A_1^2} + \frac{y^2}{A_2^2} - \frac{2xy}{A_1A_2}\cos(\varphi_2 - \varphi_1) = \sin^2(\varphi_2 - \varphi_1) \tag{11-2-7}$$

在一般情况下，上式是一个椭圆方程，质点运动的轨迹为一椭圆，其轨迹被局限在 $x=\pm A_1$ 和 $y=\pm A_2$ 的矩形区域内，椭圆长、短轴的大小与方向取决于两个分振动的振幅和相位差。下面讨论几种特殊情况（相位差在 $[-\pi, \pi]$ 一个周期内取值）。

（1）当 $\varphi_2-\varphi_1=0$ 时，（11-2-7）式简化为

$$y = \frac{A_2}{A_1}x$$

这表明两相互垂直的同频率、同相位的简谐振动合成仍为一简谐振动，轨迹为一直线，振动方向的斜率为$\frac{A_2}{A_1}$，如图 11-2-3（a）所示，此简谐振动在第一、第三象限进行。

（2）当 $\varphi_2-\varphi_1=\pm\pi$ 时，（11-2-7）式简化为

$$y = -\frac{A_2}{A_1}x$$

此时两简谐振动反相位，合振动仍为一简谐振动，与第一种情况相比，直线的斜率为负值，如图 11-2-3（b）所示，此简谐振动在第二、第四象限进行。

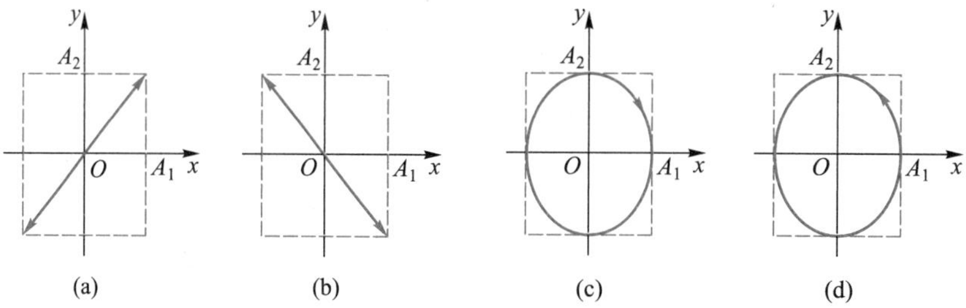

图 11-2-3 两个同频率、振动方向相互垂直的简谐振动的合成图

（3）当 $\varphi_2-\varphi_1=\pm\frac{\pi}{2}$时，（11-2-7）式简化为

$$\frac{x^2}{A_1^2}+\frac{y^2}{A_2^2}=1$$

这是一个正椭圆方程($A_1 \neq A_2$)，说明这时质点的合振动轨迹是以坐标轴 x、y 为主轴的椭圆。若 $\varphi_2-\varphi_1=\frac{\pi}{2}$，则 x 轴方向的振动相位落后于 y 轴方向的振动相位，因此判断质点是沿顺时针方向运动(右旋)，如图 11-2-3(c)所示。而同样可知，若 $\varphi_2-\varphi_1=-\frac{\pi}{2}$，则质点是沿逆时针方向运动(左旋)，如图 11-2-3(d)所示。当 $A_1=A_2$ 时，上述的椭圆变成圆，质点将作匀速圆周运动。

(4) 当 $\varphi_2-\varphi_1$ 等于其他值时，合振动的轨迹一般为椭圆，对应于不同相位差的取值，椭圆的倾斜角度也不同。

在图 11-2-4 中，给出了几种对应于不同相位差时的合振动轨迹。

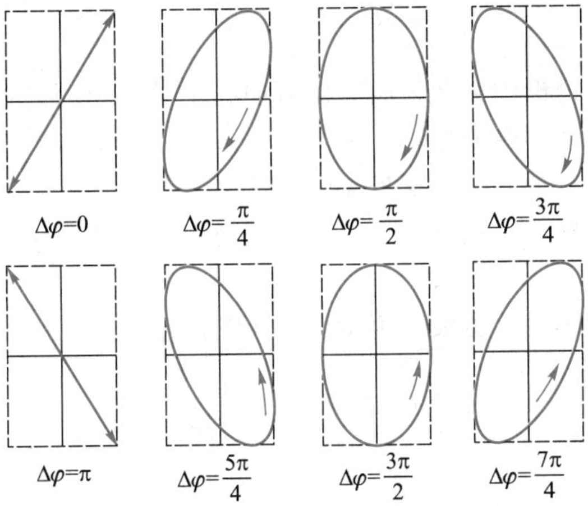

图 11-2-4　几种不同相位差的合振动轨迹

2. 两个不同频率、振动方向相互垂直的简谐振动的合成

对于两个振动方向相互垂直、频率又不同的简谐振动，其合成的振动较为复杂。一般情况下，合振动的轨迹是不稳定的。但如果频率成简单的整数比，合振动的轨迹将是一条稳定的闭合曲线，曲线的形状由两振动的振幅、初相位差和频率比所决定，图 11-2-5 给出了对应于不同频率比和不同相位差时合振动的轨迹图，这些图称为李萨如图(Lissajous figure)。可以在示波器上观察到各种频率比的李萨如图。若两振动的频率成简单整数比，利用这些图形，可由一已知频率求另一未知频率；若频率比已知，则可由李萨如图求两振动的相位关系。李萨如图在无线电技术中有重要的应用。

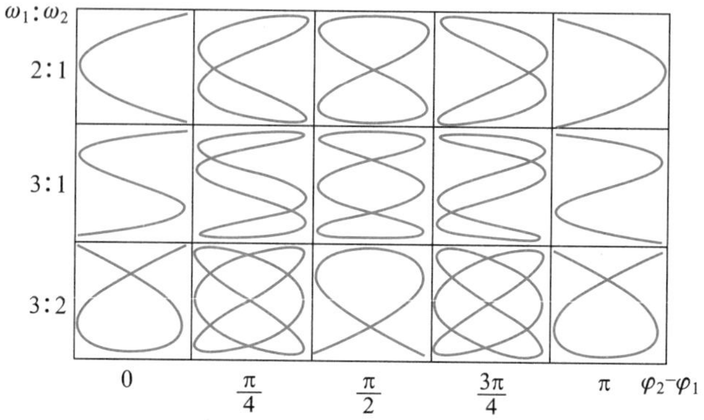

图 11-2-5 李萨如图

三、谐振分析

从前面的振动合成的讨论中可知，两个同方向、不同频率的简谐振动的合成一般来说已经不是简谐振动，而是一个复杂的振动。因此，反过来一个复杂的振动可看成是由不同频率的简谐振动组合而成，也就是可以把复杂振动分解为一系列不同频率、不同振幅的简谐振动。这种分析方法称为谐振分析。它在数学上的依据是傅里叶级数理论，因此这种方法称为傅里叶分析。

如图 11-2-6(a)所示的一个方波，可用傅里叶级数分解为

$$x(t)=A_0+\sum_{n=1}^{\infty}A_n\cos(n\omega t+\varphi_n) \tag{11-2-8}$$

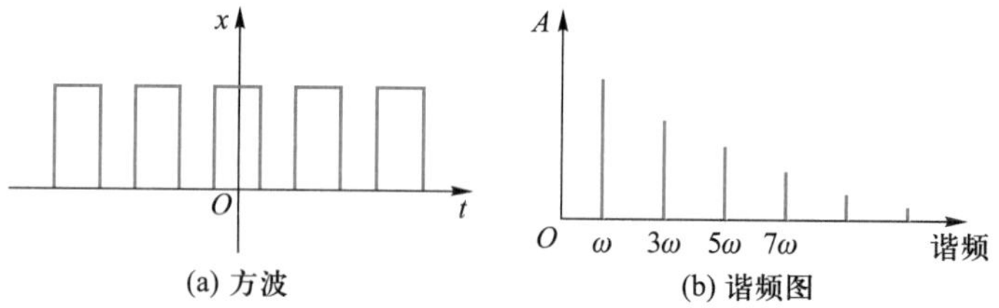

图 11-2-6 方波和谐频图

式中 ω 称为基频，$n\omega$ 为分振动的频率，称为 n 次谐频(ω，2ω，3ω，…)；级数的各项系数 A_n、φ_n 分别为各简谐振动的振幅和初相位。所以，图 11-2-6(a)中的方波可由(11-2-8)式分解成一系列频率比为 1∶3∶5∶…的简谐振动(图 11-2-7)，即

$$x(t)=A_0+\frac{4A_0}{\pi}\left(\cos\omega t-\frac{1}{3}\cos 3\omega t+\frac{1}{5}\cos 5\omega t-\frac{1}{7}\cos 7\omega t+\cdots\right)$$

在进行谐振分析时，一般所取级数的项数越多，各简谐振动之和就越接近所分析的复杂振动。不仅周期性振动可分解为一系列简谐振动，任意的非周期振动也可分解为许多简谐振动，只是在数学上要用更复杂的傅里叶变换来处理。

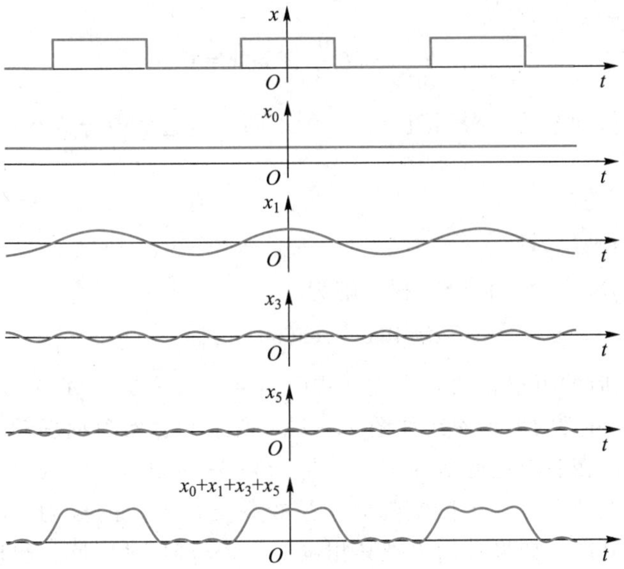

图 11-2-7　方波的分解

第 3 节　阻尼振动、受迫振动和共振

一、阻尼振动

前面所讨论的简谐振动是一种理想的、不计阻力作用的等振幅振动。而实际中任何振动系统都不可避免地会受到阻力的作用，这时的振动叫作阻尼振动。例如，弹簧振子和单摆，由于振动过程中受到摩擦阻力和空气阻力的作用，振动能量不断减少，振动的振幅将逐渐减小，最终振动将停止。

一般当物体运动速度不太大时，物体所受阻力与其速度成正比，即有如下关系

$$F_{\mathrm{f}} = -\gamma v = -\gamma \frac{\mathrm{d}x}{\mathrm{d}t}$$

式中 γ 是比例常量，称为阻力系数。它的大小由运动物体的形状、大小及周围介质的性质决定，式中的负号表示阻力的方向与速度方向相反。

以弹簧振子为例，在弹性力和阻力的作用下，根据牛顿第二定律，物体的运动方程为

$$m\frac{\mathrm{d}^2x}{\mathrm{d}t^2} = -kx - \gamma\frac{\mathrm{d}x}{\mathrm{d}t} \tag{11-3-1}$$

令

$$\frac{k}{m} = \omega_0^2, \qquad \frac{\gamma}{m} = 2\beta$$

式中 ω_0、β 都是常量，ω_0 为无阻尼时振子的固有角频率，β 称为阻尼系数。将它们代入

(11-3-1)式可得

$$\frac{d^2x}{dt^2}+2\beta\frac{dx}{dt}+\omega_0^2x=0 \tag{11-3-2}$$

对于一个确定的振动系统，根据阻尼大小的不同，由这个微分方程可得出三种解(对应三种可能的运动情况)。

1. 弱阻尼

当阻尼较小，即 $\beta<\omega_0$ 时，微分方程的解为

$$x=A_0e^{-\beta t}\cos(\omega t+\varphi_0) \tag{11-3-3}$$

(11-3-3)式为弱阻尼时的阻尼振动表达式。式中 $\omega=\sqrt{\omega_0^2-\beta^2}$，$A_0$ 和 φ_0 是由初始条件决定的积分常数。(11-3-3)式的振动曲线如图 11-3-1 所示，显然阻尼振动不是简谐振动，也不是严格的周期运动。但在弱阻尼的情况下，可把(11-3-3)式中的 $A_0e^{-\beta t}$ 看作是随时间变化的振幅，而这时的阻尼振动就是一个振幅随时间按指数规律衰减的振动。所以，阻尼振动并不严格具有周期性和重复性。如果我们仍把其相位变化 2π 经历的时间，也就是相邻两次通过极大(或极小)位置的间隔时间看作周期，那么阻尼振动的周期(准周期)为

$$T=\frac{2\pi}{\omega}=\frac{2\pi}{\sqrt{\omega_0^2-\beta^2}} \tag{11-3-4}$$

很显然，阻尼振动的周期比系统的固有周期要长，即阻尼延缓了振动。(11-3-3)式表明，阻尼系数 β 越大，振幅衰减就越快。

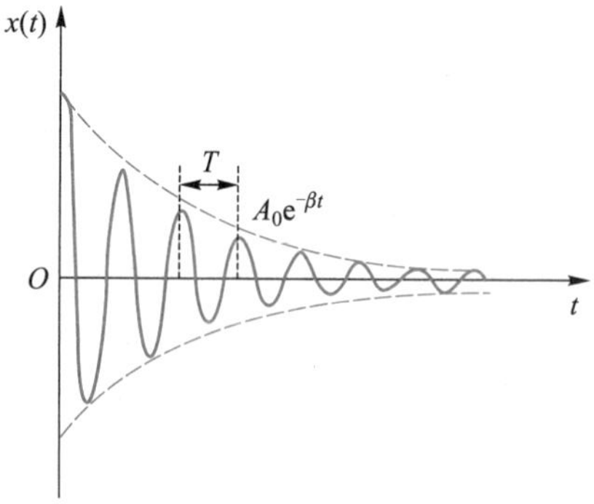

图 11-3-1　弱阻尼时的振动曲线

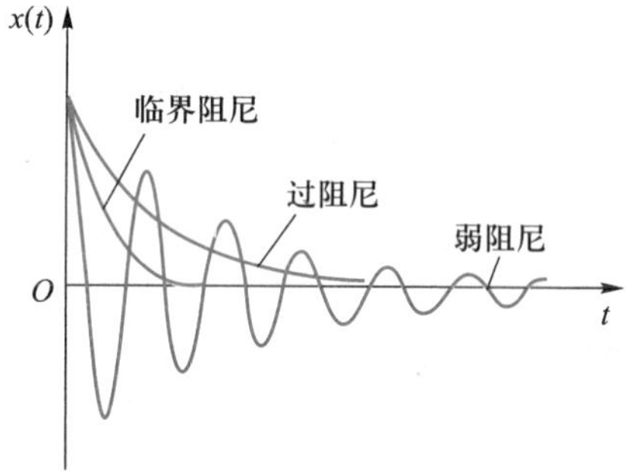

图 11-3-2　不同阻尼情况的曲线比较

2. 过阻尼

当阻尼过大，即 $\beta>\omega_0$ 时，方程(11-3-2)的解不再是(11-3-3)式。这时物体以非周期运动的方式缓慢地回到平衡位置后不再运动，这种情况称为过阻尼(见图 11-3-2)。

3. 临界阻尼

当阻尼系数 $\beta=\omega_0$ 时，振子处于一个刚好从准周期振动转变到非周期运动的临界状态，这

种情况称为临界阻尼(见图 11-3-2)。与过阻尼相比，在临界阻尼的情况下，这种非周期运动回到平衡位置的时间最短。

二、受迫振动和共振

实际的振动系统总会由于阻尼的存在而消耗能量，其振动的振幅不断衰减，振动迟早会停止。要维持振动的持续进行，就需外界对系统做功、补充能量。这可以通过对振动系统施加一个周期性的外力来实现，这时系统会在周期性外力的作用下，按外力的周期进行振动，这种振动称为受迫振动，这个周期性外力称为驱动力。假设这个驱动力按余弦规律变化，即

$$F(t)=F_0\cos\omega t$$

式中 F_0 为驱动力的力幅，ω 为驱动力的角频率。作受迫振动的系统在弹性力、阻力和驱动力的共同作用下振动，根据牛顿第二定律，有

$$m\frac{\mathrm{d}^2x}{\mathrm{d}t^2}=-kx-\gamma\frac{\mathrm{d}x}{\mathrm{d}t}+F_0\cos\omega t$$

令 $\dfrac{k}{m}=\omega_0^2$，$\dfrac{\gamma}{m}=2\beta$，$f_0=\dfrac{F_0}{m}$，则上式为

$$\frac{\mathrm{d}^2x}{\mathrm{d}t^2}+2\beta\frac{\mathrm{d}x}{\mathrm{d}t}+\omega_0^2x=f_0\cos\omega t \tag{11-3-5}$$

这是一个二阶常系数线性非齐次微分方程，它的解为

$$x=A_0\mathrm{e}^{-\beta t}\cos(\sqrt{\omega_0^2-\beta^2}\,t+\varphi_0)+A\cos(\omega t+\alpha) \tag{11-3-6}$$

这个解表明，受迫振动可分为两个振动的叠加。第一项即为(11-3-3)式，表示振动系统最初含有的阻尼振动，这个振动随时间 t 很快衰减并消失，所以它对受迫振动的影响是短暂的。第二项则表示一个稳定的简谐振动，只要驱动力继续作用，系统就继续作这个振动。经过一段时间后，第一项衰减到可以忽略不计，受迫振动进入稳定的等振幅振动，则表达式为

$$x=A\cos(\omega t+\alpha) \tag{11-3-7}$$

上式表明，稳定时受迫振动的频率与驱动力的频率相等。式中的 A、α 为受迫振动的振幅和相位，分别为

$$A=\frac{f_0}{\sqrt{(\omega_0^2-\omega^2)^2+4\beta^2\omega^2}} \tag{11-3-8}$$

$$\tan\alpha=\frac{-2\beta\omega}{\omega_0^2-\omega^2} \tag{11-3-9}$$

可见，受迫振动的振幅大小与外力的幅值成正比。

稳定时的受迫振动的表达式虽然与简谐振动相同，但它们由于受力情况不同因而运动情况是有区别的。由上可知，受迫振动与系统自身的性质(m、ω_0、β)及驱动力的频率和幅值等有关，与初始条件无关。(11-3-7)式中振动的角频率不再是系统的固有频率，而是驱动力的角频率，而且振幅 A 和相位 α 也并不取决于初始条件。

对一振动系统，若驱动力的幅值一定，则受迫振动的振幅随驱动力的频率改变而改变。当驱动力的频率满足一定条件时，受迫振动的振幅达到极大值，这一现象称为共振，相应的

频率称为共振频率。由(11-3-8)式，用求极值的方法可求得共振频率为

$$\omega_r = \sqrt{\omega_0^2 - 2\beta^2} \tag{11-3-10}$$

此时受迫振动有最大的振幅值(共振振幅)，即

$$A_r = \frac{f_0}{2\beta\sqrt{\omega_0^2 - \beta^2}} \tag{11-3-11}$$

当阻尼很小($\beta \ll \omega_0$)时，共振频率接近固有频率，即 $\omega_r \approx \omega_0$，这时的振动振幅将趋于无穷大，系统发生强烈的共振。阻尼越小，振幅越大。实际上，阻尼不可能为零，所以共振振幅 A_r 也不会变为无穷；但当 β 很小时，A_r 可以很大，这一现象称为尖锐共振(见图 11-3-3)。

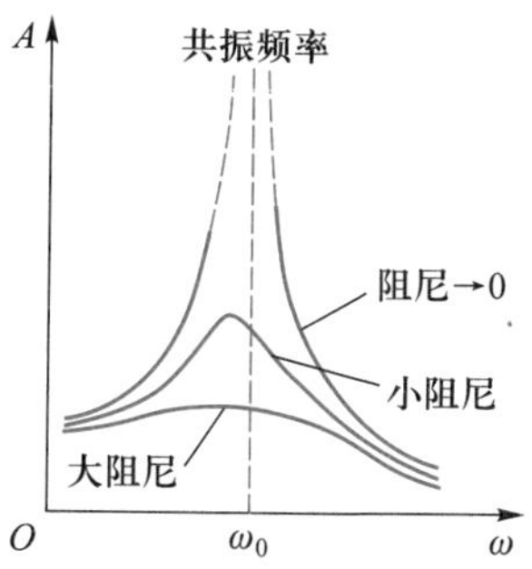

图 11-3-3 不同 β 值的 $A-\omega$ 曲线

共振现象极为普遍，在光、声、电、原子、核物理及各种工程技术领域中都会遇到，如声共振、电共振、核磁共振等。在某些情况下，共振会造成危害。应设法避免，如设法增大阻尼或远离共振频率。

*第 4 节 非线性振动与相图法

一、非线性振动

系统运动的微分方程可分为两类：线性微分方程和非线性微分方程。在数学上线性微分方程的求解已较为成熟，有一般的求解方法，而非线性微分方程的求解在数学上是非常复杂的，至今没有一个通用的求解方法。只有极少数问题可以求得精确解，而对大多数问题来说，只能求得近似解，所以非线性微分方程所包含的规律和现象有待我们去探索。非线性科学是 21 世纪科学研究的前沿之一，而非线性振动的研究是其基础。

前面所讨论的弹簧振子、摆角很小的单摆及振动系统在周期性外力作用下，物体所作的一维受迫振动等，它们的运动方程都是线性微分方程。有些振动系统可简化为线性振动系统，可是，有些振动现象不能用线性理论来分析，如果将这些振动线性化，将使系统的性质发生改变。这类振动应按系统本来的非线性性质进行研究，其运动方程是非线性的，称为非线性振动。

实际生活中的振动现象本质上都是非线性的，用线性微分方程来描述自然界的现象是近似的、有条件的。例如，单摆以较大角度摆动时，它的运动方程为

$$\frac{d^2\theta}{dt^2} + \frac{g}{l}\sin\theta = 0$$

将上式中的正弦函数 $\sin\theta$ 作级数展开，有

$$\sin\theta = \theta - \frac{\theta^3}{3!} + \frac{\theta^5}{5!} - \cdots$$

在角位移 θ 很小时，我们只保留第一项，而忽略其他项，才有简谐振动的运动方程式，即

$$\frac{\mathrm{d}^2\theta}{\mathrm{d}t^2}+\omega^2\theta=0 \tag{11-4-1}$$

式中 $\omega^2=\frac{g}{l}$。(11-4-1)式就是一个线性微分方程。

但如果角位移 θ 不是很小，则 $\sin\theta$ 至少要保留至第二项，运动方程为

$$\frac{\mathrm{d}^2\theta}{\mathrm{d}t^2}+\frac{g}{l}\theta-\frac{g}{l}\frac{\theta^3}{6}=0 \tag{11-4-2}$$

这就是一个非线性微分方程，描述了振动系统的非线性运动。

二、相图法

研究非线性振动的方法可分为定性的和定量的两类，其中定量方法是借助电脑进行数值计算，求解方程；而定性方法主要研究运动方程积分曲线的分布情况，直观地分析振动的情况，观察参量变化对振动的影响。法国数学家庞加莱(Jules Henri Poincare)在 19 世纪提出了“相图法”，它是一种讨论非线性问题的几何方法。该方法是以质点的位置(或角位置)为横坐标，以速度(或角速度)为纵坐标，所构成的直角坐标系平面称为相平面。“相”即运动状态，质点在某一时刻的运动状态可由它在该时刻的位置和速度来描述，质点的一个运动状态就对应于相平面上的一个点——相点。当运动状态发生变化时，相点也就在相平面内运动，相点的运动轨迹称为相迹或相图(注意：相迹并不是质点的运动轨迹)。

相图的描述方法是非线性力学中的一种基本方法。以前面讨论的单摆运动为例。当单摆作无阻尼小角度摆动时，运动方程为(11-4-1)式，该式的解为

$$\theta=A\cos(\omega t+\varphi),\qquad \frac{\mathrm{d}\theta}{\mathrm{d}t}=-A\omega\sin(\omega t+\varphi)$$

于是可得到角位移 θ 和角速度 $\frac{\mathrm{d}\theta}{\mathrm{d}t}$ 满足的函数关系

$$\left(\frac{\mathrm{d}\theta}{\mathrm{d}t}\right)^2+\omega^2\theta^2=\omega^2A^2=C$$

式中 C 是积分常量，由初始条件决定。在坐标系中以单摆的角位移 θ 为横坐标，单摆的角速度 $\frac{\mathrm{d}\theta}{\mathrm{d}t}$ 为纵坐标，则上式为一椭圆方程，它表示单摆作小角度摆动时的相迹是一个正椭圆。如图 11-4-1 所示，对应一个常量 C 就有一个确定的椭圆，它表示一个特定的振动过程，并且过相平面上的一个点，只有一个椭圆与之对应。通过坐标原点(0,0)的椭圆退化为一个点，这个点对应于单摆的稳定平衡状态。相迹为封闭曲线说明单摆运动是周期性的往复运动。

若考虑有阻尼后，单摆作小角度摆动时的运动方程为

$$\frac{\mathrm{d}^2\theta}{\mathrm{d}t^2}+2\beta\sin\theta+\omega^2\sin\theta=0 \tag{11-4-3}$$

则相图将发生变化，如图 11-4-2 所示，相图为一条向内旋进的螺旋线。按阻尼的大小，其运动状态可分为过阻尼、临界阻尼和弱阻尼振动。从相图可知，无论单摆从什么初始状态出发(即无论初始值如何)，随着运动的进行，最后都要静止下来，其相点最终要落到中心点处，

曲线最终趋向中心点——对应于单摆的平衡状态。这个点似乎能把相图上的其他点逐渐地吸引过来，使相迹最终总是趋向中心点，因此相图上的这个点被称为吸引子，对应着系统的稳定状态。

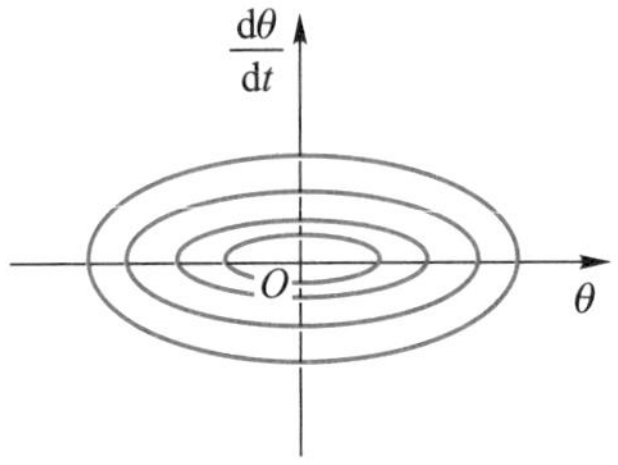

图 11-4-1 单摆无阻尼小角度摆动的相图

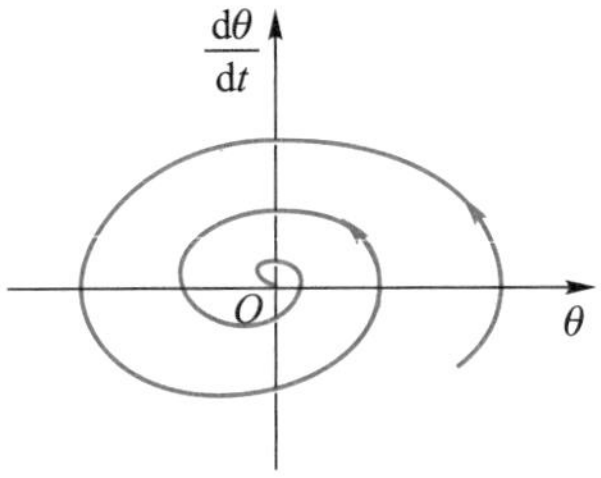

图 11-4-2 单摆有阻尼小角度摆动的相图

若单摆是在一个周期性驱动力作用下的受迫振动，从前面第 3 节中关于受迫振动的分析可知，受迫振动的稳定解也与初值无关，只取决于系统的固有频率、外加驱动力和阻尼系数。它的相图如图 11-4-3 所示，其相迹稳定在一个确定的椭圆上。当初值较小时，相迹由椭圆内部向外趋于该椭圆；当初值较大时，相迹由椭圆外部向内趋于该椭圆。该椭圆具有吸引相迹的性质，因此也称为吸引子或极限环，它代表了受迫摆动的一种稳定运动。

以上我们分析的是单摆在作小角度摆动时的各种情况。但是，如果当角位移 θ 较大时，运动方程为(11-4-2)式，单摆是非线性运动，其相图如图 11-4-4 所示。可见，其相图不再是一椭圆，相迹两端凸出略呈尖角状，但仍是封闭曲线，表示运动仍是周期性往复摆动。当摆幅增大到 π 时，相迹线上出现了两个分支点，我们称之为鞍点，它是一个不稳定的平衡点。

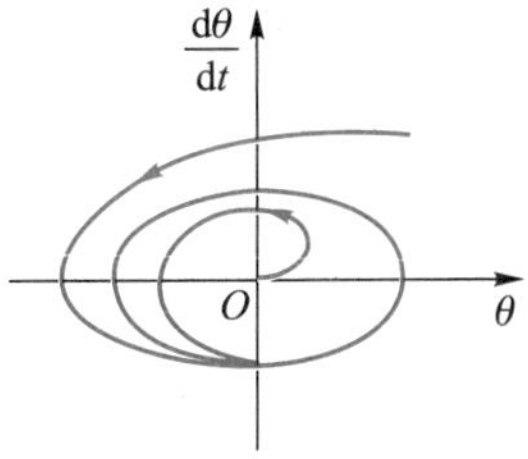

图 11-4-3 单摆受迫小角度摆动的相图

当摆角大且有阻尼时，方程式(11-4-3)中的 $\sin\theta$ 至少要保留到第二项，这样方程就变成了非线性的，单摆出现了另一种运动形式，其相图如图 11-4-5 所示。

此时，从其相图上可以看出，相平面被分成不同的区域，相轨迹都收敛于该区域中心的吸引子。

如果单摆是有阻尼、大角度，并在驱动力作用下受迫振动，其运动方程为

$$\frac{d^2\theta}{dt^2}+2\beta\sin\theta+\omega^2\sin\theta=f_0\cos\omega t$$

此时单摆的运动情况变得非常复杂。分析发现，在某些情况下，单摆出现了貌似无规则的运动，系统对初始条件特别敏感，初始条件的微小差异可能导致大相径庭的结果，此时单摆呈现的是一种混沌现象。

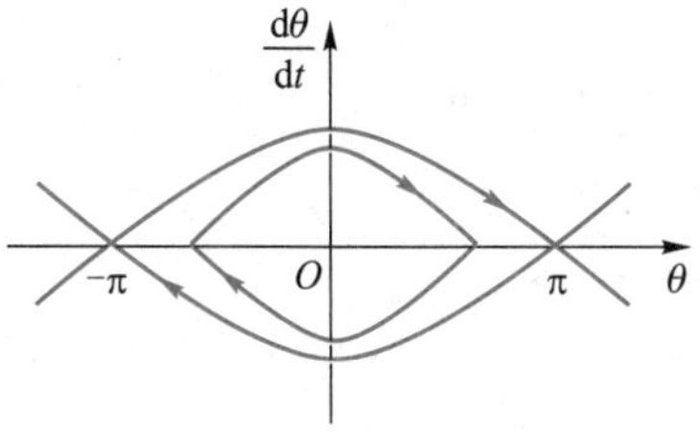

图 11-4-4　单摆无阻尼且大角度摆动的相图

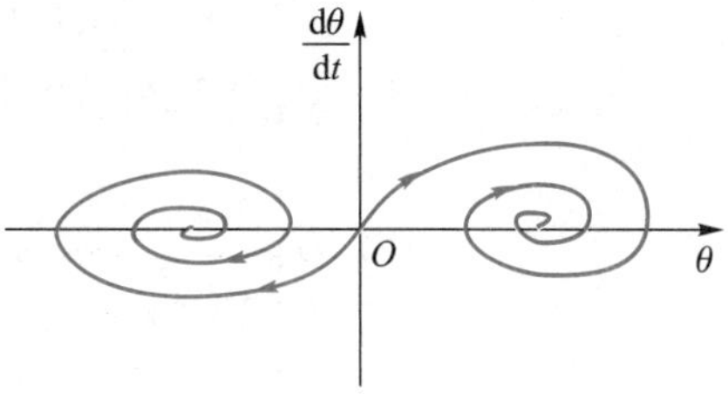

图 11-4-5　单摆有阻尼且大角度摆动的相图

第 5 节　机械波

波是自然界中普遍存在的现象：石击水面，产生水波；弹拨琴弦，激起声波；电偶极子振荡，发射电磁波，等等。自然界中常见的是机械波和电磁波。机械波是机械振动在弹性介质中的传播，例如，声波、水波、地震波等都是机械波。而电磁波则无需介质，可在真空中传播。虽然机械波和电磁波的物理本质有所不同，但都具有波的共性。由于机械波最富于直观性，通过它来学习、了解波动的基本规律最为简便，本节主要讨论机械波的特征和基本规律。

一、机械波产生的条件

就像将石子扔进水中，水面上就会出现水波并向四周传播开来一样，在弹性介质(由无穷多个质元通过相互间的弹性力组合在一起的连续介质)中，一个质元的振动会引起邻近质元的振动，邻近质元的振动又引起较远质元的振动，于是振动就由近至远地向各个方向传递形成波动。引起介质振动的振动物体称为波源，这种机械振动在弹性介质中的传播形成机械波，也称为行波。因此，机械波的产生需要两个条件：一个是波源(振动源)，另一个是能够传播机械振动的弹性介质。

机械波是波源的机械振动状态在弹性介质中的传播，而并非介质中质元随波的定向运动。波动中介质的每一个质元只在自己的平衡位置附近作振动，并不随波前进，传播的只是质元的振动状态和能量。有点类似大型体育比赛时，体育场看台上的观众形成的“人浪”一样，每个人都在自己的座位上按一定规律先后“振动”，此起彼伏，从整体来看就像形成了波。

行波有两种基本类型：横波和纵波。介质中质元的振动方向与传播方向相垂直的波称为横波。例如，上下抖动一根水平拉伸的绳线的一端，在绳线上形成的波(见图 11-5-1)。而介质中质元振动方向与传播方向平行的波称为纵波。如图 11-5-2 所示，将一根水平悬置的弹簧在左端沿水平方向左右推拉，弹簧左端振动的形态就会沿弹簧向右方传递，使弹簧呈现出从左向右移动的、疏密相间的纵波波形。

振动能在介质中传播，是因为介质中各质元间有弹性相互作用，并且相互作用不同，形成的波也不同。一般情况下，如果介质有切变弹性，它就能传横波；如果介质具有体变弹性，就能传纵波。一切固体都具有这两种弹性，所以横波和纵波都能在固体中传播。例如，地震

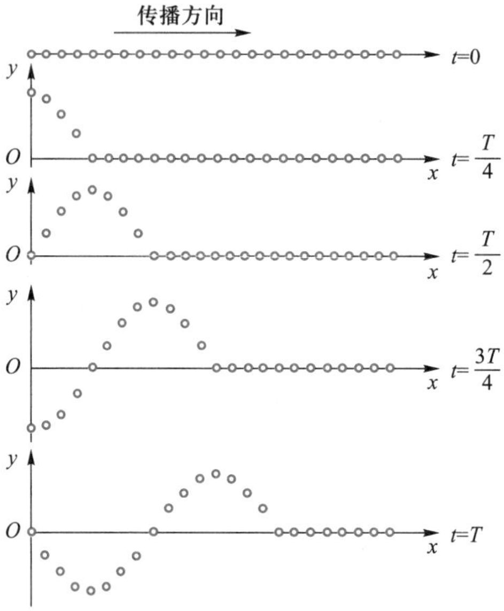

图 11-5-1　横波示意图

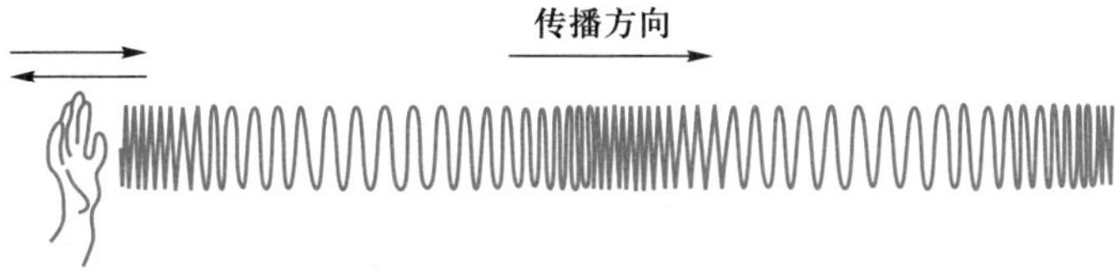

图 11-5-2　纵波示意图

波在地壳中的传播就既有横波也有纵波。而流体通常不能保持一定形状，没有切变弹性，只有体变弹性，因此只能传与体变有关的弹性纵波，不能传横波。

自然界中一些实际的波，如地震波、湖面的水波等比较复杂，但一般都可看作是横波和纵波的组合。

二、波动的描述

1. 波面和波线

波是波源振动状态的传播，质元的振动状态可用相位来描述，所以波源所发出的在介质中各个方向传播的波，就是波源振动的相位向各个方向的传播。为了形象地描述波的传播情况，通常引入波面和波线的概念。如图 11-5-3 所示，某一时刻介质中振动相位相同的各点连成的空间曲面，称为波阵面，简称波面或相面。这种几何面有无限多个。行进在最前面的波面称为波前。在各向同性介质中，常见的波有两种，即球面波和平面波。当波源的形状大小可被忽略时，称为点波源；点波源在各向同性的均匀弹性介质中振动时，波沿各方向传播的速率相等，所以各时刻的波阵面都是以点波源为中心的球面，这种波就称为球面波。不过无论何种波源，在离波源较远处，其波面上的某一个小区域内总可近似看成一个平面，这样就得到波阵面是平面的波。因此，离波源较远的波可近似地看成平面波。

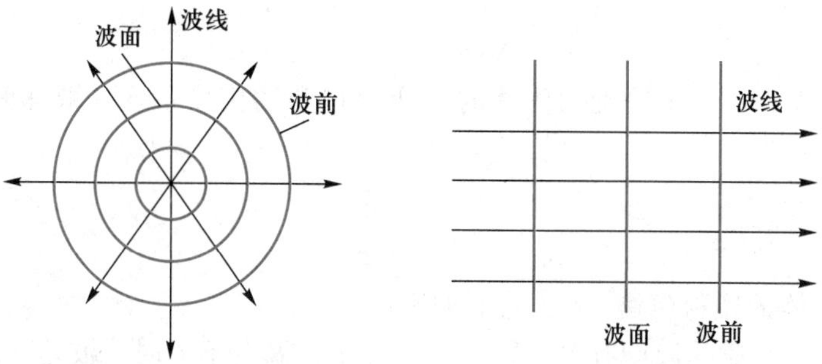

(a) 球面波的波面和波线　　(b) 平面波的波面和波线

图 11-5-3　波面与波线

为了直观地表示波的传播方向，我们沿其传播方向画出一条条带有箭头的射线，称为波线。在各向同性介质中，波线与波面处处垂直。

2. 波长

在同一波线上相位差为 2π 的相邻两个质元间的距离称为波长，用 λ 表示，这个距离是一个完整波形的长度。

3. 波的周期和频率

波前进一个波长的距离所需时间称为波的周期，通常用 T 表示。因为波源完成一次完整的振动的相位变化为 2π，在此期间内波正好前进一个波长，所以波源一次完整的振动所需的时间与波前进一个波长所需的时间相同。也就是说，波的周期与波源的振动周期相等。

波的周期的倒数称为波的频率，用 ν 表示，即

$$\nu = \frac{1}{T} \tag{11-5-1}$$

它表示单位时间内通过波线上一点的波长数目。此频率等于波源振动的频率。

4. 波速

波在单位时间内传播的距离称为波速。由于波的传播可看成振动状态（相位）的传播，所以波速又称为相速，一般用 u 表示。由于一个周期时间内波传播的距离是一个波长，所以波速为

$$u = \frac{\lambda}{T} = \nu T \tag{11-5-2}$$

上式是波长、波速和周期（或频率）三者之间的基本关系，它表明了波的时间周期性（T）和空间周期性（λ）之间的联系，是波动学的一个很重要的基本关系式。

一般地，介质变形所具有的弹力使机械波得以传播，可以证明，机械波的波速取决于介质的力学性质，即介质的弹性和惯性，与频率等无关。例如，在固体中横波和纵波的传播速度分别为

$$u_T=\sqrt{\frac{G}{\rho}},\quad u_L=\sqrt{\frac{E}{\rho}}$$

式中 ρ 为固体的密度，G 和 E 分别为固体的切变模量和杨氏模量。在液体和气体内部则只能传播纵波，波速表示为

$$u_S=\sqrt{\frac{B}{\rho}}$$

式中 B 为液体或气体的体积模量，ρ 为它们的密度。

此外，波速还与介质的温度有关。在同一介质中，温度不同时，波速一般也不相同。

三、平面简谐波

最简单而且最基本的平面波是平面简谐波，在这种波的传播过程中，介质中的每一个质元都作与波源振动方式相同的简谐振动。

1. 波函数

平面简谐波的波面是一系列垂直于波线的平面，在同一个波面上各点的振动状态完全一样，所以在一波线上不同点的振动就代表了不同波面上的振动状态。这里主要讨论在一条波线上如何表达一个平面简谐波，即在理想的无吸收的均匀介质中传播的平面简谐波的表达形式。

如图 11-5-4 所示，取任意一波线为 x 轴，设一平面简谐波以波速 u 沿 x 轴正向传播。y 轴表示 x 轴上各质元相对于平衡位置($y=0$)的振动位移。设波源使原点 O 处的质元作简谐振动，其表达式为

$$y_O=A\cos(\omega t+\varphi) \tag{11-5-3}$$

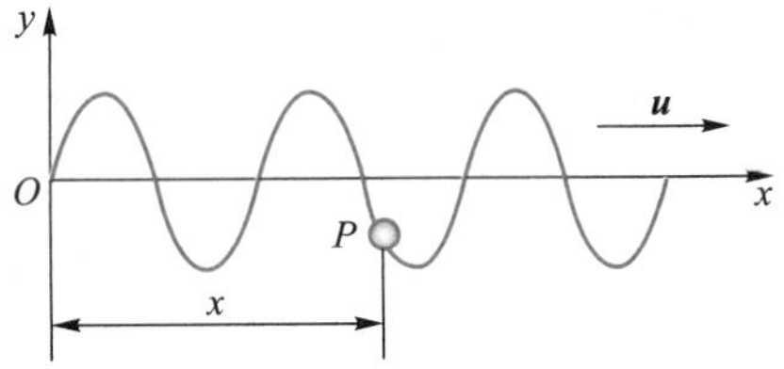

图 11-5-4 平面波在一波线上传播的示意图

在波的传播方向上取任意一质元 P，其坐标为 x。点 O 的振动状态(相位)传到点 P，需要的时间为 $\Delta t=\dfrac{x}{u}$，即某时刻点 O 的位移与 Δt 时间后点 P 的位移相等，或者说，点 P 处质元的振动比点 O 处质元的振动落后 Δt 时间，所以由(11-5-3)式可得到点 P 在 t 时刻的位移，即

$$y(x,\ t)=A\cos[\omega(t-\Delta t)+\varphi]=A\cos\left[\omega\left(t-\frac{x}{u}\right)+\varphi\right] \tag{11-5-4}$$

上式实际上就是介质中任意一点在任一时刻的位移，也就是沿 x 轴正向传播的平面简谐波的表达式，又称为平面简谐波的波函数。根据 $\omega=2\pi\nu=\dfrac{2\pi}{T}$，$uT=\lambda$，(11-5-4)式又可表示为

$$y(x,\ t)=A\cos\left[\omega t-\frac{2\pi x}{\lambda}+\varphi\right]=A\cos\left[2\pi\left(\frac{t}{T}-\frac{x}{\lambda}\right)+\varphi\right] \tag{11-5-5}$$

定义波数 $k=\dfrac{2\pi}{\lambda}$，则上式还可写为

$$y(x,\ t)=A\cos(\omega t-kx+\varphi)$$

如果平面波是沿 x 轴的负方向传播，则根据上述分析，只要在(11-5-4)式中的波速 u 前加一个负号可得到以速度 u 沿 x 轴负向传播的平面简谐波的表达式(波函数)，即

$$y(x,\ t)=A\cos\left[\omega\left(t+\frac{x}{u}\right)+\varphi\right] \tag{11-5-6}$$

式中 x 可正可负。若已知的振动点不在原点，而是在点 x_0 处，则只要将各波动表达式中的 x 替换为 $x-x_0$ 即可。

上面所给出的波函数对横波和纵波均适用，y 表示的是各质元离开平衡位置的位移，只是要注意纵波的位移沿波的传播方向。

2. 波函数的物理意义

波函数是描述介质中波动现象的一个基本方程，反映了位移 y 与时空坐标 t、x 之间的函数关系，因为在式中有两个独立变量，为进一步理解它的物理意义，我们进行下面的讨论。

(1) 若 x=常量(设 $x=x_0$)，则位移 y 仅为 t 的函数，即(11-5-4)式变为

$$y(t)=A\cos\left[\omega\left(t-\frac{x_0}{u}\right)+\varphi\right]=A\cos\left(\omega t-\frac{2\pi x_0}{\lambda}+\varphi\right) \tag{11-5-7}$$

它表示在点 x_0 处质元的位移随时间 t 的变化规律，即在点 x_0 处质元的振动表达式。若 x 取一系列值，(11-5-7)式表明：具有不同 x 值的各质元都作同频率的简谐振动，但相位各不相同，在波的传播方向上，各质点的振动相位依次落后。这就是波动的基本特征。此外，若 $x=\lambda$，则该处质点的振动相位比在原点($x=0$)的相位落后 2π，振动状态完全相同，因此波长标志着波在空间上的周期性。

(2) 若 t=常量(设 $t=t_0$)，则位移 y 仅为 x 的函数，即(11-5-4)式变为

$$y(x)=A\cos\left[\omega\left(t_0-\frac{x}{u}\right)+\varphi\right] \tag{11-5-8}$$

它表示在一确定的 t_0 时刻，沿波传播方向上不同的 x 处，各质点离开它们的平衡位置的位移分布，以 y 为纵坐标，x 为横坐标，则可绘出该时刻的整个波形。如图 11-5-5 所示的 y-x 曲线即为 t 时刻的波形曲线，它反映了在 t 时刻，介质中由各质点的振动状态所组成的波形。

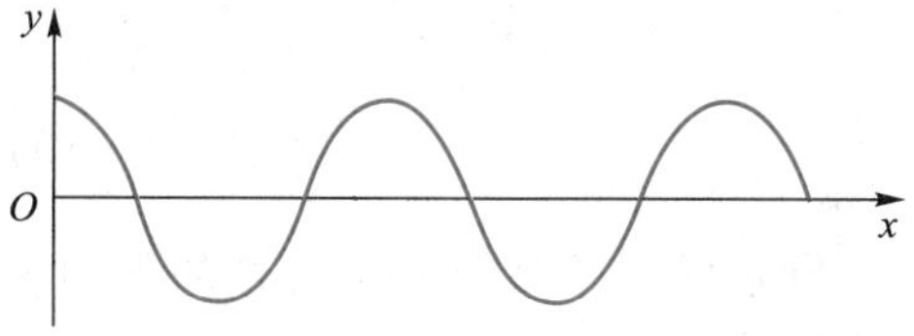

图 11-5-5　t 时刻的波形曲线

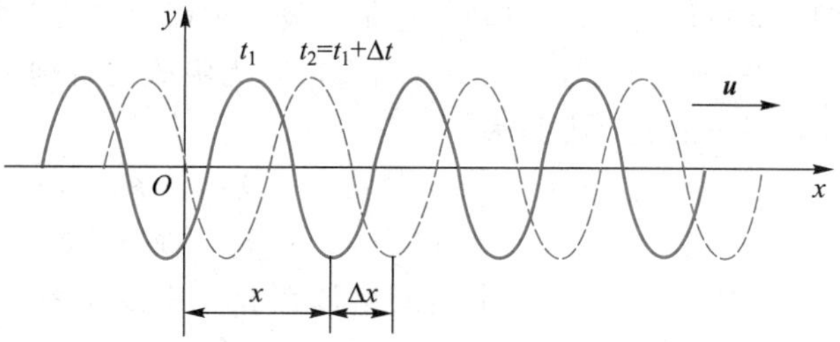

图 11-5-6　波形的传播

（3）如果 x 和 t 都在变化，那么波函数反映的是介质中各个不同质点在不同时刻的振动位移，或者说表示了波形沿波传播方向上的传播情况。如在 $t=t_1$ 时刻，其波函数为

$$y(x, t_1) = A\cos\left[\omega\left(t_1 - \frac{x}{u}\right) + \varphi\right]$$

由它可得到如图 11-5-6 中实线所示的 t_1 时刻的波形曲线。当经过 Δt 到 $t_2=t_1+\Delta t$ 时刻，简谐振动状态沿着波的传播方向向前传播了一段距离 $\Delta x=u\Delta t$，因此其波函数为

$$y(x, t_2) = A\cos\left[\omega\left(t_1 + \Delta t - \frac{x + \Delta x}{u}\right) + \varphi\right] = A\cos\left[\omega\left(t_1 - \frac{x}{u}\right) + \varphi\right]$$

即 t_2 时刻点 $x+\Delta x$ 处的振动位移恰好与 t_1 时刻点 x 处质点振动的位移相等。图 11-5-6 中的虚线为 $t_1+\Delta t$ 时刻的波形曲线。由此可见，在 Δt 时间内，整个波形沿着波传播的方向往前移动了 $u\Delta t$ 的距离。这就是在介质中传播的行波。

注意区别波的传播速度 u 和介质中质元的振动速度 v。以波函数（11-5-4）式为例，可得质元的振动速度为

$$v = \frac{\partial y}{\partial t} = -A\omega\sin\left[\omega\left(t - \frac{x}{u}\right) + \varphi\right]$$

其加速度为

$$a = \frac{\partial^2 y}{\partial t^2} = -A\omega^2\cos\left[\omega\left(t - \frac{x}{u}\right) + \varphi\right]$$

3. 波动方程

将平面简谐波的表达式（11-5-4）分别对 t 和 x 求两次偏导，有

$$\frac{\partial^2 y}{\partial t^2} = -A\omega^2\cos\left[\omega\left(t - \frac{x}{u}\right) + \varphi\right]$$

$$\frac{\partial^2 y}{\partial x^2} = -A\frac{\omega^2}{u^2}\cos\left[\omega\left(t - \frac{x}{u}\right) + \varphi\right]$$

比较上面两个方程，不难得到

$$\frac{\partial^2 y}{\partial x^2} = \frac{1}{u^2}\frac{\partial^2 y}{\partial t^2} \qquad (11-5-9)$$

这就是沿 x 方向传播的平面波的波动方程，它既适用于机械波，也适用于电磁波，反映了一切平面波的共同特征。平面简谐波表达式只是它的一个特解。任何物理量只要运动规律满足（11-5-9）式，就可以判断它是一波动过程，并按平面波的形式传播。

在一般的三维空间中，若介质是无吸收的各向同性均匀介质，物理量 $\xi(x,y,z,t)$ 在直角坐标系下的波动方程为

$$\frac{\partial^2 \xi}{\partial x^2} + \frac{\partial^2 \xi}{\partial y^2} + \frac{\partial^2 \xi}{\partial z^2} = \frac{1}{u^2}\frac{\partial^2 \xi}{\partial t^2} \qquad (11-5-10)$$

【例 11-6】 一平面简谐波在介质中以速率 u 沿 x 轴传播，其路径上一点 P 的振动为 $y=A\cos\omega t$，试按图 11-5-7 中所给的几种情况列出波的表达式。

解 在图 11-5-7（a）中，x 轴上在 P 点右侧的任意一点 $P'(x)$ 比 P 点振动落后时间 $\Delta t=\frac{x-L}{u}$，

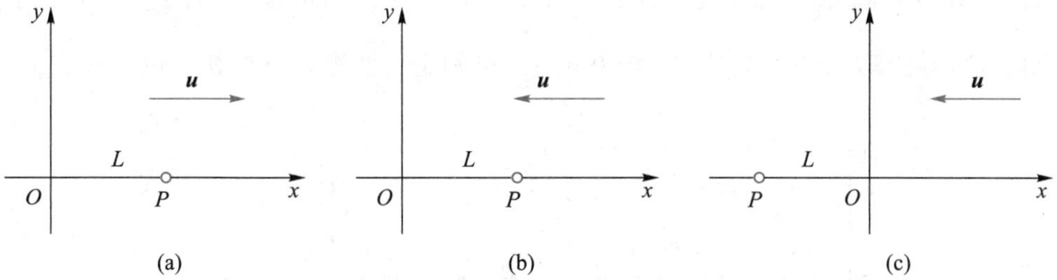

图 11-5-7　例 11-6 图

于是其波动表达式为

$$y = A\cos \omega(t - \Delta t) = A\cos\omega\left(t - \frac{x - L}{u}\right)$$

在图 11-5-7(b)中，由于波沿 x 轴的负方向传播，所以 P 点右侧的任意一点 $P'(x)$ 比 P 点振动提前时间 $\Delta t=\frac{x-L}{u}$，即

$$y = A\cos \omega(t + \Delta t) = A\cos\omega\left(t + \frac{x - L}{u}\right)$$

在图 11-5-7(c)中，由于 P 点位于 x 的负轴，且波沿 x 轴的负方向传播，所以 P 点右侧的任意一点 $P'(x)$ 比 P 点振动提前时间 $\Delta t=\frac{x+L}{u}$，即

$$y = A\cos \omega(t + \Delta t) = A\cos \omega\left(t + \frac{x + L}{u}\right)$$

若选取的任意点 $P'(x)$ 在 P 点左侧，得到的波动表达式一致，读者可自行推导。

【例 11-7】 图 11-5-8 表示 $t=0$ 时的平面简谐波的波形曲线。试求：(1) 波源点 O 的初相位；(2) 若假定波源的振幅为 A，角频率为 ω，写出简谐波的表达式；(3) $t=0$ 时的波形曲线上点 P 的初相位。

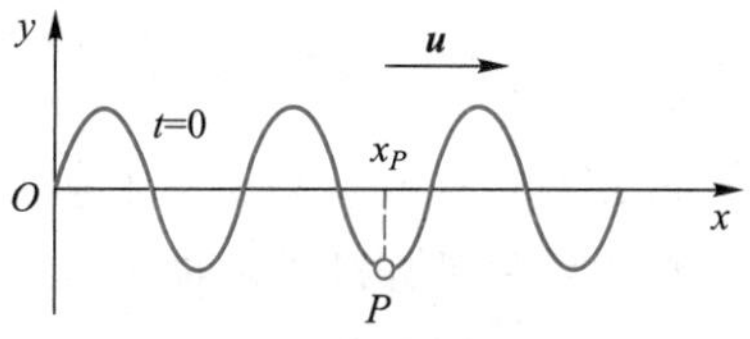

图 11-5-8　例 11-7 图 1

解　(1) 设波源点 O 的振动方程为

$$y_O = A\cos(\omega t + \varphi)$$

由图 11-5-8 的曲线可以看出，在 $t=0$ 时，波源点 O 的振动位移为 $y=0$。

方法一(解析法)：将 $t=0$ 和 $y=0$ 代入到振动方程中，得到

$$A\cos \varphi = 0, \quad \varphi = \pm\frac{\pi}{2}$$

将波形沿着波的传播方向移动$\frac{T}{4}$[见图 11-5-9(a)]，可知下一个时刻 O 点向 y 轴负方向运动，$v<0$，所以由振动速度的表达式，得到

$$-\omega A\sin \varphi < 0, \quad \sin \varphi > 0, \quad \varphi = \frac{\pi}{2}$$

方法二(旋转矢量法)：根据已知条件，在 $t=0$ 时，O 点的位移 $y=0$，下一时刻向 y 轴负方向运动。使用旋转矢量法[见图 11-5-9(b)]，可判定出波源点 O 的初相位为$\dfrac{\pi}{2}$。

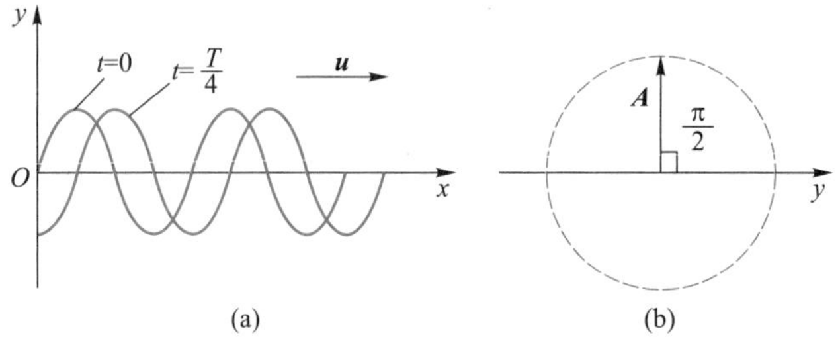

图 11-5-9 例 11-7 图 2

(2) 振幅为 A，角频率为 ω，向 x 轴正向传播的平面简谐波的表达式为

$$y=A\cos\left[\omega\left(t-\frac{x}{u}\right)+\frac{\pi}{2}\right]$$

(3) 由图 11-5-8 可知，点 P 的坐标值 $x_P=\lambda+\dfrac{3}{4}\lambda$，将该值代入到简谐波的表达式中，可得点 P 的振动方程为

$$y_P=A\cos\left[\omega\left(t-\frac{7\lambda}{4u}\right)+\frac{\pi}{2}\right]=A\cos(\omega t+\pi)$$

所以在 $t=0$ 时，波形曲线上点 P 的初相位为 π。

四、波的能量

1. 波动能量的传播

行波的一个特点是质点不随波向前运动，而是波源的振动状态在弹性介质中传递，在这一过程中能量就伴随着波向前传播，也就是说，行波伴随着能量的传输。下面以简谐纵波在棒中传播的情况为例来讨论。

行波通过介质传播时，各质元在振动中不但具有动能，同时在振动过程中介质也将产生形变，因此还具有弹性势能。如图 11-5-10 所示，设平面简谐纵波在密度为 ρ、横截面为 S 的细长棒中沿 x 轴正向传播，波函数为

$$y(x,\ t)=A\cos\omega\left(t-\frac{x}{u}\right)$$

在 x 处取长度为 Δx、体积为 $\Delta V=S\Delta x$、质量为 $\Delta m=\rho\Delta V$ 的质元，其振动速度为

$$v=\frac{\partial y}{\partial t}=-\omega A\sin\omega\left(t-\frac{x}{u}\right)$$

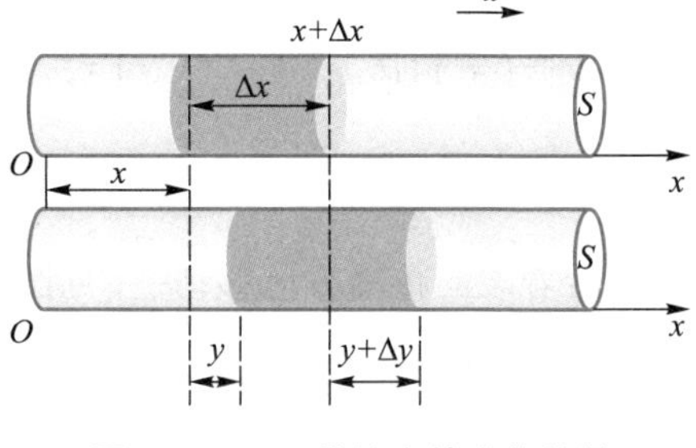

图 11-5-10 纵波在棒中的传播

则振动动能为

$$E_k = \frac{1}{2}\Delta m v^2 = \frac{1}{2}\rho \Delta V A^2 \omega^2 \sin^2 \omega\left(t - \frac{x}{u}\right) \tag{11-5-11}$$

由于受到相邻质元的挤压和拉伸，该质元发生弹性形变。假设在 t 时刻，其左端的位移为 y，右端的位移为 $y+\Delta y$，质元的原长为 Δx，则其形变量与质元原长之比，即应变为$\frac{\Delta y}{\Delta x}$。根据胡克定律，有

$$\frac{F}{S} = -E\frac{\Delta y}{\Delta x}$$

式中 E 为介质的杨氏模量。根据定义，弹性力为

$$F = -ES\frac{\Delta y}{\Delta x} = -k\Delta y$$

而该质元的弹性势能为

$$E_p = \frac{1}{2}k\Delta y^2 = \frac{1}{2}\frac{ES}{\Delta x}(\Delta y)^2 = \frac{1}{2}ES\Delta x\left(\frac{\partial y}{\partial x}\right)^2$$

因 $\Delta V = S\Delta x$，$u = \sqrt{E/\rho}$，由波函数求得

$$\frac{\partial y}{\partial x} = A\frac{\omega}{u}\sin\omega\left(t - \frac{x}{u}\right)$$

所以

$$E_p = \frac{1}{2}\rho u^2 \Delta V A^2 \frac{\omega^2}{u^2}\sin^2\omega\left(t - \frac{x}{u}\right) = \frac{1}{2}\rho\Delta V A^2\omega^2\sin^2\omega\left(t - \frac{x}{u}\right) \tag{11-5-12}$$

由(11-5-11)式和(11-5-12)式可得，在任意时刻，质元的动能和势能完全相等，而且相位也相同，即同时达到极大，同时等于零，这与简谐振动中动能和势能相互交替变化的情况不同。

由(11-5-11)式和(11-5-12)式可得，t 时刻质元的总能量(即波的能量)为

$$E = E_k + E_p = \rho\Delta V A^2\omega^2\sin^2\omega\left(t - \frac{x}{u}\right) \tag{11-5-13}$$

2. 能量密度和能流密度

为了描述介质中各处能量分布的情况，引入能量密度的概念，即介质中单位体积内的波动能量，用 w 表示：

$$w = \frac{E}{\Delta V} = \rho A^2\omega^2\sin^2\omega\left(t - \frac{x}{u}\right) \tag{11-5-14}$$

对介质中的一质元(x 确定)来说，能量密度也是随时间作周期性变化的。若取其在一个周期内的平均值——平均能量密度，则有

$$\overline{w} = \frac{1}{T}\int_0^T w\,\mathrm{d}t = \frac{1}{T}\int_0^T \rho A^2\omega^2\sin^2\omega\left(t - \frac{x}{u}\right)\mathrm{d}t = \frac{1}{2}\rho A^2\omega^2 \tag{11-5-15}$$

由此可见，波的平均能量密度与波的振幅的平方、频率的平方成正比。该结论虽由简谐

弹性纵波的特殊情况导出，但具有普遍意义，对横波同样适用。

为了描述波动过程中能量的传播，类似于电流的概念，引入能流的概念。如图 11-5-11 所示，定义单位时间内通过某一面积的能量为能流。考虑到能量是周期变化的，通常取一个周期的平均值，即平均能流。所以平均能流为

$$\overline{P}=\overline{w}uS=\frac{1}{2}\rho A^2\omega^2 uS \qquad (11-5-16)$$

平均能流的单位为 W（瓦特），所以波的能流也称为波的功率。

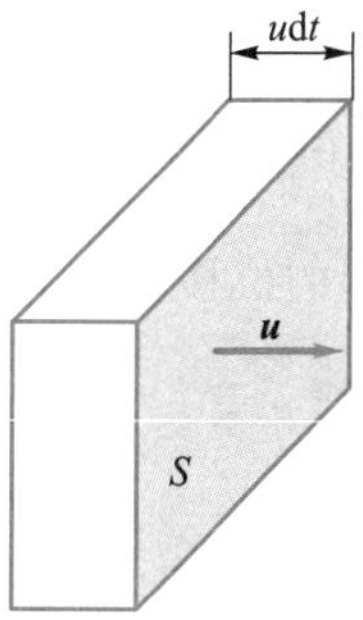

图 11-5-11 平均能流示意图

单位时间内通过垂直于波传播方向的单位面积的能量，称为波的能流密度，其表达式为

$$\boldsymbol{i}=w\boldsymbol{u}=\left[\rho A^2\omega^2\sin^2\omega\left(t-\frac{x}{u}\right)\right]\boldsymbol{u}$$

而能流密度在一个周期内的平均值称为平均能流密度，用 I 表示，即

$$I=\frac{\overline{P}}{S}=\overline{w}u=\frac{1}{2}\rho A^2\omega^2 u \qquad (11-5-17)$$

能流密度越大，单位时间内通过单位面积的能量越多，波就越强。所以平均能流密度通常又称为波的强度。它取决于波的振幅的平方和频率的平方。

【例 11-8】 试证明在无吸收的均匀介质中传播的球面波，其振幅与它离开波源的距离成反比。

证 如图 11-5-12 所示，设离波源距离为 r_1 和 r_2 处的两个波面，面积分别为 S_1 和 S_2。如果介质不吸收能量，则通过这两个波面的平均能流相等，即

$$\frac{1}{2}\rho A_1^2\omega^2 uS_1=\frac{1}{2}\rho A_2^2\omega^2 uS_2$$

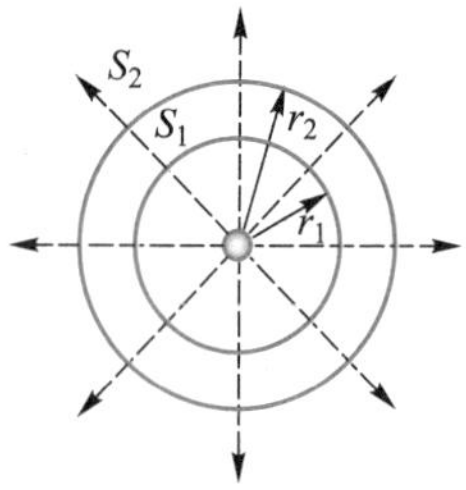

图 11-5-12 例 11-8 图

式中 A_1 和 A_2 分别为两个波面上的波振幅。由上式可得

$$\frac{A_1^2}{A_2^2}=\frac{S_2}{S_1}=\frac{4\pi r_2^2}{4\pi r_1^2}$$

因此

$$\frac{A_1}{A_2}=\frac{r_2}{r_1}$$

实际上，波在介质中传播时，介质总会吸收波的一部分能量，所以波的振幅、波的强度，会沿波的传播方向，随着传播距离的增加而逐渐减小，即使是平面波也是如此。这种现象称为波的吸收，所吸收的能量通常转化成介质的内能或热。电磁波在介质中传播时同样也会被吸收，波的吸收现象的利用在材料研究中是一个重要方法。

*第 6 节　声波　地震波

声波是人类接触最多的一种机械波，是声振动在弹性介质中的传播现象。频率在 20 Hz 到 20 000 Hz 之间的声波，能够引起人类的听觉，称为可闻声波，通常简称声波。频率低于 20 Hz 的声波称为次声波，而频率高于 20 000 Hz 的声波称为超声波。在气体和液体中传播的声波是纵波，而在固体中传播的声波既可以是纵波，也可以是横波。

需要说明的是，所谓 20 Hz 和 20 000 Hz 并不是可闻声波明确的分界线。例如，频率较高的可闻声波已具有超声波的某些特性和作用，因此在超声技术的研究领域内，也常包括可闻声波的特性和作用的研究。声波具有的机械波的一般规律在前面已经讨论过，这里只讨论某些特殊情况。

一、声波

1. 声波的描述

(1) 声速

在气体和液体中，如果将气体看作是理想气体，声波的传播过程当作绝热过程。则声波在气体中的传播速度为

$$u=\sqrt{\frac{\gamma RT}{M}} \tag{11-6-1}$$

式中 γ 为气体的摩尔热容比，R 为摩尔气体常量[$R=8.31\ \mathrm{J\cdot(mol^{-1}\cdot K^{-1})}$]，$T$ 为气体的热力学温度，M 为气体的摩尔质量。显然，气体中的声速与气体的温度有关。表 11-1 给出了一些弹性介质中的声速。

表 11-1　一些弹性介质中的声速

介质	t/℃	$u/(\mathrm{m\cdot s^{-1}})$	介质	t/℃	$u/(\mathrm{m\cdot s^{-1}})$
空气	0	331	黄铜	20	3 500
氢	0	1 270	玻璃	0	5 500
水	20	1 400	花岗岩	0	3 950
冰	0	5 100	铝	20	5 100

(2) 声压

声波在传播时，介质中各质元之间的相互挤压或拉伸会引起各质元所在处压强的变化。某一时刻在介质中的某处，有声波传播时的压强 p' 与无声波传播时的静压强 p_0 之差 $p=p'-p_0$，称为声压。由此可见，声压是由于声波产生的附加压强。

人的耳朵对声音的感知就是通过声压对鼓膜的作用所引起的。声波是疏密波，在稀疏区

域，实际压强小于原来的静压力，声压为负值；在稠密区域，实际压力大于原来的静压力，声压为正值。它的表达式可如下求得。

当介质中有一平面简谐声波 $y=A\cos\omega\left(t-\frac{x}{u}\right)$ 沿 x 方向传播时，对于介质中的一个截面积为 S、长度为 Δx、体积为 $V=S\Delta x$ 的小体积元，两端的位移分别为 y 和 $y+\Delta y$，体积的增量为 $\Delta V=S\Delta y$。由介质的体积模量 K 的定义知

$$K=-V\frac{\Delta p}{\Delta V}$$

在介质中有波传播时，上式中的压强增量 Δp 就是声压 p，所以上式可写为

$$p=-K\frac{\Delta V}{V}=-K\frac{\Delta y}{\Delta x}$$

当 $\Delta x\to 0$ 时，有

$$p=-K\frac{\partial y}{\partial x}=-K\frac{\omega}{u}A\sin\left(t-\frac{x}{u}\right)$$

由于纵波波速即声速 $u=\sqrt{\frac{K}{\rho}}$，所以上式又可改写为

$$p=-\rho u\omega A\sin\left(t-\frac{x}{u}\right)=-p_{\mathrm{m}}\sin\left(t-\frac{x}{u}\right) \tag{11-6-2}$$

式中 p_{m} 为声压振幅，且

$$p_{\mathrm{m}}=\rho u\omega A \tag{11-6-3}$$

(11-6-3)式表示声压振幅 p_{m} 与位移振幅 A 的关系，在声学工程中，讨论声压比讨论位移更为有用。

显然，声压 p 随空间位置和时间作周期性变化，并且与振动的速度同相位。即在位移最大处，声压为零；在位移为零处，声压最大。通常将介质密度 ρ 与声速 u 的乘积称为声阻抗或特征阻抗，用 Z 表示，即

$$Z=\rho u \tag{11-6-4}$$

声阻抗是一个重要的物理量，声阻抗大的介质称为波密介质，声阻抗小的介质称为波疏介质。声波在两种不同介质的分界面上反射和折射时，反射波和折射波的能量分配就是由这两种介质的声阻抗来决定的。

(3) 声强和声强级

声波的平均能流密度称为声强，对简谐声波，由(11-5-17)式可知其声强为

$$I=\frac{1}{2}\rho uA^2\omega^2=\frac{1}{2}\frac{p_{\mathrm{m}}^2}{\rho u}=\frac{1}{2}\frac{p_{\mathrm{m}}^2}{Z} \tag{11-6-5}$$

由此式可知，声强与频率的平方、振幅的平方成正比。显然，频率越高越容易获得较大的声强。辐射同样功率的高频发声器，尺寸可以较小，以致单位面积上所发射的功率(即声强)较大。另外，因为高频声波易于聚焦，可以在焦点处获得极大的声强。

引起人的听觉的声波，不仅有一定的频率范围，还有一定的声强范围。能够引起人的听觉的声强范围为 $10^{-12}\sim 1\,\mathrm{W/m^2}$。声强太小，不能引起听觉；声强太大，将引起痛觉。能够引

起听觉的最低声强(10^{-12}W/m^2)称为听觉域；高于上限的声强也不能引起听觉，而太高只能引起痛觉，这一声强的上限值(1W/m^2)称为痛觉域。

由于可闻声强的数量级相差悬殊，通常用声强级来描述声波的强弱。规定声强 $I_0 = 10^{-12}$W/m^2 作为测定声强的标准，某一声强 I 的声强级用 L 表示，定义为

$$L = \lg \frac{I}{I_0} \tag{11-6-6}$$

声强级的单位为 B(贝尔)。实际上，贝尔这一单位太大，通常以 dB(分贝)为单位。1 B = 10 dB。这样，(11-6-6)式可表示为

$$L = 10\lg \frac{I}{I_0}(\text{dB}) \tag{11-6-7}$$

此外，声音响度是人对声音强度的主观感觉，它与声强级有一定的关系，声强级越大，人感觉越响。表 11-2 给出了常遇到的一些声音的声强、声强级和响度。

表 11-2　一些声音的声强、声强级和响度

声　源	I/W · m^{-2}	L/dB	响度
聚焦超声波	10^9	210	震耳
喷气飞机起飞	10^3	150	
炮声、摇滚乐	1	120	
痛觉域	1	120	
雷声、炮声、铆钉锤	10^{-1}	110	极响
锅炉	10^{-2}	100	
警笛	10^{-4}	80	响
闹市(平均)	10^{-5}	70	
工厂(平均)	10^{-6}	60	正常
交谈(平均)	10^{-7}	50	
收音机(平均)	10^{-8}	40	轻
交谈(轻)	10^{-10}	20	
细语、树叶抖动	10^{-11}	10	极轻
听觉域	10^{-12}	0	

通常，声波是由振动的弦线(如提琴弦线、人的声带等)、振动的空气柱(如风琴管、单簧管等)、振动的板与振动的膜(如鼓、扬声器等)等产生的机械波。近似周期性或者少数几个近似周期性的波合成的声波，如果强度不太大时会产生愉快悦耳的乐音；如果波形不是周期性或者是由个数很多的一些周期波合成的声波，听起来就是噪声。

【例 11-9】　歌手在露天舞台上演唱，某观众与歌手相距 r_1，另一位观众与歌手相距 $r_2 =$

$3r_1$，则两位观众听到的声音的声强级相差多少？

解 设 I_1 和 I_2 分别为声音传到 r_1 和 r_2 处的声强，则两位观众听到的声强级差为

$$\Delta L = L_2 - L_1 = 10\lg\frac{I_2}{I_0} - 10\lg\frac{I_1}{I_0} = 10\lg\frac{I_2}{I_1}$$

歌手演唱产生的是球面波，其振幅与距离成反比，即有

$$\frac{A_2}{A_1} = \frac{r_1}{r_2}$$

又对于球面波，波的强度与振幅的平方成正比，所以有

$$\frac{I_2}{I_1} = \frac{A_2^2}{A_1^2} = \frac{r_1^2}{r_2^2}$$

因此

$$\Delta L = 10\lg\frac{r_1^2}{r_2^2} = 20\lg\frac{r_1}{r_2} = 20\lg\frac{1}{3} = -9.5\ \text{dB}$$

结果表明，距离增加了 2 倍，声强级衰减了 9.5 dB。

大量实验表明，如果声强级增加 10 dB 左右，则声音听上去几乎比原来响一倍。可见，本例中两位观众听到的歌声响度相差近一倍。

2. 超声波和次生波

(1) 超声波

超声波的特点是频率高，波长短，通常情况下衍射不显著，因而具有良好的定向传播特性，也易于聚焦。超声波的频率可以高到 $10^8 \sim 10^{12}$ Hz，相当于电磁波谱的微波频段，因而其声强比一般声波大得多，用聚焦方法可以获得声强高达 $10^9\ \text{W/m}^2$ 的超声波。超声波的穿透本领也很大，特别是在液体、固体中传播时，衰减很小。在不透明的固体中，能穿透几十米的厚度。超声波的这些特性，在工程技术上得到了广泛应用。利用超声波的定向发射性质，例如，声波雷达——声呐，可以探测出潜艇的方位和距离。声呐技术还可以测量海洋深度、海水流速和温度，探测海底地貌和鱼群等。超声波的能量大而且集中，所以也可以用来切削、焊接、钻孔、清洗机件，可以用来处理种子和促进化学反应等。

超声波遇到杂质或介质分界面时有显著的反射，可以用来探测工件内部的缺陷。超声探伤仪的优点是不损伤工件，而且由于穿透力强，因而可以探测大型工件，如用于探测万吨水压机的主轴和横梁等。此外，在医学上可用来探测人体内部的病变，如“B 超”仪就是利用超声波来显示人体内部结构的图像。

(2) 次声波

次声波又称亚声波，次声波的突出特点是频率低、波长长、衰减极小，能够远距离传播。目前，人类所接触的次声波的最低频率可达 10^{-4} Hz。空气对声波的吸收是随频率的升高而增加。例如，1 000 Hz 的声波的能量传播 7 km 后仅由于吸收就损失了 90%，而 20 Hz 的声波的能量大约在传播 100 km 后才被吸收 90%，所以人耳一般只能听到几十千米以内的声音。至于次声波，1 Hz 的次声波能量传播 3 000 km 才被吸收 90%，0.01 Hz 的次声波要绕地球一周才

被吸收 90%。次声波在大气中传播几千千米后，吸收还不到万分之几分贝。因此对它的研究和应用将受到越来越多的重视，目前已形成现代声学的一个新分支——次声学。

次声波与地球、海洋和大气等大规模运动有密切关系。在火山爆发、地震、陨石坠落、大气湍流、雷暴、磁暴等自然现象中都有次声波产生。例如，龙卷风是激烈旋转的空气柱，从地面上接云端。龙卷风旋涡直径一般在几十米到几百米，风速可达 100~150 m/s。观察到的与龙卷风相应的次声波，其周期近似为 1 s。台风是一种旋转并移动的热带气旋，台风旋涡的直径一般达几百千米，中间是风眼，其眼壁直径可达数十千米，风眼中波浪互相叠加，发出的声波周期在 4~8 s 之间。次声波已成为研究地球、海洋、大气等大规模运动的有力工具。

二、地震波

地震是地球内部介质局部发生急剧的破裂，产生地震波，从而在一定范围内引起地面振动的现象。它就像刮风、下雨和闪电一样，是地球上经常发生的一种自然现象。大地的振动是地震最直观、最普遍的表现，在海底或滨海地区发生的强烈地震，还能引起巨大的波浪，称为海啸。地震是极其频繁的，全球每年发生地震约 500 万次，但绝大多数不能被人感知，只能由地震仪记录到，只有少数(几十次)地震造成或大或小的灾难。

地球内部介质破裂的位置称为震源，是地震波的波源，一般位于地下几千米到几百千米处。震源在地面上的垂直投影称为震中，是地面上离震源最近的一点，也是接收振动最早的部位。震源至震中的距离称为震源深度，目前观测到的最深的地震震源深度是 720 km。对于同样大小的地震，由于震源深度不一样，对地面造成的破坏程度也不一样。震源越浅，破坏越大，但波及范围也越小，反之亦然。

地震波是由震源发出的在地球介质中传播的机械波。地震发生时，震源区的介质发生急速的破裂和运动，形成一个波源。由于地球介质的连续性，这种波动就向地球内部及表层各处传播。地震波在地球内部有两种形式：纵波和横波(推进波和剪切波)，它们被地震学家分别称 P 波(首波 Primary 或压缩波 Pressure)和 S 波(次波 Secondary 或剪切波 Shear)。P 波的传播速度较快，从地壳内到地幔深处为 5~14 km/s，首先到达震中；S 波的传播速度较慢，为 3~8 km/s，第二个到达震中。两种波速的差异可用来计算震源的位置。在震中区，P 波使地面上下振动，破坏性较弱；S 波使地面水平晃动，破坏性较强。由于 P 波传播速度较快，衰减也较快；S 波传播速度较慢，衰减也较慢。因此离震中较远的地方，往往感觉不到上下振动，但能感到水平晃动。P 波和 S 波在地表相遇时会产生沿地表传播的表面波，它是由纵波与横波产生的混合波，简称面波。面波的波长较长、振幅大，只能沿地表表面传播，是造成建筑物强烈破坏的主要因素。面波也有两种形式，一种是扭曲波，使地表发生扭曲，振动只发生在水平方向上，没有垂直分量，称为勒夫波(Love wave)；另一种使地表上下波动，称为瑞利波(Rayleigh wave)，又称为地滚波。

P 波、S 波及面波的到达可以用地震仪在不同时刻记录下来，如图 11-6-1 所示。另外，P 波传到地球表面还会折射到大气中去，如果其频率在可闻声波的频率之内(20~20 000 Hz)，人耳就可能听到地震波运行时的轰鸣声——地声。在波动频率低于 20 Hz 时，人们将只感觉到地面振动而听不到地震波运行的声音。

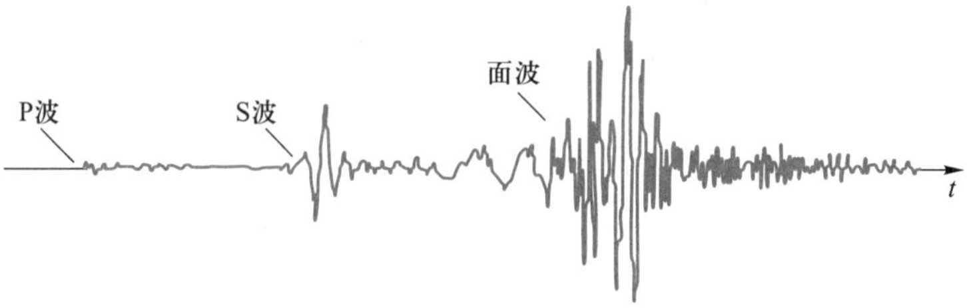

图 11-6-1 地震仪记录的地震波类型(纵波、横波、面波)

地震波的振幅可以大到几米(例如：1976 年的唐山 7.8 级大地震，地表起伏可达 1 m 多；2008 年的汶川 8.0 级巨大地震，地表起伏最大可达 6 m 多)，因而可以造成巨大灾害。地震释放的能量 E 通常用里氏地震震级 M 表示，它们之间的关系是

$$M = 0.67\lg E - 2.9 \tag{11-6-8}$$

例如，一次里氏 7 级地震释放的能量约为 10^{15} J，这大约相当于百万吨级氢弹爆炸所放出的能量。

对地震波的详细分析可以推知它们传播所经过的介质分布情况。目前对地球内部结构的认识几乎全部来自对地震波的分析。人造地震可以帮助了解地壳内地层的分布，它是石油和天然气勘探的一种重要手段。此外，对地震波的分析也是检测地下核试验的一种可靠方法。

第 7 节 波的衍射和波的干涉

一、惠更斯原理和波的衍射

波在各向同性的介质中以直线传播，波在传播时波面的形状保持不变。但实际上波在传播过程中经常会遇到不同的介质和障碍物，波在介质的界面上反射和折射或绕过障碍物后，波面的形状和波的传播方向都会发生变化。如何确定波面的形状和波的传播方向？荷兰物理学家惠更斯(Huygens)提出的惠更斯原理解决了这个问题。

1. 惠更斯原理

某一时刻，同一波面上的各点都可以看作是产生子波的波源，其后任一时刻，这些子波源发出的波面的包络面就是新的波面。这就是惠更斯原理。

根据惠更斯原理，设波在各向同性介质中以速度 u 传播，如图 11-7-1(a)所示，若波面在 t 时刻为一平面 S_1，该波面上的各点就是产生子波的波源，在 $t+\Delta t$ 时刻，这些子波波面的包络面就是新的波面 S_2，显然波面 S_2 也是一个平面。如图 11-7-1(b)所示，若波面在 t 时刻是半径为 R_1 的球面 S_1，波面 S_1 上各点产生的子波面是以 S_1 上各点为中心，$r=u\Delta t$ 为半径的球面。从这些子波面的包络面就可得到在 $t+\Delta t$ 时刻的新的波面 S_2。显然，波面 S_2 就是以 $R_2=u(t+\Delta t)$ 为半径的球面。

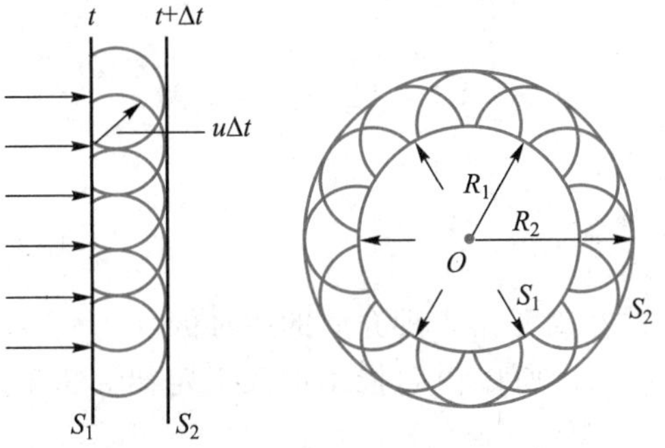

(a) 平面波　　(b) 球面波

图 11-7-1　惠更斯原理示意图

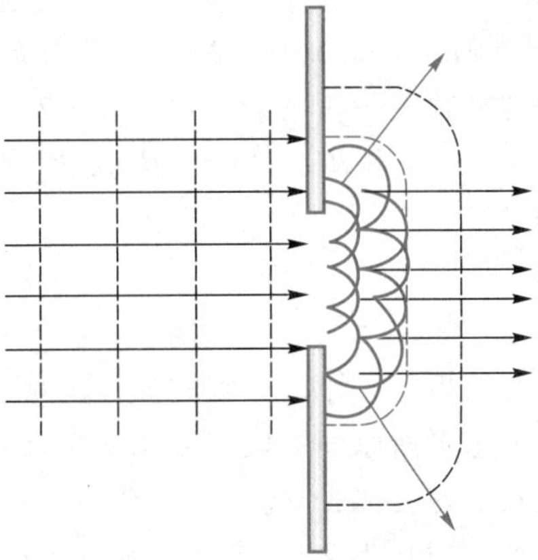

图 11-7-2　波的衍射

2. 波的衍射

波在传播过程中遇到障碍物时，其传播方向会绕过障碍物发生偏转，这种现象称为波的衍射。如图 11-7-2 所示，根据惠更斯原理，当平面波入射到一个平行于波面的有缝障碍物时，缝中波面上的各点可作为新的子波源发出球面波，而这些子波的包络面就是新的波面。可以看到新的波面不再是平面，其波面的形状和波的传播方向都发生了很大变化，波会偏离直线传播区域，而进入几何阴影区。这就是衍射现象。例如，隔墙不见人，但可闻其声，这便是声波的衍射所致。

衍射现象是波动的一个重要特征。衍射现象的显著与否取决于波长和障碍物的尺寸大小。当波长远小于障碍物的线度时，衍射现象不明显；而当波长与障碍物的线度差不多，或波长更长时，才会有明显的衍射现象。

3. 波的反射与折射

当波从一种介质入射到另一种介质时，在两种介质的分界面上，传播方向将发生改变。如图 11-7-3 所示，入射角为 i 的平面波的一部分由界面反射回介质 1 中，形成反射波：另一部分穿过界面进入介质 2 中，形成折射波，这就是波的反射和折射现象。

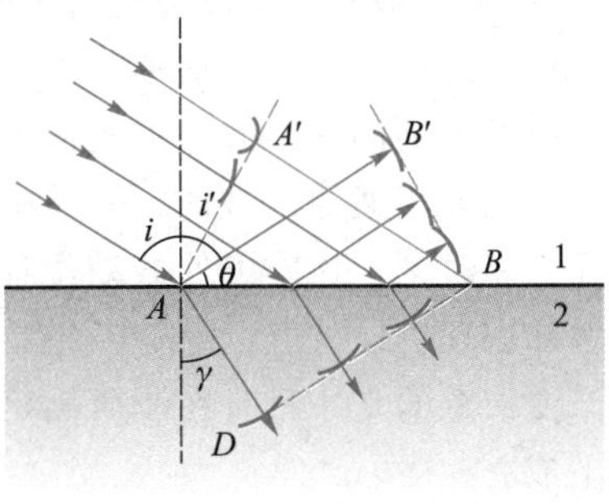

图 11-7-3　波在两种介质分界面上的反射和折射

根据惠更斯原理，图 11-7-3 中某 t 时刻波面 AA' 上 A' 点发出的子波经 Δt 时刻到达 B 点，而 A 点发出的子波，一部分形成反射波，经 Δt 时刻到达 B' 点，包络面 BB' 即为新的反射波面。因在同种介质中波速相同，$A'B=B'A=u_1\Delta t$，所以三角形 ABA' 与三角形 BAB' 全等，从而得

$$i=i' \qquad (11-7-1)$$

即入射角等于反射角，这就是波的反射定律。

同时，当 A' 点发出的子波经 Δt 时刻到达 B 点时，A 点向介质 2 中发出的子波(折射波)经 Δt 时刻传到 D 点，$AD=u_2\Delta t$，包络面 BD 即 Δt 时刻后波传播到介质 2 中的新波面，折射线与界面法线夹角 γ 为折射角。由图 11-7-3 可知

$$A'B = B'A = AB\cos\theta = AB\sin i = u_1\Delta t,\qquad AD = AB\sin\gamma = u_2\Delta t$$

从而得

$$\frac{\sin i}{\sin\gamma}=\frac{u_1}{u_2}=n_{21}\tag{11-7-2}$$

这就是波的折射定律，式中的 n_{21} 称为第 2 种介质相对于第 1 种介质的相对折射率。

因为惠更斯原理对机械波和电磁波都是适用的，所以由它推出的反射定律和折射定律对机械波和电磁波都成立。

另外，(11-7-2)式表明，在 $u_1<u_2$ 时，$i<\gamma$。若增大 i，则 γ 随之增大。当 i 增大到某一特定值 $i_{临}$ 时，会有 $\gamma=\dfrac{\pi}{2}$。若 i 再增大，则折射波消失，入射波全部反射，这种现象称为全反射。由(11-7-2)式有

$$\sin i_{临}=\frac{u_1}{u_2}\sin\frac{\pi}{2}=\frac{u_1}{u_2}=n_{21}$$

得全反射条件为

$$i>i_{临}=\arcsin\frac{u_1}{u_2}\tag{11-7-3}$$

当 $u_1<u_2$ 时，有可能发生全反射。

二、波的干涉

前面我们讨论了一列波在弹性介质中的传播规律，下面将在波的叠加原理的基础上讨论两列或两列以上的波在介质的同一区域相遇时，介质中各质点的振动情况和波的传播规律：

1. 波的叠加原理

当几列波在同一介质中传播时，每一列波不受同时存在的其他波的影响，各自保持原有特性(频率、波长、振动方向等)继续沿原来的传播方向前进，好像在各自的传播过程中，并没有遇到其他波一样，这称为波传播的独立性。因此我们在听交响乐时，众多不同的乐器同时演奏发出不同的声波，但我们还是可以分辨出各种乐器的音调。

而在波相遇的区域内，介质中任一质点的振动为各列波单独在该点所引起振动的合振动，即在任一时刻，该质点的振动位移是各个波在该点所引起的位移的矢量和。这一规律称为波的叠加原理。

要注意的是，只有在波所满足的波动方程是线性方程时，叠加原理才成立，否则叠加原理不成立。

2. 波的干涉与相干条件

当两列波同在某一区域传播时，会使空间某些点的振动始终较强，而另一些点的振动始

终减弱，甚至静止不动，如图 11-7-4 所示，在波的重叠区域会呈现出有规则的稳定分布的现象。这种现象称为波的干涉。

（1）波的相干条件

一般来说，两个或两个以上的波列在介质中相遇叠加时，其叠加结果比较复杂，并不一定会形成干涉现象。要产生干涉现象必须满足一定的条件：相遇的两列波频率相同，振动方向相同(至少要有平行分量)，并且在相遇区域各点两列波的相位差保持恒定不变。这就是波的相干条件，满足相干条件的两列波称为相干波，相应的波源称为相干波源。相干波的振幅相同时，干涉最明显。

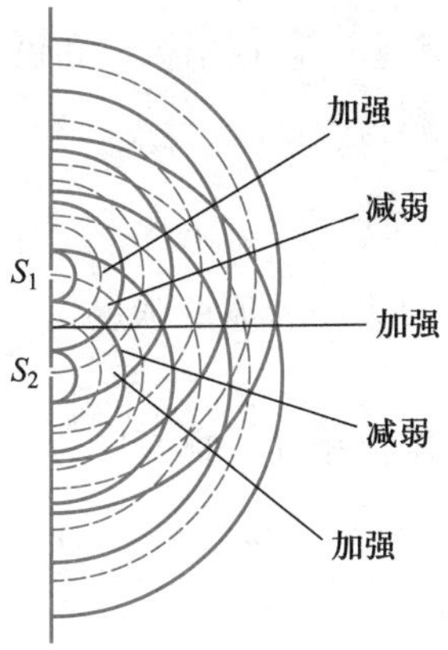

图 11-7-4　两列相干波的干涉图样

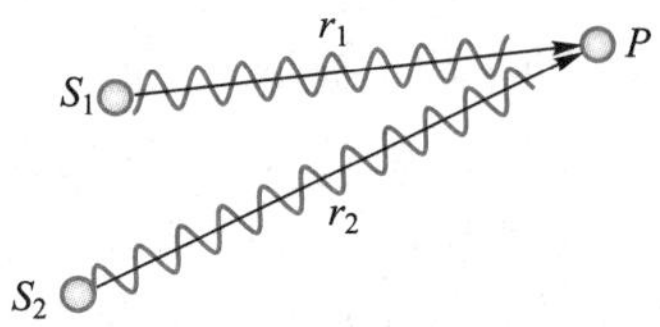

图 11-7-5　两列波在点 P 处的干涉

（2）干涉的极大与极小

如图 11-7-5 所示，设有两个相干波源 S_1 和 S_2，其振动方程分别为

$$y_{S_1}=A_1\cos(\omega t+\varphi_1),\qquad y_{S_2}=A_2\cos(\omega t+\varphi_2)$$

两波源传出的波在点 P 处相遇，在点 P 处产生的振动分别为

$$y_{P_1}=A_1\cos\left(\omega t+\varphi_1-\frac{2\pi}{\lambda}r_1\right),\qquad y_{P_2}=A_2\cos\left(\omega t+\varphi_2-\frac{2\pi}{\lambda}r_2\right)$$

式中 r_1 和 r_2 为两波源到点 P 的距离。两列波在点 P 处产生的振动为同方向、同频率的简谐振动，根据叠加原理，其合成后仍然是一简谐振动。即点 P 的振动为

$$y_P=y_{P_1}+y_{P_2}=A\cos(\omega t+\varphi)\tag{11-7-4}$$

根据(11-2-1)式和(11-2-2)式，上式中合振动的振幅为

$$A=\sqrt{A_1^2+A_2^2+2A_1A_2\cos\left[(\varphi_2-\varphi_1)-\frac{2\pi}{\lambda}(r_2-r_1)\right]}\tag{11-7-5}$$

(11-7-4)式中合振动的初相位满足

$$\tan\varphi=\frac{A_1\sin\left(\varphi_1-\dfrac{2\pi r_1}{\lambda}\right)+A_2\sin\left(\varphi_2-\dfrac{2\pi r_2}{\lambda}\right)}{A_1\cos\left(\varphi_1-\dfrac{2\pi r_1}{\lambda}\right)+A_2\cos\left(\varphi_2-\dfrac{2\pi r_2}{\lambda}\right)}\tag{11-7-6}$$

因简谐波的强度与振幅的平方成正比，所以合振动的振幅和波强大小取决于相位差，即

$$\Delta\varphi=(\varphi_2-\varphi_1)-\frac{2\pi}{\lambda}(r_2-r_1) \tag{11-7-7}$$

（1）当 $\Delta\varphi=2k\pi(k=0,\ \pm1,\ \pm2,\ \cdots)$ 时，合振动的振幅最大，波强最强，$A=A_1+A_2$，称为干涉极大。

（2）当 $\Delta\varphi=(2k+1)\pi(k=0,\ \pm1,\ \pm2,\ \cdots)$ 时，合振动的振幅最小，波强最弱，$A=|A_1-A_2|$，称为干涉极小。

（3）如果两波源的初相位相同，即 $\varphi_1=\varphi_2$，则相位差为

$$\Delta\varphi=-\frac{2\pi}{\lambda}(r_2-r_1)=-\frac{2\pi}{\lambda}\Delta r$$

式中 $\Delta r=r_2-r_1$ 称为波程差。这时的相位差只取决于波程差，而振幅极大和极小的条件为

$$\Delta r=\begin{cases}k\lambda & \text{极大}\\ \left(k+\dfrac{1}{2}\right)\lambda & \text{极小}\end{cases}$$

式中 $k=0,\ \pm1,\ \pm2,\ \cdots$。由此可确定空间各点合振幅的大小和波的强度，从而得到波的强度在空间的分布——干涉现象。

【例 11-10】 两个相干波源 S_1 和 S_2 相距 5m，其振幅相等，频率均为 100 Hz，相位差为 π。若波速为 400 m/s，求 S_1、S_2 之间干涉极小的各点位置。

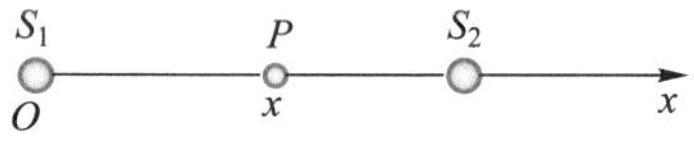

图 11-7-6 例 11-10 图

解 如图 11-7-6 所示，设以 S_1 为坐标原点，S_1S_2 方向为 x 轴正向，两个波在波源的振动方程为

$$y_{S_1}=A\cos\omega t,\qquad y_{S_2}=A\cos(\omega t+\pi)$$

在 S_1 和 S_2 之间任取一点 P，其坐标为 x，则两列波在点 P 处引起的振动位移分别为

$$y_{P_1}=A\cos\omega\left(t-\frac{x}{u}\right),\qquad y_{P_2}=A\cos\left[\omega\left(t-\frac{5-x}{u}\right)+\pi\right]$$

则它们的相位差为

$$\Delta\varphi=\varphi_2-\varphi_1=\pi-\omega\left(\frac{5-x}{u}-\frac{x}{u}\right)=\pi-2\pi\nu\left(\frac{5-x}{u}-\frac{x}{u}\right)$$

由振幅极小的条件 $\Delta\varphi=(2k+1)\pi\quad k=0,\ \pm1,\ \pm2,\ \cdots$，可得

$$\pi-2\pi\nu\left(\frac{5-x}{u}-\frac{x}{u}\right)=(2k+1)\pi$$

代入频率和波速的数值，得到

$$x=(2k+1)+1.5\ (\mathrm{m})$$

当 $k=-1$ 时，$x=0.5$ m；当 $k=0$ 时，$x=2.5$ m；当 $k=1$ 时，$x=4.5$ m，符合题意。所以 S_1、S_2 之间干涉极小的各点位置在点 $x=0.5$ m、2.5 m、4.5 m 处。

三、驻波

1. 驻波的形成

当两列振幅相同的相干波在同一直线上沿相反方向传播时，在相遇的区域叠加后就会形

成驻波。如图 11-7-7 所示，把一根绳线的一端固定，另一端与一个机械振动相连，当振动源开始振动时，在绳线上形成从左向右的入射波，入射波沿绳线传到右端并在固定点处产生反射波。入射波和反射波在同一绳线上沿相反方向传播，频率合适时，它们相互叠加形成如图 11-7-7 所示的稳定波形。绳上有的地方振幅最大，有的地方振幅为零，波形不“跑动”，这种波就称为驻波。

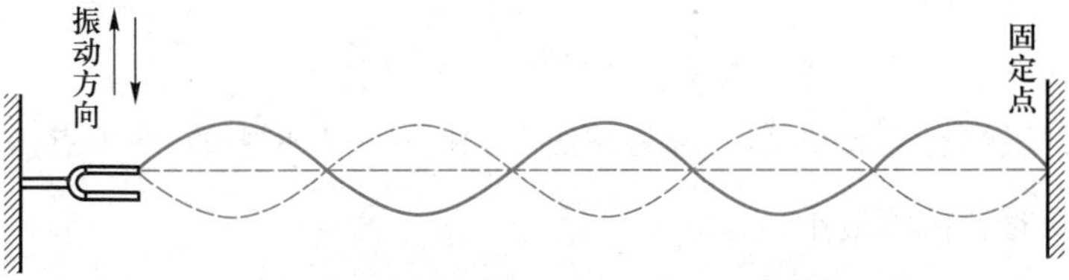

(a) 示意图

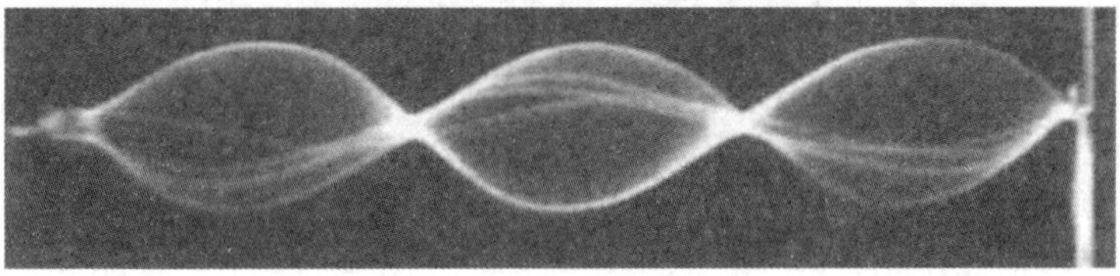

(b) 弦驻波实验图

图 11-7-7　驻波图示

设有频率、振幅和振动方向均相同的两列相干波，一个沿 x 轴正向传播，表示为

$$y_1 = A\cos\left(\omega t - \frac{2\pi x}{\lambda}\right)$$

另一个沿 x 轴负向传播，表示为

$$y_2 = A\cos\left(\omega t + \frac{2\pi x}{\lambda}\right)$$

叠加后的合成波为

$$\begin{aligned} y = y_1 + y_2 &= A\cos\left(\omega t - \frac{2\pi x}{\lambda}\right) + A\cos\left(\omega t + \frac{2\pi x}{\lambda}\right) \\ &= 2A\cos\frac{2\pi x}{\lambda}\cos\omega t \end{aligned} \tag{11-7-8}$$

上式就是驻波的表达式——驻波方程。

2. 驻波的特征

由驻波的表达式(11-7-8)可以看出，各点都以角频率 ω 作简谐振动，但振幅不是常量，而是一个与位置 x 有关的函数。它不表示行波，只表示各点均在作频率相同的简谐振动，但振幅不同。下面对驻波的振幅特点和相位特征分别进行讨论。

(1) 驻波的波腹与波节

(11-7-8)式中 $2A\cos\frac{2\pi x}{\lambda}$ 的绝对值就是驻波的振幅，它与时间无关，但与空间位置有关，

不同 x 处，质点的振幅各不相同。

当 $\left|\cos\frac{2\pi x}{\lambda}\right|=1$ 时，振幅最大，这时有

$$\frac{2\pi x}{\lambda}=k\pi \quad (k=0,\ \pm1,\ \pm2,\cdots)$$

即

$$x=k\frac{\lambda}{2} \quad (k=0,\ \pm1,\ \pm2,\cdots) \tag{11-7-9}$$

满足上式的质点，振幅有最大值 $2A$，称为波腹，如图 11-7-8 中的 a、b 点。

当 $\cos\frac{2\pi x}{\lambda}=0$ 时，振幅最小，这时有

$$\frac{2\pi x}{\lambda}=(2k+1)\frac{\pi}{2} \quad (k=0,\ \pm1,\ \pm2,\cdots)$$

即

$$x=(2k+1)\frac{\lambda}{4} \quad (k=0,\ \pm1,\ \pm2,\cdots) \tag{11-7-10}$$

满足上式的质点，振幅为零，称为波节，如图 11-7-8 中的 x_1、x_2、x_3 点。

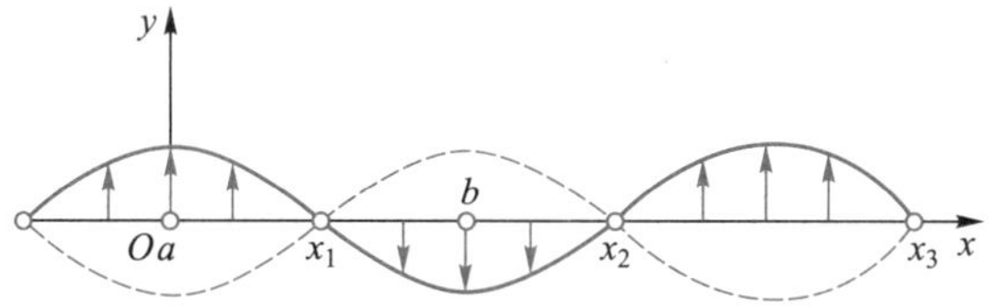

图 11-7-8　驻波的波腹波节及相位分布

由(11-7-9)式和(11-7-10)式可知，两相邻的波腹(或波节)之间的距离为半波长$\frac{\lambda}{2}$，而相邻的波腹和波节之间的距离为$\frac{\lambda}{4}$

(2) 驻波的相位

驻波的表达式(11-7-8)中与时间有关的振动因子 $\cos\omega t$ 在相同时刻不会带来相位的不同，但系数 $2A\cos\frac{2\pi x}{\lambda}$在 x 值不同时是有正有负的。把相邻两个波节之间的各点分为一段，如图 11-7-8 中的 $x_1\sim x_2$ 之间和 $x_2\sim x_3$ 之间，这两段的 x 值范围分别为$\frac{\lambda}{4}<x<\frac{3\lambda}{4}$和$\frac{3\lambda}{4}<x<\frac{5\lambda}{4}$。由余弦函数的取值规律可知，在相邻两波节之间的所有质点，振幅中的 $\cos\frac{2\pi x}{\lambda}$的值有相同的符号，而对于在某一波节两侧的质点(如图 11-7-8 中点 x_2 左、右两侧的点)，则符号相反。因此，我们说驻波中相邻两波节之间各点的振动相位相同，一波节两侧各点的振动相位相反。

(3) 驻波的能量

由于形成驻波的两列相干波的振幅相等、传播方向相反，因此它们的平均能流密度大小

相等、方向相反，驻波的总平均能流密度为零，所以驻波不传播能量。

进一步的分析发现：当介质中除波节外各点的位移同时达到最大值时，其振动速度都为零，因而各质点的动能都为零，而这时介质有最大的弹性形变，因此这时质点的全部能量都是势能。由于在波腹附近的相对形变为零，所以势能为零；而在波节附近的相对形变最大，所以势能最大。因此，驻波的势能集中在波节附近。

而当驻波中所有质点同时达到平衡位置时，介质中各质元的形变都为零，所以各质元的势能都为零，即此时驻波的全部能量都是动能。这时在波节处质点的速度为零，动能为零；而在波腹处的质点的速度最大，动能最大。因此，驻波的动能集中在波腹附近。

因此，在整个振动过程中，驻波的动能和势能不断转换。在转换过程中，能量由波腹附近转移到波节附近，再由波节附近转移到波腹附近。波节始终不动，能量不能经它们向外传播，所以驻波在振动过程中没有能量的定向传播。

3. 半波损失

在实际中往往通过入射波和反射波的叠加来形成驻波。如图 11-7-7 所示，由于反射点是固定点，在该处形成驻波的一个波节，这说明入射波和反射波在反射点的相位相反，也可认为反射波与入射波之间有 π 的相位突变。这等价于反射波多走(或少走)了半个波长的波程。这种现象称为半波损失。

入射波在两种介质的分界面上反射时是否会发生半波损失，取决于介质的密度 ρ 与波速 u 的乘积。ρu 较大的为波密介质，ρu 较小的为波疏介质。实验表明在波垂直入射的情况下，当波从波疏介质入射到波密介质时，反射波有半波损失；当波从波密介质入射到波疏介质时，反射波无半波损失。半波损失不仅存在于机械波的反射中，也存在于电磁波的反射中。

【例 11-11】 一列沿 x 轴正向传播的平面简谐波为 $y=A\cos(\omega t-kx)$，如图 11-7-9 所示，在距坐标原点 O 为 $x_0=4\lambda$ 处被一垂直面反射，若反射点为固定端，求：(1) 反射波的波函数；(2) 驻波的波函数；(3) 原点 O 到点 x_0 之间的各个波节和波腹的位置。

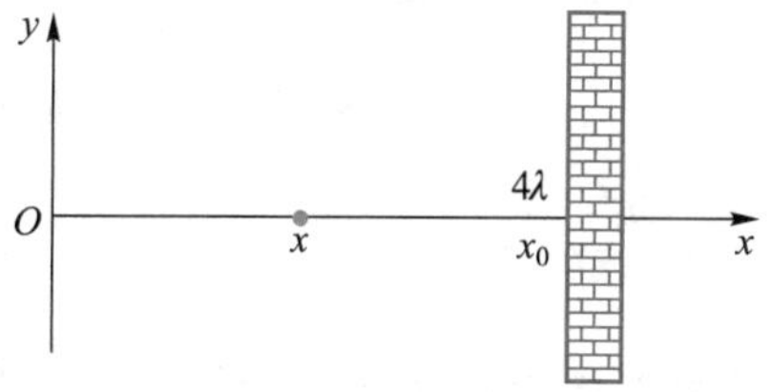

图 11-7-9　例 11-11 图

解　(1)解法一　根据入射波的波函数，并考虑反射面处的半波损失，得反射波在点 x_0 处的振动表达式，即

$$y_1 = A\cos(\omega t - kx_0 + \pi)$$

则任意一点 x 处反射波的波函数为

$$y_{反} = A\cos[\omega(t-\Delta t) - kx_0 + \pi] = A\cos\left[\omega\left(t - \frac{x_0 - x}{u}\right) - kx_0 + \pi\right]$$

$$= A\cos(\omega t + kx - 15\pi) = A\cos(\omega t + kx - \pi)$$

解法二　入射波经反射后再回到任意点 x 处，所需时间为

$$\Delta t = 2\,\frac{x_0 - x}{u}$$

得到反射波的波函数为

$$y_{反} = A\cos[\omega(t - \Delta t) - kx + \pi] = A\cos\left[\omega\left(t - 2\frac{x_0 - x}{u}\right) - kx + \pi\right]$$

$$= A\cos(\omega t + kx - 15\pi) = A\cos(\omega t + kx - \pi)$$

（2）驻波的波函数为

$$y = y_{入} + y_{反} = A\cos(\omega t - kx) + A\cos(\omega t + kx - \pi) = 2A\cos\left(kx - \frac{\pi}{2}\right)\cos\left(\omega t - \frac{\pi}{2}\right)$$

（3）波节的位置应满足

$$\cos\left(kx - \frac{\pi}{2}\right) = 0$$

得到

$$x = \frac{n\pi}{k} = \frac{n\lambda}{2} \quad (n = 0,\ \pm 1,\ \pm 2, \cdots)$$

在原点 O 到点 x_0 之间有

$$x = 0,\ \frac{\lambda}{2},\ \lambda,\ \cdots,\ 4\lambda$$

波腹的位置应满足

$$\left|\cos\left(kx - \frac{\pi}{2}\right)\right| = 1$$

得到

$$x = \frac{(2n + 1)\pi}{2k} = (2n + 1)\frac{\lambda}{4} \quad (n = 0,\ \pm 1,\ \pm 2, \cdots)$$

在原点 O 到点 x_0 之间有

$$x = \frac{\lambda}{4},\ \frac{3\lambda}{4},\ \frac{5\lambda}{4},\ \cdots,\ \frac{15\lambda}{4}$$

4. 弦线上的驻波

驻波现象有很多实际的应用。例如，将一根弦线两端拉紧固定，当拨动弦线时，弦线中产生来回传播的波，叠加后形成驻波。由于两端固定，所以固定端点必是波节，因此驻波的波长必须满足下列条件：

$$L = n\frac{\lambda}{2} \quad (n = 1,\ 2,\ \cdots)$$

若用 λ_n 和 ν_n 表示与某一 n 值对应的波长和频率，设弦线中的波速为 u，则

$$\lambda_n = \frac{2L}{n} \tag{11-7-11}$$

$$\nu_n = n\frac{u}{2L} \tag{11-7-12}$$

也就是说，只有波长和频率满足上述条件才能在弦上形成驻波，其波长和频率的值是不连续的，即是“量子化”的。

满足(11-7-12)式的频率称为弦振动的本征频率，各频率对应的驻波称为简正模式(见图 11-7-10)。其中，最低频率 ν_1 称为基频，其他较高的 ν_2，ν_3，…称为二次、三次、……谐频。简正模式所对应的频率反映了系统的固有频率特性，如果外界驱动源的频率与系统的某个简正模式的频率相同或相近，则系统将被激发，产生振幅很大的驻波，这种现象也称为共振。

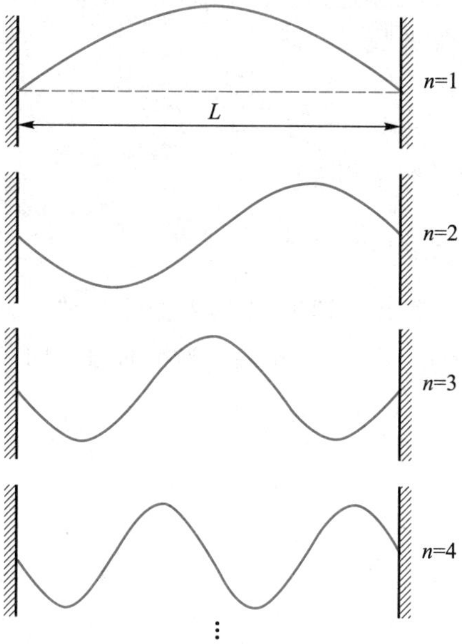

图 11-7-10 简正模式

第 8 节 多普勒效应

机械波的传播需要介质。在前面机械波的讨论中，隐含一个前提条件，即波源和接收器相对于介质都是静止的，所以波的频率和波源的振动频率相同，接收器收到的频率与波的频率相同，也与波源的频率相同。然而，实际中常会遇到波源或接收器相对于介质运动的情况，这时接收器接收到的频率就与波源的振动频率不一致。这种现象是由多普勒(J. C. Doppler)在 1842 年首先发现的，称为多普勒效应。例如，高速行驶的火车汽笛的音调，在列车迅速迎面而来时，我们听到的汽笛音调变高，而当列车迅速远离而去时，我们听到的音调变低，音调的高低变化即为声波频率的变化在人耳中的感知，这种现象就是声波的多普勒效应。下面讨论这一效应的规律。

一、声波的多普勒效应

为了简单起见，假定波源和接收器在同一直线上运动。波源相对于介质的运动速度用 v_S 表示，接收器相对于介质的运动速度用 v_R 表示，介质中的声波波速用 u 表示。波源的频率、接收器接收到的频率和波的频率分别用 ν_S、ν_R 和 ν 表示。在这里，应特别注意区别三者的意义：波源的频率 ν_S 是波源在单位时间内振动的次数；接收器接收到的频率 ν_R 是接收器在单位时间内接收到的完整波的个数；波的频率 ν 是单位时间内通过介质某点的完整波的个数，它等于波速 u 除以波长 λ。由于运动，这三个频率可能互不相同。下面分几种情况讨论。

1. 波源和接收器都相对于介质静止($v_S=0$，$v_R=0$)

若波源和接收器都相对于介质静止，则接收器在单位时间接收到的完整波的数目就应等于波源在单位时间发出的完整波的数目，即

$$\nu_R=\frac{u}{\lambda}=\nu_S \tag{11-8-1}$$

接收器收到的频率与波源的振动频率相等。

2. 波源相对于介质不动，接收器以速度 v_R 相对于介质运动($v_S=0$，$v_R\neq0$)

如图 11-8-1 所示，若接收器 R 以速度 v_R 向着静止的波源 S 运动，接收器在单位时间内接收到的完整波的个数应等于分布在 $u+v_R$ 距离内波的数目，即

$$\nu_R=\frac{u+v_R}{\lambda}=\frac{u+v_R}{\dfrac{u}{\nu}}=\frac{u+v_R}{u}\nu$$

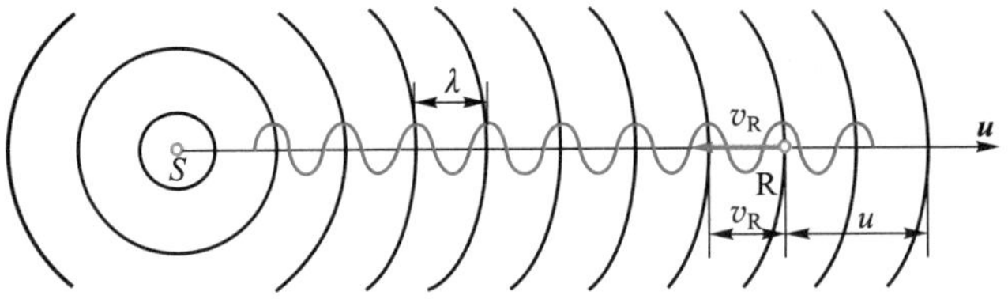

图 11-8-1　波源静止

式中 ν 是波的频率。由于波源相对于介质静止，所以波的频率就等于波源的频率，因此有

$$\nu_R=\frac{u+v_R}{u}\nu_S \tag{11-8-2}$$

这表明，当接收器向着静止的波源运动时，接收到的频率大于波源的振动频率，是波源振动频率的 $1+\dfrac{v_R}{u}$倍。

当接收器远离波源运动时，通过类似的分析，可得接收器接收到的频率为

$$\nu_R=\frac{u-v_R}{u}\nu_S \tag{11-8-3}$$

即此时接收到的频率低于波源的频率。当 $v_R=u$ 时，接收器所接收到的频率为零。即接收器与波相对静止时，接收的波数为零。

3. 波源相对于介质以 v_S 运动，接收器静止($v_S\neq0$，$v_R=0$)

因为波速 u 与波源的运动无关，当波源运动时，其振动频率不变。但由于波源在运动，

它所发出的两个同相位的振动状态是在不同地点发出的。如图 11-8-2 所示，如果波源是向着接收器 R 运动的，经 T_S 时间传播了一个完整的波形，同时波源位置由 S 点运动到 S'点，T_S 为波源的振动周期，S 和 S'这两个地点相隔的距离为 $v_S T_S$。由于波源的运动，在接收器看来，介质中的波长缩短了。若波源静止于介质中的波长为 λ_0($\lambda_0 = uT_S$)，则波源相对介质运动时，接收器感受到的波长为

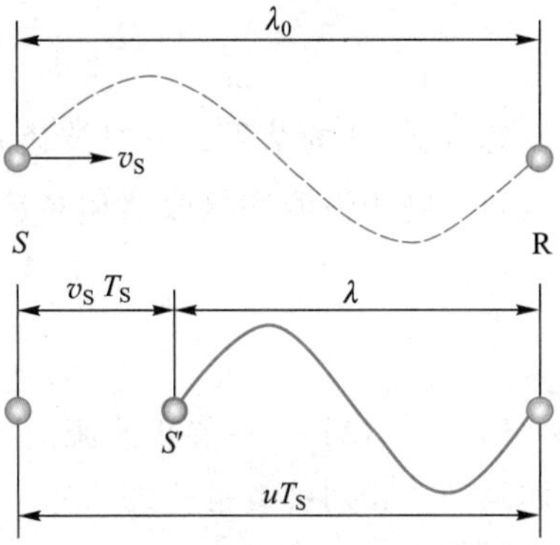

图 11-8-2　波源运动的多普勒效应

$$\lambda = \lambda_0 - v_S T_S = (u - v_S) T_S = \frac{u - v_S}{\nu_S}$$

相应的频率为

$$\nu_R = \frac{u}{\lambda} = \frac{u}{u - v_S}\nu_S \tag{11-8-4}$$

此时，接收器接收到的频率大于波源的频率。

若波源远离接收器运动，通过类似的分析，可得接收器接收到的频率为

$$\nu_R = \frac{u}{u + v_S}\nu_S \tag{11-8-5}$$

此时接收器接收到的频率低于波源的频率。

注意，当波源向着接收器运动时，若波源的速度 v_S 超过波速 u，则(11-8-4)式的计算结果为负值，失去意义。这时在任意时刻波源本身始终位于它所发出的波的前方，在波源前方不可能有任何波产生，这就是超波速运动现象。

如图 11-8-3 所示，当 $t=0$ 时，波源在 S_1 点发出一个波，在其后的 t 时刻的波阵面为半径等于 ut 的球面，但此时刻波源已经前进了 $v_S t$ 的距离到达点 S。在 t 时段内，波源发出的所有波的波前包络面形成一个圆锥面，这种波称为冲击波，这个圆锥面称为马赫锥，其半顶角满足

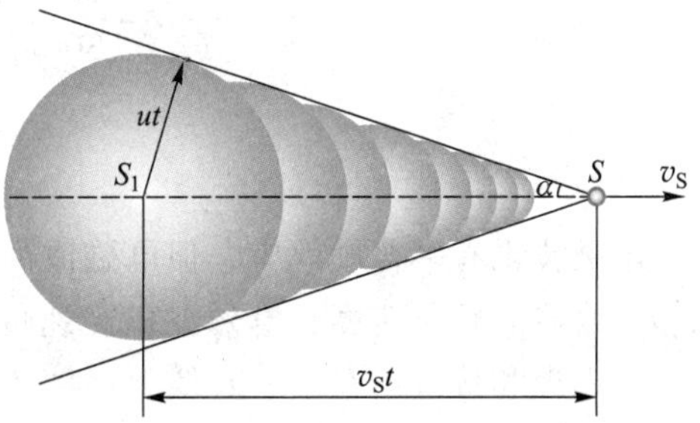

图 11-8-3　马赫锥

$$\sin\alpha = \frac{ut}{v_S t} = \frac{u}{v_S} \tag{11-8-6}$$

$\dfrac{v_S}{u}$通常称为马赫数，α 称为马赫角。锥面就是受扰动的介质和未受扰动的介质的分界面，在锥面两侧有着压强、密度和温度的突变。例如，飞机、炮弹等以超音速飞行，都会在空气中激起冲击波。冲击波面到达的地方，空气压强突然增大。过强的冲击波可使掠过地区的物体遭到损坏(如使玻璃窗碎裂等)，这种现象称为声暴。

类似的现象在水波中也可以看到。当船的航速超过水面上的水波速度时，在水面上激起以船头为顶端的 V 形波，这种波称为艏波。

4. 波源和接收器同时相对于介质运动($v_S \neq 0$, $v_R \neq 0$)

综合 2、3 的结果，若以波速 u 的方向为正方向，即取 u 为正，v_R 和 v_S 与 u 同向为正，反向为负，则当波源和接收器相对运动时，接收器接收到的频率为

$$\nu_R = \frac{u - v_R}{u - v_S}\nu_S \tag{11-8-7}$$

【例 11-12】 一静止波源向一飞机发射频率为 $\nu_S = 30$ kHz 的超声波，飞机以速率 v 远离波源运动。相对波源静止的观察者测得反射波的频率为 $\nu = 10$ kHz。已知声速大小 $u = 340$ m/s，求飞机的飞行速度。

解 飞机接收到的超声波频率为

$$\nu_{R1} = \frac{u - v}{u}\nu_S$$

飞机又作为“波源”反射频率为 ν_{R1} 的超声波。观察者接收到此反射波的频率为

$$\nu_R = \frac{u}{u + v}\nu_{R1} = \frac{u - v}{u + v}\nu_S$$

解得

$$v = \frac{\nu_S - \nu_R}{\nu_S + \nu_R}u = \frac{30\ 000 - 10\ 000}{30\ 000 + 10\ 000} \times 340\ \text{m/s} = 170\ \text{m/s}$$

二、电磁波的多普勒效应

电磁波也有多普勒效应，但电磁波的传播不依赖于任何介质，因此接收的频率取决于光源和接收器的相对速度。电磁波以光速传播，涉及相对运动时必须考虑相对论效应。可以证明，当光源和接收器在同一直线上运动，且二者相对运动的速率为 v 时，当二者相互接近，接收到的电磁波频率为

$$\nu_R = \sqrt{\frac{1 + \frac{v}{c}}{1 - \frac{v}{c}}}\nu_S \tag{11-8-8}$$

当二者相互远离时，

$$\nu_R = \sqrt{\frac{1 - \frac{v}{c}}{1 + \frac{v}{c}}}\nu_S \tag{11-8-9}$$

由此可知，当光源与接收器相互接近时，接收到的频率变高，波长变短，这种现象称为紫移；当两者相互远离时，接收到的频率变低，波长变长，这种现象称为红移。通常把 $\Delta\nu = \nu_R - \nu_S$ 称为多普勒频移(Doppler shift)。

多普勒效应有着广泛的应用。例如，天文学家将来自遥远星系的光谱与地球上相同元素的光谱比较，发现星系光谱几乎都发生红移，由此推断这些星系正在远离地球向四面飞去，即在“退行”！这一观察结果支持了宇宙膨胀的理论。另外，多普勒效应在交通管理中可用于测量汽车的运动速度。测速仪所发出的波遇到运动的车辆而发生反射，反射波被测速仪接收。反射波会出现多普勒频移，频移量与车速有关，据此可以测出车速。用同样的技术还可测量出大气中气流的流速和人体的血液流速等。

第 9 节　电磁振荡与电磁波

从前面已知，机械振动在介质中传播而形成机械波。广义上除机械振动外，电磁学中的电荷量、电流等物理量在某个定值附近的周期变化也可称为振动(电磁振荡)，它可由电磁振荡电路来产生，电磁振荡可形成电磁波。这种振动及传播，既具有振动和波的共性，又具有由于机理不同而呈现出独特的个性。本节仅对电磁振荡和电磁波作简略讨论。

一、电磁振荡

电路中电荷量和电流的周期性变化称为电磁振荡，产生电磁振荡的电路称为振荡电路。

1. *LC* 电路——无阻尼振荡

一个电容器和一个自感线圈串联而成的电路称为 *LC* 电路(见图 11-9-1)，这是最简单的电磁振荡电路。

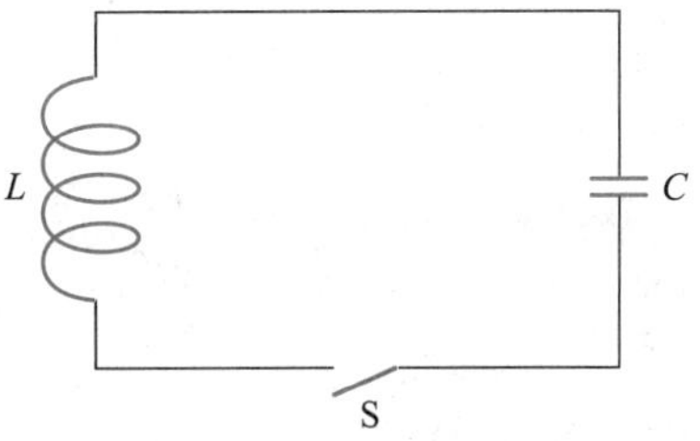

图 11-9-1　*LC* 振荡电路

(1) 振荡过程

设最初电容器具有能量 W_e，如图 11-9-2(a)所示，电容器 C 与自感线圈 L 相连，合上开关 S，接通电路，这时电容器开始放电，由于自感作用，电路中电流将逐渐增大。当电容器放电完毕时，电路中的电流达到最大值，如图 11-9-2(b)所示，此时电容器能量为零，电能完全转化为磁能 W_m，储存在线圈 L 中的磁场中。然后由于自感 L 的作用，电容器反向充电，电路中电流逐渐减弱，如图 11-9-2(c)所示，当充电完毕，电流为零时，电容器极板上的电荷量达到最大值，此时磁场能量 W_m 又完全转化为电场能量 W_e。电容器又开始放电，不过此时电流与前面所述方向相反，如图 11-9-2(d)所示，电场能量 W_e 又转换化磁场能量 W_m。此后电容器再次被充电，充电完成后回到电路的初始状态，完成了一个电磁振荡的周期。如果忽略电路中的电阻，那么这个电磁振荡将会一直持续下去——无阻尼振荡。

(2) 振荡方程

设在某一时刻，电容器极板上的电荷量为 q，电路中的电流为 I，*LC* 电路中，任一时刻的自感电动势应与电容器任一时刻两极板间的电势差相等，即

$$-L\frac{\mathrm{d}I}{\mathrm{d}t}=\frac{q}{C}$$

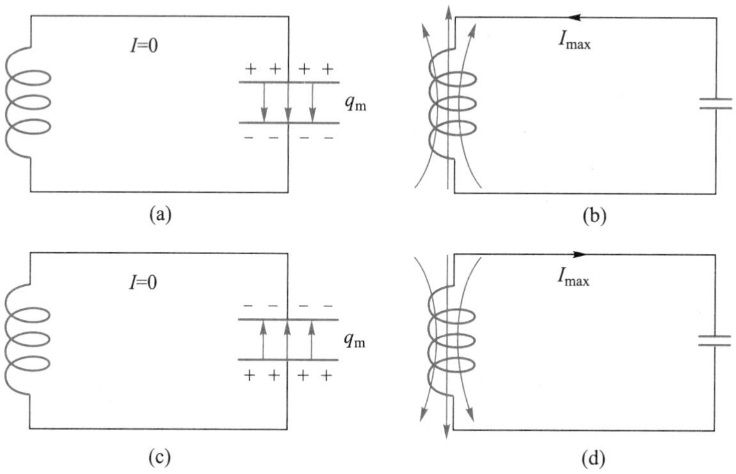

图 11-9-2 电磁振荡过程示意图

将电流 $I=\frac{dq}{dt}$代入上式，可得

$$\frac{d^2q}{dt^2}=-\frac{1}{LC}q \tag{11-9-1}$$

令 $\omega^2=\frac{1}{LC}$，得

$$\frac{d^2q}{dt^2}+\omega^2q=0$$

这与简谐振动的微分方程$\frac{d^2x}{dt^2}+\omega^2x=0$ 完全一致，因此方程的解为

$$q=q_0\cos(\omega t+\varphi) \tag{11-9-2}$$

振荡回路中的电流为

$$I=\frac{dq}{dt}=-\omega q_0\sin(\omega t+\varphi)=I_0\cos\left(\omega t+\varphi+\frac{\pi}{2}\right) \tag{11-9-3}$$

(11-9-2)式和(11-9-3)式分别表示了 LC 电路中，电容器极板上的电荷量和回路中的电流都按简谐振动的规律变化。式中 q_0 为电容器极板上电荷量的最大值，称为电荷振幅；$I_0=\omega q_0$ 表示电流的最大值，称为电流振幅。ω 是振荡的角频率，即电路的固有频率。

(3) LC 振荡电路的能量

任一时刻 t，电容器极板上的电荷量为 q，相应的电场能量为

$$W_e=\frac{q^2}{2C}=\frac{1}{2C}q_0^2\cos^2(\omega t+\varphi)$$

此时电路中的电流为 I，线圈内的磁场能量为

$$W_m=\frac{1}{2}LI^2=\frac{1}{2}L\omega^2q_0^2\sin^2(\omega t+\varphi)$$

注意到 $\omega^2=\frac{1}{LC}$，于是电路中的总能量为

$$W_{总}=W_e+W_m=\frac{1}{2}L\omega^2q_0^2=\frac{1}{2}LI_0^2=\frac{1}{2C}q_0^2 \tag{11-9-4}$$

上式说明：在无阻尼的 LC 振荡电路中，电能和磁能都随时间变化，但总的电磁能量保持不变。

2. *RLC* 电路——阻尼振荡

LC 电路是一种理想情况，在实际的电路中，电阻总是存在的，如 RLC 电路（见图 11-9-3），与第 3 节中有阻尼的机械振动进行类比，得

$$L\frac{\mathrm{d}I}{\mathrm{d}t}+IR+\frac{q}{C}=0$$

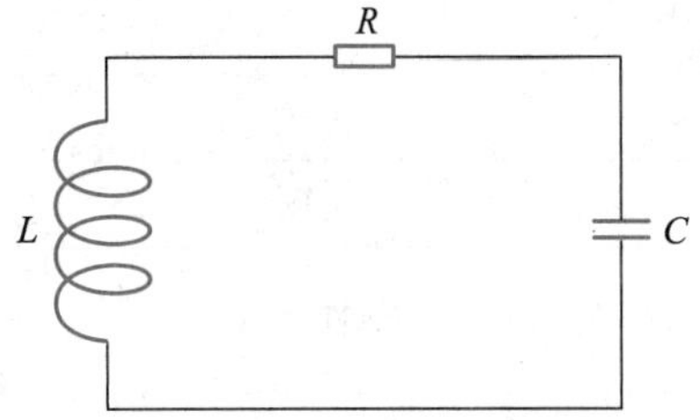

图 11-9-3　*RLC* 电路

整理得

$$\frac{\mathrm{d}^2q}{\mathrm{d}t^2}+\frac{R}{L}\frac{\mathrm{d}q}{\mathrm{d}t}+\frac{1}{LC}q=0 \tag{11-9-5}$$

即

$$\frac{\mathrm{d}^2q}{\mathrm{d}t^2}+2\beta\frac{\mathrm{d}q}{\mathrm{d}t}+\omega^2q=0 \tag{11-9-6}$$

式中 $\omega^2=\frac{1}{LC}$，$2\beta=\frac{R}{L}$。

（1）阻尼不大的情况

若 $\beta<\omega$，即 $R<2\sqrt{L/C}$，则（11-9-6）式的解为

$$q=q_0\mathrm{e}^{-\beta t}\cos(\omega' t+\varphi')$$

式中 $\omega'=\sqrt{\omega^2-\beta^2}$，这是一个弱阻尼的阻尼振荡。

（2）受迫振荡

若在电路中加入周期性的电动势 E

$$E=E_0'\cos\omega' t \tag{11-9-7}$$

则（11-9-6）式为

$$\frac{\mathrm{d}^2q}{\mathrm{d}t^2}+2\beta\frac{\mathrm{d}q}{\mathrm{d}t}+\omega^2q=E_0'\cos\omega' t \tag{11-9-8}$$

在电路振荡达到稳定时，上式的解为

$$q=q_0\cos(\omega' t+\alpha)$$
$$I=I_0\sin(\omega' t+\alpha)$$

当电路满足条件

$$\omega'=\sqrt{\frac{1}{LC}} \tag{11-9-9}$$

即外加电动势的角频率与系统的固有角频率相等时，振荡电流将有最大振幅，产生电共

振——谐振。

从以上的讨论可知，电磁振荡和机械振动的规律非常相似，所以用类比法可得到机械振动和电磁振荡对应的物理量，见表 11-3。

表 11-3 弹簧振子振动与 *LC* 电磁振荡对应的物理量比较

弹簧振子	*LC* 电路
位移：x	电荷：q
速度：v	电流：I
质量：m	电感：L
弹性系数：k	电容的倒数：$\frac{1}{C}$
阻力系数：γ	电阻：R
弹性势能：$\frac{1}{2}kx^2$	电场能量：$\frac{q^2}{2C}$
振动动能：$\frac{1}{2}mv^2$	磁场能量：$\frac{1}{2}LI^2$

二、电磁波

1. 电磁波的辐射

LC 电路能够产生电磁振荡，但不能作为一个有效的电磁波发射源。原因是：

（1）电场和磁场的能量局限于电容器和电感线圈元件，辐射能力很低；

（2）电磁波的辐射强度与波源振荡频率 ω 的四次方成正比，而一般振荡电路中的 L 值和 C 值都较大，所以回路的振荡频率较低。

因此，要将振荡电路中的电磁波有效地发射出去，必须减小电路中的自感 L 和电容器的电容 C，并让电路开放。

如果拉开电容器极板间的距离使之增大，同时把线圈放开拉直成一根直线（就是我们熟知的天线），如图 11-9-4 所示，这样开放了电路，使电场和磁场散布在周围空间，并且减小了 L 和 C，提高了电路的振荡频率，成为一个有效的电磁波发射源，能够辐射电磁波，并向四周传播。电流在天线内往复振荡，天线两端出现正负交替的等量异号电荷，形成振荡偶极子。

当电偶极子振荡时，电场线会脱离偶极子而形成闭合回线，这些闭合回线以一定的速率向空间传播。同时变化的电场所激发磁场的磁感应线也是闭合回线，且以与电场线相同的速率向空间传播，两者相互正交，其传播形成了电磁辐射。

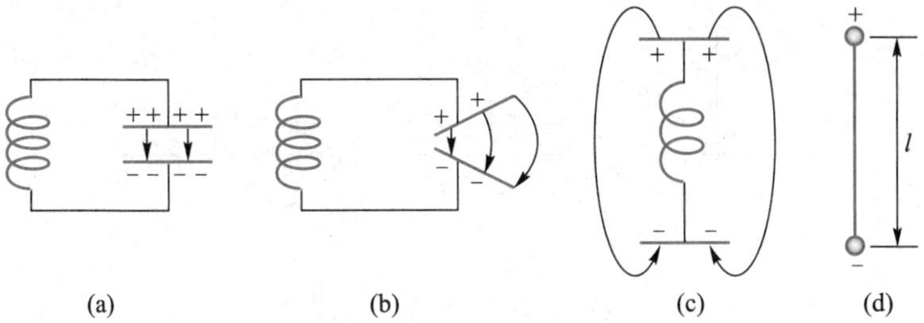

图 11-9-4　天线的形成

2. 平面电磁波

(1) 波动方程

振荡偶极子所发射的电场和磁场的波动方程可以由求解麦克斯韦方程组得到(参见第 10 章第 5 节)。如图 11-9-5 所示，以偶极子的取向为极轴，球面上任意一点 P 的位置矢量 $\boldsymbol{r}$ 的方向为电磁波的传播方向，其与极轴的夹角为 θ，则电场和磁场的波动表达式分别为

$$E(r,\ t)=\frac{\omega^2\mu p_0\sin\theta}{4\pi r}\cos\omega\left(t-\frac{r}{u}\right) \tag{11-9-10}$$

$$H(r,\ t)=\frac{\omega^2 p_0\sin\theta}{4\pi r u}\cos\omega\left(t-\frac{r}{u}\right) \tag{11-9-11}$$

式中 u 为电磁波的传播速度，ω 为振荡偶极子的振荡角频率，电场 $\boldsymbol{E}$ 和磁场 $\boldsymbol{H}$ 相互垂直，$\boldsymbol{E}$、$\boldsymbol{H}$、$\boldsymbol{r}$ 三者成右手螺旋关系。上式表明：在垂直于偶极子方向($\theta=\pi/2$)的辐射最强，而沿偶极子方向($\theta=0$ 或 π)没有辐射。

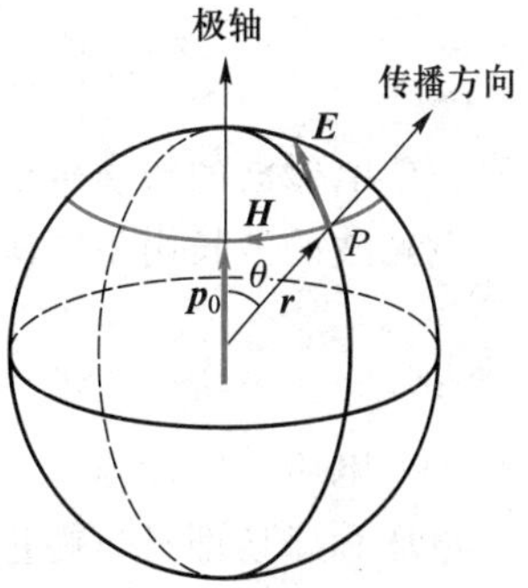

图 11-9-5　振荡偶极子发射的电磁波示意图

由于接收电磁波总在距振荡偶极子较远处的一个局部范围内，若 θ 和 r 的改变量很小，由(11-9-10)式和(11-9-11)式可知波振幅不变，因此观察到的电磁波波面是平面，从而可把电磁波看成平面波。假设 $\boldsymbol{E}$ 沿 y 轴方向振动，$\boldsymbol{H}$ 沿 z 轴方向振动，电磁波沿 x 轴方向传播，则一维平面电磁波的波动方程[参见(11-5-9)式]为

$$\frac{\partial^2 E_y}{\partial x^2}=\frac{1}{u^2}\frac{\partial^2 E_y}{\partial t^2},\qquad \frac{\partial^2 H_z}{\partial x^2}=\frac{1}{u^2}\frac{\partial^2 H_z}{\partial t^2}$$

而波动方程的解，即一维平面电磁波的波动表达式为

$$E=E_0\cos\omega\left(t-\frac{x}{u}\right) \tag{11-9-12}$$

$$H=H_0\cos\omega\left(t-\frac{x}{u}\right) \tag{11-9-13}$$

其波动示意图如图 11-9-6 所示。

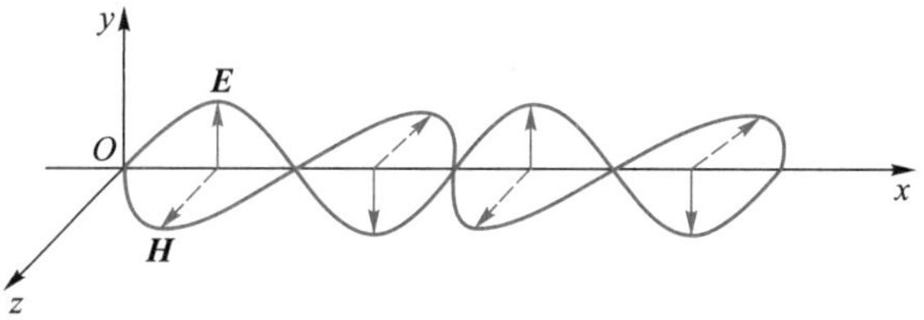

图 11-9-6 平面电磁波

（2）电磁波的性质

① **E** 和 **H** 相互垂直，并且都与传播方向垂直，所以电磁波是横波。**E**×**H** 的方向就是波速 **u** 的方向。

② 从电磁波的波动表达式可以看到，**E** 和 **H** 有相同的频率，且相位相同。在传播方向任一点处，**E** 和 **H** 的大小满足如下关系：

$$\sqrt{\varepsilon}E=\sqrt{\mu}H \tag{11-9-14}$$

③ 电磁波的波动方程中给出电磁波的传播速度为

$$u=\frac{1}{\sqrt{\varepsilon\mu}} \tag{11-9-15}$$

即电磁波的传播速度 u 仅取决于介质的介电常量和磁导率。

代入真空中的介电常量 ε_0 和磁导率 μ_0，可求得真空中电磁波的波速为

$$c=\frac{1}{\sqrt{\varepsilon_0\mu_0}}=2.997\ 924\ 58\times10^8\ \mathrm{m/s}$$

在真空中电磁波的波速等于真空中的光速，所以光波是一种电磁波。

电磁波的波长由下式决定

$$\lambda=uT=\frac{u}{\nu}$$

（3）电磁波的能量

电场和磁场都具有能量，电磁波的传播必然伴随着电磁能量的传递，这是电磁波的主要性质之一。

在电磁学中已经求得电场和磁场的能量密度分别为

$$w_{\mathrm{e}}=\frac{1}{2}\varepsilon E^2,\qquad w_{\mathrm{m}}=\frac{1}{2}\mu H^2$$

总的能量密度为

$$w=w_{\mathrm{e}}+w_{\mathrm{m}}=\frac{1}{2}(\varepsilon E^2+\mu H^2) \tag{11-9-16}$$

由(11-9-14)式可得

$$w=\varepsilon E^2=\mu H^2=\sqrt{\varepsilon\mu}EH=\frac{1}{u}EH$$

电磁波的能流密度又称为坡印廷矢量，用 **S** 表示，其方向沿电磁波传播方向，大小为

$$S = wu = EH$$

因为 **E** 和 **H** 相互垂直，并且都与电磁波传播方向垂直，因此坡印廷矢量 **S** 可以表示为

$$\boldsymbol{S} = \boldsymbol{E} \times \boldsymbol{H} \tag{11-9-17}$$

与机械波类似，平均能流密度(能流密度在一个周期内的平均值)称为波强[见(11-5-17)式]，所以电磁波的波强为

$$S = \frac{1}{2}E_0H_0$$

式中 E_0 和 H_0 分别为电场强度和磁场强度的最大值。

习　题

11-1　试证明：当一个水平截面上下相等且均匀的物体被置于密度比它大的液体中，并沿竖直方向自由振动时，作的是简谐振动。问它的振动周期是多少？

11-2　在球形碗中有一能在碗的底部自由滑动的物体，如球形碗的半径为 1 m，试求出物体作微小振动的周期，与它等效的摆长是多少？

11-3　使某一刚体可以绕通过它的某一水平轴在竖直平面内摆动，这样的刚体称为复摆。设从水平轴到质心的距离为 d，刚体的质量为 m，绕水平轴的转动惯量为 J。试证明：对于小的角位移，复摆作简谐振动，其周期 $T=2\pi\sqrt{J/(mgd)}$。

11-4　在一个电荷量为 Q、半径为 R 的均匀带电球中，沿某一直径挖一条隧道，另有一质量为 m、电荷量为 $-q$ 的微粒在这个隧道中运动。试证明该微粒的运动是简谐振动，并求出振动周期(假设均匀带电球体的介电常量为 ε_0)。

11-5　如将氢原子中的电子云视为均匀分布在半径为 $a_0=0.053$ nm 的球体内，质子则处于球体的中心。证明：质子稍微偏离中心后引起的微小振动是简谐振动，并求其频率。将已知常量代入求出频率的值并与氢光谱的最大频率 3.8×10^{15} Hz 相比较。

11-6　弹性系数分别为 k_1 与 k_2 的两根轻质弹簧，分别按如图所示的方式连接(振动体与水平面之间是光滑的)。试证明图中各个振动系统皆为简谐振动，并求出它们的谐振频率。

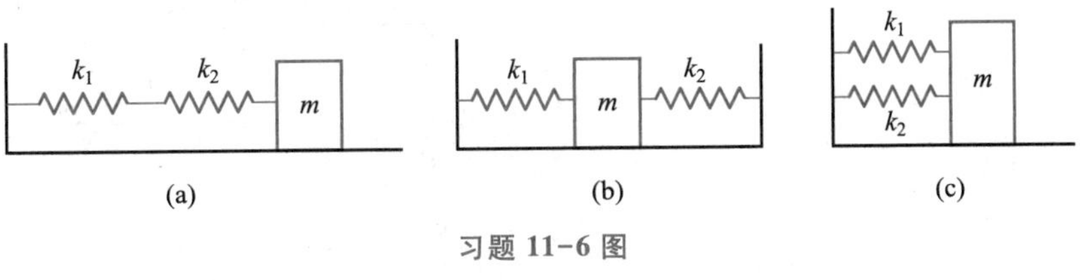

习题 11-6 图

11-7　如图所示，在水平光滑桌面上用轻弹簧连接两个质量均为 0.05 kg 的小球，弹簧的弹性系数为 1×10^3 N/m。如沿弹簧轴线相反方向拉开两球后再释放，求此后两球振动的频率。

11-8　两根弹性系数分别为 k_1 和 k_2 的轻弹簧与质量为 m 的物体组成如图所示的振动系统，当物体被拉离平衡位置而释放时，证明物体作的是简谐振动，并求出简谐振动的周期。(设两弹簧的质量忽略不计。)

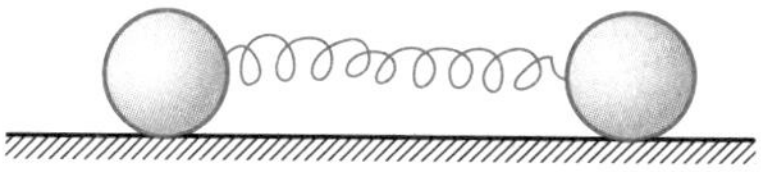

习题 11-7 图

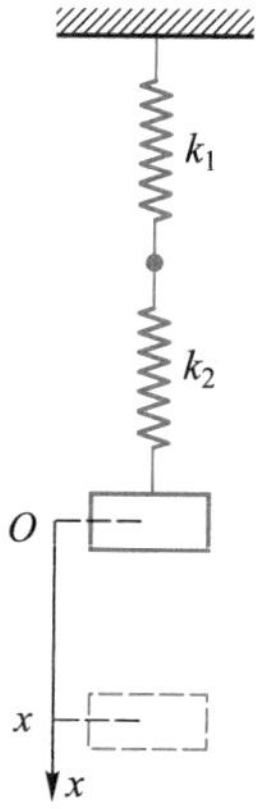

习题 11-8 图

11-9　一物体置于一水平木板上，如木板以 2 Hz 的频率作水平简谐振动，物体和木板之间的静摩擦因数为 0.5。试问：要物体不沿木板表面滑动，木板最大振幅应为多大？

11-10　一质点的 $a_{max}=4.93\times10^{-1}\ m/s^2$，$\nu=0.5\ Hz$，初始位移为 $-25\ mm$。当质点从初始位置出发沿 x 轴负方向运动时，写出简谐振动的位移表示式。

11-11　一个简谐振动的 $x-t$ 曲线如图所示。(1) 写出此振动的位移表示式；(2) 求出 $t=10.0\ s$ 时的 x、v、a 的值，并说明此刻它们各自的方向。

11-12　一物体竖直悬挂在弹性系数为 k 的弹簧上作简谐振动。设振幅 $A=0.24\ m$，周期 $T=4.0\ s$，开始时在平衡位置下方 0.12 m 处向上运动。求：(1) 物体振动的位移方程表示式；(2) 物体由初始位置运动到平衡位置上方 0.12 m 处所需的最短时间；(3) 物体在平衡位置上方 0.12 m 处所受到的合外力的大小及方向。(设物体的质量为 1.0 kg。)

11-13　如图所示，有一轻质弹簧，其弹性系数 $k=500\ N/m$，上端固定，下端悬挂一质量 $m_A=4.0\ kg$ 的物体 A。在物体 A 的正下方 $h=0.6\ m$ 处，以初速度 $v_{01}=4.0\ m/s$ 向上抛出一质量 $m_B=1.0\ kg$ 的油灰团 B，击中 A 并附着于 A 上。(1) 证明 A 与 B 作简谐振动；(2) 写出它们共同作简谐振动的位移表示式；(3) 求弹簧所受的最大拉力是多少？(假设 $g=10\ m/s^2$，弹簧未挂重物时，其下端端点位于 O' 点。)

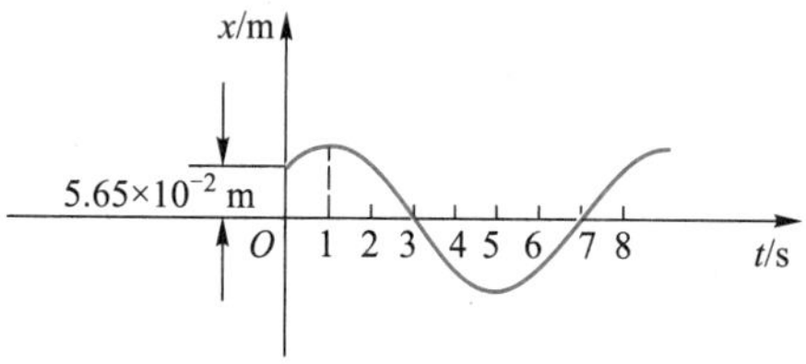

习题 11-11 图

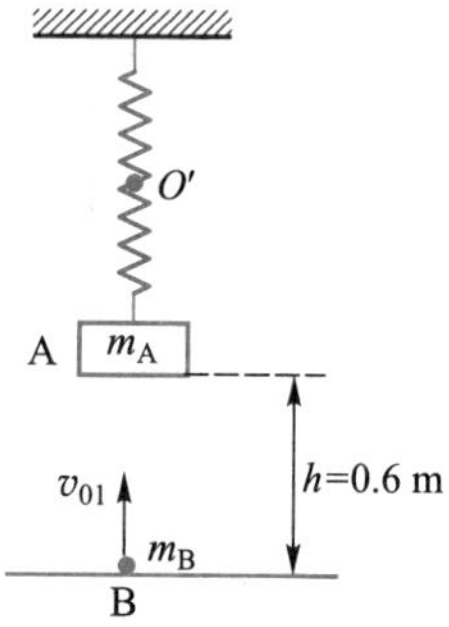

习题 11-13 图

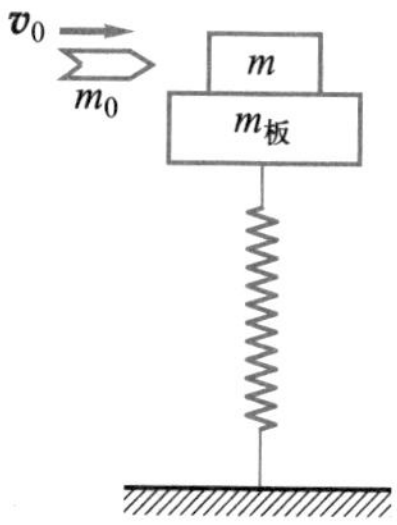

习题 11-14 图

11-14　如图所示，有一弹性系数为 k 的轻质弹簧竖直放置，一端固定在水平面上，另一端连接一质量为 $m_板$ 的光滑平板，平板上又放置一质量为 m 的光滑小物块。今有一质量为 m_0 的子弹以速度 v_0 水平射入物块，并与物块一起脱离平板。(1) 证明物块脱离平板后，平板将作简谐振动；(2) 根据平板所处的初始条件，写出平板的简谐振动的位移表示式。

11-15　在开始观察弹簧振子时，它正振动到负位移一边的 1/2 振幅处，此时它的速度为 $2\sqrt{3}$ m/s，并指向平衡位置，加速度的大小为 2.00×10 m/s^2。(1) 写出这个振子的位移表示式；(2) 求出它每振动 5 s，首尾两时刻的相位差。

11-16　一质点在 x 轴上作简谐振动，振幅 $A=4$ cm，周期 $T=2$ s，其平衡位置取作为坐标原点，若 $t=0$ 时刻质点第一次通过 $x=-2$ cm 处，且向 x 轴正方向运动，试求该质点第二次通过 $x=-2$ cm 处的时刻。

11-17　质量为 10 g 的小球作简谐振动，其中 $A=0.24$ m，$\nu=0.25$ Hz。当 $t=0$ 时，初位移为 1.2×10^{-1} m 并向着平衡位置运动。求：(1) $t=0.5$ s 时，小球的位置；(2) $t=0.5$ s 时，小球所受的力的大小与方向；(3) 从起始位置到 $x=-12$ cm 处所需的最短时间；(4) 在 $x=-12$ cm 处小球的速度与加速度；(5) $t=4$ s 时的 E_k、E_p 及系统的总能量。

11-18　(1) 在简谐振动中，当位移等于振幅一半时，总能量中的动能、势能各是多少？当动能与势能相等时，其振动位移是多少？(2) 当简谐振动的周期为 T、初相位为零时，振动进行到什么时刻，这个简谐振动系统的动能与势能恰好相等？

11-19　一水平放置的简谐振子，如习题 11-19 图(a)所示。当其从 $\frac{A}{2}$ 运动到 $-\frac{A}{2}$ 的位置处(A 是振幅)时，需要的最短时间为 1.0 s。现将振子竖直悬挂，如习题 11-19 图(b)所示，由平衡位置向下拉 10 cm，然后放手，让其作简谐振动。已知 $m=5.0$ kg，以向上方向为 x 轴正方向，$t=0$ 时，m 处于平衡位置下方且向 x 轴负方向运动，其势能为总能量的 0.25 倍，试求：(1) 振动的周期、角频率、振幅；(2) $t=0$ 时，振子的位置、速度和加速度；(3) $t=0$ 时，振动系统的势能、动能和总能量；(4) 振动的位移表达式。

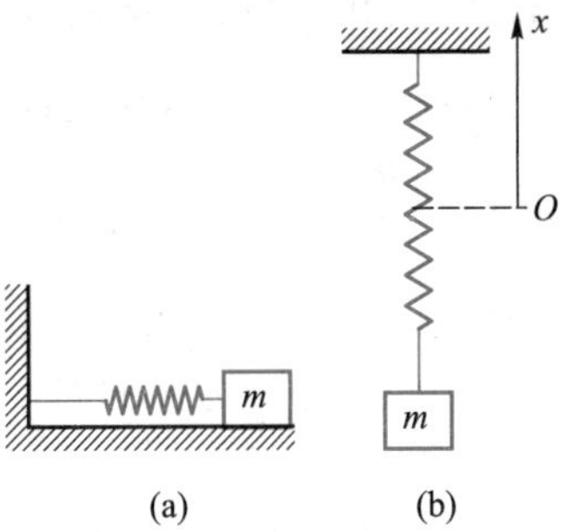

习题 11-19 图

11-20　同方向振动的两个简谐振动，它们的运动规律为

$$x_1 = 5.00\times10^{-2}\cos\left(10t+\frac{3}{4}\pi\right)\ (\text{m}),\quad x_2 = 6.00\times10^{-2}\sin(10t+\varphi)\ (\text{m})$$

问 φ 为何值时，合振幅 A 为极大、A 为极小？

11-21　一质点同时参与两个在同一直线上的简谐振动，其表示式各为

$$x_1 = 4\cos\left(2t+\frac{\pi}{6}\right)\ (\text{m}),\quad x_2 = 3\cos\left(2t-\frac{\pi}{6}\right)\ (\text{m})$$

求其合振动的振幅和初相位，并写出合振动的位移方程。

11-22　两个同方向、同频率的简谐振动，其合振动的振幅为 20 cm，合振动的相位与第一个振动的相位之差为 30°，若第一个振动的振幅为 17.3 cm，求第二个振动的振幅及第一、第二两个振动的相位差。

11-23　一质点质量为 0.1 kg，它同时参与互相垂直的两个振动，其振动表示式分别为

$$x = 0.06\cos\left(\frac{\pi}{3}t+\frac{\pi}{3}\right),\quad y = 0.03\cos\left(\frac{\pi}{3}t-\frac{\pi}{3}\right)$$

试写出质点运动的轨迹方程，画出图形，并指明是左旋还是右旋。

11-24　楼内空调用的鼓风机如果安装在楼板上，工作时它就会使楼房产生震动。为了减小这种震动，可以把鼓风机安装在有 4 个弹簧支撑的底座上。经验指出，驱动频率为振动系统固有频率的 5 倍时，可减震 90%以上。如鼓风机和底座的总质量为 576 kg，鼓风机轴的转速为 1 800 r/min(转/分钟)，按 5 倍计算，所用的每个弹簧的弹性系数应多大？

11-25　一台大座钟的摆长为 0.994 m，摆锤质量为 1.2 kg。(1) 当摆自由摆动时，在 15.0 min 内振幅减

小一半，此摆的阻尼系数为多大？（2）要维持此摆的振幅为 8°不变，需要以多大功率向摆输入机械能。

11-26 试在相空间中作出弹簧振子自由振动、阻尼振动的相图。

11-27 一余弦波沿着一弦线行进，弦线上某点从最大位移到零位移的时间是 0.17 s，试问：（1）周期与频率各为多少？（2）如波长是 1.4 m，波速多大？

11-28 一波的频率为 500 Hz，而传播速度为 350 m/s。试问：（1）相位差为 60°的两点相距多远？（2）在某一点处，前后相隔 10^{-3} s 出现的两个位移之间的相位相差多大？

11-29 一沿很长弦线行进的横波的方程由：$y=6\cos(0.02\pi x+4\pi t)$ 表示，其中 x、y 的单位为 cm，t 的单位为 s。试求：（1）振幅；（2）波长；（3）频率；（4）波的速率；（5）波的传播方向；（6）弦线上质点的最大横向速率。

11-30 一沿 x 轴正向传播的波，波速为 2 m/s，原点的振动方程为 $y=0.6\cos \pi t$。求：（1）该波的波长；（2）波的表示式；（3）同一质点在 1 s 末与 2 s 末的相位差；（4）如有 A、B 两点，其 x 轴上坐标分别为 1 m 和 1.5 m，在同一时刻，A、B 两点的相位差。

11-31 一波源位于 $x=-1$ m 处，它的振动方程为：$y=5\times10^{-4}\cos(6\,000t-1.2)$ (m)，设该波源产生的波无吸收地分别向 x 轴正向和负向传播，波速为 300m/s。试分别写出上述正向波和负向波的表示式。

11-32 已知一平面简谐波的波动表示式为：$y=4\cos\left(2\pi x+6\pi t+\dfrac{\pi}{2}\right)$，式中 x、y 以 cm 为单位，t 以 s 为单位。（1）求振幅、波长、周期、频率和波速；（2）画出 $t_1=\dfrac{T}{4}$ 时刻及 $t_2=\dfrac{3T}{4}$ 时刻的波形曲线。

11-33 如图所示的为 $t=0$ 时刻的波形。求：（1）O 点振动的位移表示式；（2）此波在任一时刻的波动表示；（3）P 点的振动方程；（4）$t=0$ 时刻，A、B 两点之质点的振动方向（要在图上标出来）。

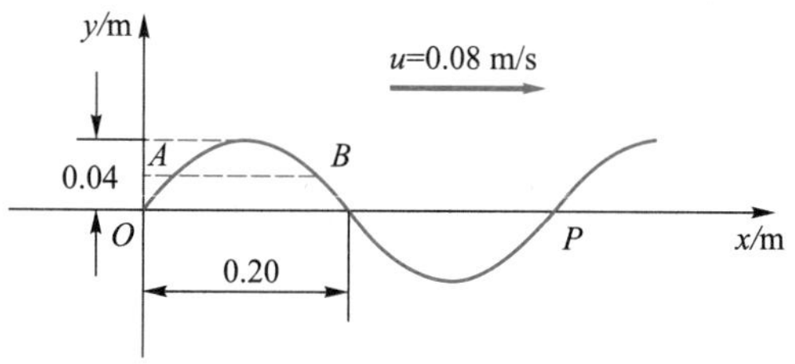

习题 11-33 图

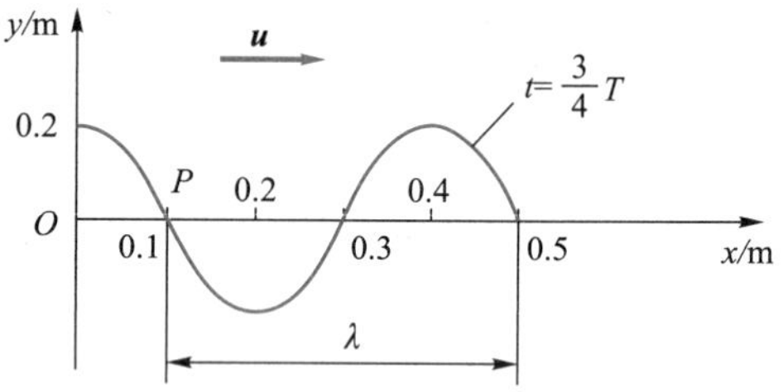

习题 11-34 图

11-34 一平面余弦波在 $t=\dfrac{3}{4}T$ 时刻的波形曲线如图所示。该波以 $u=36$ m/s 的速度沿 x 轴正方向传播。（1）求出 $t=0$ 时刻，O 点与 P 点的初相位；（2）写出 $t=0$ 时刻，以 O 点为坐标原点的波动表示式。

11-35 一平面波在介质中以速度 $u=20$ m/s 沿 x 轴正方向传播，如图所示。已知在传播路径上某点 A 的振动方程为 $y_A=3\cos(4\pi t)$，若以 B 为坐标原点，写出该波的波动表示式。

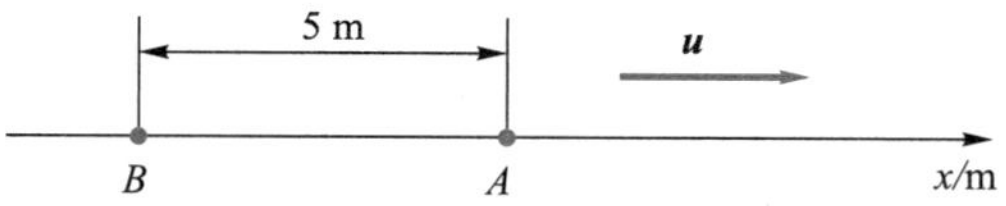

习题 11-35 图

11-36 假设在一根弦线中传播的简谐波为：$y=A\cos(kx-\omega t)$，式中 $k=\dfrac{\omega}{u}$ 称为波数。（1）写出弦线中能

量密度与能流密度表示式；（2）写出平均能量密度与平均能流密度（波强）的表示式。

11-37　在直径为 0.14 m 的圆柱形管内，有一波强为 9.00×10^{-3} J/(s·m^2)的空气余弦式平面波以波速 $u=300$ m/s 沿柱轴方向传播，其频率为 300 Hz。求：（1）平均能量密度及能量密度的最大值；（2）相邻的两个同相位面的波阵面内的体积中的能量。

11-38　一波源的辐射功率为 1.00×10^4 W，它向无吸收、均匀、各向同性介质中发射球面波。若波速 $u=3.00\times10^8$ m/s，试求离波源 400 km 处（1）波的强度；（2）平均能量密度。

11-39　一个声音向各方向均匀地发射总功率为 10 W 的声波，求距离声源多远处，声强级为 100 dB。

11-40　设正常谈话的声强 $J=1.0\times10^{-6}$ W/m^2，响雷的声强 $I'=0.1$ W/m^2，它们的声强级各是多少？

11-41　在地壳中地震纵波的传播速率大于地震横波的传播速率。如纵波的传播速率为 5.5 km/s，横波 3.5 km/s，在 A 处发生地震，B 处收到横波信号较收到纵波信号迟 5 min，试求接收处与地震处的距离。

11-42　如图所示的为一向右传播的简谐波在 t 时刻的波形图，BC 为波密介质的反射面，波由 P 点反射，则反射波在 t 时刻的波形图为（　）。

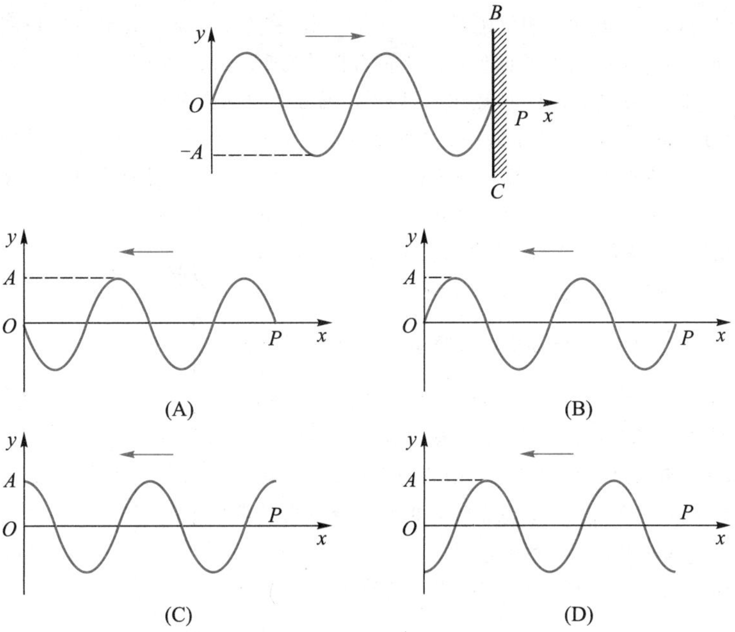

习题 11-42 图

11-43　两相干波源的振动方程分别为 $y_1=10^{-4}\cos10\pi t$(m) 和 $y_2=10^{-4}\cos10\pi t$(m)，P 点到两波源的距离分别为 4 cm 和 10 cm。（1）在下列条件下求 P 点的合振幅：波长为 4 cm 和波长为 0.6 cm；（2）求 P 点合成振动的初相位。

11-44　S_1 与 S_2 是振幅相等的两个相干波源，它们相距 $\frac{\lambda}{4}$，如果波源 S_1 的相位比波源 S_2 的相位超前 $\frac{\pi}{2}$。求：（1）S_1、S_2 连线上在 S_1 外侧各点的合成波强度；（2）S_1、S_2 连线上在 S_2 外侧各点的合成波强度。

11-45　如图所示，地面上有一波源 S 与一高频率波探测器 D 之间的距离为 d，从 S 直接发出的波与从 S 发出经高度为 H 的水平层反射后的波，在 D 处加强，反射线和入射线与水平层所成的角度相同。当水平层升高 h 距离时，在 D 处第一次未测到信号。不考虑大气的吸收，试求这个波的波长 λ 的表示式。

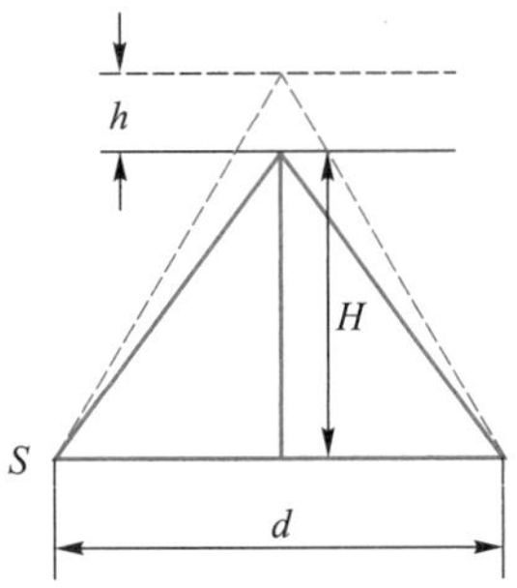

习题 11-45 图

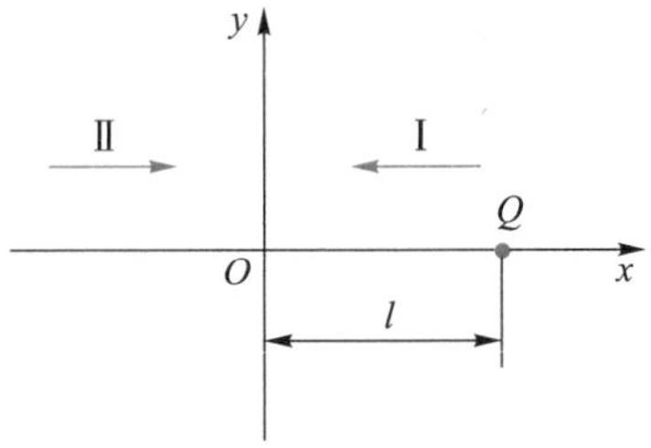

习题 11-46 图

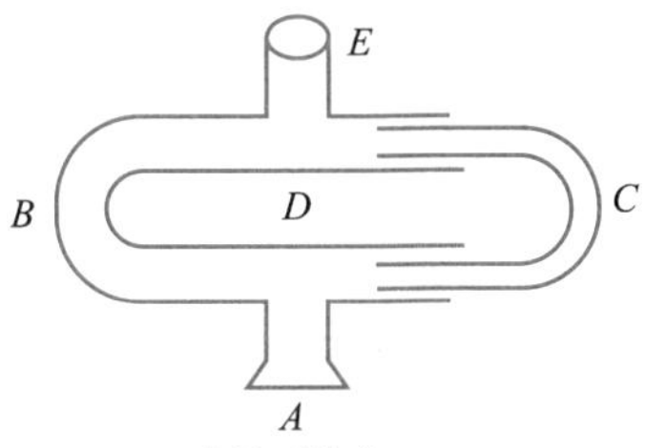

声波干涉仪

习题 11-47 图

11-46　如图所示，在同一介质中有两列振幅均为 A，角频率均为 ω，波长均为 λ 的相干平面余弦波，沿同一直线相向传播。第一列波由右向左传播，它在 Q 点引起的振动为 $y_Q=A\cos\omega t$；第二列波由左向右传播，它在 O 点（x 坐标的原点）引起振动的相位比同一时刻第一列波在 Q 点引起的振动的相位超前 π。O 点与 Q 点之间的距离为 $l=1$ m，(1) 求 O 与 Q 之间任一点 P 的合振动的表示式；(2) 若波的频率 $\nu=400$ Hz，波速 $u=400$ m/s，求 O 点与 Q 点之间（包括 O、Q 点在内）因干涉而静止的点的位置。

11-47　如图所示，它是一种声波干涉仪。声波从入口处 E 进入仪器，分 B、C 两路在管中传播至喇叭口 A 会合传出去。弯管 C 可以伸缩，当它逐渐伸长时，从喇叭口发出的声音周期性地增强或减弱。设 C 管每伸长 8 cm，声音减弱一次，求此声音的频率（设空气中的声速为 340 m/s）。

11-48　在 x 轴的原点 O 有一波源，其振动方程为：$y=A\cos\omega t$，波源发出的简谐波沿 x 轴的正、负两个方向传播。如图所示，在 x 轴负方向距离原点 O 处 $\dfrac{3\lambda}{4}$ 的位置有一块由波密介质做成的反射面 MN，试求：(1) 由波源向反射面发出的行波波动表示式和沿 x 轴正方向传播的行波表示式；(2) 反射波的行波波动表示式；(3) 在 MN-yO 区域内，入射行波与反射行波叠加后的波动表示式，并讨论它们干涉的情况；(4) 在 $x>0$ 区域内，波源发出的行波与反射行波叠加后的波动表示式，并讨论它们干涉的情况。

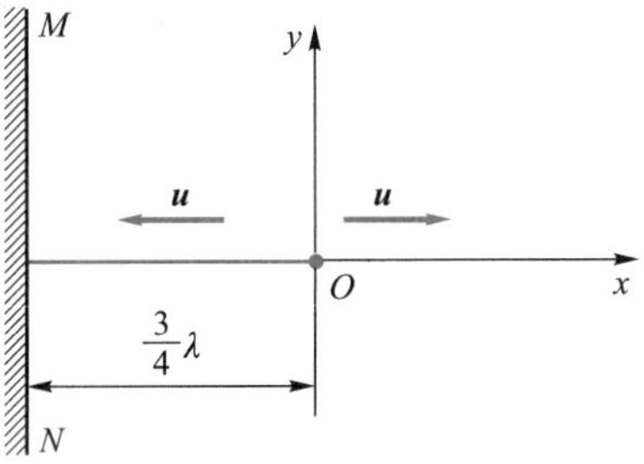

习题 11-48 图

11-49　有两列波在一很长的弦线上传播，其波动表示式分别为

$$y_1 = 6.0\cos\frac{\pi}{2}(0.020x - 8.0t), \qquad y_2 = 6.0\cos\frac{\pi}{2}(0.020x + 8.0t)$$

式中 x、y 的单位为 cm，t 的单位为 s。(1) 求各波的频率、波长、波速；(2) 求波腹与波节的位置分别在什么位置。

11-50　一弦线按下述方程振动：$y=0.5\cos\dfrac{\pi x}{3}\cos 40\pi t$，式中 x、y 的单位为 m，t 的单位为 s。问：(1) 振幅与速度各为多大的两波叠加才能产生上述振动？(2) 相邻两波节间的距离为多大？(3) 在 $x=0.03$ m 处，当 $t=\dfrac{9}{8}$ s 时，弦线上的质点速度为多大？

11-51　在坐标原点 O 处有一波源，其振动方程为 $y=A\cos\omega t$。由波源发出的平面波沿 x 轴的正方向传波，在距波源 d 处有一反射平面将波反射（反射时无半波损失），如图所示。求：(1) 在波源 O 与反射面之间的连线上任一点的反射波的表示式；(2) 在波源 O 与反射面之间的连线上，入射波与反射波干涉的极大值与极小值的位置。

11-52　如图所示，有一根长 2 m 的弦线，一端固定在墙上，另一端作简谐振动的规律为 $y=0.5\cos\left(2\pi t+\frac{\pi}{2}\right)$ (m)，这个振动状态沿弦线传播，传到墙壁形成反射波。分别写出(1) 入射波与反射波的波动表示式(假设波长 $\lambda=0.5$ m)；(2) 驻波方程表示式；(3) 波节与波腹的位置。

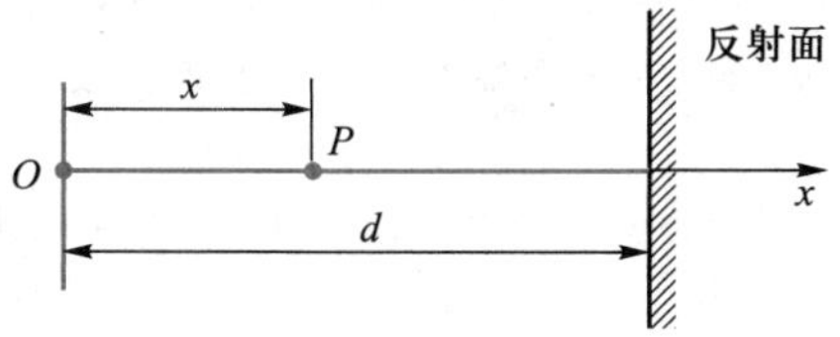

习题 11-51 图

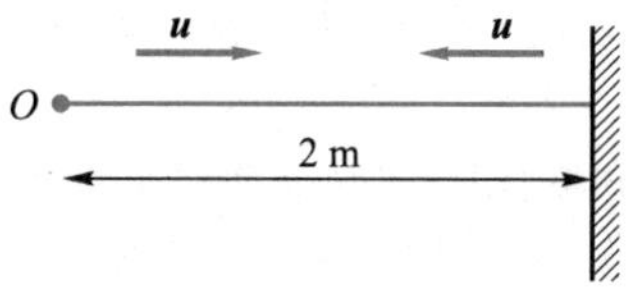

习题 11-52 图

11-53　如图所示，一平面简谐波沿 x 轴正方向传播，BC 为波密介质的反射面。波由 P 点反射，$OP=\frac{3\lambda}{4}$，$DP=\frac{\lambda}{6}$。在 $t=0$ 时，O 处质点的合振动经过平衡位置向负方向运动(设坐标原点在波源 O 处，入射波、反射波的振幅均为 A，频率为 ν)。求：(1) 波源处的初相位；(2) 入射波与反射波在 D 点因干涉而产生的合振动的表示式。

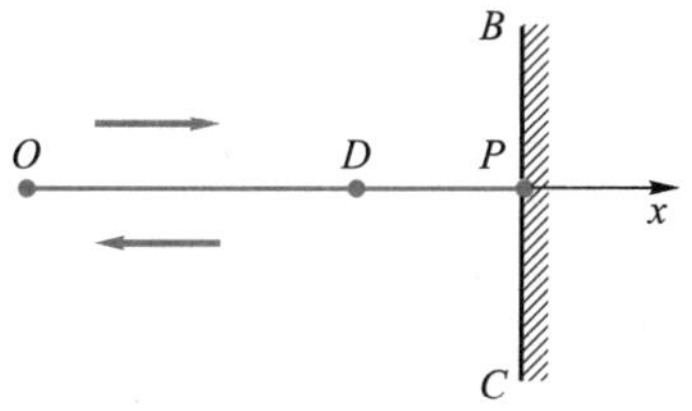

习题 11-53 图

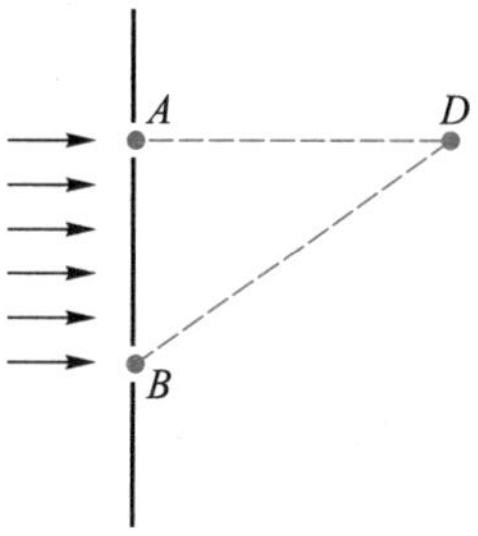

习题 11-54 图

11-54　有一平面波 $y=2\cos600\pi\left(t-\frac{x}{330}\right)$ (m)，传播到 A、B 两个小孔，如图所示。$\overline{AB}=1$ m，AD 垂直于 AB，当从 A 与 B 两处发出的子波到达 D 点时，两子波刚好干涉减弱，试求 D 点离 A 的距离$\overline{AD}$是多少？

11-55　沿河航行的汽轮鸣笛，其频率 $\nu=400$ Hz，站在岸边的人测得笛声频率 $\nu'=395$ Hz。已知声速为 340 m/s，试求汽轮的速度，并判断汽轮是趋近观测者，还是远离观测者？

11-56　人的主动脉内血液的流速一般是 0.32 m/s。今沿血液方向发射 4.0 MHz 的超声波，被红细胞反射回的波与原发射波的频差为拍频。已知声波在人体内的传播速度为 1.54×10^3 m/s，求所形成的拍频。

11-57　警察在公路检查站使用雷达测速仪测来往汽车的速度。如所用雷达波的频率为 5×10^{10} Hz，发出的雷达波被一迎面开来的汽车反射回来，与入射波形成了频率为 1.1×10^4 Hz 的拍频。问此汽车是否已超过了限定车速 100 km/h。

11-58　振荡电路 LC 中，当电场和磁场的能量相等时，(1) 用电容器上的电荷振幅表示这时电容器上的电荷大小；(2) 用电感器中的电流振幅表示这时电感器上的电流大小。

11-59　某 LC 振荡电路，$L=400$ μH，$C=100$ pF。如开始振荡时，电容器两极板间的电势差为 1 V，且电路中的电流为零。试计算：(1) 振荡频率；(2) 电路中的最大电流；(3) 电容器中电场的最大能量及线圈中磁场的最大能量。

11-60 在真空中，一沿 x 轴方向传播的平面电磁波的电场由下式决定：

$$E_x = 0, \quad E_z = 0, \quad E_y = 0.6\cos\left[2\pi \times 10^8\left(t - \frac{x}{c}\right)\right] \text{ (V/m)}$$

试求：(1) 波长和频率；(2) 磁感应强度的波函数及振动方向。

11-61 一平面电磁波的波长为 3 m，在自由空间沿 x 方向传播，电场 E 沿 y 方向，振幅为 300 V/m。试求：(1) 电磁波的频率 ν、角频率 ω 及波数 k；(2) 磁场 B 的方向和振幅 B_m。(3) 电磁波的能流密度及其对时间周期 T 的平均值。

11-62 在地面上测得太阳光的能流约为 1.4 kW/m^2，(1) 求 E 和 B 的最大值；(2) 从地球到太阳的距离约为 1.5×10^{11} m，试求太阳的总辐射功率。

11-63 一氩离子激光器发射波长 514.5 nm 的激光。当它以 3.8 kW 的功率向月球发射光束时，光束的全发散角为 0.880 μrad。如月地距离按 3.82×10^5 km 计，求：(1) 该光束在月球表面覆盖的圆面积的半径；(2) 该光束到达月球表面时的强度。

11-64 LC 振荡电路中，$L=3.0$ mH，$C=2.7$ μF。当 $t=0$ 时，电荷 $q=0$，电流 $i=2.0$ A。求：(1) 在上述初始条件下，对电容器充电，电容器上出现的最大电荷量是多少？(2) 从 $t=0$ 开始充电，电容器上任一时刻的电能表示式(写成时间的函数式)；(3) 电能随时间变化的变化率的表示式，以及电能变化率的最大值。

第 11 章习题参考答案

第五篇 光学

光学是研究光的传播特性以及光与物质相互作用规律的物理学科。

人类对光的研究至少已有2000多年的历史。约在公元前400年，我国先秦时代的哲学家墨翟所著的《墨经》中，就有了关于光的传播特性的记载。古希腊数学家欧几里得在公元前300年也发现了光的直线传播特性，并明确提出光线的概念。17世纪上半叶，光的反射定律和折射定律的建立奠定了几何光学的基础。到17世纪末，关于光的本性的认识，最具代表性的是牛顿提出的微粒说和惠更斯倡导的波动说，关于这两种理论的争论一直持续到20世纪初。19世纪初，托马斯·杨和菲涅耳等人对光的干涉、衍射、偏振现象的研究使光的波动说得到普遍承认。1860年麦克斯韦建立了电磁理论，指出光是一种电磁波，使光的波动说趋于完善。但20世纪初又发现一些新的实验无法用光的波动性解释，爱因斯坦1905年提出了光子假说，认为光还具有粒子属性。

光既有波动性又有粒子性，光在传播过程中主要表现出波动性，而光在与物质相互作用的过程中则主要表现出粒子性。习惯上常把光学分为几何光学与物理光学。涉及光的内在属性而研究光的各种现象，常称为物理光学。在物理光学中，以光的波动性为基础研究光的干涉、衍射、偏振等又称为波动光学；以光的粒子性为基础研究光与物质的相互作用称为量子光学。

20世纪60年代激光的发明，极大地促进了光学的发展，导致了光全息、光信息处理、光纤通信、光计算机、集成光学以及光电子学等新技术和新学科的出现。

本章主要讨论把光作为光波的波动光学，现代光学的许多概念正是建立在此基础上的。

第 12 章 几何光学简介

当研究对象的几何尺寸远大于所用光波的波长时，波动效应就不太明显，仅仅以光的直线传播性质为基础，研究光在透明介质中传播问题的光学部分，称为几何光学。它实际上研究的是波动光学的极限问题，不考虑波长、相位、振幅等因素，而把组成物体的物点看成几何点，把其发出的光束看成互相关联的无数几何光线的集合，光线传播的路径和方向代表光能传播的路径和方向。几何光学理论基础是几何定律和一些基本的光学实验定律，如：① 光在均匀介质中的直线传播定律；② 光的独立传播定律和光路可逆原理；③ 光通过两种介质分界面时应遵循反射定律和折射定律。本章主要讨论光通过球面折射规律、透镜成像规律以及放大镜、显微镜和望远镜等几种光学仪器。

第 1 节 球面折射

一、反射定律和折射定律

单色光入射到两种不同介质的分界面（假定两种介质的折射率分别为 n_1、n_2，且 $n_1<n_2$）时，其传播方向发生改变，如图 12-1-1 所示。入射光线 AO、反射光线 OB 和折射光线 OC 与分界面在 O 点的法线 PQ 所组成的平面分别称为入射面、反射面和折射面；对于均匀介质来说，反射光线 OB 和折射光线 OC 都在入射面内，并且反射角 i' 和折射角 γ 与入射角 i 的关系为

$$i' = i \tag{12-1-1}$$

$$\frac{\sin i}{\sin \gamma} = \frac{n_2}{n_1} = n_{21} \tag{12-1-2}$$

式中 n_1、n_2、n_{21} 分别表示入射介质的折射率、折射介质的折射率以及折射介质相对于入射介质的相对折射率，(12-1-1) 式、(12-1-2) 式分别为反射定律、折射定律的数学表达形式。

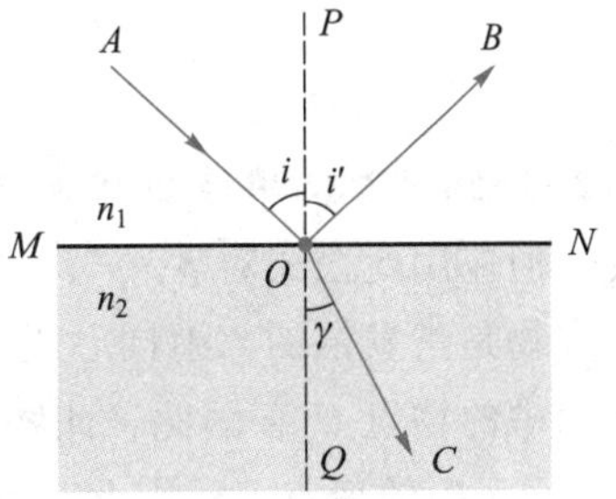

图 12-1-1 反射定律和折射定律

但是，如果光线从折射率大的光密介质入射到折射率小的光疏介质（即 $n_1>n_2$）时，根据 (12-1-2) 式知：折射角 γ 必然大于入射角 i，且折射角随入射角的增大而增大。但折射角最大为 90°，此时 $\sin \gamma=1$，如果再继续增大入射角，就没有折射光线，发生了全反射现象。折射角等于 90°时对应的入射角称为临界角 i_c。根据折射定律计算得

$$i_c = \arcsin \frac{n_2}{n_1} \tag{12-1-3}$$

二、单球面折射

当两种折射率不同的透明介质的分界面为球面的一部分时，光所产生的折射现象称为**单球面折射**。单球面折射成像规律是一般光学系统成像的物理基础。

如图 12-1-2 所示，假设有两种不同的均匀透明介质，其折射率分别为 n_1 和 n_2，并假定 $n_1<n_2$，MN 为球形折射面，其曲率中心为 C，曲率半径为 r，通过物点 O 和球面曲率中心 C 的直线 OC 为**主光轴**，主光轴与球面的交点为折射面的顶点 P。自物点 O 发出沿主光轴的光线，在界面上不发生折射，而沿其他任一方向发出的光线 OA 经单球面折射后与主光轴交于 I 点，I 点是物点 O 的像，物点到顶点的距离 OP 称为**物距**，用符号 p 表示，顶点到像点的距离 PI 称为**像距**，用符号 p' 表示。物距 p 与像距 p' 的关系，可由折射定律导出。

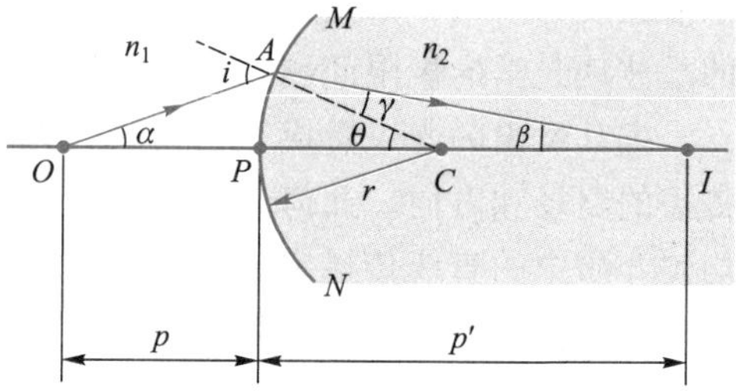

图 12-1-2 单球面折射

如果光线与主光轴的夹角很小，则此类光线称为**近轴光线**，否则称为远轴光线，下面的讨论仅限于近轴光线。对于近轴光线 OA、AI 来说，由于入射角 i，折射角 γ 很小，因此，$\sin i\approx i$，$\sin\gamma\approx\gamma$。那么，折射定律的表达式可近似简化为

$$n_1\cdot i=n_2\cdot\gamma$$

由图中几何关系可知 $i=\alpha+\theta$，$\theta=\gamma+\beta$ 或 $\gamma=\theta-\beta$，将 i，γ 的表达式代入上式，整理得

$$n_1\cdot\alpha+n_2\cdot\beta=(n_2-n_1)\theta \tag{12-1-4}$$

由于 α、β、θ 均很小，它们的正切值可以用其角度的弧度值代替，则

$$\alpha\approx\tan\alpha=\frac{|AP|}{p},\quad \beta\approx\tan\beta=\frac{|AP|}{p'},\quad \theta\approx\tan\theta=\frac{|AP|}{r}$$

将上述近似结果代入(12-1-4)式，消去 $|AP|$，整理可得

$$\frac{n_1}{p}+\frac{n_2}{p'}=\frac{n_2-n_1}{r} \tag{12-1-5}$$

(12-1-5)式称为**单球面折射物像公式**，它适用于一切凸球面和凹球面，并且只适用于近轴光线。但应用此公式时 p、p'、r 须遵守如下符号规则：实物物距 p 和实像像距 p' 均取正值；所谓实物是指发散的入射同心光束的顶点(不一定有实际光线通过这个顶点)，如图 12-1-3(a)所示中的物点 O_1，因此，此物距 $p_1>0$；实像是指会聚的出射同心光束的顶点，如图 12-1-3(b)所示中的像点 I_2，因此，此像距 $p_2'>0$。而虚物物距 p 和虚像像距 p' 均取负值；所谓虚物是指会聚的入射同心光束的顶点(一定没有实际光线通过这个顶点)，如图 12-1-3(b)所示中的物点 O_2，因此，此物距 $p_2<0$；虚像是指发散的出射同心光束的顶点，如图 12-1-3(a)所示中的像点 I_1，因此，此像距 $p_1'<0$。入射光线向着凸球面 r 取正，入射光线向着凹球面 r 取负，如图 12-1-3 所示中的曲率半径 $r_1<0$，$r_2>0$。

当点光源位于主光轴某点 F_1 时，若由该点发出的光线经单球面折射后成为平行光线，点

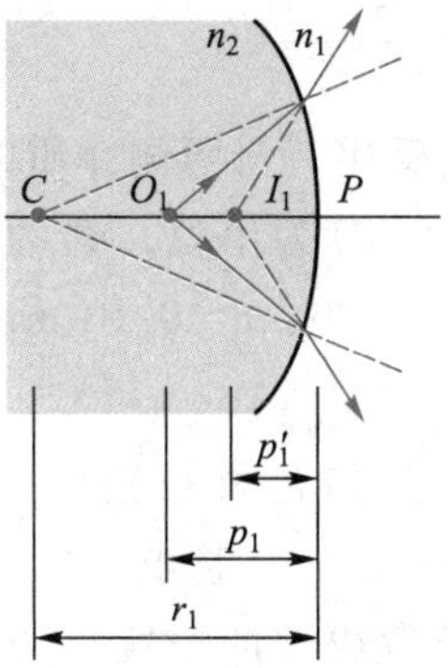

图 12-1-3　单球面折射的物和像

F_1 称为该折射面的第一焦点，如图 12-1-4(a)所示，从第一焦点 F_1 到折射面顶点 P 的距离称为第一焦距，用 f_1 表示。将 $p'\to\infty$，$p=f_1$ 代入(12-1-5)式得

$$f_1=\frac{n_1}{n_2-n_1}\cdot r \tag{12-1-6}$$

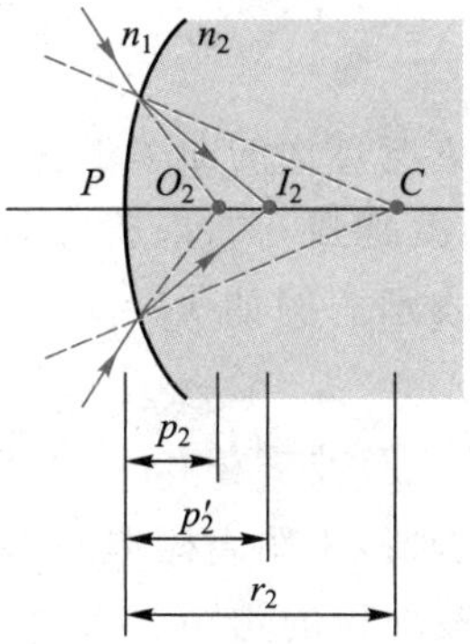

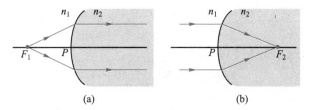

图 12-1-4　单球面折射的焦点和焦距

如果平行于主光轴的近轴光线经单球面折射后成像于主光轴上一点 F_2，则点 F_2 称为折射面的第二焦点，如图 12-1-4(b)所示，从点 F_2 到折射面顶点 P 的距离称为第二焦距，用 f_2 表示。将 $p\to\infty$，$p'=f_2$ 代入(12-1-5)式得

$$f_2=\frac{n_2}{n_2-n_1}\cdot r \tag{12-1-7}$$

当 f_1、f_2 为正值时，F_1、F_2 是实焦点，折射面对光线有会聚作用；当 f_1、f_2 为负值时，F_1、F_2 是虚焦点，折射面对光线有发散作用。

比较(12-1-6)式和(12-1-7)式知，折射面两侧焦距不相等，其比值等于折射面两侧介质的折射率之比，即

$$\frac{f_1}{f_2}=\frac{n_1}{n_2} \tag{12-1-8}$$

焦距是衡量球面折射本领的物理量，球面的曲率半径 r 越小，焦距 f_1、f_2 就越短，球面的折射本领就越强。因此，我们常用某侧介质的折射率与该侧焦距的比值来表示球面折射本领，称为折射面的焦度，用 Φ 表示。

$$\Phi=\frac{n_1}{f_1}=\frac{n_2}{f_2}=\frac{n_2-n_1}{r} \tag{12-1-9}$$

由(12-1-9)式知，焦度 Φ 与球面的曲率半径 r 成反比，与两侧介质的折射率之差成正比，Φ 值越大，球面的折射本领就越强。如果 r、f 以 m(米)为单位，Φ 的国际单位制单位为 m^{-1}，称为**屈光度**，用符号 D 表示。例如 $n_2=1.5$、$n_1=1.0$、$r=0.10$ m 的单球面，其焦度等于 $5.0\ m^{-1}$，记作 5.0 D。

【例 12-1】　将一圆柱形玻璃棒($n_2=1.50$，且棒足够长)的一端打磨并抛光成半径为 2.0 cm 的凸球面，在棒的轴线上距离棒端外 8.0 cm 处有一物点。(1) 若将此棒置于空气($n_1\approx 1.00$)中时，求此凸球面玻璃棒的焦距、焦度以及所成像的位置？(2) 若将此棒放入水($n_1'=1.33$)中时，所成像的位置又在何处？

解　(1) 当玻璃棒置于空气中时，已知 $n_1\approx 1.00$，$n_2=1.50$，曲率半径 $r=2.0$ cm，物距 $p=8.0$ cm 分别代入(12-1-6)式、(12-1-7)式和(12-1-9)式得

第一焦距：$$f_1=\frac{n_1}{n_2-n_1}\cdot r=\frac{1.00}{1.50-1.00}\times 2.0\ \text{cm}=4.0\ \text{cm}$$

第二焦距：$$f_2=\frac{n_2}{n_2-n_1}\cdot r=\frac{1.50}{1.50-1.00}\times 2.0\ \text{cm}=6.0\ \text{cm}$$

焦度：$$\Phi=\frac{n_2-n_1}{r}=\frac{1.50-1.00}{0.020\ \text{m}}=25.0\ \text{m}^{-1}=25.0\ \text{D}$$

将上述已知参量代入(12-1-5)式得

$$\frac{1.00}{8.0\ \text{cm}}+\frac{1.50}{p'}=\frac{1.50-1.00}{2.0\ \text{cm}}$$

解得像距
$$p'=12.0\ \text{cm}$$
即所成像在玻璃棒内轴线上离棒顶点 12.0 cm 处，实像。

(2) 当玻璃棒置于水中时，$n_1'=1.33$，$n_2=1.50$，$r=2.0$ cm，$p=8.0$ cm 等已知参量代入(12-1-5)式得

$$\frac{1.33}{8.0\ \text{cm}}+\frac{1.50}{p'}=\frac{1.50-1.33}{2.0\ \text{cm}}$$

解得像距
$$p'\approx -18.5\ \text{cm}$$

可见，像点在玻璃棒轴线上顶点外大约 18.5 cm 处，虚像。

三、共轴球面系统

如果一个光学系统由两个或两个以上折射球面组成，而且这些球面的曲率中心和各球面顶点在同一直线上，它们便组成**共轴球面系统**，各球心所在直线称为**共轴系统的主光轴**。

光通过共轴球面系统的成像，决定于入射光依次在每一个球面上折射的结果。在成像过程中，前一个球面所成的像(实像或虚像)，即为相邻的次一球面的物(实物或虚物)。只要前一个球面所成的像在次一球面之前，光线束到达次一球面时是发散的，就可把前一球面的像当作次一球面的实物；而当光线束在前一球面折射后是会聚的，本应成实像，只是在未成像

之前先遇上了次一球面，这时可将此会聚光线束延长，其会聚点看作次一球面的虚物。因此，可应用单球面折射公式，采用逐次成像法，直到求出最后一个球面的像，此像即为光线通过共轴球面系统所成的像。

【例 12-2】　已知空气中($n_0 \approx 1.00$)有一个直径为 22.0 cm 的玻璃球($n=1.52$)，现将一点光源放在球前 42.0 cm 处。求近轴光线通过玻璃球后所成像的位置。

解　对第一折射面而言，$n_1=n_0\approx 1.00$，$n_2=n=1.52$，$r_1=11.0\ \text{cm}$，$p_1=p=42.0\ \text{cm}$，代入单球面折射物像公式得

$$\frac{1.00}{42.0\ \text{cm}}+\frac{1.52}{p_1'}=\frac{1.52-1.00}{11.0\ \text{cm}}$$

解得

$$p_1'\approx 64.8\ \text{cm}$$

如果没有第二折射面，I_1 应在 P_1 后面约 64.8 cm 处。I_1 对于第二折射面是虚物，则物距 $p_2=(22.0-64.8)\text{cm}=-42.8\ \text{cm}$，对于第二折射面，$n_1=n=1.52$，$n_2=n_0=1.00$，$r_2=-11.0\ \text{cm}$，再次代入单球面折射物像公式得

$$\frac{1.52}{-42.8\ \text{cm}}+\frac{1.00}{p_2'}=\frac{1.00-1.52}{-11.0\ \text{cm}}$$

解得

$$p_2'\approx 12.1\ \text{cm}$$

因此，最后成像在玻璃球后面 12.1 cm 处，整个系统成像过程如图 12-1-5 所示。

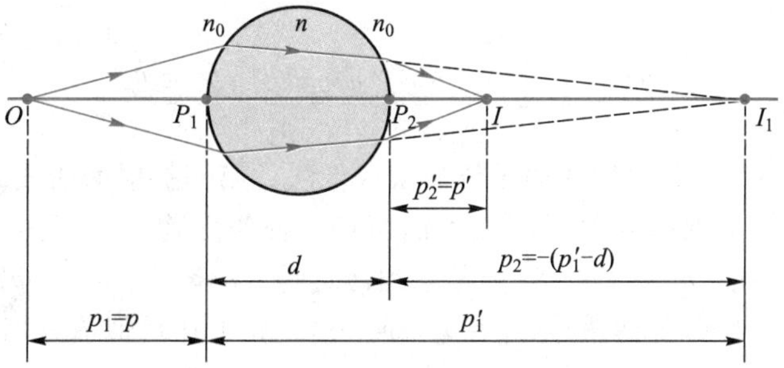

图 12-1-5　例 12-2 图

第 2 节　透镜

透镜是由两个共轴折射面组成的光学系统，两折射面之间是均匀的透明介质。根据透镜折射面的形状可将透镜分为球面透镜(通常简称透镜)和非球面透镜(如柱面、椭球面透镜)。凡中间部分比边缘部分厚的透镜叫作**凸透镜**；凡中间部分比边缘部分薄的透镜叫作**凹透镜**。连接透镜两球面曲率中心的直线称为**透镜的主光轴**。透镜两折射面在其主光轴上的间距称为**透镜的厚度**，若透镜的厚度与焦距相比不能忽略，则称为**厚透镜**；若可忽略不计，则称为**薄透镜**。

一、薄透镜

1. 薄透镜成像

下面以如图 12-2-1 所示的薄透镜为例来讨论薄透镜成像公式。设折射率为 n 的薄透镜置于折射率分别为 n_1 和 n_2 两种不同介质界面处，从主光轴上物点 O 发出的光经透镜折射后成像于 I 处。

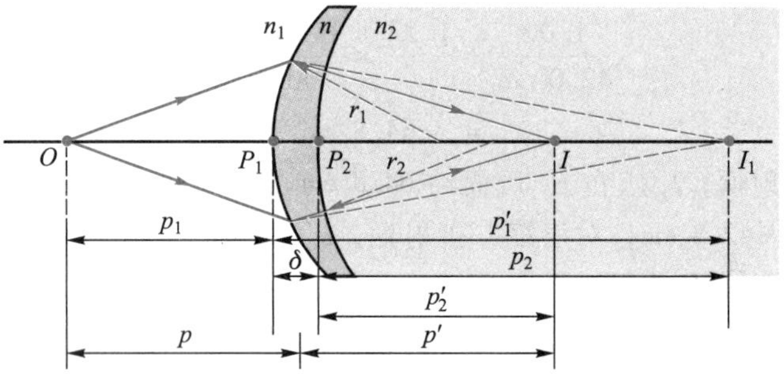

图 12-2-1 薄透镜成像

以 p_1、p_1'、r_1 和 p_2、p_2'、r_2 分别表示第一折射面和第二折射面的物距、像距和曲率半径。利用单球面折射的物像公式

$$\frac{n_1}{p_1}+\frac{n}{p_1'}=\frac{n-n_1}{r_1}\text{和}\frac{n}{p_2}+\frac{n_2}{p_2'}=\frac{n_2-n}{r_2}$$

假设透镜厚度为 δ，根据共轴球面系统逐次成像法，第一折射面所成的像 I_1 作为第二折射面的物，由于该物点为会聚的入射同心光束的顶点，视作虚物，物距为负，并且从第二折射面的顶点 P_2 算起，因此，$p_2=-(p_1'-\delta)$，考虑到薄透镜，$\delta \ll p_1'$，$p_2\approx -p_1'$，以 p、p' 分别表示透镜的物距和像距，同样由于薄透镜，$p\approx p_1$，$p'\approx p_2'$，将上述近似值分别代入上面两式，得

$$\frac{n_1}{p}+\frac{n}{p_1'}=\frac{n-n_1}{r_1}\text{和}\frac{n}{-p_1'}+\frac{n_2}{p'}=\frac{n_2-n}{r_2}$$

再将上述两式相加后整理，得

$$\frac{n_1}{p}+\frac{n_2}{p'}=\frac{n-n_1}{r_1}-\frac{n-n_2}{r_2} \tag{12-2-1}$$

(12-2-1)式称为**薄透镜成像公式**。公式中 p、p'、r_1、r_2 的正、负号仍然遵守前面叙述的符号规则。并且对各种形状的凸、凹薄球面透镜都适用。

如果薄透镜前后介质折射率相同即薄透镜处在折射率为 n_0 某种介质中，即 $n_1=n_2=n_0$，(12-2-1)式可简化为

$$\frac{1}{p}+\frac{1}{p'}=\frac{n-n_0}{n_0}\cdot\left(\frac{1}{r_1}-\frac{1}{r_2}\right) \tag{12-2-2}$$

实际上，薄透镜通常放置在空气中，$n_0\approx 1$，所以(12-2-2)式又可简写为

$$\frac{1}{p}+\frac{1}{p'}=(n-1)\cdot\left(\frac{1}{r_1}-\frac{1}{r_2}\right) \tag{12-2-3}$$

如果薄透镜前后介质的折射率不相同，由(12-2-1)式可以得出薄透镜两焦距分别为

$$f_1=\left[\frac{1}{n_1}\cdot\left(\frac{n-n_1}{r_1}-\frac{n-n_2}{r_2}\right)\right]^{-1} \tag{12-2-4}$$

$$f_2=\left[\frac{1}{n_2}\cdot\left(\frac{n-n_1}{r_1}-\frac{n-n_2}{r_2}\right)\right]^{-1} \tag{12-2-5}$$

薄透镜的焦度为

$$\Phi=\frac{n_1}{f_1}=\frac{n_2}{f_2}=\frac{n-n_1}{r_1}-\frac{n-n_2}{r_2} \tag{12-2-6}$$

如果薄透镜置于相同介质中($n_1=n_2=n_0$)，则其第一焦距与第二焦距相等，用f表示

$$f=\left[\frac{n-n_0}{n_0}\cdot\left(\frac{1}{r_1}-\frac{1}{r_2}\right)\right]^{-1} \tag{12-2-7}$$

将f代入(12-2-2)式，得

$$\frac{1}{p}+\frac{1}{p'}=\frac{1}{f} \tag{12-2-8}$$

此式是薄透镜成像的又一常用公式，通常称为**薄透镜成像公式的高斯形式**。

对置于空气中的薄透镜，焦距的倒数为薄透镜的焦度，即 $\Phi=\frac{1}{f}$。其国际单位制单位仍为D(屈光度)，配制眼镜时人们习惯将透镜的焦度以“度”为单位，1 D=100 度。

每个透镜主光轴上都有一个特殊点：凡是通过该点的光，其传播方向不变，这个点称为**透镜的光心**。对于薄透镜来说，两个顶点无限靠近，如果近似看作重合于一点，这一点就近似看作薄透镜的光心，在薄透镜中量度距离都从光心算起。通过光心的任一直线称为**薄透镜的副光轴**。

如图 12-2-2 所示，通过焦点 F_1、F_2 分别作一平面垂直于主光轴，在满足近轴光线条件下，这两个平面分别称为**第一焦平面和第二焦平面**。与副光轴平行的光射向透镜，折射后会聚于第二焦平面上一点 F_2'(习惯称为副焦点)，如图 12-2-2(a)所示；而第一焦平面上任一点 F_1' 发出的光，经透镜折射后，将成为一束与过 F_1' 的副光轴平行的光，如图 12-2-2(b)所示。

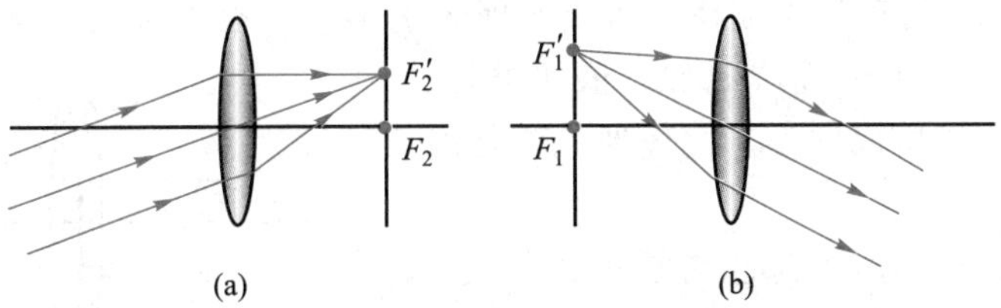

图 12-2-2　焦平面与副焦点

【例 12-3】　某同学为了看清物体佩戴近视眼镜是折射率为 1.52 的凹凸型的薄透镜，曲率半径的大小分别为 0.08 m、0.13 m，求：(1) 这副眼镜在空气($n_0\approx1.00$)中的焦距和焦度；(2) 如果该同学戴着这副眼镜潜入水($n_0\approx1.33$)下，他还能看清水中的物体吗？为什么？

解　(1) 已知透镜材料 $n=1.52$，空气 $n_0\approx1.00$，根据符号规则，前后两个球面从左至右

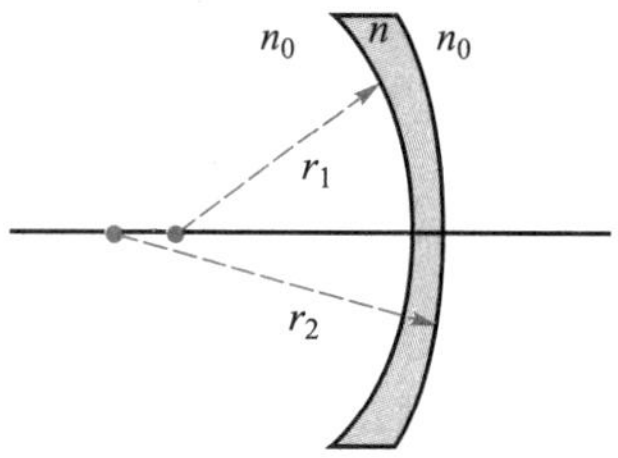

图 12-2-3　例 12-3 图

都是凹面迎着入射光线，则 $r_1=-0.08\ \mathrm{cm}$，$r_2=-0.13\ \mathrm{cm}$，则这副眼镜在空气中的焦距和焦度分别为

$$f=\left[\frac{n-n_0}{n_0}\cdot\left(\frac{1}{r_1}-\frac{1}{r_2}\right)\right]^{-1}=\left[\frac{1.52-1.00}{1.00}\times\left(\frac{1}{-0.08}-\frac{1}{-0.13}\right)\right]^{-1}\mathrm{m}=-0.40\ \mathrm{m}$$

$$\Phi=(n-n_0)\cdot\left(\frac{1}{r_1}-\frac{1}{r_2}\right)=\frac{n_0}{f}=\frac{1.00}{-0.4\ \mathrm{m}}=-2.5\ \mathrm{D}$$

（2）如果该同学戴着这副眼镜潜入水下，透镜材料 $n=1.52$，水 $n_0\approx1.33$，$r_1=-0.08\ \mathrm{cm}$，$r_2=-0.13\ \mathrm{cm}$，则这副眼镜在水中的焦距和焦度分别改变为

$$f=\left[\frac{n-n_0}{n_0}\cdot\left(\frac{1}{r_1}-\frac{1}{r_2}\right)\right]^{-1}=\left[\frac{1.52-1.33}{1.33}\times\left(\frac{1}{-0.08}-\frac{1}{-0.13}\right)\right]^{-1}\mathrm{m}\approx-1.46\ \mathrm{m}$$

$$\Phi=(n-n_0)\cdot\left(\frac{1}{r_1}-\frac{1}{r_2}\right)=\frac{n_0}{f}=\frac{1.33}{-1.46\ \mathrm{m}}\approx-0.91\ \mathrm{D}$$

由于这副眼镜在水中的焦距和焦度与在空气中的焦距和焦度有较大的改变，因此，该同学戴着这副眼镜潜入水下，就不能看清水中的物体。

2. 薄透镜组合

由两个或两个以上薄透镜组成的共轴系统，称为**薄透镜组合**，简称**透镜组**。例如显微镜和望远镜的目镜和物镜都是由薄透镜组合而成的透镜组。物体通过透镜组后所成像，可以利用薄透镜成像公式采用透镜逐次成像法求出，即先求第一个透镜所成像，将此像作为第二个透镜的物，再求出第二个透镜所成像，依次类推，直到求出最后一个透镜所成的像，此像便是物体经过透镜组后所成像。

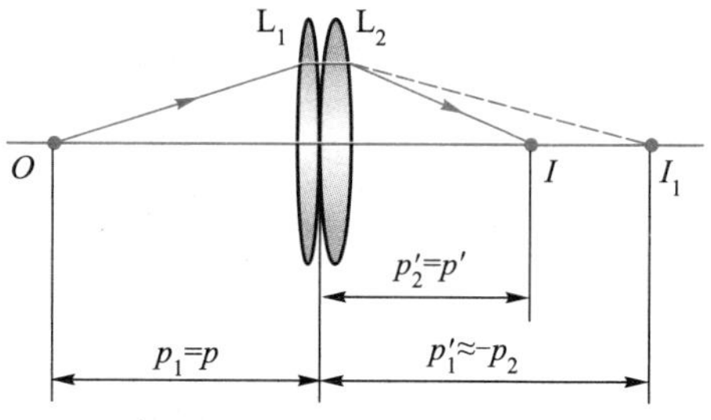

图 12-2-4　薄透镜的组合

最简单的透镜组是由两个薄透镜紧密贴合在一起组成的。如图 12-2-4 所示。假设两个透镜焦距分别为 f_1 与 f_2，物体经透镜 L_1 成像在 I_1 处，相应的物距和像距为 p_1 与 p_1'，再假设透镜组的厚度仍然可以忽略不计，并且假设透镜组的物距为 p，像距为 p'，则 $p_1=p$，对于第一个透镜 L_1，由薄透镜成像公式(12-2-8)得

$$\frac{1}{p}+\frac{1}{p_1'}=\frac{1}{f_1}$$

对于第二个透镜 L_2，$p_2=-p_1'$(虚物)，$p_2'=p'$，则

$$\frac{1}{-p_1'}+\frac{1}{p'}=\frac{1}{f_2}$$

两式相加，得

$$\frac{1}{p}+\frac{1}{p'}=\frac{1}{f_1}+\frac{1}{f_2} \tag{12-2-9}$$

所以透镜组的等效焦距 f 与两个透镜焦距 f_1 和 f_2 的关系为

$$\frac{1}{f}=\frac{1}{f_1}+\frac{1}{f_2} \tag{12-2-10}$$

即紧密接触透镜组的等效焦距的倒数等于组成它的各透镜焦距的倒数之和。

如果以 $\boldsymbol{\Phi}_1$、$\boldsymbol{\Phi}_2$、$\boldsymbol{\Phi}$ 分别表示第一透镜、第二透镜和透镜组的焦度，那么它们三者之间的关系为

$$\boldsymbol{\Phi}=\boldsymbol{\Phi}_1+\boldsymbol{\Phi}_2 \tag{12-2-11}$$

这一关系常被用来测量透镜的焦度。如测定某凹透镜(如近视眼镜片)的焦度，就是用已知焦度的凸透镜与它紧密接触，使组合后的焦度为零，即光线通过透镜组后既不发散也不会聚，光线的方向不改变。此时 $\boldsymbol{\Phi}_1+\boldsymbol{\Phi}_2=0$ 或 $\boldsymbol{\Phi}_1=-\boldsymbol{\Phi}_2$，即两透镜焦度数值相等，符号相反。

【例 12-4】　折射率为 1.50 的薄透镜，一面是平面，另一面是半径为 0.20 m 的凹面，将此透镜水平放置，凹面一方朝上且充满水。求整个系统的焦距。(设水的折射率为$\frac{4}{3}$。)

解　置于空气($n_0\approx1.00$)中的薄透镜，其焦度为 $\boldsymbol{\Phi}=\frac{n_0}{f}=(n-n_0)\cdot\left(\frac{1}{r_1}-\frac{1}{r_2}\right)$

由于整个系统可以看成两个薄透镜组合，对置于空气中的平凹型玻璃薄透镜，已知 $r_1\to\infty$，$r_2=0.20$ m，$n=1.50$ 代入上式得其焦度为

$$\boldsymbol{\Phi}_1=(1.50-1.00)\times\left(\frac{1}{\infty}-\frac{1}{0.20}\right)\text{ D}=-2.50\text{ D}$$

对置于空气中的凸平型水薄透镜，已知 $r_1=0.20$ m，$r_2\to\infty$，$n=\frac{4}{3}$代入上式得

$$\boldsymbol{\Phi}_2=\left(\frac{4}{3}-1.00\right)\times\left(\frac{1}{0.20}-\frac{1}{\infty}\right)\text{ D}\approx1.67\text{ D}$$

整个系统的焦度和焦距分别为

$$\boldsymbol{\Phi}=\boldsymbol{\Phi}_1+\boldsymbol{\Phi}_2=-2.50\text{ D}+1.67\text{ D}\approx-0.83\text{ D}$$

$$f=\frac{n_0}{\boldsymbol{\Phi}}=\frac{1.00}{-0.83\text{ D}}\approx-1.20\text{ m}$$

【例 12-5】　凸透镜 L_1 和凹透镜 L_2 的焦距分别为 10.0 cm 和 -4.0 cm，L_2 位于 L_1 右侧 12.0 cm 处。一物体放置在透镜 L_1 左侧 20.0 cm 处，求此物体经透镜组合所成的像。

解　根据薄透镜成像高斯公式：$\frac{1}{p}+\frac{1}{p'}=\frac{1}{f}$，则

透镜 L_1 的成像：$p_1=20.0\ \text{cm}$，$f_1=10.0\ \text{cm}$，有

$$\frac{1}{20.0\ \text{cm}}+\frac{1}{p_1'}=\frac{1}{10.0\ \text{cm}}$$

解得

$$p_1'=20.0\ \text{cm}(\text{实像})$$

透镜 L_2 的成像：由两透镜的位置关系可知，$p_2=-(20.0-12.0)\text{cm}=-8.0\text{cm}$（虚物），$f_2=-4.0\ \text{cm}$，$p_2'=p'$，将这些数据代入薄透镜成像公式，有

$$\frac{1}{-8.0\ \text{cm}}+\frac{1}{p'}=\frac{1}{-4.0\ \text{cm}}$$

解得

$$p'=-8.0\ \text{cm}(\text{虚像})$$

二、厚透镜

厚透镜成像既可以利用逐次成像法，也可以利用三对基点，利用三对基点不仅可以简化厚透镜的成像过程，而且可以简化比较复杂的共轴球面系统的成像过程，只要知道三对基点的位置，就可以用作图法或计算法求出厚透镜成像的物与像关系。共轴球面系统的三对基点包括一对焦点、一对主点和一对节点。

1. 一对焦点（F_1、F_2）

如图 12-2-5 所示，将点光源放在主光轴上某点 F_1，若光源发出的光线（1）经厚透镜后成为平行于主光轴的平行光线，则 F_1 点称为厚透镜的第一主焦点。若平行于主光轴的光线（2）经厚透镜后交于主光轴上某点 F_2，则 F_2 点称为厚透镜的第二主焦点。

2. 一对主点（H_1、H_2）

确定了焦点的位置仍不足以确定焦距和出射光线的方向，为此，还必须确定另一对基点。如图 12-2-5 所示，通过 F_1 的入射光线（1）的延长线与经过整个系统折射后出射光线的反向延长线相交于 A_1 点。过 A_1 点作垂直于主光轴的平面且交于主光轴 H_1 点，H_1 点称为折射系统的第一主点，$A_1H_1B_1$ 平面称为第一主平面。同样，平行于主光轴的入射光线（2）的延长线与经过整个系统折射后的出射光线的反向延长线相交于 B_2 点，过 B_2 点作垂直于主光轴的平面交于主光轴 H_2 点，H_2 点称为折射系统的第二主点，$A_2H_2B_2$ 平面称为第二主平面。

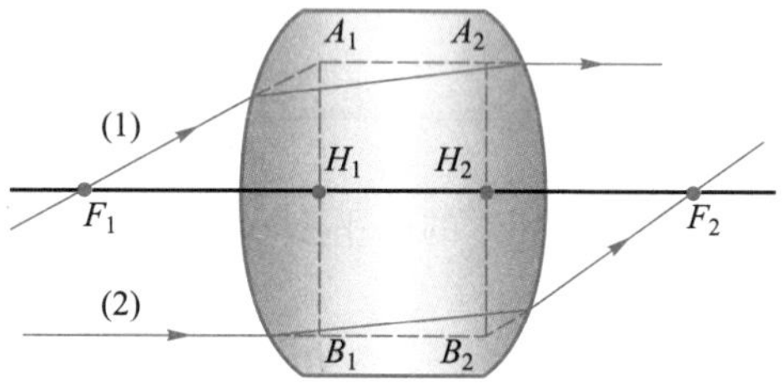

图 12-2-5　一对焦点和一对主点

如图 12-2-5 所示，无论光线在折射系统中经过怎样的曲折路径，在效果上只等效于在相应的主平面发生一次折射。通常将第一焦点 F_1 到第一主点 H_1 的距离称为第一焦距 f_1，物到第一主平面的距离为厚透镜成像的物距 p。第二焦点 F_2 到第二主点 H_2 的距离称为第二焦距 f_2，像到第二主平面的距离为厚透镜成像的像距 p'。

3. 一对节点（N_1、N_2）

在厚透镜的主光轴上可以找到两点 N_1 和 N_2，如图 12-2-6 所示。以任何角度向 N_1 点入射的光线都以相同的角度从 N_2 射出，光线不改变方向，仅仅发生平移。N_1、N_2 分别称为厚透镜的第一节点和第二节点。N_1 和 N_2 的性质类似于薄透镜的光心。

只要知道厚透镜三对基点在折射系统中的位置，根据三对基点的特性，便可像薄透镜那样利用三束光线中的任意两束利用作图法求出物经系统折射后所成的像。如图 12-2-7 所示。

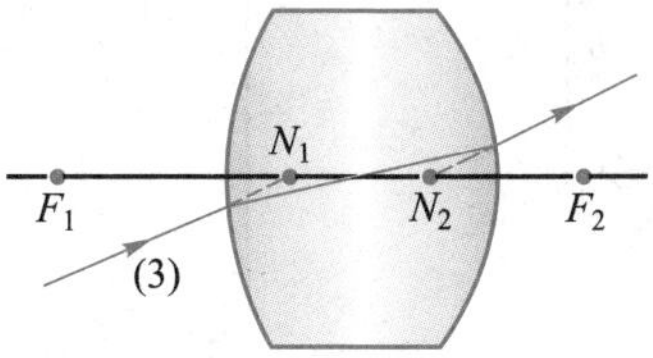

图 12-2-6　一对节点

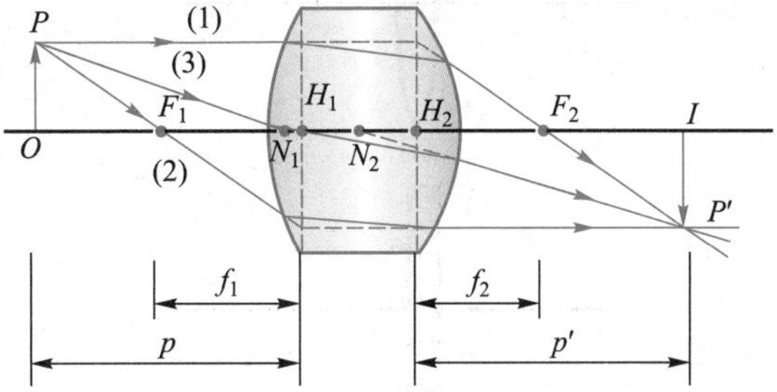

图 12-2-7　用作图法求物体的像

各基点的位置决定于折射系统的具体条件。如果折射系统前后介质的折射率相同（如折射系统置于空气中），则 $f=f_1=f_2$，N_1 和 H_1 重合，N_2 和 H_2 重合，在这种情况下，物距 p、像距 p'、焦距 f 之间的关系等同于薄透镜成像公式

$$\frac{1}{p}+\frac{1}{p'}=\frac{1}{f}$$

式中 p、p'、f 皆以相应的主平面为起点计之。

事实上单球面和薄透镜也有三对基点，只不过单球面的两主点重合在单球面顶点 P 上，其两节点重合在单球面的曲率中心 C 点上；而薄透镜的两主点及两节点都重合在薄透镜的光心上。

三、柱面透镜

如果薄透镜的两个折射面是圆柱面的一部分，这种透镜称为圆柱面透镜。如图 12-2-8 所示。柱面透镜的两个折射面可以都是圆柱面的一部分，也可以一面为圆柱面，另一折射面为平面；柱面透镜也分为凸柱面透镜和凹柱面透镜两种。

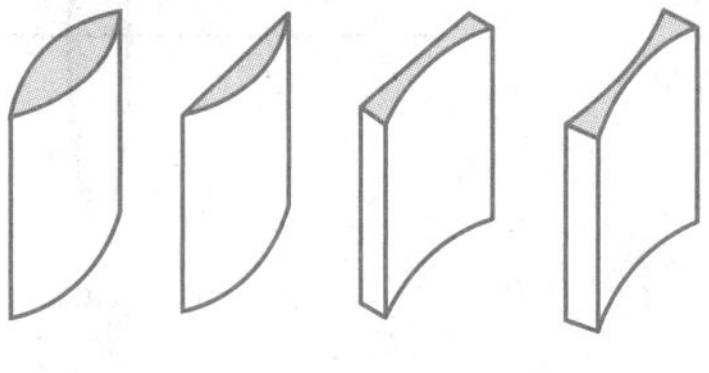

图 12-2-8　圆柱面透镜

在光学系统中，通常将包含主光轴的平面都称为子午面，子午面与折射面之间的交线称为子午线。前面介绍折射面是球面，它的任何子午线的曲率半径相等，这种折射系统称为对称折射系统。如果折射面在各个方向上的子午线曲率半径不相同，这种折射面组成的共轴系统称为非对称折射系统。非对称折射系统对通过各子午面光线的折射

本领不同，因此，主光轴上点光源发出的光束经此系统折射后不能形成一个清晰的点像，柱面透镜的成像就是如此。如图 12-2-9 所示的凸柱面透镜，如图 12-2-9(a)所示表示柱面透镜在水平方向焦度最大且为正值，对光线起会聚作用；如图 12-2-9(b)所示表示柱面透镜在竖直方向的焦度为零，折射光线不改变方向，因此，点状物体经柱面透镜后形成的像为一条竖直线 $I_1I_2I_3$，如图 12-2-9(c)所示。

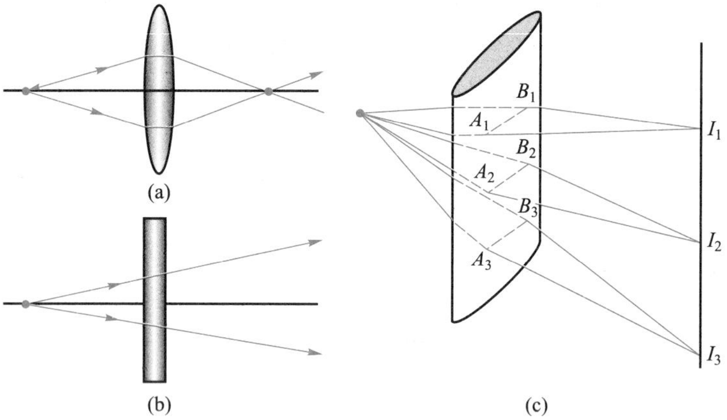

图 12-2-9 圆柱透镜成像示意图

四、透镜的像差

由于各种因素的影响，由物体发出的光线经透镜折射后所成的像与理想的像有偏差，这种现象称为透镜的像差。产生像差的原因较多，下面仅简单介绍球面像差和色像差。

1. 球面像差

主光轴上点状物体发出的远轴光线和近轴光线经透镜折射后不能会聚于主光轴上同一点，如图 12-2-10(a)所示，这种现象称为球面像差，简称球差。产生球差的原因是通过透镜边缘部分的远轴光线比通过透镜中央部分的近轴光线偏折得多一些，点状物体或点光源不能生成点像，而生成一个边缘模糊的圆形亮斑。

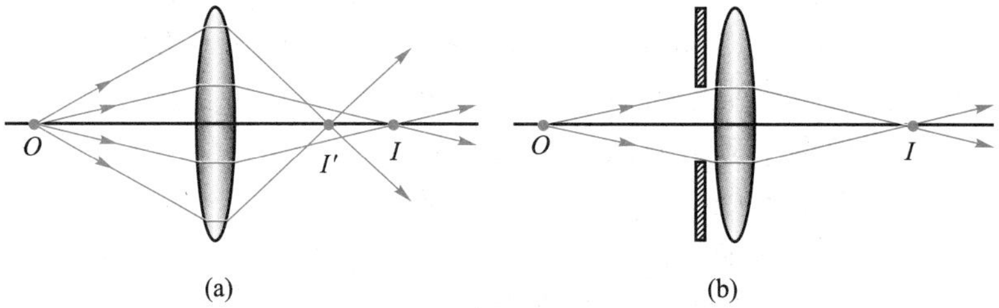

图 12-2-10 球面像差

减小球面像差最简单的方法是在透镜前放置一个光阑，它只让近轴光线通过透镜，因此点光源可以生成一个清晰的点像，如图 12-2-10(b)所示。由于光阑使通过透镜的光能减少，导致像的亮度减弱。减小球面像差另一办法是采用凸透镜与凹透镜进行合理的组合，这样组成的透镜组虽然降低了焦度，却能够减小球差。

2. 色像差

不同颜色的光在同一种光学材料中的折射率略有差异，波长越短，其折射率越大，当一束白光通过透镜后，紫光偏折最多，红光偏折最少，如图 12-2-11(a)所示。因此，不同波长的光通过透镜后不能成一个清晰的点像，而是一个带有颜色的光斑，我们把这种现象称为色像差。透镜越厚，色像差越明显。

改善色像差的方法是将具有不同折射的凸透镜和凹透镜进行合理搭配，使一个透镜的色像差能被另一透镜所抵消，如图 12-2-11(b)所示。例如冕牌玻璃的色散能力较火石玻璃弱，所以，在冕牌玻璃的凸透镜上胶粘一块火石玻璃的凹透镜，这样的组合透镜能够有效减少色像差。

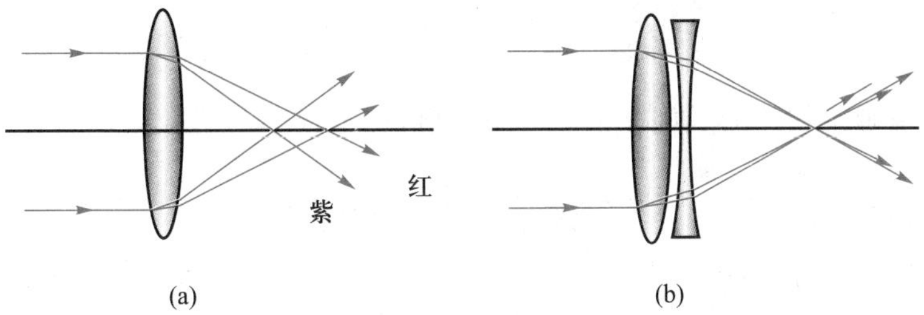

图 12-2-11　色像差

第 3 节　几种光学仪器

一、放大镜

为了看清楚微小物体或物体的细节，需要把物体移近眼睛，以增大物体对人眼的视角(从物体两端射到眼中节点的两束光线的夹角)，使物体在视网膜上产生一较大的像。但眼睛的调节是有限的，物体太近反而看不清(正常眼近点为 10~12 cm)，因此常借助会聚透镜以增大物体对人眼的视角。用于这一目的的会聚透镜称为放大镜。

使用放大镜时，通常将物体放在放大镜焦点内、靠近透镜焦点处，根据凸透镜成像规律，物体经放大镜折射后形成正立、放大虚像，像与物在透镜的同一侧。

如图 12-3-1(a)所示，物体放在明视距离(25 cm)处，眼睛直接观察物体的视角为 β；利用放大镜观察同一物体时视角增大到 γ，如图 12-3-1(b)所示。通常用这两个视角的比值$\dfrac{\gamma}{\beta}$来衡量放大镜放大视角的能力，称为角放大率，用 α 表示，即

$$\alpha = \frac{\gamma}{\beta} \tag{12-3-1}$$

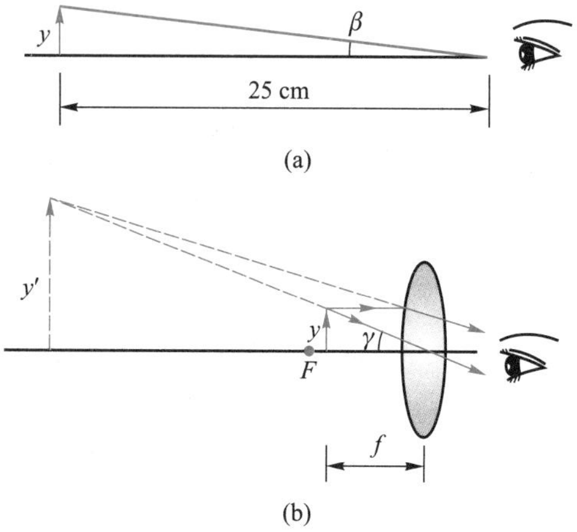

图 12-3-1　放大镜

由于一般用放大镜观察物体的线度 y 很小，故视角 β、γ 很小，则

$$\beta \approx \tan\beta = \frac{y}{25\ \text{cm}} \quad \text{和} \quad \gamma \approx \tan\gamma = \frac{y}{f}$$

将上述两式代入(12-3-1)式中，得

$$\alpha = \frac{y/f}{y/25\ \text{cm}} = \frac{25\ \text{cm}}{f} \tag{12-3-2}$$

式中 f 为放大镜的焦距。(12-3-2)式表明，放大镜的角放大率与它的焦距 f 成反比，即放大镜焦距越小，角放大率越大。但如果 f 太小，透镜会较凸且厚，这种透镜难以磨制且色像差严重，所以单一透镜放大镜的放大率一般约为几倍，若是组合透镜，放大率也只有几十倍。

二、光学显微镜

普通放大镜的放大倍数是有限的，如果想观察更细微的物体就要借助显微镜了，它是生物学和医学中广泛使用的仪器。普通光学显微镜由两组会聚透镜组成，其光路如图 12-3-2 所示。L_1 是一个焦距(f_1)极短的物镜，L_2 是一个焦距(f_2)稍长的目镜。为了减小各种像差，观察清晰像，实际的物镜和目镜分别由多个薄透镜组合而成。将被观察的物体(设物长为 y)置于靠近物镜的第一焦点外，经 L_1 折射后物体在目镜的第一焦点内形成一个倒立放大的实像(实像的长度用 y'表示)，实像再经目镜放大后成正立虚像(像长为 y'')，虚像相对于人眼张开的视角为 γ。可见，显微镜经物镜、目镜两次放大，因此它的放大倍数比放大镜大得多，显微镜的放大倍数通常可达 $10^2 \sim 10^3$ 倍。

根据光学仪器放大率的定义，显微镜的角放大率 M 为

$$M = \frac{\gamma}{\beta} \approx \frac{\tan\gamma}{\tan\beta}$$

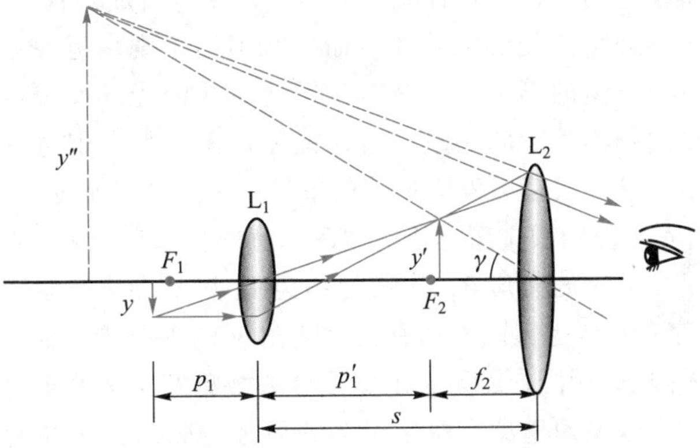

图 12-3-2　光学显微镜的光路示意图

由图 12-3-2 中的几何关系可以看出，$\tan\gamma=\frac{y''}{|p_2'|}=\frac{y'}{p_2}\approx\frac{y'}{f_2}$，而物体视角依然满足 $\tan\beta=\frac{y}{25}$，代入上式得

$$M=\frac{y'}{p_2}\cdot\frac{25\ \text{cm}}{y}\approx\frac{y'}{y}\cdot\frac{25\ \text{cm}}{f_2}=\frac{p_1'}{p_1}\cdot\frac{25\ \text{cm}}{f_2}=m\cdot\alpha \qquad (12-3-3)$$

式中 $m=\frac{y'}{y}=\frac{p_1'}{p_1}$称为物镜的线放大率；$\alpha=\frac{25}{p_2}\approx\frac{25}{f_2}$称为目镜的角放大率，显微镜的放大率等于物镜的线放大率与目镜的角放大率的乘积。实际使用的显微镜配有各种放大率的物镜和目镜，适当组合可以获得所需的放大率。

由于被观察物体靠近物镜第一焦点，$p_1\approx f_1$，且物镜和目镜的焦距都很小，所以物镜的线放大率$\frac{p_1'}{p_1}\approx\frac{s}{f_1}$，其中 s 是显微镜镜筒的长度($s\approx p_1'+f_2\approx p_1'$)，因此显微镜的放大率又可近似表达为

$$M=\frac{s}{f_1}\cdot\frac{25\ \text{cm}}{f_2}=\frac{25\ \text{cm}}{f_1f_2}s \qquad (12-3-4)$$

由此可知，显微镜镜筒越长，物镜和目镜的焦距越短，它的放大率就越大。

【例 12-6】　已知一台生物显微镜目镜焦距为 12.5 mm，物镜焦距为 4.0 mm，中间像成在第二焦平面后 160 mm。试求该显微镜的放大倍数。

解　已知物镜焦距 $f_1=4.0\ \text{mm}=0.40\ \text{cm}$，目镜焦距 $f_2=12.5\ \text{mm}=1.25\ \text{cm}$，中间像成在第二焦平面后的距离，即物镜成像的像距 $p_1'=160\ \text{mm}=16.0\ \text{cm}$，根据显微镜的放大率公式(12-3-3)，考虑到被观察物体靠近物镜第一焦点，$p_1\approx f_1$，因此，该显微镜的放大倍数近似为

$$M=\frac{p_1'}{p_1}\cdot\frac{25}{f_2}\approx\frac{p_1'}{f_1}\cdot\frac{25}{f_2}=\frac{16.0\ \text{cm}\times 25.0\ \text{cm}}{0.40\ \text{cm}\times 1.25\ \text{cm}}=800$$

三、望远镜

望远镜可根据工作方式分为：折射式、反射式和折反式。折射式望远镜的光学系统与普

通显微镜的光学系统基本相同。在这两种光学仪器中，物镜所成的像都是通过目镜来观察的。区别在于望远镜用于观察远距离处的大物体，而显微镜用于观察近在手边的小物体。天文望远镜，物镜的第二焦点与目镜的第一焦点重合，即两系统的光学间隔为零，而大地测量用的望远镜，两系统的光学间隔不为零的小量。若物镜和目镜都是会聚透镜的望远镜称为**开普勒望远镜**；而物镜为会聚透镜、目镜为发散透镜的望远镜称为**伽利略望远镜**。

如图 12-3-3 所示为开普勒天文望远镜的原理示意图。来自无限远物点的光线，在物镜 L_1 上与望远镜的光轴有一个不大的夹角 β，光束经物镜 L_1 后被会聚于物镜的第二焦平面而成像 y'，此光束经目镜 L_2 后成为与望远镜光轴有稍大夹角 γ 的平行光，这表明，望远镜使位于无限远的物体仍成像于无限远，并且使物体对人眼的视角变大，这类望远镜的镜筒长度等于物镜和目镜的焦距之和。**望远镜的角放大率**定义为最后像对眼睛的视角与物体对人眼的视角之比。从图中几何关系看出，物体对物镜的视角 β 与物体对人眼的视角基本相同，最后像对眼睛的视角非常接近 γ，因为视角 β、γ 很小，所以它们弧度值近似等于它们的正切值，即

$$\beta \approx \tan\beta = \frac{y'}{f_1} \text{ 和 } \gamma \approx \tan\gamma = \frac{y'}{f_2}$$

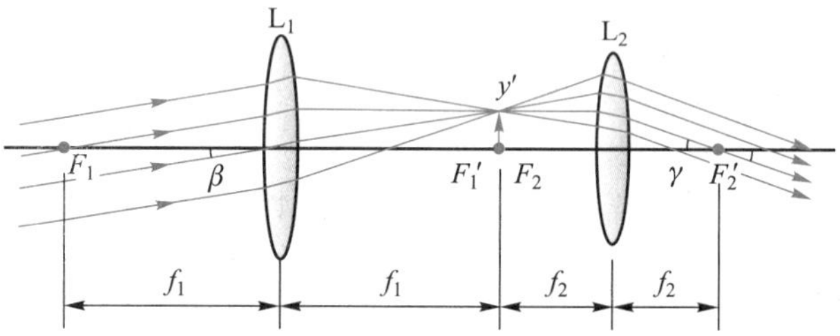

图 12-3-3 开普勒望远镜光路示意图

因此望远镜的角放大率为

$$M = \frac{\gamma}{\beta} = \frac{y'/f_2}{y'/f_1} = \frac{f_1}{f_2} \qquad (12-3-5)$$

(12-3-5)式表明望远镜的角放大率等于物镜与目镜的焦距之比。

在大型望远镜中，物镜用凹面镜代替，这种反射望远镜的构型在理论上和实用上都有许多优点。凹面镜没有色像差，球面像差又比透镜容易矫正，所用材料也不必是透明的，因而反射镜可以比透镜更坚固。

1990 年 4 月 24 日发射的哈勃空间望远镜(Hubble Space Telescope，HST)是设置在地球轨道上的、通光口径为 2.4 m 的反射式天文望远镜，如图 12-3-4 所示。由于大气层中的大气湍流、散射以及会吸收紫外线的臭氧层，这些因素都限制了地面上望远镜做进一步的观测，哈勃空间望远镜的位置在地球的大气层之上，因此具有地面上望远镜所没有的优势，这些优势包括它的影像不会受到大气湍流的扰动，又没有大气散射造成的背景光，还能观测未被臭氧层吸收掉的紫外线。哈勃空间望远镜的出现使天文学家成功地摆脱地面条件的限制，并获得更加清晰与更广泛波段(115~1 010 nm)的观测图像。它已经成为天文史上最重要的观测仪器，帮助天文学家解决了许多根本性的问题和对天文物理有更多的认识。

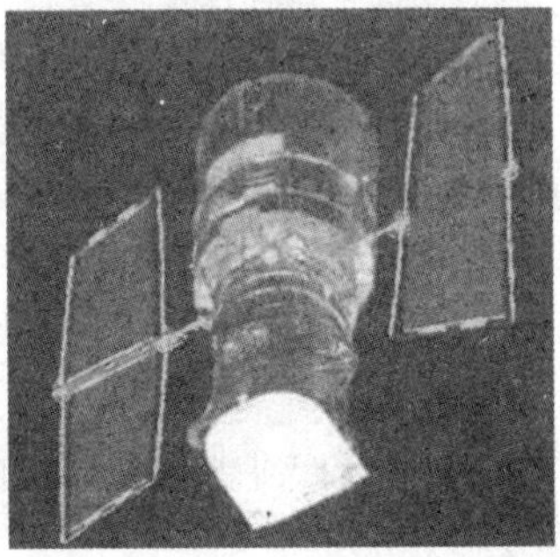

图 12-3-4　哈勃空间望远镜

习　题

12-1　单球面折射公式的适用条件是什么？在什么情况下起会聚作用？在什么情况下又起发散作用？

12-2　某种液体($n_1=1.40$)和玻璃($n_2=1.50$)的分界面为球面。有一个物体置于球面轴线上液体的这一侧，离球面顶点 42 cm，并在球面前 30 cm 处成一虚像。求球面的曲率半径；并指出球面的曲率中心在哪种介质中。

12-3　一只容器高 50 cm，其中装满了甘油，观测者垂直观测容器底好像升高了 16 cm。求甘油的折射率。

12-4　一直径为 20 cm 的玻璃球($n=1.50$)，球内有一个小气泡，从最近的方向上看好像在球表面和球心的正中间，求小气泡的实际位置。

12-5　一根直径为 8.0 cm 的玻璃棒($n=1.50$)长 20.0 cm，两端面都经打磨并抛光成半径为 4.0 cm 的凸球面，将该玻璃棒水平置于空气中($n_0\approx1.00$)。若一束近轴平行光线沿棒轴方向从左向右入射，求像的位置。

12-6　空气中($n_0\approx1.00$)有一根折射率为 1.50 的玻璃棒，将其两端打磨并抛光成半径为 5.0 cm 的半球面。当一物体放置在棒轴上离一端 20.0 cm 处时，最后该物成像在这条玻璃棒的另一端棒外离端面 30.0 cm 处。求此棒的长度。

12-7　薄透镜的焦距是否与它两侧的介质有关？对于一个给定的透镜能否在一种介质中起会聚作用？而在另一种介质中起发散作用？

12-8　在空气中有一个折射率为 1.50 的薄双凸透镜，两球面的曲率半径大小分别为 15 cm 和 30 cm。若物体放置在透镜前主光轴 30 cm 处，求物体成像的位置和此时透镜对物体的放大倍数。

12-9　折射率为 1.50 的薄平凸透镜，放置在空气中的焦距为 20 cm，求该透镜凸面的曲率半径的大小；如果把该透镜放置于某种折射率为 1.60 透明油中，求其焦距。

12-10　折射率为 1.50 的薄透镜，在空气中($n_0\approx1.00$)测得其焦度为 5.00 D。如果把它侵入透明液体中，其焦度变为-1.00 D。求此透明液体的折射率。

12-11　已知玻璃的折射率为 3/2，水的折射率为 4/3，试证：玻璃薄透镜在水中的焦距是它在空气中($n_0\approx1.00$)焦距的 4 倍。

12-12　在空气($n_1\approx1.00$)中焦距为 0.10 m 的双凸薄透镜(假设折射率 $n=1.50$，两凸面的曲率半径大小相等)，若令其一面与水($n_2=1.33$)相接，则此系统的焦度改变了多少？

12-13　清澈水面下 1.0 m 深处有一块美丽的鹅卵石，现准备用焦距 $f=75$ mm 的照相机拍摄此鹅卵石，假设照相机镜头的物焦点离水面也为 1.0 m，求鹅卵石成像在何处。

12-14　两个焦距分别为 $f_1=4.0$ cm，$f_2=6.0$ cm 的薄透镜在水平方向先后放置，某物体放在焦距为

4.0 cm 的透镜外侧 8.0 cm 处，求在下列两种情况下其像位置。

（1）两透镜相距 10 cm。

（2）两透镜相距 1.0 cm。

12-15 一个焦距为 10 cm 的凸透镜与一个焦距为-10 cm 的凹透镜左右放置，相隔 5.0 cm，某物体最后成像在凸透镜左侧 15 cm 处。求：

（1）此物体放置在何处。

（2）像的大小和性质。

12-16 把焦距为 10 cm 的凸透镜和焦距为-20 cm 的凹透镜紧密贴合在一起，求贴合后的透镜组的焦度。

12-17 一人将眼紧靠焦距为 15 cm 的放大镜去观察邮票，看到邮票的像在 30 cm 远处，问邮票实际距放大镜多远。

12-18 显微镜目镜的焦距为 25.0 mm，物镜的焦距为 16.0 mm，物镜和目镜相距 22.1 cm，最后成像于无穷远处。问：

（1）标本应放在物镜前什么地方？

（2）物镜的线放大率是多少？

（3）显微镜的总放大倍数是多少？

第 12 章习题参考答案

第 13 章 波动光学

几何光学基于光线的概念，可以解释光的反射、折射和光学成像，揭示了光的传播和成像规律。但仍有很多光学现象无法得到很好的解释。19 世纪以来，随着托马斯·杨和菲涅耳等人对光的干涉、衍射等现象的深入研究和成功解释，以及麦克斯韦电磁理论的建立，逐渐达成了光具有波动性的共识，形成了以电磁波理论为基础的波动光学。

本章基于光的电磁波理论，详细讨论了光的干涉、衍射和偏振现象所遵从的规律及其相关应用。

第 1 节 光波

一、光的电磁波理论

光是电磁波。任何波长的电磁波在真空中的传播速度都是相同的，通常用常量 c 表示，其数值定义为 $c=299\ 792\ 458\ \mathrm{m/s}\approx3\times10^{8}\ \mathrm{m/s}$。因此从波长 λ 可以直接换算出频率 ν 来：

$$\nu=\frac{c}{\lambda} \tag{13-1-1}$$

实验证明，光在透明介质中的传播速率 v 小于其在真空中的传播速率 c。将 c 与 v 的比值定义为该透明介质的**折射率**，即

$$n=\frac{c}{v} \tag{13-1-2}$$

折射率是表征介质光学性质的重要参量，同一介质对不同波长的光表现出不同的折射率。由于电磁波在真空中的传播速率 $c=\dfrac{1}{\sqrt{\varepsilon_0\mu_0}}$，在介质中的传播速率 $v=\dfrac{c}{\sqrt{\varepsilon_\mathrm{r}\mu_\mathrm{r}}}$，其中 ε_r 为介质的相对介电常量，μ_r 为相对磁导率，故有

$$n=\sqrt{\varepsilon_\mathrm{r}\mu_\mathrm{r}} \tag{13-1-3}$$

能引起人的视觉的电磁波，称为**可见光**，在电磁波谱中的波长范围为 400~760 nm，对应的频率范围为 750~390 THz。可见光中不同的波长引起人眼的感受不同，产生不同的颜色感觉。可见光的颜色波长与频率的对应关系如表 13-1 所示。由于颜色是随波长连续变化的，表中颜色的分界线带有人为约定的性质。此外，人眼对于可见光中不同波长的光的灵敏度也不一样。在可见光区域中心波长大约为 550 nm 处，相对灵敏度最高，这种波长的光引起黄绿色的感觉。由此向可见光谱的两端，人眼的相对灵敏度下降。

光波有两个互相垂直的振动矢量，即电场强度 $\boldsymbol{E}$ 和磁场强度 $\boldsymbol{H}$。光波中电场强度远大于磁场强度。因此无论是人眼的视觉神经或是照相感光乳胶及光电器件等，对于光的响应都是由于电场而不是磁场所引起的，所以我们选用电场强度 $\boldsymbol{E}$ 来表征光波，并把 $\boldsymbol{E}$ 称为**光矢量**或**电矢量**，$\boldsymbol{E}$ 的振动称为**光振动**。

表 13-1 可见光七种颜色的波长和频率范围

颜色	中心波长/nm	波长范围/nm	频率范围/THz
红	660	625～740	480～405
橙	610	590～625	510～480
黄	570	565～590	530～510
绿	550	500～565	600～530
青	480	485～500	620～600
蓝	460	440～485	680～620
紫	430	380～440	790～680

二、光源

1. 光源及其发光机理

能发光的物体称为光源。常用的光源可分为普通光源和激光光源两大类。普通光源包括热辐射光源(由热能激发，如太阳、白炽灯等)和非热辐射光源(由电能、光能或化学能激发，如日光灯、气体放电管等)。热辐射光源较为普遍，但实际发光过程可能同时存在多种发光现象。

按照现代物理理论，分子或原子的能量只能取一系列分立的值，这些能量值称为能级。原子的最低能级状态称为基态，其他较高能级状态称为激发态，基态是最稳定的状态。光源中处于低能态的原子在吸收外界能量后，便跃迁到能量较高但不稳定的激发态，很快会自发地从高能态跃迁回较低能态或基态，并把多余的能量以发光的形式辐射出来。普通光源的这种发光机理称为自发辐射。自发辐射过程的时间极短，仅持续 $10^{-9}\sim10^{-8}$ s，因此，光源中每个原子每一次发光可以认为只是一个持续时间极短、长度有限的光波列。设发光时间为 Δt，则光波列的长度 L 为

$$L = c\Delta t \tag{13-1-4}$$

一个原子经一次跃迁后，发出一个频率、初相位和振动方向确定的光波列，该原子还可以被激发到较高的能级而再次发光，因而原子发光具有间歇性。一般来说，即便先后两次发光的频率相同，其振动方向和初相位也不可能都相同，即原子发光还具有随机性。另外，普通光源内，同时有许多原子在发光。原子发光的随机性还表现在，同一时刻不同原子发出的光是完全独立的，频率、振动方向和初相位无任何内在联系。原子发光的间歇性和随机性决定了两个普通光源或同一光源的不同部分发出的光不相干，即普通光源不是相干光源。而激光的发光机理与普通光源不同，激光器中的原子同步发射具有相同频率、相位和振动方向的光，因而具有亮度高、相干性好等优点。

2. 单色光 光谱

只有单一波长成分的光称为单色光，否则为非单色光。由于光波由一系列持续时间 Δt 有

限的波列组成，每一波列均不能看作持续时间无限长的单色平面波，所以严格意义的单色光实际上是不存在的。由傅里叶分析可知，频率为 ν 的有限长波列可以分解为以 ν 为中心频率、强度不等的各种不同频率的单色平面波的叠加。可以证明，频率范围 $\Delta\nu$ 与 Δt 有如下关系：

$$\Delta\nu \cdot \Delta t = 1 \qquad (13-1-5)$$

它表明，波列的持续时间越长，其单色性越好。若波列的持续时间无限长，即 $\Delta t \to \infty$，则波列的长度为无限长，此时 $\Delta\nu \to 0$，表示该波列为单色平面波。

使光源发出的光通过棱镜或其他分光仪器，可将光波中不同频率的光分开，形成光谱。光谱中每一波长成分对应的光线称为光谱线，简称谱线，每条光谱线的强度分布所对应的波长范围 $\Delta\lambda$，称为谱线宽度，简称线宽，如图 13-1-1 所示。每种光源都有各自特有的光谱结构，通过对光谱的分析，人们可以对原子、分子的微观结构和化学成分进行研究。

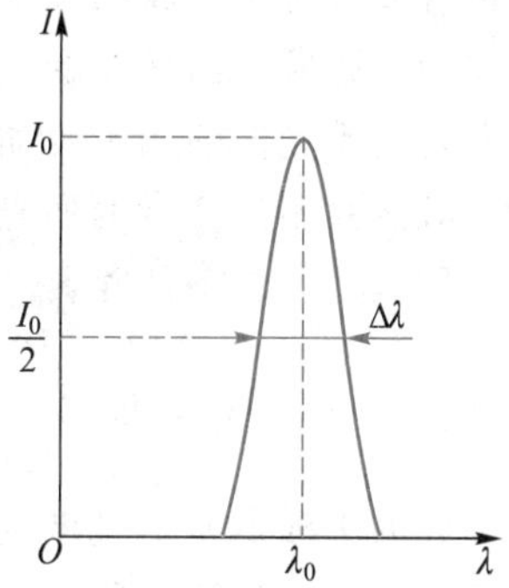

图 13-1-1　谱线及线宽

普通光源发出的光是由大量分子或原子所发出的，包含各种不同的波长成分，这种光称为复色光。如果光波对应的波长范围很窄，则这种光称为准单色光。由各种可见光波长成分构成的非单色光给人眼的感觉是白色的，称为白光。

三、光波的描述

由于实际光波都可以看成是若干单色平面光波的叠加，因此，可利用单色平面光波这个简单的模型来描述各种复杂的实际光波。按照波动理论，沿 x 方向传播的单色平面光波的波函数可表示为

$$\boldsymbol{E}(x,\ t) = \boldsymbol{E}_0\cos\left(\omega t - \frac{2\pi}{\lambda}x + \varphi_0\right) \qquad (13-1-6)$$

式中 $\boldsymbol{E}_0$ 的大小表示光矢量的振幅，$\boldsymbol{E}_0$ 的方向表示振动方向，ω 是光波的角频率，λ 为光波的波长，φ_0 为光波的初相位。

人眼或感光仪器所检测到的光的强弱是由光波的平均能流密度决定的，由于平均能流密度正比于光矢量振幅的平方，所以光强 $I \propto E_0^2$。通常我们关心的是光强的相对分布，可设此正比关系中的比例系数大小为 1，则光场中任一点的光强可用该点光矢量振幅的平方表示，即

$$I = E_0^2 \qquad (13-1-7)$$

第 2 节　光波的叠加　光程

一、光波的叠加和干涉

光波是交变电磁场在空间中的传播，与机械波的物理本质完全不同。但是理论和实验研究表明，在真空及某些介质中，光在其中独立传播并服从波的叠加原理。当两列（或多列）光波同时存在时，在它们的交叠区域内每点电矢量的振动是各列光波单独在该点产生振动的合

成。服从叠加原理的介质称为线性介质，否则为非线性介质。违反叠加原理的效应称为非线性效应，研究光波的各种非线性效应的学科称为非线性光学。以下我们只讨论光波在线性介质中的传播特性。

线性介质中传播的两列光波在某一区域相遇时，它们相互叠加。叠加光波的相干性不同，观察到的现象就不一样。例如，房间里两盏灯光照在同一物体上只会使物体看起来更亮，而阳光下肥皂泡上却呈现出五彩缤纷的颜色。细致一点考察，交叠区的每一点都有两列光波电矢量合成，合成光波的强度分布决定了我们观察到的结果。上述两实例中的前者是两个完全独立的光源所发出光波的非相干叠加，叠加后的光强相当于两盏灯均匀照明光强的简单相加；后者是由于光波的相干叠加而引起光强重新分布，形成明暗相间的条纹，称为光波的干涉。

既然并不是任意两列光波都可以观察到干涉现象，那么要产生光的干涉现象，相遇的光波必须满足什么条件呢？

二、非相干叠加 相干叠加和相干条件

光的干涉本质上是波的相干叠加。因此，要产生光的干涉，相互叠加的两列光波必须满足波的相干条件，即频率相同、振动方向相同、相位差恒定。下面以两个单色平面光波的叠加为例，讨论产生干涉现象的条件。

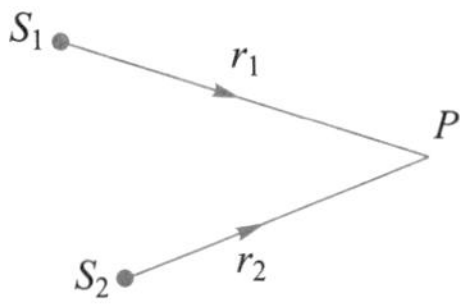

图 13-2-1　两光波的叠加

如图 13-2-1 所示，设 S_1、S_2 是两个频率相同的光源，任意场点 P 离两光源的距离分别为 r_1 和 r_2，设 S_1、S_2 在 P 点引起的光振动分别为

$$\begin{cases} E_1 = E_{10}\cos\left(\omega t - \dfrac{2\pi}{\lambda}r_1 + \varphi_{10}\right) \\ E_2 = E_{20}\cos\left(\omega t - \dfrac{2\pi}{\lambda}r_2 + \varphi_{20}\right) \end{cases} \tag{13-2-1}$$

式中 E_{10}、φ_{10}和 E_{20}、φ_{20}分别为两光源光矢量的振幅和初相位，且两光振动方向相同。根据波的叠加原理，P 点的光振动是两光波分别在该点引起的光振动的叠加，即

$$E = E_1 + E_2 \tag{13-2-2}$$

这是两个同方向、同频率的简谐振动合成问题。由(11-2-2)式可知，两光波叠加后，P 点合成光矢量的振幅 E 表示为

$$E^2 = E_{10}^2 + E_{20}^2 + 2E_{10}E_{20}\cos\Delta\varphi \tag{13-2-3}$$

式中

$$\Delta\varphi = -\frac{2\pi}{\lambda}(r_2 - r_1) + (\varphi_{20} - \varphi_{10}) \tag{13-2-4}$$

为两光振动在 P 点的相位差。由表 13-1 可知，光波的频率极高即，周期极短，因而在人眼或其他常用光探测器的观测时间 τ 内，两光波在相遇区引起的叠加波振动已经经历了上百万亿次。这样，我们所观察到的光强实际上是在较长时间 τ 内的平均强度，即

$$\begin{aligned} I = \overline{E^2} &= \frac{1}{\tau}\int_0^{\tau}(E_{10}^2 + E_{20}^2 + 2E_{10}E_{20}\cos\Delta\varphi)\,\mathrm{d}t \\ &= I_1 + I_2 + 2\sqrt{I_1 I_2}\cdot\overline{\cos\Delta\varphi} \end{aligned} \tag{13-2-5}$$

式中 $2\sqrt{I_1I_2}\cdot\overline{\cos\Delta\varphi}$ 称为干涉项，它与 $\Delta\varphi$ 即两光波的初相位 φ_{10}，φ_{20} 和空间 P 点的位置及传播光波的介质有关。干涉项的取值决定了两光波叠加的性质和光强的空间分布。下面分两种情况讨论。

1. 非相干叠加

由于普通光源中分子或原子发光的间歇性和随机性，在观测时间 τ 内，来自两个独立光源的两束光引起叠加处光振动的相位差 $\Delta\varphi$ 随时间快速变化，以致 $\Delta\varphi$ 将以相同的概率取 0~2π 之间的数值。所以，干涉项中 $\overline{\cos\Delta\varphi}=0$，此时，(13-2-5)式简化为

$$I = I_1 + I_2 \tag{13-2-6}$$

即两独立光源发出的光在叠加区域的光强为各光波光强的**非相干叠加**(简单叠加)，不会发生干涉现象。

2. 相干叠加

如果两束光在光场中各点的相位差 $\Delta\varphi$ 取恒定值，即 $\Delta\varphi$ 与时间无关，则干涉项中 $\overline{\cos\Delta\varphi}=\cos\Delta\varphi$，于是在相遇的 P 点处叠加后的光强为

$$I = I_1 + I_2 + 2\sqrt{I_1I_2}\cdot\cos\Delta\varphi \tag{13-2-7}$$

因为 $\Delta\varphi$ 恒定，干涉项 $2\sqrt{I_1I_2}\cdot\cos\Delta\varphi$ 取确定值，则 P 点的光强将取始终不变的确定值。由(13-2-4)式可知，叠加区域的不同位置一般有不同的 $\Delta\varphi$，而 $\cos\Delta\varphi$ 可在+1 和-1 之间变化，导致在叠加区域内形成了一个强弱稳定的光强分布图样，这就是光的干涉现象，相应的光波称为**相干光**，它们的叠加称为**相干叠加**。考虑到相位函数的周期性，干涉图样应是一组明暗相间的**干涉条纹**。对于叠加区域中相位差相同的点，由于它们的光强相等，形成同一条纹，因此干涉条纹实际上是光场中相位差等值线的反映。

由(13-2-7)式，不难得到干涉极大(即明条纹中心)和干涉极小(即暗条纹中心)满足的条件为

$$\Delta\varphi = \begin{cases} \pm 2k\pi & \text{明纹} \\ \pm(2k+1)\pi & \text{暗纹} \end{cases} \quad (k=0,\ 1,\ 2,\ \cdots) \tag{13-2-8}$$

相应的明纹光强和暗纹光强为

$$\begin{cases} I_{\max} = I_1 + I_2 + 2\sqrt{I_1I_2} & \text{明纹} \\ I_{\min} = I_1 + I_2 - 2\sqrt{I_1I_2} & \text{暗纹} \end{cases} \tag{13-2-9}$$

若两光波的强度相等，即 $I_1=I_2$，则干涉图样的强度分布为

$$I = 4I_1\cos^2\frac{\Delta\varphi}{2} \tag{13-2-10}$$

即光强分布随相位差周期变化，如图 13-2-2 所示，图中虚线表示两光波的非相干叠加，实线表示相干叠加。

为了描述干涉图样的清晰程度，通常引入对比度(也称衬比度或反衬度)的概念，其定义为

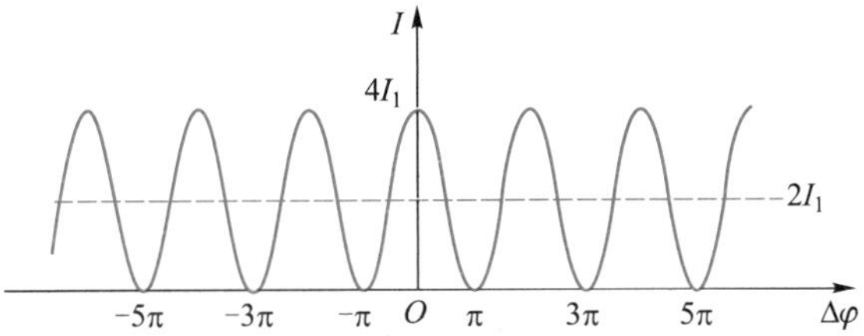

图 13-2-2　两光叠加时光强随相位差的变化

$$V=\frac{I_{\max}-I_{\min}}{I_{\max}+I_{\min}} \tag{13-2-11}$$

式中 $I_{\max}$ 和 $I_{\min}$ 分别表示干涉图样中相邻明纹和暗纹中心的极值强度。一般地，$0\leqslant V\leqslant 1$，当两束相干光波叠加时，利用(13-2-9)式和(13-2-11)式可得干涉图样的对比度为

$$V=\frac{2\sqrt{I_1I_2}}{I_1+I_2}\begin{cases}=1 & (I_1=I_2\neq 0)\\ =0 & (I_1\text{ 或 }I_2=0)\\ <1 & (I_1\neq I_2,\text{ 且 }I_1\neq 0,\ I_2\neq 0)\end{cases} \tag{13-2-12}$$

由此可见，两束光波的强度越接近，对比度就越大，干涉条纹就越清晰。因此，在观察双光束干涉时，应尽量设法使它们的光强相等。

3. 相干条件及相干光的获得

综上所述，产生光的干涉的必要条件为：

(1) 各光波的频率相等；

(2) 各光振动方向相同(至少要有平行分量)；

(3) 各光振动之间的相位差保持稳定。

以上条件称为**相干条件**，相干光即是满足相干条件的光波，产生相干光的光源称为**相干光源**。

由光源的发光机理可知，普通光源发出的光波是由一系列有限长的波列组成的，这些波列的频率一般不相同，光振动的方向及相位差随时间随机地快速变化，在观测时间内干涉项恒为零，所以普通光源或同一普通光源的不同部分发出的光波是不相干的。为了利用普通光源获得相干光，可人为地把同一列光波分解成两束，使之经历不同的路径再相遇叠加。由于这两束光来自同一光波列，它们必然是满足光的相干条件的相干光，在叠加区域内就将产生干涉现象。通常由普通光源获得相干光的方法有分波阵面法和分振幅法两种，据此已制成了众多的干涉装置。

三、光程

在波的干涉中，我们已了解了波程的概念。对光波而言，同等重要的是**光程**的概念。因为光学中经常需要研究光在透明介质中的传播情况，特别是在光的干涉现象的分析中需要计算经过不同介质传播的相干光相遇时的相位差，此时引入光程就会相当方便。

我们知道，单色光无论在哪种介质中传播，其频率 ν 始终等于光源的频率，但在不同介质中的传播速度是不同的。根据(13-1-1)式，若光在真空中的传播速度为 c，在真空中的波长为 $\lambda=\frac{c}{\nu}$，则在折射率为 n 的介质中的传播速度为 $v=\frac{c}{n}$，在介质中的波长则为 $\lambda_n=\frac{\lambda}{n}$。

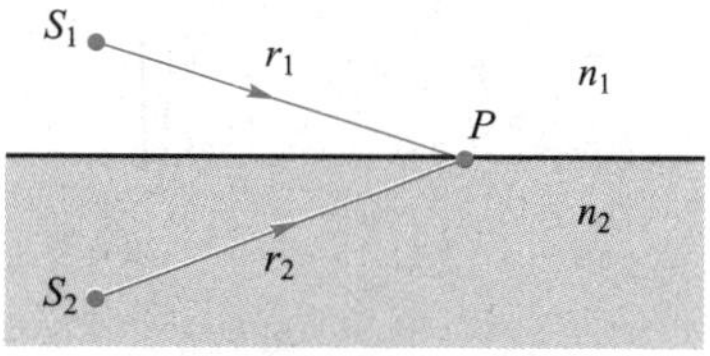

图 13-2-3　两相干光在不同介质中传播

设从初相位相同的相干光源 S_1 和 S_2 发出两束相干光，分别在折射率为 n_1 和 n_2 的介质中传播，如图 13-2-3 所示，则两相干光分别引起介质分界面上的相遇点 P 的光振动的相位差为

$$\Delta\varphi=\frac{2\pi r_2}{\lambda_2}-\frac{2\pi r_1}{\lambda_1}=\frac{2\pi}{\lambda}(n_2r_2-n_1r_1) \tag{13-2-13}$$

式中 r_1 和 r_2 分别为两光源 S_1 和 S_2 到空间相遇点 P 的几何距离。由(13-2-13)式可以看出，在光通过不同介质时计算其相位差，若统一用真空中的光波波长 λ，则只需将相应介质中的几何路程 r 换成 nr 即可。

光波在某一介质中所经几何路程与介质折射率之积称为光程。若一单色光通过折射率分别为 n_1、n_2、n_3 的三种介质，几何路程分别为 d_1、d_2、d_3，则总光程为 $n_1d_1+n_2d_2+n_3d_3$。根据光程定义，可将光在折射率为 n 的介质中通过的几何路程 r 按相同的相位变化折算成真空中的几何路程 nr。这样，通过不同介质的一束单色光，其传播方向上两点间的相位变化均可用真空中的几何路程表示。

按光程定义，真空中 $n=1$，光程就是其几何路程。由于空气中 $n\approx1$，因而实际中常把光在空气中的传播近似看作在真空中的传播。

若用 $\delta=n_2r_2-n_1r_1$ 表示光程差，则由(13-2-13)式得相位差和光程差的关系为

$$\Delta\varphi=\frac{2\pi}{\lambda}\delta \tag{13-2-14}$$

应该注意的是，不论光在什么介质中传播，上式中的 λ 总是光在真空中的波长。

利用光程概念，由(13-2-8)式和(13-2-14)式得到，初相位相同的两相干光源发出的光在空间相遇时，其干涉极大、极小条件可由光程差表示，即

$$\delta=\begin{cases}\pm k\lambda & \text{明纹}\\ \pm\left(k+\dfrac{1}{2}\right)\lambda & \text{暗纹}\end{cases}\quad(k=0,\ 1,\ 2,\ \cdots) \tag{13-2-15}$$

透镜是我们经常见到的光学仪器，使用透镜就涉及光波在不同介质中的传播。把一束光看作由许多连续分布的光线组成，当它们通过透镜后，会有附加的光程差吗?

我们知道自物点发出的光束经透镜后能会聚成一实像，这一事实表明：使用光学仪器成像后，物点和像点之间各光线的光程都相等，这就是物像之间的等光程性，即当我们使用透镜改变光波的传播时，对各光线不会产生附加的光程差，如图 13-2-4 所示。

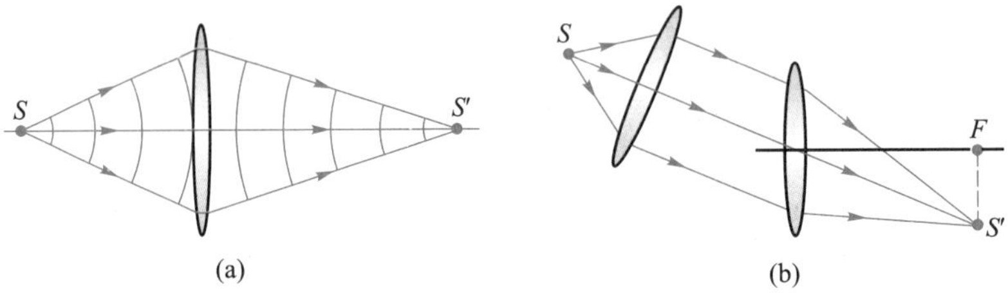

图 13-2-4 物像之间的等光程性

第3节 分波阵面干涉

从一初始光源发出的光波的同一波阵面上设法分离出两部分，这两部分具有相同的相位，按照惠更斯原理，它们可视为新的光源。无论初始光源发出的光的初相位如何变化，分离出而得到的两新光源相位差恒为零。它们是相干光源，各自发出的光波在相遇区域会产生干涉。这类干涉现象称为**分波阵面干涉**。

一、分波阵面干涉

下面介绍几种分波阵面干涉实验。

1. 杨氏实验

英国物理学家托马斯·杨(Thomas Young)于 1801 年所做的杨氏实验，第一次验证了光的波动说，是使得光的波动理论被普遍接受的一个决定性实验。托马斯·杨由此实验计算出光的波长，这是光波长的最早测量。

杨氏实验装置如图 13-3-1 所示。用单色强光源照射针孔 S，S 可视作点光源，发出的光照到另两个小针孔 S_1 和 S_2 上，S 与 S_1、S_2 的距离相等。由于 S_1 和 S_2 处于同一波阵面上的不同部分，它们作为子波源是相干的。在距离双孔 D 处的屏上可以观测到一组近乎平行的明暗相间的干涉条纹。后来，人们用三个平行狭缝代替小孔，由于狭缝可看作许多点光源的组合，各点光源产生的干涉条纹都与狭缝平行，条纹明暗位置一样，因而它们重叠(非相干叠加)后使条纹的强度显著增加，这就是以柱面波代替球面波的**杨氏双缝实验**。若用激光光源，利用其相干性好和亮度高的特点，直接用激光束照射双孔，即可形成清晰明亮的干涉条纹。

令 S_1 与 S_2 之间的距离为 d，它们的中垂线 O_1O 交观察屏于 O 点，整个系统置于空气中($n\approx1$)。现考察屏上任一点 P，设 P 点到 O 点的距离为 x，到 S_1，S_2 的距离分别为 r_1 和 r_2，$\angle PO_1O=\theta$。在实验中，d 的大小一般在毫米以下，而 D 可达到米的量级，即 $d\ll D$。此外，通常只是在屏中心附近 10 条左右的条纹才亮到足以可见，所以在可观测范围内，可设 $x\ll D$，即 θ 很小。因此，可近似认为 S_1P，S_2P 和 O_1P 相互平行。过 S_1 作 S_2P 的垂线交 S_2P 于 N，则两同相相干光源 S_1，S_2 到 P 点的光程差为

$$\delta = r_2 - r_1 \approx \overline{S_2N} = d\sin\theta \approx d\tan\theta = \frac{dx}{D}$$

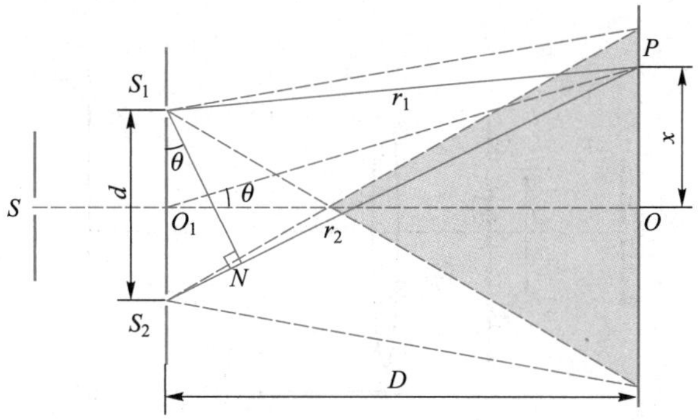

图 13-3-1　杨氏双缝干涉实验

根据干涉条件，当 P 点是明纹时，有

$$\delta=\frac{dx}{D}=\pm k\lambda \quad (k=0,\ 1,\ 2,\ \cdots)$$

或

$$x=\pm k\frac{D}{d}\lambda \quad (k=0,\ 1,\ 2,\ \cdots) \tag{13-3-1}$$

式中 k 称为条纹的级数。$k=0$ 为零级明纹，即中央明纹。$k=1$ 为一级明纹，它有两条，分布在中央明纹两侧，以此类推。

当 P 点是暗纹时，有

$$\delta=\frac{dx}{D}=\pm(2k+1)\frac{\lambda}{2} \quad (k=0,\ 1,\ 2,\ \cdots)$$

或

$$x=\pm(2k-1)\frac{D}{2d}\lambda \quad (k=1,\ 2,\ \cdots) \tag{13-3-2}$$

各级暗纹均为两条，相对于中央明纹对称分布，相邻两明纹或暗纹的间距相等，且均为

$$\Delta x=\frac{D}{d}\lambda \tag{13-3-3}$$

上式表明条纹间距与级次无关。实验中可由测出的 Δx，D 和 d 的值求得光波的波长。

总之，屏上呈现明暗相间、等间距的平行直条纹。对不同波长的单色光，干涉条纹的位置和间距均有所不同。如用白光光源，则只有中央明条纹是白色的，两侧为由紫到红的彩色条纹。

屏上的光强分布可由(13-2-10)式计算，只需将光程差换成相位差代入即可。表示式为

$$I_\theta=I_0\cos^2\beta \tag{13-3-4}$$

式中 $\beta=\frac{\Delta\varphi}{2}=\frac{1}{2}\cdot\frac{2\pi}{\lambda}\delta=\frac{\pi d\sin\theta}{\lambda}$，$I_0$ 是 $\theta=0$ 处的光强。实际上，由于两缝到 P 点的距离不同，因此到达 P 点的两光波的振幅会有微小差异，干涉极小处的合成振幅不会严格为零。

如果在双缝后面放置一透镜，干涉条纹会呈现在透镜的焦平面上。将屏幕放置于焦平面处，如图 13-3-2 所示，狭缝 S_1、S_2 的光到屏上一点 P 的光程差为 $\delta=d\sin\theta$，即仍有 $\delta=\frac{dx}{D}$近

似成立。

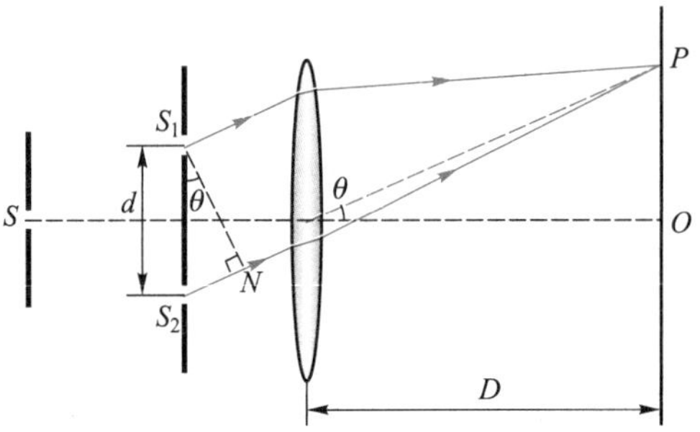

图 13-3-2 使用透镜的杨氏双缝干涉实验

这与无透镜时相比，在相同假设下所得结果完全吻合。因而在接收屏较远时，杨氏双缝干涉条件均可表示为

$$\delta = d\sin\theta = \begin{cases} \pm k\lambda & (k=0,1,2,\cdots) \quad \text{明纹} \\ \pm(2k-1)\dfrac{\lambda}{2} & (k=1,2,\cdots) \quad \text{暗纹} \end{cases} \tag{13-3-5}$$

【例 13-1】 杨氏双缝实验中，以氦氖激光束($\lambda=632.8$ nm)照射双缝，在离双缝 2.00 m 远的屏上得到间距为 2.40 mm 的干涉条纹，求两缝之间的距离。

解 两相邻明纹间距为 $\Delta x=\dfrac{D}{d}\lambda$，所以

$$d=\frac{D\lambda}{\Delta x}=\frac{2.00\times 632.8\times 10^{-9}}{2.40\times 10^{-3}}\ \text{m}=5.27\times 10^{-4}\ \text{m}$$

计算所得数量级表明实际双缝的间距很小，它远远小于屏与双缝的距离。

【例 13-2】 杨氏双缝实验中，入射光的波长为 λ，现将一厚度为 l、折射率为 n 的透明介质薄片放在 S_2 缝后，问干涉条纹将如何移动？如果观察到零级明纹移到原来的 k 级明纹处，求介质的厚度 l。

解 如图 13-3-3 所示，原来没有介质时，从 S_1 和 S_2 发出的光波，到达屏上观测点 P 的光程差为 $\delta=r_2-r_1$；S_2 后放入透明介质后，P 点的光程差为

$$\delta'=(r_2-l+nl)-r_1=r_2-r_1+(n-1)l$$

即介质的引入使 P 点的光程差改变了 $\delta'-\delta=(n-1)l$，光程差的改变即意味着条纹的变化。考察对应光程差为零的零级明纹，有介质时，由 $\delta'=0$ 得其位置满足

$$r_2-r_1=-(n-1)l<0 \quad ①$$

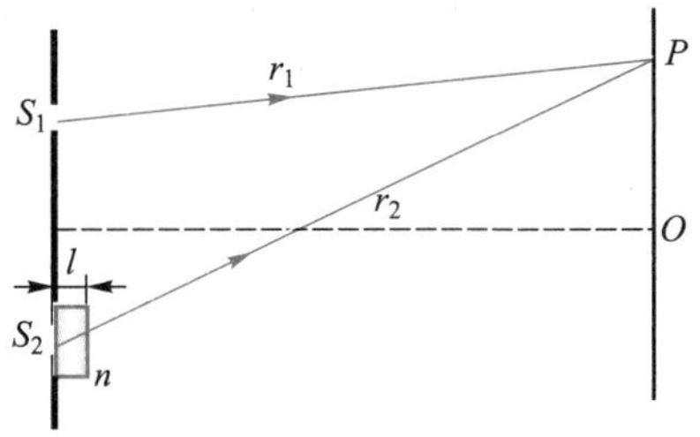

图 13-3-3 例 13-2 图

与原来零级明纹所满足的 $\delta=r_2-r_1=0$ 对比可知，S_2 后有介质时，零级明纹将向屏的下方移动。结合(13-3-3)式分析可知，介质的引入不会改变相邻条纹的间距，因此，移过屏上任一可观察点的条纹数目均相等，即 S_2 后引入介质将使条纹整体向下平移。

原来没有介质时，k 级明纹的位置满足

$$r_2 - r_1 = k\lambda \quad ②$$

依题意，观察到零级明纹移到原来的 k 级明纹处，即式①和式②必须同时满足，于是得

$$l = -\frac{k\lambda}{n-1}$$

式中 k 为负整数。

本例提供了一种测量透明介质折射率的方法。如果已知透明介质厚度为 l，则

$$n = 1 - \frac{k\lambda}{l}$$

2. 菲涅耳双镜

托马斯·杨的工作在当时并没有得到普遍承认。1818 年，法国物理学家菲涅耳(Augustin-Jean Fresnel)做了双平面反射镜和双棱镜透射实验，进一步证明了光有干涉现象，并得到了普遍承认。菲涅耳双平面反射镜实验是利用两个平面镜的反射把波阵面分开，它的装置示意图如图 13-3-4 所示。

M_1 和 M_2 是一对紧靠着且夹角 α 很小的平面反射镜。狭缝光源 S 的狭缝方向与两平面镜交线 C 平行。S 发出的光波经两镜面反射而被分割为两束，两反射光在空间有部分交叠。图中接收屏 E 上的交叠区会形成等间距的平行干涉条纹。设 S 对 M_1 和 M_2 的虚像分别为 S_1 和 S_2，屏上的干涉图样可以看作是由相干的虚像光源 S_1 和 S_2 发出的光波干涉所产生。因而在这类问题的计算中，屏上交叠区的光强分布可由 S_1 和 S_2 到屏上该处的光程差确定，其方法类似于杨氏双缝实验。

3. 劳埃德镜

劳埃德(Humphrey Lloyd)镜装置也是一种分波阵面干涉装置，主要是一平面反射镜，如图 13-3-5 所示。与纸面垂直的狭缝光源 S 发出的光波，一部分直接投射到屏 E 上，另一部分掠入射到平面镜 MN 上，反射后与直射光波交叠。由于这两束光是由分割波阵面得到的，它们是相干光，在交叠区域将发生干涉，屏 E 上的 AB 区间呈现明暗相间的干涉条纹。由于反射光可看成是光源 S 对平面镜 MN 所成的虚像 S'(虚光源)发出的，故干涉条纹的具体分布可由 S 和 S'到屏上交叠区的光程差确定。

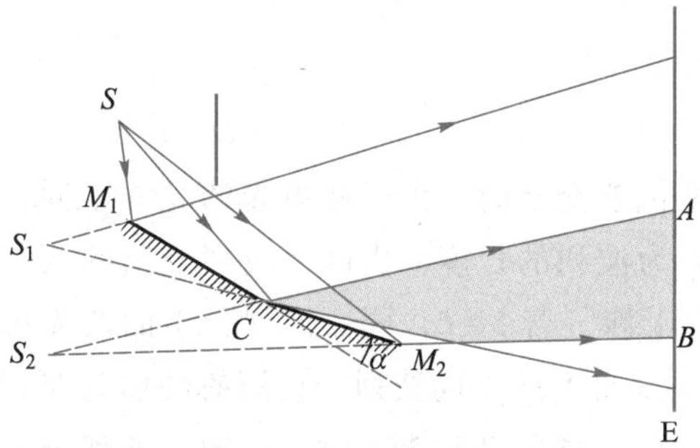

图 13-3-4　菲涅耳双面镜实验

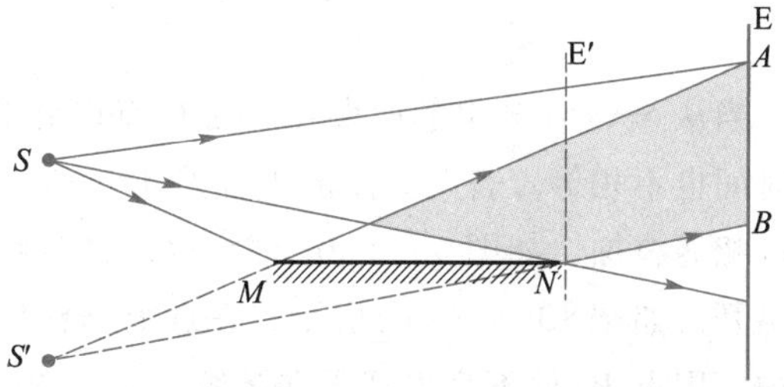

图 13-3-5　劳埃德镜实验

如果把屏幕 E 靠近平面镜，置于 E′位置，由于 S 和 S'到接触点 N 的路程相等，在 N 处似乎应出现明纹，但实验发现 N 处出现的是暗纹，表明两光波在 N 处的相位相反。观察其他高级次条纹，也发现实际明暗条纹中心的位置和预期的位置正好互相颠倒，说明由 S 和 S'发出的光波在空间传播时有 π 的相位突变，即产生了半波损失。这一相位突变只能来源于镜面反射。在第 11 章中已讨论过机械波的半波损失问题，对于光波，劳埃德镜实验表明：在正入射和掠入射情况下，光自折射率较小的光疏介质射入折射率较大的光密介质时，反射光会产生半波损失。

二、时间相干性和空间相干性

普通光源发光的间歇性使得每一列光波只能持续一段时间，这就导致了光的时间相干性。此外，由于实际光源总有一定的大小，而光源中不同部分所发出的光是彼此独立的非相干光，这导致了光的空间相干性。时间相干性和空间相干性问题存在于所有的干涉现象中，下面以杨氏双缝干涉实验为例分别加以说明。

1. 时间相干性

如图 13-3-6 所示，发自 S 的每个波列，被双缝 S_1、S_2 分成两束初相位相等相干光。对于屏幕的中心 O 点，两光波所经历的光程相等，即它们的传播时间相等，所以 O 点是干涉加强的明条纹。

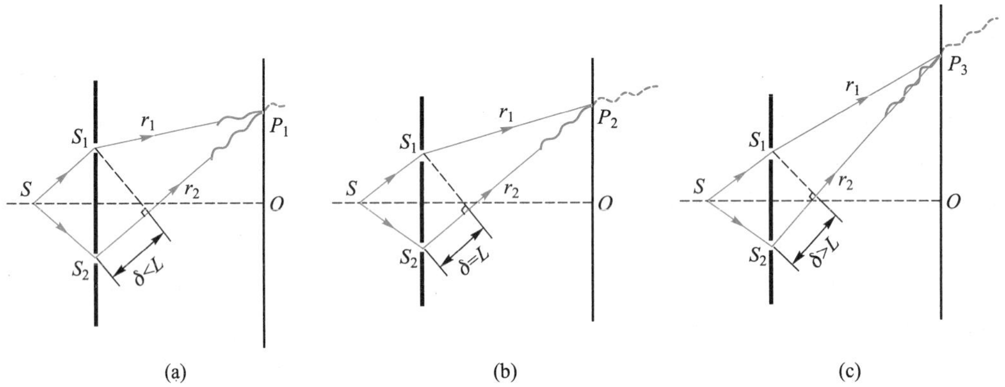

图 13-3-6　时间相干性

当从 S_1、S_2 分出的两束光波在 O 点以外的其他位置交叠时，由于两束光的光程不同，传播时间也不相等。若两光路的光程差 $\delta=r_2-r_1<L$，L 为波列的长度，由同一波列分出的两光束可以相遇叠加，如图 13-3-6(a)所示，这时将发生干涉。若 $\delta=L$，同一波列分出的两光束刚好错开，如图 13-3-6(b)所示，在点 P_2 处交叠的是来自 S 的不同波列，它们的叠加为非相干叠加，则点 P_2 处不会出现干涉条纹。进一步分析可知，当光程差 $\delta>L$ 时，由同一波列分出的两光波将完全错开而不能产生干涉现象，如图 13-3-6(c)所示。

这种由于两光路的光程相差过大，或者说光波经历两光路所用时间相差过大，而导致的不相干现象，称为光的时间相干性。L 称为光的相干长度，对应的时间 $\tau_0=\dfrac{L}{c}$ 称为相干时间。由(13-1-4)式和(13-1-5)式可得

$$L=\frac{c}{\Delta\nu}=\frac{\lambda^2}{\Delta\lambda} \tag{13-3-6}$$

上式表明了相干长度与光谱线宽度及波长宽度之间的关系。光谱线的单色性越好(即频带越窄)，波列就越长，时间相干性就越好。

普通单色光源如钠光灯、镉灯、水银灯等，光波的波长宽度为 $10^{-12}\sim10^{-10}$ m，所以相干长度数量级为 0.1~10 cm。商用激光器如 1 550 nm 光纤激光器等，光谱线宽度 $\Delta\nu$ 在 10 kHz 量级，波长宽度约 10^{-16} m，所以相干长度约为 3×10^4 m。为满足高精度光谱学的需要，若进一步对其进行频率稳定，实现的超稳激光相干长度可达 10^8 m，是非常好的相干光。

2. 空间相干性

如图 13-3-7 所示，设缝光源 S 的宽度为 b，其中心用 S 表示，上沿用 S' 表示。由中心 S 发出的光到达双缝 S_1 与 S_2 的光程相等，而由边缘 S' 发出的光到达双缝 S_1 与 S_2 的光程不相等，当 $b\ll R$ 时，该光程差为

$$\delta_b=R_2-R_1\approx\frac{R_2^2-R_1^2}{2R}=\frac{R^2+\left(\dfrac{d}{2}+\dfrac{b}{2}\right)^2-R^2-\left(\dfrac{d}{2}-\dfrac{b}{2}\right)^2}{2R}=\frac{bd}{2R} \tag{13-3-7}$$

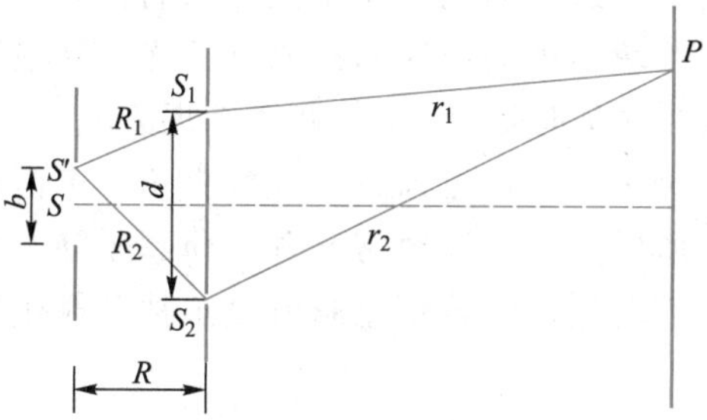

图 13-3-7　光源宽度对干涉条纹的影响

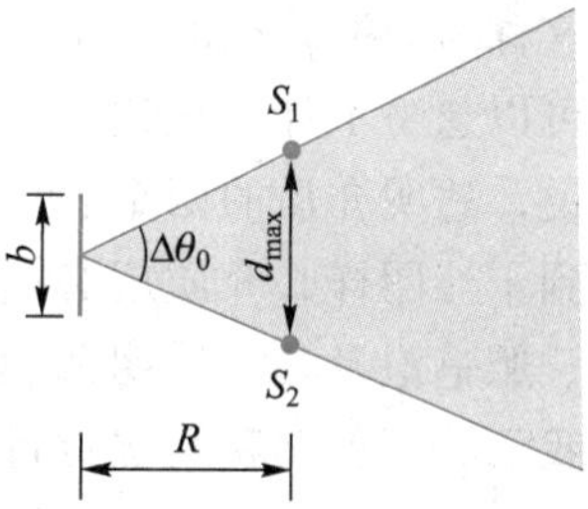

图 13-3-8　光的空间相干性
(阴影部分表示相干区域)

显然，对于观察屏上的任一点 P，光源 S 的中心所发的光与边缘所发的光都会产生附加光程差 δ_b。若 $\delta_b=\dfrac{\lambda}{2}$，则 S' 与 S 各自发出的光经双缝后在屏幕上形成的两套干涉条纹明暗刚好相反，同时光源的上半部分各点产生的条纹恰与下半部分对应点产生的条纹也明暗相反，从而导致条纹消失，即条纹的对比度为零。定义此时的光源宽度为光源的极限宽度，用 b_0 表示，则有

$$\frac{b_0d}{2R}=\frac{\lambda}{2}\quad 或\quad b_0=\frac{R}{d}\lambda \tag{13-3-8}$$

上式表示，当 $b<b_0$ 时，屏幕上会出现干涉条纹，而当 b 达到 b_0 时，条纹的对比度降为零，此

时可认为双缝 S_1 与 S_2 所发的光完全不相干。若给定光源的宽度 b 和某个波前到光源平面的距离 R，则由(13-3-8)式可得在给定波前上相干的两个次波源 S_1 和 S_2 之间的最大距离为 $d_{\max}=\frac{R}{b}\lambda$，它给出了光场中相干范围的横向线度。

以上分析表明，一般来说，对于宽度为 b 的光源，只有在其波前的一定范围内提取出的两个次波源才是相干的，这便是光的空间相干性。光的空间相干性可通过相干孔径角来表征，如图 13-3-8 所示，其大小定义为相干次波源的最大间距对光源中心的张角，即

$$\Delta\theta_0 \approx \frac{d_{\max}}{R}=\frac{\lambda}{b} \tag{13-3-9}$$

由上式可知，光源的线宽度越小，其相干孔径角越大，光源的空间相干性越好。点光源的空间相干性最大，其光场中各点都是完全相干的；激光可近似视为点光源，故它具有很好的空间相干性。

第 4 节 分振幅干涉

除分波阵面可得到相干光外，还可以把一列光波进行振幅分解，从而得到相干光。从能量的观点看，光波投射到介质表面时，它所携带的能量一部分被反射，一部分被折射。光波的能量又正比于振幅的平方，所以光在介质表面的反射和折射，可以看作是对入射光波振幅的某种分解。分解而得的反射光与折射光是相干的。当透明介质的两个表面对入射光波依次反射时，第一表面反射的光与第二表面反射后又透射的光是相干光，它们在同一区域相遇会发生干涉，这称为分振幅干涉。至于在同一区域出现的反射两次以上的光，其强度已经大大减弱，因而可以忽略不计。在透明介质的透射方向也会产生分振幅干涉现象。

一般来说，透明介质的两个表面可以互相平行，也可以有一定的夹角。考虑到时间相干性，为了得到干涉图样，介质层必须很薄，所以这类干涉通常又称为薄膜干涉。生活中所见的水面油膜、肥皂泡及其他透明薄膜在光照下所呈现的美丽色彩就是这种分振幅薄膜干涉的结果。下面我们分别就两种情况进行讨论。

一、等倾干涉

由两表面平行的薄膜所得到的干涉称为等倾干涉。因常见的光源多是有一定宽度的扩展光源，它由许多点光源构成，各点光源发出的光波被薄膜表面分振幅从而产生干涉，所以整个单色扩展光源就可以在较大区域内得到明亮的干涉图样。图 13-4-1 表示扩展光源 S 照射两表面平行的薄膜。光源 S 中任一部位 S_1 发出的倾角为 θ 的一束光 1 在两表面反射后，在薄膜上部形成两平行光 2 和 3，它们是相干光，干涉后干涉图样出现在无穷远处。如果我们用透镜来观察，干涉图样将出现在透镜

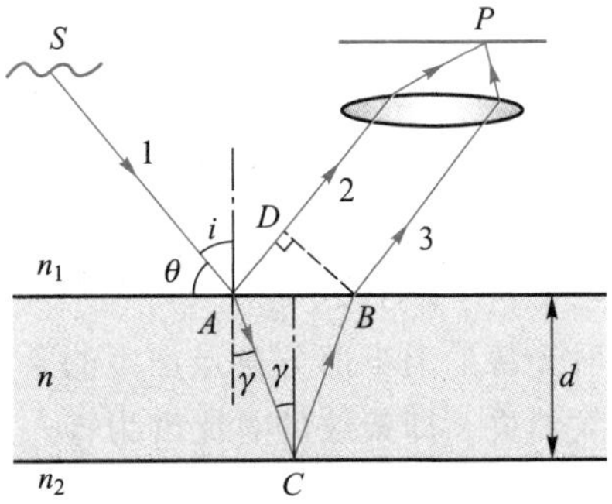

图 13-4-1 扩展光源入射两表面平行的薄膜

的焦平面上。

由图13-4-1计算光线2和3经透镜会聚于P点后它们间的光程差，就可确定干涉图样的特征。过B点作光线2的垂线BD，据物像间的等光程性可知，B到P与D到P的光程相等。设薄膜的折射率为n，两边介质的折射率分别为n_1、n_2，且$n_1<n<n_2$，显然图中所示的两界面的反射光均有半波损失，因而光线2和3之间没有因反射而引起的附加光程差。它们间的光程差为

$$\delta = n(|AC|+|BC|)-n_1|AD| \tag{13-4-1}$$

设入射角和折射角分别为i和γ，薄膜厚度为d，由折射定律和几何关系可得

$$n_1\sin i = n\sin\gamma,\qquad |AC|=|BC|=\frac{d}{\cos\gamma},\qquad |AD|=|AB|\sin i = 2d\tan\gamma\sin i$$

于是

$$\delta = 2nd\cos\gamma = 2d\sqrt{n^2-n_1^2\sin^2 i} \tag{13-4-2}$$

按干涉条件，此光程差若为波长的整数倍，则在P点出现干涉亮点；若为半波长的奇数倍，则在P点出现干涉暗点。由(13-4-2)式可看出，光程差是入射角的函数，或者说依赖于入射光线的倾角。当倾角变化时，光线2和3会聚于焦平面的不同点处，各处的光程差也不一样，因而出现明暗相间的干涉条纹。

在纸平面内，单色光源上的各部位向薄膜发出的同向入射光由于具有相同的倾角θ，它们两次反射后经透镜均会聚于P点，光程差又都为$2d\sqrt{n^2-n_1^2\sin^2 i}$，因而使各干涉点变得更加明晰。考虑光源$S$上的各部位向空间各个方向发光：同一倾角的光均经两表面反射后会聚，且光程差相同，在空间会形成一圆形干涉条纹。不同倾角的光在透镜焦面被会聚于不同处，因而得到一组明暗相间的圆环形干涉条纹。正是由于**倾角相等的光对应同一条纹**，所以这种薄膜干涉被称为**等倾干涉**。干涉条件为

$$\delta = 2d\sqrt{n^2-n_1^2\sin^2 i} = \begin{cases} k\lambda & (k=1,2,\cdots) \quad 明纹 \\ \left(k+\dfrac{1}{2}\right)\lambda & (k=0,1,2,\cdots) \quad 暗纹 \end{cases} \tag{13-4-3}$$

式中λ是光在真空中的波长。

如果用白光照射薄膜，在同样倾角条件下，各波长的光干涉的极大、极小互不相同。所以从上方观察到的是那些反射加强的光，即一组彩色条纹。如果在薄膜下方观察，则可以观察到与上方条纹互补的一组条纹。即某波长在某处上方干涉为极小，在该处下方透射光中正好是干涉极大。由图13-4-1可以得到透射光的干涉条件，直接从下表面C点透射的光与经B点反射又透过下表面的光在薄膜下部干涉，按$n_1<n<n_2$的假设，光程差

$$\delta' = 2d\sqrt{n^2-n_1^2\sin^2 i}+\frac{\lambda}{2}$$

式中$\dfrac{\lambda}{2}$项来源于薄膜下表面反射所产生的半波损失，它使得δ'正好与反射光的光程差相差$\dfrac{\lambda}{2}$，表明反射光的干涉图样和透射光的干涉图样互补，即反射光相互加强时，透射光正好相互减弱，反之亦然。

在计算光程差时，需要注意在反射过程中可能存在的半波损失。请读者考虑在何种折射

率条件下应在(13-4-2)式右端加上$\frac{\lambda}{2}$。

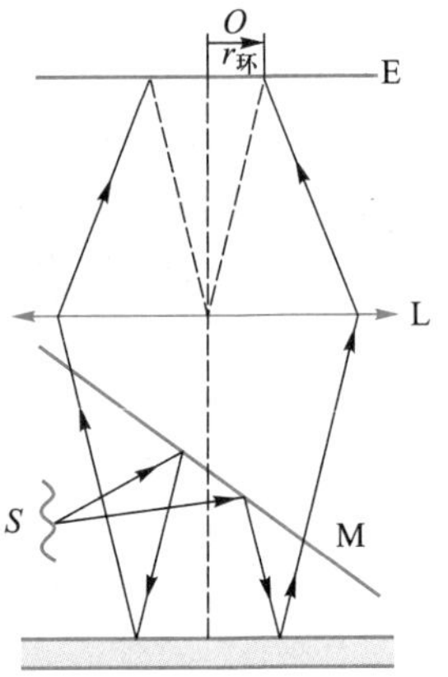

图 13-4-2 等倾干涉条纹观察示意图

实际观察等倾干涉条纹的装置如图 13-4-2 所示。其中 S 是单色扩展光源，M 是半反射玻璃板，L 是光轴与薄膜表面垂直的透镜，屏幕 E 置于透镜的焦平面上。光源 S 上某一点发出的光线经 M 反射后入射到薄膜上，所有倾角相同的光线处在同一圆锥面上，它们在薄膜两表面反射后再透过 M 经透镜 L 会聚于屏 E 上，最后在屏上形成一圆形干涉条纹。经 M 反射垂直入射薄膜的光经薄膜反射后，会聚于圆形干涉条纹的圆心 O。由于对薄膜倾角不同的光经薄膜反射后，各自的光程差不同，所以最后在屏 E 上形成一组以 O 为圆心的明暗相间的同心圆环，此即等倾干涉条纹。

下面，我们讨论等倾干涉条纹的特点及薄膜厚度发生改变时引起的条纹变化。设 $n_1<n<n_2$，由(13-4-2)式可知

$$\delta = 2nd\cos\gamma$$

当 $i=0$ 时，$\gamma=0$，此时光程差最大，因而靠近中心的干涉条纹级数高，从中心到边缘，干涉条纹的级数渐低。设相邻两明纹级数为 k 和 $k+1$，则有

$$2nd\cos\gamma_k = k\lambda,\qquad 2nd\cos\gamma_{k+1} = (k+1)\lambda$$

因为 $\gamma_{k+1}-\gamma_k$ 很小，由上两式可以得到近似关系，即

$$\Delta\gamma_k = \gamma_{k+1} - \gamma_k \approx -\frac{\lambda}{2nd\sin\gamma_k} \tag{13-4-4}$$

此式表明：离干涉中心越远(γ_k 越大)，条纹间的间隔就越来越小。也就是说，等倾干涉图样是中间间距较大，边缘处间距较小的圆形条纹。式中的负号说明级数高的条纹靠近中心，它的入射角要小些。

如令 $\gamma_k=0$，并假设此时中心是 k 级明纹，则有 $\delta=2nd=k\lambda$。此时将 d 增大$\frac{\lambda}{2n}$，则 $\delta=2n\cdot\left(d+\frac{\lambda}{2n}\right)=2nd+\lambda=(k+1)\lambda$，中心斑点的级数大 1，这意味着中心处产生出一个新的斑点。如果让 d 连续增大，就可观察到自干涉条纹中心处条纹不断冒出。反之，会观察到条纹不断地向中心陷进而消失。根据这个道理观察条纹的移动，可以精确地确定 d 的改变量。

二、等厚干涉

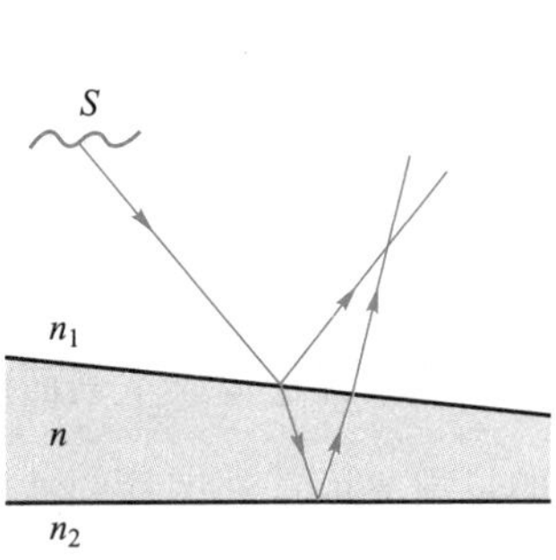

图 13-4-3 等厚干涉示意图

两表面有一定夹角的薄膜所产生的干涉称为等厚干涉，是常见的另一类分振幅干涉，如图 13-4-3 所示。由于实际问题中处理的主要是单色光近于垂直入射，即 $i=\gamma=0$，因而下面仅讨论这种情况。

一般来说，薄膜两表面的夹角都很小。我们可以设想把上表面分成许多很窄的窄条，每一窄条与下表面近似等距，即可视为平行于下表面。各窄条与下表面的距离不等。当单色光垂直

直入射($i=0$)时，对于各窄条均可使用前面推得的光程差公式，上下表面反射光的光程差为

$$\delta = 2nd$$

式中 n 为薄膜折射率，d 为窄条处厚度。当窄条的宽度取无限小时，d 就是一个随位置而连续变化的量。此光程差对应于 $n_1<n<n_2$ 的情况，干涉条件可写为

$$\delta = 2nd = \begin{cases} k\lambda & (k=1,\ 2,\ \cdots) \quad 明纹 \\ \left(k+\dfrac{1}{2}\right)\lambda & (k=0,\ 1,\ 2,\ \cdots) \quad 暗纹 \end{cases} \tag{13-4-5}$$

上式表明薄膜厚度 d 相等的各点，两表面反射光光程差相等，光强相同，因而干涉明纹和干涉暗纹均按厚度分布，即干涉条纹的形状取决于薄膜等厚点的轨迹。由于同一厚度对应同一条纹，这种干涉就称为等厚干涉。

因相邻条纹的光程差相差一个波长，所以相邻条纹对应薄膜厚度的差为

$$\Delta d = \frac{\lambda}{2n} \tag{13-4-6}$$

即等于介质内波长的一半。如果薄膜增厚，我们将观察到条纹向薄膜厚度较小的方向移动；反之，向厚度较大的方向移动。

三、干涉现象的应用

干涉现象在科学研究和工程技术上有着广泛的应用。我们知道，光波的波长反映了光波的空间周期性，而干涉条纹间距是反映干涉区域光强分布的空间周期性的量。由于光的波长很短，光速极大，我们很难直接观察到光的空间周期性。稳定的干涉条纹却易于观察，通过干涉条纹的变化，可以测定相当于光波波长数量级的距离的变化，即可测定长度及长度的微小变化。因此，光的干涉现象为我们提供了检验精密机械或光学零件的重要方法，也为其他领域提供了一种重要研究手段。在工业上显微干涉仪可以检查光学玻璃的表面质量，测定机件磨光面的光洁度。在光谱学中应用精确度极高的干涉仪可以准确地测定光谱线的波长及谱线的精细结构。化学工业上可以用折射干涉仪极准确地测量气体和液体的折射率，并确定气体或液体中的杂质浓度。在天文学中，利用特种天体干涉仪能够测定远距离星体的直径。下面我们介绍干涉的几种应用。

1. 增透膜

光在两介质的界面上发生反射和折射，从能量角度看，入射光的能量一部分反射，一部分透射。由理论计算可知，当光从空气正入射玻璃表面时，反射光能量占入射光能量的 4%～5%。在各种光学仪器中，由于矫正像差等原因，往往需要采用多透镜镜头。透镜增多，反射能量损失也就增大。潜水艇上使用的潜望镜有 20 个透镜，反射光能损失可达 90%。为了避免反射光能的损失，我们可以在玻璃表面镀一层薄膜，使由薄膜两面反射的光形成相消干涉，即减少光的反射，增加光的透射。这样的薄膜就称为增透膜。

按照同样的道理，可以利用薄膜提高反射率。显然利用单层膜是不可能大幅度提高反射率的，为此可以采用多层膜。使用多层介质高反射膜，光强反射率可达 99%以上。特殊制备的高反射膜，反射率甚至可以达到 99.9999%。

【例 13-3】　如图 13-4-4 所示，折射率为 1.50 的玻璃表面镀一层 MgF_2（折射率 $n=1.38$）。为使其在可见光谱的中心（$\lambda=550$ nm）处产生极小反射，那么这层薄膜必须有多厚？

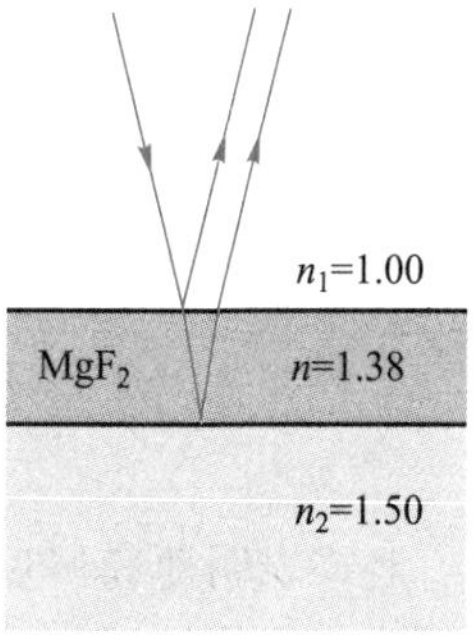

图 13-4-4　增透膜

解　假设光垂直入射。由于在两表面均是由光疏介质向光密介质反射，因而两反射光都有半波损失，它们的光程差为

$$\delta = 2nd$$

按干涉极小条件　$\delta = 2nd = \pm\left(k+\dfrac{1}{2}\right)\lambda$　（$k=0$，1，2，…）

当 $k=0$ 时，有

$$d = \frac{\lambda}{4n} = \frac{5.5\times10^{-7}}{4\times1.38}\ \text{m} \approx 10^{-7}\ \text{m}$$

MgF_2 薄膜的厚度为 10^{-7} m 或 $(2k+1)\times10^{-7}$ m，都可以达到题目所要求的目的。

由于确定厚度的膜只能使确定波长的单色光反射相消，因此复色光入射时可视实际需要选取一定厚度的膜以消去某一波长。不过对于目视仪器，由于人眼对光谱的黄-绿段（$\lambda=550$ nm）最敏感，所以通常设计为消除黄-绿段反射光。此时透射光呈黄绿色，反射光呈现与透射光互补的蓝紫色，这就是我们观察照相机镜头所看到的颜色。

2. 劈尖干涉

等厚干涉中较常见的有劈尖干涉，即薄膜的两个表面是平面，且有一定角度，类同劈尖。图 13-4-5(a) 所示的为空气劈尖示意图，从两玻璃板之间的楔形空气薄膜上下表面反射的光相互干涉，形成等厚干涉条纹。当平行单色光垂直入射时，厚度为 d 处的两表面的反射光光程差为

$$\delta = 2d + \frac{\lambda}{2}$$

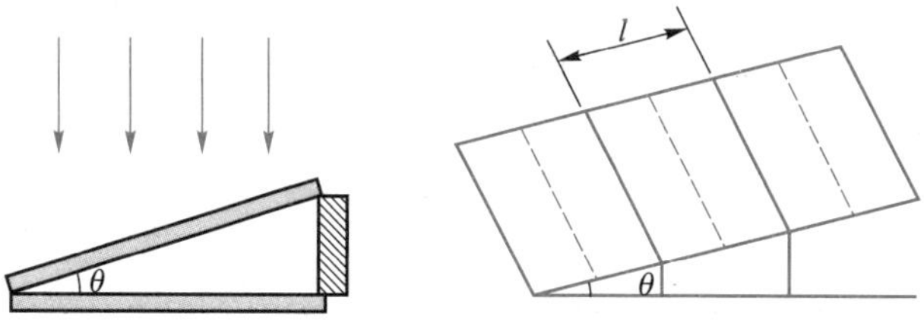

(a) 空气劈尖　(b) 条纹示意图

图 13-4-5　劈尖干涉

这里空气折射率 n 取为 1，下表面反射光有半波变化，光程差中出现 $\dfrac{\lambda}{2}$ 项。干涉条件为

$$\delta = 2d + \frac{\lambda}{2} = \begin{cases} k\lambda & (k=1,2,\cdots)\quad \text{明纹} \\ \left(k+\dfrac{1}{2}\right)\lambda & (k=0,1,2,\cdots)\quad \text{暗纹} \end{cases} \tag{13-4-7}$$

每一条明纹或者暗纹都与一定的空气劈尖厚度 d 对应。干涉条纹是一组平行于交棱的直线，如图 13-4-5(b)所示的条纹示意图。在 $d=0$ 处，由于半波损失，应该观察到暗纹，其实验结果与理论吻合。

由(13-4-7)式可得，任意两相邻明纹或两相邻暗纹所对应的空气层厚度差为$\frac{\lambda}{2}$，设相邻明纹间或相邻暗纹间的间距为 l，劈尖顶角为 θ，则有

$$l=\frac{\lambda}{2\sin\theta} \tag{13-4-8}$$

可见，θ 越小，则 l 越大，干涉条纹越疏；θ 越大，则 l 越小，干涉条纹越密。当 θ 大到一定程度时，干涉条纹就密得无法分开，因而这类干涉条纹只能在很尖的劈上才能观察到。当 θ 很小时，(13-4-8)式可简化为

$$l=\frac{\lambda}{2\theta} \tag{13-4-9}$$

请读者考虑对于折射率为 n 的介质劈尖，条纹间距 l 应如何表示？

对于劈尖干涉，只要知道光的波长 λ，测得条纹间距 l，就可以求得两表面夹角 θ。由此原理在实际中可以测量玻璃板的不平行度；如用细丝夹在两玻璃板一端，还可测定细丝直径；另外还可用来检验精密机械零件表面的光洁度等。总之，劈尖干涉可以演化出多种多样的测量装置，在实际中有着广泛的应用。

【例 13-4】　图 13-4-6 是检验精密加工后的工件表面光洁度的装置示意图。下面是待测工件，上面是标准平板玻璃，其间形成空气劈尖。用单色光垂直入射，如在反射光中观察到图示中的条纹，问工件表面光洁度如何？

解　干涉条纹中央部分左移，对应平板玻璃上条纹中部向劈尖方向移动。由于同一条纹是一等厚线，只有工件表面有凹纹，才能保证同一条纹对应薄膜厚度相等。因此，工件表面中央部分有沿平板玻璃倾斜方向的凹纹。

设条纹间距为 l，条纹中部移动距离为 a，则可计算出凹纹深度 h 为

$$h=a\sin\theta=\frac{a\lambda/2}{l}=\frac{a\lambda}{2l}$$

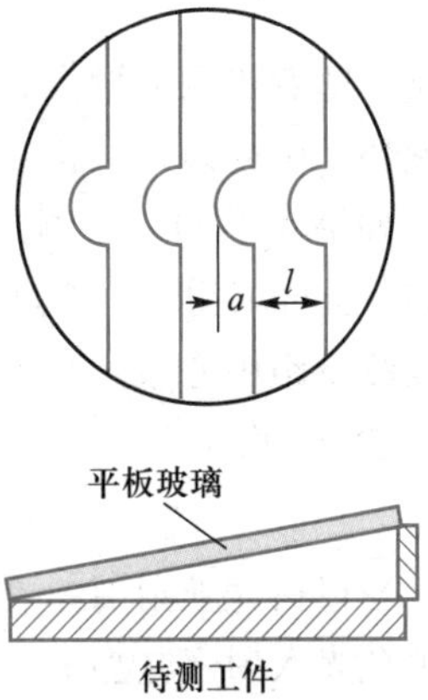

图 13-4-6　工件表面的检测

3. 牛顿环

还有一种常见的等厚干涉——牛顿环。把一曲率半径很大的平凸透镜放在一块平面玻璃板上，两者之间形成一厚度不均匀的空气薄层，如图 13-4-7 所示。设接触点为 O，当平行单色光垂直入射到平凸透镜时，将呈现一系列以 O 为中心的同心干涉圆环。这种干涉条纹是牛顿首先观察到并加以描述的，所以又叫牛顿环。

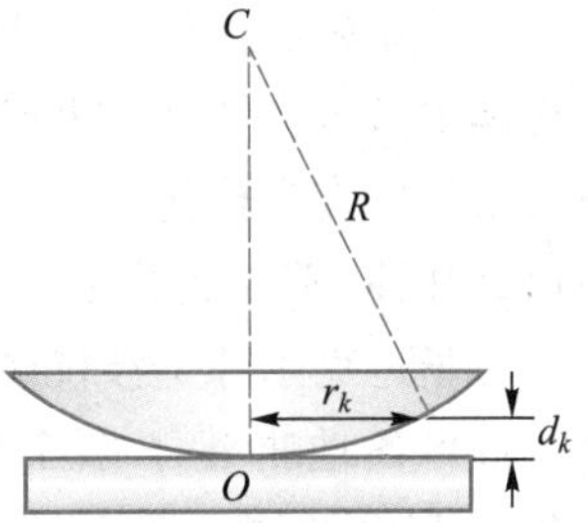

图 13-4-7　牛顿环简图

在平面玻璃板上表面反射的光有半波损失，而在凸面上的反射光无半波损失，所以在上面观察到的两反射光干涉的条件为

$$\delta = 2d + \frac{\lambda}{2} = \begin{cases} k\lambda & (k=1,\ 2,\ \cdots) \quad \text{明环} \\ \left(k+\frac{1}{2}\right)\lambda & (k=0,\ 1,\ 2,\ \cdots) \quad \text{暗环} \end{cases} \tag{13-4-10}$$

式中空气折射率 $n\approx 1$，d 为某级条纹相应处空气层的厚度。显然，中心 O 处为暗点。中央条纹级数低，边缘条纹级数高。

设透镜曲率半径为 R，半径为 r 的圆环条纹对应的空气层厚度为 d，由几何关系得

$$r^2 = R^2 - (R-d)^2 = 2Rd - d^2$$

因为 $R \gg d$，可将 d^2 项略去，上式近似为 $d=\frac{r^2}{2R}$，将此式代入(13-4-10)式，便得牛顿环明、暗纹半径公式，即

$$r = \begin{cases} \sqrt{\dfrac{(2k-1)R\lambda}{2}} & (k=1,\ 2,\ 3,\ \cdots) \quad \text{明环} \\ \sqrt{kR\lambda} & (k=0,\ 1,\ 2,\ \cdots) \quad \text{暗环} \end{cases} \tag{13-4-11}$$

对暗环，取 $k>1$，由上式得相邻暗环半径差为

$$r_{k+1} - r_k = \sqrt{kR\lambda}\left(\sqrt{1+\frac{1}{k}} - 1\right) \approx \sqrt{kR\lambda}\left(1+\frac{1}{2k} - 1\right) = \frac{\sqrt{R\lambda}}{2\sqrt{k}}$$

可见，随着级数 k 增大，相邻暗环间距减小，即干涉条纹变密，对明环也有相同结论。所以，牛顿环是中心疏，边沿密的同心圆环。

如果 λ 已知，用测距显微镜测得 r_k，就可以计算出透镜凸球面的曲率半径 R。反之，如知道 R，也可求得 λ。不过实际应用中为避免由于中心 O 处两表面不能严格密接而产生的误差，可以测量距中心较远处两个干涉环的半径以计算 R，如测得 r_k 和 r_{k+m}，则有

$$R = \frac{r_{k+m}^2 - r_k^2}{m\lambda} \tag{13-4-12}$$

当以白光照射时，在反射光中可以观察到中心为暗斑、外围为彩色的圆环状条纹。无论是单色光入射还是白光入射，如在透射光中观察，所得干涉图样与反射光中所得图样互补。

4. 迈克耳孙干涉仪

用分振幅法产生双光束以实现干涉的典型近代精密仪器之一是**迈克耳孙干涉仪**，它是美国物理学家迈克耳孙(Albert A. Michelson)在1881年最早制成的。迈克耳孙曾用它测量过保存在巴黎的标准米棒的长度，促进了长度标准从实物标准向量子标准的转化。它还被用于著名的迈克耳孙-莫雷实验中。迈克耳孙获得1907年的诺贝尔物理学奖。

由于迈克尔孙干涉仪超高的灵敏度，科学家提出可以利用迈克尔孙干涉仪来探测引力波，并在世界各地搭建了多个地面干涉仪，其中比较著名的有美国的激光干涉引力波天文台(LIGO)以及法国、意大利合作建造的处女座干涉仪(VIRGO)。2016年，LIGO团队与VIRGO团队共同宣布，在2015年9月14日测量到距离地球13亿光年处的两个黑洞并合所发射出的

引力波信号。为此，LIGO 团队的韦斯(Rainer Weiss)、巴里什(Barry C. Barish)和索恩(Kip S. Thorne)共同获得了 2017 年的诺贝尔物理学奖。

迈克耳孙干涉仪的构造如图 13-4-8 所示。M_1 和 M_2 是一对精密磨光的平面反射镜。M_1 是固定的，M_2 是可动的，它可用精密螺丝调节作微小移动。G_1 和 G_2 是两块相同材料、相同厚度的玻璃板，它们平行放置。G_1 的背面镀有很薄的银膜(图中粗线所示)，以便从光源来的光线在这里被分成强度差不多相等的两部分，一半反射、一半透射，所以它又被称为光束分离板。

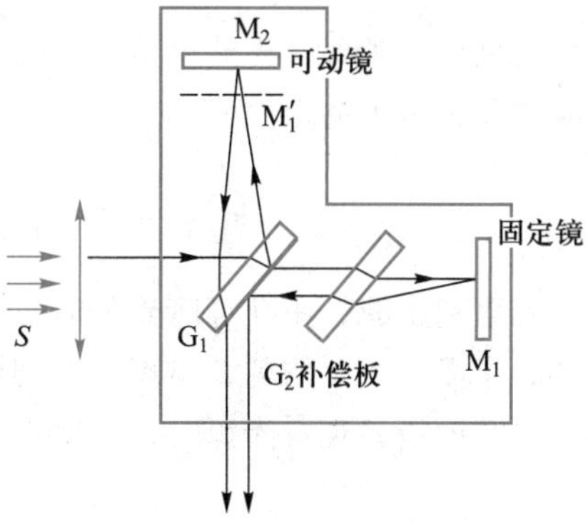

图 13-4-8　迈克耳孙干涉仪

面光源 S 发出的光线在 G_1 的镀银面上反射和透射。反射光经 M_2 反射后，再次透过 G_1 后进入眼睛。透射光透过 G_2 经 M_1 反射，再经 G_2，在 G_1 反射而进入眼睛。进入眼睛的两束光是相干光，相互叠加后形成干涉条纹。若光源 S 的相干性差，则必须引入补偿板 G_2，可使两束光在玻璃介质中的光程相等。对于复色光或白光，补偿板有助于消除色散的影响。

设 M_1' 是固定反射镜 M_1 对 G_1 镀银面所成的像，则从 M_1 反射到眼睛中的光线就好像是从 M_1' 反射的一样，因此，两相干光的干涉可等效于 M_2 和 M_1' 之间空气薄膜产生的干涉。当 M_1 和 M_2 垂直，M_1' 与 M_2 就平行，可以观察到圆形等倾干涉条纹；当 M_1 与 M_2 不垂直，则 M_1' 与 M_2 不平行，有平行等厚干涉条纹产生。

将可动反射镜 M_2 前后稍做平移时，相当于改变了 M_2 与 M_1' 间的空气层厚度，视场中会观察到条纹的移动。M_2 移动$\frac{\lambda}{2}$，对应于一个条纹移到邻近条纹位置，所以知道了视场中明条纹移动数目 ΔN，就可以算出 M_2 平移的距离，即

$$\Delta d = \Delta N \cdot \frac{\lambda}{2} \tag{13-4-13}$$

借助迈克耳孙干涉仪，可以对长度进行高精度的测量。

【例 13-5】　在迈克耳孙干涉仪的一臂引入长 $l=5.000\ 0\ \text{cm}$ 的玻璃管，并充以一个大气压的空气，用波长 $\lambda=500.00\ \text{nm}$ 的光产生干涉。在将玻璃管逐渐抽成真空的过程中，观察到 $N=60$条干涉条纹的移动，求空气的折射率。

解　设空气的折射率为 n，在玻璃管内的空气抽空前后，两相干光光程差的变化为 $2(n-1)l$。又由干涉条件知，条纹移动一条时，对应光程差的变化为一个波长，则有

$$2(n-1)l = N\lambda$$

故空气的折射率为

$$n = 1+\frac{N\lambda}{2l} = 1+\frac{60\times 500.000\times 10^{-9}}{2\times 5.000\ 0\times 10^{-2}} = 1.000\ 3$$

可以看出，空气折射率的测量精度受限于干涉条纹变化的测量精度、激光波长的测量精度以及长度的测量精度。一般干涉条纹变化测量精度以及激光波长测量精度都很高，空气折射率的测量精度主要受限于长度测量精度。

第5节 光波的衍射

与机械波类似，光波也会产生衍射现象。本节主要介绍惠更斯-菲涅耳原理，并详细讨论光波的几种常见的衍射。

一、两种衍射 惠更斯-菲涅耳原理

光遇到狭缝、小孔等障碍物时，会偏离直线进入几何阴影区，并且几何阴影区和几何照明区的光强分布不均匀，出现一系列明暗相间的条纹，这就是光的衍射。如果合拢你的手指，用眼睛贴近指缝观看光源时，不难看到这种现象。

1. 菲涅耳衍射与夫琅禾费衍射

研究光的衍射的实验装置主要由光源、衍射屏(障碍物)及接收屏组成。依它们之间相对位置的不同，常将衍射分为两类。一类是光源和接收屏到障碍物的距离均不是很远，并且没有使用透镜。此时，光线不是平行光，即波面不是平面。这种情况是菲涅耳(Augustin-Jean Fresnel)最早于1818年描述的，所以称为菲涅耳衍射。另一类是光源和接收屏到障碍物的距离都很大，此时入射光为平行光，波面是平面，衍射光也是平行光。这种衍射称为夫琅禾费衍射，它是夫琅禾费(Joseph von Fraunhofer)最早于1821~1822年描述的。在实验室里，我们可以利用透镜使入射球面光波变成平行光，在障碍物后再利用透镜使平行光会聚，这就很容易实现夫琅禾费衍射。显然，菲涅耳衍射是普遍情况，夫琅禾费衍射只是它的特例，但夫琅禾费衍射是一种重要的极限情况，其计算比较简单。另外，在近代的傅里叶变换光学中，夫琅禾费衍射装置就是傅里叶频谱分析仪。这里主要讨论夫琅禾费衍射及其应用。

2. 惠更斯-菲涅耳原理

为了解释衍射现象并研究衍射条纹的强度分布，菲涅耳将惠更斯原理发展成惠更斯-菲涅耳原理，它是研究衍射现象的理论基础。

惠更斯原理表明，波源发出的波阵面 Σ 上的每一点都可视为一个新的子波源。这些子波源发出次级子波，其后任一时刻次级子波的包迹决定新的波阵面。惠更斯原理用于光波能确定光波的传播方向，但不能确定沿不同方向传播的光振动的振幅和相位。惠更斯本人相信光的波动说，却不相信光的衍射，他认为他的次级子波只在它们与共同包络相切之处才有作用！

菲涅耳在次级子波概念的基础上，提出了“子波相干叠加”理论。又称为惠更斯-菲涅耳原理。这个原理可以表述为：同一波面上的每一个微小面元都可看成新的振动中心，它们发出次级子波。这些次级子波经传播而在空间某点相遇时，该点的振动是所有这些次级子波在该点的相干叠加。

3. 菲涅耳衍射积分公式

根据惠更斯-菲涅耳原理，已知波在某时刻的波阵面 Σ，就可计算波传播到其前方某点 P

的振动。如图 13-5-1 所示，P 点的振动应是波阵面 Σ 上所有面元在 P 点所产生振动的合成。

设波阵面 Σ 的初相位为零，Σ 上面元 $d\Sigma$ 到 P 点的距离为 r，面元法向单位矢量 $\boldsymbol{e}_n$ 与 $\boldsymbol{r}$ 的夹角为 α，则 $d\Sigma$ 在 P 点所产生的振动的振幅 dy 正比于 $d\Sigma$ 处 Σ_i 振动的振幅 $a(\Sigma_i)$，又正比于面元面积 $d\Sigma$，反比于面元到 P 点的距离 r，并与 α 有关，若任意 $d\Sigma$ 处的光振动都是简谐振动，则有

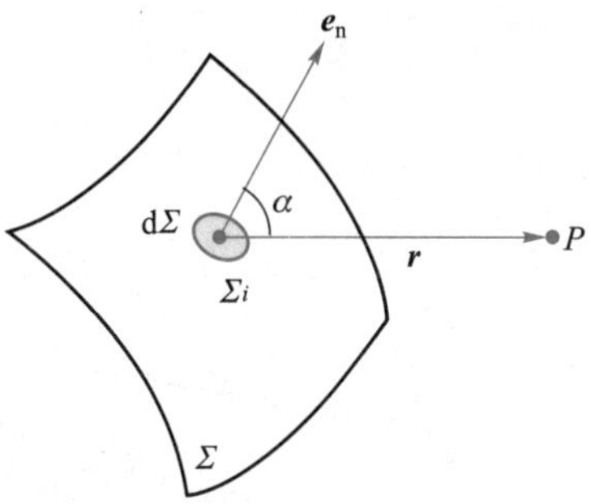

图 13-5-1　菲涅耳衍射积分示意图

$$dy \propto a(\Sigma_i)\frac{f(\alpha)}{r}\cos 2\pi\left(\frac{t}{T}-\frac{r}{\lambda}\right)\cdot d\Sigma$$

只要 $d\Sigma$ 取得足够小，上式就足够准确。其中，$f(\alpha)$是随 α 角的增大而缓慢减小的函数，称为倾斜因子，它表明由面元发射的次波不是各向同性的。当 $\alpha \geqslant \frac{\pi}{2}$时，$f(\alpha)=0$，这意味着不存在退行的次级子波。

整个波阵面 Σ 在 P 点所产生的合振动可以通过上式对 Σ 面积分求出，用 y 表示这个合振动，有

$$y=\int_{\Sigma} dy = c\int_{\Sigma}\frac{a(\Sigma_i)f(\alpha)}{r}\cos 2\pi\left(\frac{t}{T}-\frac{r}{\lambda}\right)d\Sigma \qquad (13-5-1)$$

此式称为菲涅耳衍射积分公式，c 是比例常量。用这个公式解决具体问题时，一般来说，积分相当复杂。但在波阵面对通过 P 点的波面法线呈回转对称时，积分较为简单。特别是对于夫琅禾费衍射，由于是平行光，波阵面 Σ 的线度比它到接收屏的距离小得多，因而(13-5-1)式中的 $ca(\Sigma_i)f(\alpha)/r$ 可认为是一个常量，这样计算较为容易。

值得注意的是，惠更斯-菲涅耳原理的提出不是为了解决光的自由传播，而是为了求有障碍物时衍射场的分布，因而波阵面 Σ 一般取在衍射屏的位置。

二、单缝夫琅禾费衍射

平行光通过狭缝的夫琅禾费衍射，在实际应用中有很重要的意义。下面，我们首先研究最简单的单狭缝。

如图 13-5-2 所示，S 是点光源，L_1 与 L_2 为透镜，K 是宽度为 a 的狭缝，E 是接收屏。S 置于 L_1 的焦点上，E 置于 L_2 的焦平面上。光源 S 发出的光经 L_1 后成为平行光，过狭缝 K 经 L_2 在屏上得到它的像。如果没有衍射，像应是屏上的一个亮点。但由于存在衍射，因而得到的是图 13-5-2 中屏上所示的衍射图样。衍射图样是与狭缝平行的明暗相间条纹，并且条纹向波阵面受限制的方向扩展。

1. 单缝衍射光强公式

利用惠更斯-菲涅耳原理可以计算单缝衍射的光强分布。考虑衍射只在垂直于狭缝的面内进行，因而只对含系统光轴且垂直于狭缝 K 的截面讨论，如图 13-5-3 所示。

入射单色平面波波阵面在狭缝处受到限制，在屏上任一点的光强由狭缝处露出的波阵面

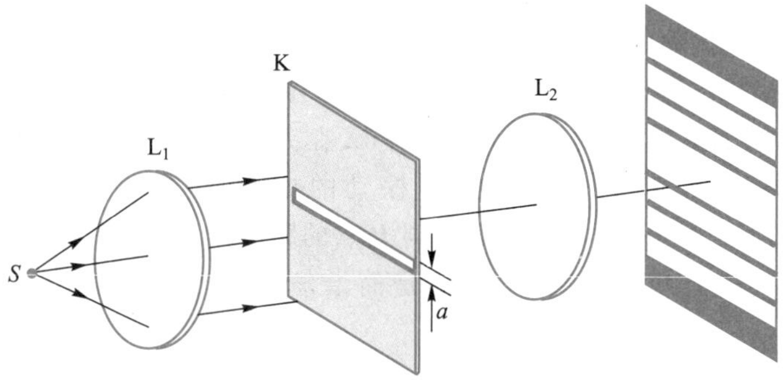

图 13-5-2 单缝夫琅禾费衍射

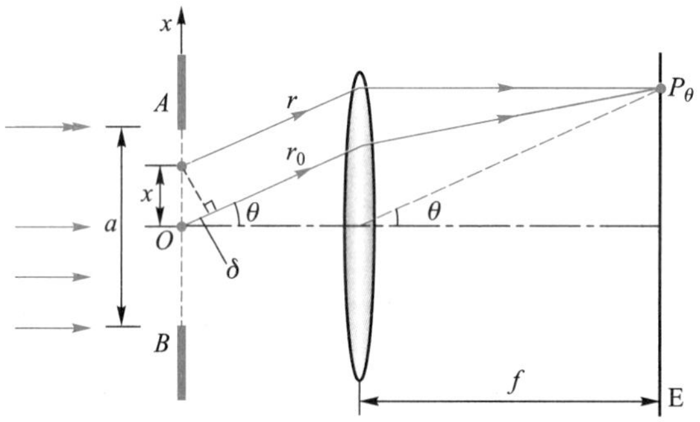

图 13-5-3 单缝夫琅禾费衍射光强计算用图

作为许多次波源发出的子波相干叠加所决定。我们把缝内的波阵面 AB 分为许多等宽的窄条，它们是振幅相等的次波源，都向前发射次级子波。由于接收屏在透镜 L_2 的焦平面位置，因而与狭缝法线有相同衍射角 θ 的平行光线会聚于接收屏上的 P_θ 处。位于中心 O 点处宽度为 dx 的窄条波阵面作为次波源，根据(13-5-1)式，它在 P_θ 处所引起的振动可表示为

$$dy_0 = c'\cos 2\pi\left(\frac{t}{T} - \frac{r_0}{\lambda}\right) dx$$

式中 r_0 是缝中心 O 点到 P_θ 点的光程，c'为一常量。类似地，可写出 AB 上距离 O 点 x 的 dx 宽窄条波阵面在 P_θ 处产生的振动为

$$dy_x = c'\cos 2\pi\left(\frac{t}{T} - \frac{r}{\lambda}\right) dx \qquad (13-5-2)$$

式中 r 为该窄条到 P_θ 处的光程。由于缝很窄，c'可认为是与前相同的常量，即忽略 O 点和 x 点在 P_θ 点所产生振动振幅的差异。另外，透镜 L_2 不产生附加光程差，所以上述两窄条次波源到 P_θ 点的光程差为

$$\delta = r - r_0 = -x\sin\theta \quad 或 \quad r = r_0 - x\sin\theta$$

将此 r 表示式代入(13-5-2)式，并对整个 AB 积分，可得狭缝的受限波阵面在 P_θ 处所生成的光振动为

$$y=\int \mathrm{d}y_x=\int_{-\frac{a}{2}}^{\frac{a}{2}} c'\cos 2\pi\left(\frac{t}{T}-\frac{r_0-x\sin\theta}{\lambda}\right)\mathrm{d}x$$

$$=c'\frac{\lambda}{2\pi\sin\theta}\int_{-\frac{a}{2}}^{\frac{a}{2}}\mathrm{d}\left[\sin 2\pi\left(\frac{t}{T}-\frac{r_0-x\sin\theta}{\lambda}\right)\right]$$

$$=c'\frac{\lambda}{2\pi\sin\theta}\left[\sin 2\pi\left(\frac{t}{T}-\frac{r_0-\frac{a}{2}\sin\theta}{\lambda}\right)-\sin 2\pi\left(\frac{t}{T}-\frac{r_0+\frac{a}{2}\sin\theta}{\lambda}\right)\right]$$

利用三角公式，可化为

$$y=c'\frac{\lambda}{2\pi\sin\theta}\cdot 2\cos 2\pi\left(\frac{t}{T}-\frac{r_0}{\lambda}\right)\sin\left(\frac{\pi a\sin\theta}{\lambda}\right)$$

$$=c'a\frac{\sin\left(\frac{\pi a\sin\theta}{\lambda}\right)}{\frac{\pi a\sin\theta}{\lambda}}\cos 2\pi\left(\frac{t}{T}-\frac{r_0}{\lambda}\right) \tag{13-5-3}$$

如改用电矢量的振幅值 E_0 表示，可写为

$$E_\theta=E_0\frac{\sin\left(\frac{\pi a\sin\theta}{\lambda}\right)}{\frac{\pi a\sin\theta}{\lambda}}=E_0\frac{\sin\alpha}{\alpha} \tag{13-5-4}$$

式中 $E_0=c'a$，$\alpha=\frac{\pi a\sin\theta}{\lambda}$。

因光强与电矢量振幅平方成正比，P_θ 处的光强用 I_θ 表示，则有

$$I_\theta=I_0\left(\frac{\sin\alpha}{\alpha}\right)^2 \tag{13-5-5}$$

式中 $I_0=E_0^2\propto a^2$。由(13-5-5)式可以计算单缝衍射在接收屏上的强度分布。$\left(\frac{\sin\alpha}{\alpha}\right)^2$ 通常称为**单缝衍射因子**。

2. 单缝衍射的特点

由(13-5-5)式可作出单缝衍射光强分布曲线，如图 13-5-4(a)所示。由图可知，屏上各处光强不等，$\alpha=0$ 即 $\theta=0$ 处出现光强最强的主极大，两侧对称地分布有一系列次极大和极小，下面分几个方面进行具体讨论。

(1) 主极大

由(13-5-5)式很容易知道，具有相同 θ 角的屏上部位有相同的光强，因而屏上的衍射图样是一些相互平行的条纹，它们都平行于狭缝。对于 $\theta=0$ 的地方，各衍射光线之间由于没有光程差而相干加强，因而此处光强最大，有 $I_\theta=I_0$，即在透镜 L_2 的主光轴与屏的交点处有最大的光强 I_0。**最大光强与狭缝宽度 a 的平方成正比**，最大光强又称为**主极大**或**零级衍射斑**。

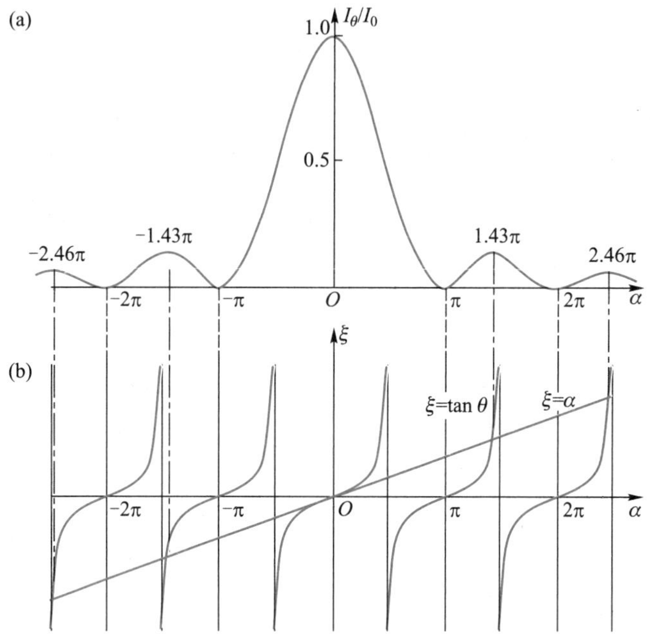

图 13-5-4 单缝夫琅禾费衍射光强分布及极大值点位置

（2）次极大

除中央主极大外，屏上光强分布还有次极大存在。次极大的位置可通过$\dfrac{\mathrm{d}}{\mathrm{d}\alpha}\left(\dfrac{\sin\alpha}{\alpha}\right)^2=0$计算，所得方程$\alpha=\tan\alpha$可利用作图法求解，如图 13-5-4(b)所示。结果为

$$\alpha=\pm1.43\pi,\quad \pm2.46\pi,\quad \pm3.47\pi,\ \cdots$$

相应的 $\sin\theta$ 值为

$$\sin\theta=\pm1.43\frac{\lambda}{a},\quad \pm2.46\frac{\lambda}{a},\quad \pm3.47\frac{\lambda}{a},\ \cdots$$

通常，可把次极大的位置近似表示为

$$a\sin\theta=\pm\left(k+\frac{1}{2}\right)\lambda\quad (k=1,\ 2,\ 3,\ \cdots) \tag{13-5-6}$$

这些次极大又称高级衍射斑。由(13-5-6)式计算可得各次极大的强度为

$$I_1\approx4.5\%I_0,\quad I_2\approx1.6\%I_0,\quad I_3\approx0.8\%I_0,\ \cdots \tag{13-5-7}$$

可见，高级衍射斑的强度比中央零级衍射斑的强度小得多，即单缝衍射中衍射光的能量主要集中在中央主极大处。

（3）暗纹位置

当$\alpha\neq0$，而$\sin\alpha=0$时，屏上所对应地方的光强为零，因而出现暗纹。暗纹的位置满足关系

$$\alpha=\pm k\pi\quad (k=1,\ 2,\ \cdots)$$

对应 $\sin\theta$ 值为

$$\sin\theta=\pm\frac{k\lambda}{a}\quad (k=1,\ 2,\ \cdots)$$

或写为

$$a\sin\theta=\pm k\lambda \quad (k=1,\ 2,\ \cdots) \tag{13-5-8}$$

（4）明纹的角宽度

规定相邻暗纹的角距离为其间明纹的角宽度，即相邻暗纹间的区域为对应的明纹范围，明纹的宽度由暗纹条件即(13-5-8)式决定。一般情况下 θ 角较小，可得中央主极大的半角宽度为

$$\Delta\theta=\frac{\lambda}{a} \tag{13-5-9}$$

上式表明，$\Delta\theta$ 与波长 λ 成正比。对给定波长 λ 的单色光，中央主极大的宽度与缝宽成反比。若透镜 L_2 的焦距为 f，则屏上中央主极大的线宽度近似为

$$\Delta x=2f\tan\theta_1=2f\frac{\lambda}{a} \tag{13-5-10}$$

不难得到，各次极大的宽度均相等，均等于中央主极大的半宽度，即中央极大的宽度为其余极大宽度的两倍。中央极大宽度的大小可用以表示衍射的强弱。

（5）缝宽对衍射图样的影响

由(13-5-9)式可知，缝宽 a 越小，$\Delta\theta$ 越大，衍射图样展开的范围越大，衍射越显著；随着 a 的增大，$\Delta\theta$ 将减小，如果 $a\gg\lambda$，则 $\Delta\theta\to0$，此时各级条纹压缩为一条亮线，这一亮线实际上是光源经透镜所成的几何光学像，此时衍射效应可忽略，光可看作是直线传播。

图 13-5-5 表示了由几个不同的$\dfrac{a}{\lambda}$值对应的相对强度$\dfrac{I_\theta}{I_0}$与 θ 的关系曲线。

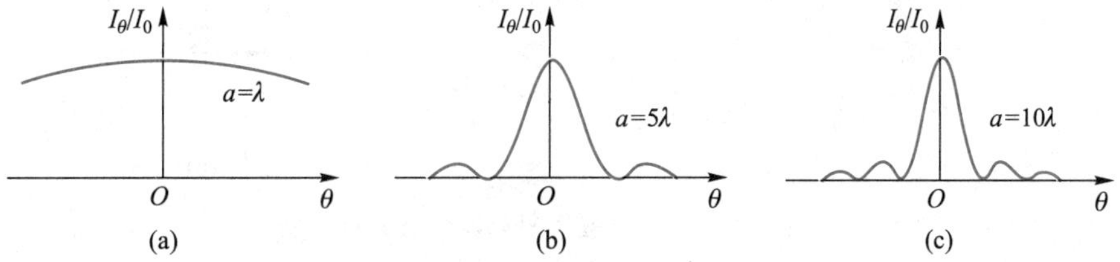

图 13-5-5 不同缝宽的单缝衍射相对光强分布

在实际应用中，对于宽度太小或无法直接测定的单缝或细丝，可用光学方法测定其衍射斑的大小，从而推算宽度。目前已据此原理制成了激光衍射细丝测径仪。

【例 13-6】 试近似计算单缝夫琅禾费衍射图样中各次极大的相对强度。

解 由(13-5-6)式可知，各次极大的位置可近似地表示为

$$\alpha\approx\pm\left(k+\frac{1}{2}\right)\pi \quad (k=1,\ 2,\ \cdots)$$

代入(13-5-5)式，可得

$$I_\theta=I_0\left[\frac{\sin\left(k+\frac{1}{2}\right)\pi}{\left(k+\frac{1}{2}\right)\pi}\right]^2,\qquad \frac{I_\theta}{I_0}=\frac{1}{\left(k+\frac{1}{2}\right)^2\pi^2}$$

当 $k=1, 2, 3, \cdots$ 时，有

$$\frac{I_\theta}{I_0}=0.045, 0.016, 0.0083, \cdots$$

【例 13-7】 用菲涅耳半波带法确定单缝夫琅禾费衍射图样的极小和次极大位置。

解 如图 13-5-6(a)所示，由单缝露出的波阵面 AB 发出的衍射角为 θ 的平行光经透镜相干叠加于屏上的 P_θ 点，P_θ 点的光强取决于各光线的光程差。作垂直于各条光线的平面 AC，则 AC 面上各点到达点 P_θ 的光程相等，因而光程差对应于从 AB 面到 AC 面的光程。显然，单缝两边沿衍射光线的光程差 $|BC|=a\sin\theta$ 为 θ 方向各光线的最大光程差。

设 $|BC|$ 恰好等于 $\frac{\lambda}{2}$ 的 m（m 为整数）倍，即 $|BC|$ 可按 $\frac{\lambda}{2}$ 分成 m 等份，作彼此间距为 $\frac{\lambda}{2}$ 且平行于 AC 的平面，这些平面将单缝波面 AB 分割成 m 个波带 AA_1，A_1A_2，…，在这些带中，自两相邻带的相应点到屏上 P_θ 点的光程差为半波长，称这种带为菲涅耳半波带。如图 13-5-6(b)所示，对于单缝，各半波带的面积相等，各半波带在 P_θ 点所引起的光振幅接近相等。

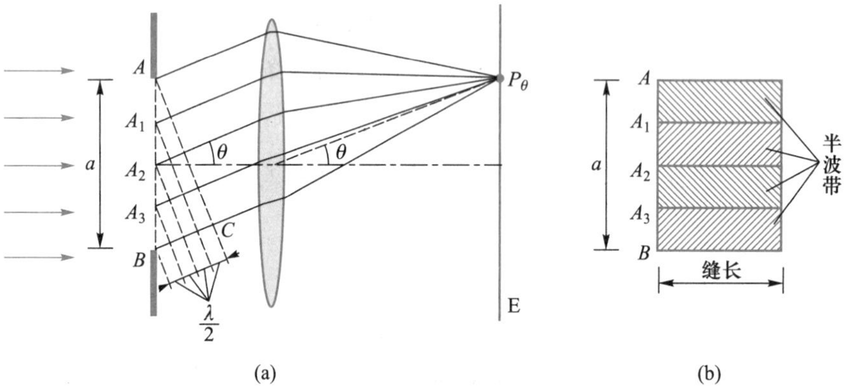

图 13-5-6 单缝衍射半波带法分析

如果对于 P_θ 点半波带数正好是偶数，则因为两相邻波带上的任何两对应位置的点所发出的光线在 P_θ 点的相位差为 π，即任何两个相邻波带所发出的光线在 P_θ 点完全抵消，所以各波带发出的光线在 P_θ 点完全抵消，P_θ 点出现暗纹。如果对于 P_θ 点半波带数是奇数，则只留下一个波带的作用，P_θ 点将出现亮纹。因此，单缝夫琅禾费衍射暗纹条件为

$$a\sin\theta=\pm 2k\frac{\lambda}{2}=\pm k\lambda \quad (k=1, 2, \cdots)$$

这正是(13-5-8)式。

次极大条件为

$$a\sin\theta=\pm(2k+1)\frac{\lambda}{2} \quad (k=1, 2, \cdots)$$

此即为(13-5-6)式。不难看出，次极大级次越高，即 θ 越大，单缝波面可分成的半波带数目越多，每个半波带的面积越小，则次极大的亮度就越小。

【例 13-8】 用矢量图解法求单缝夫琅禾费衍射的光强分布。

解 上题中如果狭缝不能正好被半波带整分，可以考虑将狭缝处波阵面分成若干个宽度均为 Δx 的窄条波带，每个波带作为次波源，在屏上 P_θ 点处生成的振动可用一些小矢量表示，它们的振幅相等，相位依次差一相同小量。按矢量合成法，合振动振幅应是图 13-5-7 中的 E_θ。当窄条宽 $\Delta x \to 0$ 时，小矢量连成的折线化为圆弧，其长为 E_0，E_0 也就是衍射图样中心处的振幅。设圆弧圆心为 C，圆心角为 2α，半径为 R，则有

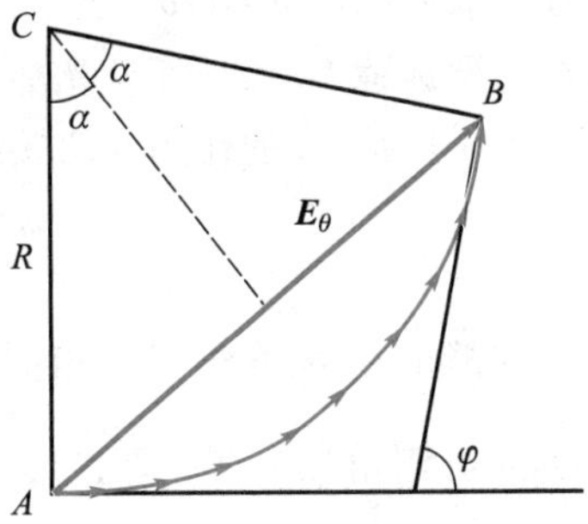

图 13-5-7 单缝衍射矢量图解

$$E_\theta = 2R\sin\alpha$$

又
$$R=\frac{E_0}{2\alpha}$$

所以
$$E_\theta = E_0\frac{\sin\alpha}{\alpha}$$

由几何关系可知
$$2\alpha=\varphi$$

φ 是来自单缝顶边与底边的两窄条所贡献的小矢量之间的相位差，此两光线的光程差为 $a\sin\theta$，因而有

$$\varphi=\frac{2\pi}{\lambda}a\sin\theta$$

可得
$$\alpha=\frac{\pi a\sin\theta}{\lambda}$$

P_θ 点处的衍射强度为

$$I_\theta = I_0\left(\frac{\sin\alpha}{\alpha}\right)^2$$

利用矢量图解法得出的结果与利用菲涅耳衍射公式得出的结果(13-5-5)式相同，证明了两种方法的等效。

三、双缝衍射与干涉

平行光通过双狭缝会在接收屏上得到衍射图样。这种衍射介于单缝与多缝之间，由它可以看到多缝衍射的某些特征，另外它在天文观察和气体折射率的测量等方面也有着实际应用。下面我们定量考察双缝衍射图样的光强分布，并与杨氏双缝实验结合来分析衍射与干涉的关系。

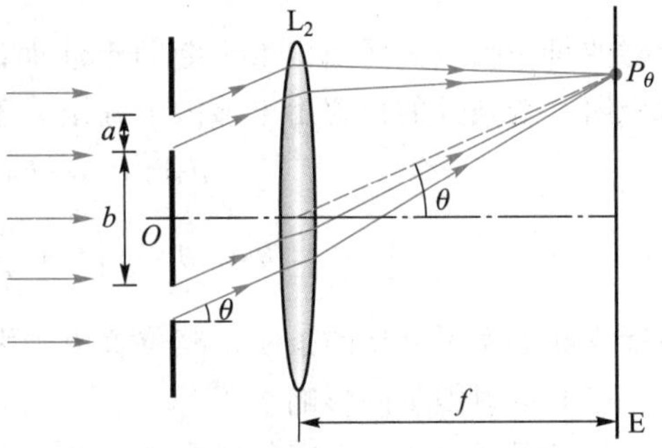

图 13-5-8 双缝夫琅禾费衍射

1. 双缝衍射光强公式

如图 13-5-8 所示，单色平行光入射两宽度同为 a 的狭缝，两狭缝间隔着宽度为 b 的不透明

部分。双缝间距 $d=a+b$。我们不用积分方法，仅根据单缝夫琅禾费衍射和双光束干涉的特点即可得到透镜 L_2 焦平面处光屏上衍射光波的强度分布。

由于透镜 L_2 的作用，两狭缝各自作为单缝在屏上 P_θ 点处的电矢量的振幅值分别为

$$E_{1\theta}=E_{10}\frac{\sin\alpha}{\alpha},\qquad E_{2\theta}=E_{20}\frac{\sin\alpha}{\alpha}$$

即两狭缝的衍射图样完全相同且位置重合。两狭缝发出的相干光在 P_θ 点的相位差为 $\Delta\varphi=\frac{2\pi}{\lambda}d\sin\theta$，则由(13-2-10)式得合成波强度为

$$I=4I_1\cos^2\frac{\Delta\varphi}{2}$$

式中 $I_1\propto E_{1\theta}^2=E_{2\theta}^2$，则屏上任一点 P_θ 的光强为

$$I_\theta=I_0\left(\frac{\sin\alpha}{\alpha}\right)^2\cos^2\beta \qquad (13-5-11)$$

式中 $I_0=4E_{10}^2$，$\beta=\frac{\Delta\varphi}{2}=\frac{\pi d\sin\theta}{\lambda}$。上式中的 $\left(\frac{\sin\alpha}{\alpha}\right)^2$ 正好就是宽度为 a 的单狭缝夫琅禾费衍射图样光强分布表示(13-5-5)式中的衍射因子；而 $\cos^2\beta$ 则是我们在杨氏双狭缝实验中所得双缝干涉图样的相对光强分布，称它为双缝干涉因子。双缝衍射光强公式表明：夫琅禾费双狭缝的衍射图样取决于单缝衍射因子与双缝干涉因子的乘积。

2. 双缝衍射图样的特点

(1) 极大和极小的位置

在(13-5-11)式中，当 $\theta=0$ 时，$I_\theta=I_0$，可见 I_0 就是透镜主光轴与屏相交处的光强，它是单缝在该处光强的 4 倍。

显然，衍射因子与干涉因子中只要有一个为零，则衍射光强为零。衍射因子为零对应单缝衍射暗条纹(极小)条件(13-5-8)式，即 $a\sin\theta=\pm k\lambda$ ($k=1, 2, \cdots$)，它决定了单缝衍射各级极大的宽度，比如中央主极大的角宽度 $\Delta\theta=\frac{2\lambda}{a}$；而干涉因子为零对应双缝干涉暗纹条件(13-3-2)式，由它决定的双缝明纹的角宽度为 $\Delta\theta'=\frac{\lambda}{d}$。由 $d=a+b>a$ 可知，$\Delta\theta'<\Delta\theta$，即单缝衍射的每一级极大区域内由于缝间干涉而出现了一系列新的极大值点和极小值点，因而屏上呈现明、暗条纹的位置由干涉因子确定。于是，双缝衍射极大和极小条件分别为

$$d\sin\theta=\pm k\lambda \quad (k=0, 1, 2, \cdots) \qquad (13-5-12)$$

$$d\sin\theta=\pm\left(k+\frac{1}{2}\right)\lambda \quad (k=0, 1, 2, \cdots) \qquad (13-5-13)$$

即接收屏上实际呈现的条纹，其位置由干涉因子所确定。

(2) 衍射因子的影响

衍射因子使得每个衍射极大的光强不再相等，而是随着衍射角呈现起伏变化，即干涉光强受到衍射因子的调制。

如果接收屏上某些本该出现干涉极大的地方对应的衍射因子为零，则衍射光强也就为零，这种现象称为**缺级**。设衍射极小表示式 $a\sin\theta=k\lambda$，干涉极大表示式 $d\sin\theta=k'\lambda$，则有$\dfrac{d}{a}=\dfrac{k'}{k}$，即在 $k'=k\dfrac{d}{a}$，$(k=\pm1,\ \pm2,\ \cdots)$处就出现缺级，缺级现象是双狭缝及多狭缝衍射中普遍存在的一种现象。

综上所述，双缝夫琅禾费衍射实际上是单缝夫琅禾费衍射与双缝干涉的综合效应，或者说，双缝衍射图样是单缝衍射对双缝干涉图样调制的结果。

3. 衍射与干涉

在杨氏双缝实验中，我们假设狭缝很窄，$a\sim\lambda$，因而每一狭缝的中央衍射斑展得很宽，干涉条纹实际上有几乎相同的强度，这种情况就称为**双缝干涉**。如果 $a>\lambda$，则每一狭缝的其余一些衍射斑出现，在屏上的光能不是均匀分布。相应的衍射斑又发生干涉而出现干涉条纹，此时各干涉条纹的光强当然是不相同的。这种条纹强度明显为衍射因子所调制的图样，常称为**双缝衍射**。图 13-5-9 列出了两种不同缝宽的双缝图样，干涉条纹光强分布的包络线用虚线表示。于是我们说从两个很窄的狭缝得到的是干涉图样，从一个较宽的狭缝得到的是衍射图样，而从两个较宽的狭缝得到的是干涉和衍射图样的结合，或称为双缝衍射。

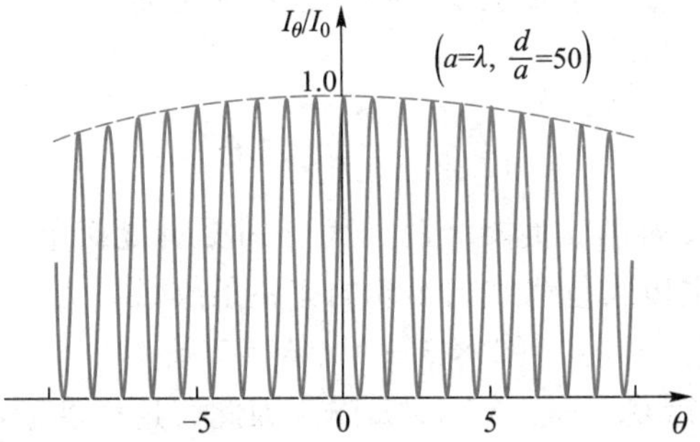

(a) 双缝干涉

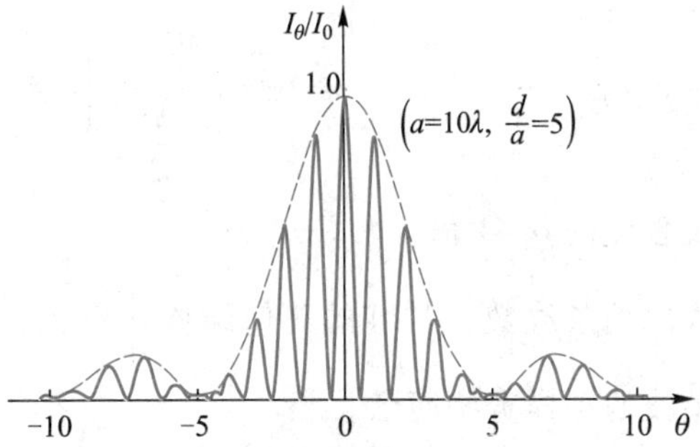

(b) 双缝衍射

图 13-5-9　双缝光强分布

从根本上说，干涉与衍射都是波的相干叠加，没有本质上的不同。由于历史上的原因，由有限数目的分立相干源发出的波的相干叠加称为干涉。由相干源连续分布的无限多次波中心所发出的次波的相干叠加称为衍射。

【例 13-9】 双缝夫琅禾费衍射中，如果 $d=0.10\ \text{mm}$，$a=0.020\ \text{mm}$，当用蓝光($\lambda=480\ \text{nm}$)照射时，在距双缝 0.50 m 远处的光屏上干涉条纹间距有多大？从条纹包络线的中央极大到第一极小的线距离有多大？

解 干涉条纹的间距取决于干涉因子 $\cos^2\beta$，由(13-5-12)式可得双缝干涉条纹间距为

$$\Delta x=\frac{D}{d}\lambda=\frac{0.50\times480\times10^{-9}}{0.10\times10^{-3}}\ \text{m}=2.4\times10^{-3}\ \text{m}$$

包络线取决于单狭缝衍射因子$\left(\dfrac{\sin\alpha}{\alpha}\right)^2$，第一极小条件为 $a\sin\theta=\lambda$，即

$$\sin\theta=\frac{\lambda}{a}=\frac{480\times10^{-9}}{0.020\times10^{-3}}=0.024$$

此值极小，可认为 $\sin\theta\approx\tan\theta$，因而有

$$x=D\tan\theta\approx D\sin\theta=0.50\times0.024\ \text{m}=1.2\times10^{-2}\ \text{m}$$

可见，中央峰内有许多条干涉条纹。

【例 13-10】 对于 $d=0.12\ \text{mm}$，$a=0.030\ \text{mm}$ 的双缝，用波长 $\lambda=550\ \text{nm}$ 的光入射。

(1) 单缝衍射包络线的两个第一极小间有多少条完整条纹出现；

(2) 图样中心一边的第二个条纹强度与中央条纹强度的比值。

解 (1) 由双缝的几何结构，有

$$\frac{d}{a}=\frac{0.12}{0.030}=4$$

根据缺级条件知，干涉条纹的正、负四级两极大分别受单缝衍射的正、负一级两极小调制而消失。因而，在单缝衍射主极大包络线内出现的完整条纹数目为

$$(2\times3+1)\ 条=7\ 条$$

这些干涉条纹的 β 值满足 $\beta=0$，$\pm\pi$，$\pm2\pi$，$\pm3\pi$。因此，这样的干涉条纹共有 7 条。

(2) 中心一侧的第二条纹对应 $\beta=2\pi$，故有

$$\frac{I_\theta}{I_0}=\cos^2\beta\left(\frac{\sin\alpha}{\alpha}\right)^2=(\cos2\pi)^2\left(\frac{\sin\dfrac{\pi}{2}}{\dfrac{\pi}{2}}\right)^2=0.41$$

即第二条纹强度是中央条纹强度的 0.41 倍。

由此题可以看出包络线内的条纹数只与缝的几何结构$\dfrac{d}{a}$有关，而与所使用的光波波长无关，只不过长波的图样比短波的图样宽些而已。

四、多缝衍射——衍射光栅

用一系列等宽等间隔的平行狭缝代替单缝，就构成多缝，又称**衍射光栅**，可用来测定光谱线的波长来研究谱线的结构和强度。实际光栅的狭缝数目 N 很大，如一些精制的光栅，在

1 cm之内可以有多达万条以上的狭缝。用于透射光衍射的**透射光栅**，是用金刚石尖端在玻璃板上刻划大量等宽、等间距的平行刻痕，刻痕使入射光向各个方向散射，不易透过。刻痕间的光滑部分可以透光，与狭缝相同。另外，还有在金属板上刻制成的**反射光栅**，它产生反射光衍射。

1. 光栅光强分布

图 13-5-10 是多缝夫琅禾费衍射的示意图。要想得到屏上光强分布公式，可以像前面一样采用积分方法，也可用矢量图解法。下面我们用后一种方法处理。

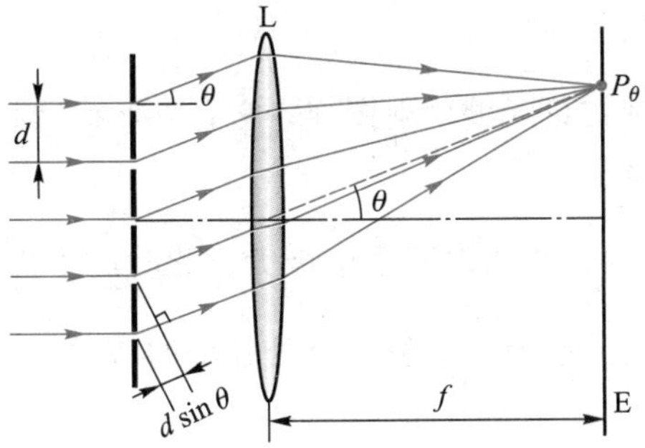

图 13-5-10 多缝夫琅禾费衍射

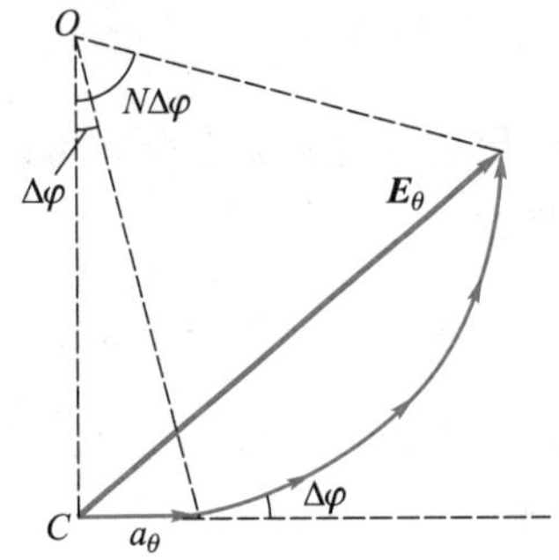

图 13-5-11 矢量法求合振动振幅

设不透明屏上有 N 条平行狭缝，每条狭缝的宽度为 a，相邻狭缝间不透明部分的宽度为 b，通常将相邻狭缝对应点间距离$(a+b=d)$称为光栅常量。在纸平面内考虑与透镜主光轴成任意角 θ 的各衍射线，它们来自同一狭缝的不同部分和不同的狭缝，在接收屏上会聚于 P_θ 点。P_θ 点的总振动是这些衍射波的相干叠加。N 个缝中，相邻两缝的对应点向 P_θ 发出的衍射光的相位差均一样。每条狭缝作为单缝向 P_θ 发出的衍射光在 P_θ 点的合振幅已在单缝中求出。因每条缝在 P_θ 点形成一合振动，所以总振动为这 N 个合振动的矢量相加。相邻缝的合振动的相位差即为两相邻狭缝对应点衍射线间的相位差。

如果设一个单狭缝所产生的合振动的振幅为 a_θ，相邻单缝各自合振动相位差为

$$\Delta\varphi=\frac{2\pi}{\lambda}d\sin\theta$$

由图 13-5-11 可计算接收屏上 P_θ 点的总振动振幅为

$$E_\theta=2\,|OC|\sin\frac{N\Delta\varphi}{2}=2\,\frac{\frac{a_\theta}{2}}{\sin\frac{\Delta\varphi}{2}}\cdot\sin\frac{N\Delta\varphi}{2}=a_\theta\,\frac{\sin\frac{N\Delta\varphi}{2}}{\sin\frac{\Delta\varphi}{2}}=a_\theta\,\frac{\sin(N\beta)}{\sin\beta}$$

式中 $\beta=\frac{\Delta\varphi}{2}$。

利用单缝在屏上电矢量振幅表示(13-5-4)式，上式可以写为

$$E_\theta=E_0\,\frac{\sin\alpha}{\alpha}\cdot\frac{\sin(N\beta)}{\sin\beta}\qquad(13-5-14)$$

取平方，得屏上 P_θ 点的光强为

$$I_\theta = I_0\left(\frac{\sin\alpha}{\alpha}\right)^2 \cdot \left(\frac{\sin(N\beta)}{\sin\beta}\right)^2 \tag{13-5-15}$$

式中 $\alpha = \dfrac{\pi a\sin\theta}{\lambda}$，$\beta = \dfrac{\Delta\varphi}{2} = \dfrac{\pi d\sin\theta}{\lambda}$，$\left(\dfrac{\sin\alpha}{\alpha}\right)^2$ 仍为来源于单缝衍射的单缝衍射因子，而 $\left(\dfrac{\sin(N\beta)}{\sin\beta}\right)^2$ 则来源于缝间干涉，称为**缝间干涉因子**。上式表明，光栅衍射是单缝衍射与多缝干涉的综合效应。

2. 光栅衍射的特点

根据接收屏上的光强分布公式可以很方便地讨论光栅衍射图样，它有以下特点。

（1）主极大

当 $\beta = \pm k\pi\,(k=0，1，2，\cdots)$ 时，$\dfrac{\sin(N\beta)}{\sin\beta} = N$，即干涉因子取极大，此时的干涉条纹称为光栅干涉条纹的**主极大**。容易看出，某处主极大的强度是单缝在该处强度的 N^2 倍。主极大的位置由下式确定：

$$d\sin\theta = \pm k\lambda \quad (k=0，1，2，\cdots) \tag{13-5-16}$$

此式又称为**光栅公式**。由它可知，主极大的位置与光栅缝数无关，只取决于入射光的波长和光栅常量 d。一旦 d 给定，对特定波长的入射光，主极大的位置也就确定了，它与单缝衍射因子及缝数 N 无关。

由于衍射角只能取 $-\dfrac{\pi}{2}<\theta<\dfrac{\pi}{2}$（或 $|\sin\theta|<1$），这就限定了主极大的最高级次 $|k_{max}|<\dfrac{d}{\lambda}$，即 $|k_{max}|$ 应取小于 $\dfrac{d}{\lambda}$ 的整数值。

（2）极小　次极大

当 $N\beta = \pm k'\pi\,(k'=1，2，\cdots)$，而 $\beta = \pm\dfrac{k'}{N}\pi$ 又不是 π 的整数倍时，对应位置的光强为零，出现暗线（极小）。满足这个条件时，

$$k' = 1，2，\cdots，N-1，N+1，\cdots，2N-1，2N+1，\cdots$$

此时，对应图 13-5-11 中各单缝分振动的振幅矢量依次相接，恰好构成一个闭合的正多边形。因为 $k'=0，N，2N，\cdots$ 正好对应主极大，所以每两个相邻主极大间有 $N-1$ 个极小。显然两个极小间还应有一极大，这样的极大称为**次极大**。在相邻主极大间有 $N-2$ 个次极大。

由于主极大满足 $\beta = \pm k\pi$，光强为零的极小的位置就满足 $\beta = \pm\left(k+\dfrac{m}{N}\right)\pi$，即

$$d\sin\theta = \pm\left(k+\frac{m}{N}\right)\lambda \tag{13-5-17}$$

式中 $k=0，1，2，\cdots$；$m=1，2，\cdots，N-1$。次极大在相邻的 m 值之间，由光强分布公式中的干涉因子可以计算次极大的强度，它比主极大的强度小很多。

对于实际光栅，准确讨论次极大和极小的位置意义不大。因为一般光栅的 N 都很大，在两主极大间有很多个次极大，它们的强度很弱，淹没在杂散光的背景之中，难以觉察出它们的存在。

(3) 主极大的半角宽度

主极大的中心到邻近极小间的角距离称为主极大的半角宽。因为第 k 级主极大的位置满足光栅公式

$$d\sin\theta_k = \pm k\lambda$$

最靠近它的极小的级数为 $k+\frac{1}{N}$，此极小所在方向的角度 $\theta_k+\Delta\theta$ 满足

$$d\sin(\theta_k+\Delta\theta)=\left(k+\frac{1}{N}\right)\lambda$$

以上两式相减，整理可得

$$\begin{aligned}\sin(\theta_k+\Delta\theta)-\sin\theta_k &= \sin\theta_k\cos\Delta\theta+\cos\theta_k\sin\Delta\theta-\sin\theta_k\\ &\approx \sin\theta_k\cdot 1+\cos\theta_k\cdot\Delta\theta-\sin\theta_k=\cos\theta_k\cdot\Delta\theta=\frac{\lambda}{Nd}\end{aligned}$$

因为实际上 $\Delta\theta$ 很小，上面推导中用到 $\cos\Delta\theta\approx 1$，$\sin\Delta\theta\approx\Delta\theta$，则第 k 级主极大的半角宽为

$$\Delta\theta=\frac{\lambda}{Nd\cos\theta_k} \tag{13-5-18}$$

此式表明半角宽与单缝衍射因子无关，它随缝数的增加而减小，即随着缝数的增加，各级主极大将变细。

(4) 缺级

与双缝类似，多缝也存在缺级现象。在单缝衍射极小的地方，若按缝间干涉应是主极大，但实际主极大并不会出现，这就发生了缺级。根据主极大的公式和单缝极小条件可以具体计算主极大的缺级。

图 13-5-12 表示多缝衍射图样的光强分布：图(a)为单缝衍射的光强分布曲线，图(b)为缝间干涉因子曲线，图(c)为它们的乘积曲线。从图中可以看出，单缝衍射因子只改变各级主极大的强度。

【例 13-11】　对于光栅常量为 2.0×10^{-6} m 的衍射光栅，用钠黄光($\lambda=589$ nm)入射。求下列两种情况下各最多能观察到第几级条纹。

(1) 光垂直入射；

(2) 光线以入射角 30°入射。

解　(1) 由光栅公式 $d\sin\theta=k\lambda$，可得 $k=\frac{d\sin\theta}{\lambda}$

当 $\theta=\frac{\pi}{2}$时，有

$$k=\frac{2.0\times10^{-6}}{589\times10^{-9}}=3.4$$

取整数，得 $k=3$。

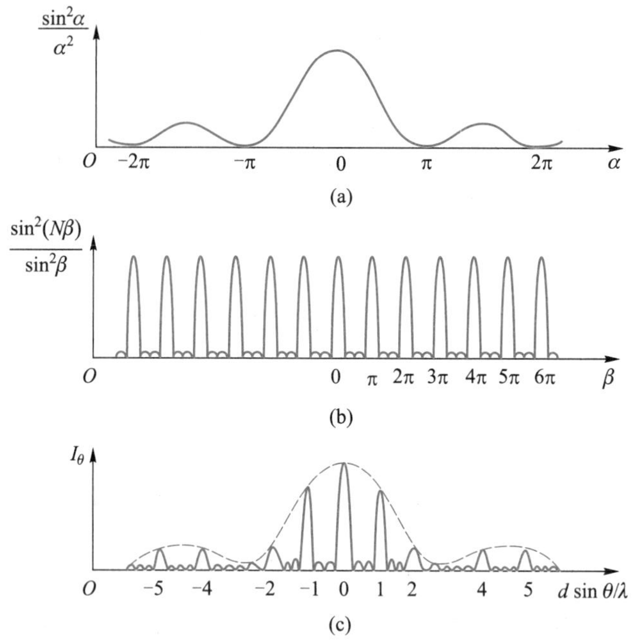

图 13-5-12　$N=4$，$a+b=3a$ 的多缝的光强分布曲线

（2）如图 13-5-13 所示，当光线以 30°入射角入射，到达相邻狭缝的光线之间有光程差

$$\delta_1 = d\sin 30^\circ$$

从狭缝到光屏某处，它们之间又有光程差

$$\delta_2 = d\sin \theta$$

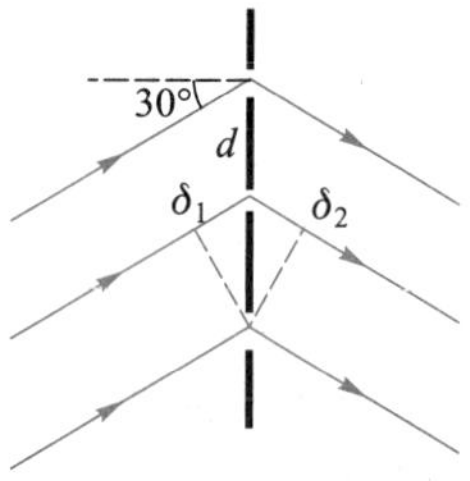

图 13-5-13　例 13-11 图

所以，光栅公式可相应地写为

$$\delta_1 + \delta_2 = d(\sin 30^\circ + \sin \theta) = k\lambda$$

取 $\theta=\dfrac{\pi}{2}$，则有

$$k = \frac{d(\sin 30^\circ + \sin 90^\circ)}{\lambda} = \frac{2.0 \times 10^{-6} \times (0.5+1)}{589 \times 10^{-9}} = 5.1$$

取整数，得 $k=5$。

可见，垂直入射时最多可看到第三级条纹，斜入射时最多可看到第五级条纹，即斜入射能看到更高级次的条纹。

请读者考虑，当平行光以入射角 α 照射光栅时，主极大所满足的光栅公式，此时 0 极主极大在何处？

【例 13-12】　波长为 600 nm 的光正入射在一光栅上，有两相邻主极大出现在 $\sin\theta=0.20$ 与 $\sin\theta=0.30$ 处，第四级缺级，求：

（1）光栅常量；

（2）缝可能的最小宽度；

（3）能看到的主极大级次。

解　(1) 由题意知 $d\sin\theta_1=k\lambda$，$d\sin\theta_2=(k+1)\lambda$，所以

$$d=\frac{\lambda}{\sin\theta_2-\sin\theta_1}=\frac{600\times10^{-9}}{0.30-0.20}\text{ m}=6.0\times10^{-6}\text{ m}$$

(2) 主极大第四级满足 $d\sin\theta=4\lambda$，而单缝衍射极小满足 $a\sin\theta=k'\lambda$，显然当 $\sin\theta$ 与 λ 确定后，$k'=1$ 时 a 最小，即此时有

$$a=\frac{k'\lambda}{\sin\theta}=\frac{\lambda}{4\lambda/d}=\frac{d}{4}=1.5\times10^{-6}\text{ m}$$

(3) 由 $d\sin\theta=k\lambda$，当 $\theta=\frac{\pi}{2}$时，

$$k=\frac{d}{\lambda}=\frac{6.0\times10^{-6}}{600\times10^{-9}}=10$$

由于$\frac{d}{a}=4$，所以缺 $k=\pm4$，±8 级。又因为第 10 级条纹出现在 $\theta=\frac{\pi}{2}$处，实际上看不到，所以能看到的全部主极大级次为

$$k=0,\ \pm1,\ \pm2,\ \pm3,\ \pm5,\ \pm6,\ \pm7,\ \pm9$$

【例 13-13】　一个光栅对于 680 nm 波长光的第一级主极大衍射角比对于 430 nm 波长光的第一级主极大衍射角大 20°，求它的光栅常量。

解　按光栅主极大公式有

$$d\sin\theta_1=k_1\lambda_1=\lambda_1$$

$$d\sin(\theta_1+20^\circ)=k_2\lambda_2=\lambda_2$$

可得

$$d\approx914\text{ nm}$$

3. 光栅的色散

如果用复色光去照射光栅，则每一种波长的光都可以产生一组条纹。除零级主极大重合外，其余各级相互间有一偏移，这就是光栅的**色散**。如果使用白光，则光通过光栅会被色散成连续光谱。因为除零级外的任一级，按照波长由短波到长波，条纹自零级向左右两侧散开。第二级、第三级光谱拉得很开，有一部分就会相互重叠。例如，波长为 400 nm 的第三级光谱与波长为 600 nm 的第二级光谱会重叠。

在光谱测定技术中，广泛地采用衍射光栅将光束色散成光谱以计算其波长值。这时关心的问题之一是对于波长相差一个小的波长间隔 $d\lambda$ 的两种单色入射光波，它们通过光栅后，所产生的相应主极大间角距离 $d\theta$ 的大小。定义**角色散**为

$$D=\frac{d\theta}{d\lambda}\tag{13-5-19}$$

D 的单位为 rad/nm。对光栅公式(13-5-16)两边求微分，可得

$$\cos\theta_k d\theta=k\frac{d\lambda}{d}$$

因而，光栅角色散表示为

$$D_k=\frac{k}{d\cos\theta_k}\tag{13-5-20}$$

由上式可以看出角色散与光栅的缝数无关，d 越小，角色散越大，光谱就展开得越宽；光谱级数越高，角色散也越大。要注意由于单缝衍射因子的调制，高级次的主极大强度降低，一般光栅应用一级或二级光谱。

同样可定义光栅的线色散。设一定波长差 $\mathrm{d}\lambda$ 的两条谱线在屏上的线距离为 $\mathrm{d}x$，则线色散 D^* 为

$$D^* = \frac{\mathrm{d}x}{\mathrm{d}\lambda} \tag{13-5-21}$$

如果光栅后的聚焦透镜的焦距为 f，则有

$$D^* = fD_k \tag{13-5-22}$$

D^* 常用单位是 mm/nm。

4. 光栅光谱仪色分辨本领

利用光栅的色散能力可以制成光栅光谱仪进行光谱分析。在使用光栅光谱仪时，为了把波长靠得很近的两光波 λ_1 和 λ_2 分辨清楚，单有很大的色散是不够的。因为色散只决定 λ_1 和 λ_2 两相应主极大的角距离（或线距离）。而由于光的衍射，在焦面上所看到的每一主极大还有一定的宽度。这个宽度的大小决定了分开波长差很小的两条谱线的能力。显然主极大越窄，光栅的分辨本领就越高。定义**光栅的色分辨本领**为

$$R = \frac{\lambda}{\Delta\lambda} \tag{13-5-23}$$

式中 $\Delta\lambda$ 是恰能分清的两条谱线的波长差。$\Delta\lambda$ 越小，光栅的色分辨本领就越大。

按瑞利判据，如两谱线恰能分辨，则一谱线的极大恰与另一谱线的邻近极小相重合，即谱线的半角宽应等于恰能分辨的波长差为 $\Delta\lambda$ 的两谱线间的角距离。按照（13-5-18）式，谱线的半角宽为

$$\Delta\theta = \frac{\lambda}{Nd\cos\theta_k}$$

又由角色散关系（13-5-19）式，波长差相差一个小的波长间隔 $\Delta\lambda$ 的两种单色入射光通过光栅后所产生的角距离为

$$\Delta\theta = D\cdot\Delta\lambda = \frac{k}{d\cos\theta_k}\cdot\Delta\lambda$$

上两式相等，得

$$\frac{\lambda}{Nd\cos\theta_k} = \frac{k\Delta\lambda}{d\cos\theta_k}$$

所以光栅的色分辨本领为

$$R = \frac{\lambda}{\Delta\lambda} = kN \tag{13-5-24}$$

【例 13-14】　一个宽 16 cm 的光栅，光栅常量为 $d = 3\ 200$ nm。在可见光波段的中部，此光栅能分辨的最小波长差为多少？

解　光栅缝数为　$$N = \frac{16\times10^{-2}}{d} = \frac{16\times10^{-2}}{3\ 200\times10^{-3}} = 5.0\times10^4$$

由(13-5-24)式，一级光谱的色分辨本领为

$$R = kN = N = 5.0 \times 10^4$$

所以，在可见光波段中部 $\lambda = 550$ nm 附近能分辨的最小波长间隔为

$$\Delta\lambda = \frac{\lambda}{R} = \frac{550 \times 10^{-9}}{5.0 \times 10^4} \text{m} = 1.1 \times 10^{-11} \text{ m}$$

五、X 射线衍射　布拉格公式

上节所讨论的多缝只在一个方向上具有周期性结构，是一维光栅。除一维以外，还可以有二维和三维光栅。晶体的原子在三维空间里有周期性的结构，这种结构称为晶体的**空间点阵**，或**晶格结构**。原子所在位置称为**格点**，晶体中相邻格点的间隔称为**晶格常量**，其数量级约为 10^{-10} m。这种三维周期性结构可用作三维光栅。1912 年，德国物理学家劳厄(Max von Laue)首次利用晶体作为光栅研究了 X 射线的衍射现象。

1. X 射线衍射

X 射线是伦琴(Wilhelm Conrad Röntgen)在 1895 年发现的。在真空管中加热的阴极钨丝会发射出电子，对它们加以几万伏直流高压，让电子打在由钼、钨或铜等金属制成的阳极上，就会发射出 X 射线。X 射线是由原子芯电子的跃迁所产生的。1906 年，巴克拉借助偏振实验证实了 X 射线的横波性。由于波长小(波长范围为 $10^{-12} \sim 10^{-9}$ m)，它的穿透力强，很容易穿过由氢、氧、碳、氮等较轻元素组成的肌肉，但不易穿透骨骼，利用这个特点可用以检查人体病变。高能量的 X 射线还可用于金属探伤。而由大生物分子 DNA 的 X 射线衍射照片可以显示出其双螺旋结构。

既然 X 射线的波长与原子直径大致同数量级，就不可能用普通的机械刻痕光栅来得到它的衍射图样和测定波长。如对 $\lambda = 10^{-10}$ m 的 X 射线，用光栅常量 $d = 3\times10^{-6}$ m 的衍射光栅，衍射的第一级极大出现在

$$\theta = \arcsin\frac{\lambda}{d} = \arcsin\left(\frac{10^{-10}}{3 \times 10^{-6}}\right) = 0.002°$$

处，它与中央极大靠得太近，实际是无法分辨出来的。劳厄由此想到，既然晶体中的原子排列是有规则的，那么晶体或许可以当作 X 射线的天然三维衍射光栅。

实验表明，如果连续谱的 X 射线投射到氯化钠这一类晶体上，会有很强的 X 射线束在一些严格确定的方向上出现，这些强 X 射线束对应于来自组成该晶体的许多个衍射中心衍射的 X 射线间的干涉极大。如果让这些从晶体出射的 X 射线束投射到照相底片上，它们就会形成一组斑点，这种斑点称为**劳厄斑**，如图 13-5-14 所示。劳厄斑证实了 X 射线的波动性。对劳厄斑的位置和强度进行仔细研究，可以推知晶体中原子如何排列及原子中电子的分布。因为这方面的工作，劳厄荣获了 1914 年的诺贝尔物理学奖。

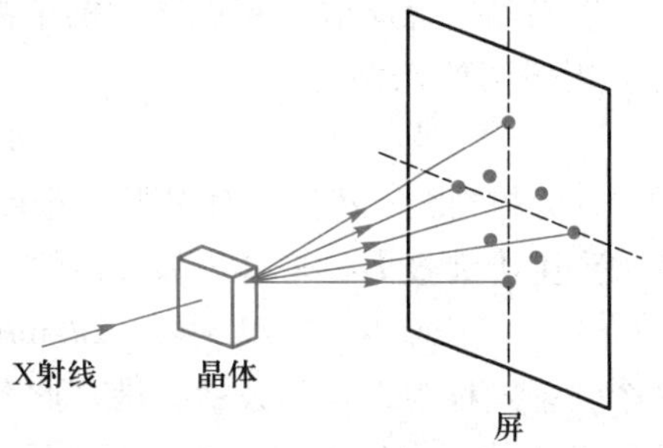

图 13-5-14　劳厄实验

2. 布拉格公式

英国的布拉格父子(William Henry Bragg 和 William Lawrence Bragg)对晶体的 X 射线衍射做了解释，并且由此预言了在什么条件下衍射的 X 射线束可能从晶体射出。他们想象晶体是由一系列平行的原子层(晶面)构成的，当 X 射线进入晶体时，晶体内原子中的电子在其作用下作受迫振动，从而成为一个个次级波源向各个方向发射电磁波。这种称为散射波(或衍射波)的电磁子波与入射 X 射线的频率相同，各散射波在空间相遇时会发生干涉，因而在一定条件下可以观察到强的 X 射线。

为得到干涉极大条件，我们可以把散射波的干涉分为两步处理。第一步处理一个晶面中各原子所发次级波的干涉——点间干涉；第二步处理不同晶面之间的次级波的干涉——面间干涉。图 13-5-15(a)表示了从同一晶面上相邻原子所散射的 X 射线间的干涉，干涉极大条件为

$$\delta = bc - ae = h(\cos\theta - \cos\theta') = n\lambda \quad (n = 0,\ 1,\ 2,\ \cdots) \qquad (13-5-25)$$

式中 h 为两相邻原子间距，λ 为入射 X 射线波长，θ 为入射 X 射线与晶面夹角，即掠射角，θ' 为出射 X 射线与晶面间的夹角。当 $n=0$ 时，有

$$\theta' = \theta$$

这表示 X 射线在晶面上散射时，零级反射主极大方向就是镜面反射方向。当 n 为不等于零的其他整数时，也可以得到强度的极大，但是它们可以被认为是从另外的一组平面上反射的，这另外的一组平面的间距与前面的 h 不同。

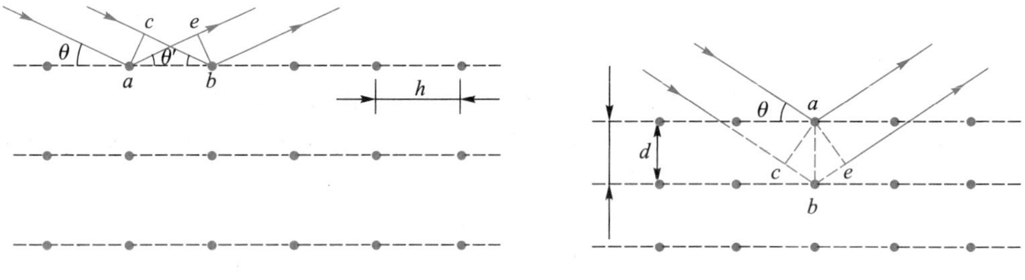

(a) 点间干涉　　(b) 面间干涉

图 13-5-15　晶体对 X 射线的干涉

不同晶面上反射 X 射线之间的干涉如图 13-5-15(b)所示。相邻两晶面上沿镜面反射方向的 X 射线间的光程差为

$$\delta = cb + be = 2d\sin\theta$$

式中 θ 为掠射角，d 为晶面间距。显然，对于晶面间距为 d 的这一组晶面，要使反射的 X 射线叠加产生干涉极大，来自相邻平面的反射线之间的光程差必须为波长的整数倍，即

$$2d\sin\theta = k\lambda \quad (k = 1,\ 2,\ \cdots) \qquad (13-5-26)$$

这个关系式称为**布拉格公式**，满足此条件，将形成干涉极大亮点。由布拉格公式，用已知波长的 X 射线就可以测定晶体晶面间距，从而推知晶体的结构。反之，也可用已知晶体准确地确定 X 射线的波长。布拉格父子就因使用 X 射线研究晶体结构而获得 1915 年的诺贝尔物理

学奖。

如图 13-5-16 所示，晶体中有许多晶面簇，不同晶面簇的晶面间距一般各不相同。对于给定入射方向的 X 射线，各晶面簇均有相应的布拉格公式。可以证明，对某一晶面簇取面内点间干涉的各级极大，与对各个可能的晶面簇只取零级反射的干涉极大，这两种方法等效。显然，后者直观得多，布拉格公式反映的正是这种情况。

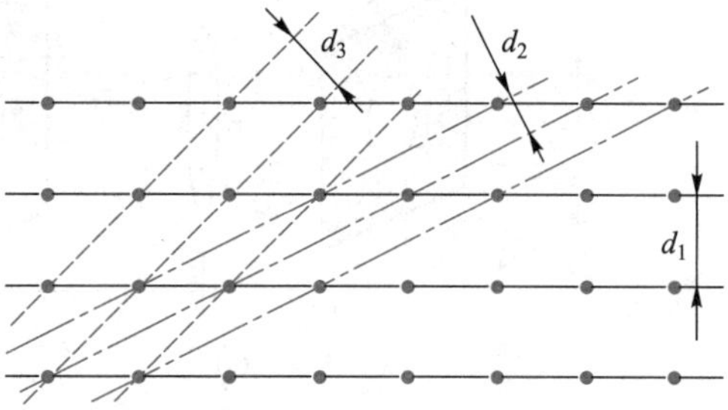

图 13-5-16　晶体的晶面簇

值得注意的是，如果用单色 X 射线束以任意掠射角 θ 投射到晶体内特定的一簇晶面上，布拉格公式(13-5-26)一般是得不到满足的。即使对于各个不同的晶面簇，一般也得不到满足，因而一般不会得到反射干涉极大。当入射 X 射线的波长连续分布时，满足

$$\lambda = \frac{2d\sin\theta}{k} \quad (k = 1, 2, \cdots)$$

的条件的波长，在相应方向上可以产生反射极大。

与一维光学光栅相比较，三维晶体的格点相当于一维光栅的单缝，它们都是衍射单元。三维晶体的晶格常量与一维光栅的光栅常量相当(它并不一定就是所取晶面簇的晶面间距 d，但与晶面间距总有确定的几何关系)。衍射单元决定了衍射光的强度，衍射光极大的方向则由晶格常量确定，此方向为布拉格公式所表示，显然由 d 决定。类似地，X 射线衍射中也有缺级现象存在，即在实际中可能有些满足布拉格公式的极大不会出现。

六、圆孔衍射　光学仪器的分辨率

大多数光学仪器的通光孔都是圆形的，而且在使用中通常是对平行光线或近似平行光成像，这涉及夫琅禾费圆孔衍射。

1. 圆孔衍射

当平行光通过一透镜而会聚于焦点时，按几何光学的结论得到的是一个像点。但由于光的波动性，波阵面在圆孔处受到限制，圆形波阵面上各点作为子波源向前方发出相干次级光波，它们相互叠加在焦平面处呈现出明暗相间的衍射同心圆，中心零级衍射斑是一亮斑。圆孔衍射装置和衍射图样如图 13-5-17(a)所示，因为艾里(George Biddell Airy)于 1835 年首先研究了圆孔衍射图样问题，所以衍射图样的中央极大亮斑又称为**艾里斑**。

夫琅禾费圆孔衍射图样的光强分布同样可以利用菲涅耳公式(13-5-1)计算。但由于积分较繁，涉及贝塞尔函数，所以我们不进行具体计算，而直接给出有关零级衍射斑的结果。计算表明，圆孔衍射场中约 84%的能量集中在中心零级衍射斑内，其余的光能分布在周围各级亮环中，相对光强分布如图 13-5-17(b)所示。紧靠中心艾里斑的第一级暗环的角半径为

$$\theta_1 = \arcsin\left(1.22\frac{\lambda}{D}\right)$$

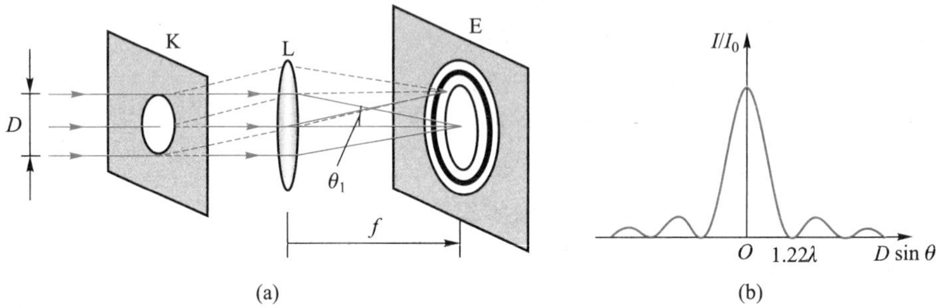

图 13-5-17 夫琅禾费圆孔衍射

式中 λ 是入射光波长，D 是通光圆孔直径。常用艾里斑半径的张角 θ_1 来衡量衍射光的弥散程度。

由于一般情况下 θ_1 都很小，因而上面的式子可以简化为

$$\theta_1 = 1.22\frac{\lambda}{D} \quad 或 \quad \theta_1 = 0.61\frac{\lambda}{a} \tag{13-5-27}$$

式中 a 为圆孔半径。如果知道会聚透镜的焦距 f，就可算出在其焦面上艾里斑的半径，即

$$R \approx f\theta_1 = 1.22\frac{f\lambda}{D} \tag{13-5-28}$$

当 $D \gg \lambda$ 时，θ_1 非常小，几乎趋于零，观察屏上只出现一个亮点，因而与几何光学的结果相符，波动光学过渡到几何光学。

如果入射光不是平行光，圆孔后也没有透镜聚焦，就是非涅耳圆孔衍射。衍射图样同样是明暗交替的圆环，不过中央不一定是亮点。有的情况下中心是亮点，有的情况下中心是暗点，它取决于光源到圆孔的距离和圆孔到光屏的距离。

2. 圆孔径光学仪器分辨率

当我们想分辨角距离很小的两个远处点状物体，如一对双星，就必须注意到每个物点经透镜所成的像是有一定大小的衍射斑。只有当两个衍射斑离得足够远时，我们才能清楚地分辨它们。如果两个衍射斑彼此靠得太近而重叠，我们就无法区分它们，即这两个点状物体可以看作与一个单独的点状物体没有什么区别。这样，衍射效应限制了高放大率精密光学仪器的分辨能力，超过这一限度后即使再提高放大率，也只不过使所成的像变大，而不会增加像的细节的清晰度。

那么在什么情况下，两个点光源通过光学仪器所形成的衍射斑恰好能分辨呢？

按瑞利判据：如果有两个点光源，其中一个衍射图样的中央极大与另一个衍射图样的第一极小重合时，那么这两个点光源正好是可分辨的，如图 13-5-18 所示。

由(13-5-27)式可知，根据瑞利判据，来自无限远处两点光源的光通过圆形透镜后，在其焦平面上的衍射图样恰能分辨，则两衍射斑中心相对透镜所张的角，即刚被分辨得开的两点光源相对透镜所张的角，应为 θ_1，称它为最小分辨角，用 $\delta\varphi$ 表示，有

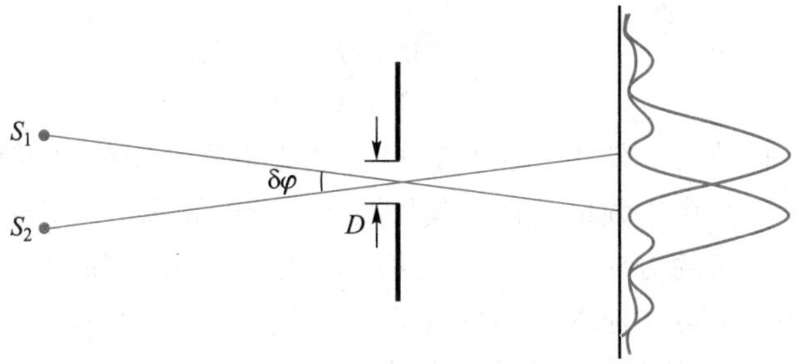

图 13-5-18　瑞利判据

$$\delta\varphi=\theta_1=1.22\frac{\lambda}{D} \tag{13-5-29}$$

如果两物体之间的角距离 θ 大于 $\delta\varphi$，我们就可以分辨它们；如果 θ 小于 $\delta\varphi$，我们就不能分辨它们。$\delta\varphi$ 越小，我们就说仪器的分辨本领越高。标志光学仪器能分辨这样两个点的能力的物理量叫作分辨本领或分辨率。

由上面的讨论可知，使用透镜来分辨角距离很小的两个物体时，应使它们各自衍射图样的中心圆斑尽可能地小。要做到这一点，可以采用增大透镜直径或使用较短的波长这两种方法。在天文学上，建造大型望远镜的理由之一，就是为了提高成像的清晰度。当望远镜的口径增大时，聚集的光增多，而且衍射斑变小，因此像就更加明亮，更易分辨。这样，很远的星系中较暗的星就能被看见。

如图 13-5-19 所示，对于显微镜，其最小分辨角 $\delta\varphi$ 由(13-5-29)式给出，此时 D 为物镜的孔径。显微镜的物镜成像必须满足阿贝(Ernst Abbe)正弦条件，即

$$nZ\sin\beta=n'Z'\sin\beta' \tag{13-5-30}$$

式中 Z 表示两个物点能被分辨的最小距离，Z' 表示两个物点对应像点的距离，n、n' 分别为物镜前后物空间和像空间介质的折射率，β、β' 分别为物空间和像空间的孔径角。当 $\delta\varphi$、β、β' 很小时，有

$$Z'\approx s\sin\delta\varphi=\frac{1.22\lambda s}{D}\quad 和\quad \sin\beta'\approx\frac{D/2}{s}$$

式中 s 为明视距离。将上述两式代入(12-5-30)式，得

$$nZ\sin\beta=n'\cdot\frac{1.22\lambda s}{D}\cdot\frac{D}{2s}=n'\cdot\frac{1.22\lambda}{2}$$

对于空气来说 $n'=1$，整理上式，得到物镜所能分辨两点之间的最短距离为

$$Z=\frac{1.22\lambda}{2n\sin\beta} \tag{13-5-31}$$

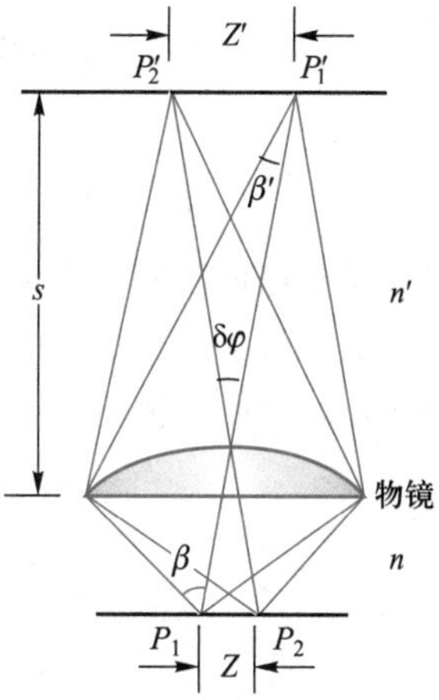

图 13-5-19　显微镜的分辨距离

β 近似为物点发出的光线与物镜边缘所成锥角的一半。$n\sin\beta$ 称为物镜的数值孔径，用

$N\cdot A$ 表示，因此，上式可写成

$$Z=\frac{0.61\lambda}{N\cdot A} \tag{13-5-32}$$

由此可见，物镜数值孔径越大、使用光波长越短，显微镜能分辨的最短距离就越小，越能看清物体的细节，显微镜的分辨本领也越强。我们用最小分辨距离 Z 的倒数表示它的分辨本领。

提高显微镜的分辨本领的方法之一是增大物镜的数值孔径，如利用油浸物镜增大 n 和 β 值。通常情况下，显微镜物镜和标本之间的介质是空气(称为干物镜)，它的数值孔径 $n\sin\beta$ 值最大只能达到0.95，这是因为自 P 点发出的光束到达盖玻片与空气界面时，部分光线因为全反射不能进入物镜，进入物镜的光束锥角较小。但是如果在物镜与盖玻片之间滴入折射率较大的透明液体，如香柏油($n\approx1.515$)，可将物镜的数值孔径增大到1.5左右，此即油浸物镜。油浸物镜不仅可以提高显微镜的分辨本领，还避免了全反射的产生，增强了像的亮度。

提高显微镜分辨本领的另一种方法是减小使用光波的波长。例如，用 $N\cdot A$ 为1.5的油浸物镜，用可见光照明时，平均波长为550 nm，显微镜能分辨的最短距离为223.7 nm，比这个距离再小的细节就看不清楚了。若改用波长为275 nm的紫外光照明，可使分辨本领提高1倍，即可看清楚112 nm的细节。近代电子显微镜是利用物质波波长只有可见光的数万分之一的电子束成像，极大地提高了显微镜的分辨能力。

【例 13-15】 人眼睛的瞳孔随光强大小而改变，孔径一般在1.5~6.0 mm之间，眼睛可分辨的角距离为多大?

解 取 $\lambda=550$ nm，眼睛可分辨的角距离由 $\delta\varphi=1.22\dfrac{\lambda}{D}$ 计算，在

$$\delta\varphi_1=1.22\times\frac{550\times10^{-9}}{1.5\times10^{-3}}\text{rad}=4.5\times10^{-4}\text{ rad}=1'30''$$

到

$$\delta\varphi_2=1.22\times\frac{550\times10^{-9}}{6.0\times10^{-3}}\text{rad}=1.12\times10^{-4}\text{ rad}=24''$$

之间，通常可取眼睛分辨率为1′。

人眼近似为球形，新生儿眼球的直径约为16 mm，成人眼球的直径约为24 mm。近似取 $f=20$ mm，则视网膜上艾里斑直径为

$$d=2f\delta\varphi\approx14\ \mu\text{m}$$

第6节 光波的偏振

光是一种电磁波，光的干涉和衍射现象证实了光的波动性，光的偏振现象揭示了光的横波性。偏振是横波的重要特点，本节主要介绍光的偏振的一些实验事实和基本理论，以及常见的几种应用。

一、光的偏振态

1. 光的偏振性

我们借用机械波来说明偏振现象，考察一很细的弹簧线圈内传播的纵波和一细绳上传播的横波。如果让它们垂直穿过一小栅栏，当小栅栏以弹簧或细绳为轴转动时，它不能阻止弹簧内纵波的传播。但对于细绳上的横波，只有当振动方向与栅栏的隙缝平行时，波才能通过；而当它们垂直时，波就不能通过。

波的振动方向和传播方向决定的平面称为振动面。对纵波来说，其振动面有无限多个，从垂直波传播方向的不同方位去观察纵波，情况完全相同，即纵波具有振动方向对传播方向的对称性；横波一般没有无限多个振动面，对于传播方向的轴来说不具备对称性。这种不对称性就称为偏振，它是横波区别于纵波的一个最明显的标志，只有横波才能产生偏振现象。

我们把光波电矢量的振动方向对光的传播方向失去对称性的现象称为光的偏振。在垂直于传播方向的二维空间内，电矢量可能存在各种各样的振动状态，这些状态称为光的偏振态。

2. 光的偏振态

光的偏振态一般分为五种。

（1）线偏振光

电矢量始终沿某一固定方向振动的光称为线偏振光。如果沿着光波的传播方向看，上述电矢量的振动显然不是轴对称的。由于线偏振光的电矢量保持在固定的振动面内，所以线偏振又称为平面偏振光。按照振动合成与分解的规律，线偏振光可看作是振动方向互相垂直、相位同相或反相的两个线偏振光的合成。线偏振光常用如图 13-6-1 所示的方法表示，其中短线和点分别表示在纸面内和垂直于纸面的光振动。

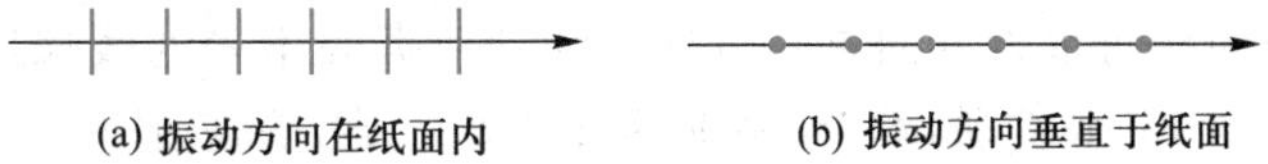

图 13-6-1　线偏振光的图示

（2）圆偏振光

如果一束光波的电矢量绕着传播方向以波的角频率匀速旋转，并且迎着光的传播方向看去，电矢量端点的轨迹位于一个圆上，这种光称为圆偏振光。

由垂直振动的合成可知，圆偏振光可以看作同频率、等振幅、相位差为$\pm\dfrac{\pi}{2}$的两个相互垂直的线偏振光的合成，其中正号对应右旋圆偏振光，负号对应左旋圆偏振光。

（3）椭圆偏振光

如果迎着光的传播方向看去，电矢量端点的轨迹为一椭圆的光，称为椭圆偏振光。椭圆运动同样可以看作两个相互垂直的简谐振动的合成，只是它们的振幅不等，或者相位差不为$\pm\frac{\pi}{2}$。椭圆偏振光也可分为左旋和右旋，其定义类似圆偏振光。椭圆偏振光是一般的偏振情况，线偏振光和圆偏振光是它的两种特殊表现形式。

（4）自然光

上述三种偏振光，如果在垂直传播方向的各平面内，将其振动均按两垂直方向分解，则最后都可得到有确定相位差的两线偏振光。换言之，它们都是由两列有确定相位关系的线偏振光合成而得。普通光源（如太阳、电灯）所发出的光是这样的吗？我们知道普通光源中的光是由光源中大量原子或分子所发出的，每个原子或分子发出的光可以是线偏振的。但由于普通光源中各个原子或分子的发光各自独立，它们的取向无规则，因而发出的光振动在各个方向均有，且彼此之间相位无关联。平均来看，它们对光的传播方向形成轴对称分布，没有哪个方向比其他方向更占优势，这种光称为**自然光**。

自然光既然在垂直于传播方向上等概率地包含有各个横向振动，尽管它们互相之间无固定的相位关联，但它们每一个都可以按两垂直方向进行分解。分解得到两列等振幅、独立的光振动，在每一分解方向上的强度是总强度的一半。自然光的表示如图 13-6-2 所示，其中等距分布的短线和点表示没有那个方向的光振动占优势。

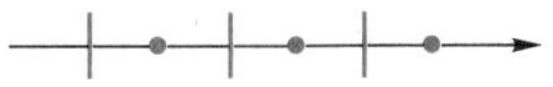

图 13-6-2 自然光的图示

如果将自然光在横向按任意两垂直方向进行分解，所得两分量显然都是线偏振光。两分量之间虽包含有大量相位相关的成分，但从两分量整体来看，它们之间无确定相位关系。因而如果再度合成这样的两分量，得到的还是各方向振动均等的自然光，而不可能得到圆偏振等形态。当借助某些装置，如偏振片，移去自然光中某一方向的振动分量后，可以产生一束垂直该方向振动的线偏振光。

（5）部分偏振光

介于自然光和线偏振光之间还有一种偏振状态，即光的振动虽也是各个方向都有，但不同方向的振幅大小不一样，而且各个振动的相位也彼此无关，这种光称为**部分偏振光**。部分偏振光同样可以在横向按两垂直方向进行分解，得到两振幅不等的线偏振光，它们之间没有固定的相位关系，如图 13-6-3 所示。在晴朗的日子里，天空所散射的日光呈蔚蓝色，它就多半是部分偏振光。

(a) 在纸面内的振动较强 (b) 垂直纸面的振动较强

图 13-6-3 部分偏振光的图示

二、马吕斯定律

普通光源发出的光大都是自然光，使自然光成为线偏振光的方法有多种，最简单的方法是使用偏振片。

1. 偏振片　起偏与检偏

由自然光获得线偏振光的过程称为起偏，相应的装置称为起偏器。1938 年兰德(Edwin Herbert Land)发现，有些晶体如碘化奎宁能吸收某一方向的光振动，只允许与之相垂直的光振动通过，这种选择吸收的性质称为晶体的二向色性。将具有二向色性的晶体涂敷在透明薄片上，就成为偏振片。允许通过的光振动方向称为偏振片的偏振化方向，又称为透光轴，用符号“↕”表示。

偏振片是一种起偏器。如图 13-6-4 所示，强度为 I_0 的自然光入射在偏振片 P_1 上，透射光成为线偏振光，其电矢量的振动方向沿着 P_1 的偏振化方向。若将 P_1 绕光的传播方向转动，观察到透射光的光强 I_1 不变，总满足 $I_1=\dfrac{I_0}{2}$。如果让此线偏振光通过另一个偏振片 P_2，当旋转 P_2 时，在它的透射光中会观察到强度的变化。当 P_2 的偏振化方向与入射的偏振光振动方向(即 P_1 的偏振化方向)相同时，观察到透射光的光强最强，如图 13-6-4(a)所示；当两方向垂直时，观察不到透射光，即此时透射光强为零，称为消光，如图 13-6-4(b)所示。显然这与其他偏振态的光通过偏振片后所观察到的现象是不同的，所以偏振片又可用来检验线偏振光，此时称为检偏器。

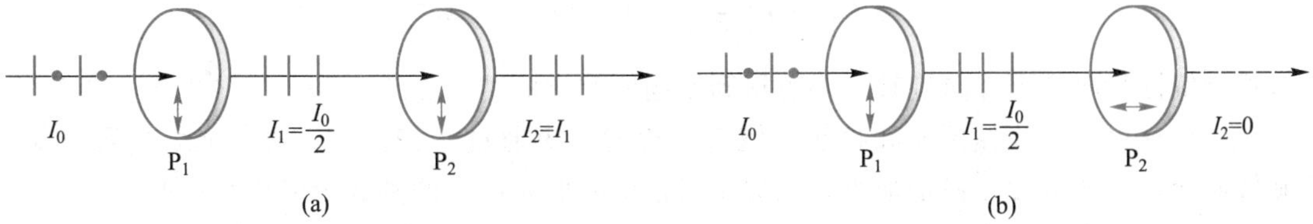

图 13-6-4　偏振片的起偏与检偏

2. 马吕斯定律

如图 13-6-5(a)所示，强度为 I_0 的线偏振光垂直入射于偏振片 P，其电矢量的振动方向与偏振片的偏振化方向之间有任意夹角 α，则透过偏振片 P 的光是光振动与纸面斜交的线偏振光。假设入射偏振光的振幅为 E，则通过振幅分解可知，透过偏振片后，电矢量的振幅应为 $E_{/\!/}=E\cos\alpha$，如图 13-6-5(b)所示。因为光强正比于振幅的平方，所以由偏振片出射的光强为

$$I=I_0\cos^2\alpha \tag{13-6-1}$$

此式称为马吕斯定律，是马吕斯(Etienne Louis Malus)在 1809 年从实验中发现的。如果旋转偏振片，透射光的强度随 α 而变，当 $\alpha=0$ 或 $\alpha=\pi$ 时，透射光强等于入射光强；当 $\alpha=\dfrac{\pi}{2}$ 或 $\alpha=\dfrac{3\pi}{2}$ 时，透射光强为零，而 α 为其他值时，透射光强介于最强和零

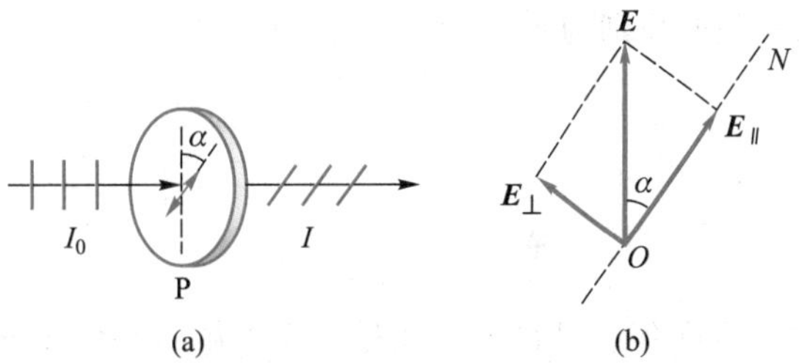

图 13-6-5　马吕斯定律

之间。由此可检验线偏振光，并确定其光振动方向。

有趣的是，当自然光垂直入射两平行放置的偏振片时，如果两偏振片的偏振化方向互相垂直，则出射光强为零。但如果此时在两偏振片之间另外平行地插入一偏振片，它的偏振化方向与先前两者不同，则最后的透射光不再为零。它的强度可利用马吕斯定律计算出来。

用圆偏振光或椭圆偏振光入射偏振片时，由于它们均可分解为两垂直线偏振分量，因而有光透过。当以入射光线为轴旋转偏振片时，圆偏振光透过的光强不变，而椭圆偏振光透过的光强会在极大与极小之间变化，但不会有消光现象，也就是说极小不为零。这两种现象类似于自然光和部分偏振光通过偏振片时，旋转偏振片所观察到的现象。因此只用一个偏振片不可能区分圆偏振光和自然光，也不可能区分椭圆偏振光和部分偏振光。请读者思考怎样才能判断？

【例 13-16】 两偏振片平行放置，如偏振化方向平行时透射光强度为 I_0，要使透射光强度降为原来的$\frac{3}{4}$，两偏振片之一需转过多大角度？

解 据马吕斯定律和题意，有

$$I = I_0\cos^2\alpha = \frac{3}{4}I_0, \qquad \cos^2\alpha = \frac{3}{4}$$

即

$$\alpha = \pm\arccos\left(\pm\frac{\sqrt{3}}{2}\right) = \pm 30^\circ, \quad \pm 150^\circ$$

不管哪个偏振片向哪个方向旋转，都可得到本题所要求的结果。

【例 13-17】 由线偏振光和自然光混合而得的光束通过一偏振片，透射光强度随偏振片的旋转而变化。如最大光强是最小光强的 2 倍，求入射光束中两种成分的相对强度。

解 设入射光强为 I_0，其中线偏振光光强为 I_{01}，自然光光强为 I_{02}，则

$$I_0 = I_{01} + I_{02}$$

自然光通过偏振片后，其强度不随偏振片的旋转而变化，应为$\frac{I_{02}}{2}$。根据马吕斯定律，最大透射光强为 $I_{01}+\frac{I_{02}}{2}$，最小透射光强为$\frac{I_{02}}{2}$，由题意知

$$I_{01} + \frac{I_{02}}{2} = 2\cdot\frac{I_{02}}{2}$$

与前面式子联解，可得

$$I_{01} = \frac{I_0}{3}, \quad I_{02} = \frac{2I_0}{3}$$

相对强度分别为

$$\frac{I_{01}}{I_0} = \frac{1}{3}, \qquad \frac{I_{02}}{I_0} = \frac{2}{3}$$

三、布儒斯特定律

1809 年，马吕斯在通过一个方解石晶体观察宫殿窗户反射的太阳光时，首先发现光在反射时可以产生部分偏振或者全偏振的状态。

实验表明，当自然光入射到两种介质的分界面上时，反射光和折射光一般都是部分偏振光，其中反射光中垂直入射面的光振动较强，而折射光中平行入射面的光振动较强，如图 13-6-6(a)所示。

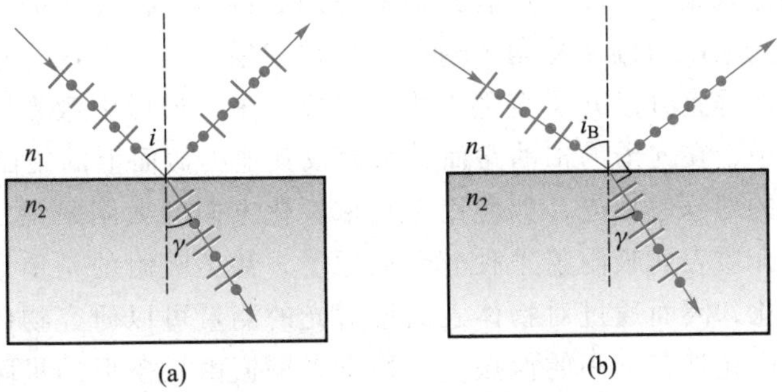

图 13-6-6　反射光和折射光的偏振及布儒斯特定律

实验还发现，随着入射角的变化，反射光和折射光的偏振程度随之改变。特别对于反射光，当入射角等于某一特殊角度 i_B 时，反射光成为线偏振光，其电矢量垂直于入射面，此时折射光仍为部分偏振光。称 i_B 为**起偏振角**或**布儒斯特角**。

布儒斯特(S. D. Brewster)1812 年在实验中注意到：当入射角为 i_B 时，反射光线与折射光线互相垂直，即

$$i_B+\gamma=\frac{\pi}{2}$$

式中 γ 为折射角，如图 13-6-6(b)所示。由折射定律，可得

$$n_1\sin i_B=n_2\sin\gamma=n_2\cos i_B$$

所以

$$\tan i_B=\frac{n_2}{n_1} \tag{13-6-2}$$

上述关系称为**布儒斯特定律**。它表示当光从 n_1 介质入射到 n_2 介质，而反射光为线偏振光时，入射角与介质折射率的关系。不难证明，如果光线逆转，即光从介质 n_2 入射介质 n_1 时，反射光同样是振动方向垂直于入射面的线偏振光。

在入射角不等于 i_B 时，反射光和折射光均有不同程度的偏振，成为部分偏振光。以上讨论仅是针对自然光入射而言，其余偏振态的光入射，结果视具体情况而定。一般而言，任意偏振态的光入射，只要它满足布儒斯特定律，在反射方向观察到的总是线偏振光。

如反射面是玻璃，自然光以布儒斯特角入射时，垂直于入射面的分量约有 15%反射。此时反射光虽是完全线偏振的，但它的强度较弱。而折射光是折射的全部入射平行分量和所余 85%的垂直分量之混合，它是部分偏振的。

为了增强反射光的强度，从而获得较强的线偏振光，同时提高折射光的偏振程度，可采用玻璃片堆装置。把许多玻璃片平行放置于空气中，当自然光以布儒斯特角入射时，在各界面多次反射和折射。由于在各界面均是以布儒斯特角入射，反射光都是线偏振光。各界面的反射增强了反射光的强度，同时也增加了透射光的偏振程度。当玻璃片足够多时，最后出来

的透射光就接近于完全线偏振光。它的电矢量垂直入射面的分量极少，几乎全是平行分量。这样，我们就在玻璃片堆的反射方向获得强度足够的线偏振光，同时在透射方向也获得偏振程度较高的线偏振光。

反射和折射的偏振现象在实际中还有其他的应用。目前广泛使用的气体激光器大都有布儒斯特窗，它就是让光束以布儒斯特角入射的倾斜玻璃窗。当光多次通过后，平行入射面的分量几乎全部保留，而垂直分量几乎全部丢失，这样一来，最后由激光器发射出的光就是线偏振光。在日常生活中，在光滑的柏油路面、水面或其他类似面上的镜面反射的“耀眼”太阳光，是水平振动为主的部分偏振光，如使用竖直偏振化方向的太阳眼镜，就会使进入人眼的反射光大大减少。当介质表面吸附了某种分子或原子，甚至吸附的是单原子层时，反射光的偏振状态也会发生变化，因而通过对物体表面反射光的测量可以研究物体的表面状态。天文观测发现，很多恒星的光具有微小的偏振，这种星光偏振由长条形的星际尘埃引起，而星际尘埃的规则排列是由微弱的银河系磁场作用的结果。

第 7 节 双折射

前面我们讨论了利用选择吸收和反射获得线偏振光。下面我们将介绍利用晶体的双折射获得线偏振光。

一、晶体对光的双折射现象

在各向同性介质中行进的光，它的速率(因而折射率)与其传播方向无关，也与光的偏振状态无关。对于光学各向异性介质，情况有所不同。通常一束通过玻璃、水、熔融石英等各向同性介质的光，只有一束折射光。但通过方解石晶体($CaCO_3$) 等各向异性介质时，对应一束入射光可能观察到两束折射光，这种现象就称为双折射。

如图 13-7-1 所示，一束自然光入射到方解石晶体的一个表面，在另一表面有两束光出射。如果在不同的入射角下进行实验，可以发现晶体内的两条折射光中的一条总符合通常的折射定律，亦即折射率为一常量。但是另一束光不遵从通常的折射定律，或者说对于不同的入射角，它的折射率不同，而且此折射光不一定在入射面内。通常我们把晶体内的前一折射光称为寻常光(简称 o 光)，后一折射光称为非常光(简称 e 光)。要注意，o 光和 e 光只是对双折射晶体内部而言才有意义。

用偏振片来检验双折射现象中的两束出射光，会发现这两束出射光都是线偏振光。在一定条件下，两束光的振动方向相互垂直。

寻常光线和非常光线均在入射面内的情况，显然是我们所感兴趣的，因为此时它们的偏振方向一般很容易确定。为此，我们先了解几个概念。

由实验可知，在方解石晶体中有一特殊方向，当光沿这个方向传播时，不发生双折射现象，此时 o 光和 e 光不分开，它们在此方向有相同的传播速度，就像在各向同性介质中传播一样。这个特殊的方向称为晶体的光轴方向，晶体内平行于这个方向的任一条线都可称为光轴。图 13-7-2 表示一典型的方解石晶体，它的棱边可有任意长度，但每个面均为平行四边形，一对锐角为 78°05′，一对钝角为 101°55′。由三个钝角相会合的两个顶点的任一个，引出一条直线，该直线与晶体各棱边成等角，它的方向就是晶体光轴的方向。显然，在晶体中与此直线平行的任何直线都是光轴。有些晶体，如方解石、石英、冰等各具一个光轴方向，称为单轴晶体。而云母、硫黄等有两个光轴方向的晶体，称为双轴晶体。我们以下只讨论单轴晶体。

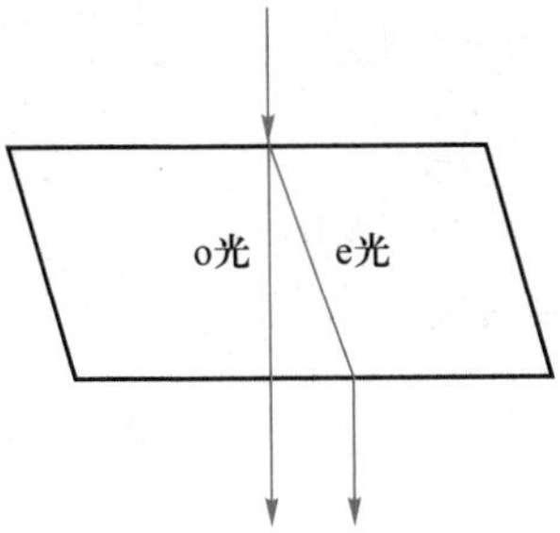

图 13-7-1 双折射现象

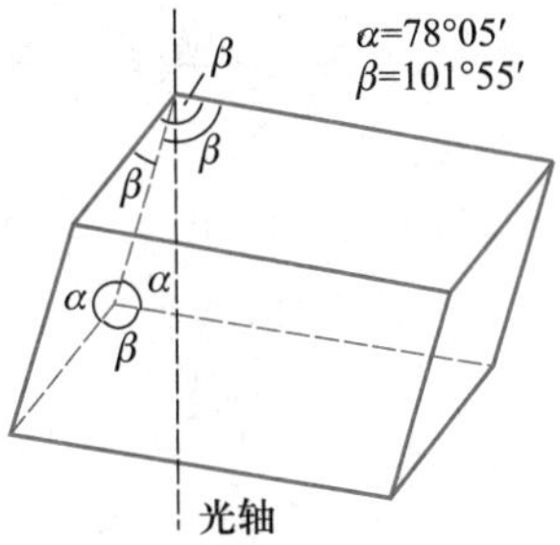

图 13-7-2 方解石晶体的光轴

当光线入射晶体时，入射表面的法线与光轴组成的平面称为晶体的主截面。任一光线和光轴所决定的平面称为该光线的主平面。用检偏器可以判定，o 光的电矢量振动方向垂直于 o 光的主平面，e 光的电矢量振动方向平行于 e 光的主平面。一般情况下，由于 e 光不一定在入射面内，o 光和 e 光的主平面并不重合，所以 o 光和 e 光的振动方向也不互相垂直。

实验发现，当光轴在入射面内，即当入射面与主截面重合时，o 光和 e 光的主平面也都与主截面重合，此时 o 光和 e 光的振动方向互相垂直。下面仅讨论这种特殊情况。

二、惠更斯原理对双折射的解释

1. o 光和 e 光的波面

根据惠更斯原理，晶体中任一子波源要激发 o 光和 e 光两个波面。由于晶体对 o 光表现出各向同性，即 o 光沿各方向的传播速率 v_o 相同，因此 o 光的子波波面为球面。而晶体对 e 光表现出各向异性，e 光沿不同方向的传播速率不同，所以 e 光的子波波面为以光轴为轴的旋转椭球面。由于沿光轴方向不发生双折射现象，即此时 o 光和 e 光的速率相等，因此任一子波源的两子波波面在光轴方向上相切。在垂直光轴的方向上，两束光的速率相差最大。用 v_e 表示晶体中 e 光沿垂直于光轴方向的传播速率，对于 $v_o>v_e$ 的晶体，球面包围椭球面，如图 13-7-3(a)所示，这种晶体称为正晶体，如石英等；对于 $v_o<v_e$ 的另一类晶体，则椭球面包围球面，如图 13-7-3(b)所示，这种晶体称为负晶体，如方解石等。

已知介质的折射率定义为真空中光速 c 与介质中光速 v 之比。对于 o 光，晶体的折射率 $n_o=c/v_o$，它与传播方向无关，只是由晶体材料决定的常量。对于 e 光，由于各方向的速率不同，故不存在普遍意义的折射率。通常把真空中的光速与 e 光沿垂直于光轴方向的传播速率之比 $n_e=c/v_e$ 称为 e 光的折射率。n_o 和 n_e 都称为晶体的主折射率。对正晶体，$n_o<n_e$；对负晶体，$n_o>n_e$。

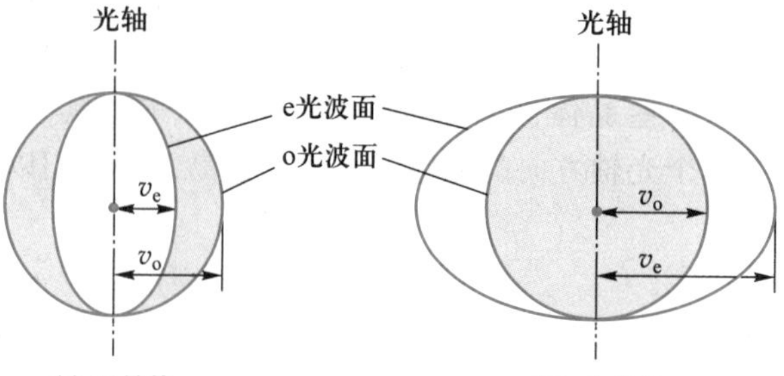

(a) 正晶体　　(b) 负晶体

图 13-7-3　晶体中的波面

2. 惠更斯作图法

当平面光波入射到各向异性介质上，一般就分为偏振状态和传播特征各不相同的两束光波。界面上的任一子波源向晶体内发出球面子波和椭球面子波。在较迟时刻 t，与各组子波相切的平面就代表该时刻对应的 o 光的波面和 e 光的波面，自入射点引向相应子波波面和光波面切点的连线方向即为晶体中 o 光和 e 光的传播方向。

图 13-7-4 表示了平行光入射方解石晶体的几种情况，光轴均位于与图面重合的入射面内。图 13-7-4(a)是平面波倾斜入射，AB 为其波阵面。当光由 B 点经 Δt 时间传播到 C 点时，

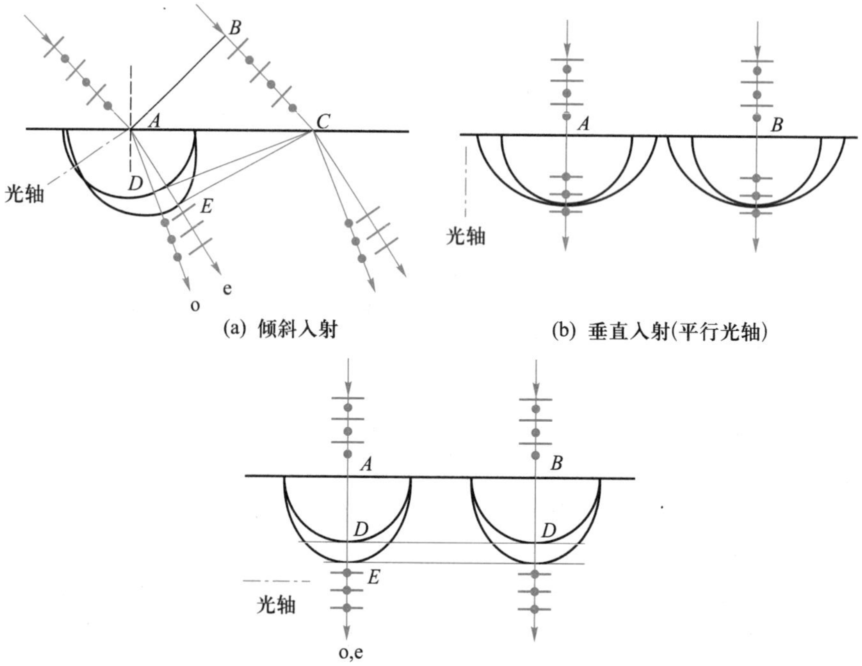

(a) 倾斜入射　　(b) 垂直入射(平行光轴)

(c) 垂直入射(垂直光轴)

图 13-7-4　平行光入射方解石

A 点向晶体内发出两个波面：一个是 o 光的半球面，其半径为 $v_o\Delta t$；另一个是 e 光的半椭球面，垂直于光轴方向处是椭球面的长半轴，其值为 $v_e\Delta t$，两波面相切于光轴方向。过 C 点作两平面分别与球面和椭球面相切于 D 点和 E 点，引 AD 和 AE 两直线，就得到 o 光和 e 光在晶体中的传播方向。o 光的振动方向垂直于纸面，e 光的振动方向在纸平面内。图 13-7-4(b)表示了光轴垂直于界面，光线正向入射。此时 A、B 两点各自发出两种次级子波，从图中可见相应子波的共同切面彼此重合，o 光和 e 光没有分开，它们传播的速度一样，$v_o=v_e$，即沿此方向晶体对 o 光和 e 光的折射率相等，没有双折射现象。图 13-7-4(c)表示光轴平行于界面，光线正入射。此时 o 光和 e 光的传播方向虽都与入射光相同，但波面不再重合，两成分的传播速度不一样，隐含了双折射。

三、利用双折射获得线偏振光

我们知道，o 光和 e 光均是线偏振光，如果能设法把它们分开，就从自然光中获得了线偏振光。一般常用的方法是把双折射晶体做成棱镜，自然光通过时，一束偏振光透过它，另一束经全反射偏移到一边。另一方法是利用某些双折射晶体(如电气石)对两偏振光的选择吸收而得到。前一方法中最有名的是 1828 年由苏格兰物理学家尼科耳(William Nicol)发明的尼科耳棱镜。1968 年经过改进的格兰-汤普森(Glan-Thompson)棱镜与尼科耳棱镜原理相似，但更优越，这种棱镜如图 13-7-5 所示，它是由两块根据特殊要求加工的直角方解石棱镜用特种胶合剂胶合而成。自然光垂直光轴入射方解石，会分解成 o 光和 e 光。显然，入射前的自然光也等效于这样两束等强度线偏振光。由材料折射率的值可以看出，在胶合剂与方解石界面，o 光沿原方向前进；e 光由光密介质入射光疏介质，在入射角大于临界角时会发生全反射。制作棱镜时很容易满足以上条件，因而垂直主平面的线偏振光被移去，通过棱镜后得到的是平行主平面的线偏振光。这种棱镜可以用作起偏器或检偏器。

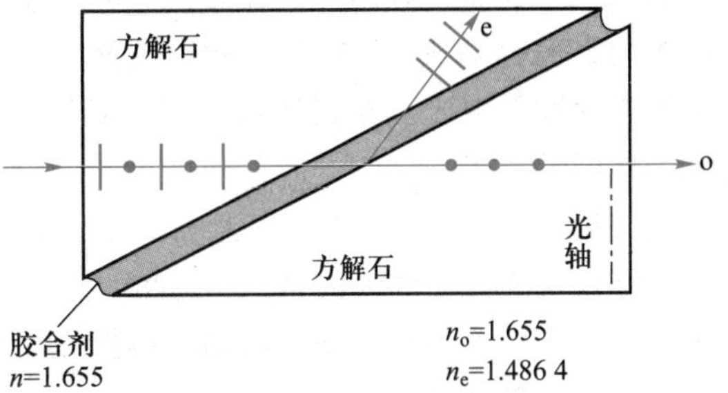

图 13-7-5　格兰-汤普森棱镜

利用选择吸收获得偏振光在第 6 节中已做过详细的讨论。某些天然晶体的选择吸收特别强，如 1 mm 厚的电气石晶体，寻常光线几乎全被吸收。用它作偏振片，虽不是对所有波长的光都同等偏振，但由于尺寸可大可小、价格低，所以应用相当广泛。

四、波晶片

双折射晶体除可制作偏振器外，还可用来改变两个分量之间的相对相位，从而改变偏振态。为此目的制成的光学器件称为**波晶片**或**相位延迟片**。波晶片是从单轴晶体上切割下来的平行薄片，其表面与晶体的光轴平行。当光线垂直光轴入射时，如图 13-7-4(c)所示，在晶体内分出的 o 光和 e 光的传播方向完全相同，但由于折射率 n_o 和 n_e 不同，所以它们通过厚度为 d 的晶片后，将产生$(n_o-n_e)d$ 的光程差，相应的相位差为

$$\Delta\varphi=\varphi_{o}-\varphi_{e}=\frac{2\pi}{\lambda}(n_{o}-n_{e})d \qquad (13-7-1)$$

适当选择厚度 d，可以使两分量之间产生任意数值的相位延迟，即任意相位差。

实际中常用的波晶片是四分之一波片（1/4 波片）和二分之一波片（1/2 波片或半波片），前者满足 $(n_o-n_e)d=\lambda/4$，有 $\Delta\varphi=\pi/2$；后者满足 $(n_o-n_e)d=\lambda/2$，有 $\Delta\varphi=\pi$。这些波晶片都是对特定波长的光而言的。

五、圆偏振光和椭圆偏振光的获得

自然界大多数光源发出的都是自然光，但也有发出圆或椭圆偏振光的，如处在强磁场中的物质，电子作拉摩进动，就发出圆或椭圆偏振的电磁辐射。要人为地获得圆或椭圆偏振光，可以使用波晶片。下面我们来看几种光通过波晶片的情况。

线偏振光通过 1/4 波片，如果入射光振动方向与 o 光相同，无 e 光，则出射光为线偏振光；如果入射光振动方向与 e 光相同，则出射光也为线偏振光；当入射光振动方向与 o 光、e 光的振动方向分别成 45°角时，所得 o 光、e 光的振幅相等，经 1/4 波片后，相位差 $\pi/2$，所以出射光为圆偏振光。在其他情况下，o 光、e 光振幅不等，经 1/4 波片后，相位差 $\pi/2$，出射光为椭圆偏振光。

圆偏振光入射 1/4 波片，o 光和 e 光出射时相位差为 0 或 π，因而总是得到线偏振光。

椭圆偏振光入射 1/4 波片，o 光和 e 光的振动方向如果分别与椭圆两主轴一致，则出射时两垂直振动相位差为 0 或 π，得到线偏振光，其他位置还是得椭圆偏振光。

自然光或部分偏振光经过 1/4 波片后出射光的偏振态，请读者自行分析。

使用半波片由线偏振光入射，还是得线偏振光，不过它的偏振方向由第一、第三象限转过 2θ 角到第二、第四象限，这里 θ 为偏振方向与光轴的夹角。常用于改变或调整线偏振光的振动方向。半波片还能将右旋圆偏振光转换为左旋偏振光，反之亦然。

实际中需要确定所接收到的光的偏振态。我们知道，用检偏器可以确定线偏振光，但不能区分自然光和圆偏振光，也不能区分部分偏振光和椭圆偏振光。读者可根据前述 1/4 波片的作用，自行总结出检验各种偏振光的方法及步骤。

第 8 节 偏振光的干涉

一、偏振光的干涉

两偏振光如果满足波的干涉条件，我们同样可以观察到干涉现象，它在实际中有着许多应用。

由波晶片的作用可知，当线偏振光通过波晶片后，在晶体中产生频率相同、相位差恒定的 o 光和 e 光，它们由于传播方向相同，将相互叠加，但是两光波的振动方向垂直，不满足相干条件，叠加的结果一般是椭圆偏振光而不是干涉。我们只需在波晶片后再放置一块偏振片，即可把 o 光和 e 光的振动方向引到同一方向，从而实现偏振光的干涉。通常使两偏振片的偏振化方向互相垂直，如图 13-8-1 所示。

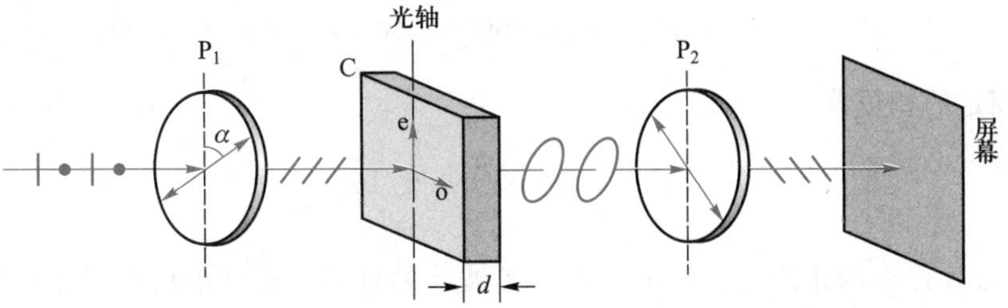

图 13-8-1　偏振光干涉实验

图 13-8-2 为偏振光干涉的振幅矢量图。单色自然光通过偏振片 P_1 产生振幅为 E 的线偏振光，通过波晶片 C 后产生的 o 光和 e 光的振幅分别为 E_{o1} 和 E_{e1}，它们之间的相位差为 $\Delta\varphi'=\dfrac{2\pi}{\lambda}(n_o-n_e)d$，两束光通过偏振片 P_2 后的振幅分别为

$$E_{o2}=E_{o1}\cos\alpha=E\sin\alpha\cos\alpha$$

$$E_{e2}=E_{e1}\sin\alpha=E\cos\alpha\sin\alpha$$

两者振幅相等。它们的总相位差为

$$\Delta\varphi=\frac{2\pi}{\lambda}(n_o-n_e)d+\pi \qquad (13-8-1)$$

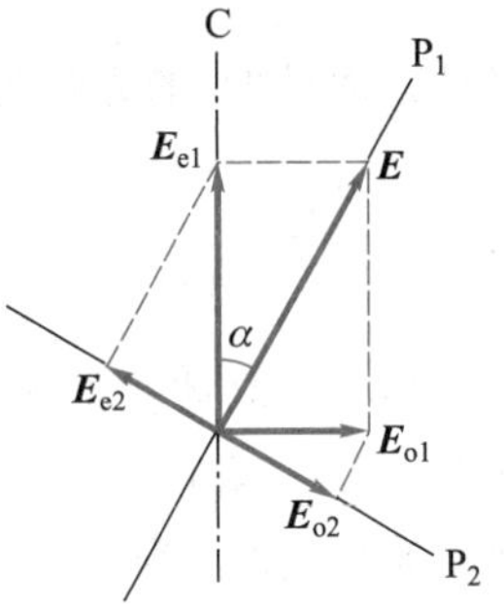

图 13-8-2　偏振光干涉的振幅矢量图

其中，附加的相位差 π 是由于 E_{o1} 和 E_{e1} 投影的方向相反而引起的。

当 $\Delta\varphi=2k\pi$（k 为整数）时，干涉最强，视场明亮；当 $\Delta\varphi=(2k+1)\pi$（k 为整数）时，干涉最弱，视场变暗。对于劈尖形晶片，则会出现明暗相间的等厚条纹。

如果是白光入射，对于一定厚度的波晶片，各波长干涉强弱不同，视场出现一定的色彩，称为**色偏振**，所呈现的颜色称为**干涉色**。有趣的是，实验中转动 P_2 时，发现屏上的颜色会发生变化，读者可结合（13-8-1）式分析这一现象。

色偏振现象可用来极灵敏地检定某些物质是否具有双折射性质。把这些物质做成的薄片置于偏振化方向正交的两平行偏振片之间，视场变亮或显色，就表示有双折射存在。还可根据晶体在两偏振片之间形成的干涉色得知相应的光程差，结合测出的晶片厚度可求得晶体的折射率之差 n_o-n_e，从而精确地鉴别矿石的种类。

【例 13-18】　在相互正交的偏振片 P_1 和 P_2 之间插入一块 $\dfrac{1}{4}$ 波片，波片的光轴与 P_1 的偏振化方向间的夹角为 60°，光强为 I_0 的单色自然光垂直入射于 P_1，求透过 P_2 的光强 I。

解　通过两偏振片和波片的光振动的振幅关系如图 13-8-3 所示。其中 P_1、P_2 分别代表两偏振片的偏振化方向，C 是波片的光轴方向。光强为 I_0 的单色自然光通过 P_1 后成为强度 $I_1=\dfrac{I_0}{2}$ 的线偏

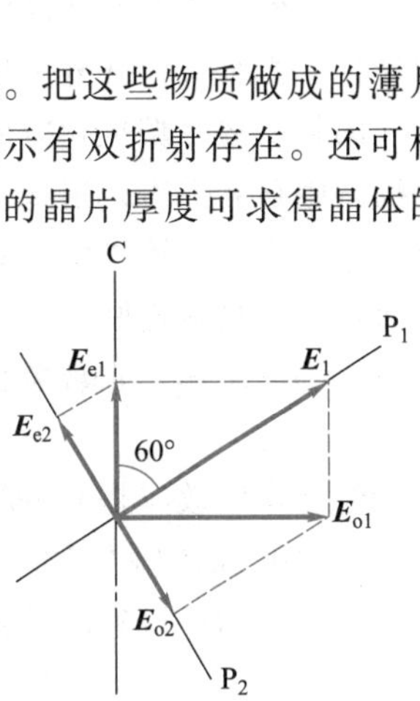

图 13-8-3　例 13-18 图

振光，设其振幅为 E_1。由图可知，从 P_2 透出的两个相干线偏振光的振幅相等，分别为

$$E_{o2}=E_{e2}=E_1\sin 60^\circ\cos 60^\circ=\frac{\sqrt{3}}{4}E_1$$

它们之间有固定的相位差

$$\Delta\varphi=\pm\frac{\pi}{2}+\pi$$

式中 $\pm\frac{\pi}{2}$ 是 $\frac{1}{4}$ 波片产生的相位差，正负号取决于波片的性质。π 是由投影引入的附加相位差。透过 P_2 的光是这两个线偏振光的相干叠加，合振幅满足

$$E_1^2=E_{o2}^2+E_{e2}^2+2E_{o2}E_{e2}\cos\Delta\varphi=E_{o2}^2+E_{e2}^2=2E_{o2}^2$$

于是，透过 P_2 的光强为 $$I=E_1^2=2\times\frac{3}{16}E_1^2=\frac{3}{8}\times\frac{I_0}{2}=\frac{3}{16}I_0$$

二、人为双折射

某些非晶体在正常情况下是各向同性的，没有双折射现象。但在一定的外界条件下，如施加压力、置于电场或磁场中，就会变为各向异性而显示出双折射性质，此时将其置于两正交偏振片之间，就可出现干涉。

光学应力分析技术在实际中有广泛的应用，它的原理就是利用某些在正常状态下不具双折射性质的物质，如玻璃及各种各样的塑料，在受到机械应力时，不再各向同性，表现出双折射，其有效光轴在应力方向上。当置于两正交偏振片之间后，应力越集中的地方各向异性越强，相应 o 光、e 光的折射率差值越大，干涉条纹就越细密。对实际中的机械工件、桥梁、水坝均可用透明塑料制成模型，然后按比例仿实际情况加上外应力，观察和分析干涉条纹就可了解它的应力分布，这称为光测弹性方法。

克尔效应(1875 年)与泡克耳斯效应(1893 年)则是用外电场产生双折射。

克尔效应是某些非晶体或液体在强电场($E\approx10^4$ V/m)作用下，分子作定向排列，从而各向异性。光轴方向在外电场方向，垂直光轴入射分解的 o 光和 e 光折射率之差正比于 E^2。把这样的物质放在偏振化方向垂直的两平行偏振片之间，且外电场平行偏振片。如果无外加强电场，则在光垂直入射偏振片时，另一边没有光射出；如果加以与偏振化方向成 45°的外电场，就可透光。这种电光效应几乎没有延迟时间，它追随外电场的交变响应频率可达 10^{10} Hz，因而可用作高速光闸、电光调制器(用电信号改变光的强弱)等。实际中常用的材料是硝基苯($C_6H_5NO_2$)液体，它被装在称为克尔盒的玻璃盒子内，广泛用于高速摄影、激光测距、激光通信等方向。

泡克耳斯效应是某些晶体加了电场后，折射率的变化正比于 E，所以又称晶体的线性电光效应。KDP 晶体(KH_2PO_4)、ADP 晶体($NH_4H_2PO_4$)等均有这种效应。由于它使用方便，所用电压也低，因而得到广泛应用。

第 9 节 旋光效应

一、旋光现象

1811 年阿拉果(Francois Arago)发现，当线偏振光通过某些透明物质后，其振动面会绕光的传播方向转过一个角度，这种现象称为**旋光效应**。具有旋光效应的物质称为**旋光物质**。例如，石英晶体、松节油、食糖溶液、氨基酸等都是旋光物质。

观察旋光效应的装置如图 13-9-1 所示，在两个正交的偏振片 P_1 和 P_2 之间放入旋光物质，观察到原来在单色光照射下全暗的视场变为明亮。将检偏器 P_2 绕光的传播方向转动一个角度，视场又会重新变暗。这说明线偏振光通过旋光物质后仍然是线偏振光，但振动面旋转了一个角度。用这种方法可以检验物质是否具有旋光性。

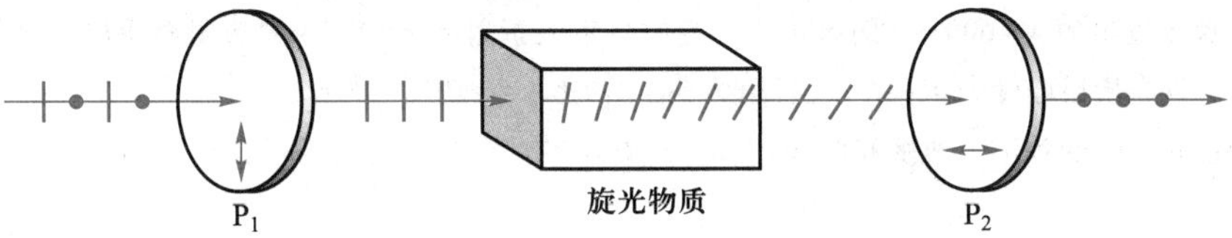

图 13-9-1 旋光效应

实验表明，旋光效应有下述规律。

(1) 不同的旋光物质使线偏振光的振动面沿不同的方向转动。如果迎着光线观察，振动面顺时针方向旋转的物质称为右旋物质；逆时针方向旋转的物质称为左旋物质。一般地，同一旋光物质都有右旋和左旋两种，二者互为旋光异构体。对某些药物来说，右旋和左旋的异构体具有不同的疗效。

(2) 对于固体旋光物质，振动面旋转的角度 φ 与物质的厚度 d 成正比，即

$$\varphi = \alpha d \tag{13-9-1}$$

式中 α 称为旋光率，单位为(°)/mm，它与物质的种类和入射光波长有关。如 1 mm 厚的石英所产生的偏转角对紫光为 48.9°，对黄光为 21.7°，对红光为 15°。

(3) 对于液体旋光物质，偏转角度还与溶液的浓度 c 成正比，即

$$\varphi = [\alpha] c d \tag{13-9-2}$$

式中 $[\alpha]$ 称为溶液的比旋光率，它不仅与溶液的种类和入射光波长有关，还与温度有关。利用溶液的旋光效应可迅速测定溶液中所含旋光物质的浓度，据此制成的量糖计在制糖、制药及化学工业中得到广泛的应用。

二、磁致旋光

不但许多天然物质具有旋光效应，用人工方法在一定条件也可以产生旋光效应，其中最重要的是磁致旋光效应。1845 年法拉第发现，当线偏振光通过磁性物质时，若沿光传播的方

向施加磁场，线偏振光的振动面会发生旋转，这就是磁致旋光效应或称为法拉第旋光效应。实验表明，对于给定均匀介质，振动面转动的角度与样品长度 d 和磁感应强度的大小 B 成正比，即

$$\varphi = VBd \tag{13-9-3}$$

式中 V 称为维尔德常量，一般物质的 V 值都很小。

天然物质中的自然旋光性由物质结构决定，其振动面的旋转方向与光的传播方向无关。对右旋物质，迎着光的传播方向看去，振动面右旋，如果光反向传播，迎着光的传播方向看到振动面还是右旋。实验发现，磁致旋转则与之不同。当光沿磁场方向传播时是右旋，逆磁场方向传播时则是左旋。这样当线偏振光由于反射来回两次通过同一磁光物质时，其振动面将转过 2φ 角度。利用这一特点可制成光隔离器，它只允许光从一个方向通过而不能从相反的方向通过，这样可以避免激光的传播过程中众多界面的反射可能对前级造成的干扰和损害。

习　题

13-1　光源 S 发出的 $\lambda=600$ nm 的单色光，自空气射入折射率 $n=1.23$ 的透明介质层，再射入空气到 C 点，如图所示。设介质层厚度为 1 cm，入射角为 30°，$|SA|=|BC|=5$ cm，试求：(1) 此光在介质中的频率、速度和波长；(2) 光源 S 到 C 点的几何路程以及光程。

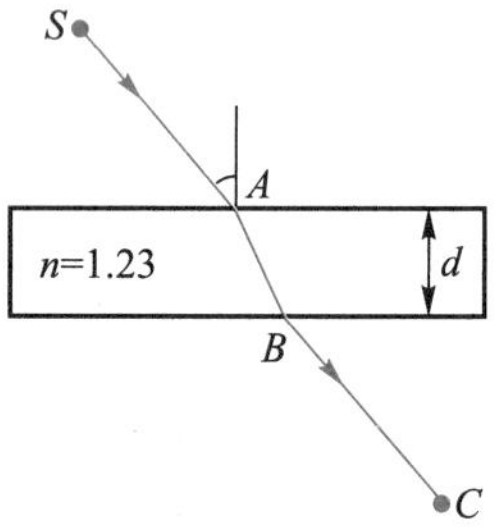

习题 13-1 图

13-2　两光源都以光强 I 照射到某一表面上，此表面上并合光照射的强度可能是下列数值中的一个：

(1) I；　(2) $\sqrt{2}I$；　(3) $2I$；　(4) $4I$；　(5) $2\sqrt{2}I$。

产生上面光强的两光源情况如下时，你选择哪个结果：当两光源为独立的白炽光源；当两光源为两束平面平行相干光源。简明地阐述你的理由。

13-3　两个同频率的电磁波叠加时，在什么情况下其合振动强度 I 总是(即在任一相位关系下)等于原振动强度 I_1 和 I_2 之和？

13-4　若双狭缝的距离为 0.30 mm，以单色平行光垂直照射狭缝时，在离双缝 1.20 m 远的屏幕上，第五级暗条纹处离中心极大的间隔为 11.39 mm，问所用的光波波长是多大？

13-5　缝间距 $d=1.00$ mm 的杨氏实验装置中缝屏到屏幕间的距离 $D=10.00$ m，屏幕上条纹间隔为 4.73×10^{-3} m，问入射光的频率为多大？(实验是在水中进行的，$n_{水}=1.333$。)

13-6　在杨氏实验装置中，S_1、S_2 两光源之一的前面放一长为 2.50 cm 的玻璃容器。先是充满空气，后是排出空气，再充满试验气体，结果发现光屏幕上有 21 条亮纹通过屏上某点而移动了。入射光的波长 $\lambda=656.2816$ nm，空气的折射率 $n_a=1.000276$，求试验气体的折射率 n_g。

13-7　如图所示，钠光($\lambda=589.0$ nm)照射在相距 $d=2.0$ mm 的双缝上，图中的 D 为 40 mm。如果 $D\gg d$ 这个假定不成立，那么第 10 条明条纹的位置之值将有多大的误差？

13-8　在图中的干涉实验中，点光源 S 距离双缝屏为 L，缝间距为 d，缝屏到屏幕之间的距离为 L'。

(1) 如果光源 S 向上移动(沿 y 轴方向)距离 l，则干涉图样向何方移动？移动多少？

(2) 如果光源 S 逐渐变为较长波长的单色光，则干涉图样有何变化？

(3) 如果两狭缝间距为 $2d$，则干涉图样中相邻极大之间的距离如何变化？

(4) 如果每个缝的自身宽度加倍，则干涉图样中相邻极大之间的距离变化如何？

(5) 如果用两个光源的光分别通过各自的狭缝，则干涉图样又如何？

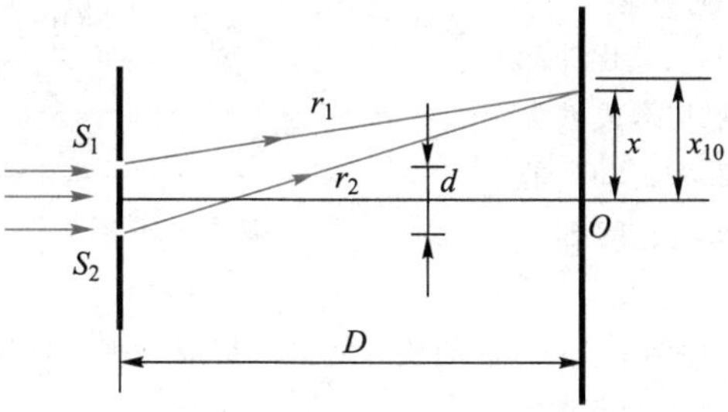

习题 13-7 图

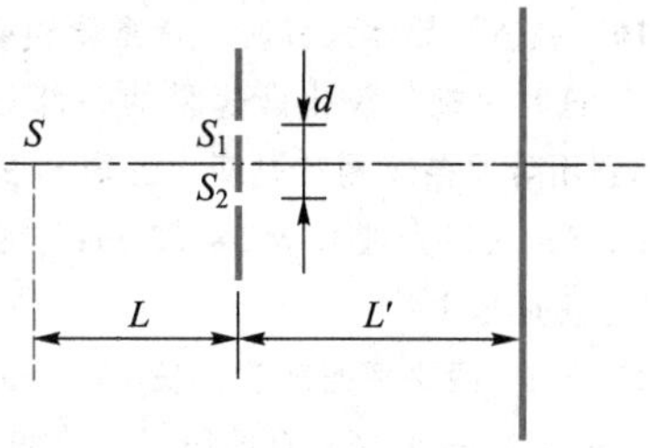

习题 13-8 图

13-9　在菲涅耳双镜(见图)中，两镜面夹角为 α，试导出以入射光波长 λ、条纹间隔 Δy，以及 R 与 L 表示的 α 角的表示式。

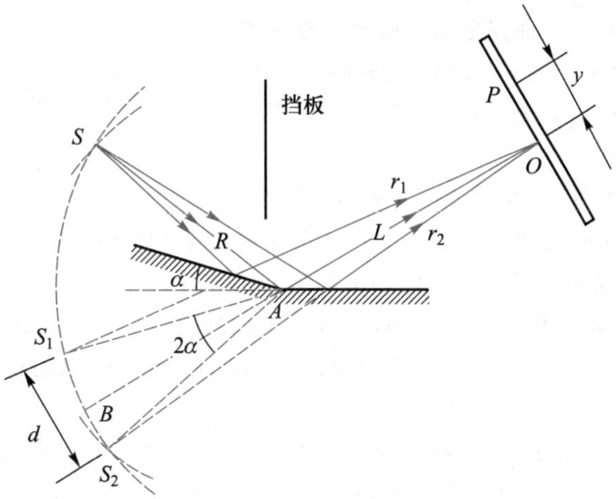

习题 13-9 图

13-10　劳埃德镜装置中的等效缝间距 $d=2.00$ mm，缝屏与屏幕间的距离 $D=5.00$ m，入射光的频率为 6.522×10^{14} Hz。将装置放在空气中进行实验，试求第一级极大的位置。

13-11　澳大利亚天文学家通过观察太阳发出的无线电波，第一次把干涉现象用于天文观测。当太阳升起时，它发射的无线电波一部分直接射向他们的天线，另一部分经海面反射到他们的天线。设无线电的频率为 6.0×10^{7} Hz，接收天线高出海面 25 m，求观察到相消干涉时太阳光线的掠射角 θ 的最小值。

13-12　波长为 $\lambda=500.0$ nm 的光垂直地照射在厚度为 1.608×10^{-6} m 的薄膜上，薄膜的折射率为 1.555，置于空气中。(1) 求经薄膜反射后两相干光的相位差；(2) 若薄膜的折射率为 1.455，要求不产生反射光而全部透射，求薄膜的最小厚度。

13-13　折射率为 1.25 的油滴落在折射率为 1.57 的玻璃板上化开成很薄的油膜。一个连续可调波长大小的单色光源垂直照射在油膜上，观察发现 500 nm 与 700 nm 的单色光在反射中消失，求油膜的厚度。

13-14　从与法线方向成 30°角的方向去观察一均匀油膜($n=1.33$)，看到油膜反射的是波长为 500.0 nm 的绿光。(1) 问油膜的最薄厚度为多少？(2) 在上述基本情况不变的条件下，仅改变观察方向，即由法线方向去观察，问反射光的颜色如何？

13-15　在制作珠宝时，为了使人造水晶($n=1.5$)具有强的反射本领，就在其表面上镀一层一氧化硅

($n=2.0$)。要使波长为 560 nm 的光强烈反射，镀层至少应多厚？

13-16　制造半导体元件时，常常要精确测定硅片上二氧化硅薄膜的厚度。这时可把二氧化硅薄膜的一部分腐蚀掉，使其形成劈尖(见图)，利用等厚条纹测其厚度。已知 Si 的折射率为 3.42，SiO_2 的折射率为 1.5，入射光波长为 589.3 nm，观察到 7 条暗纹，问 SiO_2 薄膜的厚度 d 是多少？

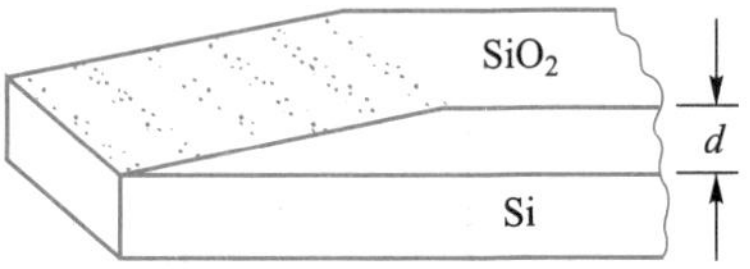

习题 13-16 图

13-17　(1) 两块平面玻璃，长 25.0 cm，一端用一厚为 0.250 mm 的垫片隔开，形成一楔形空气膜。用波长为 $\lambda=694.3$ nm 的光垂直照射时，每厘米将能观察到多少条纹？

(2) 将装置放入折射率为 $n=1.400$ 的乙醇中，会是多少条条纹？

13-18　(1) 以波长为 700.0 nm 的平行光投射到空气劈尖上，入射角 $i=30°$，劈尖末端厚度为 0.005 cm，组成劈尖的玻璃的折射率 $n_1=1.50$，求劈表面的明条纹数目。

(2) 现在用一个与上面空气劈尖尺寸形状完全相同的玻璃劈尖($n_2=1.50$)取代之，问现在的明条纹数是多少？

13-19　在图示的装置中，平面圆形玻璃板是由两个半圆组成的(冕牌玻璃 $n=1.50$ 和火石玻璃 $n=1.75$)，凸透镜是用冕牌玻璃制成，而透镜与玻璃之间的空间充满着二硫化碳($n=1.62$)，如此产生的牛顿环图样如何？简要说明理由。

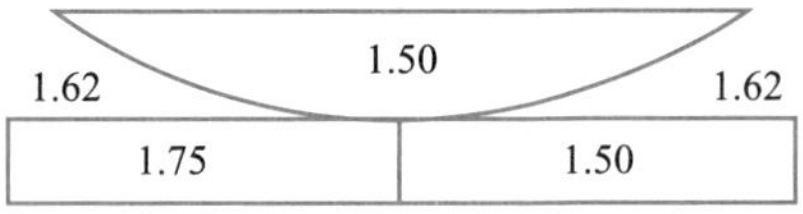

习题 13-19 图

13-20　牛顿环装置中平凸透镜的曲率半径 $R=2.00$ m，垂直入射的光的波长 $\lambda=589.29$ nm，让折射率为 $n=1.461$ 的液体充满环形薄膜中。求：(1) 充以液体前后第 10 条暗环条纹半径之比；(2) 充液之后此暗环的半径(即第 10 条暗环的 r_{10})。

13-21　一束由波长分别为 650 nm 和 520 nm 的两单色光组成的光，垂直入射到牛顿环装置的透镜上，透镜的曲率半径 $R=8.5\times10^{-1}$ m。如果长波光的第 k 条暗纹与短波光的第 $k+1$ 条暗纹重合，求这条暗纹的直径，以及此处的膜厚。

13-22　(1) 在迈克耳孙干涉仪的一臂中，垂直于光束线插入一块厚度为 L、折射率为 n 的透明薄片。如果取走薄片，为了能观察到与取走薄片前完全相同的条纹，试确定平面镜需要移动多少距离。(2) 现薄片的 $n=1.434$，入射光 $\lambda=589.1$ nm，观察到有 35 条条纹移过，求薄片的厚度。

13-23　用迈克耳孙干涉仪做干涉实验，设入射光的波长为 λ。在转动迈克耳孙干涉仪的反射镜 M_2 的过程中，在总的干涉区域宽度 L 内，观测到完整的干涉条纹数从 N_1 开始逐渐减少，而后突变为同心圆环状的等倾干涉条纹。若继续转动 M_2，又会看到由疏变密的直线干涉条纹，直到在宽度 L 内有 N_2 条完整的干涉条纹为止。求在此过程中 M_2 转过的角度 $\Delta\theta$。

13-24　(1) 在迈克耳孙干涉仪上可以看见 3 cm×3 cm 的亮区，它与 M_1、M_2 两平面镜的面积相对应。用 600 nm 的光做光源时，此亮区出现 24 条平行条纹，求两镜面偏离垂直方向的角度。

(2) 调节装置使偏离角消失，并使其显示出圆环状条纹。缓慢移动可动镜 M_2，使等效膜厚度 d 减少，条纹向视场中心收缩。当 $\Delta d=3.142\times10^{-4}$ m 时，$\Delta N=850$，求此单色光的波长(这个单色光是另换的一个光源发出的)。

13-25　某氦氖激光器所发出的红光波长为 $\lambda=632.8$ nm，其谱线宽度为(以频率计) $\Delta\nu=1.3\times10^9$ Hz，它的相干长度或波列长度是多少？相干时间又是多少？

13-26　用平均波长 $\bar{\lambda}=643.847$ nm、波长宽度 $\Delta\lambda=0.0013$ nm 的红光照射迈克耳孙干涉仪。初始光程差为 0，即 $d=0$，然后移一面镜子，直到条纹消失，该镜子必须移动多少距离？它相当于多少个波长？

13-27　平行光正入射后面置有会聚透镜的单缝，这是典型的单缝夫琅禾费衍射。如果透镜与接收屏都不动，而将单缝向上或向下稍做移动，试问此时屏上的衍射条纹位置是否会发生变化？为什么？若只上下移动透镜，情况如何？

13-28　单缝衍射实验中，垂直入射的单色光波长为 λ，缝宽为 10λ，最多会观察到几级明条纹？如果缝宽为 1λ 和 100λ 呢？

13-29　在单缝衍射的屏幕上第一级极小与第五级极小之间的距离为 3.50×10^{-1} mm，狭缝到屏幕之间的距离为 40 cm，所用光的波长 $\lambda=550$ nm，求缝宽 a。

13-30　波长分别为 λ_1 与 λ_2 的两束平面光波，通过单缝后形成衍射，λ_1 的第一级极小与 λ_2 的第二级极小重合。问：(1) λ_1 与 λ_2 之间关系如何？(2) 图样中还有其他极小重合吗？

13-31　单缝缝宽 $a=0.5$ mm，聚焦透镜的焦距 $f=50.0$ cm，入射光波长 $\lambda=650.0$ nm，求第一级极小和第一级极大在屏幕上的位置(即距离中央的位置)。

13-32　一束单色光自远处射来，垂直投射到宽度 $a=6.00\times10^{-1}$ mm 的狭缝后，射在距缝 $D=4.00\times10$ cm 的屏上。如距中央明纹中心距离为 $y=1.40$ mm 处是明条纹，(1) 求入射光的波长；(2) 求 $y=1.40$ mm 处的条纹级数 k；(3) 根据所求得的条纹级数 k，计算出此光波在狭缝处的波阵面可作半波带的数目。

13-33　抽丝机抽制细丝时可用激光监控其粗细。当激光束越过细丝时，所产生的衍射条纹和它通过遮光板上一条同样宽度的单缝所产生的衍射条纹一样。设所用氦氖激光器所发激光波长为 632.8 nm，衍射图样投放在 2.65 m 远的屏上，如果细丝直径要求 1.37 mm，屏上两侧的两个第十级极小之间的距离应是多大？

13-34　由杨氏双缝干涉可知，干涉图样中的各级明条纹，包括中央条纹在内，它们的光强都一样。为什么实际得到的干涉明条纹是中央的光强大，而两边光强依次减弱呢？

13-35　双缝衍射中，在入射光波长 λ 不变的条件下，当缝宽 a 变宽或缝间距 d 变宽时，其条纹有何变化？

13-36　入射光波长 $\lambda=550$ nm，投射到双缝上，缝间距 $d=0.15$ mm，缝宽 $a=0.30\times10^{-1}$ mm。问：(1) 在衍射中央极大包络线两侧第一级极小之间有几条完整的条纹？(2) 中央包络线内一侧的第三条纹强度与中央条纹强度的比值是多大？

13-37　欲使双缝夫琅禾费图样中衍射包络线的中央极大恰好有 11 条干涉条纹，必须让缝间距 d 与缝宽 a 之间有什么关系？

13-38　试证：双缝夫琅禾费衍射图样中，中央包络线内的干涉条纹条数为 $2\dfrac{d}{a}-1$，式中 d 是缝间距，a 是缝宽。

13-39　一个光栅对于 680 nm 波长光的第一级主极大衍射角比对于 430 nm 波长光的第一级主极大衍射角大 20°，求它的光栅常量。

13-40　从光源射出的光束垂直照射到衍射光栅上，若波长为 $\lambda_1=656.3$ nm 和 $\lambda_2=410.2$ nm 的两光线的最大值在 $\theta=41°$处叠加，问衍射光栅常量为何值？

13-41　有 6000 条刻线均匀分布在宽 2.00 cm 的范围内，若用 589.0 nm 波长的光入射这个光栅，问在哪些衍射角度方向出现主极大？

13-42　波长为 600 nm 的单色光垂直入射在一光栅上，第二、第三级条纹分别出现在 $\sin\theta=0.20$ 与 $\sin\theta=0.30$ 处，第四级缺级。问：(1) 光栅常量为多大？(2) 狭缝宽度为多大？(3) 按上述选定的 a、b 值，在整个衍射范围内，实际呈现出的全部级数是多少？

13-43　波长为 600.0 nm 的单色光垂直照射在光栅常量 d 为 900.0 nm 的光栅上，问：(1) 衍射图样中主极大条纹数为多少？(2) 若光栅上有 1000 条缝，这些主极大的角宽度为多大？

13-44　有一光栅，在 2.54 cm 的宽度上均匀分布 10^4 条刻线，有束黄色钠光(由波长为 589.00 nm 与 589.59 nm 的光组成)垂直入射到光栅上。(1) 求这束钠光中两光线第一级极大之间的角距离；(2) 如果只是为了分辨第三级中钠双线问题，光栅应具有几条刻线？

13-45　钠黄光($\lambda=589.3$ nm)垂直入射一衍射光栅，测得第二级谱线的偏角是 10°11′，如以另一波长的单色光垂直入射此光栅，它的第一级谱线的偏角是 4°42′，求此光的波长。

13-46 有一刻线区域总宽度为 7.62 cm、光栅常量 $d=1.905\times10^{-6}$ m 的光栅，分别求出此光栅对于波长 $\lambda=589.0$ nm 的光波的 $k=1$、2、3 三级的色散与分辨本领。

13-47 用晶格常量等于 3.029×10^{-10} m 的方解石来分析 X 射线的光谱，发现入射光与晶面的夹角 θ 为 43°20′和 40°42′时，各有一条主极大的谱线，求这两谱线的波长。

13-48 在一块晶体表面投射以单色的 X 射线，第一级的布拉格衍射角 $\theta=3.4°$，问第二级反射出现在什么角度上？

13-49 波长 2.96×10^{-1} nm 的 X 射线投射到一晶体上，观察到第一级反射极大偏离原射线方向 31.7°，试求相应于此反射极大的原子平面之间的距离。

13-50 在地面上空 160 km 处绕地飞行的人造地球卫星，具有焦距 2.4 m 的透镜，它对地面物体的分辨本领是 0.36 m，试问：如果只考虑衍射效应，该透镜的有效直径应为多大？（设光波波长 $\lambda=550$ nm。）

13-51 波长 λ 为 632.8 nm，直径为 2.00 mm 的激光光束从地球射向月球，月球到地面的距离为 3.82×10^5 km，在不计大气影响的情况下，月球上的光斑有多大？若激光器的孔径由 2.00 mm 扩展到 1.00 m，此时月球上的光斑又为多大？

13-52 经测定，通常情况下人眼的最小分辨角 θ_R 等于 2.20×10^{-4} rad，如果纱窗上两根细丝之间的距离为2.00 mm，问能分辨得清的最远距离。

13-53 用孔径为 1.27 m(直径)的望远镜，分辨双星的最小角距 θ 是多大？(假设有效波长为 540 nm。)

13-54 对角频率为 ω，沿正 z 轴方向传播，且振动面与 zx 平面成 30°角的线偏振光，写出一个表示式。

13-55 用两个偏振片分别作为起偏振器和检偏振器，在它们的偏振化方向分别成 $\alpha_1=30°$ 和 $\alpha_2=45°$ 的角时，观测两束不同的入射自然光。设两透射光的强度相等，求两束自然光的强度之比。

13-56 一束光是由线偏振光与自然光混合组成的，当它通过一理想偏振片时发现透射的光强随着偏振片偏振化方向的旋转而出现 5 倍的变化。这光束中两光各占几分之几？

13-57 如果自然光的光强在通过 P_1 与 P_2 两偏振片后减少到原来的$\frac{1}{4}$，则 P_1 与 P_2 的偏振化方向之间的夹角应该是多大？(假定偏振片 P_1 与 P_2 都是理想的。)

13-58 光强为 I_0 的自然光投射到一组偏振片上，它们的偏振化方向的夹角是：P_3 与 P_2 为 30°，P_2 与 P_1 为 60°，则视场区的光强为多大？将 P_2 拿掉后又是多大？

13-59 平行放置两偏振片，使它们的偏振化方向成 60°的夹角。(1) 如果两偏振片对光振动平行于其偏振化方向的光线均无吸收，自然光通过后，视场的光强与入射光强之比是多少？(2) 如果对上述能透过的光各吸收 10%，比值又是多少？(3) 今在 P_1 与 P_2 之间插入 P_3，且偏振化方向与前两者的偏振化方向均成 30°角，则比值变成多少？分别按无吸收与有吸收的情况再算一次。

13-60 在两个偏振化方向互为正交的偏振片之间有一个偏振片以角速度 ω 绕光传播方向旋转，证明：自然光通过这三块偏振片后在视场中的光强变化角频率为 4ω，并有下面关系式

$$I=\frac{I_0}{16}(1-\cos 4\omega t)$$

假设以上偏振片都是理想的。

13-61 如图所示，用点与短线箭头画在图中反射线与折射线上，以表明它们的偏振状态。图中的 i_0 为起偏振角，$i\neq i_0$。

13-62 反射角为何值时，在水($n_{水}=1.33$)面上得到的反射光为线偏振光？并求出此时的折射角。

13-63 一束光以 58°角入射到一平面玻璃的表面时，反射光是完全偏振的，求：(1) 透射光束的折射角；(2) 玻璃的折射率。

13-64 一块折射率为 1.517 的玻璃片，如图所示，放在折射率为 1.333 的水中，并与水平面成 θ 夹角。

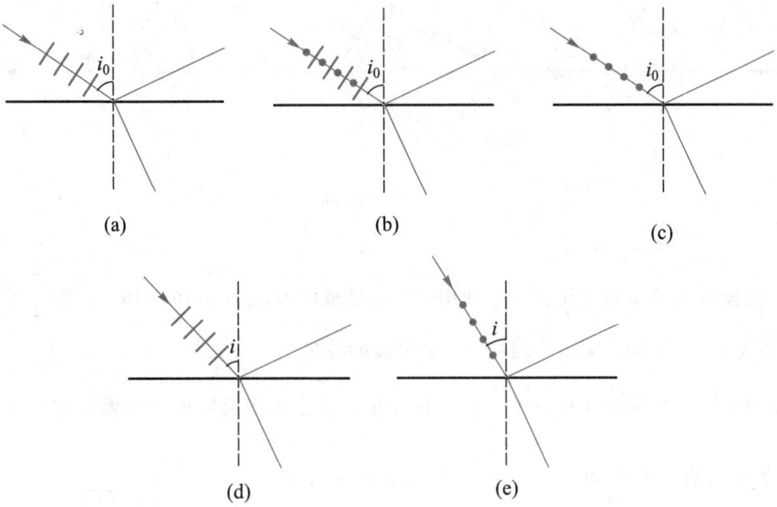

习题 13-61 图

要使在水平面与玻璃面上反射的都是完全偏振光，那么 θ 的值为多大？

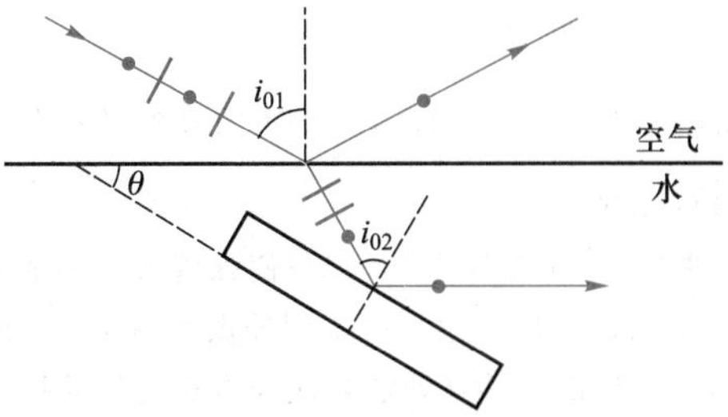

习题 13-64 图

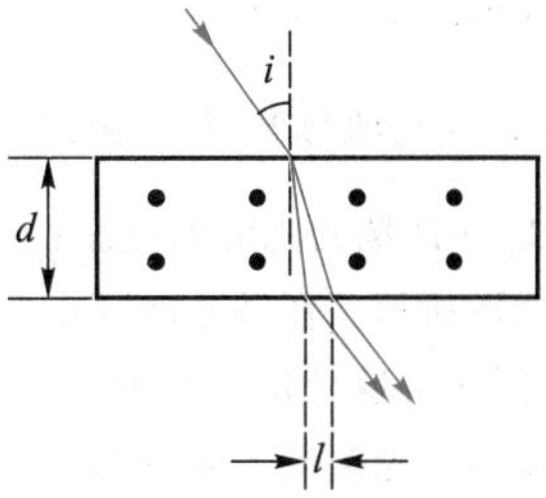

习题 13-66 图

13-65　晶体片的光轴平行于其表面，它对波长为 525.0 nm 的光的折射率为 $n_o=2.356$，$n_e=2.378$。如果这种波长的线偏振光透过晶体片合成为与偏振方向相同的线偏振光，问晶体片的最小厚度是多少？

13-66　一束很细的自然光以入射角 $i=45°$ 投射到方解石晶体上，晶体的光轴在图中用点表示。（1）当 $d=1.00$ cm 时，求两束光透射后在晶体表面的线距离 l。（2）这两束光线中，哪个是 o 光，哪个是 e 光？将它们偏振的振动面用点与短线箭头标出。（方解石的折射率为 $n_o=1.6534$，$n_e=1.4864$。）

13-67　晶体片的光轴与晶体表面平行，入射光线向晶体表面垂直射入，问在以下各情况时透射光的各偏振状态如何？（1）入射光是自然光；（2）入射光是线偏振光；（3）入射光是部分偏振光；（4）入射光是椭圆偏振光；（5）入射光是振动画与光轴平行的线偏振光。

13-68　试用一块偏振片和一块 $\frac{1}{4}$ 波片去鉴别自然光、部分偏振光、线偏振光、圆偏振光与椭圆偏振光。

13-69　如图所示，在两个偏振化方向互为正交的偏振片 P_1、P_2 之间放进一块厚度 $d=1.713\times10^{-4}$ m 的晶体片。此晶片的光轴平行于晶片表面，而且与 P_1、P_2 的偏振化方向皆成 45°角。以 $\lambda=589.3$ nm 的自然光垂直入射到 P_1 上，该晶体对此光的折射率 $n_o=1.658$、$n_e=1.486$。（1）说明 1、2、3 区域的光的偏振态；（2）求 3 区域光强与入射光强 I_0 之比；（3）若晶片 C 的光轴与晶片表面垂直，再次求 3 区域光强与入射光强 I_0 之比。

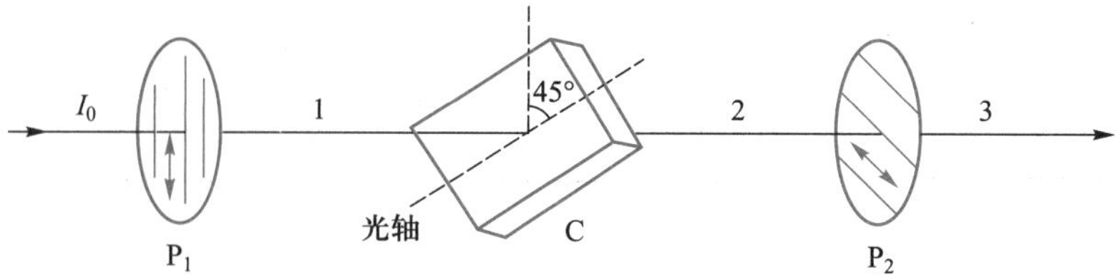

习题 13-69 图

13-70 用一波长为 λ 的单色光正交入射到用云母片做成的厚度为 2.165×10^{-5} m 的$\frac{1}{4}$波片上，云母片对此光的两个折射率为 $n_1=1.6049$，$n_2=1.6117$，求此光波的波长。

13-71 如图所示，一片偏振片和一片$\frac{1}{4}$波片黏合在一起，并知道偏振片的偏振方向与波片光轴方向成$\frac{\pi}{4}$的夹角。此合成片上有一面称为 A 面，面对 A 面用相应的单色光入射，透过光由铝片反射回来，但看不到返回的光；如果将合成片翻过面来，即让 A 面对着铝片，就可看到返回的光。问 A 面是偏振片还是$\frac{1}{4}$波片？

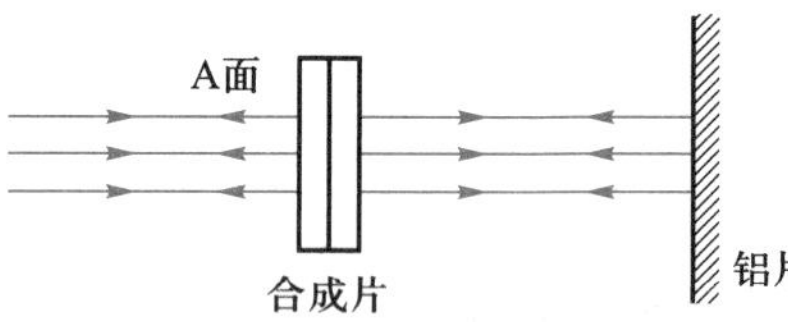

习题 13-71 图

13-72 在两个偏振化方向成 30°角的偏振片 P_1 与 P_2 之间放进一块$\frac{1}{4}$波片，其光轴与 P_2 偏振化方向平行。用光强为 I_0，相应波长为 λ 的单色自然光垂直照射到 P_1 上。(1) 说明 1、2、3 区域的光的偏振态；(2) 求 3 区域的光强。

13-73 如图所示，在激光冷却技术中，用到一种"偏振梯度效应"。它是使强度和频率都相同、但偏振方向相互垂直的两束激光相向传播，从而在叠加区域能周期性地产生各种不同偏振态的光。设两束光分别沿 $+x$ 和 $-x$ 方向传播，光振动方向分别沿 y 方向和 z 方向。已知在 $x=0$ 处的合成偏振态为线偏振态，光振动方向与 y 轴成 45°。试说明沿 $+x$ 方向每经过$\frac{\lambda}{8}$的距离处的偏振态。

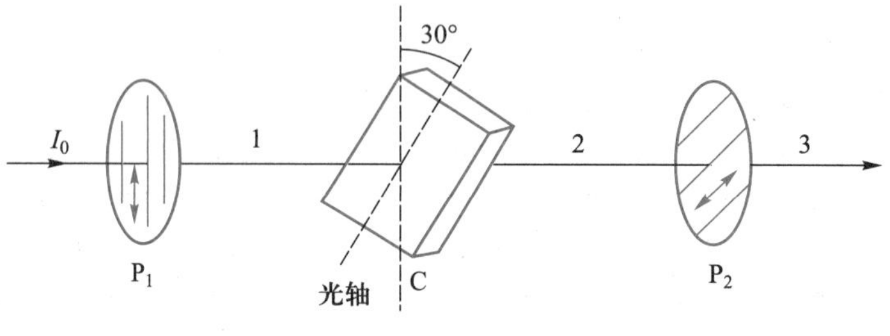

习题 13-73 图

13-74 在杨氏双缝干涉中，垂直入射的是平面单色自然光，在屏幕上得到干涉条纹。(1) 在双缝的后面贴放一偏振片，使双缝的光都通过它，此时有无干涉？若有的话，条纹有何变化？(2) 在其中一缝的偏振片后再贴放一片光轴与偏振片的偏振化方向成 45°的$\frac{1}{2}$波片，屏上的条纹又如何变化？

第 13 章习题参考答案

第六篇

量子物理

20 世纪初，当物理实验涉及光与原子、电子相互作用时，光显示出了粒子性，从而使经典物理学遇到严重的困难。本篇第 14 章先介绍这些实验事实，再说明如何从这些事实导致能量子假设，然后简单叙述玻尔原子理论。

早期量子论虽然能够对黑体辐射、光电效应和单电子原子的光谱等实验事实作出解释，但是理论的进一步发展却遇到了很多困难。例如，玻尔理论是玻尔假设与经典物理学的混合物，并不是一个完整自洽的理论，另一方面，玻尔理论不能解释原子光谱线的强度、光谱的精细结构及多电子原子的复杂光谱问题。1924 年，德布罗意首先提出了物质波的假设，揭开了现代量子理论大幕的一角。在 1925 年到 1932 年间，由薛定谔、海森伯、玻恩和狄拉克等人建立起能描述微观实物粒子运动的新理论，称为量子力学。本篇第 15 章着重介绍量子力学的基本概念和基本原理，并应用它来说明电子、原子的某些运动特征。最后简单介绍激光和半导体及核物理。

第 14 章 早期量子论

第 1 节　黑体辐射　普朗克能量子

一、热辐射

19 世纪，随着高温测量技术的发展，人们开始了对热辐射的研究。所谓热辐射是指处于任一温度下的物体，由于热运动导致大量分子或原子都以振荡偶极子的方式不断发射电磁波，因而，物体的表面伴有能量向周围空间传播，我们把这种以电磁波形式向外传播能量的过程称为**辐射**，传播出去的能量称为**辐射能**。

实验表明，对给定的物体来说，温度不同时辐射能量集中的波长范围不同。所以，这种辐射称为**热辐射**。例如，通有电流的灯丝，在温度低于 800 K 时，灯丝虽发热但不辐射可见光，绝大部分的辐射能分布在电磁波谱的红外(长波)部分，也就是说，灯丝辐射的电磁波中，绝大部分是红外线。当灯丝的温度高于 800 K 后，灯丝呈现可见光的辐射，单位时间的辐射能也随着温度上升而增多，而且辐射能的分布逐渐移向短波部分，如图 14-1-1 所示。需要指出的是从炽热物体上发出的热辐射，包含有各种波长的电磁波，通常是一种连续光谱。太阳光就是由各种波长的光混合而成的。

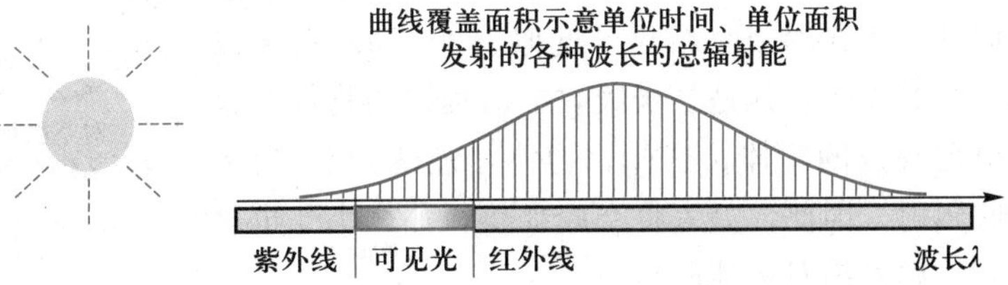

图 14-1-1　热辐射的波长分布示意图

需要指出的是，热辐射是能量传递和交换的一种重要方式。热辐射的能量以光速在空间传播，当辐射遇到其他物体时，就有一部分能量被吸收。例如，手放在火炉旁，就有热的感觉；又如太阳虽离地球约 1.5×10^8 km，且其间绝大部分空间几乎是真空，但太阳热辐射的能量却传到了地球上。显然，辐射能既不是靠介质的传导，也不是靠空气的对流。

当物体因热辐射而消耗的能量等于从外界吸收的能量时，该物体的热辐射过程达到平衡。这时，物体的状态可用一个确定的温度 T 来描述，这种热辐射称为平衡热辐射。本节只讨论平衡热辐射的规律。

在介绍热辐射的基本规律之前，先定义两个相关的物理量。

(1) **单色辐出度**，记作 M_λ，定义为：从温度为 T 的物体表面上，单位面积上所辐射出的波长介于 λ 与 $\lambda+\mathrm{d}\lambda$ 的电磁波辐射功率 $\mathrm{d}M(\lambda,\ T)$ 与 $\mathrm{d}\lambda$ 的比值。于是，我们用下式

$$M_\lambda(\lambda,\ T)=\frac{\mathrm{d}M(\lambda,\ T)}{\mathrm{d}\lambda} \tag{14-1-1}$$

其单位为 $\mathrm{W\cdot m^{-3}}$。

（2）辐出度，记作 M，定义为：从温度为 T 的物体表面上，单位面积所发射的各种波长电磁波功率之总和，它与单色辐出度的关系为：

$$M(T)=\int_0^\infty M_\lambda(\lambda,\ T)\mathrm{d}\lambda \tag{14-1-2}$$

其单位为 $\mathrm{W\cdot m^{-2}}$。显然，对于给定的一个物体，辐出度只是其温度的函数。

事实上任何物体都具有不断辐射、吸收、反射电磁波的性质。当热辐射照射到某一不透明物体的表面时，一部分能量被物体所吸收，另一部分能量则从表面反射出去(如果物体是透明的，还有一部分能量被透射过去)。被吸收的能量与入射总能量的比值称为该物体的吸收系数。物体的吸收系数是随物体的温度和入射电磁波的波长而变化的。对于各种不同的物体，特别是表面情况不同的物体，吸收系数的数值有较大的差别。为了研究不依赖于物质具体物性的热辐射规律，科学家们定义了一种任何温度时对于任何波长的吸收系数都等于 1 的特殊物体，即入射的辐射能全部被吸收，这种只吸收而不反射的物体称为绝对黑体，以此作为热辐射研究的标准物体，被称为绝对黑体，简称为黑体。

在自然界中，绝对黑体是不存在的，即使吸收系数最大的烟煤，对太阳光来说，吸收系数也不过是 0.99。但是，我们可以用下述方法得到非常近似的绝对黑体。取一不透明的封闭空腔，在空腔上开一小孔(见图 14-1-2)，当外界的辐射穿入小孔后，将与空腔内表面多次反射作用后几乎全部被吸收，能够再由小孔穿出空腔外的反射电磁波是微乎其微的。因此，小孔的吸收系数可近似为 1，即小孔可以看成是绝对黑体。实验表明，凡是易于吸收电磁辐射的物体，也一定是易于发射电磁辐射的物体，这样，物体才能达到热平衡。由于小孔易于吸收辐射，因此，如果将空腔加热，那么小孔也易于向外发出辐射，这就是绝对黑体的辐射。

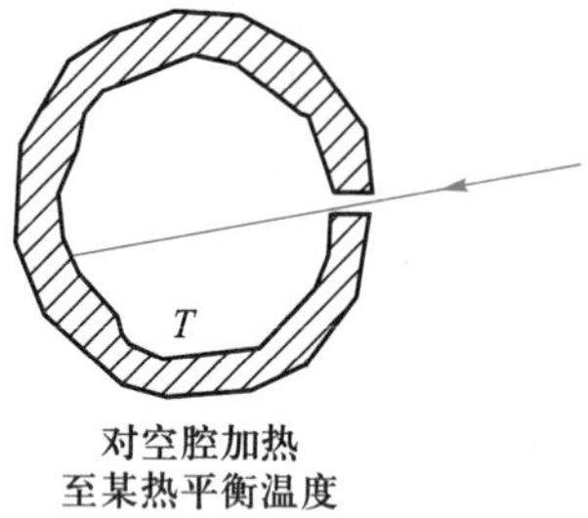

图 14-1-2 空腔小孔模型

二、黑体辐射定律

有了绝对黑体的模型，就可由实验来研究黑体的辐射性质，如图 14-1-3 所示，由实验结果，可得到下述普遍定律。

1. 斯特藩-玻耳兹曼定律

从日常生活经验可知，物体的辐射能随着温度的升高而迅速增加。实验证明，绝对黑体的辐出度 $M_0(T)$ 与热力学温度 T 的四次方成正比，其中下标“0”用于代表绝对黑体。1879 年斯特藩从实验中总结出这一定律，可表示为

$$M_0(T)=\sigma T^4 \tag{14-1-3}$$

式中 σ 称为斯特藩常量，其值为 $\sigma=5.670\times10^{-8}\ \mathrm{W/(m^2\cdot K^4)}$。1884 年玻耳兹曼由经典理论也导出了上述结论，因此上式所反映的规律称为斯特藩-玻耳兹曼(Stefan-Boltzmann)定律。

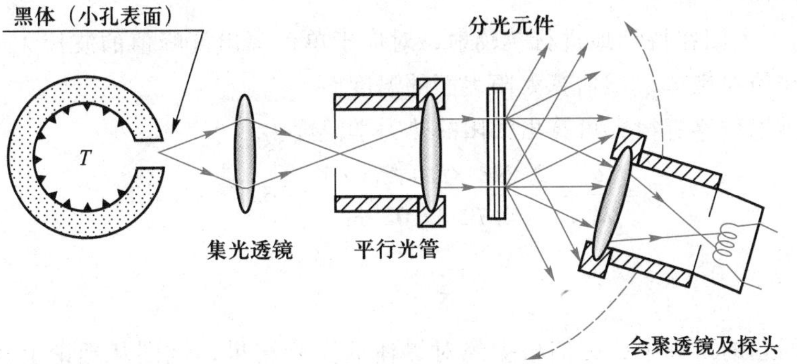

图 14-1-3　黑体辐射的探测示意图

2. 维恩位移定律

1893 年德国科学家维恩由经典电磁学和热力学理论得到，黑体辐射各波长的单色辐出度为 $M_{\lambda_0}(\lambda, T)$ 与波长 λ 及热力学温度 T 有关。实验结果可以用图 14-1-4 表示。

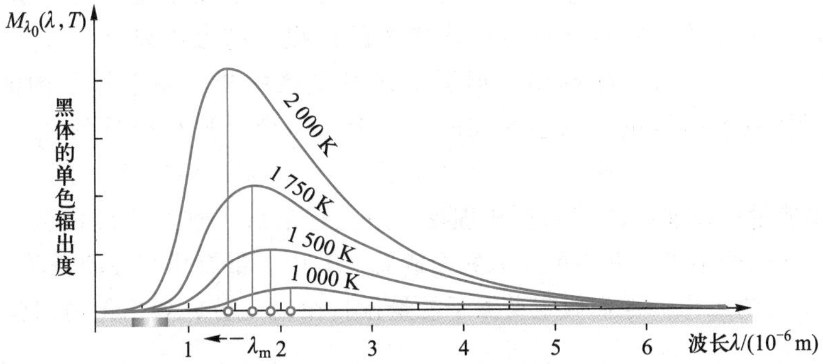

图 14-1-4　绝对黑体单色辐出度按波长分布的曲线

由图可见，在每一条曲线上，$M_{\lambda_0}(\lambda, T)$ 相应地有一个峰值，即最大值。这意味着，对应于黑体的一个给定温度，总存在着一个最大的单色辐出度。对应于这个峰值的波长用 λ_m 表示。热力学温度 T 越高，λ_m 值越小，两者的关系确定为

$$T\lambda_m = b \tag{14-1-4}$$

式中 $b=2.898\times10^{-3}\,\text{m}\cdot\text{K}$。上式可表述为如下的维恩(W. Wien)位移定律：当绝对黑体的温度增高时，对应于单色辐出度峰值的波长向短波方向移动。例如，低温的火炉发出较多的波长较长的红光，而高温的白炽灯则发出较多的波长短一些的光(如绿光或蓝光等)。

根据上述定律可知，如能测定绝对黑体的总辐出度 M_0 或对应于单色辐出度峰值的波长 λ_m，就可以算出该绝对黑体的温度，当被测物体和绝对黑体相近似时，用这种方法测得的温度是足够准确的，这种方法称为光测高温方法，在工业技术中有广泛的应用。例如，在冶炼技术中，常在冶炼炉上开一个小孔，此空腔小孔可近似地看作绝对黑体，从而可通过测定它

的 λ_m 就能间接测出炉温 T。

【例 14-1】 太阳在持续地进行热辐射，对应于单色辐出度峰值的波长 $\lambda_m = 4.70\times10^{-7}$ m，假定把太阳当作绝对黑体，试估算太阳表面的温度。

解 根据维恩位移定律，可算出太阳的热力学温度为

$$T = \frac{b}{\lambda_m} = \frac{2.898\times10^{-3}\ \text{m}\cdot\text{K}}{4.70\times10^{-7}\ \text{m}} = 6.17\times10^{3}\ \text{K}$$

3. 经典物理的"紫外灾难"

在热辐射问题的研究中，人们根据绝对黑体的实验结果，试图从理论上找出符合实验曲线(见图 14-1-4)的函数式 $M_{\lambda0}(\lambda, T)$。如果能够给出它的解析表达式，那么，根据(14-1-2)式便可计算出绝对黑体的总辐出度 $M_0(T)$，即

$$M_0(T) = \int_0^{\infty} M_{\lambda0}(\lambda, T)\,\mathrm{d}\lambda \tag{14-1-5}$$

在 19 世纪末，许多物理学家在寻求上述函数式 $M_{\lambda0}(\lambda, T)$ 的过程中，根据经典电磁理论提出了物质辐射和吸收电磁波的热辐射机制，认为物质中振动着的分子、原子可以看成是做简谐振动的带电粒子，称为**谐振子**。这些带电的谐振子在振动时将辐射出与其固有频率相同的电磁波。黑体的热辐射就是由构成黑体的谐振子持续振动所产生的。因而，黑体在辐射和吸收电磁波的同时，必然要与周围电磁场交换能量，使谐振子的能量发生变化，并且认为谐振子所具有的能量可以连续地改变而取任意值。这种能量的经典观念，在当时是确信无疑的。

然而，沿用能量可以连续改变的经典理论，对上述谐振子这个物理模型，运用经典热力学理论推导所得的一些结果，并不能令人完全满意。其中，最有代表性的是瑞利(B. Rayleigh)和金斯(J. H. Jeans)的工作。他们假定谐振子能量按自由度均分，导出绝对黑体单色辐出度的解析表达式，即

$$M_{\lambda0}(\lambda, T) = 2\pi c\lambda^{-4}kT \tag{14-1-6}$$

式中 c 为真空中的光速，k 为玻耳兹曼常量。上式称为**瑞利-金斯公式**。这个公式在长波部分与实验结果一致，但是在短波部分却与实验结果存在明显的偏离。当波长越短时，由(14-1-6)式给出的黑体单色辐出度将变得越大而趋于无限大，或者说，在短波部分导致(14-1-6)式发散，这无论在实验和理论上都是不对的。这一荒谬结论的出现，暴露了经典物理在处理黑体辐射问题时所面临的不可克服的困难，由于(14-1-6)式在可见光的紫外发散，故在物理学史上被称为"紫外灾难"。它困惑了当时许多物理学家，从而也动摇了经典物理理论的基本观念。

此外，1896 年维恩从经典热力学和麦克斯韦分布率出发，也导出了一个公式，即维恩公式

$$M_{\lambda0}(\lambda, T) = \alpha c^2\lambda^{-5}\mathrm{e}^{-\beta c/\lambda T} \tag{14-1-7}$$

式中 α 和 β 为常量。维恩公式在短波部分与实验曲线符合得很好，但在长波部分出现了较大的偏差，如图 14-1-5 所示。

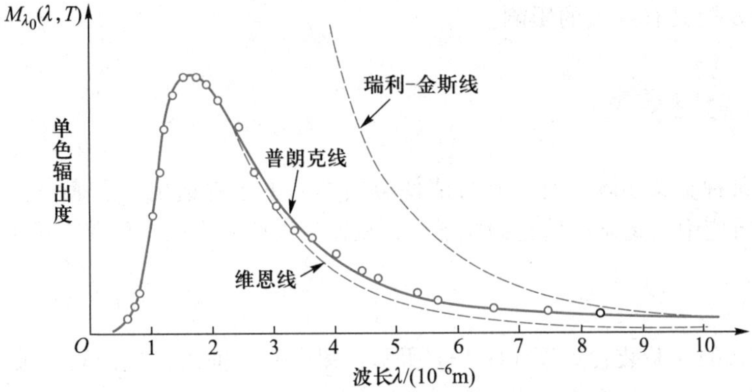

图 14-1-5　黑体辐射的理论与实验曲线

三、能量子假设　普朗克公式

1900 年，普朗克(M. Planck)终于找到了一个与实验曲线符合的黑体辐射公式。为了从理论上导出这个公式，他认为在研究分子、原子的微观运动规律(这里研究微观的振动)时，必须抛弃上述对能量连续取值的经典观念，并提出与经典理论相矛盾的新假设。

(1) 谐振子只能处于某些特殊的状态，在这些状态中它们的能量是某个最小能量单元 ε 的整数倍(即只能处于能量为 ε，2ε，…，$n\varepsilon$，…的这些状态，n 为正整数，称为量子数)。这种最小的能量单元 ε 称为能量子。

(2) 频率为 ν 的谐振子的最小能量单元 ε 正比于频率，写作

$$\varepsilon = h\nu \tag{14-1-8}$$

式中 h 是一个普适常量，称为普朗克常量。这些构成了普朗克的能量子假设。

按照普朗克量子假设，谐振子的能量是不连续的，存在着能量的最小基本单元；谐振子和电磁场交换能量的过程也不是连续的，亦即谐振子发射或吸收辐射时，按照它自己的频率，以一个与频率成正比的“能量子”$\varepsilon=h\nu$ 为基本单元来放出或吸收能量，它放出或吸收的能量只能是 $h\nu$ 的整数倍，即 $E=h\nu$，$2h\nu$，…，$nh\nu$，一份一份地按不连续的方式进行，而不能是介于这些数值之间的其他数值(如 $0.6h\nu$ 等)。

普朗克把绝对黑体腔壁的原子看作带电的谐振子，根据上述量子假设，认为腔壁的谐振子只能按能量子 $h\nu$ 的整数倍不连续地吸收或辐射能量，吸收或辐射电磁波的频率 ν 与波长 λ 关系为 $\lambda/c=1/\nu$ 由此推出的绝对黑体单色辐出度的分布公式，称为普朗克公式，即

$$M_{\lambda_0}(\lambda,\ T)=\frac{2\pi hc^2}{\lambda^5}\frac{1}{e^{\frac{hc}{k\lambda T}}-1} \tag{14-1-9}$$

式中 k 和 c 分别为玻耳兹曼常量和光速。与实验结果相比较，可求得普朗克常量，其值为

$$h = 6.626\ 070\ 15\times10^{-34}\ \mathrm{J\cdot s}$$

并且，我们还可从普朗克公式导出斯特藩-玻耳兹曼定律和维恩定律(读者自己推证)，因此，用它能圆满地解释黑体热辐射现象。

普朗克的能量量子化假设，不仅圆满地解释了热辐射现象，而且成为现代量子理论的开

端，对物理学的发展具有巨大的影响。

第 2 节 光电效应

当光照射在某种金属导体上时，有可能使金属中的电子逃逸出金属表面，这种现象称为光电效应。在光电效应中，光显示出它的粒子性，从而使人们对光的本质获得了进一步的认识。

一、光电效应的实验

光电效应现象的实验装置如图 14-2-1 所示，图中有一抽去空气的真空玻璃容器，容器内设置阴极 K 和阳极 A，这两个电极分别和电流计 G、电压表 V 及电池组按图示连接。电源对 A、K 两极提供了电压 $U_{AK}=U_A-U_K$，且电势差 $U_A-U_K>0$ 使两极间形成一个电场强度为 E、方向由阳极 A 指向阴极 K 的电场。

实验开始时，由于阴极 K 与阳极 A 之间是断路的，所以电流计 G 不显示有电流通过。当以某种频率的单色光照射到阴极 K 上时，电流计 G 就显示出电路中有电流通过。改变两极间电压 U_{AK}，电流 I 也随之改变，两者之间的关系可由图 14-2-2 中的伏安特性曲线表示。对于上述实验结果，我们可以解释如下：当一定频率的光照射在金属极板 K 上时，板上就释放出电子，称为光电子。光电子就在这两极间的电场内作加速运动，奔向阳极 A，形成线路中的电流 I，这种电流称为光电流。当电压 U_{AK} 相当大时，阴极 K 上所释放的电子全部飞到 A 极上，这时电流 I 达到饱和值 I_m；当两极间加上反向电势差（$U_A<U_K$），电压 U_{AK} 为负值时，电子在逆向电场力作用下作减速运动。在电压达到一定值 U_a 时，光电子已不能到达阳极 A，于是光电流为零。这一电压 U_a 称为遏止电压。

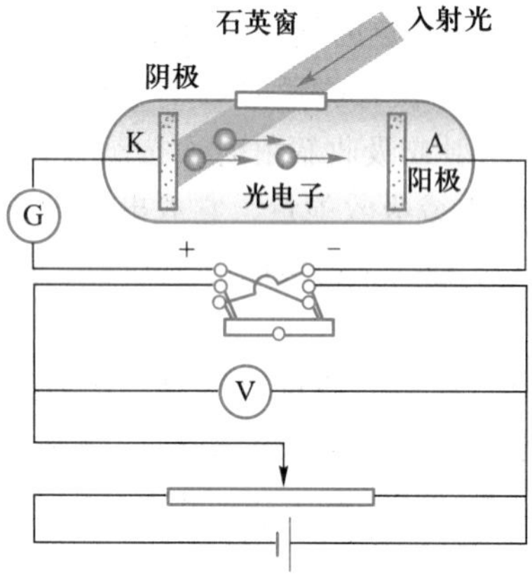

图 14-2-1 光电效应装置图

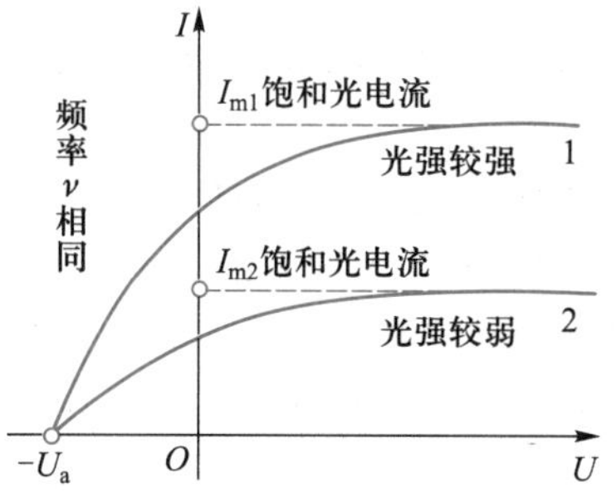

图 14-2-2 光电效应的伏安特性曲线

现在，我们根据实验结果来说明光电效应的规律。由于饱和光电流 I_m 的大小取决于单位时间内自阴极 K 逸出的光电子数目 N，即 $I_m=Ne$（e 为电子的电荷），因此，在分析用不同强度的光照射阴极 K 而得到的伏安特性曲线（见图 14-2-2）之间的关系时，可给出第一条实验结论：

(1) 单位时间内自阴极表面逸出的光电子数与入射光的强度成正比。

当电压达到遏止电压 U_a 时，光电流为零，这就说明电子由于减速运动已不能到达阳极 A，这时电子从阴极逸出时具有的初动能全部消耗于克服电场力做功，故

$$\frac{1}{2}mv_{\max}^2 = e|U_a| \tag{14-2-1}$$

实验指出，用频率不同的光照射阴极 K 时，相应的遏止电压也不同，且其大小与光的频率存在着如下的线性关系(见图 14-2-3)：

$$|U_a| = k\nu - U_0$$

将此关系式代入(14-2-1)式，得

$$\frac{1}{2}mv_{\max}^2 = ek\nu - eU_0 \tag{14-2-2}$$

式中 e 是电子的电荷(绝对值)，k 是一个与阴极材料性质无关的常量，另一常量 U_0 取决于材料的性质。于是得到第二条实验结论：

(2) 光电子的初动能与入射光的频率成线性关系，而与入射光的强度无关。

因为动能必须是正值，由此可得第三条实验结论：

(3) 要产生光电效应，入射光的频率不能小于一定的数值 ν_0。

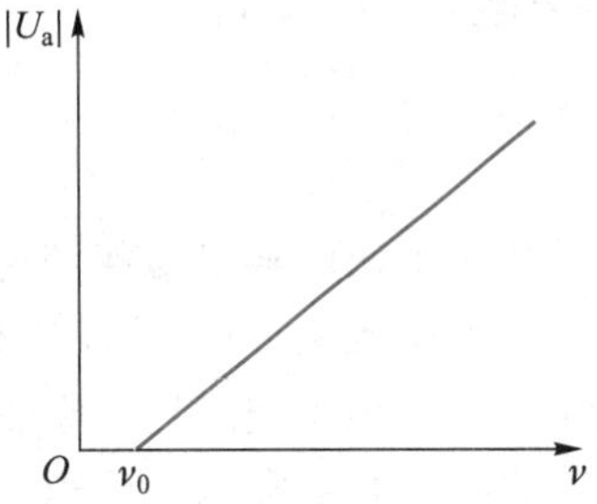

图 14-2-3　遏止电压与光频率的关系

这个极限称为红限或截止频率，它可由(14-2-2)式令 $mv^2/2=0$，求得 $\nu_0=U_0/k$。实验指出，当入射光的频率小于红限频率 ν_0 时，不论光的强度有多大，照射时间有多长，都不会产生光电效应，而且不同的金属，有不同的截止频率，如表 14-1 所列。

表 14-1　几种金属的逸出功 A 和截止频率(红限)ν_0

金属	截止频率 $/10^{14}$ Hz	逸出功/eV	金属	截止频率 $/10^{14}$ Hz	逸出功/eV
铯 Cs	4.69	1.94	铝 Al	9.03	3.74
铷 Rb	5.15	2.13	硅 Si	9.90	4.10
钾 K	5.43	2.25	铜 Cu	10.80	4.47
钠 Na	5.53	2.29	钨 W	10.97	4.54
锑 Sb	5.68	2.35	锗 Ge	11.01	4.56
钙 Ca	6.55	2.71	硒 Se	11.40	4.72
锌 Zn	8.06	3.34	银 Ag	11.55	4.78
铀 U	8.76	3.63	铂 Pt	15.28	6.33

当入射光的频率大于截止频率时，无论光的强度多弱，都有光电子从金属表面逸出。根据实验测定，从接收光的照射到电子逸出金属表面，所需时间不超过 10^{-9} s，这就是光电效应的“瞬时性”。因此，可得第四条实验结论：

（4）若入射光的频率大于截止频率，则入射光一开始照射，立刻就产生光电效应。

上述光电效应的实验结论无法用经典的波动理论来解释。首先，按照经典理论，光照射在金属上时，光的强度越大，则光电子获得的能量也就越多，它从金属表面逸出的初动能也就越大，所以光电子的初动能理应与光强度有关，但这与上述实验结论相悖。其次，按照经典的波动理论，无论何种频率的光照射在金属上，只要入射光的强度足够大，或者照射时间足够长，使电子获得足够能量，总可从金属表面逸出，不应该存在实验所发现的红限问题。再有，按照光的波动说，金属中的电子从入射光波中连续不断地吸收能量时，必须积累到一定量值（至少须等于逸出功）时，才能逸出金属表面，这就需要一段积累能量的时间，但是，实验结果并非如此。

二、光子　爱因斯坦方程

为了解决经典电磁波理论在解释光电效应现象时所遇到的困难，爱因斯坦在普朗克能量子概念的基础上，在 1905 年提出，不应该将光的辐射能看作是连续分布的，光被电子吸收时也是一份一份不连续地被吸收的。他对光的本性提出如下的新概念。

光是一粒一粒的、以光速运动着的粒子流，这些光粒子称为光子。每一光子的能量为 $\varepsilon=h\nu$，即与光的频率成正比，式中 h 为普朗克常量，所以不同频率的光子具有不同的能量，而光强度则取决于单位时间内通过单位面积的光子数目。

当频率为 ν 的光照射在金属上时，电子吸收一个光子，便获得了能量 $h\nu$，其中，一部分能量消耗于电子从金属表面逸出时克服表面原子的引力所做的功，即所谓逸出功 A（其值可查表 14-2-1），另一部分能量转化为光电子的初动能 $mv^2/2$。按照能量守恒定律，得

$$h\nu=\frac{1}{2}mv^2+A,\qquad \text{或}\qquad \frac{1}{2}mv^2=h\nu-A \tag{14-2-3}$$

这就是爱因斯坦光电效应方程。它直接地说明了光电子的动能和频率的线性关系。当入射光的强度增加时，每个光子的能量并没有增加，而只是光子的数目增多，因而单位时间内吸收光子能量而释放出来的光电子数目，亦随之增加。这就很自然地说明了光电子数目与入射光强度的正比关系。这个方程也说明了截止频率的存在，并且说明频率等于截止频率的光子的能量，恰好等于该物体电子的逸出功[令(14-2-3)式中 $mv^2/2=0$，即得 $h\nu_0=A$]。如果频率小于截止频率，那么光子的能量，即被电子吸收的能量，小于逸出功，因此不论光的强度如何，都不能产生光电效应（电子同时吸收两个以上的光子的概率极小）。反之，如果频率大于截止频率，那么光子的能量大于电子的逸出功，电子一旦吸收该能量就立刻可以逸出表面，不需要经过一段积累过程，因此不论光强如何微弱，都能立刻产生光电效应。

不仅如此，将爱因斯坦方程（14-2-3）和实验公式（14-2-2）及截止频率 $\nu_0=U_0/k$ 相比较，得

$$h=ke,\qquad \nu_0=\frac{A}{ke} \tag{14-2-4}$$

可见，爱因斯坦方程还说明了另外一点：热辐射中的常量 h 和光电效应中的常量 k 之间有一定的关系。h 的量值已由热辐射中得出，e 的量值又是已知的，k 的量值可由光电效应的实验中算出。结果表明，这些量值准确地满足关系式 $h=ke$，从而说明了爱因斯坦的光子假设是正确的。

【例 14-2】 能使铯产生光电效应的光的最大波长 $\lambda_0=660$ nm，试求当波长 $\lambda=400$ nm 的光照射在铯上时，金属铯放出的光电子的速度（电子质量为 9.11×10^{-31} kg，这里忽略电子质量的改变）。

解　根据爱因斯坦光电效应方程

$$h\nu=\frac{1}{2}mv^2+A$$

可解出光电子的速度为 $$v=\sqrt{(h\nu-A)\frac{2}{m}}=\sqrt{\left(\frac{hc}{\lambda}-A\right)\frac{2}{m}}$$

因 $A=h\nu_0=hc/\lambda_0$，按题设数据，可算出光电子的速度为

$$\begin{aligned}v&=\sqrt{hc\left(\frac{1}{\lambda}-\frac{1}{\lambda_0}\right)\frac{2}{m}}\\&=\Bigg[6.63\times10^{-34}\ \mathrm{J\cdot s}\times3.00\times10^{8}\ \mathrm{m\cdot s^{-1}}\\&\quad\times\left(\frac{1}{400\times10^{-9}\mathrm{m}}-\frac{1}{660\times10^{-9}\ \mathrm{m}}\right)\times\frac{2}{9.11\times10^{-31}\mathrm{kg}}\Bigg]^{1/2}\\&=6.56\times10^{5}\ \mathrm{m\cdot s^{-1}}\end{aligned}$$

应用光电效应的原理可制成真空光电管。最简易的真空光电管的构造如图 14-2-4 所示。这是一个抽成真空的玻璃泡，内表面上涂有感光层构成阴极 K。用于不同光谱范围的光电管，其感光层是用不同截止频率的物质（如银、钾、锌等）制成的。阳极 A 一般做成圆环形，用电池组 $\mathscr{E}$ 在阳极和阴极间加上电压。当光照射在阴极 K 上时，电路中就有电流通过，饱和电流的强度和入射光的强度有严格的比例关系。这种光电管的灵敏度很高，可用于记录和测量光通量。在电视、有声电影和无线电传真技术中，可用来把光信号转换为电信号。在自动控制和自动保护等装置中光电管常可用作自动开关。

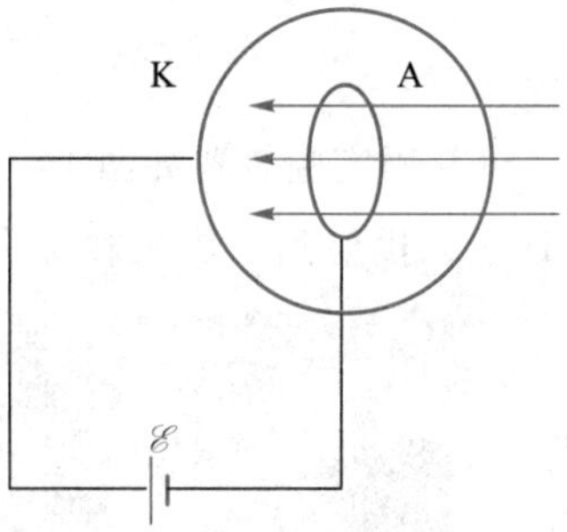

图 14-2-4　光电管

上述的光电效应都发生在物体的表面层，使光电子逸出体外，所以称为**外光电效应**。光也可以深入到物体的内部，例如半导体在光的照射下，内部的原子要释放出电子，但这些电子仍留在物体内部，可使物体的导电性增加，这种现象称为**内光电效应**，其应用也颇为广泛。

三、光的波粒二象性

光电效应使人们认识到，原来被认为是电磁波的光具有粒子性，因而光是既具有波动性

又具有粒子性的实体。人们称之为波粒二象性。

光的粒子性可用光子的质量、能量和动量来描述。如上所述，光子的能量为

$$E=\varepsilon=h\nu \tag{14-2-5}$$

根据相对论中物质的质量与能量关系 $\varepsilon=mc^2$，光子的质量为

$$m=\frac{\varepsilon}{c^2}=\frac{h\nu}{c^2} \tag{14-2-6}$$

需要指出的是，光子并非经典力学中所描述的质点，它没有静止质量，也不存在与光子相对静止的参考系。光子的动量为 $p=mc$，由上式，有

$$p=mc=\frac{h\nu}{c}=\frac{h}{\lambda} \tag{14-2-7}$$

总之，光在传播过程中，以它的干涉、衍射和偏振等现象，表现出光的波动性；而在光电效应等现象中，当光和物质相互作用时，表现出具有质量、动量和能量等光的微粒性。因此，光具有波动和粒子两重性质，这就是所谓光的波粒二象性。

光的波粒二象性可从光子的能量 $\varepsilon=h\nu$ 和动量 $p=h/\lambda$ 这两个公式中体现出来。这两个关系式称为爱因斯坦光子方程。能量 ε 和动量 p 显示出光具有粒子性，而频率 ν 和波长 λ 则显示出光具有波动性。光的这两种性质借助于普朗克常量 h 定量地联系在一起。光子方程是联系波动性与粒子性的桥梁，使我们对光的本性获得了更全面的认识。

第 3 节　康普顿效应

1923 年，康普顿(A. H. Compton)用 X 射线入射晶体的散射实验，进一步证实了光子的存在。

一、X 射线的散射实验

康普顿实验装置如图 14-3-1 所示。由伦琴射线管 R 发出的波长为 λ_0 的 X 射线，通过光阑 D 后，投射到一块散射物质(如石墨)S 上，通过 S 后，沿各方向发出散射射线，并经光阑

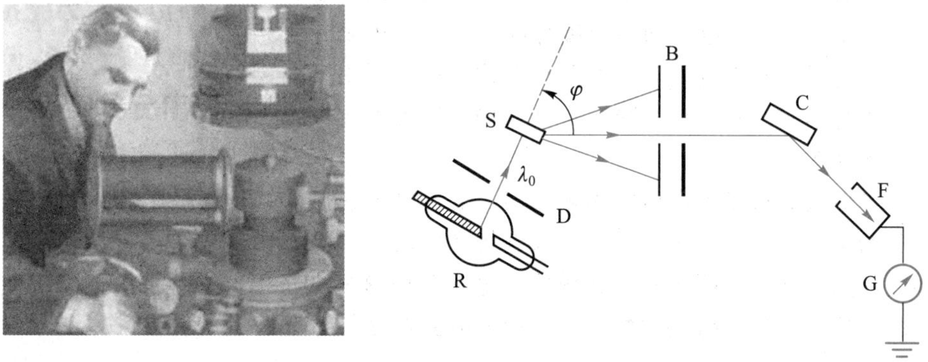

图 14-3-1　康普顿实验装置示意图

B 后形成一束射线，入射到装有晶体 C 和电离室 F 的摄谱仪上，摄谱仪可测定散射射线的波长及其强度。伦琴射线管 R 和石墨 S 可以一起转动，以使不同方向(即 φ 角)的散射线通过光阑 B 而投射到摄谱仪。康普顿实验结果示意图如图 14-3-2 所示。

实验指出：

(1) 散射线中除有与入射线波长 λ_0 相同的射线外，还有比入射线波长 λ_0 更长的射线；

(2) 波长的变化 $\lambda-\lambda_0$ 随散射角 φ 的增大而增大，且在同一散射角下，波长的变化与散射物质无关。

上述这种散射线波长发生改变的现象，就称为**康普顿效应**。

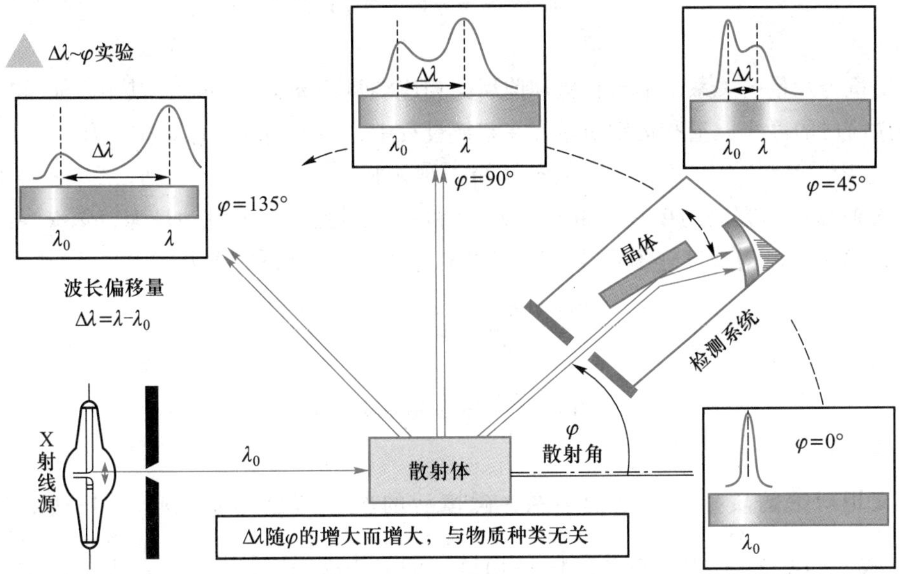

图 14-3-2 康普顿实验结果示意图

我们知道，X 射线是一种电磁波。按照经典的电磁波理论，当波长为 λ 的电磁波射入物质时，将引起物质中的带电粒子以与入射电磁波相同的频率作受迫的电磁振荡，并向各方向辐射出同一频率的电磁辐射，即散射电磁波的频率(或波长)应与入射电磁波的频率(或波长)相等，不应出现波长改变的现象。可见，经典理论无法解释康普顿效应。

二、康普顿的理论解释

为了解释 X 射线散射中出现波长改变的现象，康普顿引用爱因斯坦光子概念，考虑光子与电子和原子的相互作用，分析结果与实验相符。

X 射线中一个光子的能量远大于散射物质中一个外层电子的束缚能量，因此，入射的 X 射线光子与电子的相互作用，可以近似地看作光子与一个自由电子的弹性碰撞(见图 14-3-3)，而且自由电子的速度很小，可以忽略。设碰撞前电子是静止的(即 $v_0=0$)，频率为 ν_0 的光子沿 x 轴正方向入射，碰撞后光子沿 φ 角的方向散射出去，电子则获得了速度 v，沿 θ 角的方向运动。可想而知，由于光子的速率为 $c=3\times10^8$ m/s，故电子获得的速率也不小，可与光速相比，故由狭义

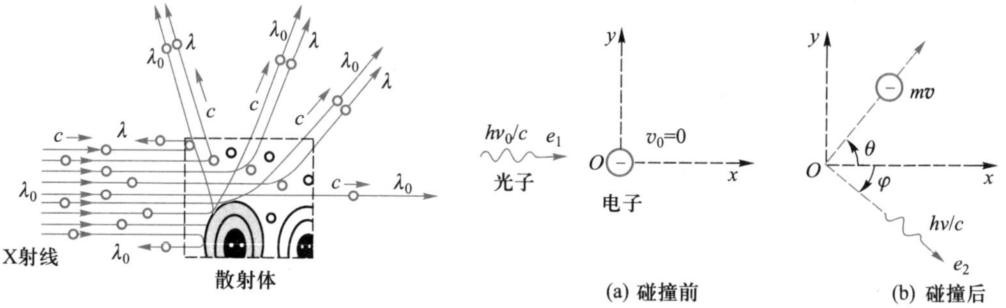

图 14-3-3　光子与自由电子的碰撞

相对论的质量与能量的关系，电子在碰撞前后的相应能量为 m_0c^2 和 mc^2，其中，m_0 和 m 分别为电子在碰撞前后的静止质量和运动质量。在碰撞过程中，根据能量守恒定律，有

$$m_0c^2 + h\nu_0 = h\nu + mc^2 \tag{14-3-1}$$

设光子的入射和散射方向的单位矢量分别为 $\boldsymbol{e}_1$ 和 $\boldsymbol{e}_2$，则光子的入射动量为 $(h\nu_0/c)\boldsymbol{e}_1$，散射的动量为 $(h\nu/c)\boldsymbol{e}_2$，根据动量守恒定律，分别得 x、y 轴方向的分量式为

$$\frac{h\nu_0}{c} = \frac{h\nu}{c}\cos\varphi + mv\cos\theta \tag{14-3-2}$$

和

$$0 = -\frac{h\nu}{c}\sin\varphi + mv\sin\theta \tag{14-3-3}$$

按狭义相对论的质量与速度的关系，碰撞后的电子质量为 $m = m_0\Big/\sqrt{1-\frac{v^2}{c^2}}$，把它代入(14-3-2)式、(14-3-3)式，联立(14-3-1)式、(14-3-2)式、(14-3-3)式，消去 v 和 θ，得

$$\Delta\lambda = \lambda - \lambda_0 = \frac{h}{m_0c}(1-\cos\varphi) = \lambda_C(1-\cos\varphi) \tag{14-3-4}$$

这就是波长改变的公式，其中，$\lambda_C = h/m_0c = 2.43\times10^{-12}$ m 称为康普顿波长。上式表明，波长的改变量仅与光子的散射角 φ 有关。当 $\varphi=0$ 时，波长不变；φ 增大时，$\lambda-\lambda_0$ 也增大；当 $\varphi=\pi$ 时，波长的改变最大。这一结论与实验结果完全符合。

此外，入射 X 线中的光子也要与原子中束缚很紧的电子发生碰撞，这种碰撞可以看作光子与整个原子的碰撞，由于原子的质量很大，根据碰撞理论，光子碰撞后光子能量损失很小，因而散射时光子的频率几乎不变，故在散射线中也有与入射 X 射线波长相同的射线。由于轻原子中电子束缚不紧，重原子中的芯电子束缚很紧，因此相对原子质量小的物质，康普顿效应较强，相对原子质量大的物质，康普顿效应不显著。这在实验上也已被证实。

康普顿效应的发现，进一步揭示了光的粒子性。康普顿效应在理论分析和实验结果上的一致，直接证实了光子方程 $\varepsilon=h\nu$，$p=h/\lambda$ 的正确性，光子是具有一定的质量、能量和动量的粒子；康普顿效应的解释还证实了在微观粒子的相互作用过程中，也严格遵从能量守恒定律和动量守恒定律。或者说：在微观世界的粒子运动和相互作用过程中，人们在宏观世界中总结的基本守恒定律依然成立，这一点极大地鼓舞了人们探索微观世界的信心，这也是康普顿效应更深层次的重要意义。

【例 14-3】　波长为 $\lambda_0=0.03\ \text{nm}$ 的 X 射线入射晶体，与材料中的静态自由电子相互作用，并在散射角 $\varphi=60°$ 的方向上出射，试求：散射光子的波长和反冲电子的动能。

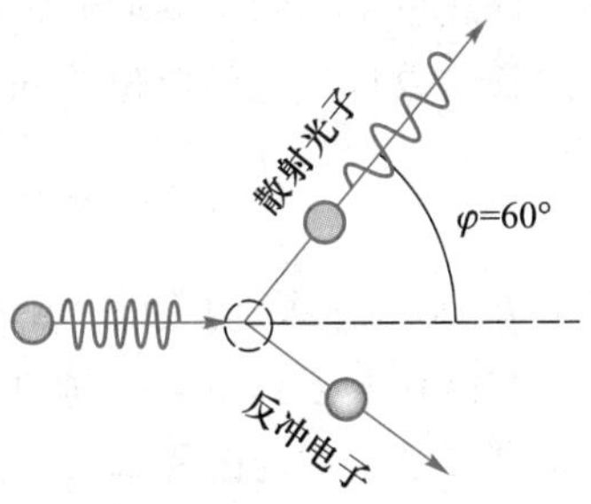

图 14-3-4　例 14-3 图

解　(1) 如图 14-3-4 所示，由康普顿散射公式 $\Delta\lambda=\lambda_c(1-\cos\varphi)$，代入

$$\lambda_C=\frac{h}{m_0c}=2.43\times10^{-12}\ \text{m},\qquad \varphi=60°$$

得

$$\lambda=\lambda_0+\lambda_C(1-\cos\varphi)=3.12\times10^{-2}\ \text{nm}$$

(2) 由碰撞过程中系统的总能量守恒，得

$$h\nu_0+m_0c^2=h\nu+(m_0c^2+E_k)$$

$$E_k=h(\nu_0-\nu)=hc\left(\frac{1}{\lambda_0}-\frac{1}{\lambda}\right)=2.25\times10^{-16}\ \text{J}=1.59\times10^3\ \text{eV}$$

第 4 节　玻尔量子理论

一、氢原子光谱的规律性

实验表明，在通常的气压下，炽热气态的元素发射出来的光通过棱镜或光栅后，并不分解(即色散)成包含有各种颜色的连续光谱，而是在黑暗的背景上呈现出若干条颜色不同的线状亮条纹，这种亮条纹称为谱线，每条谱线的波长都可以精密地测定。由这些不连续的谱线所组成的光谱，称为线状光谱。后来了解到这种线状光谱是原子受外界激发后发射的，因此也称为**原子光谱**。

从氢气放电管可以得到氢原子光谱，如图 14-4-1 所示。1885 年，巴耳末(J. J. Balmer)最先把氢原子光谱中可见光各谱线的波长表示成经验公式：

$$\lambda=B\frac{n^2}{n^2-4}\tag{14-4-1}$$

式中 $B=364.6\ \text{nm}$ 为一常量，当正整数 $n=3, 4, 5, 6, \cdots$时，上式即分别给出氢原子光谱中可见光部分的 H_α、H_β、H_γ、H_δ、…各条光谱线的波长。这个公式称为**巴耳末公式**，按该公式

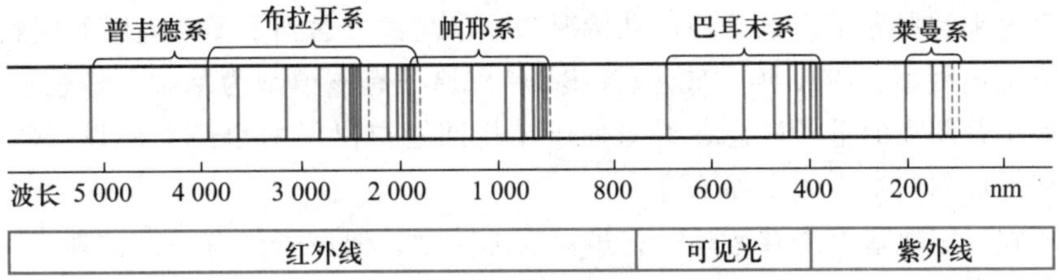

图 14-4-1　氢原子的线光谱图

所求出的计算值与试验观测值符合得很好。

谱线也常用频率 ν 或波数(波长的倒数)$\sigma=1/\lambda$ 来表征。波数 σ 是 1 m 长度内所含有的完整波长的数目，它的单位是 m^{-1}。这样，可以把巴耳末公式改写成

$$\sigma=\frac{1}{\lambda}=R\left(\frac{1}{2^2}-\frac{1}{n^2}\right)\quad(n=3,\ 4,\ 5,\ \cdots)\tag{14-4-2}$$

式中 $R=4/B$，称为里德伯(Rydberg)常量，其国际公认值为 $1.097\ 373\ 153\ 4\times10^7\ m^{-1}$。

在巴耳末公式中取不同的 n 值时，就得到相应的不同 $\sigma=1/\lambda$ 值的谱线，这些谱线组成一个光谱线系，称为巴耳末系。

在氢原子光谱中，还陆续发现了与巴耳末系并列的其他一连串的线系，并可由完全类似的公式表示。例如，帕邢(L. Pashen)系、莱曼(T. Lyman)系、布拉开(F. S. Brackett)系、普丰德(P. Fund)系，等等。所有这些氢原子光谱线系都可归纳成一个普遍公式来表示，即

$$\sigma=R\left(\frac{1}{k^2}-\frac{1}{n^2}\right)\tag{14-4-3}$$

对一个已知的线系，k 有一定的正整数值($k=1$，2，3，4，5)，而 n 可取从 $k+1$ 开始的一系列正整数。(14-4-3)式称为里德伯公式，又称广义巴耳末公式。

用这样简单的规律来表示氢原子光谱的谱线，其结果又非常准确，这绝不是单纯地找到了一个经验公式而已，而是氢原子内在规律性的表现。

二、玻尔的基本假设

氢原子是最简单的原子，按照卢瑟福的原子有核模型，在氢原子中，带有正电荷 $+e$ 的原子核的外围仅有一个带负电荷 $-e$ 的电子，电子绕核作圆周运动的向心力，就是它们之间的库仑吸引力，因而绕核运行的电子有加速度。按照经典电磁理论，电子要向周围空间不断地辐射电磁波，电子的能量将不断地减少而逐渐接近原子核，最后落到核上。这样说来，原子应该是一个不稳定的系统。可是，实验指出，原子具有高度的稳定性，即使受到外界干扰，也很难改变原子的属性。这都说明原子内部有一种稳定的结构在起支配作用，与上述这种不断变化的不稳定状况截然不同。再说，电子辐射的电磁波的频率应等于电子绕核运行的频率，而且由于电子在绕行时能量逐渐减少，其轨道就越来越小，相应的频率便越来越高，即电子绕核旋转的频率在连续地变化，电子辐射的电磁波的频率也应该连续地变化，因而所呈现的原子光谱应是连续光谱。这与实际观测到的分立的线状光谱，显然也是完全不符的。综上所述，用经典理论来解释原子内电子的运动情况和原子光谱，遇到了不可克服的困难。

为了解决上述困难，1913 年，玻尔(N. Bohr)以原子有核模型为基础，结合上述原子光谱的规律，发展了普朗克的量子概念，对氢原子结构问题提出了两个基本假设，使光谱现象获得了初步解释。玻尔的基本假设如下。

(1) 电子在一定轨道上绕核运动时，虽然有加速度，但原子具有一定的能量 E_n 而不会发生辐射，从而处于稳定的运动状态(简称定态)。这称为定态假设。

并不是任意绕核轨道都是定态，在电子绕核运动的所有轨道中，只有在电子的角动量 L 等于 $h/2\pi$ 的整数倍的那些轨道上，运动才是稳定的，即

$$L = n\frac{h}{2\pi} \tag{14-4-4}$$

式中 h 为普朗克常量，n 为正整数，称为量子数。(14-4-4)式称为轨道量子化条件。

(2) 只有原子从一个具有较大能量 E_n 的稳定运动状态跃迁到另一个较低能量 E_k 的稳定运动状态时，原子才以光子形式发射出单色辐射，其频率是

$$\nu = \frac{E_n}{h} - \frac{E_k}{h} \tag{14-4-5}$$

上述关系式称为跃迁定则(或称频率条件)。

三、玻尔对氢原子的成功解释

现在根据玻尔的上述假设，先研究氢原子中电子的轨道半径。设质量为 m 的电子在半径为 r_n 的稳定轨道上以速率 v_n 作圆周运动，所受的向心力就是原子核(设原子核固定不动)作用在电子上的电场力。由牛顿第二定律，有

$$\frac{e^2}{4\pi\varepsilon_0 r_n^2} = m\frac{v_n^2}{r_n} \tag{14-4-6}$$

式中 e 为氢原子核和电子的电荷绝对值。设电子以半径 r_n 作圆轨道运动的状态为定态，那么由量子化条件，其角动量 $L=mv_nr_n$ 应满足(14-4-4)式，即

$$mv_nr_n = n\frac{h}{2\pi}, \quad (n = 1, 2, \cdots) \tag{14-4-7}$$

由(14-4-6)式、(14-4-7)式，可得氢原子中第 n 个稳定轨道的半径为

$$r_n = \frac{\varepsilon_0 h^2}{\pi m e^2}n^2 \quad (n = 1, 2, \cdots) \tag{14-4-8}$$

当 $n=1$ 时，$r_1=\varepsilon_0 h^2/(\pi me^2)$ 为最靠近原子核的轨道的半径。由于 ε_0、h、m、e 皆为已知的常量，由计算可得 $r_1=0.529\times10^{-10}$ m，r_1 称为第一玻尔轨道半径，简称玻尔半径。因此，上式也可写作

$$r_n = n^2 r_1 \tag{14-4-9}$$

由上式可得氢原子中电子绕核运动的轨道半径可能值为 r_1，$4r_1$，$9r_1$，…，所以原子中电子的轨道半径只能取一些不连续的值。这就是所谓轨道半径的量子化。

下面研究氢原子的能量。电子在第 n 个轨道上运动时，原子的总能量 E_n，等于电子的动能 $mv_n^2/2$ 与电子在原子核电场中的电势能 $-e^2/(4\pi\varepsilon_0 r_n)$ 之代数和，即

$$E_n = \frac{1}{2}mv_n^2 - \frac{e^2}{4\pi\varepsilon_0 r_n} \tag{14-4-10}$$

当 $n=1$ 时，$E_1=-me^4/(8\varepsilon_0^2h^2)$，将 m、e、ε_0、h 代入，可算出 $E_1=-13.6$ eV。E_1 是电子处于第一轨道($n=1$)时，氢原子所拥有的能量，称为氢原子的基态能量。氢原子处于基态时，能量最小，最为稳定。我们也可将上式写作

$$E_n = \frac{E_1}{n^2} \quad (n = 1, 2, \cdots) \tag{14-4-11}$$

对量子数 $n>1$ 的各个状态，其能量分别为 $E_2=E_1/4$，$E_3=E_1/9$，$E_4=E_1/16$，…，称为激发态。由此可见，由于原子内的电子只能在一些稳定的量子轨道上运动，因此原子所具有的能量 E_n 也是不连续的，即只能具有 E_1，E_2，E_3，…，特定的数值。或者说，原子的能量也是量子化的。既然原子能量数值的高低，像一级一级的阶梯一样，通常就把这种不连续的能量数值称为原子的能级。

上面根据玻尔的基本假设说明了电子绕核运动的轨道不是任意的，电子只能在符合量子化条件的那些轨道(称为量子轨道)上运动，并且处于稳定的运动状态，即具有一定的能量，而不辐射出能量。

下面再由玻尔假设，结合光子学说，来研究原子辐射现象，并解释氢原子光谱的产生。

当原子受到辐射的照射或高能粒子的碰撞等外界因素激发时，它就吸收一定的能量，从原来较低的能级跳到另一个较高的能级，即发生了能级的跃迁。拥有较高能级的原子处于激发态，它的电子就跃迁到量子数较大的相应轨道上运动。但是，处于激发态的原子是不稳定的，能够自发地从相应的较高能级跃迁到较低能级的激发态或基态 。由玻尔的假设，当原子从量子数为 n 的初状态跃迁到量子数为 $k(k<n)$ 的末状态时，原子就发射出单色光，其频率为

$$\nu_{kn}=\frac{E_n}{h}-\frac{E_k}{h}=\frac{me^4}{8\varepsilon_0^2h^3}\left(\frac{1}{k^2}-\frac{1}{n^2}\right)$$

如用波数表示，则

$$\bar{\nu}_{kn}=\frac{\nu_{kn}}{c}=\frac{me^4}{8\varepsilon_0^2h^3c}\left(\frac{1}{k^2}-\frac{1}{n^2}\right)\qquad(14-4-12)$$

式中 c 为真空中的光速。将上式和广义的巴耳末公式(14-4-3)

$$\bar{\nu}=R\left(\frac{1}{k^2}-\frac{1}{n^2}\right)$$

相比较，可以看出，若令 $R=me^4/(8\varepsilon_0^2h^3c)$，两式完全相同。在氢原子中，$m$、$e$、$\varepsilon_0$、$c$、$h$ 都是已知量，代入 $R=me^4/(8\varepsilon_0^2h^3c)$ 中，大家不难自行算出 $R=1.097\ 373\ 156\ 893\ 96\times10^7\ \mathrm{m}^{-1}$。而在巴耳末的经验公式中，实验值 $R=1.096\ 775\ 8\times10^7\ \mathrm{m}^{-1}$，可见，(14-4-2)式和(14-4-3)式很好地符合。故里德伯常量为

$$R=\frac{me^4}{8\varepsilon_0^4h^3c}\qquad(14-4-13)$$

综上所述，玻尔理论能够圆满地解释氢原子的光谱(见图 14-4-2)，因而在一定的准确程度上，它反映了原子内部的运动规律。

【例 14-4】 求氢原子的电离能，即把电子从 $n=1$ 的轨道移到离原子核无限远处($n=\infty$)时氢原子变成为氢离子所需做的功。

解 对氢原子来说，电子在轨道 $n=1$ 时，氢原子的能量为 E_1，电子离原子核无限远时，$E_\infty=0$，则得氢原子电离能为

$$\Delta E=E_\infty-E_1=-E_1=\frac{me^4}{8\varepsilon_0^2h^2}$$

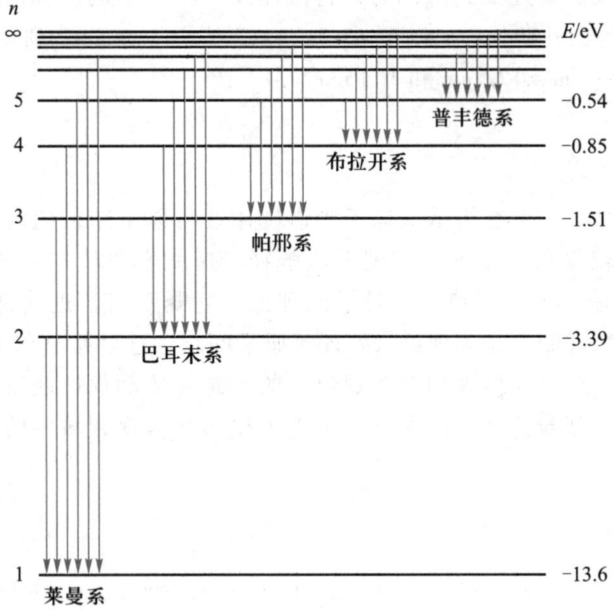

图 14-4-2　氢原子光谱的能级图

将各量的数值代入上式，得

$$\Delta E=\frac{9.11\times10^{-31}\ \mathrm{kg}\times(1.60\times10^{-19}\mathrm{C})^4}{8\times(8.85\times10^{-12}\mathrm{C^2\cdot N^{-1}\cdot m^{-2}})^2\times(6.63\times10^{-34}\ \mathrm{J\cdot s})^2}$$

$$=2.17\times10^{-18}\ \mathrm{J}=13.6\ \mathrm{eV}$$

上述氢原子电离能数值和实验值 13.58 eV 很接近。

说明　若提供给原子系统的能量大于它的电离能 ΔE，则游离出去的电子还可以有动能，此后，由于游离的电子已不再受原子的束缚，因而它的能量不再服从束缚电子的量子化条件，即不取分立值，而是连续变化的。

【例 14-5】　在气体放电管中，用携带着能量 12.2 eV 的电子去轰击氢原子，试确定此时的氢可能辐射的谱线的波长。

解　氢原子所能吸收的最大能量就等于对它轰击的电子所携带的能量 12.2 eV。氢原子吸收这一能量后，将由基态能级 $E_1=-13.6$ eV 激发到更高的能级 E_n，因而

$$E_n=E_1+12.2=(-13.6+12.2)\mathrm{eV}=-1.4\ \mathrm{eV}$$

如图 14-4-3 所示。由于 $E_1=-13.6$ eV，故由上式可求得与激发态 E_n 相对应的 n 值，即

$$-1.4\ \mathrm{eV}=\frac{-13.6\ \mathrm{eV}}{n^2}$$

亦即　$n=3.12$

因 n 只能是正整数，所以能够达到的激发态对应于 $n=3$。这

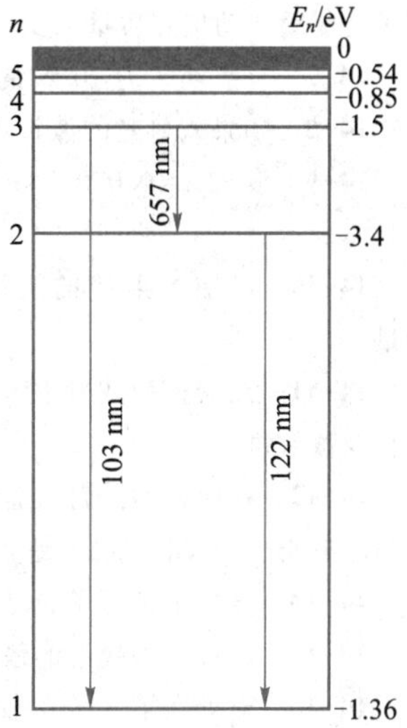

图 14-4-3　例 14-5 图

样，当电子从这个激发态跃迁回到基态时，将可能发出三种不同波长的谱线，它们分别相应于如图 14-4-3 所示的三种跃迁：$n=3$ 到 $n=2$，$n=2$ 到 $n=1$ 和 $n=3$ 到 $n=1$。读者不难求出这三种波长 λ 分别为 657 nm，122 nm 和 103 nm。

四、玻尔量子理论的局限性

如上所述，玻尔量子理论在揭示氢原子光谱规律性与原子结构的内在联系上取得了极大的成功。但是，对于较复杂原子的光谱就无法解释。这就表明玻尔量子理论存在着局限性。其实，玻尔量子理论是一个半经典、半量子的理论，它既引用了近代物理中的量子化概念，又沿用了轨道等经典物理的概念和理论来处理氢原子问题，这就是玻尔量子理论的缺陷所在。只有在量子力学建立以后，才使人们对微观粒子的状态和运动规律获得更全面、更深刻的认识。不过，玻尔的敢于创新精神，最先指出了量子规律在微观领域中的重要意义，其功绩也是不可低估的。

习　题

14-1 设有一物体(可视作绝对黑体)，其温度自 300 K 增加到 600 K，问其辐出度增加为原来的多少倍?

14-2 从冶炼炉的小孔内发出热辐射，经测定，它相应于单色辐出度峰值的波长 $\lambda_m=1.16\times10^{-4}$ cm，求炉内温度。

14-3 钾的光电效应红限是 $\lambda_0=6.2\times10^{-5}$ cm，求：(1)钾原子的逸出功；(2) 在 $\lambda=3.3\times10^{-5}$ cm 的紫外光照下，钾的遏止电压 U_a。

14-4 从铝中移出一个电子需要 4.2 eV 的能量，今有波长 200 nm 的光投射到铝表面上，问：(1) 由此发射出来的电子最大动能为多少?(2) 遏止电压 U_a 为多少?(3) 铝的截止波长为多少?

14-5 (1) 一米长被定义为 ^{86}Kr 的橙色辐射波长的 1 650 763.73 倍，问这种辐射的光子所具有的能量是多少?(2) 一个光子的能量等于一个电子的静止能量(m_0c^2)，问该光子的频率、波长和动量是多少? 在电磁波谱中属于何种射线?

14-6 求：(1) 红色光($\lambda=7.0\times10^{-3}$ cm)；(2) X 射线($\lambda=0.025$ nm)；(3) γ 射线($\lambda=1.24\times10^{-3}$ nm)的光子的能量、动量和质量。

14-7 有一功率为 10 W 的单色光灯泡，每秒发射 3.0×10^{19} 个光子，试问发射光波的波长为多少?

14-8 如果入射光的波长从 400 nm 变到 300 nm，则从表面发射的光电子的遏止电压将变化多少?

14-9 波长 $\lambda=0.070\ 8$ nm 的 X 射线在石蜡上受到康普顿散射，求在 $\pi/2$ 和 π 方向上散射的 X 射线波长各是多少?

14-10 已知 X 射线的能量为 0.60 MeV，在康普顿散射之后，波长变化了 20%，求反冲电子增加的能量。

14-11 在康普顿散射中，入射光子的波长为 0.003 nm，反冲电子的速度为光速的 60%，求散射光子的波长及散射角 。

14-12 在康普顿散射实验中，$\lambda_C=h/m_0c$ 是电子的康普顿波长，在与入射方向成 120°角的方向上散射光子与入射光子的波长差 $\Delta\lambda$ 是多少?

14-13 试确定氢原子光谱中，位于可见光区(380~780 nm)的那些波长。

14-14 试计算莱曼系的最短波长和最长波长(以 m 表示)。

14-15 对处在第一激发态($n=2$)的氢原子，如果用可见光照射，能否使之电离?

14-16 用可见光照射能否使基态氢原子受到激发? 如果改用加热的方式，需加热到多高温度才能使之激发？要使氢原子电离，至少需加热到多高温度？（提示：温度为 T 时，原子的平均动能为 $E=3kT/2$，并在碰撞中可交出动能的一半。）

14-17　从 He^{+} 和 Li^{2+} 中移去一个电子，求所需要的能量。

14-18　如果氢原子中电子从第 n 轨道跃迁到第 $k=2$ 轨道，所发出光的波长为 $\lambda=487\text{nm}$，试确定第 n 轨道的半径。

14-19　按照玻尔理论求氢原子在第 n 轨道上运动时的磁矩。证明电子在任何一轨道上运动时的磁矩与角动量之比为一常量。

14-20　氢原子被外来单色光激发后发出的光仅有三条谱线，问外来光的频率是多少？

14-21　如果有一电子，远离质子时的速度为 1.875×10^{6} m/s，现被质子所捕获，放出一个光子而形成氢原子，如果在氢原子中电子处于第一玻尔轨道，求放出光子的频率。

14-22　具有能量 15 eV 的光子，为氢原子中处于第一玻尔轨道的电子所吸收而形成一个光电子，问此时光电子远离质子时的速度为多少？

14-23　氢介子原子是由一质子及一绕质子旋转，且带有与电子电荷量相等的介子组成，求介子处于第一轨道时与质子的距离。（介子的质量为电子质量的 210 倍。）

第 14 章习题参考答案

第 15 章 量子力学基础

前面我们讨论了玻尔的半经典理论，将量子的概念应用到氢原子系统。然而，从理论上讲，玻尔理论是玻尔假设与经典物理结合的产物，并不是一个完全自洽的理论，存在局限性。1924 年，德布罗意(L. de Broglie)首先提出了物质波假设，随后薛定谔(E. Schrödinger)、海森伯（W. Heisenberg)、玻恩(M. Born)和狄拉克(P. A. M. Dirac)等人建立了用于描写微观粒子运动的全新理论，称为量子力学。量子力学与相对论一起成为近代物理学的两大理论基石。本章将介绍量子力学的基本概念和原理。

第 1 节 德布罗意波

光的干涉、衍射现象证实了光的波动性。而反过来，光的粒子性也由热辐射、光电效应和康普顿效应给予了有力的证明。光具有“波粒二象性”，描述其粒子性的能量 E 和动量 p 与描述其波动性的频率 ν 和波长 λ 之间，通过普朗克常量 h，用表达式 $E=h\nu$ 和 $p=\dfrac{h}{\lambda}$定量地联系起来。根据狭义相对论及光子以光速传播，光子的能量为

$$E=mc^2=pc\rightarrow p=\frac{E}{c}$$

因此，

$$p=\frac{h\nu}{c}=\frac{h}{\lambda}$$

1924 年，德布罗意在光的粒子性的启发下，提出了“所有的实物粒子都具有波粒二象性”的假设，并给出了实物粒子波粒二象性之间的关系。德布罗意由于提出微观粒子具有波动性，荣获了 1929 年的诺贝尔物理学奖。德布罗意认为，质量为 m 的粒子，以速率 v 运动时，具有能量 E 和动量 p；从波动性方面来看，它具有频率 ν 和波长 λ，它们之间满足关系式：

$$E=h\nu \tag{15-1-1}$$

$$p=\frac{h}{\lambda} \tag{15-1-2}$$

以上两式称为德布罗意关系式。实物粒子所表现出来的这种波称为德布罗意波或物质波。

以电子为例，设其初速度为零，经过电势差为 U 的电场加速后，如果电子的速度 $v\ll c$，由动能定理得

$$\frac{1}{2}mv^2=eU \quad 即 \quad v=\sqrt{\frac{2eU}{m}}$$

由德布罗意关系式，得

$$\lambda=\frac{h}{\sqrt{2emU}} \tag{15-1-3}$$

将 $h=6.63\times10^{-34}\ \mathrm{J\cdot s}$，$e=1.60\times10^{-19}\ \mathrm{c}$，$m=9.11\times10^{-31}\ \mathrm{kg}$ 等数据代入后，得

$$\lambda=\frac{1.225}{\sqrt{U}}\ \mathrm{nm} \tag{15-1-4}$$

动能为 100 eV 的电子，其物质波的波长约为 0.12 nm，这一波长属于 X 射线波段。原子的物质波波长比电子短，例如，在室温下的氢原子的物质波波长约为 0.02 纳米。宏观物体的物质波波长极短，远远小于宏观物体的尺度，因而其波动效应通常是无法观察的。

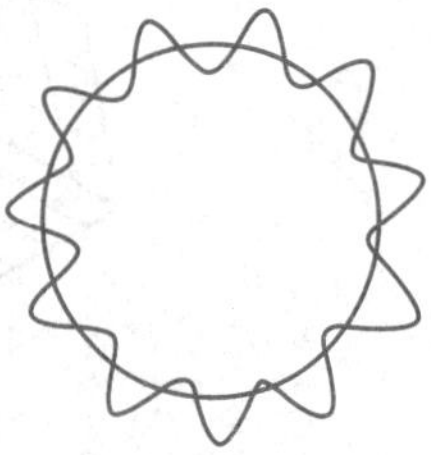

图 15-1-1　物质波绕圆轨道传播

德布罗意物质波的概念成功地解释了玻尔氢原子假设中令人困惑的轨道量子化条件。他认为电子的物质波绕圆轨道传播，当满足驻波条件时，物质波才能在圆轨道上持续存在，这样的轨道才是稳定的轨道（见图 15-1-1）。设 r 为稳定的电子轨道半径，有

$$2\pi r=n\lambda\quad(n=1,\ 2,\ 3,\ \cdots)$$

将 $\lambda=\dfrac{h}{p}=\dfrac{h}{mv}$ 代入得到

$$L=mvr=n\frac{h}{2\pi}(n=1,\ 2,\ 3,\ \cdots)$$

即电子只能沿着某些具有特定角动量的轨道运动，即在量子理论中，角动量必须是 $\hbar$ 的整数倍。这正是玻尔理论中关于电子轨道的量子化条件。

玻尔角动量量子化条件仅适用于圆形轨道，索末菲把玻尔量子化条件：$L=n\hbar$ 推广为：

$$\oint p\mathrm{d}q=\left(n+\frac{1}{2}\right)\hbar(n=0,\ 1,\ 2,\ 3,\ \cdots)$$

其中 p，q 对应于电子的一个广义动量与广义坐标，回路积分是沿运动轨道积一圈。

德布罗意物质波的概念提出后，很快就得到了实验验证。1927 年，戴维孙（C. J. Davisson）和革末（L. H. Germer）做了电子衍射实验，实验装置如图 15-1-2 所示。电子枪发射的电子束，经过电压 U 加速后投射到镍单晶的水平面上（经研磨加工而成的平面）。电子束在晶体上散射后进入探测器，其电流由检流计测出。实验发现，当加速电压为 54 V 时，在 $\theta=50°$ 的散射方向上电子束的强度最大，该方向上出现的电子数最多。这种现象与晶体的 X 射线衍射极为类似。用波的语言来分析，电子数密集处就是电子波干涉加强之处。由（15-1-4）式可得波长

$$\lambda=\frac{1.225}{\sqrt{54}}\ \mathrm{nm}=0.167\ \mathrm{nm} \tag{15-1-5}$$

（15-1-5）式是由德布罗意理论得出的结果，它与实验结果符合得如何？我们将电子束的行为作为波来处理，采用布拉格方法分析此晶体衍射，这时对应的晶面簇如图 15-1-3 所示，已知晶面间距为 $d=0.091$ nm，电子对晶面的掠射角为 $\varphi=\dfrac{180°-50°}{2}=65°$，由布拉格公式得

$$2d\sin\varphi=k\lambda$$

取 $k=1$，则可计算出实验结果为

$$\lambda=2d\sin\varphi=0.165\ \mathrm{nm} \tag{15-1-6}$$

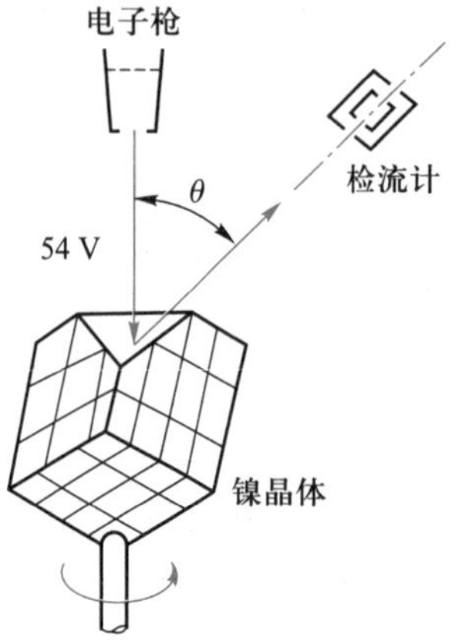

图 15-1-2 电子衍射实验

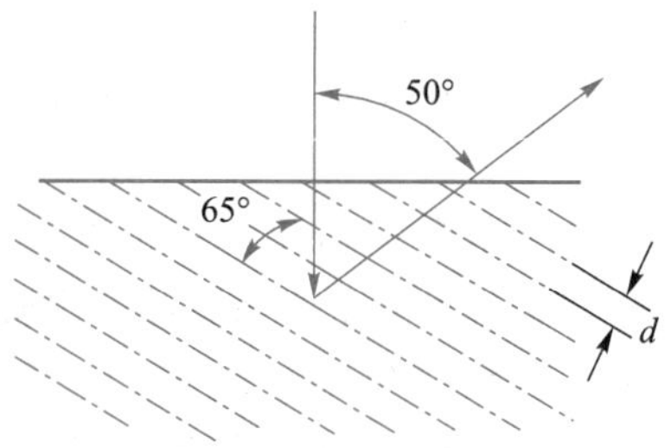

图 15-1-3 晶面族

(15-1-6)式给出的实验值与(15-1-5)式给出的理论值惊人地一致。所以，上述实验证实了电子确实具有波动性，也就证实了德布罗意假设的正确性。

1928 年，汤姆孙(G. Thomson)将电子照射穿过薄金属片，并且观察到预测的干涉样式——圆环形的条纹。贝尔实验室的戴维森和革末做实验将低速电子入射于镍晶体，观测到符合理论预测的电子衍射图样，并因此获得 1937 年的诺贝尔物理学奖。随后，实验也证实质子、中子、原子乃至分子(例如足球烯分子 C_{60})等微观粒子也同样存在波动性。特别是中子衍射技术，已成为研究固体微观结构的最有效的方法之一。

第 2 节 微观粒子的状态描述 波函数

一、单光子干涉实验

从 20 世纪 20 年代开始，人们就认识到微观粒子不仅具有粒子性，而且还具有波动性，并称之为波粒二象性。而按照经典物理的概念，粒子和波具有完全不同的图像：波是扩展的、可叠加的，有干涉、衍射现象；粒子则是颗粒性的，有纤细的运动轨迹，打到荧光屏上可产生闪光点。两种如此迥异的性质怎能相容地属于同一客体呢？德布罗意假设的物质波是如何与粒子相对应的呢？电子、质子、中子等微观粒子到底是波还是粒子呢？在历史上曾有各种各样的说法，例如，“粒子由波组成”，或者“波由粒子在空间分布所形成”，等等，现在需要指出的是，这两种观点都不正确。微观粒子既不完全等同于经典意义的粒子，又不完全等同于经典意义的波。这种波粒二象性产生了我们用通常的直观想象无法理解的性质，而这些性质又导致了许多奇妙的量子现象。

下面，我们来讨论一个有趣的实验——单光子干涉实验。

在图 15-2-1 所示的装置中，相移器为一块透明介质板，用来调节光程。调节入射光使其非常弱，以至于每次只有单个光子入射到分束(半透)器 1 上。

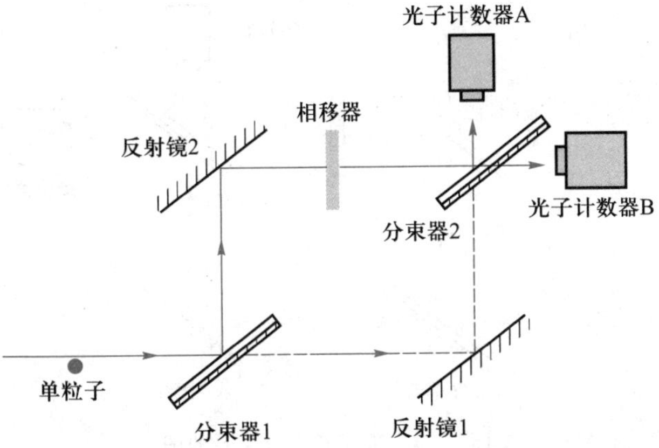

图 15-2-1　单光子干涉实验的图一

（1）若光子透过分束器 1 沿水平方向入射到反射镜 1 上，经其反射向上到达分束器 2，其结果是要么透过分束器 2 由 A 接收到，B 无接收，要么被分束器 2 向右反射由 B 接收到，A 无接收。

（2）若光子经分束器 1 反射后沿垂直方向入射到反射镜 2 上，其结果同(1)。

所以，若将光子看作经典的粒子而每次只能经过某一路径(一个经典粒子不可能再细分为两部分分别走两条不同路径)，接收器 A 和 B 收到光子的概率相等，各占$\frac{1}{2}$。如果我们依次入射 100000 个光子，那么 A 和 B 接收到的光子数应各占一半，但实际情况并非如此。

实际情况是：通过调节相移器，我们可以使得总是只有一个接收器接收到光子。例如，总是 A 接收到光子，而 B 总接收不到。如果我们依次入射 100000 个光子，那么 A 将接收到全部光子，而 B 接收不到光子。若进一步调节相移器，仍然令每次入射一个光子，则可以使得情况正好反过来：总是 B 接收到光子，而 A 总是无接收(按照经典概念，无论怎样调节相移器，A 和 B 接收到的光子数都应各占一半)。这种现象显然意味着微观粒子的行为一定有别于经典的粒子。

如何解释以上单光子的行为呢？如果将光子入射后的行为看作波动就很容易解释：单光子入射后呈现出波性。首先，与单光子相关的波入射到分束器 1(见图 15-2-2)，分解为两束(只有波才能分解为几束)，一束向上经反射镜 2 反射后经过相移器向分束器 2 入射(以虚线箭头表示)；同时，另一束向右经反射镜 1 反射后向分束器 2 入射(以实线箭头表示)。从左往右到达分束器 2 的光波，由分束器再分解为向上和向右的两束，同样，从下往上到达分束器 2 的光波，也由分束器再分解为向上和向右的两束。到达接收器 A 的两束光之间及到达接收器 B 的两束光之间由于以下各种原因会有一定的光程差或相位差：

（1）通过相移器及分束器时；

（2）在分束器上反射时(正反面反射时产生的相位变化是不同的)会产生相位变化(与入射角度有关)。

所以，到达接收器 A 的两束光之间及到达接收器 B 的两束光之间会产生波的干涉现象。

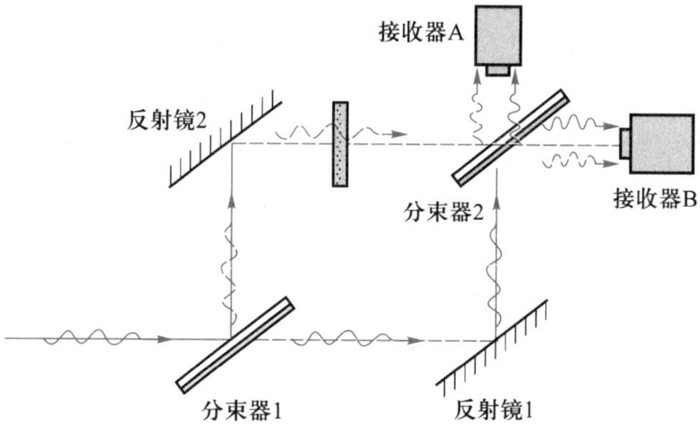

图 15-2-2　单光子干涉实验的图二

如果总是 A 接收到光子，而 B 总是接收不到光子，则说明到达 A 处的两束光干涉相长 $I=I_{max}$（光子到达 A 的概率为 1），同时到达 B 处的两束光干涉相消 $I=0$（光子到达 B 的概率为 0）。当情况反过来时，说明调节相移器导致的光程改变正好为半波长的奇数倍。

由于我们每次只让一个光子入射，那么该实验就意味着每个光子在某种意义上同时通过了两条路径。对于经典粒子，这种情况是完全不可能出现的。单光子干涉实验说明什么？它说明以下几点：

（1）微观粒子同时通过了两条路径；

（2）量子力学中粒子的“波性”是与单个粒子相联系的。更强的说法是狄拉克描述的：Each photon interferences only with itself。

所以，光有粒子性，但又不能将其视为经典的粒子。光子的这种性质不是其独有的，所有微观粒子都具有这样的性质。如果不超越经典观念的范畴，就很难理解微观粒子的行为。在微观粒子的情况下，首先要解决用什么方法去恰当地描述将波和粒子这两种性质集于一身的微观粒子的状态。

二、波函数

由于微观粒子具有波粒二象性，我们不能再用牛顿力学的研究方法去研究微观粒子的运动规律。因此，要寻求一种新的描述方法，这种新方法要求既可以反映出微观粒子的粒子性（粒子具有能量 E 和动量 p），又可以反映其波动性（波具有频率 ν 和波长 λ）。应该用什么量去描述微观粒子的状态呢？由于所有物质粒子都具有波动性，因此我们将引入波函数来表示它们的状态，这就是量子力学的第一个重要假设：一个系统的状态可以用一个波函数完全描述，它包含了系统处于该状态时的所有物理信息，特别的，波函数可以预言我们对微观粒子的物理属性（比如位置、动量等）进行测量的结果。

下面以自由粒子为例给出其波函数。自由粒子的能量 E 和动量 p 都是常量，所以自由粒子对应的物质波的频率 ν 和波长 λ 也均为常量。我们回顾在机械波一章讨论到的、可以用余弦函数表示的单色平面波。设单色平面波沿 x 轴方向传播，可用下式表示，即

$$y(x,\ t)=A\cos[2\pi(\nu t-x/\lambda)] \tag{15-2-1}$$

需要指出的是，(15-2-1)式是一个实函数，描述的是在位置 x、时间 t 经典力学量位移。在量子力学里，微观粒子的状态可以用波函数(wave function)来描述，描述微观粒子对应的德布罗意物质波。波函数 $\Psi(x,\ t)$ 是一个复值函数，有

$$\Psi(x,\ t)=\psi_0 e^{-i2\pi\left(\nu t-\frac{x}{\lambda}\right)} \tag{15-2-2}$$

将德布罗意关系式 $E=h\nu$，$p=\dfrac{h}{\lambda}$ 和 $\hbar=\dfrac{h}{2\pi}$ 代入，得到描述自由粒子波动性的平面物质波的波函数为

$$\Psi(x,\ t)=\psi_0 e^{-\frac{i}{\hbar}(Et-px)} \tag{15-2-3}$$

(15-2-3)式就是描述能量 E、动量 p 及沿 x 轴方向运动的自由粒子的物质波的波函数。推广到三维空间，自由粒子对应的物质波的波函数可以写为

$$\Psi(\boldsymbol{r},\ t)=\psi_0 e^{-\frac{i}{\hbar}(Et-\boldsymbol{p}\cdot\boldsymbol{r})} \tag{15-2-4}$$

微观粒子的粒子性体现在位相之中，而微观粒子的波动性体现在方程的形式上。这种能量有确定值的状态称为定态。

(15-2-3)式、(15-2-4)式描写了微观自由粒子的波动行为。在一般情况下，粒子都受到外来场的作用(例如，氢原子中电子受到核的库仑场的作用)，它们的动量不再是常量，相应地，它们就不能用(15-2-1)式即单色平面波的波函数来描述了。对这种普遍情况，微观粒子的波函数需要通过求解薛定谔方程(见后面的描述)得出。例如，后面要讲到的一维无限深势阱中粒子的波函数就是

$$\Psi(x,\ t)=\psi_0\sin\left(\frac{n\pi}{a}x\right)e^{-\frac{iE_n t}{\hbar}}$$

波函数的概念在量子力学里非常基础与重要，波函数给出了微观粒子的量子状态。波函数描述微观粒子对应的德布罗意物质波的性质。1926 年，玻恩提出概率幅的概念，波函数 $\Psi(\boldsymbol{r},\ t)$ 表示粒子在位置 $\boldsymbol{r}$、时间 t 的概率幅，成功地解释了波函数的物理意义。

三、态叠加原理

量子力学的第二个重要假设为态叠加原理：

(1) 如果 Ψ_1 和 Ψ_2 是微观粒子的两个可能状态，那么它们的线性叠加态 $\Psi=c_1\Psi_1+c_2\Psi_2$ 也是粒子的一个可能状态，其中 c_1，c_2 是任意复数；

(2) 粒子处在叠加态的意义为“粒子既处在 Ψ_1 态，又处在 Ψ_2 态”或“部分处在 Ψ_1 态，部分处在 Ψ_2 态”。

前面我们讨论的“单光子干涉实验”正是量子态叠加原理的一个例子。例如，单个微观粒子到达分束器 1 后向上走的状态为 Ψ_1，向右走的状态为 Ψ_2，而实际上微观粒子同时走了两条路径，所以说它是“部分处于 Ψ_1 态，部分处于 Ψ_2 态”。即前面讲到的单光子干涉实验中，单个微观粒子在到达分束器 1 时所处的状态可以表示为

$$\Psi=c_1\Psi_1+c_2\Psi_2$$

微观粒子可以处于不同状态的叠加态，是量子力学最基本的特征，态叠加原理是不确定

性原理、量子纠缠等量子力学基本概念与基本原理的基础。态叠加原理与下面章节将要介绍的波函数满足的薛定谔方程是线性方程这一性质密切相关。如果量子态 Ψ_1 和 Ψ_2 是可以区分的，那么量子态 Ψ_1 和 Ψ_2 可以分别代表信息比特 0 和 1，而处于叠加态 $\Psi=c_1\Psi_1+c_2\Psi_2$ 的粒子就可以同时携带信息 0 和 1。态叠加原理为量子计算中信息表示以及量子计算的平行性提供了物理基础。

第 3 节 波函数的概率解释

1926 年，玻恩对波函数提出了一种统计解释。不论是光还是电子的干涉、衍射实验，对于单个入射光子或电子，在荧光屏上出现的总是一个闪光点，这闪光点出现在屏上何处，一般无法确定。当粒子一个一个地入射，开始时屏幕上的闪光点杂乱无章，但随着粒子数的增多，屏上逐渐显示出干涉(或衍射)条纹。当粒子数足够大时，就呈现出非常清晰的条纹，这些条纹的分布就是光波或物质波的强度分布，反映了光或物质波的统计特性。更具体地讲，这些条纹分布给出了粒子在空间不同位置出现的概率密度。显然，物质波在空间某点的强度与粒子出现在该点的概率密度成正比。因此，物质波的强度也就描写了粒子出现在该点的概率密度。

物质波的强度可用 $|\Psi|^2=\Psi^*\Psi$ 表示(对于单色平面波，$|\Psi|^2=A^2$)，因此电子在点 x 处出现的概率与 $|\Psi(x,\ t)|^2$ 成正比。由于电子的坐标 x 是连续变化的，所以应该表述为：电子出现在区间 x 到 $x+\mathrm{d}x$ 内的概率为

$$\mathrm{d}P=|\Psi(x,\ t)|^2\mathrm{d}x \tag{15-3-1}$$

显然，电子出现在点 x 附近的单位区间内的概率

$$\rho(x,\ t)=\frac{\mathrm{d}P}{\mathrm{d}x}=|\Psi(x,\ t)|^2 \tag{15-3-2}$$

称为 t 时刻电子出现在点 x 处的(位置)概率密度。推广到三维情况，粒子出现在 x 到 $x+\mathrm{d}x$，y 到 $y+\mathrm{d}y$，z 到 $z+\mathrm{d}z$ 内的概率应为

$$\mathrm{d}P=|\Psi(\boldsymbol{r},\ t)|^2\mathrm{d}x\mathrm{d}y\mathrm{d}z \tag{15-3-3}$$

即，粒子出现在点 r 附近的单位体积内的概率应为

$$\rho(\boldsymbol{r},\ t)=\frac{\mathrm{d}P}{\mathrm{d}x\mathrm{d}y\mathrm{d}z}=|\Psi(\boldsymbol{r},\ t)|^2$$

在第 2 节的讨论中看到：微观粒子具有粒子性，但又不能将其视为经典的粒子。而由(15-3-2)式可以看到：微观粒子具有波动性，与微观粒子对应的波是一种概率波。一定时刻在空间给定点的体积元 $\mathrm{d}x$ 区间内粒子出现的概率应为一确定的有限值，因此波函数必须满足空间坐标的单值、有限、连续(包括其一阶导数连续)的函数，这称为**波函数的标准化条件**。在整个空间内粒子出现的概率等于 1，将(15-3-1)式对整个空间积分后，其值应等于 1，即波函数必须满足

$$\int_{-\infty}^{\infty}|\Psi(x,\ t)|^2\mathrm{d}x=1 \tag{15-3-4}$$

这称为**波函数的归一化条件**。如果上述积分值不等于 1，则可在波函数前乘一非零的常数 C，

使得

$$\int_{-\infty}^{\infty} C^2 \mid \Psi(x,\ t) \mid^2 \mathrm{d}x = 1 \tag{15-3-5}$$

从而定出 C。这步骤称为归一化，而 $C\psi(x,\ t)$则称为归一化的波函数。

【例 15-1】 设粒子在一维空间运动，其状态可用下面的波函数描述：

$$\Psi(x,\ t)=\begin{cases} 0 & \left(x \leqslant -\dfrac{b}{2},\ x \geqslant \dfrac{b}{2}\right) \\ A\mathrm{e}^{-\frac{\mathrm{i}E}{\hbar}t}\cos\left(\dfrac{\pi x}{b}\right) & \left(-\dfrac{b}{2}<x<\dfrac{b}{2}\right) \end{cases}$$

式中 A 为任意常量，E 为该状态下粒子的能量确定值，b 为确定常量。求归一化的波函数和粒子的位置概率密度 $\rho(x)$(这种能量有确定值的状态称为定态)。

解　根据波函数的归一化条件，有

$$\int_{-\infty}^{-b/2} \mid \psi(x,\ t) \mid^2 \mathrm{d}x + \int_{-b/2}^{b/2} \mid \psi(x,\ t) \mid^2 \mathrm{d}x + \int_{b/2}^{\infty} \mid \psi(x,\ t) \mid^2 \mathrm{d}x = 1$$

积分得到

$$A^2 \int_{-b/2}^{b/2} \cos^2\left(\frac{\pi x}{b}\right) \mathrm{d}x = A^2 \frac{b}{2} = 1$$

解出归一化系数，得 $A=\sqrt{\dfrac{2}{b}}$。由此可写出归一化的概率密度为(见图 15-3-1)

$$\rho(x)=\begin{cases} 0 & \left(x \leqslant -\dfrac{b}{2},\ x \geqslant \dfrac{b}{2}\right) \\ \dfrac{2}{b}\cos^2\left(\dfrac{\pi x}{b}\right) & \left(-\dfrac{b}{2}<x<\dfrac{b}{2}\right) \end{cases}$$

从上式看出，只有当$-\dfrac{b}{2}<x<\dfrac{b}{2}$时才可以找到粒子，在点 $x=0$ 附近找到粒子的概率最大。

【例 15-2】 对于描述自由粒子的单色平面波

$$\Psi(x,\ t) = \psi_0 \mathrm{e}^{-\frac{\mathrm{i}}{\hbar}(Et-px)}$$

求粒子出现在空间点 x 的概率密度(见图 15-3-2)。

解　$\rho(x)= \mid \Psi(x,\ t) \mid^2 = \psi_0^2 \mathrm{e}^{-\frac{i}{\hbar}(Et-px)} \cdot \mathrm{e}^{\frac{\mathrm{i}}{\hbar}(Et-px)} = \psi_0^2$(一个常数)

由于自由粒子对应的物质波是单色平面波，其动量是完全确定的。图 15-3-2 是一个自由粒子的概率密度$\mid\psi(x)\mid^2$对 x 的曲线：从$-\infty$ 到$+\infty$ 的一条平行于 x 轴的直线。由于概率密度$\mid\psi(x)\mid^2$对所有的 x 值都是相同的，这表示粒子出现在 x 轴的任何地方的概率都相同，表明微观自由粒子的动量完全确定时，它的空间坐标却完全不能确定。显然，这与经典粒子有显著不同。

平面波函数是自由粒子的薛定谔方程(见第 5 节)的解。单色平面波函数延展的范围从$-\infty$ 到$+\infty$。从物理上来讲，描述局限在一定空间范围的粒子的波函数(即呈现波包的形式)不能是单一的单色平面波函数，而是一系列具有不同波长(根据德布罗意物质波的对应关系，具有不同的动量)的平面波函数的叠加。

波函数的另一个重要特性是相干性。两个波函数叠加 $\Psi(r,\ t)=c_1\Psi_1(r,\ t)+c_2\Psi_2(r,\ t)$，

则粒子出现在点 r 附近的概率密度为

$$|\Psi(r,\ t)|^2 = |c_1|^2|\Psi_1(r,\ t)|^2 + |c_2|^2|\Psi_2(r,\ t)|^2 + 2Re[c_1c_2^*\Psi_1(r,\ t)\Psi_2^*(r,\ t)] \tag{15-3-6}$$

可以看到，概率密度的大小取决于两个概率波函数的相位差，类似光学中的杨氏双缝实验，体现出了微观粒子的波动性。

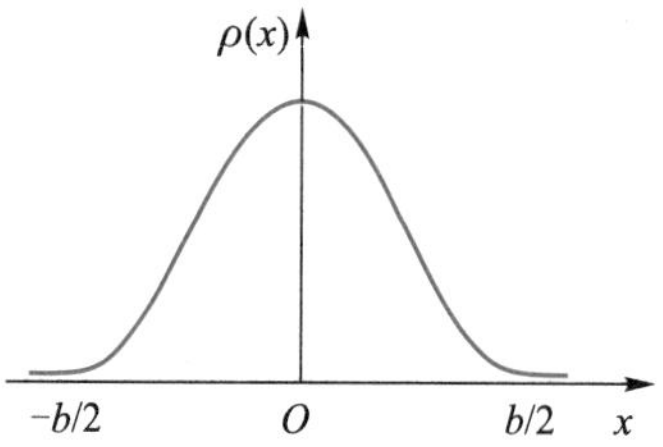

图 15-3-1 例 15-1 的概率密度

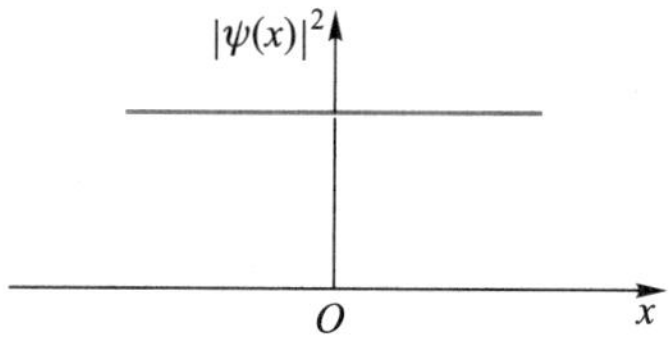

图 15-3-2 自由粒子的概率密度

第 4 节 不确定关系

在经典力学中，运动物体在任何时刻都有完全确定的位置、动量、能量和角动量等。与此不同的是，微观粒子具有明显的波动性，在每一确定的空间体积微元中以一定的概率出现。这就是说，粒子的空间位置是不确定的。正是由于这个原因，使得微观粒子的运动失去了“轨道”的概念。粒子的位置虽然不确定，但基本上可以知道出现在某个范围，例如，“原子的线度为 10^{-10} m”就意味着电子在原子核周围出现的位置不确定，但离开原子核的坐标范围应为 $x=0$ 到 $x+\Delta x=10^{-10}$ m。这个位置的范围 Δx，称为坐标的不确定量。在三维情况下，坐标的不确定量应为 Δx，Δy，Δz。

粒子的动量也是如此，如果波函数是单色平面波，根据德布罗意公式 $p=\dfrac{h}{k}$，则对应的动量是确定的，但这是理想的情况。一般的波函数都不是单色平面波，即使是自由粒子的波函数，实际上也不是完全的单色平面波，而是由包括一定波长范围 $\Delta\lambda$ 的许多单色波组成的。由于波长有一定的范围，就使得粒子的动量也具有了一个不确定的范围 Δp，称为动量的不确定量。

1927 年，德国物理学家海森伯提出微观粒子的坐标与动量两个不确定量之间的关系应满足

$$\Delta x\Delta p_x \geqslant \frac{\hbar}{2},\quad \Delta y\Delta p_y \geqslant \frac{\hbar}{2},\quad \Delta z\Delta p_z \geqslant \frac{\hbar}{2} \tag{15-4-1}$$

(15-4-1)式称为坐标和动量的不确定量关系。它的物理意义是，微观粒子不可能同时具有确定的坐标和相应的动量。粒子坐标的不确定范围越小，动量的不确定范围就越大，反之亦然。在量子力学里，不确定关系(uncertainty relation)表明，粒子的位置与动量不可能同时被确定：不论微观粒子处在何种状态，任何实验方案都无法同时测准粒子的位置和动量。如果动量的

测量不确定性为 Δp，那么测量粒子的位置的不确定性就无法小于 $\hbar/2\Delta p$。不确定关系是微观粒子的固有属性，是波粒二象性及其统计关系的必然结果，并非测量仪器对粒子的干扰，也不是仪器有误差的缘故。

粒子的波粒二象性的概念可以用来解释位置不确定性和动量不确定性的关系。最简单的例子就是利用单缝衍射来测量入射电子的横向位置（见图 15-4-1）。设想与电子对应的物质波是单色平面波，入射到宽度为 a 的单缝上，在单缝屏处，只有通过狭缝的电子才能达到屏幕，这一步骤相当于对电子进行了 x 轴方向的位置测量。对于一个电子来说，不能确定它从缝中哪一点通过，因此，电子的位置在 x 轴方向有一个不确定度 $\Delta x=a$。同时，从缝出射以后电子沿屏方向（x 方向）的动量分量 p_x 可以通过其到达屏上的位置测量。衍射现象表明，从缝出射以后电子的动量分量 p_x 不一定为零且可能具有不同大小。如果只考虑到达屏幕上中央极大的电子，由衍射第一极小条件 $\sin\theta_1=\dfrac{\lambda}{a}$，得

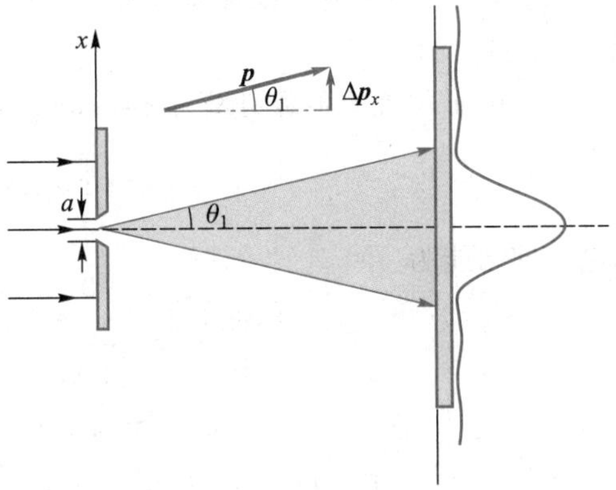

图 15-4-1　利用单缝测量入射电子的横向位置

$$0 \leqslant p_x \leqslant p\sin\theta_1$$

从缝出射以后电子沿 x 轴方向电子动量的不确定范围为

$$\Delta p_x = p_x - 0 = p\sin\theta_1 = \frac{h}{\lambda}\frac{\lambda}{a} = \frac{h}{\Delta x}$$

考虑到电子可以到达更高级次的次极大，实际上有

$$\Delta p_x \geqslant \frac{h}{a}$$

因此，

$$\Delta x \Delta p_x \geqslant h$$

不确定关系不仅存在于坐标和动量之间，也存在于能量和时间之间。类似的不确定关系式也存在于能量和时间、角动量和角度等物理量之间。如果微观粒子处于某一状态的时间为 Δt 则其能量必然有一个不确定量 ΔE（相应的测量能量也存在一定的不确定性），由量子力学可推出二者之间的关系为

$$\Delta E \Delta t \geqslant \frac{\hbar}{2}$$

该式称为能量和时间的不确定关系。爱因斯坦和玻尔指出，为了测量粒子的能量，必须很准确地测量对应的量子态的频率，粒子处于某一状态的时间越长，测量的频率的不确定性就越小。利用这个关系式可以解释光谱学中原子各激发态的能级宽度 ΔE 和它在该激发态的平均寿命之间的关系。原子在激发态典型的平均寿命是有限的，通常情况下 $\Delta t\approx 10^{-8}$ s。根据能量-时间不确定性关系，原子激发态能级的能量值一定有不确定量 $\Delta E \geqslant \dfrac{\hbar}{2\Delta t}\approx 10^{-8}$ eV，每次衰变释

放出的光子的能量都会稍微不同。能量分布的峰宽为有限值，成为自然线宽，这就是激发态的能级宽度。显然除基态外，原子的激发态平均寿命越长，能级宽度越小。

应用不确定关系可以作为微观粒子波动性的判据，我们给出以下例题。

【例 15-3】 用电子显微镜来分辨大小为 1 nm 的物体，估算所需要的电子动能的最小值（以 eV 为单位）。

解 电子位置的不确定量为 $x=1$ nm，取 $\Delta p_x=mv$，则

$$\Delta x\cdot\Delta p_x\geqslant\frac{\hbar}{2},\qquad \Delta p_x\geqslant\frac{\hbar}{2\Delta x}$$

则电子的动能为

$$E_{\mathrm{k}}=\frac{(\Delta p_x)^2}{2m}\geqslant\frac{\hbar}{8(\Delta x)^2 m}=\frac{(1.05\times10^{-34})^2}{8(1\times10^{-9})^2\times9.1\times10^{-31}}\mathrm{J}$$

$$E_{\mathrm{kmin}}=1.5\times10^{-21}\ \mathrm{J}=9.5\times10^{-3}\ \mathrm{eV}$$

【例 15-4】 原子的线度为 10^{-10}m，求原子中电子速度的不确定量。

解 “电子在原子中”就意味着电子位置的不确定量为 $\Delta r=10^{-10}$ m，由不确定关系，有

$$\Delta r\Delta p_r=\Delta r\cdot m\Delta v\geqslant\frac{\hbar}{2}$$

$$\Delta v\geqslant\frac{\hbar}{2m\Delta r}=\frac{1.05\times10^{-34}}{2\times9.1\times10^{-31}\times10^{-10}}\ \mathrm{m/s}=0.6\times10^6\ \mathrm{m/s}$$

由玻尔理论可估算出氢原子中电子的轨道运动速度约为 10^6 m/s。可见，速度的不确定量与速度大小的数量级基本相同。因此，原子中电子在任一时刻没有完全确定的位置和速度，也没有确定的轨道，不能看成经典粒子，波动性十分明显。

第 5 节 薛定谔方程

第 3 节中给出了粒子波函数的物理解释。如果知道一个粒子的波函数 Ψ，则能够计算出粒子在空间某一点的 $|\Psi|^2$，$|\Psi|^2$ 是发现该粒子的概率密度。但是如何得到波函数呢？是否存在类似于波动方程 $\frac{\partial^2 y}{\partial x^2}=\frac{1}{u^2}\frac{\partial^2 y}{\partial t^2}$（见机械波一章）的一个能求解的微观粒子的波动方程呢？1926 年，埃尔文·薛定谔提出了这样一个方程称为薛定谔方程，描述了微观粒子的量子态随时间的演化，并在一些重要的问题中解出了此方程。薛定谔方程是量子力学最基本的方程，它的地位与经典力学中的牛顿运动方程、电磁场中的麦克斯韦方程组相当，它是不能由其他基本原理推导出来的。其正确性只能由实践来检验。

下面介绍的是建立薛定谔方程的主要思路，并非方程的理论推导。

一、自由粒子的薛定谔方程

一个沿 x 轴运动，具有确定的动量 $p=mv_x$ 和能量 $E=\frac{p^2}{2m}$ 的自由粒子，其波函数为单色平

面波

$$\Psi(x,\ t)=\psi_0 e^{-\frac{i}{\hbar}(Et-px)}$$

将上式对 x 求二阶偏导数，得

$$\frac{\partial^2\Psi}{\partial x^2}=-\frac{p^2}{\hbar^2}\Psi \qquad (15-5-1)$$

对 t 求一阶偏导数，得

$$\frac{\partial\Psi}{\partial t}=-\frac{i}{\hbar}E\Psi \qquad (15-5-2)$$

由(15-5-1)式和(15-5-2)式，并考虑限于低速的情况，利用自由粒子的动量和动能的非相对论关系 $E=\frac{p^2}{2m}$，最后得

$$-\frac{\hbar^2}{2m}\frac{\partial^2\Psi}{\partial x^2}=i\hbar\frac{\partial\Psi}{\partial t} \qquad (15-5-3)$$

这就是一维运动自由粒子的波函数所遵循的规律，称为一维运动自由粒子含时的薛定谔方程。该方程正如机械波波函数所满足的方程 $\frac{\partial^2 y}{\partial x^2}=\frac{1}{u^2}\frac{\partial^2 y}{\partial t^2}$ 一样，由物理问题的边界条件和初始条件可以从(15-5-3)式来求解出具体问题中微观自由粒子的波函数。

我们注意到，薛定谔方程保持波函数的归一化，如果 $\Psi(t=0)$ 是归一化的波函数，那么 $\Psi(t=0)$ 也是归一化的。

如果粒子在三维空间中运动，则(15-5-3)式可推广为

$$-\frac{\hbar^2}{2m}\nabla^2\Psi=i\hbar\frac{\partial\Psi}{\partial t} \qquad (15-5-4)$$

其中拉普拉斯算符 $\nabla^2=\frac{\partial^2}{\partial x^2}+\frac{\partial^2}{\partial y^2}+\frac{\partial^2}{\partial z^2}$。根据德布罗意关系式，平面波的 $\omega=\frac{E}{\hbar}$ 与波矢 $\boldsymbol{k}=\frac{p}{\hbar}$ 满足关系式 $\omega=\frac{\hbar k^2}{2m}$。由于薛定谔方程是线性的，因此满足该关系式的各平面波的一切线性组合，也是薛定谔方程(15-5-4)式的解，一般的可以表示为

$$\Psi(\boldsymbol{r},\ t)=\frac{1}{(2\pi)^{\frac{3}{2}}}\int g(\boldsymbol{k})e^{[\boldsymbol{k}\cdot\boldsymbol{r}-\omega(\boldsymbol{k})t]}\mathrm{d}^3k \qquad (15-5-5)$$

二、在势场中粒子的薛定谔方程

如果粒子不是自由粒子而是处在势场中的粒子，波函数所适用的方程可用类似的方法建立。考虑到粒子的总能量应为动能 $E_k=\frac{p^2}{2m}$ 与势能 $V(x,\ t)$ 之和，即 $E=\frac{p^2}{2m}+V(x,\ t)$ 可以得到推广式

$$-\frac{\hbar^2}{2m}\frac{\partial^2\Psi(x,\ t)}{\partial x^2}+V(x,\ t)\Psi(x,\ t)=i\hbar\frac{\partial\Psi(x,\ t)}{\partial t} \qquad (15-5-6)$$

这就是在势场中一维运动粒子的含时薛定谔方程。若一个粒子空间各点的势能都为零(或

为常量)，则这个粒子未受力的作用，我们说它是自由粒子，(15-5-6)式约化为(15-5-3)式中自由粒子的薛定谔方程。

如果粒子在三维空间中运动，则(15-5-6)式可推广为

$$-\frac{\hbar^2}{2m}\left(\frac{\partial^2\Psi}{\partial x^2}+\frac{\partial^2\Psi}{\partial y^2}+\frac{\partial^2\Psi}{\partial z^2}\right)+V\Psi=\mathrm{i}\hbar\frac{\partial\Psi}{\partial t} \tag{15-5-7}$$

采用拉普拉斯算符$\nabla^2=\frac{\partial^2}{\partial x^2}+\frac{\partial^2}{\partial y^2}+\frac{\partial^2}{\partial z^2}$，(15-5-7)式也可写为

$$-\frac{\hbar^2}{2m}\nabla^2\Psi+V\Psi=\mathrm{i}\hbar\frac{\partial\Psi}{\partial t} \tag{15-5-8}$$

(15-5-8)式就是一般的薛定谔方程。一般来说，只要知道粒子的质量和它在势场中的势能函数 V 的具体形式，就可以写出其薛定谔方程，再根据给定的初始条件和边界条件求解，就可以得出描写粒子运动状态的波函数 Ψ，而由 $|\Psi|^2$ 给出粒子在不同时刻、不同位置出现的概率密度。

三、定态薛定谔方程

当势能 $V=V(x)$ 不显含时间而只是坐标的函数时，薛定谔方程(15-5-6)式的解可用分离变量法进行一些简化。考虑这方程的一种特解：

$$\Psi(x,\ t)=\psi(x)f(t) \tag{15-5-9}$$

(15-5-8)式的解可以表示为许多这种特解之和。将(15-5-9)式代入(15-5-6)式中，整理可得

$$\left[-\frac{\hbar^2}{2m}\frac{\mathrm{d}^2\psi(x)}{\mathrm{d}x^2}+V(x)\psi(x)\right]\frac{1}{\psi(x)}=\mathrm{i}\hbar\frac{\mathrm{d}f(t)}{\mathrm{d}t}\frac{1}{f(t)}$$

因为上式左边只是坐标 x 的函数，而右边只是时间 t 的函数，所以只有两边都等于同一个常量时，等式才成立。将这个常量记为 E，则有

$$\mathrm{i}\hbar\frac{\mathrm{d}f(t)}{\mathrm{d}t}\frac{1}{f(t)}=E \tag{15-5-10}$$

$$\left[-\frac{\hbar^2}{2m}\frac{\mathrm{d}^2\psi(x)}{\mathrm{d}x^2}+V(x)\psi(x)\right]\frac{1}{\psi(x)}=E \tag{15-5-11}$$

对(15-5-10)式积分后，得到

$$f(t)=\mathrm{e}^{-\frac{\mathrm{i}}{\hbar}Et}$$

由于指数只能是量纲为 1 的量，所以 E 具有能量的量纲。这样(15-5-11)式可以写成

$$-\frac{\hbar^2}{2m}\frac{\mathrm{d}^2\psi(x)}{\mathrm{d}x^2}+V(x)\psi(x)=E\psi(x) \tag{15-5-12}$$

在三维情况下，写成

$$-\frac{\hbar^2}{2m}\nabla^2\psi(x)+V\psi(x)=E\psi(x) \tag{15-5-13}$$

(15-5-12)式和(15-5-13)式称为**定态薛定谔方程**。此时，总的波函数为

$$\Psi(x,\ t)=\psi(x)\mathrm{e}^{-\frac{\mathrm{i}}{\hbar}Et}$$

粒子的位置概率密度为

$$|\Psi(x,\ t)|^2=\Psi(x,\ t)\Psi^*(x,\ t)=|\psi(x)|^2$$

与时间无关，正是由于这个性质，这样的态称为**定态**，其波函数 $\Psi(x,\ t)=\psi(x)\mathrm{e}^{-\frac{\mathrm{i}}{\hbar}Et}$ 和 $\psi(x)$ 都称为**定态波函数**。

第 6 节　一维定态薛定谔方程的应用

在这一节中我们将用定态薛定谔方程来求解几个具体的量子力学问题。

一、一维无限深势阱

如果粒子在保守力场中的势能曲线构成一个深阱状，而粒子的总能量又低于阱壁高度，那么粒子的运动有何特征？例如，金属中的电子、原子核中的质子就处于这样的“势阱”中(见图 15-6-1)。

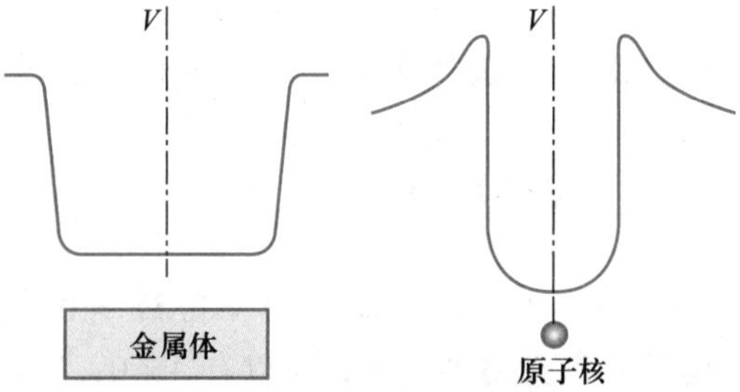

(a) 电子的势能曲线　(b) 质子的势能曲线

图 15-6-1　金属中的电子、原子核中的质子所处的“势阱”

在量子力学中，微观粒子的运动应由物质波来描述，而物质波必须遵从薛定谔方程。我们将具体应用薛定谔方程来处理一维无限深势阱中粒子的运动。所谓无限深势阱就是阱的深度为无限的情况，这是为了使问题变得简化而提出的一个简化势阱模型。微观粒子在这样的势场中(除两个端点外)是自由的，在端点外有无穷大的力限制它逃逸。

在经典力学里，应用牛顿运动定律，我们可以知道，粒子在两阱壁之间来回移动，且在两阱壁处发生完全弹性碰撞，而速率始终保持不变。在任意时间，粒子在阱内各个位置的概率是均匀的。在量子力学里，我们需要通过求解薛定谔方程，解出描述微观粒子量子态的波函数，从而引出能量定态、分离能级谱、零点能等基本概念。微观粒子在一维无限深势阱中的运动将展示出与经典粒子完全不一样的特征。

粒子在一维无限深势阱中的势能为

$$V=\begin{cases}0 & (0<x<a)\\ \infty & (x\leqslant 0,\ x\geqslant a)\end{cases}$$

一维无限深势阱的势能曲线如图 15-6-2 所示。由于势能与时间无关，粒子的波函数具有定态形式：

$$\Psi(x, t)=\psi(x)\mathrm{e}^{-\frac{\mathrm{i}}{\hbar}Et}$$

仅需由定态薛定谔方程解出 $\psi(x)$。考虑到势能是分段表述的，所以列方程求解也需分阱外、阱内两个区间进行。在阱外，由于 $V\to\infty$，对于能量 E 为有限的粒子，没有可能性到达阱外，所以在 $x\leqslant 0$ 和 $x\geqslant a$ 的区域，$\psi=0$。

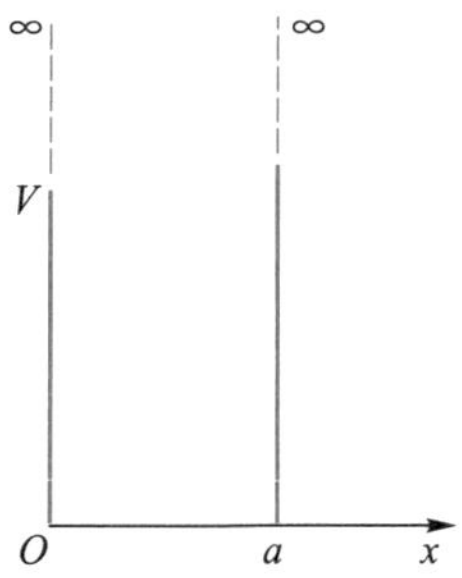

图 15-6-2 一维无限深势阱

在阱内，设波函数为 ψ，由于 $V=0$，定态薛定谔方程为

$$-\frac{\hbar^2}{2m}\frac{\mathrm{d}^2\psi}{\mathrm{d}x^2}=E\psi \quad 或 \quad \frac{\mathrm{d}^2\psi}{\mathrm{d}x^2}+\frac{2mE}{\hbar^2}\psi=0$$

记 $k^2=\dfrac{2mE}{\hbar^2}$，上式变为

$$\frac{\mathrm{d}^2\psi}{\mathrm{d}x^2}+k^2\psi=0$$

上述方程在形式上类似经典简谐振子的运动方程，当 $E<0$ 时，不存在收敛的解。对于 $E\geqslant 0$，一般解为

$$\psi(x)=A\sin kx+B\cos kx$$

式中 A 和 B 为两个待定常数，由边界条件来决定。一般而言，波函数及其导数是连续的，因此

$$\psi(0)=0, \quad \psi(a)=0$$

由此得

$$\psi(0)=B=0, \quad \psi(a)=A\sin ka=0$$

因为 $A=0$ 或者 $k=0$ 对应的解是无意义的平庸解，所以有 $A\neq 0$，$k\neq 0$。故

$$ka=n\pi \quad (n=\pm 1, \ \pm 2, \ \cdots)$$

由余弦函数的奇偶性以及波函数的整体相位不改变其物理意义这一特征，可知负的 k 值不会给出新解，因此

$$ka=n\pi \quad (n=1, 2, \cdots)$$

由边界条件限制了 k 只能取一系列分立的值

$$k=\sqrt{\frac{2mE}{\hbar^2}}=\frac{n\pi}{a} \quad (n=1, 2, \cdots)$$

实际上也就限制了粒子的能量只能取分立的值，即

$$E=\frac{n^2\pi^2\hbar^2}{2ma^2}=n^2E_1 \quad (n=1, 2, \cdots)$$

即

$$E_1=\frac{\pi^2\hbar^2}{2ma^2}$$

因此，得到在阱内的波函数为

$$\psi(x)=A\sin\frac{n\pi x}{a}$$

由波函数归一化条件

$$\int_{-\infty}^{+\infty}|\psi(x)|^2\mathrm{d}x=\int_0^a A^2\sin^2\frac{n\pi x}{a}\mathrm{d}x=A^2\frac{a}{2}=1$$

解得

$$A=\sqrt{\frac{2}{a}}$$

最后，得到势阱内粒子的定态波函数为

$$\psi_n(x)=\begin{cases}\sqrt{\dfrac{2}{a}}\sin\left(\dfrac{n\pi x}{a}\right) & (n=1,\ 2,\ \cdots;\ 0<x<a)\\ 0 & (x\leqslant 0,\ x\geqslant a)\end{cases}\qquad(15-6-1)$$

下面对一维无限深势阱中粒子的运动特征作几点讨论。

（1）粒子的能量是一系列分立的、不连续的值。

$$E=\frac{n^2\pi^2\hbar^2}{2ma^2}=E_n\quad(n=1,\ 2,\ \cdots)\quad(15-6-2)$$

式中 n 为粒子的能量量子数。可见，能量的量子化并不是强加的，而是通过求解薛定谔方程自然得出的。粒子的能级图如图 15-6-3 所示。和经典情况完全不同，一个量子化的粒子在一维无限深方势阱中的能量不是任意的，而是取某些特定的值。

（2）粒子最低能量不为零。量子数最小取 $n=1$，则

$$E_1=\frac{\pi^2\hbar^2}{2ma^2}$$

称为粒子的基态能量。上式表明，a 越小，E_1 就越大，粒子运动越剧烈。按照经典理论，粒子的能量是连续分布的，其能量可以为零。

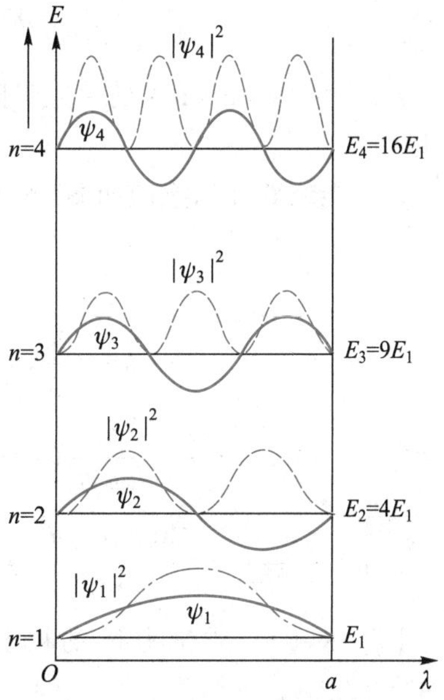

图 15-6-3　一维无限深势阱中粒子的几个波函数及相应的（位置）概率密度

（3）在能级图中同时画出了粒子的几个波函数及相应的概率密度。从图中可以看到，在每一个定态下，粒子出现在各点的概率是不均匀的。这与经典概念很不相同。若是经典粒子，粒子在势阱两壁之间作匀速直线运动，出现在势阱中各点的概率相同。

（4）每一个定态下的波函数都是驻波形式，即粒子的物质波在势阱中形成驻波，其波长与势阱宽度 a 的关系应满足

$$a=n\frac{\lambda}{2}\quad(n=1,\ 2,\ \cdots)$$

在势阱两端及各节点附近，粒子出现的概率为零。而在各腹点附近粒子出现的概率最大。定态下的波函数相对于势阱的中心是奇偶交替的：n 为奇数时，波函数为偶函数；n 为偶数时，波函数为奇函数。当粒子处于 n 很大的定态时，用经典力学对其处理与用量子力学的处理是完全等价的。在图 15-6-4 中画出了 $n=15$ 时的概率密度的情况，这个图足以说明，当 n 增大时，粒子出现在势阱中各点的概率变得越来越均匀。这一结果是一个普遍原理的一个例

子。该原理称为对应原理：在量子数足够大时，量子物理的结果与经典物理的结果趋于一致。这一原理是丹麦物理学家玻尔首先提出的。

（5）在量子数 n 很大即能量很高时，有

$$\frac{\Delta E_n}{E_n}=\frac{2n+1}{n^2}\xrightarrow{n\to\infty}0$$

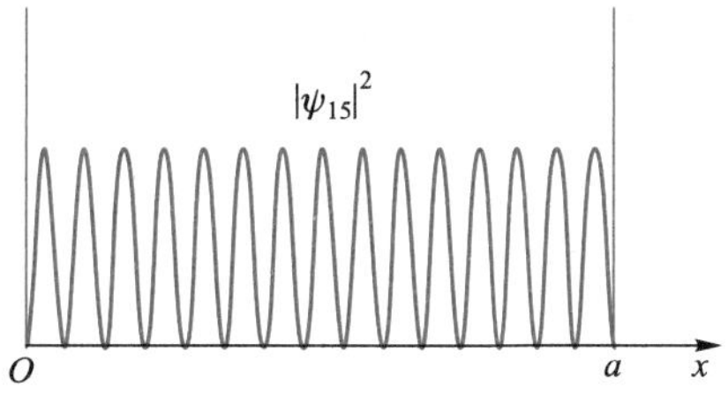

图 15-6-4　$n=15$ 时的概率密度

可见，在量子数极大时，相邻两能级间隔的大小与该能级的大小相比要小得多，完全可以忽略不计，故可将此时能级的分布看作连续的。

无限深势阱中粒子的定态波函数在包括了时变因子时为

$$\Psi_n(x,\ t)=\sqrt{\frac{2}{a}}\sin\left(\frac{n\pi}{a}x\right)\mathrm{e}^{-\mathrm{i}\frac{E_n}{\hbar}t} \tag{15-6-3}$$

【例 15-5】　$a=1$ Å 的一维无限深势阱，一电子从 $n=2$ 态跃迁到 $n=1$ 态时发射的波长是多少？

解　能级跃迁示意图如图 15-6-5 所示。

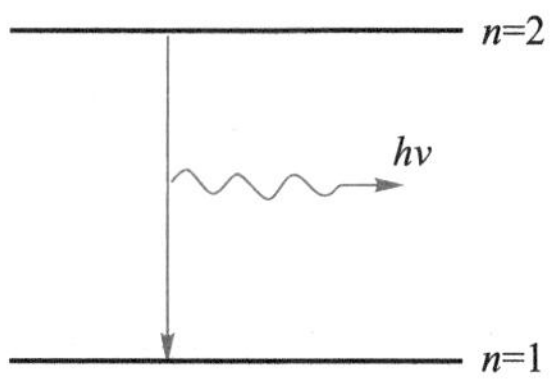

图 15-6-5　能级跃迁

$$E_n=n^2\frac{h^2}{8m_ea^2}$$

$$h\nu=\frac{hc}{\lambda}=E_2-E_1$$

$$\frac{hc}{\lambda}=\frac{h^2}{8m_ea^2}(2^2-1^2)=\frac{3h^2}{8m_ea^2}$$

$$\lambda=\frac{8m_ea^2c^2}{3hc}=\frac{8(m_ec^2)a^2}{3hc}=\frac{8\times0.51\times10^6}{3\times12\ 414}\text{Å}=109\ \text{Å}$$

【例 15-6】　质量为 m 的粒子在阱宽为 a 的一维无限深方势阱内，定态波函数为 $\psi_n=\sqrt{\frac{2}{a}}\sin\frac{n\pi x}{a}$，（1）粒子处于基态；（2）粒子处于 $n=2$ 的态时，试求在 0 到 $a/3$ 范围内找到粒子的概率。

解　（1）

$$\psi_1=\sqrt{\frac{2}{a}}\sin\frac{\pi x}{a}$$

$$P=\int_0^{\frac{a}{3}}|\psi_1|^2\mathrm{d}x=\int_0^{\frac{a}{3}}\frac{2}{a}\sin^2\frac{\pi x}{a}\mathrm{d}x=0.196$$

（2）

$$\psi_2=\sqrt{\frac{2}{a}}\sin\frac{2\pi x}{a}$$

$$P=\int_0^{\frac{a}{3}}|\psi_2|^2\mathrm{d}x=\int_0^{\frac{a}{3}}\frac{2}{a}\sin^2\frac{2\pi x}{a}\mathrm{d}x=0.402$$

【例 15-7】　无限深方势阱中粒子如果不是处在由求解薛定谔方程得到的任意一个定态 $\psi_n=\sqrt{\frac{2}{a}}\sin\frac{n\pi x}{a}$，而是处在若干个定态的叠加态，假设这个叠加态由基态和第一激发态叠加

而成，即

$$\Psi(x,t)=c_1\Psi_1(x,t)+c_2\Psi_2(x,t)=\frac{1}{2}\Psi_1(x,t)+\frac{\sqrt{3}}{2}\Psi_2(x,t)$$

求这一状态下粒子的能量值。

解　先将无限深势阱中粒子的基态和第一激发态的定态波函数代入上式，得到

$$\Psi(x,t)=\frac{1}{2}\sqrt{\frac{2}{a}}\sin\frac{\pi x}{a}\cdot e^{-iE_1t/\hbar}+\frac{\sqrt{3}}{2}\sqrt{\frac{2}{a}}\sin\frac{2\pi x}{a}\cdot e^{-iE_2t/\hbar}$$

由于薛定谔方程是线性的，因此上述定态波函数的线性组合也是薛定谔方程的解。粒子处在该叠加态的意义为："粒子既处在 Ψ_1 态，又处在 Ψ_2 态"。有多大的概率处在 Ψ_1 态呢？量子力学给出这个概率为

$$\frac{|c_1|^2}{|c_1|^2+|c_2|^2}=\left(\frac{1}{2}\right)^2=\frac{1}{4}$$

同样处在 Ψ_2 态的概率为

$$\frac{|c_2|^2}{|c_1|^2+|c_2|^2}=\left(\frac{\sqrt{3}}{2}\right)^2=\frac{3}{4}$$

对处于该叠加态下的粒子的能量进行测量，其测量值是不确定的，测量的可能值为 E_1 和 E_2。这样就可以通过多次测量求平均值的方法求出该叠加态下粒子能量的平均值(又称期望值)，即

$$\overline{E}=\frac{1}{4}E_1+\frac{3}{4}E_2$$

式中 $E_1=\dfrac{\pi^2\hbar^2}{2ma^2}$，$E_2=\dfrac{2^2\pi^2\hbar^2}{2ma^2}$。所以，粒子的能量平均值为

$$\overline{E}=\frac{1}{4}\times\frac{\pi^2\hbar^2}{2ma^2}+\frac{3}{4}\times\frac{2^2\pi^2\hbar^2}{2ma^2}=\frac{13\pi^2\hbar^2}{8ma^2}$$

这种在叠加态下求粒子能量(平均值)的方法要求：该状态的波函数应该是一系列定态波函数的任意线性组合，这些定态波函数是由求解薛定谔方程得到的。

二、一维势垒　隧道效应

图 15-6-6 表示一个总能量为 E 的粒子沿 x 轴运动。它感受的势能除在 $0<x<L$ 内具有定值 V_0 外，在其他地方均为零。称此时粒子感受到高度为 V_0、厚度为 L 的势垒。

按经典的概念，粒子能量小于势垒的势能，从左边向势垒射来的粒子将被势垒反弹而沿原方向返回，粒子不可能出现在势垒中或越过势垒。但是，根据量子力学理论，粒子的行为由波函数描述，呈现波的性质，因而有机会"穿过"势垒而出现在另一侧，这是经典力学中无法出现的现象。

求解定态薛定谔方程(15-5-10)式可以分别求出图 15-6-6 中三个区域内描述电子的波函数 $\psi(x)$：① 势垒左侧；② 势垒中；③ 势垒右侧。在解中出现的任意常数可以由在 $x=0$ 和 $x=L$ 处 $\psi(x)$ 和它对 x 的一阶导数连续得到，再求 $|\psi(x)|^2$ 即可得到概率密度。图 15-6-7 表

示所得结果的曲线。在势垒左侧($x<0$)的振动曲线是与电子对应的物质波的入射波和反射波(振幅较入射波小些)的合成，这两列沿相反方向传播的波相互干涉而形成了驻波图样。

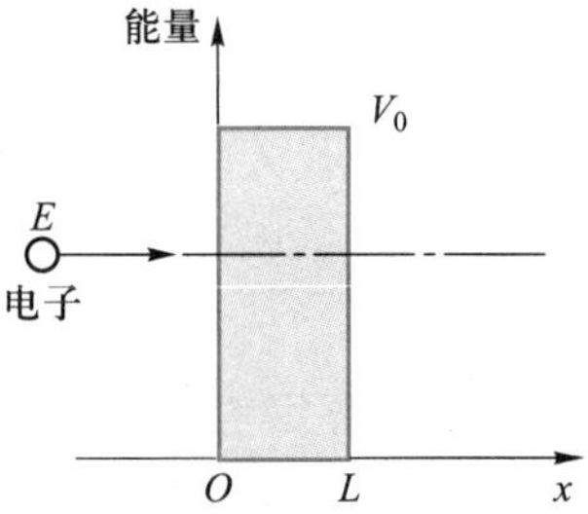

图 15-6-6 一维势垒

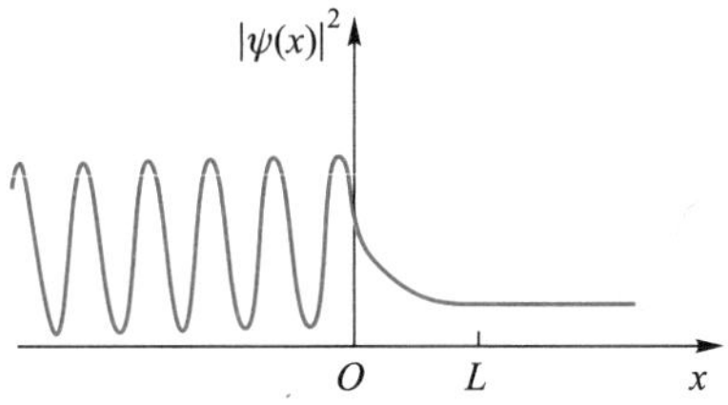

图 15-6-7 势垒穿透

在势垒中($0<x<L$)，概率密度随 x 按指数规律减小。不过，只要 L 不大，在 $x=L$ 处，概率密度并不完全等于零。在势垒的右侧($x>L$)，概率密度曲线不为零。于是，在此区域内电子可以被检测到，只是概率很小而已。电子具有一定的概率到达势垒的另一侧。这种现象，称为隧道效应或隧穿效应。

另外，由于电子的总能量小于势垒的高度，而电子又可以以一定的概率出现在势垒中，所以与经典力学不同的是：在量子力学中，粒子的总能量等于动能加势能，这一关系式只能在统计平均意义下成立，即粒子的总能量平均值等于动能的平均值加势能的平均值。

在图 15-6-7 中的入射波和势垒可以定义一个透射系数 T，这一系数给出入射电子可能透过势垒(即发生隧穿)的概率。例如，如果 $T=0.020$，那么，每 1 000 个电子向势垒射去，就会有 20 个(平均来说)穿过势垒，其余 980 个电子将被反射。

透射系数近似为

$$T \approx e^{-2kL} \qquad (15-6-4)$$

式中

$$k=\sqrt{\frac{8\pi^2 m(V_0-E)}{h^2}} \qquad (15-6-5)$$

由于(15-6-4)式的指数形式，T 的值对于它所包含的三个变量：粒子质量 m、势垒厚度 L 和能量差 V_0-E 是极其敏感的。

现代电子技术中使用的半导体隧道二极管、约瑟夫森超导元件等都是利用隧道效应制成的。利用隧道效应还可研制扫描隧穿显微镜(简称 STM)。1982 年，宾尼希(G. Binnig)和他的老师罗雷尔(H. Rohrer)发明了扫描隧穿显微镜，其显微分辨率超过电子显微镜数百倍，达到 0.1 nm。利用这种显微镜，人类第一次观察到了物质表面上排列着的单个粒子。由于这一发明在表面科学、材料科学和生命科学等领域中具有重大意义和应用前景，从而成为 20 世纪 80 年代的世界十大科技成就之一。宾尼希和罗里尔也因此被授予 1986 年诺贝尔物理学奖。

STM 的特点是既不用光源也不用透镜，其显微部件是一枚细而尖的金属(如钨)探针，其装置与原理示意图如图 15-6-8 和图 15-6-9 所示。

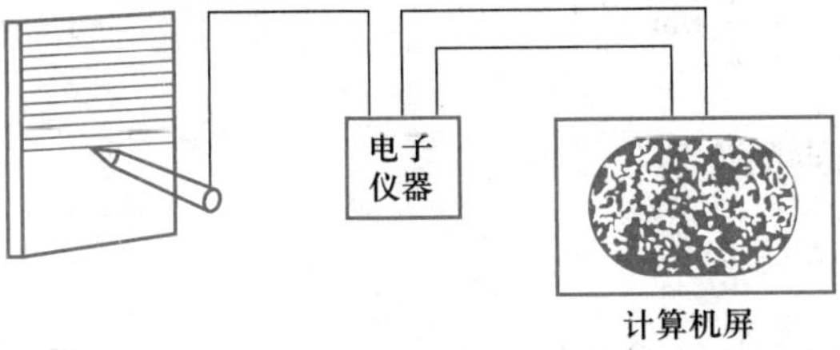

图 15-6-8　STM 装置与原理示意图

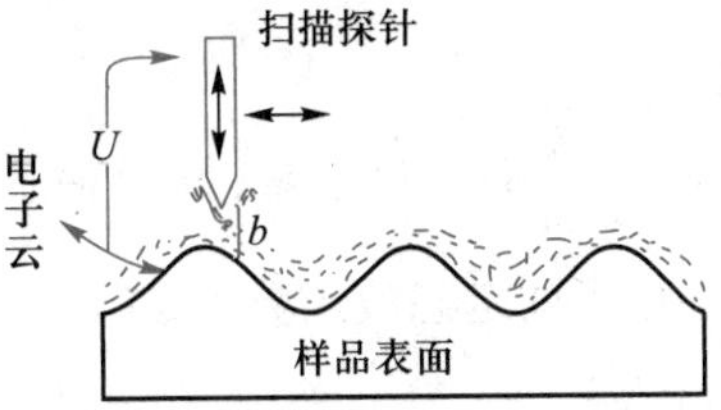

图 15-6-9　样品表面电子云

在样品表面有一表面势垒阻止内部的电子向外运动，但正如量子力学所描述的那样，表面内的电子可以穿过这层表面势垒，到达表面外形成一层电子云。电子云的密度随着与表面距离的增大而按指数规律迅速减小。显然，这层电子云的分布由样品表面的微观结构决定，STM 就是通过显示这层电子云的分布来考察样品表面的微观结构的。

使用 STM 时，先将探针推向样品表面，直至针尖表面的电子云与样品表面的电子云略有重叠。这时在探针和样品之间加上电压，电子就会通过电子云形成隧穿电流。该电流对针尖与表面之间距离 b 的变化极其敏感，随着探针在样品表面上方全面横向扫描，根据隧穿电流的变化利用一反馈装置控制针尖与表面之间的恒定距离，使得隧穿电流即针尖与表面之间的距离保持不变。探针扫描在垂直方向上的起伏运动的数据送入计算机系统处理，在屏幕上或绘图机上显示出样品表面的三维图像。与实际尺寸比，这一图像可放大 1 亿倍，可以观察表面上单原子级别的起伏。STM 不但可以用来观察材料表面的原子排列，更深入地“认识世界”，而且现已用来配置原子以“改造世界”：可以用探针的针尖吸住一个孤立原子，然后把它放到另一个位置，迈出了人类用单个原子这样的“积木”来设计特定的微观结构材料的第一步，成为强大的微纳加工工具。图 15-6-10 是 IBM 公司的科学家精心制作的“量子围栏”的计算机照片。在 4 K 的温度下用 STM 的针尖一个一个地把 48 个铁原子放到了一块精致的铜表面上围成一个直径为 14 nm 的圆圈，圈内就形成了一个势阱，把在该处铜表面运动的电子围起来。图中圈内的圆形波纹就是这些电子的波动图景(驻波)，它的大小和图形与量子力学的预言符合得非常好。扫描隧穿显微镜目前在超导、单分子(原子)磁体、纳米器件、新型材料等领域的研究中得到广泛的应用。

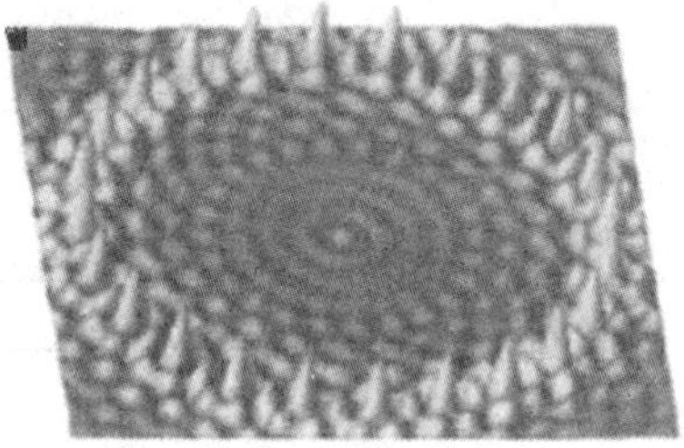

图 15-6-10　量子围栏

*三、谐振子

在量子力学中，谐振子是一个十分重要的物理模型，是为数不多可以解析求解的量子系统。许多受到微小扰动的体系，都可以近似地看成是谐振子系统，如分子振动、晶格振动、原子核表面振动等。事实上，任何振动，只要振幅足够小，都可以近似看作简谐振动。

微观的一维线性谐振子的势能为

$$V = \frac{1}{2}kx^2 = \frac{1}{2}m\omega^2 x^2 \tag{15-6-6}$$

式中 $\omega = \sqrt{\frac{k}{m}}$ 是一个常量；x 是振子离开平衡点的位移。

设振子的定态波函数为 $\psi(x)$，代入薛定谔方程

$$\left(-\frac{\hbar^2}{2m}\frac{\mathrm{d}^2}{\mathrm{d}x^2} + \frac{1}{2}m\omega^2 x\right)\psi(x) = E\psi(x) \tag{15-6-7}$$

用幂级数方法可以求解这个微分方程，由于其解相当复杂，这里只给出一些结论。

首先，由波函数单值性、有限性和连续性的要求，以及必须满足一定的边界条件，自然得出方程有解的条件为

$$E_n = \left(n + \frac{1}{2}\right)\hbar\omega = \left(n + \frac{1}{2}\right)h\nu \quad (n = 0, 1, 2, \cdots) \tag{15-6-8}$$

式中 n 称为量子数。图 15-6-11 中画出了能级、势能曲线及前几个量子态的位置概率密度。

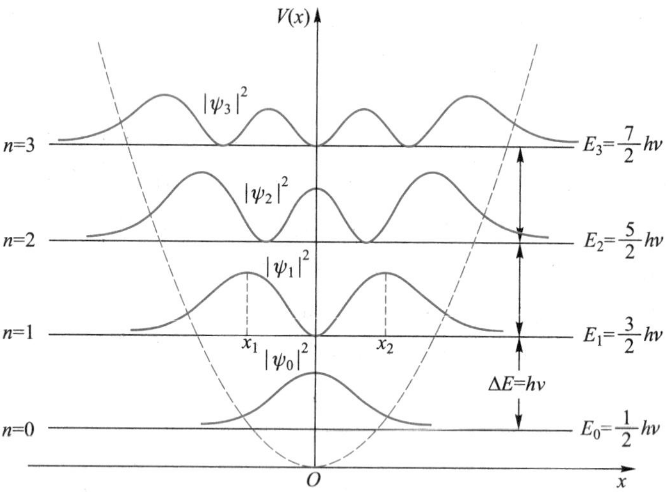

图 15-6-11 能级、势能曲线

我们对微观谐振子讨论如下：

（1）微观谐振子的能量是分立的、量子化的。相邻能级的间隔 $\Delta E = h\nu$。

（2）系统最小能量不为零，$E_0 = \frac{1}{2}h\nu$ 称为基态能量或零点能量。这说明微观粒子是不可能完全静止下来的。这个与早期量子论不同的结论，实际上是微观粒子波动性的本质表现。

（3）微观谐振子的位置分布与经典谐振子的位置分布完全不同，在经典谐振子不可能出现的地方仍有一定的概率出现，并且在每一个定态下出现在各点的概率也不同，由 $|\psi_n|^2$ 给出在第 n 个量子态下出现在空间各点的概率。

例如，当谐振子处于 $n=0$ 的基态，能量有确定值 $E_0 = \frac{1}{2}h\nu$。在该状态下测量粒子的位置

坐标无确定值，但出现在点 $x=0$ 附近的概率最大。当谐振子处于 $n=1$ 的第一激发态时，能量有确定值 $E_1=\frac{3}{2}h\nu$。在该状态下测量粒子的位置坐标无确定值，但出现在点 x_1 和 x_2 附近的概率最大，出现在点 $x=0$ 附近的概率为 0。

(4) 由图看到：$\psi_n(x)$ 在有限范围内与 x 轴相交 n 次，即 $\psi_n(x)=0$ 有 n 个根或有 n 个节点，节点附近粒子出现的概率为 0。

(5) 与经典谐振子比较。在经典情况下，谐振子在区间 $[x,\ x+dx]$ 内出现的概率为

$$P(x)\,dx=\frac{dt}{T}$$

即

$$P(x)=\frac{dt}{T dx}=\frac{1}{Tv}$$

式中 T 为谐振子的运动周期，v 为谐振子的运动速度。概率曲线如图 15-6-12 中虚线所示。

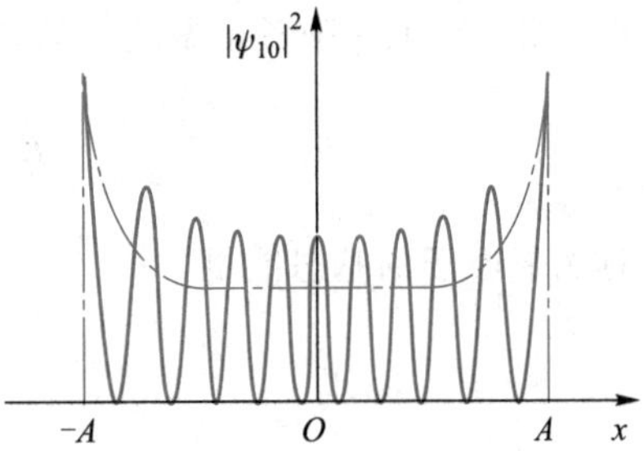

图 15-6-12　$n=10$ 时微观振子的概率密度

可见，微观谐振子在前几个量子态时的概率密度与经典情况毫无相似之处，但当 n 增加时相似程度也随之增加，图 15-6-12 中以实线绘出了当 $n=10$ 时的微观谐振子的概率密度，随着量子数 n 的增加，量子和经典两种情况在平均上已相当符合，差别仅在于 $|\psi|^2$ 迅速振荡而已。

第 7 节　用量子力学处理氢原子问题

一、氢原子的定态

薛定谔方程最早也是最成功的应用，是精确地求解了氢原子的能级和氢原子中电子的定态波函数。由于求解的数学过程比较复杂，这里仅给出定态方程的求解结果。

氢原子是电子与核结合在一起的束缚体系，其中的电子与上一节势阱中的电子一样处于电势的束缚之中，即电子处在以核为中心的三维球对称的库仑势阱中。电子的势能函数为

$$V=-\frac{e^2}{4\pi\varepsilon_0 r}$$

式中 r 为电子离开核的距离。由于核的质量比电子的质量要大得多，为简单起见，假设原子核是静止的。又由于势能函数具有球对称性，所以采用球坐标系较为方便。将 V 代入薛定谔方程，得

$$-\frac{\hbar}{2m}\nabla^2\psi(r,\ \theta,\ \varphi)-\frac{e^2}{4\pi\varepsilon_0 r}\psi(r,\ \theta,\ \varphi)=E\psi(r,\ \theta,\ \varphi) \qquad (15-7-1)$$

数学上，已知上述方程的解可写为

$$\psi(r,\ \theta,\ \varphi)=R(r)\Theta(\theta)\Phi(\varphi) \qquad (15-7-2)$$

代入方程(15-7-1)，用分离变量法求解，在求解过程中利用边界条件及波函数的标准化条件

可得到电子的能量、角动量大小及其分量，并且它们必须分别满足下列量子化公式。

1. 能量的量子化

$$E_n=-\frac{me^4}{8\varepsilon_0^2h^2}\frac{1}{n^2}=-\frac{me^4}{32\pi^2\varepsilon_0^2\hbar^2}\frac{1}{n^2}(n=1,\ 2,\ 3\cdots) \qquad (15-7-3)$$

n 称为主量子数，给出氢原子的能量。由量子力学求得的氢原子能级公式与玻尔理论所得到的完全一致。将上式中各常量代入后，可将能量写为

$$E_n=\frac{E_1}{n^2},\quad E_1=-13.6\ \text{eV}$$

E_1 称为氢原子的基态能量。

2. 电子轨道角动量大小的量子化

$$L=\sqrt{l(l+1)}\,\hbar(l=0,\ 1,\ 2,\ \cdots,\ n-1) \qquad (15-7-4)$$

l 称为角量子数，给出电子轨道角动量的大小。当主量子数 n 确定时，l 有 n 个不同的取值。该条件与玻尔的轨道角动量量子化条件 $L=n\hbar$ 有所不同。

3. 电子轨道角动量空间取向的量子化（轨道平面取向的量子化）

角动量的 z 分量为

$$L_z=m_l\hbar\quad(m_l=0,\ \pm1,\ \pm2,\ \cdots,\ \pm l) \qquad (15-7-5)$$

式中 m_l 称为轨道磁量子数，给出电子轨道角动量的方向。当角量子数 l 确定时，m_l 有 $2l+1$ 个不同的取值。

将氢原子波函数 $\psi(r,\ \theta,\ \varphi)$ 记为 ψ_{n,l,m_l}，试分析当 ψ_{n,l,m_l} 中的主量子数 n 确定时，可能有多少个不同的态。

n 一定时，l 可取 0，1，2，…，$n-1$，即同一个能级有 n 个不同大小的电子轨道角动量与之对应。而对每一个 l，轨道角动量的大小为 $L=\sqrt{l(l+1)}\,\hbar$，但其方向由 m_l 确定，$m_l=0$，$\pm1,\pm2$，…，$\pm l$，即有 $2l+1$ 个不同的轨道角动量的空间取向对应同一个大小的轨道角动量，所以对一个确定的 n，可以存在的不同的状态数为

$$\sum_{l=0}^{n-1}(2l+1)=n^2$$

【例 15-8】 氢原子处在 $n=2$ 的状态，可能有多少个不同的状态？各状态下的能量、角动量及角动量的 z 分量各如何？

解 $n=2$ 时有 4 个不同的量子态，它们分别为

$$\psi_{n,\ l,\ m_l}=\psi_{2,\ 0,\ 0},\ \psi_{2,\ 1,\ 0},\ \psi_{2,\ 1,\ 1},\ \psi_{2,\ 1,\ -1}$$

四个态中氢原子的能量同为

$$E_n=\frac{E_1}{2^2},\quad E_1=-13.6\ \text{eV}$$

四个态中电子的角动量大小分别为 $\psi_{2,0,0}$态，因 $l=0$，故 $L_0=0$。

$\psi_{2,1,0}$，$\psi_{2,1,1}$，$\psi_{2,1,-1}$三个态中，因 $l=1$，故 $L_1=\sqrt{1(1+1)}\,\hbar=\sqrt{2}\,\hbar$

但这三个原子态中电子轨道角动量的 z 分量即轨道角动量的方向各不相同，其方向分别如图 15-7-1(a)、(b)、(c)所示。

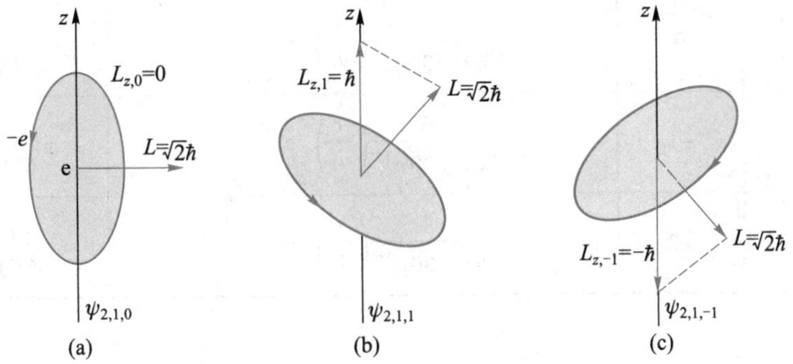

图 15-7-1　三个原子态中电子轨道角动量的 z 分量

综上所述，氢原子中电子的稳定状态是用一组量子数 n、l、m_l 来描述的，其定态波函数为

$$\psi(r,\ \theta,\ \phi)=R(r)\Theta(\theta)\Phi(\varphi)$$

量子力学计算给出，$\psi(r,\ \theta,\ \phi)=R(r)\Theta(\theta)\Phi(\varphi)$中函数 $R(r)$与量子数 n、l 有关，记为 $R_{n,l}(r)$，称为径向波函数。波函数 $\Theta(\theta)$与 $\Phi(\varphi)$的乘积与量子数 l、m_l 有关，记为 $Y_{l,m_l}(\theta,\ \varphi)$，称为角向波函数。所以，氢原子定态波函数写为

$$\psi_{n,\ l,\ m_l}(r,\ \theta,\ \varphi)=R_{n,\ l}(r)Y_{l,\ m_l}(\theta,\ \varphi)$$

表 15-1 给出了几个低量子数时波函数的具体表达式。

表 15-1　氢原子的定态波函数(a_0 为玻尔半径)

n	l	m_l	$R_{n,l}(r)$	$Y_{l,m_l}(\theta,\ \varphi)$
1	0	0	$\frac{2}{a_0^{3/2}}e^{-r/a_0}$	$\frac{1}{\sqrt{4\pi}}$
2	0	0	$\frac{1}{\sqrt{2}a_0^{3/2}}\left(1-\frac{r}{2a_0}\right)e^{-r/2a_0}$	$\frac{1}{\sqrt{4\pi}}$
2	1	0	$\frac{1}{2\sqrt{6}a_0^{3/2}}\frac{r}{a_0}e^{-r/2a_0}$	$\sqrt{\frac{3}{4\pi}}\cos\theta$
2	1	±1	$\frac{1}{2\sqrt{6}a_0^{3/2}}\frac{r}{a_0}e^{-r/2a_0}$	$\mp\sqrt{\frac{3}{8\pi}}\sin\theta e^{\pm i\varphi}$
3	0	0	$\frac{2}{3\sqrt{3}a_0^{3/2}}\left[1-\frac{2r}{3a_0}+\frac{2}{27}\left(\frac{r}{a_0}\right)^2\right]e^{-r/3a_0}$	$\frac{1}{\sqrt{4\pi}}$

续表

n	l	m_l	$R_{n,l}(r)$	$Y_{l,m_l}(\theta,\ \varphi)$
3	1	0	$\dfrac{8}{27\sqrt{6}a_0^{3/2}}\dfrac{r}{a_0}\left(1-\dfrac{r}{6a_0}\right)\mathrm{e}^{-r/3a_0}$	$\sqrt{\dfrac{3}{4\pi}}\cos\theta$
3	2	0	$\dfrac{4}{81\sqrt{30}a_0^{3/2}}\left(\dfrac{r}{a_0}\right)^2\mathrm{e}^{-r/3a_0}$	$\sqrt{\dfrac{5}{16\pi}}(3\cos^2\theta-1)$
3	2	±1	$\dfrac{4}{81\sqrt{30}a_0^{3/2}}\left(\dfrac{r}{a_0}\right)^2\mathrm{e}^{-r/3a_0}$	$\mp\sqrt{\dfrac{15}{8\pi}}\cos\theta\sin\theta\mathrm{e}^{\pm\mathrm{i}\varphi}$
3	2	±2	$\dfrac{4}{81\sqrt{30}a_0^{3/2}}\left(\dfrac{r}{a_0}\right)^2\mathrm{e}^{-r/3a_0}$	$\sqrt{\dfrac{15}{32\pi}}\sin^2\theta\mathrm{e}^{\pm2\mathrm{i}\varphi}$

二、氢原子中电子的位置概率分布

电子出现在核的周围小体积元 $\mathrm{d}V=r^2\sin\theta\mathrm{d}r\mathrm{d}\theta\mathrm{d}\varphi$ 中的概率为

$$\mathrm{d}P=|\psi|^2\mathrm{d}V=|R|^2|Y|^2r^2\sin\theta\mathrm{d}r\mathrm{d}\theta\mathrm{d}\varphi \tag{15-7-6}$$

它表示电子出现在核的周围，r 到 $r+\mathrm{d}r$，θ 到 $\theta+\mathrm{d}\theta$，φ 到 $\varphi+\mathrm{d}\varphi$ 区域内的概率。将(15-7-6)式改写为

$$\mathrm{d}P=|\psi|^2\mathrm{d}V=(|rR_{n,l}|^2\mathrm{d}r)\cdot(|Y_{l,m_l}|^2\sin\theta\mathrm{d}\theta\mathrm{d}\varphi)$$

式中$(|rR_{n,l}|^2\mathrm{d}r)$表示电子出现在离核距离为 $r\sim r+\mathrm{d}r$ 范围内、方位角任意时的概率，即出现在图 15-7-2 中半径为 r，厚度为 $\mathrm{d}r$ 的球壳空间的概率。$|rR_{n,l}|^2$ 称为径向概率密度。

$|Y_{l,m_l}|^2\sin\theta\mathrm{d}\theta\mathrm{d}\varphi$ 表示电子出现在图 15-7-3 中方位角为 θ，φ 附近立体角元 $\mathrm{d}\Omega=\sin\theta\mathrm{d}\theta\mathrm{d}\varphi$ 内，而 r 取任意值时的概率。$|Y_{l,m_l}|^2$ 称为角向概率密度。

在图 15-7-4 中给出了几个量子态的径向概率密度分布。可以看到，当氢原子处于基态时$(n=1,\ l=0)$，电子出现在玻尔半径 a_0 附近的概率最大，这与玻尔理论是一致的。对于 $n=2$ 态，$l=0$ 态有两个峰值，而 $l=1$ 态的峰值恰好位于玻尔的第二个圆形轨道半径处。

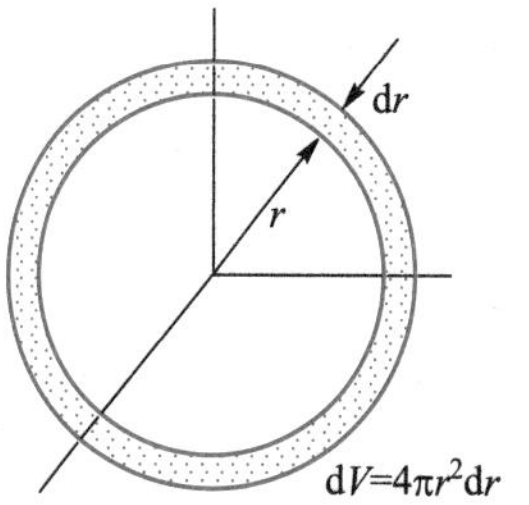

图 15-7-2 半径为 r、厚度为 $\mathrm{d}r$ 的球壳空间

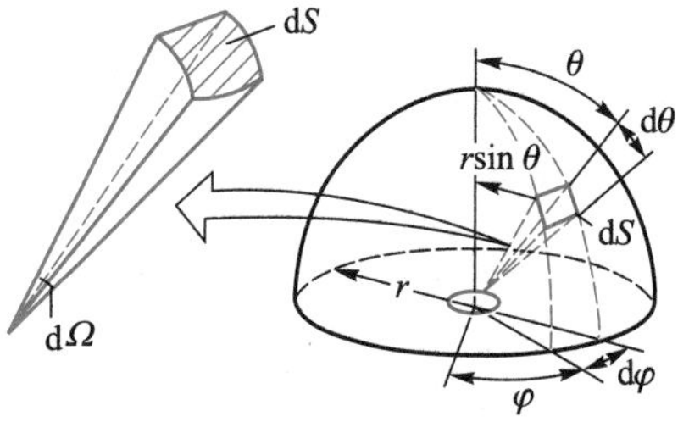

图 15-7-3 立体角元

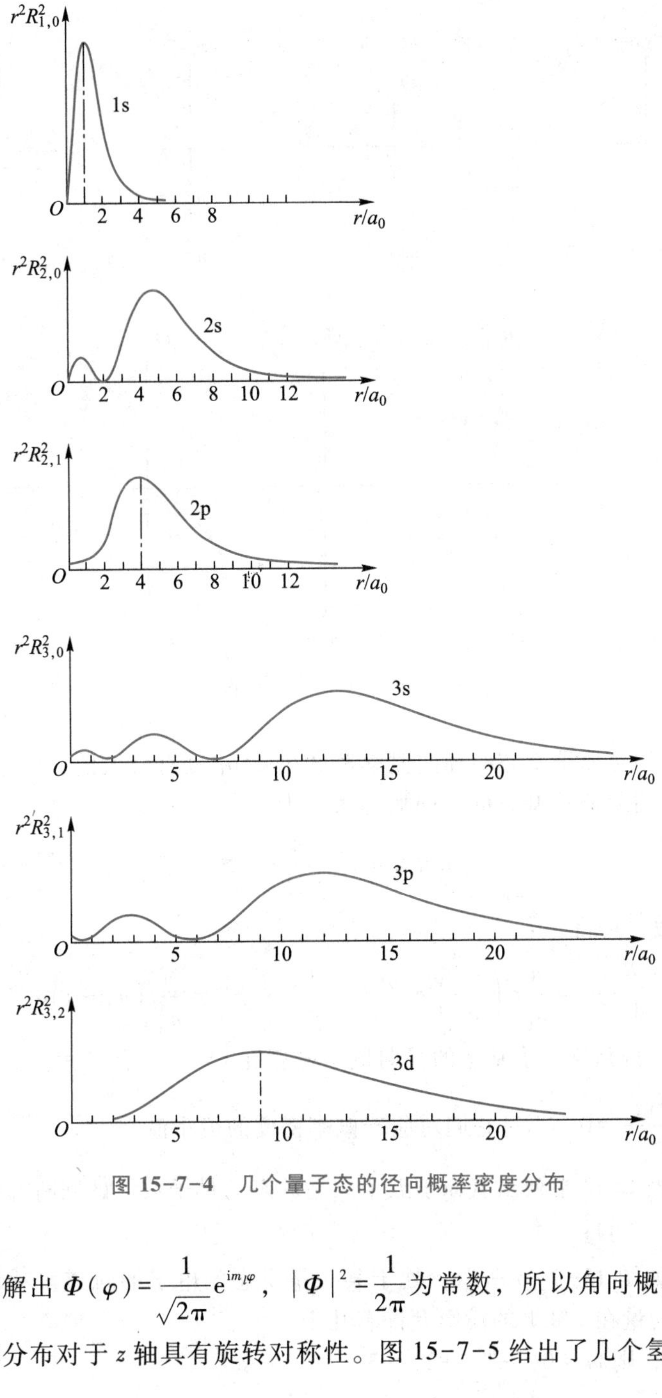

图 15-7-4　几个量子态的径向概率密度分布

由薛定谔方程解出 $\Phi(\varphi)=\dfrac{1}{\sqrt{2\pi}}\mathrm{e}^{\mathrm{i}m_l\varphi}$，$|\Phi|^2=\dfrac{1}{2\pi}$为常数，所以角向概率密度 $|Y_{l,m_l}|^2$ 与 φ 无关，即角向概率分布对于 z 轴具有旋转对称性。图 15-7-5 给出了几个氢原子定态的角向概率分布。

玻尔理论认为电子具有确定的轨道，而量子力学则给出的是电子出现在各处的概率。为了形象地表示电子的空间分布规律，通常用电子云来表示电子出现在各处的概率的大小：将概率大的区域用较密集的小点表示出来，将概率小的区域用较稀疏的小点表示出来，即量子力学给出的是电子在空间某处小体积内出现的概率大小，所以量子力学没有轨道的概念。

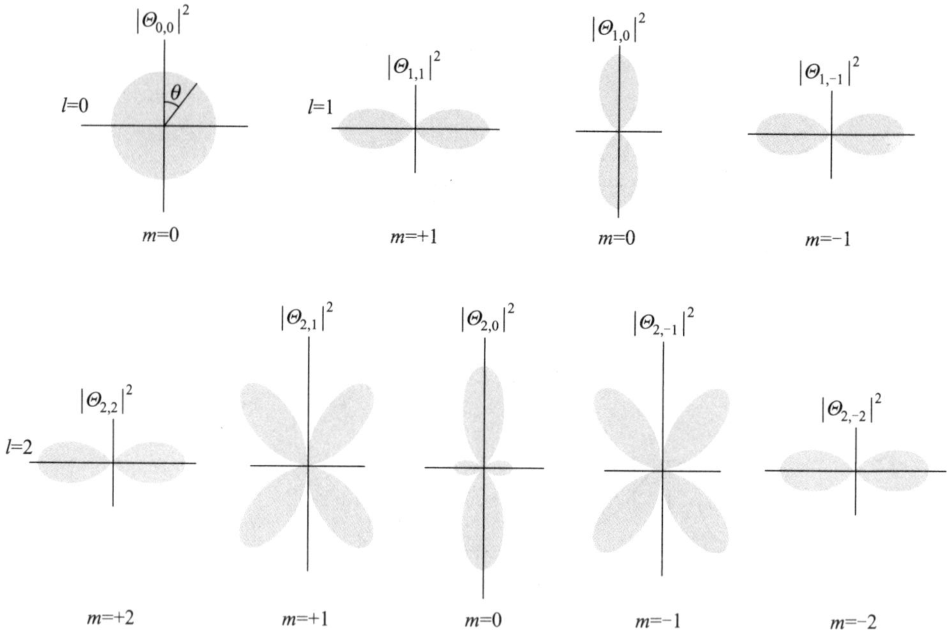

图 15-7-5　几个角向概率分布

【例 15-9】　证明氢原子基态的径向概率密度在 $r=a_0$ 处有极大值。

证　查表 15-1 得氢原子基态的径向概率密度为

$$r^2R_{1,0}^2=r^2\cdot\frac{4}{a_0^3}\mathrm{e}^{-2r/a_0}$$

将其对 r 求一阶导数，可得

$$\frac{\mathrm{d}(r^2R_{1,0}^2)}{\mathrm{d}r}=\frac{4}{a_0^3}r^2\left(\frac{-2}{a_0}\right)\mathrm{e}^{-2r/a_0}+\frac{4}{a_0^3}2r\mathrm{e}^{-2r/a_0}=\frac{8}{a_0^4}r(a_0-r)\mathrm{e}^{-2r/a_0}$$

令一阶导数等于零，得到氢原子基态的径向概率密度在 $r=a_0$ 处有极大值。（提示：当 $r=0$ 和 $r=\infty$ 时，也有 $\frac{\mathrm{d}(r^2R_{1,0}^2)}{\mathrm{d}r}=0$，不过它们对应于概率密度的极小值）

【例 15-10】　表 15-2 中列出氢原子五个假想的态的量子数。试判断哪些态是不可能的？

答　(b)，(c)，(d)。

【例 15-11】　如图 15-7-6 所示，处于某一量子态的电子的轨道角动量的大小是 $2\sqrt{3}\hbar$，此时电子的轨道角动量在 z 轴上的投影允许有几个？

答　7 个，$l=3$，则 $m_l=0$，±1，±2，±3。

表 15-2

	n	l	m_l
(a)	3	2	0
(b)	2	3	1
(c)	4	3	-4
(d)	5	5	0
(e)	5	3	-2

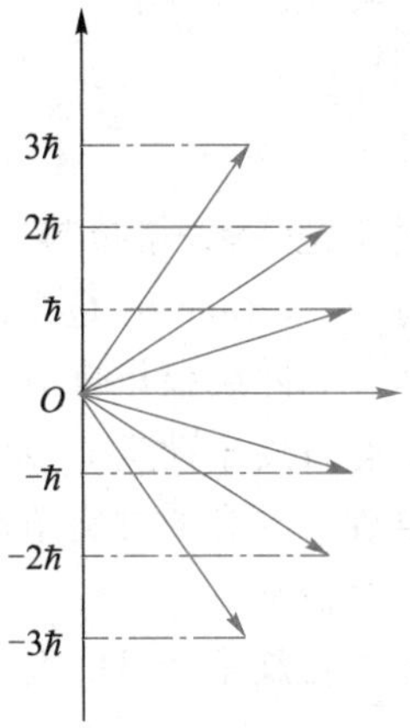

图 15-7-6　电子轨道角动量在 z 轴上的投影

第 8 节　电子自旋

一、施特恩-格拉赫实验

1921 年德国物理学家施特恩(O · Stern)和格拉赫(W · Gerlach)进行了一个著名的实验，其目的是验证电子角动量的空间量子化。实验装置如图 15-8-1 所示，让处于 $l=0$ 态的银原子束通过非均匀磁场。高温的银原子从高温炉中射出，经狭缝准直后形成一个原子射线束，而后银原子射线束通过一个不均匀的磁场区域，最后落在屏上。实际的实验结果是：在感光板上得到了两条分开的径迹，而且分开的距离关于中心对称。是什么力使原子束的轨迹发生了偏转呢？由电学知识已知：一个磁矩在非均匀磁场中要受到力的作用，由于 $l=0$，有银原子中电子的轨道角动量 $\boldsymbol{L}=\boldsymbol{0}$，而且轨道运动产生的磁矩 $\mu_{\mathrm{i}}=0$，这就是说这些银原子经过不均匀磁场时不受力的作用。那么偏转的原因一定是由于其他类型的磁矩或其他类型的角动量，而且处于 $l=0$ 态的银原子的磁矩只有两个可能的取值。到底原子还具有什么磁矩使原子束的运动

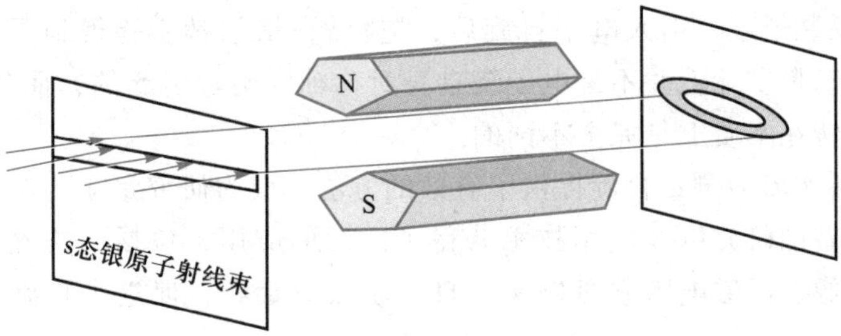

图 15-8-1　施特恩-格拉赫实验装置

轨迹发生偏转呢？

二、电子自旋

为了说明施特恩-格拉赫实验的结果，1925 年，两位荷兰学者乌伦贝克(G. E. Uhlenbeck)和古兹密特(S. A. Goudsmit)提出了电子自旋的假设。他们认为，电子应该被看成一个有一定大小的小球，它除绕核作轨道运动外，还有一个绕自身的对称轴旋转的运动，如图 15-8-2 所示。电子具有自旋角动量 $\boldsymbol{L}_s$ 及相应的自旋磁矩 $\boldsymbol{\mu}_s$。

电子自旋所具有的自旋角动量与电子的轨道角动量有许多相似的性质，由量子力学计算可得到以下结论。

（1）电子自旋角动量的大小为量子化的，其大小为

$$L_s = \sqrt{s(s+1)}\hbar, \quad s = \frac{1}{2} \tag{15-8-1}$$

式中 s 称为自旋量子数，它只能取$\frac{1}{2}$这一个值。

（2）自旋角动量 $\boldsymbol{L}_s$ 在任意方向(z 方向)的投影值只有两个，如图 15-8-3 所示。

$$L_{s,z} = m_s\hbar, \quad m_s = \pm\frac{1}{2} \tag{15-8-2}$$

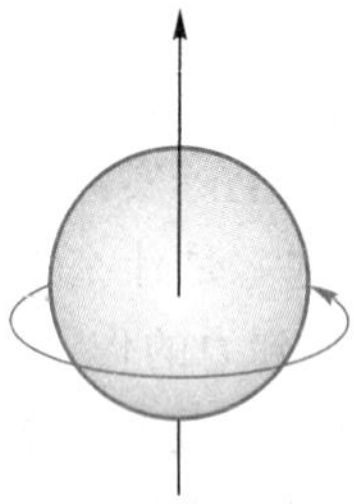

图 15-8-2 电子自旋

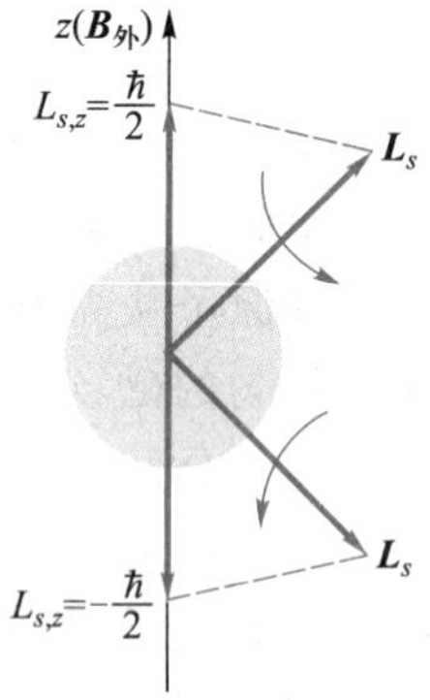

图 15-8-3 电子自旋角动量

式中 m_s 称为自旋磁量子数。引入电子自旋后，施特恩-格拉赫实验得到了很好的解释。需要指出的是，自旋角动量实际上并不是电子绕自身对称轴的旋转引起的，而是电子的内禀属性，与经典概念中的自转在本质上是完全不同的。

施特恩-格拉赫实验为测量自旋提供了有效的方法，成为研究量子力学基本概念与原理的重要平台。自旋在基础研究以及应用技术获得了广泛的应用，包括：核磁共振谱、电子顺磁共振谱、磁共振成像、巨磁电阻硬盘磁头、自旋场效应管等，促进了自旋电子学、自旋量子信息学的发展。

三、氢原子的四个量子数

考虑了电子的自旋，氢原子的定态波函数用一组量子数 n，l，m_l，m_s 来描述：

（1）主量子数 $n(n=1, 2, 3, \cdots)$：由它决定原子能量即电子能量。

（2）角量子数 $l(l=0, 1, 2, \cdots, n-1)$：由它决定电子轨道角动量的大小。

（3）轨道磁量子数 $m_l(m_l=0, \pm1, \pm2, \cdots, \pm l)$：由它决定轨道角动量在空间相对于某一方向（如外加磁场的方向）的取向。

（4）自旋磁量子数 $m_s\left(m_s=\pm\dfrac{1}{2}\right)$：由它决定自旋角动量在空间相对于某一方向（如外加磁场的方向）的取向。

【例 15-12】 分别计算量子数 $n=2$，$l=1$ 和 $n=2$ 的电子的可能状态数。

解 对 $n=2$，$l=1$ 的电子，可取 $m_l=0, \pm1$，共有 3 种状态；对每一种 m_l，又可取 $m_s=\pm\dfrac{1}{2}$，故共有 $3\times2=6$ 种状态。

对处于 $n=2$ 的电子，可取 $l=0$ 和 1。当 $l=0$ 时，$m_l=0$，$m_s=\pm\dfrac{1}{2}$，有 2 种状态；当 $l=1$ 时，如上所述有 6 种状态。所以，处于 $n=2$ 的电子的可能状态数为 $6+2=8$，即 $2n^2=8$。

第 9 节 原子的电子壳层结构

除氢原子以外，其他原子中都包含有多个电子。在多电子原子中，每个电子的运动除受到原子核的作用力外，还受到其他运动电子的排斥力作用。由于核的质量远远大于电子的质量，核总是起着一个中心的、主要的作用。所以作为一种近似，原子中每个电子所受到的各种作用的平均效应可以等效于一个以核为中心的有心力，这样处理称为**单电子近似**。在这种近似下，每个电子的状态仍可用研究氢原子得到的四个量子数(n，l，m_l，m_s)来表示。不同的是，此时主量子数 n 相同而角量子数 l 不同的电子能量也稍有不同，所以角量子数 l 对能量也稍有影响。

对于多电子原子，原子中各个电子在原子中各处于怎样的运动状态，分布规律如何呢？下面将根据四个量子数对原子中电子运动状态的限制，来确定原子核外电子的分布情况。

1. 泡利不相容原理

原子内电子的状态由四个量子数来确定，泡利(W. Pauli)指出：在一个原子系统内，不可能有两个或两个以上的电子具有相同的状态，亦即不可能具有相同的四个量子数，这称为泡利不相容原理。所以可以算出，原子中具有相同主量子数 n 的电子数目最多为

$$Z_n=\sum_{l=0}^{n-1}2(2l+1)=2n^2 \tag{15-9-1}$$

1916 年，柯塞尔(W. Kossel)认为绕核运动的电子组成许多壳层，主量子数 n 相同的电子属于同一壳层。对应于 $n=1, 2, 3, \cdots$ 的壳层分别用 K，L，M，…来表示。在一个壳层内，又

按不同的角量子数 l，分成若干次壳层，显然主量子数为 n 的壳层中包含 n 个次壳层，对应于 $l=0$，1，2，3，4，5，…，分别用小写字母 s，p，d，f，g，h，…来表示。

当 $n=1$ 而 $l=0$ 时，K 壳层上可能有两个电子（s 电子），以 $1s^2$ 表示；

当 $n=2$ 而 $l=0$ 时（L 壳层，s 次层），可能有两个电子（s 电子），以 $2s^2$ 表示；

当 $n=2$ 而 $l=1$ 时（L 壳层，p 次层），可能有六个电子（p 电子），以 $2p^6$ 表示。

综上所述，L 壳层上最多可能有 8 个电子，其余类推。表 15-3 中列出了原子内主量子数 n 的壳层上最多可能有的电子数 Z_n 和具有相同 l 的次层上最多可能有的电子数。

表 15-3　原子中壳层和次层的最多可能有的电子数

n \\ l	0 s	1 p	2 d	3 f	3 g	5 h	6 i	Z_n
1，K	2							2
2，L	2	6						8
3，M	2	6	10					18
4，N	2	6	10	14				32
5，O	2	6	10	14	18			50
6，P	2	6	10	14	18	22		72
7，Q	2	6	10	14	18	22	26	98

2. 能量最小原理

原子系统处于正常状态时，每个电子趋向占有最低的能级。能级基本上取决于主量子数 n，n 越小，能级也越低，所以离核最近的壳层，一般首先被电子填满。但能级也与角量子数 l 有关，因而在某些情况下，n 较小的壳层还未填满，而在 n 较大的壳层上就开始有电子填入。这一情况在周期表的第四个周期中就开始表现出来。我国科学家徐光宪总结出这样的规律：对于原子的外层电子而言，能级高低以 $n+0.7l$ 值来确定，该值越大，能级就越高。例如，4s 和 3d 两个状态，4s 的 $n+0.7l=4$，而 3d 的 $n+0.7l=4.4$，所以有 $E(4s)<E(3d)$，这样，4s 态应比 3d 态先被电子占有。

习　题

15-1　(1) 写出实物粒子德布罗意波长与粒子动能 E_k 和静止质量 m_0 的关系；(2) 证明：当 $E_k \ll m_0c^2$ 时，$\lambda=\dfrac{h}{\sqrt{2E_km_0}}$；当 $E_k \gg m_0c^2$ 时，$\lambda \approx \dfrac{hc}{E_k}$；(3) 计算动能分别为 0.01 MeV 和 1 GeV 的电子的德布罗意波长（$1\ \mathrm{MeV}=10^6\ \mathrm{eV}$，$1\ \mathrm{GeV}=10^9\ \mathrm{eV}$）。

15-2　求下列情况下中子的德布罗意波长。(1) 被温度为 3 K 的液氮冷冻着的、动能等于 $\dfrac{3kT}{2}$ 的中子；(2) 室温（取 $T=300$ K）下的中子（称热中子，中子质量为 $m_n=1.67\times10^{-27}$ kg）。

15-3　经 206 V 的加速电势差后，一个带有单位电荷的粒子，其德布罗意波长为 0.002 nm，求这个粒子的质量，并指出它是何种粒子。

15-4　一束光的波长 $\lambda=400$ nm，光子质量是多少？动量是多少？若一电子的德布罗意波长也是 400 nm，不考虑相对论效应，电子的速度是多少？

15-5　在戴维孙-革末实验中，电子的能量至少应为$\dfrac{h^2}{8m_e d^2}$。如果所用镍晶体的散射平面间距 $d=0.091$ nm，则所用电子的最小能量是多少？

15-6　一个粒子沿 x 轴方向运动，可以用下列波函数描述，即

$$\psi(x)=\frac{C}{1+\mathrm{i}x}(\mathrm{i}=\sqrt{-1})$$

(1) 由归一化条件求出常数 C；(2) 求概率密度函数；(3) 粒子在什么地方出现的概率最大？

15-7　已知一维运动粒子的波函数为

$$\psi(x)=\begin{cases}Axe^{-\lambda x} & (x\geqslant 0)\\ 0 & (x<0)\end{cases}$$

式中 $\lambda>0$。(1) 求归一化常量 A 和归一化波函数；(2) 求该粒子位置坐标的概率分布函数(即概率密度)；(3) 在何处找到粒子的概率最大？(提示：$\int_0^\infty x^n e^{-ax}dx=\dfrac{n!}{a^{n+1}}$。)

15-8　根据描写自由粒子的波函数，求出粒子概率密度与空间坐标的关系，并讨论其意义。

15-9　铀核的线度为 7.2×10^{-15} m。根据不确定关系估算：(1) 核中的 α 粒子($m_\alpha=6.7\times10^{-27}$ kg)的动量值和动能值；(2) 一个电子在核中的动能的最小值。($m_e=9.11\times10^{-31}$ kg)

15-10　氦氖激光器所发出的红光波长 $\lambda=632.8$ nm，谱线宽度 $\Delta\lambda=10^{-9}$ nm。试求该光子沿运动方向的位置不确定量(即波列长度)。

15-11　在一维无限深势阱中的粒子，已知势阱宽度为 a，粒子质量为 m。试用不确定关系估计其零点能量。$\left(\text{提示：利用 }\Delta p\Delta x\geqslant\dfrac{\hbar}{2}\text{。}\right)$

15-12　利用不确定关系估算氢原子基态的结合能和第一玻尔半径。$\left(\text{提示：写出总能量的正确表达式，然后利用不确定关系 }\Delta p\Delta r\geqslant\dfrac{h}{2\pi}\text{分析使能量为最小的条件。}\right)$

15-13　试用不确定关系估计在原子序数为 Z 的轻元素中，电子最靠近核的总能量。$\left(\text{提示：利用 }\Delta p\Delta r\geqslant\dfrac{h}{2\pi}\text{。}\right)$

15-14　一个质量为 m 的粒子被限制在长度为 L 的一维线段上，试根据物质波的解释，说明这个粒子的能量只能取分立值。

15-15　试证明如果确定一个运动粒子的位置时，其不确定度等于这个粒子的德布罗意波长，则同时确定其速度，其不确定度约等于它的速度。(运用 $\Delta x\Delta p=h$ 公式证明。)

15-16　在一维无限深势阱中运动的粒子，由于边界条件的限制，势阱宽度 a 必须等于德布罗意半波长的整数倍。试利用这一条件导出能量公式 $E_n=\dfrac{h^2}{8ma^2}n^2$。

15-17　一粒子在一维无限深势阱中运动而处于基态。从阱的一端到离此端 1/4 阱宽的距离内，它出现的概率有多大？

15-18 宽度为 a 的一维无限深势阱中，粒子所处的态函数为 $\psi=\sqrt{\dfrac{2}{a}}\sin\dfrac{2\pi x}{a}\cos\dfrac{4\pi x}{a}$。求 Ψ 态中粒子的能量平均值。$\left(\text{提示：利用公式 }\sin\alpha\cos\beta=\dfrac{1}{2}[\sin(\alpha+\beta)+\sin(\alpha-\beta)]\right.$将波函数 Ψ 展开为一维无限深势阱中粒子的定态波函数的线性组合。$\left.\right)$

15-19 假设谐振子处于归一化的叠加态，$\psi(x)=\dfrac{1}{\sqrt{50}}[\phi_1(x)\mathrm{e}^{-E_1t/\hbar}+\sqrt{49}\phi_2(x)\mathrm{e}^{-E_2t/\hbar}]$，试求此谐振子的能量平均值。

15-20 氢原子的径向波函数 $R(r)=A\mathrm{e}^{-\frac{r}{a_0}}$，式中 a_0 为玻尔半径，A 为常数。求 r 为何值时电子径向概率密度最大。

15-21 证明：氢原子 2p 和 3d 态径向概率密度的最大值分别位于距核 $4a_0$ 和 $9a_0$ 处（2p 和 3d 态的径向波函数请在教材中自己查找），其中 a_0 为玻尔半径。

15-22 氢原子中的电子处于 $n=4$，$l=3$ 的状态。问：(1) 该电子角动量 $\boldsymbol{L}$ 的值为多少？(2) 这角动量 $\boldsymbol{L}$ 在 z 轴的分量有哪些可能的值？(3) 角动量 $\boldsymbol{L}$ 与 z 轴的夹角的可能值为多少？

15-23 下列表述中对泡利不相容原理描述正确的是(　　)。

(a) 自旋为整数的粒子不能处于同一态

(b) 自旋为整数的粒子能处于同一态

(c) 自旋为半整数的粒子能处于同一态

(d) 自旋为半整数的粒子不能处于同一态

15-24 写出硼(B，$Z=5$)，氩(Ar，$Z=18$)，铜(Cu，$Z=29$)，溴(Br，$Z=35$)等原子在基态时的电子排布式。

第 15 章习题参考答案

第 16 章 半导体与激光简介

如果说 20 世纪是以微电子技术为基础的电子信息时代，则 21 世纪将是以微电子与光电技术相结合的光电子信息时代。半导体和激光的发展几乎对所有的科学领域产生了重大的影响。本章将简单介绍有关半导体和激光的基本知识。

第 1 节 半导体

半导体是导电物质中的一类，它的电导率介于导体和绝缘体之间。半导体材料类别很多，但它们具有一些共同的特殊电学性质，例如其电导率对光照、温度、杂质的影响非常敏感。人们对半导体特性的研究最早可以追溯到 1833 年英国科学家法拉第的工作。他发现硫化银的电阻随着温度的变化情况不同于一般金属。一般情况下，金属的电阻随温度的升高而增加，但法拉第发现硫化银材料的电阻是随着温度的上升而降低。这是半导体现象的首次发现。此后，人们陆续发现了半导体的其他一些电学性质，如：光照下会产生电压，这就是后来人们熟知的光生伏特效应；光照下电导增加的光电导效应等。另外，某些硫化物的电导与所加电场的方向有关，即它的导电具有方向性：在它两端加一个正向电压，它是导通的；如果把电压极性反过来，它就不导电，这就是半导体的整流效应。这些特殊的电子学特性，极大地促进了半导体在新型电子学器件中的应用。在量子力学建立以后，人们对固体中的电子运动规律有了较深刻的认识，在此基础上，威耳孙(C. T. R. Wilson)于 1931 年建立了固体能带模型(能带理论)，运用这一模型对半导体的导电机理、规律等能够作出圆满的理论解释，从而把半导体的研究工作向前大大地推进了一步。

1948 年，巴丁(J. Bardeen)和肖克莱(N. B. Shockley)发明了晶体管，带来了现代电子学的革命。此后，半导体器件发展成了集成电路、大规模集成电路和超大规模集成电路。半导体成为以大规模集成电路为主的微电子学的基础，半导体器件和半导体电路已广泛地应用于几乎所有的高新技术中。

本节将简单介绍晶体的微观结构、固体能带理论，并着重阐述半导体的物理基础。

一、晶体的微观结构

通过 X 射线、电子或中子射线在晶体中的衍射实验可以探知晶体的微观结构。晶体是由分子、原子或离子按一定的方式构成结构单元，并在空间中是按一定的规律作周期性重复排列而成的。晶体的这种周期性结构称为晶格结构。例如，图 16-1-1 给出的是氯化钠晶体的结构。

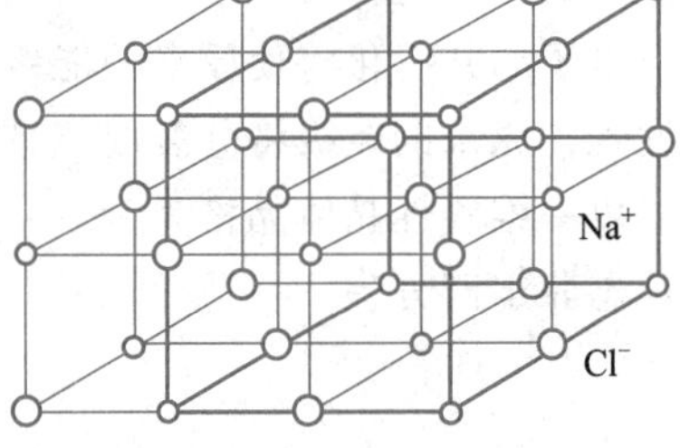

图 16-1-1 NaCl 晶体结构

晶体按照其结合力的性质可以分为离子晶体、共价晶体、金属晶体、分子晶体和氢键晶体五种。离子晶体是由正、负离子组成，通过离子间的离子键结合成晶体，其结合力强，所以具有熔点高、硬度大、电子导电性弱等特点，例如氯化钠晶体；共价晶体是原子间以共价键结合的晶体，同样其结合力很强，也具有熔点高、硬度大的特点，同时因价电子定域在共价键上，使其电导率低，一般属于绝缘体或半导体；金属晶体是通过金属键结合的晶体，由于金属键没有饱和性和明显的方向性，故金属晶体的原子通常按密集堆积的规则排列。根据金属键的特点，金属一般具有很高的熔点和硬度，还具有良好的导电性和导热性；分子晶体是依靠分子间范德瓦耳斯力结合的晶体。范德瓦耳斯力很弱，因此分子晶体的结合力很小，导致其熔点很低，硬度很小。大部分有机化合物晶体及低温下的某些气体形成的晶体属于分子晶体；氢键晶体是原子间以氢键结合的晶体，例如冰晶。其他实际中晶体原子间的作用较为复杂，可以同时存在多种键。

二、固体能带理论

固体的这些不同类型的晶体微观结构，使其在宏观上具有不同的导电性能。

我们知道，晶体是由众多的原子所组成，每个原子又包含原子核和电子。理论上，若能写出这个多体问题的薛定谔方程并求其解，便可以了解晶体的物理性质。当然，这是不可能的。实际上，需要采用近似的处理方法，即：在研究晶体中的电子能量状态时，先假设晶体中周期排列着的原子核固定不动，将多体问题简化为多电子问题；再设想每个电子在固定的原子核形成的势场及其他电子的平均场中运动，即将多电子问题简化为单电子问题。这种研究晶体中电子能量状态的理论称为**固体的能带理论**。

1. 晶体中的电子状态

单个原子中，电子能量是不连续的，这叫作能量的量子化。由泡利不相容原理：每个能级最多只能有两个自旋相反的电子；能量越高，相邻能级间的能量差就越小；当电子从原子中挣脱时能量已显示不出一级一级的差别，在能量图上形成能量连续的区域，这时电子可以自由运动，成为自由电子。

但是对于多原子的晶体，其中的原子排列紧密，相邻原子的电子云发生重叠。每个电子不仅受到本身原子核的作用，同时还受到邻近原子核的影响，芯电子因受原子核的牢牢束缚而影响较小；外层电子却不同，它的“轨道”的大小与相邻原子间距离是同一数量级，使其势垒高度变得较小(见图 16-1-2)。在这种情况下由于存在隧道效应，各原子中的电子便可从一个原子进入另一个原子，即在电子云重叠区出现的电子不再归属于一个母核，而可以在整个晶体中运动，这称为**电子的共有化**。

电子的共有化将使原来的能级发生变化。1928 年，布洛赫(F. Bloch)通过求解薛定谔方程发现，原来的能级将分裂成能带。

以一维线性晶体晶格为例。由量子力学原理可知，单电子在孤立离子势场中运动时，满足定态薛定谔方程

$$\nabla^2\Psi+\frac{2m}{\hbar}(E-U)\Psi=0 \tag{16-1-1}$$

式中 U 为电子在离子势场中的势函数，它具有周期性，即

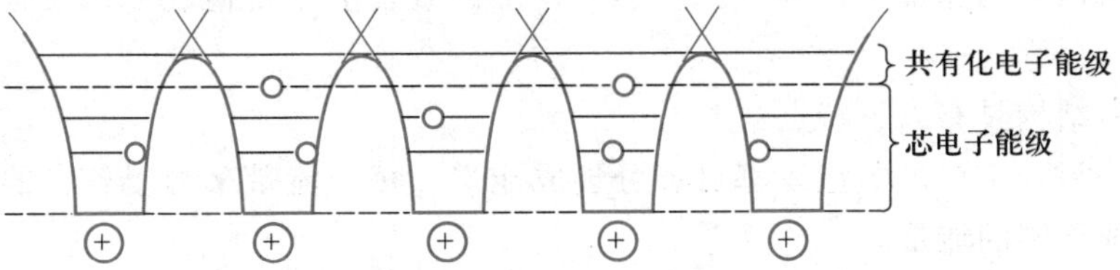

图 16-1-2　晶体原子的周期性势垒

$$U(x)=U(x+a) \tag{16-1-2}$$

布洛赫指出其解的形式应为

$$\Psi(x)=u(x)\mathrm{e}^{\mathrm{i}kx} \tag{16-1-3}$$

式中振幅函数 $u(x)=u(x+a)$，a 为晶格常量，k 为波矢。

求解所得的重要结论是：能级将分裂成能带，能带中存在禁带。能级曲线及能带如图 16-1-3 所示。

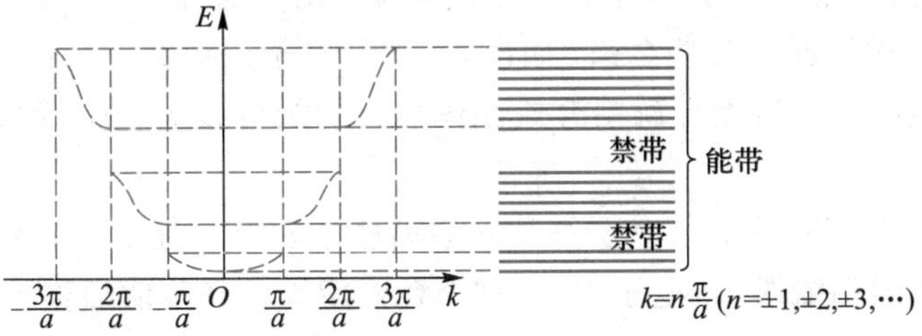

图 16-1-3　晶体原子的能级曲线及能级

2. 晶体的能带结构

电子的共有化运动使得不同原子的相应轨道上的电子互相转移，在这些相应轨道上，电子具有相等的能量。根据泡利不相容原理，每个能级只能容纳两个自旋相反的电子，N 个原子组成的晶体里，每一个原子的每一相同能级(n，l，m_l，m_s)都分裂为 N 个能量很接近的新能级。每个 s 能级的能带最多只能容纳 $2N$ 个电子，而 p 能级的能带可以分为三个支能带，每个支能带可容纳 $2N$ 个电子，整个 p 能带可容纳 $6N$ 个电子。以此类推，每个角量子数 l 一定的能带最多可容纳 $2(2l+1)N$ 个电子。如图 16-1-4 所示为金属钠的能级的分裂。r_0 为实际晶体中的原子间距，可以看出，随着原子间距的减小，能级开始分裂，形成能级密集的能带。原子数 N 越大，分裂后的能级数也越多，能级越密集。由于 N 很大（1 cm^3 晶体中 $N=10^{23}\sim10^{24}$），因而相邻能级的能量差很小（10^{-22} eV），能带中电子的能量可以认为是连续变化的。钠原子的电子组态为 $1s^2 2s^2 2p^6 3s^1$，3s 态为价电子能级，我们把价电子能级的这种分裂而产生的能带

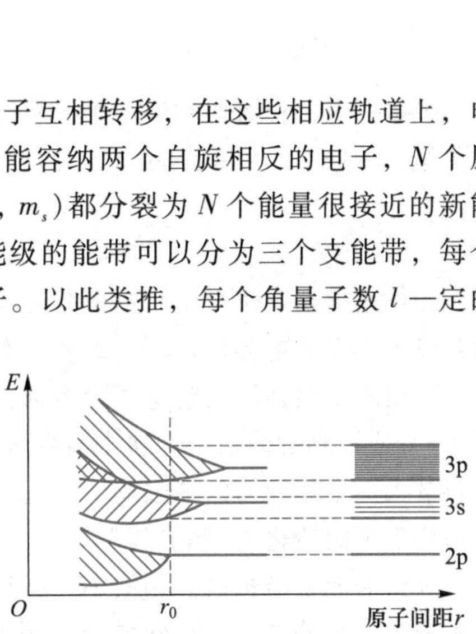

图 16-1-4　晶体能级的分裂及不同能级的能带

称为价带，价带以上的能带（如 Na 的 3p 态）在未被激发的正常情况下，没有电子填入称为空带。

晶体的能带结构具有以下特点：

（1）原子中每一个许可的能级都可能分裂成能带，每一能带来源于各自的能级，即不同的能级将分裂成不同的能带。

（2）能带宽度 ΔE 随能级增高（外层轨道电子共有化程度增高）而增大。ΔE 只由组成晶体的原子性质决定，与 N 无关。N 增大，只是能带内能级密度增大。

（3）两个相邻能带之间，可能有一个能量间隔，在这个能量间隔中，不存在电子的稳定能态，这个能量间隔称为禁带，用 ΔE_g 表示。两个相邻能带也可能互相重叠，例如，金属镁（Mg）原子，其电子组态为 $1s^2\,2s^2\,2p^6\,3s^2$，$3s^2$为价带，但 3s 能带与上层的 3p 空带部分重合，这时禁带消失。

（4）填满电子的能带称为满带。晶体处在外电场中时，满带中的电子不起导电作用。对于未被电子填满的价带和未被电子填充的空带，价带中的电子在外电场的作用下可参与导电而形成电流；若有电子受激发而进入空带，在外电场作用下也可参与导电，所以价带和空带都是导带。另外还有一种情况，某些金属(如镁)，其价电子是偶数，价电子能带已有 $2N$ 个电子，但仍能导电。这是因为这类金属结合成晶体时，能级分裂大，价带与其上的空带发生了重叠。

（5）能量最小原理告诉我们，电子总是先填满能量较低的能态，在温度无限接近于 0 K 时，电子所能占据的最高能级(价电子能级)称为费米能级，其等能面称为费米面。也就是说，无限接近于绝对零度时，费米面以内的能态都被电子占据，而费米面以外的能态全都空着，正是费米面附近的电子的运动对晶体的性质产生重大影响。

三、半导体

依据能带理论可对导体、绝缘体、半导体的导电性作出说明。按照能带的分布和能带中电子填充的情况，可将晶体分为导体、绝缘体和半导体。

1. 导体

导体是指电阻率很小且易于传导电流的物质。导体中存在大量可自由移动的带电粒子称为载流子。在外电场作用下，载流子作定向运动，形成明显的电流。金属是最常见的一类导体。金属原子最外层的价电子很容易挣脱原子核的束缚，而成为自由电子，留下的正离子(原子实)形成规则的晶格。金属中自由电子的浓度很大，所以金属导体的电导率通常比其他导体材料的大。金属导体的电阻率一般随温度降低而减小。在极低温度下，某些金属与合金的电阻率将消失而转化为“超导体”。

导体的能带结构具有如图 16-1-5 所示的三种情况。如图 16-1-5(a) 所示的情形表示价带中只填入部分电子，在外场的作用下，电子很容易在该能带中从低能态跃迁到高能态，从而形成电流。图 16-1-5(b)则表示，价带虽已被填满，但此价带与另一相邻空带部分重叠，实际上也形成一个未满的能带。在外电场的作用下，电子运动可以形成电流。有些金属的价带被电子填满，而这个价带又与它相邻的空带相连，电子可以在外电场的作用下运动而形成电流，如图 16-1-5(c)所示。

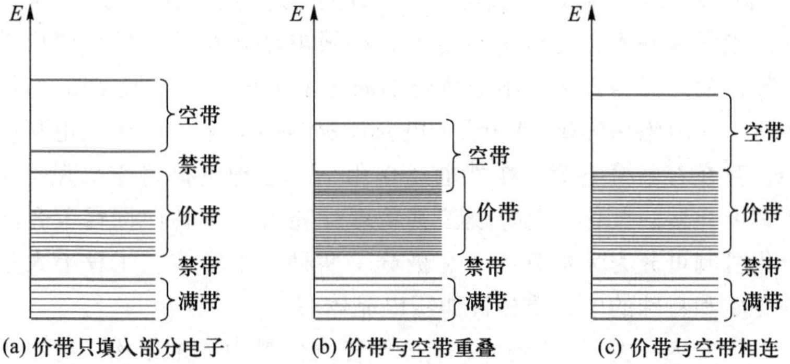

图 16-1-5　导体能带结构

第一类导体：金属是最常见的一类导体。金属中的原子核和芯电子构成原子实，规则地排列成晶格，而外层的价电子容易挣脱原子核的束缚而成为自由电子，它们构成导电的载流子。金属中自由电子的浓度很大，每立方厘米约 10^{22} 个，因此金属导体的电阻率很小，电导率很大。金属的电阻率为 $10^{-8}\sim10^{-6}\ \Omega\cdot m$，一般随温度降低而减小。金属导电过程中不引起化学反应，也没有显著的物质转移，称为第一类导体。

第二类导体：电解质的溶液或称为电解液的熔融电解质也是导体，其载流子是正负离子。实验发现，大部分纯液体虽然也能离解，但离解程度很小，因而不是导体。如纯水的电阻率高达 $10^{4}\ \Omega\cdot m$，比金属的电阻率大 $10^{10}\sim10^{12}$ 倍。但如果在纯水中加入一点电解质，离子浓度大为增加，使电阻率大为降低，成为导体。电解液的电阻率比金属的大得多，这是因为电解液中的载流子浓度比金属小得多，而且离子与周围介质的作用力较大，使它在外电场中的迁移率也要小得多。电解液在通电过程中伴随有化学变化，且有物质的转移，称为第二类导体。它常应用于电化学工业，如电解提纯、电镀等。

其他导体：电离的气体也能导电(气体导电)，其中的载流子是电子和正负离子。通常情形下，气体不导电。如果借助于外界原因，如加热或用 X 射线、γ 射线或紫外线照射，可使气体分子离解，因而电离的气体便成为导体。电离气体的导电性与外加电压有很大关系，且常伴有发声、发光等物理过程。电离气体常应用于电光源制造工业。气体由于外界电离剂作用下的导电称为气体的非自持放电。随着外加电压增大，电流亦增大，电压增大到一定值时非自持放电达到饱和，继续再增加电压到某一定值后电流突然急剧增加，这时即使撤去电离剂，仍能维持导电，气体就由非自持放电过渡到自持放电。

2. 绝缘体

绝缘体是指在通常情况下不传导电流的物质，又称电介质。绝缘体的特点是分子中正负电荷束缚得很紧，可以自由移动的带电粒子极少，其电阻率很大，所以一般情况下可以忽略在外电场作用下自由电荷移动所形成的宏观电流，而认为是不导电的物质。绝缘体的能带特征是价带为满带，而且与相邻空带间的禁带较宽(3~6 eV)，一般温度下电子很难从满带激发到上面的空带中，即不导电(见图 16-1-6)。

绝缘体可分为气态(如氢、氧、氮及一切在非电离状态下的气体)、液态(如纯水、油、漆及有机酸等)和固态(如玻璃、陶瓷、橡胶、纸、石英等)三类。固态的绝缘体又分为晶体和非晶体两种。实际的绝缘体并不是完全不导电的，在强电场作用下，可以使价带中较多电子越过禁带而进入空带，使之成为导带，绝缘体内部的正负电荷将会挣脱束缚，而成为自由电荷，绝缘性能遭到破坏，这时绝缘体被“击穿”。电介质材料所能承受的最大电场强度称为击穿场强。在绝缘体中，存在着束缚电荷，在外电场作用下，这种电荷将作微观位移，从而产生极化电荷，就是所谓电介质的极化。电介质按其物理性能可分为各向同性电介质和各向异性电介质两种。就极化机制可分为无极分子和有极分子两种。绝缘体在工程上大量用作电气绝缘材料、电容器的介质和特殊的电介质器件如压电晶体等。

近些年来，人们发现一类新的“绝缘体”，即若该材料为二维结构，材料内部表现为绝缘性，但材料边缘出现不受杂质散射的良好导电性；若该材料为三维结构，材料内部仍表现为绝缘性，但材料表面出现不受杂质散射的良好导电性。由于其特殊的导电机制，我们称之为“拓扑绝缘体”。拓扑绝缘体的发现，为人类寻找新型功能材料和发展新工业技术，提供了契机。

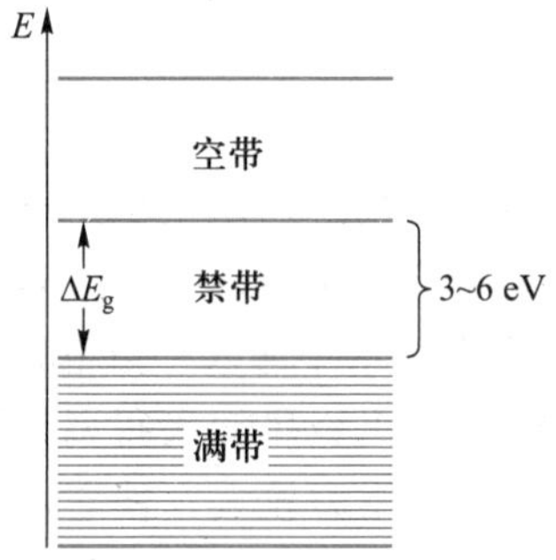

图 16-1-6　绝缘体能带结构

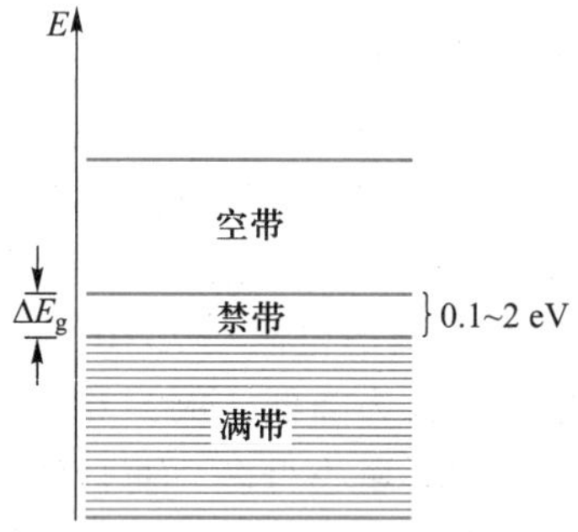

图 16-1-7　半导体能带结构

3. 半导体

半导体的能带结构与绝缘体相似，只是禁带宽度要小得多(0.1~2 eV)，如图 16-1-7 所示。用不太大的激发能量便可将满带中的电子激发到上面的空带中去，而在满带中留下空位，称为空穴。空带中的电子和满带中的空穴在外电场中都参与导电，它们统称为载流子。

不含杂质的纯净半导体称为本征半导体。如前所述，本征半导体在外电场中参与导电的载流子是少量的电子-空穴对，一般情况下，电子-空穴对数目有限，导电形成的电流很弱，是不良导体。实际应用时，在本征半导体中加入少量适当的其他元素，形成杂质半导体。掺杂后的半导体的导电性能将发生极大的改变。

掺入不同的杂质，可构成两类半导体，一类以电子导电为主，称为 n 型半导体；另一类以空穴导电为主，称为 p 型半导体。

在四价元素，如锗(Ge)、硅(Si)等半导体中用扩散方法掺入少量五价元素，如磷(P)或砷(As)等杂质，可以形成 n 型半导体(见图 16-1-8)。在这种情况下，五价元素中的四个价电子和相邻四价元素的价电子形成共价键，多出一个价电子被松散地束缚在五价元素上，其束缚程度低于共价键中的电子。这个“多余”电子的能级位于本征半导体的禁带中，并靠近空带的下方，此能级称为施主能级，如图 16-1-9 所示。由于施主能级与空带下方间距 ΔE_D(约 0.01 eV)通常很小，杂质能级中的价电子很容易被激发到空带中，使得空带中的电子浓度比本征半导体的明显要大。在外电场中参与导电的载流子主要是电子，因此而得名 n 型半导体。

同样道理，在四价元素中掺入少量三价元素如硼(B)、镓(Ga)等，即形成 p 型半导体(见图 16-1-10)。在这种情况下，杂质原子的三个价电子与邻近的四价原子形成共价键时缺少一个电子，相当于存在一个空穴。这个空穴的能级也出现在本征半导体的禁带中，而且靠近满带的顶部，如图 16-1-11 所示。于是满带中的电子极易被激发到杂质能级上去，这个杂质能级因能接收电子而被称为受主能级。此时满带中留下的空穴浓度大于同温度下本征半导体满带中的空穴浓度，在外电场中参与导电的主要载流子就是空穴。

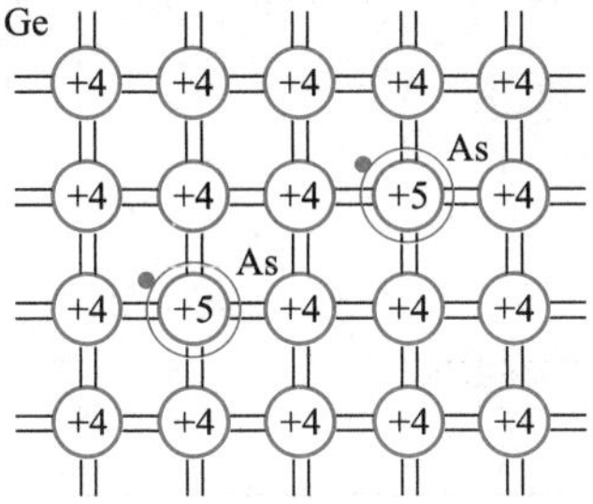

图 16-1-8　n 型半导体

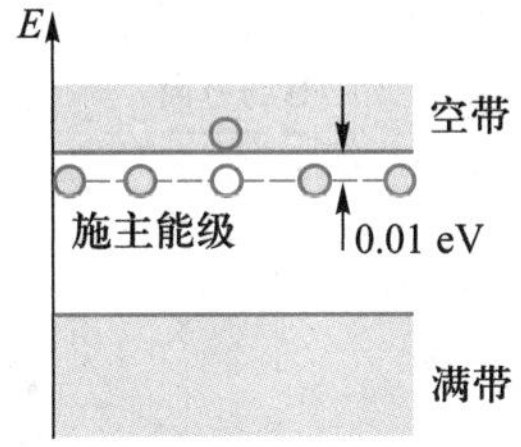

图 16-1-9　n 型半导体能带结构

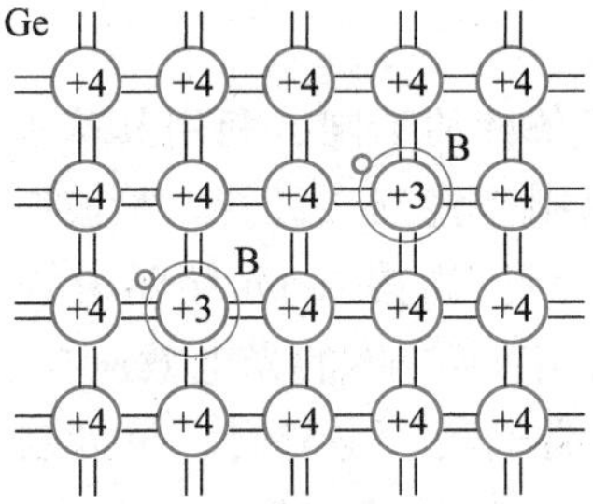

图 16-1-10　p 型半导体

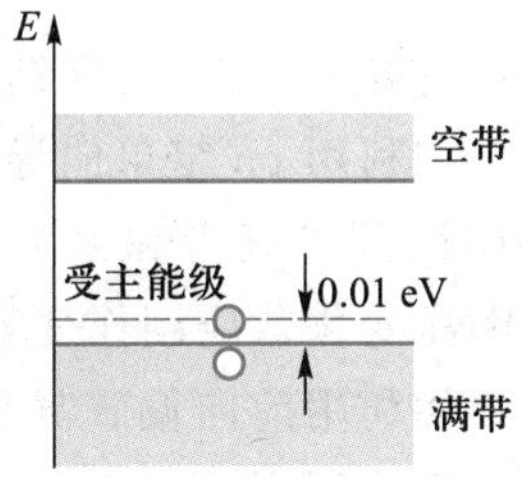

图 16-1-11　p 型半导体能带结构

四、pn 结

将 p 型半导体与 n 型半导体相接触，或者将纯净半导体的一侧掺以施主杂质，制成 n 型区，另一侧掺以受主杂质，制成 p 型区，则两区的交界处就构成了 pn 结，如图 16-1-12(a)所示。在其接触区，由于载流子浓度的差异，n 区的电子将向 p 区扩散，p 区中的空穴也向 n 区扩散。扩散的结果是在交界面处 p 区一侧形成负电薄层，n 区一侧出现带正电的薄层，其厚

度约为 10^{-7} m，这就是 pn 结。pn 结内的电场由 n 区指向 p 区，最后达到平衡时，在接触层两侧形成电势差 U_0，称为接触电势差，这种电场称为内建电场，它所形成的势垒如图 16-1-12(b)所示。

图 16-1-13 为 pn 结伏安特性曲线。当在 pn 结上加正向电压(p 区接正极，n 区接负极)时，则外电场将削弱内建电场，使空间电荷区变窄，电阻减小，载流子扩散占主导而形成电流；如果在 pn 结加上反向电压，这时外电场与内建电场方向一致，使空间电荷区加宽，电阻增大。曲线表明，在一定范围内 pn 结具有整流作用，即单向导电性，是电子技术中许多器件，例如半导体二极管和双极性晶体管等所利用的电子特性。

当反向电压大到某一值时，因少子的数量和能量都增大，会碰撞破坏内部的共价键，使原来被束缚的电子和空穴被释放出来，不断增大电流，最终 pn 结将被击穿损坏，并变为导体，反向电流急剧增大。反向电流突然增大时的电压称击穿电压。基本的击穿机制有两种，即隧道击穿(也叫齐纳击穿)和雪崩击穿，前者击穿电压小于6 V，有负的温度系数，后者击穿电压大于6 V，有正的温度系数(温度系数指温度变化 1 ℃所引起 pn 结两端电压的相对变化量)。

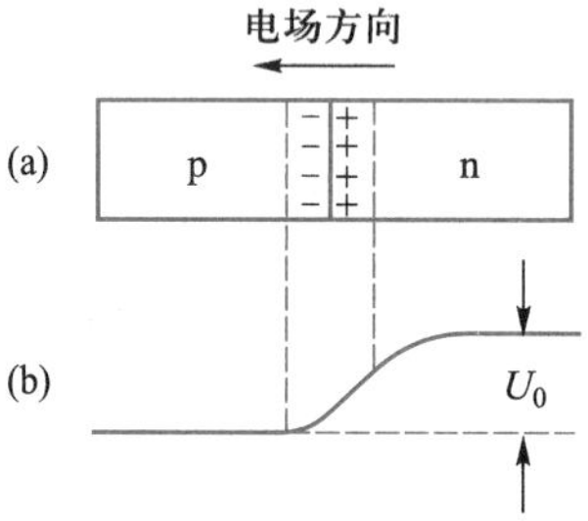

图 16-1-12　pn 结及其能带

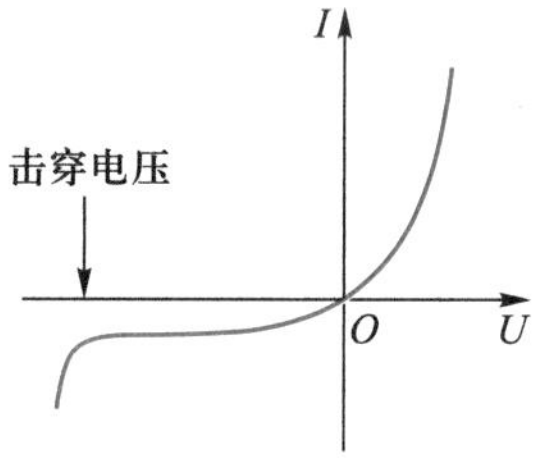

图 16-1-13　pn 结伏安特性曲线

根据 pn 结的材料、掺杂分布、几何结构和偏置条件的不同，利用其基本特性可以制造多种功能的晶体二极管。如利用 pn 结单向导电性可以制作整流二极管、检波二极管和开关二极管；利用击穿特性制作稳压二极管和雪崩二极管；利用高掺杂 pn 结隧道效应制作隧道二极管；利用结电容随外电压变化效应制作变容二极管。使半导体的光电效应与 pn 结相结合还可以制作多种光电器件。如利用前向偏置异质结的载流子注入与复合，可以制造半导体激光二极管与半导体发光二极管；利用光辐射对 pn 结反向电流的调制作用，可以制成光电探测器；利用光生伏特效应可制成太阳电池。此外，利用两个 pn 结之间的相互作用可以产生电流放大、振荡等多种行为。pn 结是构成双极型晶体管和场效应晶体管的核心，是现代电子技术的基础。

五、半导体器件简介

许多性能优异的半导体器件就是利用半导体及其复合结构的这些特殊性质制造的。它们在现代高新技术中扮演着不可替代的重要角色。下面简要介绍几种常见的半导体器件。

1. 发光二极管、太阳能电池

发光二极管(LED)是由 p 型半导体和 n 型半导体组成的晶片，当 pn 结处于正向电压偏置时，p 区的空穴和 n 区的电子进入 pn 结区域而产生复合，用能带理论来理解，就是导带下部的电子越过禁带与价带中的空穴中和。在这一过程中电子的能量要减少，以某种形式将能量释放出来，如砷化镓、磷化稼等半导体，就是以辐射光子的形式释放这部分能量的。能量的大小或光子的频率取决于不同半导体的禁带宽度。发光二极管已被广泛应用于各种电子设备及仪表的发光显示。

利用 pn 结还可制成光电池，其原理如下。采用扩散方法，在 p 型半导体表面上掺入 n 型半导体杂质，这样，在 p 型表面上就形成了一个 n 型的薄层，从而构成 pn 结。当光照射到 pn 结附近时，光子便产生如下的电子-空穴对，即

$$\gamma \longrightarrow e^- + e^+$$

于是在 pn 结处电偶层内强电场的作用下，电子将移到 n 型中，而空穴则移到 p 型中，从而使 pn 结两边分别带上正、负电荷。这样，在光的照射下，pn 结就相当于一个电池。这种由光的照射，使 pn 结产生电动势的现象，叫作**光生伏特效应**。利用太阳光照射 pn 结产生电能的装置，称为**太阳能光电池**。非晶硅太阳能光电池的光电转换效率只有 10%左右，而砷化镓(GaAs)晶体的太阳能光电池的光电转换效率目前已达 20%以上。它保证了人造地球卫星、空间站、航天器等所需的电力供应，提供了一种方便而可靠的能源。随着科学技术的发展，光电转换效率将会不断提高。

2. 晶体管

晶体管的发明是 20 世纪中叶科学技术领域具有划时代意义的一件大事。因为与电子管相比，晶体管有体积小、耗电省、寿命长、易固化等优点，它的诞生使电子学发生了根本性的变革，同时加快了自动化和信息化的步伐，对人类社会的经济和文化产生了不可估量的影响。

晶体管由两个 pn 结组合而成，分 pnp 型和 npn 型两种。鉴于它们的工作原理基本相同，因此我们就以 pnp 型晶体管为例做简要介绍。

pnp 型晶体管是由两块 p 型半导体中间夹一薄层 n 型半导体构成的，一侧的 p 区称为发射极，记作 e；另一侧的 p 区称为集电极，记作 c；中间的 n 区称为基极，记作 b，如图 16-1-14 (a)所示。

图 16-1-14 (b) 为晶体管的工作原理图。发射极 e 的电势高于集电极 c 的电势，电势差为 ΔV_{ec}；发射极 e 和基极 b 的电压取正向偏置，基极 b 和集电极 c 的电压取反向偏置。一般发射极的掺杂浓度要比基极高得多，因此从发射极到基极通过 pn 结的电流 I_e 以空穴为主。由于基极半导体很薄，且掺杂浓度低，因此只有少量空穴在基极与电子复合，绝大多数的空穴将加速越过反向偏置的 pn 结进入集电极，形成集电极电流 I_c。在基极空穴不断与电子复合，同时在正向偏压 ΔV_{eb}的作用下从基极拉走空穴，不断提供可复合的电子，当两者达到动态平衡时就形成了基极电流 I_b。基极电流虽小，但它的较小变化将引起集电极电流的较大变化。在适当配置偏压的情况下，集电极电流 I_c 与基极电流 I_b 成正比，即

$$I_c = \beta I_b$$

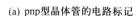

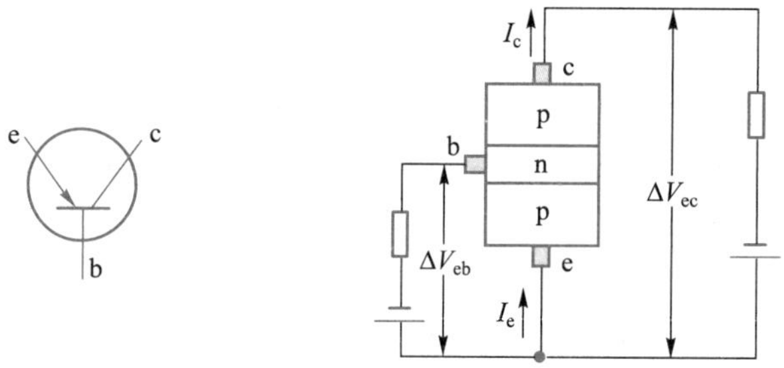

(a) pnp型晶体管的电路标记 (b) 晶体管工作原理图

图 16-1-14 pnp 型晶体管示意图

这时的晶体管可以看作一个电流放大器，β 称为电流增益，其值一般为 10~100。

六、半导体未来发展

以 GaN(氮化镓)为代表的第三代半导体材料及器件的开发是新兴半导体产业的核心和基础，其研究开发呈现出日新月异的发展势态。GaN 基光电器件中，蓝色发光二极管 LED 率先实现商品化生产成功开发蓝光 LED 和 LD 之后，科研方向转移到 GaN 紫外线探测器上 GaN 材料在微波功率方面也有相当大的应用市场。氮化镓半导体开关被誉为半导体芯片设计上一个新的里程碑，科学家已经开发出一种可用于制造新型电子开关的重要器件，这种电子开关可以提供平稳、无间断电源。

新型半导体材料在工业方面的应用越来越多。新型半导体材料表现为其结构稳定，拥有卓越的电学特性，而且成本低廉，可被用于制造现代电子设备中广泛使用，我国与其他国家相比在这方面还有着很大一部分的差距，通常会表现在对一些基本仪器的制作和加工上，近几年来，国家很多的部门已经针对我国相对于其他国家存在的弱势，这一方面统一的组织了各个方面的群体，对其进行有效的领导，然后共同努力去研制更加高水平的半导体材料。这样才能够在很大程度上适应我国工业化的进步和发展，为我国社会进步提供更强大的动力。首先需要进一步对超晶格量子阱材料进行研发，目前我国半导体材料在这方面的发展背景来看，应该在很大程度上去提高超高亮度，红绿蓝光材料以及光通信材料，在未来的发展的主要研究方向上，同时要根据市场上，更新一代的电子器件以及电路等要求进行强化，将这些光电子结构的材料，在未来生产过程中的需求进行仔细的分析和探讨，然后去满足未来世界半导体发展的方向，我们需要选择更加优化的布点，然后做好相关的开发和研究工作，这样将各种研发机构与企业之间建立更好的沟通机制就可以在很大程度上实现高温半导体材料，更深一步地开发和利用。

第 2 节 激光

自 1960 年美国人梅曼(T. H. Maiman) 制造了世界上第一台红宝石激光器以来，各种激光器便相继出现。激光是一种新型光源。它不但引起了现代光学应用技术的巨大变革，还促进了物理学和其他有关学科的发展。本节将简要介绍激光的产生原理和它的特性及应用。

一、自发辐射与受激辐射

1916 年爱因斯坦在《关于辐射的量子理论》一文中指出，在玻尔能级理论基础上，原子能级的跃迁有三种基本形式：自发辐射、受激吸收、受激辐射。

在正常情况下，物质中的原子大多数处于基态。由于外来某种作用(如光照、加热、碰撞等)原子将从基态(能量为 E_1)跃迁至某激发态(能量为 E_2)，而处于激发态的原子是不稳定的，在极短时间内(约为 10^{-8} s)自发地辐射光子而回到基态[见图 16-2-1(a)]，这一过程称为自发辐射。自发辐射光子的频率为 $\nu=\dfrac{E_2-E_1}{h}$。普通光源如白炽灯、日光灯等发出的光就是原子自发辐射所发出的光。由于光源中包含的众多原子各自发出的光彼此独立，所以这些光的偏振态、相位、频率等彼此互不相关，是非相干光。

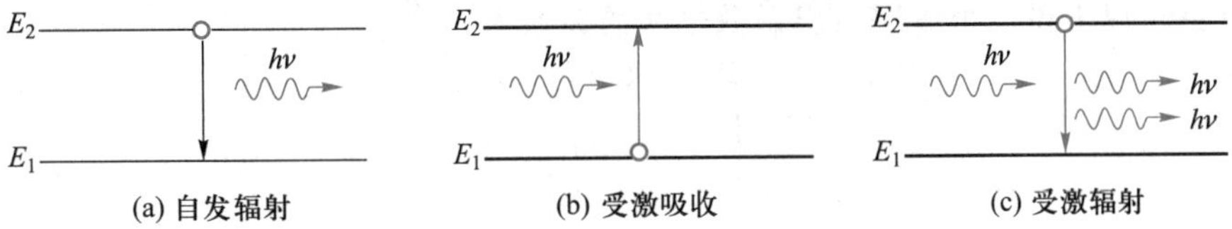

图 16-2-1 三种跃迁形式

如果原子处在低能态 E_1 上，当它受到频率为 $\nu=\dfrac{E_2-E_1}{h}$的外来光子作用时，它将吸收这一光子的能量跃迁至高能态 E_2[见图 16-2-1(b)]，这一过程称为受激吸收。如果入射光是强光，具有高密度的同态光子(如激光)，原子也可能在满足 $nh\nu=E_2-E_1$ 的条件下，连续吸收几个光子从低能态 E_1 跃迁到某高能态 E_2 上去，这就是多光子受激吸收过程(概率很小)。

当原子处在高能态 E_2 上而又未发生自发辐射时，如果受到了一个频率为 $\nu=\dfrac{E_2-E_1}{h}$的外来光子的刺激作用，那么它就有可能向低能态 E_2跃迁并同时辐射出与外来光子的频率、相位、偏振态及传播方向都相同的光子[见图 16-2-1(c)]，这就是受激辐射。受激辐射是激发态原子在外来光子同步作用下的辐射过程，当一个光子进入原子系统后，由于受激辐射将产生 2 个全同光子，这 2 个光子与周围其他原子作用又形成 4 个全同光子……以此类推，全同光子成倍增加，这就实现了光放大。受激辐射的光放大是激光产生的基本机制。

根据爱因斯坦辐射理论，设初态 E_1 上的原子数密度为 N_1，E_2 上的原子数密度为 N_2，则自发过程的概率只与 N_2 有关，单位时间内自发辐射的光子数密度为

$$\left(\frac{\mathrm{d}N_{21}}{\mathrm{d}t}\right)_{\text{自发}}=a_{21}N_2 \tag{16-2-1}$$

如果以 $\rho(\nu)$ 表示入射光的能量密度，则单位时间内由于吸收光子从能态 E_1 跃迁到能态 E_2 的原子数密度为

$$\left(\frac{\mathrm{d}N_{12}}{\mathrm{d}t}\right)_{\text{吸收}} = b_{12}\rho(\nu)N_1 = W_{12}N_1 \tag{16-2-2}$$

单位时间内受激辐射的原子数密度为

$$\left(\frac{\mathrm{d}N_{21}}{\mathrm{d}t}\right)_{\text{受激}} = b_{21}\rho(\nu)N_2 = W_{21}N_2 \tag{16-2-3}$$

(16-2-1)式、(16-2-2)式、(16-2-3)式中的系数 a_{21}、b_{12}和 b_{21}称为爱因斯坦系数，它们分别表征三种过程中的跃迁本领，其值与原子本身的性质有关。W_{12}表示单位时间内原子从能态 E_1 跃迁到能态 E_2 的概率，W_{21}表示原子在单位时间内从能态 E_2 跃迁到能态 E_1 受激辐射的概率。在光与原子相互作用时，以上三种跃迁是同时存在的，达到平衡时，原子数按能级的分布是确定的，即单位时间、单位体积内通过吸收从基态跃迁到激发态的原子数等于从激发态通过自发辐射和受激辐射回到基态的原子数，即

$$\left(\frac{\mathrm{d}N_{12}}{\mathrm{d}t}\right)_{\text{吸收}} = \left(\frac{\mathrm{d}N_{21}}{\mathrm{d}t}\right)_{\text{自发}} + \left(\frac{\mathrm{d}N_{21}}{\mathrm{d}t}\right)_{\text{受激}}$$

通过统计理论可以求得三个爱因斯坦系数之间的关系为

$$\begin{cases} b_{21} = b_{12} \\ a_{21} = \dfrac{8\pi h\nu^3}{c^3}b_{12} \end{cases} \tag{16-2-4}$$

这是理解激光原理的重要公式。

由于自发辐射，处于激发态 E_2 的原子将不断跃迁到基态，使 N_2 不断减小。$\mathrm{d}t$ 时间内 N_2 的减小量为 $\mathrm{d}N_2=-\mathrm{d}N_{21}=-a_{21}N_2\mathrm{d}t$，则

$$N_2 = N_{20}\mathrm{e}^{-a_{21}t} \tag{16-2-5}$$

式中 N_{20}为 $t=0$ 时激发态 E_2 上的原子数。当 $t=\tau=\dfrac{1}{a_{21}}$时，激发态 E_2 上的原子数减少到原来的 $\dfrac{1}{\mathrm{e}}$，称为原子在 E_2 能级的平均寿命。如果原子处于激发态 E_n，E_n 下面存在着多个较低能态 $E_m(m<n)$，从能态 E_n 到各低能态都存在跃迁概率，总跃迁概率是 $\sum\limits_m a_{nm}$，原子在 E_n 上的平均寿命为

$$\tau = \frac{1}{\sum\limits_m a_{nm}} \tag{16-2-6}$$

一般来说，原子激发态的平均寿命约为 10^{-8} s，但也有些激发态的平均寿命达到 10^{-3} s，这种较长寿命的受激态称为亚稳态。

二、粒子数反转与光放大

根据玻耳兹曼统计分布规律，当粒子(原子、分子)处于温度 T 的平衡态时，E_1、$E_2(E_2>E_1)$两能级上的粒子数的比为

$$\frac{N_2}{N_1} = \mathrm{e}^{-\frac{E_2-E_1}{kT}} \ll 1 \tag{16-2-7}$$

即激发态的粒子数 N_2 远小于基态粒子数 N_1。图 16-2-2(a)表示了这种粒子数正常分布的情况。又由(16-2-2)式、(16-2-3)式及 $b_{12}=b_{21}$ 得

$$\left(\frac{\mathrm{d}N_{21}}{\mathrm{d}t}\right)_{受激}-\left(\frac{\mathrm{d}N_{12}}{\mathrm{d}t}\right)_{吸收}=b_{21}\rho(\nu)(N_2-N_1) \tag{16-2-8}$$

这表明受激吸收与受激辐射相比占绝对优势，光在穿过粒子系统时就会越来越弱，在平衡态下无法依靠受激辐射来实现光放大。

由(16-2-8)式知，要使受激辐射占优势，必须使高能态的粒子数 N_2 大于低能态的粒子数 N_1，即改变粒子数的正常分布，这种分布称为**粒子数反转**，如图 16-2-2(b)所示。在粒子数反转的情况下，受激辐射的光子数越来越多，光在穿过粒子系统时就会越来越强，从而得到光的放大，获得激光输出。

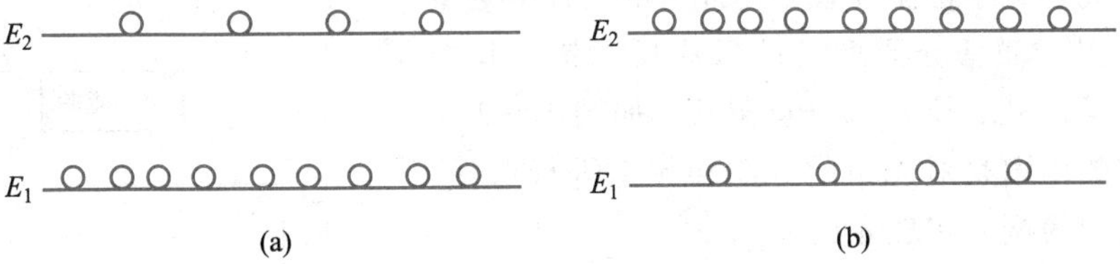

图 16-2-2　粒子数分布

要实现粒子数反转，首先要有适当的工作物质，这些工作物质有能够发生粒子数反转的能级结构，我们称这种物质为**激活介质**；其次，要有能量输入系统，将能量输送给激活介质，使尽可能多的粒子从低能态激发到高能态，以实现粒子数反转。这一过程称为**激励**(或**抽运**、**泵浦**)。

三、激光器

激光是一种具有极高亮度和极好单色性的光源，激光器的发明开创了一个光学新时代。

1. 激光器的基本结构

激光器的基本结构包括激励能源、激活介质和光学谐振腔三个组成部分，如图 16-2-3 所示 。

(1) 激活介质

激活介质就是能够发生粒子数反转的工作物质，即该物质必须要有亚稳态能级。

(2) 激励能源

激励能源是向工作物质提供能量，把原子、分子从基态激发到高能态的能源。常用的泵浦方式有：利用光源(如高亮度氙灯、氪灯或激光器)的光辐射把粒子泵浦到高能态，这种方式称为**光学泵浦**。固体激光器、染料激光器都采用这种泵浦方式 。另一种是**气体放电泵浦**，即利用气体放电中形成的电子或者离子与工作物质

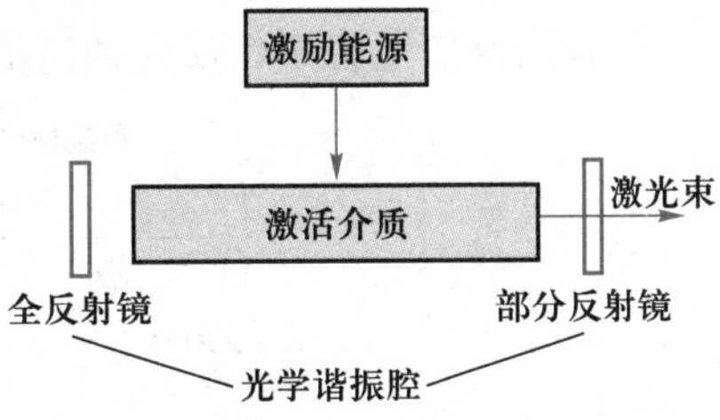

图 16-2-3　激光器的基本结构

中的原子发生非弹性碰撞，把它们激发到高能态。气体激光器、金属激光器等都采用这种泵浦方法。粒子束泵浦，则是通过向工作物质注入高能电子或离子，让它们与工作物质的原子或分子作非弹性碰撞，把后者激发到高能态。高气压气体激光器、半导体激光器均使用这种泵浦方式 。除此之外，利用工作物质化学反应时产生的能量，把原子、分子激发到高能态的化学泵浦，也是一种常用的泵浦方式。

（3）光学谐振腔

实现了粒子数反转分布的激活介质可以形成光放大，但是，引起激活介质中受激辐射的初始光信号来自自发辐射，而自发辐射是随机的，所以它们被放大后，各自的频率、相位、偏振态和传播方向仍是互不相关的。只有从中选取一定频率和一定方向的光，使其享有最优越的条件进行放大，同时抑制其他方向和频率的光信号，才能获得方向性、单色性都很好的强光束——激光。光学谐振腔就是为此目的设计的装置。

谐振腔是置于激活介质两端的两块反射镜，其中一块是全反射镜，另一块是部分反射镜，如图 16-2-4 所示。谐振腔的作用是对光束的方向和频率进行选择，并通过光在腔内的振荡实现光放大。

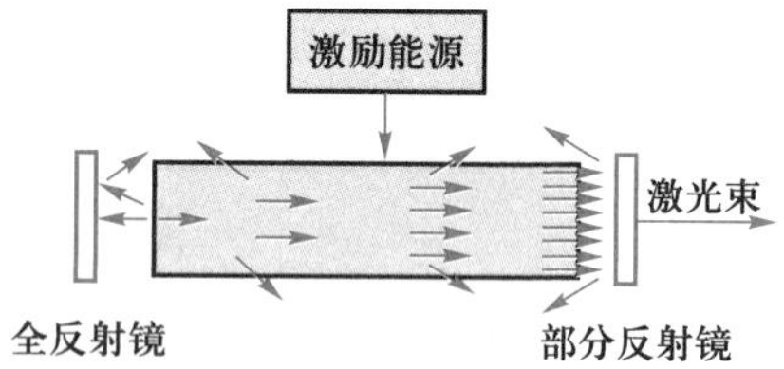

图 16-2-4　谐振腔对光束方向的选择

谐振腔对方向的选择作用是使偏离轴线的光经反射后逸出腔外，不致形成稳定光束，而沿腔轴线的光在腔内来回反射，一次次放大，同时在一定条件下形成稳定的激光束，从部分反射镜输出。

谐振腔的选频作用是由于沿轴线方向来回反射的平面波间相干叠加，只有形成驻波的光才能形成振荡放大，产生激光。设腔长为 L，介质折射率为 n，波长为 λ，由驻波条件得

$$nL = k\frac{\lambda}{2} \quad (k = 1,\ 2,\ 3,\ \cdots)$$

即

$$\nu_k = \frac{c}{\lambda} = k\frac{c}{2nL} \quad (k = 1,\ 2,\ 3,\ \cdots) \tag{16-2-9}$$

于是只有某几个满足(16-2-9)式谐振频率的受激辐射才可以得到振荡放大而形成激光。

在外腔式激光器中，激光管两端还装有布儒斯特窗(见图 16-2-5)，其法线方向与管轴方向夹角为布儒斯特角 i_b，这样，振动方向在入射面内的振动全部透射，使反射损耗减到最小，而振动方向垂直于入射面的振动因反射损耗较高而被抑制，所以由激光管输出的是线偏振光。

综上所述，产生激光的必要条件是：

① 有能够实现粒子数反转的激活物质；

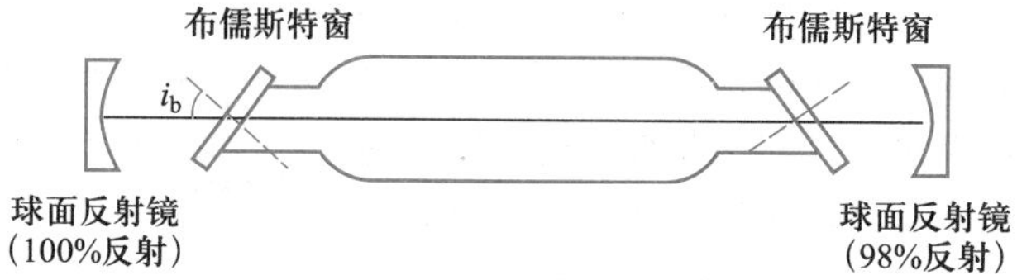

图 16-2-5　外腔式激光器

② 有合适的激励能源；

③ 光学谐振腔。

2. 常用的激光器

激光器的种类很多，可按激励方式、运转方式、用途分类。这里简单介绍按工作物质分类的几种激光器。

（1）固体激光器

固体激光器是用人工方法把能产生受激辐射的金属离子（通常是过渡元素 Cr^{3+}、Nd^{3+} 等）掺入晶体或玻璃基质中制成的。固体激光器具有激光形成的阈值低、输出能量大、峰值功率高、结构紧凑、牢固耐用等优点。但由于工作物质的不均匀性和热效应及能级结构的限制，输出光束质量较差，工作波长局限于短波的波段。

（2）气体激光器

气体激光器以气体为工作物质，利用气体原子、分子或离子的分立能级进行工作。由于气体的光学均匀性好，能级宽带相当窄（几兆赫数量级或更小），所以输出的光束质量较好。

（3）染料激光器

染料激光器是以有机染料溶液为工作物质，属于液体激光器。这种激光器的突出优点是它的输出波长在一较宽的范围内连续可调，而且有利于各种不同的染料，激光输出可覆盖从近紫外到近红外的波段范围。染料激活粒子密度大，其增益系数可与固体激光器相比拟。此外，使用染料工作物质具有均匀性好、冷却方便的优点，只要控制好液体中的温度梯度，就能得到与气体激光器相似的光束发散角。

（4）半导体激光器

半导体激光器是通过一定方式，在半导体的能带之间或者在能带与杂质能级之间实现非平衡载流子的粒子数反转。当处于粒子数反转状态的大量电子与空穴复合时，便产生受激发射作用。GaAs 半导体激光器是目前性能较好、应用较广的一种半导体激光器。它是电流注入 pn 结形成粒子数反转，用磨平端面作光学谐振腔反射镜，激光波长为 0.85 μm，如图 16-2-6 所示。

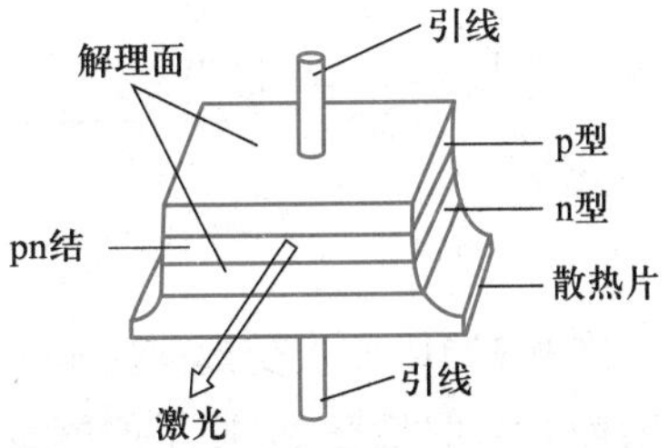

图 16-2-6　GaAs 结型激光器件的结构示意

（5）自由电子激光器

自由电子激光是激光家族的一个新成员。由于它的工作物质是自由电子，因此称为自由电子激光。自由电子激光具有一系列传统的激光无法替代的优点。例如，频率在大范围内连续可调，峰值功率和平均功率大且可调，相干性好，偏振强，等等。

自由电子激光的产生机理不同于传统的激光，它不是通过受激辐射产生的。

自由电子激光器包括能产生相对论性电子束的高性能电子源（电子加速器），以及使电子前后振荡的磁扭摆器和由反射镜组成的光学谐振腔（见图 16-2-7）。电子束注入交变磁场后被迫在管中螺旋前进，由于韧致辐射效应产生光辐射，光在两镜面之间来回反射，并与电子束相互作用，电子将能量转移给光场导致辐射强度不断增大，从而形成激光。

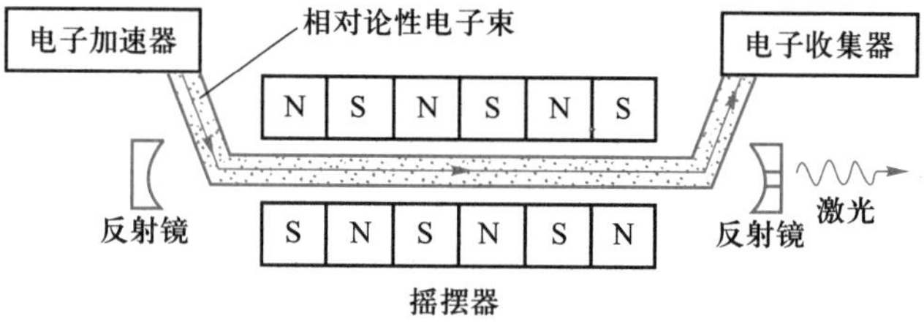

图 16-2-7 自由电子激光器基本结构示意图

下面以氦氖激光器为例简要阐明常见激光的产生机理 。

氦氖激光器是 1961 年研制成功的中性气体激光器。如图 16-2-8 所示，He 原子有两个电子，其基态的电子组态为 $1s^2$，当其中一个电子处在 1s 态而另一个电子被激发在 2s 态时，此时的电子组态 1s2s 即为它的亚稳态。Ne 原子有 10 个电子，其基态电子组态为 $1s^2 2s^2 2p^6$，当 2p 态中 6 个电子的一个电子被激发至 3s、4s、5s、3p、4p 等电子态上时，则分别形成相应的激发态，其中 $2p^5 4s$ 和 $2p^5 5s$ 即为它的亚稳态。

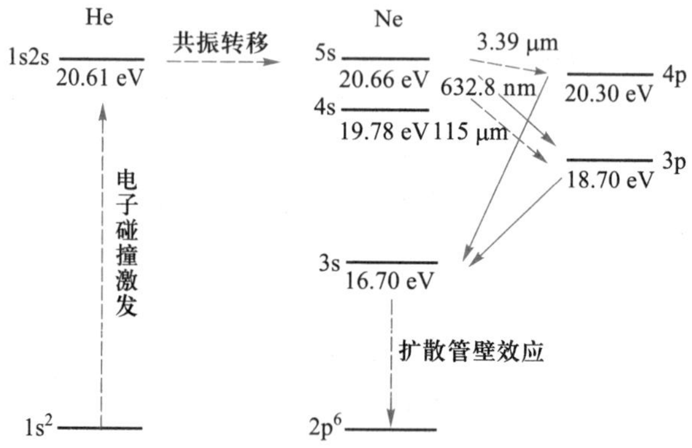

图 16-2-8 氦氖原子能级

在基态 He 原子受到高速电子碰撞之后，它立即跃迁到亚稳态能级 1s2s 上。亚稳态 He 原子的能量与亚稳态 Ne 原子的能量水平相当。因此，亚稳态的 He 原子对基态 Ne 原子进行碰撞能够把 Ne 原子从基态激发到 4s 和 5s 亚稳态，而 He 原子则由于失去相应的能量回到基态，它仅起到能量的传递作用。高速电子也能直接碰撞基态 Ne 原子而使它激发到 4s、5s、4p、3p 等高能级上。由于基态 Ne 原子既可以通过 He 原子又可以通过电子的碰撞跃迁到 4s、5s 亚稳态，而 4p、3p 等能级的跃迁只能通过电子的碰撞得到，所以最终在 4s、5s 亚稳态能级上将累积有大量的 Ne 原子，从而实现了对 4p、3p 等能级的粒子数反转。在适当频率光子的刺激下，亚稳态 5s 能级上的 Ne 原子将产生从 5s 跃迁至 3p 辐射出波长为 632. 8 nm 的橘红色激光，这就是由氦氖激光器所获得的激光。当然，还有分别从 5s 跃迁至 4p 及 4s 跃迁至 3p 的所产生的波长分别为 3. 39 μm 和 1. 15 μm 的受激辐射激光。此后，由于 3p 态不是亚稳态，Ne 原子将通过自发辐射由 3p 跃迁至 3s 态，再通过毛细管壁的作用回到基态。

由此可见，氦氖激光器的工作物质是 Ne 原子，之所以在激光管内充有 He 气是因为 Ne 原子吸收放电电子的动能而被激发的可能性很小的缘故。在一般情况下，处在 5s 和 4s 的 Ne 原子的数目并不多，即很难对 4p 和 3p 能级实现粒子数反转，因此，需要容易与放电电子相碰撞而获得能量的 He 原子去充当把 Ne 原子激发到 5s 和 4s 能级的角色。氦氖混合气体是四能级系统的激活介质。四能级系统比三能级系统更容易实现粒子数反转。

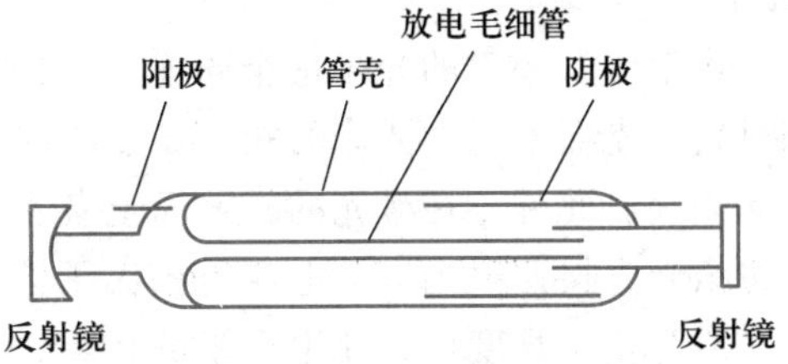

图 16-2-9　氦氖激光器

如图 16-2-9 所示，激光管中部放置一毛细管作为放电管。放电管的两端装有电极，阴极做成圆筒状，面积较大，利于发射大量电子；阳极一般由钨棒制成。谐振腔大多用平凹腔，其上蒸镀多层介质膜，反射率接近 100%。该激光器可输出 3.39 μm 和 1.15 μm 两组红外激光和一组可见红光(633 nm)激光(最强)。氦氖激光器具有结构简单、寿命长、稳定可靠、价格低廉等优点。

四、激光的特性及应用

由于激光产生的机理与普通光源很不相同，使得它具有一系列普通光源所没有的如下优点 。

1. 方向性好

激光束发散角很小，比普通探照灯光小 100 多万倍。激光的发散角大致等于激光器端部通光圆面(直径 d)的衍射艾里斑的角直径，即约为 $1.22\dfrac{\lambda}{d}$。由于一般 $\lambda \ll d$，$\dfrac{\lambda}{d}\approx 5'$，因此激光束几乎是平行光束。若将激光射向几千米之外，光束直径也只增大几厘米。利用激光方向性好的特性，可将其用于定位、导向和测距等。

2. 能量集中

由于激光方向性好，使能量在空间高度集中，还可以利用激光脉冲或采取某些措施(如调 Q 和锁模)，把光能压缩在极短的时间内发射出去，使能量在时间上得以集中 。因此，激光光源有极大的亮度，能在直径极小的区域内(10^{-3} nm)产生几百万度的高温。从一个功率约为 1 kW 的 CO_2 激光器发射出的激光经聚光以后，在几秒钟内就可以将 5 cm 厚的钢板烧穿。激光能量高度集中的特性，在工业上被广泛应用于打孔、焊接和切割；在医学上被用于激光外科手术。例如，用准分子激光原位角膜磨镶术治疗近视、远视；在军事上被用于激光侦测、激光通信、激光制导、激光武器等。

3. 单色性好

从普通光源得到的单色光的谱线宽度约为 10^{-2} nm，单色性最好的氪灯的谱线宽度为 4.7×10^{-3} nm，而氦氖激光器发射的 632.8 nm 激光的谱线宽度只有 10^{-9} nm。若在技术上需要进一步提高激光的单色性，通常要从多模激光束中提取出单模激光，而且要采用稳频措施。目前就采用了碘稳频的氦氖激光器作为计量工作的标准光源。利用激光单色性好的特点，可以把激光波长作为长度标准，用于精密测量。

4. 相干性好

由于受激辐射的光子是全同光子，因此激光是很好的相干光。它的时间相干性极好，例如氦氖激光器发射的激光的相干长度约为 400 km。因此，把它投射到普通玻璃上也能观察到干涉条纹。此外，在激光的横截面上各点的光也都是相干的，因而有极好的空间相干性。可以将激光直接照射到双缝上获得杨氏干涉条纹，不必在双缝前再加一个狭缝来限制光源的宽度。激光相干长度可达几十千米的特点，极大地增加了可测长度的范围。通过直接观察干涉图像，可以对待测物质表面的平整度进行实时的评估，它已广泛地应用于对金属表面性质和缺陷的检测、板材料厚度的检测、微小长度变化等诸多方面。利用光的多普勒效应，可以确定物体的速度，而且可以测定较低的速度。由于它是非接触式测量，不会影响被测物体的运动，利用这一特性还可以方便地对有毒、有腐蚀性和高温下运动的物体进行测量。血液流速计、振动测量仪、激光陀螺仪等都是激光测速的仪器。此外，激光准直、激光测距、直径测量、电流测量、电压测量等都可实现精确测量。激光全息摄影术正是利用了其相干性，照片不仅记录了光的强度，还记录了相位，从而使得照片具有立体效果。

五、激光技术的新进展

作为 20 世纪最伟大的发明之一，激光器已经走过了接近 60 个年头。自激光器诞生以来缩短激光脉冲便成为激光器设计和制作的重要发展方向。更短的激光脉冲持续时间一方面意味着对物质世界超快过程的探测具有更精确的时间分辨能力，另一方面也意味着极高的瞬时功率从而能在实验室内创造出只有在恒星内部、黑洞边缘以及核爆中心以及才能找到的极端物理条件。目前在实验室中已能产生拍瓦(PW，$1\ \mathrm{PW}=10^{15}\ \mathrm{W}$)瞬时功率，持续时间为数十飞秒(fs，$1\ \mathrm{fs}=10^{-15}\ \mathrm{s}$)的激光脉冲。1 PW 相当于全球电网平均功率的 500 倍。在 1 fs 内，即使是自然界中速度最快的光速，也只能走 0.3 μm，这个距离甚至不到一根头发丝的百分之一。众所周知，物质是由分子和原子组成的，但是它们不是静止的，都在快速地运动着，这是微观物质的一个非常重要的基本属性。飞秒激光的出现使人类第一次在原子和电子的层面上观察到这一超快运动过程，有力地推动了前沿科学的发展。在现代科学前沿中，生命科学、遗传研究、能源研究、材料合成等都与超快速运动过程有关。近 20 年来诺贝尔奖已经三次颁发给飞秒激光的相关研究。1999 年埃及和美国双重国籍的泽维尔(Ahmed H. Zewail)，因利用飞秒激光脉冲研究化学反应方面的开拓性工作而被授予诺贝尔化学奖。2005 年霍尔 (John L. Hall)和汉施(Theodor W. Hansch)和因在利用飞秒激光进行超精密光谱学测量方面成就而获得诺贝尔物理学奖。2018 年诺贝尔物理学奖授予了法国物理学家穆鲁(Gérard Mourou)和加拿大物理学家斯特里克兰(Donna Strickland)以表彰他们发明了一种产生高强度飞秒光学脉冲的方法-啁啾脉冲放大技术。仅从以上的讨论中已经可以看出，激光的未来发展仍然充满着巨大的机遇、挑战和创新空间。

习　题

16-1　什么叫固体能带？

16-2　在晶体中，原子的能级分裂成晶体能带的基本原因是什么？

16-3　什么叫满带（价带）、导带和禁带？

16-4　根据固体能带理论，试说明金属导体为什么具有良好的导电性能。

16-5　试从绝缘体和半导体的能带结构，分析它们的导电性能的区别。

16-6　太阳能电池中，本征半导体锗的禁带宽度是 0.67 eV，求它们能吸收的辐射的最大波长。

16-7　纯硅在“0K”时能吸收的辐射的最大波长是 1.09 μm，求硅的禁带宽度。

16-8　在锗晶体中掺入适量的锑或铟，各形成什么类型的半导体？大致画出它的能带结构示意图。

16-9　原子的跃迁有哪几种方式？

16-10　什么是粒子数反转？实现粒子数反转的必要条件是什么？

16-11　二能级系统的激活介质能否实现粒子数反转？

16-12　激光器的主要组成部分有哪些？光学谐振腔的作用是什么？

16-13　产生稳定激光束的必要条件是什么？

16-14　用激光光源作干涉仪实验与用普通光源相比，有何优点？

16-15　激光的优点有哪些？激光的应用主要有哪些方面？

第 16 章习题参考答案

第 17 章 原子核物理简介

人类自从文明萌芽开始，就一直孜孜不倦的思索世界的本原问题，其中一个最重要的问题就是物质世界的微观结构是什么。

在公元前 11 世纪的周朝，中国古代哲学家们提出了“五行”学说，认为世界所有物质都是由“金”“木”“水”“火”“土”五种基本元素所组成。在公元前 5 世纪，古代希腊的哲学家们也提出了类似的学说，认为大地是由“土”“气”“水”“火”四种元素所组成。德谟克利特(Democritus)更是提出了原始的“原子”概念，认为物质是由微小个体组合而成的。

到了 17 世纪，英国化学家波意耳(Boyle)从化学意义上给出了元素的定义，认为元素是一种“基质”，它可以与其他元素结合形成“化合物”，但是它不能被分解成比它更简单的物质。1803 年，英国化学家道尔顿(Dalton)正式提出了化学原子论，即每种元素都对应一种基本的物质单元，称为“原子”(atom)，化学反应中原子不变。1869 年，俄国化学家门捷列夫(Менделéев)和德国化学家迈耶(Meyer)几乎同时各自发表了自己的元素周期表。到 19 世纪末，建立在原子学说基础上的化学和经典物理学的完整体系已经建立起来了。

那么，原子真的不可再分吗？1897 年，汤姆孙(Thomson)在实验中证实了阴极射线是由带负电的粒子组成，并把这种粒子称为电子(electron)。汤姆孙根据实验推算出电子的质量与电荷的比值，指出电子是比原子小得多的粒子，其质量只有氢原子的千分之一。电子的发现，直接证明了原子不是物质的最小单位，原子还有内部结构。

1898 年，卢瑟福(Rutherford)完成了著名的 α 粒子散射实验，证实原子内部存在一个大质量的带正电的“核”，称为原子核(nucleus)。根据对实验结果的观察和计算，卢瑟福指出原子的绝大部分质量和所有的正电荷都集中在原子核上，电子在核外作轨道运动，原子核的半径只有原子半径的万分之一，原子里面绝大部分都是空虚的。卢瑟福的原子结构模型的建立，标志着现代原子物理学的开端。

由于原子核带正电，又积聚了原子的绝大部分质量，卢瑟福猜想原子核中必然存在带正电的粒子，而且其质量应该与最轻的原子——氢原子相当。1919 年，卢瑟福用 α 粒子轰击氮、氟、钾等元素的原子核，果然发现产生了一种质量与氢原子相当，带正电的粒子，这就是质子(proton)。1920 年，卢瑟福又提出原子核中除质子之外，还应该存在质量与质子相当，但为电中性的粒子，即中子(neutron)。1932 年，查德威克(Chadwick)在卡文迪许实验室正式发现了中子。中子的发现标志着原子核物理学的开端。从此人类对微观世界的认识深入到了原子核内部。

现今实验上一共发现了天然存在的 280 多种稳定原子核，以及 60 多种长寿命放射性原子核，通过人工制作了 1600 多种带放射性的核素(原子核)。那么它们有哪些基本性质？原子核的内部结构是什么？还有更多的允许存在的核素吗？

第 1 节　原子核的基本性质

本节中，我们将介绍原子核的基本性质，包括静态性质，比如其组成、质量、大小、自旋、磁矩等；以及动力学性质，比如核力的性质等。

一、原子核的组成

我们已经知道，原子核是由一定数目的质子和中子所组成的多体量子系统。例如，最简单的原子核是氢原子核，它就是一个质子；常见的碳原子核是由 6 个质子和 6 个中子所组成的。质子和中子质量几乎相等，它们的自旋、核力等性质也十分相近，所以人们将质子和中子统称为核子(nucleon)。

原子核内的质子数用 Z 标记。由于质子的电荷为 $+e$，中子为电中性粒子，则原子核的电荷为 $+Ze$，所以 Z 又称为原子核的电荷数。对于整个原子来说，由于其是电中性的，所以其原子核的电荷数 Z 又等于核外电子的数目，即元素的原子序数。原子核内的中子数用 N 标记，核子总数用 A 标记，则有 $A=Z+N$。

原子核又称为核素(nuclide)，常用符号 ${}_{Z}^{A}\mathrm{X}$ 来标记，其中 X 是与原子序数 Z 所对应元素的化学符号。具有相同的质子数 Z 而核子数 A 不同(或者说中子数 N 不同)的一类核素称为同位素(isotope)。例如氢元素($Z=1$)有三种同位素，为 ${}_{1}^{1}\mathrm{H}$，${}_{1}^{2}\mathrm{H}$，${}_{1}^{3}\mathrm{H}$。其中 ${}_{1}^{2}\mathrm{H}$ 又常被标记为 ${}_{1}^{2}\mathrm{D}$，称为氘核；${}_{1}^{3}\mathrm{H}$ 常被标记为 ${}_{1}^{3}\mathrm{T}$，称为氚核。具有相同的中子数 N，而质子数 Z 不同的一类核素称为同中子异位素(isotone)，例如 ${}_{2}^{3}\mathrm{He}$ 和 ${}_{3}^{4}\mathrm{Li}$。具有相同的核子数 A，但质子数不同的一类核素称为同量异位素(isobar)，例如 ${}_{44}^{96}\mathrm{Ru}$ 和 ${}_{40}^{96}\mathrm{Kr}$。这种标记法也可以用于其他非核素的粒子，例如中子可以表示为 ${}_{0}^{1}\mathrm{n}$；电子可以表示为 ${}_{-1}^{0}\mathrm{e}$。

原子核的另一重要性质是它的质量。质量是引力相互作用的荷(类似于电荷是电相互作用的荷)，但是在亚原子世界中，引力是可以忽略不计的，所以质量更重要的意义是它表示粒子的潜在能量。

在原子物理学和原子核物理学中，用 kg 来标记质量显得太烦琐，例如质子的质量为 $m_{\mathrm{p}}=1.672\,6\times10^{-27}$ kg；中子的质量为 $m_{\mathrm{n}}=1.674\,9\times10^{-27}$ kg。所以人们采用碳元素的最丰富的同位素 ${}_{6}^{12}\mathrm{C}$ 原子处于基态时的静止质量的 1/12 为“原子质量单位(atomic mass unit)”，用符号 u 表示：$1\ \mathrm{u}=1.660\,539\,040\times10^{-27}$ kg。

原子质量单位的定义中包含了核外电子的质量，然而电子的质量为 $m_{\mathrm{e}}=9.109\,4\times10^{-31}$ kg，仅为质子质量的 1/1 836，可见原子的质量与原子核的质量相差非常小。所以原子核的质量用原子质量单位 u 来表示时，都接近于整数 A。例如，质子的质量和中子的质量分别为：$m_{\mathrm{p}}=1.007\,276$ u，$m_{\mathrm{n}}=1.008\,665$ u，${}_{2}^{3}\mathrm{He}$ 的质量为 3.016 030 u，${}_{92}^{238}\mathrm{U}$ 的质量为 238.048 61 u。所以核子数 A 又称为原子核的质量数。

二、原子核的大小

1898 年，卢瑟福从 α 粒子散射实验中的大角散射现象就已经指出，原子中心存在一个核心，其大小在 10^{-15} m(即飞米，fm)的量级，远小于原子的线度 10^{-10} m。现在我们知道，原子核的大小与其质量数 A 有关系，质量数 A 越大的原子核，其体积也越大。

对于原子核这种亚原子量子体系，由于测不准原理，其不可能有清晰的表面。对原子核半径的定义应该用其密度分布函数来表示。常见的核半径的定义式有两种，第一种是平均半径：

$$R_0=\frac{\int r\rho(r)\cdot \mathrm{d}^3r}{\int \rho(r)\cdot \mathrm{d}^3r}$$

第二种是方均根半径：

$$\langle R_0^2\rangle^{1/2}=\left[\frac{\int r^2\rho(r)\cdot \mathrm{d}^3r}{\int \rho(r)\cdot \mathrm{d}^3r}\right]^{1/2}$$

实验上利用高能电子在原子核上散射的实验来测量原子核的电荷分布，并且将电荷分布近似为核内密度分布，从而计算出原子核的方均根半径近似为：

$$\langle R_0^2\rangle^{1/2}=r_0A^{1/3}$$

其中 $r_0\approx 1.2$ fm。从上式可以看到，对于稳定核，其半径近似地正比于 $A^{1/3}$，即原子核的体积近似地与质量数 A 成正比。

既然原子核的体积与其质量数成正比，则原子核的平均密度必然近似为一个常量：

$$\langle\rho\rangle=\frac{m}{4\pi R_0^3/3}=\frac{(1.66\times10^{-27})A}{4\pi(1.2\times10^{-15}\times A^{1/3})^3/3}\approx 2.29\times10^{17}\ \mathrm{kg/m^3}$$

这一密度非常大，比水的密度大 14 个量级。宇宙中的中子星的密度就达到了这一量级，每立方厘米的物质有上亿吨重。

三、原子核的自旋

自旋是微观粒子所具有的一种内禀角动量。例如，电子的自旋量子数为 1/2，表示其自旋角动量大小为 $\hbar/2$。质子和中子的自旋量子数也是 1/2。而由质子和中子所构成的原子核，其总角动量等于所有核子的自旋角动量与轨道角动量的矢量和，这一总角动量就是原子核的自旋，用 P_I 表示。

原子核具有自旋的实验证据之一就是钠原子光谱的双黄线 D_1 和 D_2 线中的超精细结构，见图 17-1-1。D_1 和 D_2 线是钠原子分别从两个激发态 $3P_{1/2}$ 和 $3P_{3/2}$ 向基态 $3S_{1/2}$ 跃迁时所发出的光子。然而，由于原子核具有自旋角动量，电子的基态能级 $3S_{1/2}$ 与原子核的自旋相耦合，劈裂成了非常接近的两个能级。当电子从高能级向基态跃迁时，发射出的光子就可能具有两个不同的波长。所以 D_1 线和 D_2 线其实各自对应于两条谱线，这两条谱线的波长只相差 0.02 Å。这就是钠原子光谱的超精细结构。

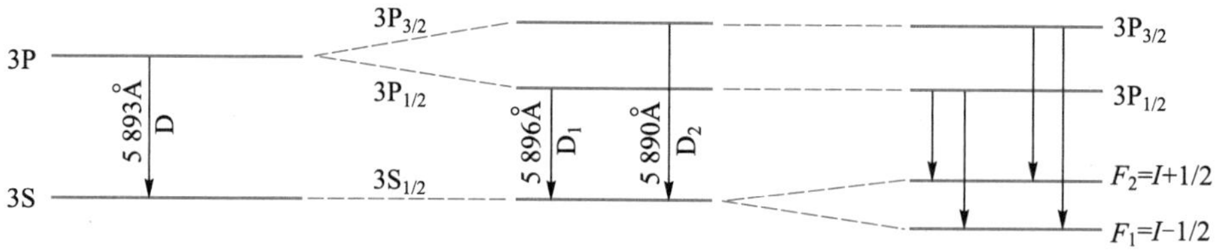

图 17-1-1 钠原子光谱的双黄线精细结构以及超精细结构

原子核的自旋与其质子数和中子数有关。通过对大量核素的实验研究发现，对于质子数 Z 和中子数 N 都是偶数的偶偶核(e-e 核)，其自旋为 0；对于 Z 和 N 都是奇数的奇奇核(o-o 核)，其自旋量子数均为整数；对于 Z 和 N 有一个为奇数的奇偶核(o-e 核)或者偶奇核(e-o 核)，其自旋都是半整数。这一实验事实说明，原子核内的质子和中子具有各自成对的趋势。

四、原子核的磁矩

一个具有角动量的带电粒子必然具有磁矩。例如原子核外的电子，如果其轨道角动量和自旋角动量分别标记为 P_l 和 P_S，则电子的轨道磁矩和自旋磁矩可以表示为：$\mu_l=-\mu_B P_l$，$\mu_s=-2\mu_B P_s$，其中，$\mu_B=e\hbar/2m_e c$ 称为玻尔磁子(Bohr magneton)。磁矩与自旋之间的比值称为磁旋比，其数值与粒子的内部结构相关。电子的磁旋比等于-2，表明电子是一个带负电的类点粒子。

通过施特恩-格拉赫(Stern-Gerlach)实验，人们测量了质子和中子的磁矩，惊奇地发现质子和中子的磁矩与按照点粒子计算得到的结果相差巨大。根据最新的实验数据，它们的自旋磁矩可以表示为：

$$\mu_p = 2.792\,846\mu_N, \qquad \mu_n = -1.913\,044\mu_N$$

其中 $\mu_N=e\hbar/2m_p c$，称为核磁子(nuclear magneton)。由于质子的质量是电子质量的 1 836 倍，所以核磁子只有玻尔磁子的 1/1 836.

质子和中子自旋磁矩的实验数据表明，质子和中子必然不是点粒子，其内部具有电荷分布结构。根据最新的测量数据，人们可以推算出质子和中子内部的电荷分布函数图像，见图 17-1-2。

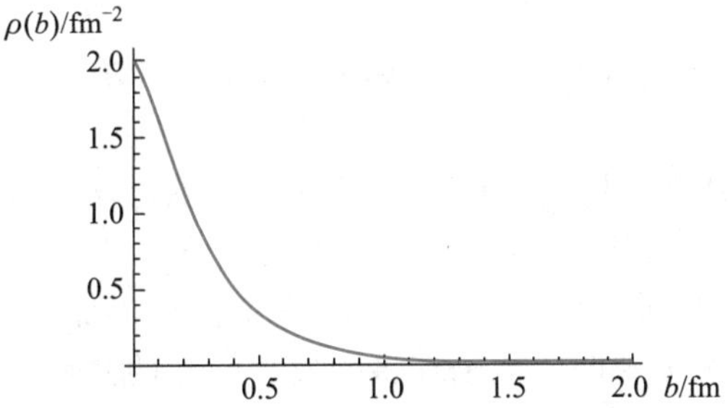

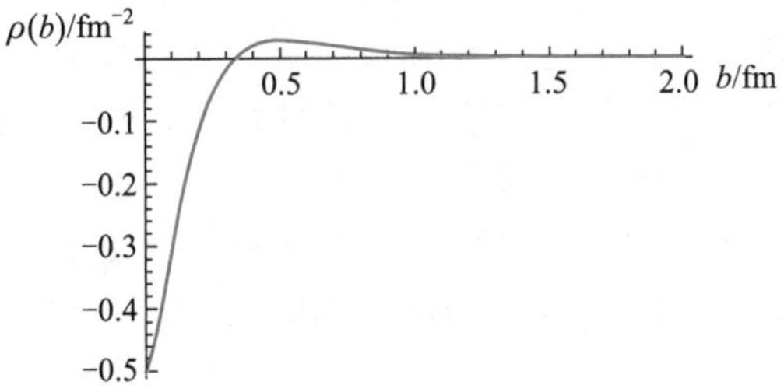

图 17-1-2　质子和中子内部的电荷分布

对于原子核，实验发现偶偶核的基态磁矩为 0，而奇 A 核的磁矩与核磁子处于同一量级，从这里可以看出核中每个核子的磁矩主要是互相抵消的。这一实验事实也说明原子核内不可能存在电子，因为电子的磁矩是核磁子的 1 836 倍，如果原子核内存在电子的话，原子核的磁矩应该显示出电子磁矩的量级。

关于原子核磁矩的一个重要应用就是核磁共振法。它的基本原理与原子核磁矩在磁场中的能级分裂有关。

利用核磁子 μ_N，原子核的磁矩可以表示为：

$$\boldsymbol{\mu}_I = g_I \mu_N \boldsymbol{P}_I$$

其中 g_I 为原子核的磁旋比，其数值由实验测得。P_I 是核的自旋，其在空间给定 z 方向的投影 P_{Iz} 一共有 $2I+1$ 个取值：$m_I = I, I-1, \cdots, -I+1, -I$。例如，氢原子核 $^1_1$H 的自旋量子数 $I=1/2$，则氢原子核的自旋在 z 方向可以有两个取值。$^{235}_{92}$U 的自旋量子数为 $I=7/2$，其自旋在 z 方向可以有 8 个取值。

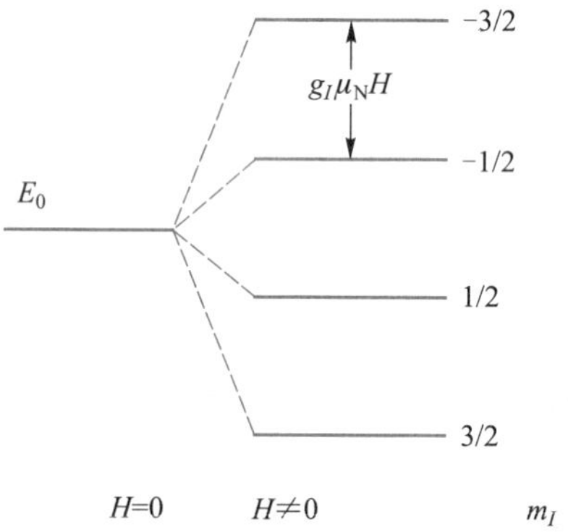

图 17-1-3 强磁场中核的能级劈裂

如果将原子核放于外加强磁场（10^4 G）中，原子核的磁矩与磁场的相互作用能为 $U=\mu_{Iz}B=g_I\mu_N m_I B$。由于 m_I 有 $2I+1$ 个取值，则原子核的能级也分裂为 $2I+1$ 个子能级，它们之间的能量差为：$\Delta U = g_I \mu_N B$。此时，如果在垂直于均匀磁场 B 的方向再加上一个强度较弱的高频磁场，当其频率 ν 满足 $h\nu = \Delta U = g_I\mu_N B$ 时，原子核将会发生强烈的共振吸收，从低能级向高能级跃迁，从而导致高频信号的减弱。这就是核磁共振法的基本原理。

核磁共振法可以用来精确测量原子核的磁旋比 $g_I = h\nu/\mu_N B$，现代核磁共振仪的精度可以达到 10^{-6}，许多原子核的磁矩就是用这一方法测得的。核磁共振法也是目前精确测量强磁场强度的重要方法之一。由于氢原子核的核磁共振信号很强，核磁共振方法也可以用于分析含氢核样品的分子结构。此外，由于磁场对人体无害并且可以穿入人体，而人体内的水和含氢有机物的分布可因疾病而变化，所以可以用氢核的核磁共振法来进行医疗诊断，这就是核磁共振成像技术（Nuclear Magnetic Resonance Image，MRI）。

五、核力的性质与介子理论

原子核是由质子和中子所组成的，带正电的质子与质子之间的距离在 fm 的量级，因此它们之间的静电斥力非常强。要把如此之多的质子和中子聚集在一起形成稳定的核，一定存在一种比静电力更强的相互作用，这种核子与核子之间的作用力被称为核力(nuclear force)。

通过对氘核基态(即 n-p 稳定束缚态)、低能核子-核子散射、和高能核子-核子散射实验的分析，人们总结出了核力所具有的基本性质：

(1) 核力比电场力强一百多倍。

(2) 核力具有短程性和饱和性，这是核力最重要的特性。实验表明，核力的作用半径比原子核的线度还要小，故为短程力。核力的短程性导致任一核子不可能与核内的其他所有核子发生核力作用，而只能与其邻近的核子有核力作用。而临近的核子数量是有限的，所以核力具有明显饱和性。

(3) 核力具有电荷无关性。实验表明，无论是质子还是中子，任意两个核子之间的核力相等。即当两核子处于相同的自旋和宇称时，其核力相互作用势相同。

(4) 核力与自旋有关。实验发现，两核子之间的核力与两核子的自旋相对取向有关。两核子的自旋平行和反平行时，其核力是不同的。

(5) 核力在极短程内存在排斥性。实验显示当两核子间距小于 0.8 fm 时，核力表现为强烈的排斥力。间距在 0.8~2.0 fm 时，核力表现为明显的吸引力。当核力间距大于 10 fm 时，核力几乎完全消失。正是因为这种斥力作用存在，才使所有原子核具有近似相同的密度。

在量子场论的语言中，粒子之间的相互作用本质上都是一份一份的能动量以一定的速度在空间中传播，这实际上就是相互作用粒子的概念，称为传播子(propagator)。例如，电磁相互作用中的传播子就是光子，由于光子是无质量粒子，所以电磁相互作用是一种长程力。那么，核力的传播子是什么呢？

1935 年，汤川秀树(Yukawa)根据核力的短程性构造了一个短程的核子-核子相互作用势，由此推算出核力的传播子是一种有质量的粒子。这种粒子称为 π 介子(π meson)。π 介子有三种带电状态，分别是带正电的 π^+、带负电的 π^- 和电中性的 π^0。核子之间通过交换 π 介子从而交换能量、动量。而且通过交换带电的 π 介子，质子和中子可以互相转换。原子核内，核子时刻不停地与其他核子交换介子，同时核子也在质子态和中子态之间不停地转换。所以，可以把物理上的核子，看作是其裸核子态及裸核子外围绕有 π 介子云态的叠加。

汤川的介子模型在核力的长程范围内取得很大的成功，但是在短程范围内出现严重困难。当两个核子靠得非常近，甚至互相重叠的时候，核子的内部结构的影响就不能忽略了。核子的内部结构是夸克。在夸克层次上，核力的本质来源于夸克之间的强相互作用(strong interaction)，其传播子是胶子(gluon)。描写夸克之间强相互作用的理论是量子色动力学(Quantum Chromodynamics)

第 2 节　原子核的结构

原子核的结构是物质结构的一个重要层次，对原子核结构的研究是原子核物理学的一个中心问题。人们通过对核结构问题的认识，可以从根本上加深对自然界的了解。原子核本质上是由强相互作用主导的量子多体系统，由于人们对核力的性质本身还没有了解清楚，以及量子力学在解决多体问题时，在数学上仍然有不小的困难，所以人们只能在一定的实验事实的基础上，建立起关于原子核结构的半唯象模型(semi-phenomenological model)。本节中，我们将介绍几个主要的半唯象模型。

一、结合能与液滴模型

上一节已经提到，采用原子质量单位来表示，单个自由的质子和中子的质量分别为：$m_p=1.007\ 276\ \mathrm{u}$，$m_n=1.008\ 665\ \mathrm{u}$。可是由质子和中子组成的氘核的质量却是 $m_d=2.013\ 552\ \mathrm{u}$，可以看到氘核的质量小于质子和中子的质量和。其差值为

$$\Delta m = m_p + m_n - m_d = 0.002\ 390\ \mathrm{u} = 2.225\ \mathrm{MeV}/c^2$$

一般来说组成一个核素 ${}_Z^A\mathrm{X}$ 的核子的总质量应该为：Zm_p+Nm_n，而由实验测定的核素质量 m_X 总是小于核子的总质量，其差额 Δm 称为原子核质量亏损。由相对论质能关系，这一亏损的质量必然以能量的方式释放出来，所释放的能量为 $\Delta E=\Delta mc^2$。自由核子组成原子核时所释放的能量称为原子核的结合能(binding energy)，它是原子核整体稳定性的度量：

$$B = (Zm_p + Nm_n - m_X)c^2$$

结合能 B 的大小当然与质量数 A 相关，我们把 $\varepsilon=B/A$ 称为平均结合能[又叫作比结合能(specific binding energy)]，表示自由核子组成原子核时，平均每个核子所释放的能量。ε 越大，表示原子核结合得越紧密。

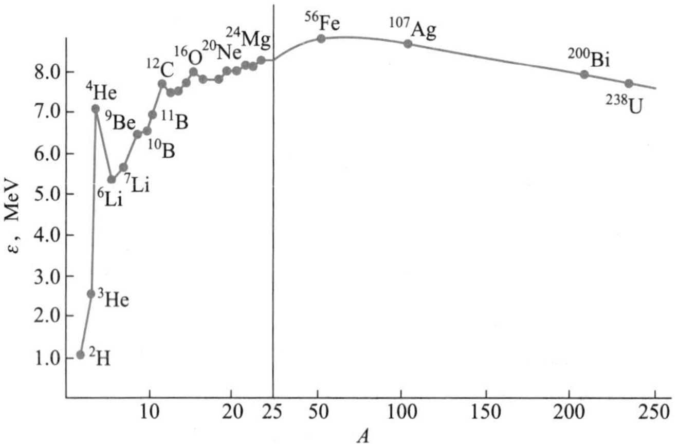

图 17-2-1　核素的平均结合能分布图

实验测量了大量的原子核的比结合能，结果显示为图 17-2-1。从图中可以看到，中等质量核素的比结合能最大，且在很大范围之内近似为一个常量，说明其结合得最紧密，即中等质量核素最为稳定。而轻核和重核的比结合能相对较小。因此当轻核聚变成为中等质量核素，或者重核裂变成为中等质量核素的时候，将会有大量能量释放出来，这就是原子核能。

原子核的比结合能在大范围内几乎是常量，即结合能 B 正比于 A，这一实验事实说明核子间的相互作用力为短程力，具有饱和性，否则结合能 B 应该近似地与 A^2 成正比。这种饱和性与液体中分子力的饱和性类似。另一方面，原子核的体积也正比于核子数 A 的实验事实表示核物质密度几乎为常量，这表示原子核是不可压缩的，这与液体的不可压缩性类似。基于这

些实验事实，维尔查克(Weizsäcker) 在 1935 年提出了原子核的液滴模型，把原子核看成一种不可压缩的、具有很大表面张力的、带电的液滴，而将核子看成液滴中的分子。

按照液滴模型，原子核结合能包括了与体积成正比的体积能 B_V、与表面积相关的类似于表面张力的表面能 B_S、由质子之间库仑排斥作用得到的库仑能 B_C

$$B = B_V - B_S - B_C$$

后来又考虑了原子核中存在中子和质子数目对称的趋势，增加了对称能项 B_{sym} 以及质子和中子各自有成对相处的趋势而带来的对能项 B_{pair}，这两个效应都来源于量子效应。这样就得到了结合能的半经验公式：

$$B = a_V A - a_S A^{2/3} - a_C Z^2 A^{-1/3} - a_{sym}(Z-N)^2 A^{-1} + B_{pair}$$

实验中通过对大量核素结合能的测量数据做拟合，抽取出了上式中的所有待定参量，得到了完整的结合能的表达式。

通过液滴模型，人们可以计算出核素图(图 17-2-2)上稳定核素的分布位置、分布上限(质子滴线)、分布下限(中子滴线)等。

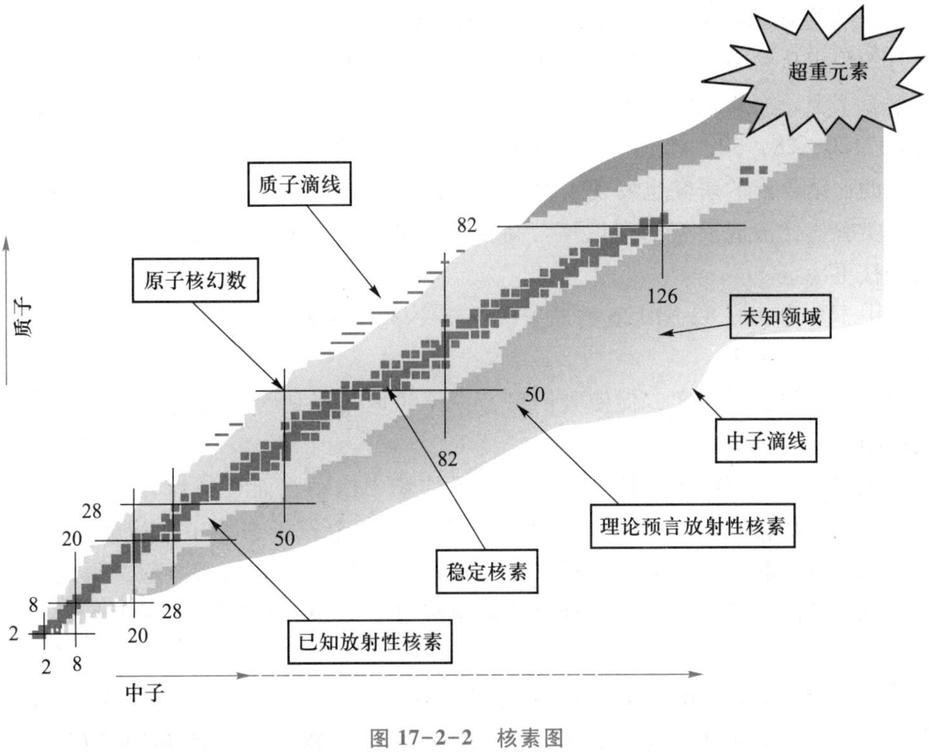

图 17-2-2　核素图

液滴模型的结合能半经验公式能够成功地计算原子核基态的结合能和质量，对于 $A>15$ 的原子核，其计算值与实验值相差在 1%以下。液滴模型抓住了核子间相互作用的主要点——核力的饱和性，因而取得了成功，使得人们对原子核的认识大大深入。而且利用液滴形变来解释原子核的裂变是其另一成功之处，为利用核能源奠定了理论基础。

但是液滴模型只能唯象地描述核素的整体性质和平均效应，在描述核的基态自旋、宇称、激发态的动力学等内部微观行为遇到了很大的困难。

二、幻数与壳层模型

对于原子来说，当其原子序数(外层电子数)为 2，10，18，36，54，86 时，其化学稳定性特别高，这些元素称为惰性元素。惰性元素的电离能比临近的元素高，对电子的亲和力特别弱。存在惰性元素的原因就在于电子能级排布存在壳层结构。

对于原子核来说，也存在类似的现象。实验发现具有某些特定中子数 N 或者质子数 Z 的核素表现特别稳定，这些数称为幻数(magic number)。现在已经发现的幻数有：$Z=2$，8，20，28，50，82…；N=2，8，20，28，50，82，126，…。

支持幻数存在的实验事实有：

对所有天然核素在自然界存在的丰度进行研究后发现，下面几种核素的含量比附近其他核素的含量明显多不少：

$$^{4}_{2}\mathrm{He}_{2},\ ^{16}_{8}\mathrm{O}_{8},\ ^{40}_{20}\mathrm{Ca}_{20},\ ^{56}_{28}\mathrm{Ni}_{28},\ ^{88}_{38}\mathrm{Sr}_{50},\ ^{90}_{40}\mathrm{Zr}_{50},\ ^{132}_{50}\mathrm{Sn}_{82},\ ^{138}_{56}\mathrm{Ba}_{82},\ ^{208}_{82}\mathrm{Pb}_{126}$$

可以看出，它们的质子数或者中子数或者两者都是幻数。

在所有的稳定核素中，中子数 $N=20$、28、50 和 82 的同中子素最多。例如，中子数为 82 的同中子素有 7 个，而临近的中子数为 81 和 83 的只有 1 个。稳定核素中的质子数也有类似规律，当 $Z=8$，20，28，50，82 时，稳定同位素的数目同样比邻近的元素多。

对核素的比结合能的研究也发现了幻数的存在。当质子数 Z 或者中子数 N 为幻数时，其比结合能的实验值比液滴模型的理论预言高很多，说明幻数核比平均情况结合得更紧密，比一般的原子核更稳定。

此外，中子数为 50，82 和 126 的原子核俘获中子的概率，比邻近的核素小得多，说明幻数核不易再结合一个中子。

上述幻数存在的实验事实，促使人们思考原子核内核子的分布也存在着类似于核外电子的能级壳层结构。

人们首先假设原子核中每个核子处在一个平均场中运动，而且与计算原子中电子的能级一样，将这个平均场假设为一个有心力场。其次，把每个核子在核中的运动看成是独立的。通过有心力场的 Woods-Saxon 势函数形式，人们求解带势能的薛定谔方程，得到了一系列简并的能级，这就是能级的壳层。这些计算能够解释部分幻数(2、8、20)，但是无法给出其他幻数。

1949 年，迈耶(Mayer)和简森(Jensen)走出了决定性的一步，他们在计算中考虑了自旋-轨道耦合的作用项，成功地解释了全部幻数。核子的自旋-轨道耦合会导致原有的能级劈裂为两条，这两条能级的间隔可以很大，从而改变原来的能级次序。这样计算得到的新的能级分布，就清晰的显示出幻数分布的壳层结构。

壳层模型除了解释所有已经发现的幻数，还预言存在新的幻数：82 以后的质子幻数是 114；126 以后的中子幻数是 184。根据此预言，质子数为 114 和中子数为 184 的原子核是双幻核，该核素及其附近的一些核素可能具有相当大的稳定性，称为超重核素。对超重核素的实验研究和发现，将对核结构理论的发展和应用起到重大作用。

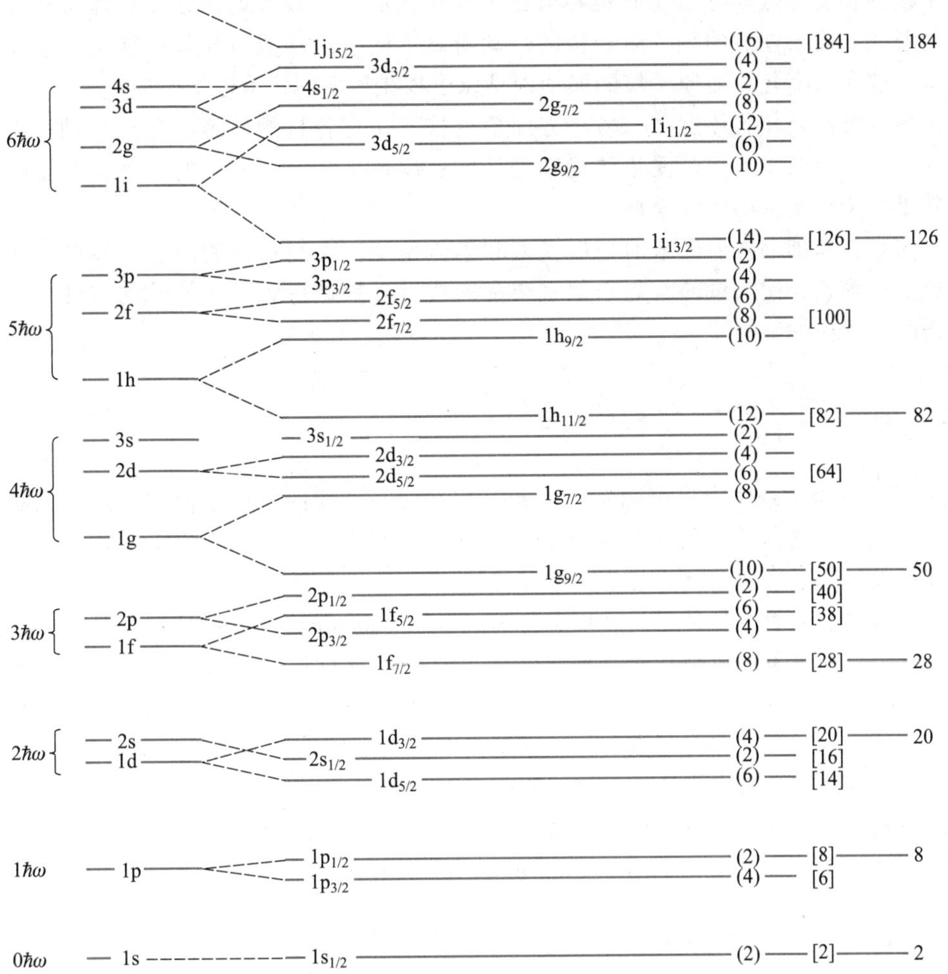

图 17-2-3　壳层模型计算得到的核素能级分布

三、原子核的集体模型

壳层模型能正确地预言绝大多数核素的基态自旋和宇称，取得了巨大的成功。但是对远离双幻数区域核素的磁矩、电四极矩等的解释仍然遇到了困难。这说明对于某些原子核，壳层模型中用到的单粒子近似不再成立。事实上原子核还存在集体运动。

实验上发现偶偶核的低激发态能级存在三类规律，第一类是在双幻核附近，它们的能级满足壳层模型的预言，说明原子核存在单粒子运动形式；第二类能级发现于离双幻核稍远的原子核，其低激发能级之间大致呈现等间距的规律，这与谐振子能级的特点相似，说明原子核存在振动的运动形式；第三类能级发现于远离双幻核的原子核，其能级的能量之比与核自旋的大小有关，大致满足 $E_I \propto I(I+1)$，这与双原子分子的转动能级规律相符合，说明原子核还存在转动的运动形式。

原子核的转动与振动等运动形式要求原子核存在形变，即势场函数偏离球对称而成为非球对称的形式。需要注意的是，原子核的转动概念不同于刚体或者流体的转动，它是指原子核势场空间取向的变化。而原子核的振动则是原子核在平衡形状附近作振荡。

原子核一方面在作集体运动，另一方面核内核子又在各自的轨道上独立运动。因此单个核子是在变动的核场中运动，受集体运动的影响；反过来，单个核子的运动又会影响集体运动。这就是关于核结构的集体模型。

基于在实验基础上发展出来的壳层模型和集体模型，人们对核的静态特性以及能谱规律进行了成功的描述，使大量的看起来似乎杂乱的核谱学数据得到了系统性的整理，显示了低激发能谱的有规律的结构。

第 3 节　原子核的放射性衰变

1896 年，法国物理学家贝可勒尔(Becquerel)在研究铀盐的时候，偶然发现了铀盐能放射出肉眼看不见的射线，这些射线具有强穿透本领。1897 年，居里夫妇(M. S. Curie，P. Curie)发现镭和钋放出的射线比铀元素强 200 多万倍。

这种元素自发的放出各种射线的现象称为放射性(radiation)。放射性现象是由原子核的内部变化引起的。能自发的放射各种射线的核素，称为放射性核素(radionuclide)。原子核发出放射线后，会变成另一种元素，所以它也叫不稳定核素，这种现象叫作放射性衰变(radioactive decay)。天然存在的放射性核素所具有的放射性，叫作天然放射性；用人工方法，例如反应堆和加速器，来产生的放射性，叫作人工放射性。

实验发现，放射性核素所放出的射线由它们在磁场中的偏转方向不同可以分为三种，分别为带正电的 α 粒子、带负电的 β 粒子和电中性的 γ 光子。

一、放射性衰变的指数规律

原子核的放射性及其衰变方式，由核内的强相互作用和弱相互作用决定，与外界一般情况下的温度、压强、电场或者磁场等无关。原子核的衰变服从统计规律。对于某一个原子核，其衰变的方式和精确时刻是不能准确预言的，但对于足够多的原子核，它的衰变方式满足一定的规律。

在核衰变的过程中，$\mathrm{d}t$ 时间内发生衰变的原子核的数目为$-\mathrm{d}N$，它应该正比于当时存在的原子核数目 N，以及时间 $\mathrm{d}t$，即：

$$\mathrm{d}N=-\lambda N\mathrm{d}t$$

其中，λ 是衰变常量，表示单个原子核在单位时间内的衰变概率。

假设 $t=0$ 时刻的原子核数目为 N_0，则将上式积分可得：

$$N=N_0\mathrm{e}^{-\lambda t}$$

这就是放射性衰变服从的指数规律，原子核的数目随着时间 t 按指数规律减少。实验上能测量的物理量为单位时间内发生核衰变的次数，称为放射性活度(radioactivity)，用 A 表示，即：

$$A=\frac{-\mathrm{d}N}{\mathrm{d}t}=\lambda N$$

可以看到，由于原子核数目按照指数规律减少，活度也是按照指数规律减少的：

$$A = \lambda N_0 e^{-\lambda t} = A_0 e^{-\lambda t}$$

放射性活度的国际单位制单位是贝可勒尔(Bq)，1 Bq = 1 s^{-1}。此外，常用的活度单位还有居里(Ci)，1 Ci = 3.7×10^{10} Bq。

放射性元素活度减弱为原来的一半时所需要的时间称为半衰期(half-life)，用 $T_{1/2}$ 表示。我们有：

$$\frac{A_0}{2} = A_0 e^{-\lambda \cdot T_{1/2}}$$

所以 $T_{1/2} = \frac{\ln 2}{\lambda} \approx \frac{0.693}{\lambda}$，可以看出半衰期与衰变常量成倒数。各种放射性元素的半衰期差别很大，例如铀 ${}^{238}_{92}U$ 的半衰期为 4.5×10^9 a（a 表示年）；镭 ${}^{226}_{88}Ra$ 的半衰期为 1 600 a；锡 ${}^{113}_{50}Sn$ 的半衰期为 115 d（d 表示天）；钋 ${}^{212}_{84}Po$ 的半衰期为 3×10^{-7} s(s 表示秒)。

放射性原子核的平均生存时间称为平均寿命，用 τ 表示，有：

$$\tau = \frac{1}{N_0}\int t \cdot dN$$

其中，$|dN| = \lambda N dt$。因为原子核数目 N 满足指数规律 $N = N_0 e^{-\lambda t}$，可以得到：

$$\tau = \int_0^{\infty} t\lambda e^{-\lambda t} \cdot dt = \frac{1}{\lambda}$$

所以，半衰期 $T_{1/2}$ 与平均寿命的关系为：

$$T_{1/2} = \ln 2 \cdot \tau = 0.693\tau$$

许多核素可能具有两种或者更多种不同的衰变模式，即核素具有多种分支衰变(branching decay)。若每个衰变分支的衰变常量为 λ_i，则总的衰变常量为：

$$\lambda = \sum_i \lambda_i$$

第 i 种分支衰变所对应的活度称为部分放射性活度，记为 A_i，有：

$$A_i = \lambda_i N = \lambda_i N_0 e^{-\lambda t}$$

可以看到，部分放射性活度的衰减方式是按照总衰变常量的指数规律 $e^{-\lambda t}$ 衰减，而不是按照 $e^{-\lambda_i t}$ 衰减的。分支衰变活度与总活度的比值，称为衰变分支比(branching ratio)：

$$R_i = \frac{A_i}{A} = \frac{\lambda_i}{\lambda}$$

二、级联衰变与放射系

原子核的衰变产物如果也是不稳定核素，则其产物会继续衰变。这种逐代连续衰变的现象叫作级联衰变(cascade decay)，又叫递次衰变。例如：

$$^{232}Th \xrightarrow[1.41\times 10^{10}a]{\alpha} {}^{228}Ra \xrightarrow[5.76a]{\beta^-} {}^{228}Ac \xrightarrow[6.13h]{\beta^-} {}^{228}Th \xrightarrow[11.913a]{\alpha} \cdots \rightarrow {}^{208}Pb$$

在级联衰变中，任何一种放射性核素单独存放时，它的衰变规律都满足其自身衰变常量的指数衰减规律，但是它们与母体混在一起时，衰变规律则有不同。

我们以两代级联衰变 $A\xrightarrow[T_1]{\lambda_1}B\xrightarrow[T_2]{\lambda_2}C$ 为例，设 A、B 的衰变常量分别为 λ_1 和 λ_2；初始时刻(t=0)只有母体 A，即 $N_2(0)=N_3(0)=0$；之后任一时刻，A、B、C 的原子核数目分别为 $N_1(t)$，$N_2(t)$，$N_3(t)$。

对于母体 A，其随时间变化规律为：

$$N_1(t)=N_1(0)\mathrm{e}^{-\lambda_1 t}$$

则其活度为：

$$A_1(t)=\lambda_1 N_1(0)\mathrm{e}^{-\lambda_1 t}=A_1(0)\mathrm{e}^{-\lambda_1 t}$$

对于子体 B，其随时间变化规律为：

$$\frac{\mathrm{d}N_2(t)}{\mathrm{d}t}=\lambda_1\cdot N_1(t)-\lambda_2\cdot N_2(t)$$

由初始条件 $N_2(0)=0$，以及 $N_1(t)$ 的表达式，我们可以积分得到：

$$N_2(t)=\frac{\lambda_1}{\lambda_2-\lambda_1}N_1(0)(\mathrm{e}^{-\lambda_1 t}-\mathrm{e}^{-\lambda_2 t})$$

则，子体 B 的活度为：

$$A_2(t)=\lambda_2 N_2(t)=\frac{\lambda_1\lambda_2}{\lambda_2-\lambda_1}N_1(0)(\mathrm{e}^{-\lambda_1 t}-\mathrm{e}^{-\lambda_2 t})$$

可以看到，子体 B 的变化规律不仅与自身的衰变常量有关，还与母体 A 的衰变常量有关。

对于子体 C，它是稳定核素，其数量的变化全部来源于 B 的衰变，所以：

$$\frac{\mathrm{d}N_3(t)}{\mathrm{d}t}=\lambda_2\cdot N_2(t)$$

由初始条件 $N_3(0)=0$，以及 $N_2(t)$ 的表达式，我们可以积分得到：

$$N_3(t)=\frac{\lambda_1\lambda_2}{\lambda_2-\lambda_1}N_1(0)\left(\frac{1-\mathrm{e}^{-\lambda_1 t}}{\lambda_1}-\frac{1-\mathrm{e}^{-\lambda_2 t}}{\lambda_2}\right)$$

可以看到，当时间趋于无穷，有 $N_3(t)=N_1(0)$，即母体 A 全部衰变为最终的稳定核素 C。

从上述讨论可以看到，级联衰变规律不再是简单的指数衰变规律，任一子体随时间的变化不仅与本身的衰变常量有关，还和前面所有放射体的衰变常量有关。

在一定条件下，放射系列中的各代原子核的数目会出现稳定的比例关系，称为放射性平衡(radioactive equilibrium)。放射性平衡分为暂时平衡和长期平衡。

当母体 A 的半衰期不是很长(变化可观察)，但大于子体的半衰期，即 $T_1>T_2$(或 $\lambda_1<\lambda_2$)，例如 ${}^{200}_{78}\mathrm{Pt}\xrightarrow[12.6\mathrm{h}]{\beta^-}{}^{200}_{79}\mathrm{Au}\xrightarrow[0.81\mathrm{h}]{\beta^-}{}^{200}_{80}\mathrm{Hg}$。子体 B 的数量满足

$$\begin{aligned}N_2(t)&=\frac{\lambda_1}{\lambda_2-\lambda_1}N_1(0)(\mathrm{e}^{-\lambda_1 t}-\mathrm{e}^{-\lambda_2 t})\\&=\frac{\lambda_1}{\lambda_2-\lambda_1}N_1(t)(1-\mathrm{e}^{-(\lambda_2-\lambda_1)t})\end{aligned}$$

在时间足够长时($\mathrm{e}^{-(\lambda_2-\lambda_1)t}\ll 1$)，有

$$N_2(t)=\frac{\lambda_1}{\lambda_2-\lambda_1}N_1(t)$$

即子体的核数目将和母体的核数目建立固定的比例，子体 B 的变化将按照母体的半衰期衰减，这就是暂时平衡。

利用暂时平衡的原理，人们可以测量特别短半衰期的元素。通过测量与它平衡的长寿命核素的半衰期，以及它们各自的核数目，就能得到子体的特别短的半衰期，例如$^{212}_{84}Po$ 的半衰期为 3×10^{-7} s。人们还可以利用暂时平衡原理来保存短寿命核素。例如医用短寿命核素^{113m}In（铟），半衰期只有 104 min，将其单独保存的话，很快就衰变殆尽。所以一般将其与母体^{113}Sn（锡）一起保存，其半衰期为 115 d。使用时再用化学方法分离出来。

如果母体 A 的半衰期特别长，远大于子体 B 的半衰期 $T_1\gg T_2$（或 $\lambda_1\ll\lambda_2$），在观察时间内看不出母体放射性的变化，例如：$^{226}_{88}Ra\xrightarrow[1\ 600a]{\alpha}{}^{222}_{86}Rn\xrightarrow[3.82d]{\alpha}{}^{218}_{84}Po$。则子体 B 的数目满足：

$$N_2(t)=\frac{\lambda_1}{\lambda_2-\lambda_1}N_1(t)\left(1-e^{-(\lambda_2-\lambda_1)t}\right)=\frac{\lambda_1}{\lambda_2}N_1(t)\left(1-e^{-\lambda_2 t}\right)$$

经过足够长的时间（$e^{-\lambda_2 t}\ll1$），得到

$$N_2(t)=\frac{\lambda_1}{\lambda_2}N_1(t)$$

即 $\lambda_2N_2=\lambda_1N_1$ 或者 $A_2=A_1$，子体的核数目和放射性活度达到饱和，且子母体活度相等，这就是长期平衡。

上述讨论对于多代级联衰变也是类似的，地壳中存在的一些重的放射性核素就是由于长期平衡而形成了三个天然放射系。它们分别是：

（1）钍系。从^{232}Th（钍）开始，经过 10 代连续衰变，最后达到稳定核素 ^{208}Pb。成员的质量数都是 4 的整倍数，即 $A=4n$，所以钍系也叫 $4n$ 系 。母体^{232}Th 的半衰期为 1.41×10^{10} a。子体中半衰期最长为 $T_{1/2}=5.76$ a。所以，钍系建立起长期平衡，需要几十年时间。

（2）铀系。从^{238}U（铀）开始，经过 14 代连续衰变，最后达到稳定核素^{206}Pb。成员的质量数都是 4 的整倍数加 2，即 $A=4n+2$，所以铀系也叫 $4n+2$ 系。母体^{238}U 的半衰期为 4.468×10^{9} a。子体中半衰期最长的是^{234}U，半衰期 $T_{1/2}=2.45\times10^{5}$ a。所以，铀系建立起长期平衡，需要上百万年的时间。

（3）锕系。^{235}U 俗称锕铀，因而该系叫作锕系。经过 11 代连续衰变，最后到稳定核素^{207}Pb。该系成员的质量数都是 4 的整倍数加 3，即 $A=4n+3$，所以锕系也叫 $4n+3$ 系。母体^{235}U 的半衰期为 7.038×10^{8} a。子体半衰期最长的是镤^{231}Pa，半衰期 $T_{1/2}=3.28\times10^{4}$ a。所以，锕系建立起长期平衡，需要几十万年的时间。

（4）镎系。在这个衰变系列中，^{237}Np（镎）的半衰期最长，$T_{1/2}=2.2\times10^{6}$ a，所以这个系叫作镎系。由于其半衰期远小于地球年龄，所以地壳中已经不存在这一放射系，属于人工合成元素。该系成员的质量数都是 4 的整倍数加 1，即 $A=4n+1$，因而也称为 $4n+1$ 系。

三、放射性鉴年法

原子核放射性的一个重要应用就是放射性鉴年法，利用^{14}C 的天然放射性来鉴定古代生命

遗物(例如骨骼、皮革、木材、纸张等)的年代。^{14}C 的半衰期为 5730 年，比较适合用于考古学中的年代测定。

宇宙射线轰击地球大气层，可与大气中的 ^{14}N 通过核反应产生 ^{14}C。这些 ^{14}C 同时进行衰变。如果假定几万年内宇宙射线的强度是恒定的，则大气中的 ^{14}C 的产生率 P 是一定的。则 ^{14}C 的数量满足：

$$\frac{dN}{dt}=P-\lambda N\Rightarrow N(t)=\frac{P}{\lambda}(1-e^{-\lambda t})$$

所以 ^{14}C 的活度为 $A=\lambda N(t)=P(1-e^{-\lambda t})$。当时间 t 足够长，其活度就会达到稳定饱和值 P。所以，几万年来，大气中 ^{14}C 与 ^{12}C 的含量之比是一个固定不变的比值，经测定大约为 1.3×10^{-12}。

而一切活的生物体都会与环境进行碳循环，从而活的生物体内 ^{14}C 与 ^{12}C 的比值与大气一致。当生命结束，生物体停止与环境之间的碳循环，其体内 ^{14}C 不停衰变，活度按指数减小。所以通过对样品中 ^{14}C 活度的测量，就可以鉴定古生物的年代。

【例 17-1】 一古木片在纯氧环境中燃烧后收集了 0.3 mol 的 CO_2，此样品由于 ^{14}C 的衰变而产生的总活度测得为每分钟 9 次计数。试由此确定古木片的年龄。

解 0.3 mol 碳中，初始的 ^{14}C 原子核数目应该有

$$N_0=0.3\times6.022\times10^{23}\times1.3\times10^{-12}=2.35\times10^{11}$$

所以，木片原初活度应该是：

$$A_0=\lambda N_0=(\ln 2)N_0/T_{1/2}=0.9\ \text{Bq}$$

现在的活度是 $A=\frac{9}{60}\ \text{Bq}=0.15\ \text{Bq}$。由活度的指数衰减规律 $A=A_0e^{-\lambda t}$ 可以得到

$$t=\frac{\ln(A_0/A)}{\lambda}\approx1.48\times10^4\ \text{a}$$

四、α 衰变

不稳定核素放出 α 粒子并衰变为其他核素的衰变方式称为 α 衰变。

$$^{A}_{Z}X\rightarrow{}^{A-4}_{Z-2}Y+{}^{4}_{2}He$$

例如

$$^{210}_{84}Po\rightarrow{}^{206}_{82}Pb+{}^{4}_{2}He$$

实验中发现，大部分核素所放出来的 α 粒子可以分为好几组，每组 α 粒子都有确定的能量。而不同能量的 α 衰变道所对应的衰变概率相差非常大。图 17-3-1 中可以看到能量最低的衰变道与能量最高的衰变道放出来的 α 粒子的能量相差仅为 10%，其衰变概率则相差 6 个量级。

最早解释这一现象的是苏联物理学家伽莫夫(Gamow)。他认为 α 粒子在衰变前已经在母核内结团，并自由地高速运动。由于量子力学隧道效应，α 粒子有一定概率穿过其与母核之间的相互作用势垒而发射出来，隧穿概率与势垒的厚度成对数关系，从而推导出 α 粒子能量与其隧穿概率的关系：

$$\ln T_{1/2}=AE_{\alpha}^{-1/2}+B$$

这正是经验公式盖格-努塔耳(Geiger-Nuttall)定律

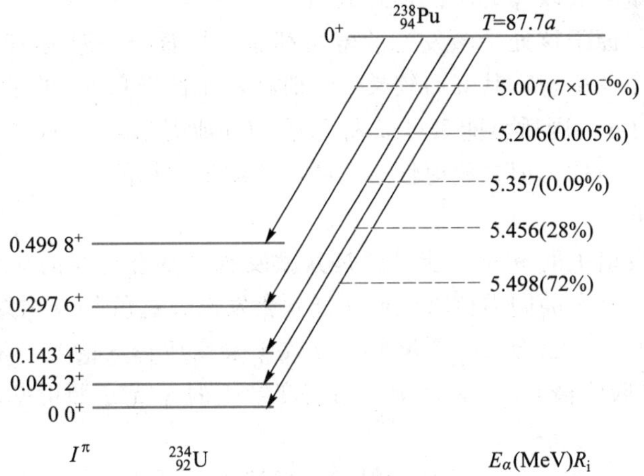

图 17-3-1　α 衰变的能量及其衰变概率

五、β 衰变

原子核自发发射出 β 粒子(即电子)或者俘获轨道电子而发生的转变，称为 β 衰变。β 衰变一般分为三种衰变模式：

β^-衰变：放射出一个电子和一个反中微子。$^A_Z X \to {}_{Z+1}^{A}Y + e^- + \bar{\nu}_e$

β^+衰变：放射出一个正电子和中微子。$^A_Z X \to {}_{Z-1}^{A}Y + e^+ + \nu_e$

轨道电子俘获(EC)：母核俘获核外轨道上的一个电子，使母核中一个质子转化为一个中子。$^A_Z X + e_i^- \to {}_{Z-1}^{A}Y + \nu_e$

在 20 世纪 30 年代，人们发现 α 衰变和 γ 衰变的能谱都是离散谱，用量子理论容易理解。而 β 衰变的能谱却是一个连续谱，无法得到解释。当时的很多物理学家甚至猜测在 β 衰变过程中能量不守恒。而且，原子核只由质子和中子组成，电子不可能事先存在于原子核中，那么 β 衰变中放出的电子是哪里来的呢？

1930 年，泡利(Pauli)提出了一个大胆的假说，认为 β 衰变过程中，伴随着一个很轻的中性粒子一起发射出来，电子和这个中性粒子的能量之和为常量，才能解释电子的 β 连续谱。1932 年，意大利费米小组将这种中性粒子命名为中微子(neutrino)。1934 年，费米正式提出了 β 衰变理论。

费米认为，β^-衰变的本质是核内一个中子变成质子，β^+衰变和 EC 过程的本质则是一个质子变成了中子。质子和中子只是核子的两个不同的量子态，它们之间的转变相当于一个量子态到另一个量子态的跃迁，跃迁过程中放出了电子和中微子。导致电子和中微子产生的是一种新的相互作用——弱相互作用(weak interaction)。

六、γ 衰变

当原子核发生 α 衰变和 β 衰变时，衰变后的子核往往处于激发态，γ 衰变就是其退激发跃迁过程所导致的能量释放以 γ 光子的形式放出。

绝大多数情况下，原子核处于激发态的寿命都非常短暂，一般为 10^{-14} s 的量级。而有一些原子核的激发态处于亚稳态，其寿命较长。一般将寿命长于 0.1 s 的激发态核素叫作同质异能素(isomer)，例如 $^{60}_{27}Co$ 的同质异能素可以表示为 $^{60m}_{27}Co$ 或者 $^{60}_{27}Co^{*}$。同质异能素与其基态核素具有相同的质量数和电荷数，但是放射性衰变的半衰期却不相同。

穆斯堡尔效应简介

激发态的原子核发射出的 γ 光子能量就是其激发态与基态之间的能级差，所以这个 γ 光子很容易被另一个处于基态的同类核吸收而跃迁到激发态，这就是 γ 射线的共振吸收。然而，由于原子核发射光子时，自己会有一个反冲，导致 γ 衰变所释放的光子能量(发射谱)小于原子核激发所需的能量(吸收谱)，因此直接利用衰变产生的 γ 光子照射基态核，无法发生共振吸收。

穆斯堡尔(Mössbauer)发现，如果把材料置于低温下，则原子核与原子晶格紧密结合，原子核放射出 γ 光子的时候，被反冲的不是一个核，而是整个晶格。这种情况下，反冲能几乎为 0，γ 光子的吸收谱与发射谱完全重合，发生强烈的共振吸收。这就是穆斯堡尔效应。穆斯堡尔效应可以把能谱的测量精度提到空前的高度 $\sim 10^{-15}$，可以用于很多精密测量实验，例如测量重力红移、测量低速多普勒红移、直接测量核能级的超精细分裂结构等。

第 4 节 原子能的利用

早在 1902 年，卢瑟福在研究放射性现象的时候，就提出了原子能的概念。从那以后，从原子的世界获得能量一直是人们梦寐以求的目标。从第二节关于结合能的讨论中可以看到，中等质量核素最为稳定，而轻核和重核的比结合能相对较小。因此当轻核素聚变成为中等质量核素，或者重核裂变成为中等质量核素的时候，将会有大量能量释放出来，这就是原子核能。

一、重核裂变(fission)

自从 1932 年发现中子以后，人们就开始利用中子轰击包括铀在内的各种元素。1938 年及其后数年，哈恩(Hahn)等人发现铀 ^{235}U 被中子撞击后，会分裂为质量相近的两个中等质量的核。这种核反应被称为核裂变，裂变后的产物称为裂变碎片。实验发现，裂变产生的碎片有许多种，质量分布范围在 75～160 之间，最大概率出现在 92 和 144 附近。此外，铀核还可能分裂成三部分或者四部分，1947 年我国科学家钱三强和何泽慧夫妇就发现了中子轰击铀时的三分裂现象，但是这种分裂概率比两分裂小得多。

裂变碎片往往带有过多的中子，所以会发生连续的 β 衰变最终成为稳定核，例如铀的一个典型的裂变过程：

$$n + {}^{235}U \rightarrow {}^{236}U^{*} \rightarrow {}^{144}Ba + {}^{89}Kr + 3n$$

其产物 ^{144}Ba 和 ^{89}Kr 都是不稳定的，它们分别会发生下面的连续衰变：

$$^{144}Ba(钡) \xrightarrow{\beta^-} {}^{144}La(镧) \xrightarrow{\beta^-} {}^{144}Ce(铈) \xrightarrow{\beta^-} {}^{144}Pr(镨) \xrightarrow{\beta^-} {}^{144}Nd(钕)$$

$$^{89}\mathrm{Kr}(氪) \xrightarrow{\beta^-} {}^{89}\mathrm{Rb}(铷) \xrightarrow{\beta^-} {}^{89}\mathrm{Sr}(锶) \xrightarrow{\beta^-} {}^{89}\mathrm{Y}(钇)$$

重核裂变过程中会释放出大量的能量。将上述裂变过程中各核素的质量代入，可以得到裂变过程中放出的能量约为 200 MeV，而化学反应释放能量通常为 10 eV 的量级，所以裂变能比化学能高 7 个量级。这些能量通常以碎片动能、裂变中子动能、电子、中微子和 γ 光子的形式释放出来。

从铀元素的裂变式中可以看到，^{235}U 裂变过程中会放出 2~3 个中子，这些中子有可能被其他铀核吸收，再次引起其他^{235}U 核的裂变并产生下一代中子。如果^{235}U 的含量很少，或者堆放的比较松散，则每次裂变放出的中子大部分在空间中散失，只有偶尔有中子能击中其他铀核。所以这样的裂变反应不会持续进行。在天然铀矿中，^{235}U 仅占 0.72%，而^{238}U 占 99.27%，一般每千克铀元素中每秒钟只有几个原子核发生裂变。

如果通过人为的方式将铀元素中^{235}U 的浓度提纯，比如达到 90%以上，而且将它们堆放得很紧凑，则一个铀的裂变放出的 2~3 个中子马上又会引起 2~3 个原子核裂变，产生的 4~9 个中子又引起 4~9 个原子核裂变，放出 8~27 个中子如此迅速蔓延，使裂变不断成倍增长，能量释放也十分剧烈，反应成为爆炸性的，这就是链式反应(chain reaction)。原子弹中发生的就是这种无控制的链式反应。能使链式反应得以自持的体积称为临界体积，相应的质量称为临界质量。根据美国洛斯阿拉莫斯实验室 1969 年的一份解密文件，93.8%纯度的球形^{235}U 临界质量为 52 kg，临界直径为 17 cm。

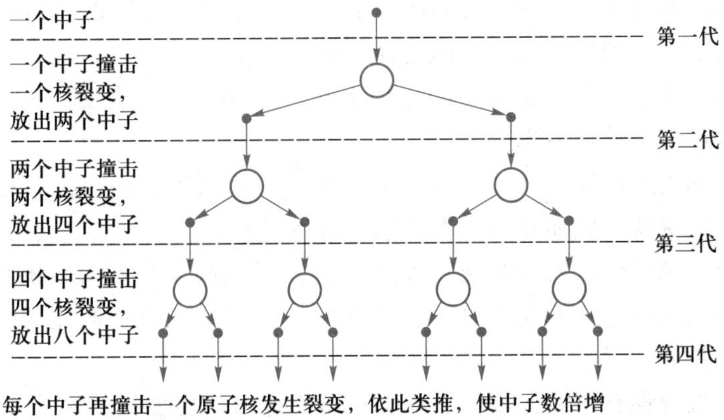

图 17-4-1　重核裂变的链式反应

如果铀的密度不太大，使得每个原子核裂变放出的中子中恰好有一个击中别的原子核发生裂变，而其余的中子散失掉或者被其他物质吸收而不引起裂变，那么连锁反应就会以稳定的水平维持下去，能量平稳释放。这种堆放铀的装置就是我们通常所说的核反应堆。例如常见的压水反应堆的^{235}U 浓度为 3%~4%。

核反应堆有许多应用，核裂变释放出来的能量可以转化为电能和热能。反应堆中释放出来的中子也可以用来进行科学实验或者照射核素生产同位素等。此外核反应堆还可以生产出新的裂变材料。例如^{232}Th、^{238}U 在地壳中的数量很多，但它们半衰期太长，不能直接用作裂变材料。若把它们放入反应堆中经中子照射便可将它们转换成^{233}U 和^{239}Pu。^{233}U 和^{239}Pu 就可以用作反应堆的裂变材料，也可以用来制造原子弹。

二、轻核聚变(fusion)

某些轻核能够结合在一起，生成一个较大的原子核，并且同时放出巨大的能量，这种核反应叫作聚变。例如：

$$ {}_{1}^{2}H + {}_{1}^{2}H \to {}_{2}^{3}He + {}_{0}^{1}n + 3.25MeV $$

$$ {}_{1}^{2}H + {}_{2}^{3}He \to {}_{2}^{4}He + {}_{1}^{1}p + 18.3MeV $$

在核聚变中，平均每核子释放的能量是裂变的四倍。

在重核裂变中，由于中子不带电，只需很少的能量就可以进入核中诱使重核裂变。可是轻核都带正电，要发生聚变就需要克服它们之间的库仑势垒进入到核力起作用的距离，约为 10 fm。对于氘-氘聚变，此时库仑势垒的高度大概为：

$$ E_c = \frac{e^2}{4\pi r} = 144\ \text{keV} $$

即需要给每个氘核提供 72 KeV 的动能。实现的方法有两个，第一个就是利用加速器加速氘核。但是由于氘-氘聚变的反应概率很低，这个方法不经济。第二个方法就是将氘核物质加热到很高的温度 $T\sim10^8$ K。在这个温度下，氘核以等离子体的形态存在。

除高温之外，要实现自持式核聚变，还需要满足以下几个条件[劳森(lawson)判据]以增加氘核碰撞的概率：等离子体的密度足够高；维持足够的温度与密度的约束时间足够长。

目前为止，人们认识到实现核聚变的途径主要有三种：

(1) 引力约束。恒星内部，在引力的作用下在恒星核心形成高温、高密的稳定环境，满足劳森判据，实现稳定的受控核聚变。

(2) 磁约束。利用带电粒子绕磁力线转圈的特性，用强磁场将等离子体加热并长时间约束在反应堆内部实现聚变，例如托卡马克装置、仿星器等。

(3) 惯性约束：利用爆炸或激光蒸发使物质向四周飞散，产生向心压强，使核心材料在短时间内迅速压缩达到高温、高密条件，实现核聚变。例如氢弹、激光惯性约束、重离子束惯性约束、z 箍缩装置等。

聚变反应作为能源拥有很多优点，比如所获得的能量比裂变高，10 g 氘加上 15 g 氚就可以满足人一生所需能源；聚变所需要的原料丰富易得，轻核聚变所用的氘在海水中的总量为 35 万亿吨，可用百亿年；从海水中提取氘的成本很低，相比于生产提纯浓缩铀的成本，生产同质量氘的成本仅为百分之一；核聚变不产生裂变碎片等废料及放射性污染物等。所以稳定的可控核聚变被认为是人类未来能源的最终方向。

第 5 节　粒子物理简介

在 20 世纪 30 年代，人们认为质子、中子、电子和光子就是组成整个世界的基本粒子。后来在 1932 年发现了正电子，其质量、自旋、寿命均与电子相同，但是带有等量的正电荷。正电子是人们发现的第一个反粒子，于是正电子也成了基本粒子的一员。1935 年，汤川秀树根据核力的性质，预言存在一种新的粒子来传递核力，后来在宇宙线中发现了这种粒子——π介子。于是人们把介子也作为基本粒子的一员。再后来，随着加速器技术的迅猛发展，人们在加速器实验中发现了越来越多的粒子及其反粒子。到了 20 世纪 60 年代，人们发现的粒子总数已经超过了元素周期表的元素数目，达到 400 多种。

如此之多的粒子，很明显不可能都是“基本”粒子，有必要对这些粒子进行分类。按照现代粒子物理标准模型，主要根据粒子所参与的基本相互作用来进行分类。

一、基本相互作用

基本粒子的产生和转变都是通过基本相互作用进行的，现代粒子物理标准模型中，基本相互作用有四种，表 17-1 给出了它们之间的比较。

表 17-1　四种基本相互作用

四种相互作用	相对强度	作用距离	媒介粒子	作用物体
强相互作用	1	10^{-15} m	胶子	强子
电磁相互作用	10^{-2}	∞	光子	带电粒子
弱相互作用	10^{-7}	$<10^{-17}$m	中间玻色子	强子、轻子
万有引力	10^{-40}	∞	引力子	一切物质

从表中可以看到，四种基本相互作用中，万有引力的强度最弱，强相互作用最强。从作用距离来看，电磁相互作用和万有引力是长程力，它们的作用范围是无限大的；而强相互作用和弱相互作用是短程力，力程都局限在核子的线度以内，所以只有在研究领域深入到原子核以内之后才发现了这两种基本相互作用。其中强相互作用对于强子的形成和维系起着非常重要的作用。弱相互作用是在原子核的 β 衰变过程中发现的，弱相互作用过程中还普遍有中微子参与其中。

二、基本粒子的分类

按照粒子所参与的基本相互作用分类，所有的基本粒子可以分为三类：媒介子(规范粒子)、轻子、和强子。

第一类粒子就是传递这些基本相互作用的媒介子，称为规范粒子。在量子场论的描述语言中，基本相互作用都是由不同的粒子作为传递媒介的。基本相互作用有四种，所以这一类粒子也有四种：传递电磁相互作用的粒子就是光子；传递弱相互作用的粒子是中间玻色子，有带电的 $W^{\pm}$ 和不带电的 Z^0 三种；传递强相互作用的粒子是胶子，按照其颜色自由度又分为 8 种；对于引力相互作用，粒子物理标准模型假设它是由引力子作为传播媒介。

除了规范粒子，其他所有发现的粒子按照是否参与强相互作用分为两类，即不参与强相互作用的轻子(lepton)和参与强相互作用的强子(hadron)。

轻子的自旋都是 1/2，都参与弱相互作用，带电轻子同时参与电磁相互作用。轻子共有 6

种，分为三代，如表 17-2 所示。

表 17-2 轻子分类

	第一代		第二代		第三代	
夸克	e	v_e	μ	v_μ	τ	v_τ
电荷/e	-1	0	-1	0	-1	0
质量	m_e	~0	$207m_e$	~0	$3\ 477m_e$	~0

第一代轻子就是电子，第二代轻子 μ 子的质量是电子的 200 多倍，第三代轻子 τ 子的质量约是电子的 3 500 倍。它们除质量比电子大之外，其他性质几乎完全相同。此外，每一代还有对应的中微子。标准模型中认为中微子的静质量为 0。但是现在实验中观察到的中微子振荡现象(即不同代之间的中微子可以互相转化)已经暗示中微子的质量不为零。

第三类就是强子，目前所发现的数百种粒子绝大部分都是这一类。强子除参与强相互作用之外，带电粒子和带磁矩粒子还会参与电磁相互作用。按照它们的自旋又可以分成两类：自旋为半整数的重子(baryon)，以及自旋为整数(包括 0)的介子(meson)。

三、强子的内部结构

人们最早发现的强子就是质子和中子。从 20 世纪初期开始，人们从宇宙射线和加速器中发现了越来越多的强子。到目前为止，人们发现的强子已经有数百个之多，它们不可能都是“基本”粒子，肯定有其内部更基本的结构。

正如人们按照元素的化学性质对原子进行分类一样，人们也开始按照强子的各种性质进行分类，比如强子的质量、寿命、自旋、宇称等等性质。经过尝试，人们发现已知的介子可以在超荷—同位旋决定的介子八重态中找到对应的位置。同样地，已知的重子也可以在重子八重态和重子十重态中找到所对应的位置。通过对强子的分类，不但厘清了已知的强子之间的关系，而且还成功地预言了当时所没有发现的强子。

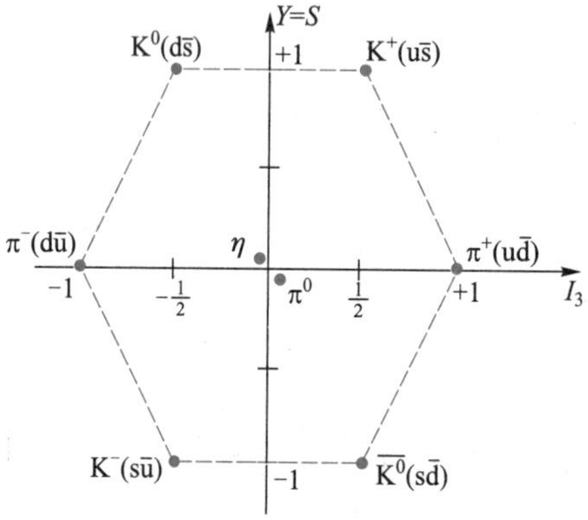

图 17-5-1 介子八重态

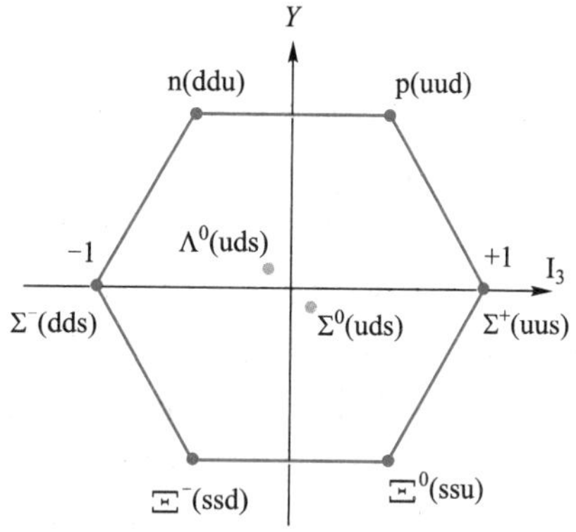

图 17-5-2 重子八重态

强子的这种分类方法可以用夸克(quark)模型解释。1964 年，盖尔曼(Gell-Mann)等人提出夸克(quark)模型，认为所有的强子都是由夸克组成。图 17-5-1 中，可以看到介子是由一个夸克和一个反夸克所组成的，比如 π^+ 介子就是由一个上夸克 u 和一个反下夸克 $\bar{d}$ 所组成。图 17-5-2 中可以看到重子是由三个夸克所组成的，我们常见的质子是由两个上夸克和一个下夸克所组成的，即 uud；而中子则是由一个上夸克和两个下夸克组成，即 udd。

在粒子物理标准模型中，夸克一共有 6 种味道，也分为三代，它们的性质如表 17-3 所示

表 17-3　夸克分类

	第一代		第二代		第三代	
夸克	u	d	c	s	t	b
电荷/e	2/3	-1/3	2/3	-1/3	2/3	-1/3
质量/(MeV/c^2)	3	5	1.3×10^3	101	1.7×10^5	4.2×10^3

夸克模型来源于对强子的分类，它能够解释许多实验事实，取得了巨大的成功。但是强子内部真的就只有两三个夸克吗?

1968 年在斯坦福的直线加速器实验中，人们利用高能电子轰击质子，把电子打入质子内部，通过对末态粒子的分析来反推质子内部结构，这就像当年卢瑟福的原子核散射实验一样。实验发现，在核子内部存在有无数个带电的散射中心，显示出质子和其他强子内部存在无数个更微小的点状粒子。1969 年，费曼(Feynman)提出了著名的部分子(parton)模型，认为强子内部存在大量的部分子，其密度可以由部分子分布函数来描述。

部分子模型和夸克模型结合在一起，就得到了夸克-部分子模型。在这一模型中，质子内部除具有显示其对称性的夸克 uud 之外，还包含大量的不断产生、湮没的夸克和胶子。其中显示对称性的 uud 夸克被称为价夸克(valence quark)，其他的夸克被称为海夸克(sea quark)。这些海夸克只有在高能反应中才能被探测到。所以夸克模型是强子结构在低能时的近似，而部分子模型是强子结构在高能时的体现。

到此为止，粒子物理标准模型建立了起来。标准模型中的“基本”粒子包括：12 个轻子(6 种轻子和它们的反粒子)、36 个夸克(6 种味道的夸克和它们的反粒子，以及每种味道的夸克和反夸克都还有三种颜色)、12 个媒介子(光子、8 种颜色的胶子、中间玻色子 $W^{\pm}$ 和 Z^0)。除此之外，还有一个与基本粒子获得质量机制相关的希格斯粒子。

标准模型并非人类对微观世界认识的终点，有很多重要的问题没有得到回答。现在已经有一些实验显示出超出标准模型的迹象，比如暗物质的发现，等等。建立一个新的超标准模型的粒子物理理论是一项艰巨而重大的任务，它吸引着新一代的青年学子不断加入到这一研究方向。

习　题

17-1　半衰期为 30.2 a 的 1 mg ^{137}Cs 的放射性活度是多少? 每秒放出多少 β 射线和 γ 射线?

17-2　1 s 内测量到 ^{60}Co 放射源发出 γ 射线是 3 700 个，设测量效率为 10%，求它的放射性活度。已知它

的半衰期为 5.27 a，求它的质量。

17-3 中午时试管中的 $^{25}_{11}\mathrm{Na}$ 核（β 放射性，$\tau=60\ \mathrm{s}$）质量是 10 μg，求试管内的钠原子数，到下午 12:10 还有多少？

17-4 一个能量为 6 MeV 的 α 粒子和静止的金核（$^{197}\mathrm{Au}$）发生正碰，它能达到金核的最近距离是多少？如果是氮核（$^{14}\mathrm{N}$）呢？都可以忽略靶核的反冲吗？此 α 粒子可以到达氮核的核力范围之内吗？

17-5 $^{16}\mathrm{N}$、$^{16}\mathrm{O}$ 和 $^{16}\mathrm{F}$ 原子的质量分别是 16.006 099 u、15.994 915 u 和 16.011 465 u，试计算这些原子的核结合能。

17-6 天然钾中放射性同位素 $^{40}\mathrm{K}$ 的丰度为 1.2×10^{-4}，此种同位素的半衰期为 1.3×10^{9} a。钾是活细胞的必要成分，约占人体重量的 0.37%，求每个人体内这种放射性源的活度。

17-7 计算 10 kg 铀矿（U_3O_8）中 $^{226}\mathrm{Ra}$ 和 $^{231}\mathrm{Pa}$ 的含量。已知天然铀中 $^{238}\mathrm{U}$ 的丰度为 99.27%，$^{235}\mathrm{U}$ 的丰度为 0.72%；$^{226}\mathrm{Ra}$ 的半衰期为 1 600 a，$^{231}\mathrm{P}$ 的半衰期为 3.27×10^{4} a。

17-8 一个病人服用 30 μCi 的放射性碘 $^{123}\mathrm{I}$ 后 24 h，测得其甲状腺部位的活度为 4 μCi。已知 $^{123}\mathrm{I}$ 的半衰期为 13.1 h。求在这 24 h 内多大比例的被服用的 $^{123}\mathrm{I}$ 集聚在甲状腺部位了。（一般正常人的此比例为 15%～40%。）

17-9 向一人静脉注射含有放射性 $^{24}\mathrm{Na}$ 而活度为 300 kBq 的食盐水，10 h 后他的血液中每立方厘米的活度是 30 Bq，求此人全身血液的总体积，已知 $^{24}\mathrm{Na}$ 的半衰期为 14.97 h。

17-10 一年龄待测的古木片在纯氧环境中燃烧后收集了 0.3 mol 的 CO_2，该样品由于 $^{14}\mathrm{C}$ 的衰变而产生的总活度测得为每分钟 9 次计数，试由此确定古木片的年龄。

17-11 一块岩石样品中含有 0.3 g 的 $^{238}\mathrm{U}$ 和 0.12g 的 $^{206}\mathrm{Pb}$，假设这些铅全部来自 $^{238}\mathrm{U}$ 的衰变，试求这块岩石的地质年龄。

17-12 $^{226}_{88}\mathrm{Ra}$ 放射的 α 粒子的动能为 4.782 5 MeV，求子核的反冲能量，此 α 衰变放出的总能量是多少？

17-13 目前太阳内含有 1.5×10^{30} kg 的氢，而其辐射总功率为 3.9×10^{26} W，按此功率辐射下去，经多长时间太阳内的氢就会被烧光？

第 17 章习题参考答案

附录／常用物理常量表

物理量	符号	计算用值
真空中的光速	c	$c=3.0\times10^{8}\ \mathrm{m\cdot s^{-1}}$
引力常量	G	$G=6.67\times10^{-11}\ \mathrm{m^{3}\cdot kg^{-1}\cdot s^{-2}}$
重力加速度	g	$G=9.8\ \mathrm{m\cdot s^{-2}}$
元电荷(电子电荷量的绝对值)	e	$e=1.60\times10^{-19}\ \mathrm{C}$
电子静质量	m_e	$m_e=9.11\times10^{-31}\ \mathrm{kg}$
电子荷质比	$-e/m_e$	$-e/m_e=-1.76\times10^{11}\ \mathrm{C\cdot kg^{-1}}$
电子经典半径	r_e	$r_e=2.82\times10^{-15}\ \mathrm{m}$
质子静质量	m_p	$m_p=1.673\times10^{-27}\ \mathrm{kg}$
中子静质量	m_n	$m_n=1.675\times10^{-27}\ \mathrm{kg}$
真空电容率	ε_0	$\varepsilon_0=8.85\times10^{-12}\ \mathrm{F\cdot m^{-1}}$
真空磁导率	μ_0	$\mu_0=4\pi\times10^{-7}\ \mathrm{N\cdot A^{-2}}$
电子磁矩	μ_e	$\mu_e=9.28\times10^{-24}\ \mathrm{J\cdot T^{-1}}$
质子磁矩	μ_p	$\mu_p=1.41\times10^{-26}\ \mathrm{J\cdot T^{-1}}$
中子磁矩	μ_n	$\mu_n=-0.966\times10^{-26}\ \mathrm{J\cdot T^{-1}}$
阿伏伽德罗常量	N_A	$N_A=6.022\ 140\ 76\times10^{23}\ \mathrm{mol^{-1}}$
摩尔气体常量	R	$R=8.314\ 462\ 618\ \mathrm{J\cdot mol^{-1}\cdot K^{-1}}$
玻耳兹曼常量	k	$k=1.380\ 649\times10^{-23}\ \mathrm{J\cdot K^{-1}}$
理想气体的摩尔体积（标准状态下）	V_m	$V_m=22.413\ 969\ 54\times10^{-3}\ \mathrm{m^{3}\cdot mol^{-1}}$
标准大气压	atm	1 atm = 101 325 Pa
原子质量常量	m_u	$m_u=1.660\ 539\ 066\ 60\times10^{-27}\ \mathrm{kg}$
玻尔半径	a_0	$a_0=5.29\times10^{-11}\ \mathrm{m}$
玻尔磁子	μ_B	$\mu_B=9.27\times10^{-24}\ \mathrm{J\cdot T^{-1}}$
核磁子	μ_N	$\mu_N=5.05\times10^{-27}\ \mathrm{J\cdot T^{-1}}$
普朗克常量	h	$h=6.63\times10^{-34}\ \mathrm{J\cdot s}$
约化普朗克常量	$h=h/2\pi$	$1.05\times10^{-34}\ \mathrm{J\cdot s}$
精细结构常数	α	$\alpha=7.297\ 352\ 569\ 3\times10^{-3}$
里德伯常量	R_∞	$R_\infty=1.10\times10^{7}\ \mathrm{m^{-1}}$
康普顿波长	λ_C	$\lambda_C=2.426\ 310\ 238\ 67\times10^{-12}\ \mathrm{m}$
μ 子质量	m_μ	$m_\mu=1.883\ 531\ 091\ 0^{-28}\ \mathrm{kg}$
τ 子质量	m_τ	$m_\tau=3.167\ 881\ 0^{-27}\ \mathrm{kg}$
氘核质量	m_d	$m_d=3.343\ 583\ 091\ 0^{-27}\ \mathrm{kg}$

注：表中数据为国际科学联合会理事会科学技术数据委员会(CODATA)2018 年的国际推荐值．

读者意见反馈

为收集对教材的意见建议，进一步完善教材编写并做好服务工作，读者可将对本教材的意见建议通过如下渠道反馈至我社。

咨询电话　400-810-0598

反馈邮箱　hepsci@pub.hep.cn

通信地址　北京市朝阳区惠新东街4号富盛大厦1座

高等教育出版社理科事业部

邮政编码　100029

防伪查询说明

用户购书后刮开封底防伪涂层，使用手机微信等软件扫描二维码，会跳转至防伪查询网页，获得所购图书详细信息。

防伪客服电话　(010)58582300